# Essential Developmental Biology

월드사이언스
WORLD SCIENCE
worldscience.co.kr

3rd Edition

# 핵심 발생학

## Essential Developmental Biology

Jonathan M.W. Slack MA, PhD, FMedSci

대표역자 이성호

권준영 · 김재만 · 김종훈 · 김지수
선 웅 · 전용필 · 조경상 · 조세형 · 최돈찬 공역

월드사이언스
worldscience.co.kr

**핵심 발생학** 제3판

인 쇄 | 2015년 8월 20일
발 행 | 2015년 9월 1일

저 자 | Jonathan M.W. Slack
공 역 자 | 권준영 · 김재만 · 김종훈 · 김지수 · 선 웅
이성호 · 전용필 · 조경상 · 조세형 · 최돈찬
발 행 인 | 박선진
발 행 처 | (주)도서출판 월드사이언스

주 소 | 서울특별시 서초구 방배4동 864-31 월드빌딩 1층
등록일자 | 1988년 2월 12일
등록번호 | 제 16-1601호

대표전화 | (02) 581-5811~3
팩 스 | (02) 521-6418
E-mail | worldscience@hanmail.net
U R L | http://www.worldscience.co.kr

정 가 | **35,000원**
I S B N | 978-89-5881-248-7



이 도서의 국립중앙도서관 출판예정도서목록(CIP)은 서지정보유통지원시스템 홈페이지(http://seoji.nl.go.kr)와 국가자료공동목록시스템(http://www.nl.go.kr/kolisnet)에서 이용하실 수 있습니다. (CIP제어번호 : CIP2015022949)

# 차례

**저자 머리말 ix**

**참고 웹사이트 xiii**

**역자 머리말 xiv**

## 제1부: 기반 1

### 제1장 흥미로운 발생학 3

주제의 근원 3
발생학의 영향력 4
미래의 영향력 4
추가로 읽을 것 5

### 제2장 발생이 진행되는 방식 7

아주 간결한 요약 7
배우자형성 과정 10
초기 발생 13
형태가 형성되는 과정 19
성장과 죽음 24
추가로 읽을 것 26

### 제3장 발생에 대한 연구: 발생유전학 28

발생 돌연변이 28
성염색체들 30
모계성과 접합자성 30
유전적 경로 30
유전적 모자이크 33
돌연변이 선별 34
유전자의 클로닝 35
기능획득 및 기능상실 실험 37
유전자 중복 39
발생유전학의 한계 40
추가로 읽을 것 42

### 제4장 발생에 대한 연구: 실험 발생학 43

정상 발생 43
발생 수임 46
증명을 위한 척도들 52
추가로 읽을 것 53

### 제5장 발생에 대한 연구: 세포 및 분자생물학 기법 54

현미경적 연구 54
분자 생물학적 방법에 의한 유전자 발현 연구 58
제자리 방법에 의한 유전자 발현 연구 61
미세주입 65
세포 표지 방법 66
추가로 읽을 것 69

## 제2부: 주요 모델 생물들 71

### 제6장 모델 생물들 73

6대 모델 생물 73
접근성과 미세조작 75
유전과 유전체 지도 75
적합성과 속도 76
기타 모델 생물들 76
추가로 읽을 것 79

### 제7장 제노푸스 80

난자의 형성, 성숙 그리고 수정 80
정상 발생 82

실험 방법들 88
지역 특정화 과정 92
유도성 상호작용 95
추가로 읽을 것 104

## 제8장 제브라피쉬 106

정상 발생 106
유전학 110
배아 발생학적 및 분자생물학적 기술들 114
지역 특정화 115
다른 분야에서의 제브라피쉬 이용 119
추가로 읽을 것 120

## 제9장 닭 122

정상 발생 123
초기 배아의 지역 특정화 128
닭의 기관형성 과정에 대한 설명 133
추가로 읽을 것 140

## 제10장 생쥐 141

포유동물의 수정 141
정상 발생 145
지역 특정화 153
사람의 초기 발생 157
생쥐 발생유전학 159
생쥐 발생에서의 다른 주제들 165
추가로 읽을 것 169

## 제11장 초파리(*Drosophila*) 171

곤충 171
정상 발생 174
초파리 발생유전학 178
발생 프로그램 181
추가로 읽을 것 197

## 제12장 예쁜꼬마선충 199

성체 해부학 199
배 발생 201
배아 이후 발생의 분석 209
추가로 읽을 것 216

# 제3부: 기관형성 217

## 제13장 기관형성과정 및 출생후 발생 연구 기법 219

유전학 219
클론분석법(clonal analysis) 224
조직 배양 및 기관 배양 227
세포 분리 방법 228
추가로 읽을 것 230

## 제14장 신경계의 발생 232

전반적인 구조와 세포 유형 232
신경판의 전-후축 형성 235
신경관의 등-배축 형성 239
신경세포형성과 교세포형성 241
신경능선 248
신경 연결도의 발달 252
추가로 읽을 것 260

## 제15장 중배엽성 기관의 발생 262

체절형성과 근육발생 262
신장 269
생식세포와 생식소의 발생 273
사지 발생 278
혈액과 혈관 289
심장 291
추가로 읽을 것 297

## 제16장 내배엽성 기관의 발생 299

정상 발생 299
내배엽 발생의 실험적 분석 303
췌장(이자) 310
추가로 읽을 것 315

## 제17장 초파리 성충판 317

변태 317
성충판의 발생 322
추가로 읽을 것 331

# 제4부: 성장, 재생, 진화 333

## 제18장 조직의 구성과 줄기세포 335

조직의 유형 335

조직의 자가생산 338
줄기세포 341
추가로 읽을 것 361

제19장 성장, 노화, 종양 363
성장: 신체 크기와 비율의 조절 363
노화 372
암 375
추가로 읽을 것 383

제20장 상실한 부분의 재생 385
재생 능력의 분포 385
플라나리아의 재생 386
곤충의 다리 재생 389
척추동물 다리 재생 392
재생의 일반적인 특징 400
추가로 읽을 것 401

제21장 만능줄기세포의 활용 403
세포 이식 치료 403
배아줄기세포 405
맞춤 만능줄기세포 408
만능줄기세포를 이용한 세포 이식 치료법 413
추가로 읽을 것 420

제22장 진화와 발생 422
대진화 423
원시동물 427
진화 과정에서 무슨 일이 실제 일어났나? 433
추가로 읽을 것 442

Appendix 주요 분자 구성 요소 444
유전자들 444
전사인자 패밀리 446
신호 시스템 448
유도인자 패밀리 449
세포골격 453
세포부착분자 455
세포외기질 성분들 456
추가로 읽을 것 457

용어풀이 458

찾아보기 471

# 저자 머리말

이 책은 동물의 발생생물학에 관한 기본 개념과 사실들을 제시한 것으로, 학부 과정 2학년에서 4학년생의 핵심 교재 그리고 대학원 1학년생의 참고 도서를 염두에 두고 썼다. 초판과 2판은 나 자신과 많은 다른 교수들에게 일종의 '도로 주행 테스트'였는데, 생물학에 기반을 두고 의학 분야를 지향하는 교육과정에 적합한 것으로 판단되었다. 세포 및 분자생물학의 기본 지식이 필요하긴 하지만, 발생과 동물의 구조 또는 조직학에 대한 사전 지식은 필요하지 않다.

이 책은 4개의 부로 나뉘며, 항목의 순서는 논리적인 진행을 보여주고자 했다. 1부는 기본 개념과 연구기법을 소개한다. 2부는 6가지 주요 '모델 생물'인 아프리카발톱개구리(제노푸스), 제브라피쉬, 닭, 생쥐, 초파리 그리고 예쁜꼬마선충을 다루는데, 일반적인 몸의 체제 단계까지 이들의 초기 발생을 기술한다. 3부는 대부분의 척추동물과 초파리의 성충판을 포함하는 기관발생을 다룬다. 4부는 동시대적인 높은 관심 주제들을 다루는데, '성장과 줄기세포, 재생, 재생의학 그리고 진화'이다. 유전자와 발생에 중요한 분자 패밀리들에 익숙하지 않은 독자를 돕기 위해, 이 분자들의 기초적인 분자 및 세포생물학을 다룬 짧은 가이드를 부록에 나열하였다.

이전 판들과 마찬가지로, 이번 '필수 발생생물학' 신판은 효과적인 교육을 위해 필수적이라고 느낀 4가지 중요한 측면에서 경쟁 교재들과 차이가 있다.

- 신판은 초기 발생을 다룰 때 모델 동물들 별로 나눠서 기술한 것을 유지한다. 이는 학생들이 제노푸스에서도 적중을 시킬 수 있다거나 빈딘(bindin)이 포유동물의 수정에 필수적이라고 생각할 때 자주 일어나는 혼란을 미연에 방지할 수 있다.
- 학생들이 20년 전에 일어난 최초 연구를 누가 수행했는지 상관하지 않기 때문에, 신판에서는 역사와 실험의 우선순위에 대한 고려는 피한다.
- 그러나 신판은 우리가 무엇을 믿고 왜 믿게 되었는 지를 설명한다. 유전자 이름들이 가득한 긴 목록을 그저 암기한다고 이해되는 것은 아니므로, 신판에서 나는 어떻게 발생현상을 조사하고 어떤 종류의 증거들이 특정한 결과 유형들을 증명하는 데 필요한지에 대해 설명하는 것을 계속한다.
- 신판은 매우 집중적이다. 짧고 간결한 문체를 유지하기 위해, 나는 식물과 하등 진핵생물의 발생과 같이 매우 흥미롭지만 생물학적으로 별개인 분야는 다루지 않았다.

이전의 두 판은 사용자와 검토자들에게 아주 호평을 받았으며, 나는 이번 3판이 전 세계 학부 및 대학원 수준에서의 교육을 위해 더 많이 선택되기를 바란다.

## 세부 사항의 저주

오늘날의 주요한 도전은 기하급수적으로 증가하고 있는 세부사항들이다. 분자생명과학은 매 10년 마다 연구 인력과 결과가 두 배로 되는 것으로 보이는데, 발생생물학도 1980년대에 분자 주제로 재확립된 이래 적어도 이 같은 속도로 빠르게 성장하고 있다. 그렇다고 학생들의 뇌가 매 10년마다 두 배로 커지지는 않으며, 강의 시간 역시 길어지지 않는다. 그러므로 무엇을 포함하고 무엇을 버려야할 지를 매우 심각하게 고려해야만 한다.

나는 모델 동물의 가치란 이들이 일반적인 발생 원칙들을 규명하는 실험을 가능하게 해 주는 것이라는 관점을 유지해 왔다. 그러나 최근의 많은 연구는 이 전략에서 길을 달리하여 모든 모델 동물에서 가능한 모든 과정과 기관계에 대한 더욱 상세한 분자 수준의 분석에 초점을 맞추고 있다. 비록 발생 원칙들이 모든 동물에 공통적이긴 하지만, 여러분이 열심히 볼수록 동물 사이의 더 많은 차이를 발견할 수 있음은 필연적이다. 이 정도 수준의 교과서를 위해서 예를 들어 생쥐, 닭, 제노푸스 그리고 제브라피쉬 간에 근육분화의 세세한 차이를 모두 커버하기란 적합하지 않다는 관점을 갖고 있으므로, 나는 중요한 테마에만 집중했다. 일반적인 기관형성 분야에서, 척추동물의 체내 모든 기관을 포함하는 것 역시 가능하지 않다. 따라서 나는 사지 발생과 같은 고전적인 발생생물학 주제들과 신경계, 심장 또는 췌장과 같이 의학적으로 가장 중요한 주제들을 선별하여 포함하였다. 이와 마찬가지로 재생을 고려할 때도 현존하는 어느 정도 재생 가능한 구조들을 모두 포함할 수는 없으므로, 나는 세 가지 고전적인 시스템에 초점을 맞추었다. 플라나리아, 곤충의 다리 그리고 척추동물의 사지.

## 새로운 특징들

3판의 새로운 두 장은 **기관형성과 출생 후 발생을 연구하기 위한 기술 및 다능성 줄기세포의 응용**을 공부하기 위한 것이다. 기술 관련 장에서는 조건부 적중(conditional knockout), 전이 유전자(transgene) 활성 유도 그리고 특정 세포 계통의 표지를 위해 생쥐 연구에서 사용되는 매우 중요한 유전학적 방법들을 주로 다룬다. 응용 관련 장에서는 인간배아줄기세포와 유도만능줄기세포(induced pluripotent stem cell)의 개념 그리고 이들의 현재 및 미래의 응용을 다룬다. 현재 엄청난 관심 분야인 **조직 구성과 줄기세포** 그리고 **성장**, **노화 그리고 암**을 다룬 두 장은 실질적으로 크게 개정하였고, 조직특이적 줄기세포를 정상 배아의 후기 발생과 세포 회전율이라는 측면에서 확고하게 자리 잡도록 했다.

다른 부분도 본문을 모두 다시 작성하고 업데이트하였는데, 주제 그룹화를 어느 정도 재구성하였고 추가 읽기를 업데이트하였으며 오류를 제거하였다. 또한 3판에서는 많은 사진을 소개하는 기회를 가졌다. 이는 많은 발생생물학자에게 연구 동기를 부여하는 샘플의 경탄스러운 아름다움을 서로 소통하여 공유하는 데 도움이 된다.

## 학습의 장애물들

학생들은 종종 발생생물학을 어려운 과목으로 생각하지만, 이해하는 데 장애가 되는 것을 조기에 발견할 경우에는 그렇게 느낄 필요가 없다. 배아 신체 부위들의 이름과 관계는 통상 학생들에게 새로운 것이므로, 이 책에서 부위들은 실험을 이해하는 데 필요한 최소한으로만 언급하였으며 일관된 명명법을 채택하였다(예, "입쪽"이나 "두개골쪽"보다는 "앞쪽"을 일관되게 사용하였다).

경쟁 교재들은 종들을 섞어서 사용하는데, 예를 들어 성게의 낭배형성, 제노푸스의 중배엽 유도, 닭의 체절형성을 연이어 기술하는 것이 전형적이다. 이는 학생들이 어떤 과정이 어떤 생물체에서 일어나는지를 확신하지 못하게 한다. 혼동을 피하기 위해, 나는 2부에 모델 동물 종들을 별도로 두었고, 3부와 4부에서 특정 발견들이 어떤 동물에 적용되는지를 명확하게 했다.

대부분의 학생들은 유전학을 간단히 멘델유전학으로 알고 있으며, 발생유전학의 뚜렷한 주안점들을 이해하고 있지는 않다.

주안점 중에는 하나의 유전자가 서로 다른 특성을 갖는 몇몇 돌연변이 대립유전자(예, 기능상실, 구성적 또는 우성음성)을 가질 수 있다는 사실, 또는 유전자의 이름이 종종 정상 기능보다는 기능상실 표현형에 해당한다는 사실이 있다(예, 초파리 dorsal 유전자의 정상적인 기능은 복부 발생을 촉진하는 것이다!). 또한 Wnt 경로처럼 억제 단계가 있는 경로는 정확히 이해하기가 쉽지 않은데, 그림 상으로 뭔가 부족해지는 것을 보여주는 것이 어렵기 때문이다. 이 책에서는 앞의 몇 장에 이러한 문제들을 상세히 설명하였으며 뒤에 적절히 심화하였다. 나는 억제 경로의 각 구성 요소 상태를 보여주는 도표를 제공하였는데, 이는 특정 구성 요소가 변화한 결과를 한눈에 알 수 있도록 한다. 또한 기능상실과 기능획득 그리고 우성음성 돌연변이를 항상 명확히 구분하였다.

유전자 명명법은 교재에서 골칫거리인데, 왜냐하면 다른 모델 동물을 사용할 때 다른 관례가 적용되고, 단백질 산물에 대한 생화학을 통해 발견된 유전자와 반대로 돌연변이를 통해 발견된 유전자 사이에는 다른 관례가 있기 때문이다. 이 책에서는 본문이 특정 종과 연관되었으면 종특이적 관례를 따르지만, 만약 본문이 한 종 이상의 동물에서의 유전자와 연관된 경우 유전자 이름을 이탤릭체와 이니셜 첫 문자를 대문자로 하는 포괄적인 관례를 따른다.

학생들은 대개 유전자와 유전자 산물을 잘 구별하지 못하는데, 유전자 기호로 이탤릭체를 사용하고 단백질에 대한 일반 표기 유형을 사용함으로써 그들이 잘 구별할 수 있기를 희망하면서 격려해야 한다. 또한 유전자 산물의 발현 증가와 이미 존재하는 산물의 생화학적 기능 활성화 사이의 차이를 이해할 필요가 있다. 이 책에서는 이 두 가지 상황에 대해 각각 "상향조절(upregulation)"과 "활성화(activation)"라고 언급하며, 발현과 활성이 감소하는 경우는 "억압(repression)"이나 "억제(inhibition)"로 표현한다.

나는 이름과 기능의 구어체적인 결합을 채택하지 않도록 주의했는데, 예를 들면 "노치 수용체(Notch receptor)"가 그렇다. 이는 너무 쉽게 노치 분자 자체 보다는 노치에 대한 수용체를 암시하는 것이며, 피해야 할 방식이다.

마지막으로, 특정 과정의 작동을 설명하기 위해 꼭 필요한 최소로 유전자 수, 신호 시스템 그리고 다른 분자 요소 측면에서 세부 사항의 전체 수준을 유지하기 위해 노력했다. 이는 종종 여러 병렬적인 중복 구성요소들이 언급되지 않음을 의미하며, Cell 지에 발표된 최신 세부 사항은 생략되었다.

## 학습 결과

이 책의 내용에 해당하는 과정을 마치면 학생들은 주요 원칙들과 방법들을 이해할 수 있을 것이다. 대학원 진학을 희망하는 경우, 발생생물학 전공 대학원 과정에 대한 준비가 잘 되어 있을 것이다. 제약산업 분야에서 일하게 될 경우, 약물 스크리닝 또는 약품 개발 목적으로 사용되는 발생 시스템에 기초한 측정법들의 가치를 평가할 수 있게 될 것이다. 고등학교 교사가 될 경우, 대중매체에서 다루는 종종 센세이셔널한 많은 이야기들을 설명할 수 있게 될 것이다. 기적의 줄기 개구리를 다룬 이야기의 경우, 교사는 결과의 참된 의미와 연구 뒤에 숨은 진정한 동기를 이해하고 설명할 수 있을 것이다. 우리의 관심은 과학적인 연구 결과를 널리 퍼뜨리는 것을 보장하는 것 뿐만 아니라, 그들이 단순한 화젯거리가 아닌 깨달음의 원천임을 보장하는 것에 있다.

## 감사의 글

나는 Wiley-Blackwell사 편집부의 카렌 체임버스와 민디 오쿠라-마르지키의 도움에 감사드린다. Zoobotanica사의 데비 마이젤의 탁월한 도안 작업에 감사한다. 캐시 시플리자크의 유능한 작업 관리에 감사한다. 나를 위해 여러 장을 읽어 준 University of Minesota의 마이크 오코너와 앤 러그비에게 감사한다. 일부 오류를 제거하는 데 도움을 준 에이비어 야쿠트에게도 감사한다. 사진 제공을 도운 제임스 더튼, 루카스 그레더, 케빈 린 그리고 졸업한 많은 실험실원들에게 감사한다. 내가 읽고 쓰기에 많은 시간을 할애하는 것을 견디어 준 모든 현재 실험실원들에게도 감사한다. 한없는 지원을 제공한 내 가족들에게 감사한다.

조나단 M.W. 슬랙
미네소타

# 저자 소개

조나단 M.W. 슬랙 교수는 영국 런던, 옥스퍼드, 바스에서 연구 및 교육에 종사해 온 저명한 발생학자이다.
슬랙 교수는 현재 미국 미네소타 대학의 줄기세포연구소(Stem Cell Institute)의 디렉터이며, 미네소타 대학과 바스 대학 명예교수직을 가지고 있다. 그는 유럽분자생물학 기구(European Molecular Biology Organization)와 의과학아카데미(Academy of Medical Sciences) 회원이며, 진화와 발생학회지(Journal Evolution and Development) 편집진으로 봉사 중이다. 슬랙 교수의 연구 관심사는 재생과 세포 형질전환(줄기세포)이며, 이에 관해 다수의 논문과 4권의 교재를 저술하였다.

# 참고 웹사이트

이 책의 보조 웹사이트는 www.essentialdevelopmentalbiology.com이다.

이 사이트에는
- 동영상(애니메이션)
- 본문의 그림들
- 질문과 해답
- 유용한 웹사이트 링크들

등이 있다.

웹사이트에는 책 전체에 걸쳐 안내된 표시들이 있다. 다음의 아이콘들을 찾아보라.

# 역자 머리말

1980년대 초 발생학 수업에서 배운 것은 생쥐와 개구리를 대상으로 난자와 정자의 성숙과정, 수정, 그리고 초기 배아 발생과정이 주를 이루었고, 형태학적으로 접근했기에 그다지 어렵게 느껴지지 않았던 것으로 기억한다. 지금도 놀라운 사실은, DNA 구조도 밝혀지지 않았던 20세기 중반까지 (고전)발생학자들이 보여준 예리한 통찰력이다. 예를 들어 형성체(organizer)와 유도(induction), 그리고 형태형성인자(morphogen)의 농도구배에 따른 패턴 형성에 대한 가설은 지난 세기말부터 적용되기 시작한 분자생명과학 실험기법으로 '옳음'이 속속 증명되었다. 역사적으로 보면, 20세기 초에 초파리를 모델로 삼은 모건 등이 멘델리안 유전학을 발전시키면서 발생학으로부터 유전학이 분리되었다. 1980년대 이후 발생의 기전을 유전자 수준에서 다루게 되고 발생학과 유전학이 발생유전학(developmental genetics)로 통합되면서 발생학은 학습해야 할 정보의 양과 수준이 획기적으로 바뀌었다. 본시 발생학은 수정에서 개체의 사망에 이르는 동안에 일어나는 분화, 성장, 노화를 다루는 과목이므로 생명과학의 여타 세부 분야와는 달리 '시간'의 함수가 추가된다. 게다가 단세포 수준에서 출발하여 조 단위의 다세포체 구조로 발달해 나가기 때문에 3차원 공간 패턴에 대한 이해도 요구된다. 근래에는 이러한 시공간적인 변화를 유전자 수준에서 설명하고자 하기 때문에 학생들에게 발생학은 더 이상 손쉬운 과목이 아닐 것이다.

서문에 나온 저자의 익살처럼, 1980년대 이래 '발생유전학' 측면이 부각되면서 발생학은 매 10년 마다 연구 인력과 결과가 두 배 이상으로 증가하고 있지만. 학생들과 교수의 뇌가 매 10년마다 두 배로 커지지는 않으며, 할당된 강의 시간 역시 두 배 이상 늘지는 않고 있다. 따라서 제한된 시간에 방대한 정보를 축약하여 학부 저학년이 대부분인 수강생들에게 전달할 수 있는 적합한 교재가 절실히 필요한 상황이다.

다행스럽게도 저자는 이 책의 용도를 학부 과정 2학년에서 4학년생의 핵심 교재로 정했는데, 그간 널리 사용된 교재가 학부 4학년 이상 대학원생에게 적합한 것에 비하면 눈높이를 적절하게 낮춘 것이다. 또한 기존 교재의 분량이 2학기 또는 3학기 강의에 적합한 것인데 비해 이 책은 상당히 축약되어 단학기로 강의를 해야만 하는 우리나라 대부분 대학교의 현실과 잘 맞는다. 내용면에서 이 책은 발생학의 중요한 테마들만을 집중적으로 다뤘으며, 학생들이 잘 이해할 수 있도록 짧고 간결한 문체로 작성되어 있다. 특히 기존의 교재들은 '수정' 다음 '초기 배아 발생' ... 처럼 주요 발생 이벤트 순으로 작성되고 한 단원 안에 주요 모델 동물들이 총 망라되어 있어서 학생들에게 종간 차이에 기인한 혼란을 초래할 수 있었다. 반면 이 책은 모델 동물 별로 단원을 나누고 그 종의 발생 이벤트들이 한 단원 안에 순서대로 기술되어 있기 때문에 학생들이 발생 기전이나 요소들을 일반화하는 오류를 범할 가능성을 방지했다.

비록 전체적으로는 축약되었지만, 이 책은 줄기세포, 재생, 노화, 종양과 같은 현대 발생학의 가장 민감한 주제들을 상세히 다루고 있으며, 최신 실험방법론에 대한 이해를 높일 수 있도록 구성되어 있다.

이 책의 번역진 전원은 그간 발생학 강의를 수행해 왔고, 각자의 연구 주제와 일치되도록 단원을 분담했다. 그러므로 원저에 대한 이해가 높고, 번역의 질도 어느 정도 보장된다고 조심스레 판단하고 있다. 그럼에도 불구하고, 일부 찾아내지 못한 오타와 부적절한 용어 사용이 있었을 것으로 생각하며 이에 대한 지적은 겸허히 수용하는 바이다.

위에서 언급한 바처럼 발생학은 시공간적으로 역동적인 '생명' 현상과 '생명'의 본질을 후손에게 전달하는 메커니즘 그리고 그 과정들에서 일어나는 진화의 단초들을 연구하는 독특하고도 매력적인 분야이다. 또한 선천성 기형, 후생학적 성인병 발병, 종양, 재생, 줄기세포 등 우리 자신의 생과 밀접한 분야이기 때문에 생명공학의 근간을 이루는 분야이기도 하다. 그러기에 역자들은 우리 학생들이 이 책을 통해 생명과학의 핵심 세부 영역이면서 응용 분야가 넓은 발생학에 대한 이해를 한껏 높일 수 있기를 희망한다.

이 책이 나오기 까지 격려와 수고를 아낌없이 제공해주신 월드사이언스 출판사의 박선진 대표님을 비롯한 직원 여러분께 감사드린다. 특히 역자들의 원고를 수합하여 책으로 완성하기까지의 모든 실무를 담당해 주신 정창기 실장님 이하 편집진 여러분께 정중한 사의를 표한다.

끝으로, 기획부터 물심양면으로 지원해 주신 한국발생생물학회와 회원 여러분들께도 감사드리며, 앞으로도 많은 지도편달을 요청드린다.

2015년 8월

대표 역자 이성호

# 역자 소개

가나다순

**권준영**

선문대학교 건강보건대학 수산생명의학과

**김재만**

목포대학교 자연과학대학 생명과학과

**김종훈**

고려대학교 대학원 생명공학과

**김지수**

서울여자대학교 자연과학대학 생명환경공학과

**선 웅**

고려대학교 의과대학 해부학교실

**이성호**

상명대학교 자연과학대학 생명과학과

**전용필**

성신여자대학교 자연과학대학 생명과학과

**조경상**

건국대학교 생명특성화대학 생명과학전공

**조세형**

경희대학교 의과대학 생리학교실

**최돈찬**

용인대학교 환경과학대학 생명과학과

# 제1부

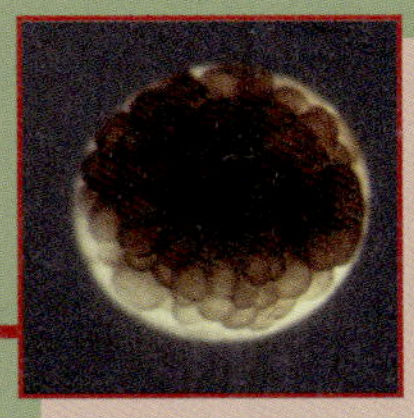

# 기반

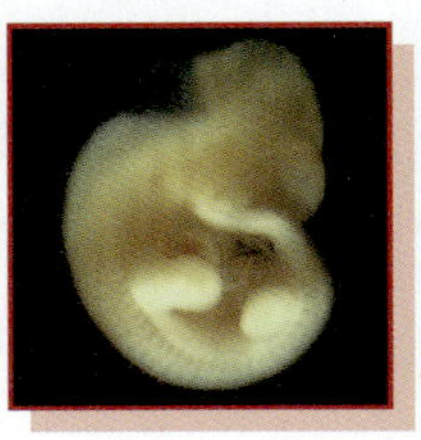

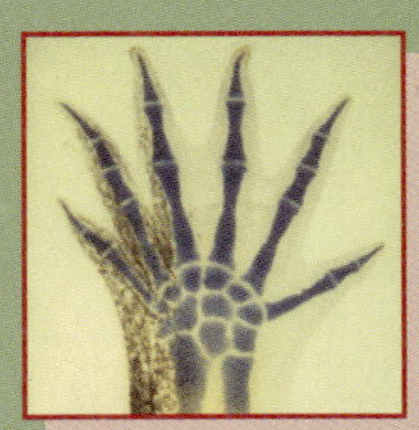

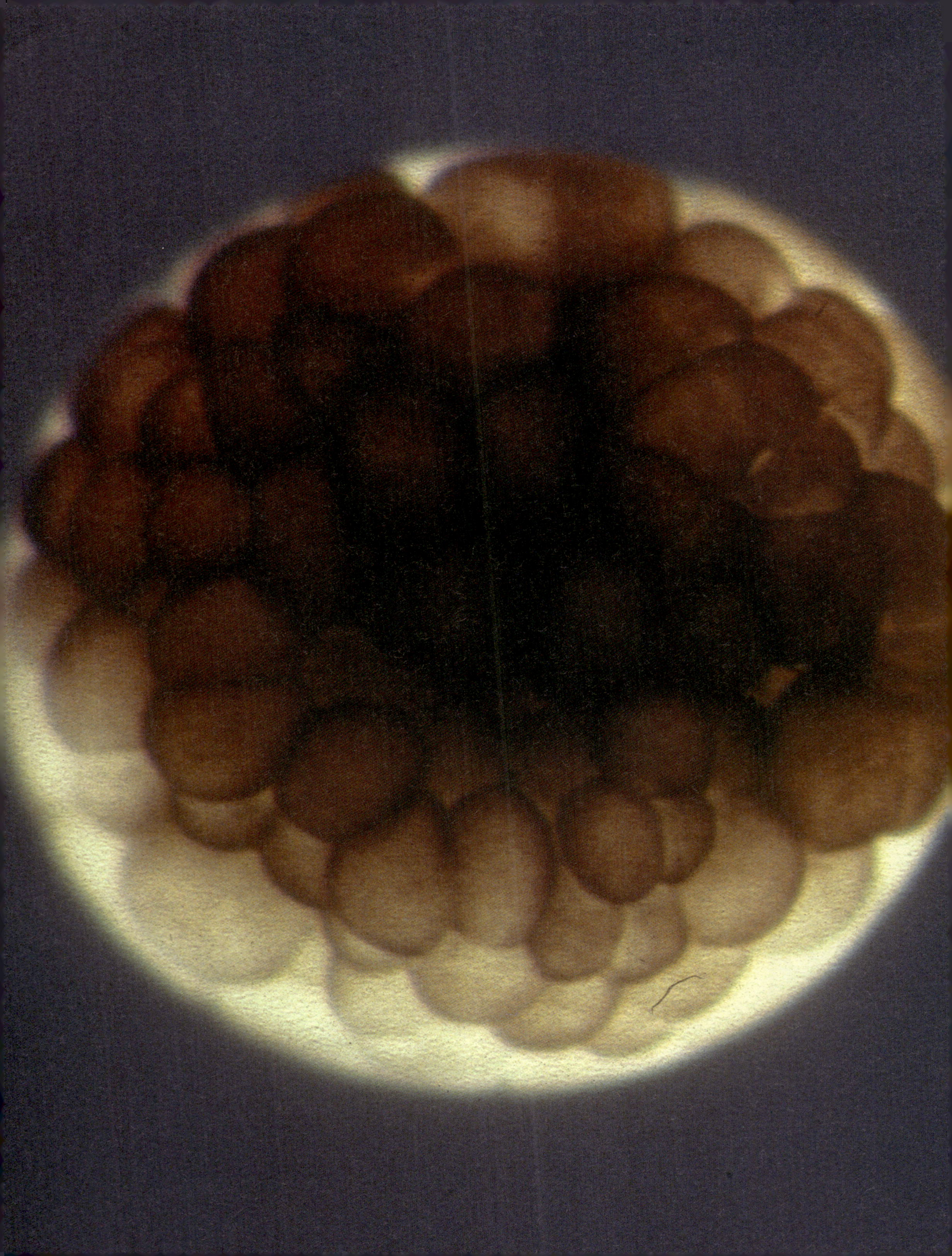

제 1 장

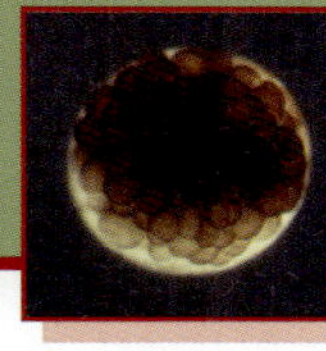

# 흥미로운 발생학

발생학은 생물의 형태가 시간에 따라 어떻게 변해가는 지를 연구하는 학문이다. 발생은 배아 단계에서 아주 분명하게 일어나는데, 이 시기에 수정란이 여러 세포 유형, 조직과 신체 부분들로 구성된 복잡한 동물로 발생한다. 그러나 발생은 또한 잃어버린 신체 부분들의 재생 시에도, 유충을 거치는 동물들이 성체 형태로 변태하는 과정 중에도, 심지어 신체 내부에서 줄기세포로부터 새로운 기능을 나타내는 세포들이 연속적으로 분화하는 과정에서도 일어난다.

발생학은 현대 생물학에서 독특하고 핵심적인 위치를 차지하고 있다. 이렇게 말하는 이유는 분자/세포생물학, 유전학, 형태학 등의 분야를 통합하기 때문이다. 분자생물학과 세포생물학은 유전자 및 세포 각자가 어떻게 작용하는 지를 알려준다. 발생 과정에는 유도인자(유발인자), 수용체, 신호전달경로, 전사인자 등이 포함되어 있다. 유전학은 유전자 각각의 기능과 그 유전자가 다른 유전자들의 활성에 어떻게 관련되어 있는지를 바로 알려준다. 형태 또는 해부학적인 구조는 분자들이 작용하는 과정의 결과도 되고 또한 원인도 된다. 발생의 초기 과정은 어떤 간단한 형태를 만들어내는 것인데, 이때 그 형태를 토대로 신호전달 과정과 반응 과정이 계속 일어나, 점진적으로 더 복잡한 형태가 만들어진다.

따라서 발생학은 위에서 언급한 세 분야의 과학적 공헌이 포함되어 있는 종합적인 학문이다. 발생학적인 문제를 생각할 때, 이미 언급한 세 영역 모두가 전체적인 그림을 그리는 데 필요하기 때문에 그 세 영역에서 나오는 개념을 동시에 사용할 수 있어야 한다.

## 주제의 근원

현대의 생물학적 연구에서 가장 놀라운 결론은 발생학적인 기전들이 사람을 포함하는 모든 동물에서 매우 비슷하다는 점이다. 이러한 사실은 분자에 기초를 둔 발생학적 과정을 조사할 수 있게 된 이후에야 비로소 알게 되었다. 1980년 이전에는 사실상 이러한 기전에 대해 아무것도 알지 못했지만, 30년이 지난 후에는 많은 것이 알려져 이 주제로 대학 교재를 쓸 수 있게 되었다. 그 기간 동안에 발생학은 생물학 연구 중에 가장 흥미로운 분야가 되었다. 극적인 발전은 하나의 세계관으로 융합된 전통적으로 중요한 세 분야, 즉 실험발생학(experimental embryology), 발생유전학(developmental genetics) 및 분자생물학에서 이루어졌다.

**실험발생학(experimental embryology)**은 20세기가 시작된 이후로 계속 진행되었는데, 이 시기에는 주로 개구리와 성게의 배아에 미치는 미세 외과수술 실험이 성행했다. 이러한 실험들로부터 **배아유도(embryo induction)**라는 기전의 존재가 입증되었다. 즉 배아 내에서 세포의 발생 경로를 조절하는 화학적 신호가 있음이 증명된 것이다. 이 신호들이 언제 그리고 어디에서 작용하는 지를 밝혀 냈지만, 그 신호들의 정체를 확인할 수는 없었고, 그 신호에 대해 반응을 나타내는 분자들의 특징도 검증할 수 없었다.

발생유전학도 오랫동안 존속되어 왔지만, 1970년대 후반에야 진정으로 번창하게 되었는데, 그때는 초파리(*Drosophila*)의 발생에 영향을 미치는 수천 가지의 돌연변이가 조사되는 등, 유전학적 검사가 대량으로 진행되었다. 이러한 **돌연변이 검사(mutagenesis screening)**를 통해 초파리뿐 아니라 모든 동물에서 발생을 조절하는 유전자들이 상당수 확인되었다.

분자생물학은 1953년에 DNA의 3차원 구조가 발견되면서 시작되었고, 1970년대에 실질적인 유전자 조작 과학으로 발전하였다. 가장 중요한 혁신적인 기술로는 화학적으로 다룰 수 있을 만큼 품질이 좋게 각각의 유전자를 증폭시킬 수 있는 **분자클로닝법(molecular cloning)**, DNA와 RNA 샘플을 확인할 수 있는 **핵산혼성화법(nucleic acid hybridization, 핵산상보결합화법)**, 유전자와 그 단백질 산물의 1차 구조를 결정하기 위한 **DNA 염기서열 분석법(DNA sequencing)** 등이 있다.

분자생물학적 기술을 적용시키면서 발생 기전을 분자 수준에서 처음으로 자세히 이해할 수 있게 되었다는 의미다. 또한 유전자를 새로 도입시켜 발생 경로를 실험적으로 변경시킬 수 있고, 유전자를 선택적으로 제거할 수 있고, 유전자들 사이의 조절 관계를 변경시킬 수 있음을 뜻한다. 또한 모든 동물들이 발생을 조절하기 위해 아주 비슷한 기전을 사용하고 있음도 밝혀냈다. 이 결과는 초파리, 제브라피쉬(zebra fish), 개구리, 생쥐 등에서 발생이 일어나는 방식을 이해함으로써, 사람의 발생과정을 실질적으로 알아낼 수 있다는 의미를 내포하고 있기 때문에 특히 흥미롭다.

## 발생학의 영향력

최근 수십 년 동안 발생학의 어떤 세부 영역들은 사회에 커다란 영향력을 발휘했다. **체외수정(*in vitro* fertilization, IVF)**은 현재 일상적인 방법이 되었고, 수백만 명의 불임 부부들이 아기를 낳을 수 있게 해 주었다. 선진국에서는 신생아의 2-3%나 되는 많은 아이들이 IVF로 출생하는 것으로 추정된다. 이것을 변형시킨 방법으로는 정자 공여자에 의한 인공 수정법(artificial insemination by donor, AID), 난자 공여 방법, 수정란 냉동 보관법 등이 있다. 2011년에 에드워드(Robert Edward)는 이러한 기술을 개발한 공로로 노벨생리의학상을 수상했다. 어미들 간의 AID, IVF, 배아 냉동, 배아 착상 등이 농장 동물들에게도 아주 중요하다는 점은 널리 평가받지 못했다. 그럼에도 불구하고 이러한 기술들은 최상의 동물들이 번식할 수 있는 잠재력을 높이기 위해 수년 동안 가축에 사용되었다.

발생학은 또한 사람의 배아가 **기관형성(organogenesis)** 시기[즉, 일반적인 몸 체제(body plan)가 설정된 후, 장기들 각각이 뿌리를 내리는 시기] 동안 손상에 특히 민감하다는 점을 알려주었다. **기형학(teratology)**은 배아에 미치는 화학물질, 바이러스 감염, 방사선 등과 같이 환경에 존재하는 물질들의 효과를 연구하는 분야이다. 이 분야는 임산부가 이러한 물질들의 영향에서 벗어나야 할 필요성을 깨닫게 해 주었다. 예를 들면, 콜레스테롤 수치를 낮추기 위해 사용되는 스태틴(statin) 계열의 약물들은 신호전달 물질인 소닉헤지호그(sonic hedgehog)의 콜레스테롤 변경 기능을 약화시킬 수 있다. 이에 따라 발생 과정 중에 hedgehog 신호전달에 의존하는 기관계, 즉 중추신경계, 사지, 척추 같은 체계에 다양한 결함이 나타날 수 있다. 비록 정상 범위의 statin 용량이 사람에게는 기형을 일으키지 않을지 몰라도, 이 결과는 임신 초기에 그 약물들을 피해야 할 타당한 사유가 된다.

발생학은 사람에서 나타나는 다수의 **선천성 결함(birth defects)**에 대한 유전자 및 염색체의 기본을 이해할 수 있게 해준다. 특히 다운증후군(Down's syndrome)은 염색체가 하나 더 존재하기 때문에 일어나며, 비교적 흔한 성염색체 이상도 많이 나타난다. 이러한 현상은 양수에서 채취한 세포로 탐지할 수 있고, 수백만 명의 임신부들이 해마다 선택하는 **양수천자 검사(amniocentesis test)**의 기초가 된다. 그런 결함은 또한 임신 초기 단계에서 채취할 수 있는 **융모막 융모(chorionic villi)** 샘플로도 탐지할 수 있다. 선천성 결함은 발생을 조절하는 유전자에서 일어나는 돌연변이 때문에 훨씬 더 많이 일어난다. 현재는 분자생물학적인 기술을 사용하여 부모의 DNA 또는 배아나 융모막 융모의 DNA에서 이 유전자 중 일부를 검사할 수 있다.

발생학 연구를 통해 성장조절물질 중의 몇 가지도 새로 확인할 수 있었다. 그중 일부는 임상시험 중이다. 예를 들면, 조혈성장인자인 조혈인자와 과립구-대식세포 집락자극인자(granulocyte-macrophage colony-stimulating factor, GM-CSF)는 둘 다 항암화학요법이나 또는 다른 이유로 혈구세포가 고갈되는 환자를 치료하기 위해 수년 동안 사용되었다. 섬유모세포성장인자(fibroblast growth factors, FGF) 같은 몇 가지 다른 성장인자도 상처 치료를 돕기 위해 사용되었다.

발생학은 또한 다른 과학 분야에도 커다란 영향을 미쳤다. 발생학은 특히 유전자를 변경시켜 생쥐를 만들어내는 방법처럼, 사람의 질병에 관한 **동물 모델(animal models)**로서 현재 흔히 사용되고 있다. 이는 병리생리학적 기전을 더 자세히 연구할 수 있게 해 주고 새로운 실험적인 치료법을 시험할 수 있게 해 준다. 표적으로 삼은 돌연변이 생쥐가 돌연변이가 아닌 원인으로 일어나는 인체 질병을 닮는 경우가 종종 있기 때문에, 동물모델은 사람의 유전병 모델로만 제한되는 것은 아니다.

발생학은 또한 **줄기세포(stem cell)** 생물학의 산파역을 맡았다. 배아줄기세포가 발생학자에 의해 발견되었고, 이 배아세포의 분화 유도 방법은 발생학자가 세워 놓은 정상적인 배아 유도 과정의 이해력에 의존하고 있다. 줄기세포생물학은 현재 잠재적인 의학적 응용 가능성이 많아서 당연하게도 커다란 과학 분야가 되었다.

## 미래의 영향력

과거에 발생학의 영향력이 아주 컸다할지라도, 미래의 영향력은 훨씬 더 지대하게 될 것임에 틀림없다. 발생학이 주는 혜택 중 일부는 간접적이고 당장은 분명하게 나타나지 않을 것이다. 특히 사람의 유전자 조작과 관련되어 있는 혜택 중 몇 가지는 심각한 윤리적, 법률적 문제를 일으킬 수도 있다. 이러한 문제들은 사회가 전반적으로 해결해야 할 것이고, 그 주제를 다루는 현재의 전문가들인 과학자만의 문제는 아닐 것이다. 이러한 이유로, 발생학을 가능한 한 폭넓게 이해하는 것이 중요한데,

이는 과학의 진가를 올바르게 인식해야만 사람들이 올바른 정보에 근거하여 선택할 수 있기 때문이다.

실질적인 중요성을 갖는 주된 분야 중 첫째는 발생 기전을 이해하면 암이나 당뇨, 관절염, 신경퇴화처럼 극심한 고통이 지속되고 조기 사망을 유발하는 퇴행성 질환에 효과적인 신약을 디자인하는 제약 산업에 도움이 될 것이라는 점이다. 퇴행성 질환으로 약해지는 과정은 배아 발생 중 특히 후반부 단계에 확립되는 과정이다. 여기에 어떤 유전자와 어떤 신호전달물질이 관련되어 있는지를 이해하게 되면서 중재 역할을 할 수 있는 잠재적인 새로운 **치료용 표적(therapeutic targets)**을 많이 알게 되었다. 일단 발생학으로 표적이 확인되면 제약업계의 화학자들이 새롭고 강력한 **조합화학(combinatorial chemistry)** 기술을 적용하여 표적의 작용을 확실히 증가시키거나 억제하는 약물을 만들어낼 수 있다.

둘째, 제약 산업의 성과와는 아주 별개의 공헌이지만, 발생학의 다양한 모델체계가 시급석으로 중요하다는 것이다. 여러 **신호전달경로(signal transduction pathway)**에서 생체기능은 제노푸스, 제브라피쉬, 초파리, 예쁜꼬마선충(*Caenorhabditis elegans*) 등에서 가시화될 수 있고, 간단히 해부현미경을 사용하여 그 경로를 방해하는 물질을 분석하기 위해 사용할 수 있다. 유전자변형 생쥐들이 특정 인체 질병에 대한 모델로서 매우 중요하게 되었다. 이러한 분석은 개체 전체를 관찰하기 때문에 조직배양 중인 세포를 대상으로 하는 생화학적 분석보다 훨씬 더 강력하다.

셋째, 단 하나의 유전자 이상으로 인해 일어나는 전체적인 변이를 포함하는 기존의 **산전 진단검사(prenatal screening)**가 있다. 비록 이 방법을 사람의 선천성 결함을 제거하기 위한 더 나은 과정으로 환영한다 해도, 문제도 함께 제기될 것이다. 개인의 유전자 구성에 관해 시험을 더 많이 하면 할수록 어떤 질병이나 다른 질병에 감염되기 쉽다고 밝혀지기 때문에 보험이나, 특히 구직 기회를 점점 더 많이 잃게 될 것이다. 이 점은 사회 전체가 풀어야 할 숙제이다.

넷째, 성장 과정과 재생 과정을 이해하면 치료용으로 널리 적용할 수 있다. 예를 들면, 췌장의 β 세포들이 자라게 할 수 있는 여러 인자를 개발할 수 있을 것이고, 그러면 그 인자들이 당뇨 치료에 아주 유용하게 쓰일 수 있을 것이며, 신경세포를 재생시킬 수 있는 무엇인가를 만들어 낸다면 다양한 퇴행성 신경질환을 치료하는 데 유용할 것이다.

다섯째, 발생학을 응용하여 사람의 세포, 조직, 기관 등을 **이식(transplantation)**용으로 만들어낼 수 있다. 기관 전체가 아니라 세포나 조직이 이식된다면 보통 **세포치료법(cell therapy)**이라고 부른다. 현재 모든 유형의 이식이 공여자의 부족으로 인해 매우 제한되어 있기 때문에 세포, 조직, 기관을 만들어낼 수 있는 줄기세포 연구가 공공의 정당성을 부여받으며 재정지원이 이루어지고 있다. 대체하는 방법은 사람의 **다능성 줄기세포(pluripotent stem cell)**의 성장을 유도하는 일이다. 최근에 이뤄진 극적인 발견에 의하면, 정상적인 섬유아세포 또는 다른 세포 유형에서 **배아줄기세포(embryonic stem cell)**의 특성에 아주 중요하다고 이미 알려진 소수의 유전자를 상향 조절시킴으로 해서 다능성인 **유도만능 줄기세포(iPS cells)**로 다시 프로그래밍할 수 있다. 다능성 줄기세포는 조직배양에서 제약 없이 자라는 능력을 지니고 있으므로 적절한 환경에 놓이게 되면 신체의 모든 세포 유형 또는 대부분의 세포 유형으로 분화될 수 있다. 당뇨 치료용으로 췌장 β-**세포**, 파킨슨병(Parkinson's disease) 치료용으로 **도파민신경세포(dopaminergic neuron)**, 심장병 치료용으로 **심근세포(cardiomyocyte)** 등을 만들어내는 방법 등에 각별한 관심이 쏠렸다. 다능성 줄기세포가 사회의 필요에 따라 이러한 세포 유형을 만들어낼 수 있다는 희망을 갖게 해 줄 뿐만 아니라, 원칙적으로는 맞춤형 세포주를 키워낼 수도 있으므로 특정 환자를 치료하는 면역학적으로 완벽한 방법이 될 것이다.

새로운 줄기세포 기술은 구성된 세포 유형으로 시작하여 더 복잡한 조직이나 기관을 잠재적으로 만들어낼 수 있는 **조직공학(tissue engineering)** 방법과 연합하게 될 것이다. 여기에는 3차원 세포외기질, 즉 세포들이 자라고 상호작용하는 **지지틀(scaffold)**을 새로운 유형으로 만들어내는 기술이 포함된다. 조직공학은 상호작용하는 여러 세포 유형을 포함하는 조직, 즉 적절한 혈관과 신경을 갖춘 조직을 만들어낼 수 있게 하기 위해 발생학으로부터 많은 정보를 얻어야 할 것이다.

끝으로, 발생학을 농업에 응용할 수 있는 가능성 또한 빠뜨리지 말아야 한다. 농장동물의 경우에는 소, 돼지, 양, 가금류를 지금 그대로의 모습으로 유지하려는 대중의 소망 때문에 그 가능성이 제한될 수도 있다. 하지만 이미 기술은 개발되어 양의 젖에서 약제를, 그리고 알에서 백신을 만들어 내고 있으며, 다른 가능성 또한 의심의 여지 없이 미래에 저절로 나타날 것이다.

## 추가로 읽을 것

### Useful webs sites

Society for Developmental Biology: Education section
http://www.sdbonline.org/
index.php?option=com_content& task=section&id=6&Itemid=62
The virtual embryo:
http://www.ucalgary.ca/UofC/eduweb/virtualembryo/

### Textbooks, mainly descriptive

Gilbert, S.F. & Raunio, A.M., eds. (1997) *Embryology: Constructing the*

*Organism*. Sunderland, MA: Sinauer Associates.

Hildebrand, M. & Goslow, G.E. (2001) *Analysis of Vertebrate Structure*, 5th edn. New York: John Wiley & Sons.

Carlson, B.M. (2004) *Human Embryology and Developmental Biology*, 4th edn. Philadelphia: Mosby Elsevier.

Schoenwolf, G., Bleyl, S., Brauer, P. & Francis- West, P. (2008) *Larsen's Human Embryology*, 4th edn. New York: Churchill Livingstone.

### Textbooks, mainly analytical

Gilbert, S.F. (2010) *Developmental Biology*, 9th edn. Sunderland, MA: Sinauer Associates.

Wolpert, L. & Tickle, C.A. (2010) *Principles of Development*, 4th edn. Oxford: Oxford University Press.

### Reproductive technology, teratology, ethics

Braude, P. (2001) Preimplantation genetic diagnosis and embryo research – human developmental biology in clinical practice . *International Journal of Developmental Biology* **45**, 607–611.

Maienschein, J. (2003) *Whose View of Life? Embryos, Cloning and Stem Cells*. Cambridge, MA: Harvard University Press.

Gilbert, S.F. , Tyler , A. & Zackin, E. (2005) *Bioethics and the New Embryology: Springboards for Debate*. Sunderland, MA: Sinauer Associates.

Ferretti, P., Copp , A., Tickle, C. & Moore, G. (2006) Embryos, *Genes and Birth Defects*. Chichester, England: Wylie.

Pearson, H. (2008) Making babies: the next 30 years. *Nature* **454**, 260–262.

Gearhart, J. & Coutifaris, C. (2011) In vitro fertilization, the Nobel Prize, and human embryonic stem cells. *Cell* Stem *Cell* **8**, 12–15 .

### Stem cells and associated technologies

Zandonella, C. (2003) The beat goes on. *Nature* **421**, 884–886.

Verma, I.M. & Weitzman, M.D. (2005) Gene therapy: twenty-first century medicine. *Annual Review of Biochemistry* **74**, 711–738.

Atala, A. (2006) Recent developments in tissue engineering and regenerative medicine. *Current Opinion in Pediatrics* **18**, 167–171.

Gardner, R.L. (2007) Stem cells and regenerative medicine: principles, prospects and problems. *Comptes Rendus Biologies* **330**, 465–473.

Lutolf, M.P., Gilbert, P.M. & Blau, H.M. (2009) Designing materials to direct stem-cell fate. *Nature* **462**, 433–441.

Kay, M.A. (2011) State-of-the-art gene-based therapies: the road ahead. *Nature Review Genetics* **12**, 316–328.

Rossant, J. (2011) The impact of developmental biology on pluripotent stem cell research: successes and challenges. *Developmental Cell* **21**, 20–23.

Slack, J.M.W. (2012) *Stem* Cells. *A Very Short Introduction*. Oxford: Oxford University Press.

제2장

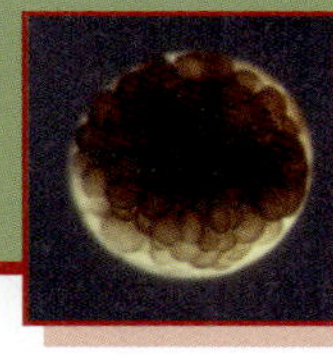

# 발생이 진행되는 방식

배아 발생의 몇 가지 기본 과정과 기전은 현재 아주 잘 이해되고 있지만 다른 것은 그렇지 않다. 2장에서는 현재 이해하고 있는 수준에서 발생이 진행되는 방식을 요약할 것이다. 그 기전이 이와 같이 일어난다고 믿는 이유에 대한 근거와 특정 개체에서 일어나는 발생 과정의 여러 실례는 이어지는 여러 장에서 설명될 것이다. 그리고 거론되는 유전자와 분자의 명칭에 관한 더 많은 정보는 부록에서 찾을 수 있다.

배아 발생은 수정란인 단세포가 여러 해부학적 부분으로 이루어진 복잡한 개체로 변환하는 과정이다. 복잡하게 일어나는 이 현상을 5종류의 과정으로 나누어 생각할 것이다.

1 **지역 특성화(regional specification)**에서는 이전까지 유사했던 세포 덩어리에서 패턴이 어떻게 나타나는지를 다룬다. 예를 들어 발생 초기의 배아들은 **포배(blastula)** 또는 **배반엽(blastoderm)**이라는 단계를 거치는데, 이때 배아는 아무런 특징이 없는 구형 또는 판형 모양의 세포로 구성되어 있다. 여러 국소 부위에 있는 세포들은 머리, 몸통, 꼬리 같은 신체의 여러 부분을 형성하기 위해 프로그램되어 있어야 한다. 초기 단계는 보통 수정란 안의 특정 자리에 있는 조절 단백질[**결정인자(determinants)**]과 관련이 있다. 후기 단계에는 보통 **배아유도(embryonic induction)**로 알려진 세포 내 신호전달 과정이 있는데, 이 과정에서는 세포 각자가 위치하고 있는 지역에서 발생조절 유전자가 여러 가지 조합으로 상향 조절을 유도한다.

2. 세포 **분화(differentiation)**는 여러 종류의 세포가 생겨나는 기전을 말한다. 척추동물의 몸에는 표피부터 갑상선 세포, 림프구, 또는 신경세포까지 전문화된 세포 유형이 200종류 이상 있다. 세포 유형 각각은 특정 유전자로 암호화되는 특정 단백질의 독특한 특징을 지니고 있다. 세포 분화 연구는 이 유전자가 상향 조절되는 방식과 유전자의 활성이 계속 유지되는 방식을 다룬다. 세포 분화는 줄기세포로부터 공급되어 계속 세포가 대체되는 지역에서는 평생 동안 지속된다.

3 **형태형성(morphogenesis)**은 발생 중에 있는 기관이나 개체가 그 모양을 3차원으로 형성하는 세포와 조직의 움직임을 말한다. 이 과정은 **세포골격(cytoskeleton)**의 역동성, 세포의 역학 및 점탄성 특성에 좌우된다. 일부 형태형성 과정은 조직 재생 부위에서 성체까지 지속된다.

4 **성장(growth)**은 개체의 전반적인 크기 증가와 신체 부분들 사이의 비례 조절을 말한다. 발생의 어떤 다른 면보다 일반인들이 더 잘 알고 있지만, 분자 기전의 용어로는 잘 이해되고 있지 않다.

5 어쨌든 발생의 각 과정들은 때를 맞춰 조정된다. 하지만 **발생시간(developmental time)**은 그 과정에서 가장 신비로운 것으로 남아 있다. 종이 다르면 발생이 다른 속도로 진행된다고 알고 있지만 그 이유는 여전히 모른다. 이 방면에 대해 모르는 부분이 아직 많다.

## 아주 간결한 요약

다음은 발생이 진행되는 방식에 대한 핵심 요약이다. 2장의 나머지 부분에서는 기본적인 발생 과정을 다소 상세하게 탐구할 것이다. 이어지는 여러 장에서는 이러한 과정들이 특정 모델 동물들에서, 또는 기관 발생 상황에서 어떻게 작동하는지 설명할 것이고, 기본 모델에 대한 실험상의 근거를 보여줄 것이다.

암수 **배우자(gametes)**는 발육하고 감수분열을 거쳐 각 염색체를 한 세트만 갖도록 **염색체(chromosome)** 수를 반으로 줄인다. 암수 배우자는 **수정(fertilization)** 과정에서 융합하여 **접합자(zygote, 수정란, 접합체)**를 형성한다. 접합자는 **난할(cleavage)**이라는 분열 시기를 거쳐서 **포배(blastula)** 또는 **배반엽(blastoderm)**이라고 부르는 비슷한 세포들로 이루어진 구형 또는 얇은 층을 형성한다. 일반적으로 난할의 분열은 빠르지만 성장은 일어나지 않아서 딸세포들은 모세포의 절반이 되

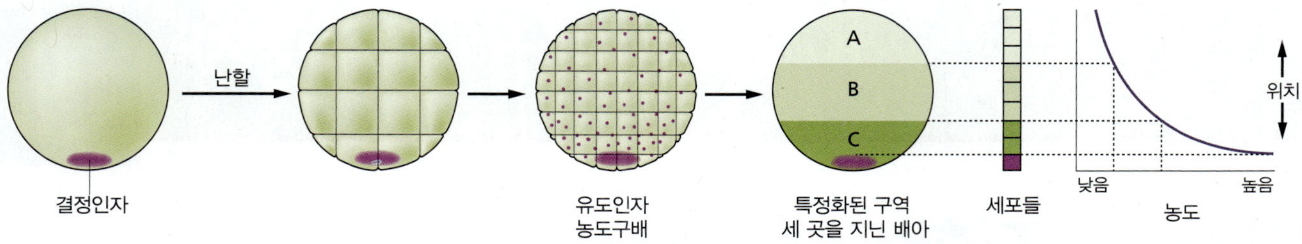


**그림 2.1** 초기 단순 상태로부터 복잡성의 형성. 배아는 식물극 끝에 세포질 결정인자를 갖고 있고, 이 인자는 형태형성인자의 공급원으로 작용한다. 두 구역 B와 C의 형성을 조절하는 유전자들은 적절한 역치 농도에서 상향 조절되어 있다. A 구역은 어떤 유도인자가 없을 때 자동으로 생기는 구역이다.

고 전체 배아의 크기는 거의 같게 된다. **낭배형성(gastrulation)** 이라고 부르는 일련의 형태형성 움직임 과정에서는 본래의 배아 세포 덩어리가 **외배엽(ectoderm)**, **중배엽(mesoderm)**, **내배엽(endoderm)**이라는 다수의 세포로 되어 있는 3개의 층상구조로 전환되는데, 이 층을 **배엽층(germ layers)**이라 한다. 난할 및 낭배기 과정 중에 국소적으로 특징적인 변화들이 처음으로 일어난다. 3개의 배엽층 형성 이외에도 배아를 유지하고 영양분을 공급하는 데 필요한 **배외(extraembryonic)** 구조를 만들어 내는 경우가 많아서 장차 **전-후(anteroposterior)**축의 신체 부위(머리, 몸통, 꼬리 등) 사이에 많은 차이가 확고해진다.

국소적인 특징은 수정란의 한쪽 부위에 편재되어 있는 **세포질 결정인자(cytoplasmic determinants)**에 의해 시작되는데, 그 부위에서 형성되는 세포는 그 인자를 물려받게 된다. 바로 그 부위가 신호를 보내는 중심지가 되고, 그 부위를 지니고 있는 세포가 유도인자를 내보낸다(그림 2.1). 유도인자는 한 곳에서 만들어지고 멀리 확산되어 분해되기 때문에 농도구배가 형성되는데, 공급원인 세포 근처에서 가장 높고 멀어질수록 낮아진다. 이 결정인자를 포함하고 있지 않은 배아의 나머지 세포는 특정 발생 조절 유전자를 상향 조절하여 그 유도인자들의 농도에 따라 적절하게 반응한다. 이렇게 되면 연속적인 지역들이 설정되고, 그 인자에 의해 확립된 신호전달 중심지로부터 점진적으로 더 먼 거리까지 정돈된다. 각 지역마다 발생 조절 유전자의 조합이 차등적으로 상향 조절된다. 이 유전자들은 **전사인자(transcription factors)**를 암호화하고 있어서 각 지역에서 유전자 활성의 조합을 새로이 상향 조절한다. 결국 이러한 지역 몇 군데에서는 새로운 신호전달의 중심지가 만들어져, 최초의 신호전달 중심지에서 발산되는 유도인자와 다른 별도의 인자를 내보낸다.

배아는 모두 최초의 유도인자가 확산되는 방향으로 정해지는 축 주위로 방사대칭이어야 할 것이다. 실제로 어떤 배아 유형은 방사대칭이지만, 동물 발생에서는 좌우대칭이 더 흔하다. 이러한 현상이 생기는 이유는 보통 첫 번째 결정인자의 중심에서 벗어난 또 다른 결정인자가 있기 때문인데, 이에 따라 세포

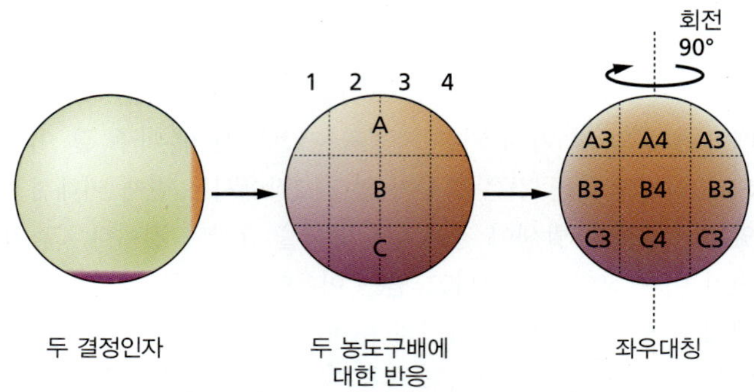


**그림 2.2** 두 결정인자에 의한 좌우대칭 형성. 두 가지 농도구배로 배아가 두 축에 따라 몇 구역으로 나누어진다. 이에 따라 나타나는 배아에서는 정중면 주위로 대칭적으로 배열된 구역이 조성된다.

의 초기 하부 구분이 2개의 평행하지 않은 신호에 의해 생기게 마련이다. 이것이 구역을 초기의 좌우대칭 패턴으로 자연스럽게 만들어낸다(그림 2.2). 결정인자들은 모든 동물의 수정란에서 나타난다. 어떤 경우에는 그 결정인자가 난자형성과정 중에 난자의 특정 부위에 위치한 특정 RNA 또는 단백질로 구성되어 있다. 다른 경우에 결정인자는 어떤 물질들을 수정란의 한 곳으로, 다른 물질들을 수정란의 다른 곳으로 격리시키는 **대칭붕괴(symmetry breaking)** 과정의 결과로써 국소 부위에 제한된다(그림 2.3, 2.4). 수정란이 둥근 구면상으로 대칭이거나 또는 방사상으로 대칭임에도 불구하고 내부 구조의 패턴을 확립할 수 있게 되는 이유를 설명하는 것이 대칭붕괴 과정이다.

초기의 발생 과정 중에 나타나는 배엽층인 **외배엽(ectoderm)**, **중배엽(mesoderm)**, **내배엽(endoderm)**의 형성을 책임지는 물질들이 있는데, 특정 전사인자들의 발현과 관련이 있다. 이러한 전자인자의 여러 기능 중 하나는 그런 전사인자가 작용하고 있는 세포들에 특정한 접착력과 운동성 특징을 주는 유전자의 발현을 상향 조절하는 것이다. 이러한 여러 형태형성 특징으로 인해 각 배엽층의 세포들이 이동해서 외배엽은 외부에, 중배엽은 가운데에, 내배엽은 내부에 위치하게 되는 얇은 층을 형성한다(그림 2.5). 세 배엽층을 자리 잡게 하는 형태형성 이

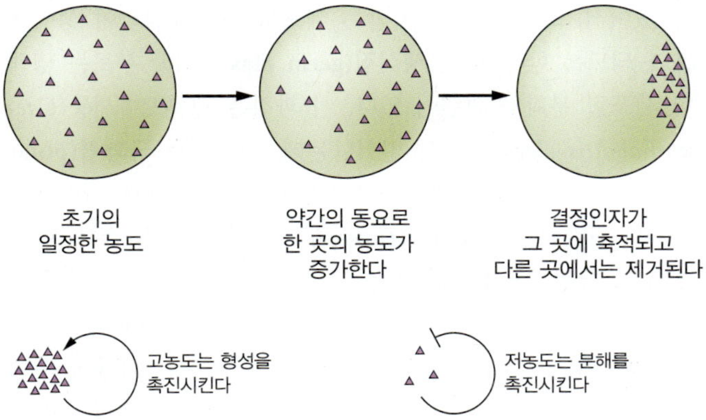


**그림 2.3** 대칭붕괴 과정에 의한 결정인자들의 국소화.

동 과정을 전체적으로 **낭배형성(gastrulation)**이라 부른다. 형태형성 이동 과정에서 배아의 모양과 구조가 변할 뿐만 아니라, 얇은 세포층들이 공간적으로 위치를 새로 잡아 세포 집단 사이에 신호전달과 반응 주기를 새롭게 만들어낼 수도 있다.

전형적인 배아 발생 과정에서는 유도신호와 이에 대한 반응들을 포함해서 동일한 유형의 과정이 더 많이 있을 것이다. 특정 유전자의 조합이 활성을 갖는 것으로 정의되는 새로운 세포지역 각각에는 그 세포 표면에 특정 수용체가 존재해서 특정 신호전달 경로나 신호가 오면 상향 조절할 준비가 되어 있는 특정 발생 조절 유전자가 있기 때문에, 그런 유도신호에 반응하는 특정 능력을 지니고 있다. 여러 유형의 유도인자 수는

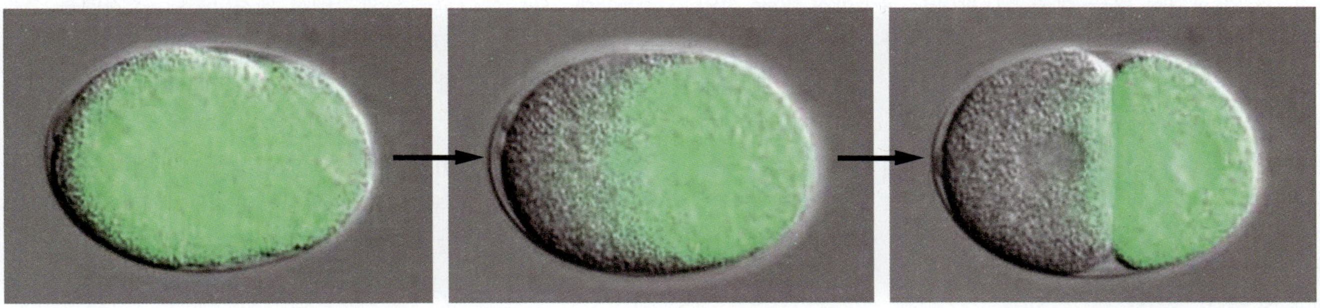

**그림 2.4** 예쁜꼬마선충(*C. elegans*) 배아의 첫 세포주기 중에 단백질 PIE-1의 국부화. PIE-1 단백질은 초록형광단백질(green fluorescent protein, GFP)과 결합한 단백질로서 초록색 형광을 띠게 된다. (인용) Nature Publishing Group의 허락을 얻어 Gönczy (2008)의 그림을 재구성함.

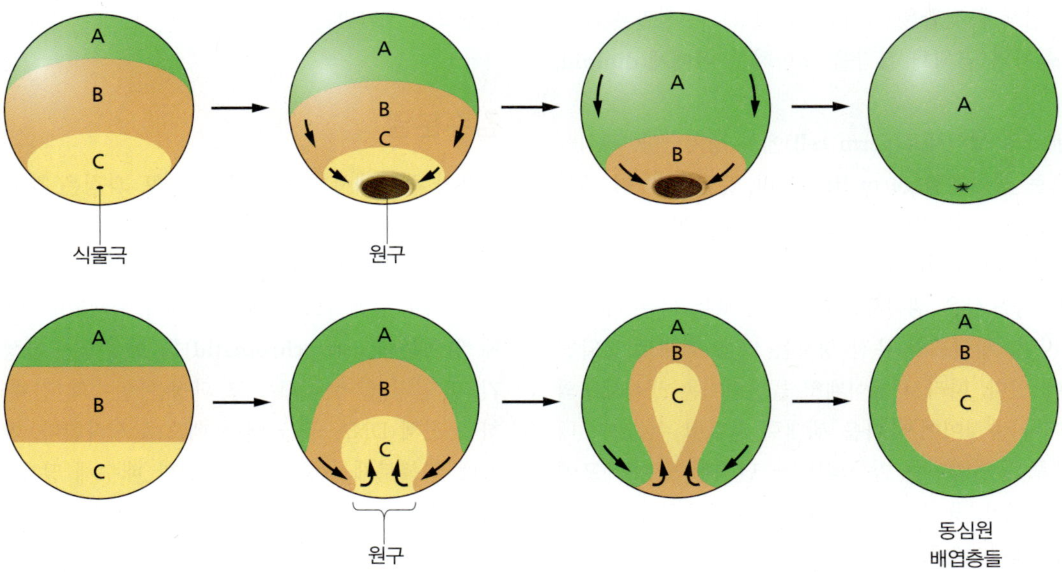


**그림 2.5** 낭배 운동: 위는 표면 모습이고 아래는 해부 단면. 매우 단순한 이러한 예에서 C 구역이 식물극을 통해 함입하고, B 구역이 뒤따라오면서 세 구역들은 결국 동심원 배열이 된다.

비교적 적지만, 시간에 따라 능력이 변할 수 있기 때문에 세포 집단은 시간이 지나면 다른 방식으로 반응할 수 있다. 이러한 이유로 여러 유도신호와 반응의 연속적인 작용에 의해 만들어질 수 있는 최종 복잡성은 형태형성 움직임과 더불어 아주 커진다.

성장은 대개 자율적이다. 세포가 위치하고 있는 각 지역마다 성장 속도는 활성 유전자의 조합에 의해 제어된다. 독립적으로 살아가는 배아는 외부에서 양분이 공급되지 않기 때문에 중량이 늘지 않는다. 하지만 태반이나 또는 배외 난황을 통해 음식을 제공받는 배아는 아주 빠르게 성장할 수 있고, 이러한 생물에서는 각 부분 사이의 상대적인 성장속도 변화로 인해 최종적인 해부학적 구조가 전체적으로 만들어진다.

모든 과정은 때에 맞춰 조정될 필요가 있다. 예를 들면 유도인자의 분비와 확산이 표적 유전자의 신호 인식 및 활성과 시간적으로 일치되지 않는 경우, 그 과정은 작동하지 않을 것이다. 그 과정이 조절되는 방법은 아직 모른다. 여러 과정의 진행을 조절하며, 배아의 모든 부분과 소통할 수 있는 주시계(主時計, master clock)가 있을 수도 있고, 단순히 시간에 맞추는 여러 과정이 국소적으로 일어나는 인과관계의 순서에 좌우되는 것일 수도 있다.

## 배우자형성 과정

유성생식은 사실 배우자형성(gametogenesis)으로 시작한다. 자명한 일이지만 수컷 배우자는 작고 운동성이 있어 정자(spermatozoon, sperm)라 하며, 암컷 배우자는 크고 운동성이 없어서 알 또는 **난자(egg**, ovum)라 한다. 배우자는 각각 **반수체 (haploid**, 1n) 염색체 집합을 가지고 있으므로, 수정란은 모계 출처와 부계 출처의 염색체 각각을 포함하는 **이배체(diploid**, 2n)가 된다.

배우자는 배아의 **생식세포(germ cell)**에서 생겨난다. 생식세포는 집합적으로 **생식계열(germ line)**이라 일컫는데, 이 계열은 장차 배우자로 될 수 있는 세포로 구성되고, 모든 다른 세포는 **체성** 조직(**somatic** tissue) 혹은 체세포(soma)라고 부른다. 생식계열의 중요성은 생식세포의 유전정보는 다음 세대로 전달될 수 있지만, 체세포의 유전 정보는 다음 세대로 전달될 수 없다는 데에 있다. 따라서 생식계열 돌연변이는 생식세포의 DNA에서 일어나는 것이어서 다음 세대로 전달될 수 있다. 대조적으로 체세포 돌연변이는 발생의 어느 단계에 있는 세포에서도 일어날 수 있고, 동물 각자의 일생에는 중요하게 작용할 수 있지만 다음 세대에까지 영향을 미칠 수는 없다.

미래 생식세포가 될 운명은 동물 발생의 초기 단계에 결정되는 경우가 흔하다. 어떤 경우에는 세포질 결정인자가 수정란에 있어서, 그 인자를 물려받는 세포를 프로그램하여 생식세포가 되도록 한다. 이는 **생식질(germ plasm)**이라 부르는 명백한 세포질 분화와 관련이 있다. 이 과정은 예쁜꼬마선충(*Caenorhabditis elegans*)에서 일어나는데, 여기에서 **극과립(polar granule)**을 물려받은 세포가 P 계보로 되고 그 후에 생식세포로 된다. 이 과정은 초파리(*Drosophila*)에서도 일어나는데, 여기에서 그 **극형질(pole plasm)**을 물려받은 세포가 극세포로 되고 나중에 생식세포가 된다. 이 과정은 또 개구리(*Xenopus*)에서도 일어나는데, 여기에서는 미토콘드리아가 풍부한 식물극 쪽에 국소화된 생식질이 있다. 다른 종에서는 수정란에 생식질이 눈에 띄게 존재하지 않지만 생식세포는 여전히 발생에서 비교적 이른 시기에 나타난다.

배아 발생 중에 생식세포는 증식 기간을 거치며, 형성 부위에서부터 어느 정도 멀리 떨어져 있는 **생식소(gonad)**까지 이동하게 된다. 생식소는 중배엽에서 생겨나는데, 초기에는 전적으로 체세포 조직으로만 구성된다. 생식세포들이 도착한 후 그 구조에 완전히 융합되어, 후기 배아 기간에 **배우자형성 과정 (gametogenesis)**을 겪는다. 발생 중기의 어떤 단계에 **성 결정 (sex determination)**이라는 중요한 결정이 이루어져, 생식소가 난소 또는 정소로 된다. 다소 놀랍지만 이 과정에 관한 분자 기전이 주요 실험 모델마다 다르므로, 이 2장에서는 설명할 수 없다. 하지만 결론적으로 생식세포는 수컷에서 정자로 될 필요가 있고, 암컷에서는 난자로 될 필요가 있을 것이라는 점이다. 다른 모델 생물과는 다르게 예쁜꼬마선충은 보통 **자웅동체 (hermaphrodite)**라서 한 개체 내에서 생식세포가 정자와 난자를 다 만들어낼 것이다. 그러나 예쁜꼬마선충 수컷 개체도 있어서, 성 결정 기전은 수컷-암컷 결정이 아니라 수컷-자웅동체 결정으로 제약받는다.

## 감수분열

배우자 생성에서 가장 중요한 세포 과정은 **감수분열(meiosis)**이다. 이것은 세포주기 형태가 변형된 것이고, 여기에서 염색체 수가 반으로 줄어든다(그림 2.6). 체세포 분열에서와 마찬가지로, 감수분열에서도 염색체 각각이 복제되어 2개의 동일한 자매 **염색분체**(sister **chromatid**)를 형성하는 합성기(S phase, S기)가 먼저 일어나므로, 그 과정은 반수체 전체의 4배에 해당하는 전체 DNA 양을 갖는 핵으로 시작한다. 체세포분열에서 자매 염색분체들은 2개의 동일한 배수체 딸세포로 분리된다. 하지만 감수분열에서는 세포분열이 2번 연속적으로 일어난다. 제1감수분열에서 모계와 부계로부터 온 동등한 염색체인 상동염색체들이 서로 짝을 이룬다. 이 단계의 염색체는 **이가**(二價, **bivalent**)라고 부르며, 4개의 염색분체로 구성되어 있는데, 2개

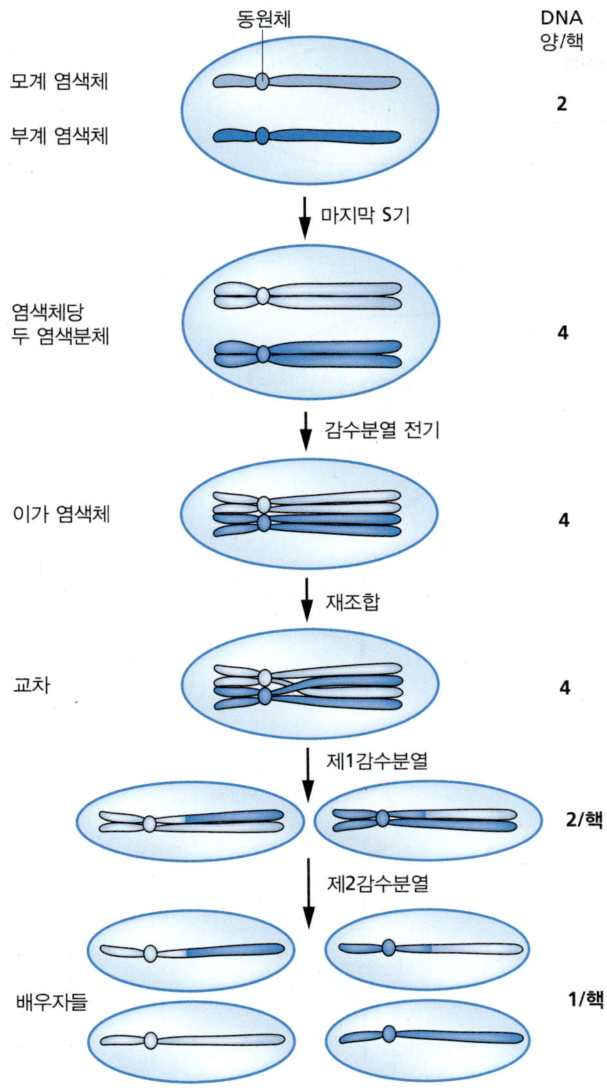


**그림 2.6** 감수분열 동안 염색체들의 이동.

는 모계로부터 그리고 나머지 2개는 부계로부터 유래한다. **교차(crossing over)**가 염색분체 사이에서 일어날 수 있어서, 다른 유전자 좌위에 있는 대립유전자들이 재조합을 일으킬 수 있다. 그러므로 부모 한쪽의 염색체에 있는 2개의 유전자 좌위에 있는 대립유전자들은 분리되어 배우자를 형성하므로 다른 자손에서 발견할 수 있다. 염색체에 있는 어느 대립유전자가 재조합으로 분리되는 빈도는 대략 유전자 좌위의 물리적 분리와 관련이 있어서, 재조합 빈도를 측정하여 유전자 지도를 작성할 수 있는 기초가 되는 이유가 되기도 한다. 재조합은 또한 자매 염색분체 사이에서도 일어날 수 있지만, 여기에서 유전자 좌위는 DNA 복제로 바로 형성되어 모두 똑같기 때문에 유전적인 영향력은 없게 된다.

제1감수분열에서, 네 가닥의 이가 염색체들은 상동의 쌍으로 분리되어 두 딸세포로 나눠진다. DNA 복제는 더 이상 일어나지 않고 제2감수분열에서 각 염색체의 2개 염색분체가 배우자로 각각 나눠진다.

**반수체(haploid**, 1n)와 **배수체(diploid**, 2n)라는 용어는 DNA의 실제 양이라기보다 핵에 있는 상동 염색체 세트의 수에 대한 언급으로 보통 사용되어 왔음을 명심해야 한다. DNA 복제 후에 핵은 이전에 비해 DNA를 두 배만큼 많이 갖게 되지만 동일한 배수성 명칭으로 말한다.

## 난자형성 과정

난자가 형성되는 과정을 **난자형성 과정(oogenesis)**이라고 부른다(그림 2.7). 암컷으로 성이 결정된 후에 생식세포는 **난원세포(oogonium)**가 되고, 일정 기간 동안 체세포분열을 계속한다. 마지막 체세포분열 이후의 생식세포를 **난모세포(oocyte)**로 부른다. 이 세포는 제1차 감수분열이 완성될 때까지 **1차 난모세포(primary oocyte)**로, 제2차 감수분열이 완성될 때까지는 **2차 난모세포(secondary oocyte)**로 부른다. 그 이후에 미수정**란**(unfertilized **egg**) 또는 난자(ovum)로 불린다. 이 책에서 고찰된 모든 척추동물 개체에서 수정은 제2차 감수분열이 완성되기 전에 일어나므로, 수정되는 세포는 전문적인 용어로 말하면 **난자(egg)**라기보다 오히려 **난모세포(oocyte)**가 된다. 그렇지만 "난자"라는 용어는 막연하게 난모세포, 수정된 난자, 초기 배아까지도 흔히 사용된다.

난자는 정자보다 더 크고, 난자형성 과정에서 난모세포에 물질들이 축적된다. 보통 1차 난모세포는 크기가 상당히 증가하는 과정으로 오히려 오랫동안 지속되는 세포이다. 어류나 양서류의 간에서 만들어지는 **난황(yolk)** 단백질 같은 물질을 혈액으로부터 흡수하여 1차 난모세포가 성장한다. 다른 세포로부터 물질이 직접 전달되어 도움을 받을 수도 있다. 이러한 과정은 초파리에서 볼 수 있는데, 여기에서 각 난원세포의 마지막 네 번의 체세포분열로 1개의 난모세포와 15개의 **영양세포(nurse cell)**를 포함하게 되는 난방(egg chamber)을 만들어낸다. 그러면 영양세포는 난모세포로 전달될 물질을 만들어낸다. 난자를 많이 만들어내는 동물들은 보통 평생 동안 더 많은 난모세포를 생성시킬 수 있는 난원세포 집단을 유지한다. 포유동물은 출생 전에 1차 난모세포들을 모두 만들어내기 때문에 이 과정과는 다르다. 사람의 경우 임신 7개월 이후에 난모세포가 더 이상 만들어지지 않으며, 그때부터 1차 난모세포는 사춘기 때까지 휴지기로 남아 있게 된다.

**배란(ovulation)**은 감수분열의 속행 과정으로 난소에서 난모세포(난자)가 방출되는 현상이다. 배란은 호르몬의 자극으로

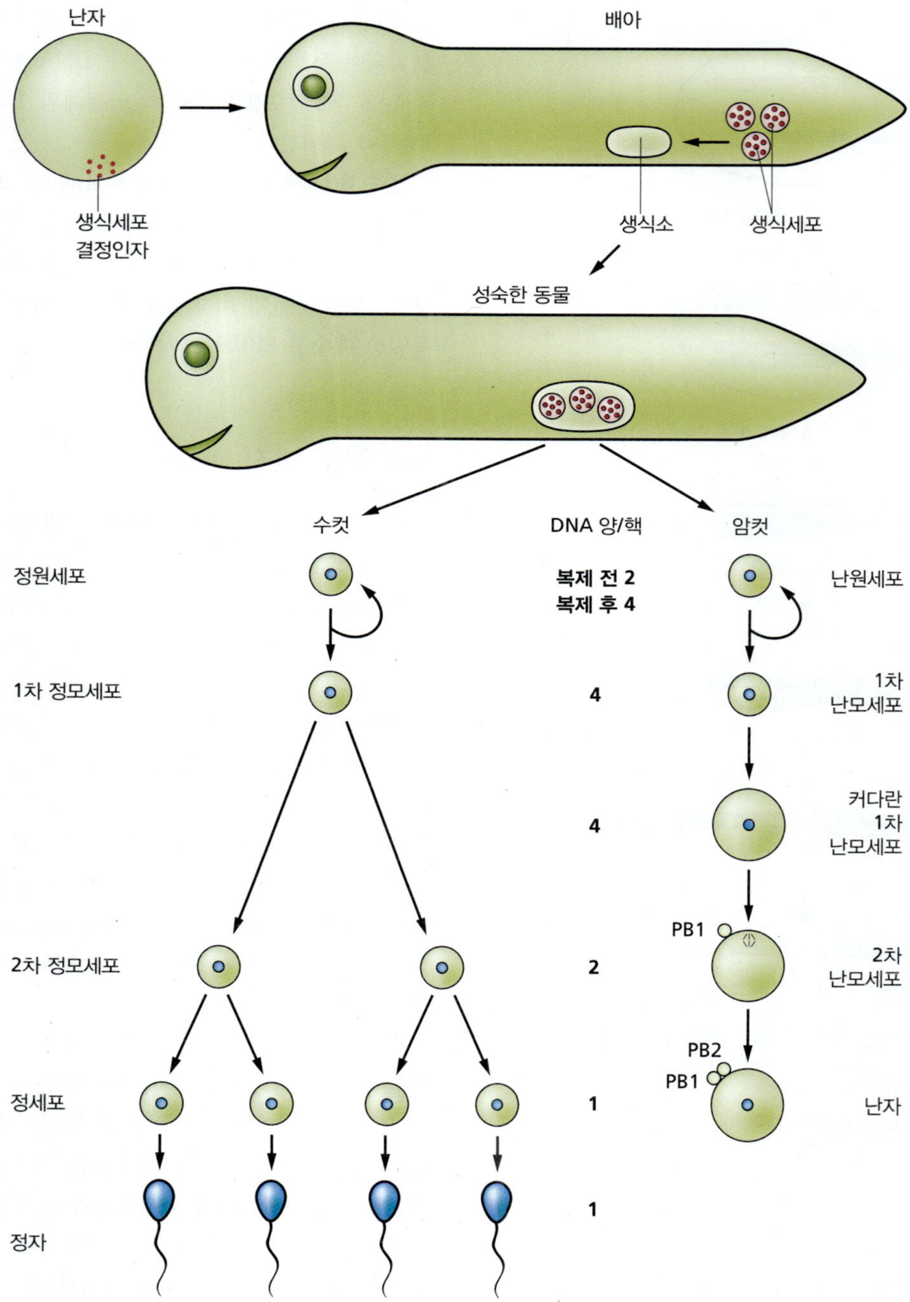


**그림 2.7** 전형적인 배우자형성 과정 순서. 생식세포들이 처음에 세포질 결정인자들로부터 형성되고, 발생 중에 이동하여 생식소로 들어간다. 정자형성 과정은 일반적으로 감수분열당 4개의 반수체 정자를 생산한다. 난자형성 과정은 일반적으로 난자 1개와 2개의 극체를 형성한다(PB1은 똑같은 염색체 수를 갖고 있지만 DNA 양은 PB2의 2배이다).

일어나고, 난모세포의 **핵(germinal vesicle, 난핵포)**이 붕괴되고 세포분열 방추사가 세포의 변두리로 이동하는 과정이 포함된다. 이때의 감수분열은 난모세포를 절반씩 둘로 나누는 대신에 작은 **극체(polar bodies)** 하나가 봉오리처럼 삐져나오게 한다. 제1감수분열은 1차 난모세포를 분열시켜 2차 난모세포와 1차 극체를 만들어내는데, 이 극체는 복제된 반수체 염색체 집합(즉 1n의 정보 내용과 2배의 DNA 양)을 포함하고 있는 조그마한 돌출물이다. 제2감수분열에서는 2차 난모세포가 난자 하나와 2차 극체 하나로 나누어지는데, 이 2차 극체는 반수체 염색체 집합(이 경우에 1n의 정보 내용과 1배의 DNA 양)을 담고 있는 또 다른 조그마한 돌출물로 구성되어 있다. 이 극체들은 곧 퇴화되어 발생과정에서 더 이상 아무 역할도 하지 않는다.

## 정자형성 과정

성결정 과정으로 수컷이 만들어지면, 생식세포들은 정자형성 과정을 겪는다(그림 2.7). 정소에 있는 체세포성 생식세포들을 **정원세포(spermatogonium)**라 한다. 이 중 일부는 **줄기세포(stem cells)**로서, 자기 자신을 더 많이 만들어낼 수 있고 **전구세포(progenitor cells)**도 더 많이 만들어낼 수 있는데, 전구세포는 정자로 분화하기 전에 몇 번 더 분열한다. 마지막 체세포 분열 후의 수컷 생식세포를 1차 정모세포라 부른다. 감수분열은 동일하여, 제1감수분열로 2차 정모세포 2개가 만들어지고, 제2감수분열로 4개의 정자세포(spermatids, 정세포)가 형성되는데, 이들이 성숙하여 운동성 있는 정자가 된다.

## 초기 발생

### 수정

수정 과정은 동물군 사이에서도 상당한 차이가 있지만 공통되는 특징이 몇 가지 있다. 정자가 난자와 융합할 때, 다른 정자의 융합을 막을 수 있도록 난자 구조에 어떤 변화가 아주 빠르게 일어난다. 이 현상을 **다정자수정(polyspermy)** 방지라고 부른다. 융합으로 이노시톨 3인산(inositol triphosphate) 신호전달 경로가 활성화되어 세포내 칼슘이 빠르게 증가한다. 증가한 칼슘에 의해 **피질과립(cortical granules)**의 세포외방출(exocytosis, 세포외유출, 외포작용)이 일어나는데, 이 과립 내용물이 수정막을 형성하거나 형성에 도움을 준다. 또한 난자의 대사 활성을 유발시켜 단백질 합성 속도를 증가시키며, 척추동물에서는 제2감수분열을 재개하게 한다. 덧붙이면, 칼슘은 배아의 미래 지역특이성에 중요한 결정인자를 배치하는 세포질 재배열을 유발시킬 것이다. 예를 들면, 개구리의 Wnt 경로에서 여러 성분의 등쪽 배치 또는 예쁜꼬마선충에서 극과립의 격리가 이러한 방식으로 일어난다. 정자와 난자의 전핵은 서로 융합하여 하나의 배수체 핵을 형성하며, 이 단계에 있는 수정란을 **접합자**라 부른다.

### 난할

초기 발생의 개괄적인 순서를 그림 2.8에 나타냈다. 동물 배아의 전형적인 접합자는 작고, 구형이며, 수직 축에 대해 분극되어 있다. 보통 극체를 포함하고 있는 상반구를 **동물 반구(animal hemisphere)**로 부르고, 난황이 풍부한 하반구를 **식물반구(vegetal hemisphere)**라 부른다. 초기의 세포분열을 **난할(cleavage)**이라 한다. 난할은 정상적인 세포분열과 다른데, 이는 계속되는 세포분열 사이에 성장 단계가 없기 때문이다. 그래서 세포분열 각각은 모세포를 절반 크기의 딸세포 둘로 나눈다(그림 2.9). 난할의 산물을 **할구(blastomere)**라고 부른다. 세포외 난황 덩어리 없이도 자유롭게 생활하는 배아에서는 성장 없는 세포분열이 상당 기간 진행될 것이다. 모체가 자양분을 공급하는 포유동물이든, 조류나 파충류 같이 커다란 난황 덩어

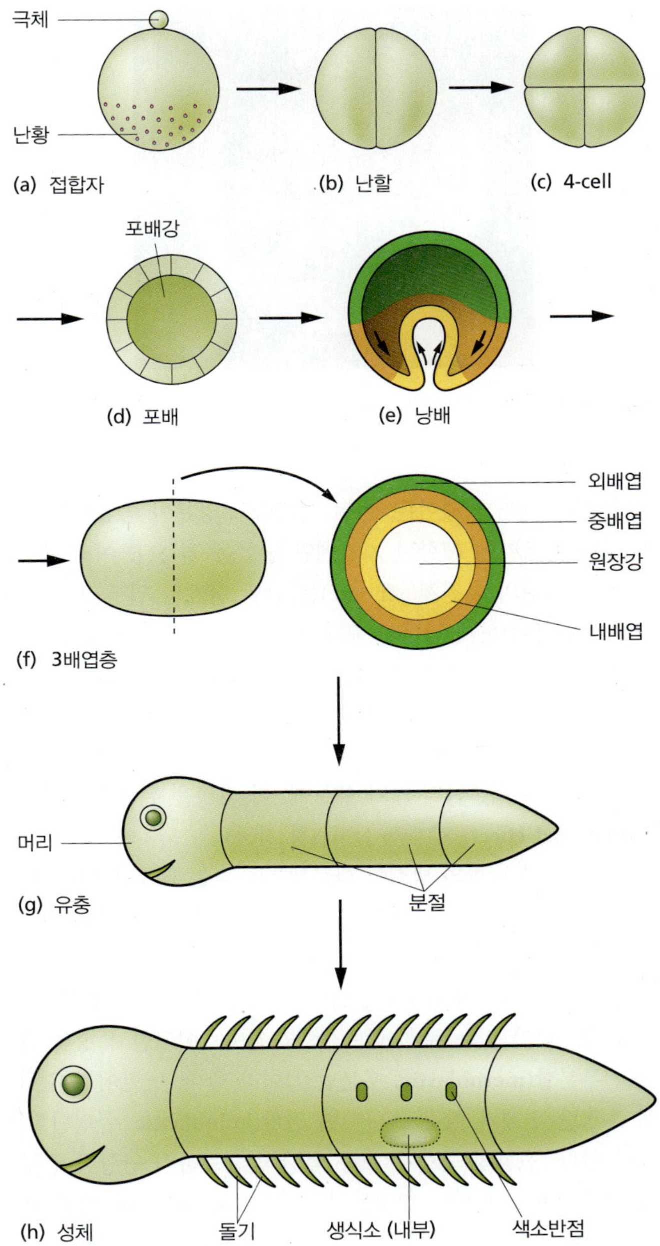


그림 2.8 일반화된 초기발생 순서.

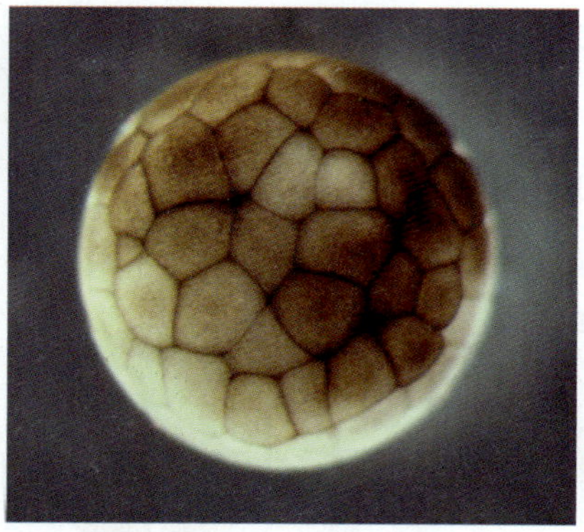

그림 2.9 난할 중인 아호로틀(axolotl)의 배아.

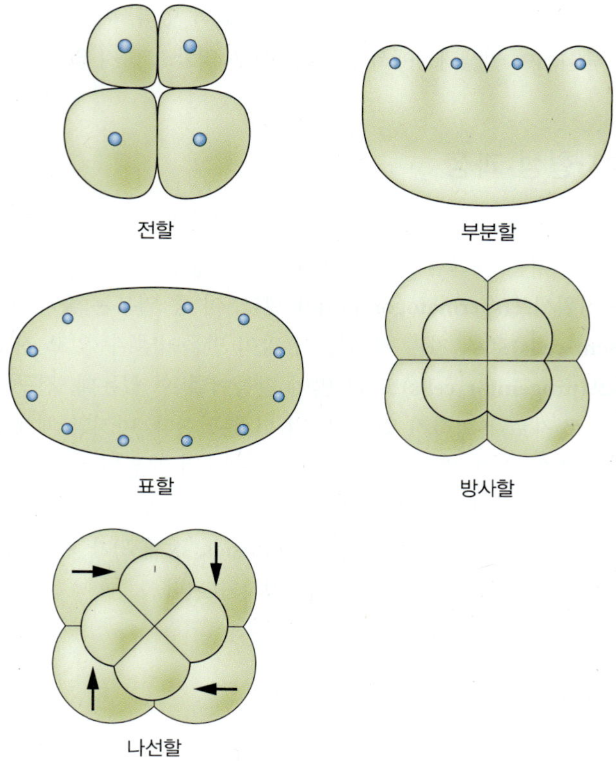


그림 2.10 난할 유형.

리가 있는 알의 형태이든, 어떤 형태라도 양분이 공급되는 배아는 발생 초기에 제한된 기간에만 난할을 겪는다. 여러 종에서 배아 자신의 유전체(genome)는 난할 단계의 일부 또는 전 기간 동안 온전하게 남아 있으며, 단백질 합성은 난자형성과정 중에 이미 전사된 전령 RNA (messenger RNA, mRNA, 모계 mRNA)의 지시를 받아 일어난다. 난할 단계에 있는 배아의 특징은 전적으로 모계의 유전자형에 의해 좌우되고, 배아 자체의 유전자형에는 의존하지 않기 때문에, 이 과정을 유전적 **모계효과(maternal effect)** 단계라 한다(3장 참고).

동물군마다 난할의 방식이 다르게 나타나는데(그림 2.10), 이는 대부분 알에 있는 난황의 양에 따라 결정된다. 조류의 알과 같이 난황의 양이 많다면, 세포질은 동물극 근처에 집중되어 존재하므로 이 지역에서만 난할이 일어나 할구가 만들어지고, 난황 덩어리가 있는 부위에는 세포가 없다. 이러한 유형의 난할을 **부분할(meroblastic**, 부분난할)이라 한다. 난할이 완결될 때 수정란 전체가 할구로 나뉘면 **전할(holoblastic**, 완전난할)이라 한다. 전할성 난할은 보통 약간 불균등하여 난황이 풍부한 식물극 반구에 있는 할구들이 더 크고(**macromere**, **대할구**), 동물극 반구에 있는 할구들은 더 작다(**micromere**, **소할구**). 동물 분류 또는 동물문 각각은 특징적인 초기 난할 방식을 드러내는 경향이 있는데, 할구의 배열에 따라 **방사형 난할(radial**, echinoderm, 극피동물), 좌우대칭형 난할[bilateral, ascidian, 해초류(海草類)], 회전형 난할(rotational, mammals, 포유동물)로 분류할 수 있다. 중요한 난할 유형 한 가지는 환형동물 대부분, 연체동물, 편형동물 등이 보여주는 **나선형(spiral)** 난할이다. 여기서 대할구는, 위에서 볼 때 처음에는 시계 바늘과 같은 우선 방향으로 그리고 또 다른 층은 좌선 방향 등등으로 소할구들의 연속적인 층을 이룬다. 대부분의 곤충과 일부 갑각류는 **표할(superficial cleavage)**이라고 부르는 독특한 형태의 난할을 보인다. 여기에서는 초기 단계에서 단지 핵만 분열하고 세포질 분열은 없다. 그래서 초기 배아는 **다핵체(syncytium**, 합포체)로 되어 같은 세포질체 안에 핵이 많이 떠다니게 된다. 어떤 단계에 이르면 핵이 변두리로 이동하고, 그 직후 세포막이 배아의 외부 표면에서 안쪽으로 함입되어 핵을 둘러싸 상피세포를 형성한다.

난할 단계 동안 구형 세포들의 중앙에, 또는 부분할의 경우라면 세포들의 판상구조 중앙에 보통 빈 공간인 내강이 형성된다. 이 내강은 수분 흡수로 점점 커져서 **포배강(blastocoel**, 난할강, 할강)으로 된다. 발생 과정 중 이 단계에 있는 배아를 **포배(blastula)** 또는 **배반엽(blastoderm)**이라 부른다. 세포들은 흔히 카데린(cadherins)으로 결합되어 서로 단단히 붙어 있고, 외부 환경과 포배강의 내부 환경 사이에 봉합구조를 형성하는 **밀착연접(tight junction)**이라는 체계를 대개 지니고 있을 것이다.

## 낭배형성

포배형성에 이어서 모든 동물의 배아는 **낭배형성(gastrulation)**이라 부르는 세포 및 조직의 이동 단계를 보이는데, 이때 단순한 구형의 세포들 또는 판상의 세포들이 **낭배(gastrula)**로 알려진 3개의 층으로 된 구조로 전환된다. 낭배형성기 때의 자세한 형태형성 이동은 연관된 동물군 사이에서도 변화무쌍하지만,

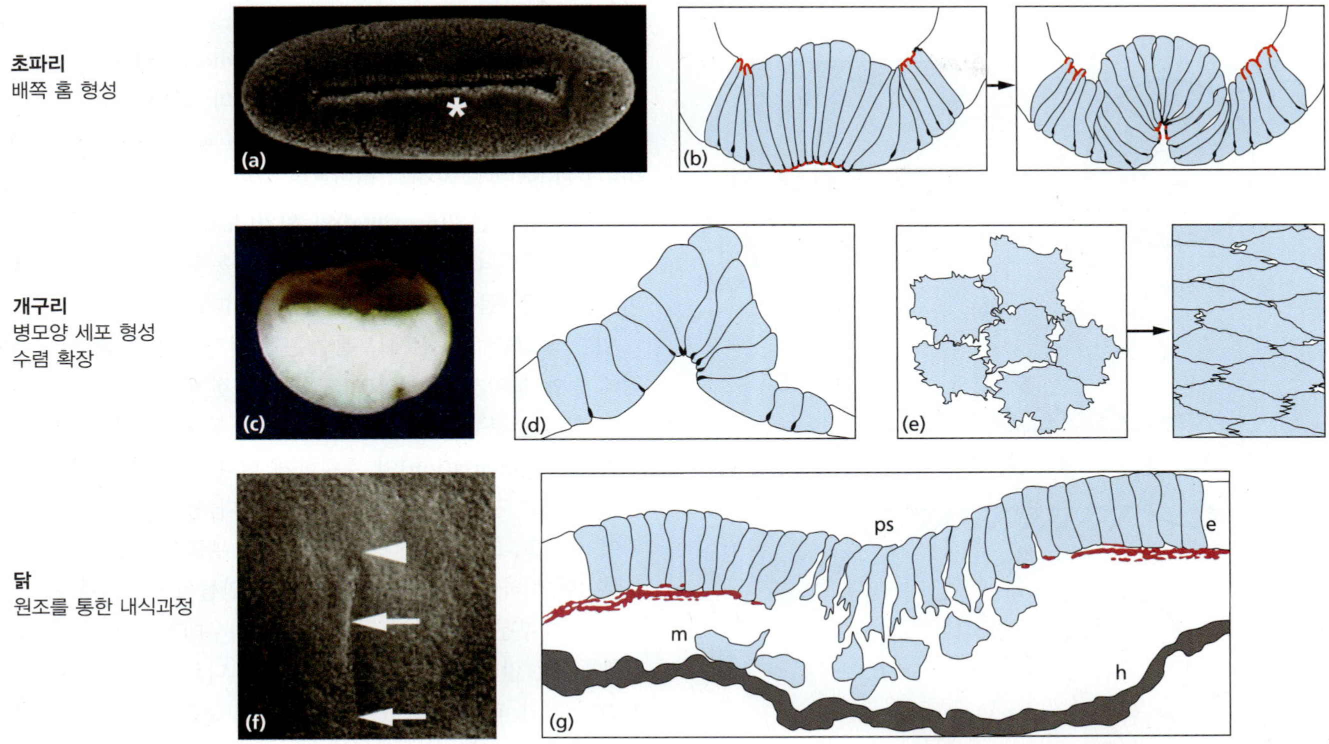


**그림 2.11** 낭배형성 중에 일어나는 여러 과정들. (a, b) 초파리에서의 배쪽 홈(ventral furrow) 형성, *는 배쪽 홈을 나타낸다; (c-e) 개구리의 낭배; (c) 이등분된 배아, *는 배순부를 나타낸다; (d) 원구에 나타나는 병모양 세포들(bottle cells); (e) 축을 신장하게 하는 세포들의 삽입(수렴 확장). (f, g) 닭 배아의 원조를 통한 세포들의 내식과정. (인용) Company of Biologist Ltd의 허락을 얻어 Hammerschmidt and Wedlich (2008)의 그림을 재구성하였음.

결과는 비슷하다(그림 2.11). 낭배형성기 중에 형성된 3개의 조직 층을 **배엽층(germ layers)**이라고 부르는데, **생식세포(germ cells)**와 혼동하지 말아야 한다. 전통적으로 바깥층을 **외배엽(ectoderm)**이라 하고, 나중에 피부와 신경계를 형성한다. 중간층은 **중배엽(mesoderm)**이고 나중에 근육, 연결조직(결합조직), 배설기관, 생식소를 형성한다. 안쪽 층은 **내배엽(endoderm)**이고 나중에 장의 상피조직을 형성한다. 생식세포들은 보통 낭배형성기에 사라지므로 3개의 배엽층 중 어느 것에도 속해 있지 않다고 간주된다.

주요 신체 형태형성 이동이 완결되면 거의 모든 유형의 동물 배아는 일반적인 **몸 체제(body plan)** 단계에 도달하고, 이 단계에서 주요 신체 부분 각각의 작용이 활발한 세포 지역으로서 존재하지만, 여전히 내부적으로는 더 분화되어야 한다. 이 단계는 흔히 **계통발생 단계(phylotypic stage**, 문형 단계)라고 부르는데, 그 이유는 하나의 분류학적 문(門, phylum) 전체가 그렇지는 않겠지만, 어떤 동물 그룹 안에 소속된 여러 구성원들 사이의 유사성이 가장 크기 때문이다(22장 참고). 예를 들면 척추동물들은 모두 척삭 신경관, 쌍으로 된 체절, 인두궁(branchial arch, 아가미궁), 꼬리원기(tailbud) 등을 갖게 될 때인 **꼬리원기** 단계(**tailbud** stage)가 계통형 시기에 해당한다. 곤충들은 모두 **확장된 배대(extended germ band)** 시기가 계통형 단계인데, 이때 두부 체절 6개, 부속지 포함 흉부 체절 3개, 다양한 수의 복부 체절 등을 갖는다.

## 축과 대칭

여러 표본의 방향을 일관되게 설명할 수 있도록 배아를 설명해 주는 용어가 필요하다(그림 2.12). 만약 알이 동물극과 식물극을 지니고 있고 거의 원형이라면 그 두 극을 잇는 선은 동-식물극 축이 된다. 미수정란은 보통 이 축 주위로 방사대칭이지만, 수정 후에는 초기의 방사대칭이 붕괴되고 좌우대칭이 만들어지는 세포질 재배열 과정이 일어난다. 초파리 같은 몇몇 생물에서 이 단계는 다소 이른 난모세포 때에 일어난다. 포유동물 같은 동물들에서는 다세포 단계 때에 일어날 수 있다. 하지만 성체 때에도 방사대칭인 성게 같은 동물과 성체 때에는 대칭이 아닌 복족류 같은 동물에서도 여전히 초기 배아는 좌우대칭이다. 대칭의 변화란, 동물이 이제 뚜렷이 구분되는 **등쪽(dorsal**, upper, 상부) 측면과 **배쪽(ventral**, lower, 하부) 측면을 지니고 있다는 의미이다.

만일 동물극과 식물극이 위와 아래에 있다면, 적도면은 마

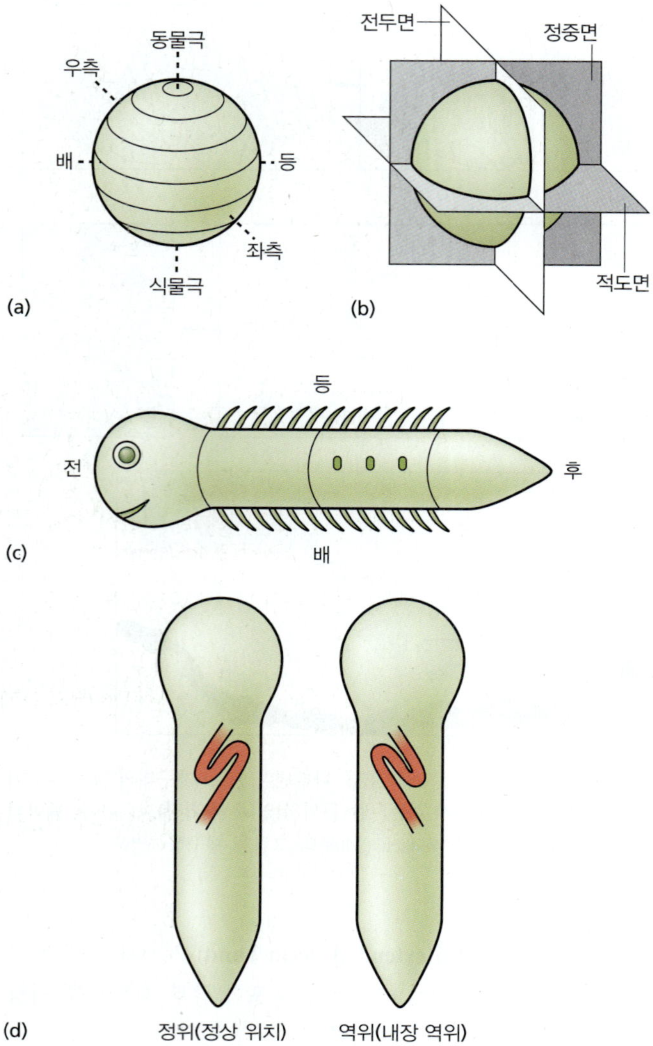


**그림 2.12** 축과 대칭. (a) 등-배 비대칭 구조를 획득한 후 수정란의 축들. (b) 초기 배아의 해부 단면, (c) 좌측에서 본 동물의 주요 축들. (d) 좌우대칭의 변이를 보여주는 동물의 복부쪽 모습.

치 지구의 적도처럼 알을 **동물**반구(**animal** hemisphere)와 **식물**반구(**vegetal** hemisphere)로 나누는 수평면이 된다. 경도의 원에 대해 수직인 평면은 모두 자오면이 된다. 일단 배아가 좌우대칭이 되면, 신체를 오른쪽 부분과 왼쪽 부분으로 나누는 **정중면**(**medial plane**, sagittal, 시상면)이라 불리는 특별히 중요한 자오면이 있다. 이 면이 흔히 첫 번째 난할면이지만, 항상 그렇지는 않다. **전두면**(**frontal** plane)은 정중면에 직각인 자오면이며, 반드시 그렇지는 않지만 대개 2차 난할면이 된다.

낭배기에 이어 대부분의 동물은 길쭉해진다. 두부 끝을 **전방**(**anterior**, 앞쪽)이라 하고 꼬리 끝을 **후방**(**posterior**, 뒤쪽)이라 하므로, 머리꼬리(head-to-tail, 수미) 축을 **전-후축**(**anterior-posterior**)(=머리꼬리축[craniocaudal] 또는 코꼬리축[rostrocaudal])이라 부른다. 상하축(top-bottom)을 등-배축(dosrsoventral)이라고 부르고, 좌우축은 **정중측방축**(**mediolateral**, 안가쪽축)이라고 한다. 인체해부학에서 사람은 자신의 다리로 똑바로 서있기 때문에 전후축이라는 용어는 보통 등-배축과 동의어이지만, 머리꼬리축이라는 용어는 머리부터 꼬리까지 잇는 축으로 받아들일 수 있다. **근위**(**proximal**)와 **원위**(**distal**)라는 용어는 보통 부속지와 관련되어 사용되는데, 근은 "몸통에 가까운"이라는 의미이고, 원은 "몸통에서 먼"이라는 의미이다.

일반적으로 주요 신체 부분들은 낭배가 완성된 후 어느 시점에 눈에 보이게 될 것이다. 환형동물, 절지동물, 척삭동물 등을 포함하는 분류학상의 문에 해당하는 동물들에서는 전-후축에 **분절**(**segmentation**)이 뚜렷하게 나타난다. 생물이 분절로 되어 있다고 지칭하려면 서로 유사하거나 동일한 구조가 반복되어야 하고, 그 구조가 신체에서 작은 부분이 아니라 주요한 부분이어야 하며, 모든 배엽층으로부터 만들어져야 한다.

비록 대부분의 동물이 압도적으로 좌우대칭이라 하더라도, 정확하지는 않으며, 우측과 좌측을 다소 다르게 만들어내는 체계적인 일탈 과정들이 있다. 예를 들면 포유동물에서 심장끝(cardiac apex, 심장첨부, 심첨), 위, 비장(지라) 등은 좌측에 있고, 간, 대정맥, 커다란 폐엽들은 우측에 있다. 이러한 비대칭적 배열은 **정위**(***situs solitus***, 정상 위치, 정상 배열)로 알려졌다. 일부 돌연변이체 또는 실험 상황에서 일어나는 바와 같이, 만일 그 배열이 거꾸로 되어 있다면, **역위**(***situs inversus***, 내장역위, 내장 전이)라 부른다(그림 2.12). 만일 양쪽에 있는 부위들이 부분적으로 또는 전부가 동일하다면 **이성질현상**(**isomerism**)이라고 부른다.

## 발생 조절 유전자

신체 여러 부분의 임무수행 과정은 특정 집합의 발생 조절 유전자들이 발현되어 조절된다. 이 유전자들을 종종 호메오 유전자(homeotic genes), 또는 선택 유전자(selector genes)라고 부른다. 배아에서 이 유전자들의 발현은 세포질 결정인자 또는 유도인자들에 의해 조절된다.

발생 조절 유전자들은 사실상 모두 전사인자를 암호화하는데, 이 인자들의 기능은 다른 유전자들의 활성을 조절하는 것이다. 그러한 유전자들에 대해, 억제제의 부재가 활성제의 존재와 동등하게 취급될 수 있기 때문에, "켜진(작동, on)" 상태와 마찬가지로 많은 정보가 "꺼진(억제, off)" 상태로도 암호화 되어 있음을 반드시 인식하고 있어야 한다. 두 가지 별개 상태의 유전 활성이 존재하는데, 이는 결정인자 또는 유도신호에 대해 빠르고 불연속적인 역치 반응을 확실히 나타내는 자연스러운 방법이다. 발생 조절 유전자들에 대해 단지 두 가지의 별도 활

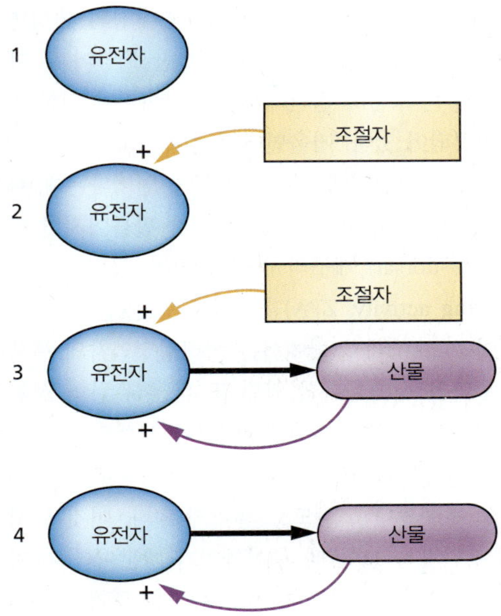


**그림 2.13** 쌍안정 스위치의 작동. 그림은 시간에 따른 순서를 보여준다. 두 번째 단계에서 유전자가 조절자에 의해 상향 조절된다. 세 번째 단계에서 생성된 산물에 의해서도 상향 조절된다. 네 번째 단계에서 조절자가 사라져도 산물 때문에 계속 켜져 있게 된다.

성 상태가 있다는 것을 확실히 하는 한 가지 방법은 그림 2.13에 나타낸 바와 같이, 양성되먹임조절작용(positive feedback regulation)을 지니고 있다는 점이다. 이러한 유형의 체계는 안정된 상태 두 가지를 보유하고 있기 때문에 **쌍안정 스위치(bistable switch)**라고 부른다. 그 유전자는 조절자와 유전자 산물 모두가 없다면 꺼진다. 처음에 조절자에 의해 작동되면, 유도인자에 의해 활성화된 세포질 결정인자 또는 신호전달경로로 진행될 수 있다. 일단 유전자 산물이 축적되었다면, 조절자가 사라져도 그 유전자는 작동되는 상태로 남아 있게 된다. 이 모델은 발생 과정에서 결정적으로 중요한 유전자 조절의 특징 세 가지를 보여준다. 첫째, 조절자에 대한 반응에서 빠르고 불연속적인 **역치(threshold)**를 만들어낼 수 있다. 둘째, 그 체계는 조절자에 노출되었던 기억을 지니고 있다. 이는 유전자가 조절자에 일시적으로 노출되었어도 그 유전자가 영원히 작동하는 상태로 남아 있기 때문이다. 셋째, 쌍안정 스위치들은 동역학적 현상이다. 이는 그 쌍안정 스위치들이 유전자 산물이라는 말로, 연속적인 생성 과정과 물질들의 제거 과정에 좌우된다는 점을 의미한다. 결합과 분해라는 이 단순한 평형 열역학적 특성은 역치 또는 기억력을 갑자기 만들어낼 수 없다는 점이다.

갑작스런 역치의 유전자 활성이 아주 일반적이라 하더라도, 그 역치들은 대개의 경우 단순한 양성되먹임 회로에 의해서라기보다 훨씬 더 복잡한 기전들에 의해 유지되므로, 많은 유전자 산물들이 관련되어 있다.

## 형태형성인자 농도구배

유도신호의 특성을 통해 배아의 복잡성이 더해가는 방법을 알 수 있다. 복잡해지기 위해서는 신호를 내는 어떤 지역과 신호에 반응하는 다른 지역, 즉 적어도 두 지역이 필요하다. 신호에 대한 역치 반응이 단지 한 가지만 있다하더라도, 반응을 나타내는 조직은 2구역으로 나눠질 것이고, 그렇게 하여 두 구역에서 세 구역으로 증가한다. 그러나 유도인자의 여러 농도에 대해 역치반응은 보통 하나 이상 있다. 만일 유도인자가 농도구배로 분포되어 있다면, 여러 역치 반응들이 한 단계에서 복잡한 패턴을 형성할 수 있다. 그러한 농도구배가 구역의 유형을 조절하고, 공간에서 구역의 순서, 새로운 일련의 구조들의 전반적인 방향이나 극성을 조절한다. 유도인자들이 농도구배에 따라 여러 가지 반응을 나타낼 때, **형태형성인자(morphogen)**라고 부른다.

안정된 농도구배는 형태형성인자를 맥동적으로 단순히 한 번 분비해서는 조성될 수 없다. 그러한 맥동적 분비는 확산으로 퍼져나갈 것이고, 사실상 그 농도는 배아 전체에 일정하게 될 것이다. 농도구배는 형태형성인자가 연속적으로 어떤 한 지역에서 생성되고(**source**, **생산 부위**, 생산 근원) 다른 지역에서 분해되는(**sink**, **제거 부위**) 상황에서만 조성된다. 이 현상으로 생산 부위로부터 제거 부위로 물질이 이동하는 농도구배가 만들어질 것이다. 여러 자연체계의 작동 원리에 적합하게 보이는 모델의 경우, 신호를 보내는 지역에 있는 형태형성인자가 일정한 농도를 유지하고 있으며, 반응하는 조직에서는 그곳의 국소 농도에 비례하는 속도로 제거된다. 정상 상태에 도달할 때 거의 지수 형태의 농도구배가 만들어진다.

농도구배에는 중요한 특징 두 가지가 있다. 역치반응에 따라 반응하는 세포 지역을 여러 가지 상태의 임무수행 방식으로 세분할 수 있는데, 반응하는 조직에 대한 패턴뿐 아니라 **극성(polarity)**도 자동으로 부여한다. 그림 2.14는 이러한 유형의 체계에서 나타나는 기본적인 특성 세 가지를 예로 보여준다. 반응하는 세포 지역은 3개의 발생 조절 유전자 활성에 의해 포개질 수 있는 형태(nested pattern)의 네 구역으로 세분된다. 유전자 활성 상태는 단지 두 가지만 있기 때문에, "1"은 "on"을 의미하고, "0"은 "off"를 의미하는 2진법 숫자로 나타낸다. 농도구배가 작용하여 그 지역을 000, 001, 011, 111 등으로 암호화는 네 구역(머리 및 세 가지의 몸통 분절)으로 세분할 수 있다. 두 번째 예에서는 세포들이 반응하는 반대편 끝에 또 하나의 생산 부위를 이식했다고 가정하자. 양쪽 끝에 생산 부위가 있고 중앙 지역 전체에서 제거되므로, 농도구배는 U자 모양이 될 것이다. 똑같은 역치반응은 이제 다른 패턴 111, 011, 001, 011, 111 등을 만들어낼 것이다. 이는 **거울면대칭(mirror-symmetrical)**

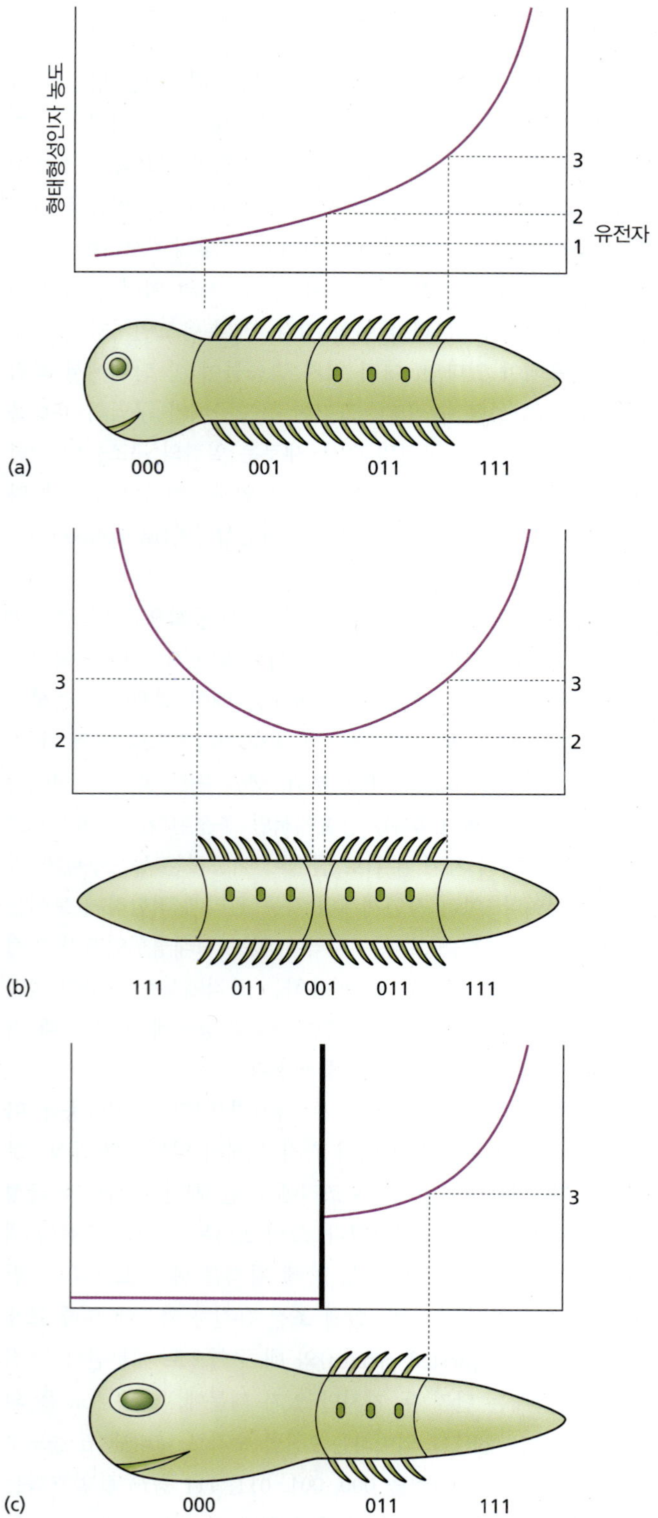


**그림 2.14** 형태형성인자 농도구배의 특성. (a) 머리와 분절이 3개인 정상 발생. (b) 후방 공급원을 전방으로 이식하면 U자 모양의 농도구배가 형성되고 이중 후방 동물을 만들어낸다. (c) 불투과성 장애물의 삽입으로 그 패턴에 커다란 틈이 만들어진다.

중복이라고 부르는 구조형인데, 거울면대칭의 대칭면에서 하나로 합쳐질 수 있는 2개의 비슷한 절반 모양이 두 개이기 때문이다. 극성은 오른쪽 절반에서는 정상이지만 왼쪽 절반 지역에서는 역전되어 있다. 거울면대칭 중복은 신호를 보내는 중심을 이식하는 배아실험에서 아주 흔하게 일어나는데, 예를 들어 두 번째 형성체(organizer, 7장 참고)가 만들어지면 이중 등쪽부위(double-dorsal) 개구리 배아가 되며, 극성화 활성대(zone of polarizing activity, ZPA)를 이식하면(15장) 이중의 뒷다리가 만들어진다. 아래 그림에서는 형태형성인자의 통행을 방해하는 불투과성 장애물이 삽입된 또 다른 유형의 실험을 보여준다. 왼쪽 측면에서는 형태형성인자가 생성되지 않기 때문에, 그 농도는 곧 영(zero)으로 떨어지는 반면, 우측 측면에서는 실제로 정상 수준보다 고농도로 쌓이게 된다. 이것은 제거 능력이 생산 부위와 비교할 때 줄어들었기 때문이다. 제거 속도는 농도에 비례하기 때문에, 전반적인 농도는 증가하여 정상 상태를 다시 확립해야 한다. 동일한 역치반응이 작동하여 좌측 절반의 패턴이 사라졌을 뿐 아니라, 농도 증가가 후반부 구역 대부분의 용량을 높였기 때문에 우측 절반의 패턴도 마찬가지로 사라진다. 이 예를 통해 발생체계의 특징들이 첫눈에는 얼마나 불분명해 보일 수 있는지 알 수 있다. 발생체계는 가끔 직관에 반할 수 있으며, 실험 결과들을 해석하기 위해서는 작동 중에 있는 유전자들과 신호전달 분자들뿐만 아니라 근본적인 역학 기전들의 특성을 이해할 필요가 있다.

## 호메오 돌연변이

호메오 돌연변이(homeotic mutation)는 어떤 신체 부분을 다른 부분으로 전환시킬 수 있는 변이를 말한다. 이것이 일어나는 방식은 간단한 모델로 설명된다. 그림 2.15의 생물이 돌연변이이고 연속적인 상황에서 두 번째 유전자가 영원히 불활성화되어 있고 작동할 수 없다고 가정하자. 이 경우에 암호화는 000, 001, 001, 101이 될 것이다. 달리 말하면, 두 번째 신체 분절은 이제 첫 번째 신체 분절의 또 다른 복사본으로 바뀌었다(그림 2.15a, b). 세 번째 꼬리 분절에서 일어나는 현상은 논리적인 회로에 관해 더 많이 알지 못하면 예측할 수 없는데, 이 분절이 현재 정상적인 생물에서는 발견되지 않는 새로운 암호를 지니고 있기 때문이다. 이것은 기능상실(loss-of-function) 호메오 돌연변이 행동을 설명해 주는 예가 된다. 어느 한쪽 염색체에 정상 복사본이 있으면 기능이 복원될 수 있기 때문에, 이러한 돌연변이들은 유전적으로 **열성(recessive)**이다.

반면에, 유전자2에 돌연변이가 일어나 상시적 활성(常侍的活性, constitutive activity), 다시 말해서 그 유전자가 모든 곳에서 항상 작동하게 되었다고 가정하자. 이제 암호화 순서는 010,

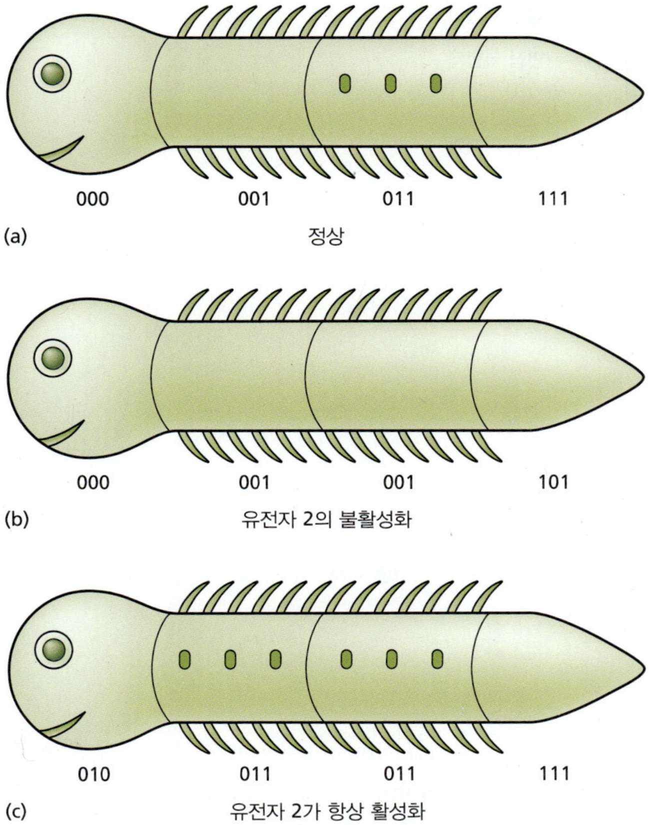


**그림 2.15** 호메오 돌연변이. (a) 정상적인 유전자형과 표현형. (b) 유전자 2의 기능상실 돌연변이는 두 번째 신체 분절이 첫 번째 분절을 닮도록 한다. (c) 유전자 2의 기능획득 돌연변이는 첫 번째 신체 분절이 두 번째 분절을 닮도록 한다. 이 예에서 비정상적인 암호화(010과 101)가 호메오 효과를 만들어내지 않는다고 가정한다.

011, 011, 111로 될 것이다. 여기에서 첫 번째 신체 분절은 두 번째 신체 분절의 복사본이 되었고, 머리는 비정상적인 암호를 갖게 된다(그림 2.15c). 이것은 기능획득(gain-of-function) 돌연변이이다. 적절치 못한 활성은 돌연변이를 일으킨 유전자의 한 쪽 사본으로도 일어날 것이기 때문에, 그것은 유전적으로 **우성(dominant)**이다.

이 예는 고도로 단순화된 방식으로 동물의 전후축 패턴 형성에 대한 Hox 유전자 체계의 작용 방식을 설명해 준다. 일반적으로 기능상실 돌연변이는 그림 2.15b에 나타낸 바와 같이 전방화(anteriorization)를 만들어내고, 기능획득 돌연변이는 그림 2.15c에 나타낸 바와 같이 후방화(posteriorization)를 만들어낸다. 그것은 또한 발생에서 지역 특성화의 **조합적인** 본질(**combinatorial** nature)을 설명해 준다. 두드러지게 나타나는 해부학적 변형체가 가끔은 유전자들을 개별적으로 조절하여 만들어질 수 있다하더라도, 신체 부분들의 실제 구조는 사실상 정상 발생에서 여러 유전자들의 조합으로 형성된다.

## 호메오, 호메오박스, 혹스

호메오 유전자의 작용에 관한 정의와 호메오 유전자들의 분자적 실체의 관계에 대해 상당한 혼동이 있다. 1984년에 초파리의 이중흉부(Bithorax) 복합체와 안테나페디아(Antennapedia) 복합체의 유전자들에서 공통적인 DNA 서열이 발견되었다(11장의 고전적인 실험 "호메오박스 발견" 참고). 이 유전자들은 같은 줄에 위치하고 있기(homeotic, 호메오) 때문에, 이 특색을 **"호메오박스"(homeobox)**라 부른다. 이 유전자들이 암호화하는 단백질들은 모두 전사인자이고, 호메오박스는 호메오도메인(homeodomain)이라고 부르는 DNA 결합 부위를 형성하는 60개로 된 기본 아미노산 서열을 암호화한다. 그 이후로 모든 유형의 진핵생물에서 호메오박스를 포함하는 많은 유전자들이 발견되었다. 호메오박스를 포함하는 모든 유전자들은 호메오도메인을 포함하는 전사인자들을 암호화한다. 모두는 아니더라도 이들 중 다수가 발생과 관련되어 있지만, 돌연변이가 일어나거나 잘못 발현될 때 극소수만이 호메오로 작용한다.

**혹스(hox)** 유전자들은 다른 진핵생물에서가 아니라 동물들에서만 발견되는 유전자 패밀리로서, 이 유전자들이 전신 수준에서 **전-후축(anterior-posterior)**의 실체를 특징짓는 기능을 갖고 있다. *hox* 유전자들은 호메오박스 유전자들의 일반적인 분류상 부분집합이고, 분명히 초파리의 이중흉부 유전자군과 안테나페디아 유전자군과 상동이다. 다수의 동물에서 *hox* 유전자들은 그 염색체 상에 서로서로 인접한 여러 유전자들과 함께 단 하나의 유전자군을 형성한다.

*hox* 유전자들은 몸 체제 구성 시기인 초기 단계에 활성화되고, 일반적으로 의문시되는 그룹의 **계통발생** 단계 전후에 최대한으로 발현된다. 그 유전자군에 있는 유전자들 각각은 특정 전-후축 수준에서 발현되는데, 명확한 전방 경계가 있고 점차적으로 후방으로 가면서 발현이 줄어든다. 이 유전자들은 중추신경계와 중배엽 둘 다에서 발현된다. 놀랍게도 신체에서 *hox* 유전자들의 공간적 발현 순서는 전방에서 후방으로 흔히 염색체 상의 유전자들 배열순서와 같다. 무척추동물들은 단지 하나의 *hox* 유전자군을 지니고 있지만, 척추동물들은 4개 이상의 유전자군을 갖고 있으며, 각각은 다른 염색체에 위치하고 있다.

## 형태가 형성되는 과정

배아는 단순한 구형이나 판 상의 세포들로부터 다층이며 길쭉한 구조로 스스로 변환될 필요가 있기 때문에, 세포 모양의 변화와 이동은 초기 발생의 근본이다. 이렇게 되는 과정들을 **낭배형성(gastrulation)**이라 부른다. 비록 유연관계가 아주 높은 종들 사이에서도 낭배형성의 상세한 부분이 실질적으로 차이

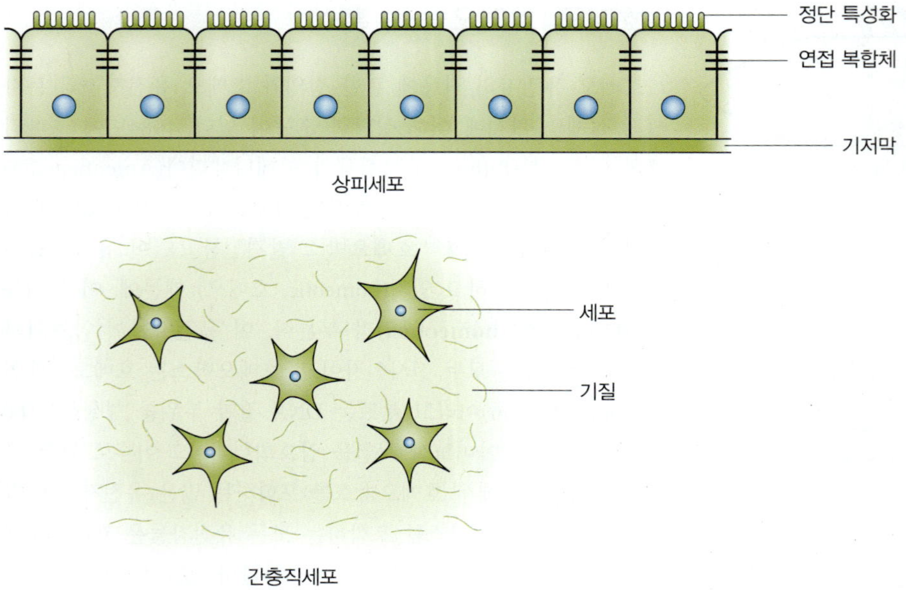


**그림 2.16** 상피세포와 간충직세포.

가 있다하더라도, 세포로 되는 기본적인 과정들은 공통이다. 발생의 후기 단계에서 같은 종류의 과정들이 조직과 기관 각각의 형태형성과정에서 반복적으로 다시 사용된다.

형태학적 관점에서 볼 때 배아세포들은 대개 상피세포나 간충직세포(mesenchymal cells)로 간주될 수 있다(그림 2.16). 이 용어들은 배아의 기원을 지칭하기보다는 오히려 세포형태 및 작용을 지칭하는데, 상피세포들은 3배엽층 모두에서 생겨날 수 있고 간충직세포들은 외배엽과 중배엽에서 생겨날 수 있기 때문이다. **상피세포(epithelium)**는 판 모양(판상) 세포들이고 **기저막(basement membrane)**에 배열되어 있는데, 세포 각각은 특별한 연접으로 이웃 세포들과 인접해 있고 정단-기저 극성을 뚜렷하게 나타낸다. 간충직세포는 엉성한 세포외기질에 묻혀 있고 흩어져 있는 별 모양의 세포를 설명하는 용어이다. 그 세포는 배아의 대부분을 채우고, 나중에는 섬유아세포, 지방조직, 평활근, 골격 등을 형성한다. 상피세포와 간충직세포는 18장에서 더 자세히 설명될 것이다.

## 세포 운동(cell movement)

많은 형태형성 과정이 세포 각자의 운동에 의존한다. 이동의 경우에 가장 명백한데, 세포들 각자가 장거리를 이동해야 하는 신경능선세포 또는 생식세포들을 예로 들 수 있다. 하지만 단거리 운동 또한 판상세포들에서 차등접착(differential adhesive) 또는 모양 변화 같은 과정들에 중요하다. 세포 운동 기전은 기층에서 이동하는 섬유아세포에서 가장 명백하다(그림 2.17). 그 섬유모세포들은 미세섬유(microfilament)가 풍부하게 있는 **라멜리포듐(lamellipodium**, 복수 lamellipodia, 접착용 위족)이라 부르는 납작한 돌기들을 뻗는다. 이 라멜리포듐은 인테그린(integrins)을 포함하고 있는 초점접착(focal attachment) 방식으로 기층에 붙는데, 인테그린은 액틴과 관련된 단백질 복합체로 미세소관 다발에 연결되어 있다. 세포의 본체는 그때 힘차게 수축하는 과정에 의해 앞으로 끌리는데, 이때 미오신 분자들이 덧붙여지는 미세소관 끝 쪽으로 이동한다. 배아에 있는 세포들도 근본적으로 같은 방식으로 이동한다고 생각된다. 커다랗고 납작한 라멜리포듐 대신에 그 세포들은 가느다란 **사상위족(filopodia)**을 다수 뻗어 접촉할 수 있을 것이다. 세포 각자의 운동은 흔히 신호전달 중심에서 내보내는 물질의 농도구배를 거슬러 일어난다. 아주 빈번하게 이 과정에는 케모카인(chemokine)인 SDF1과 그 수용체 CXCR4가 관련되어 있다.

신경 축삭들 또한 비슷한 기전으로 길어진다. 끝에는 **성장원추(growth cone)**라고 부르는 납작하게 된 구조가 있고, 이것이 사상위족을 내뻗는다. 신경 연결방식의 진행과 특이성 또한 분비된 물질들로 조절되는데, 에프린(ephrins), 네트린(netrins), 세마포린(semaphorins), 슬리트(slits) 등을 포함하는 서너 그룹들이 있다.

미세소관 다발과 이와 관련된 운동 단백질들 또한 세포 모양을 조절한다. 상피세포 그룹에서 정단수축은 정단표면의 면적을 줄여서 세포의 길이가 늘어나게 할 것이다(그림 2.17). 이것은 흔히 함입운동의 준비 단계로서 세포들은 상피세포에서 벗어나 아래의 공간으로 들어간다.

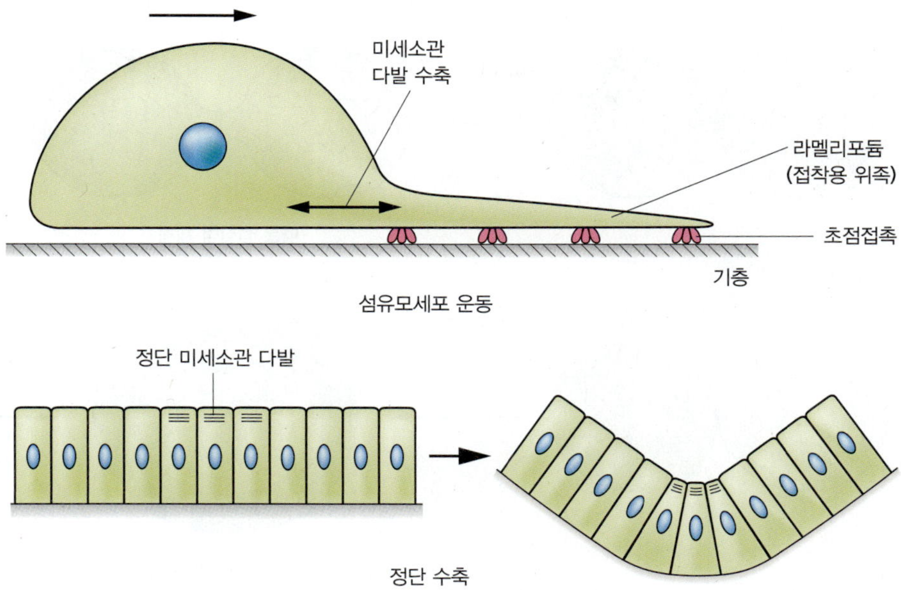


**그림 2.17** 세포 운동의 유형.

## 세포접착

척추동물의 상피세포들은 밀착연접(tight junction, 폐쇄연접), 부착연접(adherens junction, 접착연접), 데스모좀(desmosome, 부착반) 등으로 함께 결합되어 있는데, 뒤의 두 유형은 주요 접착 성분으로 카데린이 관련되어 있다. 간충직세포들 또한 카데린으로 접착할 수 있지만 보통은 더 엉성하다. 초기 배아유형 대부분이 배양액에서 칼슘을 제거하면 단세포들로 완전히 분리될 수 있다는 사실로 밝혀진 바와 같이, 초기 배아세포들의 접착은 보통 카데린으로 결정된다.

세포접착에는 질적으로 어떤 특이성이 있다. 카데린에 근거한 접착은 **동종친화성(homophilic)**이고, 그래서 E-카데린을 수반하는 세포들은 N-카데린을 보유하고 있는 세포들과의 접착보다는 서로에게 더 강하게 붙을 것이다. 특히 발생 중인 신경세포와 신경교세포들에 중요한 N-CAM (신경세포접착분자) 같은 칼슘 비의존성 면역글로불린 슈퍼패밀리에 근거한 접착체계는 또 다르며, 비슷한 세포들의 접착도 촉진한다. 이러한 접착체계의 질적 특이성은 가까이 근접해 있는 여러 유형의 세포 집단의 집결 기전이 되며, 또한 세포들 각자가 이웃 지역으로 이탈하는 것을 방지한다. 만일 다른 접착체계를 갖는 세포들을 혼합한다면, 그들은 별도의 지역으로 분류될 것이고, 결국 아령 같은 배열을 형성하거나 또는 전부 분리되기까지 할 것이다(그림 2.18a).

특이성의 질적 측면에 부가하여, 같은 체계에서도 접착력의 차이에 의해 세포가 나뉘는 작용이 나타날 수 있다는 것이 알려졌다. 만일 A라는 세포 유형이 B라는 세포 유형보다 접착성이 더 크다면, B 세포가 결국 A 세포를 둘러쌀 것이다(그림 2.18b). 그 과정은 집합체에서 미세하고 무작위적인 운동들에 기반을 두고 있고, 두 유형이 잘 섞여 있는 혼합물 또는 함께 압력을 받는 두 유형의 덩어리 같은 예에서와 같이, 어떠한 초기 배열을 갖더라도 최종 배열은 동일하게 이루어질 것이다. 실험상의 예는 그림 2.19에 나타냈다.

## 형태형성 과정의 분류

비슷한 종류의 형태형성 과정들이 여러 발생 상황에서 반복적으로 다시 사용된다(그림 2.20). 이 과정들은 부분적으로는 미세소관 복합체들의 수축에 기인한 세포들의 모양 변화에 의해, 부분적으로는 세포접착 분자들[카데린, 세포접착분자(CAMs), 인테그린]의 유전자 발현 변화에 의해, 부분적으로는 세포분열 속도의 국소적인 변화들에 의해 유도된다. 이러한 과정들은 다음에 지역특성화 기전, 즉 유도신호와 조절 유전자들의 통제하에 놓이게 된다(동영상 1: 형태형성 과정 참고).

집합체를 형성하는(그림 2.20a) 세포들의 **응축(condensation)**은 흔히 체절 또는 사지의 골격 요소들 같은 구조를 형성하기 위한 전주곡이다. 응축은 부분적으로는 국소적 세포분열을 증가시켜 일어나고, 부분적으로는 국소적 기질 분비를 감소시켜 일어나며, 부분적으로는 세포-세포 접착을 증가시켜 일어난다.

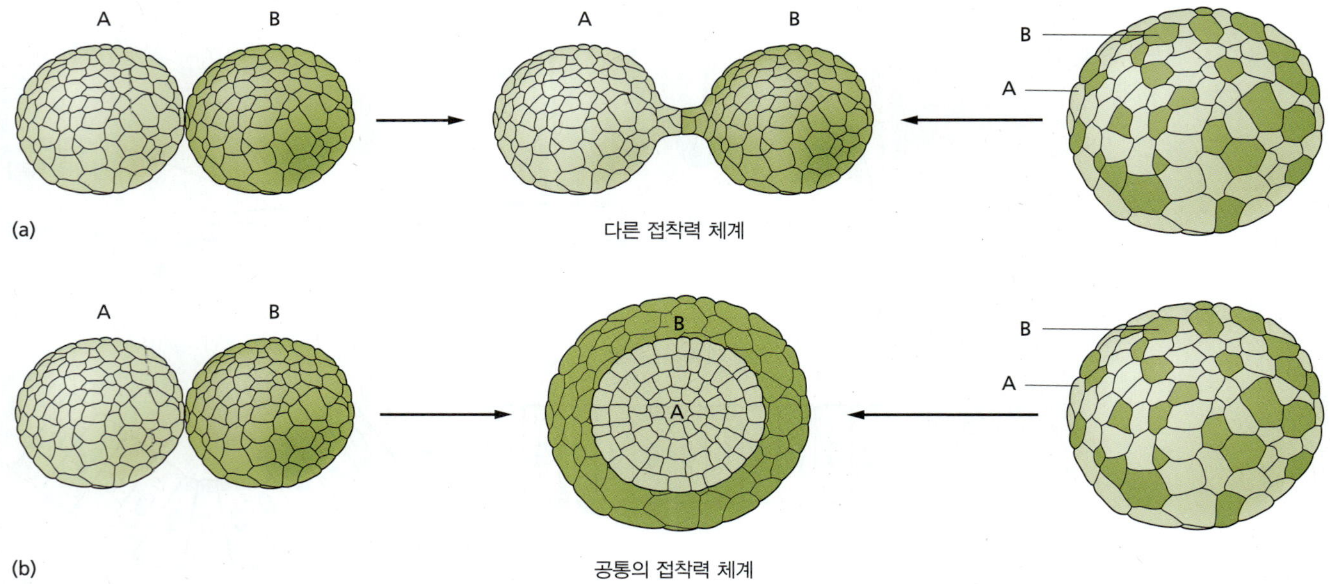


**그림 2.18** 세포 분별 과정들. (a) 세포 유형 A와 B는 각각 자신의 접착 기전을 지니고 있어서, 접착력 A-B << 접착력 A-A 또는 B-B. (b) 세포 유형 A와 B는 동일한 접착 기전을 지니고 있지만, 접착력 A-A > B-B 그리고 접착력 A-B는 평균적인 힘을 지니고 있다: (A-A + B-B)/2. (b)에서 가운데 그림은 단면을 나타내지만 다른 그림들은 겉에서 본 것을 나타낸다.

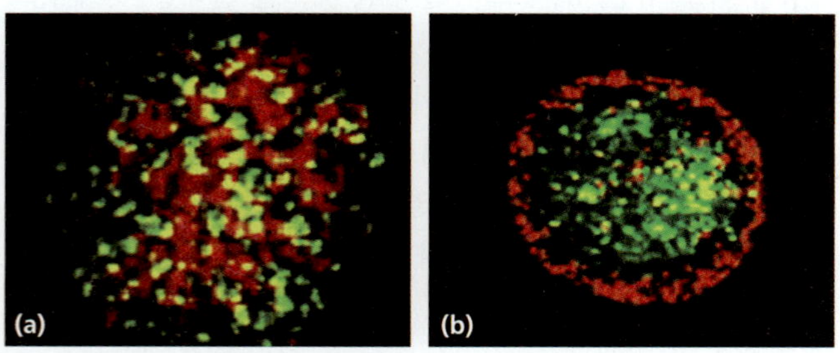


**그림 2.19** 다른 접착력으로 구분되는 세포를 보여주는 실험. 빨간 세포들과 초록색 세포들은 생체 염색약으로 채색되었다. 이 세포들은 핵 내로 주입된 유전자로부터 만들어지는 N-카데린(N-cadherin) 생성 정도만 다르고 나머지는 동일한데, 초록색 세포들에서 2.4배 더 크다. 그 세포 유형들은 공초점 광학 절편(confocal optical section)으로 보는 바와 같이 집합체에서 함께 혼합되어 있다. 24시간이 지나자 그 세포들은 접착력이 더 좋은 초록색 세포들이 중앙에 위치하게 되었다. (인용) Elsevier의 허락을 얻어 Foty and Steinberg. *Dev Biol* (2005); 278: 255-263의 그림을 재구성하였음.

**함입(invagination)**과 **회절(involution)**(그림 2.20b)은 단순한 상피세포에서 다층으로 되는 구조를 만들어내는 과정들이다. 이 과정들은 낭배기에, 신경배형성기에, 그리고 분비선, 감각기관 및 곤충의 부속지와 같은 많은 다른 구조들을 형성할 때 발견된다. 그들은 보통 말단미세소관 복합체의 수축에서 일어나는 국소적인 정단 수축으로 시작된다. **함입**에서 수축은 세포로 구성된 판상구조가 구부러지게 하여 수축된 지역이 안쪽으로 융기하여 들어가게 한다. 이 융기의 내화 과정이 이때 서너 가지의 다른 기전으로 일어날 수 있다. 그 기전들에는 보통 함입하는 세포들과 주변과의 차등 접착이 관련되어 있을 것인데, 예를 들면 형성 중인 신경판에 의한 N-CAM의 발현과 표피에 의한 L-CAM (백혈구 세포접착분자)의 발현은 신경관이 원형을 완성하고 함입이 완벽하게 되는 과정이 확실히 일어나도록 돕게 된다. 또한 세포접착에 의존하는 또 다른 기전에서, 성게 배아의 원장을 초기의 함입 세포들이 낭배의 먼 측면까지 뻗는 사상위족에 의해 배아 안으로 끌어당겨져 형성된다. 만일 세포들의 초기 함입이 세포판이 기계적으로 구부러지는 과정으로부터가 아니라 수축된 표면의 테두리 주변에 있는 세포들의 이동으로부터 일어난다면, 이를 **회절(involution)**이라고 부른다. 이것은 안으로 감기는 조직에서 자유로운 변두리 형성과 관련되어 있다. 여기에서도 이 과정은 안으로 말리는 세포들과 그 주변 사이의 차등 세포접착에 의존한다. 세포 운동은 각자의 이동으로부터, 또는 수렴확장(아래 참고)으로부터, 또는 그 둘 다로부터 일어날 수 있다.

함입은 속이 빈 구형 또는 관형 세포들을 만들어내는 한 가지 방법이다. 한편, 액체로 채워진 공간은 단단한 세포 덩어리에서 **공동화(cavitation)** 과정을 통해 만들어질 수 있다(그림 2.20c). 이것은 2차 신경배형성기에서와 같이 세포 재배열로 또

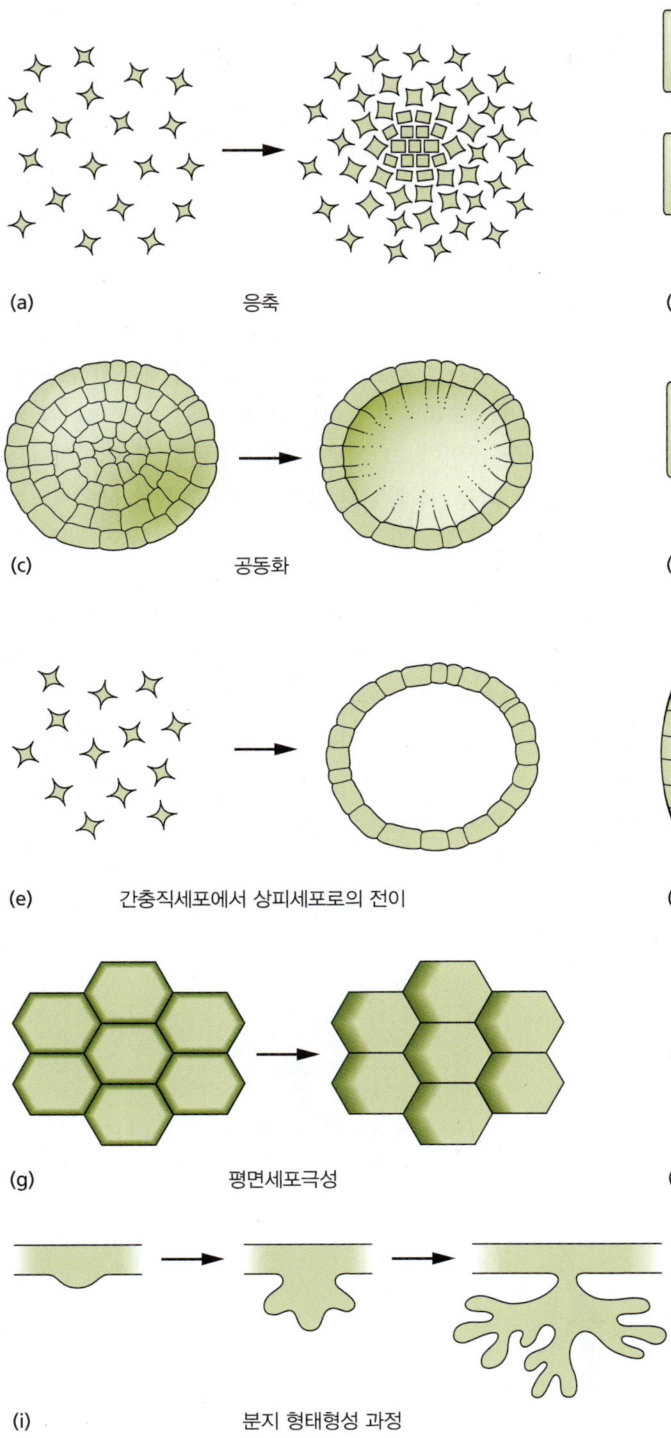


**그림 2.20** 형태형성 과정의 분류. (a) 간충직세포 응축. (b) 함입과 회절. (c) 공동화. (d) 상피세포에서 간충직세포로의 전이. (e) 간충직세포에서 상피세포로의 전이. (f) 수렴 확장. 여기서는 상징적으로 한 줄의 세포들을 표지했고, 세포들의 삽입 운동이 그 세로줄을 재배열시켰는데, 일부 세포들은 제외되었다. (g) 평면세포극성 (h) 외적 (i) 분지형태형성 과정.

는 생쥐의 난원통(egg cylinder) 형성 과정에서 발견된 바와 같이 내부에서 세포들의 세포자연사(apoptosis, 예정세포사)에 의해 일어날 수 있다. 속이 빈 강(腔)이 만들어지면, 나중에 **내강(lumen)**으로 불릴 수 있으며, 그것에 인접해 있는 세포들은 내강 표면(lumenal, 또는 luminal로도 표기)에 존재한다고 말할 수 있다.

상피세포에서 간충직세포로의 전이는(그림 2.20d) 세포들이 상피세포조직을 이탈해서 각각의 세포나 간충직세포 덩어리로서 이동할 때마다 일어나는데, **층분리(delamination)**라고도 부른다. 닭의 발생에서 하배엽(hypoblast)을 형성하기 위해 상배엽(epiblast)에서 세포들의 내식작용으로 일어나거나 또는 등쪽 신경관으로부터 신경능선 세포가 형성될 때에 일어난다. 상피세포조직으로부터 떨어져 나오는 과정에서 국소적인 세포-세포 접착의 감소가 필요하다. 역으로, 간충직세포에서 상피세포로의 전이(그림 2.20e) 또한 밝혀졌는데, 체강 내막상피세포나 또는 신장 세뇨관 형성이 그 예이다.

세포판들은 활동적인 세포 재배열 결과로 모양이 아주 극적으로 변할 수 있다. 이 과정은 보통 **수렴 확장(convergent extension)** 형식을 취하며(그림 2.20f), 여기에서 세포들 각자가 사이사이를 뚫고 삽입하는데, 삽입 방향으로는 세포판의 수축이 일어나고 삽입 방향에 직각으로는 세포판이 길어진다. 삽입 운동은 세포들 말단에서 일어나는 수축 활동에 의존하며, 이때 세포외기질의 견인력을 활용하여 세포들이 강제로 사이사이로 들어가게 된다. 그 과정의 전반적인 극성은 수축 활동이 억제된 경계지역에서 조절된다. 이 경계들이 결국 길쭉해진 세포판의 긴 테두리가 될 것이다.

수렴 확장 중에 세포들은 모두 같은 방향으로 극성을 띨 필요가 있다. 이것은 **평면세포극성(Planar cell polarity**, 편평세포극성)이라고 부르는 또 다른 일반적인 과정의 한 가지 예로서 (그림 2.20g), (모든 상피세포들에서 밝혀진 정단-기저 극성에 추가하여) 상피세포조직 평면 방향으로 상피세포들이 극성을 얻게 되는 현상을 말한다. 이것은 극성화 방향으로 방향을 잡게 하기 위해 장거리 신호를 필요로 하고, 또한 세포로 된 비대칭성이 한 세포에서 다음 세포로 전달될 수 있게 하는 국소 의사소통에도 필요하다. 평면세포극성은 초파리의 표피 구조 대부분에서 그리고 표피와 달팽이관을 포함하는 척추동물의 몇몇 조직에서도 발견된다.

낭배형성에서 발견되는 것으로 또한 **외적(epiboly**, 피포)이 있는데(그림 2.20h), 이 과정에서는 박판의 세포들이 확장하여 다른 집단의 세포들을 둘러싸고 봉한다. 이렇게 되는 기전은 꽤 다양하다. 개구리와 제브라피쉬의 낭배는 둘 다 동물반구의 외적을 나타내는데, 확장하여 배아 전체를 덮는다. 그러나 개구리에서 그 과정은 더 넓은 면적을 더 얇은 판으로 만들어내는 세포들의 방사성 삽입으로 형성되어 수렴 확장과 다소 간의 유사성이 나타난다. 대조적으로 제브라피쉬에서는 외적이 미세소관 의존적 과정으로 세포가 아닌 난황다핵층의 확장으로 일어난다.

초기 발생이 아닌 기관형성 단계의 특징을 나타내는 어떤 유형의 형태형성작용은 **분지적 형태형성(branching morphogenesis)**이다. 보편적으로 상피세포의 아체가 간충직세포 덩어리로 자라고, 그렇게 진행되면서 성장점의 수가 점진적으로 증가하여 분지되는 구조를 만들어낸다(그림 2.20i). 이 과정은 주로 초파리의 기관계(tracheal system) 형성 때처럼 세포 운동에 좌우될 수도 있고, 폐와 신장 같은 척추동물 기관 형성 때 더 흔하게 나타나듯이 말단부의 차등 성장에 의해 좌우될 수도 있다.

## 성장과 죽음

성장은 흔히 세포분열 과정을 포함하며, 동물 세포주기의 분자생물학은 아주 잘 이해되고 있다. 그림 2.21은 전형적인 세포주기를 보여주며, 그림 2.22는 전형적인 세포분열 패턴을 보여준다. 관습적으로 세포주기는 네 단계로 설명된다. M기는 체세포분열 단계를 나타내고, S기는 DNA 복제 단계이고, G1기와 G2기는 그 사이의 중간 단계이다. 성장하고 있는 세포에서 크기 증가는 그 세포주기 내내 계속되어서, 세포 단백질의 대부분이 합성된다. 정상적으로 세포주기는 성장속도와 대등하다. 만일 그렇지 않다면 세포분열이 일어날 때마다 세포들의 크기가 커지거나 줄어들 것인데, 그 예로는 배아의 난할 중에 일어나는 분열이 있다. DNA 복제가 완성되기 전에 확실하게 체세포분열이 시작되지 않게 하기 위한 그 세포주기에 세워진 내적 조절 과정이 여럿 있다. 이러한 조절 과정들은 세포주기의 여기저기에 있는 **점검지점(checkpoints)**에서 작용하는데, 적절한 조건이 충족되지 않으면 그 과정이 중단된다.

세포주기 조절은 사이클린(cyclin)이라고 부르는 많은 단백질과 여러 사이클린 의존성 키나아제(cyclin-dependent kinases, Cdks)로 구성되는 대사성 진자(metabolic oscillator, 대사성 발진기)에 의존한다. M 점검지점을 지나 체세포분열 과정으로 들어가기 위해서는 사이클린과 Cdk의 복합체[M기 촉진인자 또는 **성숙촉진인자(maturation promoting factor, MPF**, 성숙유도인자)라고 부르는]가 활성화되어야 한다. 이 인자는 체세포

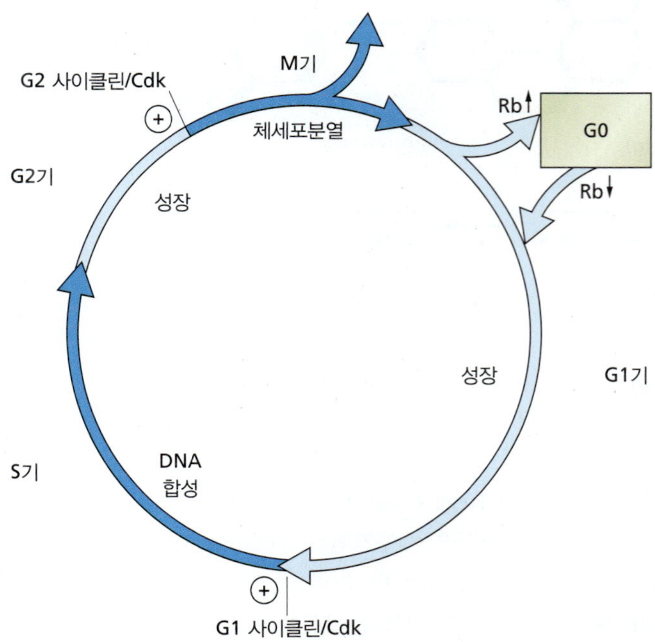


**그림 2.21** 전형적인 진핵세포의 세포주기. ⊕는 M기와 S기의 입구에 있는 점검지점(checkpoint)을 나타낸다.

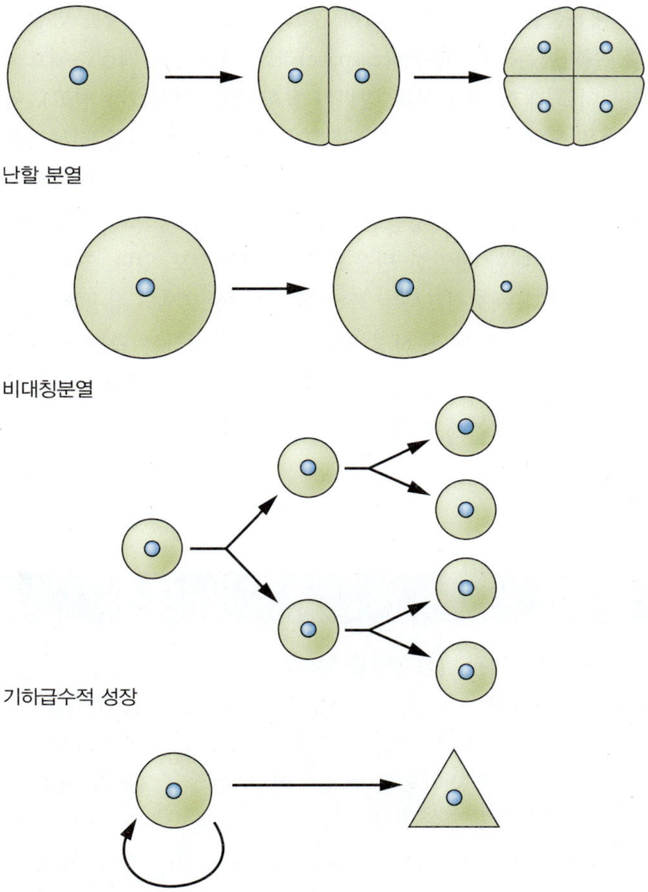


**그림 2.22** 세포분열 유형.

분열에 필요한 여러 성분들(핵붕괴, 방추사 형성, 염색체 응축)을 인산화시켜 활성화한다. M기에서 벗어나기 위해서는 사이클린 분해를 경유하는 MPF의 불활성화가 필요하므로, M기 끝에 가면 MPF는 사라지게 된다.

G1 점검지점은 다른 집합의 사이클린과 Cdk들에 의해 작동되는 비슷한 과정에 좌우되는데, 이 집합의 활발한 복합체들은 인산화하고 DNA 복제 효소들을 활성화시킨다. 이것은 또한 세포 크기가 결정되는 지점이다. 다소 변경이 있을 수 있는 특별한 경우를 제외하면 G1, S, G2, M기라는 세포주기는 보편적이다. 초기 발생의 빠른 난할 주기에는 G1과 G2기가 짧거나 없고, 크기 검사도 없으며, 세포들은 세포분열 때마다 용적이 반으로 줄어든다. 감수분열 주기에는 핵분열이 2번 일어나지만 그 사이에 S기가 없는 분열을 완수하기 위해 같은 활성의 MPF 복합체를 필요로 한다.

초기 배아의 난할 세포분열은 세포외 성장인자 없이 일어난다. 발생의 후기 단계에서 그리고 특히 성숙한 개체에서 세포 대부분은 분열 활동이 거의 없다. 성장인자들이 없을 때 세포는 G0라고 부르는 상태로 들어가는데, 이때는 Cdk와 사이클린이 없다. 성장인자들이 회복되면 이러한 단백질들의 재합성이 유도되고, G1 점검 지점에서 시작되는 주기를 속개하게 된다. Rb (retinoblastoma, 망막아종)라는 단백질은 G0 상태를 유지하는 인자 중 하나이다. 성장인자가 있을 때 이 단백질은 인산화되어 불활성화된다. Rb가 없을 때에는 E2F라고 부르는 전사인자가 활동적이 되고 계단식 유전자 발현을 개시하여, S기를 시작하기 위해 필요한 사이클린, Cdk들, 기타 성분들의 재합성이 최고점에 달하게 된다.

크기의 증가를 의미하는 진정한 성장은 세포분열과 정확히 같지는 않다. 그 둘이 다르다는 분명한 예는 세포분열이 성장 없이 일어나는 배아의 난할 세포분열이다(그림 2.22a). 발생 후기의 성장은 분열할 때마다 2배로 세포 수가 증가될 필요가 있지만, 보통은 세포 크기 증가도 포함되어 있고 세포외기질 양의 증가도 포함되어 있는 경우가 흔하다. 세포외물질은 초기 발생에서는 널리 쓰이지 않지만, 나중에는 뼈와 연골이 기질 물질들로 구성되어 있기 때문에 골격 조직의 실질적인 비례관계에서 광범위해진다. 사실 제노푸스, 제브라피쉬, 성게 같이 자유롭게 생활하는 배아 유형들에서 실질적인 성장은 전혀 없다. 그들은 물을 흡수하기 때문에 어느 정도 확장하지만, 스스로 섭식할 수 있을 때까지는 실질적으로 증가하지 않는다. 대조적으로, 포유동물의 태반처럼 외부에서 영양분이 공급되는 배아 유형들이나 조류와 파충류에서처럼 커다란 배외 난황 덩어리를 갖고 있는 배아 유형들은 발생 과정 내내 광범위하게 성장한다. 이것은 실험용으로 의미가 있는데, 자유롭게 생활하는 배아의 세포로 물질을 주입하면 그 물질이 성장으로 희석되지 않고 상당한 기간 동안 활성을 가진 채로 남아 있을 수 있기 때문이다.

어떤 배아의 세포에서는 눈에 띄게 **비대칭분열(asymmetric division)**이 진행되는 것을 볼 수 있다(그림 2.22b). 이것은 보통 세포분열 전의 세포질 비대칭 형성과 연관되어 있고, 두 딸세포들이 물려받은 세포질 **결정인자(determinants)**들이 핵에서 다른 패턴의 유전자 발현을 불러일으켜서 다른 발생 경로를 불러내기 때문이다. 결정인자의 본질은 이제 아주 잘 이해되고 있고, 국소적인 mRNA와 PAR 단백질 복합체 같은 자가 조직 단백질 복합체를 포함하고 있다(4장과 12장 참고).

세포들은 보통 조직배양에서 기하급수적으로 성장하는 능력이 있지만(그림 2.22c), 이 현상은 동물에서 아주 드물게 발견된다. 비록 어떤 분화된 세포 유형들이 계속 분열할 수 있다 하더라도, 일반적으로 분화는 세포분열을 늦추거나 중단하게 만드는 경향이 있다. 후기 배아 단계에서 세포분열 대부분은 **줄기세포(stem cells)**들과 **전이증폭세포(transit amplifying cells)**들이라고 부르는 직계 자손들 사이에서 발견된다(18장 참고). 줄기세포들은 자신들을 만들어낼 수 있고 특정 조직 유형으로 분화되는 자손들을 생성할 수 있는 세포들이다(그림 2.22d). 이것은 필연적으로 줄기세포 분열 모두가 비대칭으로 되어야 한다는 의미는 아니라서, 일정한 기간에 걸쳐 자손의 절반은 재생될 것이고 나머지 절반은 분화될 것이다. "줄기세포"라는 용어는 또한 포유동물의 초기 배아에 기원하는 **배아줄기세포(embryonic stem cells, ES cells)**에도 사용된다. 이 줄기세포들은 조직배양에서 무제한 늘어날 수 있고, 배아의 세포수를 다시 늘릴 수 있으며, 모든 조직 유형에 적용할 수 있다(10장과 21장 참고).

**예정세포사(programmed cell death, apoptosis, 세포자연사)** 또한 발생에서 중요하다. 예정세포사는 생체 활성을 갖는 세포의 내용물을 주변으로 흘리지 않고 세포들을 제거하는 방법이다. 여기에는 카스파아제(caspase)라고 부르는 단백질분해효소 활성이 최대가 되는 분자 경로가 포함되어 있다(12장 참고). 이 과정을 통해 핵이 응축하고, 세포가 오그라들며, 다른 식세포들이 삼키도록 유도하는 신호가 세포 표면에 나타난다. 예정세포사는 보통 세포에서 성장인자가 사라지면서 시작되지만, 가끔은 신호에 대한 활발한 반응으로 나타날 수도 있다. 척추동물의 발생에서 예정세포사는 특히 표적기관으로부터 유용한 성장인자에 반응하는 운동신경세포 집단의 감소라는 측면에서 특히 중요하고(14장 참고), 손/발가락 사이의 조직이 예정세포사로 제거되기 때문에 손/발가락이 형성되는 사지 발생에서 중요하다(15장 참고).

## 기억해야 할 핵심 사항들

- 동물의 발생과정에서 주요 과정들은 지역 특성화, 세포분화, 형태형성, 성장, 시간적인 조절 등이다.
- 배우자는 생식계열 세포의 감수분열로 생긴다.
- 발생 초기 단계에 일어나는 사건들은 알에 미리 만들어져 있는 성분들이 관여하기 때문에 모계의 유전체에 좌우된다.
- 자발적인 대칭붕괴 과정들이 보통 세포질 결정인자들의 국부화를 야기하고, 지역 특성화의 초기 단계를 조절한다.
- 나중의 지역 특성화는 유도인자들의 활성이 포함되고, 보통은 여러 발생 조절 유전자를 다른 농도에서 상향 조절할 수 있는 형태형성 농도구배 형태로 나타난다.
- 배아에서 각 구역의 세포들은 특정 조합의 발생 조절 유전자 활성으로 특정된 발생 임무를 부여받는다.
- 초기 발생에는 포배 또는 배반엽이 형성될 때까지 진행되는 난할 기간이 포함되어 있다. 이것은 낭배기라고 부르는 형태형성 운동 단계로 이어지고, 이 동안에 3배엽들인 외배엽, 중배엽, 내배엽 등이 형성된다.
- 초기 발생에서 형태형성 과정들에는 공동화, 회절, 함입, 외적, 세포응축 등이 포함되어 있다. 나중의 발생에도 상피세포와 간충직세포 사이의 전이 및 분지 과정들이 발견된다.
- 성장은 정상적으로 세포분열에 좌우된다. G1, S, G2, M 단계로 구성된 세포주기는 보편적이지만, 감수분열 및 난할 분열 같은 특수한 발생 과정에서는 변경되어 있다.

## 추가로 읽을 것


### Germ cells and soma

Matova, N. & Cooley, L. (2001) Comparative aspects of animal oogenesis. *Developmental Biology* **231**, 291–320.

Extavour, C.G. & Akam, M. (2003) Mechanisms of germ cell specifi cation across the metazoans: epigenesis and preformation. *Development* **130**, 5869–5884.

Seydoux, G. & Braun, R.E. (2006) Pathway to totipotency: lessons from germ cells. *Cell* **127**, 891–904.

Strome, S. & Lehmann, R. (2007) Germ versus soma decisions: lessons from fl ies and worms. *Science* **316**, 392–393.

### Fertilization

Strickler, S.A. (1999) Comparative biology of calcium signalling during fertilization and egg activation in animals. *Developmental Biology* **211**, 157–176.

Jungnickel, M.K., Sutton, K.A. & Florman, H.M. (2003) In the beginning: lessons from fertilization in mice and worms. *Cell* **114**, 401–404.

### Symmetry breaking, self-organization, asymmetry

Wood, W.B. (1997) Left-right asymmetry in animal development. *Annual Reviews in Cell and Developmental Biology* **13**, 53–82.

Levin, M. & Palmer, A.R. (2007) Left-right patterning from the inside out: Widespread evidence for intracellular control. *BioEssays* **29**, 271–287.

Gönczy, P. (2008) Mechanisms of asymmetric cell division: fl ies and worms pave the way. *Nature Reviews Molecular Cell Biology* **9**, 355–366.

Karsenti, E. (2008) Self-organization in cell biology: a brief history. *Nature Reviews Molecular Cell Biology* **9**, 255–262.

Oates, A.C., Gorfi nkiel, N., Gonzalez-Gaitan, M. & Heisenberg, C.-P. (2009) Quantitative approaches in developmental biology. *Nature Reviews Genetics* **10**, 517–530.

### Gradients, thresholds, homeosis

Slack, J.M.W. (1987) Morphogenetic gradients-past and present. *Trends*

*in Biochemical Sciences* **12**, 200–204.
Lewis, E.B. (1994) Homeosis: the fi rst 100 years. *Trends in Genetics* **10**, 341–343.
Xiong, W. & Ferrell, J.E. (2003) A positive-feedback-based bistable 'memory module' that governs a cell fate decision. *Nature* **426**, 460–465.
Tabata, T. & Takei, Y. (2004) Morphogens, their identifi cation and regulation. *Development* **131**, 703–712.
Ashe, H.L. & Briscoe, J. (2006) The interpretation of morphogen gradients. *Development* **133**, 385–394.
Dahmann, C., Oates, A.C. & Brand, M. (2011) Boundary formation and maintenance in tissue development. *Nature Reviews Genetics* **12**, 43–55.
Rogers, K.W. & Schier, A.F. (2011) Morphogen gradients: from generation to interpretation. *Annual Review of Cell and Developmental Biology* **27**, 377–407.

### Morphogenesis

Bard, J.B.L. (1992) *Morphogenesis. The Cellular and Molecular Processes of Developmental Anatomy*. Cambridge: Cambridge University Press.
Irvine, K.D. & Rauskolb, C. (2001) Boundaries in development: formation and function. *Annual Reviews in Cell and Developmental Biology* **17**, 189–214.
Schöck, F. & Perrimon, N. (2002) Molecular mechanisms of epithelial morphogenesis. *Annual Reviews in Cell and Developmental Biology* **18**, 463–493.
Thiery, J.P. (2003) Cell adhesion in development: a complex signaling network. *Current Opinion in Genetics and Development* **13**, 365–371.
Hardin, J. & Walston, T. (2004) Models of morphogenesis: the mechanisms and mechanics of cell rearrangement. *Current Opinion in Genetics and Development* **14**, 399–406.
Stern, C.D., ed. (2004) *Gastrulation: From Cells to Embryo*. New York: Cold Spring Harbor Laboratory Press.
Klein, T.J. & Mlodzik, M. (2005) Planar cell polarization: an emerging model points in the right direction. *Annual Review of Cell and Developmental Biology* **21**, 155–176.
Steinberg, M.S. (2007) Differential adhesion in morphogenesis: a modern view. *Current Opinion in Genetics and Development* **17**, 281–286.
Bryant, D.M. & Mostov, K.E. (2008) From cells to organs: building polarized tissue. *Nature Reviews Molecular Cell Biology* **9**, 887–901.
Hammerschmidt, M. & Wedlich, D. (2008) Regulated adhesion as a driving force of gastrulation movements. *Development* **135**, 3625–3641.
Goodrich, L.V. & Strutt, D. (2011) Principles of planar polarity in animal development. *Development* **138**, 1877–1892.
Takeichi, M. (2011) Self-organization of animal tissues: cadherin-mediated processes. *Developmental Cell* **21**, 24–26.

### Cell cycle and cell death

Murray, A. & Hunt, T. (1993) *The Cell Cycle: An Introduction*. Oxford: Oxford University Press.
Day, S.J. & Lawrence, P.A. (2000) Measuring dimensions: the reputation of size and shape. *Development* **127**, 2977–2987.
Lawen, A. (2003) Apoptosis-an introduction. *Bioessays* **25**, 888–896.
O'arrell, P.H. (2003) How metazoans reach their full size: the natural history of bigness. In *Cell Growth: Control of Cell Size*, Hall, M.N., Raff, M., & Thomas, G., eds, Cold Spring Harbor Laboratory Press, pp. 1–21.
Domingos, P.M. & Steller, H. (2007) Pathways regulating apoptosis during patterning and development. *Current Opinion in Genetics and Development* **17**, 294–299.
Lecuit, T. & Le Goff, L. (2007) Orchestrating size and shape during morphogenesis. *Nature* **450**, 189–192.

### Time

Moss, E.G. (2007) Heterochronic genes and the nature of developmental time. *Current Biology* **17**, R425–R434.
Tennessen, J.M. & Thummel, C.S. (2008) Developmental timing: let-7 function conserved through evolution. *Current Biology* **18**, R707–R708.

---

This chapter contains the following animation:

**동영상 1** 형태형성 과정.

with website For additional resources for this book visit www.essentialdevelopmentalbiology.com

제3장 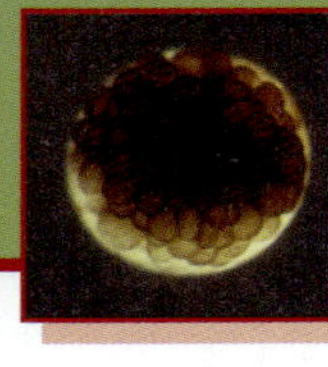

# 발생에 대한 연구: 발생유전학

## 발생 돌연변이

유전체의 전체 유전자들 중에서 약 1-2% 정도가 특별히 발생과 관련된 기능을 가지고 있다. 정상 발생이 이루어지기 위해서는 더 많은 유전자들이 필요하지만, 이 유전자들의 일차적인 기능은 발생보다는 세포생물학이나 물질대사의 중심 영역에 놓여 있다. 발생생물학에서는 **돌연변이(mutant)**가 매우 중요하게 이용되었다. 돌연변이 생물체가 지니는 특정 유전자의 **돌연변이**는 우발적으로 생긴 것일 수도 있고, 화학적 돌연변이원이나 방사능 조사에 의해 유도되거나, 특히 생쥐에서는 "표적" 돌연변이(targeted mutations)를 통해 특별하게 고안될 수도 있다. 돌연변이는 변이의 분자적 기초에 따라서 몇 가지 계열로 나뉜다. 화학적 돌연변이 생성은 대개 하나의 DNA 염기가 다른 것으로 바뀌는 점 돌연변이를 형성한다. 이는 하나의 아미노산이 다른 것으로 치환되는 결과를 가져오거나, 새로운 종결 코돈이 생성된다면 미성숙한 아미노산 사슬의 종결을 가져올 것이다. 단일 뉴클레오타이드가 첨가되거나 상실되면 단백질에서 이후의 아미노산 서열을 전부 바꾸어 버리는 해독틀 이탈(frame-shift) 돌연변이가 일어날 것이다. X-선 조사는 대개 DNA 가닥이 통째로 상실되도록 하는데, 하나 이상의 유전자를 포함할 수 있다. 우발적 돌연변이는 위의 어떤 유형이 될 수도 있고, 또 **전이요소(transposable elements)**의 삽입을 포함할 수도 있다.

**호메오(homeotic)** 돌연변이는 신체의 한 부분이 다른 부분과 비슷하게 바뀌도록 만든다. 이런 돌연변이가 일어나는 호메오 유전자는 전사인자의 유전정보를 가지고 있으며, 그 정상 기능은 세포의 운명결정(commitment) 상태의 정보를 담고 있는 발생 조절 유전자들이다. 그러나 많은 발생 조절 유전자들은 호메오 돌연변이를 나타내지 않는다.

하나의 유전자의 다른 판본을 **대립유전자(alleles)**라고 한다. 유전자는 대개 **야생형(wild type)**이라 부르는 하나의 정상 대립유전자만 존재할 수도 있지만, 무수하게 많은 다른 돌연변이 대립유전자들이 있을 수도 있다(그림 3.1). 개체의 핵 DNA 전체를 **유전체(genome)**라 하며, 가지고 있는 대립유전자들의 특정 조합을 **유전자형(genotype)**이라 한다. 발생학에서 유전자형이란 대개 특정 상황에서 하나 또는 소수의 유전자 좌(座=자리, loci) 구성요소를 가리키기 위해서 사용된다. 개체의 총체적 특성은 **표현형(phenotype)**이라 일컫는데, 발생학에서는 대개 나타난 모습과 관련된다. 정상 또는 야생형 표현형은 야생형 유전체에서 비롯되며, 돌연변이 표현형은 유전체에서 발생하는 하나 또는 그 이상의 돌연변이에서 비롯된다. 유전자의 일차 염기서열과 정상 발현 형태를 종합하면 돌연변이 표현형이 상당히 많은 정보를 제공하지만, 단순히 돌연변이 표현형을 관찰하는 것만으로 어떤 유전자의 기능 전부를 추론하는 것은 불가능하다.

똑같은 유전자이면서 다른 표현형을 가진 몇몇 돌연변이 대립유전자들의 효과를 살펴보는 것으로 정상 유전자 기능에 관해서 상당히 많은 것을 추론할 수 있다. 가장 흔한 형태의 돌연변이는 돌연변이의 단백질 산물이 야생형보다 활성이 떨어지는 것을 의미하는 **기능상실(loss of function)**이다. 기능의 완전한 상실은 **기능소멸(null)** 돌연변이라 하는데, 이것은 활성을 갖는 유전자 산물이 완전히 결여되었음을 나타낸다. 가끔은 기능상실 정도가 조금씩 다른 대립유전자들의 집합이 존재하는데, 비정상적 표현형의 심각성 정도에 따라 정돈한 것을 **대립유전자 시리즈**라고 한다(그림 3.2). 대립유전자 시리즈에 의해 나타나는 표현형들의 집합은 단일 돌연변이 대립유전자의 표현형보다 야생형 유전자의 기능을 훨씬 더 잘 드러나게 할 수 있다. 약한 기능상실 돌연변이체들은 기능소멸의 경우에 비해 훨씬 더 생존 가능성이 높고 성체 때까지 더 잘 살아 남을 수 있을 것이다. 기능상실 돌연변이는 주로 유전적으로 **열성(recessive)**인데, 그 작용이 정상 유전자 생성물을 생산해 내는 다른

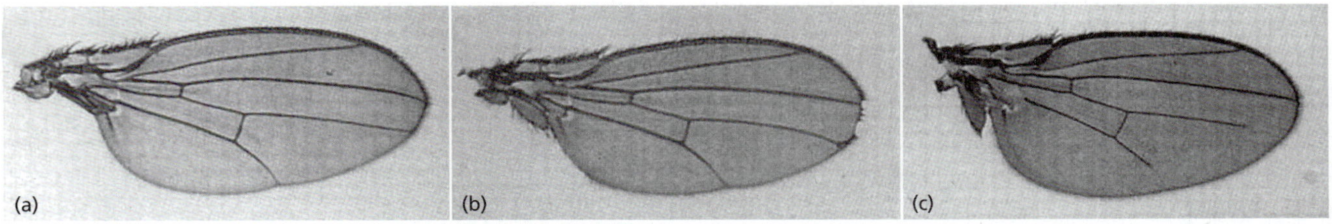


**그림 3-1** 한 유전자의 서로 다른 대립유전자들은 서로 다른 표현형을 만든다. (a) 야생형 초파리 날개. (b) 날개 가장자리에서 새김눈(notches)을 보여주는 Notch의 우세한 반가불충분성(haploinsufficient) 돌연변이. (c) 짧아진 시맥을 보여주는 Notch의 열성 대립유전자. (인용) AAAS의 허락을 얻어 Artavanis-Tsakonas *et al. Science* 1995; 268; 225–232의 그림을 재구성하였음.

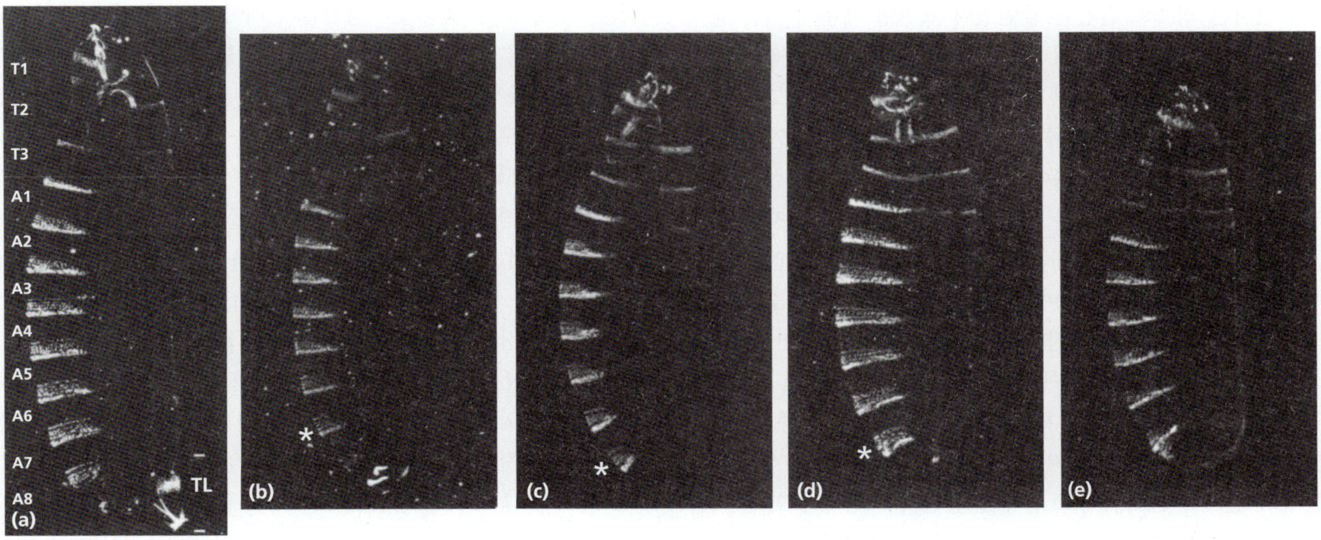


**그림 3-2** 초파리의 *tailless* 유전자의 대립유전자 시리즈의 예. 그림은 초파리 전체 배아의 앞쪽 끝이 위를 향한 각피 표본들을 보여 준다. (a) 야생형. (b–e) 연속적으로 점점 더 심각한 기능상실을 보여주는 대립유전자들. 더 심각한 돌연변이체일수록 몸체의 앞쪽과 뒤쪽 양쪽에서 점진적으로 구조를 상실한다. 별표(*)는 일곱 번째 복부 분절을 나타낸다. (인용) Company of Biologists Ltd.의 허락을 얻어 Strecker *et al.* (1988) 그림을 재구성하였음.

염색체의 야생형 대립유전자에 의해서 가려지기 때문이다. 때때로 어떤 돌연변이는 산물의 50% 정도의 기능상실로 비정상적 표현형을 일으키기에 충분해서 유전적으로 **우성(dominant)**이 되기도 한다. 이런 형태의 우세를 **반가불충분성(半價不充分性, haploinsufficiency)**이라 한다. 이것은 50%만의 기능만 상실하는 이형접합일 때에 비하여, 100% 기능을 상실하는 동형접합일 때 이상이 심각하게 나타나는 특성이 있다.

**기능획득(gain-of-function)**의 표현형을 보여주는 우성 돌연변이도 있다. 예를 들면 세포 표면 수용체는 리간드가 세포외 영역에 결합하면 정상적으로 활성화된다. 그러나 기능획득 돌연변이가 일어나면 리간드가 존재하든 안하든 상관 없이 항상 신호를 보낼 수도 있다. 마찬가지로 전사인자는 정상의 경우 조절 작용에 대한 반응으로 목표 유전자를 작동시키지만, 이것의 기능획득 돌연변이가 일어나면 항상 활성화되어 있고 조절에는 반응하지 않을 수 있다. 항상 활성화되어 있는 유전자 산물을 **상시적(constitutive)**이라고 하는데, 기능획득 돌연변이들은 대개 정상 유전자 산물의 상시적 판본을 나타낸다. 이러한 돌연변이들은 주로 유전적으로 우성인데, 그 이유는 다른 염색체의 대립유전자에 의해 만들어진 야생형 유전자 산물이 존재함에도 불구하고 기능획득이 지속되기 때문이다. 또한 상시적이지는 않지만 유전적으로 우성인 다른 형태의 돌연변이는 **우성 음성(dominant negative)**이다. 여기서 돌연변이는 그 자체로는 기능을 가지지 않는 유전자 산물을 생산하지만 이것이 야생형의 기능을 방해한다. 예를 들어, 이런 돌연변이는 활성화되기 위해 이합체를 만드는 것이 필요할 때 일어날 수 있다. 우성 음성과 정상적 형태의 이합체가 불활성화 상태라면 종합 활성도는 대체로 열성 돌연변이 특성의 50% 이하가 될 것이다. 돌연변이의 열성 형질은 일반적으로 기능의 상실을 나타내는 것이지만, 우성은 반가불충분성이나 상시성이거나, 우성 음성 효과와 같은 것일 수 있으며, 어떤 경우인지를 알기 위해서 더 많은 연구가 필요해진다. 원칙적으로 우성 돌연변이 형태는 유전자 역가 분석에 의해 구분될 수 있는데, 왜냐하면 반가불충분성 대립유전자는 이것의 여벌을 넣어 주어도 거의 효과가 없지만 기능획득 대립유전자는 여벌을 넣어 주면 효과를 증가시키기 때문이다. 그러나 이러한 연구를 모든 모델 생물에서 항상 쉽게 수행할 수 있는 것은 아니다.

많은 기능을 가진 유전자를 **다면발현성(pleiotropic)**이라 한다. 이것은 발생을 조절하는 유전자의 경우에 빈번하게 나타나는 유형으로서 발생 중 몇몇 다른 시간과 장소에서 발현되도록 조절하기 위해 대체로 복잡한 5′ 조절 부위를 가지고 있다.

유전자는 최초로 발견된 돌연변이 표현형 때문에 이름 붙여진 경우가 많고, 이로 인해 혼란이 생긴다는 것을 명심해야 한다. 기능상실 표현형이라면 야생형 유전자의 기능은 그 이름이 나타내는 것과 반대가 될 수도 있을 것이다. 예를 들면, 초파리(*Drosophila*)의 ***dosal*** (등쪽이라는 의미) 유전자는 사실상 ***배쪽*** **(*ventral*)** 발생을 시작하는 데 필요하고, ***white*** 유전자는 ***빨강*** **(*red*)** 눈 색소를 만드는 데 필요하다. ***dosal*** 유전자 없이는 배쪽 구조는 발생할 수 없으며 전체 배아는 초기 설정 경로를 따라 전체적으로 등쪽형이 된다. ***white*** 유전자가 없으면 빨강 색소가 생성되지 않기 때문에 눈은 흰색이 된다. 또 다른 혼란의 원인은 다른 종의 생명체의 상동 유전자들이 종종 다른 이름들을 가지고 있다는 것이다. 이는 그 돌연변이를 일으키는 실제 유전자가 밝혀지기도 전에 돌연변이 표현형에 따라 이름이 붙여졌기 때문이다. 더구나 척추동물의 생화학적 연구에 기초하여 이름을 붙인 유전자 산물이 유전학에서 이용되는 무척추 동물 모델에서의 돌연변이의 이름으로 알려져 있는 경우도 흔하다. 예를 들어 척추동물에서 β-카테닌(β-catenin)으로 알려진 분자는 초파리에서는 *armadillo* 유전자, 예쁜꼬마선충(*Caenorhabditis*)에서는 *wrm-1* 유전자에 의해 암호화되어 있다.

## 성염색체들

성 결정의 기전은 동물 그룹 사이에 본질적으로 아주 다르지만 대개 두 가지 형태를 갖는 성염색체들에 의해 좌우된다. 포유동물에서 암컷은 2개의 X 염색체를 가지는 반면, 수컷은 하나의 X와 하나의 Y를 가진다. 조류에서는 서로 다른 2개의 다른 형태의 염색체를 가진 것이 암컷이다. 수컷은 2개의 Z 염색체를 갖고, 암컷은 하나의 W와 하나의 Z 염색체를 가진다. 초파리의 경우 암컷은 XX, 수컷은 하나의 X (XO)를 가진다.

**성-연관(sex-linked)** 돌연변이는 성염색체에 존재하고, 따라서 그 효과는 각각의 성에 좌우된다. 예를 들면 X 염색체에서의 단일 카피 열성 돌연변이는 암컷에 있는 야생형 카피(XX)에 의해서 가려지게 되지만, 수컷(XY)의 경우 Y 염색체에는 해당하는 유전자좌가 없기 때문에 표현형으로 나타난다. 성염색체가 아닌 염색체는 **상염색체(autosome)**라 하고, 성염색체에서가 아닌 어떠한 유전자나 돌연변이는 상염색체성(autosomal)이라고 한다.

## 모계성과 접합자성

보통, 유전학에서는 어떤 동일한 개체의 유전형에 따라서 대응하는 표현형이 나타난다고 생각한다. 그러나 배아 발생의 가장 초기 사건들의 경우에는 그렇지 않은 경우가 종종 있다. 이것은 몇몇 초기 발생학적 사건들이 배아 자체의 상태보다는 모계의 상태에 의존하기 때문이다. 예를 들면 세포질 결정인자가 난자형성 과정 동안 난자의 특정한 부분에 자리하면, 이 과정에 관련된 모든 유전자는 모계성이 될 것이다(그림 3.3). 만약 모계 유전체의 돌연변이로 인해 결정인자가 형성되지 않는다면 부계의 정자로부터 여벌의 유전자를 받더라도 아무 소용이 없게 되는데, 그 이유는 이것이 기능을 수행하기에는 너무 늦기 때문이다. **모계 효과(maternal effect)** 유전자는 개체의 표현형이 자기 자신의 표현형보다 모계의 표현형에 의존하는 유전자다. 그 좋은 예가 생쥐의 stella 유전자이다. 이것은 생식세포와 초기 배아 할구에서 발현되는 유전정보를 가지고 있다. 만약 그 유전자가 기능을 못하게 되면, 암컷 생쥐는 정상적이기는 하지만 그 배아는 불완전하고 아주 빨리 죽게 된다.

발생의 모계 조절 기간은 수정에서 끝나지 않는데, 그 이유는 대부분의 동물들에서 **접합자(zygotic)**의 유전체라 불리는 배아 자체의 유전체 형태는 가장 초기의 난할 단계 동안 불활성화 상태로 있기 때문이다. 접합자 유전체가 일단 활성화되고 나면 정상 상황이 다시 만들어지고, 따라서 배아의 표현형은 배아의 유전형과 상응하게 될 것이다. 접합자 유전체는 난할의 초기부터 후기 포배에 이르는 다른 단계들에서 동물군마다 달리 활성화될 수 있다.

## 유전적 경로

어떤 유전자 집합이 하나의 경로나 과정에 관련되어 있다면 유전적 데이터로부터 이들이 작용하는 순서를 유추하는 것이 가능한 경우가 종종 있다. 2개의 일반적인 상황이 있을 수 있는데, 하나는 여러 돌연변이군이 비슷한 표현형을 가진 경우이고, 또 다른 하나는 서로에게 약간의 반대적 의미인 2개의 표현형을 가진 돌연변이군이 있는 경우다.

몇 개의 유전자가 유사한 돌연변이 표현형을 가지는 경우, 유전자 구제(rescue) 프로토콜에 따라 그 작용 순서를 정립할 수 있다(그림 3.4). 동물의 세 번째 체절을 형성하도록 하는 경

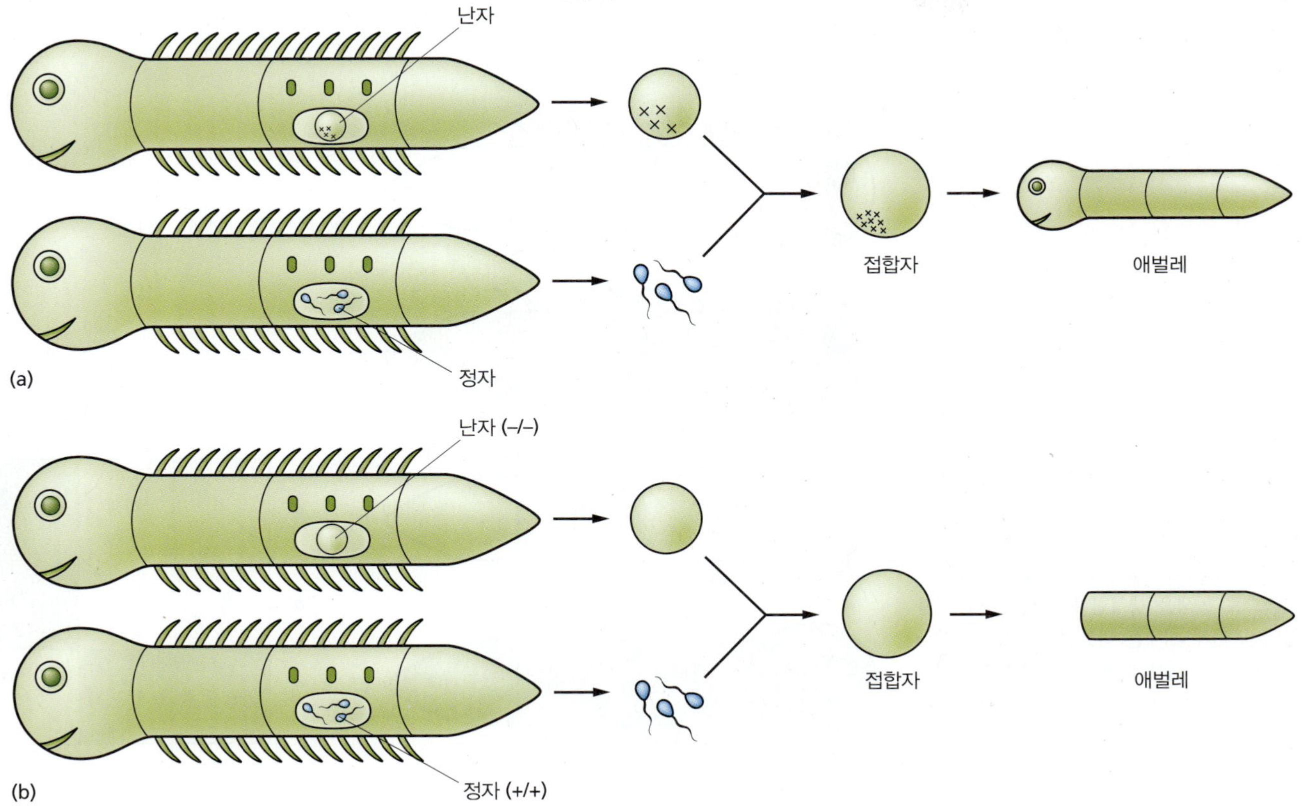


**그림 3·3** 모계효과 유전자. (a) 정상 발달, 여기서는 난자에 머리 결정인자를 축적하기 위해 모계효과 유전자가 필요하다. (b) 돌연변이 어미는 결정인자가 결여된 난자를 생산하고 결과적으로 새끼는 머리가 없다.

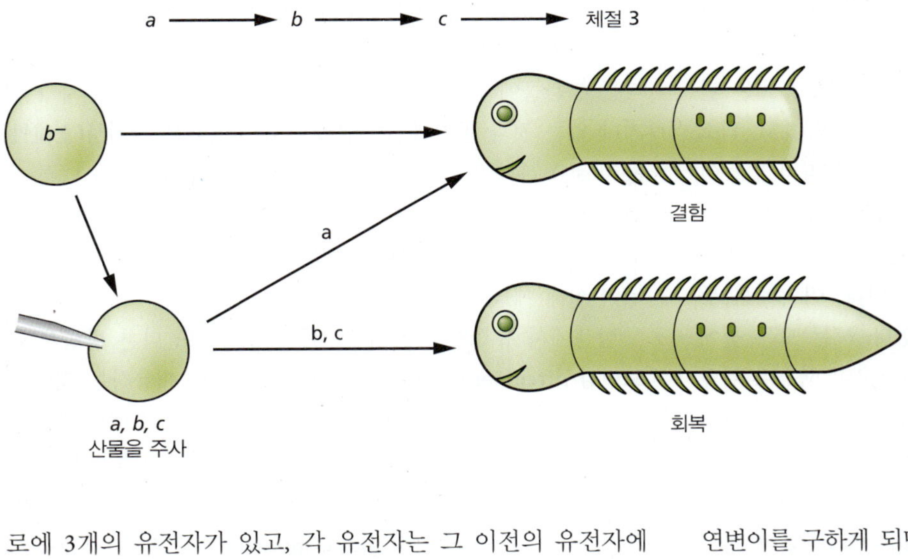


**그림 3·4** 회복 실험을 통한 유전 경로의 규명. *a*, *b*, *c*는 직선 경로에서 서로를 상승 조절하는 유전자의 집합으로서 체절3의 형성에 필요하다. *a*, *b*, *c* 각각의 유전자 산물을 *b* 유전자가 돌연변이된 배아에 주사하면 *b*와 *c*는 야생형의 표현형을 회복시키지만 *a*는 그렇게 하지 못한다.

로에 3개의 유전자가 있고, 각 유전자는 그 이전의 유전자에 의해 작동 스위치가 '켜진다'고 가정해보자. 모든 유전자에서의 기능상실 돌연변이는 똑같은 표현형, 즉 세 번째 체절의 상실을 나타낸다. 이제 각 정상적인 유전자 산물인 *a*, *b*, *c*를 유전자 *b*에 돌연변이가 일어난 배아로 주입한다고 가정해보자. 분명히 산물 *a*는 아무런 효과가 없게 되는데, 그 이유는 경로가 *b*단계에서 막히게 되기 때문이다. 산물 *b*는 그 자신의 유전자의 돌연변이를 구하게 되면서 정상적 표현형을 보이게 한다. 그러나 *c*의 경우도 *b*의 돌연변이를 구제할 수 있는데, *c*가 경로에서 더 아래쪽에 놓여 있기 때문이다. 우리는 이런 데이터로부터 경로가 *a* →(*b*, *c*)를 따라 간다고 결론을 내릴 수 있지만, *b*와 *c*의 순서를 정하기 위해서는 *c*의 기능상실 돌연변이가 *b*나 *c* 생성물의 주입으로 회복될 수 있는지를 알기 위한 유사한 실험들을 해야 할 필요가 있다. 이런 유형의 분석은 초파리에서 후방군

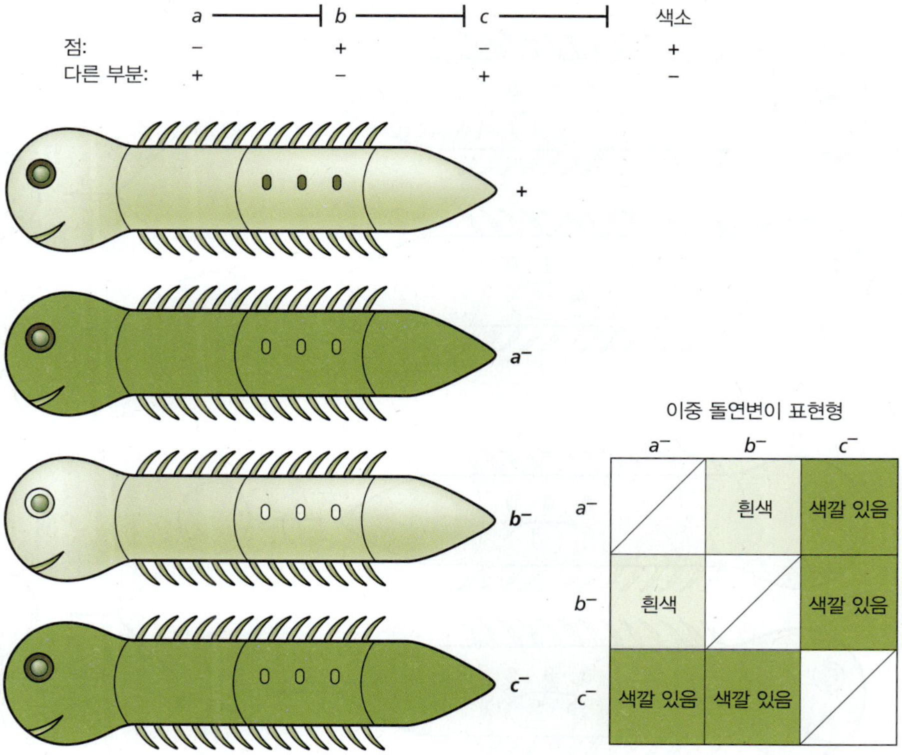


**그림 3.5** 억제성 경로의 분석. 정상적으로 유전자 *a*는 체절2의 3개의 점에서 불활성화되고, 결과적으로 녹색을 생성한다. 만약 *a*나 *c*가 불활성이면, 전체 개체는 색을 띠게 되고, 만약 *b*가 불활성이면 색이 없게 된다. 이중 돌연변이의 표현형은 *b*가 반드시 *a* 다음, *c* 전에 작용해야 한다는 것을 보여준다.

(posterior group) 돌연변이에서 사용된 적이 있는데, *nanos*가 작용 경로의 가장 마지막 인자라는 것을 밝힐 수 있었다.

한 돌연변이군의 구성원이 2개의 반대되는 표현형 중 하나를 가지고 있는 경우에도 유전자들은 작용 경로에서 연쇄적 단계의 정보를 가질 수 있다. 그러나 이때는 일부 또는 모든 단계가 상향조절보다는 억제 작용일 경우가 많다(그림 3.5). 색소는 체절 2의 점들에서 3개의 유전자 작용 경로를 따라 만들어지는데, 여기서 *a*는 *b*를 억제하고 *b*는 *c*를, *c*는 색소 형성을 억제한다. 정상의 경우, 유전자 *a*는 점을 제외한 모든 곳에서 활성화되기에 오직 점에서만 색소가 생기게 된다. 여기에서 두 가지 형의 기능상실 돌연변이를 얻을 수 있다: $b^-$는 모든 곳에서 색소가 나타나지 않고, $a^-$ 또는 $c^-$는 모든 곳이 색소로 뒤덮인다. 유전자 작용의 서열은 이중돌연변이의 표현형을 조사해서 추론할 수 있다. 각 경우에서 이중돌연변이의 표현형은 *나중에 작용하는* 유전자 돌연변이와 똑같다. 예를 들면 $b^-c^-$는 *b* 다음에 *c*가 작용하기 때문에 온몸에 색소가 나타난다. 각 이중돌연변이 조합의 표현형을 살펴봄으로써, 유전자를 경로에 따라 배열할 수 있다. 많은 예들 중에서 이런 유형의 분석은 초파리의 *dorsal* 그룹 유전자들의 순서를 정하기 위해 사용되었다. 억제되는 경로는 매우 일반적이고 많은 혼란을 일으킬 수 있다. 이것들을 가장 잘 이해할 수 있는 방법은 그림 3.5에서와 같이 2개의 가능한 조건의 경로에서 각 유전자의 상태를 기술하는 것이다. 즉 첫 번째 단계가 활성화되는 조건과 첫 번째 단계가 억제되는 조건에서 각 유전자의 상태를 정확하게 기록하는 것이다. 발생학에서 종종 2개의 조건은 똑 같은 경로가 다른 조절에 놓여 있는 등쪽과 배쪽 면과 같이 배아 내에서의 다른 부분들에 해당한다. 이 2개의 조건은 또한 유도인자가 있거나 없는 것과 관련될 수 있다. 이런 방법들은 **상위성(上位性, epistasis)** 분석의 예인데, 유전학에서 하나의 유전자가 다른 유전자의 발현을 방해하면, 이 유전자가 다른 유전자에 대해 상위적이라고 하기 때문이다. 그림 3.6은 생쥐의 털색에 있어 상위의 실제 예를 보여준다.

발생에서 유전자 작용의 순서를 정하는 또 다른 방법은 **온도민감성(temperature-sensitive)** 돌연변이를 이용하는 것이다. 이것은 경로 상황과 달리, 여러 유전자 산물간의 어떤 특별한 관계에 의존하지 않고, 서로가 기계적으로 완전히 독립적인, 시간에 따른 사건들의 순서를 정할 때 사용될 수 있다. 온도민감성 돌연변이는 **비허용적(nonpermissive**, 주로 높은)인 온도에서 표현형을 나타내고, **허용적(permissive**, 주로 낮은)인 온도에서는 표현형을 보이지 않는다. 그들은 주로 약한 기능상실의 대립유전자이다. 그들은 단백질 산물의 구조 변화로부터 발생하고, 정상적으로 배아 생존에 적합한 범위에서의 온도 변화에 민감하다. 유전자 작용의 시간은 발생의 다른 단계에서 온도민감성 돌연변이 배아 그룹을 비허용적인 온도에 둠으로써

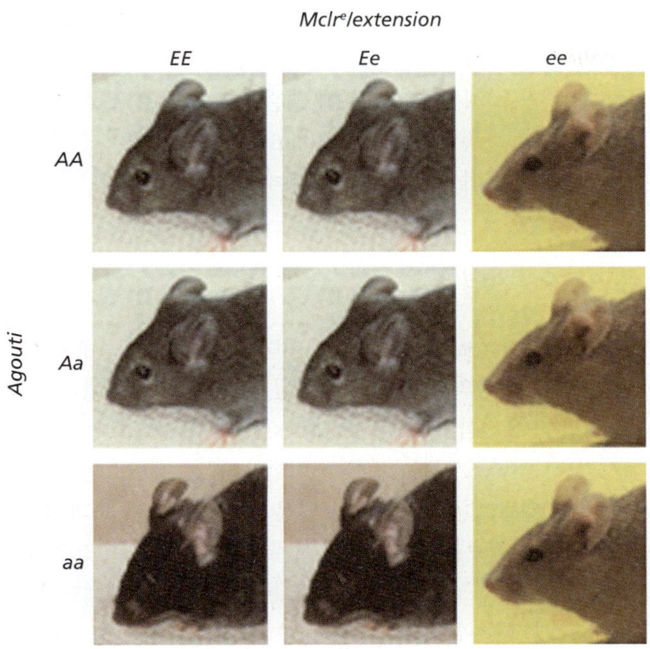


그림 3.6 상위성(epistasis)의 예. 두 가지 생쥐 털색 돌연변이인 *agouti*와 *extension*의 이형 접합자 간의 교배에서 *extension* 표현형이 이중 동형 새끼들에서 우세하게 작용하여 9:3:3:1 대신에 9:3:4 비율이 나타난다. (인용) Nature Publishing Group의 허락을 얻어 Phillips (2008)의 그림을 재구성하였음.

유추할 수 있다. 만약 그 개체가 궁극적으로 돌연변이 표현형을 나타낸다면, 이는 그 유전자 산물이 정상적으로 기능할 시간에 불활성화 되었음을 의미하는데, 다시 말하면 높은 온도에 노출된 기간에 그 유전자가 필요했다는 것을 의미한다. 하나의 예는 유전자 *cyclops*의 활성화 시점이 될 수 있는데, 이 유전자는 제브라피쉬의 마루판 형성을 유도하는 데에 필요하다. 마루판을 형성하기 위해 배아는 60%와 90% 외적(epiboly) 단계 사이에서 허용적인 온도에서 길러져야 하는데, 이것은 이때가 유전자의 기능이 필요한 바로 그 시점이라는 것을 보여준다. 온도민감성 돌연변이는 생쥐 같은 항온동물보다는 예쁜꼬마선충이나 초파리, 제브라피쉬 같은 변온 생물체에 더 많이 사용되는데, 왜냐하면 배아가 노출될 수 있는 온도 범위가 훨씬 넓기 때문이다.

## 유전적 모자이크

때로는 다른 유전자형의 세포를 혼합하여 생물체를 만드는 것이 가능하다. 이런 것을 **유전적 모자이크(genetic mosaics)**라 부르는데, 이들은 배아 내의 어느 부분에서 어떤 특별한 유전자가 필요한 지에 관한 정보를 알려주기 때문에 쓸모가 있다. 모자이크의 잘 알려진 예는 **자웅 모자이크(gynandromorph)**인데, 이는 반은 수컷, 반은 암컷 조직으로 이루어진 동물이며(그림 3.7), 첫 난할 때 성염색체의 상실이 일어나서 생긴다.

발생 분석에 있어서 가장 유용한 형태의 모자이크는 개체들 간에 다양하고, 몸체 구조에 대해 상대적으로 불규칙한 경계를 갖고 있다. 그림 3.8에 나타난 바와 같이, 돌연변이가 생겨서 두 번째 체절에서 정상적으로 나타나던 점을 상실하게 하는 예를 생각해보자. 그림 3.8b와 c는 돌연변이 세포로 구성된 몸체 부분과 정상인 야생형 세포 부분을 가진 유전적 모자이크를 보여준다. 그림 3.8b는 그 세포들이 돌연변이 유전형이면 항상 점들이 없어지는 상황을 보여준다. 이 경우 돌연변이는 **자율적(autonomous)**이다. 돌연변이는 단지 유전자가 활성을 갖는 부분에만 영향을 준다. 그림 3.8c는 점들이 돌연변이 조직에서 형성될 수 있으나 오직 야생형이 바로 옆에 놓여있을 때만 가능한 상황을 보여준다. 이는 **비자율적(nonautonomous)**인 것으로 야생형 유전자가 발현 영역 바깥쪽 구조에 영향을 미치기 때문이다. 비자율적이라는 것은 여기에는 반드시 돌연변이에 의해 영향을 받은 유도성 신호를 보내는 사건이 있어야만 한

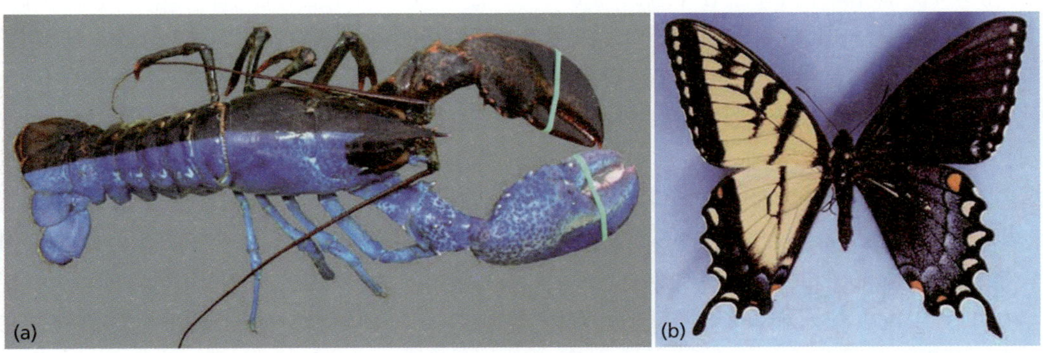


그림 3.7 자웅동체 모자이크(Gynandromorphs). (a) 추정되는 바닷가재 자웅동체 모자이크. (인용) John Wiley와 Sons Ltd.의 허락을 얻어 *BioEssay* 2007; 29: 271–287의 그림을 재구성하였음. (b) 제비꼬리 나비의 자웅동체 모자이크. (인용) National Academy of Sciences의 허락을 얻어 Agate *et al.* PNAS 2003; 100: 4873–4878의 그림을 재구성하였음.

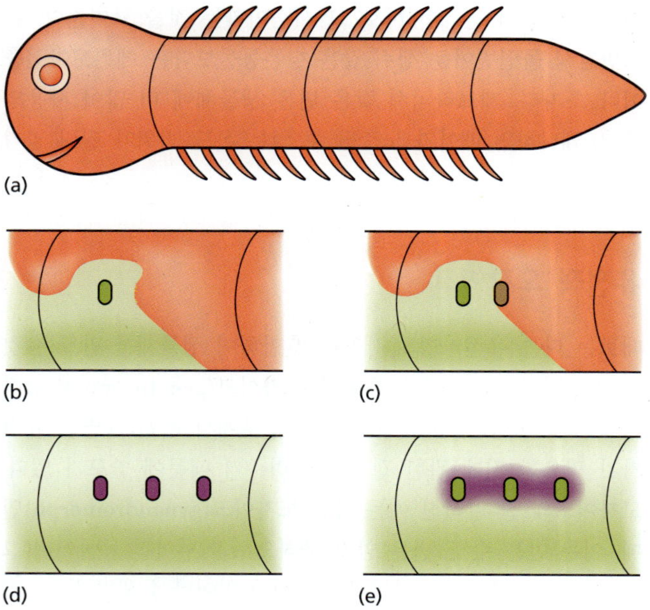


**그림 3.8** 유전적 모자이크 분석의 이용. (a) 체절 2에 있는 3개의 점이 사라진 유전자 돌연변이. (b)와 (c)의 유전적 모자이크에서 빨간색 조직은 $x$ 에 대한 소멸(null) 돌연변이고 녹색 조직은 야생형이다. (b)의 경우 야생형 조직 지역에서 점이 나타나므로 (d)의 야생형 발현 형태와 같이 이 유전자는 자율적 기능을 가져야 한다. (c)의 경우 돌연변이 조직 지역에서 점이 나타나므로 (e)에서의 발현형태와 같이 이것은 비자율적인 기능을 가져야 한다.

다는 의미이다. 하지만 신호 보내기의 실패가 돌연변이의 후행 순서가 될 수도 있기 때문에, 이것이 돌연변이 유전자 그 자체가 신호를 보내는 요소를 유전암호화 해야 한다는 것을 의미하는 것만은 아니다.

유전적 모자이크는 초파리에서 널리 이용되었다. 아주 유용한 형태는 극세포(pole-cell) 이식으로 만들어졌는데, 이것은 다른 유전자형의 호스트에서 하나의 유전형을 가진 생식세포들로 이루어져 있다. 이러한 모자이크는 난방의 체세포 기원 난포 세포와 난자의 상호작용 결과로서 나타난 난자 패턴 형성의 조절인자들에 대한 이해를 가능하게 해 주었다. 모자이크는 예쁜꼬마선충에서도 이용되었는데, 여기에서 모자이크는 작은 복제 염색체 조각을 잃어버려 우발적으로 생긴다. 제브라피쉬의 모자이크는 이식을 통해서 만들 수 있는데, 이것은 아주 초기에 표지된 세포를 분산시키는 세포의 혼합이 일어나기 때문이다. 포유동물의 경우, **모자이크(mosaic)**라는 용어는 유전적으로 서로 다른 두 종류의 세포(예를 들면 X-불활성화 모자이크, 10장 참고)로 구성된 자연 발생적 개체에만 한정적으로 사용하고, 세포 주입이나 포배의 뭉침에 의해 실험적으로 만들어진 배아에는 **키메라(chimera)**라는 용어를 사용한다.

유전적 모자이크를 모자이크 행동을 보여주기 위해 언급되는 배아와 혼동하지 말아야 한다(4장 참고). 이것은 배아 일부를 외과적으로 제거하여, 운명 지도와 정확하게 일치하도록 만들어지는 최종 해부학적 구조에 결손을 일으키는 것을 의미한다. 모자이크 행동은 **조절적(regulative)** 행동과 대비되는 것이지, 유전적 모자이크와는 아무런 관계가 없다.

## 돌연변이 선별

**순방향 유전학(forward genetics)**이란 용어는 때때로 흥미로운 돌연변이 표현형의 발견으로 시작된 연구를 기술할 때 사용된다. **역방향 유전학(reverse genetics)**은 대조적으로 알려진 유전자의 기능을 조사하는 것을 의미한다. 많은 흥미로운 돌연변이는 무작위로 일어났지만, 더 많은 돌연변이들이 초파리, 예쁜꼬마선충, 제브라피쉬, 생쥐 같은 것을 대량으로 스크리닝(screening)할 때 발견되었다. 이 같은 스크리닝의 세세한 부분은 매우 복잡할 수 있는데 특히 초파리의 경우, 다룰 개체의 수를 줄이기 위한 많은 스크리닝 기법들이 있다. 그러나 그 원리는 기본적인 멘델 유전학에 의존하기 때문에 단순하다. 예를 들어 화학적 돌연변이원으로 처리하여 수컷 집단을 돌연변이시킨다. 수많은 돌연변이들이 정원세포의 줄기세포에서 만들어지므로 이 동물들은 그때부터 잠재적으로 유전체의 어떤 유전자에서 돌연변이가 일어난 정자를 생산하게 될 것이다. 이 돌연변이 처리된 수컷들을 정상적인 암컷과 짝지우면 F1의 자손세대가 생산된다. 각각의 F1 개체들은 하나의 돌연변이를 가지고 있을 것이고, 각 개체를 만들어낸 정자가 아마도 다른 돌연변이 정원세포로부터 기인하였기 때문에 모든 개체는 서로 다른 돌연변이를 가지고 있을 것이다. 어떤 우성 돌연변이든 F1 개체에서 표현형 변화로 즉시 명백하게 드러날 것이다. 그러나 훨씬 더 흔한 열성 돌연변이는 F1 동물이 모두 이형접합체이기에 눈에 띄지 않을 것이다. 따라서 이 F1 개체들을 독립된 용기에 넣어 야생형과 교배시키면 F2 세대 집단이 생산되는데, 만약 F1 개체가 돌연변이를 갖고 있다면 이때 만들어진 F2 개체의 절반은 이형접합체일 것이다. F2 집단의 개체 쌍 사이에서 검정교배를 한다고 하자. 만약 돌연변이가 존재했다면 4번 중 1번의 교배는 이형접합자 간에 이루어질 것이고 25%가 동형접합 돌연변이인 3세대(F3)가 생산될 것이다. 이 3세대를 배아단계에서 시험하고 평가한다. 발생 돌연변이란 생명체의 해부학적 구조가 교란되는 것으로 정의하기 때문에 동형 열성 돌연변이는 가시적으로 비정상이어야 한다. 이 돌연변이는 배아들을 단지 해부현미경으로 관찰하는 것만으로도 검출할 수 있다. 혹은 보다 집중적으로 스크리닝을 한다면 특별한 구조나 세포 유형을 보여주는 면역염색이나 제자리 혼성화법(*in situ* hybridization)을 통해서 돌연변이의 표현형을 관찰할 수 있다.

초기 발달에 필수적인 유전자를 망가뜨리는 돌연변이는 어떤 것이라도 치명적이기 쉽고, 정상적 유전자 기능이 필요한 시점 이후의 발달을 방해한다. 그래서 동형 접합인 F3 돌연변이 배아는 초기 발생 단계에서 죽을 수 있으므로 이 개체들이 소멸되기 전에 미리 조사해야 한다. 동형 접합 치사 돌연변이 계통은 유지할 수 없으므로 이형 접합 부모들을 유지해서 이 돌연변이를 보존해야 한다는 점은 말할 것도 없다. 이것은 25%가 동형 접합이 되는 배아 집단을 만드는 방법으로 지속될 수 있고, 원래의 F2 동물들이 너무 노화되면 이들을 이형 접합 새끼들로 대체할 수 있다. 열성 변이 스크리닝에 대해서는 8장(제브라피쉬)과 11장(초파리)에서 추가로 기술할 것이다.

초파리에서는 선별에 필요한 노동을 줄여 주는 매우 정교한 방법이 있다. 가장 중요한 점은 **균형 염색체(balancer chromosome)**를 사용한다는 점이다. 이 염색체는 다수의 역위(inversion)를 가지고 있어서 균형 염색체와 야생형 상동 염색체 간에 재조합이 일어나지 않는다. 또 치명적인 열성 돌연변이도 가지고 있어 이 염색체에 대하여 동형 접합이 되면 살 수가 없다. 이 염색체는 또한 1개만 있어도 모든 파리들을 쉽게 판별할 수 있는 몇 개의 표식 유전자를 가지고 있다. 균형 염색체는 여러 가지로 사용되지만 가장 중요한 것 중 하나는 단순히 열성 치사 유전자 계통을 유지하는 것이다. 그 방법은 그림 3.9에 나와 있다. 초파리 계통은 한 벌의 균형 염색체와 돌연변이를 가지는 한 벌의 상동 염색체를 가지고 있다. 각 세대마다 1:2:1의 비율로 동형접합 균형자, 이형접합 돌연변이주, 동형접합 돌연변이주가 나온다. 이 새끼들 중에서 오직 이형접합 돌연변이주만 생존하여 계통을 유지할 수 있다. 동형접합 돌연변이 배아는 실험에 사용할 수 있다. 이것은 각각의 개체가 이형접합자인지 검사하지 않고도 반복적 교배를 통해 돌연변이 품종계통을 유지할 수 있다는 말이 된다.

## 유전자의 클로닝

분자 수준의 유전자 클로닝이 도입되기 오래 전부터 발생유전학이 존재했지만 이제는 이 분야가 돌연변이 유도 실험으로 확인된 특정 유전자를 클로닝하는 데 필수적인 것으로 간주된다. 예전에 이런 실험은 매우 어려웠지만, 요즘은 고해상도의 유전체 지도와 유전체 염기서열을 이용할 수 있어 아주 쉬워졌다. 어떤 유전자의 전체 암호화 서열을 박테리아 플라스미드나 클로닝 벡터에 삽입하고, 그 유전자를 증폭하여 이제 기술될 **역방향 유전학** 조사에 사용할 수 있는 양만큼 정제할 수 있으면 이 유전자를 클로닝한 것으로 간주한다.

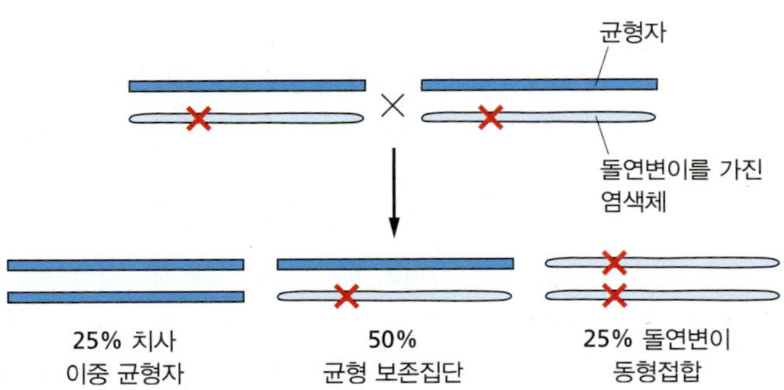


**그림 3·9** 균형자(balancer) 염색체를 이용한 돌연변이주의 보존.

초파리에서 발생학적으로 중요한 대부분의 유전자들이 **P-인자(P-element)**라 불리는 전이 인자로 유도된 돌연변이를 통해서 클로닝되었다. P-인자가 관심 유전자 자리에 들어간 것이 확인되면 이것을 유전체 라이브러리에서 DNA 클론을 분리하는 탐침으로 사용할 수 있다. 요즘은 사람의 유전학에서 뿐만 아니라 대부분의 실험동물에서 **위치 클로닝법(positional cloning)**이라는 방법으로 유전자를 클로닝한다. 여기에서는 미소위성 염색체(microsatellite chromosome)의 다형성이나 제한효소 조각 길이 다형성(Restriction Fragment Length Polymorphism, RFLP)을 이용하여 돌연변이 부위를 세밀하게 확인한다. 이런 부위들은 유전체 전 부위에 걸쳐 퍼져 있고, 유전체 염기서열을 알고 있기만 하면 이 모든 부위들의 위치를 정확히 알 수 있다. 우리는 DNA 겔에서 특정 밴드가 나타나도록 하여 DNA 표본에서 각각의 다형성을 검출할 수 있는 **PCR** 프라이머 쌍을 만들 수 있다. 그래서 충분한 숫자의 새끼를 생산할 수만 있다면 단 한 번의 교배로 돌연변이가 일어난 유전자 부위를 정확하게 집어낼 수 있다. 이 과정에 대한 원리가 그림 3.10에 나와 있다. 일반적으로 실험군인 부모 개체는 치사 돌연변이 유전자 *g*에 대하여 이형접합이고, 그래서 $g^+g^-$로 표시된다. 이것을 대부분의 다형 유전자 자리가 구분되는 다른 품종의 개체와 교배시킨다. 그러면 F1 개체들은 돌연변이 대립유전자인 *g*에 대하여 50%가 이형접합이어야 한다. F1 개체들을 서로 교배하면 교배군의 1/4 집단에서 25% 동형접합 치사 $g^-/g^-$ 개체들을 포함하는 새끼들이 태어난다. 각각의 돌연변이에서 DNA를 분리하고 야생형을 가지는, 즉 $g^+g^+$ 또는 $g^+g^-$인 한배 새끼들의 DNA도 분리한다. 이것들을 다형성 표지군에 대하여 개별적으로 유형 분석을 한다. 그림 3.10에서 나타난 대로, 감수분열 중 염색체 배합이나 교차가 일어날 때 돌연변이 자리와 매우 가까이 위치한 다형성 표식은 이 돌연변이와 함께 분리되고 다른 표식들은 별도로 분리된다. 대개는 동일한 DNA 표본에 대하여 돌연변이 유전자 좌위(locus)에 점점 더 가까이 위치한 표식을 찾기 위해서 여러 차례 지도 그리기(mapping)를 해야 한다. 그러면 결국 유전체 염기서열에서 수 개의 유전자만을 가진 것으로 알려진 작은 염색체 부위가 드러난다. 이 유전자들 각각을 후보로 삼아 검사한다. 여기서 한 가지 고려할 사

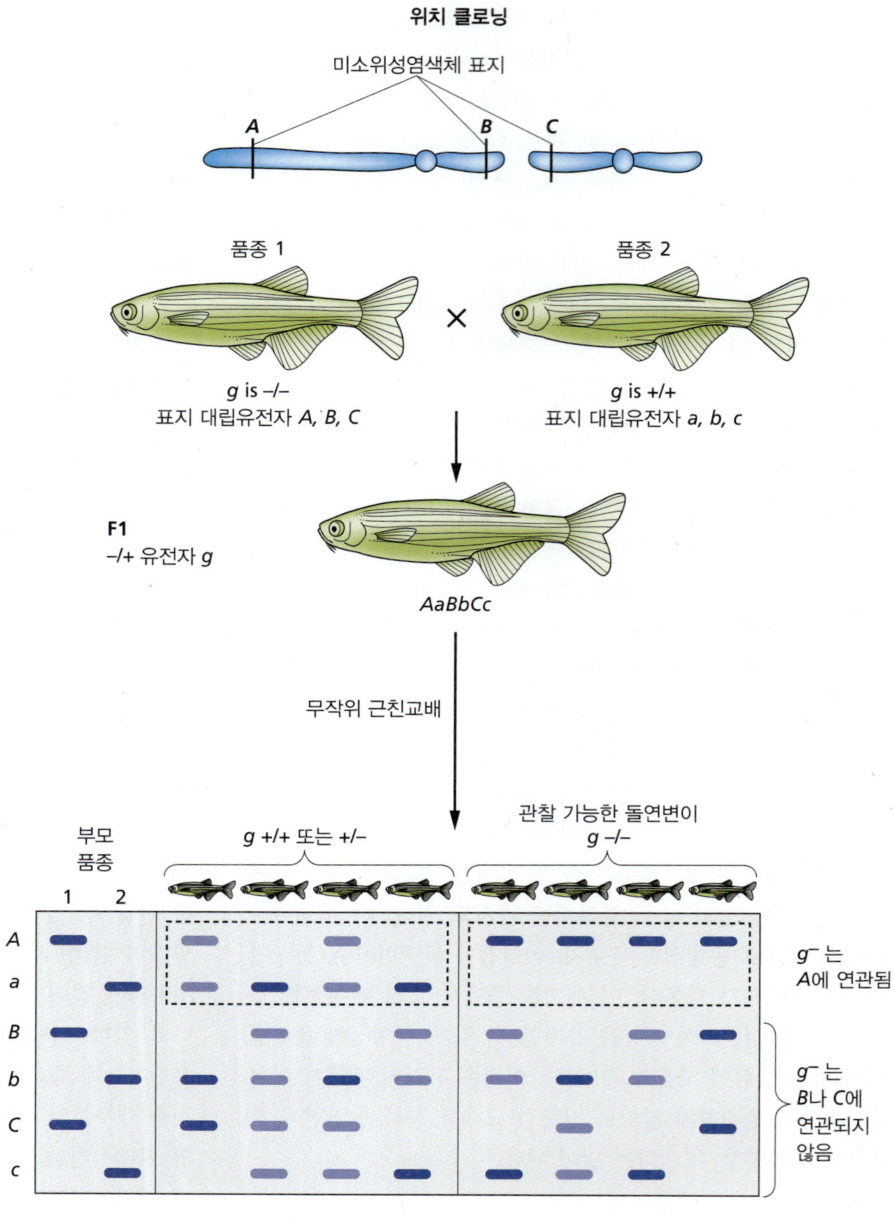


**그림 3.10** 위치 클로닝법(positional cloning). 위치 클로닝법의 원리를 매우 단순화하여 표현한 것이다. 클로닝하려는 돌연변이가 *g*라 부르는 유전자에 있다고 하자. 부모 품종이 *A*, *B*, *C*와 *a*, *b*, *c*의 대립유전자를 가지는 3개의 유전자 표지를 가정하자. 각각의 다형성 유전자 좌위(loci)에 대한 PCR 프라이머를 이용하여 돌연변이와 야생형 2세대 개체들을 분석한다. 반응 혼합액을 겔 전기영동으로 분리하면 각각의 특정 대립형질이 특정한 DNA 조각 크기로 나타난다. $g^-$ 돌연변이 대립유전자는 *A*에 연관되어 있고 $g^+$ 대립유전자는 *a*에 연관된 것을 볼 수 있다. 이것은 돌연변이 유전자좌가 *Aa* 유전자좌 가까이에 있음을 의미한다.

항은 염기 서열로부터 추정되는 단백질의 잠재적 특성이다. 예를 들어 돌연변이가 세포의 자율적인 기능과 관련된다면 이것이 신호물질일 가능성은 낮다. 또 다른 고려사항은 후보 유전자의 발현 양상과 돌연변이 작용이 나타나는 부위의 상관관계이다. 유전자가 적정한 장소에서 발현되지 않는다면 그 유전자는 좋은 후보가 아니다. 유전자의 발현 양상은 알려진 염기서열을 기반으로 만든 탐침을 이용한 제자리 혼성화법(5장 참고)을 통해 확인할 수 있다. 좋은 후보가 발견되면 돌연변이 DNA의 해당 부위에 대하여 염기서열을 분석하여 '실제로' 돌연변이를 가지고 있는 지 조사한다. 최종 검증은 정상 유전자를 도입하여 이 유전자가 돌연변이를 정상 형태로 회복시킬 수 있는지 확인하여 이루어진다.

전체 유전체의 염기서열을 결정해서 합리적으로 정확한 유전자 수를 추정할 수 있게 되었고, 간접적으로 생명체의 복잡성도 확인되었다. 단백질 정보를 가진 유전자를 기준으로 단세포 세균은 약 2,000–4,000개, 효모 같은 단세포 진핵생물은 약 6,000개, 초파리는 약 13,000개, 예쁜꼬마선충은 약 19,000개, 그리고 포유동물은 약 20,000–25,000개의 유전자를 가진다. 척추동물의 유전자 수는 그들의 해부학적 구조나 행동의 복잡성에 비추어 너무 적은 것으로 보일지 모른다. 그러나 이 복잡성은 수많은 비번역 RNA 뿐만 아니라 매우 활발하게 나타나는 선택적 이어 맞추기(alternative splicing)이나 번역후 변형을 생각하면 타당성을 이해할 수 있다. 더구나 유전자 발현의 조절은 매우 복잡하며, 특히 발생을 조절하는 유전자들은 더욱 그렇다.

소위 '차세대 염기서열 결정법'이라 불리는 요즘의 염기서열 결정기술의 힘은 정말 어마어마하다. 몇 가지 미생물의 DNA 조각 표본이라도 단 며칠 만에 분석이 가능하며 수십억 염기들의 서열을 얻을 수 있다. 이 데이터에 대하여 대개 알려진 유전체 염기서열을 바탕으로 집중적인 생물 정보학적 분석을 하면, 예를 들어 우리는 이제 한 개체의 유전체에서 변이가 나타난 부위를 모두 찾아 낼 수 있다.

## 기능획득 및 기능상실 실험

실험에서 단순한 돌연변이 유발에 의존하지 않고, 보다 복잡하고 직접적인 방법을 사용하여 유전자 발현을 바꾸는 방식으로 유전자를 조작하는 분자생물학 시대에 유전학의 영역은 크게 확장되었다. 실험 방식은 일반적으로 **기능획득(gain-of-function)**과 **기능상실(loss-of-function)**이라는 두 가지 유형의 접근법을 들 수 있다. 명칭이 암시하듯이, 이것은 연구 대상이 되는 시스템에 특정 유전자 산물을 추가하거나 제거하는 방식이다. 실험 목적을 달성하기 위해서 생식계통에 유전자를 주입하거나 제거하는 것이 반드시 필요한 것은 아니다. 연구 대상인 특정 조직에서 유전자 발현이 달라지면 그 유전자의 기능을 분석할 수 있다. 그러나 유전자의 변화가 생식계통에 포함되고 변화된 동일한 유전자형을 가진 개체들을 충분한 숫자로 얻을 수 있는 유전적 품종(이것을 유전 계보라 부른다)을 가질 수 있다면 더 바람직할 것이다. 기능획득은 대개 "**과발현(overexpression)**"이라 하고, 기능상실은 보통 **적중(녹아웃, knockout)**" 또는 "녹다운(knockdown)"이라 한다.

## 유전자 변형

유전자 변형 동물은 실험자에 의해 여벌의 유전자를 주입받은 동물이다. 따라서 **형질전환 유전자(transgene)**란 유전자 변형에 의해 어떤 생물체에 도입된 유전자를 의미한다. 요즘은 모든 표준 모델 생물에 대한 유전자 변형 방법들이 있고, 비록 닭의 형질전환 방법은 광범위하게 이용되지는 않지만 그 방법들은 2부에 기술되어 있다. **녹인(knock-in**, 아래 참고)을 제외한 모든 유전자 변형 방법들은 유전체에 도입되는 유전자 부위가 무작위적이거나 통제되지 않는다는 공통점이 있다. 형질전환 유전자는 대개 그 발현이 삽입부 내부의 프로모터에 의해 조절되고 유전체 내에서 도입되는 위치의 효과가 가능한 한 나타나지 않도록 고안된다. 이것은 단순히 유전자 구성체에 많은 양의 주변부를 포함시키거나 특별한 "절연체" 서열을 포함시키는 방식으로 이루어진다. 그러나 때로는 **인핸서 포획(enhancer trap)**이라는 형태로 국부적 환경을 검증하기 위해서 특별하게 형질전환 유전자를 디자인하기도 한다. 이것은 단지 최소의 프로모터만 가지는 형질전환 유전자로서 RNA 중합효소 II가 부착될 수 있는 프로모터와 인핸서를 가지고 있지만 검출할 수 있을 정도로 충분한 전사가 일어나지 않는다. 이것이 내재적인 프로모터나 인핸서의 작용 범위 내 위치의 유전체에 들어가면 이것이 최소 프로모터를 보완하여 전사가 충분히 일어날 수 있도록 활성화한다. 인핸서 트랩은 대개 돌연변이를 일으키지는 않으며, 내재적인 인핸서의 유효범위 안에서는 어디에서든 활성화된다. 그 주요 용도는 특정한 조직이나 세포에서 **β-갈락토시다아제**(β-**galactosidase**)나 **녹색형광 단백질(green fluorescence protein, GFP)**을 발현시켜 그 부분을 쉽게 식별할 수 있게 하는 유전자 계통을 만드는 것이다.

### Gal4와 Tet 시스템

관심 대상인 유전자를 원래 발현되지 않는 조직에서 발현시키려면 인핸서 포획 방법을 변형시킨 방법을 사용한다. 이것은 효모의 Gal4 조절 시스템을 사용하는 것이다. Gal4는 징크-핑거(zinc-finger) 계통의 전사 활성화 인자로, 상류 활성화 서열(upstream activating sequence, UAS)에 부착하여 여기에 연결된 어떤 유전자든 발현시킬 수 있다. '유발 계통(driver lines)'이라 부르는 인핸서 포획 계통에는 리포터 유전자 대신 Gal4를 집어 넣는다. 다른 형질전환 계통은 관심 대상 유전자를 UAS에 연결하여 만든다. 이 두 계통의 개체들을 서로 교배하면 Gal4 단백질이 그 자신의 인핸서에 의해 발현되고, 이것이 UAS를 통해서 표적 유전자의 발현을 향상시킨다. 따라서 표적 유전자의 공간적 발현 양상은 Gal4를 촉진하기 위해 사용하는 인핸서에 따라 결정된다(그림 3.11). 이 시스템은 초파리에서 개발되었고, 제브라피쉬에서도 광범위하게 사용되고 있다.

발현을 유도할 수 없는 형질전환 유전자에 유도 가능성을 부여하는 것은 대체로 바람직한 조작이다. 한 가지 보편적인 시스템은 대장균에서 나온 테트라사이클린(tetracycline, Tet) 시스템의 요소를 이용한다. 이것은 테트라사이클린 유사체인 독시사이클린(doxycycline)을 첨가하여 유전자 발현을 억제하거나, 또는 증진시키는 식의 두 가지 방식을 사용한다(13장 참조). **Tet** 시스템은 생쥐에서 도입되었고, 제브라피쉬와 제노푸스(Xenopus) 에서도 사용되고 있다.

## 그 밖의 기능획득 기법

일시적으로 유전자를 과잉발현시키는 매우 유용한 방법은 관심 대상 유전자의 mRNA를 시험관에서 합성하여 단일세포에 주입하는 것이다. 이 기술은 제노푸스나 제브라피쉬처럼 커다란 난자를 가진 생물체에 적합하다. 왜냐하면 mRNA를 주입하기

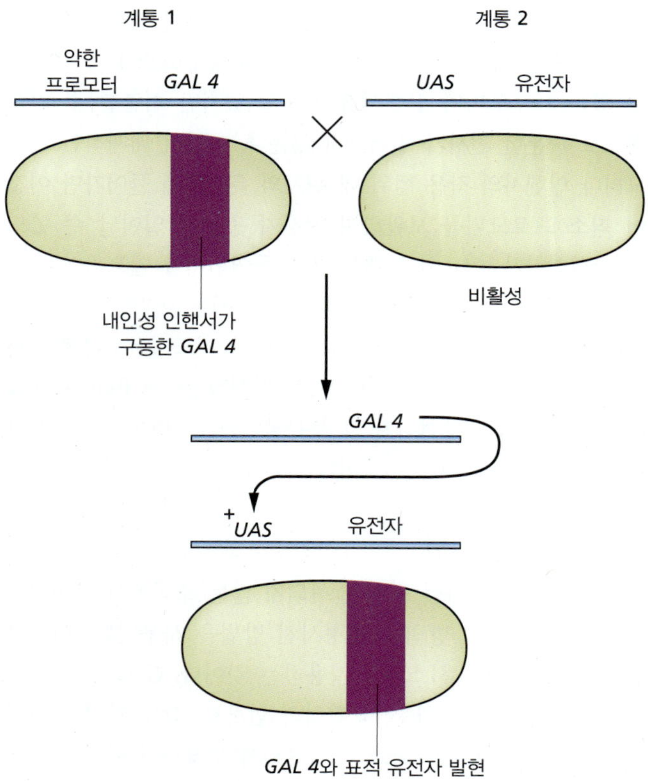


**그림 3.11** 형질전환 유전자의 이소성(ectopic) 과잉발현을 위한 GAL4 방법. 두 형질전환 계통을 교배하면 새끼는 표적 유전자의 조직 특이적 발현을 보여준다.

쉽고, 주입된 mRNA가 분해되거나 성장하면서 희석되기 전까지는 초기 발생 과정에 영향을 미치기 때문이다. RNA는 최소 하루 동안 지속될 수 있고, 이 정도면 초기 발생 과정에서 충분히 영향을 미칠 수 있다.

DNA의 전기천공법(electroporation)은 특히 닭의 배아에 일시적으로 DNA를 도입할 때 사용한다.

## 표적 돌연변이 생성

유전체에서 원하는 부위에 특별하게 가공된 돌연변이를 일으키는 기술은 생쥐에서 높은 수준에 이르렀다. 이것은 주로 **적중(knockout)**, 즉 발생학적 또는 의학적으로 중요하다고 생각되기 때문에 선택된 특정 유전자의 기능상실 돌연변이를 만드는 데 사용되었다. 동일한 방법이 **녹인(knock-in)**, 즉 유전체 환경의 조절적 특성을 이용하기 위해 형질전환 유전자를 특정한 부위에 삽입하는 데도 이용될 수 있다. 표적 돌연변이 생성은 **상동염색체 재조합(homologous recombination)**으로 일어나는데, 이 과정은 원래의 유전자를 시험관에서 변형된 유전자로 대체하는 것이다(동영상 2: 상동염색체 재조합 참조). DNA를 세포나 배아에 주입하면 보통은 대부분의 통합이 유전체의 잘못된 장소에서 일어난다. 그래서 투입된 DNA가 내재성 유전자를 정확하게 대체한 극소수의 상동염색체 재조합을 분리하기 위해서는 선별 단계가 필요하다. 과거에는 이 과정이 조직 배양 세포에서 이루어졌기 때문에, 표적 돌연변이 생성을 이용할 수 있는 지 여부는 배양이 가능하고 배아로 다시 주입할 수 있는 세포를 이용할 수 있는 지 여부에 따라 결정되었다. 생쥐의 배아는 **배아줄기세포(embryonic stem cells, ES cells)**가 이 역할을 해 왔고, ES 세포와 매우 유사한 **유도만능 줄기세포(induced pluripotent stem cells, iPS cells)**를 만드는 새로운 기술이 이 방법을 다른 포유동물에까지 확장시키고 있다. Cre-lox 시스템(13장 참조)을 사용하면 조직 특이적 프로모터가 Cre 유전자의 발현을 이끌게 하여 특정 조직에서 어떤 유전자를 제거하는 것이 가능하다.

특별히 다능한 줄기세포를 이용할 수 없는 모델 생물에서는, **징크-핑거 핵산분해효소(zinc-finger nuclease)**를 이용하는 방법으로 표적 유전자의 돌연변이를 일으킬 수 있다. 이 효소는 주의 깊게 선택된 징크-핑거 유형의 DNA 결합 부위를 엔도뉴클레아제(endonuclease)와 연결시킨 인공 단백질이다. 징크-핑거 전사인자에서 각각의 손가락 부위는 DNA의 뉴클레오타이드 3개를 인식하고 징크-핑거가 연속적으로 연결되면 이미 결정된 더 긴 서열 부위를 인식할 수 있다. 만일 이 영역을 엔도뉴클레아제와 연결하면 이 효소는 징크-핑거의 손가락 부위가 인식하는 정확한 염기서열을 절단할 것이다. 대개 핵산분해효소는 이합체 형태로 활성화되므로, 2개의 단백질이 발현되고 각각 3개의 손가락을 가지고 있다면 각 방향의 절단 부위에서 9개의 뉴클레오타이드 서열이 표적이 된다. 동물 유전체에서 18개 염기서열은 대체로 유일한 것이므로 표적 설정을 위한 충분한 특이성을 가진다. 몇몇 주요 모델 생물들의 배아를 이용한 실험에서 특정 돌연변이의 빈도가 충분히 높아서 한 세트의 수정란을 주입하는 것으로도 거기에서 나온 배아를 검사하면 원하는 유전자가 제거된 배아를 얻을 수 있음이 확인되었다.

## 그 밖의 기능상실 체계

표적 돌연변이 형성이 불가능한 종에서는 알려진 유전자를 특이적으로 억제하는 또 다른 방법들이 개발되었다. 그 방법들은 본질적으로 특이성이 덜하기 때문에, 사용할 때는 특이성에 대한 실험을 우선 실시하는 것이 중요하다.

### 우성음성 억제인자

한 가지 방법은 **우성음성(dominant negative)** 반응물을 과잉생산하는 것이다. 예를 들어 DNA 결합영역이 상실된 전사인자는 과잉 발현될 때 야생형 전사인자가 필요로 하는 정상 보조인자를 격리하여 우성음성 억제자로 작용한다. 유전자 산물의 우성음성 버전은 형질전환 유전자로 유전체의 어느 부위에 들어가더라도 정상 유전자를 '적중'시킬 수 있다. 이것은 상동유전자 재조합이 필요 없다. 또 다른 대안으로 시험관에서 우성음성 단백질의 mRNA를 생산하여 수정란에 주입할 수도 있다.

두 번째로 전사인자에서 주로 사용된 **도메인 교환(domain swap)** 방법이 있다. 전사인자는 모듈형식으로 구성되기 때문에 (부록 참조) 활성화 도메인을 억제 도메인으로 대체하거나 혹은 반대로 치환할 수 있다. 도메인 치환된 인자는 여전히 DNA의 동일한 부위에 결합하기 때문에 표적 유전자 발현을 상향시키기보다는 억제하게 된다(또는 그와 반대로 작용). 이것은 기능상실 돌연변이와 똑같지는 않다. 왜냐하면 표적 인자가 부착하면 어떤 유전자의 발현이 능동적으로 억제되고, 또한 전사인자를 제거해도 유전자가 반드시 불활성화 되는 것은 아니기 때문이다. 이것 또한 형질전환이나 수정란으로 mRNA를 주입하여 적용할 수 있다. 이런 유형의 실험에서 사용된 흔한 억제 영역은 초파리의 *engrailed* 유전자로부터 얻고 정상의 활성화 영역은 허피스바이러스의 *VP16* 유전자로부터 얻는다.

## 안티센스 인자

세 번째 전략은 **안티센스(antisense)** 인자를 사용하는 것이다. 만약 RNA 전사체가 DNA의 비암호화 서열로부터 전사된다면 이것은 정상 mRNA의 안티센스 버전이 된다. 이것을 배아로 주입하면 정상 mRNA와 혼성화하여 번역에 사용할 수 없게 만들고, 빠르게 분해되도록 한다. 예전에는 전체 길이의 안티센스 RNA를 도입하거나 안티센스 올리고디옥시뉴클레오타이드를 외부에서 주입하는 경향이 있었다. 그러나 요즘 주로 사용하는 방법은 두 가지로써 모폴리노를 사용하는 방법과 간섭 RNA (RNAi)를 사용하는 방법으로 구분된다.

**모폴리노(morpholinos)**는 올리고뉴클레오타이드 유사체로 당-인산 골격이 하나의 모폴리노 고리로 치환되어 있다. 정상 올리고뉴클레오타이드와 달리, 이것은 모든 세포와 세포 외액에 존재하는 핵산분해효소의 분해 작용에 저항할 수 있다. 그러나 적당한 간격으로 배열된 이 저항성 골격에 보통의 4가지 염기가 결합되어 있어, 모폴리노는 여전히 정상적인 핵산과 혼성화될 수 있다. 모폴리노는 대개 20개 정도의 잔기를 가지는 길이로 합성되고, 번역 시작 부위처럼 쉽게 접근할 수 있는 mRNA 부위에 상보적이 되도록 고안한다. 모폴리노와 mRNA의 혼성체는 대개 분해되지는 않지만 단백질은 합성하지 못한다. mRNA가 분해되지 않기 때문에 특정 단백질의 합성이 차단되었다는 것을 보이려면 웨스턴 블로팅, 면역침전법, 또는 제자리(in situ) 면역염색법 등에 사용할 수 있도록 그 단백질에 대한 항체가 필요하다. 모폴리노는 일반적으로 세포막을 투과하지 못하기 때문에 주로 제노푸스, 제브라피쉬, 성게, 멍게와 같이 세포 안으로 모폴리노를 쉽게 주입할 수 있는 자유 생활을 하는 초기 배아에 적용된다.

**RNA 간섭법(RNA interference, RNAi)**은 RNA 바이러스에 대한 정상 숙주의 방어 작용과 관련된다. 일부 배아 유형에서는 정상 mRNA와 동일한 서열의 이중가닥 RNA **(dsRNA)**를 주입하면 특정 mRNA가 파괴된다. 이중가닥의 RNA (dsRNA)는 '다이서(dicer)'라 불리는 효소에 의해 (약 21–23개 염기쌍의) 짧은 조각으로 잘린다. 이것이 침묵복합체(silencing complex)로 들어간 다음, 상보적인 염기서열을 가지는 mRNA에 부착하여 이것을 풀어 헤치고 때로는 절단한다. 포유동물 세포에서 기다란 dsRNA는 비특이적으로 모든 유전자의 번역을 방해하지만, 짧은 (21–23 bp 길이) 조각은 특이성이 높고, 번역을 억제하거나 특이적 mRNA를 파괴하는 데 직접 사용될 수 있다. DsRNA는 세포로 잘 들어가지 못하지만 플라스미드를 세포로 주입할 때 사용하는 것과 동일한 유형의 지질 형진전환 물질을 사용해서 도입할 수 있다. 요즘은 대량의 dsRNA 라이브러리를 만드는 것이 가능하기 때문에 돌연변이를 선별하기 위해서 화학적 돌연변이 형성 대신에 이 방법이 사용된다. 이 방법은 특히 예쁜꼬마선충, 초파리 그리고 플라나리아에서 잘 작동한다(그림 3.12).

## 항체와 저해제

특이적 억제의 마지막 방법은 관심 유전자의 단백질 산물에 대응하여 생산된 특이적 **중화 항체(neutralizing antibody)**로 배아를 처리하는 것이다. 항체는 온전한 배아를 뚫고 들어가지 못하므로 이것을 관심 부위에 주사해야만 한다. 이 방법의 일반적인 문제점은 특정 단백질에 부착하는 대부분의 항체가 그 단백질의 활성을 중화하지 못한다는 것이다. 그래서 항체가 정말로 목표 단백질을 중화하는지 별도의 시험을 시행할 필요가 있다.

배아의 유도인자에 의해 활성화된 신호전달 경로에 특이적 억제효과가 있는 수많은 저분자들이 판매되고 있다. 이 분자들은 흔히 일시적이고 비유전적인 과정으로 사용된다. 자유로운 배아나 체외 배양 중인 조직에 이런 억제물질들을 처리하거나, 필요하다면 제노푸스나 제브라피쉬 배아에 이런 분자를 주입하는 것은 어렵지 않다. 하지만 어떤 억제물질도 정말 절대적으로 특이적이진 않기 때문에 표적이탈(off-target) 효과를 배제하기 위해서는 반드시 대조군 실험을 시행하는 것이 중요하다.

# 유전자 중복

유전자 중복은 진화적으로 새로운 특성이 나타나는 주요 원천들 중의 하나다. 만일 어떤 유전자가 중복되면 이 염기서열의

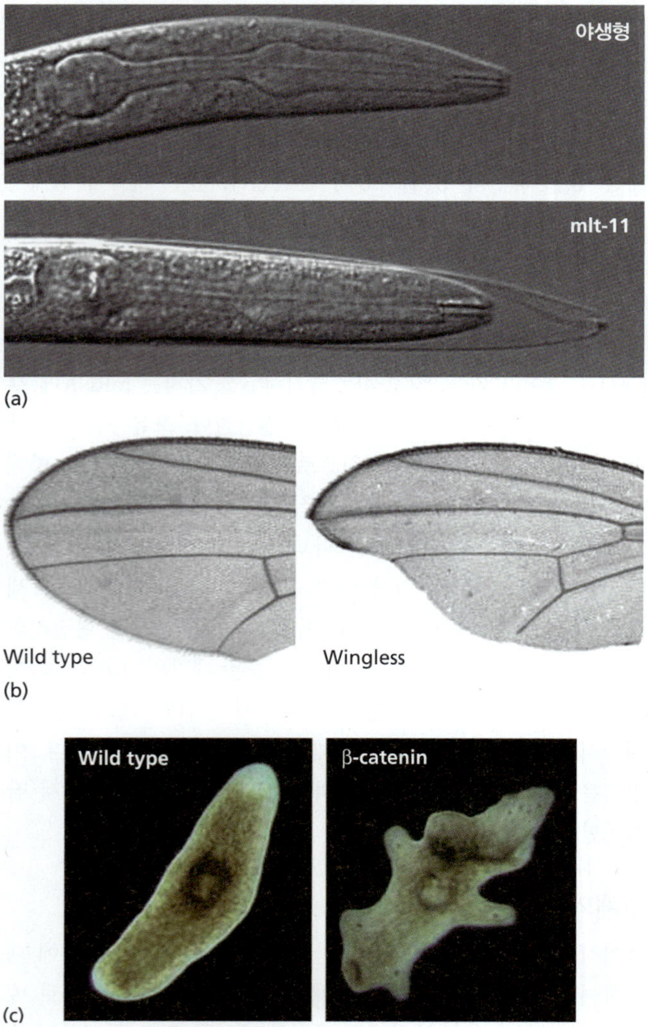


**그림 3.12** RNAi 선별에서 나타난 결과. (a) 기능상실 돌연변이가 탈피를 방해하는 유전자에 대항하는 RNAi를 처리한 예쁜꼬마선충. (b) *wingless* (*engrailed-Gal4*가 구동하는) 유전자에 대항하는 RNAi 발현 결과 나타난 초파리 날개. (c) β-카테닌에 대항하는 RNAi를 처리한 플라나리아. (인용) Nature Publishing Group의 허락을 얻어 Boutros and Ahringer (2008)의 그림을 재구성하였음.

변화에 대한 압박은 완화된다. 한 극단에서는 한 벌의 유전자는 계속 기능을 유지하고 다른 한 벌은 새롭게 유익한 기능을 누적시킬 수 있다. 다른 한편으로는 두 번째 여벌의 유전자에서 기능을 상실할 때까지 해로운 돌연변이가 누적되어서 결국은 발현되지 않게 될 수 있다(유사 유전자, psuedogene). 보다 일반적으로는 각각의 사본이 원래 기능의 일부만 나타낼 수 있도록 염기서열이 서로 달라져 갈 것이다. 중복이 일어난 직후에는 기능이 거의 겹치겠지만 수백만 년이 지나고 나면 기능이 서로 멀어질 것이다. 예를 들면 제브라피쉬의 *cyclops*와 *squint* (사시라는 의미) 유전자는 척추동물 발생에서 매우 중요한 중배엽 유도인자를 암호화하는 *Nodal* 유전자의 중복에서 생겨났다. 그러나 이것들은 이제 서로 다른 발생단계에서 작용할 정도로 기능이 달라졌다.

유전자 중복의 극단적 사례는 염색체 수가 배가되어 전체 유전체가 중복되는 경우에 나타난다. 이것은 개체를 2배체가 아니라 **4배체(tetraploid)**가 되도록 하기 때문에 4배체화(tetraploidization)라 부른다. 4배체화는 즉시 방대한 분량의 유전자 배열을 만들어내고, 후계 혈통의 진화에서 적응 가능성을 엄청나게 확대한다. 척추동물에서 다수 유전자로 구성된 유전자 패밀리의 패턴은 척추동물의 기원이 된 시대에 두 번에 걸친 4배체화가 발생했고, 일시적으로 유전자의 수가 2만개에서 약 8만개로 증폭되었을 것으로 추정하게 한다. 비록 현존하는 척추동물에서 단백질을 암호화한 유전자의 수를 볼 때 유전자 숫자가 후속 진화시기 동안에 크게 줄어들기는 하였지만, 유전자 수의 증가가 그들의 적응방산과 진화적 성공의 설명이 될 수 있을 것이다. 4배체화는 여러 계통에서 추가적으로 일어난 것으로 추정된다. 예를 들면 제노푸스는 약 3천만 년 전에 4배체화를 겪은 것으로 보인다. 왜냐하면 대부분의 유전자에서 염기서열의 약 10% 정도만 다른 2벌의 유전자가 얻어지기 때문이다. 이것들은 **유사대립형질(pseudoallele)**로 알려져 있으며, 마치 대립형질처럼 보이며 비슷한 발현 양상과 기능을 가지고 있다. 그러나 각기 다른 유전자 좌(*loci*)를 차지하기 때문에 대립형질은 아니다. 제브라피쉬를 포함한 경골어류는 이들이 처음 하나의 계통으로 나타난 약 4억 2천만 년이나 되는 훨씬 먼 과거에 4배체화를 거친 것으로 보인다. 이 사건이 발생한 지 너무 많은 시간이 지나서 각각의 유전자 쌍은 이제 그 염기서열과 기능이 충분히 발산되었고, 그래서 오늘날의 경골어류는 이배체 생물로 간주된다.

## 발생유전학의 한계

발생유전학의 표준 프로토콜들은 그 성공적 응용에도 불구하고 몇 가지 한계를 지니고 있다. 한 가지 문제는 유전자 중복에서 발생하는데, 그 이유는 이것으로 인해 유전자들 사이의 **중첩성(redundancy)**, 즉 2개 또는 그 이상의 유전자들 간의 기능적 중복이 나타나기 때문이다. 이것은 특히 반복적인 유전자 중복과 발산 때문에 척추동물에서 문제가 된다. 2개의 유전자가 최근의 유전자 중복의 결과가 아닌 한, 그 둘의 기능이 정확하게 동일할 것 같지는 않다. 그러나 생명체가 야생의 모든 생존의 도전에 노출되지 않는 실험실 수준에서 검사했을 때 유전자 기능이 크게 겹치는 사례가 매우 많다. 그 결과 하나의 유전자를 불활성화하는 돌연변이가 일어나도 표현형에 이상이 나타나지 않거나, 최소한 비정상적 표현형이 그 유전자의 진짜 기능과 일치하지 않는다. 돌연변이 선별과정은 대개 하나의 돌연변이를 찾도록 설계하기 때문에 유전체에서 광범위한 중복성은 발견될 수 있는 정보성 표현형의 수를 크게 제한한다.

표적 돌연변이 형성이 가능하면 특이적 표현형이 없어도 돌연변이를 만들고 특성을 분석할 수 있다. 그리고 사실은 수많은 적중된 생쥐들이 표현형 이상을 나타내지 않거나 매우 최소한의 표현형 이상을 보인다. 그러나 하나의 표현형 이상은 다중유전자 패밀리(multigene family)에 속하는 여러 개의 유전자에서 일어난 돌연변이들이 교배에 의해 결합되었을 때 종종 발견된다. 예를 들어 근육발생 유전자인 *MyoD*와 *myf5*의 적중은 개별적으로는 제한된 효과를 보인다. 그러나 결합되면 거의 완전히 근육발생을 억제한다. 비슷하게 개별 Hox 유전자들의 적중은 대개 별 효과가 없지만 모든 상동 집단[**유사 유전자(paralog)**군, 22장 참고]의 구성요소가 적중되면 이상이 심각해진다.

발생 유전자가 서로 다른 발생 단계에서 여러 가지 기능을 가지면 유전적 분석에서 독특한 유형의 문제가 발생한다. 기능완전상실 돌연변이에서 배아는 그 유전자의 첫 번째 기능이 나타나지 않기 때문에 죽을 것이다. 이것은 그 표현형이 그 이후의 기능에 대해서 어떤 정보도 제공하지 않음을 의미한다. 그 예가 섬유세포성장인자 4 (*fgf4*, *fibroblast growth factor 4*) 유전자의 적중이다. FGF4는 낭배형성, 뇌 발생, 사지 발달에서 중요한 기능을 가지고 있지만 이것이 착상 전 단계의 배외 지지조직에서 세포분열에 필요하기 때문에 기능상실 돌연변이는 초기에 죽는다. 이 경우의 문제는 4배체 보상(10장 참고) 같은 일부 정교한 실험 전략을 이용하여 극복할 수 있다. 그러나 이것은 기능상실 돌연변이가 왜 유전자 기능에 대하여 반드시 많은 것을 알려주지 않는지를 보여준다.

발생유전학의 임무는 개별적 유전자의 기능이라는 용어로 발생과정을 분석하는 것이다. 여기에는 연구 대상이 어떤 과정이든 대체로 몇몇 유전자의 작용으로 설명할 수 있고, 각각의 작용은 기능획득과 기능상실 실험을 통해서 연구할 수 있다는 암묵적인 가정이 포함된다. 다행히 발생생물학에서 이것은 대체로 옳은 가정으로 판명되었다. 그러나 일부 과정은 수백, 수천 개의 유전자 활동으로 나타나고 각각이 전체의 활성에 작은 효과만을 미치기 때문에 분석이 불가능하다. 예를 들면 이것은 유전체 수준의 연관 분석을 통해서 일부 흔한 사람 질병에 대한 유전적 취약성을 조사할 때 발견되었다. 이런 상황에 대한 해법은 수학적 모델링에서 찾아질 수 있다. 유전적 시스템에는 수많은 수학적 모델이 있다. 이것들은 람다 파지와 같은 단순한 시스템의 매우 정량적인 모델부터 복잡한 시스템의 더욱 정성적인 모델까지 광범위하며, 모든 유전자 산물의 모든 분자적 세부사항까지 알지 못하더라도 일부 역동적인 성질들을 파악하려고 시도한다. 이 주제는 기본적 발생생물학 교재의 범위 밖이지만, 미래에는 점점 더 중요해질 가능성이 높다.

## 기억해야 할 핵심 사항들

- 돌연변이는 발생 유전자들을 규명하고 발생 기전을 규명하는 데에 매우 중요하다.
- 일반적으로 돌연변이는 기능상실로 이어지면 유전적으로 열성이고, 기능획득으로 이어지면 유전적으로 우성이다.
- 유전자들은 기능상실 돌연변이의 표현형에 따라 이름을 붙이고, 따라서 이름이 실제 기능과 반대인 것처럼 보인다. 동일한 유전자가 다른 생물체에서는 다른 이름을 가질 수 있다.
- 초기 발생 과정에 영향을 미치는 돌연변이는 대개 모계효과를 보이고, 후기 과정에 영향을 미치는 돌연변이는 접합자형이다.
- 조절경로나 생화학경로는 유전학 실험으로 추론할 수 있다. 특히 조합된 효과가 상반된 표현형을 보이는 두 가지 돌연변이로 결정되는 상위성(epistasis) 실험을 이용할 수 있다.
- 발생 돌연변이의 선별은 돌연변이 유발 후 동형접합 개체를 만드는 번식을 통해 이루어진다.
- 돌연변이가 확인되면 위치 클로닝법으로 유전자를 클로닝할 수 있다.
- 형질전환 개체는 유전체에 별도의 유전자를 삽입한 개체로서 모든 실험실 모델 생물종으로 만들 수 있다.
- 상동 재조합을 바탕으로 한 표적 돌연변이 유발은 지금까지 대부분 생쥐에 적용되었다.
- 우세한 억제물질, 안티센스 올리고뉴클레오타이드나 RNAi를 주입하는 것을 포함하여, 특정 유전자의 활성을 억제하는 많은 실험 방법들이 있다.
- 진화과정에서 유전자 중복이 광범위하게 존재한다는 사실은 많은 유전자가 중첩되는 기능(redundancy)을 가지고 있어서 기능상실 돌연변이만으로 어떤 유전자의 완전한 활성을 밝힐 수 없다는 것을 의미한다.

## 추가로 읽을 것

### General

Hartwell, L.H., Hood, L., Goldberg, M.L., Reynolds, A.E., Silver, L.M. & Veres, R.C. (2004) *Genetics: From Genes to Genomes*, 4th edn. New York: McGrawHill.

Mardis, E.R. (2008) The impact of next-generation sequencing technology on genetics. *Trends in Genetics* **24**, 133–141.

Karlebach, G. & Shamir, R. (2008) Modelling and analysis of gene regulatory networks. *Nature Reviews Molecular Cell Biology* **9**, 770–780.

Hartl, D.L. & Jones, E.W. (2009) *Genetics: Analysis of Genes and Genomes*, 7th edn. Sudbury, MA: Jones and Bartlett.

### Classic mutagenesis screens

Patton, E.E. & Zon, L.I. (2001) The art and design of genetic screens: zebrafish. *Nature Reviews Genetics* **2**, 956–966.

St Johnston, D. (2002) The art and design of genetic screens: Drosophila melanogaster. *Nature Reviews Genetics* **3**, 176–188.

Boutros, M. & Ahringer, J. (2008) The art and design of genetic screens: RNA interference. *Nature Reviews Genetics* **9**, 554–566.

### Examples of developmental genetic analysis

Anderson, K.V., Jurgens, G. & Nüsslein-Volhard, C. (1985) Establishment of dorso-ventral polarity in the *Drosophila* embryo: genetic studies on the role of the Toll gene product. *Cell* **42**, 779–789.

Schupbach, T. & Wieschaus, E. (1986) Maternal-effect mutations altering the anterior-posterior pattern of the *Drosophila* embryo. *Wilhelm Roux's Archives of Developmental Biology* **195**, 302–317.

Strecker, T.R., Merriam, J.R. & Lengyel, J.A. (1988) Graded requirement for the zygotic terminal gene, tailless, in the brain and tail region of the Drosophila embryo. *Development* **102**, 721–734.

Tian, J., Yam, C., Balasundaram, G., Wang, H., Gore, A. & Sampath, K. (2003) A temperature-sensitive mutation in the nodal-related gene cyclops reveals that the floor plate is induced during gastrulation in zebrafish. *Development* **130**, 3331–3342.

### Other topics

Villee, C.A. (1942) The phenomenon of homoeosis. *American Naturalist* **76**, 494–506.

Nagy, A. & Rossant, J. (2001) Chimaeras and mosaics for dissecting complex mutant phenotypes. *International Journal of Developmental Biology* **45**, 577–582.

Otto, S.P. (2007) The evolutionary consequences of polyploidy. *Cell* **131**, 452–462.

Phillips, P.C. (2008) Epistasis–the essential role of gene interactions in the structure and evolution of genetic systems. *Nature Reviews Genetics* **9**, 855–867.

Tadros, W. & Lipshitz, H.D. (2009) The maternal-to-zygotic transition: a play in two acts. *Development* **136**, 3033–3042.

### Gain and loss-of-function procedures

Rubin, G.M. & Spradling, A.C. (1982) Genetic transformation of Drosophila with transposable element vectors. *Science* **218**, 348–353.

Palmiter, R.D. & Brinster, R.L. (1985) Transgenic mice. *Cell* **41**, 343–345.

Thomas, K.R. & Capecchi, M.R. (1987) Site-directed mutagenesis by gene targeting in mouse embryo-derived stem-cells. *Cell* **51**, 503–512.

Kroll, K.L. & Amaya, E. (1996) Transgenic Xenopus embryos from sperm nuclear transplantations reveal FGF signalling requirements during gastrulation. *Development* **122**, 3173–3183.

Lagna, G. & Hemmati-Brivanlou, A. (1998) Use of dominant negative constructs to modulate gene expression. *Current Topics in Developmental Biology* **36**, 75–98.

Bishop, J. (1999) *Transgenic Mammals*. Harlow: Longmans.

Hannon, G.J. (2002) RNA interference. *Nature* **418**, 244–251.

Heasman, J. (2002) Morpholino oligos – making sense of antisense. *Developmental Biology* **243**, 209–214.

Nakamura, H., Katahira, T., Sato, T., Watanabe, Y. & Funahashi, J.I. (2004) Gain-and loss-of-function in chick embryos by electroporation. *Mechanisms of Development* **121**, 1137–1143.

Verma, I.M. & Weitzman, M.D. (2005) Gene therapy: twenty-first century medicine. *Annual Review of Biochemistry* **74**, 711–738.

Carroll, D. (2008) Progress and prospects: zinc-finger nucleases as gene therapy agents. *Gene Therapy* **15**, 1463–1468.

---

This chapter contains the following animation:

**동영상 2** 상동염색체 재조합.

For additional resources for this book visit www.essentialdevelopmentalbiology.com

---

제4장 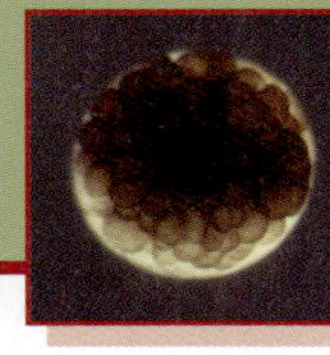

# 발생에 대한 연구: 실험 발생학

분자생물학과 유전학적 기술이 최근의 발생에 대한 연구에 필수적이지만, 역사적으로 발생 기전에 대하여 가장 많은 아이디어를 제공했고 오늘날에도 여전히 사용되고 있는 기본 개념의 틀을 형성한 사람들은 실험 발생학자들이었다.

## 정상 발생

**정상 발생**(**Normal development**)이란 실험적인 교란이 없을 때, 표준 실험실 조건에서 전형적인 배아가 따라가는 발생과정을 말한다. 실험적 조작의 효과를 이해하기 위해서는 정상적 발생에 대한 온전한 지식이 필요하다. 배아를 기술하기 위해서는 수많은 표준 서술용어들이 사용된다(그림 4.1). 동물 앞쪽 끝은 **전반부**(**anterior**, 앞쪽) 또는 **머리부**(**cranial**, 두부)라고 한다. 뒤쪽 끝은 **후반부**(**posterior**, 뒤쪽) 또는 **꼬리부**(**caudal**, 미부)라고 한다. 위쪽 표면은 **등쪽**(**dorsal**)이고 아래쪽 표면은 **배쪽**(**ventral**)이다. 현미경 절편에서 동물의 긴 축을 가로질러 얻은 절편을 **횡단면**(**transverse**)이라 하고 긴 축에 평행한 면을 **종단면**(**longitudinal**)이라 한다. 수직 종단면이 중앙에 있을 때는 **시상단면**(**sagital**)이라 하고 중앙에서 한쪽으로 치우치면 **부시상단면**(**parasagital**)이라 한다. 등쪽과 배쪽을 나누는 수평종단면을 **앞뒤단면**(**frontal**) 또는 **관상단면**(**coronal**)이라 한다.

실험실 연구에 이용되는 모든 모델 종에 대해 **발생단계 시리즈**(**stage series**) 표가 간행되어 있는데, 이 발생단계 시리즈는 해부현미경 하에서 외부 모습으로 구분할 수 있는 여러 표준단계들로 발생 과정을 묘사한다. 배아의 발생은 예측 가능하기 때문에 배아가 어떤 특별한 시간에 단계 10에 이르렀다면 얼마만큼의 시간이 지나서 단계 20에 이르게 될 것이라는 것을 확신할 수 있다. 포유류와 조류의 경우라면 발생은 언제나 표준 생리적 온도에서 일어나게 되지만, 제노푸스나 제브라피쉬 같은 체외발생 배아의 경우 발생 속도는 온도에 따라 달라질 것이다. 이와 같은 표들이 존재하기에 연구자들이 그날의 실험실 온도와는 상관없이 같은 단계의 배아를 이용하여 실험 절차를 표준화할 수 있다.

난자형성(oogenesis) 과정 중 난자에 축적된 요소에서 비롯된 발생 양상을 **모계요인**(**maternal**)라 하고, 수정 후 배아 자체에 의해 새로 만들어진 구성요소에 의해 나타난 발생 양상을 **접합자요인**(**zygotic**)라 한다.

## 운명지도

**운명지도**(**fate map**)란 정상적인 발생과정에서 배아의 각 부분이 무엇이 될 것인지를 보여주는 그림이다. 이것은 배아의 각 부분이 어디로 움직이고, 어떻게 형태를 바꿀 것이며, 어떤 구조로 바뀔 것인지를 보여준다. 형태 발생 과정 중 이동이나 성장으로 인해 운명지도가 각 단계별로 변하므로, 일련의 운명지도는 수정란에서 성체가 되기까지 각 부분의 발생 경로를 보여주게 된다. 운명지도의 정확성은 발생 과정에서 세포가 얼마나 많이 뒤섞이는지에 달려 있다. 선충류인 예쁜꼬마선충(*Caenorhabditis elegans*)처럼 아무런 세포의 뒤섞임이 없다면 운명지도는 세포수준까지 정확할 수도 있다. 대부분의 배아 유형에서는 유사한 세포들 사이에 뒤섞임이 일어나므로 운명지도는 그 정도까지 정확할 수는 없다. 그럼에도 불구하고 운명지도가 발생학에서 기본적인 개념이며, 초기 발생 결정과 관련된 거의 모든 실험의 해석은 운명지도의 지식에 의존한다.

운명지도는 하나의 세포 또는 배아 부분을 표지하고, 후기 발생단계에서 그 표지된 부분의 위치와 모양을 확인하여 만들어진다(그림 4.2). 이용되는 표지 방법은 다음 5장에 기술되어 있는데, 세포들 조각에 세포질 바깥 표지를 적용하거나, 한 세포에 세포질 안으로 표지를 넣어 주거나, 수용체 배아에서 똑같은 역할을 하는 부위에 해당하는 부분의 표지된 조직을 이

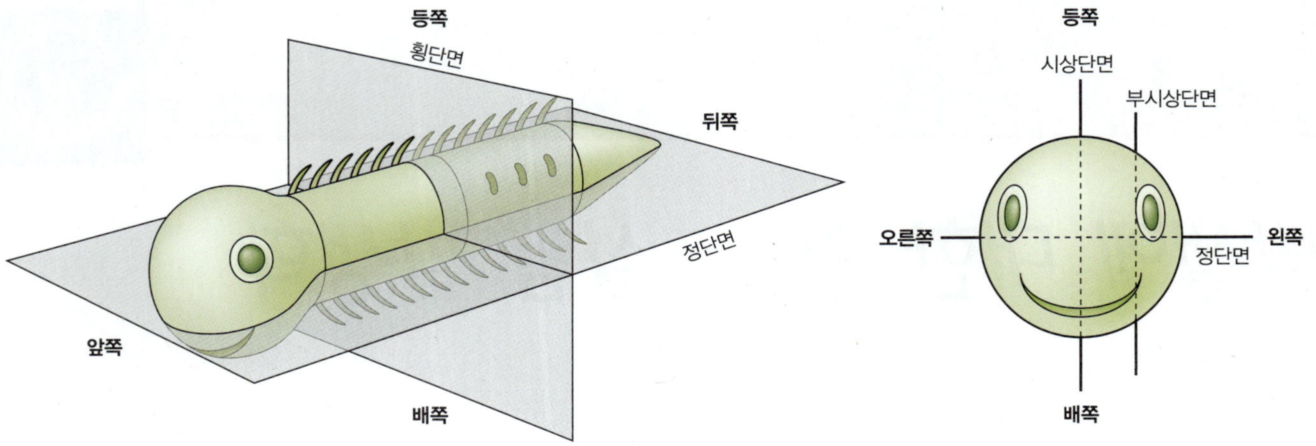


**그림 4.1** 배아를 묘사하기 위해 사용하는 축과 절단면.

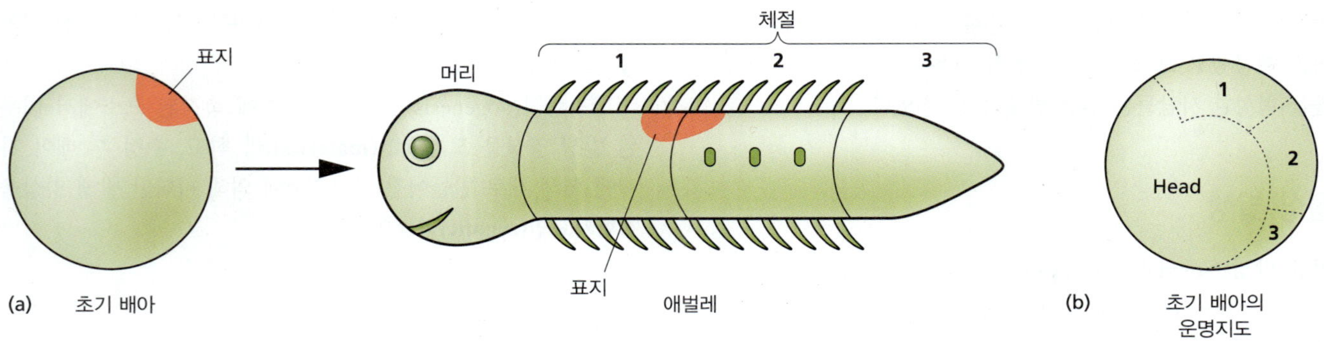


**그림 4.2** 운명지도. (a) 초기 배아의 특정 부위에 표지를 하면 그 성체 동물의 재현 가능한 부위에 그 표지가 나타난다. (b) 초기 배아의 가능한 운명지도

식해 줄 수도 있을 것이다. 그림 4.3은 제노푸스 배아의 인접한 초기 할구들에 녹색형광단백질(GFP) mRNA를 주사하고 신경배 단계에서 표지 부분의 위치를 추적하는 방식으로 시행되는 운명지도 실험을 보여준다. 많은 개개의 표지 실험들의 결과는 하나의 특별한 단계를 보여주는 운명지도로 만들기 위해 종합된다. 운명지도가 발생의 **수임(受任, commitment)**에 관한 어떤 것을 보여주진 않는다는 것을 반드시 인식해야 한다. 배아의 모든 부분은 발생을 통해 어떤 **운명(fate)**을 가지고 있지만, 특별한 구조나 세포형태를 형성하기 위한 수임은 주로 일련의 세포간의 상호작용을 거치면서 획득되는 것이다.

오래된 발생학 문헌에서는 실험적으로 분리된 부분이 완전히 운명지도에 따라 발생한다면 이 배아를 **모자이크(mosaic)**라고 하고, 분리된 부분이 운명지도에서 예상된 것보다 더 많은 구조를 형성한다면 **조절적(regulative)**이라고 말한다. 실제로 모든 형태의 배아는 배아의 부분과 발생 단계에 따라 모자이크적인 양상과 조절적인 행동을 모두 보여준다. 조절적인 행동에 대한 설명은 제노푸스에서 발견되는 ADMP-Chordin 체계의 예와 같이 배아 크기의 변화에 따라 조절될 수 있는 이중 농도구배의 체계를 이용한다. 이런 의미의 "모자이크"는 다른 유전자형의 세포들로 이루어진 개체인 **유전적 모자이크(genetic mosaics)**와는 아무런 관련이 없고(3장 참고), 이런 의미의 발생학적 **조절(regulation)** 또한 유전자 조절이나 생리학적 수준에서의 조절과는 다르다는 점에 주목해야 한다.

## 클론 분석

**클론 분석(clonal analysis)**은 하나의 세포가 표지되고 뒤의 단계에서 자손 세포들의 위치나 세포 형태를 확인하는 운명지도 그리기의 한 형태이다. 표지는 1개의 세포에 계보 표지를 주입하여 만들 수 있다. 이 방법은 세포들이 커야 간단하며, 초기 단계의 제노푸스, 제브라피쉬, 성게와 같이 현저하게 성장하지 않는 개체에 매우 적합하다. 병아리나 생쥐 배아와 같이 실제로 성장하는 생명체의 경우에는 희석되지 않고 유지 가능한 유전적 표지를 하나의 세포에 도입하는 것이 더 바람직하다. 이것은 복제불능성 레트로바이러스를 삽입하거나, 가시적인 표식을 보일 수 있는 유전적 재조합이 될 수도 있다. 클론 분석

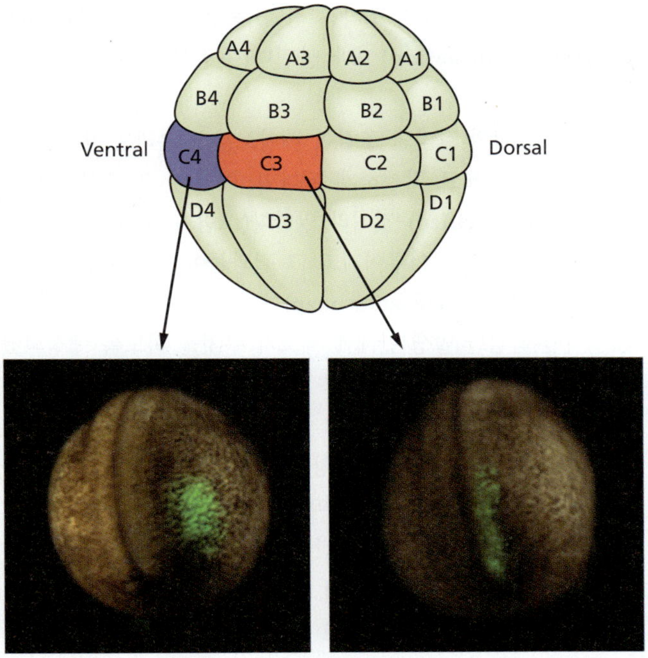


**그림 4·3** 제노푸스(*Xenopus*)에서 운명지도 만들기 실험. 32세포기에 C3나 C4 할구에 *GFP* mRNA를 주입했다.

의 가장 유용한 면은 세포가 표지되는 시기에 어떤 특별한 구조나 세포 형태가 되도록 수임되어 있는지 여부를 알 수 있는 것이다. A라는 특별한 구조를 만들기로 수임 받은 세포라면 그 세포의 후손들은 다른 것이 아닌 오직 A 구조에서만 증식하게 될 것이다. 만약 클론이 A와 B의 두 구조에서 표지된다면 그 세포는 그 표지된 시간에 A나 B 구조만을 만들도록 배타적으로 수임되었을 수 없다(그림 4.4). 때때로 나중에 적용된 표지는 A나 B 한 곳에서만 나타나는 반면, 일찍 적용된 표지는 A와 B 구조에 모두 분포하는 것으로 알려져 있다. 이는 세포들이 두 표지 사이의 기간에 수임이 이루어졌기 때문일 것이다. 하지만 단순히 나중에 유도된 클론들이 더 작아서 다른 구조보다 대량으로 만들 기회가 더 적었기 때문일 수도 있다. 따라서 클론 분석은 수임의 결여를 증명할 수는 있지만, 수임의 존재를 증명할 수는 없다.

클론 분석은 특별히 초파리(*Drosophila*)의 체절형성과 척추동물의 후뇌 패턴 분석에 광범위하게 이용되었다. 구획(compartment)이란 단어는 때때로 배아에서 경계가 클론 제한의 경계인 배아 부분을 가리킬 때 이용된다. 일단 구획이 만들어지

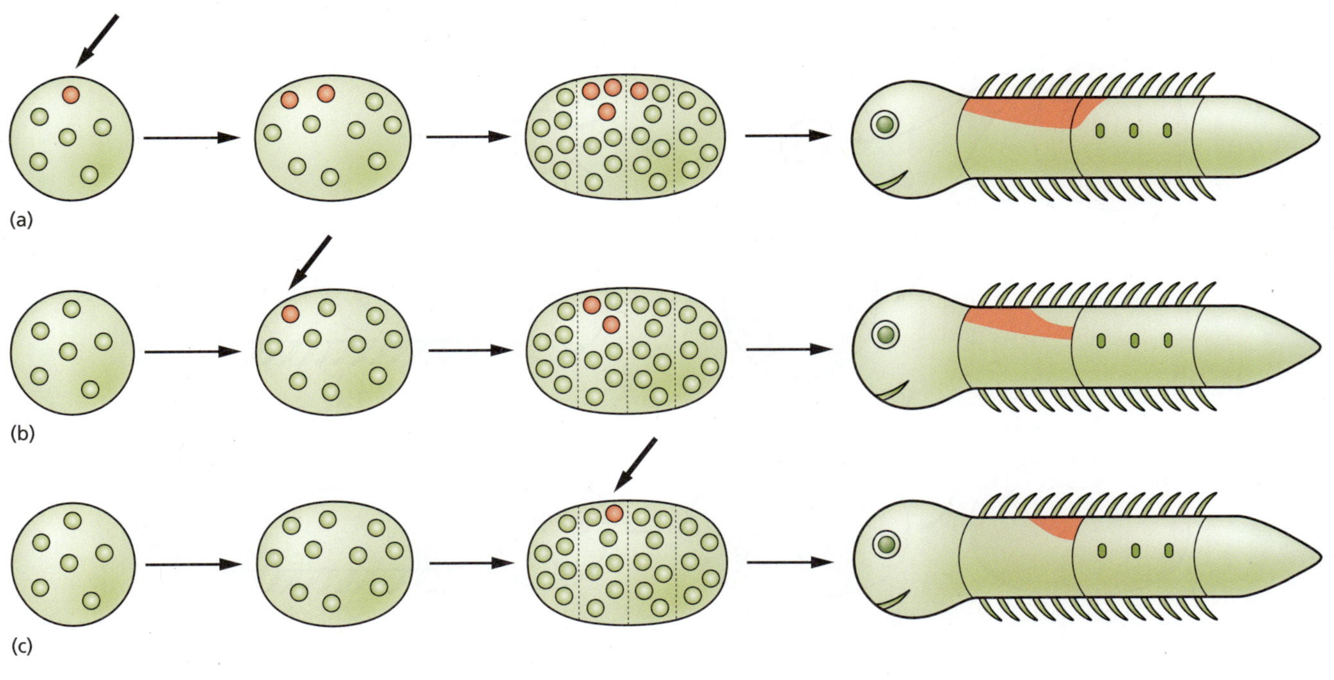


**그림 4·4** 클론 분석. 제한 없는 클론은 운명 결정이 없음을 의미한다. 그러나 그 역은 항상 사실은 아니다. (a) 결정이 이루어지기 전에 하나의 세포를 표지하면 자손 세포는 뒤쪽 경계까지 퍼져 분포한다. (b) 결정이 일어나기 전에 세포를 표지하더라도 클론이 너무 적으면 자손 세포는 경계를 넘지 못한다. (c) 결정이 이루어진 후에 표지된 세포는 경계를 넘지 못한다.

고 나면 어떤 세포도 들어가고 나올 수가 없게 된다. 다시 말하자면, 구획 내의 모든 세포들은 처음 만들어진 세포의 후손들인 것이다. 하나의 구획은 체절이나 기관원기와 같이 가시적인 구조에 해당하고, 기저막 같은 세포이동의 생리적 경계나 외부의 세포들과 비교되는 구획 내 세포들의 차별적인 부착력에 따라 유지된다. 그래서 구획의 세포들은 함께 달라붙어 있고 이웃한 세포들과 섞일 수 없는 것이다. 몇몇의 경우, 그 중에서도 특히 초파리의 성충판(imaginal disc)의 전후반부 구획 경계 같은 경우는 클론 제한의 경계가 눈에 보이는 해부학적인 경계와 상응하지 않는다.

## 발생 수임

발생이 진행됨에 따라 이전에는 수임되지 않았던 세포들이 특별한 몸의 부분이나 세포유형을 만들기 위한 수임(受任,commitment)을 받게 된다. 우리는 이제 수임을 세포 안에 존재하는 전사인자의 조합으로 암호화 된다고 간주하고 제자리 혼성화법(*in situ* hybridization)을 이용하여 해당 유전자의 발현을 관찰함으로써 직접적으로 확인할 수 있다. 그러나 역사적으로 수임은 발생학적 실험들을 통해 조사되었다. 이것은 오늘날에도 여전히 유용한 2개의 조작적 정의, 즉 **특정화(specification)**와 **결정(determination)**이라 불린다(동영상 3: 수임의 검증 참조).

세포나 조직의 잘라낸 조각이 배아로부터 분리된 후 자율적으로 특별한 구조로 발생하게 된다면, 이것은 그 조직이 되도록 **특정화된(specified)** 것이라 말한다(그림 4.5a,b). 만약 이런 실험들이 아주 많이 이루어지고 그 결과들이 종합된다면, 배아의 **특정화 지도(specification map)**를 만들 수 있을 것이다. 이것은 어떤 특별한 발생 단계에 세포가 무엇을 하도록 예정되었는지를 보여준다. 한 부위의 특정화는 정상 발생에서 그 부위의 운명과 일치할 필요는 없다. 예를 들면 제노푸스 포배의 신경판이 될 부위는 분리하여 배양하면 신경상피가 되는 것이 아니라 표피로 분화한다. 신경상피를 형성하기 위해서는 중배엽으로부터 유도 신호를 받아야 한다.

조직의 **결정된(determined)** 부위는 역시 분리된 상태에서 자율적으로 발생하지만 배아에 존재하는 환경들 범위 내에서 그 수임이 비가역적이라는 점에서 다르다. 다시 말해, 배아의 다른 부위로 옮겨진 이후에도 여전히 자율적인 발생을 계속한다는 것이다(그림 4.5c, d). 아주 많은 발생학 실험들은 조직의 일부분을 한 부분에서 다른 부분으로 이식시키고, 이것이 새로

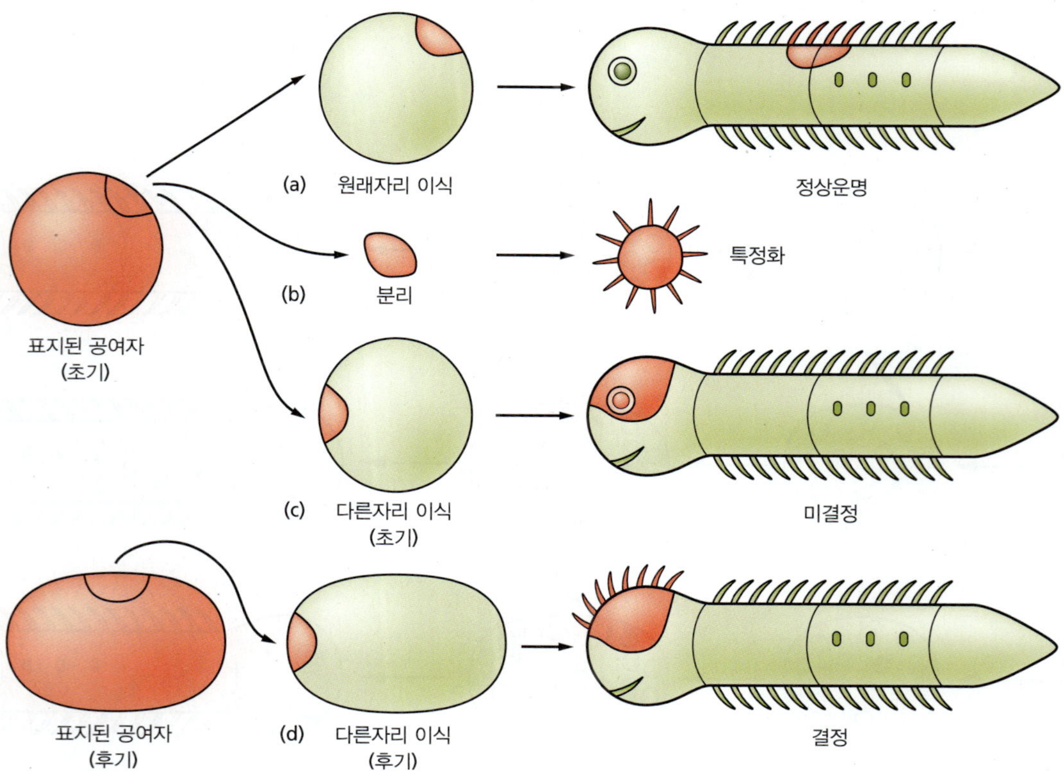


그림 4.5 세포운명, 특정화, 결정의 검증. (a) 표지된 지역은 정상적으로 그 동물의 가시가 있는 등쪽 부분을 형성하는데 관여한다(운명). (b) 분리해도 이 조직은 여전히 등쪽 가시를 형성한다 (특정화). (c) 발생 초기 단계에 다른 지역에 이식하면 이것은 새로운 자리에 알맞게 분화한다(미결정 상태). (d) 발생 후기 단계에 다른 지역에 이식하면 이것은 원래의 위치에 따라서 분화한다(결정된 상태).

운 위치 또는 예전 위치에 따라 어떻게 발생하는지를 묻는 것으로 이루어졌다. 이식하는 조직은 주로 5장에서 묘사되어지는 방법 중의 하나로 표지할 수 있으며, 이식된 조직과 숙주 조직이 구분될 수 있다. 연습을 통해 이식을 상당히 정확하게 시행할 수 있다. 그림 4.6은 GFP로 표지된 조직을 제노푸스의 폐쇄된 신경배의 뒷부분 신경주름 부위로 이식한 조직을 보여준다. 또 다른 배아의 똑같은 위치로의 이식은 **동소성(orthotopic)** 이식이라 하는데, 운명지도를 그리는 일반적인 방법 중 하나이다. 숙주의 다른 부위로의 이식은 **이소성(heterotopic)** 이식이라 하며 **결정(determination)**의 여부를 시험함을 의미한다. 그때 이식에 의해 발생 경로가 바뀌지 않는다면, 그 조직은 결정되어진 것이라고 정의한다. 만약 이소성 이식이 자신의 새로운 위치에 따라 발생한다면 이식 시점에 비록 예정화되었을지라도 아직 결정되지 않았다고 보는 것이다. 다른 발생 단계에서 행해진 일련의 이식들은 그 조직이 결정되는 시점을 보여준다. 예를 들면, 포배 단계에서 제노푸스 배아의 신경판이 될 부분은 배아의 다른 부분으로 이식되면 표피나 중배엽을 형성하게 될 것이므로, 이 단계에서는 결정되지 않은 것이다. 이것은 낭배형성기에 신경판을 만들도록 결정되어, 이 단계 이후에는 배아의 다른 부분으로 이식해도 항상 신경상피로 분화될 것이다. 분자 수준에서 볼 때, 결정이란 세포들이 원래 전사인자들의 적절한 조합을 야기하는 신호에 대한 자신의 반응성, 즉 **수용능(收用能, competence)**을 잃어버린 것을 의미한다. 이것은 아마도 세포들이 수용체나 신호 전달 기구의 다른 요소를 잃어버렸거나, 전사인자 조합이 처음에 이것을 유도한 것과 전혀 다른 인자들에 의해 유지되기 때문이다.

어떤 배아의 발생에서든 진행성인 물리적 세분화와 관련된 수임에는 체계가 있을 것이다(그림 4.7). 예를 들면 처음에는 외배엽, 중배엽, 내배엽의 3개의 배엽으로 형성되고, 그 다음 각각의 배엽은, 예를 들면, 외배엽이 표피, 신경상피, 신경능선으로 분화되는 것처럼 세분화 될 것이다. 더 시간이 지난 후에 신경 상피는 후뇌의 개별적 능형분절처럼 더 작은 단위로 세분화 될 것이다. 이것은 배아 내의 어떤 부분의 세포들이 전사인자들의 다른 조합으로 각각 정의되어지는 몇몇 수임 상태를 거치게 된다는 것을 의미한다. 분화와 결정을 정의하는 발생학적인 방법들은 이런 체계의 어떤 단계에도 적용될 수 있다.

수임 체계의 초기 단계들은 종종 위치에 따라 이름 붙여진 몸 부분들과 상응하진 않는다(예를 들어 등/배, 전방/후방). 이것은 발생생물학 공부를 시작하는 학생들에게 매우 혼란스러울 수 있다. 실험 조작은 수임 상태를 변화시킬 수 있어서 "X의

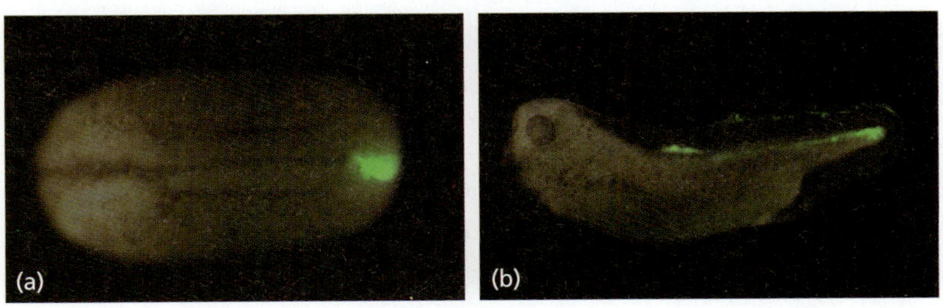


**그림 4.6** (a) 제노푸스 신경배의 후기 신경주름에 형질전환된 GFP-표지 조직의 이식. (b) 이식체는 나중에 척수와 신경능선 형성에 기여한다.

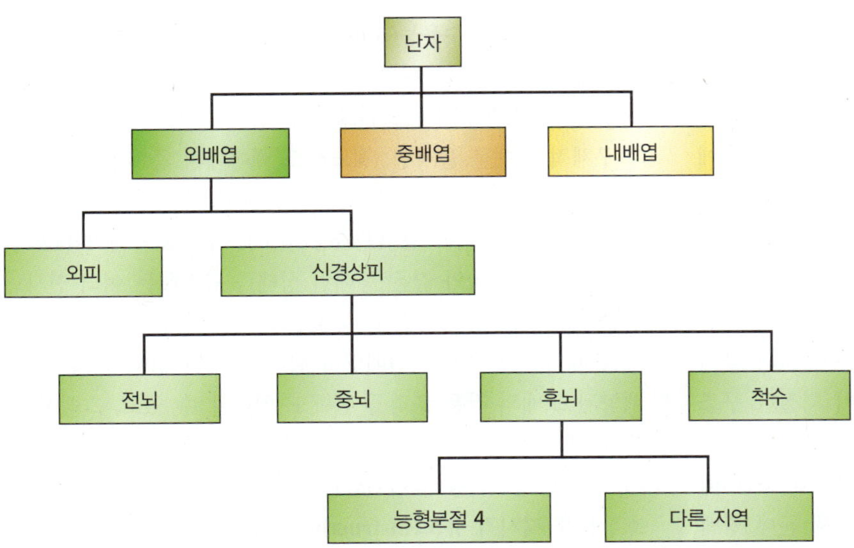


**그림 4.7** 발생 중 지역특성화의 계층도. 후뇌의 능형분절(rhombomere) 4가 되는 세포는 먼저 외배엽이 되도록 "결정되어야"하고, 그 다음 신경상피가 되고, 이어서 후뇌가 되고 최종적으로 능형분절이 된다.

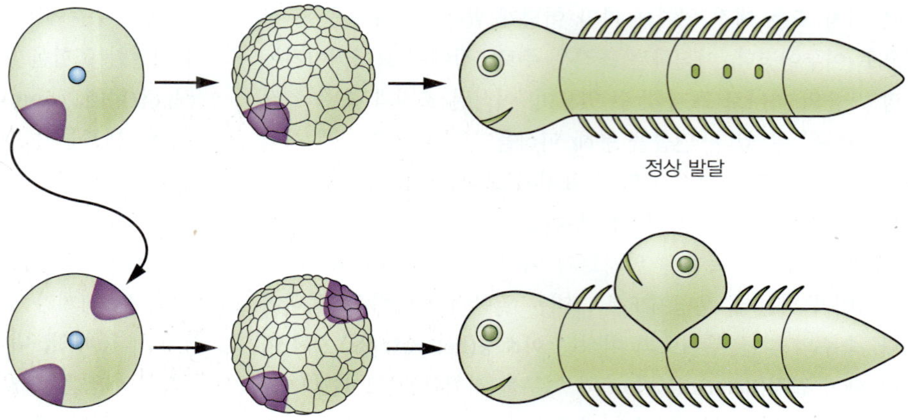


**그림 4.8** 배아의 머리 정보를 암호화하고 있는 세포질 결정인자의 작동. 정상 발생에서 이 결정인자는 이 물질을 물려받은 세포로부터 머리가 형성되는 것을 보장한다. 만약 이 결정인자가 다른 곳에 이식되면, 이것은 이소성(ectopic) 머리 형성을 야기한다.

과도한 발현이 등쪽 세포 집단을 Y 배쪽으로 만든다"는 말에 쉽게 접하게 될 것이다. 이것은 배아의 등쪽 위치의 세포들이 배쪽 지역에서 정상적으로 발견되는 것과 똑같은 정도의 수임 상태를 획득하게 되었다는 것을 의미한다. 따라서 출판물을 읽을 때, 위치와 관련된 'dorsal'과 같은 용어가 말 그대로 위치를 말하는 것인지, 아니면 정상 발생에서의 위치와 관련된 약속의 상태를 일컫는 것인지를 아주 분명히 하는 것이 중요하다.

**능력(potency)**이라는 용어는 때때로 특별한 세포 집단이 발달할 수 있는 가능한 세포 형태나 구조의 범위를 의미하는 것으로 쓰인다. 이것은 수용능(competence)과 유사하지만, 배아 내에서는 정상적으로 발견되지 않는 환경들에 의해 시험관에서 일어날 수 있는 발생의 경로들을 포함할 수도 있다. 요즘은 몸에서 어떤 세포 형태도 형성할 수 있는 **배아줄기세포(embryonic stem cell)**를 **다능성(pluripotent)**이라 하고, 자신이 속한 조직의 특징적인 세포 형태를 형성할 수 있는 **조직특이적 줄기세포(tissue-specific stem cell)**를 **복능성(multipotent)**이라 일컫는 것이 표준이 되었다.

## 세포질 결정인자

세포질 **결정인자**(cytoplasmic **determinants**)란 난자나 할구에 들어 있는 물질로서, 난할시기에 세포에 의해서 전해지며, 세포 수임에 따른 특별한 상태가 나타나도록 보장한다(동영상 4: 세포질 결정인자의 작용 참조). 당연히 세포 분열은 비대칭적이며 2개의 딸세포들은 다른 발생 경로를 따를 것이다. 만약 결정인자를 포함한 세포질을 그 난자의 다른 부분에 옮겨 붙이면, 그 세포질은 이것을 포함한 새로운 세포들이 적절한 구조를 형성하도록 할 것이다(그림 4.8).

세포질 결정인자는 배아 발생의 가장 초기 단계 동안 매우 중요한데, 그 이유는 이들이 배아에서 초기 두세 군데 명백히 특화된 지역의 형성을 결정하기 때문이다. 이러한 초기 영역 간의 상호작용의 결과, 이후 복잡한 형태가 발달한다. 결정인자들은 때때로 세포골격과 연관되어 세포 곳곳에 분포하는 mRNA로서, 초파리 알에 있는 *bicoid*와 *nanos* mRNA 같은 예가 있다. 이들은 물론 단백질일 수도 있다. 예쁜꼬마선충 발달 초기 단계에 PAR3, PAR6와 aPKC를 포함한 복합체는 배아의 앞 부분에 국한되어 분포하고, 처음 2개 할구의 운명을 조절한다. 다른 동물 형태의 신경 발생이나 상피 극성화에서도 이와 유사한 체계가 관련되어 있다.

## 유도

발생에서 대부분의 지역특성화는 **유도인자(inducing factors**, 동영상 5: 유도 참고)라고 불리는 세포외 신호물질의 작용으로 나타난다. 여기에 관련된 신호분자 집단은 부록에 간단히 기술되어 있다. 이들 대부분은 또한 다른 경우에서는 성장인자, 세포 촉진인자 또는 호르몬 등으로 알려져 있다. 유도성 신호에 반응하는 능력을 **수용능(competence)**이라 하는데, 이는 특정한 수용체의 존재뿐만 아니라 전사인자들의 조절과 연관된 신호물질의 전환 경로의 작동도 필요로 한다.

구체적인 예를 들자면, 제노푸스 배아에서 중배엽은 식물지역에서 방출된 Nodal이라는 신호 분자에 대한 반응으로 동물반구에서 유도된다(그림 4.9; 7장 참고). 이 신호들은 T box 단백질인 Brachyury와 같은 중배엽 상태를 규정하는 여러 전사인자들의 발현을 증가시킨다. 동물반구의 나머지 부분은 격리되었을 때와 마찬가지로 외배엽이 된다. 이러한 상호작용은 함께 배양된 포배의 작은 조각들 간에도 일어날 수 있고, 그래서 다른 단계의 배아들로부터 얻은 조각들을 이용하면 포배단계에서 이러한 상호작용이 일어남을 보여줄 수 있다. 이와 같은 상호작용을 **지시적 유도(instructive induction)**라 하는데, 그 이유는 유도 전에는 반응하는 조직이 중배엽이나 외배엽 중 어느 것도 될 수 있고, 정상 발생과정에서 이러한 상호작용이 배아의 복잡성을 증가시키기 때문이다.

지시적 유도는 지역특성화의 관점에서 서로 다른 결과를 나타내는 두 가지 유형이 있다(그림 4.10). 신호를 보내는 중심은 세포층의 한쪽 끝에 놓여서 신호물질 농도구배의 원천이 될 수도 있다. 주변 조직은 다른 농도에 대해서 다른 **역치 반응(threshold response)**을 보이는 수용능 차이를 가지고 있어서, 농도구배에 반응하여 일련의 영역들을 형성한다. 이 경우 하나 이상의 실질적 결과가 나타나게 되는데, 이때 신호물질을 **형태형성인자(morphogen)**이라고 한다(2장 내용 참조). 형태형성인자 농도구배의 잘 밝혀진 예는 신경관과 사지싹에서 나타나는 소닉헤지호그(sonic hedgehog) 단백질과 제노푸스 초기 배아의 활성 BMP (bone morphogenic protein), 또는 초파리의 성충판의 Dpp (Decapentaplegic)의 농도구배이다.

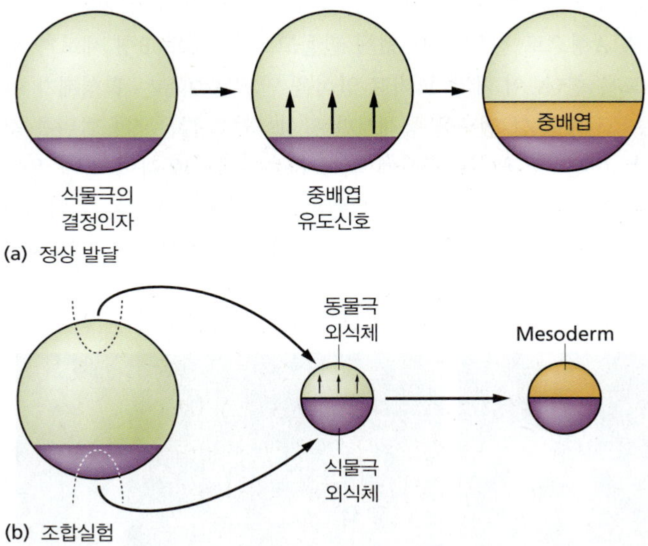


**그림 4.9** 제노푸스에서 중배엽 유도. (a) 정상 발생에서 중배엽이 형성될 때. (b)동물극-식물극 조합에서 중배엽이 형성될 때.

또 다른 가능성은 신호를 보내는 중심이 하나의 세포층에 놓여 있고 반응하는 세포들은 다른 세포층에 놓여 있는 경우다. 이 둘이 가까이 놓이면, 신호 중심에 바로 인접한 반응 조직의 일부에서 나타나는 역치 반응의 결과로 적절한 구조가 유도된다. 예를 들면, 척추동물의 신경배에서 아래 놓여 있는 조직의 영향을 받아 두부 상피세포로부터 코, 렌즈, 귀의 **기원판(紀元板, placodes)**이 유도될 때 이런 일이 일어난다. 상피세포는 신호가 있을 때는 기원판을 형성하고, 신호가 없을 때는 보통 상피세포로 분화된다. 이것을 **병렬 유도(appositional induction)**라 한다. 전형적으로 반응 조직에서는 하나의 역치 반응만 나타나고, 이런 이유로 이 유도인자는 비록 똑같은 물질이 다른 상황에서 형태형성인자로 작용할 수도 있음에도 불구하고 형태형성인자라 부르지 않는다.

또 다른 유도성 상호작용도 있는데, 이것을 **허용적(permissive)**이라 부른다. 이 경우에 신호는 반응 조직의 성공적인 자가-분화에 필수적이지만, 선택된 발생 경로에 영향을 주지는 못한다(그림 4.10). 허용적 상호작용은 후기 발생에 매우 중요하다. 콩팥의 발달을 예로 들자면, 간충직은 요관 싹으로부터 오는 허용적 신호를 받아서 세관을 형성하게 될 것이다. 신호가 없으면, 발생에 실패하고 어떤 다른 조직도 형성하지 못한다. 지시적 유도와 허용적 유도의 본질적인 차이는 지시적 유도는 수용조직에서 하위 구분을 나타나게 하는 반면, 허용적

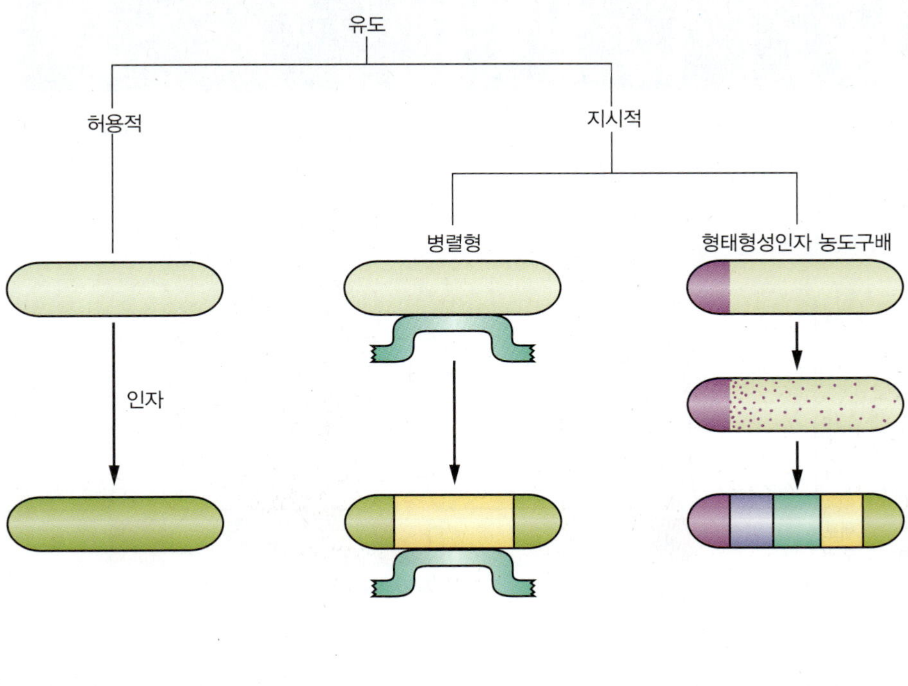


**그림 4.10** 허용적 유도와 지시적 유도 유형. 지시적 유도는 병렬(appositional) 유형과 형태형성인자 유형이 있다.

유도는 그렇지 않다는 것이다.

일반적으로 유도 신호는 세포외 공간을 통해 확산되는 것이라 가정되었다. 그러나 관련된 많은 인자들은 세포외 글루코사미노글리칸(glycosaminoglycan)에 단단히 붙어 있는 성장인자들이다. 이런 이유와 또 다른 이유로 다른 확산 경로가 고려되었는데, 그중 하나가 많은 발생 조직들에서 발견되는 **세포사(細胞絲, cytonemes)**라 불리는 가느다란 세포내 돌기를 통한 수송이다. 유도인자들이 세포 사이의 공간을 통해서 이동하는 경우에도 공간에서의 그들의 분포는 내포작용 혹은 외포작용과관련된 세포돌기에 따라 달라질 수 있다. 유도인자의 수송은 하나 이상의 기전이 밝혀진 초파리의 성충판에서 가장 잘 알려져 있다.

## 측면억제

유도라고 할 수는 있으나 대개 이와 별개로 생각되는 세포 전달의 또 다른 중요한 분류는 **측면 억제(lateral inhibition)**이다 (동영상 6: 가장자리 억제 참고). 이것은 단일 형태의 집단으로부터 온 각각의 세포들이 하나의 발생 경로를 따르는 반면, 주변 세포들이 다른 발생 경로를 따를 때 작동하는 Notch-Delta 계의 행동에서 잘 알려져 있다(그림 4.11). 그 예는 초기 신경판에서의 **신경세포형성(neurogenesis)**이나, 내장 상피들에서 내분비 세포형성을 포함한다. 원칙적으로 측면억제 체계는 여러 개의 작은 신호 중심들이 형성되면 주변 세포들이 신호형성을 못하게 하기 때문에 작동한다. 이것은 그림 4.12에 나와 있는데 여기서는 B형 세포가 되기로 수임되어 있는 세포들이 우연히 A형 세포로 수임되어갈 때의 세포 장(field)을 묘사하고 있다. A형이 될 처음의 약간의 세포들은 A형 세포를 발달시키는 "활성제" 물질을 생산하고, 아울러 "억제제" 물질을 생산하는데, 이 물질은 활성제 작용을 억제하여 결국 방해받은 세포가 A형으로 진행할 수 없게 만들고 대신 도로 B형 세포가 되도록 한다. 이 체계가 어떤 양식을 만드는 이유는 활성제가 아마도 세포 간 접촉을 통해서만 활성화되고 짧은 작용범위를 갖는 반면, 억제제는 확산에 의해 자유롭게 이동하여 긴 작용범위를 갖기 때문이다. 이것은 원천 가까이에서 활성제가 억제제를 압도해서 두 가지 물질 모두를 생산하는 세포형 A의 형성

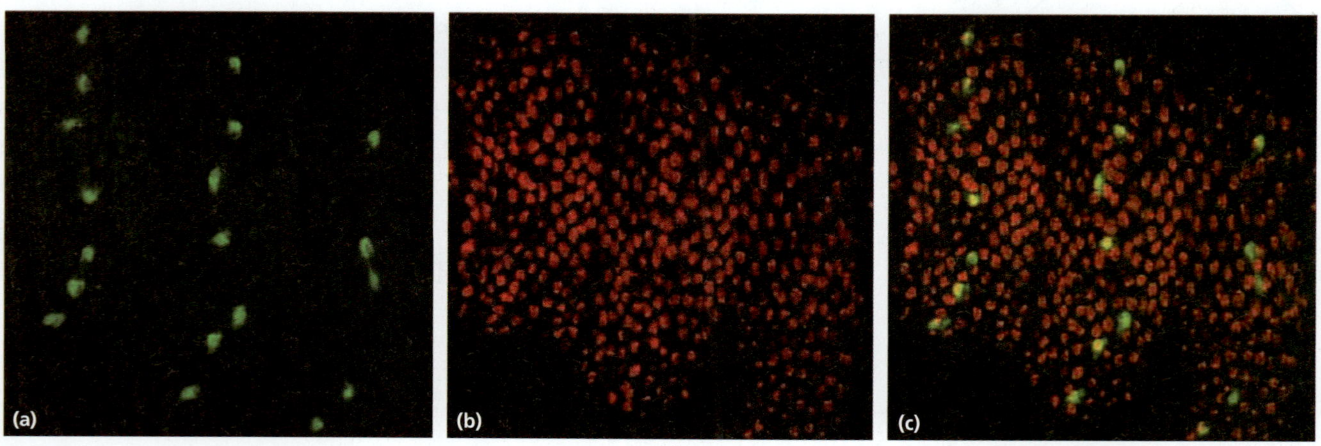


그림 4.11 초파리의 성충판(Imaginal Disc)에서는 측면 억제 과정을 따라서 감각신경의 조상형 세포가 개별 세포로 발생한다. (a) SuH (녹색) 단백질에 대한 면역염색법으로 가시화된 초기 감각세포. (b) 일반적 핵염색(프로피디움 요오드). (c) 겹쳐진 모습. (인용) Company of Biologists Ltd.의 허락을 얻어 Gho *et al. Development* 1996; 122:1673-1682의 그림을 재구성하였음.

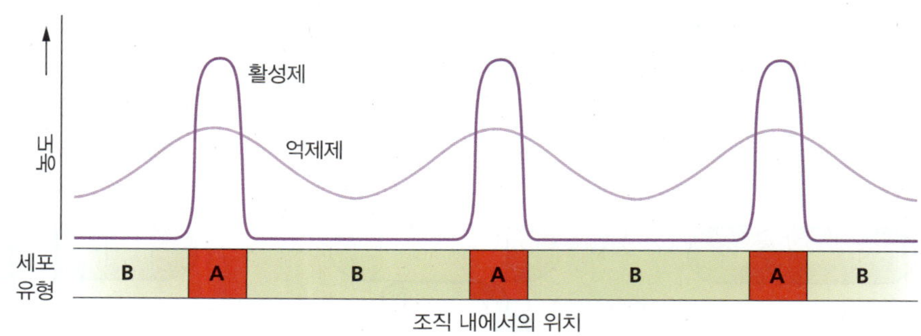


그림 4.12 측면 억제. A형 세포는 활성제와 억제제를 둘 다 생산한다. 활성제가 지배적인 곳에서는 A형 세포가 안정화되지만, 억제제가 우세한 곳에서는 A형 세포가 억제된다.

과 유지를 보장한다는 것을 의미한다. 주변 지역에서는 억제제가 활성제를 압도하게 되고 세포형 A의 형성을 억압한다. 특정 범위를 벗어나면 억제제의 활동이 A형 세포의 다른 신호 중심의 형성을 막기에는 불충분하게 되고, 그 결과로 비교적 일정한 방식으로 세포 영역을 가로질러 공간적으로 분포하는 많은 신호 중심들이 형성된다. 최종 형태가 얼마나 규칙적인지는 기전의 세세한 부분에 달려 있다.

## 발생의 확률적 요소

발생은 종종 동질성으로부터 패턴이 만들어지는 것을 포함하는 것으로 보인다. 이는 측면억제 체계가 작동하면서 시작된다. 세포질 결정인자가 세포의 어느 한 끝 부분이 아니라 다른 끝에 자리하게 될 때 일어난다. 또한 단일 유형인 조상형으로부터 복잡한 세포형이 분화하는 경우에도 나타날 수 있고, 심지어는 동일한 환경에서 체외 배양되는 경우에도 일어난다. 이 모든 과정은 **대칭 파괴(symmetry breaking)**를 포함한다. 특정 물질의 농도, 또는 특정 유전자들의 활성에서 나타나는 아주 작으면서 자연스럽게 일어나는 변동들은 특별한 위치에서 양성 피드백의 결과로 증폭되고, 증폭에 따르는 결과로서 인접한 부분에서는 억제된다. 이러한 변동들의 원천은 무엇일까? 궁극적으로 이것은 세포내 소수의 조절 분자 때문이다. 각각의 세포 내에는 수백 벌의 특정 전사인자들이 들어 있을 수 있으며, 이들은 거대한 양의 DNA 서열을 검색하여 DNA에서의 결합 위치를 발견해야만 한다. 각각의 유전자는 두 벌 밖에 없고 특정한 시간에 특정 조절의 각 사본은 결합된 전사인자를 갖거나 갖지 않을 수 있다. 개별 분자들이 머무는 시간은 꽤 길어서 수분 정도 되는데, 그래서 명백히 동일한 세포집단은 조절 부위의 점유라는 관점에서 볼 때 실제로 이질적이다. 양성 되먹임 체계가 존재한다고 하면, 이러한 변동은 쉽게 증폭되어 눈에 띄게 되고, 그 구성은 비가역적으로 달라진다.

## "후생학적 경관"

발생학적 수임은 1940년대의 발생학자이자 유전학자인 와딩턴(C.H. Waddington)에 의해 처음 소개된 이래 가장 주목할 만한 개념의 주제다. 이것이 바로 "후생학적 경관(epigenetic landscape)"이다(그림 4.13). 그의 도식은 최근에 다시 인기를 얻어 부활했으며, 다시금 빈번하게 인용된다. 전형적인 도식은 자연의 경관이 물에 의해 깎여지는 것처럼, 사면을 따라 내려가면서 가지를 치는 일련의 계곡들이 나타나는 경관을 묘사하고 있다. 공을 정상에 놓아두면 공은 계곡을 따라 굴러 내릴 것이다. 각 분지에서 공은 맞닥뜨리는 미세한 교란에 의해

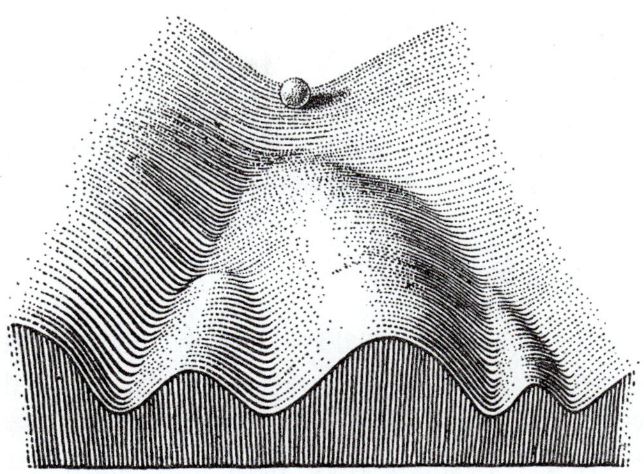

그림 4.13 와딩톤의 "후생학적 경관". 공은 하나의 세포를 나타내고 계곡은 세포가 택할 수 있는 다른 발생상의 선택을 의미한다. (인용) Nature Publishing Group의 허락을 얻어 Slack (2002)의 그림을 재구성하였음.

서 오른쪽이나 왼쪽으로 움직이게 되고, 이와 같은 각각의 경로 선택은 대칭을 깨뜨리게 된다. 결국 공은 계곡의 가장 낮은 지점들 중 한 곳에서 멈추게 될 것이다. 공은 배아에서 세포를 나타내고, 계곡은 발생학적 수임의 상태를, 각각의 분지는 발생학적 선택을 나타내는 것으로 간주된다. 물론 전체 배아는 많은 공으로 나타낼 수 있고, 일부 공은 안정된 세포 유형의 완전한 집합을 만들어내기 위해서 경관을 내려오는 각각의 가능한 경로를 채택할 것이다. 지금까지 이 도식은 분자 시대에 증명된 중요한 구상들을 보여준다. 하지만 여기에는 일부 문제점들이 있다. 한 가지 문제는 도식이 세포 상태에만 관련되어 있고, 배아의 구조를 어떤 식으로든 잡아내지 못한다는 것이다. 이것은 유도적 신호의 교환 때문에 매우 중요한 배아의 각 부분들 간의 상호작용은 나타내지 못함을 의미한다. 실제로 대부분의 발생학적 선택은 대칭을 깨뜨리는 사건이 아니고, 유도적 신호들에 의해 조절되어지는 결정적 사건이다. 또 다른 더 추상적인 문제점은 표면이 나타내는 것이 무엇이지를 정확하게 결정하는 것이다. 사실 이것은 "잠재적 에너지 표면"으로 간주되는데, 이것은 모든 수준의 유전자 산물과 세포에서 발견되는 다른 물질들을 나타내는 다차원 상태 공간에 내포되어 있다. 이러한 표면이 실제로 존재하는지 아니면 추정되어질 수 있는지는 불분명하다.

와딩턴 자신은 발생의 큰 요소가 유전자 발현의 조절로 이루어져 있음을 인식하면서, 발생의 효과적인 동의어로 **후성유전학(epigenetics)**이라는 용어를 도입했다. 그러나 오늘날 그 용어는 다른 느낌으로 사용된다. **후성학적(epigenetic)**이라는 것은 DNA 단독보다는 염색사 구조라는 관점에서 유전자 발현을 이해하는 것을 의미한다. 이것은 전사 활동을 총체적으

로 가능케 하거나 방해하는, 유전자 발현 조절자로서의 DNA 메틸화와 히스톤이나 다른 염색체 단백질의 수많은 화학적 변이의 중요성을 인식하는 것이다(부록 참고). 이 용어는 또한 DNA 서열 때문이 아닌, 동물 발생에 있어서 그리 중요하지 않은 아주 드문 유전의 예와 관련되어 사용되기도 한다.

## 증명을 위한 척도들

발생학에 있어 많은 연구 작업들이 발생적 수임 상태를 정의하는 유도 요소들이나 결정인자들 또는 전사인자들의 규명과 관련되어 있다. 특정 분자들이 정상적인 발생 동안 정말로 특정한 기능을 수행한다는 것에 대한 엄격한 증명은 최소한 발현, 활성도, 그리고 억제와 관련된 독립적인 세 갈래의 증명을 요구한다.

**발현**. 문제의 분자가 존재해야만 한다. 그것이 바른 장소, 바른 단계, 그리고 생물학적으로 활성이 있는 형태로 발현한다는 증거가 있어야만 한다. 이는 주로 **제자리 혼성화법**이나 **면역염색법(immunostaining)**으로부터 얻을 수 있으나, mRNA의 존재가 폴리펩티드의 번역을 보장하지 못할 뿐 아니라, 단백질의 존재가 번역 후 활성화 가공 과정을 보장하지도 않는다는 것을 반드시 기억해야 한다. 추가적인 증거는 적당한 리포터 구조물들로부터 얻을 수 있는데, 예를 들어서 레티노산의 생물학적 활성수준은 *lacZ* 리포터 유전자에 붙는 레티노산 반응요소(retinoic acid response element, RARE)로 이루어진 유전자를 넣어줌으로써 감지할 수 있는 것이다. 레티노산에 노출되어 반응할 수 있는 부분들은 β-갈락토시다아제를 발현하는데, 이것은 X-Gal 반응으로 검출할 수 있다.

**활성.** 문제의 분자가 적당한 시험 체계에서 적절한 생물학적 활성을 가져야만 한다. 예를 들면 후보 유도인자는 목표 조직으로부터 정확한 반응들을 불러일으킬 수 있어야만 한다. 후보 세포질 결정인자의 경우, 세포의 또 다른 부분이나 다른 할구로 주입되어질 수 있어야만 하고, 주입된 부분이 결정인자에 의해 야기되는 과정을 따라 발생할 수 있어야만 한다.

**억제.** 어떤 분자가 생체내 상태에서 억제된다면, 이것이 관련되었다고 여겨지는 과정이 일어나지 않아야만 한다. 몇몇의 유사한 분자들이 어떤 과정에 책임이 있다면(**중복성**, 3장 참고), 결과를 얻기 위해서는 그 모두를 억제시키는 것이 필요할 지도 모른다. 억제는 유전자를 불활성화 시키는 돌연변이에 의한 DNA 단계, 안티센스 모폴리노나 RNAi를 사용하는 RNA 단계, 또는 정상 유전자 산물에 대한 특정 억제자를 도입하는 단백질 단계에서 이루어질 수 있을 것이다. 세포외물질은 때때로 특정 중화 항체에 의해 성공적으로 억제될 수도 있다. 비록 잘 밝혀진 돌연변이들은 반드시 하나의 유전자에 특이적이지만, 다른 방법들을 포함한 억제 실험들은 그렇게 특이적이지도 않아서 주의 깊은 평가를 요구한다.

### 기억해야 할 핵심 사항들

- 운명지도는 배아의 각 부분이 어디로 움직일지, 그리고 이것이 무엇이 될 지를 보여준다. 그러나 이것은 표지를 할 시점에 배아의 각 부분의 수임(commitment) 상태를 보여주는 것은 아니다.
- 발생 수임은 가변적(특정화)일 수도 있고 안정적(결정)일 수도 있다. 특정화(specification)는 분리되었을 때 발생을 통해 특정 구조나 세포유형이 형성된다는 것을 나타낸다. 결정은 배아의 다른 지역에 이식되어도 특정 구조나 세포 유형이 형성된다는 것을 나타낸다.
- 클론 분석은 단일 세포를 표지하여 발생 기전을 추론하는 과정으로 구성된다. 만일 한 세포의 후손 세포들이 두 구조 사이를 걸쳐 분포하면 이 세포는 표지를 한 시점에 특정 구조가 되도록 결정되지 않았음을 의미한다.
- 세포질 결정인자는 이것을 물려받은 세포가 특정한 발생 경로로 들어가도록 규정한다.
- 유도인자는 이것에 노출된 세포의 발달 경로를 바꿀 수 있는 세포외 신호전달 물질이다. 많은 유도인자들이 다른 맥락에서는 성장인자나 호르몬으로 불린다. 만약 이 인자가 단순히 표적 세포의 지속적 발달을 위해 필요하다면 이것은 허용적 인자라고 부른다. 이 인자가 없거나 있을 때 다른 발달 경로를 따른다면 이것은 지시적 인자라고 부른다. 만약 다른 농도에서 한 가지 이상의 양성적인 반응이 나타나면 이 인자를 형태형성인자라고 한다.
- 측면억제 시스템은 단일 세포 조직에서 두 가지 혼합된 세포 집단을 만든다. 이것은 분화하는 세포가 주변의 다른 세포들의 분화를 억제하는 방식으로 세포 간의 초기의 작은 차이를 증폭하여 나타난다.
- 특정 유전자 산물이 특정 과정에 관련된다는 것을 증명하려면 적절한 발현 패턴, 적절한 생물학적 활성, 그리고 적절한 절제(ablation) 결과의 증거들이 필요하다.

## 추가로 읽을 것


### General

Meinhardt, H. (1982) *Models of Biological Pattern Formation.* NY: Academic Press.

Slack, J.M.W. (1991) *From Egg to Embryo. Regional Specifi cation in Early Development*, 2nd edn. Cambridge: Cambridge University Press.

Lewis, J. (2008) From signals to patterns: space, time, and mathematics in developmental biology. *Science* **322**, 399–403.

Tadros, W. & Lipshitz, H.D. (2009) The maternal-to-zygotic transition: a play in two acts. *Development* **136**, 3033–3042.

Kondo, S. & Miura, T. (2010) Reaction–diffusion model as a framework for understanding biological pattern formation. *Science* **329**, 1616–1620.

Bhattacharya, S., Zhang, Q. & Andersen, M.E. (2011) A deterministic map of Waddington's epigenetic landscape for cell fate specifi cation. *BMC Systems Biology* **5**, 85.

### Examples of fate mapping and clonal analysis

Garcia-Bellido, A., Lawrence, P.A. & Morata, G. (1979) Compartments in animal development. *Scientific American* **241**, 90–98 ; 102–111.

Hartenstein, V., Technau, G.M., & Campos-Ortega, J.A. (1985) Fate-mapping in wild-type Drosophila melanogaster 3. A fate map of the blastoderm. *Wilhelm Roux's Archives of Developmental Biology* **194**, 213–216.

Kimmel, C.B. & Warga, R.M. (1986) Tissue specifi c cell lineages originate in the gastrula of the zebrafish. *Science* **231**, 365–368.

Dale, L. & Slack, J.M.W. (1987) Fate map for the 32 cell stage of Xenopus laevis. *Development* **99**, 527–551.

Kimmel, C.B., Warga R.M. & Schilling, T.F. (1990) Origin and organization of the zebrafish fate map. *Development* **108**, 581–594.

Hatada, Y. & Stern, C.D. (1994) A fate map of the epiblast of the early chick-embryo. *Development* **120**, 2879–2889.

Cepko, C., Ryder, E.F., Austin, C.P., Walsh, C. & Fekete, D.M. (1995) Lineage analysis using retroviral vectors. *Methods in Enzymology* **254**, 387–419.

Ruffi ns, S.W. & Ettensohn, C.A. (1996) A fate map of the vegetal plate of the sea urchin (Lytechinus variegatus) mesenchyme blastula. *Development* **122**, 253–263.

Hejnol, A., Martindale, M.Q. & Henry, J.Q. (2007) High-resolution fate map of the snail Crepidula fornicata: The origins of ciliary bands, nervous system, and muscular elements. *Developmental Biology* **305**, 63–76.

### Cytoplasmic determinants

Bowerman, B. (1995) Determinants of blastomere identity in the early C. elegans embryo. *BioEssays* **17**, 405–414.

Nishida, H. & Sawada, K. (2001) macho-1 encodes a localized mRNA in ascidian eggs that specifies muscle fate during embryogenesis. *Nature* **409**, 724–729.

Henrique, D. & Schweisguth, F. (2003) Cell polarity: the ups and downs of the par6/aPKC complex. *Current Topics in Genetics and Development* **13**, 341–350.

Nance, J. (2005) PAR proteins and the establishment of cell polarity during C. elegans development. *BioEssays* **27**, 126–135.

Goldstein, B. & Macara, I.G. (2007) The PAR proteins: fundamental players in animal cell polarization. *Developmental Cell* **13**, 609–622.

Strome, S. & Lehmann, R. (2007) Germ versus soma decisions: lessons from flies and worms. *Science* **316**, 392–393.

### Embryonic induction

Jessell, T.M. & Melton, D.A. (1992) Diffusible factors in vertebrate embryonic induction. *Cell* **68**, 257–270.

Kessler, D.S. & Melton, D.A. (1994) Vertebrate embryonic induction–mesodermal and neural patterning. *Science* **266**, 596–604.

Okada, T.S. (2004) From embryonic induction to cell lineages: revisiting old problems for modern study. *International Journal of Developmental Biology* **48**, 739–742.

Tabata, T. & Takei, Y. (2004) Morphogens, their identifi cation and regulation. *Development* **131**, 703–712.

Zhu, A.J. & Scott, M.P. (2004) Incredible journey: how do developmental signals travel through tissue? Genes and Development 18, 2985–2997.

Ashe, H.L. & Briscoe, J. (2006) The interpretation of morphogen gradients. *Development* **133**, 385–394.

Rogers, K.W. & Schier, A.F. (2011) Morphogen gradients: from generation to interpretation. *Annual Review of Cell and Developmental Biology* **27**, 377–407.

### Thresholds, stochasticity, epigenetics

Lewis, J., Slack, J.M.W. & Wolpert, L. (1977) Thresholds in development. *Journal of Theoretical Biology* **65**, 579–590.

McAdams, H.H. & Arkin, A. (1999) It's a noisy business! Genetic regulation at the nanomolar scale. *Trends in Genetics* **15**, 65–69.

Elowitz, M.B., Levine, A.J., Siggia, E.D. & Swain, P.S. (2002) Stochastic gene expression in a single cell. *Science* **297**, 1183–1186

Slack, J.M.W. (2002) Timeline-Conrad Hal Waddington: the last renaissance biologist? *Nature Reviews Genetics* **3**, 889–895.

Goldberg, A.D., Allis, D. & Bernstein, E. (2007) Epigenetics: a landscape takes shape. *Cell* **128**, 635–638.


---

This chapter contains the following animation:

**동영상 3** 수임의 검증.
**동영상 4** 세포질 결정인자의 작용.
**동영상 5** 유도.
**동영상 6** 가장자리 억제.

For additional resources for this book visit www.essentialdevelopmentalbiology.com

---

제5장

# 발생에 대한 연구: 세포 및 분자생물학 기법

우리는 3장과 4장에서 유전학과 실험발생학을 이용하여 발생학을 연구하는 방법들에 대하여 공부하였다. 이 장에서는 세포 및 분자생물학에서 유래했지만 배 발생 연구에도 적합한 기법에 대하여 다룰 것이다. 기관형성의 연구에 특별히 적합한 기술들은 13장에서 토론할 것이다.

## 현미경적 연구

배아는 매우 작으므로 배아 연구를 위해서는 현미경의 사용이 불가피하다. 실험에서는 **해부현미경(dissecting microscope)**을 사용하는 손 조작이 자주 이루어진다. 이 현미경은 10배에서 50배 범위에서 확대되고, 표본과 대물렌즈 사이에 충분한 작업 거리가 있는 양안 현미경이다(그림 5.1). 해부현미경은 3차원 상을 제공하여, 관찰자가 정확한 깊이를 감지할 수 있게 하여 미세수술이나 미세주입 같은 조작을 할 수 있도록 도와 준다. 대부분의 복합현미경과는 달리 해부현미경은 상을 뒤집지 않는다. 만일 제노푸스나 닭의 배아처럼 표본이 불투명하면 투사 조명이 사용된다. 이것은 광원으로부터 표본에 빛이 쪼여진다는 뜻이다. 살아 있는 표본은 강한 투사광선 때문에 과열되지 않는 것이 중요하기 때문에, 밝으면서도 차가운 조명을 제공하는 광섬유 광가이드를 사용한다. 제브라피쉬, 성게, 마우스 배아처럼 표본이 투명하면 대개 저면 투과광이 사용된다.

**복합현미경(compound microscope)**은 절편이나 초파리(*Drosophila*), 예쁜꼬마선충(*Caenorhabditis elegans*), 제브라피쉬(*Xenopus*)의 배아처럼 충분히 작아서 투명한 전 표본을 검사하는 데 사용된다. 절편이 아닌 표본을 **온조직표본(whole-mounts)**이라 한다. 복합현미경은 40배에서 1,000배까지 확대되며, 최대 확대 한계는 약 0.2 μm 보다 가까이 있는 두 점의 구분을 방해하는 빛의 파동 특성에 의해 결정된다. 대부분의 복합현미경은 상을 뒤집는다. 이것은 광학시스템의 자연스런 결과이며, 바로 잡으려면 추가 렌즈가 필요하므로 보통 교정하지 않는다. 대부분 상황에서 이런 뒤집힘은 문제가 되지 않는다.

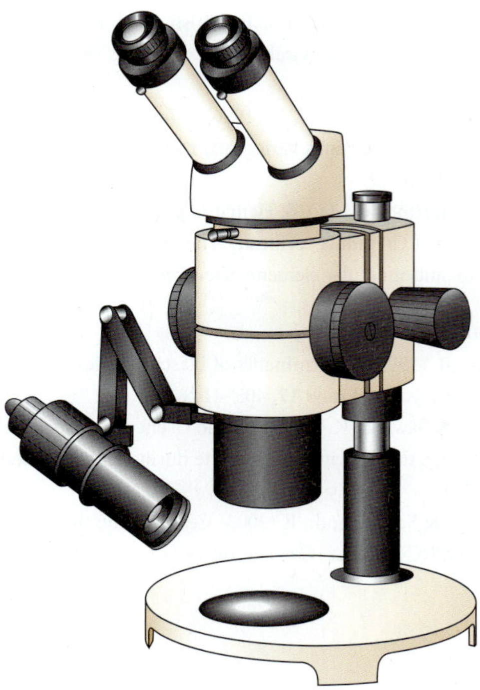

그림 5.1 해부현미경.

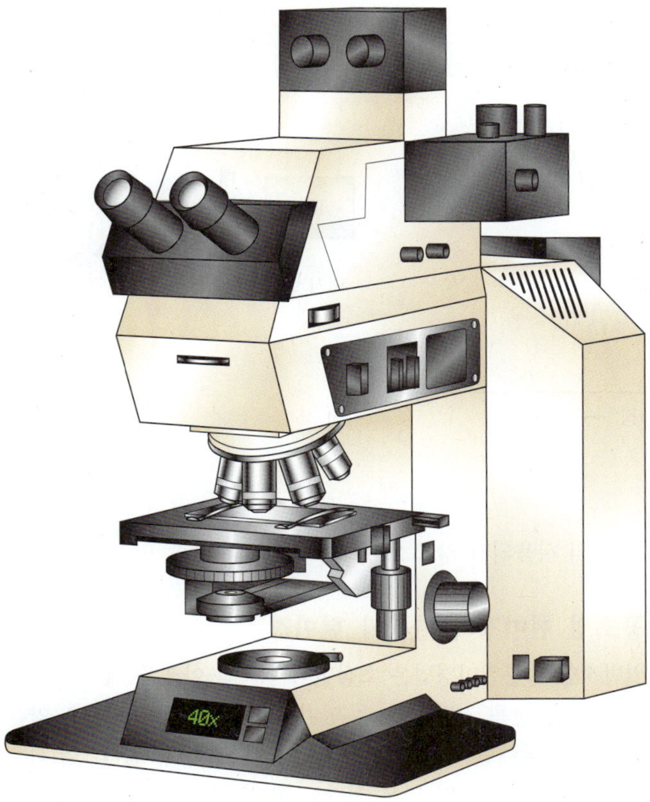


그림 5.2 복합현미경.

## 광학기술

복합현미경에서 가장 흔하게 이용되는 몇 가지 광학 기술들이 있다. 염색된 부분(그림 5.3a) 또는 온조직 표본을 살펴보기 위해서는 일반적인 투과광이 사용된다. 염색은 전통적 조직학 염색일 수도 있고, 리포터 단백질이나 특정 항원의 검출 과정에서 생겨난 발색 조직화학적 반응산물일 수도 있다(아래 참고). 투과광으로 볼 수 있는 **온조직(whole-mount)표본**은 매우 얇아야 하는데, 두꺼운 표본은 세부 관찰을 하기에는 너무 불투명하기 때문이다.

위상차현미경검사(phase contrast microscopy)는 표본 내의 굴절 지수의 작은 차이를 빛 강도에서 큰 차이로 변환하는 기술이다(그림 5.3b). 이는 체외 배양에서 살아 있는 세포나 분리된 생식세포를 살펴볼 때 주로 사용되는 방법이며, 포유류의 착상전 단계의 배아같이 투명한 배아에도 사용된다.

**노마르스키(Nomarski)** 광학이라고도 부르는 **미분간섭대비법(differential intereference contrast)**은 작은 굴절지수를 관찰자가 인식할 때 눈에 확 띄는 높낮이 차이로 변환시킨다. 또한 표본 내 광학절편의 예리한 해상도를 제공하여 표본을 통해서 현미경 초점을 위아래로 움직여 맞출 때, 서로 다른 광학 절편들을 볼 수 있게 해 준다. 노마르스키 광학은 작고 투명한 표본의 단세포를 아주 선명하게 보여주고, 예쁜꼬마선충의 모든 세포 계보를 밝히는 것을 가능하게 한 것도 이 기술이다. 이는 착상전 포유류 배아와 예쁜꼬마선충, 제브라피시, 초파리 배아에도 사용된다.

**형광(Fluorescence)** 현미경 검사법은 다양한 목적을 위해 사용되지만, 이들은 모두 표본 내의 형광물질 즉, **형광색소(Fluorochrome)**의 위치를 가시화 해야만 한다(그림 5.3c, d). 이들은 형광 항체염색, 형광 제자리 혼성화법(fluorescent *in situ* hybridization, FISH), 그리고 표지하기 위해서 세포 일부분에 주입된 형광색소의 가시화를 포함한다. 형광의 원리는 형광색소가 특정한 에너지의 빛을 흡수하고 더 낮은 에너지의 빛을 방출하는 것이다. 낮은 에너지란 긴 파장이나 스펙트럼의 빨간색끝으로 치우친 색깔을 의미한다. 특정한 형광 색소는 자극 파장에 따라 형광 강도가 달라지는 것을 보여주는 **여기(勵起, excitation)** 스펙트럼을 가진다. 또한 방출된 형광 강도가 파장 스펙트럼을 따라서 어떻게 분포되어지는지를 보여주는 **방출(emission)** 스펙트럼을 갖게 된다(그림 5.4). 여기와 방출 스펙트럼은 물질의 특성이다. 형광현미경은 자극 광선을 표본 위

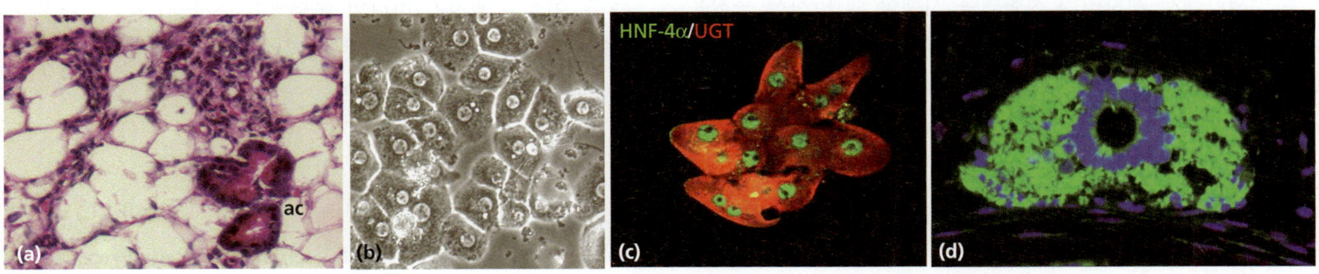


그림 5.3 복합현미경 사진. (a) 헤마톡실린(hematoxylin)과 에오신(Eosin)으로 염색된 재생 중인 췌장의 절편. 2개의 재생중인 선방(ac)이 뚜렷하게 보인다. (b) 배양 중인 쥐 간세포의 위상차 현미경 사진. (c) 간세포의 면역형광사진. 녹색은 전사인자 HNF-4α이고 빨간색은 UGT 효소이다. (d) 제노푸스 올챙이의 재생된 척수 절편. 파란색은 DNA를 형광 염색한 DAPI이고, 녹색은 신경섬유 단백질의 면역염색이다.

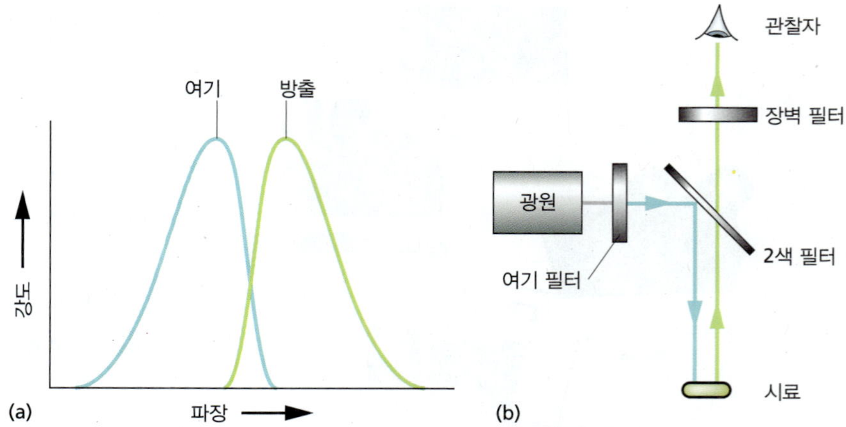


**그림 5.4** 형광현미경 기술. (a) 형광색소의 전형적인 여기(excitation) 스펙트럼과 방출(emission) 스펙트럼. (b) 형광현미경 구성요소들의 배열

로 쏘아 주는 부속물이 있다. 이것은 강력한 램프로 구성되어 있는데, 예전에는 수은 아크등이었으나 요즘은 주로 발광다이오드(LED)형 램프를 쓴다. 사용한 형광색소에 적합한 좁은 자극 파장을 필터로 선택하면 2색성의 거울이 자극 광선을 표본 위로 반사해 준다. 2색성의 거울은 특정한 제한선 아래의 파장들은 반사하고 이 제한선 이상의 파장들은 통과시킨다. 표본으로부터의 방출은 좀 더 긴 파장이므로, 2색성의 거울을 통과해 전달될 수 있을 것이며, 관찰자는 이를 볼 수 있다(그림 5.4). 형광현미경은 보통 사용되는 형광색소당 1개씩, 몇 개의 필터 세트를 가지고 있다. 만약 표본이 2개 또는 3개의 형광 색소들을 포함하고 있다면, 적절한 필터 세트를 이용하여 각각의 색소를 별도로 관찰할 수 있다. 요즘은 녹색 형광단백질이나 다른 유사한 형광단백질을 다양하게 적용함으로써 나타나는 전표본 형광을 관찰하려는 필요성 때문에(아래 참고), 형광해부현미경이 널리 사용되고 있다.

발생을 연구할 때 세포생물학에서 흔히 쓰이는 다른 기술들이 그렇게 많이 적용되지는 않는다. 암시야(dark-field) 현미경법은 상당한 경사를 가진 각도에서 조명을 쏘아 빛을 심하게 분산시키는 표본 내 지점만을 보이게 한다. 그 부분은 밝은 부분으로 나타나고 표본의 나머지 부분은 어둡게 보인다. 이 방법은 발생학에서 제자리 혼성화법을 시행할 때 방사성 물질을 보이게 할 때만 실제로 사용되는데, 여기에서 신호는 절편 부분을 코팅하는 사진인화액 내의 은입자 축적으로 이루어진다(아래 참고). 그러나 이 기술은 오늘날 비방사성 검출법이 개선되면서 점차 쇠퇴하고 있다.

편광(polarization) 현미경법은 표본을 교차된 폴라로이드 필터 사이에 놓는다. 만약 표본이 광선의 편광면을 바꿀 수 있는 근섬유 같은 요소를 포함한다면 이것들은 밝은 조각으로 나타날 것이며, 복굴절을 보여주는 것이라고 말한다. 이 기술 또한 특정 분자를 제자리(*in situ*)에서 검출하는 방법들이 개선되면서 거의 사용되지 않고 있다.

## 공초점 현미경과 다광자 현미경

일반적인 형광현미경법은 초점면의 위쪽과 아래쪽 세포에서 오는 형광이 상을 교란시킬 수 있기 때문에 절편이나 매우 얇은 온조직 표본에만 제한적으로 사용된다. 그러나 좀 더 두꺼운 온조직 표본으로부터 나온 형광도 **공초점 투사 현미경(confocal scanning microscope)**을 사용하면 쉽게 관찰할 수 있다. 이것은 조명으로 레이저를 사용하기에 레이저의 특성인 단일 파장으로 여기가 이루어지는 장치다. 전체 표본을 비추는 대신 한 번에 한 지점만을 비춰 준다. 하나의 특정 광학 절편의 모든 지점이 차례로 투사되고 각 지점으로부터 나오는 형광이 검출기에 기록되어 그 절편의 상을 새로 재구성하는 데 사용한다. 오직 한 번에 한 지점만 보이기 때문에 광학 절편의 품질이 매우 좋다. 초점이 맞는 평면의 위나 아래쪽 지점으로부터의 빛은 분산되어 신호에 별 영향을 미치지 않는다. 공초점 현미경의 이미지는 당연히 컴퓨터에 저장된 디지털 이미지다.

다광자(multiphoton)현미경은 공초점현미경보다 훨씬 더 좋은 형광 표본의 광학 절편을 제공한다. 여기서 광원은 형광색소를 여기할 때 필요한 에너지보다 더 약하다. 따라서 2개 또는 그 이상의 광자가 하나의 형광색소 분자를 동시에 때려야만 여기될 수 있고, 이런 상황은 광자가 매우 밀집되어 있는 여기 광선의 초점 지점에서만 일어날 수 있다.

## 영상 저장

1990년대까지는 현미경 영상이 사진으로 기록되었으나, 오늘날에는 모든 영상을 **전하결합소자(charge coupled devices, CCDs)**를 이용하여 수집한다. CCD 카메라의 검출 칩은 전하를 축적할 수 있는 화소들의 배열을 가지는데, 화소가 주어진 시간 동안 축적하는 전하는 이것에 떨어지는 빛의 강도에 비례한다.

노출이 감지되면 각 화소의 전하들이 검출기에 의해 순서대로 읽혀지고 디지털 영상으로 변환된다. 8비트 영상의 경우, 각 화소의 강도는 0에서 255까지의 숫자로 나타내어진다. 24비트의 컬러 영상은 빨간색, 초록색, 파란색 세 가지 각각의 색에 대해서 하나의 8비트 숫자를 갖는다. 다른 목적에는 다른 형태의 CCD 카메라를 사용한다. 가장 민감한 기능은 오직 흑백에서만 희미한 표본으로부터 긴 노출을 수집할 수 있고, 제한된 경우에 하나의 광자도 측정할 수 있다. 덜 민감한 것은 비디오 스크린에 보여줄 수 있을 정도로 빠르게 영상을 수집할 수 있고, 실시간 영상을 기록할 수 있다.

영상이 한번 기록되면 이것은 컴퓨터로 보내져 스크린에 나타나고, 여러 가지 형태의 분석이 이루어질 수 있다. 예를 들면 대조와 밝기를 달리해서 영상을 부드럽거나 선명하게 할 수도 있고, 밀도 측정이 이루어질 수 있으며, 다른 단색광 채널을 통해 얻어진 여러 개의 형광 영상들을 조합하여 동일한 영상에서 여러 가지 색깔이 나타나게 할 수도 있다. 디지털 영상 수집의 많은 이점 중 하나는 영상의 신호/잡음 비율을 여러 번의 노출 획득과 이것들의 평균을 통해서 개선할 수 있다는 것이다. 신호는 각 노출에서 일정하므로 평균에 영향을 받지 않는 반면, 잡음은 노출마다 달라서 평균하면 매우 낮아지고 균일해진다.

**시간경과(time-lapse)** 영상법이란 세포의 형태 발생과 관련된 이동, 기관 배양, 또는 배아의 연구에서 특히 유용하다. 개별적인 영상을 일정한 간격으로 획득하여 짧은 기간에 재생한다. 예를 들면 4시간 동안 매분마다 하나의 영상을 기록하고 초당 30화면의 속도로 재생하면, 4시간의 과정은 8초 안에 재생될 것이다. 가장 일반적인 문제는 표본이 영상을 획득하는 동안 시야에서 벗어난다는 것이다. 시간경과 기록 장치가 장착된 현대의 현미경은 프로그램으로 조절할 수 있는 재물대 조절 장치를 가지고 있어서, 예정된 간격으로 일련의 표본을 촬영할 수 있고 현미경은 각각을 거꾸로 빛의 경로로 되돌려 준다. 더 정교한 모델은 위치나 초점면의 작은 이탈을 수정할 수 있다. 포유류나 조류 배아, 또는 기관 배양을 촬영하기 위해서 항온 조직배양기와 유사한 환경 조정실이 필요한데, 이것은 배아를 37°C와 5% $CO_2$ 또는 다른 적절한 환경에 유지시킬 수 있다.

## 조직학적 방법

발생학에서 온조직 표본은 광범위하게 사용되지만, 노마르스키나 공초점 현미경법을 사용해서도 표본의 구조를 분석하는 해상도에는 한계가 있다. 따라서 **조직학적 단면표본(histological sections)**을 준비하고 살펴보는 것이 항상 필요하다(그림 5.3a, d). 어떤 형태의 현미경적 조사를 하더라도 표본을 준비하는 첫 번째 단계는 표본을 고정하는 것이다. **고정(fixation)**이라는 것은 표본을 죽이고 이것을 삼투 충격이나 어느 정도의 조작을 견딜 수 있을 만큼 기계적으로 충분히 견고하게 만드는 것이다. 고정액은 다양한 방법으로 작용한다. 가장 흔하게 사용되는 것은 포르말린인데, 포름알데히드 기체의 용액이다. 이것은 고분자의 아미노 그룹이나 메르캅토기(sulfdryl) 그룹과 반응해서 약간의 변성과 교차 연결을 일으킨다. 글루타르알데히드는 2개의 알데히드 그룹을 가지고 있으며 아주 효과적인 분자간 교차 연결제이다. 다른 일반적인 고정액 성분은 산과 유기 용매들이다. 이들은 변성제나 침전제로 작용한다.

일단 표본이 고정되면 이것을 매우 얇은 절편으로 자를 수 있도록 하는 단단한 지지물질 속에 정착시켜야 한다. 가장 흔한 물질은 파라핀 왁스이다. 표본에 왁스를 침투시키려면 **탈수(dehydrated)**시켜야 하는데, 점차적으로 증가하는 농도를 가진 일련의 에탄올 수조들을 통과시킴으로써 가능하다. 이 농도 시리즈가 필요한 까닭은 물에서 순수 에탄올로 직접 옮기면, 용매에 의해서 가해지는 혼합력으로 인해 조직 손상이 일어나기 때문이다. 일단 물이 제거되고 나면, 표본은 크실렌 같이 왁스와 쉽게 섞이는 용매에서 평형화한다. 그 다음에 약 60℃ 정도의 녹은 왁스에 놓아 두는데, 왁스가 모든 부분에 철저하게 침투될 때까지 놓아 둔다. 왁스가 굳어지고 나면 그 결과로 생긴 블럭을 실온에서 영구적으로 보관할 수 있다. 절편을 만들기 위해서는 블럭을 **미세절편기(microtome)**에 장착한 뒤, 이것을 매우 예리한 칼날에 매번 수 마이크론씩 블록을 전진시키면서 반복적으로 교차시킨다. 그러면 리본 또는 단면의 연결된 세트가 만들어진다. 이것을 현미경 슬라이드에 올리고 염색을 하거나, 면역염색이나 제자리 혼성화를 진행할 수 있다.

발생학에서 절편의 방향은 매우 중요하다. 대개 전체 표본에서 구조들의 위치를 분석해야 하기 때문에 연결되고 연속적인 절편의 완전한 세트를 얻는 것이 필요하다. 그렇기 때문에 파라핀 왁스는 절편이 잘리면서 자연스럽게 리본을 형성하기 때문에 매우 유용한 정착 물질이다. 파라핀 왁스의 불리한 점은 표본을 유기 용매로 탈수시켜야 하며, 정착할 때 60°C까지 가열해야 한다는 것이다. 이는 표본의 단백질이나 핵산의 손상을 일으킬 수 있고, 면역염색이나 제자리 혼성화를 어렵게 할 수도 있다.

이러한 기술에서는 동결 절편도 상당히 자주 사용된다. 여기에서 표본은 고정할 필요가 없고 대신에 높은 농도의 설탕을 포함한 배지에서 신속히 동결된다. 이것을 블럭으로 잘라서 **동결절편기(cryostat)**에 장착하는데, 이 기계는 냉각된 공실 안에서 작동하는 미세절단기이다. 동결 절편의 질은 주로 파라핀 왁스를 사용할 때 만큼 좋지는 않고, 리본을 형성하지 않기 때문에 연속적인 절편을 얻는 것도 매우 어렵다. 그러나 몇 개의 대표적인 절편만 필요할 때는 매우 유용한 기술이다.

파라핀 왁스가 모든 목적에 부합하는 충분히 좋은 품질의 절편을 제공하지는 않는데, 그것은 약 5 μm보다 더 얇게 자르는 것이 어렵기 때문이다. 1 μm 정도로 자르거나 심지어 전자현미경에 사용하기 위해서 μm 이하의 두께로 자를 수 있는 다양한 플라스틱 기반의 정착 물질들도 있다. 그러나 이러한 물질들은 주로 면역염색과 제자리 혼성화법에 적합하지 않으며, 연속적인 절편들을 제공하지도 못한다. 절편의 **전자현미경 관찰(electron microscopy)**은 발생학에서 드물게 사용되는데, 왜냐면 조직이나 배아에서 세포형의 양상을 규명하는 데 필요한 것보다 더 크게 확대되기 때문이다. 그러나 투사전자현미경은 온조직 표본의 생생한 3차원적 영상을 보여줄 수 있고, 형태형성을 위한 이동 과정에서 세포의 배열을 보여주는 데도 사용된다.

## 분자 생물학적 방법에 의한 유전자 발현 연구

발생을 연구할 때 연구하려는 유전자의 정상적인 발현 양상을 아는 것이 매우 중요하다. 유전자들이 어떤 발생 단계에서 활성화되는지, 배아의 어느 부분에서, 그리고 어느 정도로 활성화되는지를 알 필요가 있다. 발현 양상을 결정하는 방법에는 두 종류가 있다: 해부학적 정보는 없지만 상당히 정확한 정량적 측정을 가능케 하는 생화학적 방법과, 정량은 제한적이지만 정확한 해부학적 정보를 주는 제자리(*in situ*) 방법이 있다. 두 가지 경우 모두 mRNA와 단백질을 연구하는 데는 별개의 방법들이 있다. 하나의 유전자 전사가 반드시 나중에 단백질로 번역되는 것을 보장하는 것도 아니고, 이것이 다른 장소에서 합성되어 이동되었을 수도 있기 때문에 특정 장소에서 단백질의 존재가 이것이 그곳에서 합성되었다는 것을 의미하는 것도 아니므로, 가능하다면 두 가지 모두를 하는 것이 바람직하다. 최근에 **레이저 포획(laser capture)** 방법(13장 참고)의 등장으로 특정 세포나 현미경 절편에서 가져온 세포 부분의 분자적 분석이 가능해졌다.

생화학적 방법으로 표본의 절편에서 한정된 수준의 지역적 정보를 얻을 수 있다. 그러나 이 방법들은 본질적으로 온조직 표본에서 특정 mRNA나 단백질의 양을 측정하는 기술이다. 이들은 다른 발생 단계의 배아 군을 조사함으로써 유전자 발현의 **단계적 시리즈(stage series)**를 얻는 데 사용된다(그림 5.5).

생화학적 방법들은 분자생물학 교재에서 상세하게 기술되기 때문에 여기에서는 간략하게만 보여줄 것이다. 요즘은 모든 경우에 방사능 대신에 비방사성 표지와 검출 방법이 사용된다. 다만 $^{32}$P가 매우 높은 민감도를 보여주기에 여전히 가끔 사용되기도 한다.

### mRNA를 위한 방법

**역전사 중합효소 연쇄반응(reverse transcription polymerase chain reaction, RT-PCR)**은 mRNA를 검출하고 측정하는 표준 방법이다. 총 RNA를 샘플로부터 추출하고 역전사효소를 사용하여 cDNA로 역전사시킨다. 그 다음, 표적 cDNA에서 일정한 간격으로 떨어진 부위에 상응하도록 선택된 2개의 올리고뉴클레오타이드를 넣어 준다. 2개의 올리고뉴클레오타이드(프라이머, primer) 상응 부위 사이의 DNA 염기서열이 합성, 녹임, 혼

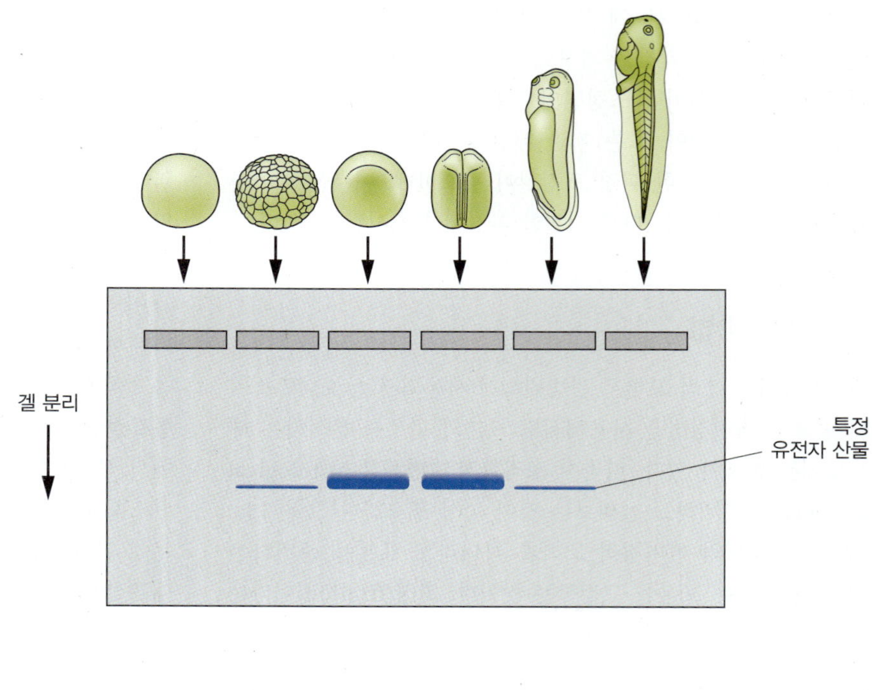


**그림 5.5** 특정 유전자 산물의 "단계적 시리즈". 이것은 각각 다른 단계의 전 배아에서 추출하여, 적당한 기술로 분리된 mRNA이거나 단백질일 수 있다.

성의 반복적인 주기에 의해 증폭되는데, 이것은 각 반응 단계가 순차적으로 일어날 수 있도록 온도를 변화시키는 프로그램 가능한 가열 블럭 내에서 이루어진다. 적절한 횟수만큼 주기를 반복한 후, 반응 혼합물을 겔에 전개하면 브롬화 에티디움(EtBr) 염색에 의해 DNA 띠가 나타난다. 만약 반응이 일어났다면 2개의 프라이머 사이의 cDNA 지역에 해당하는 크기의 띠가 나타나야 한다. 띠가 없다면 표본 내에 특정 표적 cDNA가 없음을 의미한다. 검사된 것은 급격한 증가기가 끝나고 안정기에 도달한 시점, 즉, 반응이 끝났을 때 축적된 산물의 농도이기 때문에 이 방법은 가장 좋을 때라도 반(semi) 정량적이다. 게다가 이 반응의 지수적 특성 때문에, RT-PCR은 인위적 실수가 나타나기 쉬우므로 정확한 결과를 얻기 위해서는 주의 깊은 통제가 필요하다. 이들 중 하나는 각 표본에서 비슷한 양의 RNA가 있음을 보장하는 탑재 대조군(loading control)이다. 이것은 어디에나 있다고 생각되는 β-액틴이나 글리세르알데히드-3-인산 탈수소효소의 mRNA 같은 것들이다. 또 다른 것들로는 확실하게 증폭되는 양성 표본과 증폭이 되지 않는 음성 표본이다. 더욱이 오염된 DNA가 신호를 만드는 경우에는 "역전사 되지 않은" 대조군을 포함해야 한다. 너무 많은 반응 주기를 사용하는 것도 현명하지 않아서 35회 이상은 대개 생물학적으로 의미가 없는 미량의 mRNA 수준을 의미한다.

**실시간 PCR (real-time PCR)** 방법을 이용하면 특정 mRNA 수준을 좀 더 정확하게 정량할 수 있다. 여기서는 증폭된 생성물의 형성률이 실시간으로 관찰된다. 이를 위한 다양한 방법들이 있지만 가장 흔하게 이용되는 것은 SYBR Green 염색약을 넣어 주는 방법인데, 이 시약은 두 가닥 DNA에 붙을 때는 밝게 형광을 내고 한 가닥 DNA에 붙을 때는 형광을 나타내지 않는 성질이 있다. 따라서 형광의 증가는 증폭된 생성물의 축적과 일치한다. 이것은 지수적 방식으로 일어나며 두 가닥 생성물이 임계치를 넘어서면 주기 수가 기록된다(그림 5.6). 초기 급격한 증폭의 단계는 최종 안정화 단계보다 훨씬 더 직접적으로 시작 농도와 관련되기 때문에, 이것은 대조군의 mRNA의 농도와 견주어서 시작하는 농도를 정확하게 측정할 수 있음을 의미한다. 대조군은 보통 정성적 RT-PCR에 있어 탑재 대조 표본에 쓰이는 것처럼 보통은 어디서나 발현되는 mRNA이다.

몇 가지 다른 mRNA 검출 방법들도 논문에서 접할 수 있다. 리보누클레아제 보호 분석법(ribonuclease protection analysis)은 요즘은 잘 쓰이지 않지만 RT-PCR 채택 이전에는 가장 민감한 특정 mRNA 검출 방법이었다. **노던 블롯팅(Northern blotting)**은 가장 오래 되고 가장 민감도가 떨어지는 기술이다. 이것은 아직도 가끔 사용되는데, 그 이유는 이것이 동일한 유전자로부터 형성된 몇몇 가공 변이체(splice varient)가 있을 때 각 mRNA의 양과 크기를 보여줄 수 있기 때문이다. 이것은 표본으로부터 전체 RNA를 추출하고 변성 아가로스 겔 전기영동을 통해서 분리하는 과정을 포함한다. 시료가 잘 분리된 뒤에 겔 내용물을 혼성화 막 위로 옮긴다(다른 말로는"blotted"라고 한다). 특정한 탐침으로 막을 혼성화하는데, 이 탐침은 화학적 꼬리표나 $^{32}$P로 표지한다. 화학적 꼬리표는 증강된 화학 발광 반응으로 검출되고 자가방사선법이나 인광영상장치(phosphoimager)로 볼 수 있다. 방사능을 동일한 방법으로 사용하여 직접 관찰할 수 있다.

## 마이크로어레이

**마이크로어레이(microarray)**는 많은 수의 유전자 산물을 동시에 살펴볼 수 있게 해 준다(동영상 7: 마이크로어레이 사용법 참고). 마이크로어레이는 전체 유전체의 일부분을 포함하고 있을 뿐이지만 유전체 서열이 알려진 경우에는 전체 유전체에 해당하는 완전한 cDNA 목록을 검사하는 것도 가능하다. 전형적으로 마이크로어레이는 연구과제의 초기 단계에 특정 시스템이나 과정에 포함되었을 것 같은 유전자를 규명하기 위해 사용된다. 마이크로어레이는 컴퓨터 산업에서 비롯된 기계들을 사용해서 만들어지고, 그래서 때때로 칩이라고 부른다. 이것은 두 가지 기본적인 형태로 사용된다: cDNA 어레이와 아피메트릭스(Affymetrix) 올리고뉴클레오타이드 어레이가 그것이다. cDNA 어레이는 가까이 배치된 규칙적인 점들의 배열로 이루어지는데, 각각 다른 cDNA들을 슬라이드 글라스 위에서 격자 형태로 배열한다. 때때로 cDNA 대신 기다란 합성 올리고뉴클레오타이드가 사용되기도 한다. 특허품인 아피메트릭스 시스템에서는 많은 수의 짧은 올리고뉴클레오타이드가 슬라이드 위에서

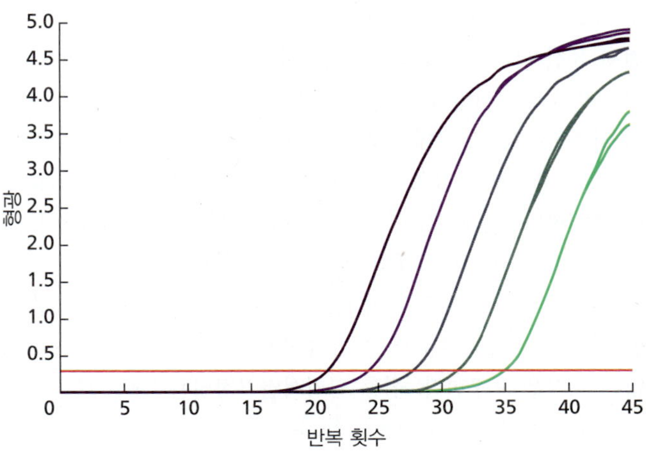


**그림 5.6** 실시간 PCR을 이용한 mRNA의 상대적 풍부성 측정. 이 장치는 이중나선 DNA가 임계 농도만큼(빨간색 선) 합성되었을 때의 반복 횟수를 측정한다.

직접 합성된다. 여기에서는 유전자 1개의 염기서열이 몇 개의 올리고뉴클레오타이드로 나뉘어 나타난다. 두 경우 모두 어레이는 핵산 혼성화에 사용된다. 탐침은 배아나 조직 표본으로부터 RNA를 추출하고 mRNA를 cDNA로 역전사하여 만든다. 이것은 형광 염료로 표지하여 적합한 조건에서 마이크로어레이에 혼성화한다. 그 다음 칩 판독기로 어레이를 스캔하는데, 이 판독기는 각각의 점에 붙어 있는 염료로부터 나오는 형광을 측정할 수 있는 형광측정기이다. 어레이의 특정 cDNA를 고려하면, 형광 강도는 탐침에 있는 상보적 cDNA의 양을 나타내고, 따라서 조직 표본의 특정 mRNA의 양을 의미한다. 발생학에서 마이크로어레이는 2개의 발생 단계 사이 또는 유도인자로 처리된 것과 처리되지 않은 세포 간의 차이를 비교하는 데 사용한다(그림 5.7). 이 경우에는 비교되는 두 가지 다른 시료로부터 각각의 탐침이 만들어진다. 이들은 주로 염색약 Cy3 (녹색)와 Cy5 (적색)의 염료처럼 서로 다른 형광염료로 표지된다. 혼성화를 시행하기 전에 탐침을 혼합하고 녹색과 적색 형광의 비율을 측정한다. 유전자 발현이 바뀌지 않는 유전자는 두 가지 탐침이 모두 결합하므로 노란색을 띄는 반면, 발현이 증가하거나 감소하는 유전자는 각각 적색이나 녹색을 나타내게 될 것이다. 두 가지 유형의 마이크로어레이 분석은 cDNA 정체와 각 점의 위치를 정확하게 짝 지울 수 있는 매우 정교한 소프트웨어를 사용한다.

## 심층 염기서열결정법

DNA 염기서열을 결정하는 차세대 염기서열 장비의 탁월한 능력은 유전체학에 영향을 미칠 뿐만 아니라 발현 분석 영역에까지 확장되었다. 이것은 몇 가지 새로운 기술들을 개발시켰는데, 이 방법들은 특히 비용이 내려간다면 발생학에서 응용범위를 확장할 것으로 보인다. **RNA-Seq**는 cDNA 표본에서 전체 전사체(transcriptome)의 구성을 측정하는 능력을 말한다. 이것은 전체 유전체의 최소 4배 정도의 범위에 해당하는 매우 많은 수의 cDNA 염기서열을 결정함으로써 이루어진다. 조사되는 각각의 알려진 엑손은 이미 알려진 개체의 유전체와 비교하여 확인하고, 각 유전자 산물의 빈도는 다른 것들과 상대적으로 비교하여 측정한다. 본래 RNA 추출과 역전사 반응에서 치우침이 없다면 이것은 전체 전사체의 정량적인 구성을 보여줄 수 있다.

유전자 발현 분석은 단지 mRNA 산물의 상대적인 풍부함뿐만 아니라 염색체 수준에서 어떤 것이 일어나는 지에 대한 더 많은 지식을 요구한다. 심층 염기서열결정법은 DNA 메틸화에 대한 유전체 범위의 기술을 할 수 있도록 DNA 메틸 분석과 합쳐지거나, 흥미 있는 특정 단백질의 결합을 유전체 범위에서 보여주기 위한 염색질 면역침강반응(ChIP, 아래 참고)과 합쳐질 수 있다.

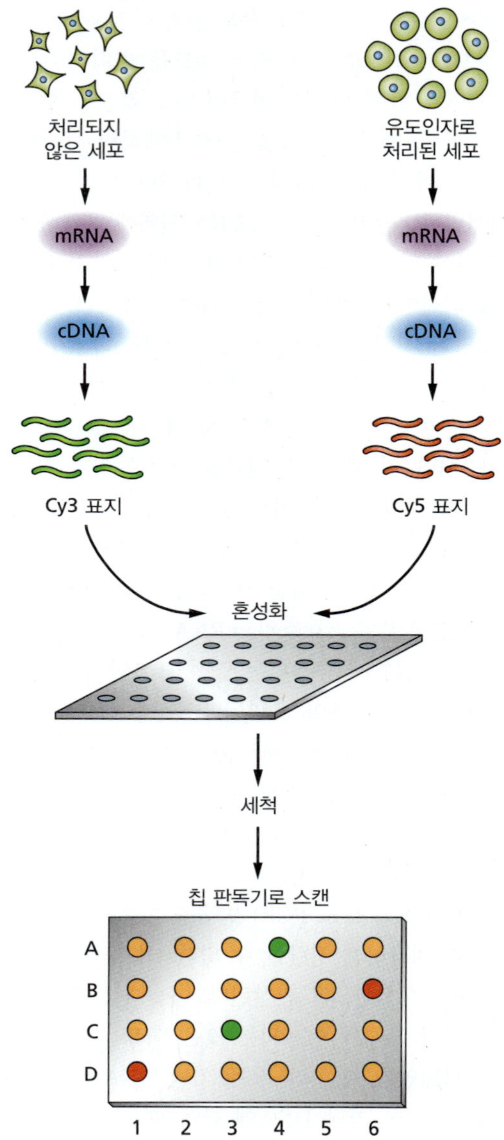


**그림 5·7** 두 세포집단의 유전자 발현을 비교하기 위한 마이크로어레이(microarray)의 사용. 실험 결과는 유도인자의 처리로 B6과 D1 유전자가 상승 발현되고, A4 유전자와 C3 유전자가 감소발현된 것을 보여준다.

## 단백질을 위한 방법

복잡한 혼합물로부터 개별적인 미확인 단백질을 알아내는 것이 가능한데, 이를 위한 기술의 집합을 "단백체학(proteomics)"이라 한다. 마이크로어레이에서처럼 이들은 특정 발생 사건동안 어떤 단백질의 발현 수준이 변하는지를 찾기 위한 초기 연구에 사용된다. 전체 단백질 추출물은 2차원의 겔 전기영동에서 분리된다. 이때 첫 번째 차원은 등전점(isoelectric point)에 의해서 등전위초점 겔에서 분리되고, 두 번째 차원은 분자량에 의해서 SDS-폴리아크릴아미드 박판 겔에서 분리된다. 이것은 점의 분포를 보여주는데, 각 점은 하나의 단백질을 나타낸다. 조사하려는 2개의 시료 추출물을 비교하면 점 분포에서 소수의 차이가 나타날 수도 있다. 그러면, 개별적 단백질을 질량 분광법(mass spectrometry)으로 확인할 수 있다. 질량분광기는 물질을 이온화하고 휘발시킨 다음 전기장 내에서 가속하여 검출기까지의 비행시간을 측정하는 방식으로 작동한다. 이것은 매우 정밀하게 분자량을 측정할 수 있게 해 준다. 유전체의 염기서열이 확인되어 있으면 단백질 분자량을 측정함으로써 그 정체를 규명할 수 있다. 왜냐면 유전체 염기서열에서 나타난 각각 폴리펩티드의 알려진 아미노산 성분으로부터 분자량을 계산할 수 있기 때문이다. 다른 방법으로는 탠덤 질량 분광법(tandem mass spectrometry)으로 개별적인 단백질의 아미노산 서열을 결정할 수 있다. 트립신으로 단백질을 여러 개의 펩티드로 쪼갠다. 이들은 질량 분광법의 첫 번째 주기에서 분리되고, 각각의 펩티드는 이온 충격으로 깨어지고 그 조각들은 질량 분광법의 두 번째 주기에서 분리된다. 매우 복잡한 소프트웨어를 이용하면 특징적인 쪼개짐 형태를 통해 단백질의 아미노산 서열을 알아내는 것이 가능하다.

### 면역화학적 방법

시료에서 특정 단백질을 측정하는 방법은 주로 그 단백질에 대응하여 만들어진 특정 **항체(antibody)**를 가지고 있는 지 여부에 달려 있다. 이 항체는 단일클론이거나 다클론성 항체일 수도 있는데 순수한 단백질이나 단백질 일부를 가지고 동물을 면역화 시켜서 얻을 수 있다.

**웨스턴 블롯(western blot)**은 특정 단백질의 함량을 보여주는 방법이다. 시료의 총 단백질을 추출하여 아크릴아미드 겔로 분리시킨다. 그리고 겔의 내용물을 막 위로 옮긴다("blotted"). 다음 이 막을 용액 상태에서 특정 항체와 함께 두면 이 항체는 특정 목표 단백질의 띠에만 결합하고 겔 상에서 분리된 다른 성분에는 붙지 않는다. 이 결합된 항체는 두 번째 항체에 의해 눈에 보이게 되는데 이 두 번째 항체는 첫 번째 항체의 불변부에 대응하여 만들어진다. 이 두 번째 항체는 상업적으로 구매할 수 있는데, 검출이 쉽도록 변형될 수 있다. 요즘은 주로 **양고추냉이 과산화효소(Horseradish peroxidase, HRP)**와 결합시켜 이용하는데, 이것은 아주 민감한 화학발광 기질을 사용할 수 있다. 화학발광 기질은 자발적으로 붕괴되면서 빛을 방출하는 인광성 반응산물을 만들게 된다. 기질 혼합물에서 배양한 다음, 반점을 X-ray 필름에 노출시키거나 인광영상장치에 넣으면, 반응산물의 인광이 항체가 결합한 지점에서 기록되는데, 이것은 본래 시료에서 목표 단백질의 위치와 양에 상응하게 된다.

**면역침강법(immunoprecitation)**은 특정 항체에 의해 인지된 단백질을 분리해 내는 방법이다. 이 기술은 배아나 조직 시료에서 특정 단백질이 새로 생성되었는지 여부를 알기 위해 자주 이용된다. 새로운 합성률은 웨스턴 블롯에 의해 보이는 일정한 상태(steady state)의 농도와는 아주 다를 수 있다. 예를 들면, 배아는 난자로부터 많은 양의 특정 모계 단백질을 물려 받고 더 이상 만들지 않을 수 있다. 이런 경우에는 살아 있는 표본을 방사성 아미노산, 주로 $^{35}$S-메티오닌이나 $^{35}$S-시스테인이 포함된 용액으로 배양하면 표지 기간 동안 합성된 모든 단백질은 방사능을 띄게 된다. 총 단백질을 추출하고 특정 항체와 배양하면 이 항체는 표적 단백질에 결합하여 면역 복합체를 만든다. 아가로즈 비드(agarose beads)에 결합되어 있는 단백질 A와 혼합물을 배양하면 면역 복합체를 분리할 수 있다. 단백질 A는 IgG형 항체의 불변부에 강하게 결합하는 박테리아 단백질이다. 이것이 면역 복합체를 포획해서 비드에 고정하게 된다. 오염 단백질을 제거하기 위해 비드를 씻어내고, 결합되어 있는 항체와 목표 단백질을 방출시키기 위해 강력한 변성 완충액에서 끓여 준다. 이것을 분자량에 따라 단백질을 분리시키는 SDS 단백질 겔 상에서 전개한다. 겔을 말리고, 표적 단백질의 방사성 띠를 자가방사선법이나 인광 영상기로 가시화한다. 면역침강은 종종 시료 내에 있는 특정 단백질을 확인하기 위해 비방사성 방식으로 이용되기도 한다. 이것은 보통 웨스턴 블롯과 특정 항체와 화학발광 검출을 이용한 침전 단백질의 검출로 이어진다.

**염색질 면역침강(Chromatin Immunoprecipitation, ChIP)**은 염색질을 약 500 뉴클레오타이드 길이로 잘라내고, 그 다음에 관심 단백질에 대한 항체로 면역침강을 하는데, 이 단백질은 특정 화학적 변형을 지니고 있는 히스톤과 같은 염색체 단백질일 수 있다. 그 다음 시료에서 단백질을 제거하고, 관심 부분(예를 들어 발생 조절 유전자의 프로모터 부분)이 얼마나 많이 침전되었는지 RT-PCR로 분석한다. 이 기술은 수천 개의 유전자 좌위(loci)를 동시에 살펴볼 수 있도록 하기 위해 마이크로어레이 분석과 결합되었다(ChIP-Chip). 또한 전체 유전체를 살펴보기 위해서 심층 염기서열법과 결합되기도 한다(ChIP-Seq).

## 제자리 방법에 의한 유전자 발현 연구

제자리(*in situ*) 방법들은 표본에서 유전자 발현의 공간적 위치를 밝히기 위해 고안되었다(동영상 8: 제자리와 면역염색 참고). 만약 표본이 충분히 작고 투명하다면, 제자리 과정들을 온조직 표본으로 수행할 수 있는데, 이는 빠르고 선명한 3차원적인 결과를 보여줄 수 있다는 이점이 있다. 만약 표본이 너무 크거나 불투명하다면 제자리 방법들은 단편에 적용되어야 하며, 발생학적 연구에서라면 이것은 주로 연속적인 단편들이 될 것이다.

## 제자리 혼성화법

**제자리 혼성화법**은 표본에서 특정 mRNA가 위치한 부분을 보여 준다. 검출할 mRNA에 상보적인 안티센스 탐침을 체외에서 만들기 때문에 화학적 과정은 노던 블롯과 같다. 이 탐침을 표본에 혼성화하여 가시화 한다(그림 5.8, 5.9). 탐침은 상업적으로 이용 가능한 특정 항체로 인식할 수 있는 여분의 화학적 그룹을 포함한다. 이 그룹은 합성에 사용하는 뉴클레오시드 삼인산 중 하나에 붙는다. 이것이 합성 과정에 편입되고 탐침의 혼성화 능력에는 영향을 주지 않는다. 이러한 목적에 가장 알맞은 그룹은 디그옥시제닌(digoxigenin, DIG, 식물성 스테롤)과 플루오르세인(fluorescein)이다.

온조직 표본의 제자리 혼성화를 위해서는 큰 탐침 분자가 세포로 침투할 수 있도록 표본을 프로테아제나 합성세제로 짧은 시간 동안 처리하여 투과성을 갖게 할 필요가 있다. 온조직 표본이든 조직 단면이든 혼성 반응은 밤새워 진행하고, 표본을 철저하게 세척한 다음 효소가 연결된 항탐침 항체를 더해 준다. 이런 항체의 예를 들면 알칼리 탈인산화효소가 연결된 안티-DIG 항체 같은 것이다. 이 항체의 위치는 적당한 기질 혼합물에 둠으로써 밝힐 수 있는데, 기질은 반응 위치에서 진한 색상을 띤 불용성 침전물을 만든다. 따라서 효소가 있는 곳에서 색상이 형성되고, 어디에 탐침이 결합하고 있는지, 따라서 어디에 특정 mRNA가 존재했는지를 보여주는 것이다.

어떤 기질들은 형광을 내고 형광현미경으로 볼 수 있는 신호를 만든다. 제자리 혼성화에서 형광은 종종 "FISH"라는 약자로 알려져 있다. 이것은 하나 이상의 탐침을 이용할 때 아주 편리한데, 발현 영역 내에서 분리되거나 중복되는 부분을 검출하기 위해 다른 형광 통로를 통해 눈으로 볼 수 있다. 한 번에 둘 이상의 탐침을 보기 위해서는 탐침에 다른 화학적 표지를 이용하는 것이 필요하고, 다른 항체와 기질 혼합물로 검출할 수 있다. 비록 플루오르세인이 탐침에서 자주 이용되긴 하지만 탐침 내에 존재하는 플루오르세인 그룹의 수가 플루오르세인의 신호를 전달하기에 그 자체로 충분하지 않다는 것에 주목해야 한다. 이에 관련해서 플루오르세인의 가시화는 여전히 효소-기질 반응에 의한 항체의 결합과 증폭을 요구한다.

제자리 혼성화는 원래는 방사성 표지된 탐침을 이용하여 조직 단편에서 행해졌다. 이는 민감도가 매우 높다는 이점을 갖고 있지만, 주된 단점은 특정 시간에 현상해야만 한다는 것으로 최적의 노출 시간에 대한 선행 지식이 필요하다. 반면에 색상 반응은 진행되는 과정을 관찰할 수 있으며 색깔이 가장 이상적인 강도에 이르렀을 때 멈출 수 있다.

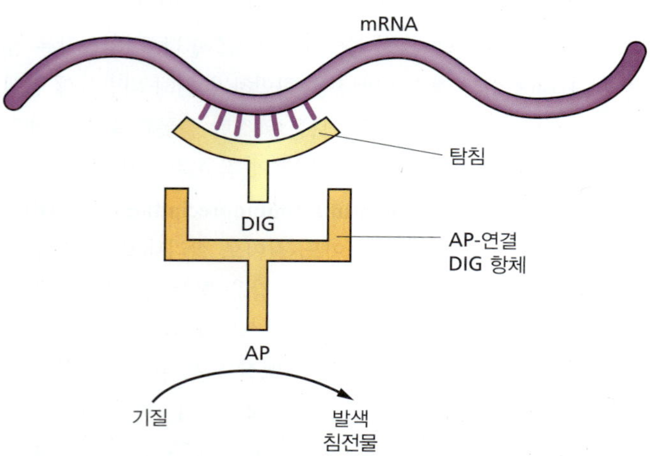


**그림 5.8** mRNA 검출을 위한 제자리 혼성화법.

## 면역염색법

특정 항체로 표본을 염색하는 것 또한 발생학에서 매우 중요하다(그림 5.10, 5.11). 동물에게 적절한 보조제와 함께 주사함

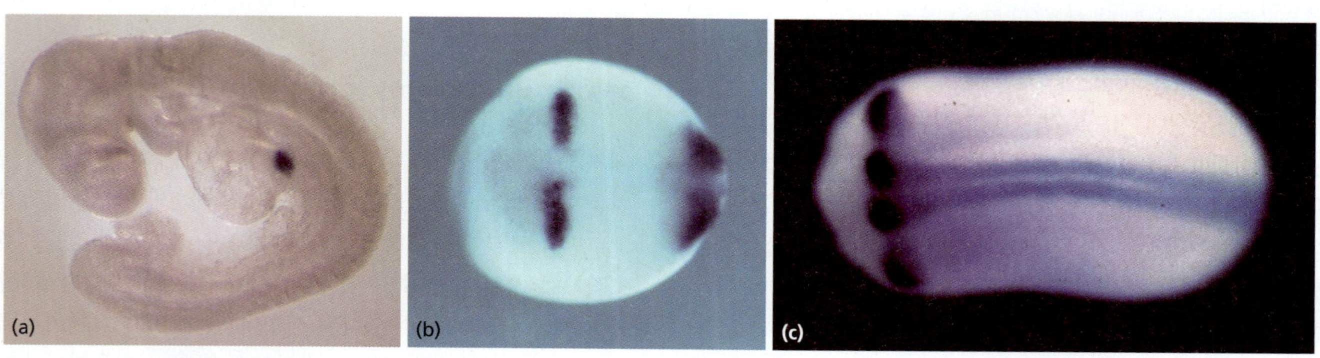


**그림 5.9** 온조직(wholemount) 제자리(*in situ*) 혼성화의 예. (a) 9.5일 된 생쥐 배아의 초기 간 싹에서 전사인자 C/EBP$\alpha$의 mRNA. (b) 동일한 유전자가 발현되는 두 영역: 제노푸스 신경배에서 유도인자인 FGF3의 mRNA. (c) 제노푸스의 닫힌 신경배에서 다른 색으로 보여준 두 유전자의 발현. 진한 파란색은 전사인자 HoxA4의 mRNA를 보여주고, 청록색은 전사인자 Xcad3의 mRNA를 보여준다.

으로써 대부분의 단백질이나 탄수화물 분자에 대한 항체를 만드는 것이 가능하다. 화학적 성질에 상관 없이 특정 항체의 목표물을 **항원(Antigen)**이라 한다. 항체에 의해 인식되는 항원 분자의 특정 부분을 **항원결정부(epitope)**라 부른다. **다클론성(polyclonal)** 항체는 흔히 토끼에서 만든다. 반복해서 면역화 과정을 거치면, 혈청 내에는 특정 항체의 높은 농도, 즉 역가(titer)가 형성되어야 한다. 비록 항체가 특정 항원에만 특이적이더라도, 항체는 몇몇 B 림프구 클론의 생성물들로 이루어지며, 각각은 다른 항체 유전자로부터 항체를 만든다. 특정 항체뿐만 아니라, 혈청에는 무관한 항원을 인식하는 수천 개의 항체와 수천 개의 비항체 단백질들이 들어 있다. 이러한 다른 성분들은 바탕 염색 또는 비특이적 염색을 야기할 수 있으며, 따라서 항체는 항상 사용 전에 혈청으로부터 부분적으로 정제될 필요가 있다. 항체 분자는 항원을 인식하는 변이부와 면역 글로불린 분류군과 종에 대한 특이성을 가지는 불변부로 이루어진다. 빈번하게 이용되는 부분적 정제 방법은 단백질 A 컬럼이다. 위에서 언급했듯이, 이것은 IgG-형 항체 분자의 불변부에 결합하는 박테리아 단백질이다. 따라서 단백질 A 컬럼은 특정 항체를 포함한 모든 IgG를 분리하게 되고, 모든 다른 혈청 성분들을 남겨 놓는다. 만약 충분한 항원이 이용가능하다면, 더 좋은 방법은 항원이 붙어 있는 친화력(affinity) 컬럼을 만들어 혈청으로부터 특정 항체만을 선별하면서 다른 단백질 뿐만 아니라 모든 다른 항체를 제거하는 것이다.

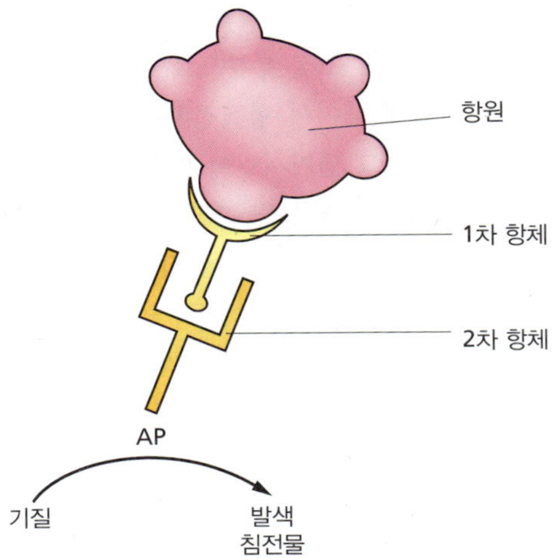


**그림 5.10** 단백질을 검출하기 위한 면역염색.

**단일클론(monoclonal)** 항체들은 주로 생쥐를 면역시킨 다음에 생쥐의 비장 세포를 골수종이라 불리는 사람의 암세포와 융합하여 만든다. **하이브리도마(hybridoma)**라 불리는 혼성세포는 항체 생성 능력과 시험관 내에서 무한히 성장을 할 수 있는 능력을 모두 가지고 있다. 원하는 하나의 클론을 찾기 위해 융합된 세포의 클론을 담고 있는 수많은 멀티웰 배양접시를 선별한다. 일단 원하는 세포가 분리되기만 하면, 이것을 배양할 수 있고 특정 단일클론 항체의 공급원으로 배양 배지를 회수할 수 있다. 단일클론 방법의 이점은 시작하기 위해 순수한 항원이 필요하지 않다는 것이다; 사실상 전적으로 특성을 모르는 조직 추출물도 면역화에 이용할 수 있다. 개개의 하이브리도마가 만든 항체가 흥미 있는 발현 양상을 띠는지 검색할 수 있으

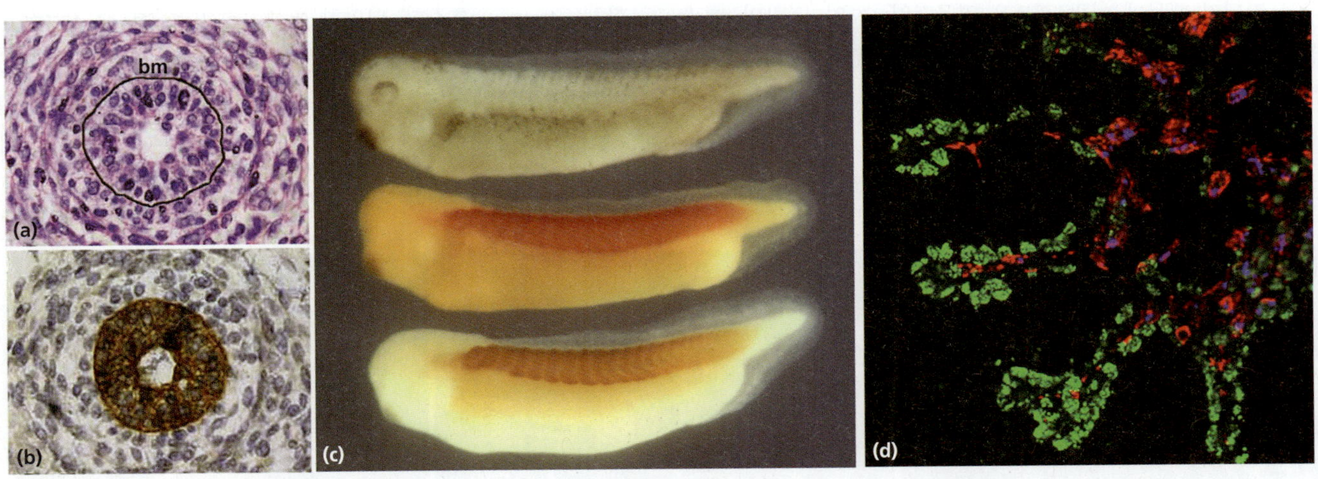


**그림 5.11** 면역염색의 사례들. (a, b) 13.5일 된 생쥐 배아에서 식도의 횡단 절편을 헤마톡실린-에오신으로 염색하거나(a), 디아조벤지딘(diazobenzidine) 반응(갈색)으로 사이토케라틴 8 (cytokeratin 8)을 면역염색하고, 여기에 헤마톡실린 핵염색을 더하였다(b). bm: 기저막(basement membrane)의 위치 (c) 제노푸스 꼬리싹(tailbud) 단계 배아의 근육항원에 대한 온조직 면역염색(중간과 아래). 항체는 둘 다 같지만 알칼리 탈인산화효소와 패스트 레드(Fast Red)로 검출하거나(중간), 디아조벤지딘(diazobenzidine)으로 HRP를 검출하였다(아래). (d) 생쥐 배아 췌장 배양체의 온조직 염색. 세 가지 형광 항체가 사용되었다: 아밀라아제(녹색), 인슐린(빨간색), 글루카곤(파란색).

며, 똑같은 항체를 가진 발현 라이브러리를 검색함으로써 분자적 의미의 클론을 만들 수 있다. 다른 한편으로, 단일클론 항체를 만들기 위해서는 다클론성 항체에 비하여 더 많은 작업과 기술이 필요하고, 개개의 단일클론 항체는 보통 다클론성 항체만큼 자기 항원에 대해 높은 친화력을 갖지 못한다.

제자리 혼성화를 할 때, 면역염색은 **온조직표본**이나 **절편(sections)**을 가지고 시행할 수 있다. 온조직표본은 표본에서 항원의 위치에 관한 하나의 3차원적인 영상을 보여준다는 이점이 있는 반면, 절편은 본질적으로 더 높은 해상도를 제공한다는 것이다. 두 경우 모두, 표본을 적당한 기간 동안 특정 항체와 함께 배양하고, 씻고, 2차 항체와 함께 배양한다. 이 2차 항체는 1차 항체의 종-특이적 불변부를 인식하도록 만들어진, 상업적으로 이용 가능한 항체이다. 이는 검출에 적합한 작용그룹을 갖고 있는데, 이것은 염색약 알렉사(Alexa) 시리즈의 염색약 같은 형광 그룹이거나 알칼리 탈인산화효소와 HRP 같은 효소이다. 만약 형광 2차 항체를 사용한다면, 표본을 바로 형광 현미경으로 살펴볼 수 있다. 만약 효소-연결 2차 항체를 사용한다면, 색소 침전물이 생기도록 표본을 기질 속에서 배양하고, 투과 현미경에 올려서 관찰할 수 있다.

효소-연결 방법들은 주로 형광성 방법보다 좀 더 민감한데, 그 이유는 효소-기질 반응이 추가적인 증폭 단계를 제공하기 때문이다. 또한 침전물이 한번 만들어지고 나면, 표본을 탈수하여 비수용성 장착매질을 사용할 수 있다. 비수용성 매질은 대개 수용성 보다 더 좋은데, 이것이 더 높은 굴절 지수를 가지고 있고, 표본이 거의 투명하게 되기 때문이다. 형광 면역염색법에 있어서 면역복합체는 그대로 유지되어야 하며, 이것 때문에 표본을 탈수시킬 수 없다. 똑같은 이유로, 면역복합체가 결국 분리되기 때문에 형광 표본은 영구적일 수 없다. 반면, 형광 방법들은 더 적은 단계를 거치기 때문에 더 간단하고, 각 형광 색소를 형광현미경의 개별 통로를 통해서 별도로 조사할 수 있기 때문에 겹치는 부분에서 하나 이상의 항원을 조사하기에 가장 좋은 방법을 제공한다.

## 리포터 유전자

**리포터 유전자(reporter gene)**란 생물체 내의 특별한 사건 양상을 지켜보기 위해서 사용할 수 있는, 비교적 쉽게 검출할 수 있는 산물의 유전정보를 담고 있는 유전자를 말하는데, 발생학에서는 이 **리포터 유전자**를 이용하는 것이 편리한 경우가 많다(그림 5.12). 예를 들면 리포터는 형질전환 유전자의 존재나 활성을 표시하거나, 특별한 세포 유형을 쉽게 보이게 표지하거나, 특정 세포 사이의 신호전달 경로의 활성을 나타내기 위해 이용될 수 있다. 리포터는 또한 유전자의 조절 부분을 분석하기 위해 집중적으로 이용된다. 조절 부분으로 추정되는 짧은 염기서열을 보고자 유전자에 붙여서 형질전환유전자로서 배아 내로 도입할 수 있다. 만약 그 염기서열이 활성을 가진다면, 리포터의 발현을 야기하게 되고 활성을 가진 부분을 가시화할 수 있다. 리포터 발현을 공간적 해상도는 좋지만 정량적이지는 못한 제자리 혼성화법으로 관찰할 수도 있다. 어떤 목적에서는 공간 해상력은 없지만 정량적인 생화학적 방법을 사용하는 것이 더 좋을 수도 있다.

대체로 가장 유명한 리포터 유전자는 β-**갈락토시다아제** 유전정보를 가진 대장균 ***lacZ***이다. 그 이름은 1950년대의 유전자 조절의 고전적 연구 주제였던 *lac* 오페론의 "*Z*" 유전자라는 사실로부터 유래되었다. β-갈락토시다아제는 갈락토오스의 1-탄소에 β 연결로 결합되어 있는 화학적 그룹으로 이루어진 물질인 β-갈락토시드 전 영역을 가수분해 시킬 수 있는 커다란 사합체(tetramer) 효소다. 다양한 발색기질 또는 형광기질들을 이용하여 β-갈락토시다아제 활성을 생화학적으로 측정할 수 있지만, 발생학에서 이 리포터는 주로 제자리 방식으로 이용된

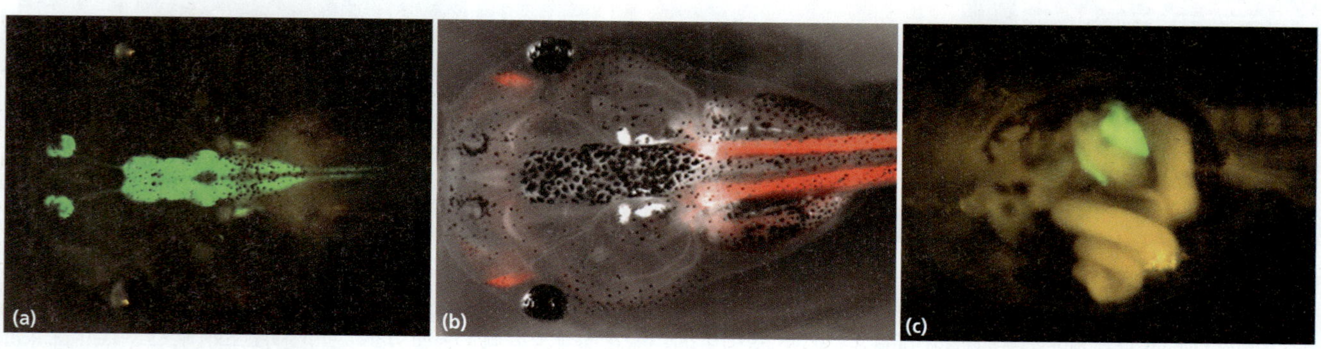


**그림 5.12** 리포터. (a) 중추신경계에서 GFP를 발현시키는 *N*-튜불린(*N-tubulin*) 리포터를 가진 제노푸스 올챙이. (b) 근절과 턱근육에서 tdTomato (빨강 형광단백질)를 발현시키는 근육 액틴 프로모터. (c) 췌장(2개의 녹색 싹)에서만 발현되는 GFP를 발현시키는 엘라스타제(elastase) 프로모터.

다. 이를 위해 사용하는 기질은 5-bromo-4-chloro-3-indoyl-β-D-galactose, 또는 짧게 X-Gal이다. 갈락토오스로부터 가수분해될 때, 분자의 X 부분이 즉각 녹색-파란색의 불수용성 침전물을 형성한다. 반응의 민감성이 좋아서 아주 낮은 수준의 발현도 검출될 수 있게 해준다. β-갈락토시다아제는 매우 민감하며, 대부분의 동물 조직이 교차 반응을 일으킬 수 있는 효소를 가지고 있지 않아 배경 염색이 상당히 낮다는 두 가지 이유 덕분에 아주 유용한 리포터가 된다. 이것은 알데히드 고정 후에도 작용할 수 있기 때문에 통상의 염색이나 면역 염색 방법과 같은 다른 기술들과도 조합될 수 있다.

β-갈락토시다아제 단백질이 아주 안정해서 그 존재는 유전자 활성의 현재뿐만 아니라 과거도 알려준다는 점을 명심해야 한다. 따라서 β-갈락토시다아제 효소가 존재하지만 이것을 암호화하는 mRNA가 없는 그런 배아 부분을 찾는 것이 가능하다. 이런 현상은 **내구성(perdurance)**이라 알려져 있으며, 크게 성장하지 않는 배아에서 특히 중요하다. 신속하게 자라는 유형에서는 일단 유전자가 한번 꺼지면 희석에 의해서 단백질 수준이 급격하게 떨어질 것이다.

β-갈락토시다아제는 폴리펩티드가 다른 단백질의 서열과 융합되어졌을 때도 보통 **융합 단백질(fusion protein)**로서 활성을 유지한다. 이것은 생쥐 적중 기술에서 β-**geo**라 불리우는 구조물 이용을 포함한 몇 가지 응용에서 중요하다. β-geo는 β-갈락토시다아제 효소와 **네오마이신** 저항 유전자의 산물과의 융합물로 하나의 분자 내에 양쪽의 생물학적 활성을 모두 갖고 있다.

리포터 유전자의 아주 중요한 두 번째 그룹은 **녹색형광단백질(green fluorescent protein, GFP)**에 기반을 두고 있는데, 이것은 1990년대 후반에 도입되었다. 이름이 암시하는 바와 같이 강한 녹색 형광을 방출하는 단백질이다. 이는 해파리(*Aequorea victoria*)로부터 유래했다. β-갈락토시다아제처럼 다른 단백질과 융합되었을 때도 대개 활성을 유지한다. 형광의 강도를 증가시키거나 형광의 색을 변화시키기 위해 GFP 유전암호를 가진 염기서열에 다양한 변형이 도입되었고, 따라서 요즘은 빨강, 노랑, 또는 파랑 형광을 방출하는 몇 가지 변형 단백질이 이용 가능하다. 형광단백질의 중요한 이점 중 하나는 이것이 살아 있는 표본에서 쉽게 관찰되기 때문에 고정된 표본에서의 검출뿐만 아니라 표지된 세포에서의 실시간 연구도 가능하다는 것이다. 고정 후에 몇몇 형광은 사라지지만 그 분자는 특정 항체를 이용해서 여전히 검출될 수 있다.

흔하게 이용되는 또 다른 리포터는 반딧불이의 **루시페라제(luciferase)**이다. 이것은 ATP가 있을 때 기질인 루시페린(luciferin)의 붕괴를 촉매하는 효소다. 반응 결과 빛의 방출(**발광, luminescence**)이 나타난다. 방출 스펙트럼은 녹색에서 꼭짓점을 나타내지만 더 긴 파장에까지 뻗어 나가는데, 조직을 쉽게 침투한다. 인광은 세포나 조직 외식체로부터의 신호를 측정하기 위해 종종 발광검출기(luminometer)를 이용해서 측정된다. 하나의 광자도 검출할 수 있는 아주 냉각된 CCD 카메라를 가진 영상 장치를 이용하여 제자리 검출법으로도 측정할 수 있다. 이런 장치들은 생쥐 전체 표본 같이 더 큰 표본들에서 루시페라제가 표지된 이식 조직들을 확인하기 위해 주로 이용되지만 작은 표본에도 이용할 수 있다. 바다표고(*Renilla*)로부터 얻은 다른 루시페라제는 다른 기질인 코엘렌테라진(coelenterazine)을 이용하며 파란색을 방출한다. 이는 주로 반딧불이 루시페라제의 표준화 대조군으로 이용된다.

## 미세주입

왜 배아의 단 하나의 세포에 물질을 삽입하는 것이 통상적으로 바람직한가에 대해서는 다양한 이유들이 있다. 유전자 과잉발현을 포함한 제노푸스 배아에서의 실험 대부분은 시험관 내에서 합성 mRNA를 만들어 수정란에 주입시켜 실행할 수 있다. 형질전환 유전자 생쥐를 만들려면 수정란의 난자 핵으로 DNA를 주입할 수 있어야 하고, 형질전환 유전자 초파리를 만들려면 DNA를 생식세포가 막 생기기 시작하는 뒷부분 끝(posterior end)에 주입해야만 한다. 미세주입 방법은 특정 항체나 안티센스 올리고뉴클레오타이드와 같은 억제자를 세포로 주입하는 데 이용될 수도 있다. 미세주입은 또한 모든 다양한 세포-표지 실험에 필수적인데, 여기서 특별한 세포 계보나 이식은 **계보 표지**라고 부르는 눈에 띄는 물질이 있어야 규명될 수 있다.

미세주입에 필요한 장비는 목표 세포의 크기에 달려 있다. 그러나 이것은 주입할 때 시각적 조절을 가능하게 하기 위해 항상 현미경 위에 장착된다(그림 5.13). 또 주입 바늘을 붙들고 실험자의 수동적 조작을 목표 세포의 크기에 부합하도록 하기 위해서는 어떤 형태의 미세 조작 장치가 필요하다. 주입 바늘 그 자체는 유리관으로 만들어진다. 유리관은 유리를 녹는점까지 가열하고, 그것을 잡아 뽑기 위해서 적절하게 당겨 주는 바늘 뽑기 기계를 이용하여 미세한 끝을 가진 주입 바늘로 만든다. 주입될 물질은 모세관 끝으로 빨아 들이거나 뒤쪽 끝에서 주사바늘로 주입하여 바늘로 집어 넣는다. 그리고 바늘을 유연성 있는 관으로 주입 조절기와 연결한다. 이 조절기는 바늘로 압력의 예리한 파동을 가하여 날카로운 바늘 끝으로 소량의 물질을 밀어내는 압력장치다. 이것은 바늘을 가로질러 전기장을 가하여, 바늘 끝으로 적절한 전하를 띤 분자들을 이동시킬 수 있는 이온영동(iontophoretic)장치로 대체할 수도 있다. 두 경우 모두, 바늘이 채워지고, 조절기에 연결되어 미세조작기(micromanipulator)에 붙여진다. 실험자는 현미경을 들여다보면

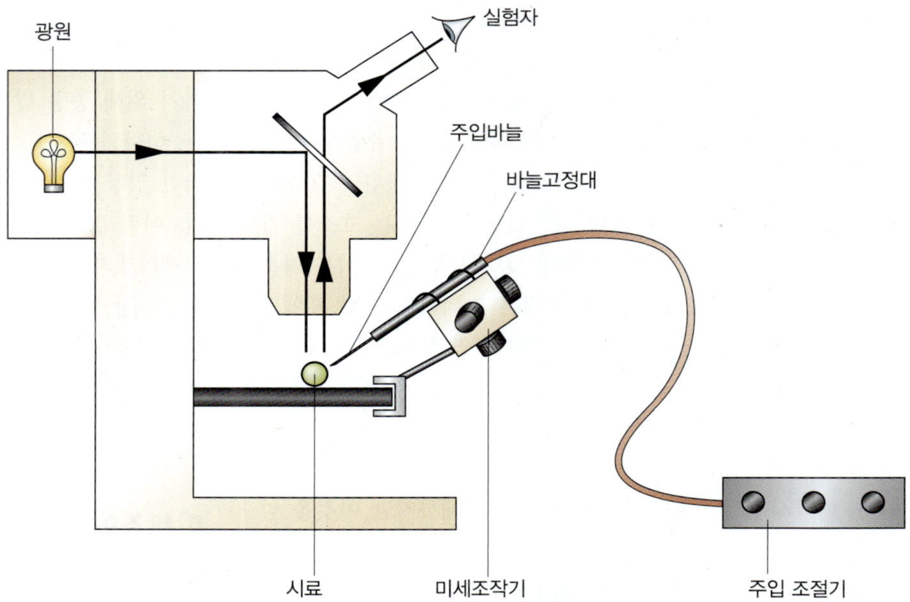


**그림 5.13** 형광현미경에 미세주입을 위한 설치.

서 대상 세포를 찌르고, 바늘 끝 밖으로 물질을 밀어내도록 조절기를 조작한다. 계보 표지를 할 때처럼, 기질이 형광을 띨 때는 현미경에 형광 부착물을 장착하여 곧바로 주입효과를 관찰할 수 있도록 한다. 제노푸스 배아는 해부 현미경 아래에서 주입할 수 있지만, 더 작은 표본은 복합현미경 수준의 배율이 필요하다. 어떤 조립은 직립현미경을 사용하고, 다른 것은 도립현미경을 사용할 수 있지만, 어떤 경우에도 현미경의 광학장치는 상을 뒤집지 않도록 배열되어야 하고, 기계장치는 렌즈가 움직이는 동안 미세조작기가 부착된 재물대가 고정될 수 있도록 해야 한다. 이는 정상형의 직립복합현미경의 표준형이 아닌 특별한 형태다.

## 세포 표지 방법

세포 표지 방법은 여러 가지 다양한 이유로 사용된다. 이 방법은 발생 과정에서 배아 지역의 정상적 운명을 보여주는 **운명지도 작성(fate mapping)**에 사용된다. 이들은 클론 분석을 하기 위해 단일 세포를 표지하는 데에도 사용된다. 또 mRNA나 항체 같은 다른 물질을 주입하여 세포를 표지하는 데에도 사용된다. 또 전체 배아를 표지하기 위해서도 사용되는데, 이 배아는 표지된 이식 조직의 제공자로서 사용될 수 있다. 발생생물학에서 사용되는 표지는, 보통 표지된 세포의 모든 자손세포만 표지되는 것을 의미하는 **계보 표지(lineage label)**를 하기 위한 것인데, 가끔 이런 이상적인 조건은 실제로 이루어지지 않는다. 모든 유형의 동물 배아세포가 상당한 거리를 움직일 수 있고, 관찰만으로는 개별적 세포의 경로를 추적하는 것이 불가능하기 때문에 세포 표지는 매우 중요하다.

## 세포외 표지

가장 오래된 세포외 표지는 20세기 초 세포 운명지도를 그리기 위해 도입된 **생체 염료(vital dye)**이다. 가장 흔하게 사용된 것은 나일 블루(Nile blue)와 뉴트럴 레드(neutral red)다. 이들은 생체 염료라 불리는데, 그 이유는 살아 있는 세포가 상당한 강도의 색깔로 염색될 수 있고 독성도 나타나지 않기 때문이다. 이들을 배양액에 넣어 주어 전체 표본을 표지할 수도 있고, 염료를 함유한 작은 한천 블록을 배아에 국부적으로 붙여서 배아의 특정 지역을 표지할 수도 있다(그림 5.14b). 이 방법들은 아직도 가끔 사용되는데, 빠르고 간단하고 싸기 때문이다. 그러나 이는 진정한 계보 표지는 아니다. 표본 깊숙이 색소를 넣는 것이 어렵고, 색소는 퍼지고 희미해져서 원래 표지한 지점을 대략적으로 나타내기만 할 뿐이다.

보다 최근에는 카보시아닌 염료인 **DiI**와 **DiO**가 작은 조각을 포함한 세포외 표지를 하는 데 우선적으로 사용된다. 이 염료들은 위에서 이야기한 미세주입 장치의 세포외 변형을 이용하여 적용된다. 염료는 소수성이 강해서 표지된 세포의 지질막에 녹아들기 때문에, 자손세포에도 잘 보존된다. 이 염료들은 강한 형광을 내는데, DiI는 빨간색, DiO는 녹색을 방출하기 때문에 형광현미경으로 관찰할 수 있다. 비록 DiI와 DiO 그 자체는 유기 용매에 의해 표본으로부터 제거되지만, 조직학적 가공을 하는 동안 유지될 수 있는 화학적 유도체가 이용 가능하므로 파라핀 왁스 절편에서 사용될 수 있다.

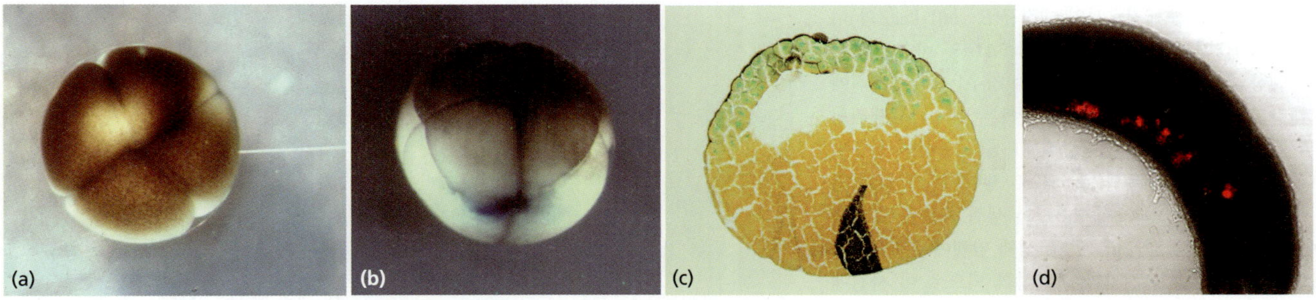

그림 5.14 표지 기술. (a) 4세포 단계 제노푸스 배아의 미세주입. (b) 제노푸스 배아의 등쪽에 주입된 생체염료 나일 블루(Nile blue)의 조각. (c) HRP를 주입한 하나의 식물극 할구. 이것은 절편 상에서 벤지딘 반응으로 가시화되었다. (d) 한 조각의 DiI이 제노푸스 배아의 초기 내배엽에 주입되었다. 나중에 세포들이 장 상피에 분산되며, 이것은 세포 삽입(intercalation) 운동을 보여준다.

## 세포내 표지

가장 흔하게 사용되는 세포내 표지는 **형광 덱스트란(fluorescent dextrans)**이다. 덱스트란은 포도당의 중합체로 물에 녹기 쉽고 대사적으로 안정하다. 수용성 분자는 지질 원형질막을 지나는 확산에 의해 세포로 들어가거나 나올 수 없고, 비록 작은 분자들이 세포와 세포 간의 간극연접을 통해 세포에서 세포로 이동할 수 있지만 분자량 약 1,000 이상의 분자를 옮길 수는 없다. 따라서 분자량 약 10,000 정도의 덱스트란은 주입된 세포에만 제한적으로 머무르게 된다. 덱스트란을 보일 수 있게 하려면 이것을 플루오르세인이나 로다민(rhodamine)과 같은 형광 색소에 붙여 주고, 고정하기 위해서는 아미노산인 리신에 붙이는데, 이 아미노산은 알데히드 고정액과 쉽게 반응하는 자유 아민기를 가지고 있다. 흔하게 이용되는 이 그룹의 물질은 FDA (플루오르세인 덱스트란 아민)와 RDA (로다민 덱스트란 아민)이다.

또 다른 흔한 세포내 표지 물질은 역시 주입된 후 세포 내에 머무르는 HRP이다(그림 5.14c). 과산화효소는 과산화수소에 의한 여러 가지 물질의 산화과정을 촉매하는데, 보통 사용되는 물질은 디아미노벤지딘(diaminobenzidine)으로, 이것은 갈색의 불용성 물질로 변환되어 파라핀 왁스 조직학에서도 안정하다. HRP는 포르말린으로 고정된 온조직표본에서도 관찰될 수 있지만, 효소 자체는 파라핀 왁스 조직학엔 불안정하므로, 온조직표본 염색을 하기에 너무 큰 표본은 냉동 절편법으로 잘라야 한다.

## 유전적 표지

위에 기술된 물질들은 포유류나 조류 발생의 제한된 기간 동안 성공적으로 사용되기도 했지만, 발생 중에 거의 혹은 전혀 자라지 않는 제노푸스나 제브라피쉬 같은 자유생활 종의 배아에서 가장 유용하다. 성장하지 않으면 그 물질들은 희석되지 않고 며칠 동안 뚜렷이 보이게 남아 있을 수 있다. 그러나 성장하면 이것들은 빠르게 희석되고 보이지 않게 된다. 이러한 조건에서 가장 좋은 표지는 모든 세포 주기마다 복제되고, 희석되지 않는 세포 유전체로 합류되는 것들이다. 생쥐와 초파리의 많은 초기 실험에서 비록 이런 표지들이 심각한 결점을 가지고 있었음에도 사용되었다. 예를 들어 생쥐의 포도당 인산 이성화효소 동종효소계(glucose phosphate isomerase isozyme system)는 다른 생쥐 품종에 존재하는 다른 전기영동 이동성을 갖는 효소를 이용한다. 그러나 이것은 제자리법으로는 구분할 수 없었고 오직 조직 절편의 생화학적 분석을 통해서만 구분할 수 있었기에 공간적 해상도가 아주 낮았다. 초파리의 *yellow* 돌연변이와 *multiple wing hairs* 돌연변이는 광범위하게 사용되었지만, 성체의 파리와 표피에서만 발현되었다. 이들은 유충이나 성체의 내부 조직 분석에는 적절치 않았다.

요즘은 훨씬 더 좋은 유전자 표지를 사용할 수 있는데, 이것은 모든 조직과 모든 발생 단계에서 발현되고, 제자리 방법으로 관찰할 수 있다. 예를 들면 모든 조직에서 대장균의 β-갈락토시다아제(*lacZ* 유전자에 의해서 암호화되어 있는)나 사람 태반의 알칼린 탈인산화효소(hPLAP)를 발현하는 형질전환 생쥐 계통이 있다(그림 5.15). 이 효소들은 민감한 조직화학적 방법으로 검출할 수 있고, hPLAP는 파라핀을 먹였을 때도 효소 활성이 안정하여 절편에서도 조직화학적으로 관찰할 수 있다는 장점을 가지고 있다. 표지된 것과 표지되지 않은 기원으로부터 온 세포들이 함께 있는 실험에서도 표본을 염색하여 어떤 세포가 각각 원래의 어떤 요소로부터 왔는지 알아낼 수 있다.

복제가 불가능한 레트로바이러스를 사용하면 유전적 표지를 하는 것이 가능하다. 레트로바이러스는 RNA 바이러스로 역전사효소를 가지고 있다. 바이러스가 세포에 감염되면 역전사효소가 세포의 염색체 안으로 끼어들어갈 수 있는 바이러스 유전

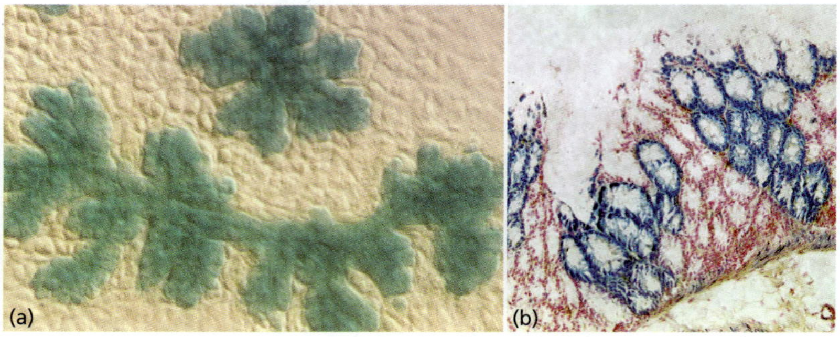


**그림 5.15** 유전적 표지로서의 대장균(*E. coli*) *LacZ*의 이용. XGal 염색에 의한 검출. (a) 그림 5.11d와 비슷한 생쥐 배아 췌장의 기관 배양체. 그러나 이 경우는 모든 조직에서 대장균 β-갈락토시다아제를 발현하는 ROSA26 생쥐의 상피세포와 야생형 생쥐의 간충직세포를 조합하여 형성되었다. 상피세포만 염색된다. (b) H235 생쥐로부터 얻은 소장 분비틈새(crypts, 움). 이 형질전환 생쥐 품종은 X 염색체에 *LacZ* 유전자를 가지고 있다. 성체 암컷에서는 50%의 세포에서 형질전환 유전자가 불활성화 되므로 이 사진에서 보듯 모자이크 형태가 나타난다.

체의 DNA 사본을 만든다. 그리고 모든 자손에 남아 있게 된다. 복제 능력이 없는 바이러스는 바이러스 입자를 조립하는 데에 필요한 유전자가 없어서 바이러스 유전체는 염색체에 단순하게 머물러 있다. 그리고 더 이상의 바이러스를 생산하거나 세포를 파괴할 수 없게 된다. 복제 불가능한 바이러스는 포장 세포주(packaging cell lines)라 불리는 특별한 세포주에서 증식할 수 있는데, 이 세포주는 잃어버린 바이러스 유전자를 가지고 있어서 바이러스가 잃어버린 기능을 보상할 수 있다. 세포를 표지하는 데 사용하는 레트로바이러스는 보통 강력한 프로모터 서열인 바이러스 **LTR (long term repeat)**에 의해서 구동되는 *lacZ* 유전자를 가지고 있다. 이들은 주로 **클론 분석(clonal analysis**, 4장 참고)에 사용되기 때문에 각각의 감염 초점이 하나의 표지된 세포의 자손을 나타낼 수 있게 하려면 감염이 넓게 퍼지면 안 된다.

## 기억해야 할 핵심 사항들

- 해부현미경은 시료를 다루고 조작하거나 커다란 온조직표본을 검사할 때 사용한다. 복합현미경은 절편이나 작은 온조직표본을 검사할 때 사용한다.
- 표준 조직학 절편을 준비하는 것은 고정, 탈수, 파라핀 왁스 매립, 마이크로톰에서 절단, 염색하기 전에 절편에서 왁스제거 과정을 포함한다.
- 유전자 발현은 좋은 정량 결과를 보이지만 공간적 해상도는 빈약한 생화학적 방법으로 연구할 수 있다. 특정 mRNA 연구 방법은 정량, 실시간 RT-PCR을 포함한다. 특정 단백질 연구 방법은 면역침전법과 웨스턴 블롯(western blotting)을 포함한다.
- 역으로 RNA의 제자리 혼성화법과 단백질의 면역염색법은 좋은 공간 해상도를 보이지만 정량적 정보는 제한된다.
- 대부분 *lacZ*이거나 형광단백질을 암호화하는 유전자인 리포터 유전자는 형질전환체에서 프로모터 분석이나 다른 많은 목적에 사용된다.
- 운명지도 작성을 위해 사용되는 세포외 표지로는 전통적인 생체염료나 새로 개발된 카보시아닌 염료가 있다. 형광 덱스트란은 대개 세포내 표지로 사용한다.
- 유전적 표지는 배아가 성장해도 희석되지 않아서 포유류나 조류 배아에 대한 연구에 매우 유용하다.

## 추가로 읽을 것


### Teaching-level practical manuals

Gibbs, M.A. (2003) *A Practical Guide to Developmental Biology*. Oxford: Oxford University Press.

Marí-Beffa, M. & Knight, J., eds (2005) *Key Experiments in Practical Developmental Biology*. Cambridge: Cambridge University Press.

Tyler, M.S. & Kozlowski, R.N. (2010) *DevBio Laboratory: Vade Mecum*[3]. Sinauer Associates http://labs.devbio.com/.

### Research-level practical manuals

Stern, C.D. & Holland, P.W.H., eds. (1993) *Essential Developmental Biology*. A Practical Approach. New York : Oxford University Press.

De Pablo, F., Ferrus, A. & Stern C.D., eds (1999) *Cellular and Molecular Procedures in Developmental Biology* (*Current Topics in Developmental Biology*, Vol. 36). New York : John Wiley and Sons.

Tuan, R.S. & Lo, C. (2000) *Developmental Biology Protocols*, 3 vols. Totowa, NJ : Humana Press.

Sharpe, P.T. & Mason, I. (2008) *Molecular Embryology: Methods and Protocols*, 2nd edn. Totowa, NJ: Humana Press.

### Histological methods, *in situ* hybridization, and immunostaining

Harland, R.M. (1991) In-situ hybridization – an improved whole-mount method for Xenopus embryos. *Methods in Cell Biology* **36**, 685–695.

Polak, J.M. & McGee, J.O'D. (1999) *In Situ Hybridization: Principles and Practice*. Oxford: Oxford University Press.

Wilkinson, D.G., ed. (1999) *In Situ Hybridization–A Practical Approach*, 2nd edn. New York: Oxford University Press.

Polak, J.M. (2003) *Introduction to Immunocytochemistry*, 3rd edn. Oxford: BIOS Scientific Publishers.

Bancroft, J.D. & Gamble, M. (2007) *Theory and Practice of Histological Techniques*, 6th edn. Philadelphia, PA : Churchill Livingstone.

Kiernan, J.A. (2008) *Histological and Histochemical Methods: Theory and Practice*, 4th edn. Bloxham, UK: Scion Publishing.

### Organism-specific manuals

Nagy, A., Gertsenstein, M., Vintersten, K. & Behringer, R. (2003) *Manipulating the Mouse Embryo. A Laboratory Manual*, 3rd edn. Cold Spring Harbor Laboratory Press.

Ashburner, M., Hawley, S. & Golic, K. (2005) *Drosophila: A Laboratory Handbook*, 2nd edn. Cold Spring Harbor Laboratory Press.

Strange, K., ed. (2006) *C. elegans. Methods and Applications*. Totowa, NJ: Humana Press.

Bronner-Fraser, M., ed. (2008) *Avian Embryology*, 2nd edn. London: Elsevier.

Westerfield, M., Zon, L.I. & Detrich, H.W., ed. (2009) *Essential Zebrafish Methods: Cell and Developmental Biology (Reliable Lab Solutions)*. Oxford: Academic Press.

Sive, H.L., Grainger, R.M. & Harland, R.M., eds (2010) *Early Development of Xenopus Laevis: A Laboratory Manual*. Cold Spring Harbor Laboratory Press.

### Other techniques

Bradbury, H. (1998; repr. 2005) *Introduction to Light Microscopy*. Oxford: Bios Scientific Publishers.

Murphy, D.B. (2001) *Fundamentals of Light Microscopy and Electronic Imaging*. New York: Wiley-Liss.

Avison, M.V. (2007) *Measuring Gene Expression*. Abingdon: Taylor and Francis.

Carroll, D.J., ed. (2008) *Microinjection: Methods and Applications*. Totowa, NJ : Humana Press.

Buckingham, M.E. & Meilhac, S.M. (2011) Tracing cells for tracking cell lineage and clonal behavior. *Developmental Cell* **21**, 394–409.

Supatto, W., Truong, T.V., Débarre, D. & Beaurepaire, E. (2011) Advances in multiphoton microscopy for imaging embryos. *Current Opinion in Genetics and Development* **21**, 538–548.

Kretzschmar, K. & Watt, F.M. (2012) Lineage tracing. *Cell* **148**, 33–45.


This chapter contains the following animation:

**동영상 7** 마이크로어레이 사용법.

**동영상 8** 제자리와 면역염색.

For additional resources for this book visit www.essentialdevelopmentalbiology.com

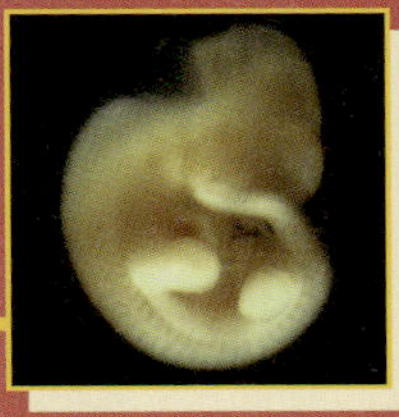

# 제2부

# 주요 모델 생물들

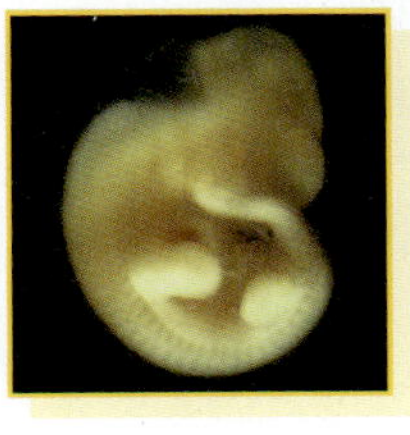

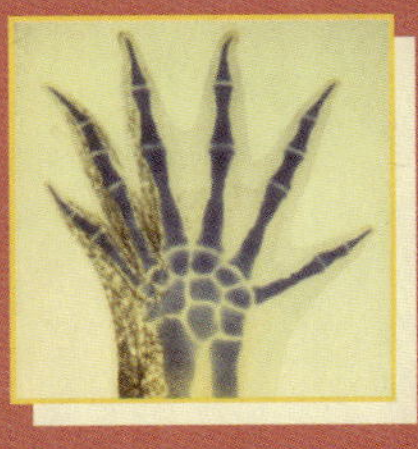

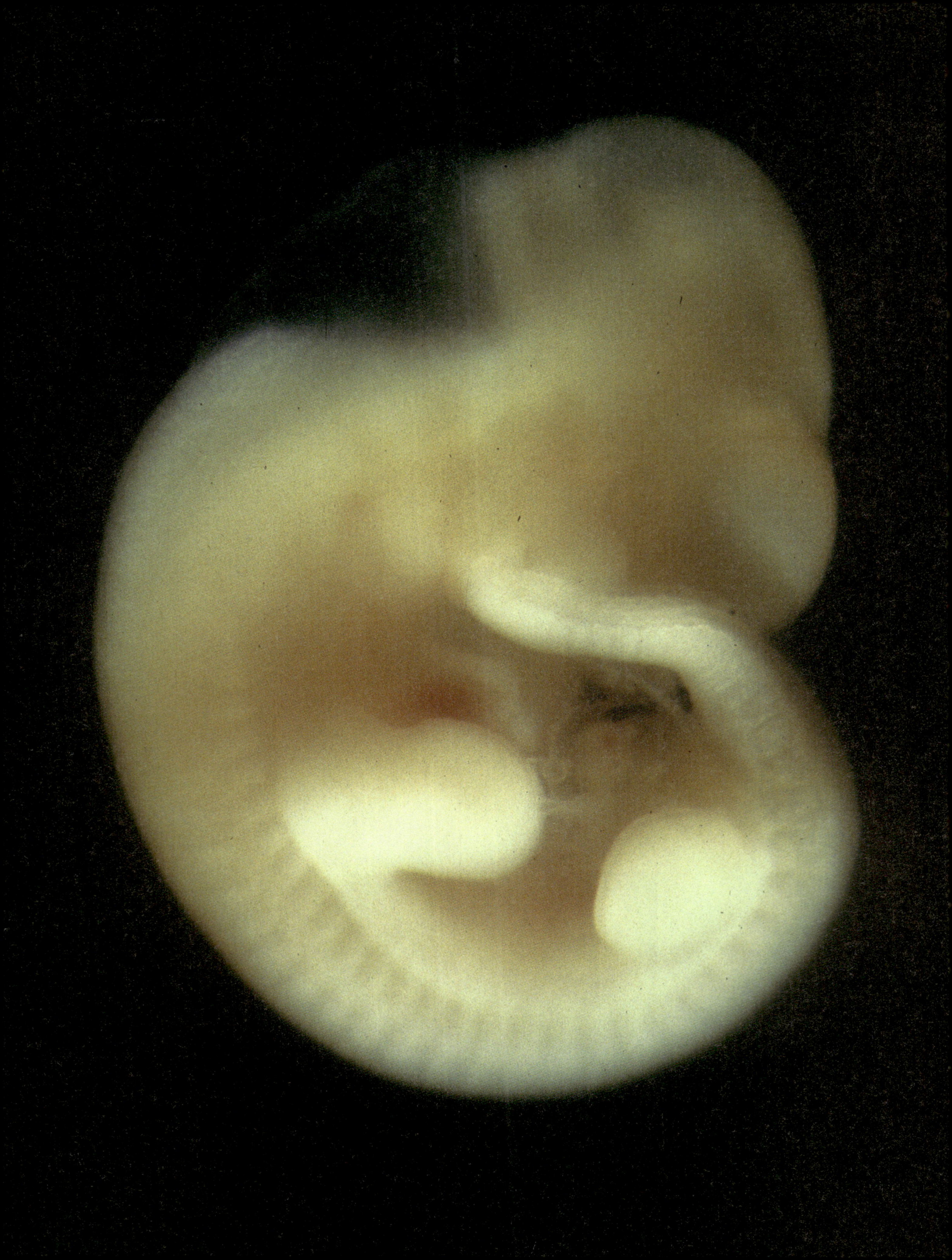

제6장 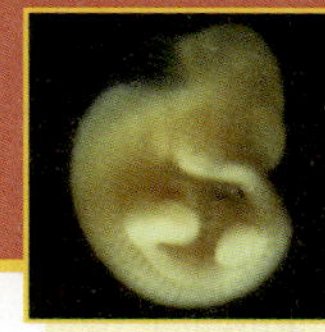

# 모델 생물들

현대 발생생물학은 백만 종 이상의 동물들 중에서 특히 "**모델 생물(model organisms)**"이라고 불리는 소수의 동물을 집중적으로 연구한다. 이 생물들에 대한 연구 동기는 단순히 이 생물들 자체의 발생만을 이해하는 데 있는 것이 아니고, 이들의 발생을 모든 동물들의 발생 방식에 대한 예로서 활용하기 위함이다. 많은 발생학 연구는 의학연구재단으로부터 연구비를 지원받기 때문에, 현재의 연구목표는 다를지라도 궁극적으로는 인간이 어떻게 발생하는지 이해하는 것을 목표로 삼는다. 이 때문에 인간에게서도 공통적으로 나타나는 발생 과정을 연구하는 데에 자주 관심을 갖게 된다. 이 장에서는 왜 연구 활동이 소수의 종에 집중되고 있는지와 각 종들의 상대적 강점과 약점은 무엇인지 설명한다. 교재에서는 대표성이 있는 부분에 밑줄을 그어 강조한다. 마찬가지로 여기서는 가장 중요한 6가지 모델생물들인 생쥐, 닭, 개구리 제노푸스(Xenopus), 제브라피쉬, 초파리 그리고 예쁜꼬마선충(*Caenorhabditis elegans*)을 상세히 다룬다. 이 6종 다음으로 인기 있는 모델 생물인 성게(sea urchin)를 포함하여 여러 다른 종들에 대한 연구도 활발히 이루어졌지만, 6대 모델 생물을 이용하여 연구하고 있는 발생학 연구자의 수가 전 세계적으로 가장 많다.

## 6대 모델 생물

이 책에서 상세하게 다룰 모델 생물들은 표 6.1에 그리고 이 생물들의 계통수는 그림 6.1에 각각 나타내었다. 이 생물들은 단지 2종의 무척추동물들과 4종의 척추동물에 불과하여 동물계 전체를 잘 대표하지는 못한다. 그러나 이 생물들 사이의 진화학적 거리가 매우 멀어서 이 6종이 공유하는 발생학적 특징들은 전체 동물계에서 공유될 가능성이 높다.

이 여섯 생물들은 발생생물학 연구를 할 때 실험적 이점을 갖기 때문에 선택되었다. 일부 과학자들은 가끔 그들이 보기 좋아하고 같이 일하기 편리한 생물을 연구대상으로 선택하기도 한다. 하지만 표 6.2에 요약한 바와 같이, 보다 객관적이고 실용적인 점들이 특별한 목적을 위해 고려된다.

6대 모델 생물들 모두 연중 이용이 가능하다. 상시 이용이 불가능했다면 이들은 모델 생물로 선택되지 않았을 것이다. 한 생물을 실험 생물로 개발하기 위하여 실험실 환경에 적응시키는 것은 쉽지 않으며, 새로운 종에 대한 실험실 적응 시도는 그 자체로 하나의 큰 연구과제가 된다. 비록 일부 해양 무척추동물들이 발생학 연구에 사용되기는 하였지만, 6대 모델 생물 중 어느 것도 해양생물이 아니다. 이는 아마도 해양생물을 실험실에서 관리하는 데 따르는 추가적인 어려움 때문일 것이다. 예를 들자면, 해양생물인 성게를 전 생활사에 걸쳐 실험실에서 번식시키고 사육하는 것은 매우 어렵다.

수적인 면에서, 개구리, 제브라피쉬, 초파리 그리고 예쁜꼬마선충으로부터 수천 개의 알을 얻는 일은 쉽다. 달걀은 연구실에서 바로 산란되지는 않으나 상업적인 부화장으로부터 구입되며, 대형 배양기는 수백 개의 달걀을 수용한다. 생쥐는 다른 다섯 종에 비해 상대적으로 적은 수의 새끼를 낳지만 짝짓기를 한 암컷 한 마리가 평균 12개의 배아를 생산하기 때문에 적당한 수를 얻는 것이 아주 어려운 일은 아니다.

현대 발생학 연구는 매주 또는 매일 발생 중인 배아가 필요하기 때문에 비용도 중요한 고려사항이다. 예쁜꼬마선충은 박테리아로 덮인 아가 평판배지(agar plate) 상에서 잘 자라고, 유전적으로 서로 다른 예쁜꼬마선충들을 냉동보존할 수도 있다. 초파리의 경우는 관리비용이 저렴할 수도 있지만, 여러 유전적 집단을 유지하기 위해 온도 및 습도가 조절되는 특별한 초파리실과 많은 관리시간이 필요할 수 있다. 초파리의 냉동보존은 아직 쉬운 일이 아니다. 제브라피쉬는 비싼 사육시설과 대규모의 실험어 관리를 요구한다. 제브라피쉬 실험실의 설치를 위해서는 많은 초기 자본이 요구되며 운영비는 초파리 실험실과 유

**표 6.1** 이 책에서 자세히 다룬 생물들

| 학명 | 일반명 | 문, 아문, 강 |
|---|---|---|
| *Caenorhabditis elegans* | 예쁜꼬마선충 | 선형동물문, 쌍선충강 |
| *Drosophila melanogaster* | 초파리 | 절지동물문, 단지아문 |
| *Brachydanio rerio* | 제브라피쉬 | 척삭동물문, 척추동물아문, 어강 |
| *Xenopus laevis* | 제노푸스(아프리카발톱개구리) | 척삭동물문, 척추동물아문, 양서강 |
| *Gallus domestica* | 닭 | 척삭동물문, 척추동물아문, 조강 |
| *Mus musculus* | 생쥐 | 척삭동물문, 척추동물아문, 포유강 |

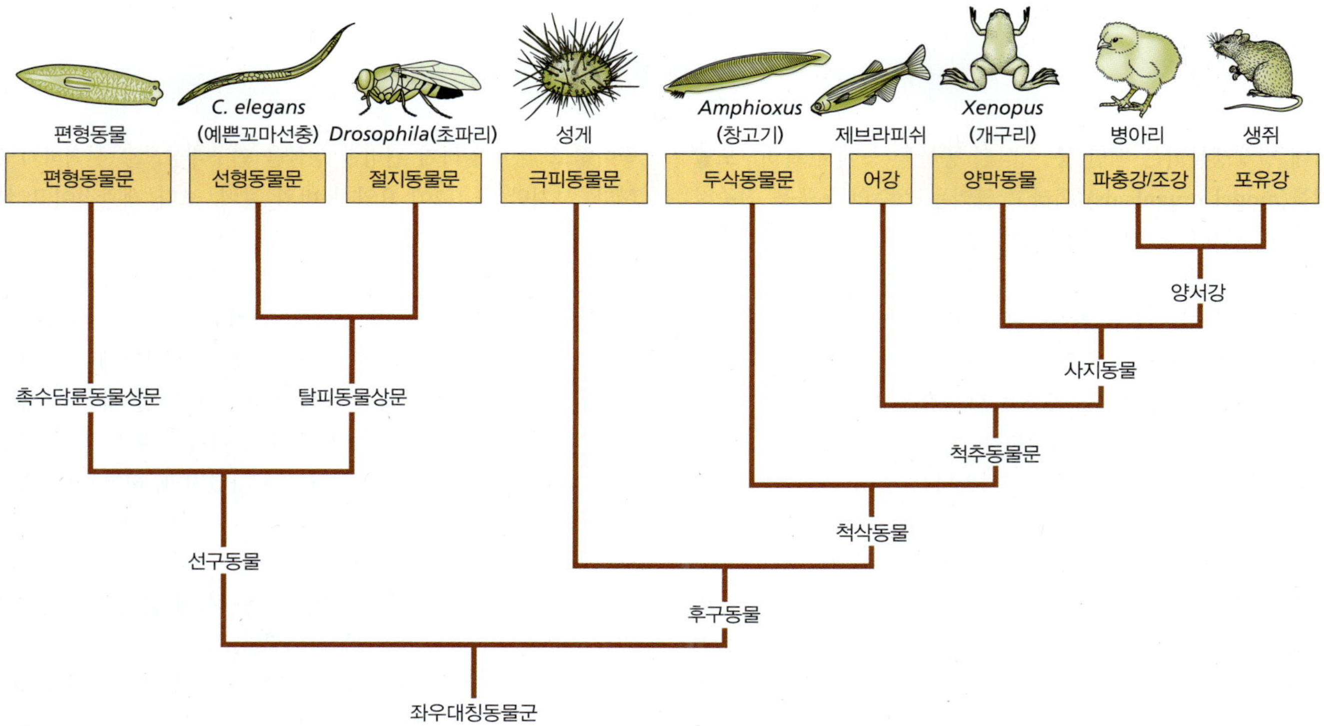


**그림 6.1** 발생생물학에서 사용하는 6대 모델 생물의 진화학적 위치를 보여주는 계통수.

**표 6.2** 6대 모델 생물의 실험적 장점과 단점

| | 예쁜꼬마선충 | 초파리 | 제브라피쉬 | 제노푸스 | 닭 | 생쥐 |
|---|---|---|---|---|---|---|
| 배아의 수 | 많음 | 많음 | 많음 | 많음 | 적음 | 적음 |
| 비용 | 저비용 | 보통 | 보통 | 보통 | 저비용 | 고비용 |
| 접근성 | 우수 | 우수 | 우수 | 우수 | 우수 | 열악 |
| 미세조작 | 제한적 | 제한적 | 양호 | 우수 | 우수 | 제한적 |
| 유전학 | 우수 | 우수 | 양호 | 미확립 | 미확립 | 우수 |
| 유전자 목록 | 밝혀짐 | 밝혀짐 | 밝혀짐 | 밝혀짐* | 밝혀짐 | 밝혀짐 |

*X. tropicalis*

사하다. 제브라피쉬 수조만큼 복잡하지는 않지만 개구리도 수조시설을 필요로 한다. 이 종은 유전학적인 연구를 하지 않기 때문에 사육관리 비용이 저렴하고, 따로 보살펴야 하는 유전적 집단이 거의 없다. 닭은 부화장에서 구입하기 때문에 사육관리 비용이 매우 저렴하며 실험실에는 부화기만 있으면 된다. 그러나 닭의 유전적 교배가 요구되는 실험을 하거나 아주 초기 발

생단계에 대한 연구를 하는 경우라면 닭 번식 시설을 갖추어야 하며, 크기가 큰 동물이기 때문에 많은 비용이 발생한다. 생쥐는 작고 비용이 많이 들지 않을 것으로 보이지만 사실은 6대 모델 생물 중 가장 비용이 많이 드는 생물이다. 포유동물 번식을 위해 조달되어야 할 것들과 실험동물 사육시설에 대한 법규 등을 고려할 때, 생쥐의 성공적인 짝짓기를 위해서는 많은 시간과 공간이 요구된다. 그러나 생쥐의 정자 및 배아의 동결보존이 가능해짐으로써 유전적 집단의 유지를 위해 요구되는 장기적인 비용은 절감되었다.

## 접근성과 미세조작

"접근성"은 모든 발생 단계의 배아에 얼마나 쉽게 다가갈 수 있는가를 의미한다. 해부에 의해 어떤 발생 단계의 배아이든 다 얻을 수 있지만, 많은 실험들은 배아에 필요한 처리를 하고 계속 살아 있는 상태를 유지하면서 처리의 결과로 배아의 발생이 어떻게 달라지는지를 살펴보아야 한다. 바로 이런 점에서, 체외수정을 하는 자유생활 생물이 선호된다. 이를 충족시키는 생물은 제노푸스와 제브라피쉬이다. 초파리도 수정 후 바로 산란한다. 예쁜꼬마선충 배아는 혼자서 잘 생존할 수 있지만, 난할 기간 중 어미를 해부하여야 얻을 수 있다. 닭의 배아는 암탉의 수란관을 따라 이동하면서 난할을 경험하며 산란 시점에 이미 60,000개의 세포로 구성되는 2개의 배엽을 갖는다. 이 단계 이후에는 알의 껍질에 조그만 구멍을 하나 뚫기만 하면 되기 때문에 쉽게 닭의 배아에 접근할 수 있다. 이 배아들은 접착테이프로 구멍을 붙이고 습기가 충분한 환경에 배양하면 아주 잘 생존한다. 생쥐는 접근성이라는 측면에서는 우수한 모델 생물이라고 보기 어렵다. 최초 4일 동안, 생쥐의 배아를 어미의 번식기관에서 관류하여 시험관내에서 배양할 수 있다. 그런 다음, 배양한 배아는 어미의 자궁에 이식되며 태반으로부터의 영양공급에 의존하여 생존한다. 착상하지 않은 배아를 시험관내에서 착상 후기 단계까지 기르는 것은 매우 어렵다. 착상한지 얼마 안 되는 배아를 어미의 자궁에서 분리하면 시험관내에서 1-2일 밖에 생존하지 못한다. 그러나 생쥐나 병아리 배아로부터 얻은 기관의 원기들은 오랜 시간 동안 배양가능하며 시험관내에서 잘 분화한다. 이 때문에 이 원기들은 기관형성 연구를 함에 있어서 인기 있는 재료이다.

배아 발생실험을 위한 또 다른 요구조건은 미세수술의 수월성이다. 미세수술은 하나의 세포나 작은 조직 조각을 떼어내서 다른 배아의 다른 위치에 이식하거나 단일 세포를 필요한 물질과 함께 주사하는 것과 같은 절차들을 의미한다. 이 모든 과정이 제노푸스에서는 비교적 쉽다. 양서류는 알이 크기 때문에 미세수술이 해부현미경 하에서 별다른 장비의 도움 없이 이루어질 수 있으며, 미세주사도 상대적으로 저렴하고 간단한 장비만 있으면 가능하다. 병아리에서도 역시 발생 후기에 미세조작이 손쉽게 이루어질 수 있다. 다른 동물들은 미세조작에 어려움이 따른다. 제브라피쉬의 경우 발생 초기에 세포를 떼어 내거나 주사하는 것이 가능하다. 예쁜꼬마선충과 초파리 알들은 크기가 작고 질긴 껍질에 둘러싸여 있다. 생쥐의 배아는 착상 전에는 크기가 작고 착상 후에는 배양이 어렵다.

한편, 예쁜꼬마선충과 물고기의 배아는 투명하다는 특별한 장점이 있어서 타종보다 생체 내 세포의 이동을 추적하기 쉽다.

## 유전과 유전체 지도

우리가 관심을 가지고 있는 모든 생물들은 유전자를 갖고 있지만, 그 생물들이 모두 실험실에서 유전적 교배 실험을 할 수 있는 기술을 뒷받침해 주는 "유전학"의 대상은 아니다. 제노푸스는 이상적인 유전학적 모델은 아니지만 여전히 중요한 모델 생물이며, 다른 수단을 통해 기능의 획득이나 제거 실험을 수행할 수 있다.

초파리 유전학은 매우 정교하며, 발생학 연구의 모델로 채택되기 이전에 이미 수십 년 동안 발전해 왔다. 2주의 짧은 생활사, 그리고 많은 수를 간편하게 보관할 수 있는 수월성은 초파리 유전학 발전에 결정적 도움이 되었다. 또한, 평균체 염색체(balancer chromosome)의 존재(11장 참고)는 상동일 경우 죽게 되는 돌연변이주의 보존을 쉽게 해 주었다. 예쁜꼬마선충도 유전학 연구에 아주 적합한 생물인데, 초파리와 마찬가지로 수명이 짧고 많은 수를 보관하기 편리하다. 이 선충은 자가수정 자웅동체이기 때문에 유전적 교배과정을 거치지 않아도 새로운 돌연변이가 자동적으로 상동인 상태로 분리된다. 생쥐의 유전학 역시 수십년 동안 발전해 왔지만 정교함에 있어서 초파리에 미치지 못하는데 그 이유는 치사 돌연변이를 다루기 어렵고, 돌연변이체를 연구하기 위해 요구되는 많은 수의 개체를 관리하는 데 고비용이 발생하기 때문이다. 그러나 최근 가능해진 정교한 표적 돌연변이 유도 기술은 쥐를 이용한 대규모 유전 연구의 가능성을 열었다. 제브라피쉬는 실험동물로서 짧은 역사를 갖기 때문에 오래된 모델 동물에서 사용하는 정교한 유전학적 기술을 적용하기 힘든 부분이 있다. 수명과 사육 가능 생물 수라는 측면에서는 무척추동물 모델보다는 열등하지만 척추동물 모델 중에서는 우수하다. 제노푸스 라에비스(*Xenopus laevis*)는 생활사가 길어서 유전학적으로 깊이 있게 연구되지 못했는데, 이는 새로 태어난 개체가 성적인 성숙에 도달하는 데 최소한 9개월이 걸리기 때문이다. 그러나 근연종인 제노푸스 트로피칼리스(*Xenopus tropicalis*)는 4개월 만에 성 성숙에 도달하여서 일부 실험실에서는 유전학적 연구가 가능한 모델로 채택되었다.

최근의 대규모 유전체 염기서열 분석 활동들은 모든 모델 생물들이 이제 거의 완벽한 유전자들의 목록과 고해상도 유전체 지도를 갖게 되었음을 의미한다. 이 덕분에 이제 발생생물학 분야에서는 새로운 유전자를 찾기 위한 대부분의 수고를 덜 수 있게 되었다. 과거에는 관심을 가진 생물에서 이미 알려진 유전자의 상동유전자를 얻기 위해 많은 시간과 노력을 투자하여 스스로 클로닝해야 했다. 심지어 점 돌연변이(point mutation)가 일어난 유전자를 클로닝하기 위해 여러 해를 소비해야 하기도 했다. 완벽한 유전자 목록과 지도가 이용가능하게 되면 어떤 유전자든지, 최소한 큰 유전체 DNA 조각의 형태로라도, 모두 중앙 저장소로부터 얻을 수 있다. 게다가, 완전한 유전자 목록을 통해 하나의 유전자 계열에 속하는 모든 유전자를 미리 알 수 있다. 동일 계열의 유전자 사이에 상당한 기능적 중복성이 존재하기 때문에 과발현 또는 기능상실 실험의 결과를 올바로 해석하기 위해서는 동일 계열의 유전자들을 모두 파악하는 것이 매우 중요하다.

불행하게도, 개구리 *Xenopus laevis*는 **유사사배체(pseudotetrapod)**인 것으로 판명되었다. 이는 약 3,000만 년 전 개구리의 염색체 수가 2배로 늘어난 이후 돌연변이가 축적되면서 복제된 염색체에 있는 유전자들 중 10% 정도의 염기서열이 달라졌음을 의미한다. 서로 달라진 유전자 짝들은 일반적으로 유사한 발현 특성과 기능을 유지한다. 이 유전자들은 염기서열이 동일 유전자 좌위에 있는 대립형질처럼 보여서 가끔 "**유사대립형질(pseudoallele)**"이라고 불리지만, 이들은 대립형질이 아니다. 유사사배체는 염기서열을 밝혀야할 유전체가 더 많고 유전자의 기능 중첩이 많아 실험연구자들이 선호하지 않는다. 그 때문에 *Xenopus laevis*의 유전체 염기서열은 여전히 완성되지 않았고, 관심은 진정한 이배체인 *Xenopus tropicalis*에게 집중되었다. 다행스럽게도, 두 *Xenopus* 종 사이의 염기서열 차이는 한 종의 유전자 탐침으로 다른 종의 동일계 유전자와 결합반응을 유도할 수 있을 정도로 적다.

제브라피쉬를 포함한 경골어류 역시 추가적인 유전체 중복화를 겪게 되지만, 이는 훨씬 더 과거의 사건(약 4억 2천만 년 전)이었기 때문에 유전자 짝들은 서로 다른 길을 걸어 큰 분화를 경험하였다. 그 유전자들 중 상당수는 다른 기능을 획득하였으며, 일부 유전자들은 소실되었다. 이 때문에, 비록 발생 과정에 중요한 역할을 하는 많은 유전자들이 유사 유전자를 갖는 경향이 있기는 하지만, 제브라피쉬는 실질적인 이배체이다.

## 적합성과 속도

표 6.2는 6대 모델 생물의 장단점에 대한 요약이다. 이 표는 제시된 모델 생물 모두 강점과 약점을 가지고 있으며 어떤 종도 모든 면에서 완벽한 모델 생물은 아니라는 사실을 보여 준다. 모든 점을 고려하여 보면, 생쥐와 닭이 다른 생물들보다 점수가 낮은데, 실제로 이 동물들이 실험 연구의 대상으로서 덜 각광받았기에 초기 발생 중 기초적인 과정들의 일부가 다른 생물보다 훨씬 늦게 밝혀졌다. 그러나 생쥐와 닭은 "적합성"이라는 또 다른 중요한 점 때문에 6대 모델 생물로서 선호되고 있다. 이 두 동물들은 모두 **양막류(amniotes)**이며, 생쥐는 포유동물이다. 이것은 이 동물들이 다른 모델 생물보다 인간과 훨씬 유사하다는 사실을 의미한다. 이런 점 때문에 지난 여러 해 동안 생쥐와 닭은 의학 분야 연구비의 상당 부분을 지원받을 수 있었다. 분자 수준에서는 다른 모델 생물들도 예전에 생각해 왔던 것보다는 인간과 훨씬 더 유사하다. 하지만 우리 자신이 포유류에 속하기 때문에 우리는 늘 포유류의 발생에 훨씬 더 많은 관심을 가져왔다. 뿐만 아니라 발생생물학이 더 깊이 있게 발전할수록 종 사이의 차이에 더 많은 관심이 기울여졌다. 모든 동물들은 앞뒤 형태형성과 관련된 Hox 유전자를 갖는다. 그러나 그 유전자의 수와 발현 영역은 하등 척추동물이나 무척추동물 모델보다는 생쥐의 경우가 인간과 훨씬 더 유사하다.

오늘날과 같은 경쟁적 세계에서는 각각의 실험에 오랜 시간이 소요되는 형태로 연구를 수행하기 힘들다. 이런 맥락에서, 6대 모델 생물의 발생속도를 비교하여 그림 6.2에 나타내었다. 이 그림을 보면 성숙에 이르는 시간적 차이는 3일인 예쁜꼬마선충에서 9개월인 개구리에 이르기까지 모델 생물 사이에 큰 차이를 보인다. 빠른 속도를 갖는 모델이 유전학 연구를 위해 사용되는데, 세대가 짧은 예쁜꼬마선충이나 초파리는 적은 비용과 인력으로 실험을 완성할 수 있어서 생쥐나 제브라피쉬와 비교하여 뚜렷한 이점을 갖는다. 그림의 가장 위쪽 부분은 배아 시기에 해당하며 모든 발생 실험이 며칠 내에 수행될 수 있음을 보여준다. 왜냐하면 실험의 종료 지점이 발생의 종료 지점을 의미하는 것이 아니라 연구대상이 되는 발생학적 과정이 완료되는 발생단계이기 때문이다. 생쥐를 이용한 많은 발생 실험은 임신 중기까지 이어지지만, 대부분의 제노푸스 실험은 발생 초기와 관련되며 수정 후 2-3일 이내에 종료된다.

## 기타 모델 생물들

매우 다양한 생물들이 1회 또는 그 이상 발생생물학 연구에 이용되었지만 그 중에 어느 것도 6대 모델 생물이 되지는 못했다. 일부 연구 공동체들은 한 종에 대해 집중적으로 연구하기보다는 한 분류군 내에 있는 여러 유사 종들에 대해 연구하는 경향이 있다. 이런 형태의 연구에 관련된 종들이 중요 모델 생물이 되기는 어렵다. 분자생물학적 수준에서 연구가 진행되

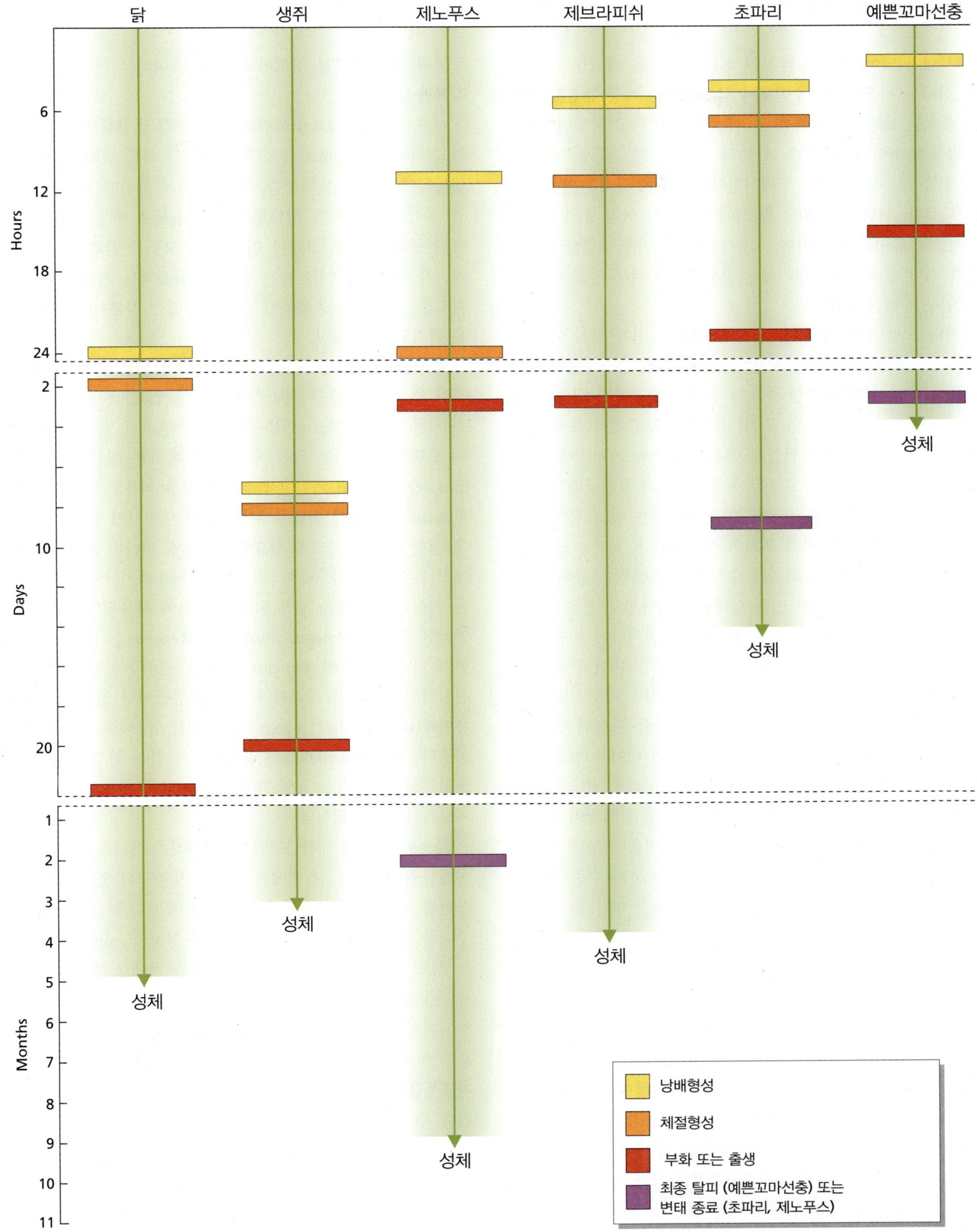


**그림 6.2** 6대 모델 생물들에 대한 비교발생학적 이정표. 이 도표는 세 가지 시간 단위를 사용하여 펼쳐져 있으며, 자유생활을 하는 생물들의 발생은 서식지 온도에 크게 좌우되기 때문에 이 도표에 사용한 시기는 다소 유동적일 수 있다. 이 표에서 "낭배형성(Gastrulation)"은 배엽 형성의 시작점을 의미하고, "체절형성(Segmentation)"은 시각적으로 확인할 수 있는 체절형성기의 시작점을 의미한다. "성체(Adult)"는 정상 번식이 가능한 개체를 의미함. 모든 시간들은 수정 후에 측정되어진다(닭의 경우는 일상적인 닭 배양일에 1일을 더함).

는 시대가 되어, 유전자 탐침의 호환성이 높을 때 연구는 빠르게 진행된다. 또한 전 유전체의 염기서열은 특정 유전자 계열에 속하는 모든 유전자들을 파악할 수 있게 하고 돌연변이체를 신속하게 찾아낼 수 있게 해 준다. 하지만 한 분류군 내의 여러 종들에서 유전자들의 염기서열이나 유전체 구성은 필연적으로 다르다. 재생 연구(20장 참고)에 이용되는 여러 종의 플라나리아들과 유미목 양서류(예, 도롱뇽)들은 유전자 탐침을 이용한 상호 결합 반응이 일어나기에는 유연관계가 너무 멀고 이 때문에 연구 진행은 느려진다.

기타 모델 생물 중 가장 중요한 생물은 성게이다. 이 종은 배아 발생학 연구의 초기 모델 생물이었으며 분자생물학이 발전하기 이전 시대에 훨씬 중요한 위치를 차지하고 있었다. 성게는 19세기 후반 배아의 조절(하나의 할구로부터 유생 전체 형성)을 보여준 최초 실험들에 이용되었으며, 1930년대 몸 구조를 결정하는 식물극으로부터 동물극으로의 물질구배의 존재를 밝히는 실험에 이용되었다. 보다 최근에는 발생 시 유전적 네트워크 모델을 구축하기 위하여 사용되었다. 성게는 많은 양의 알을 얻어서 대량으로 인공수정시키기 쉬운 생물이다. 성게 배아는 투명하여 살아 있는 상태로 형태형성 과정을 관찰할 수 있다. 그러나 생활주기가 길고 변태가 일어나는 전체 기간 동안 사육하기 어려우며 실험적 교배를 통한 유전 연구에 적합하지 않다. 미세수술 실험들이 행하여지기는 하였지만 배아가 작아서(직경 100 μm 이하) 그러한 수술들은 힘이 많이 든다. 성게는 생화학적 연구를 위해 많은 양의 배아를 필요로 하던 1960-1980년 사이에 전성기를 누렸다. 이러한 연구는 세포분열주기를 통제하는 사이클린(cyclin)이라는 단백질의 발견으로 정점에 이른다(2장 참고). 성게는 또 수정을 연구하기에 편리한 동물이지만, 연구를 통해 밝혀진 것은 분자 수준에서 성게와 포유동물의 수정 기전이 많이 다르다는 것이다.

멍게류(Ascidians)는 연구재료로서 꽤 많은 애호가를 갖는 하등 척색동물(chordates)이다. 멍게 역시 20세기 초 전통적인 세포 계보 연구에 활용된 괄목할 만한 역사를 지니고 있다. 이 종을 이용한 분리 및 이식실험에서는 세포질 내 결정인자의 존재가 밝혀졌으며 그 인자들 중 일부는 현재 동정되어 있다. *Patella* (삿갓조개류)나 *Ilyanassa* (바다달팽이류)와 같은 다양한 복족류 역시 세포 계보 및 세포질 내 결정인자 연구에 이용되었다. 그러나 이 해양 무척추동물들로부터 알아 내려고 했던 세포질 내 결정인자의 분자생물학적 특성과 기능에 대한 정보들은 나중에 예쁜꼬마선충에 대한 집중적 연구를 통해 밝혀졌다.

편형동물인 **플라나리아**는 동물계에서 가장 극적인 재생 행위를 보여주며 아마도 언젠가는 일곱 번째 대표 모델 생물이 될지도 모른다. 그러나 현재는 그리 많지 않은 연구실에서 이 동물에 대한 연구를 진행하고 있으며, 여러 다른 종의 플라나리아가 연구되고 있다.

세포성 점균류 *Dictyostelium*, 비세포성 점균류 *Physarum* 그리고 미세조류 *Volvox* 등을 포함한 일부 하등 진핵생물들도 그 생물들이 보여주는 특성들, 예를 들면 주화성에 의한 세포 응집, 핵분열의 동시성, 형태형성을 위한 세포 이동 등과 관련하여 연구되어 왔다. 그러나 이 생물들 모두 인간과는 진화학적 거리가 매우 멀고 심지어는 무척추동물들과도 거리가 멀다. 그리고 이 생물들은 동물들이 공유하고 있는 기본적인 발생 기전을 가지고 있지 않다.

역사적으로 모델 생물의 대표주자가 되는 데는 실패하였지만 몇 가지 특수한 기술적 이점으로 인해 틈새시장에서 계속 사용되어 온 보조 생물들이 있다. 생리학 연구를 위한 우수 모델인 쥐(rat)는 착상 후 초기에 배아를 배양하기가 생쥐(mouse)보다 쉽고 기형발생 연구에 자주 이용되어진다. 메추라기(quail)는 닭보다 실험실에서 기르고 번식시키기 쉬워서 어미에 대한 실험적 처리가 필요한 연구(예, 비타민 A 고갈 연구)에 사용될 수 있다. 메추라기는 또한 메추라기 특이 항체를 갖는 이식편의 표지를 위해 닭과 연계하여 사용되어 왔다. 앞서 언급한 것처럼, *Xenopus tropicalis*는 *Xenopus laevis* 보다 간단한 유전체를 가지며 *Xenopus laevis*를 이용하여 할 수 없는 유전실험의 가능성을 제공한다. 또한 도롱뇽이나 영원 등과 같은 **유미목(urodele)** 양서류들은 제노푸스를 능가하는 재생력을 보여준다. 메다카(medaka)는 일본에서 실험실 환경에 길들여진 물고기로 일정 기간 동안 형질전환 어류를 만드는 데 있어서 제브라피쉬보다 뛰어났다.

끝으로, 인간에 대한 모델로 여겨져서가 아니라 동물 진화를 이해하려는 노력의 측면에서 연구된 생물들이 있다. 여기서는 실험을 위한 편리성이 아닌 진화학적 계통수에서의 위치가 연구대상 생물을 결정짓는다. 예를 들면 창고기(amphioxus)는 어느 정도 척추동물의 공통조상을 닮았을 것으로 생각되는 두색류(cephalochordate)이다. 단일한 Hox 유전자 집단을 갖는 등 창고기가 보여주는 특성들은 척추동물 계보에서 원시적인 것으로 여겨진다. 우리에게 친숙한 담수산 히드라(*Hydra*)와 같은 **자포동물(Cnidarian)**들은 이들도 모든 동물들의 공통조상과 닮았을 수 있다는 점에서 비교연구의 대상이 된다. 이 생물들은 또한 아주 뛰어난 재생력을 갖는다. 초파리 이외에도 잠자리(*Platycnemis*), 귀뚜라미(*Acheta*), 딱정벌레(*Tenebrio*) 및 누에나방(*Bombyx*) 등과 같은 많은 곤충들이 발생학적 연구에 사용되었다. 이들 중 일부는 뒤쪽 부분이 형성될 때 배반엽이 성장하여 초파리와는 아주 다른 발생 양식을 보여준다. 이 생물들은 분자생물학적인 설계 수준이 높아 초파리 발생의 이해에 도움을 주었으며, 오늘날 진화학적 비교를 위해 중요하게 취급된다.

이 생물들 모두 생물학적으로 중요한 정보를 제공하지만, 6대 모델 생물들이 대부분의 현대 발생학 연구에 사용되고 있다. 표준화된 모델 생물 사용의 편리함은 연구비 지원기관들이 인간 이외의 다른 것에 대한 연구를 지원하는 좋은 이유가 된다.

## 추가로 읽을 것


### General

Bard, J.B.L. (1994) *Embryos. A Colour Atlas of Development*. London: Wolfe Publishing.

### Stage series

Hamburger, V. & Hamilton, H.L. (1951) A series of normal stages in the development of the chick embryo. *Journal of Morphology* **88**, 49–92. Reprinted in *Developmental Dynamics* **195**, 231–272 (1992).

Nieuwkoop, P. D. & Faber, J. (1967) *Normal Table of Xenopus laevis*. Amsterdam: N. Holland. Reprinted by Garland Publishing Inc., London (1994).

Eyal-Giladi, H. & Kochav, S. (1976) From cleavage to primitive streak formation: a complementary normal table and a new look at the first stages of the development of the chick. *Developmental Biology* **49**, 321–337.

Theiler, K. (1989) *The House Mouse. Development and Normal Stages from Fertilization to Four Weeks of Age*, 2nd edn. Berlin: Springer-Verlag.

Hausen, P. & Riebesell, M. (1991) *The Early Development of Xenopus laevis*. Berlin: Springer-Verlag.

Kaufman, M.H. (1992) *The Atlas of Mouse Development*. London: Academic Press.

Hartenstein, V. (1993) *Atlas of Drosophila Development*. Cold Spring Harbor, NY: Cold Spring Harbor Laboratory Press.

Kimmel, C.B., Ballard, W.W., Kimmel, S.R., Ullmann, B. & Schilling, T.F. (1995) Stages of embryonic development of the zebrafish. *Developmental Dynamics* **203**, 253–310.

Bellairs, R. & Osmund, M. (1997) *The Atlas of Chick Development*. London: Academic Press.

Campos-Ortega, J.A. & Hartenstein, V. (1997) *The Embryonic Development of Drosophila melanogaster*, 2nd edn. Berlin: Springer-Verlag.

### Some other organisms used in developmental biology

#### Sea urchin

Ohlendieck, K. & Lennarz, W. J. (1996) Molecular mechanisms of gamete recognition in sea urchin fertilization. *Current Topics in Developmental Biology* **32**, 39–58.

Davidson, E.H., Cameron, R.A. & Ransick, A. (1998) Specification of cell fate in the sea urchin embryo: summary and some proposed mechanisms. *Development* **125**, 3269-3290.

Angerer, L.M. & Angerer, R.C. (2000) Animal-vegetal axis patterning mechanisms in the early sea urchin embryo. *Developmental Biology* **218**, 1–12.

Ettensohn, C.A. & Sweet, H.C. (2000) Patterning the early sea urchin embryo. *Current Topics in Developmental Biology* **50**, 1–44.

McDougall, A., Shearer, J. & Whitaker, M. (2000) The initiation and propagation of the fertilization wave in sea urchin eggs. *Biology of the Cell* **92**, 205–214.

Oliveri, P. & Davidson, E.H. (2004) Gene regulatory network controlling embryonic specifi cation in the sea urchin. *Current Opinion in Genetics and Development* **14**, 351–360.

McClay, D.R. (2011) Evolutionary crossroads in developmental biology: sea urchins. *Development* **138**, 2639–2648.

#### Other

Nishida, H. (1997) Cell fate specifi cation by localized cytoplasmic determinants and cell interactions in ascidian embryos. *International Review of Cytology-a Survey of Cell Biology* **176**, 245–306.

Aubry, L. & Firtel, R. (1999) Integration of signaling networks that regulate Dictyostelium differentiation. *Annual Review of Cell and Developmental Biology* **15**, 469–517.

Wittbrodt, J., Shima, A. & Schartl, M. (2002) Medaka-A model organism from the Far East. *Nature Reviews Genetics* **3**, 53–64.

Satoh, N. (2003) The ascidian tadpole larva: Comparative molecular development and genomics. *Nature Reviews Genetics* **4**, 285–295.

Manahan, C.L., Iglesias, P.A., Long, Y. & Devreotes, P.N. (2004) Chemoattractant signaling in Dictyostelium discoideum. *Annual Review of Cell and Developmental Biology* **20**, 223–253.

Halpern, M.E., ed. (2004) Special issue medaka. *Mechanisms of Development* **121**, Issues 7–8.

da Fonseca, R. N., Lynch, J. A. & Roth, S. (2009) Evolution of axis formation: mRNA localization, regulatory circuits and posterior specification in non-model arthropods. *Current Opinion in Genetics and Development* **19**, 404-411.

Lemaire, P. (2011) Evolutionary crossroads in developmental biology: the tunicates. *Development* **138**, 2143–2152.


For planarians and urodele amphibians, see Chapter 20. For amphioxus, see Chapter 22.

제7장 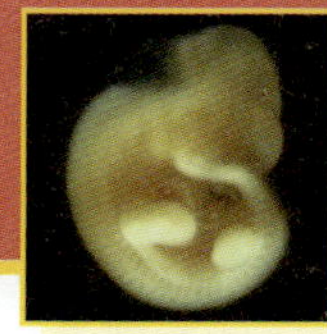

# 제노푸스

과거에는 여러 양서류가 실험생물로 사용되었지만, 최근에는 사육관리와 인위적 산란유발의 수월성 및 배아(embryo)의 강인함 등의 장점들을 갖는 아프리카발톱개구리(*Xenopus laevis*)가 실험용 양서류의 세계 표준이 되었다. 개구리는 암수 모두가 융모성 성선자극호르몬(chorionic gonadotropin) 주사에 의해 산란 및 방정이 유도되기 때문에 배아의 인공적 생산과정이 간편하다. 요즈음은 인공수정이 더욱 일반화되어서 수정시간을 정확하게 알 수 있으며 발생의 동시성이 매우 높은 소수의 배아 집단을 쉽게 만들어 낸다. 개구리의 초기 배아는 직경이 1.4 mm 정도로 부위별 미세수술을 할 수 있을 만큼 충분히 크다. 개구리의 알은 많은 난황 과립과 여러 영양물질들을 저장하고 있어서 배아의 일부를 잘라내서 아주 단순한 배지에 이식해도 며칠 동안 생존하면서 분화가 진행된다. 이렇게 얻어진 배아 조각들은 많은 실험을 위한 기반을 제공한다. 세포 계보 표지(예, 형광 덱스트란)의 도입은 정확한 발생 운명지도의 제작을 가능하게 하였다. 시험관내에서 합성한 mRNA를 수정란에 주사하여 유전자를 과발현시키는 방법, 안티센스 **모폴리노(morpholino)**를 주입하여 유전자 작용을 억제하는 방법 등도 도입되어 초기 발생 과정의 이해를 증진시키는 데 크게 기여하였다. 가장 최근에는 다양한 형질전환(transgenesis) 기술의 도움으로 개구리가 기관형성, 재생, 변태에 관한 분자유전학적 연구들에도 사용되고 있다.

최근 개구리의 유전자와 단백질 이름들을 소문자로 표기하기로 한 규약이 발표되었다. 이 규약이 완전히 확립되지는 않았지만, 이 장에서는 이 규약을 따르기로 한다. 개구리의 유전자나 단백질 이름 앞에는 가끔 생물종을 나타내기 위해 "X" 또는 "x"를 붙인다. 예를 들면 *Xbra*는 *Xenopus brachyury* 유전자를 의미하며, *Xgsc*는 *Xenopus goosecoid* 유전자를 의미한다. 하지만 이 규약은 일관되게 사용되고 있지 않아서 이 책에서는 "X"를 삭제하였다.

## 난자의 형성, 성숙 그리고 수정

개구리의 난소는 난포세포 층과 혈관들에 둘러싸여 있는 많은 수의 난모세포(oocyte)들로 구성된다. 개구리 난소 내부의 난원세포(oogonia)는 성체 기간 내내 존재하며 살아 있는 동안 계속 분열한다. 난원세포는 마지막 유사분열 후 일차난모세포가 된다. 이후 7개월에 거쳐 이 난모세포의 성장이 일어나는데, 이 기간 동안 배아의 초기 발생에 필요한 영양물질들이 난자에 축적된다(그림 7.1). 배아와 부화 유생은 스스로 먹이를 섭취할 수 있게 되기 전까지는 이 축적된 영양물질에 의존한다. 난모세포의 핵은 아주 크며 **난핵포(germinal vesicle, 핵막)**라고 불린다. 염색체는 감수분열 전기의 특징인 네 가닥으로 된 **2가 염색체(bivalent)**로 되어 있으며, 난모세포 성장기간 중에는 높은 전사활성을 유지하며 많은 수의 고리모양 염색질이 돌출되어 있다. 이러한 모습 때문에 이 염색체들을 **램프-솔 염색체(lamp-brush chromosome)**라고 부른다.

초기 발생 과정 중의 단백질 합성을 지원해 주기 위해 이 난모세포는 많은 리보솜(ribosome)과 tRNA를 축적해 둘 필요가 있다. 이 때문에 ribosomal RNA (rRNA)를 부호화하고 있는 유전자 집단이 난모세포 성장기 초기에 1,000배로 증폭되며, 이 유전자들은 모두 rRNA 합성을 위한 주형(template) DNA 역할을 한다. 성장기에는 또 많은 양의 **난황(yolk)** 단백질을 획득한다. 이 난황 단백질들은 난모세포에서 만들어지는 것은 아니며, 어미 개구리의 간에서 만들어져 혈류를 통해 생식소로 전달되고 최종적으로 난모세포에 의해 흡수된다. 난황형성이 일어나기 전(previtellogenic = preyolky)의 난모세포는 투명하지만, 난황과립이 축적되기 시작하면 불투명해진다. 난모세포가 완전히 성장하면 전사는 중단되지만, 단백질의 합성과 분해는 계속 일어난다. 이는 특정 mRNA가 고갈되면 이 RNA는 대체될 수 없으며, 1-2일 이내에 그 단백질 생성물이 사라진다는 것을 의미

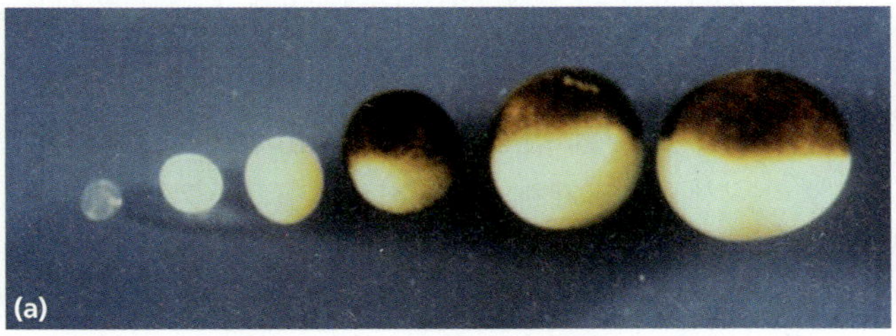


그림 7.1 제노푸스의 난형성. (a) I 단계에서 VI 단계까지의 난모세포 사진(단계를 구분하여 나타내기 위해 로마 숫자를 사용함). (b) 난자형성 각 단계에서 일어나는 일들을 도식화하여 나타냄. (인용) (a)부분은 Academic Press의 허락을 얻어 Smith et al. Oogenesis and oocyte. In *Xenopus laevis Practical Uses in Cell and Molecular Biology*, B.K.Kay and H.B.Peng (eds). Methods in *Cell Biology*, Vol. 36, 1991의 그림을 재구성하였음.

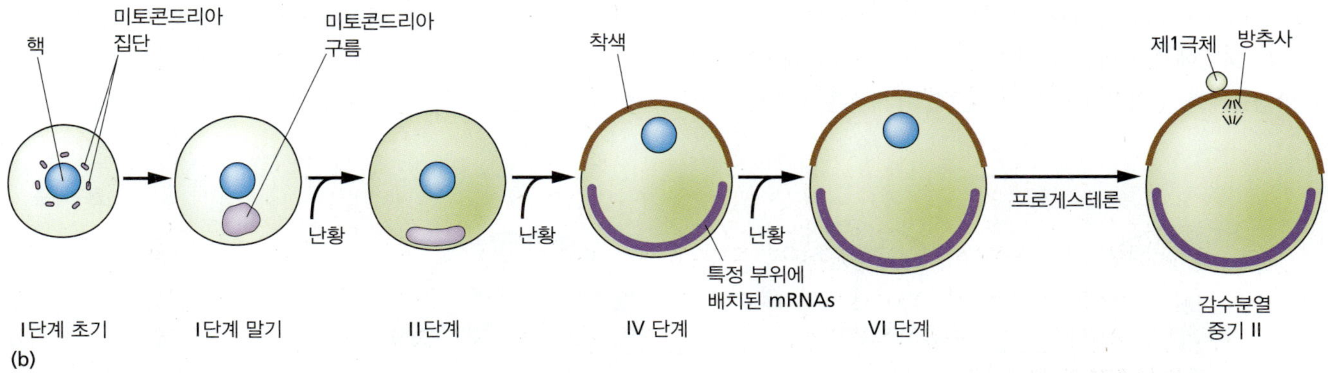


하기 때문에 실험적 목적을 위해 중요하다.

성장기 동안 난모세포의 **동물극-식물극 극성(animal-vegetal polarity)**이 형성된다. 난황형성 이전에 특별한 세포질 부위가 만들어지는데, 이곳에는 미토콘드리아가 풍부하여 미토콘드리아 구름(mitochondial cloud) 또는 발비아니체(Balbiani body)라고 불린다. 이곳이 **생식질(germ plasm)**의 전구체이며 이곳의 위치가 앞으로 이 난자의 식물극을 결정짓는다. *vegT*를 포함한 많은 mRNA들이 이 미토콘드리아 구름과 관련되어 있으며, 난황형성기 초기에 식물극쪽 피질에 나타난다. 난핵포를 포함하고 있는 반구는 **동물반구(animal hemisphere)**라고 불린다. 난황형성기 중기에 이곳은 색소과립 때문에 어두운 색을 띤다. 반면 식물반구는 밝은 색을 유지한다. 색깔 차이가 나타나는 단계쯤, *vg1*을 포함한 두 번째 그룹의 mRNA들이 식물극 피질에 위치하게 된다. 안티센스 올리고뉴클레오타이드 처리에 의해 *vegT* RNA가 분해되면 다른 mRNA들의 위치가 변화하는 것에서 알 수 있듯이 초기 RNA의 배치는 *vegT* RNA 자체에 좌우된다.

완전히 성장한 일차난모세포의 크기는 직경이 약 1.2 mm이다. 어미 개구리의 뇌하수체로부터 분비되는 생식소자극호르몬에 반응하여 성숙이 이루어진다. 이 호르몬은 혈류를 따라 이동하여 난소 난포세포(follicle cell)로부터 프로게스테론(progesterone) 분비를 촉발시킨다. 이 황체호르몬은 난모세포에 있는 스테로이드 수용체와 결합하여 발암성단백질(oncoprotein)의 하나인 c-Mos의 번역을 활성화시키고, 이 c-Mos는 인산가수분해효소 Cdc25를 활성화시켜 다시 **성숙촉진인자(maturation promoting factor, MPF** = Cdk와 사이클린의 복합체로 M phase를 시작하기 위하여 필요하며 M phase promoting factor 라고도 함, 2장 참고)를 활성화시킨다. 난핵포가 붕괴되고 첫 번째 감수분열이 일어나며, 그 결과로 제1극체(pola body)가 형성된다. 이 분열 결과는 엄밀하게는 제2감수분열 중기에 멈춘 이차난모세포이지만, 종종 **미수정란(unfertilized egg)**이라고 불리기도 한다. 이 중기 멈춤(metaphase arrest)은 세포정지 요인(cytostatic factor)이라고 알려진 c-Mos와 Cdk2의 복합체가 사이클린의 파괴를 억제하기 때문이다. 알들은 체강에 떨어졌다가 수란관 앞쪽 끝 핌브리에(fimbriae, 깔때기 모양의 구조)를 통해 수란관으로 들어가고, 이 관을 따라 배설강으로 이동하면서 젤리로 포장된다.

정상적인 짝짓기에서는 수컷이 암컷을 잡고 배설강에서 나오는 알을 수정시키지만, 실험실에서는 일반적으로 알이 든 용기에 정자를 넣어 인공수정시킨다. 수정이 일어나면서 이차난모세포는 수정란, 즉 접합자(zygote)가 된다. 정자의 침입에 의해 야기된 세포 내 칼슘농도 증가는 세포정지 요인을 파괴하고 그 결과 사이클린의 붕괴가 일어나며 멈춰 있던 제2감수분열이 진행되어 제2극체가 방출된다. 칼슘은 또한 알의 표면 근처에 있는 피질과립(cortical granule)의 세포외유출을 야기한다. 유출된 과립 중의 단백질과 탄수화물 성분들이 알 표면에서 난황막이 떨어져 부풀어 오르게 하여 알이 중력의 영향 하에서 자유롭게 회전할 수 있도록 하며, 이로 인해 동물반구가 위쪽에 위치하게 된다.

우리는 제노푸스 난모세포를 알 또는 배아의 전구세포로서 관심을 갖지만, 개구리 난모세포는 세포생물학 연구분야에서도 중요하게 활용되어 왔다. 개구리 난모세포는 정상 세포의 모든 특성을 나타내면서도 mRNA나 다른 물질의 미세주입이 가능할 만큼 충분히 커서 까다로운 생리학적 연구들이 가능하기 때문이다.

## 정상 발생

기본적인 동물의 몸 체제(general body plan)를 갖출 때까지의 발생 단계는 난할기(cleavage), 낭배기(gastrulation) 그리고 신경관형성기(neurulation)로 나눌 수 있는데, 개구리에서 이 단계들은 수온 24°C에서 24시간 이내에 완료된다. Nieuwkoop과 Faber는 발생단계를 수치화하여 나누었는데, 단계 8은 포배기 중기(mid-blastula), 단계 10은 초기 낭배, 단계 13은 초기 신경관형성기, 단계 20은 신경관형성기의 종료기에 해당한다(그림 7.2).

정자는 동물반구에 진입하여 **피질회전(cortical rotation)**이라 불리는 세포질의 재배치를 개시시킨다(그림 7.3). 이것은 난자 내부에 대해 피질층이 회전하는 것이며, 식물극에 일시적으로 출현하는 미세소관의 배열과 관련되어 있다. 이 회전은 정자 진입 부위 반대쪽에 있는 미래에 등쪽이 될 동물반구의 착색 감소를 유도한다. 난자 내부에서 등 결정인자가 식물극으로부터 미래의 등쪽 부위로 이동함으로써 정자 진입 부위의 반대쪽에 등 구조 형성이 확실해진다. 일부 다른 개구리류에

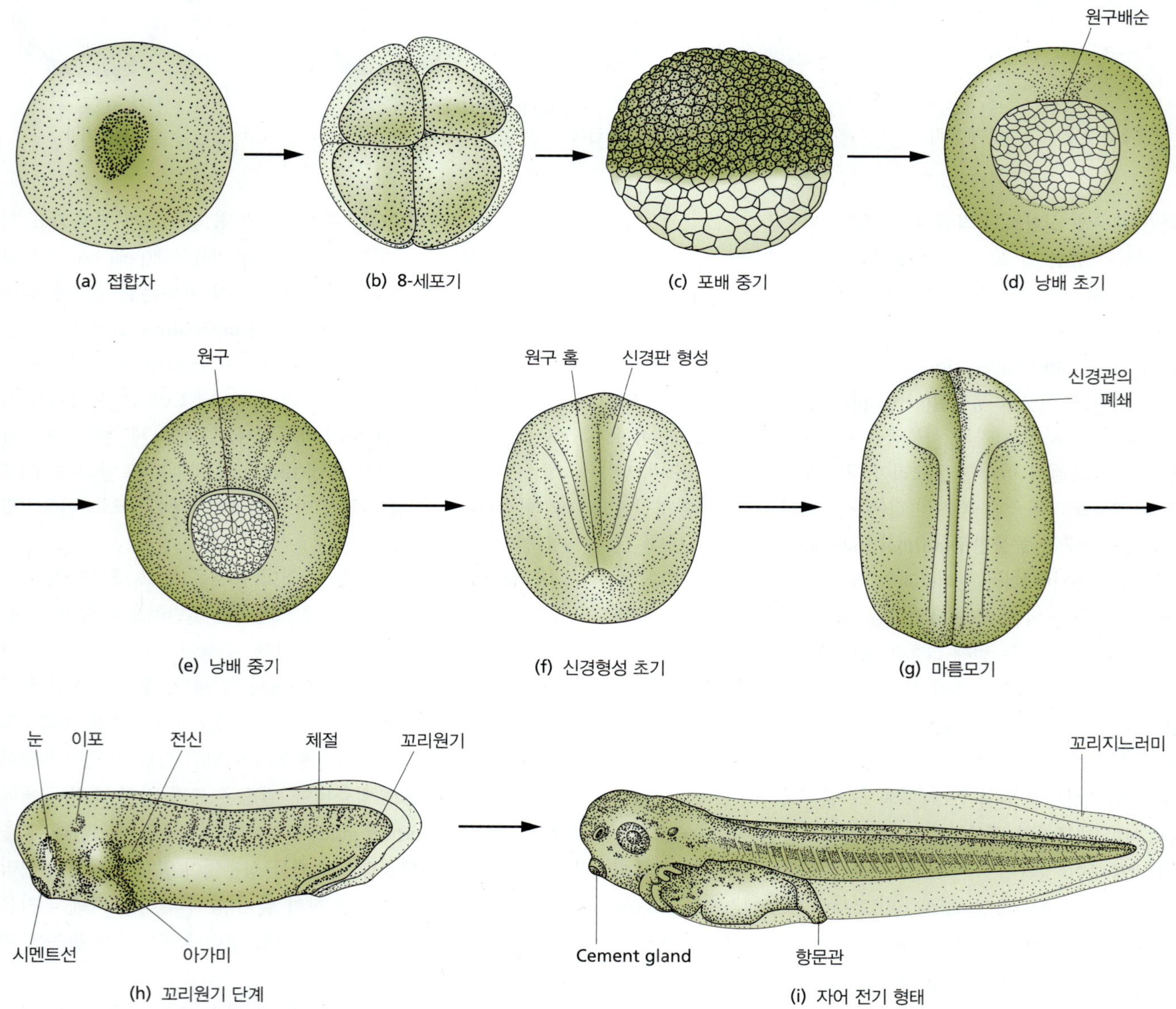


**그림 7.2** 제노푸스의 발생 단계. 이 그림에서는 단계를 구분하기 위하여 Nieuwkoop-Faber의 수치들을 사용함. (a) 동물극쪽에서 내려다 본 접합자(수정란); (b) 동물극쪽에서 내려다 본 8세포기, 4단계; (c) 옆에서 본 포배 중기, 8단계; (d) 식물극쪽에서 본 초기 낭배, 10단계; (e) 식물극쪽에서 본 중기 낭배, 11단계; (f) 등쪽에서 본 신경형성기, 14단계; (g) 등쪽에서 본 신경형성 후기 "마름모꼴", 22단계, 약 1일; (h) 꼬리형성기, 30단계, 약 2일; (i) 예비 유생, 40단계, 약 3일.

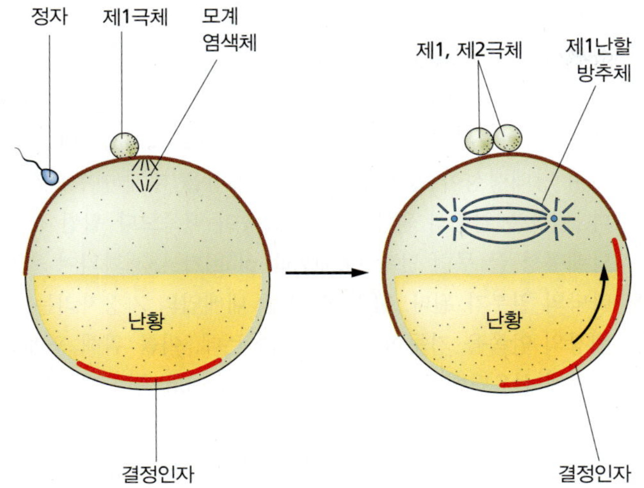


**그림 7·3** 피질회전. 알의 피질이 정자진입 지점을 향하여 안쪽 세포질에 대해 약 30° 각도로 회전함.

서도 유사한 착색 변화가 일어나며, 그 결과 회색신월환(grey crescent)이라고 알려진 표층의 특징이 유발된다.

## 난할

최초의 난할은 수직으로 일어나서 난자를 좌우 반구로 양분한다. 두 번째 난할도 수직으로 일어나는데, 최초 난할 방향에 직각 방향으로 진행되며 미래의 등쪽과 배쪽을 나눈다. 세 번째 난할은 위할(equatorial cleavage)로 동물반구와 식물반구를 나눈다. 이어지는 난할은 개체마다 어느 정도 차이는 있지만, 8개의 세포가 네 층을 이루고 있는 32세포기의 배아를 어렵지 않게 얻을 수 있다. 다른 종들처럼, 초기 난할에서 유래한 큰 세포들을 할구(blastomere)라고 부른다. 난할이 진행되면서 동물반구의 가운데에는 포배강(blastocoel)이라고 부르는 빈 공간이 형성되는데, 이때의 배아를 포배(blastula)라고 부른다. 포배의 바깥쪽 표면은 원래의 난모세포막으로 구성된다. 외곽 세포 주위의 완전한 밀착연접(tight junction)망이 포배강을 외부로부터 차단하며 거의 모든 물질의 침투를 방해한다. 이 때문에 방사성 표지 물질을 비롯한 다른 물질을 배아에 넣으려고 할 때에는 미세주사법(microinjection)을 적용하여야 한다. 난모세포는 이와 달리, 성숙시기에 도달할 때까지 아미노산이나 당류의 침투가 가능하다. 포배의 내부세포들은 캐드헤린(cadherin)에 의해 서로 연결되어 있으며, 배지로부터 칼슘이온을 제거하면 쉽게 분리된다. 부착반(desmosome)은 신경배기(neurula stage) 이전에는 발견되지 않지만, 초기 난할기의 모든 세포들은 간극연접(gap junction)에 의해 연결되어 있다.

난할은 12회째 분할까지 빠르게 진행되며 그 이후 **포배중기 전이**(**mid-blastula transition**, MBT)라고 알려진(실제로는 포

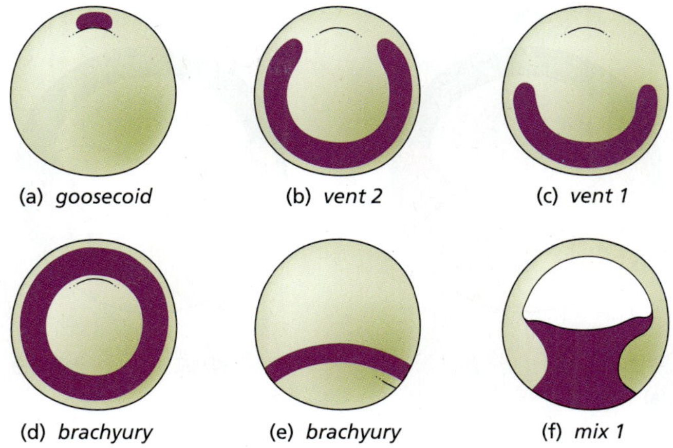


**그림 7·4** 접합자 유전자들의 초기 발현 영역. (a–d)는 식물극쪽에서 본 모습; (e)는 측면에서 본 모습; (f)는 옆에서 자른 절단면.

배 말기에 해당) 중요한 변화가 일어난다. 이때가 되면 난할 속도가 늦어지며 세포분열의 동시성이 상실되고, 세포간 부착력이 강해져 포배가 울퉁불퉁하지 않고 표면이 매끄러운 구형으로 보인다. 비록 난할기 동안에도 일부 유전자의 약한 전사(transcription)를 감지할 수 있기는 하지만, 배아 자체의 유전체로부터 본격적인 전사가 일어나기 시작하는 시기는 바로 이 MBT 단계이다.

배아 유전체의 본격적인 전사가 시작되면 특정 전사인자에 대한 특이적 결합반응을 이용하여 초기 발생예정역을 눈으로 확인할 수 있게 해준다(그림 7.4). 연구된 많은 유전자들 중 여기서는 소수의 예만 보여준다. 중배엽 전체는 T-box 유전자인 *brachyury*의 발현으로 시각화될 수 있는데, 이 유전자는 후기 중배엽 유전자들의 상승 발현을 유도하고 낭배의 움직임들을 조절하는 데 필요하다. 장차 **형성체 영역**(**Spemann's organizer**)을 형성할 등쪽 부위는 *siamois*, *goosecoid*, *not*, *lim1* 등을 포함하는 많은 전사인자의 발현으로 특징지어진다. 이 모든 전사인자들은 체축 분화에 필요하며, 특히 *siamois*는 형성체의 초기 형성에 관련되어 있고 *goosecoid*는 낭배의 움직임에 필요하다. 복부 중배엽은 호메오박스(homeobox) 유전자인 *vent1*과 *vent2*를 내포 형식(nested pattern)으로 발현한다. 이 유전자들은 조합적 방식으로 작용하여 측판(lateral plate)(*vent1+ 2*)과 체절(*vent2* only) 영역을 결정짓는다. 내배엽은 *mix1*이나 *sox17*과 같은 여러 전사인자들이 발현되는 영역으로서 시각화될 수 있다. 이 전사인자들은 나중에 특정 내배엽 유래 조직 내 다양한 유전자들의 상승발현을 위해 요구된다.

## 낭배형성

낭배형성은 형태형성을 위한 세포 이동이 일어나는 단계로 이

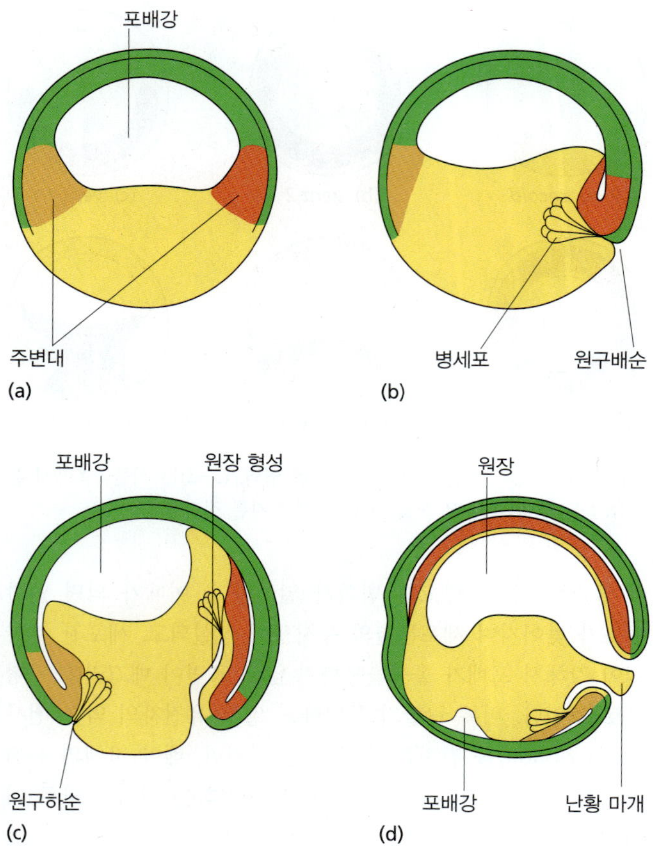


**그림 7.5** 낭배형성. (a) 포배; (b) 초기 낭배; (c) 중기 낭배; (d) 말기 낭배. a–d 모두 중앙 절단면.

과정 중에 **주변대(marginal zone)**라고 불리는 적도선 주위 조직의 띠가 **원구(blastopore)**라고 불리는 구멍을 통하여 내재화되어진다(그림 7.5). 이 단계에서 동물 신체의 전형적인 3층 구조를 이루는 **외배엽(ectoderm)**, **중배엽(mesoderm)** 그리고 **내배엽(endoderm)**이 확립된다. 낭배형성의 시작은 등쪽 식물극 사분면에 색깔을 띠는 패인 부분의 출현으로 알 수 있다. 이곳이 원구의 **등쪽 입술(원구배순, dorsal lip)**이다. 원구는 측면으로 늘어나다가 곧 완전한 원이 된다. 원형일 때 원구배순으로 불리는 부분이 완전한 원의 등쪽 체절이며 배쪽 입술로 불리는 부분이 완전한 원의 배쪽 부분이 된다. 병 세포(bottle cell)라고 불리는 길어진 세포들이 원구 주위에 존재하는데 이 세포들의 정확한 역할은 확실히 알려져 있지 않다. 원형의 원구 주위로 조직의 함입이 일어나는데 원구배순 방향으로 훨씬 넓게 함입이 진행되며, 함입하는 조직의 가장자리가 동물극을 지날 때까지 계속된다. 원구의 측면과 배쪽으로는 함입의 정도가 미미하다.

낭배형성시 배아 구성 세포들은 구분 가능한 특징적 이동을 하는데, 이 유형별 세포 이동들은 서로 독립적인 경향을 보인다.

1. 궁극적으로는 배아 전체를 뒤덮게 될 동물 반구의 활발한 팽창(**외적**, **epiboly**).
2. **주변대의 함입(invagination)**. 이 이동은 등쪽에서 시작하여 원구가 원형이 될 때까지 측면과 배쪽으로 확산된다. 함입에 의해 형성된 빈 곳은 **원장(原腸, archenteron)**이라고 불리며 낭배형성이 진행됨에 따라 포배강을 대체하며 팽창한다. 원장은 일종의 원통 형태로 등쪽이 배쪽보다 훨씬 길다. 낭배형성 끝 무렵 난황 마개(yolk plug)가 내재화되어 원장 바닥의 일부가 된다. 함입 과정 중 내배엽의 가장자리는 포배강의 안쪽을 기듯이 따라 움직이는데, 이를 위해 포배강 표면에 섬유단백질인 피브로넥틴(fibronectin)층이 필요하다.
3. 장래의 중배엽은 낭배형성 시작부터 안쪽에 위치해 있다. 함입이 진행될 때, 중배엽은 내배엽으로부터 분리되며 외배엽과 내배엽 사이의 독립된 조직층으로 **말려**들어간다(회절한다).
4. 앞뒤 방향으로 등쪽 축 중배엽의 신장. 모든 세포층에서 진행되는 활발한 세포 사이 삽입(intercalation)에 의해 일어나는 이 현상은 **수렴확장(convergent extension)**이라고 불리며, 주변대의 내재화와 포배강의 폐쇄를 돕는다.
5. 배쪽 측면 중배엽의 등쪽 중앙선을 향한 이동.

낭배형성의 세포학적 기전에 대한 이해는 아직 불완전하다. 대부분의 관심이 수렴확장에 집중되어 왔지만, 수렴확장은 협력적인 낭배형성 과정을 이루어 내기 위해 요구되는 여러 가지 세포 행동들 중 하나일 뿐이라는 사실을 기억하여야 한다. 수렴확장은 세포들이 극성을 갖게 되고 활발히 이웃한 세포들 사이로 움직여 들어가서 조직 수준에서의 형태변화를 수반하는데, 이때 조직은 세포 이동방향에 대해 90° 방향으로는 넓어지며 세포 이동방향으로는 좁아진다. 수렴확장은 작은 GTP 교환 단백질인 rho와 rac를 필요로 하는데, 이들 단백질과 반대작용을 하는 단백질을 처리하면 수렴확장 과정이 차단된다. rho와 rac는 Wnt의 평면극성(planar polarity) 경로(부록 참고)에 의해 활성화되는데, wnt5a가 주된 결합물질일 것으로 추정된다. 축주변 프로토캐드히린(paraxial protocadherin)이라고 불리는 캐드히린형 부착분자는 축주변 중배엽(paraxial mesoderm)에서 발현되어 세포질 영역을 통해 rho와 rac 활성 생성을 돕는다. 뿐만 아니라 Wnt의 $Ca^{2+}$ 경로가 낭배형성 중 세포 부착을 조절한다는 증거가 있다. 수렴확장하는 등쪽 세포들은 세포 내 칼슘량이 증가한다.

낭배형성의 끝 무렵 동물극쪽 외배엽이 배아의 외부 전체를 뒤덮는다. 그리고 난황을 많이 함유한 식물반구쪽 조직은 안쪽에서 내배엽 덩어리가 된다. 주변대였던 곳은 중배엽의 원통형 층을 생성하는데, 이 층은 등쪽을 따라 틈 형태의 원구로부터 앞쪽까지 똑바로 뻗어 있고, 배쪽으로는 원구로부터 제한된 거리에 뻗어 있다. 이 중배엽층은 일정 기간 동안 앞쪽 배쪽에

## 새로운 연구방향

제노푸스 발생은 잘 이해되어 있지만 여전히 새로운 발견의 기회가 남아 있다,

제노푸스 발생 초기와 관련하여 남아 있는 한 가지 중요한 기회는 *형태형성 이동*에 대한 연구이며 아주 부분적으로만 이해되어 있다. 동물극쪽 마개나 등쪽 주변대 부분을 분리하여 배양할 수 있는 능력은 이 분야를 연구하는 데 큰 장점이 된다. 동물극쪽 마개나 주변대는 실시간으로 관찰가능하며 수정란에 mRNA를 주사하거나 생물학적 활성이 있는 물질을 처리하여 쉽게 변화를 유도할 수 있다.

발생이 더 진행된 이후 제노푸스는 기관형성, 변태, 재생 등의 연구를 위해서 사용될 수도 있다. 또 유전자 발현을 바꾸기 위해 형질전환 방법을 사용할 수도 있고, 분리나 이식같은 미세수술 절차들이 함께 사용될 수도 있다.

제노푸스 실험에 대한 유전학적 접근도 근연종인 *Xenopus tropicalis*의 이용가능성으로 인해 더 쉬워졌다. 이 종은 번식주기가 훨씬 짧고, 이배체라서 유사사배체인 *X. laevis*보다 유전체 분석이 간단하다.

불완전하게 남아 있는다.

이 3개 배엽층의 운명은 다음과 같다:

**외배엽**은 표피, 신경계, 안구, 귀 및 시멘트선(cement gland)이 되고;

**중배엽**은 두부 중배엽, 척삭, 체절, 신장, 측판, 혈액, 혈관, 팔다리, 생식소 등이 되며;

**내배엽**은 위장의 표피층, 폐, 간, 췌장, 방광 등이 된다.

주변대의 함입 과정에서, 원장은 포배강을 대체하여 주된 체강이 되고 배아는 회전하여 등쪽이 위를 향하게 된다. 배아는 이제 진정한 의미의 **전후축(anteroposterior axis)**을 갖게 되는데, 이 축은 전방의 함입 선도부와 후방의 원구 잔여부를 연결하는 축이다.

만약 배아가 일상적인 저장용액이 아닌 포배강과 유사한 삼투도의 염류가 들어 있는 용액에 수용되면 낭배형성 이동에 심각한 혼란이 일어난다. 안쪽으로 함입되는 대신, 외배엽으로부터 내중배엽(endomesoderm)이 팽출하여 아령 모양 구조체를 형성한다(그림 7.6). 이 현상은 **외낭배형성(exogastrulation)**이라고 알려져 있다. 비록 중추신경계가 심하게 기형적이고 꼬리가 형성되지 않기는 하지만, 외낭배의 외배엽과 내중배엽 모두 놀라울 정도로 정상적인 세포 배열을 갖는다.

비록 외관상으로는 유사하지만, 제노푸스의 낭배형성 이동은 1920년대부터 1940대까지 양서류 배아발생에 대한 고전적 연구에 사용되어졌던 유미목 양서류와는 다소 다르다. 이는 오래된 교과서의 설명들이 이 책에서의 설명과 다소 다를 수 있음을 의미한다.

## 신경형성 및 그 이후 단계

낭배형성 다음의 발생 단계는 등쪽 외배엽이 중추신경계가 되는 **신경배(neurula)** 단계이다. 발생배 등쪽 표면의 대부분을 덮고 있으며, 융기한 신경주름들에 의해 범위가 한정된 **신경판(neural plate)**이 열쇠구멍 형태의 영역으로 가시화된다. 신경판에서 발현되는 유전자들은 sox2를 암호화하고 있는 유전자들과 포유동물에서 신경줄기세포들과 관련되어진 유전자들, 그리고 신경세포 접착 분자인 N-CAM 유전자 등을 포함한다. 신경주름들은 신속하게 융기하여 **신경관(neural tube)**을 형성하기 위해 함께 움직인다. 이 신경관은 형성된 후 신경주름 밖에 있는 외배엽인 **표피(epidermis)**에 의해 덮이게 된다(그림 7.7). 신경형성 기간 및 신경형성 후에 몸이 현저하게 길어지는데 이는 몸통 및 꼬리 영역이 신경배의 후방 4분의 1로부터 유래된다는 것을 의미한다. 이러한 몸의 신장(elongation)은 척삭과 다른 조직들 모두에서 수렴확장의 지속적 과정에 의해 추진된다. 신경관, 척삭 그리고 체절들은 집합적으로 축(axis)이라고 불리는데, 해부학적 설명을 위해 사용되는 기하학적 축들과 혼돈해서는 안된다. 이 책에서는 이 구조들 사이의 혼돈을 피하기 위해 "등쪽 축(dorsal axis)"이라는 용어를 사용한다.

**꼬리원기(tailbud)** 단계에 이르면 몸의 모든 부분들이 각각 최종적인 위치에 자리 잡게 된다(그림 7.8a,b). **척삭(notochord)**은 중배엽의 등쪽 중앙선으로부터 형성되며, 여러 줄의 분절화된 체절들이 양측면에 나타나고 측판 중배엽은 나중에 사지의 원기, 신장 및 체강 상피로 발달한다. 중배엽의 배쪽 후방부에는 한 줄의 혈섬들(blood islands)이 존재하며 이들이 초기 올챙이에게 적혈구를 제공한다. 또 다른 혈액세포 무리는 나중에 등쪽 대동맥으로부터 발달한다. 후방 신경판과 그 아래의 중배엽을 구성하고 있는 후방 끝부분의 복합적 영역은 꼬리원기가 되고(그림 7.8c) 이 원기로부터 1-2일에 걸쳐 꼬리의 척색, 신경관 및 체절들이 생성된다. 신경주름들이 원구 위에서 닫히기 때문에 신경관 내강과 소화관 사이에 **신경-장 도관(neuro-enteric canal)**이라 불리는 연결 부위가 만들어진다. 이 연결은 하루 정도 지속되다가 폐쇄된다. 인두(pharynx), 폐, 위, 간, 췌

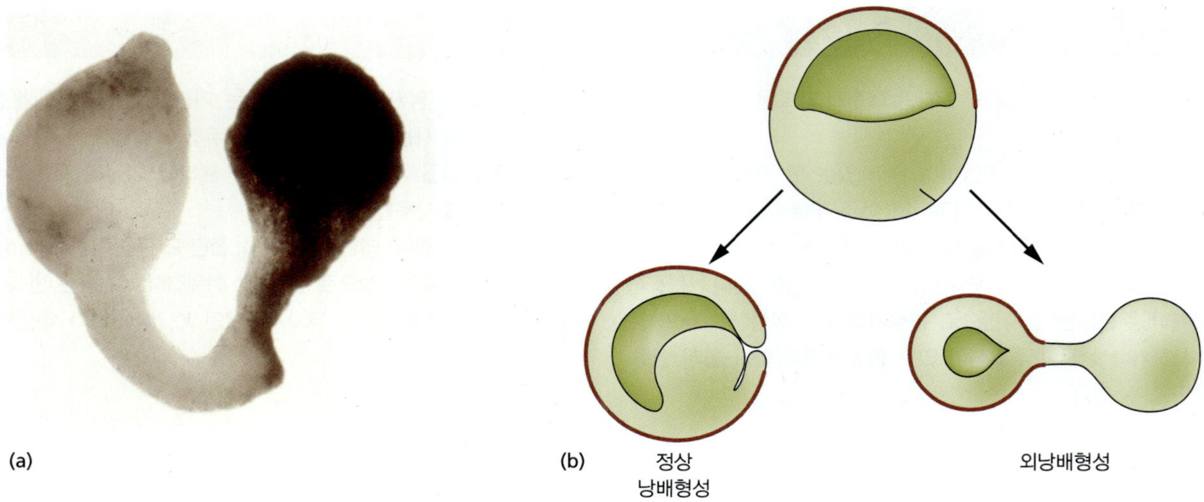


그림 7.6 외낭배형성. (a) 배아를 등장의 염류 용액에 수용하면 외낭배형성이 일어남. (b) *Xenopus*의 외낭배. 좌측은 정상적 내중배엽을 갖는 것, 우측은 외낭배.

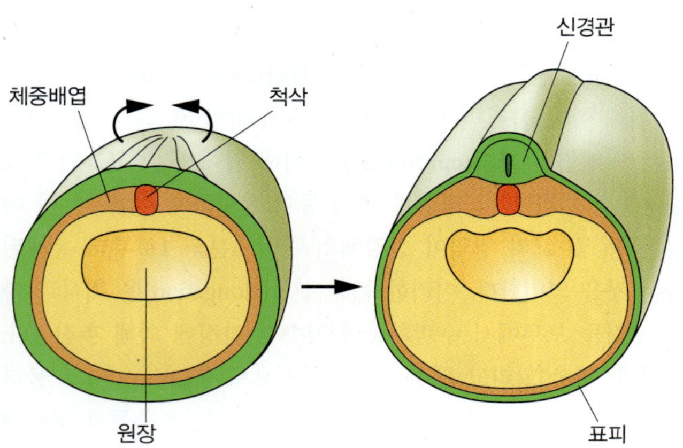


그림 7.7 신경형성기. 몸의 중앙 절단면.

장 및 창자를 구성하는 내장 상피는 내배엽으로부터 발달하지만 분화는 외배엽성 및 중배엽성 조직들보다 훨씬 나중에 진행된다. 항문에서 종료되는 **항문관(proctodeum)**은 신경-장 도관과 폐쇄된 신경관의 외부 사이에 형성된다. 입은 전방 끝부분에 새롭게 형성되는 구멍으로부터 다소 늦게 발달한다.

머리쪽에서는 전방부의 신경관이 3개의 소낭을 형성하는데, 이들이 각각 **전뇌(forebrain)**, **중뇌(midbrain)** 및 **후뇌(hindbrain)**가 된다. 표피는 **기원판(placode)**이라 불리는 원통형의 다양하고 두터운 세포층을 형성한다. 이 기원판들은 다음과 같다: 종뇌(telencephalon)에 연결되는 후구신경 축삭돌기의 유래가 되는 감각세포들로 구성되는 코 기원판; 눈의 수정체를 형성하는 수정체 기원판; 귀를 형성하는 귀 기원판. 눈은 컵 형태로 함입하는 전뇌(**시엽, optic lobes**)가 자라나와 발달하는데, 바깥층에는 **색소상피(pigment epithelium)**가 형성되고 안쪽층에는 망막이 형성된다. 수정체는 표피성 수정체 기원판의 표면으로부터 함입하고 안배(optic cup)에 의해 둘러싸이게 된다. 시신경은 망막으로부터 안병(optic stalk)으로 자라나와 중뇌에 있는 **시개(시각 덮개, optic tecta)**로 돌출한다(14장 참고).

신경관의 등쪽 편에 놓이게 될 신경판의 주름들로부터 유래한 일부 세포들이 **신경능선(neural crest)**을 형성한다. 이 신경능선은 다양한 형태의 조직들을 형성하게 되는 이주성 조직(migratory tissue)이다. 머리쪽에서 신경능선은 두개골의 골격조직 대부분을 형성하며, 몸통에서는 교감신경절인 등쪽 뿌리 신경절과 색소세포의 일종인 **멜라노사이트(melanocyte)**를 형성한다. 몸통의 미주신경부와 엉치뼈 부위에서 신경능선은 내장의 부교감 신경절을 형성한다. 신경능선에 대한 보다 자세한 내용은 이 책의 14장에 소개되어 있다.

앞쪽으로, 두부 중배엽은 턱근육의 일부와 새궁을 형성한다. 시멘트선이라고 알려진 구조가 장래의 입 아래쪽, 전방측 표피로부터 형성된다. 이것이 후기 신경형성기부터 볼 수 있는 머리의 두드러진 외부 형태이다. 심장은 신경형성기 끝 무렵 배쪽 중앙선으로 이동하여 융합하는 전방 측면 중배엽의 배쪽 가장자리로부터 형성된다.

## 운명지도

양서류의 수정란에서 낭배형성에 이르기까지의 배아에 대한 다양한 운명지도(Fate map)들이 출판되었다. 1983년까지, 모든 연구들은 염료 뉴트럴 레드 또는 나일 블루에 의한 국소적 생체

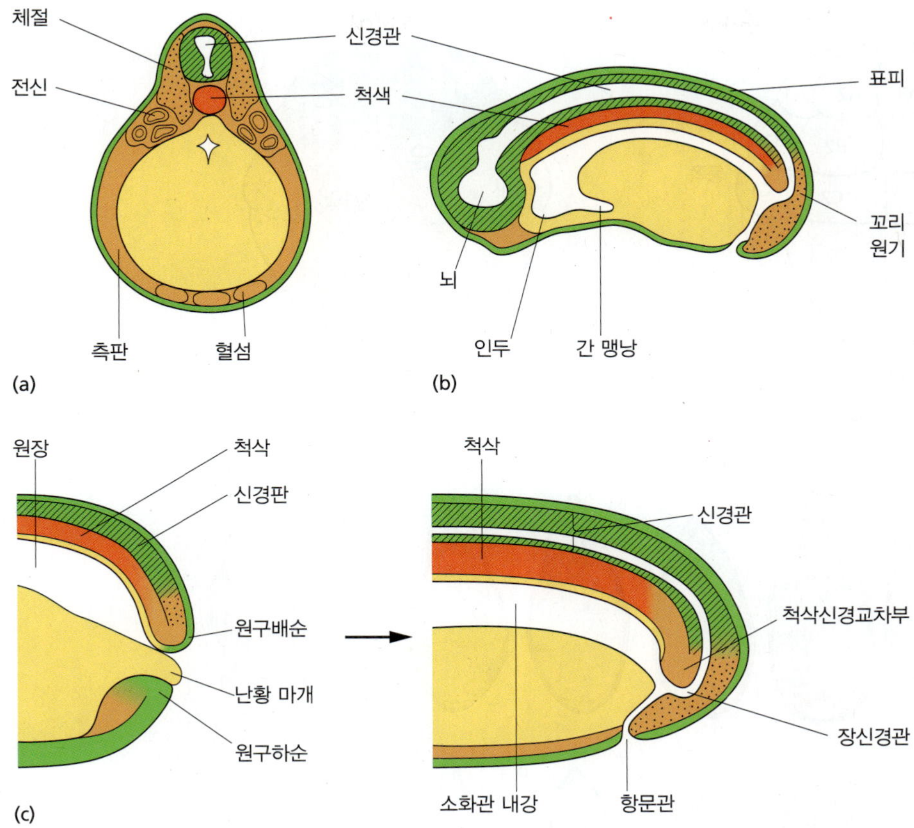


**그림 7.8** 꼬리형성기. (a) 몸통의 횡단면; (b) 전후축 방향 중앙 절단면; (c) 원구잔기 위쪽으로 신경판 폐쇄에 의한 꼬리원기의 형성.

염색에 의해 이루어졌다. 이러한 국소적 염색은 염료가 스며든 작은 한천 조각을 발생배 표면에 처리함으로써 이루어졌다.

보다 최근에는 양고추냉이 과산화효소(HRP, horseradish peroxidase) 또는 플로레신-덱스트란-아민(FDA, fluorescein-dextran-amine)과 같은 주사식 **계보 표지(lineage labels)**가 선호되었다(5장 참고). 이것들은 모든 세포들을 표지할 수 있으며 확산하지 않는다. 표면 표지로는 현재 **DiI**가 선호된다. 초기 배아는 크기의 변화가 거의 없기 때문에, 이러한 종류의 수동적 표지들은 희석되지 않으며 여러 날 동안 뚜렷이 눈에 띌 수 있도록 유지된다. 이 계보 표지들은 지역 세포들이 어느 정도는 뒤섞인다는 사실을 밝혔는데, 이는 운명지도가 아주 정확할 수는 없음을 의미한다. 왜냐하면 다른 배아 개체로부터 얻어진 결과들을 종합해 보면, 이 세포 혼합이 장래의 영역들 사이에 약간의 중복을 초래하기 때문이다. 이런 점이 생체 염색법에서는 그렇게 명확하지 않았기 때문에, 오래된 교과서에 있는 운명지도들은 현실에서는 존재하지 않는 가상의 정확도를 나타낸다. 현대의 운명지도는 그림 7.9b에 나타내었고, 그림 7.9c는 등쪽 할구(C1)와 배쪽 할구(C4)를 계보 표지로 채운 결과를 보여준다.

이 운명지도의 중요한 특징은 다음과 같다:

1. 신경판은 동물반구의 등쪽 절반으로부터 발생하고 표피는 배쪽 절반으로부터 발생한다.
2. 중배엽은 포배의 적도 주변 넓은 띠로부터 발생하는데, 많은 부분이 동물반구에서 발생한다.
3. 내배엽은 식물반구에서 발생한다.
4. 체절근육은 주변대 범위 대부분에서 발생하는데, 많은 부분이 포배의 배쪽 절반에서 발생한다.
5. 몸의 전방 끝부분에 있는 등쪽과 배쪽 구조 모두 포배의 등쪽면으로부터 유래한다.

제노푸스 초기 배아 운명지도는, 비록 전체 전후 축을 따라 등쪽 중앙선이 위치하기는 하지만, 전통적으로 "등쪽"이라고 불린 면이 몸의 머리쪽 끝으로 돌출한다는 것을 보여준다. 역으로, 전통적으로 "배쪽"이라고 불린 면은 몸의 후방으로 많이 돌출한다. 이 사실이 약간의 혼돈을 초래하기는 하였지만 낭배형성 이동의 필수사항들을 기억한다면 혼돈될 이유가 없다. 난의 동물-식물극 축이 장래의 전후축이 아니라는 것을 인지하는 것이 중요하다. 전후축은 낭배형성 중 등쪽 조직 신장(elongation)의 결과로 발달한다.

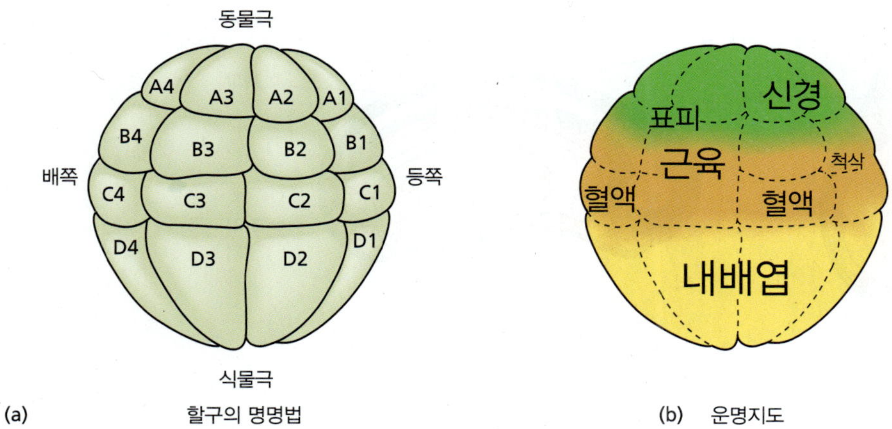


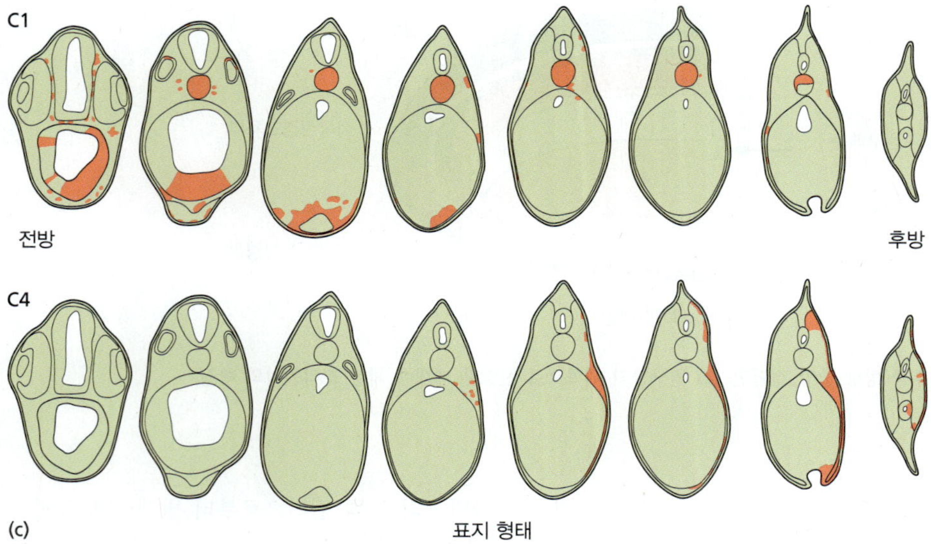


**그림 7·9** 32세포기의 제노푸스 운명지도. (a) 32세포기 할구들에 각 할구들의 명칭 체계; (b) 32세포기에 예상되는 조직 유형 운명지도; (c) 할구 C1과 C4 유래 표지세포 분포의 재구성. 이 그림은 몸의 앞뒤 방향을 따라 같은 간격으로 절단한 횡단면들을 보여줌.

## 실험 방법들

4장에서 논의한 것처럼, 발생에 있어 어떤 유전자 산물의 기능을 확인하려고 시도할 때는 최소한 그 유전자의 발현 패턴과 생물학적 활성 그리고 생체 내에서 특이적으로 억제되었을 때의 영향들을 파악하는 것이 필수적이다. 발현 패턴은 대개 제자리 혼성화법(*in situ* hybridization)에 의해 확인된다. 생물학적 활성 및 억제 실험들은 제노푸스에서는 특히 쉽다. 왜냐하면 배아에 물질을 주사하기 쉽고, 이식조직편의 미세수술적 분리나 UV 조사와 같은 보조 기술들을 사용할 수 있기 때문이다.

## 기능획득

생물학적 활성 측정을 위하여 주입될 물질은 대개 시험관에서 합성된 mRNA이다(그림 7.10a, b). 이 RNA 합성은 박테리오파아지의 RNA 중합효소에 대한 프로모터들(Sp6, T3 또는 T7)과 poly (A) 첨가 부위를 지닌 플라스미드를 사용하여 수행된다. mRNA는 수정란 전체에 주사될 수도 있고 난할 중 특정 할구에 주입될 수도 있는데, 주입 위치에서 효과를 발휘한다. 이 mRNA는 난자의 단백질 합성 기구에 의해 번역되며, 비록 언젠가는 분해되지만, 초기 발생기 동안에는 계속 보존되고 활성을 유지할 가능성이 크다. 대개, 동일한 플라스미드가 발현 연구를 위해 요구되는 특이적 결합반응용 탐침(*in situ* probe)의 준비에 사용될 수 있다. 이 탐침 합성을 위한 전사는 반대 방향 프로모터로부터 진행된다.

발생 과정에 활성을 나타내는 많은 분자들이 시기에 따라 다른 효과를 갖기 때문에, 주입한 유전자 산물의 활성을 특정 발생단계에 맞추어 유도하는 것이 바람직하다. 전사인자들의 발현시기를 맞추기 위한 유용한 방법의 하나가 당질코르티코이드(glucocorticoid) 수용체로부터 유래한 호르몬결합영역을 조사하고자 하는 전사인자 단백질에 첨가하는 것이다. 이 호르몬 결합영역과 융합된 전사인자 단백질은 세포질 단백질인 hsp90

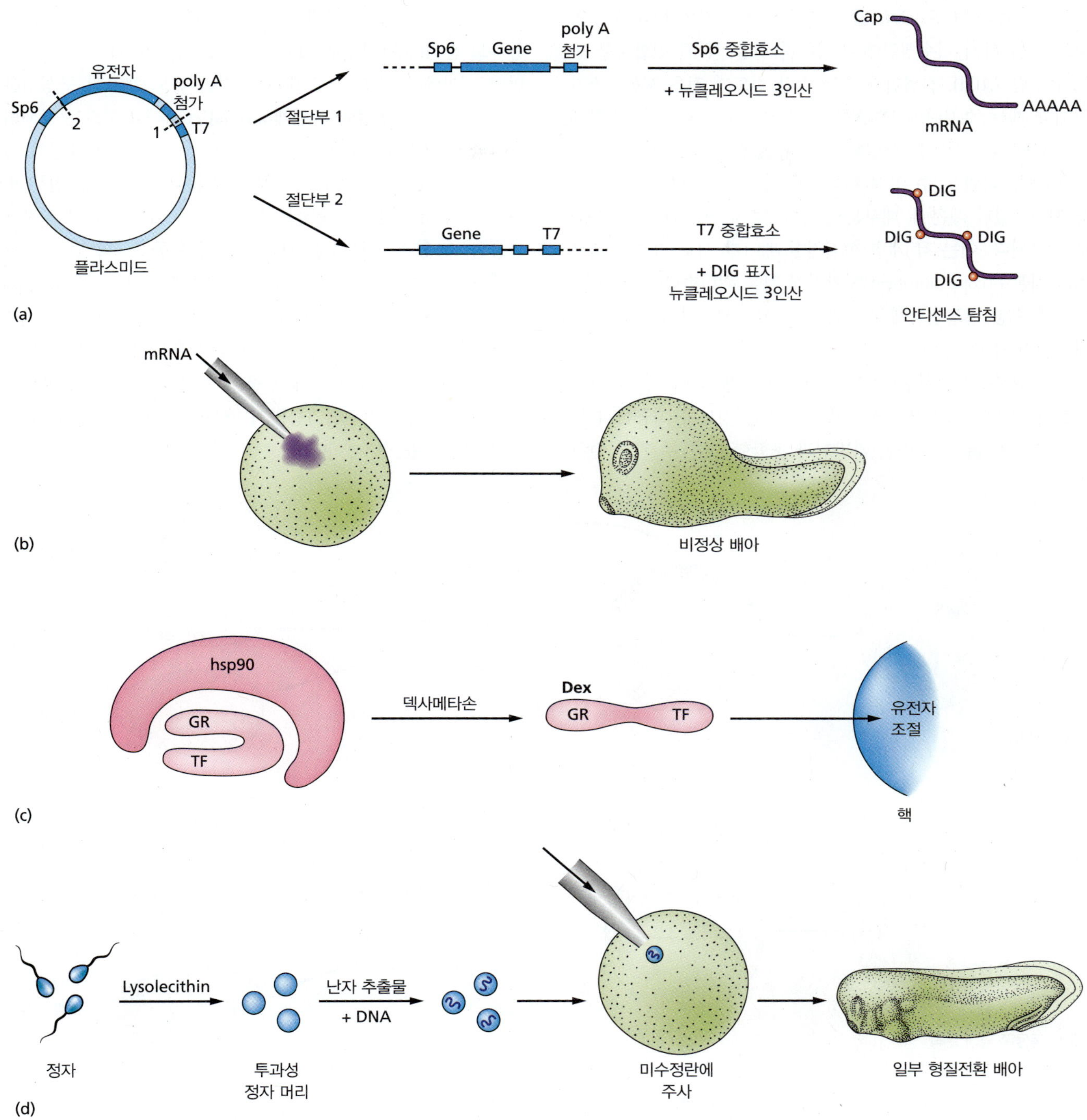


**그림 7.10** (a) 시험관에서 플라스미드로부터 mRNA나 혼성화 탐침(hybridization probe)을 준비하는 과정. (b) 수정란에 합성 mRNA 주사. (c) 덱사메타손에 의한 당질코르티코이드 수용체 융합단백질의 활성화. (d) 형질전환기법에 의한 유전자의 도입.

과 결합함으로써, 덱사메타손(dexamethasone)과 같은 당질코르티코이드가 첨가될 때까지 세포질 내에서 격리되어 존재한다. 지용성 물질인 덱사메타손은 배아에 침투하여 수용체와 결합함으로써 전사인자를 hsp90으로부터 분리시키고, 이 분리된 전사인자는 핵으로 이동하여 생물학적 활성을 발휘한다(그림 7.10c).

**형질전환(transgenesis)**에 의해 유전자를 도입하는 것도 가능한데, 이는 특히 주사한 RNA가 파괴될 수 있는 때인 발생 후반기의 생물학적 사건들을 연구하는 데 중요하다. 현재 제노푸스 형질전환체를 만들 수 있는 여러 가지 방법들이 개발되어 있다. 플라스미드 DNA를 부풀어 있는 정자의 머리에 주입하고 이를 다시 미수정란에 주입하여 형질전환된 접합자를 만든다(그림 7.10d). 전위인자 또는 절단 빈도가 적은 제한효소가 존재할 때는 수정란에 DNA를 주입할 수도 있다. 형질전환체에는 GFP 염기서열을 삽입하여, 녹색 형광을 이용해 형질전환된 배아를 파악할 수 있게 한다. 한 세대가 길어서 잦은 번식을 할 수 없기 때문에, 대부분의 형질전환체들이 원조(founder)로 이용된다. 이는 각 개별 형질전환 배아가 서로 다른 삽입부위와 사본수(copy number)를 가지게 됨을 의미한다. 그리고 이 때문에 순종 형질전환체 계열과 비교하여 생물학적 행동의 변이가 유발될 수 있다.

특정 RNA의 과발현이 전체 배아의 발생에 미치는 효과는 관찰된 결함이 비특이적이기 때문에 많은 정보를 제공하지 못하는 경우가 많다. 하지만 과발현과 조합한 다른 두 가지 절차는 아주 유익한 결과를 제공한다. 한 가지는 동물극쪽 덮개 자동유도 분석(animal cap autoinduction assay)이다(그림 7.11a). 만약 배아에 중배엽 유도 또는 신경판 유도 체계의 구성성분을 주입한 다음 **동물극쪽 덮개(animal cap)**라고 부르는 포배의 동물극쪽 영역을 외부로 분리해 내면 이 조각은 자발적인 발생유도가 이루어질 것이다. 이것은 덮개 내 세포들 중 일부 또는 전부가 유도인자를 생성분비하고 모든 세포들이 이 인자에 반응할 수 있기 때문이다. 처리하지 않은 동물극쪽 덮개는 상피세포로 이루어진 공모양의 덩어리로 발달한다. 등쪽 축(axis) 조직 형성이 유도된 조각에서는 수렴확장 과정이 일어나 길게 늘어난 형태가 된다. 배쪽 조직 형성이 유도된 조각은 반투명 주머니 모양을 만들기 위해 부풀어 오른다. 이러한 변화들은 해부현미경 하에서 관찰가능하기 때문에 이 방법은 아주 간단하고 편리한 분석방법이다.

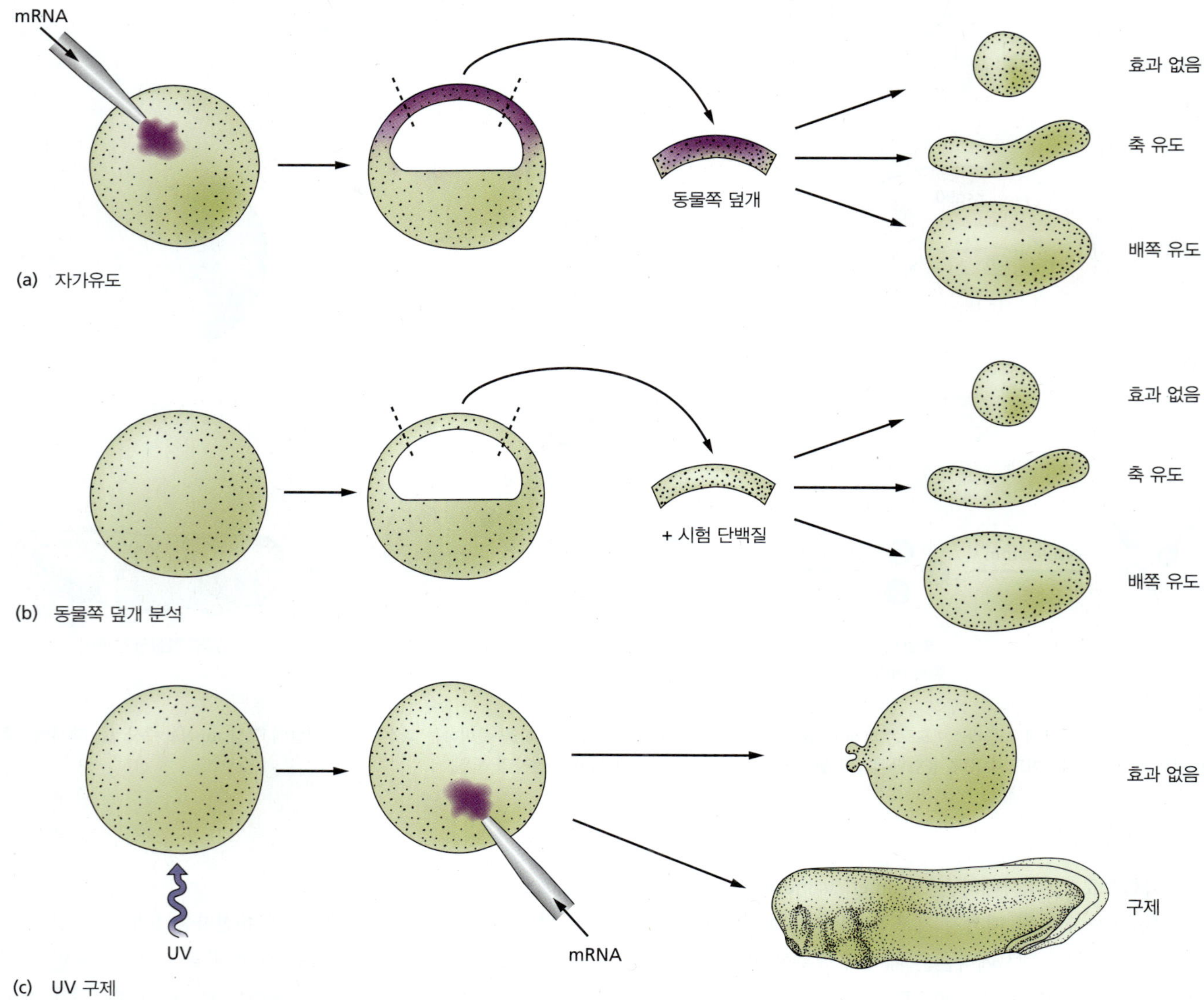


**그림 7.11** 동물극쪽 덮개와 UV 배아의 이용.

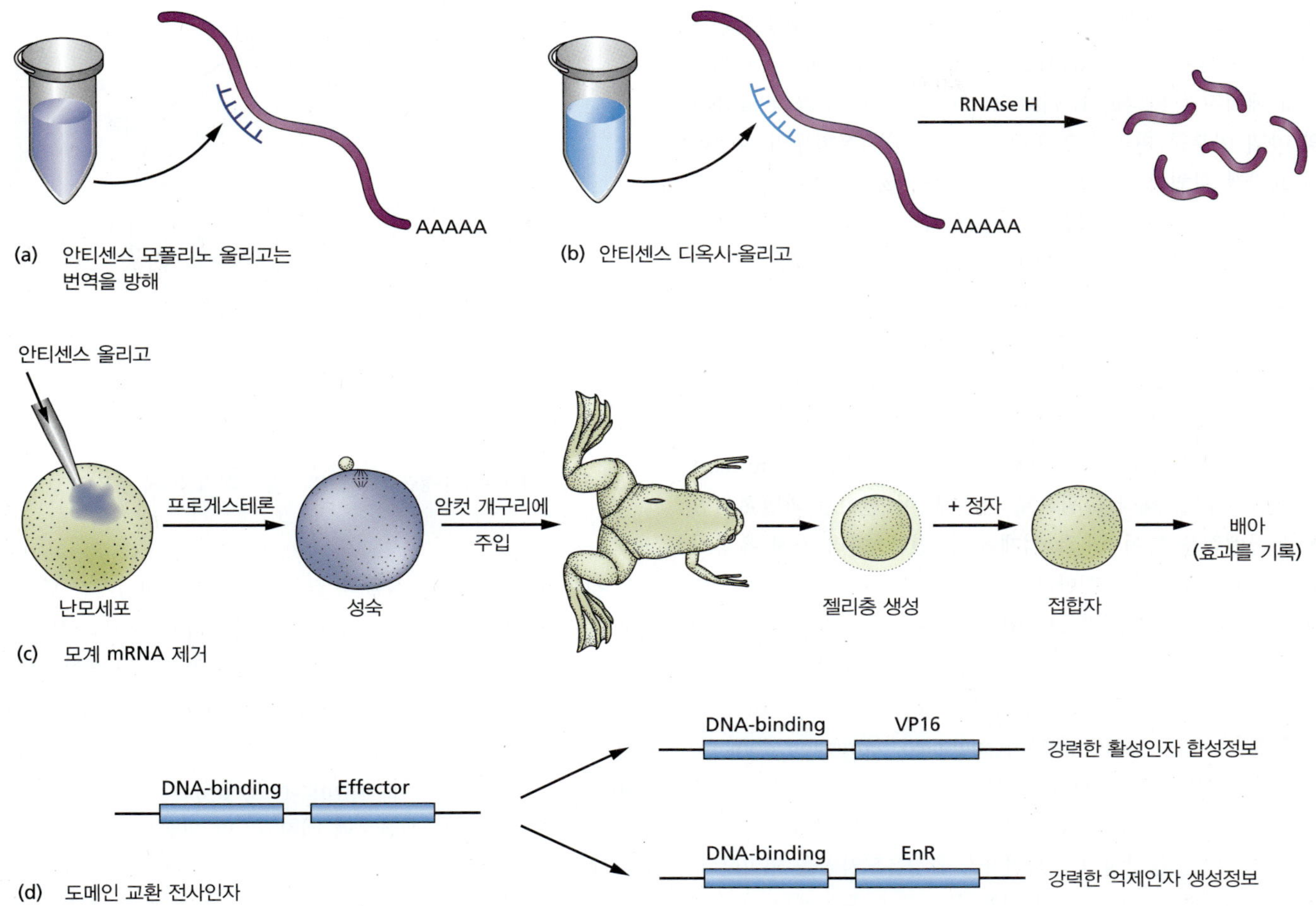


**그림 7.12** 특이적 유전자 활성 저해 방법. (a) 안티센스 모폴리노 올리고. (b) 안티센스 디옥시-올리고. (c) 특정 모계 mRNA를 제거한 난모세포로부터 배아를 얻는 과정. (d) 도메인 교환(domain swapped) 전사인자들.

세포외 인자들의 연구를 위해서는 배아 조각에 시험용 단백질들을 처리하고 발생 경로상에서 변화를 관찰해 볼 수 있다(그림 7.11b). 배아의 외부 표면은 물질 투과가 안 되기 때문에 이 처리는 잘린 곳이 아물기 전의 배아 조각에 실시하여야 한다. 이 분석이 mRNA의 주입에 의한 것인지 또는 단백질 처리에 의한 것인지에 따라 결과의 시각화는 일반적인 조직학, 분자 탐침을 이용한 특이적 결합반응, 특정 표지에 대한 면역조직학적 염색 또는 특정 mRNA에 대한 생화학적 방법들로 보완할 수 있다(5장 참고).

RNA 과발현과 조합된 또 다른 중요한 방법은 자외선 조사 구제법(UV radiation rescue method)이다(그림 7.11c). 수정란에 UV를 비추어 모든 등쪽 축 구조가 결여된 배아를 만들어 낼 수 있다. 등쪽 축 유도 체계의 어떤 성분에 대한 정보를 갖는 mRNA를 주사하면 그런 배아의 등쪽 축 일부 또는 전체를 복구할 수 있고, 그 결과는 시각적인 조사에 의해 쉽게 측정될 수 있다. 머리는 주로 포배의 등쪽 부분으로부터 형성되며, 머리 형성의 정도는 mRNA 주사에 따른 등쪽 구제 정도의 준정량적 척도가 된다. 이러한 분석기법들은 웹사이트 동영상 9: 동물극쪽 덮개와 UV 분석에서도 묘사되어 있다.

## 기능상실

억제 실험들을 위한 아주 효과적인 세 가지 표준절차가 있다. 첫 번째, 가장 일반적으로 사용되는 방법은 수정란에 안티센스 모폴리노 올리고(antisense morpholino oligos)를 주사하는 것이다(그림 7.12a). 모폴리노는 상보적인 mRNA에 결합하여 번역을 차단한다. 모폴리노가 효과가 있었고 실제로 단백질 합성을 차단했는지를 보여주기 위해서는 표적 단백질에 대한 항체를 준비해야 한다. 두 번째, 만약 모계 활동 유전자를 억제해야 할 필요가 있다면, 안티센스 디옥시올리고뉴클레오타이드(antisense deoxyoligonucleotides)도 효과적이다(그림 7.12b). 이 물질은 난모세포에 주사되는데, 그 이유는 나중에 수정란의 발생에 필수적인 다양한 모계 인자들이 난모세포에 축적되어 있기 때문이다. 이 안티센스 올리고들은 모폴리노와 마찬가지로 표적 mRNA 메세지에 결합한다. 하지만 생성된 RNA-DNA 결합체는 핵산분해효소 RNAse H의 표적이 되는데, 이 효소는 표적 메시지를 파괴한다. 이때 RT-PCR을 통하여 표적 mRNA의 파괴 여부를 확인할 필요가 있다. 이러한 실험들의 발생학적 효과를 확립하기 위하여 처리한 난모세포를 배아로 만들어야 한다. 이것은 쉽지 않은 절차인데, 먼저 처리한 난모세포를 프로게스테론과 함께 시험관에서 성숙시키고 생체 염료로 색깔을 입힌 다음, 배란하는 개구리의 복부에 다시 이식해 넣어 그 알들이 수란관을 따라 내려와 젤리 물질에 포장되게 한다. 그것들은 암컷에 의해 산란된 후 수정됨으로써, 채색된 배아의 발생과정을 관찰할 수 있게 된다(그림 7.12c).

세 번째 억제 방법은 유전자 생성물의 **우성음성(dominant negative)** 버전 제작을 필요로 하는데, 이 변이는 과발현되면 정상 단백질을 특이적으로 억제할 수 있다. 여러 가지 유형의 우성음성 요소들이 존재한다. 개구리에서 특히 널리 이용되는 것은 전사인자의 **도메인 교환(domain swapped)** 버전으로 만들어진다(그림 7.12d). 여기서는 전사인자의 효과 도메인(effector domain)이 필요에 따라 강력한 활성유도자(예, VP16 활성화 도메인) 또는 강력한 억제자(engrailed repression domain, EnR)로 교체된다. 이 DNA 구성으로부터 mRNA를 만들어 수정란에 주사한다. VP16 융합체의 효과는 정상적인 전사인자와 유사한데, 이는 정상적인 전사인자가 활성유도자임을 의미한다. 전사인자의 정상적인 표적이 억제되는, EnR 융합체의 표현형은 정상적인 전사인자가 어떤 기능을 위해 요구되는지 알려 준다. 반대로, EnR 버전이 정상적인 표현형을 유도한다면 그 전사인자는 억제자일 것이며, VP16 융합체를 통해 얻어진 표현형은 무슨 기능이 정상적인 유전자 생성물을 요구하는지 알려 줄 것이다.

개구리는 배아 줄기세포를 갖고 있지 않다. 따라서 생쥐에서처럼 표적 돌연변이 생성에 의한 유전자 적중(gene knockout) 방법은 존재하지 않는다(10장 참고). 그러나 표적 유전자 좌위의 이중가닥 DNA를 절단하는 **징크-핑거(zinc-finger) 핵산분해효소**의 사용은 새로운 유전자 제거방법이다. 절단된 DNA의 수선과정은 작은 삽입 또는 삭제를 만들어 내며, 종종 기능상실 돌연변이를 초래한다. 수정란에 핵산분해효소 mRNA를 주사하면 부작용이 거의 없이 대부분의 세포들에서 특이적인 유전자 제거가 유발된다.

## 지역 특정화 과정

### 과정의 요약

수정란은 **식물극** 및 **등쪽** 결정인자라는 두 가지의 결정인자들

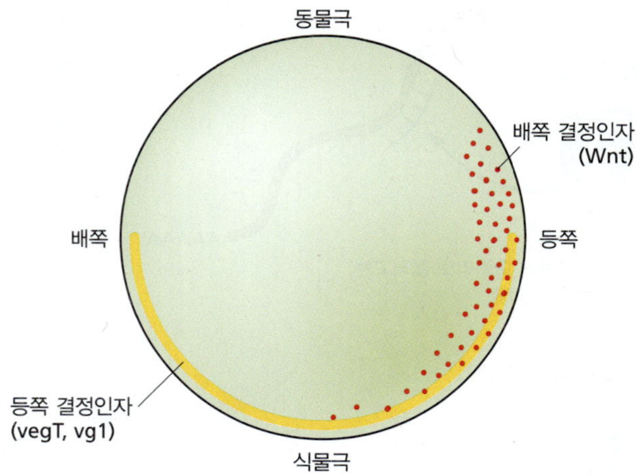


**그림 7.13** 제노푸스 수정란의 등쪽 및 식물극쪽 결정인자 분포도.

을 갖는다(그림 7.13). 식물극 결정인자는 난자형성기간 중 식물극쪽 피질에 mRNA 배치 결과로서 확립되며, 내배엽의 형성을 유발한다. 이는 또한 적도 부근에 중배엽으로 발달할 환상의 조직형성을 유도하는 **중배엽 유도신호(mesoderm-inducing signals)**의 원천이 된다. 등쪽 결정인자는 원구의 **배순(dorsal lip)**이 될 부위에 형성체(organizer)의 생성을 유발한다. 등쪽 결정인자는 최초에는 식물극에 배치되지만 피질회전 중 등쪽으로 옮겨진다. 형성체는 신경판을 유도하며 중배엽을 여러 개의 대(帶, zones)로 형태화하는데, 이 대들은 각기 다른 조직을 구성한다.

## 결정인자

두 가지 결정인자에 대한 증거는 초기의 절제실험 및 분리실험에서 얻어졌는데, 이 실험 결과에 따르면 완전한 몸의 형태 형성은 식물극 및 등쪽 부위 둘 다를 요구한다. 최초 2개의 할구 분리는 완전한 쌍둥이를 생산할 수 있으며, 포배를 좌우로 양분하여도 완전한 쌍둥이가 생산된다. 이 경우 식물극 결정인자와 등쪽 결정인자가 각각의 반쪽에 포함된다. 그러나 만약 초기 난할단계나 포배단계의 배아를 등쪽과 배쪽으로 나누면(아직 분화되지 않았지만 장래의 등쪽과 배쪽이 될 부분을 말함) 등쪽 절반은 등쪽이 비정상적으로 큰 개체로 발달하고 배쪽 절반은 극단적으로 복부의 특성만을 갖는 "배부분(belly piece)"만을 형성한다. 등-배 분리에서, 등쪽 절반은 식물극 및 등쪽 조직 둘 다를 갖지만 배쪽 절반은 등쪽 조직을 갖지 않는다. 등쪽 결정인자 존재에 대한 직접적인 증거는 난모세포의 식물극쪽 세포질을 UV-유도 복측화 배아에 이식하여 얻어졌다. 이 절차는 부분적으로 등쪽 축 형성을 회복시켜 주었다. 등쪽 결정인자는 Wnt 신호 경로를 구성하는 것으로 밝혀졌으며, 식물

극 결정인자는 전사인자인 VegT를 부호화하는 mRNA를 구성하는 것으로 밝혀졌다(발생 과정에 중요한 다양한 신호경로와 전사인자에 대한 요약은 부록에 정리하였음.)

제노푸스 수정란에 존재할 것으로 믿어지는 또 다른 결정인자는 **생식질(germ plasm)**이다. 생식질은 막에 둘러싸여 있지 않은 섬유상 입자 물질로 전자현미경으로 관찰가능하다. 외관상 다른 동물들의 생식질과 유사하며, 가끔 "구름(nuage)"이라고 불린다. 이 생식질은 제2난모세포의 미토콘드리아 구름(발비아니체)으로 나타나며 성숙한 난모세포 및 초기 배아의 식물극쪽 피질 부위에 위치하게 된다. 생식질은 *cat2* mRNA (대개 *nanos*와 상동형인 *xcat2*로 불린다, 11장 참고)를 함유한다. 비록 생식질의 존재가 실제로 원시생식세포(primodial germ cell)를 의미하는지 완벽하게 확실하지는 않지만, 이 생식질은 발생 후기에 원시생식세포 표지인자를 발현하는 세포들에 의해 유전된다.

## 초기 등-배 형태형성

등쪽 결정인자는 수정 후 일어나는 피질회전에 의해 식물극으로부터 등쪽 측면으로 옮겨진다(그림 7.3). 이 이동은 회전을 감지하여 일시적으로 형성되는 평행한 미세소관들의 배열과 키네신(kinesin), 다이네인(dynein) 등과 같은 관련 운동 단백질(부록 참고)에 의해 좌우된다. 이 미세소관들은 정자의 성상체(aster)로부터 뻗어 나오며 식물극 피질과 만나면 키네신 관련 단백질에 의해 세포 표면에 고정된다. 이렇게 해서 이 소관들은 +쪽 끝들을 장래의 피질회전 방향으로 정렬시킨다. 회전운동은 아마도 내부의 다이네인 단백질과 연계된 표면고정 미세소관들의 상대적 이탈 때문일 것이다.

피질회전은 노코다졸(nocodazole)같은 미세소관 중합해체 약품 또는 키네신 관련 단백질에 대한 중화 항체 주사에 의해 방해된다. 또한 회전이 시작되기 전에 식물반구를 UV로 조사하여도 피질회전이 방해된다. 이러한 처리를 받은 수정란이 발생하면 배아는 방사대칭이 되며, 극단적으로 배쪽의 특징만을 갖는다(그림 7.14, 7.15a–c). 이런 발생배의 중배엽은 주로 혈섬(blood islands)을 구성하는데, 이런 혈섬들은 정상 발생 시에는 배쪽 중앙선에 나타난다. 노코다졸, 중화 항체 처리, UV 조사 등의 처리들은 등쪽 구조 발생을 위한 피질회전의 중요성을 보여준다. 정자 성상체와 미세소관 배열과의 관계는 등쪽이 정자 진입지점의 반대쪽에 형성된다는 사실을 설명해 준다.

등쪽 결정인자 자체는 Wnt 신호 전달 경로의 구성요소들로 이루어져 있는데, 이 구성요소들은 β-카테닌(β-catenin)의 안정화를 야기한다. *wnt* mRNA 주사는 UV-복측화 배아의 등쪽 축 형성을 회복시킬 수 있거나 정상 배아에 두 번째 등쪽 축 형성을 유도할 것이다. β-카테닌의 핵심 역할에 대한 증거는 안티센스 올리고뉴클레오타이드를 이용하여 난모세포로부터 β-카테닌 mRNA를 제거함으로써 얻어졌다. 이 처리를 받은 난모세포가 성숙하여 수정되면 복측화된 배아로 발달한다. 등쪽 결정인자는 단순한 세포외 리간드가 아니라 아마도 여러 가지의 Wnt 경로 구성요소를 포함할 것이다. 비록 다른 Wnt 패밀리 구성원들이 과발현 분석에서 더 활성이 있기는 하지만, 난모세포 내에 존재하는 것들은 wnt5a와 wnt11이다. 이 중 *wnt11* mRNA는 식물반구에 분포하고 있으며 피질회전 시에 등쪽을 향해 이동한다. 난모세포에서 *wnt11*을 제거하고 배아 발생을 유도하면 복측화가 일어나지만(그림 7.16), β-카테닌 mRNA를 함께 주사하면 정상적인 배의 발생이 진행된다. 이 실험결과는 wnt11이, 비록 wnt5a처럼 다른 Wnt 경로를 거쳐 신호를 전달하는 것으로 일반적으로 생각되기는 하지만, β-카테닌을 거쳐서 작용한다는 것을 시사한다. 유사한 결과들이 dishevelled와 gsk3와 같은 wnt 경로의 다른 구성요소들을 이용한 발생실험에서 얻어졌다. 배아의 배쪽 측면부(ventrolateral region)에서 Wnt 경로의 활성화 억제는 dickkopf와 같은 모계 mRNA에서 유래한 저해제에 의해 유지되는데, dickkopf는 Wnt co-receptor lrp와 상호작용한다.

정상 발생에서 β-카테닌은 등쪽에 있는 핵들에 진입하며 면역염색에 의해 관찰될 수 있다. 이것은 식물극 등쪽에서 관찰되며 신경판 초기 형성에 중요한 부위인 적도 위에서 까지도 관찰될 수 있다.

만약 초기 배아에서 Wnt 경로 구성요소들의 과발현을 유도한다면, 그리고 주사량이 원래의 등쪽 측면이 두 번째 등쪽을 생성하지는 않을 만큼 적당하다면, 그 결과는 큰 머리 부분

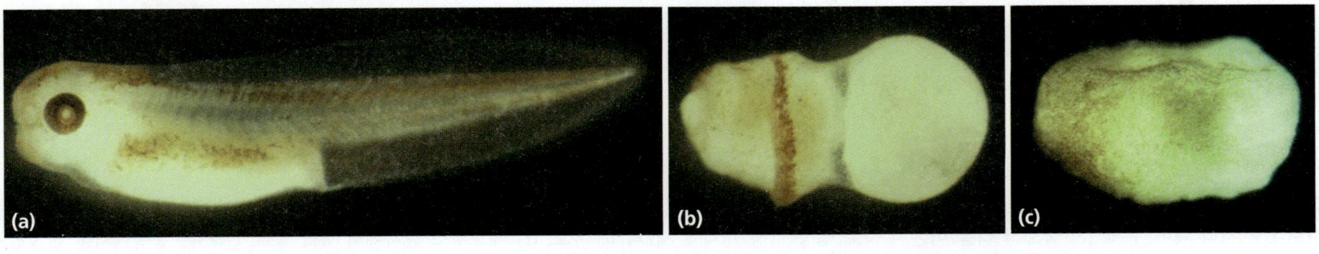


**그림 7.14** 발생 3일째에 리튬 및 UV-처리 배아의 모습. (a) 정상 발생; (b) 상실기에 리튬을 처리한 것; (c) 제1난할 이전에 UV를 처리한 것.

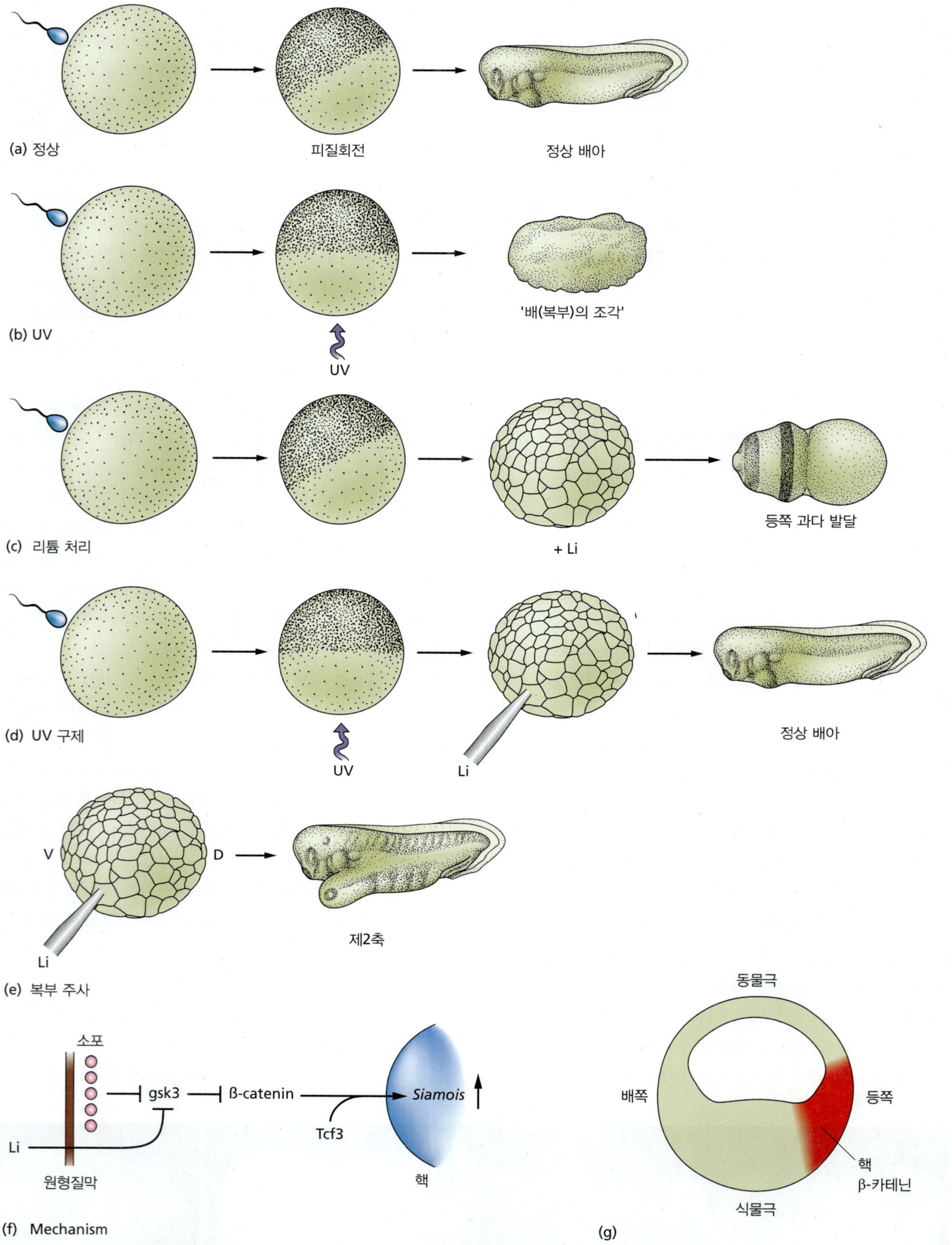


**그림 7-15** 등-배축 형성에 대한 실험들. (a) 정상 발생. (b) UV 처리에 의한 배쪽화. (c) 리튬 처리에 의한 등쪽 과다 발달 배아. (d) 국소적 리튬 이온 주사로 UV 처리 배아 구제. (e) 국소적 리튬 이온 주사로 정상 발생 개체에 제2의 축 유도. (f) 제노푸스 난자에서 Wnt 경로. Gsk3는 등쪽에서는 결정인자에 의해 억제되지만 다른 부위에서는 활성을 가짐. 리튬도 gsk3를 저해할 수 있음. (g) 포배 말기에 핵 β-카테닌의 위치.

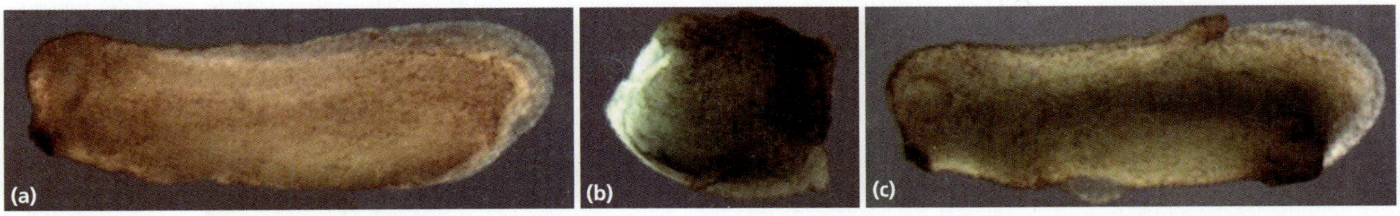


**그림 7.16** 난모세포로부터 *wnt11* mRNA를 제거하고 나서 배아를 유도한 효과. (a) *wnt11*를 제거하지 않은 것; (b) *wnt11*를 제거한 것; (c) *wnt11* 제거 개체에 *wnt11* mRNA를 주사한 것. (인용) Elsevier의 허락을 얻어 Tao et al. Cell 2005; 120: 857-871의 그림을 재구성하였음.

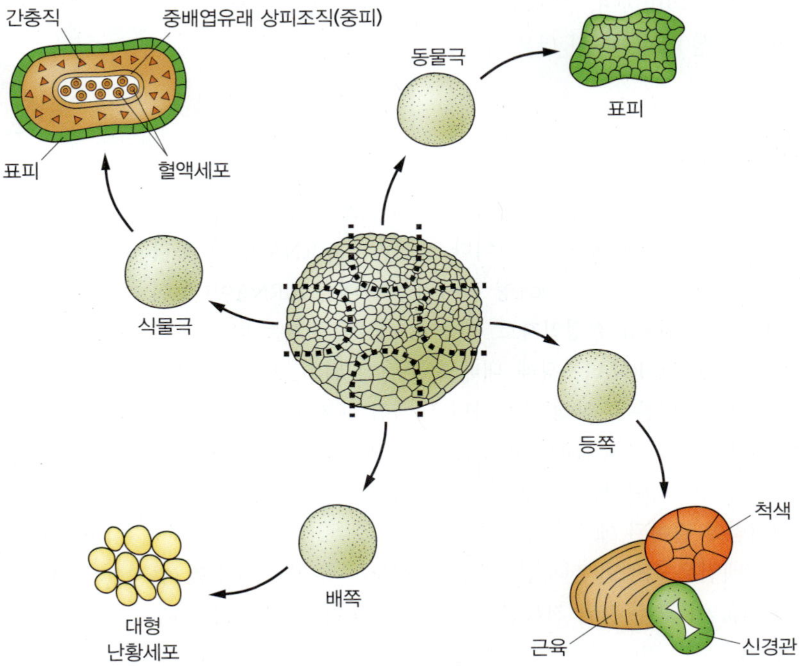


**그림 7.17** 포배(blastula)의 여러 부위로부터 분리한 외부 이식편(explant)의 분화.

을 갖지만 몸통과 꼬리는 충분히 발달하지 않는 '등쪽 과다 발달 배아(hyperdosal embryo)'가 될 것이다. 등쪽 과다 발달 배아는 리튬염(lithium salt)을 초기 포배에 처리하여도 간단히 유도될 수 있다. 이 배아들은 UV 처리한 배와 정반대의 구조를 가질 것이며, 극단적인 경우 방사대칭에 가까운 머리를 갖는다(그림 7.14, 7.15c). 이러한 결과는 중배엽 전체가 형성체 조직으로 발달하도록 유도되었기 때문에 나타난다. UV-유도 복측화 배아는 리튬을 국소적으로 주사하여 정상적인 발생을 하게 하여 복구할 수 있으며(그림 7.15d), 정상 배아의 등쪽에 국소적으로 리튬을 주사하면 제2의 등쪽 축이 유도될 것이다(그림 7.15e). 리튬이 이러한 효과를 갖는 것은 이 물질이 gsk3의 저해제이기 때문이며, 그래서 Wnt 신호 효과를 흉내낸다. 리튬은 또한 인산 이노시톨(inositol phosphate) 경로를 저해하여 부가적인 효과를 나타낼 수도 있다. 정상 발생을 위한 과정이 첫 번째 세포분열 주기부터 시작됨에도 불구하고, 이 리튬 효과는 포배 초기까지 발휘될 수 있는데, 그 이유는 **MBT (mid blastula transition, 포배중기로의 전이)** 이전까지는 수정란 자체의 전사가 거의 없고 그래서 β-카테닌의 표적 유전자들이 이 단계 전까지는 적절히 발현되지 않기 때문이다. β-카테닌의 직접적인 표적은 Tcf 전사인자이다. Tcf1은 β-카테닌에 의해 촉진자에서 억제자로 전환되며, Tcf3는 억제활성을 상실한다. 그 결과 goosecoid와 같이 많은 전사인자들을 부호화하는 것들을 포함하는 형성체 유전자들과 형성체 활성의 근거인 뼈 형태형성 단백질(bone morphogenetic protein, BMP) 저해제를 포함하는 많은 신호분자들이 등쪽에서 상승 발현한다.

## 유도성 상호작용

운명지도는 3개의 배엽들이 각각 다른 동-식물 영역으로부터 기원함을 보여준다: 식물영역으로부터는 내배엽, 적도영역으로부터는 중배엽, 그리고 동물영역으로부터는 외배엽. 그러나 포배에서 잘라낸 작은 조각을 이용한 외부이식 실험은(그림 7.17)

중배엽을 형성하는 영역이 운명지도에서 제시한 것보다는 동물극으로부터 더 멀리 떨어져 있음을 보여준다. 운명지도는 또한 등쪽 축 구조(특히 체절들)가 대부분의 등쪽 영역에서 배쪽 경계에 까지 이르는 넓은 영역으로부터 기원함을 보여준다. 그러나 외부이식 연구는 제한된 등쪽 식물 영역만이 등쪽 축 구조를 형성할 것으로 제시한다. 외부 이식편의 분화는 분리 시 조직의 특수화 상태를 반영한다. 따라서 운명지도와 이식편 발달의 불일치는 최종 운명에 도달하기 위해 유도성 상호작용이 필수적임을 의미하며, 중배엽 및 등쪽 축 구조 형성에서는 이러한 유도성 상호작용이 더욱 중요한다.

## 배엽 형성

배엽 형성을 위한 일차적 원인은 난모세포 발달 기간 중 모계 mRNA의 식물반구 배치이다. 이 모계 mRNA 중의 하나가 vegT라고 불리는 T-box형 전사인자에 대한 mRNA이다. 이 mRNA는 **내배엽 결정인자**로 여겨지는데 그 증거는 다음과 같다: 1. *vegT* mRNA는 장래 내배엽 부위에 위치, 2. 이 mRNA를 배아의 다른 부위에 주사하면 내배엽 표지물질을 유도, 3. 난모세포에서 모계 *vegT* mRNA를 안티센스 올리고뉴클레오타이드를 주사하여 제거한 후 이 난모세포를 성숙 및 수정시키면 내배엽이 결여된 배아를 생성.

내배엽은 특정한 전사인자들을 발현하는 부위로 규정할 수 있는데, 이 모든 관련 전사인자들의 발현은 직간접적으로 vegT에 좌우된다. Sry-관련 인자인 sox17a와 호메오도메인 인자인 mix1에 대한 유전자들을 포함한 일부 유전자의 전사는 직접적으로 vegT에 의해 유도된다. 이 유전자들은, 비록 세포들이 분리되어 세포간 신호전달이 불가능하게 될지라도, MBT 시기부터 상승 발현한다. 하지만 호메오도메인 인자 mixer와 징크-핑거인자 gata4를 포함하는 다른 내배엽 전사인자들의 발현은 vegT-보유 세포들로부터 나오는 신호에 좌우되며, 이 신호들이 차단되면 발현이 유도되지 않는다. 나중에, 내배엽은 소화계 및 호흡계의 여러 조직을 형성할 대(zone)들로 세분화되며, 이러한 분화는 Parahox cluster 전사인자 유전자들의 발현 상승을 수반한다: 장래의 전장(foregut)에는 *pdx1* (=*Xlhbox8*) 유전자 그리고 장래의 창자에는 *cdx* 유전자이다.

**중배엽**은 포배의 적도영역에서 유래하며 T-box 전사인자인 brachyury를 포함한 다양한 전사인자들의 발현에 의해 특징지어진다. 적도의 식물반구 영역은 내배엽을 형성하는 데 필요한 것보다 낮은 농도의 작용으로 내배엽 결정인자에 의해 형성될 수도 있다. 그러나 최소한 동물반구로부터 유래하는 중배엽은 유도에 의해 형성된다(그림 7.18; '동영상 5: 유도' 참조). 동물극쪽 덮개(동물반구로부터 분리한 이식편)는 분리 배양하면 **표피**로 발달한다. 만약 이 동물극쪽 덮개가 내배엽과 합쳐지면 이 덮개 부위에 많은 양의 중배엽 조직이 유도된다(그림 7.18b).

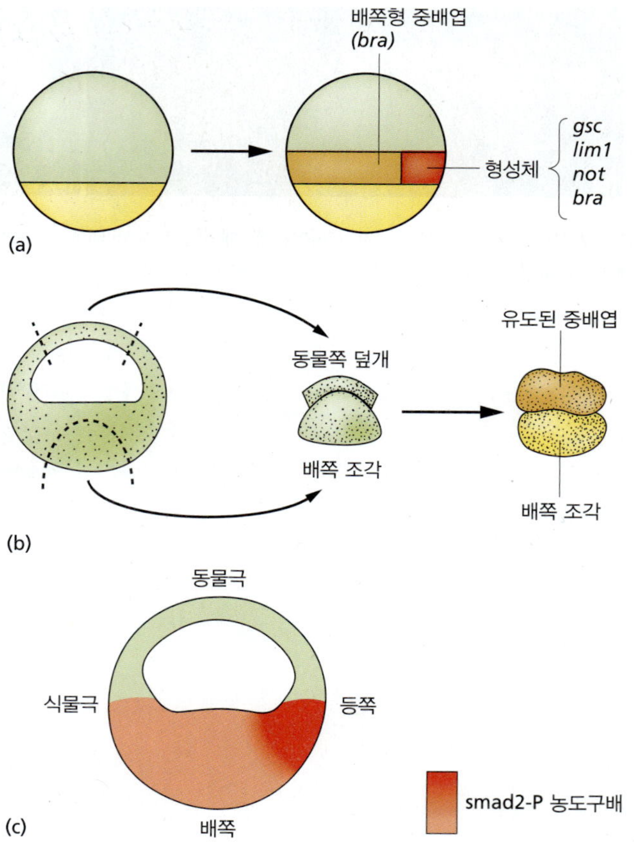


**그림 7.18** 중배엽 유도. (a) 정상 발생; (b) 동물극쪽 덮개를 식물극 외부이식편과 합하여 유도한 중배엽; (c) 포배 말기에 인산화된 smad2의 위치.

중배엽 유도의 원인이 되는 인자들은 transforming growth factor (TGF)-β 슈퍼패밀리의 구성원들, 특히 nodal-관련 인자들이다(고유의 *nodal*을 보려면 10장 참고). 유도인자들의 이 부분집합은 세포질에서 smad2와 smad3 단백질을 인산화하는 세포표면 수용체들을 활성화시키며, 활성화된 smad 단백질들은 핵으로 이동하여 표적 유전자들의 발현을 상승시킨다(부록 참고). Nodal-관련 인자의 중요성에 대한 증거는 충분하다. 첫째, nodal-관련 인자 몇 가지가 식물반구에서 발현된다(대부분 vegT에 의해 상승 발현). 둘째, 이 인자들을 동물극 덮개에 처리하면 중배엽을 유도할 것이다. 셋째, 이 인자들의 작용을 억제하면, 특히 cerberus-short이라고 불리는 특이적 억제제로 억제할 경우, 중배엽 유도가 방해된다. 중배엽 유도와 관련된 신호전달은 포배 후기에도 시각적으로 관찰될 수 있다. 인산화된 형태의 smad2와 3에 대한 특이적 항체는 smad2와 3이 식물영역과 적도영역에 존재함을 보여준다. 이러한 사실은 배아 내의 신호가 적도영역까지는 영향을 미치지만 동물극까지 미치지는 못함을 의미한다. 이는 또한 중배엽 유도가 대체로 nodal-관련 유전자들의 발현이 상승된 이후인 MBT 시기 이후에 일어남을 의미한다. 중배엽 유도 신호에 반응할 수 있는 외배엽의 능력은 포배 초기에 증가했다가 낭배 초기에 줄어든다. 이 능력과 관련된 것 중 하나가 동물반구 내에 활발한 섬유모세포성장인자(fibroblast growth factor, FGF) 신호이며, 이 때문에 FGF 신호에 대한 길항제는 중배엽 유도를 차단한다.

일부 nodal-관련 인자들의 전사는 vegT에 의해 직접적으로 상승 조절되며 다른 nodal-관련 인자들의 전사는 초기 신호전달 과정을 거쳐 간접적으로 상승 조절된다. 스스로 작용하는 nodal-관련 인자들은 *brachyury*와 같은 범-중배엽성 유전자들과 *vents*와 같은 배쪽 유전자들을 상승 조절한다. β-카테닌도 함께 활성화되어 있는 등쪽 사분면에서는, 두 경로에 대한 상승적 반응으로, lim1은 아니지만, goosecoid를 부호화하는 유전자들과 형성체 부위에서 활성화되는 다른 전사인자들의 상승 조절이 일어난다. 형성체 유도 능력을 갖는 내배엽 부위를 위대한 네덜란드 발생학자 이름을 따라 **뉴큡센터(Nieuwkoop center)**라고 부르기도 한다. 동물반구 내에서도 반응 능력에 차이가 있어서, 등쪽 영역으로부터 등쪽 축 유도를 얻어 내기가 훨씬 쉽다. 이것은 등쪽 결정인자에 의해 야기된 β-카테닌 활성화가 동물반구로 뻗어 들어가기 때문이다.

난모세포의 식물반구에 배치된 vg1이라는 유도인자도 중배엽 유도에 기여한다. 명칭의 유사성에도 불구하고 vg1은 vegT와는 무관하며, 전사인자가 아니고 Nodal 등급의 유도인자이다. 비록 여러 해 동안 생물학적으로 활성이 없다고 믿어져 왔지만, 이제 vg1이 중배엽 유도에 기여한다는 것은 명확하다. 안티센스 올리고뉴클레오타이드를 이용하여 난모세포로부터 *vg1* mRNA를 제거한 후 발생시키면 인산화된 smad인 smad1 상승 및 중배엽 형성이 감소된다.

중배엽 유도 확산의 한계는 부분적으로 유도인자들의 범위에 좌우되지만, 또한 난모세포 동물반구에 배치되는 mRNA에 의해 부호화된 저해물질들에 의해서도 좌우된다. 이들 중 하나가 RING 패밀리 유비퀴틴 결합효소인 ectodermin이다. 이 물질은 유비퀴틴을 부착시켜 smad4의 농도를 감소시키는데, smad4는 nodal과 BMP 신호 경로 모두에서 필수적인 부분이다.

중배엽의 세포 특성은 낭배 기간 중 수렴확장 운동의 형태로 나타난다. 이런 특성은 세포내 단백질인 sprouty에 의해 억제되는 Wnt-PCP 경로의 활성에 좌우된다. 수렴확장은 *sprouty* 유전자의 발현을 억제하는 전사인자 brachyury의 작용 때문에 중배엽, 특히 등쪽 축 중배엽에서 일어난다. 등쪽 축 중배엽에는 sprouty의 작용을 방해하는 축 주위 중배엽 프로토캐드히린(paraxial protocadherin)이라는 세포 부착 분자가 존재한다.

## 등쪽화 및 신경형성 유도

중배엽 유도는 포배의 적도 주변에 배쪽 특성이 강한 복부 옆면과 등쪽에 작은 형성체를 갖는 중배엽 띠의 생성을 초래한다. 형성체 부위는 형성체 특성을 최초로 발견한 독일 발생학자의 이름을 따라 **스페만 형성체(Spemann's organizer)**라고 불리기도 한다. 이 형성체는 이어지는 발생단계를 위한 중요한 신호 센터이며, BMPs (부록 참고)의 작용을 저해하는 인자들을 분비함으로써 작용한다.

낭배 기간 중 복부 옆면 중배엽은 형성체로부터의 거리에 따라 각각 체절, 신장, 측판, 혈섬 등을 형성하는 대들로 나누어지게 된다(그림 7.19a). 복부 옆면 중배엽으로부터의 조직 이식편은 극단적인 배쪽 특징들을 유지한다. 그러나 만약 이 조직편들이 실험적으로 형성체 조직과 합쳐진다면, 그 조직편들은 등쪽화될 것이며 큰 근육덩어리와 전신 세관(pronephric tubules)을 형성할 것이다(그림 7.19b).

또한, 낭배 기간 중, 형성체의 영향 하에 외배엽으로부터 신경판이 유도된다. 낭배의 외배엽이 형성체와 접촉하면 sox2를 포함하는 다양한 전사인자와 세포부착 물질인 N-CAM을 발현하는 특징을 갖는 **신경표피(neuroepithelium)**를 형성한다. 실험적으로 신경표피 형성을 유도하는 여러 방법이 있다. 가장 간단한 방법은 반응성이 있는 외배엽을 형성체 조직과 합하는 것이다(그림 7.20b). 또 다른 방법은 Einsteckung 절차인데, 이 방법에서는 형성체 조각들을 낭배 초기의 포배강 안에 삽입하여 낭배형성 운동에 의해 배쪽 외배엽 방향으로 압착되게 하는 것이다(그림 7.20c). 마지막으로, **형성체 이식**으로(아래 참고) 제2등쪽 중배엽축 위에 있는 외배엽으로부터 제2의 신경판이 형성된다.

만약 포배가 일반적으로 사용하는 묽은 용액이 아닌 배아에 등장인 염용액에서 배양된다면 이 포배들은 함입하는 대신 안쪽 중배엽이 동물반구로부터 자라나와 **외부낭배(exogastrulate)**를 형성하게 된다(그림 7.6). 배아의 길이는 길어지지만 중배엽이 외배엽과 층을 이루는 대신 끝을 마주대고 늘어선다. 중배엽과 외배엽이 인접해 있으면서 층을 이루지 않는 또 다른 상황은 **켈러 외부이식편(Keller explant)**이다. 이것은 원구배순으로부터 동물극으로 신장하는 등쪽 조직의 외부이식편이며, 낭배의 다른 특징이 결여된 수렴확장운동을 보여준다(그림 7.20d). 중배엽이 외배엽 아래 위치하지 않는 이 두 상황에서도 여전히 약간의 신경형성 유도가 일어나 다수의 구조에서 올바른 앞뒤 형태가 만들어진다. 이는 신호들이 한 층으로부터 다른 층으로 전달(**병렬 유도, appositional induction**)될 뿐만 아니라 조직의 면을 따라서도 전달(직렬 유도, tangential induction)될 수 있음을 보여준다.

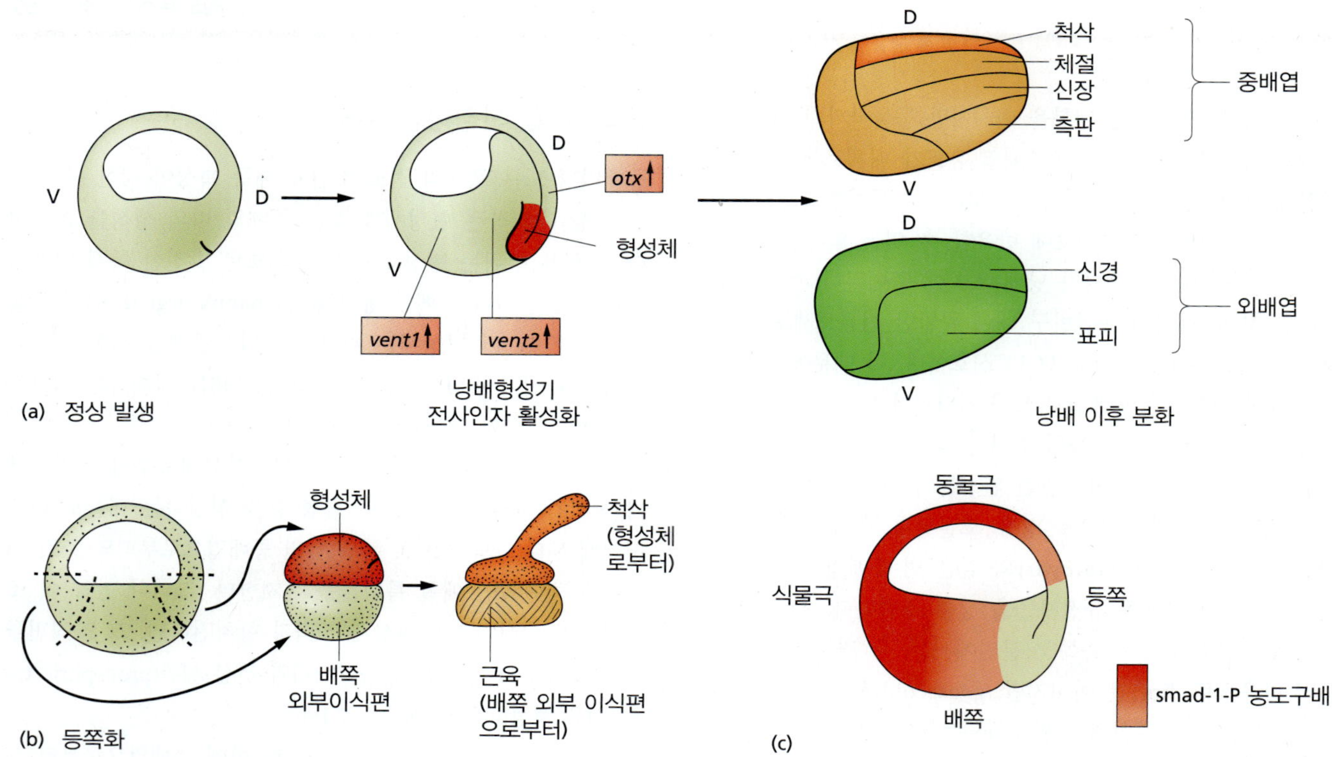


**그림 7.19** 중배엽의 등쪽화. (a) 정상 발생; (b) 배쪽 외부이식편을 형성체와 합하여 유도한 근육; (c) 낭배 초기에 인산화된 smad1의 위치.

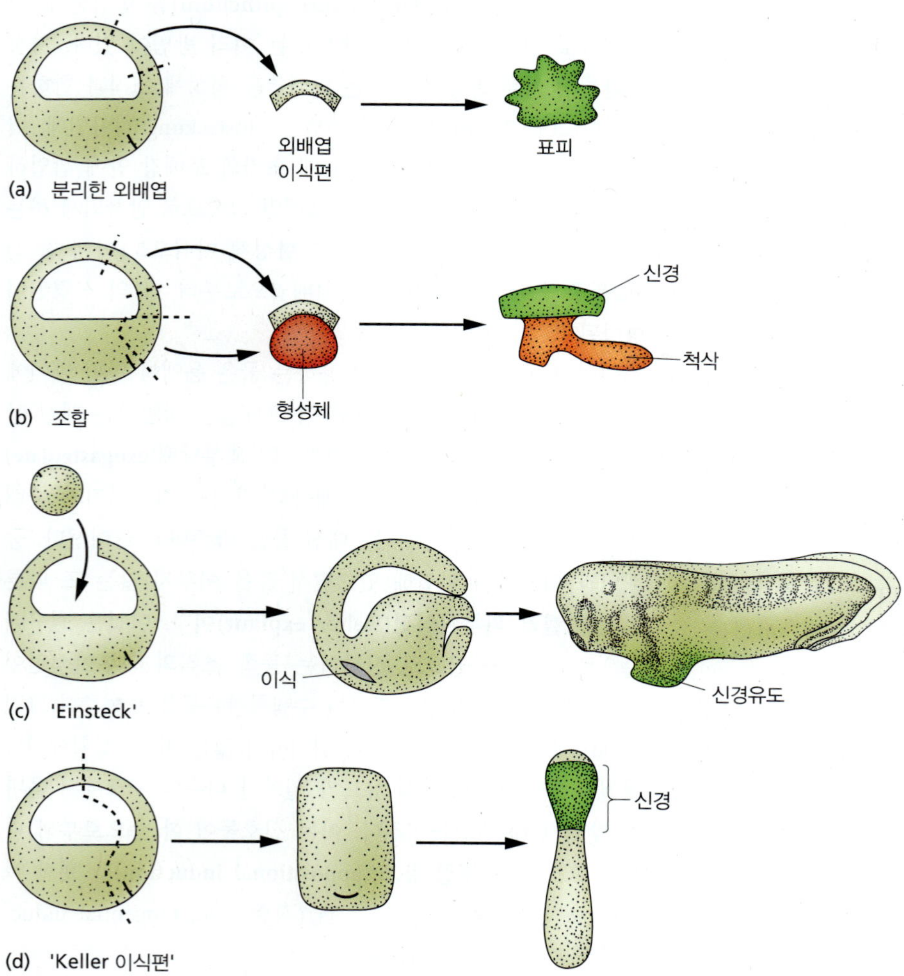


**그림 7.20** 신경형성 유도. (a) 장래의 뇌로부터 분리한 외배엽이 표피로 전환; (b) 외배엽이 형성체와 합쳐져 신경형성; (c) Einsteckung 절차에 의해 배쪽 외배엽에 신경형성이 일어날 수 있음; (d) Keller 외부이식편.

## 고전적인 실험들

### 유도인자의 발견

발생배의 발달을 조절하는 유도인자는 1980년대에 제노푸스를 이용하여 발견되었다. 이 유도인자들이 오늘날 다능성줄기세포(pluripotent stem cell)의 분화를 통제하기 위하여 사용되는 인자들이다(21장 참고).

이 발견의 핵심적 절차는 분리해 낸 동물극쪽 덮개에 정제된 단백질 용액을 처리한 후 해부현미경 하에서 이 외부 이식편의 형태 변화를 관찰하는 것이었다. 이 분석으로 FGFs와 activin (nodal-관련 인자와 밀접한 관련이 있는 물질)의 유도 특성이 밝혀졌다.

다른 중요한 기술은 시험관에서 제작한 mRNA를 수정란 또는 UV-배쪽화 난에 주사하는 것이었다. 이 방법을 통해 등쪽 축 형성에 대한 Wnt 경로의 역할이 밝혀졌다. 또한 이 방법을 통해 발현 유전자 클로닝 절차 도입이 가능해졌다. 발현 클론의 전체 라이브러리는 2개의 부분집합으로 나누어지는데, 이들은 전사된 mRNA와 주사에 의해 분석된 혼합 mRNA이다. 이 방법은 noggin의 발견 및 형성체의 작용 방식을 이해하는 데 기여했다.

**최초의 유도인자**

Slack, J.M.W., Darlington, B.G., Heath, J.K. & Godsave, S.F. (1987) Mesoderm induction in early Xenopus embryos by heparin-binding growth-factor. *Nature* **326**, 197–200.

Kimelman, D. & Kirschner, M. (1987) Synergistic induction of mesoderm by FGF and TGF-beta and the identification of an messenger-RNA coding for FGF in the early Xenopus embryo. *Cell* **51**, 869–877.

Smith, J.C., Price, B.M.J., VanNimmen, K. & Huylebroeck, D. (1990) Identification of a potent Xenopus mesoderm-inducing factor as a homolog of activin-A. *Nature* **345**, 729–731.

**Wnt로부터 축의 복제(axis duplication)**

Smith, W.C. & Harland, R.M. (1991) Injected XWnt-8 RNA acts early in Xenopus embryo to promote formation of a vegetal dorsalizing center. *Cell* **67**, 753–765.

Sokol, S., Christian, J.L., Moon, R.T. & Melton, D.A. (1991) Injected Wnt RNA induces a complete body axis in Xenopus embryos. *Cell* **67**, 741–752.

**Noggin의 발견**

Smith, W.C. & Harland, R.M. (1992) Expression cloning of noggin, a new dorsalizing factor localized to the Spemann organizer in Xenopus embryos. *Cell* **70**, 829–840.

정상 발생에서 외배엽의 신경형성과 중배엽의 등쪽화는 형성체로부터 분비된 같은 무리의 유도인자들에 의하여 유발된다. 이 유도인자들은 BMPs의 저해제로 작용하는 chordin, noggin 및 follistatin이다. BMP4는 높은 핵 내 β-카테닌을 갖는 등쪽 부위를 제외한 모든 부위의 배아에 의해 생성된다. BMPs를 위한 세포내 신호전달 경로는 nodal-관련 인자의 경로와 유사하지만, 다른 수용체 및 smad들을 사용한다(smad1과 5; 부록 참고). BMP 저해제들이 신경형성 유도 및 중배엽 등쪽화 작용을 한다는 많은 증거들이 있다. 먼저, 장래의 표피들은 BMPs를 만들지만, 형성체 부위는 BMP 저해제들을 분비한다. 포배중기 전후에, smad1과 5는 배아 배쪽 측면 전역에서 인산화되는데, 이는 이 부위에 활발한 BMP 신호가 있음을 의미한다. 생물학적 활성을 보면, 분리한 동물극쪽 덮개의 BMP 저해제 처리는 신경형성을 유발하지만 분리한 배쪽 중배엽 외부이식편의 처리는 등쪽화를 유발할 것이다. 끝으로, 저해 실험은 예상한 결과를 나타낸다. BMP 저해제, 특히 chordin에 대한 모폴리노는 등쪽 형태형성을 억제한다. 돌연변이에 의해 무력화된 BMP 수용체를 부호화하는 mRNA를 배쪽에 주사하면 더 강한 효과가 나타나며, 배쪽에 등쪽 축을 형성할 것이다.

Chordin, noggin 그리고 follistatin은 BMP 단백질에 직접 결합하여 해당 BMP를 억제하는 작용을 하고 이를 통해 배쪽에서 등쪽으로 BMP 활성 경사를 초래한다. BMP 신호의 표적 유전자들은 많지만 단 하나의 사례만이 발생배의 형태가 어떻게 형성되는가를 설명해 줄 수 있다. 높은 BMP 활성은 호메오박스 유전자인 *vent1*의 발현을 유도하는 반면, 낮은 활성은 *vent2*의 발현을 상승 조절한다(그림 7.4, 7.19a 참고). 두 *vent* 유전자들이 발현되는 부위는 나중에 측판(lateral plate)이 된다. 가운데 배쪽 부위에서 측판은 혈섬을 형성하는데, 이 혈섬에서는 BMP가 장차 조혈기구의 분화를 활성화시키는 bHLH형 전사인자인 SCL (stem cell leukemia factor, 줄기세포 백혈병인자) 유전자의 발현을 상승 조절한다. *vent1*은 발현되지 않고 *vent2*만 발현되는 부위는 나중에 체절이 되며 머지않아 *myf5*와 같은 **근원성 인자(myogenic factor)**에 대한 유전자의 상승 조절을 보인다. VP16 융합이 등쪽화 효과(원래 인자에 대한 반대 효과)를 갖는다는 사실에서 볼 수 있듯이 *vent* 유전자들에 의해 부호화된 단백질들은 전사억제자이다.

실험적으로, 신경형성은 낭배 외배엽의 분리에 의해 유발될 수 있다. 이것은 세포가 분리될 때 세포외 신호에 의해 조절된 인산화효소(extracellular signal regulated kinase, ERK) 신호 경로가 일반적인 손상 반응으로서 활성화되기 때문이다. 이 손상 반응은 두 번째 부위(연결 부위; 부록 참고) 인산화에 의한 smad1과 smad5 작용 저해를 초래한다.

BMP 신호 저해에 덧붙여, Wnt 저해의 한 요소도 정상적인 등쪽화 과정에 수반된다. MBT 이후, *wnt8* 유전자가 중배엽의 비형성체(nonorganizer) 부위에서 활성화되고, 이에 따라 Wnt 경로는 이제 *배쪽화하는 효과*(*ventralizing effect*)를 갖게 된다. 비록 Wnt 경로가 난자에서 피질회전이 진행되면서 등쪽화하는 기능을 갖지만, MBT 이후에는 전사인자 tcf3가 lef1에 의해 대체된다. 이 두 인자 모두 β-카테닌과 협동하지만, 표적 유전자와 관련해서는 다른 특이성 범위를 보여주는데, tcf3는 등쪽화, lef1은 배쪽화하는 유전자들에 각각 작용한다. 이것은 이 두 전사인자들을 무력화시키는 돌연변이에서 반대 효과를 나타내기 때문에 과학적으로 설명 가능하다: tcf3 음성 돌연변이에서는 배쪽화가 lef1 음성 돌연변이에서는 등쪽화가 유도된다. 분화 능력의 이러한 변화는 MBT 이후 리튬을 처리하면 등쪽화가 아닌 배쪽화 효과가 나타난다는 지금까지의 난해한 사실을 설명한다. 형성체로부터의 등쪽화 신호는 적어도 하나의 frzb (frizzbee로 발음)라고 불리는 Wnt 저해요소를 포함하는데, 이 저해요소는 wnt8의 작용을 저해하며 Wnt 수용체의 세포외 부분을 닮아 있다.

## 비율 조절

오랫동안 주의를 끌어온 초기 발생 시 부위별 특수화의 한 측면은 **비율 조절(proportional regulation)**을 나타내는 여러 유형의 초기 배아가 갖는 능력이다. 다시 말하자면, 만약 배아로부터 물질이 제거되면 최종적으로 만들어질 형태에서 빠진 부분이 생기는 것이 아니라 정상 형태의 축소된 형태가 만들어진다(4장 참고). 실제 발생에서 완벽한 형태 비율이 이루어지지는 않지만, 각 형태의 발생들은 정상 발생을 지향한다. 형태형성인자의 단순확산 경사는 비율 조절을 설명하지 않는다; 사실, 실제 발생은 잘린 표면에 형태형성인자가 축적되기 때문에 반조절적 모습을 보여준다(그림 2.14c). 조절적 행동을 보여줄 수 있는 모델들은 항상 다른 확산 특성을 갖는 2개의 경사를 가지며 그 둘 사이에 농도의 비교를 수반한다.

제노푸스에서만 조절 기전이 밝혀졌다. 핵심은 등쪽 부위에서 반등쪽화 형태형성단백질(antidorsalizing morphogenic protein, ADMP)이라 불리는 BMP형 유도인자의 발현이다. 형성체에서 발현됨에도 불구하고 이 단백질은 배쪽화하는 특성을 가지며 활성의 미세한 조절은 형성되는 구조의 비율들을 변화시킬 것이다(그림 7.21). 이 단백질의 전사는 BMP 신호에 의해 억제된다. 그래서 만약 배쪽 조직의 양이 실험적으로 감소된다면 BMP 경사도 낮아질 것이며 *admp* 발현 도메인은 확대될 것이다(그림 7.22). ADMP는 BMP 저해인자보다 더 잘 확산될

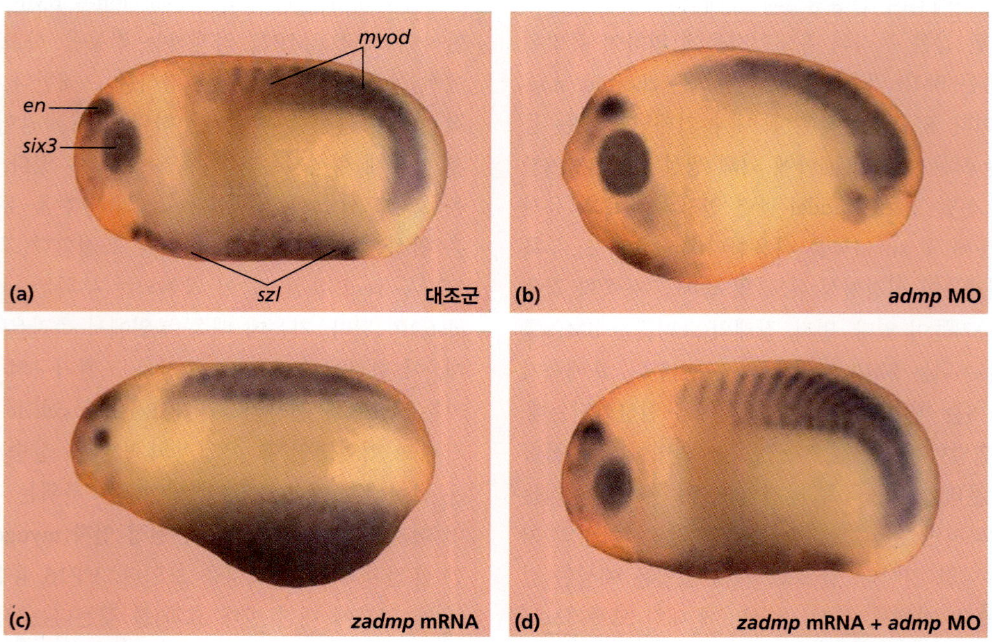


**그림 7.21** ADMP의 배쪽화 활성. (a) 4가지 유전자의 정상적 발현영역을 보여주는 대조군 발생배. (b) ADMP 모폴리노는 형태의 등쪽화를 초래함. (c) 제브라피쉬 ADMP mRNA 과발현은 배쪽화를 초래함. (d) 제브라피쉬 *admp*는 모폴리노에 의해 인식되지 않기 때문에 함께 주사하면 *admp* 모폴리노의 효과를 상쇄함(대조군과 유사한 발생). (인용) Elsevier의 허락을 얻어 Reversade and De Robertis, 2005의 그림을 재구성하였음.

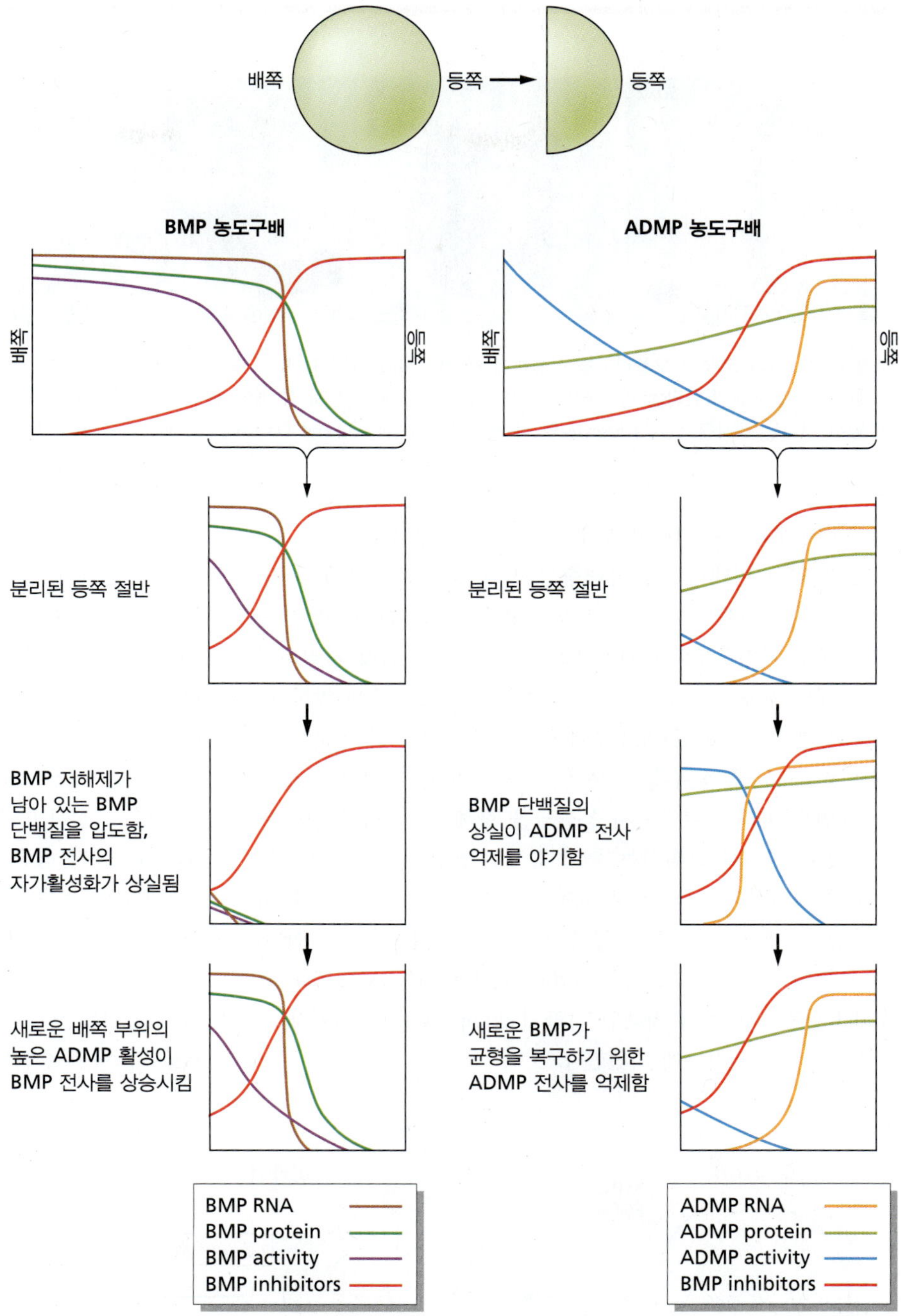


**그림 7.22** 분리한 등쪽 절반 배아의 비율 조절. 등쪽 절반의 분리는 BMP 활성 영역을 감소시켜 *bmp* 발현의 소멸을 유도한다. 이는 *admp* 발현 영역의 증가를 야기하고, 이 증가한 ADMP 활성은 새로운 배쪽에 bmp 발현을 재확립한다. 이것은 매우 단순화된 그림이며, 실제상황에서는 다른 인자들이 작용하여 BMP 저해인자의 전사에 부가적 효과를 나타낸다.

수 있는데, 이는 배쪽 부위에서 ADMP 농도가 BMP 저해인자 농도를 초과하게 됨을 의미하며, 그래서 ADMP는 새로운 배쪽 부위에 *bmp* 발현을 상승 조절한다. 이는 왜 등쪽 절반 배아가, 비록 완전히 정상 비율로 회복되지는 않더라도, 완전한 등-배 형태를 형성하는지를 설명해 준다.

이 분자생물학적 요소들을 제거하면, 비율을 조절하기 위한 능력은 상실된다. 그래서 이 4가지 요소(BMP2, 4, 7 그리고 ADMP)를 제거하기 위해 모폴리노를 주사한 배아는 완전한 신경형성을 하지만 비율 조절을 보이지 않는다(그림 7.23).

## 전-후 형태형성(Anteroposterior patterning)

낭배형성 시기 동안 특정 영역의 등쪽에서 배쪽으로의 형태형성만 진행되는 것이 아니고 앞쪽에서 뒤쪽으로의 형태형성도 진행된다. 신경유도활성은 형성체와 형성체로 발달할 축 중배엽 둘 다에 의해 나타난다. 두 경우 모두 유도는 부위별 특이성을 보여준다. 앞쪽 형성체 또는 앞쪽 축 중배엽은 뇌 구조를 유도하지만 뒤쪽 형성체 또는 뒤쪽 축 중배엽은 모두 뇌와 척수를 유도한다. 완전한 신경축이 뒤쪽 형성체에 의해 유도될 수 있기 때문에 중추신경(CNS) 형성 기간 중 뒤쪽 신호가 앞

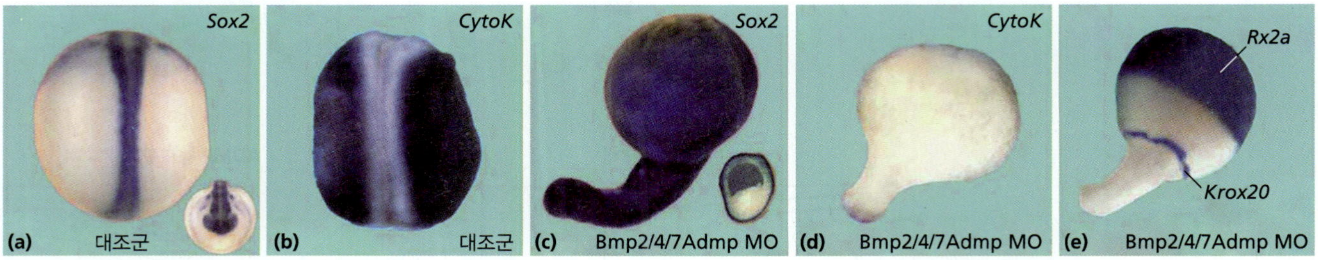


**그림 7·23** 발생배로부터 모폴리노를 이용하여 세 가지 BMPs와 ADMP를 모두 제거한 효과. (a, b) 신경상피 전사인자를 부호화하는 *sox2*와, 표피성 사이토케라틴 mRNA가 발현되는 대조군들. (c, d) 4가지 인자 모두 부재 시 배아 전체의 신경조직화. (e) 전뇌(*rx2a*)와 후뇌(*krox20*) 표지의 발현으로 확인되듯이 앞뒤 형태는 유지됨. (인용) Elsevier의 허락을 얻어 Reversade and De Robertis, 2005의 그림을 재구성하였음.

뒤 형태형성을 통제한다고 오랫동안 생각되어 왔다.

초기 앞뒤 형태형성은 낭배형성 전에 형성체 내부에 두 영역의 형태로 존재하며, 이 두 영역은 β-카테닌과 nodal-관련 신호의 비율 차이로부터 유래되었으며 두 신호는 각각 피질회전과 중배엽 유도로부터 발생한다. 앞쪽 부분은 나중에 앞쪽 내배엽과 전척삭(prechordal) 중배엽이 될 것이다. 이 부분은 낭배형성 기간 중 섬유질 기부에 부착한 채로 외배엽의 포배강 표면을 따라 포복하면서 동물극을 향해 움직여간다. 이 부분은 *goosecoid*를 포함하는 특정 전사인자 유전자들의 발현으로 특징지어진다. 이 부분은 외배엽으로부터 *otx2* (전뇌/중뇌) 및 *ag1* (시멘트선)과 같은 앞쪽 유전자들의 발현을 유도한다. 이 부분의 앞쪽 유도 활성은 cerberus (Wnts와 BMPs 그리고 nodal-관련 인자들의 저해인자)와 dickkop (Wnt 저해인자)를 포함하는 분비인자들에 기인한다.

뒤쪽 부분은 장차 척삭과 체절이 되며 낭배형성 기간 중 수렴확장에 의해 현저히 길어진다. 이 부분은 호메오박스 유전자 *not*와 T-box 유전자 *brachyury*를 포함하는 다른 전사인자 유전자 무리의 발현으로 특징지어진다. 이 부분은 외배엽으로부터 앞쪽 유형 유전자와 뒤쪽 유형 유전자 둘 다의 발현을 유도하며, 뒤쪽화 활성은 FGFs와 Wnts의 분비에 기인한다. 이 모든 것들은 *cdx* 유전자들에 의해 암호화된 한 무리의 전사인자를 상승 조절하며, 그 결과 뒤쪽 Hox 유전자에 상동적인 무리(Hox6–13)가 상승 조절된다(그림 7.24). Hox 유전자들 중 이 부분집합은 몸통과 꼬리 부분의 형태를 특정하는데, 이 유전자들은 낭배형성 기간 중 순차적으로 발현된다.

몸통-꼬리 부위를 유도하기 위해 FGF와 Wnt 신호가 요구된다는 증거는 충분히 많다. 낭배형성 기간 중 몇 개의 FGFs와 Wnts가 원구 주변인 뒤쪽 부위에서 발현된다. 이들의 활성은

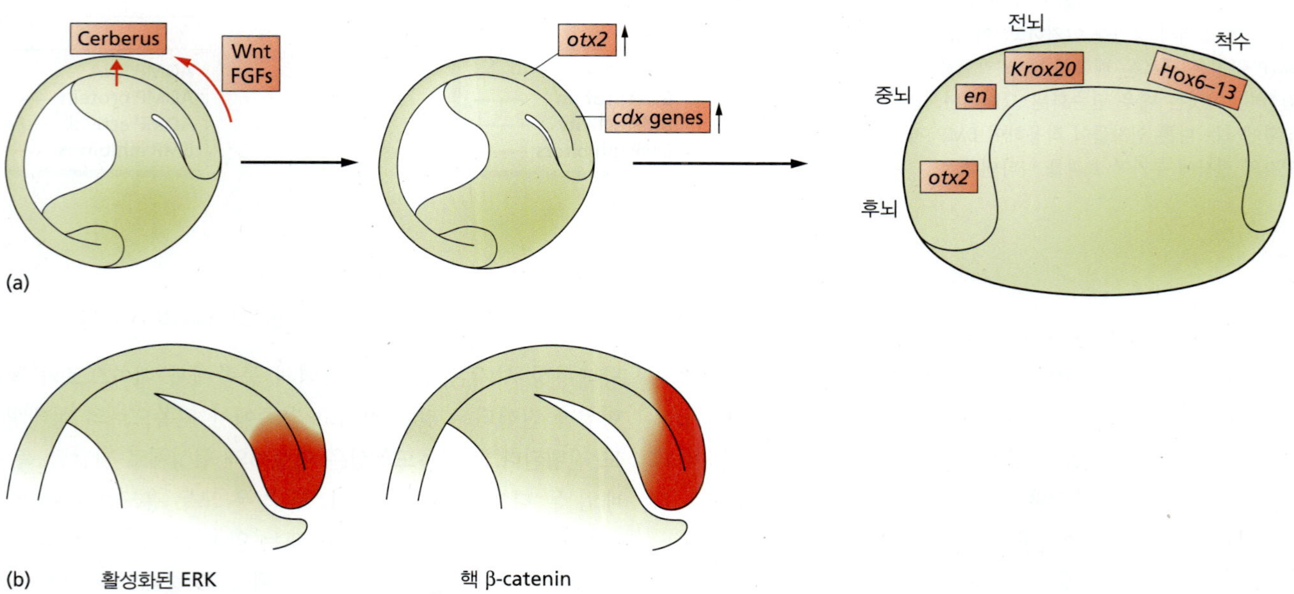


**그림 7·24** 중추신경계(CNS)의 앞뒤 형태형성. (a) 형성체 앞부분으로부터 cerberus의 작용. 그리고 뒷부분으로부터 FGFs와 Wnts의 작용. (b) 낭배 말기에 인산화된 ERK (FGF target)와 핵 β-catenin의 위치.

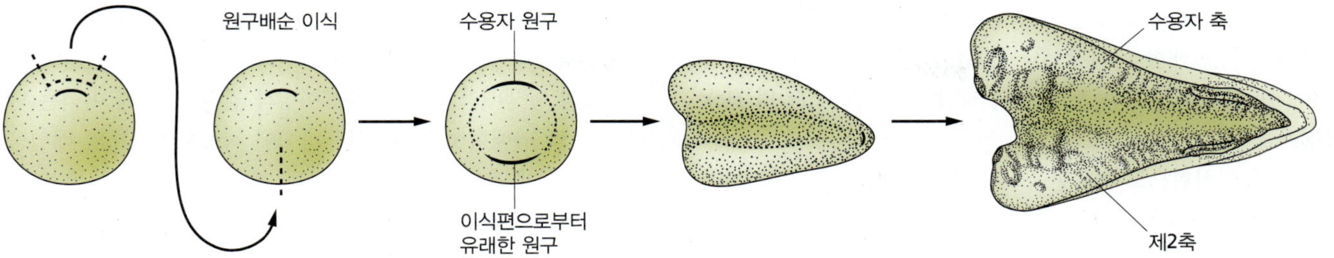


**그림 7.25** 형성체 이식. 이식편은 제2축의 척삭 및 머리쪽 중배엽을 형성하고 수용자 개체에 다른 부위들을 유도함.

ERK (FGF)의 활성형 또는 핵 β-카테닌(Wnt)에 대한 면역염색에 의해 시각적으로 관찰될 수 있다. 동물극쪽 덮개를 BMP 저해인자인 noggin으로 처리하면 앞쪽형 신경 유전자들만이 유도되지만, Wnt나 FGF를 첨가하면 뒤쪽 신경 유전자들도 유도될 것이다. FGF 수용체가 무력화된 돌연변이 개체로서 내인성 FGF 신호전달이 저해되는 배아의 경우나 dickkop Wnt 저해인자가 과발현된 배아의 경우 뒤쪽 형태형성이 방해받을 것이다. FGF 효과는 대부분 몸통-꼬리 부위에서 감지되는 반면 Wnt 효과는 *krox20* (후뇌에서 발현되는 징크-핑거 전사인자)나 *engrailed* (중뇌와 후뇌의 경계에서 발현되는 호메오도메인 전사인자)와 같은 유전자의 발현을 통제하면서 후뇌에도 도달한다. 종종 전-후 형태형성에 어떤 역할을 할 것으로 생각되는 또 다른 요소는 레티노산(retinoic acid)이다. 레티노산을 과발현시키거나 억제하면 형태에 영향을 미치지만, 제노푸스에서는 그 효과가 FGFs나 Wnts보다 훨씬 적으며 후뇌에 크게 집중된다.

앞쪽에서 Wnt의 억제는 전장(foregut)의 형성을 위해서도 필수적이다. 내배엽은 초기에 앞부분에서 전사인자 유전자 *hex*와 *pdx1* 그리고 뒤쪽 부분에서 전사인자 유전자 *cdx*의 발현에 의해 앞쪽과 뒤쪽 영역으로 나뉜다. 이 영역은 초기 약 24시간 동안은 변화될 수 있는 상태로 유지된다. 앞부분에서 Wnts를 과발현시키면 위, 간, 췌장의 형성을 억제할 것이며, 뒤쪽에서 Wnt를 억제하면 비정상적 위치에 이러한 조직의 발생이 유도될 것이다.

## 형성체 이식

등쪽화, 신경형성 유도 및 앞뒤 형태형성의 세 과정 모두가 1924년 스페만과 맨골드(Mangold)에 의해 최초로 수행된 바 있는 **형성체 이식(organizer graft)**에서 나타난다. 이것은 배아 발생학에서 가장 유명한 실험이지만, 이 실험의 진정한 중요성은 다양한 과정들이 이해된 아주 최근에 와서야 명확해졌다. 이 이식실험에서는 원구배순 위쪽의 조직 한 조각이 배쪽 주

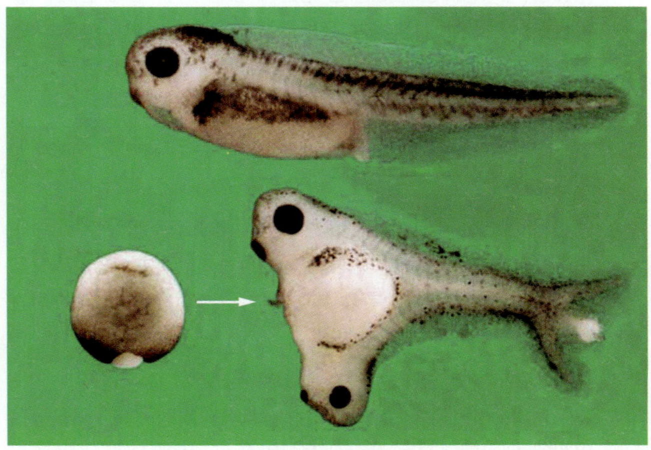

**그림 7.26** 형성체 이식. 이식편은 낭배의 배쪽에 흰색 점으로 보이기도 함. 정상 배아(위)와 이식에 의해 유도된 머리가 둘인 배아(아래), 수정 후 3일째. (인용) Annual Reviews의 허락을 얻어 De Robertis and Kuroda. *Ann Rev Cell Devel Biol* 2004; 20: 285-308의 그림을 재구성하였음.

변대로 이식된다(그림 7.25). 이 이식으로 2개의 등을 갖는 발생배가 형성되는데 첫 번째 등은 이식편을 수용한 배아(숙주)로부터 유래하며 두 번째 등은 이식편으로부터 유래한다(그림 7.26). 이식편 위쪽 외배엽은 두 번째 신경관을 형성한다. 낭배형성이 진행됨에 따라 숙주와 이식편의 축들은 점차로 더 뒤쪽 부분들을 형성해 간다. 이식이 성공적일 경우, 각각의 등쪽을 중심으로 형성된 두 배아가 배쪽이 붙은 상태로 대칭형으로 발달한다.

이식한 형성체의 움직임은 미리 프로그램되어 있으며 자발적이다. 따라서 이식편은 함입하며 수렴확장에 의해 활발하게 길어진다. 이 이식편은 등쪽화 신호(BMP와 Wnt 저해인자들)들을 방출한다. 이 인자들은 인접한 중배엽으로 확산하며, BMP 신호의 감소는 *vent1*의 발현 증가를 억제하여 이식편의 양측에 체절을 형성하기 위한 근원성 유전자(myogenic gene)들의 발현 증가를 유발한다. 동일한 물질들이 인접한 외배엽으로

확산하여 *sox2*와 *n-cam* 같은 광범위 신경 유전자들의 발현을 증가시킨다. 낭배형성 기간 중 이식편은 FGFs와 Wnts를 방출하며, 이 신호들은 몸통-꼬리 부위 발달에 필요한 *cdx* 및 Hox 유전자들을 유도한다.

형성체 이식편으로부터 만들어지는 두 번째 축은 종종 머리를 형성하지 못하는 경우가 있지만, 이식편이 형성체의 아주 앞쪽 부분까지 포함하고 있으면 그 부분에서 cerberus와 dick-kop를 방출하여 인접 외배엽에 머리를 형성한다. 그 결과 완전한 제2의 발생배가 만들어진다. 이상과 같이, 형성체 이식은 난할 초기와 낭배형성 종료 시점 사이에 작동하여 3개의 배엽을 만들고 각 배엽에 등배 형태, 앞뒤 형태 등을 형성하는 모든 순차적인 유도적 상호작용들의 조율된 작용을 잘 보여 준다.

## 기억해야 할 핵심 사항들

- 제노푸스 배아 발생에 대한 설명은 일부 세부적인 부분의 특이성을 제외하고는 일반적인 동물의 발생과 같다. 난할은 빠르고 동시성 있게 진행되어 포배를 형성한다. 낭배형성 이동은 3개의 배엽과 등-배축 및 전-후축의 부위별 형태형성을 유도한다.
- 정확한 운명지도는 개별 세포들에 형광 덱스트란을 주사하여 작성되었다.
- 유전자 생성물의 과발현은 대개 수정란에 mRNA를 주사하여 수행된다. 특정 유전자 생성물의 저해는 안티센스 모폴리노의 주사나 과발현 시 그 특정 유전자의 단백질 생성을 저해하는 mRNA의 주사에 의해 수행된다.
- 배아 각 부위별 형태는 난자에 있는 두 가지 결정인자에 의해 지정된다. 식물극쪽 결정인자는 난자형성과정 중에 식물극쪽 피질에 배치되어지는 T-box 전사인자 vegT에 대한 mRNA를 포함한다. 등쪽 결정인자는 정자 진입시 유도되는 피질회전 중 식물극쪽으로부터 등쪽으로 이동하는 Wnt 경로 요소들을 포함하고 있다.
- VegT 단백질은 내배엽 특이적 전사인자(예, sox17)들과 nodal형 유도인자들의 유전자 발현을 증가시킨다. Nodal 인자들은 인접한 세포들의 적도띠에서 분비되어 중배엽 특이적 전사인자들(예, brachyury)의 발현을 유도한다.
- 등쪽에서는, Wnt 경로가 등쪽 특이 전사인자(예, *siamois*)들을 부호화하는 유전자들의 발현을 증가시킨다. 중배엽성 전사인자와 등쪽 전사인자 모두를 가지고 있는 부위는 형성체가 된다. 이곳에서 BMP 저해인자(noggin, chordin)의 유전자 발현이 증가한다. 이들은 분비되어 배쪽으로부터 등쪽까지 BMP 활성 기울기를 생성한다. 낮은 BMP 활성은 동물극쪽(외배엽쪽)에 sox2와 같은 전사인자의 발현을 가능하게 하여 신경판 형성이 일어나게 한다. 낮은 BMP 활성은 또한 적도역에 myf5와 같은 전사인자를 유도하여 근절(myotome)을 형성하게 한다.
- 전-후 형태형성은 낭배형성 중 원구 부위로부터 방출되는 뒤쪽화 신호에 좌우된다. 이 신호는 FGFs와 Wnts로 구성되며, 각 유전자가 어느 특정 앞뒤 형성 단계에서 상승 발현되고, 그 이후에는 지속적으로 발현되는 방식으로 Hox 유전자의 발현 상승을 유발한다.

## 추가로 읽을 것

### Website

http://www.xenbase.org/

### General

Nieuwkoop, P.D. & Faber, J. (1967) *Normal Table of Xenopus laevis*. Amsterdam : N. Holland. Reprinted Garland Publishing Inc. (1994).

Hausen, P. & Riebesell, M. (1991) *The Early Development of Xenopus laevis*. Berlin: Springer-Verlag.

Brown, D.D. (2004) A tribute to the Xenopus laevis oocyte and egg. *Journal of Biological Chemistry* **279**, 45,291–45,299.

Carruthers, S. & Stemple, D.L. (2006) Genetic and genomic prospects for Xenopus tropicalis research. *Seminars in Cell and Developmental Biology* **17**, 146–153.

Brown, D.D. & Cai, L. (2007) Amphibian metamorphosis. *Developmental Biology* **306**, 20–33.

Green, S.L. (2010) *The Laboratory Xenopus sp*. Boca Raton FL: CRC Press.

Harland, R.M. & Grainger, R.M. (2011) Xenopus research: metamorphosed by genetics and genomics. *Trends in Genetics* **27**, 507–515.

### Oocyte and maternal factors

Tunquist, B.J. & Maller, J.L. (2003) Under arrest: cytostatic factor (CSF)-mediated metaphase arrest in vertebrate eggs. *Genes and Development* **17**, 683–710.

Heasman, J. (2006) Maternal determinants of embryonic cell fate. *Seminars in Cell and Developmental Biology* **17**, 93–98.

### Fate maps

Keller, R.E. (1975) Vital dye mapping of the gastrula and neurula of *Xenopus laevis* I. Prospective areas and morphogenetic movements of the superfi cial layer. *Developmental Biology* **42**, 222–241.

Keller, R.E. (1976) Vital dye mapping of the gastrula and neurula of

*Xenopus laevis* II. Prospective areas and morphogenetic movements of the deep layer. *Developmental Biology* **51**, 118–137.

Dale, L. & Slack, J.M.W. (1987) Fate map for the 32 cell stage of *Xenopus laevis*. *Development* **99**, 527–551.

Bauer, D.V., Huang, S. & Moody, S.A. (1994) The cleavage stage origin of Spemann's organiser: analysis of the movements of blastomere clones before and during gastrulation in *Xenopus*. *Development* **120**, 1179–1189.

### Gastrulation

Keller, R.E., Danilchik, M., Gimlich, R. & Shih, J. (1985) The function and mechanism of convergent extension during gastrulation of *Xenopus laevis*. *Journal of Embryology and Experimental Morphology* **89** (Suppl.), 185–209.

Keller, R., Shih, J. & Domingo, C. (1992) The patterning and functioning of protrusive activity during convergence and extension of the *Xenopus* organiser. *Development* (Suppl.) **116,** 81–91.

Beetschen, J.C. (2001) Amphibian gastrulation: history and evolution of a 125 year old concept. *International Journal of Developmental Biology* **45**, 771–795.

Winklbauer, R., Medina, A., Swain, R.K. & Steinbeisser, H. (2001) Frizzled-7 signalling controls tissue separation during Xenopus gastrulation. *Nature* **413**, 856–860.

### Early dorsoventral polarity

Gerhart, J., Danilchik, M., Doniach, T., & Roberts, S. (1989) Cortical rotation of the Xenopus egg: consequences for the anteroposterior pattern of embryonic dorsal development. *Development* (Suppl.) **107**, 37–51.

Weaver, C. & Kimelman, D. (2004) Move it or lose it: axis specifi cation in *Xenopus*. *Development* **131**, 3491–3499.

### Endoderm

Dale, L. (1999) Vertebrate development: multiple phases to endoderm formation. *Current Biology* **9**, R812–R815.

Woodland, H.R. & Zorn, A.M. (2008) The core endodermal gene network of vertebrates: combining developmental precision with evolutionary flexibility. *BioEssays* **30**, 757–765.

### Mesoderm induction

Heasman, J. (2006) Patterning the early *Xenopus* embryo. *Development* **133**, 1205–1217.

Kimelman, D. (2006) Mesoderm induction: from caps to chips. *Nature Reviews Genetics* **7**, 360–372.

### Dorsoventral signaling and the organizer

Dale, L. & Wardle, F. (1999) A gradient of BMP activity specifies dorsal-ventral fates in early Xenopus embryos. *Seminars in Cell and Developmental Biology* **10**, 319–326.

Niehrs, C. (2004) Regionally specifi c induction by the Spemann-Mangold organizer. *Nature Reviews Genetics* **5**, 425–434.

Reversade, B. & De Robertis, E.M. (2005) Regulation of ADMP and BMP2/4/7 at opposite embryonic poles generates a self-regulating morphogenetic field. *Cell* **123**, 1147–1160.

Simeonia, I. & Gurdon, J.B. (2007) Interpretation of BMP signaling in early Xenopus development. *Developmental Biology* **308**, 82–92.

De Robertis, E.M. (2009) Spemann's organizer and the self-regulation of embryonic fields. *Mechanisms of Development* **126**, 925–941.

### Anteroposterior pattern

Doniach, T. (1992) Induction of anteroposterior neural pattern in *Xenopus* by planar signals. *Development* (Suppl.) **116**, 183–193.

Piccolo, S., Agius, E., Leyns, L., Bhattacharyya, S., Grunz, H., Bouwmeester, T. & De Robertis, E.M. (1999) The head inducer Cerberus is a multifunctional antagonist of Nodal, BMP and Wnt signals. *Nature* **397**, 707–710.

Kiecker, C. & Niehrs, C. (2001) A morphogen gradient of Wnt/beta-catenin signalling regulates anteroposterior neural patterning in Xenopus. *Development* **128**, 4189–4201.

Niehrs, C. (2004) Regionally specifi c induction by the Spemann-Mangold organizer. *Nature Reviews Genetics* **5**, 425–434.

---

This chapter contains the following animation:

**동영상 5** 유도.

**동영상 9** 동물극쪽 덮개와 UV 분석.

For additional resources for this book visit www.essentialdevelopmentalbiology.com

---

# 제8장

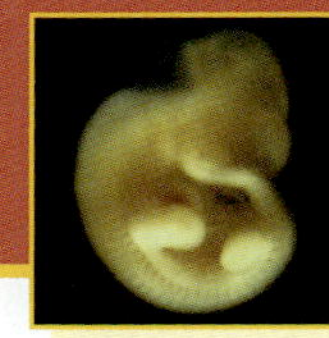

# 제브라피쉬

제브라피쉬(zebrafish)가 발생학을 위한 모델생물로 도입된 주된 이유는 이 종이 유전학적 실험에 적합한 척추동물이기 때문이었다. 이 모델생물의 성체는 크기가 작아 많은 수를 순환 수조에 수용할 수 있으며, 유전적 특징을 달리하는 집단들을 작은 수조에 나누어 보존할 수 있다. 부화 후 3-4개월이 지나면 번식을 하기 시작하며, 2주일 간격으로 다시 번식한다.

제노푸스와 달리, 제브라피쉬를 이용한 연구의 시작은 돌연변이 생성(mutagenesis)이었고, 발생학적으로 중요한 유전자들에 대한 기능상실 돌연변이들을 이용할 수 있다. 이 책에서 언급하고 있는 일부 핵심적인 발생유전자들의 목록은 표 8.1과 같다. 대부분이 제노푸스와 생쥐에 존재하는 유전자와 상동적인 유전자(homolog)이지만, 돌연변이 연구를 통해 발견되었고 유전자의 실제 기능을 알기 전에 이름이 붙여졌기 때문에 이 유전자들의 이름은 대부분 제브라피쉬 특이적으로 사용된다. 그리고 이 유전자들이 열성 대립형질을 따라 명명되었기 때문에 소문자를 사용하여 표기한다.

이 장에서 설명하는 초기 발생연구에 덧붙여, 제브라피쉬는 기관형성 연구 분야에서의 중요성도 나날이 증가하고 있어서, 이 책의 뒤쪽에서 다시 다루어질 것이다. 이 생물은 발생생물학 이외의 분야, 특히 신약 개발을 위한 시험용으로도 크게 각광받고 있는데, 그 이유는 생화학적 경로 교란의 형태학적 결과를 시각적으로 파악하기 쉽기 때문이다.

## 정상 발생

### 난자 형성

다른 하등 척추동물에서처럼 난모세포는 성체시기 동안 난원세포로부터 유래한다. 일차 난모세포는 감수분열 전기에 해당하며, 염색체는 2가 염색체 쌍으로 배열되어 있고, 각 염색체는 최근의 DNA 복제에서 유래한 2개의 염색분체로 구성된다. 일차 난모세포의 성장은 I, II, III 단계로 구분된다. 성장기 동안, 일차 난모세포는 직경 7 $\mu$m에서 700 $\mu$m로 팽창한다. 이 일차 난모세포들은 높은 전사활성을 가지며 램프-솔 염색체(lamp-brush chromosome)를 갖는다. II 단계에는 1,000개 이상의 핵인(nucleolus)이 출현하는데, 이는 활발한 rRNA 합성을 의미한다. I-II 단계에서는 발비아니체(미토콘드리아 구름)가 식별되며 제노푸스에서처럼 모계 mRNA의 배치와 연관된다. 이 단계들에서 난모세포를 둘러싸는 난포세포들이 원주형에서 편평형으로 형태변화를 하며, 난황막(장래의 난막)을 분비한다. 난문세포(micropylar cell)라고 불리는 하나의 난포세포는 난모세포와의 접촉을 유지하는데, 이로 인해 난문(micropyle)이라고 불리는 조그만 구멍이 난황막에 남아 있게 되고, 이곳은 나중에 정자 진입 경로가 된다. III 단계에는 난황과립의 형성으로 인해 난모세포가 불투명해진다. 난황전구물질인 vitellogenin 단백질은 난포세포의 중개과정을 거쳐 혈액으로부터 흡수된다. 배란은 생식소자극호르몬의 상승에 의해 유발되는데, 이 호르몬은 난포세포들이 $17\alpha,20\beta$-dihydroxy-4-pregnene-3-one ($17\alpha,20\beta$-DP)이라는 스테로이드호르몬을 생산하도록 자극한다. 이 스테로이드는 난모세포 핵의 호르몬 수용체를 자극하고 성숙을 가져오는 광범위한 연쇄적 신호를 활성화시킨다. 이것은 난모세포 중앙에서 동물극쪽으로 핵의 이동과 핵막의 소실, 성숙촉진인자(maturation promoting factor, MPF = M-phase cyclin과 cyclin-dependent kinase의 복합체) 상승 그리고 감수분열 재개 등을 수반하며 제1유사분열과 극체의 방출도 함께 진행된다. 제브라피쉬의 성숙한 난자(엄밀하게 말해 제2감수분열 중기에 멈춰진 2차 난모세포를 가리킴)의 직경은 약 0.74 mm이다.

**표 8.1** 제브라피쉬의 일부 발생유전자 목록

| 유전자 | 상동유전자 | 발생학적 기능 | 유전자 산물 |
|---|---|---|---|
| *ichabod* | *β-catenin* | 등쪽 축 형성 | co-TF |
| *radar* | *Gdf6a* | *Bmp* 발현 활성화 | IF |
| *cyclops* | *Nodal* | 중내배엽 유도 | IF |
| *squint* | *Nodal* | 중내배엽 유도 | IF |
| *one-eyed pinhead* | *Cripto* | nodal의 작용을 위해 필요 | IF |
| *bozozok (dharma, nieuwkoid)* | | 형성체에 발현 | paired homeo TF |
| *notail* | *brachyury/T* | 후방 중배엽에 발현 | T-box TF |
| *spadetail* | *Tbx6/VegT* | 몸통 중배엽에 발현 | T-box TF |
| *floating head* | *Not* | *spadetail* 발현 억제 | homeodomain TF |
| *chordino (dino)* | *chordin* | BMP 단백질 억제 | IF |
| *swirl* | *Bmp2b* | 배쪽화 작용 | IF |
| *snailhouse* | *Bmp7* | 배쪽화 작용 | IF |
| *vent (vega2)* | *Vent 1,2* | 배쪽에 발현 | homeodomain TF |
| *vox (vega1)* | *Vent 1,2* | 배쪽에 발현 | homeodomain TF |
| *mini fin* | *Tolloid* | 꼬리 형태형성 | protease |
| *casanova* | *Sox32* | 내배엽에 발현 | Sox type TF |
| *spiel-ohne-grenzen* | *Oct4* | 내배엽에 필요 | POU type TF |
| *bonnie-and-clyde* | *Mixer* | 내배엽에 발현 | T-box TF |
| *faust* | *Gata5* | 심장/내배엽 | Zn finger TF |
| *silberblick* | *Wnt11* | 수렴확장에 필요 | IF |
| *acerebella* | *Fgf8* | 후방화 | IF |

유전학에서의 관례에 따라 여기 있는 유전자들은 기능상실 표현형(loss-of-function phenotype)에 근거하여 명명되었음에 유의할 것. 변이를 유도하지 않은 야생형에서의 기능은 명칭이 의미하는 것과 반대의 기능을 가짐, 예를 들면 *notail*과 *acerebellar*의 야생형 대립형질은 각각 꼬리와 소뇌를 만드는 데 필요하다. TF: transcription factor 전사인자; IF: inducing factor 유도인자.

## 수정과 난할

인공수정도 가능하지만(특히, 알* 수가 많고 알을 짜내기 쉬운 계통의 경우), 대부분의 실험실에서 제브라피쉬 배아는 자연적 교배에 의해 얻어진다. 알을 얻기 위해서는 암컷과 수컷을 구멍난 판이 바닥에 설치된 수조에 하룻밤 동안 함께 수용한다. 구멍난 판을 설치해 주지 않으면 어미가 자신들의 알을 먹어치울 위험이 있다. 알과 정액은 수중으로 방출되고 체외수정이 일어난다. 포유류의 정자와 달리 제브라피쉬의 정자는 첨체(acrosome)를 갖고 있지 않다. 정자는 난막에 있는 난문을 통해 진입한 후, 난자 표면에 있는 미세융모에 결합하여 난자와 융합한다. 그리고 10분 이내에 제2극체의 방출이 일어나면서 제2감수분열이 완료된다. 난자 표면 아래에 있는 피질과립들이 세포외 방출(exocytosis)된 후 과립 내용물이 방출되어 난막이 난자 표면으로부터 들려 올라가게 한다. 현저한 세포질 흐름이 일어나는데, 난황을 포함하지 않는 세포질이 동물극 쪽으로 이동하여 세포질 덮개(cytoplasmic cap)라고 불리는 선명한 섬을 형성한다. 수정 후 약 17분에 전핵융합(pronuclear fusion)이 일어나고, 약 40분에는 제1난할이 일어난다.

제브라피쉬의 발생 과정은 그림 8.1과 같이 요약된다. 표준 발생 온도는 28.5°C이며, 발생 시기는 이 온도를 기준으로 한다. 난할은 동물극 부위에서만 일어나는 **부분할(meroblastic)**이다. 난할은 대략 매 15분마다 일어나며 처음 5회는 수직으로 나뉘어져(위할), 단일 층의 할구(blastomere)들로 이루어진 32세포기를 생성한다. 이 시기에 외곽쪽 할구들은 세포질 다리(cytoplasmic bridge)를 통해 비세포성 난황괴(난황세포)와의 연결을 유지하고 있다. 여섯 번째 난할은 일반적으로 수평으로 일어나(경할), 난황세포와 연결이 되지 않은 외곽 할구층을 생성한다. 난할은 아홉 번째 난할 이후(열 번째 세포주기)에 일어나는 **포배중기전이(mid-blastula transition, MBT)**까지는 동시성 있게 진행된다(synchronous cleavage). 제노푸스의 경우처럼, MBT 이후에는 난할의 동시성이 상실되고, 세포분열 속도가 느려지며, 세포의 이동성이 커지고 수정란 자체의 유전체로부터 전사가 일어나기 시작한다.

* 어류의 경우 '알'이란 용어가 실생활에서 많이 사용되므로, 이해를 돕기 위해 '난자'와 같이 사용한다(역자 주).

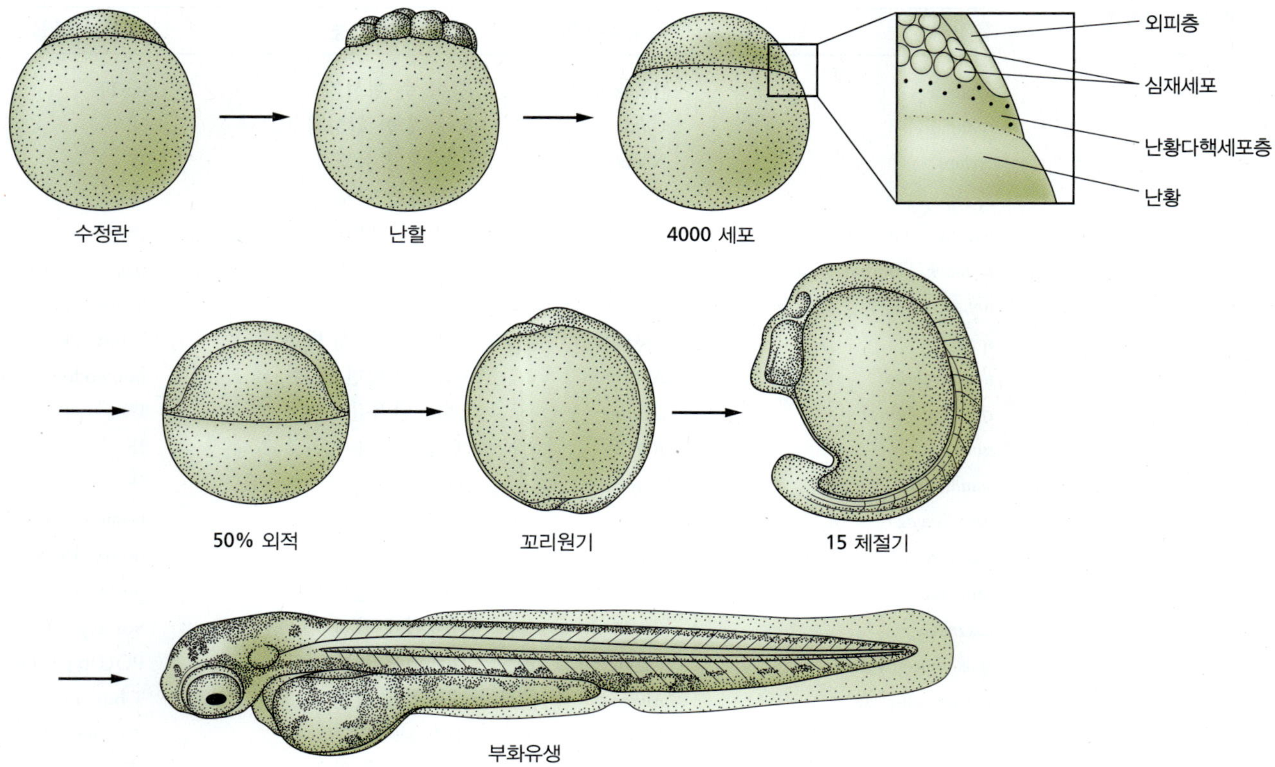


**그림 8.1** 제브라피쉬의 정상적인 발생 과정.

MBT 시기에 난황세포와 세포질이 연결되어 있는 외곽의 할구[윌슨 세포(Wilson cell)]들이 난황세포로 가라앉아서 하나의 다핵세포체(syncytium)를 이룬다. 이것이 **난황다핵세포층(yolk syncytial layer, YSL)**이라고 불리는 구조이다. YSL의 핵들은 3-4회 빠르게 분열한 후 분열을 멈춘다. YSL은 배아의 주변부를 두텁게 둘러싸고 있지만 배반엽(blastoderm)의 아래쪽으로 뻗어 들어가기도 한다. 난황세포들의 나머지는 얇고 핵이 없는 세포질층으로 둘러싸인다. 배반엽 본체는 **외피층(enveloping layer, EVL)**이라고 불리는 외부 표피세포층을 형성한다. 이 부분은 나중에 유생 표피의 외곽층인 외피(periderm)로 된다. 배반엽의 주요 부분은 **심재세포(deep cell)**라는 세포 덮개를 구성하는데, 6-8층의 세포로 이루어지며 배아 동물극 부위를 차지하고 있다. 심재세포는 이동성이 강하여 낭배형성 이전 단계에 대한 운명지도의 작성을 어렵게 한다.

## 낭배형성

제브라피쉬 낭배형성(Gastrulation)의 전체적인 과정은 역학적인 부분에 약간의 차이가 있기는 하지만 제노푸스의 낭배형성 과정과 상당히 유사하다. 이 과정은 세 가지 뚜렷한 과정으로 구별될 수 있다: **외적(epiboly)**, **회절(involution)**, 그리고 **수렴확장(convergent extension)**이다(그림 8.2).

MBT 직후, 배반엽은 외적이라는 활발한 팽창을 시작하는데, 다시 말하자면 배반엽 가장자리가 이동하면서 점진적으로 난황부위를 덮어 내려온다. 제브라피쉬의 발생단계는 난황세포가 얼마만큼 에워싸여 있는가에 의해 판정되는 외적의 백분율로 나타낼 수 있다. 이 이동은 난황다핵층에 의해 추진되며 남은 난황세포가 제거되어도 계속된다. 외적은 YSL 내부에 있는 미세소관 활성에 의존하며 노코다졸(nocodazole)같은 미세소관 교란물질 처리에 의해 교란될 수 있다. 외적 50% 단계(부화 후 5-6시간)에 배반엽 가장자리가 **하배엽(hypoblast)** 또는 **중내배엽(mesendoderm)**이라 불리는 더 낮은 층을 형성하기 위하여 회절하기 시작하면서 외적이 잠시 멈춘다. 제브라피쉬에서 **낭배형성(gastrulation)**이라는 용어는 특별히 외적성 확산과정과 구별되는 중배엽의 회절 운동을 가리킨다. 회절은 배반엽 가장자리 전체에서 일어나지만, 제노푸스에서와 마찬가지로, 등쪽 회절이 배쪽 회절보다 훨씬 더 두드러진다. 회절 결과 배반엽 가장자리가 다른 부분보다 두터워지고, 이 두터워진 부위를 **배환(germ ring)**이라고 부른다. 회절 운동은 심재세포에 의해서만 수행되며 외곽의 외피층세포(EVL)는 회절하지 않는다. 예전에는 일부세포들이 개별적으로 진입하였다고 생각되었지만, 낭배형성 중 개별 세포를 촬영한 결과 개별 진입은 배반엽 가장

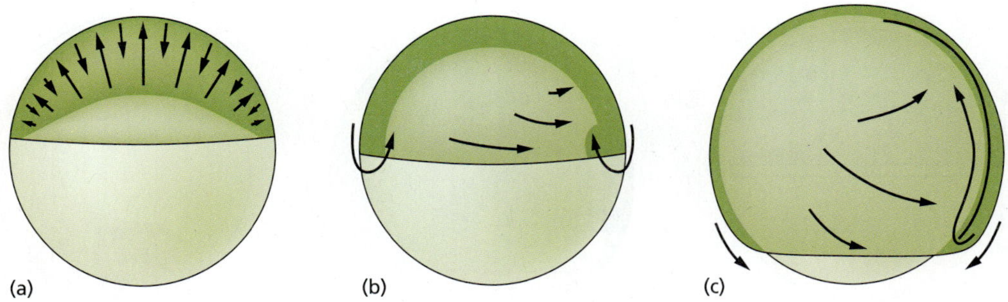

**그림 8.2** 제브라피쉬 낭배 형성 중 세포 이동. (a) 외적: 팽창을 초래하면서 세포들이 방사상으로 끼어듦; (b) 회절과 등쪽으로의 수렴; (c) 수렴확장이 진행되면서 외적, 등쪽 수렴 및 회절이 계속됨. (인용) Annual Reviews의 허락을 얻어 Schier and Talbot, 2005의 그림을 재구성하였음.

자리에 아주 가까운 곳에서만 일어남을 알 수 있었고, 그래서 이 과정은 정확하게 회절이라고 표현되었다. 회절과 동시에, 등쪽 부위가 두터워져 **배순(胚盾, embryonic shield)**이라는 구조를 형성하는데, 이 구조는 제노푸스의 **원구배순(dorsal lip)** 또는 양막류 배아의 결절(node)에 해당된다. 회절이 진행됨에 따라 배순은 수렴확장에 의해 점점 더 측면 부위의 세포들을 끌어들이면서 앞뒤로 길어진다. 등쪽 중앙선은 앞뒤 체축의 중앙선이 될 수 있을 만큼 현저히 길어진다. 측면 조직은 중앙선으로 모이지만 많이 길어지지는 않는다. 배쪽 중앙은 등쪽 수렴에 참여하지는 않지만 식물극 쪽으로 이동하여 나중에 꼬리원기(tail bud)를 만든다. 종합적으로, 이 과정들은 난황세포의 앞쪽 배쪽 부위를 중배엽이 결여된 상태로 남겨둔다(그림 8.3). YSL도 수렴확장을 경험하며 척삭 아래에 길쭉한 조각을 형성한다. 제노푸스에서처럼 수렴확장의 추진력은 측면중앙 방향으로의 활발한 세포 삽입 과정이다. Wnt-PCP 경로는 수렴확장을 진행하기 위해 필수적이며, 이 과정은 *wnt11* (*silberblick*)의 기능상실 돌연변이로 억제된다. 선구세포(forerunner cell)라고 불리는 작은 세포집단이 EVL로부터 유래되어 배반엽의 앞쪽으

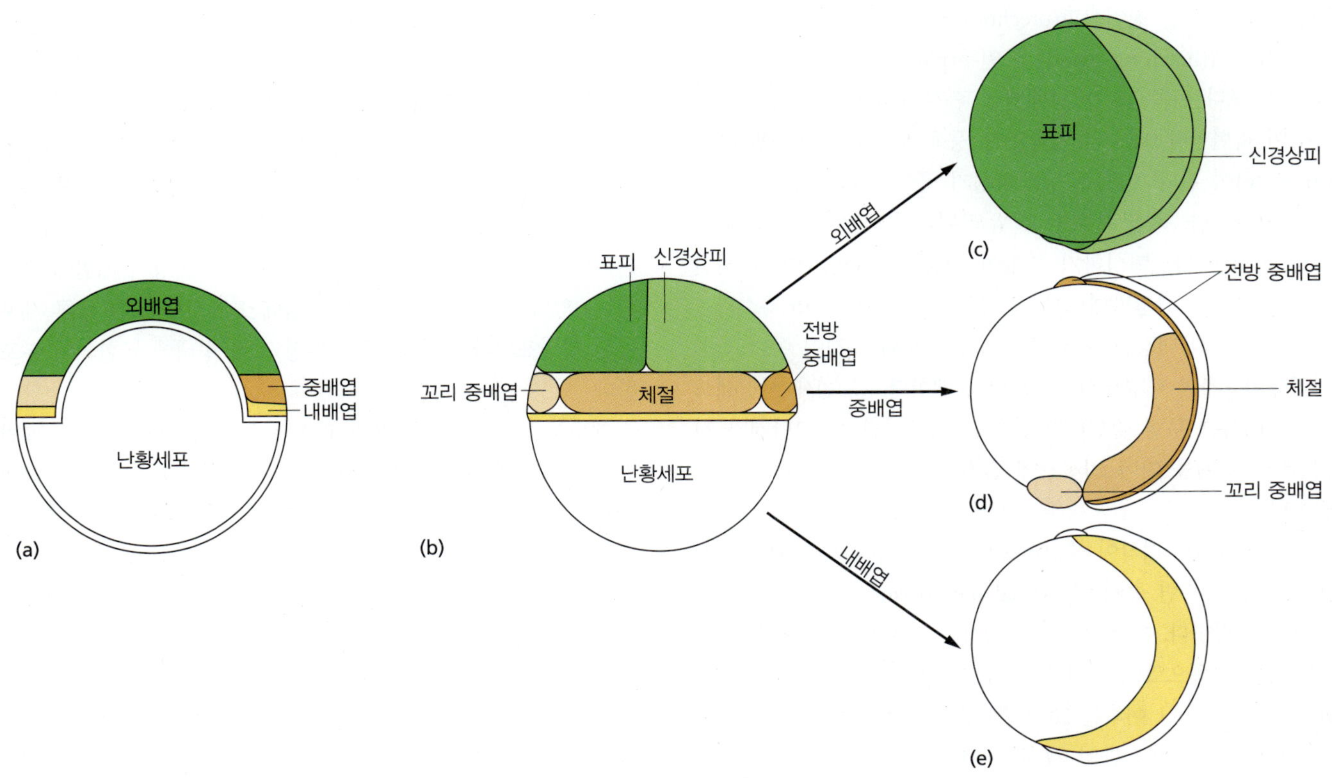


**그림 8.3** 제브라피쉬 낭배형성 과정 중 배엽의 형성: 외적 50% 단계에서 (a) 중앙 단면과 (b) 겉모습; (c–e) 낭배형성 말기의 배엽들. (인용) Springer의 허락을 얻어 Solnica-Krezel, 2002의 그림을 재구성하였음.

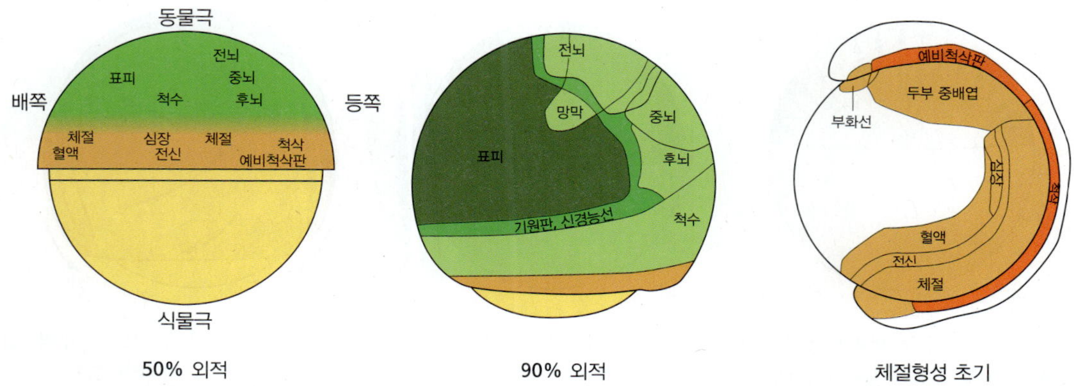


**그림 8.4** 발생단계별 제브라피쉬 운명지도. (인용) Annual Reviews의 허락을 얻어 Schier and Talbot, 2005의 그림을 재구성하였음.

로 이동한다. 이것들은 외적 90% 단계 때 줄어들어 쿠퍼소포(Kupffer's vesicle)라고 불리는 구조가 되는데, 이 포는 단일섬모(monocilia)를 갖고 늘어서 있으며, 심장과 소화기관에서의 좌우 비대칭 생성과 관련된다. 외적과 회절은 난황세포가 배반엽에 의해 완전히 덮이고 등쪽 축이 형성되는 약 10시간째 완료된다.

## 신경형성 및 이어지는 발생단계들

하배엽에서 앞쪽 부위는 동물극을 지나 배아의 앞부분까지 이동한다. 중앙부는 전척삭판(prechordal plate)을 형성하고 옆 부분은 부화샘(hatching gland)과 인두(pharyngeal) 내배엽을 형성한다. 보다 뒤쪽으로는 낭배형성 후기 단계에 중앙선 부분에 척삭이 출현한다. 배순의 외곽층인, 등쪽 외배엽은 **신경판(neural plate)**이 된다. 이것은 낭배형성기 끝에 외배엽의 두터워짐으로 나타난다. 측면 부위는 더 두터워져서 약 13시간 경에 단단한 신경용골을 형성하기 위하여 중앙선에 융합되며 16시간까지는 단단한 신경막대로서 내부로 가라앉는다. 제노푸스와는 달리 신경관의 내강은 폐쇄 과정에서 유래되는 것이 아니고 신경막대의 2차적 내강형성으로부터 유래한다. 첫 번째 신경세포는 약 10시간 무렵 출현하고 14시간째는 신경형성 2단계가 진행된다. 그 뒤를 이어 10시간에 걸쳐 이 신경원들의 축삭이 발달한다.

중배엽에서는 척삭이 중앙선쪽으로의 분화를 계속한다. 낭배형성 직후 축주변 중배엽(paraxial mesoderm)에서는 체절이 출현하기 시작한다. 모든 척추동물에서와 마찬가지로 체절형성은 앞쪽에서 뒤쪽으로 진행된다. 처음 5개에서 6개의 체절들은 약 20분 간격으로, 그 이후는 30분 간격으로 형성된다.

배아의 기본적인 몸의 체제는 약 14시간 무렵 시각적으로 관찰되며, 인두형성기(pharyngula)라고 불릴 수 있는 시기인 24시간 무렵 축이 곧게 펴진다. 난막으로부터의 부화는 48-72시간 동안에 일어난다. 경골어류에 있어 부력 조절에 중요한 기관인 부레는 4일째에 팽창하여 눈으로 볼 수 있으며, 먹이 섭취는 수정 후 5일째에 시작된다.

## 운명지도

제브라피쉬의 운명지도는 개별 할구들에 형광 덱스트란을 주사하여 만들어졌다. 심재세포(deep cell)들의 혼합이 심하기 때문에 특정 위치에 있는 세포는 배아에 따라 다르게 이동할 것이며 따라서 난할기의 운명지도는 통계학적 의미를 가질 뿐이다. 이는 많은 배아로부터 축적된 자료를 보면 각각의 개별 할구가 장차 발생배의 넓은 영역에 기여할 것임을 의미한다. 낭배기 시작 무렵에는 무작위적 세포 이동의 범위가 훨씬 줄어들어 제노푸스의 운명지도가 갖는 해상도와 근접한 수준의 운명지도를 제작할 수 있다(그림 8.4). 이 운명지도는 심재세포들만을 다룬다. 만약 외적 초기 단계에 세포를 표지하였다면, 개별 세포들은 한 가지 이상의 조직, 심지어는 한 가지 이상의 배엽에 분포할 수 있다. 그러나 회절 시작 무렵에 표지하면 모든 클론 세포들은 신경표피나 체절과 같은 특정 조직 형태에 국한되어 분포한다.

제노푸스처럼, 수렴확장의 과정과 등쪽의 수렴을 보면, 배반엽의 등쪽 중앙선에서 유래한 세포들은 대부분 앞쪽으로 뻗어나가고, 반면 배반엽의 배쪽으로부터 유래한 세포들은 대부분 뒤쪽으로 뻗어 나간다.

# 유전학

## 돌연변이 유도 검사

제브라피쉬는 발생유전자 돌연변이를 분리하기 위한 몇 차례의 대규모 돌연변이 유도 실험의 대상이 되었다. 가장 일반적인 절차는 3세대 동안의 번식을 통한 열성 돌연변이(간혹 치사 돌연변이)의 식별을 수반한다(그림 8.5). 돌연변이는 소수의 원조(founder) 수컷을 화학적 돌연변이원인 ethyl nitrosourea (ENU)로 처리하여 유도한다. 이러한 처리는 정원세포를 포함한 분열세포들에 높은 빈도(특정 유전자에 대해 정자 500개당 하나의 비율)의 점돌연변이를 유발한다. 처리된 수컷에 2주일 동안의 회복기를 주면 이미 정자형성이 진행된 정자들은 이 기간 동안 없어지고 돌연변이가 일어난 정원세포로부터 새로운 정자들이 생산된다. ENU는 각 DNA의 염기들에 물질을 첨가하는데, 이 부분은 한 주기의 DNA 복제가 일어나고 나면 단일가닥 돌연변이를 생성하고, DNA 복제주기가 한 번 더 진행되고 나면 이중가닥 돌연변이가 된다. 성숙한 정자 DNA에 대한 ENU 생성물은 유전적으로 모자이크 발생배아를 만들 것이다. 그러나 정원세포가 ENU 처리 후 두 번의 세포분열주기를 거치면 정자에서의 돌연변이는 이중가닥이 되고 자손들은 완전한 형질전환체가 될 것이다.

돌연변이가 유도된 수컷을 정상 암컷과 교배시켜 F1 세대를 생산한다. F1 개체 각각은 돌연변이체일 수 있으며, 각기 다른 유전자 좌위에서 돌연변이가 일어난 많은 정원세포들이 돌연변이 정자를 생산하기 때문에 각 개체는 다른 F1 개체와 다르다.

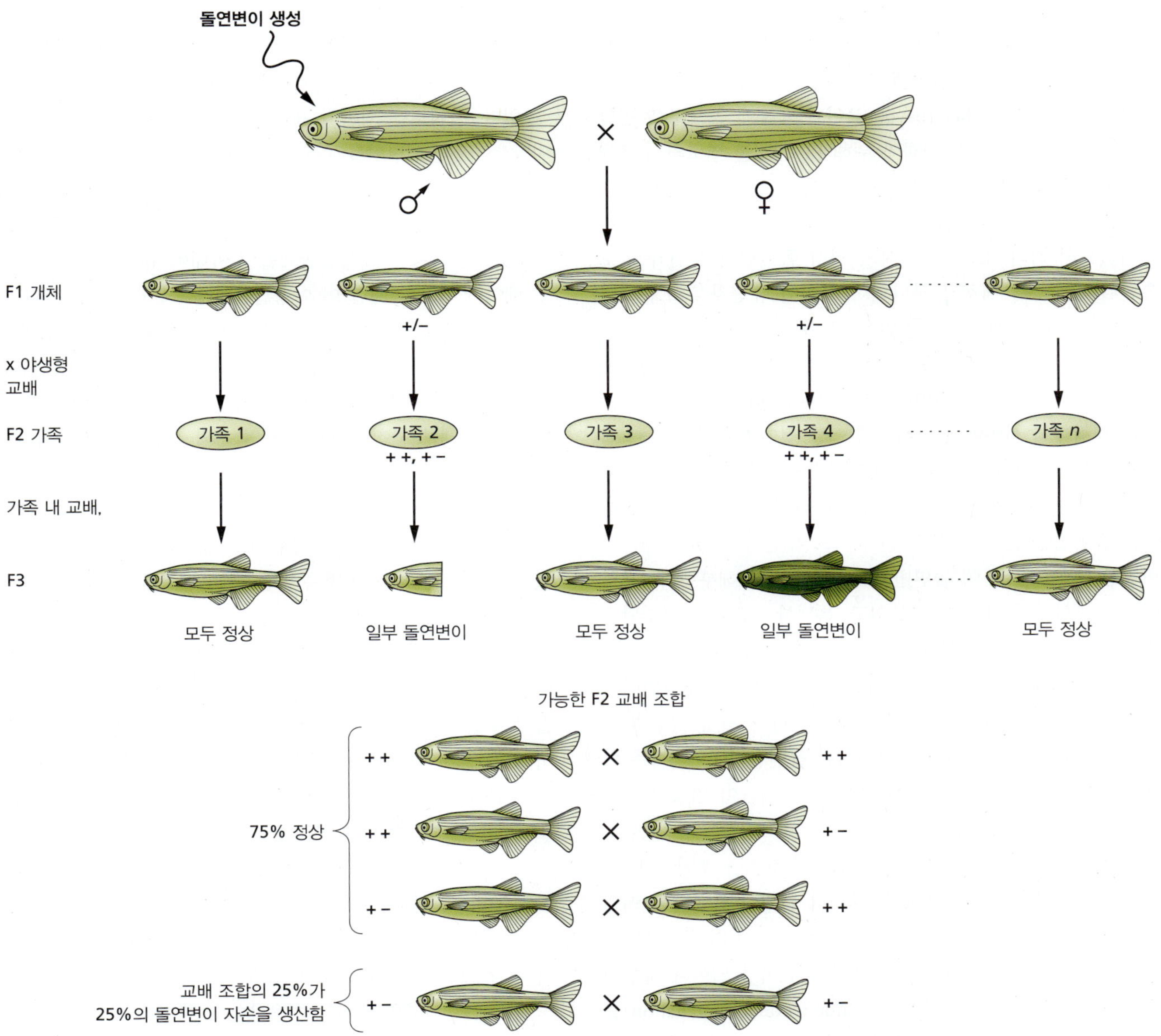


**그림 8.5** 제브라피쉬 돌연변이 생성 및 판별. 이 그림은 열성 접합자를 가려내는 가장 간단한 방법을 보여준다. 각 F1 개체들을 F2 세대의 가족들을 생산하기 위해 외부 교배시킨다. F2들을 가족 내 교배시키면, 그 가족이 돌연변이체를 보유하고 있었을 경우, 네 쌍의 교배 중 한 쌍이 +/– 개체 사이에서 생겨날 것이며, 이 교배로부터 비정상 표현형을 보이는 25%의 –/– 자손을 얻게 된다.

## 고전적인 실험들

사용한 유전적 방법의 단순함 때문에 1990년대에 수행된 고유의 돌연변이 유도 검사방법은 발생학적 돌연변이를 위한 수정란 돌연변이 유도 패러다임을 대표한다. 이 방법은 알려진 유전자의 기능을 제거하기 위해 모폴리노를 활용하는 방법을 채택함으로써 보완되었다.

Haffter, P., Granato, M., Brand, M., Mullins, M.C., Hammerschmidt, M., Kane, D.A., Odenthal, J., vanEeden, F.J.M., Jiang, Y.J., Heisenberg, C.P., Kelsh, R.N., Furutani-Seiki, M., Vogelsang, E., Beuchle, D., Schach, U., Fabian, C., & Nüsslein Volhard, C. (1996) The identification of genes with unique and essential function in the development of the zebrafish, *Danio rerio*. *Development* **123**, 1–36.

Driever, W., SolnicaKrezel, L., Schier, A.F., Neuhauss, S.C.F., Malicki, J., Stemple, D.L., Stainier, D.Y.R., Zwartkruis, F., Abdelilah, S., Rangini, Z., Belak, J. & Boggs, C. (1996) A genetic screen for mutations affecting embryogenesis in zebrafish. *Development* **123**, 37–46.

Nasevicius, A. & Ekker, S.C. (2000) Effective targeted gene "knockdown" in zebrafish. *Nature Genetics* **26**, 216–220.

발생에 영향을 미치는 우성 돌연변이는 F1 개체의 표현형을 변화시키기 때문에 바로 알아낼 수 있지만, 열성 돌연변이는 F1이 모두 이형접합체(heterozygous)이기 때문에 눈으로 확인할 수 없다. 다음 세대를 생산하기 위해 F1 개체를 별도의 수조에 수용하고 정상 개체와 교배시킨다. 이 교배는 F2 가족들을 생산하는데, 각각의 F2 가족은 한 마리의 원조 물고기로부터 만들어졌으며 하나 또는 그 이상의 열성 돌연변이 유전자를 보유한다. 만약 F1 개체가 하나의 돌연변이 유전자를 보유했다면 얻어지는 F2 개체들의 절반은 그 유전자에 대해 이형접합체일 것이다. 각 F2 가족 안에서 개체끼리 짝을 지어 검정교배를 실시한다. 만약 돌연변이가 존재한다면 네 번 가운데 한번은 이형접합체 사이에서 교배가 일어날 것이며, 25%가 동형접합(homozygous) 돌연변이체인 F3 세대를 생산할 것이다. 생산된 F3를 발생 단계별로 조사하여 기록한다. 발생에 영향을 미치는 동형접합 열성 돌연변이는 눈으로 확인될 수 있을 정도로 비정상이어야 한다. 이 돌연변이체들은 간단히 해부현미경으로 배아를 조사하여 확인할 수도 있고, 특별한 구조나 세포집단을 조사하여 확인할 수도 있다.

초기 발생에 필수적인 유전자를 무력화시키는 돌연변이는 치명적일 수 있으며, 정상 유전자가 작동하는 시기 이후의 발생을 방해할 수 있다. 따라서 동형접합 돌연변이 F3 배아는 발생 초기단계에 죽을 수 있기 때문에 이 개체들이 변성되기 전에 조사하고 기록하여야 한다.

전체적인 검사 절차는 다양한 무작위적 요소를 포함한다. F2 가족들은 돌연변이를 갖고 있지 않거나 비정상 표현형을 띄지 않을 가능성이 높은데, 이럴 경우 그 집단은 버려진다. 또 F3 표현형이 원조 정자에 하나 이상의 돌연변이가 일어나 발생되었을 가능성도 높다. 독립적 분리(independent segregation)를 나타내는 2개의 돌연변이가 존재한다면 이중(double) 이형접합체 부모의 F3 자손은 혼합된 야생형(돌연변이가 일어나지 않은 개체)과 각 형태의 단일 동형접합자들, 그리고 이중 동형접합자가 각각 9:3:3:1로 혼합된 비율이 될 것이다. 이는 즉시 확인되지 않을 수는 있으나 추가적인 교배를 진행해보면 밝혀질 수 있다. 흥미로운 외관의 표현형이 F3 중에서 발견되면, 다른 비발생학적 돌연변이들의 부담을 줄이고 영구적인 계통을 확립하기 위해 F2 부모를 야생형 어류와 교배시킨다. 발생학적으로 중요한 돌연변이들의 대부분은 동형접합 상태에서 치명적이므로, 그러한 계통은 이형접합체를 찾아내어 유지시키고 돌연변이 배아가 필요할 때만 이 이형접합체들을 교배시켜 얻는다.

그림 8.6은 제브라피쉬 돌연변이 연구에서 만들어진 돌연변이체들을 보여준다. 이론적으로 근친교배 계통(즉, 동형접합의 유전적 배경을 갖는 계통)들의 변이성이 제한적이어서 좋을 수 있지만, 실제로 근친교배는 난자의 수와 생존력을 저하시킨다. 그래서 유용한 돌연변이 계통은 유전적 배경에 약간의 변이성을 유지하기 위하여 종종 다시 외부교배를 시킨다. 돌연변이 계통은 액체질소에 냉동한 정자 또는 정소의 형태로 보관될 수 있으며, 이러한 보관 방법은 많은 수의 계통을 유지하는 데 드는 노동력을 줄여 줄 수 있다.

초기의 연구들은 발생학적으로 중요한 모든 유전자들에 대해 가능한 돌연변이들을 모두 분리 동정하기 위해 F3 배아를 해부현미경으로 조사하는 방식으로 수행되었다. 그러나 깊이 있는 조사가 이루어진다면 더 많은 돌연변이를 밝힐 수 있기 때문에 최근의 돌연변이 연구에서는 특정 기관계를 상세히 조사하려는 경향이 있다. 이러한 연구들의 일부는 관심이 있는 구조를 잘 보기 위해 면역염색 또는 특이적 결합반응을 사용하였으며, 또 다른 경우로는 부모의 계통이 관심 구조 부위에 GFP를 발현하거나 형광단백질을 생산하는 형질전환 계통이어서 형광 해부현미경으로 쉽게 식별할 수 있다.

돌연변이 연구의 결과는 처음에는 표현형에 따라 분류되고, 그 다음 유사한 표현형을 갖는 돌연변이들에 대해 그 표현형들이 같은 유전자의 다른 대립형질들인지 파악하기 위한 **상보성 분석(complementation analysis)**이 수행된다. 이것은 두 계

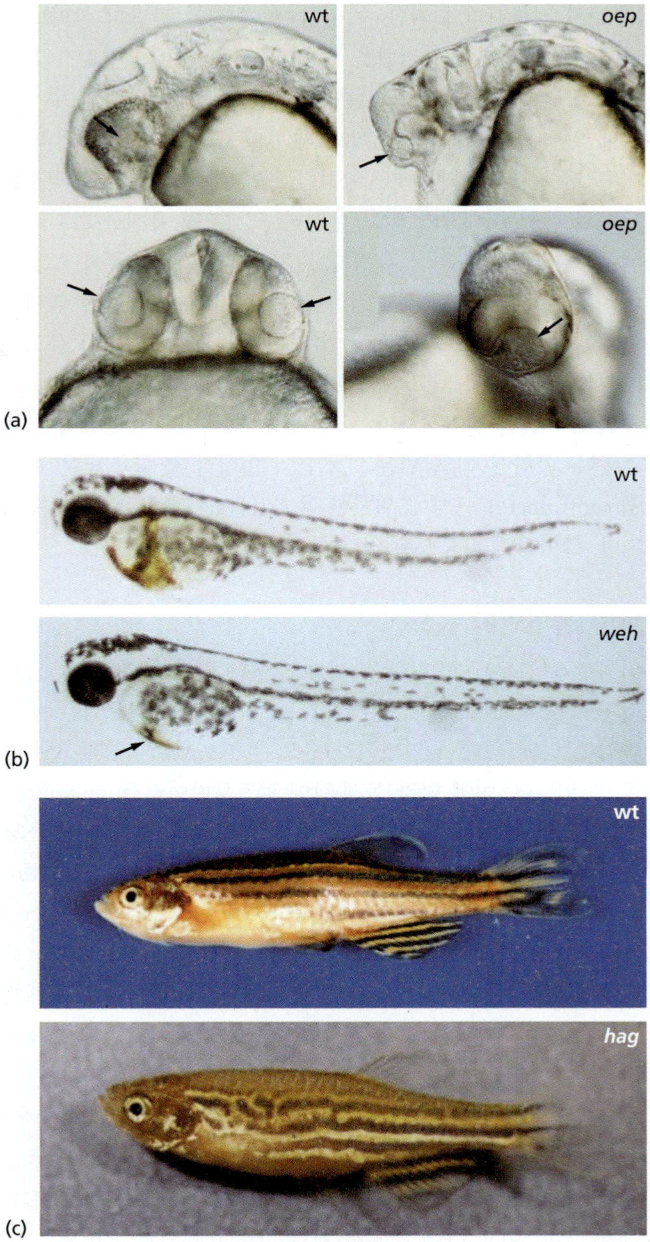


**그림 8.6** 제브라피쉬 돌연변이 연구로부터 동정한 돌연변이체의 예들. (a) *one-eyed pinhead* (*oep*)는 단안증 유발(화살표는 수정체를 가리킴, 중앙의 외눈을 주의해서 볼 것). 위쪽은 측면의 모습, 아래쪽은 앞에서 본 모습. wt: wild type (야생형). (b) *weissherbst* (*weh*)는 혈액 생성을 감소. 2일된 배아의 헤모글로빈에 대해 O-dianisidine 염색을 실시한 결과. wt: wild type. (c) *hagoramo* (*hag*)는 성체에서 줄무늬 형태를 교란하는 우성 돌연변이이며 삽입 돌연변이 유도 기술에 의해 생성됨. wt: wild type. (인용) Nature Publishing Group의 허락을 얻어 Patton and Zon, 2001의 그림을 재구성하였음.

통의 이형접합체들을 교배시켜 이루어진다. 만약 돌연변이들이 정말로 같은 유전자에서 일어났다면 25%의 자손이 그 표현형을 가질 것이며, 반면 그 돌연변이들이 서로 다른 유전자에서 일어났다면 자손들은 그 표현형을 전혀 나타내지 않을 것이다. 그 다음에 돌연변이는 고전적 유전자 지도 작성법에 의해 위치가 파악될 것이다. 유전자 지도에서의 위치는 그 유전자의 **위치추적 클로닝(positional cloning)**을 위한 출발점이 될 것이다. 위치추적 클로닝은 느리고 힘이 많이 드는 절차였지만, 요즈음은 거의 완벽한 유전체 염기서열과 많은 수의 DNA 다형성 정보가 가용하므로 비교적 쉬운 절차가 되었다(3장, 그림 3.10 참고). 그러나 많은 제브라피쉬 돌연변이체들은 제노푸스 또는 다른 모델 생물들에서 밝혀진 기능상실 효과에 대한 표현형의 유사성에 근거한 후보들을 검사하여 위치추적 클로닝 없이 동정된다.

## 유전체 중복(Genome duplication)

유전체 염기서열 분석결과에서 나온 증거는 제브라피쉬가 다른 경골어류(teleost)들과 마찬가지로 종종 고등 척추동물에서 발견된 하나의 유전자마다 2개의 유사한 유전자들을 보유함을 알려준다. 이 관련된 유전자들은 높은 수준의 염기서열 차이를 보이는데, 이는 상당히 고대에 전체 유전체 중복화가 일어났음을 시사한다. 이 사건은 약 4억 2천만 년 전 경골어류가 척추동물 중심 계보로부터 분기한 후 얼마 되지 않은 시기에 모든 경골어류의 조상에서 일어난 것으로 추정된다. 이 진화학적 사건의 영향으로 생쥐에 있는 하나의 유전자는 어류에서는 2개의 유전자로 나타나다. 따라서 쥐의 그 유전자가 하나 이상의 발현 영역과 발생학적 기능을 가진다면 어류에서는 2개의 유전자가 동일한 발현 영역들과 기능을 공유하며, 이 두 유전자가 함께 발현하여 단일한 생쥐 유전자 하나가 발현하여 나타내는 기능을 수행한다. 어류에서 유전체 중복이 일어났다는 사실은 실험자에게 유리한 점도 있고 불리한 점도 있다. 단순하게 생각하면 가려내어 분석해야 할 유전자의 수가 늘어났음을 의미한다. 다른 측면에서 보면, 돌연변이 시 발생 초기에 생쥐의 한 유전자가 제브라피쉬에서는 2개의 유전자에 나뉘어 있어서 둘 중 하나의 유전자에 기능상실 돌연변이가 일어나더라도 그 효과가 생쥐에서처럼 강력하지 않으며, 따라서 돌연변이 개체가 더 후기 단계까지 발생을 진행할 수 있거나 장기간 생존할 수 있게 된다.

## 돌연변이 연구를 위한 다른 방법들

### 반수체조사(Haploid screens)

열성 돌연변이 검사의 일반적 유형과는 별개로, 제브라피쉬에서는 돌연변이 검사를 위한 또 다른 두 가지 방법이 가능한데,

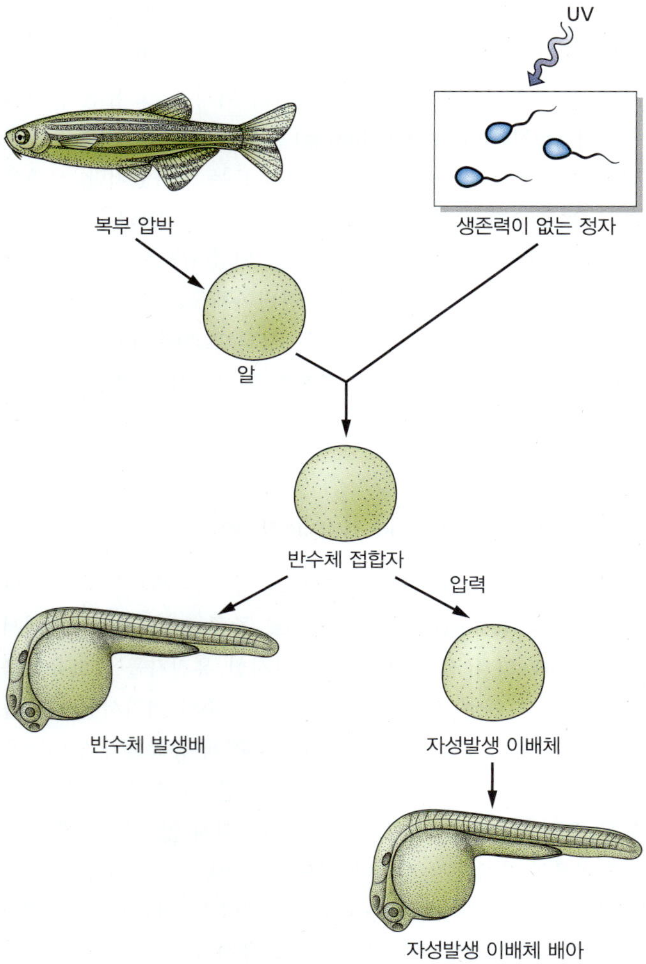


**그림 8.7** 반수체 배아 및 자성발생성 이배체의 생산.

이 방법들은 특별한 상황에서 적용하기 유리하다. 그 중 하나가 **반수체(haploid)** 배아의 생성이다(그림 8.7). 암컷 F1 물고기를 잡아내어 복부를 부드럽게 압박해서 미수정란을 얻는다. 이 알들을 자외선(UV)을 조사하여 생존력을 없앤 정자와 인공수정시킨다. 이 정자들은 난자의 발생을 활성화시킬 수는 있지만 자신의 핵을 알에 전달하지 못하여 배아는 모계로부터 유래한 전핵(pronucleus)에 의해서만 발생하는 반수체가 된다. 반수체 배아에서는 열성 돌연변이의 효과가 즉각적으로 나타나서 관심 돌연변이를, F2 가족을 생산할 필요 없이, 바로 식별할 수 있다. 그러나 반수체는 장기간 생존할 수 없다. 반수체 제브라피쉬는 부화 후 1-2일 만에 죽기 때문에 돌연변이는 어미로부터 시작되는 고전적 번식방법을 통해 유지되어야 한다. 게다가 반수체 자신은 돌연변이가 아니더라도 이미 비정상이다. 따라서 돌연변이 검사는 반수체 증상에 의해 묻혀 버리지 않는 생물학적 특성들에 대해서만 가능하다.

반수체 증상은 난자를 자성발생 이배체(gynogenetic diploids)로 전환시켜 회피할 수 있다. 이 절차를 간단히 살펴보면, 먼저 어미로부터 미수정란을 얻은 후 생존력이 없는 정자와 수정시켜 반수체 수정란을 만든다. 그런 다음 그 반수체 수정란들에 압력 충격을 가하여 제2극체 방출을 억제하면 극체의 핵이 모계 전핵과 융합한다. 이처럼 제2감수분열 분리의 역전은 난자의 핵이 이배체가 되고 온전히 모계기원 유전물질로 구성됨을 의미한다. 그러나 유전자 위치는 감수분열 시 재조합(교차)이 없을 경우에만 동형접합이 될 것이다. 만약 2가 염색체 단계에서 재조합(교차)이 일어났다면, 하나의 돌연변이 유전자가 제1극체로 소실되고 해당 자성발생 이배체는 잠재적으로 교차점에서 멀리 떨어진 모든 유전자 좌위에 대해 이형접합이 될 것이다. 따라서 이 방법은 재조합이 일어날 확률이 낮은 동원체(centromere) 근처에 위치한 유전자들에 대해 유용할 수 있지만, 일반적인 타당성은 없다.

## 삽입 돌연변이 유도

위치추적 클로닝을 위한 고해상도 유전체 지도와 유전적 표지(genetic marker)들이 존재하기 전에, 유전자 클로닝은 분자탐침 삽입에 의해 돌연변이가 유도된 경우 훨씬 쉽게 이루어질 수 있었다. 이에 따라 복제-장애 **레트로바이러스**(replication-defective **retroviruses**)의 도입에 기초한 **삽입 돌연변이 유도 (insertional mutagenesis)** 방법이 만들어졌다. 이 방법은 Moloney leukemia virus (MLV)를 생산하여 비설치류(nonrodent) 감염을 가능하게 하는 새로운 포장 단백질로 처리한 다음, 포배에 고농도로 처리하는 과정을 포함한다. 이 배아들을 성체까지 기르면 대부분이 생식계로 삽입되고 그 바이러스를 보유하는 자손을 생산한다. 유전자에 레트로바이러스를 삽입하면 기능상실 대립형질을 생성하면서 대체로 그 유전자의 기능이 상실될 것이며, 대부분의 돌연변이는 열성이 될 것이다. 이들을 동형접합으로 만들기 위해서는 원조 물고기들의 자손을 ENU 처리로부터 얻은 F1에 적용한 것과 같은 방식으로 교배를 시킨다. 레트로바이러스 삽입은 또한 **인핸서 포획(enhancer trap)** 계통을 생성하기 위한 방법으로도 사용되어 왔는데, 이 계통은 형광단백질을 발현하는 특정세포 유형들 또는 구조들을 갖는다. 이 인핸서 포획 형질전환 계통은 다른 유전학적 조사나, 형광을 띤 구조의 발생에 영향을 미치는 유용한 작은 분자에 대한 화학적 조사를 시작하는 재료로서 매우 유용하다.

## 배아 발생학적 및 분자생물학적 기술들

제브라피쉬 배아가 미세조작(micromanipulation)을 위한 재료로 제노푸스만큼 선호되지는 않지만, 세포 표지와 이식실험을 수행하는 것이 불가능하지는 않다. 미세조작에는 고정된 재물대와 이동식 경통을 가진 직립 광학현미경이 일반적으로 사용된다. 이러한 현미경 구조는 미세조작자가 고정된 재물대에 밀착할 수 있어서 안정성을 제공한다. 세포 표지를 위해서는 형광 덱스트란이 주로 사용된다. 난할 초기에는 난황세포에 세포질 다리가 연결되어 있기 때문에, 이 세포질 다리가 지속하는 동안, 확산이 느려서 주사한 할구에만 국한되어 있을 수 있는 고분자 덱스트란이 선호된다. 이식은 미세주입 장비를 사용하여 공여자(donor)로부터 세포를 빨아 들여 수용자(host)에 주사하는 방식으로 진행된다. 이러한 이식은 외적 초기(30–50%)와 체절형성기 동안에 수행하면 가장 쉽다. 낭배형성 시기에 세포 이동의 무작위성 때문에, 주사한 세포집단은 일반적으로 상당히 넓게 분산된다.

## 역방향 유전학 방법들

제노푸스와 마찬가지로, 유전자 산물의 과발현은 배아에 합성 mRNA를 주사함으로써 유도할 수 있다. 초기에 동물극을 향한 세포질의 흐름 때문에, 새로 산란된 난자의 난황괴에 주사된 RNA는 할구로 운반될 수 있다. 주사한 RNA가 배아 전체를 채울 수도 있지만, 반드시 그렇지는 않고 해당 RNA의 작용 영역을 시각적으로 확인하기 위해 *Gfp* RNA를 함께 주사하는 것이 일반적이다. 주입한 RNA는 바로 번역되어져 단백질의 농도는 MBT 이전의 활성을 나타낼 만큼 높아진다. 이 RNA와 단백질 산물은 약 24시간 후 분해될 것이다. 따라서 이 기술은 초기 발생 단계에 변화를 도입하는 데 가장 유용하게 사용될 수 있다.

**형질전환** 제브라피쉬는 처음엔 수정란에 DNA를 주사하여 만들었다. 이 방법은 모자이크 발현을 생성하며 원조 물고기의 아주 낮은 비율만이 형질전환 유전자를 생식세포 계보에 전달(germline transmission)할 것이다. 보다 최근에는 다른 방법들이 사용되었다. 그중 하나는 전달할 DNA의 앞뒤에 드물게 절단하는 제한효소 I-SceI (meganuclease)의 인식부를 붙인 다음, 이 제한효소를 제작한 DNA와 함께 주사하는 것이다. 이 효소는 18-mer 길이의 특이적 염기서열을 인식하여 절단하며 단순한 DNA 주사보다 훨씬 높은 효율로 DNA의 통합을 촉매하고 동일서열반복체(concatemer)의 형성을 줄인다.

전위인자(transposon) Tol2를 DNA 벡터로 이용하는 방법도 있는데, 이 경우 전위효소를 부호화하는 mRNA를 함께 주사한다. 이 방법은 생식세포 계보로의 전달률이 높으며 대부분 단일삽입으로 많이 이용되고 있다.

조건부 형질전환으로는 Gal4 시스템(3장 참고)이 선호되며 많은 추진자(driver) 계통이 제작되었다. 이것들은 대부분 인핸서 포획 계통인데 내재성 인핸서가 특정 세포유형 또는 기관에서 Gal4의 활성형인 Gal4VP16의 발현을 추진한다. 열충격 프로모터(heat shock promoter, *Hsp70*)도 잘 작동하며 물고기를 37°C에 1시간 노출시켜 형질전환 유전자의 활성을 유도하는 데 사용된다.

특정 유전자 산물의 제거를 위해서 **모폴리노**가 성공적으로 적용되었고, 현재 널리 이용되고 있다. RNA와 마찬가지로, 모폴리노는 수정란 또는 초기 할구에 주입되어야 하며 그 효과는 48시간까지 지속된다. 항상 그러하듯 올바른 조정을 통한 특이성의 확보가 필수적이다. 관련 없는 모폴리노가 효과가 없다 것만으로는 충분하지 않다. 표적 단백질의 번역이 억제된다는 것을 웨스턴 블로팅(western blotting) 등을 통해 보여주어야 하며, 동일한 단백질의 RNA 과발현으로 관련 표현형이 회복될 수 있지만 모폴리노에 대해서는 둔감하게 됨을 보여주어야 한다. RNAi와 같은 다른 유형의 안티센스 방법은 아직 제브라피쉬에 완벽하게 적용되지는 못했다.

4장에서 논의한 것처럼, 특정 유전자의 산물을 특정 발생학적 기능과 연관시키기 위해서는 유전자 발현 형태, 생물학적 활성 그리고 그 유전자 기능 제거의 효과 등을 조사하여야 한다. 제브라피쉬 유전자 하나가 클로닝되면 특이적 결합반응 또는 면역염색에 의해 발현 형태가 확립된다. 생물학적 활성에 대한 정보는 정상 배아에 mRNA를 과발현시켜 얻을 수 있으며, 다양한 돌연변이 수용자들에서 과발현을 통해 보다 더 특이적인 정보를 얻을 수 있다. 유전자 연구의 출발점이 종종 기능상실 돌연변이체이기 때문에 기능상실 효과는 이미 알려져 있을 수 있다. 만약 그렇지 않다면 모폴리노 실험을 통해 그 효과를 알아낼 수 있다.

## 지역 특정화

## 모계 결정인자들

### 생식질(Germ plasm)

미토콘드리아 구름(발비아니체)은 다른 모델생물들에서 원시생식세포(primordial germ cell, PGC) 형성과 관련된 Nanos, Vasa 그리고 Dazl을 부호화하는 mRNA들을 포함한다. 난모세포 발달단계 II에 그 구름이 분산된 후, *dazl*은 식물극 피질로 이동하고, *vasa*는 난자 전체의 피질로 이동하며 *nanos*도 자신의 위치에서 이탈한다. 첫 번째 난할 중에 이 RNA들은 미세소관 의존적 과정에 의해 난할막 두 지점으로 재배치되며, 두 번째 난할막에서는 네 지점으로 재배치된다. 이 4개의 RNA 분포역은 밀착되어 유지되며 장차 배반엽의 중배엽 환 안쪽 4개의 작은 할구 집단으로 전달되는데, 이들이 원시생식세포(PGC)이다. 초파리(*Drosophila*)나 예쁜꼬마선충(*C. elegans*)에서와는 달리, PGC는 전사활성을 유지한다. 장차 등-배 축과 관련하여 첫 번째 난할이 무작위적이기 때문에 PGC 집단이 형성되는 몸의 축을 따라 배열되지는 않지만, 낭배형성 기간 중 이동하여 체절 1기에 발생배의 양측면에 모이고, 몸의 후방으로 이동하여 체절 8기 무렵 생식소로 통합되어 들어간다. 난할 단계에 생식질을 제거하면 생식세포 형성이 저해될 것이다.

## 등-배쪽 극성(Dorsoventral polarity)

정자 진입 지점이 알의 방사대칭을 깨뜨리고 등-배축을 지정한 제노푸스와는 달리, 제브라피쉬에서는 정자가 동물극에 있는 난문을 통해 진입해야 하며, 따라서 등-배 대칭 파괴의 즉각적 원인이 불명확하다. 난황 제거 실험들에 의하면 식물극에서 등쪽으로 등쪽 결정인자(아마도 *wnt8* mRNA)가 이동하는데, 이 이동은 초기 난할 단계에서 완료된다. 제브라피쉬에서 뚜렷한 피질회전은 관찰되지 않았지만, 미세소관 중합을 해체하는 약품인 노코다졸(nocodazol)을 처리하면 축 형성이 억제되는데, 이는 등쪽 센터를 확립하는 데 있어서의 미세소관의 역할을 시사한다. 등쪽 축 형성은 또한 *ichabod* 암컷으로부터 유래한 배아에서 억제된다. *ichabod*는 2개의 β-카테닌 유전자 중 한 유전자에 대한 기능상실 돌연변이체이다. 정상 발생에서는 약 128 세포기에 등쪽에 핵 β-카테닌의 상승이 일어나며 면역염색에 의해 관찰된다.

제노푸스에서처럼, 등쪽 축의 형성은 *gsk3*의 과발현에 의해 억제되며, *gsk3*를 무력화 시키는 돌연변이는 제2의 축을 유도할 수 있다. 유사한 결과들이 Wnt-β-카테닌 경로를 활성화시키거나 억제하는 다른 생성물들에 의해 얻어진다. 리튬을 MBT 이전에 처리하면 등쪽화를 유도할 수 있다. β-카테닌 과발현은 *bozozok* (별칭 *dharma* 또는 *nieuwkoid*) 유전자의 발현을 상승시키는데, *bozozok*은 형성체 형성에 필수적이다. 이 유전자에 대한 기능상실 돌연변이체는 척삭, 예비척삭판 및 신경관이 결여되어 있다. 이 증거는 제브라피쉬의 초기 등-배 극성 결정이 제노푸스와 유사하여, Wnt-β-카테닌 경로가 장래의 등쪽에 형성체를 지정하는 유전자들의 발현을 상승시킨다는 사실을 의미한다.

## Oct4

포유류 배아줄기세포에서 다능성(pluripotency)을 조절하는 데 매우 중요한 유전자인 *oct4* (*spiel-ohne-grenzen*)는 제브라피쉬에서 모계의 기능(maternal function)을 갖는다. 어미와 수정란으로부터 *oct4*를 제거하면 *bmp* 발현을 감소시키고 등쪽화 효과를 나타낸다. 이 유전자는 또한 *casanova*의 산물과 함께 내배엽 형성에 필요하다.

## 접합자에서 진행되는 생물학적 사건 (Zygotic events)

몸의 형태를 구축하는 유도적 사건의 순서는 약간의 차이는 있지만, 제노푸스에서와 매우 유사하다(그림 8.8). 등쪽에 형성체 부위(배순)를 가지며 중배엽 환을 형성하는 초기 중배엽 유도가 일어난다. 형성체 부위는 외배엽의 신경유도와 측면 중배엽의 등쪽화를 일으키는 신호를 방출한다. 일부 적절한 유전자의 발현 부위는 그림 8.9에 나타내었다.

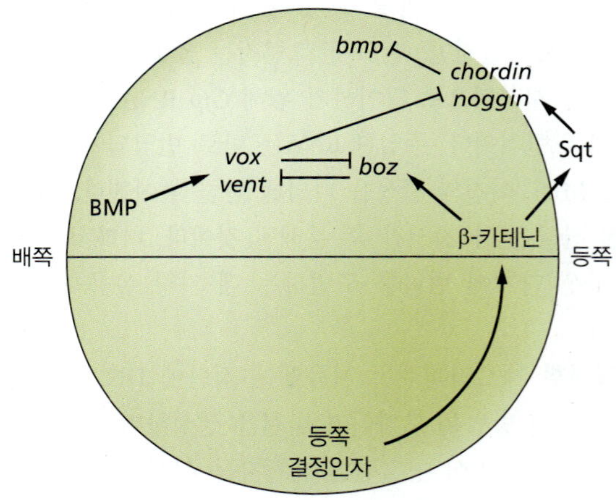


**그림 8.8** 제브라피쉬에서 형태형성 유도 순서. (인용) Springer Verlag의 허락을 얻어 Kimelman and Schier, Mesoderm Induction and Patterning. In Solnica-Krezel, L. (2002). Pattern Formation in Zebrafish (Results and Problems in Cell Differentiation Series)의 그림을 재구성하였음.

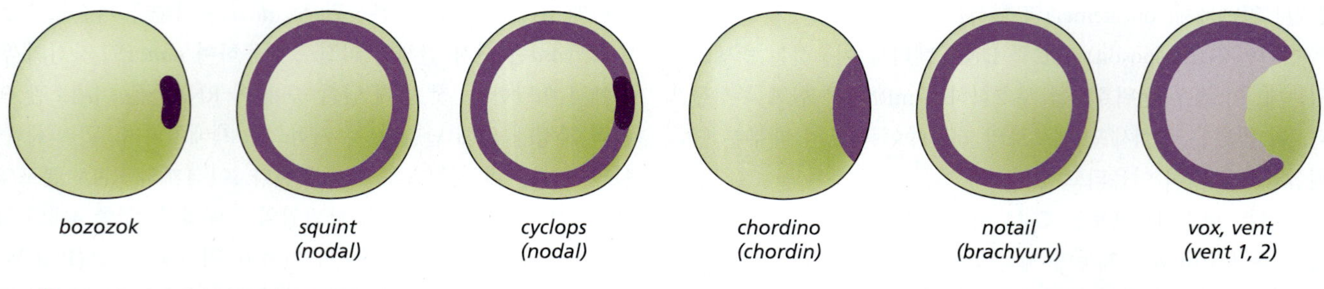


**그림 8.9** 초기 배아에서 일부 핵심 유전자의 발현 양상. 일반적인 척추동물 유전자의 이름은 제브라피쉬 유전자 이름 아래쪽 괄호 안에 제시됨.

## 중내배엽 유도(Mesendoderm induction)

제브라피쉬에서 제노푸스의 식물반구에 해당되는 난황세포는 중내배엽 유도 신호를 방출한다. 만약 난황다핵층을 포함한 난황세포가 동물극쪽 덮개와 합쳐지면 그 경계 주변에 중배엽이 유도되고, *notail* (*brachyury*의 제브라피쉬 상동형)과 같은 표지 유전자의 발현을 통해 확인된다. 16세포기 이전에 배아로부터 난황세포를 제거하면 중배엽 형성이 방지된다. 초기 단계에 RNAse 효소를 난황세포에 주사하면 유도가 저해되는데, 이는 중배엽 유도 신호의 생성에 적어도 약간의 모계 RNA가 있어야 함을 시사한다.

그런데 VegT의 역할은 제노푸스의 경우와 크게 차이가 난다. 제브라피쉬에서 이 단백질은 *spadetail* 유전자에 의해 암호화되는데, 수정란 자체 유전체의 전사에 의해 중배엽에서 발현된다. 이 유전자에 돌연변이가 일어나면 중배엽과 내배엽 전체가 없어지는 것은 아니고 몸통 부분에 결함이 나타난다. *spadetail* mRNA는 어미로부터 난자로 전달되지는 않는다.

실험적 증거들에 의하면, 중배엽 유도는 Nodal형 신호들에 의해 이루어진다. 제브라피쉬에 있는 2개의 *Nodal* 상동형은 *cyclops*와 *squint*이다. 이 두 유전자 모두에 대한 기능상실 돌연변이체는 생식환(germ ring)을 만들지 못하고 중배엽을 거의 형성하지 못한다. *one-eyed-pinhead* 유전자의 기능상실 돌연변이체는 유사한 표현형을 나타낸다. 이 유전자는 Nodal에 의한 수용체 활성화에 요구되는 EGF-CFC class의 세포외 인자인 Cripto의 제브라피쉬 상동형을 암호화한다(10장 참고). 게다가, Nodal에 길항작용을 하는 제노푸스의 Cerberus 인자의 조각인 Cerberus-short의 과발현도 역시 중배엽 상실을 초래한다. 반대로 *Nodal* mRNA 또는 Nodal 수용체 mRNA의 과발현은 제브라피쉬 동물극쪽 덮개에 중배엽을 유도할 것이다. 발현 형태를 보면, *squint*는 YSL에서 먼저 발현되고 나중에 중내배엽에서 발현되며, *cyclops*는 중내배엽에서만 발현된다. 따라서 YSL에서 신호의 시작과 반응조직에서 신호의 증폭 과정을 중계하는 인자가 있을 것으로 예상된다.

중배엽 유도 신호는 배반엽의 가장자리 주변 전역에서 작동하며, 가장 상위의 신호를 받으며 난황에 가장 가까이 있는 세포층은 내배엽이 되고 좀 더 멀리 떨어져 있는 세포층은 중배엽이 된다. 전체 신호 범위는 짧아서, 1000–2000 세포기에 약 네 세포층이다. Nodal-특이적 수용체의 작용을 차단하는 저해제는 MBT 이전에 처리했다가 제거해 버리면 중배엽 유도를 방해하지 않는다. 따라서 유도신호의 주된 확산은 MBT 시기에 수정란 자체의 유전자 발현이 상승된 후 일어나는 것이 확실하다.

초기 내배엽의 특징이 되는 전사인자 유전자들로는 *bonnie and clyde* (= *mixer*), *faust* (= *gata5*), 그리고 *casanova* (= *sox32*) 등이 있으며, 이들 모두는 Nodal 신호의 직접적 표적이다. *Casanova*는 과발현 시 내배엽을 유도하기 때문에 핵심 내배엽 전사인자 sox17의 발현과 아울러 중요한 지위를 갖는다. 흥미롭게도, *casanova*는 작용을 위해 어미에서 전사된 mRNA와 배아 자체에서 전사된 mRNA 모두가 초기 발생에 영향력이 큰 Oct4의 협조를 필요로 한다. 중배엽에서 *brachyury* (*notail*)는 환 주변 전체에 발현되며, *goosecoid*는 만들어지고 있는 형성체(배순) 부위에서만 발견된다. Nodal은 이 두 유전자 모두의 발현을 상승시키는데, 이때 *goosecoid*의 농도가 *notail* 보다 상대적으로 더 높도록 조절한다. 따라서 신호 강도의 등-배쪽 차이가 중배엽의 부위별 형태를 결정할 것으로 여겨진다. 하지만 형성체의 형성 역시 모계 기원 물질에 의해 개시된 등쪽 β-카테닌의 활성화에 크게 의존한다.

## 형성체(The organizer)

등쪽의 β-카테닌 상승은 형성체의 특성과 직접 관련된 유전자들의 발현 상승을 유발한다. 이 유전자들 중 하나가 한 쌍을 이룬 호메오도메인 전사인자를 부호화하는 *bozozok* (= *dharma*, *nieuwkoid*)이다. *bozozok*의 기능상실 돌연변이체는 배쪽화되며, 이 단백질의 EnR 도메인 교환 버전(그림 7.12d 참고)에 대한 mRNA를 주사하여 정상화시킬 수 있다(도메인 교환에 대해서는 3장 참고). Bozozok은 Chordin (*chordino* = *dino*), Noggin에 대한 것들을 포함하여 많은 유도인자 유전자들의 발현을 상승시킨다. 하지만 Bozozok 단백질 자체가 전사 억제자이기 때문에 이러한 상승 발현은 간접적으로 이루어질 것이다.

제브라피쉬에서 형성체 부위는 배순(embryonic shield)이라고 불리는데, 그럼에도 불구하고 *chordino* 영역은 배순보다 더 멀리 뻗어 나간다. 배순 부분을 배쪽으로 이식하면 제2의 축(axis)이 유도되는데, 이 축은 수용자로부터 유래한 체절 및 신경관을 포함한다. 배순의 절제가 모든 등쪽 축을 제거하지는 않지만, *chordino* 영역 전체를 제거하면 모든 등쪽 축이 제거된다. 배순 조직은 나중에 부화샘(hatching gland), 머리쪽 중배엽, 척삭, 체절, 등쪽 내배엽 그리고 배쪽 신경관을 형성할 것이다. 형성체에서 ADMP의 발현은 제노푸스에서 발견된 것과 마찬가지로 비율을 조절하는 유사한 기전이 제브리피쉬에도 존재함을 의미한다(7장 참고).

다른 척추동물들에서처럼, 초기 발생배의 등-배 형태형성은 배쪽부터 등쪽까지의 BMP 기울기에 좌우된다. 2개의 BMP 유전자, *swirl* (*bmp2b*)과 *snailhouse* (*bmp7*)가 낭배의 배쪽 부분에 발현된다. 이 유전자들의 기능상실 돌연변이체는 등쪽화되는데, 이는 배쪽 발달을 위해 BMP 신호가 필요함을 보여준다. 형성체 부위에서 발현되는 전사인자 bozozok은 일반적으로 *swirl* 발현을 억제한다. *chordin*의 상동형인 *chordino*의 기능상

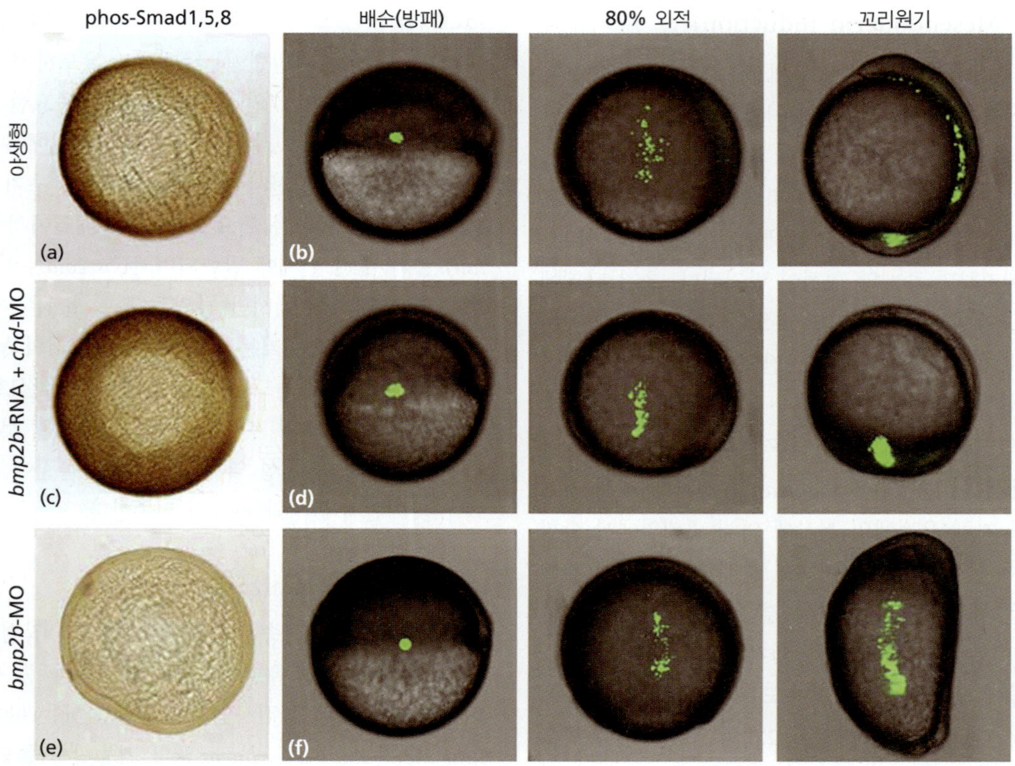


**그림 8.10** 세포 이동에 미치는 BMP 기울기의 효과. 측면 중배엽에 있는 세포들의 작은 집단은 형광물질로 표지하였음. 정상적으로는, 이 세포들은 몸의 축 좌우의 등쪽에 분포함(b). (d)에서 배아는 BMP의 과발현과 chordin의 저해로 인하여 심하게 배쪽화되었고 표지된 세포는 꼬리쪽으로 이동함. (f)에서 배아는 등쪽화되고 표지 세포는 수렴에 실패하여 측면에 남아 있음. (a, c, e) 외적 85% 단계에 배아의 식물극쪽 모습—antiphospho Smad1,5,8에 대한 면역염색 결과를 보여주는 사진임(오른쪽이 등쪽임). (b, d, f) 측면 중배엽에 표지세포 집단이 모여 있는 살아 있는 배아. (인용) Elsevier의 허락을 얻어 Hardt et al. *Current Biology* 2007; 17: 475-487의 그림을 재구성하였음.

실 돌연변이는 배쪽화를 유발한다. 앞에 언급한 것처럼, 낭배형성 중 등쪽 수렴 때문에 등쪽화는 척삭, 체절, 신경관 등의 확대와 머리의 비대화를 야기하며, 배쪽화는 뒤쪽 구조들과 혈섬의 확대 그리고 머리의 왜소화를 초래한다(그림 8.10).

초기 *swirl*과 *snailhouse* 발현 상승은 Gdf6a (*radar*에 의해 암호화)를 포함한 모계 기원 BMPs 때문이다. 이어지는 형태의 안정화는 유도인자와 전사인자 수준에서의 저해적 상호작용에 좌우된다. 유도인자 수준에서는, Chordin과 Noggin이 BMPs와 결합하며 활성이 감소한다. 한편 전사인자 수준에서는, 형성체(organizer)와 배쪽 옆면 중배엽(ventrolateral mesoderm)을 특징짓는 전사인자들 사이에 상호 저해가 존재한다. 배쪽 상태는 두 호메오도메인 전사인자, Vent와 Vox의 발현에 의해 특징지어진다. 이 두 전사인자는 각각 제노푸스의 vent1과 vent2의 상동형이며 전사억제인자로 작용한다. 이들은 필요이상의 작용을 갖지만, 두 유전자 모두에 대해 기능상실 돌연변이를 유도해야 등쪽화된 표현형이 나타난다. 이 인자들의 발현은 Bozozok에 의해 억제되며, 이 인자들 자신도 *bozozok*의 발현을 억제한다. 이 때문에 어느 한 세포는 형성체나 배쪽 옆면 상태 중 하나를 채택하며 중간형은 존재하지 않는다. 제노푸스에서처럼, *wnt8*은 외적 70% 무렵 배쪽 옆면에서 발현이 상승되며 배쪽화 기능을 갖는다. 하지만 더 이른 시기에 Wnt 경로는 등쪽화 효과를 나타낸다.

외배엽에서, BMP 신호는 다층상피세포의 발달을 위한 핵심적 전사인자인 ΔNp63의 발현을 상승시키고, 이에 따라 표피의 분화가 시작된다.

꼬리원기에서, Chordin을 분해하는 금속결합단백질분해효소(metalloprotease)인 Tolloid가 생성된다. Tolloid는 *minifin* 유전자에 의해 암호화되는데, 이 유전자의 기능상실 돌연변이체는 배지느러미를 갖지 않는다. 몸의 중심부와 비교하여 등-배간 거리(dorsoventral distance)가 짧기 때문에, 꼬리에서는 Chordin 활성을 감소시키기 위한 이 부가적인 기전이 필요할 것으로 보인다.

요약하면, 형성체의 등쪽화 작용은 형성체 자체 내부의 직접적인 전사억제에 의한 BMPs 저해로부터, 그리고 또한 주변 조직에서 분비된 BMP 저해제들에 의한 BMPs 저해로부터 발생한다.

## 앞뒤 형태형성(Anteroposterior patterning)

중배엽에서, 앞뒤 형태는 예비척삭판과 척삭으로 구성되며, 척삭은 후뇌, 몸통 그리고 꼬리 영역으로 뻗어 있다. 척삭의 좌우에는 체절(somite)이 발달하며, 이 체절들은 몸통부분에 갈비뼈를 갖는 척추를 형성하고 꼬리부분에는 갈비뼈가 없는 척추를 형성한다. 척삭에서는 *brachyury* (*notail*)와 그것의 전사적 표적인 *not* (*floating head*, 호메오도메인 전사인자 하나를 암호화)가 발현한다.

배순의 가장 초기 회절 부분에서는 *goosecoid*가 발현되며, 예비척삭판이 자리를 잡는다. 초기에 좀 더 동물극 쪽으로 배치되었으나 회절과정에 의해 더 뒤쪽이 되는 부위는 척삭을 형성한다. 이러한 초기 분할은 아마도 난황세포 기원 Nodal 신호와 합쳐진 모계 기원 β-카테닌 활성에 기인할 것이다. 회절이 진행되면, 앞뒤 형태는 뒤쪽에서 나오는 FGF와 Wnt 인자들의 작용으로 안정화되고 정교해질 것이다.

FGFs나 Wnts, 또는 레티노산의 과발현은 전체 배아를 뒤쪽화시킬 것이다(그림 8.11). *dickkopf1* (*dkk1*)는 MBT 이후 배반엽의 등쪽 가장자리와 등쪽 YSL에서 발현된다. Dkk1은 공동수용체(coreceptor) Lrp6에 결합하여 Wnt 신호를 저해한다. 이 단백질은 과발현 시 머리 형성을 유도하고 Wnt 활성의 앞뒤 기울기를 유지하도록 돕는다. 배쪽 주변대는 동물극 쪽 덮개와 합쳐지면, 꼬리의 많은 부분이 동물극쪽 덮개 세포로부터 만들어지면서 꼬리를 형성하기 때문에 "꼬리 형성체"라고 표현된다. Nodal + BMP가 배쪽 중배엽을 생성할 것으로 기대되기 때문에, Nodal + BMP + Wnt mRNA들을 조합하여 주사하면 이런 효과를 흉내낼 수 있다. 이는 Wnt의 뒤쪽화 활성에 대한 추가적 증거가 된다.

3개의 FGF 유전자 *fgf3*, *-8*, 그리고 *-24*가 중배엽에서 발현되는데, 초기에는 등쪽 주변 그리고 나중에는 생식환 주위에서 발현된다. FGF 수용체를 무력화시키는 단백질을 과발현시키면 몸통과 꼬리가 상실되는데, 이는 *spadetail*과 *notail*의 발현 상승이 일어나지 않은 것과 관련이 있다. 정상적으로, *spadetail*은 *floating head*에 의해 억제되어 예비체절판의 형성을 유도한다. 예비체절판에서 *spadetail*은 수렴확장 이동에 필수적인 세포접착 분자인 축주위 중배엽 프로토캐드히린(paraxial protocadherin)의 발현을 상승시킨다.

Fgf8은 *acerebellar* 유전자에 의해 부호화되며, 이 유전자 기능상실 돌연변이의 표현형인 소뇌 결실(loss of cerebellum)은 중뇌와 후뇌의 경계에 Fgf8의 부재로 초래된다(14장 참고). 그러나 *acerebellar* 돌연변이체에 Fgf24 활성을 제거하기 위한 모폴리노를 처리하면, 뒤쪽 결함이 생성된다. 따라서 Fgf8과 Fgf24는 함께 뒤쪽화 FGF 활성의 대부분을 구성할 것이다.

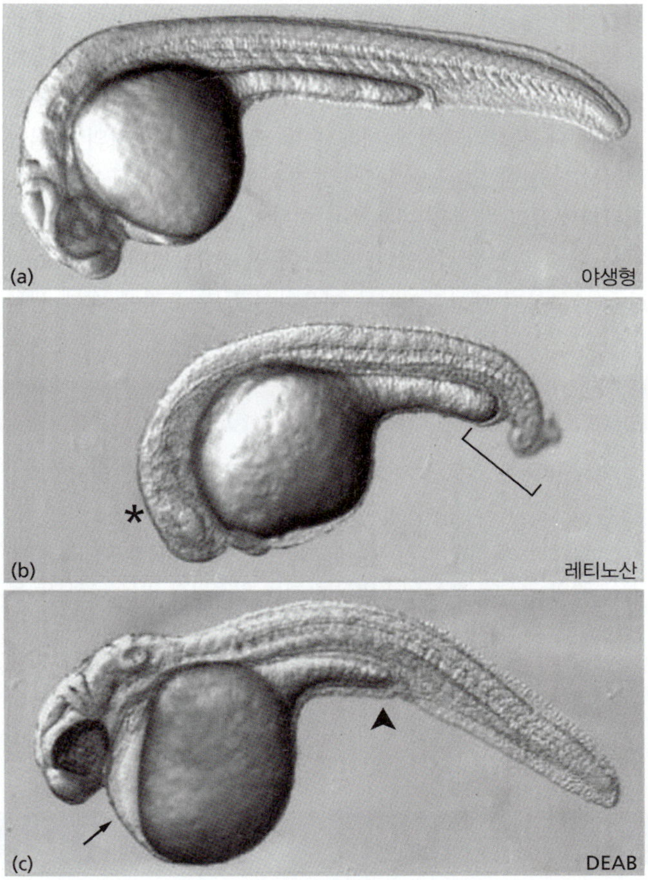


**그림 8.11** 앞뒤 형태 형성에 미치는 retinoic acid의 효과. (a) 정상 개체; (b) retinoic acid 처리는 꼬리( [ )와 뇌( * )가 없는 개체 생성; (c) retinaldehyde dehydrogenase (diethylaminobenzaldehyde, DEAB)를 처리하여 retinoic acid를 고갈시키면 일부 심장부종( → )과 굽은 꼬리가 생성됨 ( ▶ ). (인용) John Wiley & Sons, Ltd.의 허락을 얻어 Skromne and Prince, *Developmental Dynamics* 2008; 237: 861–882의 그림을 재구성하였음.

## 다른 분야에서의 제브라피쉬 이용

이 책은 발생학 교과서이며, 이 단원에서는 주요 모델 생물들의 초기 발달에 초점을 맞춘다. 그러나 제브라피쉬는 발생학보다 훨씬 넓은 범위의 생물의학적 분야에 사용되고 있다. 발생의 분자유전학이 다른 척추동물들과 유사하기 때문에, 제브라피쉬 돌연변이체는 인간질병 돌연변이와 상동성이 있거나 인간질병 상태에서 발견되는 것과 유사한 생리학적 결과를 생성하는 부분을 위한 질병 모델로 채택되었다. 유리한 점은 포유동물 기관계에 대한 제브라피쉬 심혈관계, 소화계, 중추신경계의 일반적 유사성이다. 배아의 빠른 발생과 발생 과정의 투명성 때문에 제브라피쉬에 대해 수백 또는 수천 가지의 물질을 시험하고, 살아 있는 상태에서 효과를 관찰하는 것이 가능하며, 형광단백질의 발현을 이용하여 연구자의 관심 부위나 구조를 더욱 쉽게 관찰할 수 있다. 이는 물질 라이브러리(compound library)로부터 제브라피쉬를 이용하여 특정 표적에 대한 생물학적 활성을 가려낼 수 있으며 또한 후보 약품들에 대한 1차적 독성 연구에도 이용할 수 있다.

색소세포 발생에 필요한 유전자에 돌연변이 기술을 적용하여, 최근 완전히 투명한 어미 제브라피쉬를 만들었다. 이 돌연변이 제브라피쉬는 외부에서 이식한 조혈기구의 세포들을 살아 있는 상태에서 실시간으로 관찰할 수 있게 해준다(18장 참고). 이 예는 유전적으로 다루기 쉬운 작은 척추동물이 제공하는 모든 기회들이 결코 발생학에만 국한되지는 않음을 잘 보여준다.

## 새로운 연구방향

제브라피쉬는 다음의 세 가지 분야에 가장 큰 기여를 할 것이다.

1 기관형성 단계에 대한 발생연구를 위해, 특정 기관을 표적으로 하는 돌연변이 연구의 심화가 필요하다. 이 연구는 특정 기관의 형성에 핵심적인 역할을 하는 알려지지 않은 유전자들을 밝혀 줄 것이다.

2 형태형성 이동 및 세포를 눈으로 관찰해야 하는 다른 연구들에 있어서 배아의 투명성은 연구의 해상도를 실시간으로 높여 줄 것이다. 개별 세포집단은 형질전환 표식에 의해 표지될 수 있다.

3 특정 분자경로에 활성이 있는 작은 분자화합물들과 특정 질병 모델에 대해 효과가 있는 약품들을 가려내고, 약품 및 다른 물질의 독성을 조사하는 등의 연구들을 동물 모델을 이용해 대용량으로 진행한다.

## 기억해야 할 핵심 사항들

- 제브라피쉬는 유전학 실험에 아주 적합한 척추동물이다. 배아 발생은 빠르고, 세대 간격은 짧으며, 많은 수를 사육시설에 수용할 수 있다.
- 많은 발생 돌연변이체들이 돌연변이 생성 연구를 통해 분리되었다. 돌연변이가 일어나는 유전자는 위치추적 클로닝 또는 후보 유전자 테스트를 통해 동정하였다.
- 배아의 투명성은 세포의 행동을 살아 있는 발생 개체에서 시각적으로 관찰할 수 있게 해 준다.
- 일반적으로, 초기 발생 시 운명지도와 유도 절차의 순서는 제노푸스와 유사하다. Wnt 신호 경로가 초기 등-배축 형성에 필요하며, Nodal 인자는 중배엽 유도에 필요하다. 그리고 형성체의 등쪽화 효과를 위해 BMP 저해인자가 필요하다. 앞뒤 형태 형성에는 FGFs, Wnts, 그리고 레티노산이 관련되어 있다.
- 제브라피쉬는 인간의 질병생리와 약품 스크리닝, 독성 조사 등을 위해 실험적으로 편리한 모델을 제공하는 데 중요한 역할을 한다.

## 추가로 읽을 것


### General

Beis, D. & Stainier, D.Y.R. (2006) In vivo cell biology: following the zebrafish trend. *Trends in Cell Biology* **16**, 105–112.

Skromne, I. & Prince, V.E. (2008) Current perspective in zebrafish reverse genetics: Moving forward. *Developmental Dynamics* **237**, 861–882.

White, R.M., Sessa, A., Burke, C., Bowman, T., LeBlanc, J., Ceol, C., Bourque, C., Dovey, M., Goessling, W., Burns, C.E. & Zon, L.I. (2008) Transparent adult zebrafi sh as a tool for in vivo transplantation analysis. *Cell Stem Cell* **2**, 183–189.

Lieschke, G.J., Oates, A.C. & Kawakami, K., eds (2009) *Zebrafish: Methods and Protocols. Methods in Molecular Biology*, vol. **546**. New York: Humana Press.

### Embryology

Kimmel, C.B., Warga, R.M. & Schilling, T.F. (1990) Origin and organization of the zebrafish fate map. *Development* **108**, 581–594.

Warga, R.M. & Kimmel, C.B. (1990) Cell movements during epiboly and gastrulation in zebrafish. *Development* **108**, 569–580.

Kimmel, C.B., Ballard, W.W., Kimmel, S.R., Ullmann, B. & Schilling, T.F. (1995) Stages of embryonic development of the zebrafish. *Developmental Dynamics* **203**, 253–310.

Solnica-Krezel, L., ed. (2002) *Pattern Formation in Zebrafish*. Berlin/Heidelberg: Springer-Verlag.

### Genetics

Patton, E.E. & Zon, L.I. (2001) The art and design of genetic screens: zebrafish. *Nature Reviews Genetics* **2**, 956–966.

Golling, G., Amsterdam, A., Sun, Z.X., Antonelli, M., Maldonado, E., Chen, W.B., Burgess, S., Haldi, M., Artzt, K., Farrington, S., Lin, S.Y., Nissen, R.M. & Hopkins, N. (2002) Insertional mutagenesis in zebrafish rapidly identifies genes essential for early vertebrate development. *Nature Genetics* **31**, 135–140.

Kawakami, K. (2005) Transposon tools and methods in zebrafish. *Developmental Dynamics* **234**, 244–254.

Asakawa, K. & Kawakami, K. (2008) Targeted gene expression by the Gal4-UAS system in zebrafish. *Development Growth and Differentiation* **50**, 391–399.

Halpern, M.E., Rhee, J., Goll, M.G., Akitake, C.M., Parsons, M. & Leach, S.D. (2008) Gal4/UAS transgenic tools and their application to zebrafish. *Zebrafish* **5**, 97–110.

Shoji, W. & Sato-Maeda, M. (2008) Application of heat shock promoter in transgenic zebrafish. *Development Growth and Differentiation* **50**, 401–406.

Abrams, E.W. & Mullins, M.C. (2009) Early zebrafish development: It's in the maternal genes. *Current Opinion in Genetics and Development* **19**, 396–403.

Lawson, N.D. & Wolfe, S.A. (2011) Forward and reverse genetic approaches for the analysis of vertebrate development in the zebrafish. *Developmental Cell* **21**, 48–64.

### Inductive interactions

Agathon, A., Thisse, C. & Thisse, B. (2003) The molecular nature of the zebrafish tail organizer. *Nature* **424**, 448–452.

Dougan, S.T., Warga, R.M., Kane, D.A., Schier, A.F. & Talbot, W.S. (2003) The role of the zebrafish nodal-related genes squint and cyclops in patterning of mesendoderm. *Development* **130**, 1837–1851.

Leung, T.C., Bischof, J., Soll, I., Niessing, D., Zhang, D.Y., Ma, J., Jackle, H. & Driever, W. (2003) Bozozok directly represses bmp2b transcription and mediates the earliest dorsoventral asymmetry of bmp2b expression in zebrafish. *Development* **130**, 3639–3649.

Schier, A.F. & Talbot, W.S. (2005) Molecular genetics of axis formation in zebrafi sh. *Annual Review of Genetics* **39**, 561–613.

Ota, S., Tonou-Fujimori, N. & Yamasu, K. (2009) The roles of the FGF signal in zebrafish embryos analyzed using constitutive activation and dominant-negative suppression of different FGF receptors. *Mechanisms of Development* **126**, 1–17.

### Modeling human disease for drug discovery

Lieschke, G.J. & Currie, P.D. (2007) Animal models of human disease: zebrafish swim into view. *Nature Reviews Genetics* **8**, 353–367.

Chakraborty, C., Hsu, C.H., Wen, Z.H., Lin, C.S. & Agoramoorthy, G. (2009) Zebrafish: a complete animal model for in vivo drug discovery and development. *Current Drug Metabolism* **10**, 116–124.

# 제9장

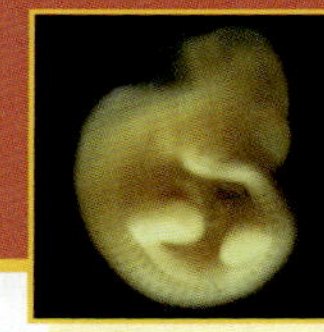

# 닭

겉보기에 닭의 발생 과정은 하등 척추동물과 매우 다르고, 포유류와 보다 유사해 보인다. 그러나 형태적으로 초기 배아 발생 과정이 다르게 보이더라도, 분자 수준에서 볼 때 근본적으로 같은 기본적인 과정이 모든 척추동물에서 진행된다. 닭은 후기 배아 발생과정을 연구하기 위해서 매우 활발하게 사용되어 왔기 때문에, 이 장에서 일반적인 척추동물의 기관형성(organogenesis) 과정에 대한 개요를 기술하였다. 9.3절에서는 다른 척추동물에서 발견된 관련 증거들을 포함하여 보다 자세하게 이 기전을 다루게 될 것이다.

수정란은 일반적인 양계장에서 얻을 수 있고, 산란 시 배아는 난황 위에 있으며, 발생 단계에 따라 20,000-60,000개의 세포로 이루어진 편평한 **배반엽(blastoderm)** 상태이다. 배아 발생은 저온상태에서 억제되므로, 계란을 섭씨 10°C 상태로 배아 발생이 멈춘 채로 며칠간 보관할 수 있다. 계란의 발생을 위한 배양은 37.5°C에서 하는 것이 좋다. 계란 속에 충분한 영양분을 있기 때문에, 제노푸스와 제브라피쉬와는 달리 닭은 배아 발생동안 기하급수적인 성장을 하게 된다.

산란 후부터 모든 발생 과정 동안 배아에 쉽게 접근할 수 있기 때문에, 실험과학자들에게 닭은 생쥐에 비하여 큰 장점이 있다(그림 9.1). 초기 배반엽은 일차 몸 체제(body plan)의 구분이 가능해질 만큼 충분한 기간 동안 체외 배양이 가능하다. 한편, 계란 껍질에 구멍을 뚫을 수 있어 계란에 있는 상태로 배아를 조작하고, 다시 구멍을 접착테이프로 막아 후기 발생단계까지 계란 전체를 배양할 수도 있다. 게다가, 작은 조직 조각을 더 자란 배아의 **장요막(chorioallantoic membrane, CAM)** 위에 이식할 수 있는데, 여기서 조직 조각은 혈관 형성은 일어나되 다른 부위와는 효과적으로 분리되어 성장 및 분화한다. 일부 기관원기(organ rudiments)들은 체외 배양이 가능하다. 이식한 조직 표지를 위해서, 닭과 메추라기 등 서로 다른 종의 상호 이식 방법들이 매우 활발하게 사용되어 왔다. 메추라기 배아는 닭에 비하여 약간 작고 조금 빠르게 발생하긴 하지만, 해부학적으로 닭 배아와 매우 유사하다. 원래, 메추라기의 모든 세포는 핵소체(nucleoli)와 결합되어 있는 **이형염색질(heterochromatin)** 응축을 보이므로 Feulgen 염색으로 DNA를 염색하면 어두운 방울모양이 보이기 때문에 쉽게 식별이 가능하여 사용되었다. 요즈음에는 종 특이적인 항체를 사용하여 메추라기 이식 조직을 구분한다.

닭은 유전학적 연구에는 그다지 적합하지 않은데, 생활사가 길고 돌연변이가 많이 존재하지 않으며, 형질 전환이나 돌연변이 유도를 위한 방법이 잘 확립되어 있지 않다. 그러나 닭 배아에 유전자를 과발현시킬 수 있는 몇몇 방법이 있다. 궁금한 유전자를 가지고 있는 레트로바이러스(retrovirus)가 많이 쓰여 왔다. 이들은 종종 **RCAS (replication-competent, avian-specific, 복제 능력 있는 조류 특이적)** 바이러스라고 불린다. 이 바이러스는 변형을 가하고 싶은 부위에 국소적으로 주입할 수 있으며, 감염된 세포에서 새로 만들어진 바이러스 입자에 의해 그 영향이 넓어지게 된다. 만일 감염 범위를 제한해야 한다면, 이식할 조직을 감염이 가능한 계통(strain)에서 얻은 후, 감염 저항성 계통의 배아에 이식하면 된다. 이렇게 하면 이식한 조직만이 감염되어 바이러스에 들어 있는 유전자를 발현할 것이다. **전기천공법(electroporation)** 역시 광범위하게 사용된다. 이 방법은 일반적으로 신경관 속과 같이 빈 공간에 DNA를 주입하고, 일련의 저전압 전기 충격을 배아에 가하여 큰 피해 없이 세포 속으로 DNA가 도입되도록 하는 과정을 포함하고 있다. DNA는 음전하를 띄고 있기 때문에 양전극 방향으로 이동하여, 세포 속으로 들어간다. 음전극 쪽에 있는 조직으로는 유전자 도입이 일어나지 않기 때문에, 유전자의 효과를 보기 위한 내부 대조군(internal control)으로 사용할 수 있다. 배아의 유도과정을 조사하기 위해서는, 순수 분리한 **성장인자(growth factor)**를 흡수한 친화성크로마토그래피(affinity chromatography) 구슬을 배아의 원하는 위치에 이식하여 배아에서의 국소적 기능을 조사한다. 이러한 구슬은 대량의 성장인자와 결합한

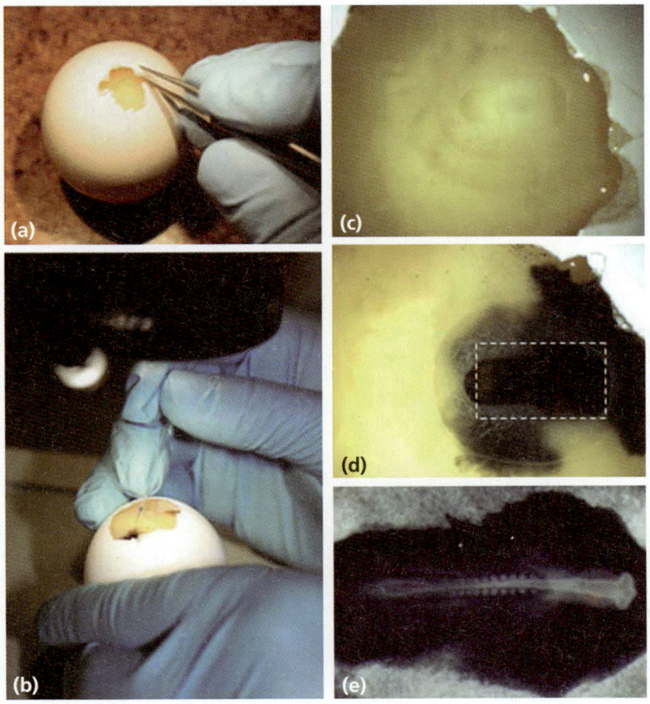


**그림 9.1** 미세수술을 위한 계란의 준비. (a) 계란에 창을 만든다; (b) 관찰이 용이하도록 배반엽 아래 잉크를 주입한다; (c) 입사광 아래의 배반엽; (d, e) 잉크 주입 후. (인용) John Wiley & Sons, Ltd. 의 허락을 얻어 Hassan Rashidi 2009의 그림을 재구성하였음.

뒤 며칠간 천천히 분비하므로, 신호분비 중심에서 유도인자가 방출되는 정상적인 과정을 다소 흉내낼 수 있다. 이러한 종류의 실험은 조사하고자 하는 인자를 발현하는 포유류 세포 덩어리를 이식해서 수행되기도 하였다.

기능상실(loss-of-function) 연구는 일반적으로, 위에 언급한 방법을 이용한 우성음성(dominant negative) 인자 과발현으로 수행된다. 안티센스 모폴리노(morpholino)는 제노푸스나 제브라피쉬에 비하면 덜 활발하게 사용되는데, 그 이유는 주입할 큰 할구(blastomere)가 없기 때문이다. 전기천공법으로 모폴리노를 도입할 수 있지만, 그 결과는 많은 경우 그다지 좋지 못하다.

## 정상 발생

껍질과 알부민층(흰자 부위), 그리고 난황으로 이루어진 계란은 매우 익숙하다. 그러나 수정란의 경우, 진짜 계란 부분은 난황과, 난황막(vitelline membrane)에 둘러싸여 있으며 눈에 잘 띄지 않는 **배반엽(blastoderm)** 세포들로만 구성되어 있다. 난황은 성숙한 난자에 상응한다. 포유류와 마찬가지로 조류에서 난자 생성(oogenesis)은 태아기에만 일어나고, 일생동안 부화하는데 필요한 난자의 보충이 일어난다고 생각된다. 대략 산란 1-2주 이전까지, 암탉의 난자는 매우 작으나, 며칠 동안 대략 55 g의 무게에 다다를 때까지 엄청난 성장이 진행된다. 산란 시 난자는 난소에서 나와 수란관(oviduct)으로 들어가며, 만약 암탉이 최근 교미했다면 수정될 것이다. 수란관에서 이동하는 데 대략 24시간 걸리고, 이 과정 동안 수정란에는 알부민층과 껍질막(shell membrane), 그리고 껍질 자체가 형성된다. 이후 계란은 질(vagina)을 통하여 산란된다.

난할(cleavage)은 대단히 **부분할(meroblastic)**이며, 수정란(그리고 난자)의 난황과 접하고 있는 지름 2-3 mm에 이르는 세포질 부분에서만 진행된다(그림 9.2a). 초기 난할은 수란관에서 일어나 둥근 배반엽을 형성하는데, 처음엔 단일 세포층이며 이후엔 몇 겹의 세포층이 된다. 난할의 패턴은 수정란마다 매우 다양하며 배반엽 층의 배쪽(ventral)과 옆쪽(lateral) 면은 큰 세포질 다리(cytoplasmic bridge)에 의하여 간헐적으로 연결되어 있다. 알은, 자궁(uterus)이라 불리는 수란관의 아래쪽에 대략 20시간동안 머무는데, 이곳에서 자궁의 연동운동(peristalsis)에 의해 서서히 회전하면서 주변에 석회화된 껍질이 형성된다. 배반엽이 수백 개의 세포가 되었을 때, 그 아래에 배하강(subgerminal cavity)이라 부르는 공간이 열린다(그림 9.2b). 배반엽 아래쪽 표면의 세포들은 공간 쪽으로 떨어져 나가며, 자궁기가 끝날 때 쯤 죽어 나가게 되어 배반엽의 가운데 부분이 얇아져 한두 층의 상피세포로 구성되는 것 같다. 이러한 반투명한 모양새 때문에 이 부분은 **투명구역(명역, area pellucida)**이라고 불린다. 바깥쪽의 보다 불투명한 배반엽 부분은 **불투명구역(암역, area opaca)**이라고 부르고, 두 부위의 연결 부위를 **주변구역(주변대역, marginal zone)**이라고 한다. 닭 배아의 '주변구역'이 양서류 배아의 주변구역과 상동 구조가 아님에 주의하라.

이후, 부분적으로 투명구역 전체에서 소수의 세포가 이입하고(primary hypoblast, 일차배반엽하층), 부분적으로는 뒤쪽 주변구역의 깊숙한 안쪽에서 세포들이 퍼져 나와(secondary hypoblast, 이차배반엽하층), **배반엽하층(hypoblast)**이라 불리는 아래층 세포가 발달한다. 이 두 세포집단은 유전자 발현 등의 측면에서 서로 상이하여, 일차배반엽하층은 Goosecoid, Hex, Cerberus, Otx2, Cresent (Wnt 억제인자) 등을 발현한다. 그러므로 이차배반엽하층은 **배반엽내층(endoblast)**으로 불리기도 한다. 위쪽 층의 세포는 이제 **배반엽상층(epiblast)**이 된다. 배반엽상층 뒤쪽 경계의 밑 쪽에 초승달 모양의 세포집단은 **콜러낫(Koller's sickle)**이라 불린다(그림 9.2c, d). 일차배반엽하층은 아마도 생쥐 난원통(egg cylinder)의 앞 장쪽 내배엽(anterior visceral endoderm)과 상동 부위인 것 같다(10장 참고). 그러나 둘 모두 배아 이외의 구조에만 기여하므로, 배아 자체의 구조 일부가 되는 제브라피쉬의 배반엽하층과는 다르다.

산란 시에 알은 통상 배반엽내층 형성이 막 시작되고 있어

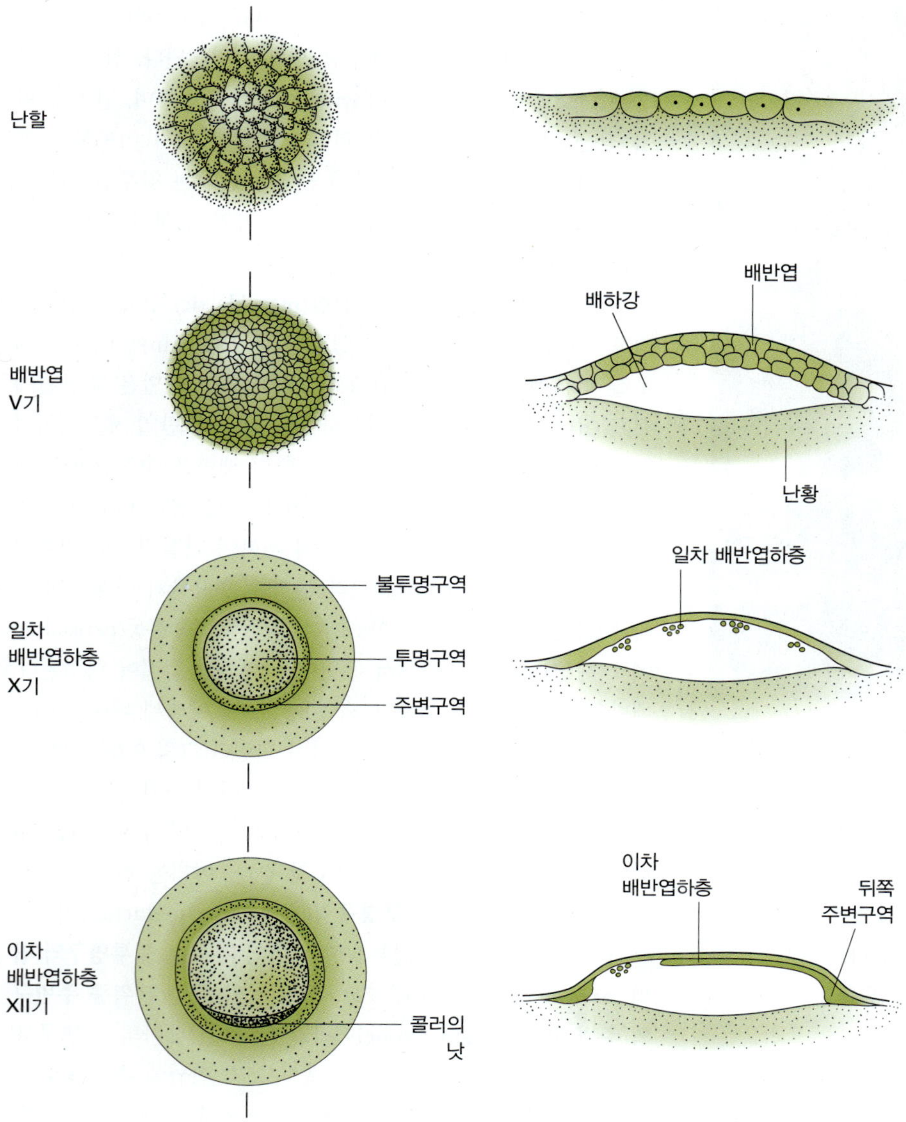


**그림 9.2** 닭 배반엽의 산란 시기까지의 발생. 세로선은 오른쪽 그림의 절단면을 나타낸다.

서, 대략 낭배기의 시작으로 간주된다. 초기 발생과정의 단계는 Eyal-Giladi와 Kochav가 기술한 일련의 단계에 따라 구분하는데, 각각은 로마 숫자표기법을 이용한다. 이 단계에서, I은 수정란, X은 단층 배반엽 시기, 그리고 XIII은 완전한 이세포층 배반엽 시기를 의미한다. 실험적인 접근이 가능해지는 산란 후 시기는 대략 X–XI 시기이다. 이 이후의 발생 단계는 다음에 나오는 아라비아 숫자로 구분되는 Hamburger와 Hamilton (H&H)의 단계 구분에 의해 기술된다.

몸 체제(body plan) 형성의 시기 구분에 따라 배아를 위에서 본 모양은 그림 9.3에, 횡단면은 그림 9.4에 묘사되어 있다. 제2기(stage 2)에 투명구역의 뒤쪽 경계면에서 **원조(原條, primitive streak)**라고 부르는 밀집된 세포집단이 생겨나고, 중심부에 도달할 때까지 길어진다(그림 9.3a). 원조 형성 이전에, 배반엽상층 세포들은 매우 강하게 원형 이동을 하게 되는데, 이를 통하여 뒤쪽 중심선을 지나 앞쪽으로 세포가 진행하게 한다. 이러한 운동은 '폴로네이즈(polonaise, 폴란드 춤)'라고 알려져 있다(그림 9.5). 이 세포 운동은 Wnt-PCP 신호경로에 의존적이며, dishevelled (*DVL*) 유전자의 우성음성인자를 세포 내로 전기천공하면 억제할 수 있다. 배반엽하층을 형성하는 과정과 낭배형성(gastrulation)은 동영상 10: 닭의 낭배형성에서 볼 수 있다.

원조는 T-박스 전사인자인 brachyury (*T*)를 발현한다. 원조는 투명구역의 중심부까지 늘어나는데, 그 위에 둔 작은 구슬을 앞쪽으로 밀어 내는 것으로 보아, 능동적인 신장에 의해 진행되는 것으로 생각된다. 일부 세포는 조(條, streak) 속에 남아 있으나, 배반엽상층 세포가 조의 양쪽에서 들어와서 중배엽(mesoderm)과 내배엽(endoderm)으로 이동해 나가므로, 대부분 이 부위를 거쳐 이동하는 세포들로 이루어져 있다(그림 9.4a). 새로운 세포들이 아래쪽 층의 중심부로 들어온 결과로,

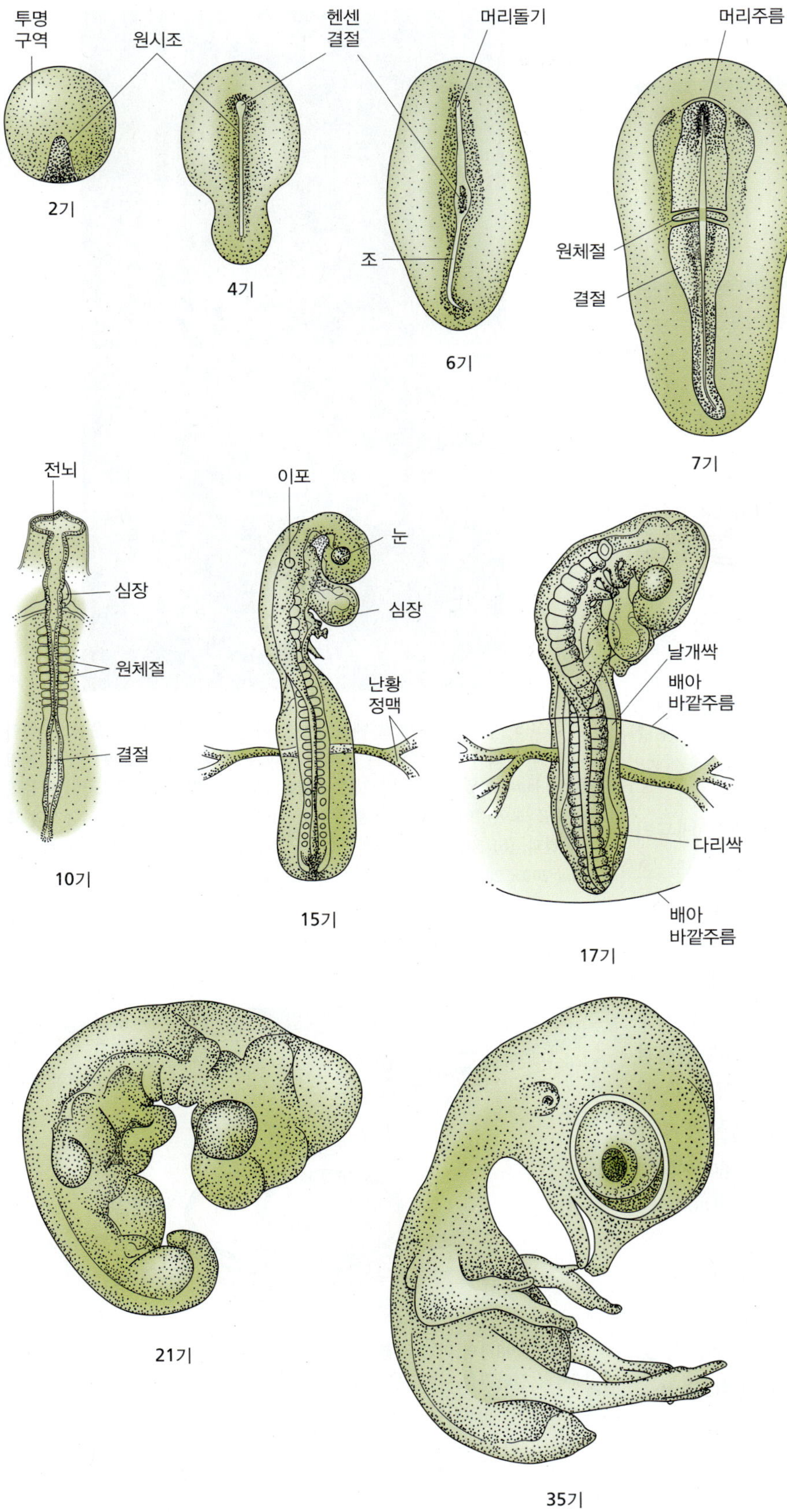


**그림 9·3** 닭의 정상 발생. 7기는 대략 배양 1일 후, 12기는 2일 후, 17기는 3일 후, 24기는 4일 후, 35기는 9일 후이다.

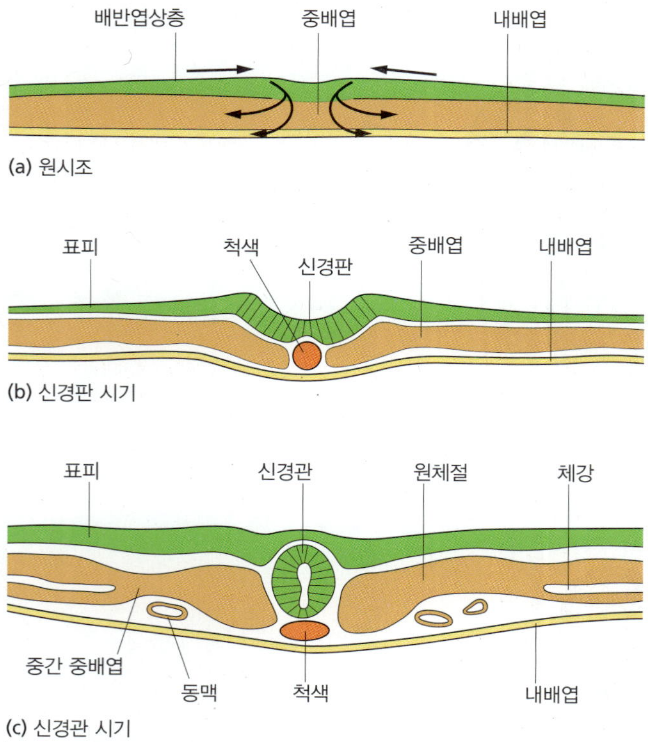


**그림 9·4** 닭의 정상 발생. 주축 구조물 발생 기간 동안의 횡단면, (a) 4기, 결절 뒤쪽, 화살표는 세포의 함입을 가리킨다; (b) 몸 중간, 8기; (c) 몸 중간, 10기.

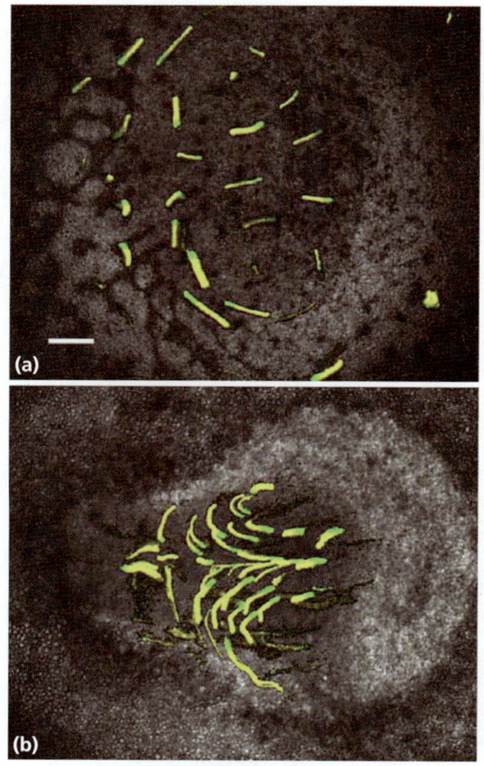


**그림 9·5** 원조 생성 동안 배반엽상층 세포의 '폴로네이즈' 운동. 뒤쪽이 그림에서 왼쪽이다. 소량의 세포를 DiI 주입으로 표지한 후, 저속 촬영(time-lapse)하였다. 색깔이 있는 줄들은 160분 동안 개별 세포군이 이동한 궤적을 보여주며, 초록색 부분은 최근 40분 동안을 나타낸다. (a) 1기의 표지 결과; (b) 3기의 표지 결과. (인용) Elsevier의 허락을 얻어 Cuia 등 *Dev Biol* 2005; 284: 37–47의 그림을 재구성하였음.

원래 있던 배반엽하층과 배반엽내층 세포들은 바깥쪽 테두리로 밀려난다. 배반엽상층에서 유래하여 조를 통과한 세포들은 **중배엽**과 아래 층의 **완성내배엽(definitive endoderm)** 부위가 된다. 이 과정은, 비록 미래의 장 내강(gut lumen) 또는 **원장(原腸, archenteron)**이 새로 형성되는 것이 아니라 내배엽 아래 원래 존재하던 공간이긴 하지만, 닭의 낭배형성이라 한다. 투명공간은 점점 원반형 모양에서 서양배 모양으로 변하며, **헨센결절(Hensen's node)**이라 부르는 세포 결집층이 원조의 앞쪽 끝에 나타난다(4기, 그림 9.3b). 헨센결절은 하등척추동물의 형성체(organizer) 부분을 특징짓는 다양한 전사인자인 goosecoid (*GSC*), *NOT*, *FOXA2* (=*NSF3β*) 등을 발현한다. 결절(node)은 예정 척삭세포(presumptive notochord cells)를 포함하고 이들 중 일부는 앞쪽으로 이동하여 머리돌기(head process)를 이루거나, 머리부위에 있는 척삭이 된다(6기, 그림 9.3c). 결절의 나머지 부분은 뒤로 이동하여 이후 체판이 형성될 때 주된 구조인 중심선의 **척삭(notochord)**, 그 양쪽에 있는 **원체절(somite)**, 그리고 배반엽상층의 **신경판(neural plate)**이 된다(그림 9.4b). **원시생식세포(primodial germ cells)**는 투명구역의 가장 앞쪽 끝, 엄밀한 배아 부위(embryo proper)의 밖에서 형성된다.

대략 1일간 배양 후, 배아의 앞쪽 끝은 머리 주름(head fold)이라고 부르는 배반엽의 돌출이 생겨나 눈에 띄게 두드러지며,

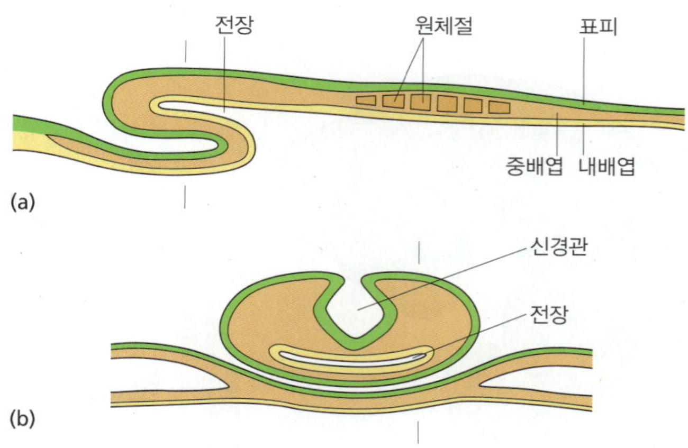


**그림 9·6** 8기의 머리 주름. (a) 분할시상면(parasagittal) 절단면, 실선은 (b)에서의 절단면을 나타낸다. (b) 횡단면, 실선은 (a)의 절단면을 나타낸다.

하나의 체절(somite)과 앞쪽 신경주름(neural fold)이 하강하는 결절의 길을 따라 생겨나게 된다(7기, 그림 9.3d, 9.6). 이 시기부터 엄밀한 배아 부위는 둘러싸고 있는 배아외부조직(extra-embryonic tissue)과 서서히 구획된다. 이 과정은 배아의 주변

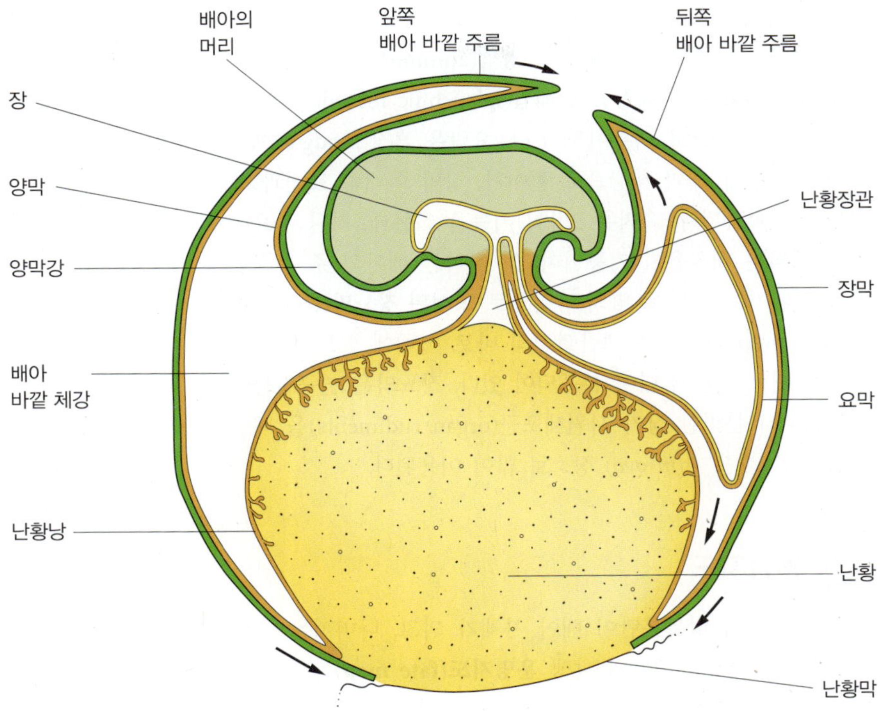


**그림 9.7** 닭의 배외막 형성. (인용) Wiley & Sons, Ltd.의 허락을 얻어 Hilderbrand (1995)의 그림을 재구성하였음.

에서 3배엽을 모두 포함하고 있는 주름이 생성되면서 푹 파인 부분이 만들어져서, 처음에는 머리 그리고 나중에는 꼬리와 몸통 부위가 배아외부조직의 표면에서 위로 돌출된다(그림 9.6).

둘째 날 초기에, 배반엽의 배아외부조직 바깥쪽에 혈섬(blood island)이 나타나고, 심장 원기(primodium)가 앞쪽 중배엽의 오른쪽과 왼쪽 시원세포군(rudiments)들이 합쳐져 형성된다(그림 9.3e). 이 시기에 이르면 앞쪽의 몸통 주름은 머리를 주변부보다 위로 들어 올리기 때문에, 심장은 앞 가운데-배쪽 위치에서 만들어진다. 몸통 주름의 형성은 또한 전장(foregut)이 주머니 모양으로 막히게 만드는데, 나머지 예정 장 내배엽은 아직 난황을 바라보고 있는 아래쪽의 세포층으로 남아 있다.

**신경관(neural tube)**은 먼저 중뇌(midbrain) 위쪽에서 막히기 시작해서 양쪽 방향으로 진행해 나간다. 또한 척삭과 신경관의 옆쪽에 붙어 있는 중배엽성의 체절판(segmental plate)으로부터 **체절(Somites)**이 앞에서 뒤쪽으로 계속 생성된다. 대략 36시간이 되면 10개의 체절이 형성되고, 신경관은 막혀서 전뇌, 중뇌, 후뇌의 포(vesicle)를 형성한다(10기). **측면판 중배엽(lateral plate mesoderm)**은 상피와 접촉하고 있는 **체절층(somatic layer)**과 내배엽에 접촉하고 있는 **내장층(splanchnic layer)**으로 나누어진다. 두 층 사이의 공간은 **체강(coelom**, see-loam으로 발음한다; 그림 9.4c)이 된다. 추가적인 중배엽의 구획화가 길이 방향으로 전체절 중배엽(presomitic mesoderm)과 측면판(lateral plate) 사이에서 일어난다. 이는 나중에 신장, 부신, 생식소가 되는 **중간 중배엽(intermediate mesoderm)**이다.

결절의 퇴행과 몸의 뒷부분 형성이 한동안 지속되지만, 이 시기는 일반적인 몸 체제의 형성이 완료되고 각각의 장기 발생이 시작되려 하는 때이므로, 초기와 후기 발생의 전환점이 된다.

## 배외막

외부로부터 영양분의 공급이 있는 배아에서 **배외막(extraembryonic membranes)**의 형성과 배열은 생존에 필수적이다. 유양막류(amniotes, 파충류, 조류, 포유류)는 모두 양막이 있기 때문에 이렇게 불리며, 많은 배외막 구조들이 명백히 유사하다. 닭 배아에서 배외막 구조들의 배열에 대한 모식도가 그림 9.7에 있다.

낭배기부터, 외부의 **불투명구역(area opaca)**이 난황 표면 위로 넓어져서 배외 외배엽과 내배엽으로 이루어진 막을 형성한다. 중배엽은 보다 제한적으로 퍼져서 언제든지 배외 혈관계(아래 참고) 부위와 함께한다. 처음엔 체강이 배아와 배외 지역 사이에 연속적으로 존재한다. 내장층, 조혈 조직, 내배엽으로 이루어진 안쪽 배외층을 **난황낭(yalk sac)**이라고 한다. 난황낭은 점차 난황 덩어리 전체를 감싸고, 난황의 소화 산물은 혈관으로 흡수되어 배아로 이동된다. 바깥쪽 배외층은 체절층과 외배엽으로 이루어져 있으며, 장막(chorion)이라 불린다. 3일 동안, 장막의 주름이 형성되기 시작하여 배아의 앞쪽 끝을 덮고, 대응하는 주름이 뒤쪽에서부터도 성장된다. 이들 주름은 그림 9.3g에 실선으로 표시되어 있다. 이들 주름은 중앙에서 융합되어 배아를 덮는 2개의 완전한 막을 형성한다. 바깥쪽 막은 여전히 장막으로 부르며, 안쪽 막은 **양막(amnion)**이라 부른다.

**요막(allantois)**은 내장층 중배엽(splanchnic mesoderm)으로 덮인 내배엽 층으로 이루어져 있다. 요막은 후장(hindgut)에서부터 자라나와 배외 체강으로 들어가, 장막 아래쪽 표면과 융합되면서 확장된다. 요막은 2가지 기능을 하는데, 하나는 요산이 축적되는 배설용기 기능이며, 또 하나는 배아의 주요 호흡 장기로의 기능이다. 두 막의 융합으로 형성된 **장뇨막(chorioallantoic membrane)**은 계란껍질의 바로 아래에 있으며, 가스 교환을 위한 혈관이 많이 분포되어 있다. 장뇨막은 연구자들이 배아로부터 분리한 장기 시원세포군(organ rudiments)을 배양하기 위한 계란 내(*in ovo*) 장소로 많이 이용된다.

## 발생 운명지도

배반엽 세포의 일부분만이 배아 자체가 되고, 나머지는 배외 구조가 된다. 초기 배아의 발생 **운명지도(fate map)**는 광범위하게 연구되어 왔으며, 최근에는 나중 시기까지 가시화할 수 있는 **DiI**나 **DiO**로 특정 영역을 소량 표지하는 방법을 이용하고 있다. 이들 연구를 통하여 원조와 결절은 투명구역의 가장 뒤쪽과, 주변영역의 뒤쪽에서 유래한다는 것이 밝혀졌다. 투명구역 자체처럼, 주변구역은 두 세포층으로 이루어져 있는데, 위 층은 조(streak)의 외배엽에 상당한 정도로 기여하고 있으며, 아래층은 배반엽내층(endoblast)에 기여한다.

초기에는 각각의 배아에서 세포들의 무작위적인 이동 정도가 높아서, 운명지도는 그다지 정확하지 않다. 그러나 장래 축 방향 구조물(axial structure)들이 될 모든 영역은 뒤쪽에 있다. 닭 배아의 배반엽에서는 보통 결절이 앞쪽, 조가 뒤쪽으로 간주되는 점 또한 주의해야 한다. 그러나 제노푸스나 제브라피쉬에서와 마찬가지로 초기로부터 후기를 전망하는 것은 간단하지 않으며, 배반엽 시기에 근거한 앞쪽이 이후 일반 몸 체제에서 해부학적으로 앞쪽이 아닐 수 있다.

처음에 장래 머리 부위는 가장 뒤쪽에 있으며, 장래에 뒤쪽과 옆쪽이 될 부위는 보다 배반엽의 앞쪽에 위치한다. 하지만 3기까지 폴로네이즈 이동에 뒤따른 세포들의 조를 통한 측면 함입에 의하여 이 배열 상태는 뒤집어진다. 원조가 길어지면서, 장래 머리 부위는 배반엽의 앞쪽에 위치하고, 장래 뒤쪽과 옆쪽이 될 부위는 뒤쪽에 있게 된다(그림 9.8).

3-6기에 이루어진 표지 실험 결과, 다른 원조 부위처럼 결절을 통한 지속적인 세포들의 이동이 관찰되었다. 결절의 퇴행시기 동안, 결절 자체는 장래 몸 전장을 따라 형성될 척삭이 될 영역이다(그림 9.9a). 신경판은 결절 주변의 배반엽상층(epiblast)에서 전-후 수준을 유지한 채로 형성되며(그림 9.9b), 원체

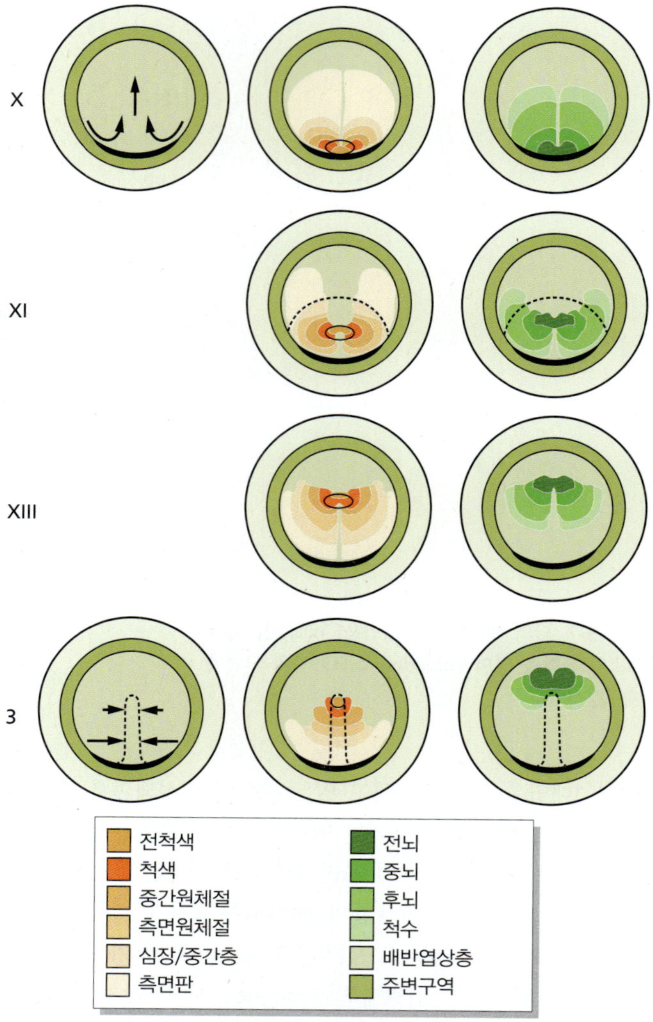


**그림 9.8** 부분적인 생체염색약 표지로 추정한 초기 닭 배반엽의 발생예정지도. 중배엽성과 신경 구조들은 별도로 표시하였다. 가장 현저한 세포의 운동은 이 시기 끝에 진행되는 폴로네이즈 운동과, 끝 쪽의 조를 통한 세포들의 함입이다. (인용) Cold Spring Harbor Press의 허락을 얻어 Stern (2004)의 그림을 재구성하였음.

절들은 바로 결절을 둘러싸고 있는 영역에서, 측면판은 원조의 보다 뒤쪽 영역에서 유래한다. 내배엽층은 중배엽을 바로 따라서 유래하는데, 가운데(medial) 부분은 조 앞쪽에서, 측면 부분은 조 뒤쪽에서 유래한다(그림 9.9c). 원조 자체는 흔히들 생각하는 것처럼, 이후 전-후쪽의 몸 체제에 일대일 대응하는 방식으로 예정역 지도화되어 있는 것이 아니라는 점은 중요하다. 대신, 원조의 전-후축은 이후 배아의 가운데-측면 축을 따라 지도화되어 있으며, 이는 조의 뒤쪽 반은 배외 조직이 될 운명을 가지고 있음을 의미한다.

## 초기 배아의 지역 특정화

1828년 폰 베어(von Baer)는 대부분의 알에서 전-후축을 예견

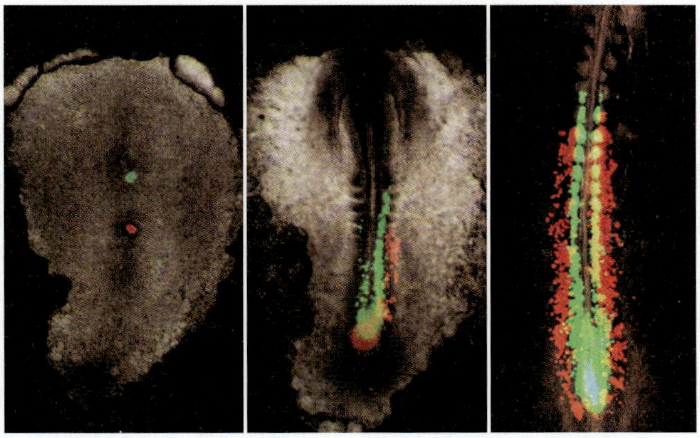

(a)

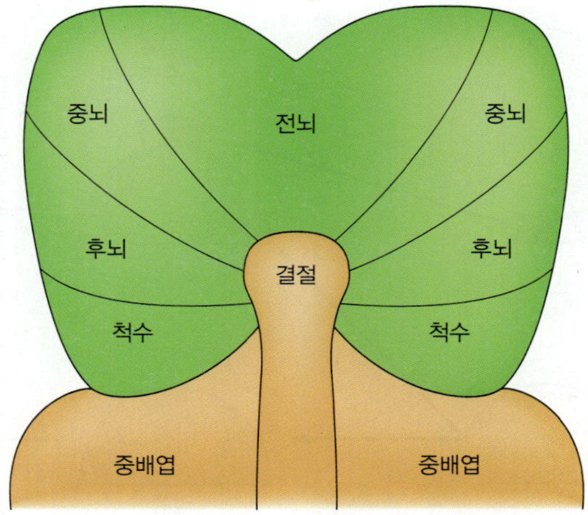


(b)

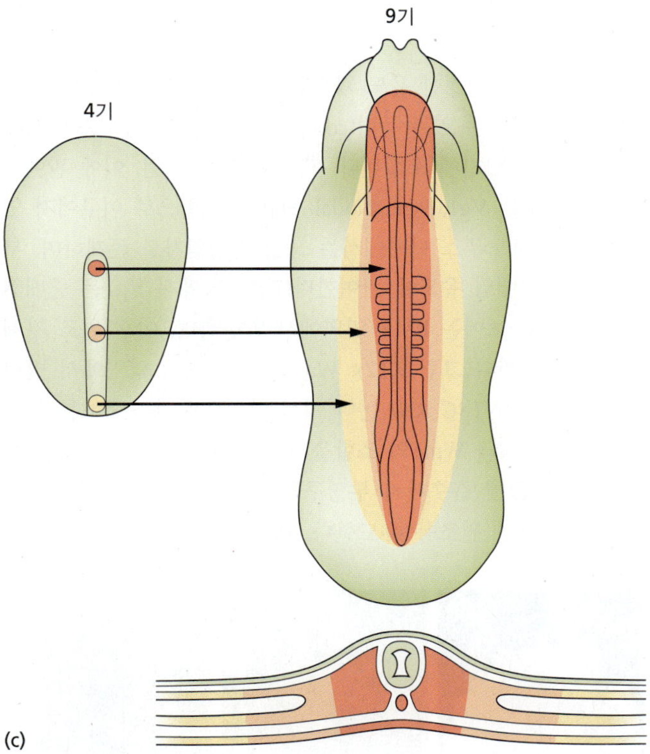


(c)

**그림 9·9** 결절 시기 닭 배아의 발생예정지도. (a) DiI (빨간색)와 DiO (초록색)로 서로 다른 조 부위를 표지한 결과, 결절에서 등쪽 중심선 구조 쪽으로의 투사와, 보다 뒤쪽 조에서 측면 중배엽으로의 투사가 관찰된다. (인용) PNS의 허락을 얻어 Iimura 등(*PNAS* 2007; 104: 2744–2749)의 그림을 재구성하였음. (b) 4기의 중추신경계 예정 지역. (c) 시조에서 중배엽과 내배엽의 유래.

할 수 있는 규칙을 제안하였다. 이 규칙에 의하면, 만약 알을 수평하게 하여 뾰족한 쪽 끝을 오른쪽으로 둔다면 배아의 꼬리는 관찰자 쪽을 향하게 된다. 이는 배아가 자궁(수란관) 안에 있는 동안 지속적으로 회전하고, 알의 뾰족하고 뭉툭한 끝 쪽에 상응하여 대략 같은 방향을 갖게 되기 때문이다(그림 9.10). 배아와 난황은 알의 바깥쪽과 함께 회전하지 않지만, 그럼에도 불구하고 회전 방향으로 기울어지게 되고, 실제로 결정적인 시기인 수란관에 있는 14–16시간 동안 단순한 기울어짐이 배반엽에서 원조를 형성하는 뒤쪽 부위가 배반엽의 가장 위쪽 끝에 위치하는 극성을 만드는 데 충분하다. 어떻게 이러한 대칭성 균열이 진행되는지 분자 및 세포 수준에서의 기전은 아직 규명되지 않았다.

초기 배반엽은 완전한 배아의 축을 형성할 수 있는 2–3조각으로 자를 수 있다. 분리한 앞쪽 반에서 원조는 항상 뒤쪽 끝에서 형성되며, 상응하는 뒤쪽 반에서 원조가 형성되는 시기에 비하면 8시간 늦게 진행된다. 이는 원조 형성에는 국소적인 세포질 결정인자 등이 필요하지 않으며, 정상 배아 발생 중에는 복수의 원조가 생성되지 않도록 하는 억제 신호가 있어야 한다는 점을 보여준다.

## 초기 유도 상호작용

닭에서도 제노푸스나 제브라피쉬에서 발견된 것과 동일한 과정의 중배엽 유도, 등쪽화(dorsalization), 전-후쪽 체계화(antero-

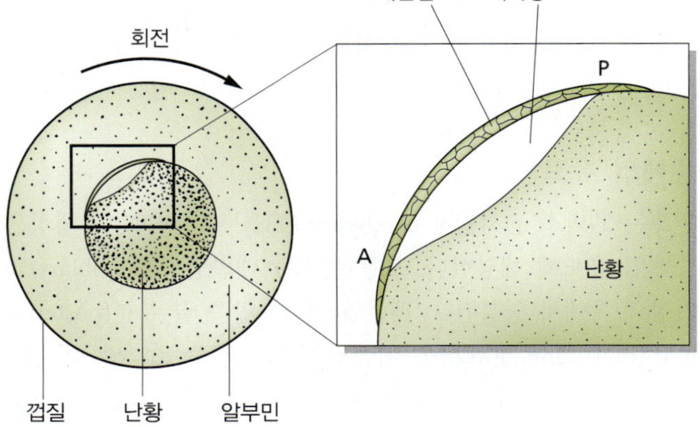


**그림 9·10** 자궁(수란관) 내 회전에 의한 닭 배반엽의 전-후쪽 극성의 획득. A, 앞쪽; P, 뒤쪽.

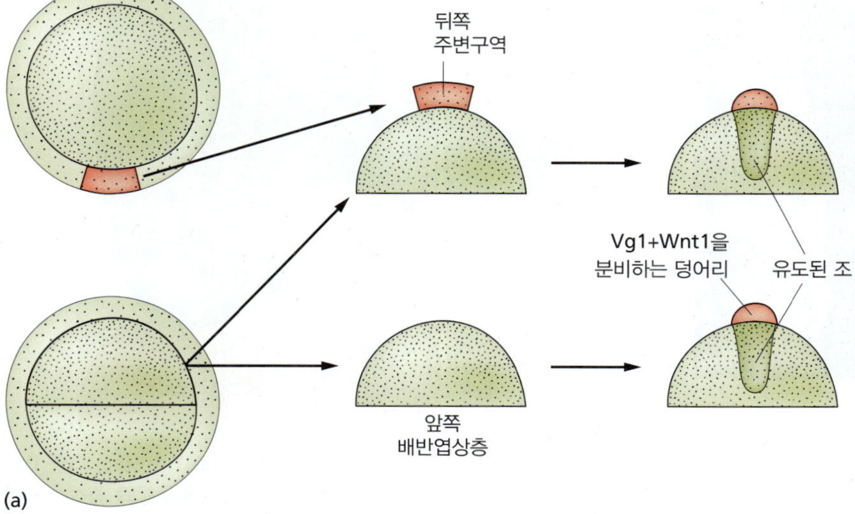


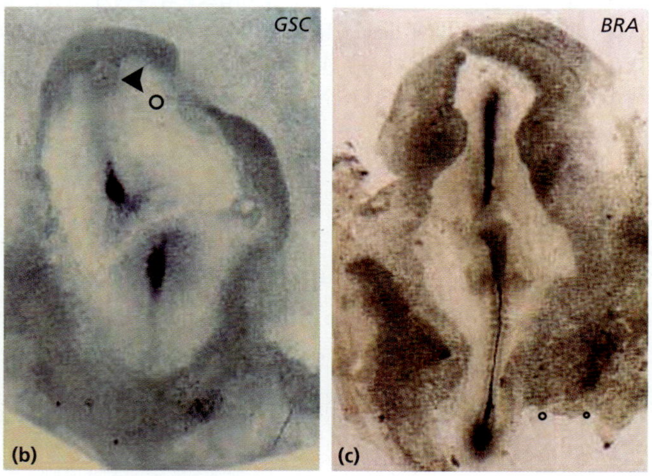


**그림 9.11** (a) 뒤쪽 주변영역, 또는 Vg1과 Wnt1 분비 물질의 이식을 통한 시조의 유도. (b, c) 이미 Wnt를 발현하고 있는 주변영역에 Vg1 덩어리 이식에 의한 조의 유도. (b)에서 이식 위치는 검은색 화살표로, 원래의 뒤쪽은 탄소입자(흰색 화살표)로 표시하였으며, 배양 24시간 째 조는 goosecoid (*GSC*)의 제자리 혼성화법을 통하여 가시화하였다. 검은색 화살표 주변의 동그라미는 작은 공기방울이다. (c)에서 조는 배양 24시간에 brachyury (*T*)의 가시적 분자결합화로 가시화하였다. (인용) Company of Biologists의 허락을 얻어 Shah 등(*Development* 1997; 124:5127-5138)의 그림을 재구성하였음.

posterior patterning)가 관찰된다. 세부적으로는 약간 차이가 있으나, 이 과정들에 참여하는 유전자들과 그 산물들은 매우 유사하다. 닭의 배반엽은 편평하기 때문에, 등-배쪽(dorsoventral)보다는 가운데-옆쪽(mediolateral) 체계화로 부르는 것이 더 적절하며, 등-배쪽이라는 표현은 낭배형성 후 배엽들의 배열(외배엽은 등쪽, 내배엽은 배쪽)을 설명하는 데 쓰이는 경향이 있다.

## 중배엽 유도

원조는 T-박스 전사인자 brachyury (*T*)를 발현하고, 이 형성은 중배엽 유도에 해당한다. 보통 원조는 배반엽상층(epiblast)의 가장 뒤쪽에서 형성된다. 배반엽상층의 앞쪽 끝 부분(posterior marginal zone, PMZ)을 배반엽상층의 앞쪽 조각과 합치면, PMZ와 맞닿아 있는 쪽이 뒤쪽이 되는 극성을 가지고 새로운 원조가 유도된다(그림 9.11). 메추라기 조직을 닭 배아에 이식하는 방법으로 조사한 결과, 이는 원래 닭 조직에서 새로운 원조가 생성되는 진정한 유도 과정임이 확인되었다. PMZ에 의해 원조가 유도될 수 있는 능력(competence)은 배반엽내층의 형성이 개시되는 XI기에 소실된다. 제노푸스에서처럼, 이에 관여하는 유도인자는 Vg1, Wnt, Nodal, FGF의 조합으로 이루어져 있다. Vg1은 제노푸스 난자에서는 모성 결정인자로 존재하며, 부분적으로 중배엽 유도에 관여한다(7장). 닭에서 Vg1은 중배엽 유도 활성을 보이는 PMZ 영역에서 발현하며, 이후 원조 자체에서도 발현한다(그림 9.12). Wnt 인자는 주변 영역에서 발현하며, 특히 *WNT8C* RNA는 뒤에서 앞쪽으로 농도구배를 두고 발현한다. Vg1과 Wnt1의 조합을 발현하는 세포 덩어리나 친화성 작은 구슬에 흡수시켜 투명구역의 앞쪽에 두면 PMZ의 활성을 모사하여 원조를 유도한다. PMZ 이식이나 Vg1 + Wnt

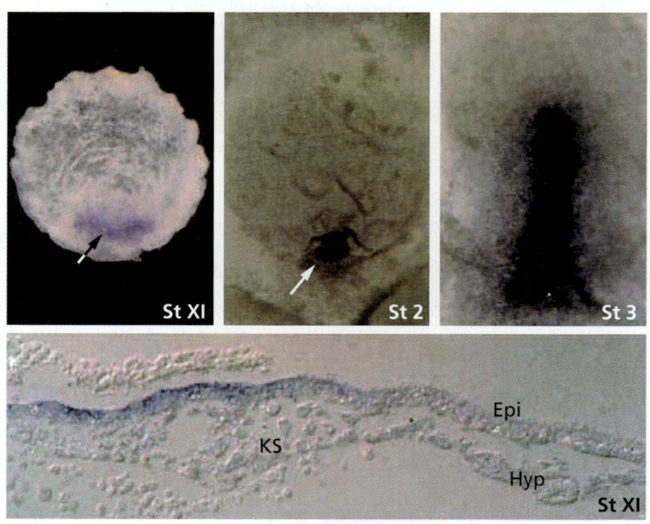


**그림 9.12** 닭 배반엽에서 *VG1*의 발현. 뒤쪽 주변영역(화살표)의 배반엽상층에서 발현이 시작되었으며, 이후 그 발현이 조로 확장된다. KS, 콜러 낫(Kollar's sickle); epi, 배반엽상층; hyp, 배반엽하층. (인용) Company of Biologists의 허락을 얻어 Shah 등(*Development* 1997; 124: 5127–5138)의 그림을 재구성하였음.

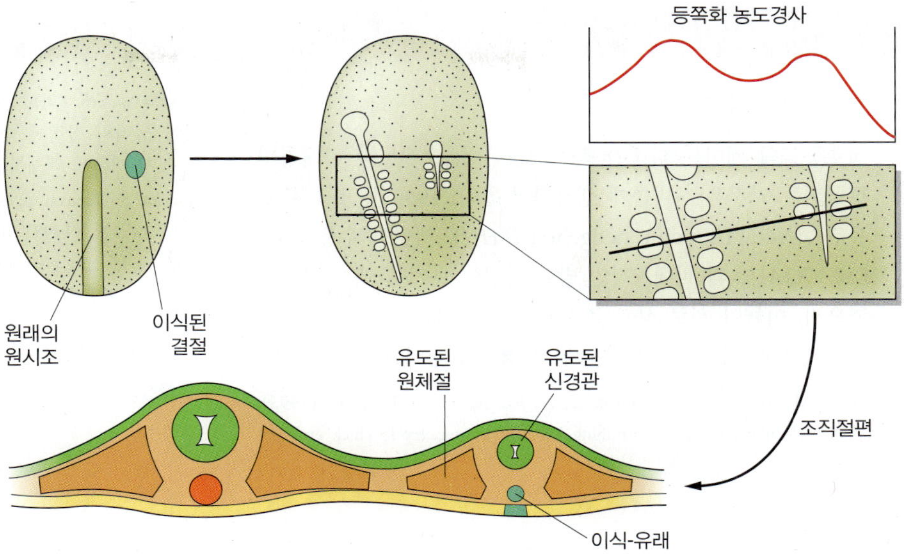


**그림 9.13** 투명구역에 이식된 결절은, 척삭은 이식조직에서 유래하고 신경관과 원체절은 이식받은 숙주 조직에서 유래되어, 부분적인 이차 축을 유도한다.

의 조합이 하는 가장 빠른 일 중의 하나는 주변 투명구역에서 *NODAL*의 발현을 유도하는 것이다. 이는 아마도 원조-유도 신호의 범위와 강도를 확장하는 전도 기전으로 생각된다.

정상적인 발생에서 Wnt와 Nodal의 필요성은, Wnt 억제제인 FzN8 또는 Nodal의 억제제인 Cerberus short을 XI기 이전에 처치하면 원조 형성이 억제되는 사실에 의해 입증된다. 제노푸스에서처럼, FGF는 중배엽 유도를 허용하는 기능이 있다. FGF8은 배반엽하층(hypoblast)에서 발현된다. FGF 흡수 구슬은 원조를 유도하는데, FGF 억제제인 SU5402를 처치하면 원조 형성이 억제된다.

정상적인 발생 과정 동안 다수의 원조가 형성되는 것은, 처음에는 배반엽하층에 의해 억제되며, 이후에는 가장 먼저 형성된 원조에 의해 억제된다고 생각된다. 배반엽하층의 제거는 종종 배반엽상층에서 다수의 원조가 생겨나도록 만드는데, Nodal의 처치는 배반엽하층 제거 후에도 하나의 원조만 형성되도록 만든다. 정상적인 발생동안, Wnt와 Nodal의 억제인자가 분비되는 일차배반엽하층의 이동은, 이들 억제인자를 분비하지 못하는 배반엽내층에 의해서 Nodal이 Vg1 구역 주변에서 원조를 형성할 수 있는 상황을 만들어낸다.

처음 형성된 원조가 또 다른 원조 형성을 억제한다는 증거는 Vg1 덩어리의 이식 실험에서 얻어졌다. 배반엽 앞쪽 반을 분리해 내면, 일반적으로 뒤쪽 경계면에 하나의 원조가 형성된다. 만일 Vg1을 분비하는 덩어리를 옆에 이식하면 이식된 곳에 원조를 유도하며, 원래의 원조 형성을 억제한다. 만일 2개의 덩어리를 5시간 이내에 이식하면 2개의 원조가 유도되지만, 5시간 이상 시간차를 두면 먼저 이식한 덩어리만 원조를 유도한다. 이는 이미 존재하는 원조가 그 근처에 또 다른 원조가 생기는 것을 억제하는 인자를 방출함을 시사한다.

## 형성체 효과와 전-후쪽 체계화

다음의 유도 상호작용은 헨센결절의 영향에 의한 외배엽과 중배엽의 영역화(regionlization)로, 하등 척추동물에서 등쪽화/신경유도라 설명되는 과정이다. 이미 언급한 것처럼, 닭에서 이 형성체 효과를 '등쪽화'로 표현하는 것은 적절하지 않다. 닭의 배반엽은 편평하기 때문에, 이 시기의 가운데-옆쪽 축은 제노푸스나 제브라피쉬의 등-배 축과 동일하다. 초기 닭 배아에서 '등-배축'은 대부분 등쪽 표면에서 배하강(胚下腔, subgerminal cavity)쪽으로 이어지는 축을 의미한다. 이는 제노푸스의 동물-식물극축으로, 등-배 축과는 다르다. 배쪽이 막힌 후, 척삭(notochord), 체절(somite), 측면판(lateral plate)은 등-배쪽으로 이어지며, 이때부터는 제노푸스와 닭에서 동일하게 명명할 수 있다.

결절을 투명구역의 원조 주변에 이식하면, 이식된 결절에서 척삭이 만들어지면서 이차 축을 형성하는데, 이때 이식받은 조직에서 신경관과 체절이 유래한다(그림 9.13). 이는 제노푸스 형성체의 행동과 유사하며, 결절에서 분비되는 유도 신호가 있다. 이러한 결절의 활성은 대략 HH 8기(4체절기)까지 유지되며, 어린 결절은 앞쪽 신경구조를 유도하며 좀 더 성숙한 결절(4-8기)은 뒤쪽을 유도한다. 배반엽상층의 반응 능력은 이이후, 즉 HH 4기 이후 사라진다. Sox3, Otx2 등 몇몇 '전신경(preneural)' 표지자들은 초기에 광범위하게 발현되지만, 배반엽상층을 이식하더라도 결절에서 유래하는 인자가 없으면 실제 Sox2를 발현하는 신경상피로 진행하지 못하는 것처럼, 이들 발현만으로 신경상피로 특화되는 것은 아니다.

몇몇 BMP들이 배반엽의 주변 부위에서 발현되며, 결절에서

## 고전적인 실험들

### 왼쪽–오른쪽 비대칭

척추동물의 배아는 다소간 좌우대칭이며, 오랫동안 비대칭이 형성되는 기전은 신비롭게 생각되어 왔다. 1995년, 몇몇 주요 유전자[*NODAL*, sonic hedgehog (*SHH*), 액티빈 수용체 IIa (*ACVR2A*)]들의 비대칭적인 발현 양상이 초기 닭에서 관찰되었으며, 이들이 서로 상호 조절되어 초기 대칭성 붕괴 현상이 이후 심장과 내장의 비대칭성 완성 경로를 형성한다.

Levin, M., Johnson, R. L., Sterna, C. D., Kuehn, M., & Tabin, C. (1995). A molecular pathway determining left-right asymmetry in chick embryogenesis. *Cell*, **82**(5), 803–814.

이어 생쥐의 결절에 섬모가 있고, 이들이 분자적인 비대칭을 가지고 있기 때문에 액체를 주로 왼쪽으로 보냄이 알려졌다.

Nonaka, S., Tanaka, Y., Okada, Y., Takeda, S., Harada, A., Kanai, Y.,... &Hirokawa, N. (1998). Randomization of left-right asymmetry due to loss of nodal cilia generating leftward flow of extraembryonic fluid in mice lacking KIF3B motor protein. *Cell*, **95**(6), 829–837.

일차섬모가 생쥐, 제브라피쉬, 제노푸스에서 좌우 비대칭을 형성하는 요인으로 생각되지만, 닭에서도 같은 역할을 하는 지는 증명되지 않았다.

BMP 억제자인 chordin이 발현되는 것으로 보아, 형성체 효과는 BMP의 억제로 인한 것으로 생각된다. 또한 면역염색으로 분석해 보면 예정 신경판 부위에 인산화된 Smad1의 감소가 있다(그림 9.14). 그러나 BMP 억제자를 분리한 배반엽상층 조직에 처리하면 예상되는 신경유도 현상이 보이지 않는 점을 생각하면, 논란의 여지가 있다. FGF 역시 신경유도 현상이 있음이 알려져 있으며, FGF 억제자가 신경유도를 억제하며, Wnt들 역시 억제적 기능을 보임을 생각할 때, 아마도 1개 이상의 인자들이 유도 현상에 관여하고 있을 것으로 생각된다. 중배엽에 대한 영향을 고려하는 한, BMP 처치는 측면판에 의한 체절 형성을 억제할 수 있으며, Noggin의 처치는 추가의 체절 형성을 유도한다. 이는 제노푸스처럼 가운데-옆쪽 중배엽의 체계화는 점진적인 BMP 활성의 억제에 의존적이라는 점을 시사한다.

전-후쪽 체계화의 몸통-꼬리 부위 형성은 아마도 제노푸스나 제브라피쉬처럼 FGF 때문이다. FGF들은 원조에서 발현하고, FGF가 처치된 구슬은 배반엽상층으로부터 뒤쪽 신경관을 유도한다. FGF는 CDX 유전자 발현을 유도하며, 이는 결국 뒤쪽 Hox 유전자(HOX6-13)의 발현을 유도한다.

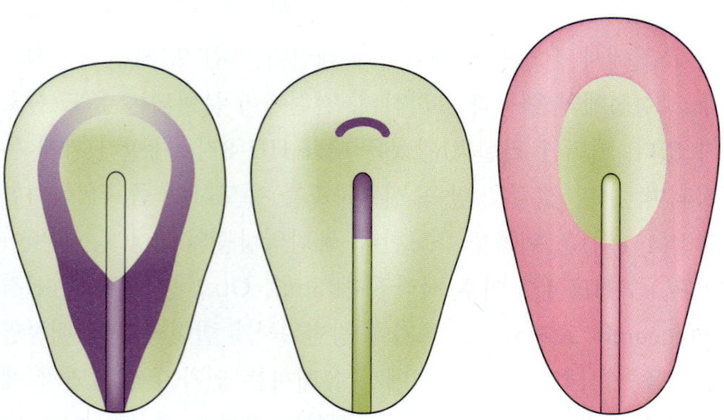


**그림 9.14** (a) BMP; (b) BMP 억제자; (c) 인산화된 Smad1의 검출에 의한 BMP 신호의 가시화를 통한 발현 부위

헨센결절을 초기 발생 중 적출한 뒤에도 완전한 축이 형성될 수 있다. 이는 배아 **조절(regulation)**의 좋은 예이다(4장 참고). 결절은 BMP 유사 기능을 가지며, 제노푸스에서 몸통 비율을 조절하는 ADMP를 만들어낸다(7장 참고). 결절은 제거된 가장 뒤쪽 끝에서 다시 형성되며, 이 과정은 원조 중간부위가 있어야만 한다. 일단 결절이 형성되면 주변에서 다른 결절이 형성되는 것이 억제된다.

## 왼쪽-오른쪽 비대칭

2장에서 언급한 것처럼, 척추동물은 완전한 좌우대칭이 아니다. 닭에서 이러한 차이는 초기 발생 중 헨센결절이 약간 왼쪽으로 휘면서 일어난다. 이어서 곧 심장관(heart tube)이 S자형을 이루며 전체 배아가 위에서 볼 때 머리가 오른쪽 방향으로 휘어진다. 위와 장이 발달하면서, 이들은 상당히 비대칭성으로 된다.

이 과정에 관여하는 몇몇 유전자들이, 닭에서 비대칭적 발현 양상 때문에 동정되었으며, 이들의 작용 순서가 RCAS 바이러스 또는 친화성 구슬에 흡착된 단백질의 지엽적인 도입이 발현 양상에 미치는 영향에 대한 실험을 통하여 규명되었다. 이 과정은 크게 네 단계로 구성되어 있다. 가장 먼저, 배아의 결절 또는 중심선 주변에서 기본적인 좌우 대칭이 붕괴한다. 다음으로, 초기 비대칭이 증폭되어 중심선의 좌우에서 서로 다른 체제의 유전자 발현이 형성된다. 세 번째로, 대부분의 비대칭적인 장기 형성에 가장 크게 기여하는 바깥쪽 중배엽으로 이 정보가 퍼져나간다. 마지막으로, 세포 부착과 이동 과정에 대한 조절이 실제로 비대칭적인 형태를 가져온다.

닭에서 최초의 대칭 붕괴 현상은 아직 명확하지 않으나, 생쥐, 제노푸스, 제브라피쉬에서는 일차 섬모(primary cilia)의 내재적인 비대칭 구조 때문이라는 증거가 많이 있다. 이들 섬모는 생쥐의 결절(10장), 제브라피쉬의 쿠퍼낭(Kupffer's vesicle), 제노푸스 원장(archenteron)의 지붕판(roof plate)에서 관찰된다. 각각의 경우 섬모는 일련의 과정을 일으키는 액체의 흐름을 만들어내는데, 섬모 활동을 억제하는 저해제나 돌연변이의 경우 왼쪽-오른쪽 비대칭의 발생이 억제된다. 현재 닭에서는 섬모의 개입에 대한 증거가 없으며, 비대칭적인 $H^+/K^+$ ATPase의 활성에 의한 원조 왼쪽의 세포막 탈분극이 초기 중요한 대칭 붕괴 과정으로 생각된다. 이러한 비대칭 형성은 세포의 이동을 촉진하여 *SHH*를 발현하는 세포가 결절의 왼쪽에, *FGF8*을 발현하는 세포는 오른쪽에 더 많이 분포하게 만든다.

*NODAL*은 모든 종류의 척추동물에서 왼쪽에서 더 많이 발현하며, Nodal을 오른쪽에 주입하면 다양한 장기가 무작위적으로 비대칭화된다는 점에서, NODAL이 비대칭적으로 발현하는 유전자들 중에 핵심 인자로 생각된다. 그러나 Nodal의 상위 또는 하위에서 작용하는 요소들은 척추동물 종에 따라서 변이가 상당히 심하다. 닭에서 Nodal은 HH 6기에 퇴행하고 있는 결절의 왼쪽 좁은 부위에서 발현하기 시작하여, 보다 넓은 측면판 중배엽으로 퍼져나간다. *SHH*은 왼쪽에서, *ACTIVINβB*, *FGF4*, *FGF8*은 오른쪽에서 Nodal보다 먼저 발현한다(그림 9.15). SHH을 오른쪽에 주입하면 *NODAL*의 발현이 높아지고, Activin이나 FGF를 왼쪽에 주입하면 *NODAL*의 발현을 억제하는 것으로 보아, 이들은 상위 조절 인자로 생각된다.

*NODAL* 영역이 측면판 중배엽으로 퍼져나가는 것은 부분적으로 NODAL 단백질이 NODAL 유전자 발현을 촉진하는 자기촉매화 고리(autocatalytic loop)에 의해 일어나며, 부분적으로는 Nodal에 의해 그 발현이 증대되는 Cerberus와 유사한 BMP 억제자인 Caronte에 의해 매개된다. BMP는 배아의 양쪽에서 모두 발현하며, *NODAL*의 발현을 억제할 수 있다. 그러나 Caronte는 왼쪽에서 BMP 신호를 억제하므로, *NODAL* 발현이 이쪽에서 전파되도록 한다. 이러한 전파가 제한되도록 하는 것은 또 다른 TGF$\beta$ 유사인자인 Lefty인데, 이 단백질은 NODAL 도메인의 양쪽 모두에서 발현한다. Lefty 단백질은 Nodal의 저해자로, 이 신호 활성을 줄인다. 이렇게 연속되는 유전자의 최종 산물은 호메오도메인 전사인자인 Pitx2로서, 왼쪽에서 발현된다. Nodal 신호는 *PITX2* 전사를 스스로 억제하는 징크-핑거(zinc finger) 전사인자인 Snail-related의 전사를 억제하여 이것을 조절한다. 이 일련의 과정은 그림 9.15와 동영상 11번, '왼쪽-오른쪽 비대칭'에서 볼 수 있다.

비록 이 기전의 일부 과정은 다른 척추동물에서 이용되지 않으나, *NODAL*과 *PITX2*는 항상 왼쪽에서 발현되며, 각각 핵심적인 신호전달 과정과 세포 분화 조절의 최종 조절자인 것으로 생각된다.

## 닭의 기관형성 과정에 대한 설명

닭 배아 발생의 후기는 오랫동안 잘 알려져 왔기 때문에, 일반적으로 척추동물의 장기 발생에 대한 우리 지식의 기본 자료로 활용되어 왔다. 다른 장에서 여러 장기의 실험 연구에 대한 자세한 설명이 이루어지므로, 이 장에서는 주요한 형태적인 현상

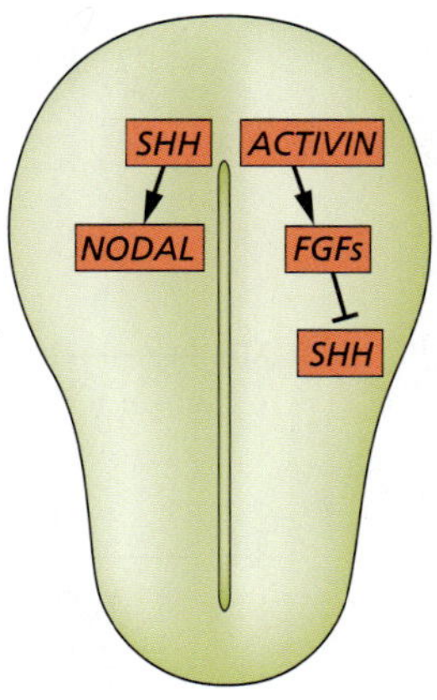


| | L | R |
|---|---|---|
| Activin βB | − | + |
| FGFs | − | + |
| Shh | + | − |
| Nodal | + | − |

초기 반응

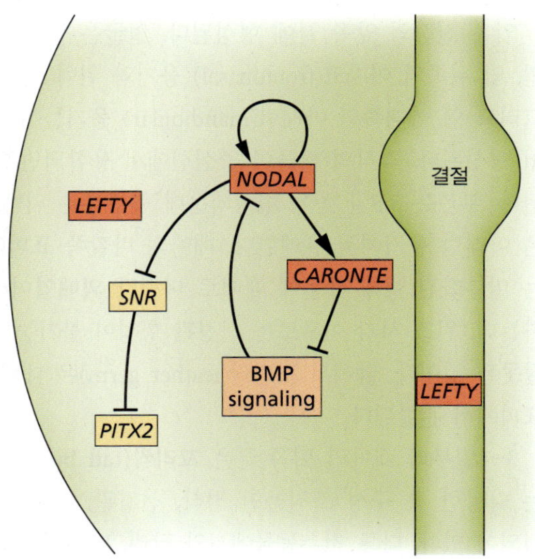


후기 반응

**그림 9.15** 닭 배아에서 왼쪽-오른쪽 비대칭의 발생.

들에 대한 간단한 요약을 담았다.

## 전체 배아

이틀째에 심장은 오른쪽으로 굽어지고 **안포(optic vesicle)**가 전뇌(forebrain)로부터 나타난다(그림 9.3e). 머리는 오른쪽을 보고 돌아가며, 이 시기(HH 13기) 앞쪽의 배외 주름(extraembryonic fold)이 머리를 덮는다. 이 주름은 아래쪽으로 점차 이동하여 이후 융모막과 양막이 된다(그림 9.7 참조). 머리는 전뇌와 후뇌 사이 지역에서 급격하게 굽어진다. 처음 3개의 **인두낭(인두주머니, pharyngeal pouch)**이 나타나고, 안포가 함입해 들어와 주변 표피로부터 수정체가 생성된다. 3일째에 사지싹(limb bud)이 측면판 중배엽에서 나타나고(17기), 하루가 지나면 넓이만큼 길어진다. 뒤쪽 배외 주름이 나타나고 앞쪽으로 이동하여 앞쪽 주름과 만난다. 사지싹이 보이고 나서 잠시 후, 이들 주름은 융합하여 양막 공간 속에 배아를 감싼다(그림 9.7 참조). 눈의 색소침착은 대략 3.5일째에 나타난다.

3일째에 원래의 머리 주름은 깊어져서 앞쪽 몸통 주름이 되어 몸의 앞쪽 반이 주변부로부터 위로 올라오게 된다(그림 9.6, 9.7 참조). 이를 통하여 앞쪽 장 문맥(anterior intestinal portal)에서 시작하여 내배엽 아래 공간(subendodermal space)으로 이어지는 막힌 관인 **전장(foregut)**이 형성된다. 나흘째가 되면 상응하는 뒤쪽 몸통 주름이 생겨나 배아 뒷부분을 들어 올려 **후장(hindgut)**이 형성된다. 배쪽에 남아 있는 장의 뚫린 구멍은 점점 작아져, 결국 좁아져서 난황낭(yolk sac)과 중장(midgut)이 합쳐진 난황장관(vitellointestinal duct)이 된다(그림 9.7 참조). **요막(allantois)**은 후장에서 유래하여 융모막과 양막 사이 공간으로 빠르게 확장한다.

입은 전장의 앞쪽 끝에 형성된다. 얼굴은 쌍으로 된 융기들인, 입 위쪽의 이마코(frontonasal) 융기와 위턱(maxillary) 융기, 그리고 입 아래쪽의 아래턱(mandibular) 융기들이 서로 융합되어 형성된다. 각각의 쌍들이 중심선에서 융합되면 얼굴이 형성된다. 부리는 5.5일 쯤에 형성되는데 윗부분은 위턱, 아래 부분은 아래턱 융기에서 유래한다. 배아의 바깥쪽 **표피(epidermis)**는 미분화된 형태 때문에 때때로 며칠간 **외배엽**이라 불리기도 하는데, 원조 시기 이후로는 신경관 형성이 불가능하므로, 이는 잘못된 것이다. 닭에서 깃털싹(feather germ)은 대략 6일째부터 표피에서 관찰된다.

3-4일부터 배아의 뒤쪽 끝은 **꼬리싹(tail bud)**을 만든다. 이는 다양한 축 구성 조직들인 척삭, 신경관, 체절, 후장으로 구성되어 있다. 다른 척추동물에서와 달리, 닭에서는 가장 뒤쪽의 4-5 체절만이 꼬리싹에서 유래한다.

20-21일이 되면 부화된다.

## 신경계

초기 뇌는 그림 9.16에서 볼 수 있다. 3개의 일차 뇌포(brain vesicles)는 둘째 날부터 관찰되며, **전뇌(forebrain), 중뇌(midbrain), 후뇌(hindbrain)**로 되어 있다. 전뇌의 앞쪽 부분은 이후에 대뇌반구가 되는 종뇌(telencephalon)이며, 뒷부분은 안포를 만들어 내는 간뇌(diencephalon)이다. 중뇌는 이후 시신경 입력을 받는 영역인 **시개(optic tectum)**을 형성한다. 후뇌는 몸의 운동을 조절하는 소뇌와 다양한 생명유지 기능의 조절 중추인 연수(medula oblongata)가 된다. 신경관의 나머지 부분은 척수가 된다. 열 쌍의 뇌신경이 뇌에서 나와 다양한 감각기와 근

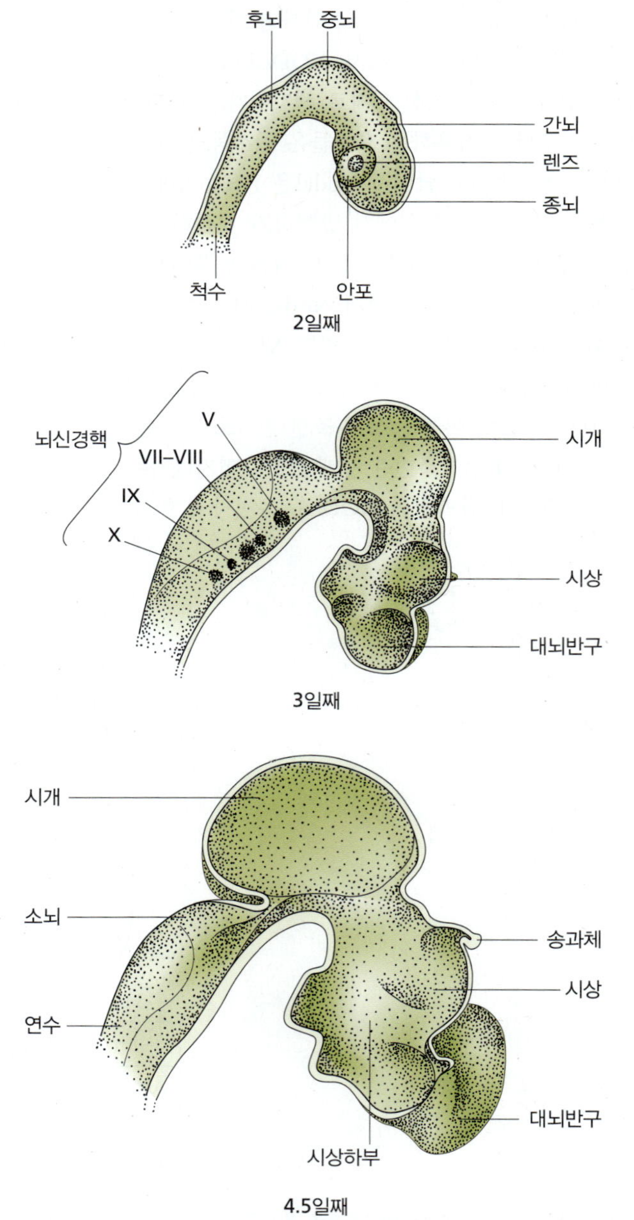


그림 9.16 발생 2일부터 4.5일까지 닭 배아 뇌 모양의 변화.

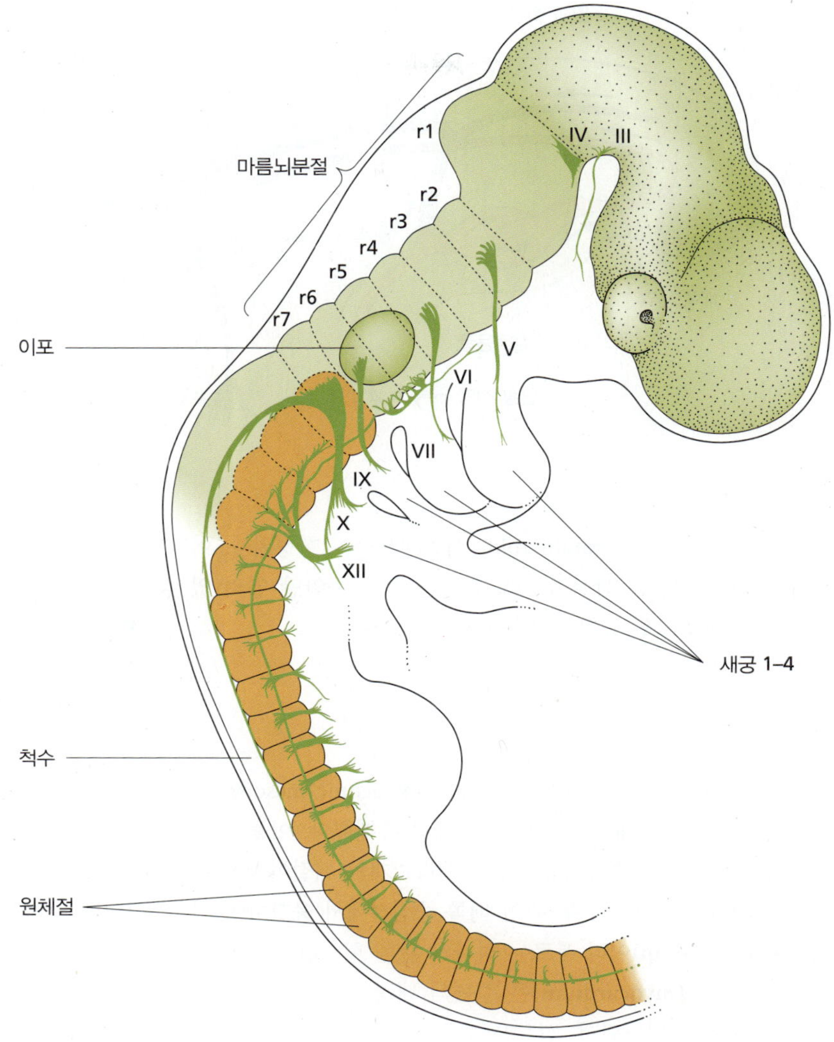


**그림 9.17** 3일째 닭 배아의 인두궁(pharyngeal arch) 부위. 마름뇌분절(rhombomere)은 r1-r7로, 연결된 뇌신경은 V-VII로 표시하였다. 마름뇌분절의 각 뇌신경 쌍은 하나의 궁으로 들어간다. 이포(otocyst)는 r5-6에 위치한다. (인용) The Royal Society의 허락을 얻어 Lumsden (*Phil Trans R SOc* (Lond) B 1991; 331: 281-286)의 그림을 재구성하였음.

육에 신경분포되고, 척수는 척추 사이로 척수신경 쌍을 낸다.

신경관의 등쪽 부위에서는 이동성 세포 집단인 **신경능선(neural crest)**이 형성된다. 머리 부위에서 이들은 뇌신경절을 형성하고, 두개골 형성의 많은 부분에 기여한다. 몸통 부분에서 이들 세포는 척수신경절, 자율신경절, 부신수질, 색소세포를 형성한다.

더 자세한 신경계와 신경능선의 발생에 관한 내용은 14장에서 다루고 있다.

## 인두궁(pharyngeal arch) 부분

후뇌가 있는 부위의 몸체는 눈에 띄는 체절 양상을 보인다(그림 9.17). 이는 서로 다른 배엽에서 유래한 요소들로 이루어져 있다. 인두의 내배엽에서 옆쪽으로 한 쌍의 **인두낭(pharyngeal pouch)**가 발생한다. 이들은 '아가미 구멍(gill slit)' 또는 인두틈새(branchial cleft)로 불리는 유명한 구조로, 비록 닭에서는 완전한 형태로 명확하게 발달하지는 않지만, 모든 척추동물의 배아에서 관찰되는 퇴화 기관이다. 후뇌 자체도 7개의 **마름뇌분절(rhombomere)**로 나누어진다. 마름뇌분절 1은 소뇌가 된다. 마름뇌분절 2-7의 각 쌍은 신경능선세포를 만들어, 인두를 둘러싸 틈새를 구분하는 연골 성분의 **아가미궁(branchial arch)** 하나씩을 만들어낸다. 이들 중 첫 번째는 첫 번째 틈새의 앞쪽에 있는 아래턱궁(mandibular arch)으로, 이후 아래턱과 위턱 융기가 되어 얼굴의 아래쪽 반을 만든다. 두 번째 궁은 설골궁(hyoid arch)이다. 마름뇌분절 각각의 쌍은 연관되어 있는 궁 속으로 지나가는 뇌신경도 만들어낸다. 뇌신경절은 신경능선 일부와, 주변 표피에서 유래한 윗아가미판(epibranchial placode) 일부로 형성된다.

각각의 인두궁은 심장에서 유래한 배쪽 동맥과 등쪽 동맥을 연결시키는 동맥혈관궁(vascular aortic arch)을 형성한다(아래 참고). 두 번째 주머니의 배쪽 중심선에 있는 내배엽 조직에서는 갑상선(thyroid)이 형성되고, 3-4번째 주머니에서는 흉선

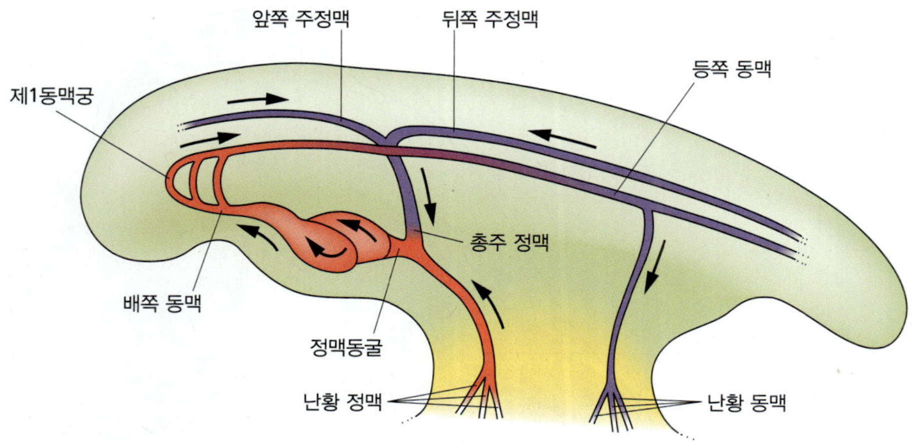


**그림 9.18** 유양막류 배아의 기본적인 혈액순환.

(thymus)과 부갑상선(parathyroid) 시원세포군이 형성된다. 이 전체 체절의 배열은 한시적으로, 틈새는 잠시 동안만 열려 있고 동맥궁들이 모두 동시에 기능하지는 않는다.

## 심장과 순환

심장은, 후뇌 수준에 있는 내장 중배엽(splanchnic mesoderm)과 장(gut) 사이의 내피세포 밀집 쌍에서 유래한다. 이들은 처음엔 분리되어 있는 관을 형성하고, 대략 7개의 체절이 만들어진 둘째 날 이른 시기에 두 관이 배쪽 중심선에서 융합하여 **심내막(endocardium)**이라 부르는 하나의 관을 형성한다. 심장의 근육벽인 **심근(myocardium)**은 주변의 내장 중배엽에서 유래한다. 융합이 일어나면서, 심장은 뒤쪽으로 이동하고, 앞쪽 몸의 접합이 이어진다. 48시간이 되면, 심장은 정맥동굴(sinus venous), 심방(atrium), 심실(ventricle), 유출로(outflow tract)가 뒤에서 앞쪽으로 연결되어 있는 꼬인 관 모양이 된다.

심장 형성 초기 동안, 혈섬(blood island)과 혈관 체계가 불투명구역에 나타난다. 혈관은 투명구역으로 자라 들어와 배아 안쪽의 중배엽에서 유래한 혈관들과 합쳐진다. 심장은 둘째 날 중간쯤부터 뛰기 시작하여, 셋째 날이 되면 배아와 난황 덩어리 사이의 혈액 순환 체계가 확립된다. 심장으로부터 혈액 흐름은 짧은 배쪽 동맥으로 들어간 후 처음 3개의 인두궁 각각에 있는 동맥궁을 통하여 등쪽 동맥으로 들어간다(그림 9.18). 이들은 처음에는 쌍으로 되어 있으나 점차 앞쪽에서 뒤쪽으로 합쳐져서 하나의 동맥이 된다. 이로부터 전체 배아뿐만 아니라, 몸통 수준에 있는 난황 동맥 쌍을 통하여 배아 밖까지 혈액이 흐른다. 혈액은 배외 모세혈관층을 통하여 산소를 포함하게 된 후, 난황 정맥을 통하여 배아의 앞쪽과 뒤쪽 두 방향에서 배아로 들어오고, 배아의 정맥계 내에서 정맥동굴을 통하여 하나로 합쳐진다. 몸통의 접힘은 배아와 난황 덩어리의 연결을 줄이기 때문에, 난황 동맥과 정맥은 함께 탯줄(제대, umbilical cord) 속으로 이동해 들어간다. 이후, 6일째부터 대부분의 혈류는, **요막(allantois)**이 주요 호흡 장기가 되기 때문에, 이쪽을 향하게 된다(그림 9.7).

심장, 혈액, 혈관계에 대한 보다 자세한 설명은 15장에서 다루고 있다.

## 몸통 중배엽

3일째 날개싹을 관통하는 절단면에서 중배엽 구조의 배치는 그림 9.19에서 볼 수 있다. **체절(somite)**은 척삭 양쪽의 중배엽에서 나오고, **근축중배엽(paraxial mesoderm)**이라 불린다. 첫째

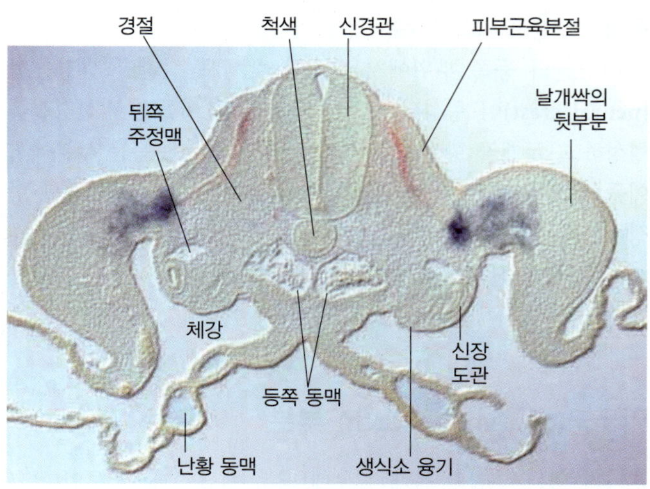


**그림 9.19** 3일째 닭 배아의 몸통 수준 횡단면. 파란색은 전사인자 LBX1 mRNA의 가시적 분자결합화(*in situ hybridization*) 산물이며, 사지싹으로 이동하는 근육원세포를 표지한다. (인용) Nature Publishing Group의 허락을 얻어 Btyson-Richardson과 Currie (*Nat Rev Genet* 2008; 9: 632–646)의 그림을 재구성하였음.

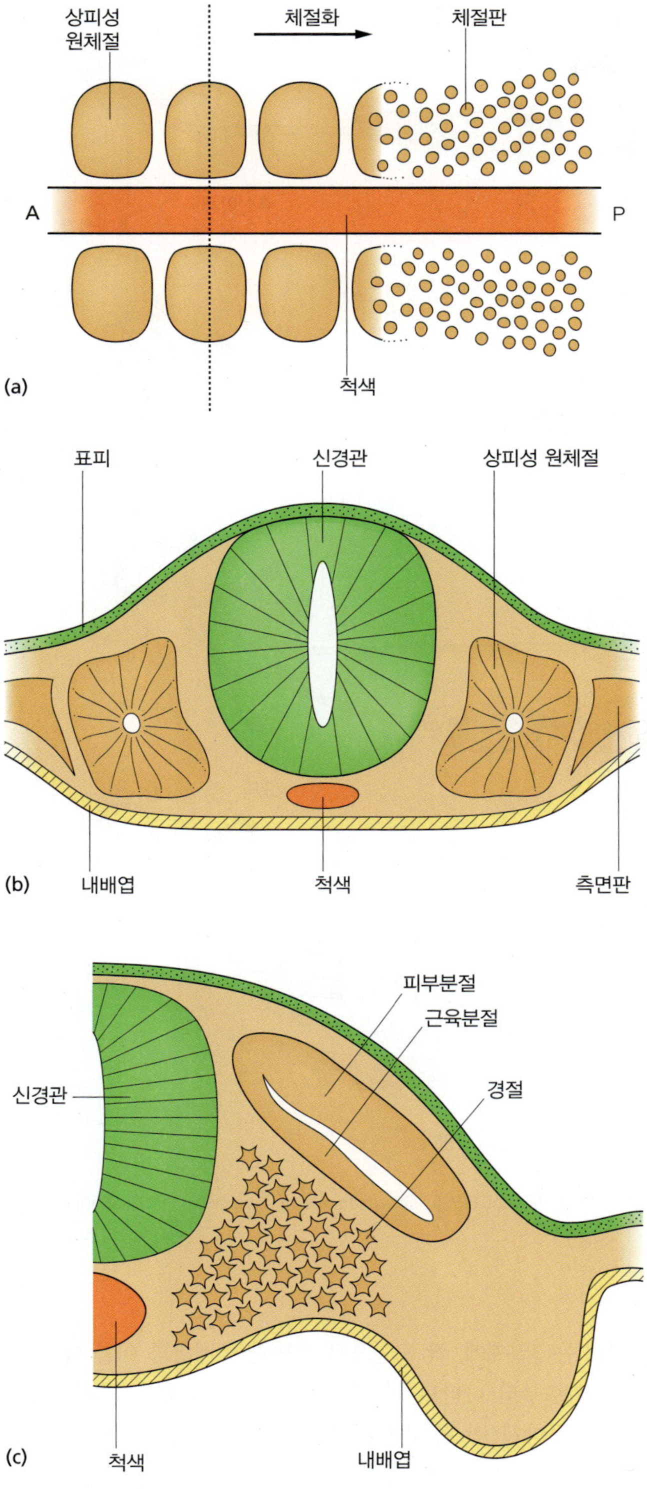


**그림 9.20** 체절형성. (a) 체절은 순차적으로 앞쪽(A)에서 뒤쪽(P)으로 형성된다. (b) 최근 형성된 체절(a)의 횡단면으로, 상피성 체철을 보여준다. (c) 이후 체철로부터 형성된 피부근육분절(dermomyotome), 체절근육(myotome), 경절(sclerotome).

## 새로운 연구방향

초기 닭 배아는 아직도 신비로운 배아 발달 조절을 연구하는 좋은 기회를 제공한다. 대부분 종류의 배아에서 지속적인 신호 중추가 조절에 필요하지만, 닭의 주된 신호 중추인 헨센결절은 제거 후에 그 자신이 대치 가능하다.

후기 닭 배아는 쉽게 미세조작이 가능하므로, 지속적으로 장기형성 과정을 연구하는 좋은 연구 재료를 제공할 것이다. 현재 많은 연구가 닭에서 미세수술과 유전자 결손 생쥐의 조직을 이용한 실험이 결합되어 진행되고 있다.

날이 끝나면서부터 체절은 앞에서 뒤쪽 순서로 생겨난다. 가시적인 체절화 현상은, 체절이 중간엽 형태에서 단단히 모인 세포들의 상피성 구형으로 전환되어 하나씩 형성되는 것과 관련된다(그림 9.20a, b). 체절은 4일 동안 총 45개가 될 때까지 계속 형성된다. 이후 이들은 3종류의 구조가 된다(그림 9.20c). 척삭에 달려 있는 안쪽 부분은 **경절(硬節, sclerotome)**이라 불리며, 이후 척추가 된다. 척추의 형성은 체절과 위상이 달라서, 각각의 척추뼈는 한 체절의 *뒤쪽* 경절과 다음 체절의 *앞쪽* 경절에서 만들어지는데, 이 과정을 재체절화(resegmentation)라 한다. 원체절의 바깥쪽은 **피부근육분절(dermomyotome)**이며, 이로부터 피부의 진피와 몸의 **체절근육(근절, myotome)**을 구성하는 세포가 나온다. 닭에서 가장 앞쪽 두 체절은 형성 직후 흩어지며, 그 다음 4개의 체절은 척추가 아닌 두개골의 후두부 부분을 만들어내는 후두부 체절이다.

신장은 중간 중배엽으로부터 발생한다(그림 9.21). 처음 **전신(前腎, pronephros)**은 7–15번 체절 수준에서 2–3일째 발생한다. 신장 도관(nephric duct)은 전신 영역으로부터 아래쪽으로 총배설강(cloaca)까지 뒤쪽으로 자란다. 물고기와 양서류에서 전신은 기능을 하지만, 유양막류에서는 16–27번 체절 수준의 중간 중배엽에서 **중신(中腎, mesonephros)**이 형성되면서 전신은 퇴화한다. 닭에서 사구체(glomerulus)와 신장 도관에 붙은 소관(tubule)으로 되어 있는 중신의 발생은 3–4일째에 진행된다. 조류에서 이 중신은 배아 시기 동안 기능적인 신장이다. 중신은 부화 후에 **후신(後腎, metanephros)**으로 대치된다. 후신은 대략 5–8일부터 중간 중배엽의 뒤쪽 끝에서부터 발달한다. 요관싹(ureteric bud)이 신장 도관의 가지로 자라나와 주변의 중배엽으로 들어가, 중간엽에서 상피로의 변화에 의한 후신 소관의 형성을 유도한다.

신장보다 배쪽 가운데의 중간 중배엽 끝으로부터 부신샘과 **생식소(gonads)**가 만들어진다. 피질은 중간 중배엽에서 유래하고 유래하고, 신경능선에서 유래한 수질과 부신은 4–8일에

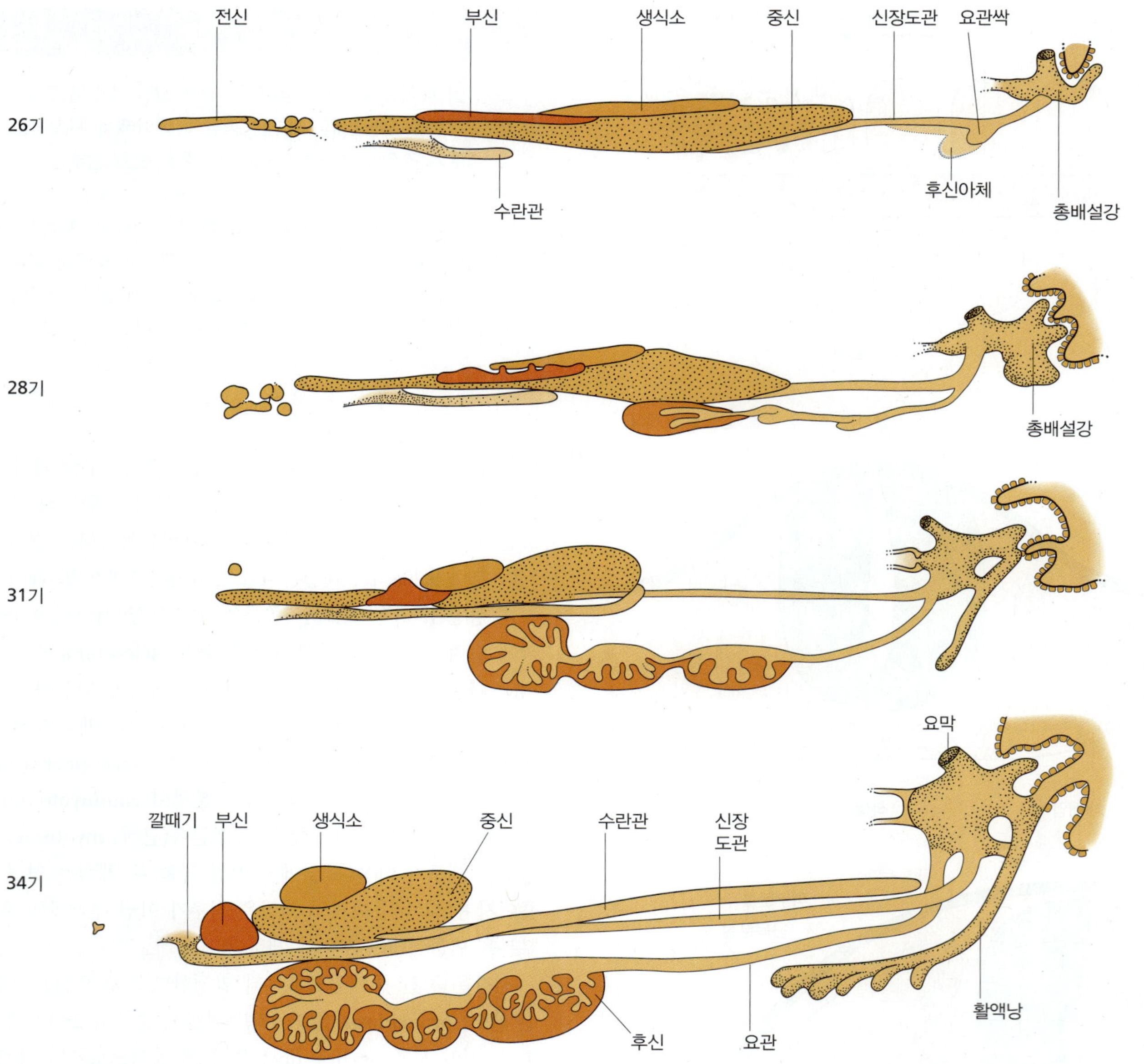


**그림 9.21** 중간 중배엽으로부터 신장, 생식소, 부신의 발생. (인용) Elsevier의 허락을 얻어 Witschi (1956, *Developmenet of Vertebrates*. Philadelphia: Saunders)의 그림을 재구성하였음.

걸쳐 점차 치밀해진다. 생식소는 중간엽과 상층의 체강 상피(coelomic epithelium)로부터 유래하는데, 이들은 함께 **생식융기(genital ridge)**라고 부르는 체강 내 돌출을 형성한다. **원시생식세포(primordial germ cells)**는 앞쪽 배외 위치에서 생성되며(그림 9.22), 생식융기 속으로 긴 이동 끝에 들어간다. 4일째에는 아직 암컷과 수컷의 생식소 모양은 비슷하지만, 각각 정소와 난소로 점점 분화한다.

사지는 3일째에, 싹 모양으로 측면판 중배엽과 이를 덮고 있는 상피로부터 나타난다. 이들은 점점 길어지고 4일째부터는 가까운 쪽에서 먼 쪽 순서로 분화되기 시작한다. 조류에서 앞쪽 사지싹은 날개가 되고, 뒤쪽 사지싹은 다리가 된다.

주요 중배엽 유래 기관들의 발생에 대한 보다 자세한 설명은 15장에 있다.

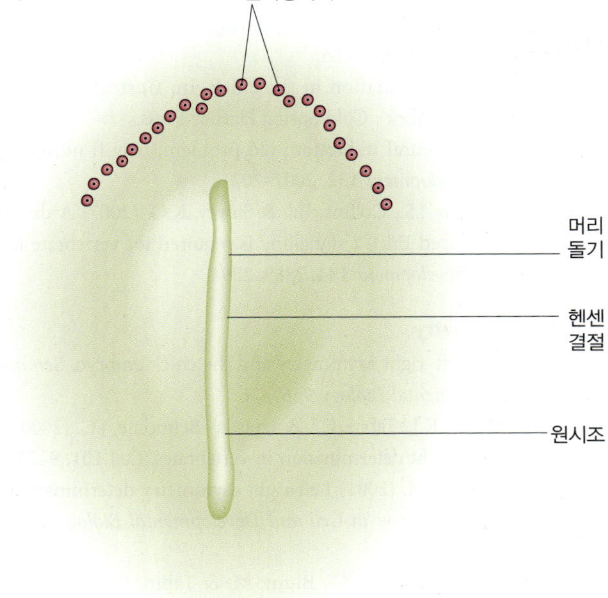


**그림 9.22** 원시생식세포의 배외 위치.

## 기억해야 할 핵심 사항들

- 닭은 유양막류로, 포유동물의 배아와 전반적으로 유사한 모양새를 보인다.
- 초기 발생은 편평한 배반엽으로부터 일어난다. 원조는 뒤쪽 끝에서 유도되고, 앞쪽으로 길어진다. 낭배형성기 동안 세포들은 조를 통과하여 배아 몸통의 주요 부분이 된다. 헨센결절은 조의 앞쪽 끝에 형성되고, 그 아래 있는 몸 체제 형성과 함께 뒤쪽으로 내려간다.
- 닭은 배아를 보조하고 영양분과 산소를 배아로 전달해 주는 데 필요한 배외 막들을 가지고 있다. 이들은 난황막, 융모막, 양막, 요막이다.
- 원조의 발생예정지도는 조의 전-후쪽 축이 일차 몸 체계의 가운데-바깥쪽 축이 된다는 것을 보여준다.
- 유도 상호작용의 순서는 제노푸스와 비슷하다. 원조의 유도는 제노푸스에서 중배엽 유도와 유사하고, 헨센결절의 행동은 제노푸스 형성체와 유사하다. 그러나 이 과정을 조절하는 분자 요소들 일부는 동일하지 않을 수 있다.
- 배아의 왼쪽-오른쪽 비대칭 형성은 축 왼쪽에서 Nodal이 발현하는 것에 의존한다.
- 닭은 기관 형성과정을 연구하는 데 매우 중요하다(이후 장들을 참고).

## 추가로 읽을 것


### General

Hamburger, V. & Hamilton, H.L. (1951) A series of normal stages in the development of the chick embryo. *Journal of Morphology* **88**, 49–92. *Reprinted Developmental Dynamics* **195**, 231–272 (1992).

Eyal- Giladi, H. & Kochav, S. (1976) From cleavage to primitive streak formation: a complementary normal table and a new look at the first stages of the development of the chick. *Developmental Biology* **49**, 321–337.

Bellairs, R. & Osmund, M. (1997) *The Atlas of Chick Development*. London: Academic Press.

Stern, C., ed. (2004) The chick in developmental biology. *Mechanisms of Development* **121** (special issue 9).

Claudio, D.S. (2005) The chick: a great model system becomes even greater. *Developmental Cell* **8**, 9–17.

Hassan Rashidi, V.S. (2009) The chick embryo: hatching a model for contemporary biomedical research. *BioEssays* 31, 459–465.

### Fate maps

Psychoyos, D. & Stern, C.D. (1996) Fates and migratory routes of primitive streak cells in the chick embryo. *Development* **122**, 1523–1534.

Fernández-Garre, P., Rodríguez-Gallardo, L., Gallego-Diaz, V., Alvarez, I.S. & Puelles, L. (2002) Fate map of the chicken neural plate at stage 4. *Development* **129**, 2807–2822.

Lawson, A. & Schoenwolf, G.C. (2003) Epiblast and primitive streak origins of the endoderm in the gastrulating chick embryo. *Development* **130**, 3491–3501.

### Early development

Lemaire, L. & Kessel, M. (1997) Gastrulation and homeobox genes in chick embryos. *Mechanisms of Development* **67**, 3–16.

Bachvarova, R.F., Skromne, I. & Stern, C.D. (1998) Induction of primitive streak and Hensen's node by the posterior marginal zone in the early chick embryo. *Development* **125**, 3521–3534.

Skromne, I. & Stern, C.D. (2001) Interactions between Wnt and Vg1 signalling pathways initiate primitive streak formation in the chick embryo. *Development* **128**, 2915–2927.

Bertocchini, F. & Stern, C.D. (2002) The hypoblast of the chick embryo positions the primitive streak by antagonizing nodal signaling. *Developmental Cell* **3**, 735–744.

Faure, S., de Santa Barbera, P., Roberts, D.J. & Whitman, M. (2002) Endogenous patterns of BMP signaling during early chick development. *Developmental Biology* **244**, 44–65.

Stern, C.D. (2004) Gastrulation in the chick. In: *Gastrulation: From Cells to Embryo*. New York : Cold Spring Harbor Press.

Stern, C.D. (2005) Neural induction: old problem, new fi ndings, yet more questions. *Development* **132**, 2007–2021.

Stavridis, M.P., Lunn, J.S., Collins, B.J. & Storey, K.G. (2007) A discrete period of FGF-induced Erk1/2 signalling is required for vertebrate neural specifi cation. *Development* **134**, 2889–2894.

### Left-right asymmetry

Levin, M. (1998) Left–right asymmetry and the chick embryo. *Seminars in Cell and Developmental Biology* **9**, 67–76.

Capdevila, J., Vogan, K.J., Tabin, C.J. & Izpisua- Belmonte, J.C. (2000) Mechanisms of left-right determination in vertebrates. *Cell* **101**, 9–21.

Mercola, M. & Levin, M. (2001) Left-right asymmetry determination in vertebrates. *Annual Reviews in Cell and Developmental Biology* **17**, 779 –805.

Gros, J., Feistel, K., Viebahn, C., Blum, M. & Tabin, C.J. (2009) Cell movements at Hensen's node establish left/right asymmetric gene expression in the chick. *Science* **324**, 941–944.

### Organogenesis, general

Witschi, E. (1956) *Development of Vertebrates*. Philadelphia: W.B. Saunders.

Balinsky, B.I. & Fabian, B.C. (1981) *An Introduction to Embryology*, 5th edn. Philadelphia: Saunders.

Hildebrand, M. (2001) *Analysis of Vertebrate Structure*, 5th edn. New York : John Wiley & Sons.

Kardong, K.V. (2002) *Vertebrates: Comparative Anatomy, Function, Evolution*, 3rd edn. New York: McGraw-Hill.


Also see references in Chapters 1, 14, 15, and 16.

---

This chapter contains the following animation:

**동영상 10** 닭의 낭배형성.

**동영상 11** 왼쪽-오른쪽 비대칭.

with website: For additional resources for this book visit www.essentialdevelopmentalbiology.com

---

제10장

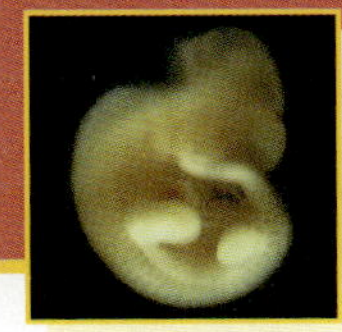

# 생쥐

다른 개체와 달리 포유동물은 모체의 태반에서 자라며, 따라서 착상 이후 단계의 발생 연구를 위한 미세외과적 실험을 하기에는 제노푸스, 제브라피쉬, 닭보다 어렵다. 이러한 이유로 생쥐의 발생학은 유전적 조작에 크게 의존하고 있다. 많은 종류의 실험용 쥐는 모든 유전자 좌위(loci)가 동일한 계통 내 교잡에 의해 만들어지며, 여러 종류의 실험에서 각각 장점과 단점을 가지고 있다. 각각의 계통(strain)은 특징적인 털 색깔(예: 검정, 흰색, agouti)을 가지고 있어서 한 실험에서 한 종 이상의 배아를 사용할 경우 유전적 구성을 빠르게 눈으로 식별할 수 있다. 유전자의 기호는 열성 돌연변이와 연관되어 있다면 첫 글자를 소문자로 표시한다. 하등 척추동물과는 다르지만 사람과는 유사하게, 일반적으로 생쥐의 유전자 산물인 단백질은 예를 들어 "NODAL"처럼 대문자로 표시한다.

생쥐는 밤에 교배하므로 배아의 나이를 나타낼 때 주로 .5일로 나타낸다. 예를 들어 7.5일된 배아는 E7.5로 나타내며 교배 후 8일째 얻은 배아를 의미한다. 교배 후 암컷의 질에 형성되는 '질전(plug)'이라는 하얀 딱지는 밤에 교배가 성공적으로 이루어졌음을 의미한다. 일반적인 방법으로 배아 시기를 'E'로 표시하지만, Theiler에 의한 숫자 단계로 배아시기를 나타내기도 한다. 단계 1-5는 착상 전, 6-14는 주로 몸 체제가 형성되고 위치 회전이 일어나는 착상 후 초기, 15-27은 대략 수정 후 20일로 기관 형성과 태아의 성장에서 출산까지 일어나는 시기이다.

배란은 교배 후 수 시간 이내에 일어나며, 수정은 수란관의 위쪽 부위에서 일어난다. 초기의 착상 전 배아는 처음에는 수란관에 위치하다가 모체의 자궁으로 이동한다. 이 시기동안 배아는 단순 배양액에서 얻을 수 있으며 실험실에서 유지할 수 있다. 이 초기의 배아는 미세외과적인 조작이 가능하며, 형질전환 생쥐나 유전자 적중 생쥐를 만들기 위한 미세주입이 요구되기도 한다. 이렇게 변형된 착상전 배아를 후기 단계 배아나 성체 생쥐로 만들기 위해서는 **대리모**의 자궁에 이식해 주어야만 한다. 대리모는 정관 수술을 한 불임 수컷 생쥐와 교배하여 **가임신 상태(pseudopregnant)**로 만들어 배아를 받아들일 수 있게 한다. 이식된 배아는 착상이 이루어지면 계속적으로 성장하여 정상적인 방법으로 출산하게 된다.

모체의 태반에서 자라기 때문에, 착상 후 배아는 발생동안 상당한 외부의 영양공급이 필요하며 엄청난 성장이 일어난다. 이러한 면에서 생쥐는 닭과 비슷하며, 제노푸스와 제브라피쉬와는 다르다. 닭에서와 같이 후기 단계에서도 개개의 기관이나 조직원기는 체외에서 배양하는 것이 가능하다. 이러한 실험의 범위는 형질전환 쥐나 유전자 적중 생쥐 계통의 조직을 사용할 수 있는 능력 때문에 크게 증가하였다.

## 포유동물의 수정

생물학적 관점에서, 수정 기전은 이종 간의 **잡종화(hybridization)**와 **다수정(polyspermy)**을 피하면서 수컷과 암컷의 생식세포가 하나로 융합되는 것을 필요로 한다. 수정은 사람의 생식에서도 매우 실제적인 중요성을 가지는 주제이다. 이러한 기전은 성게와 같은 수중 무척추동물을 포함하여 다양한 동물 모델에서 연구되어지고 있다. 그러나 수정의 분자적 기전은 다른 많은 발생 과정보다 더욱 다양하며, 성게와 포유류 사이의 공통적인 특성이 훨씬 적은 것으로 밝혀지고 있다. 그러므로, 이 경우에는 무척추동물 모델의 가치가 감소한다. 일관성을 유지하기 위해, 앞으로의 설명은 오로지 생쥐와 연관되어 있다(그림 10.1과 동영상 12: 포유류의 수정). 생쥐 수정의 대부분의 특성은 다른 포유류에서도 나타난다.

정자는 매우 특수화된 세포이다(그림 10.2). 핵은 반수체이며 DNA 는 염색사의 주요 단백질인 프로타민(protamine)과 강하게 응축되어 있다. 핵의 앞부분은 커다란 골지체 구조와 같은 **첨체(acrosome)**가 있다. 핵의 뒤에는 **중심체(cenetriole)**가 있으며, 중편은 미토콘드리아가 풍부하며, 꼬리는 미세소관의

## 고전적인 실험들

발생생물학에서 생쥐의 주요한 기여는 형질전환과 적중 기술을 통해 이루어졌다. 이 기술들은 현재 초기 발생과 기관형성에 관한 사실상 모든 연구의 기초를 이룬다. 이 기술들은 또한 인간 질병에 대한 많은 생쥐 모델을 만드는 데 사용되어 왔는데, 이는 질병의 분자 기전에 대한 연구와 잠재적인 치료법 검증에 사용된다.

### 최초의 형질전환

Gordon JW, Scangos GA, Plotkin DJ, Barbosa JA, Ruddle FH. (1981) Genetic transformation of mouse embryos by microinjection of purified DNA. *Proc Natl Acad Sci USA* **77**, 7380–7384.

### ES 세포 발견

Evans MJ, Kaufman MH. (1981) Establishment in culture of pluripotential cells from mouse embryos. *Nature* **292**, 154–156.

Martin GR. (1981) Isolation of a pluripotent cell line from early mouse embryos cultured in medium conditioned by teratocarcinoma stem cells. *Proc Natl Acad Sci USA* **78**, 7634–7638.

### 기초적인 적중 과정 개발

Thomas KR, Capecchi MR. (1987) Site-directed mutagenesis by gene targeting in mouse embryo-derived stem cells. *Cell* **51**, 503–512.

Mansour SL1, Thomas KR, Capecchi MR. (1988) Disruption of the proto-oncogene int-2 in mouse embryo-derived stem cells: a general strategy for targeting mutations to non-selectable genes. *Nature* **336**, 348–352.

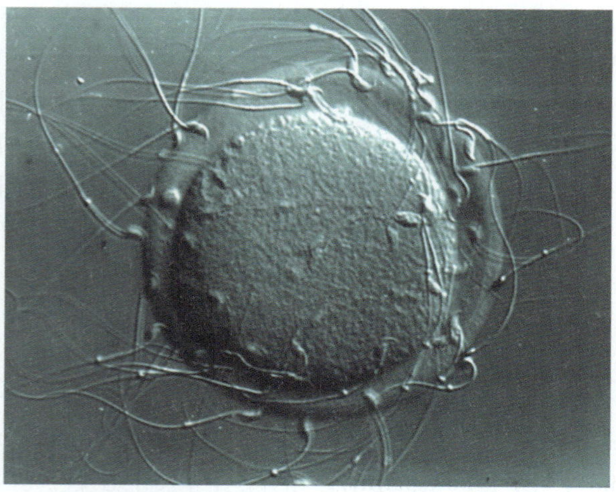

**그림 10.1** 생쥐 미수정란의 투명대에 결합한 생쥐 정자. (인용) Nature Publishing Group의 허락을 얻어 Wassarman **et al.** (2001)의 그림을 재구성하였음.

9+2 구조를 가지는 편모로 강화되어 있다. 정자의 이동은 미세소관에 붙어 있는 다이네인(dynein)에 의해 ATP 의존적으로 이루어진다.

대부분의 포유동물에서, 정자는 방출된 직후에는 수정 능력이 없다. 암컷의 생식기 내에서 **수정 능력 획득 과정[수정능 획득(capacitation)]**을 거쳐 수정할 수 있는 능력을 갖게 된다. 이러한 과정은 체외에서 간단히 알부민, 칼슘, bicarbonate가 포함된 배양액 내에서 일어날 수 있다. 수정능 획득 과정의 한 가지 요인은 콜레스테롤의 손실이므로, 배양액 내에 콜레스테롤이 풍부하면 이 과정을 억제할 수 있다. 콜레스테롤의 손실은 세포막을 $Ca^{2+}$과 $HCO_3^-$을 통과할 수 있게 하여 아데닐레이트 사이클라제(adenyl cyclase)를 활성화시키고, 이는 cAMP와 단백질 키나아제 A (protein kinase A)를 활성화시킨다. 이것은 단백질의 티로신(tyrosine) 인산화를 포함하는 일련의 과정으로 세포막 전위를 −30mV에서 −50mV로 증가시키며 세포 내 pH와 $Ca^{2+}$ 농도를 증가시켜 정자의 운동성이 증가한다. 또한 수정능 획득 과정은 정자-투명대 상호작용을 방해하는 당단백질의 손실을 포함하며 세포 표면에 몇 가지 첨체 단백질이 나타난다.

생쥐와 사람을 포함하여 대부분의 포유동물의 **"알(egg)"**은 엄격히 말해서 2차 감수분열 중기에 정지되어 있는 **난자(oocyte)**이다. 난자는 난포세포(난구세포)로 둘러싸여 난소로부

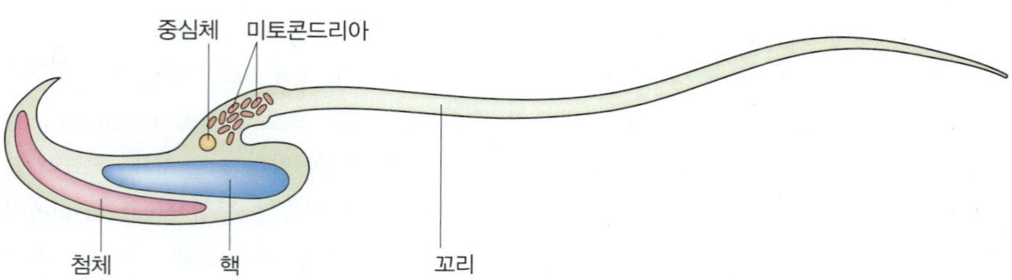


**그림 10.2** 생쥐 정자의 모식도.

터 방출된다. 난자 자체는 **투명대(zona pellucida)**라고 불리는 투명한 세포외막으로 둘러싸여 있다. 이의 바깥쪽은 세포외기질인 hyaluronic acid가 풍부한 **난구세포(cumulus cell)**가 존재한다. 이러한 난자-난구 복합체는 **난관(oviduct)**의 입구인 누두(漏斗, infundibulum)에 의해 들어오게 되며, 이러한 과정은 누두의 섬모와 복합체의 세포외기질의 부착에 의해 이루어진다. 이는 기질을 압축하여 좁은 입구로부터 난관 자체 내로 이동할 수 있게 한다.

다른 동물 종들에서는 정자가 주화성(chemotaxis)에 의해 난자를 향해 이동한다고 알려져 있지만, 포유류에서는 정확한 증거가 없다. 정자의 이동은 질에서 자궁, 난관으로의 통과를 돕는 암컷 생식기관의 근육 운동에 어느 정도 의존한다. 정자와 알의 상호작용의 주요 단계를 그림 10.3에서 보여주고 있다. 정자는 막에 결합된 히알루로니다아제(hyaluronidase)를 운반하여 난자-난구 복합체의 세포외기질을 통과하는 데 도움을 준다. 다음 단계로 정자는 난자의 투명대에 결합하는데, 이는 종 특이적으로 조절된다. 만약 투명대가 제거된다면, 종-교차 수정이 가능해지며, 이는 사람 정자의 효용성을 햄스터 난자를 사용하여 측정해 보는 분석의 기초가 된다. 투명대는 ZP1, ZP2, ZP3의 세 가지 종류의 당단백질로 구성되어 있는데, 이들은 C-말단에 공통의 "ZP" peptide 서열을 가지고 있다. 이 중에서 ZP3는 특이적인 O-연결 다당류를 가지고 있어서 종 특이적인 정자 수용체로서 작용한다. ZP3의 농도가 낮거나 특이적인 다당류만 존재하면 정자의 결합을 방해한다. ZP3 유전자를 적중(knock out)시킨 암컷 생쥐는 정상적인 난자를 형성하지만 투명대를 갖지 않으며 불임이 된다(그림 10.4). 만약 생쥐 유전자를 사람 ZP3 유전자로 대체하여 녹인(knock in) 시켜주면, 투명대가 만들어지고 생식능이 회복된다. 그러나 흥미롭게도 이러한 생쥐의 난자는 사람 정자에 의해 수정되는 능력을 얻지는 못한다. 이는 ZP3 폴리펩티드에 부착되어 있는 탄수화물의 종 특이적인 잔기들 때문이며, 이는 생쥐의 글리코실전달효소(glycosyl transferase)에 의해 조합되었기 때문에 여전히 생쥐 유형의 구조를 가지고 있다.

정자에 존재하는 ZP3 인식 단백질은 세포 표면에 존재하는 β-1,4-galactosyl transferase (GalT)이며, ZP3가 이 단백질과 결합하면 **첨체 반응(acrosome reaction)**을 일으키게 한다. GalT가 ZP3 다당류와 강하게 결합한다는 증거로 GalT 유전자를 적중시킨 생쥐의 정자는 투명대 결합이 감소하며 첨체 반응을 일으키지도 않는다. 첨체 반응은 첨체 소포의 재빠른 세포외 분비이며, 방출된 분자들은 수정의 후기 과정에 필요하다. GalT와 세포외분비 사이의 연계성은 일련의 과정에 의해 일어나는 것으로 생각되어진다: G-단백질 활성화, 더 낮은 음전하 막전위, 세포내 $Ca^{2+}$ 농도를 높이는 전압-의존성(voltage-gated) $Ca^{2+}$ 통로의 열림. 여기에는 세포내 pH 농도의 증가도 일어난다. GalT 자체는 세포질 내에 G-단백질 활성화 부위를 가지는 단일 막관통(single-pass) 단백질이다. 만약 GalT가 제노푸스 난자에서 발현된다면, 난자는 ZP3에 결합할 것이며 ZP3는 G-단백질을 활성화시키고 피질 과립의 세포외분비와 같은 일련의 과정을 활성화시킨다. 여기에서 제노푸스 난자는 mRNA를 주입하기 쉬운 큰 세포이기 때문에 간단한 실험용 시스템으로 이용된다. GalT의 정상적인 위치는 난자가 아닌 정자이므로, 이런 실험에서 난자는 사실상 중요하지 않다.

첨체 반응에 의해 방출되는 물질은 세린 프로테아제(serine protease)인 아크로신(acrosin)과 같은 가수분해 효소를 포함하며, 이는 투명대를 뚫고 들어가 정자가 난자 표면에 도달할 수 있게 도와 준다. 이 단계에서 두 번째 인식 과정이 있다. 정자와 난자의 인식은 정자에 존재하는 ADAM 단백질에 의해 이루어지며, 이는 난자 표면의 integrin에 결합한다. ADAM은 **a** **d**isintegrin **a**nd **m**etalloprotease domain의 약자이며, 이러한 종류의 단백질은 인테그린에 강하게 결합한다. 정자는 세가지 ADAM 단백질인 fertilin α, fertilin β, cyritestin을 가지고 있으며, 모두 정자-난자 상호작용에서 역할을 수행한다. fertilin β로부터 만든 펩티드는 정자-난자 결합을 억제할 것이며, fertilin β나 cyritestin 유전자가 적중된 생쥐 정자는 수정능이 크게 감소한다. 난자에 존재하는 표적 인테그린의 가장 적절한 후보자는 integrin α6이다. 왜냐하면 이 단백질에 대한 항체에 의해 정자-난자 결합이 방해를 받기 때문이다. 그러나 이러한 인테그린을 적중시킨 생쥐는 정상적인 수정 능력을 가지며, 이는 또 다른 기능을 하는 다른 성분이 반드시 포함되어야 함을 의미한다.

정자-난자 결합의 첫 번째 단계는 정자의 머리쪽 도메인에서 일어나는 세포막의 융합이다. 융합은 난자에 존재하는 tetraspanin 혹은 CD9이라 불리는 4회 관통 막단백질을 필요로 한다. 그 증거로 CD9을 적중시킨 암컷 생쥐는 융합이 일어나지 않으며 불임이다. 그러나 난자의 융합 능력은 CD9 mRNA을 주입해 줌으로써 복구된다. 또한 융합 과정은 알에 존재하는 하나 또는 그 이상의 글리코실포스파티딜이노시톨(glycosylphosphatidylinositol, GPI)-고정 세포 표면 단백질을 필요로 하며, 이 단백질을 제거하면 다른 모든 과정은 정상적으로 일어나지만 융합은 일어나지 않는다. 꼬리를 포함한 정자 전체의 융합으로 난자의 내부로 들어가게 된다.

세포의 융합은 세포내 $Ca^{2+}$ 농도를 증가시키며, 이는 계속적인 모든 수정 과정을 일으키게 한다. 이러한 $Ca^{2+}$ 증가는 수정에서만 일어나며, 이는 동물계에서 보편적이다. 생쥐를 포함한 많은 포유류에서 첫 번째 $Ca^{2+}$ 증가 이후 몇 시간 동안 요동치는 연속의 패턴을 만들어낸다(그림 10.3g). 이러한 종류의 순간적인 $Ca^{2+}$의 변화는 인광단백질인 aequorin이나 형광 염색약인

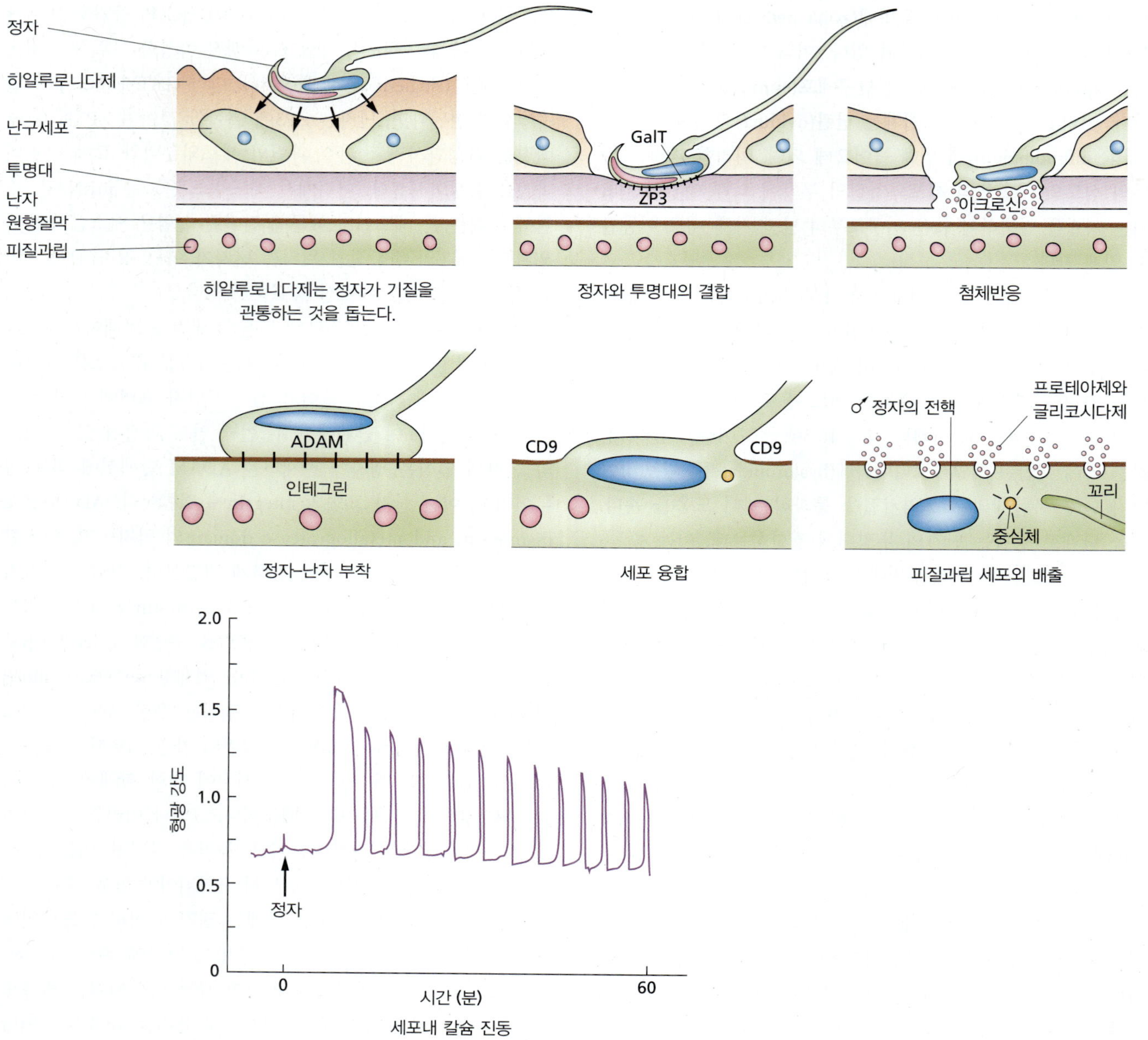


**그림 10.3** 생쥐에서의 수정 과정.

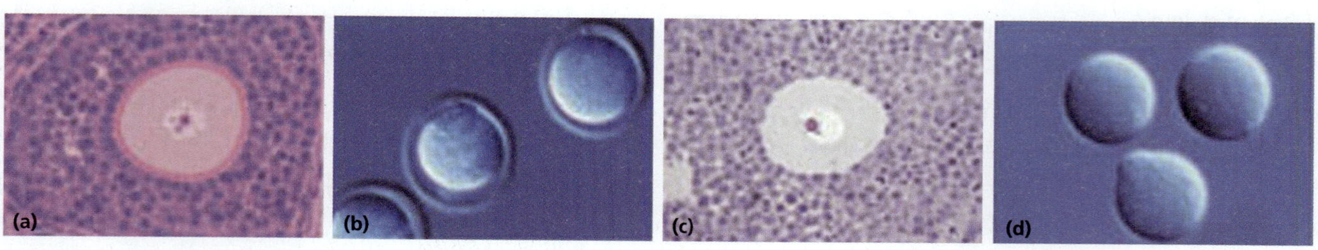


**그림 10.4** ZP3 기능상실 돌연변이는 투명대가 없는 난자를 생산한다. (a,b) 정상; (c,d) ZP3 적중. (인용) John Wiley&Sons, Ltd.의 허락을 얻어 Dean (2004)의 그림을 재구성하였음.

fura2와 같은 칼슘-민감성 시약을 알에 넣어 주면 빛의 발산이나 형광을 측정함으로써 관찰된다. $Ca^{2+}$의 방출은 정자로부터 나오는 특이적인 포스포리파제 C (phospholipase C)에 의해 이노시톨 3인산(inositol triphosphate, $IP_3$) 경로의 활성에 의해 이루어진다. 그 증거는 다음과 같다 :

1. $IP_3$를 주입하면 $Ca^{2+}$의 방출을 자극한다.
2. 포스포리파제 C나 $IP_3$ 수용체의 억제제는 $Ca^{2+}$ 방출을 억제한다.
3. 정자 전체, 막이 제거된 정자의 머리, 정자 추출물을 주입하면 $Ca^{2+}$의 방출을 자극한다.
4. 정자는 특이적인 포스포리파제 C (PLC$\zeta$)을 갖고 있으며, 이 자체가 $Ca^{2+}$ 방출을 일으킨다.
5. 정자 추출물로부터 PLC$\zeta$을 항체로 고갈시키면 활성이 사라진다.

$Ca^{2+}$의 주입 혹은 배양액으로부터 $Ca^{2+}$을 유입하게 하는 $Ca^{2+}$ ionophore의 처리는 모두 정자에 의한 수정에 의해 일어나는 난자 활성화(egg activation)과 동일한 과정을 야기한다. 어떠한 난자는 **단위생식(parthtenogenesis**, 웅성 전핵이 없음)을 하며, 이것 때문에 더 이상 발생하지 못한다.

$Ca^{2+}$의 유입에 의존적인 사건들은 **피질 과립(cortical granules)**의 세포외분비, 2차 감수분열을 완결, DNA 합성의 재개, 모계 mRNA의 폴리솜(polysome) 유입, 전형적인 대사과정의 활성화 등으로 이루어진다. 이러한 사건들은 calcium/calmodulin-dependent protein kinase II (CaMKII)의 $\gamma$ isoform에 의해 매개된다. 피질 과립은 세포막 바로 아래에서 관찰되며, 그 내용물은 투명대 수용체를 변화시키는 글리코시드가수분해효소(glycosidase)와 프로테아제를 포함하여 더 이상 정자와 결합하지 못하게 한다. 생쥐에서 이러한 과정은 다수정을 막아 주는 중요한 요인이다.

제2감수분열의 완결은 여분의 염색체를 포함하는 제2 **극체(polar body)**의 방출을 초래한다. 정자의 핵 자체는 탈응축되며 알에 존재하는 글루타티온(glutathione) 펩티드에 의해 프로타민의 이황화결합 감소를 돕는다. 프로타민은 히스톤(histone)으로 대체되며, 정자의 DNA는 각인 좌위(imprinted loci)에 영향을 주지 않음에도 불구하고 적극적으로 탈메틸화된다. 2개의 전핵은 천천히 서로를 향해 이동하고, 이어 DNA 복제가 일어난다. 포유류에서는 두 핵이 융합하여 진짜의 배우자 핵을 형성하지 않으며, 대신 만나자마자 전핵막의 붕괴가 일어나고 염색체는 첫 번째 분열을 위해 체세포분열 방추사에 정렬한다. 두 개의 전핵은 핵소체를 형성하며 이 과정은 정자에는 없고 난자의 핵소체에만 존재하는 어떠한 성분에 의존하여 일어난다.

정자는 핵뿐만 아니라 퇴화되거나 이후의 발생에 전혀 관여하지 않는 약간의 미토콘드리아도 제공한다. 생쥐를 제외한 대부분의 포유류에서 **중심체(centriole)**는 정자에 의해 제공되며, 이후에 분열하여 최초의 체세포분열 방추사를 형성하는 정자 **성상체(aster)**를 위한 **미세소관 형성중심(microtubule organizing center)**이 된다. 그러나 생쥐의 경우 두 개의 중심체가 모두 모계에서 비롯되는데, 이는 인위적인 알의 활성화에 의해 단위생식이 일어나는 원인이 된다.

## 정상 발생

### 착상전 단계(Preimplantation stage)

그림 10.5는 착상전 배아의 발생 과정을 보여준다. 수정 후 처음 몇 번의 난할은 매우 천천히 일어나며, 접합자 유전체(zygotic genome)의 발현 시작은 제노푸스와 제브라피쉬와는 대조적으로 2-세포기에 일어난다. 첫 번째 난할은 대략 24시간 후에 일어나며 두 번째, 세 번째 난할은 동시에 일어나지 않고 12시간 간격으로 일어난다. 초기 발생의 이러한 늦은 속도는 아마도 자궁이 착상을 준비하는 데 필요한 시간에 맞추기 위한

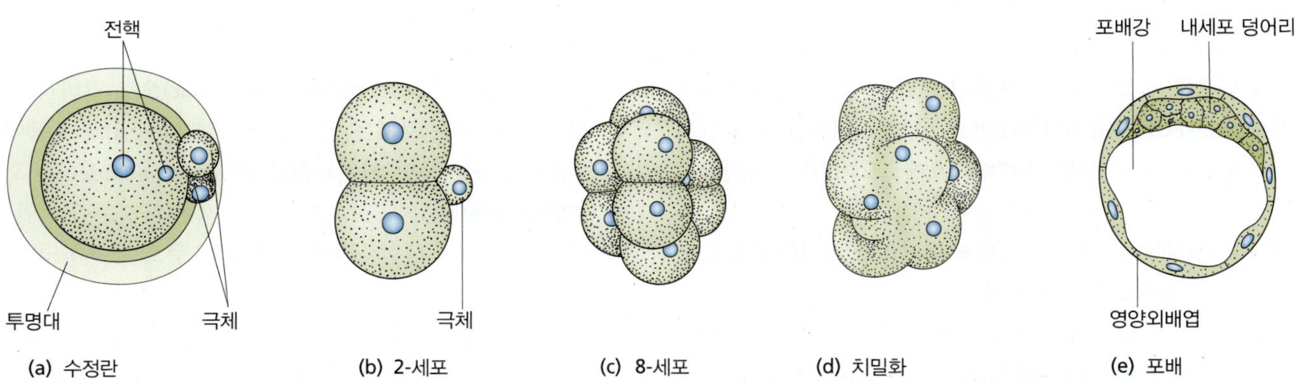


**그림 10.5** 착상전 배아발생. 투명대가 남아 있지만 (b)에서 (e)까지 그림에는 나타내지 않았다.

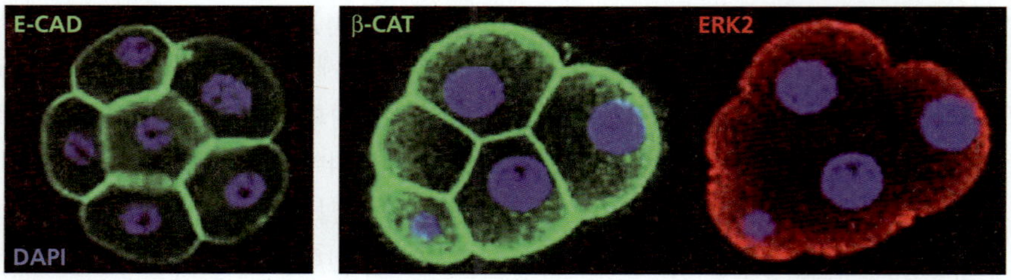


**그림 10.6** 세포의 극성은 8세포기에 시작된다. β-카테닌과 ERK는 각 세포의 바깥쪽 부위에 농축되어 있다. DAPI는 세포의 핵을 표지하는 푸른 형광 DNA 결합염색약이다. (인용) Nature Publishing Group의 허락을 얻어 Lu *et al. Nat Genet* 2008; 40: 921–926의 그림을 재구성하였음.

것일 것이다. 8세포기의 초기 배아는 각각의 세포 모양이 뚜렷하지만, 전체 배아가 거의 구형의 형태가 되는 **치밀화(compaction)** 과정으로 각각의 세포는 보이지 않게 된다(그림 10.5d). 이것은 세포간 접촉을 최대화하기 위해 할구가 편평해지며, 이는 칼슘-의존성 부착분자인 E-캐드히린[E-cadherin, 또는 leucocyte cell adhesion molecule (L-CAM) 혹은 uvomorulin이라 불림]에 의해 매개된다. 이 시기에 세포는 방사형 방향으로 극성을 갖게 된다(그림 10.6). 이것은 바깥쪽 표면에 **미세융모**가 나타나면서부터 뚜렷해지며, 또한 세포 내에서도 다양한 변화가 포함된다. 또한 **간극연접(gap junction)**이 이 시기에 형성되며, 배아를 통해 낮은 분자량 물질들의 확산이 일어난다.

배아는 대략 32세포기까지 치밀화 과정으로 **상실배(morula)**라고 불리운다. 이 시기동안 데스모좀(desmosome, 부착반)과 밀착연접(tight junction)이 나타나며, 배아의 안쪽과 바깥쪽 사이에 투수성 봉인(permeability seal)이 형성되어 액체로 찬 **포배강(blastocoel)**이 안쪽에 만들어지기 시작한다. 이것은 수정 후 3일째에 일어나며, 배아가 난관에서 자궁으로 이동하는 시간이다. 이 강이 확장하여 배아는 포배가 되며, 이는 **영양외배엽(trophectoderm)**이라 불리는 상피 모양의 바깥쪽 세포와 **내세포 덩어리(inner cell mass, ICM)**라고 불리는 안쪽 세포 덩어리로 이루어져 있다(그림 10.5c). 60세포기 시기에 대략 세포의 1/4은 내세포 덩어리에 있으며, 3/4은 영양외배엽에 존재한다. 내세포 덩어리는 OCT4 (POU 도메인), SOX2 (SRY 유형), NANOG (호메오도메인)을 포함하는 다능성(pluripotent) 거동과 연관된 전사인자를 발현하며 FGF4를 분비한다. 영양외배엽 세포는 FGF 수용체인 FGFR2, 영양외배엽의 분화에 필요한 TEAD4 (TEF 패밀리), CDX2 (호메오도메인) 전사인자를 발현한다.

배아 3.5일부터 4.5일까지 내세포 덩어리와 영양외배엽 모두 두 가지 조직 유형으로 다양화된다(그림 10.7a). 내세포 덩어리 안에서 약간의 세포는 NANOG의 발현을 잃고 GATA-4,6를 획득한다. 이 세포들은 **시원내배엽(primitive endoderm)**과 **하배엽(hypoblast)**으로 구성되며, 다른 세포들로부터 분류되어 내세포 덩어리 포배강쪽 표면에 층을 형성한다. 초기 내배엽은 배외조직에 공헌하며 배아 그 자체인 **완성내배엽(definitive endoderm)**을 형성하지는 못한다. 영양외배엽은 내세포 덩어리를 덮고 있는 극성 요소(polar component)와 나머지 부분을 만드는 벽측 요소(mural component)로 나뉜다. 극성 영양외배엽은 증식을 계속하는 반면 벽측 영양외배엽은 유사분열 없이 DNA 복제가 계속되는 다사성 거대세포(polytene giant cells)로 전환된다. 이러한 세포들은 DNA 양이 64에서 512배까지 증가한다.

## 초기 착상후 단계(Early postimplantation stages)

이 시기의 배아는 투명대로부터 부화되며 자궁선와(uterine crypt)에 착상하게 된다. 자궁은 교배 후 4일쯤, 짧은 기간 동안만 배아를 받아들일 수 있다. 자궁은 자궁혈관을 운반하는 자궁간막(mesometrium)이라 불리는 체벽에 부착되어 있다. 자궁의 자궁간막 쪽은 태반이 형성되는 쪽이다. 배아가 착상할 때, 내세포괴는 자궁간막과 먼 쪽으로 방향을 잡는다.

착상 후 배아 발생의 과정은 그림 10.7에서 보여준다. 착상 후 영양외배엽은 영양막세포가 되며 이는 탈락막을 형성하는 자궁 점막 결합조직의 증식을 자극시킨다. 이 시기부터 배아는 모체로부터 영양 공급을 받으며, 크기와 무게가 성장하기 시작한다. 닭에서처럼 접합자는 배아만을 형성하는 것이 아니며, 배아외막들의 상당한 복합체도 만들어 수정의 완전한 산물인 수태 산물(conceptus)을 형성한다.

발생의 다음 단계는 **난원통(egg cylinder)**으로 알려져 있다(그림 10.7b). 원통 자체는 닭 배아의 투명대 부위와 상동이며 닭의 상배엽과 상동인 **시원외배엽(primitive ectoderm)** 혹은 **상배엽(hyperblast)**의 "위" 층, 그리고 뚜렷하지는 않지만 닭의 내배엽과 닮은 시원 내배엽의 "아래" 층으로 구성되어 있다. "위"와 "아래"라는 용어는 인용적이다. 왜냐하면 배아는 실제로 깊은 컵모양 형태로 상배엽은 안쪽에, 내배엽은 바깥쪽에 존재한다. 이는 U자형의 시상면이나 O자형의 가로면으로 보인다. 시원내배엽으로부터 유래된 세포들은 이동하여 벽쪽 영양

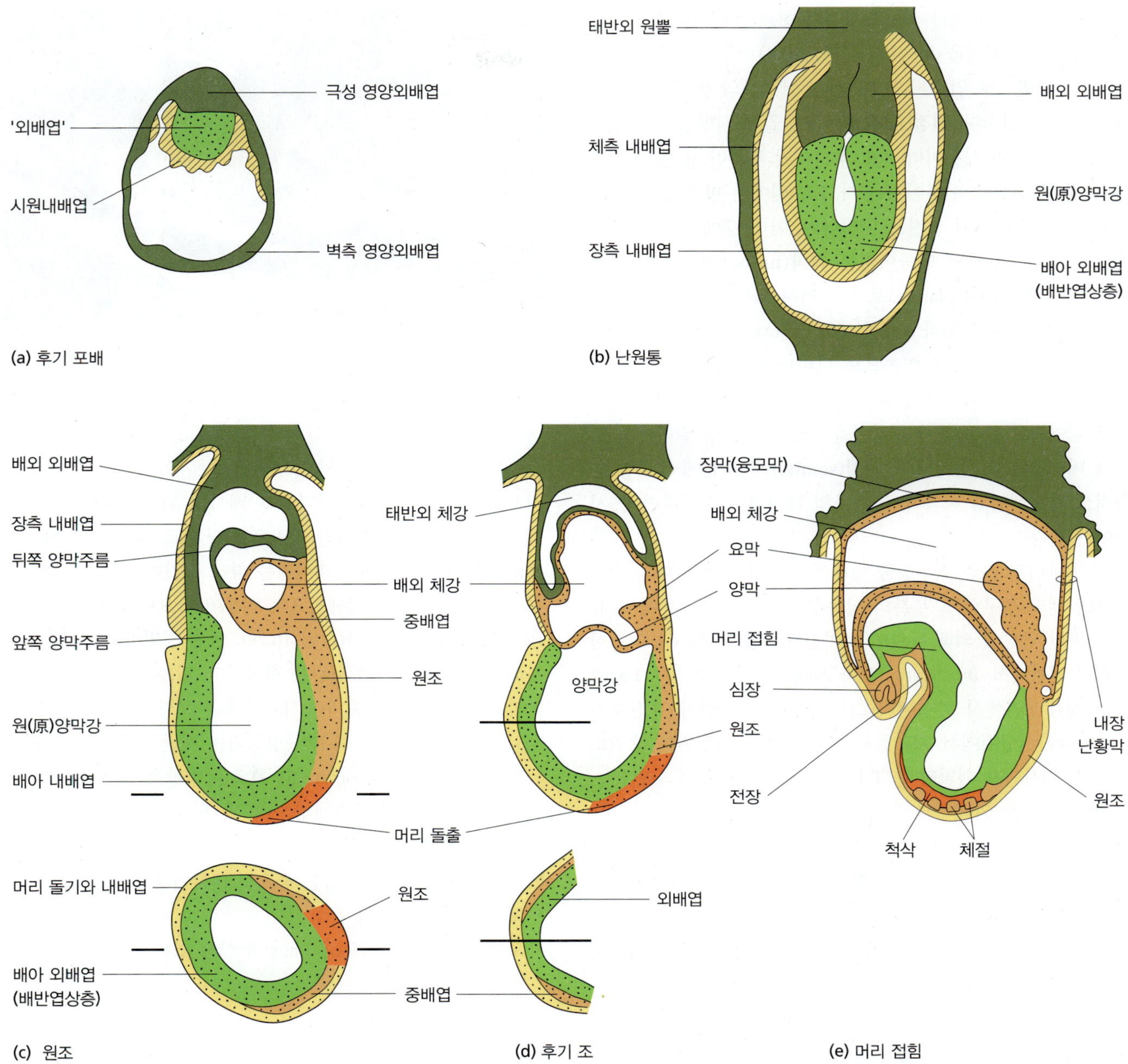


**그림 10.7** 착상과 착상 이후 초기의 배아발생. (c)와 (d)는 빗금선으로 표시되는 수준에서의 시상면과 횡단면. 성장으로 인해 머리 주름(headfold) 단계 배아는 초기 난원통보다 약 8배 정도 길다.

외배엽의 안쪽 표면 전체를 덮게 되며, laminin, entactin, type IV collagen을 포함하는 라이셔트 막(Reichert's membrane)으로 알려져 있는 세포외 기저막을 분비하기 시작한다. 이러한 세포들은 **체측 내배엽(parietal endoderm)**이라 불린다. 시원내배엽의 나머지 부분은 상피로 남아 있으며, 상배엽 주변의 **장측 내배엽(visceral endoderm)** 층을 형성한다. 이 층의 세포들은 α-fetoprotein, transferin 등의 분비 단백질로 특징지어지는 후기 태아 간과 어느 정도 유사하다. 난원통의 안쪽층의 원위부는 상배엽이며, 근위부는 극성 영양외배엽으로부터 유래되는 배외 외배엽이 된다. 극성 영양외배엽은 또한 태반외 원뿔(ectoplacental cone)을 형성하는데, 이들이 증식함에 따라 영양막세포(trophoblast) 주변으로 이동하여 강화시키는 여러 거대세포층을 생산한다. 다양한 배외조직과 대조적으로 온전한 배아로부터 유래되는 상배엽은 이 시기에 확연히 미분화 상태로 남아있다.

E6.5일경 장차의 배아 전후방 축은 상배엽의 한쪽 끝으로부터 형성되는 **원조(原條, primitive streak)**의 형성으로 더욱 뚜렷해진다. 원조는 미래 배아 축의 후방 끝이 되며, 컵의 맨 끝쪽으로 외배엽을 가로질러 확장된다. 이 부위에서의 세포 이동

은 닭의 배아에서 나타나는 것과 유사하며, 이러한 이동은 **완성내배엽**과 중배엽을 형성한다(그림 10.8). 이 시기에 난원통은 다소 측면으로 압축된다. 이 선은 난원통의 맨 끝 쪽에 닿을 때까지 길어지며, **결절(node)**이 전방 끝에 나타난다. 이것은 닭의 헨센결절과 상동이며 원조의 나머지 부분이 세 층인 것과는 달리 두 층으로 이루어져 있다. E7.5일에는 **머리 돌출(head process)**이 전방에서 결절로 나타나며, 아래 층에 있는 완성내배엽의 측면으로부터 만들어지는 **척삭(notochord)**과 위층에 있는 신경판(neural plate)으로 이루어져 있다. 닭에서처럼, 결절은 후방쪽으로 이동하고 몸의 축 구조(axial body structure)가 이 진로의 전후방에 연속으로 나타나며, 몸통 척삭의 형성에 수렴확장 이동이 포함된다. E8.5일에는 배아의 길이가 어느 정도 길어지고 주로 전방 신경관을 구성하는 전방 끝쪽에서 엄청난 머리 접힘이 형성된다. **체절(somite)**은 E8일에 전후방 연속적으로 형성되기 시작하며, 하나의 체절이 형성되려면 1.5시간이 걸린다.

생쥐 배아와 하등 척추동물 형태의 첫인상은 매우 다른 것처럼 보임에도 불구하고, 부분의 상동성은 낭배형성 시기동안 유전자 발현 양상에 의해 뚜렷이 보여진다. 예를 들어 *Otx2*는 신경판의 전방에서, *brachyury* (*T*)와 *Mesp1*은 중배엽에서, **Foxa2**는 완성내배엽에서 발현된다(그림 10.9). 전사인자 유전자인 *brachyury*는 생쥐에서 *T*로 불리는데, 최초의 돌연변이 생쥐로부터 이 전사인자 패밀리에 "T box"라는 이름이 부여되었다.

양막 접힘은 외배엽과 후방 원조와 배외 외배엽이 만나는 중배엽을 밖으로 밀어내면서 E7일 경에 형성된다(그림 10.7c, d). 배아에 좀 더 가까운 이 접힘 부위는 **양막(amnion)**이 되고 태반외 원뿔에 좀 더 가까운 쪽은 **장막(융모막, chorion)**이 된다. 이 접힘은 원시 양막 공간을 가로 질러 밀어내며 3개의 공

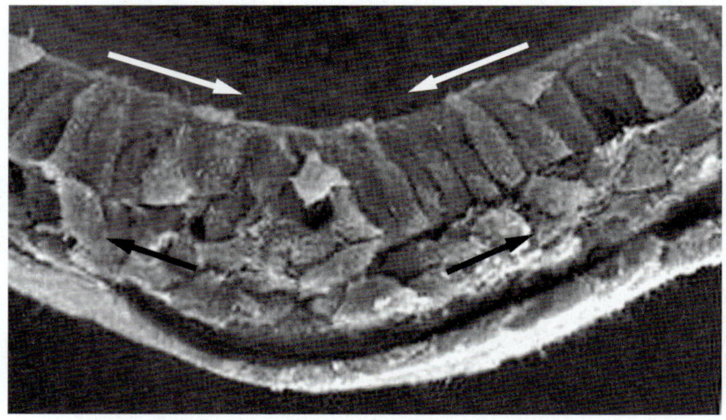

**그림 10.8** 생쥐 배아 원시선의 투과전자현미경(TEM). 화살표는 세포가 이동하는 방향을 나타낸다. (인용) Nature Publishing Group.의 허락을 얻어 Arnold and Rovertson (2009)의 그림을 재구성하였음.

간으로 나뉜다: 배아의 양막강은 배아의 위쪽에 생기며, 배외체강(exocoelom)은 양막과 장막으로 나뉘고, 태반외 체강(ectoplacental cavity)은 배외 외배엽을 따라 생긴다. 원조의 후방 끝쪽으로부터 온 배외 중배엽으로 이루어진 **요막(allantois)**이 배외 체강 속으로 자란다(그림 10.7e). 이는 장막에 닿을 때 까지 자라며 태반의 배아쪽 혈관을 형성한다. 닭(9장)이나 사람의 요막과는 달리, 생쥐의 요막은 내배엽층을 포함하지 않는다.

태반외 원뿔 영역으로부터 형성되는 태반 자체는 자궁의 자궁간막(子宮間膜, mesometrial) 쪽으로 방향을 잡는다. 거대 영양막세포는 극성 영양외배엽, 장막과 요막으로부터 온 중배엽과 혈관과 함께 탈락막(decidua) 조직으로 파고든다. 성숙한 태반의 모계 쪽은 다음과 같은 층으로 이루어져 있다,

- 모계의 탈락막 조직
- 모계의 혈동(血洞, blood sinus)과 함께 있는 거대 영양막세포

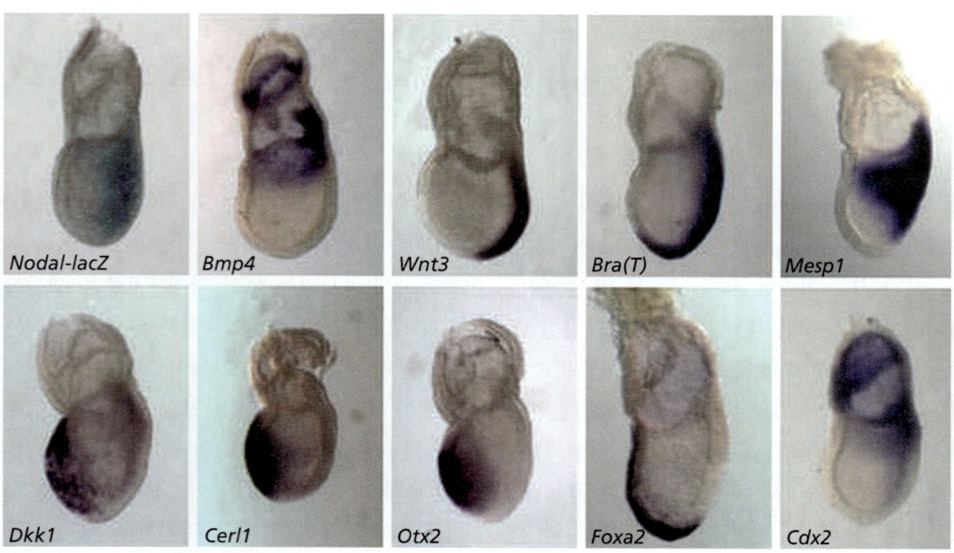


**그림 10.9** 원조 시기에 발현되는 다양한 유도인자와 전사인자 유전자들. 배아의 앞쪽은 왼쪽에, 축은 난원통의 아래쪽으로 확장된다. (인용) Nature Publishing Group.의 허락을 얻어 Arnold and Rovertson (2009)의 그림을 재구성하였음.

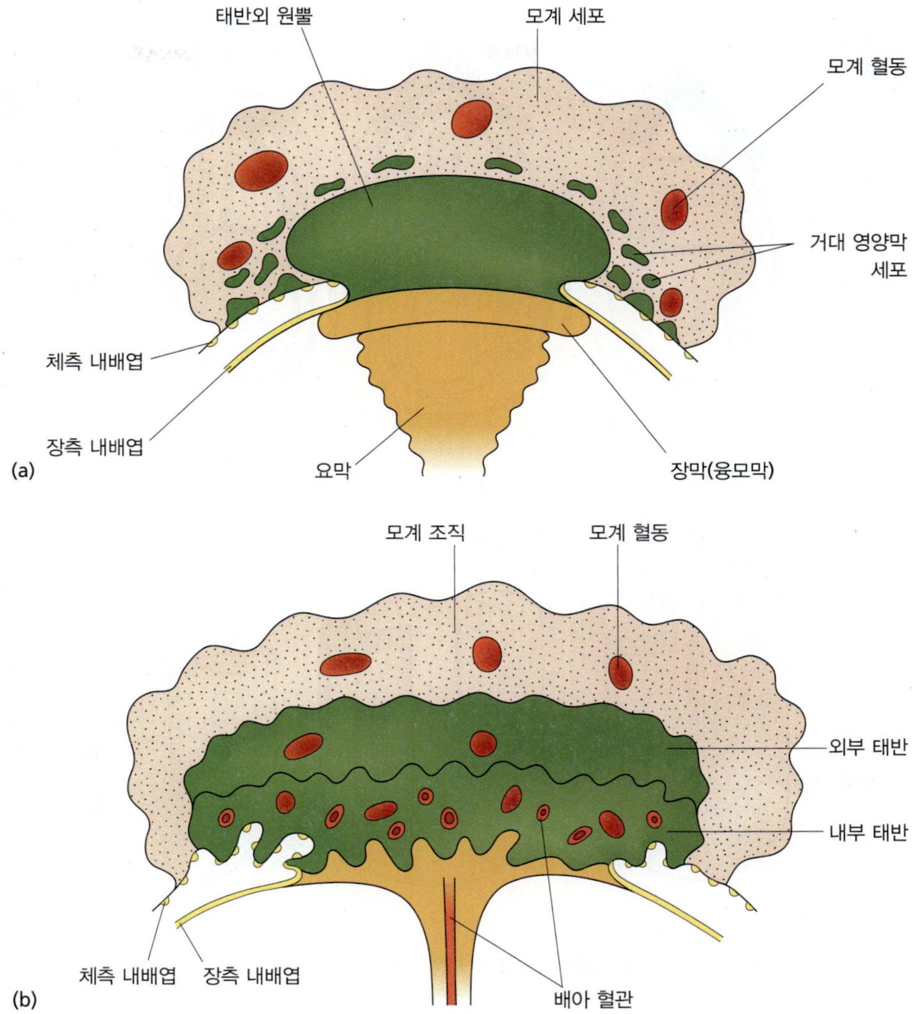


**그림 10.10** 생쥐 태반의 계략도: (a) 8.5일 배아; (b) 14.5일 배아. (인용) Cold Spring Harbor Laboratory Press의 허락을 얻어 Hogan **et al.** (1994), *Manipulating the Mouse Embryo*, 2nd edn.의 그림을 재구성하였음.

- 태아 혈관과 함께 이배체 영양막세포(diploid trohoblast)
- 배외내배엽과 연결된 분비틈새(crypt)(그림 10.10).

태반은 태아에게 영양분을 공급해 주는 중요한 역할 뿐만 아니라 임신을 유지하는 데 필요한 황체호르몬, 에스트로겐 등 여러 호르몬을 만들어내는 내분비 기능도 가진다.

E8.5일 경에는 배아 내에서 배엽이 적절한 위치로 자리잡는 **회전(turning)**이라는 주목할 만한 과정이 일어난다. 이것은 배아가 자신의 긴 축을 따라 회전하는 것을 가장 잘 묘사한 것이다. 이는 등쪽 오목(dorsal side concave)의 U-모양 구조부터 시작하며, 교대에 의해 등쪽 오목이 역 U-모양으로 바뀌게 된다(그림 10.11). 이러한 방향의 변화는 배외막의 정렬을 위한 강렬한 연속 과정이다. 양막은 점점 크기가 커져 단지 등쪽 표면만 덮는 대신에 배아 전체를 둘러싸게 된다. 장측 내배엽과 중배엽으로 구성된 배외 체강을 따라 존재하는 막도 뻗어 나가 배아 전체를 둘러싸며 장측 난황낭이 된다. 회전후 마지막 막의 배열은 양막이 안쪽으로, 그 다음에 장측 난황낭, 바깥쪽에는 체측 내배엽과 나란한 영양외배엽으로부터 형성된 체측 난황낭이 있게 된다. 회전은 배쪽에 노출된 내배엽의 넓은 지역부터 시작되는 중장(midgut)의 신속한 닫힘을 유도하며, 난황-장관, 난황혈관, 요막을 포함하는 작은 탯줄로 조여지게 된다. 이러한 회전 과정은 단지 배아가 난원통의 형태를 가지는 설치류에서만 나타난다. 이것은 상배엽이 편평한 사람 배아에서는 일어나지 않는다.

## 기관형성 단계

축이 형성되고 배아가 회전하고 장이 닫히는 E9.5일 경, 배아는 몸 체제 형성의 초기와 **기관형성**의 후기 사이 교차점에 도달하게 된다. 기관형성은 거의 모든 면에서 닭과 매우 유사하므로 여기서는 그림 10.12에서 보여주는 배아의 외부 모습만 간단히 보여준다. 좀 더 자세한 생쥐의 기관형성은 14–16장에서 보여줄 것이다.

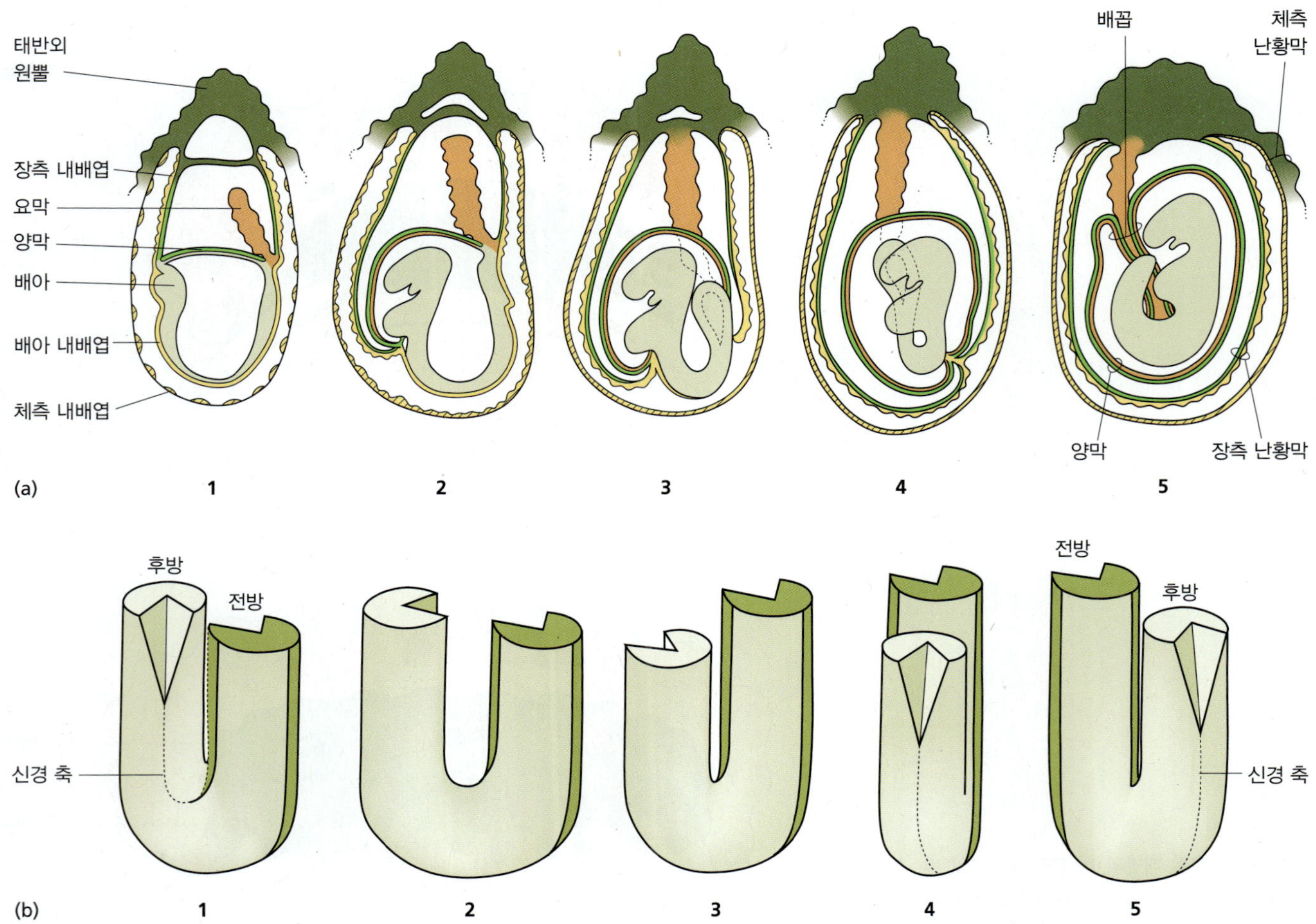


**그림 10.11** 생쥐 배아의 회전. (a) 대략 7.5일부터 9.5일까지 배아가 긴 축 주변을 회전하여 장의 배쪽 닫힘을 일으킨다. (b) 회전의 개략적인 그림. (인용) IRL press, Oxfor University Press의 허락을 얻어 Kaufman (1990), in *Postimplantation Mammalian Embryos*, Copp and Cockroft (eds)의 그림을 재구성하였음.

**신경관** 닫힘은 회전과 동시에 일어난다. 이것은 후뇌에서 시작되며 전방과 후방 양쪽으로 진행되어 전방 신경공(neuropore)의 닫힘은 E9일에, 후방 신경공의 닫힘은 E10일에서 E10.5일에 일어난다. **안포(optic vesicles)**는 E9.5일에 형성되며, 렌즈는 E11.5일에 눈으로 합병된다. **신경능선(neural crest)**은 E8.5일에서 E10.5일에 걸쳐 신경관으로부터 나타난다. 닭에서처럼 이는 머리의 골격 구조, 신경절의 배근신경절(dorsal root ganglia), 슈반세포, 교감신경절, 부신수질(adrenal medulla), 내장신경절을 형성한다. 체절은 E14일, 대략 65개가 될 때까지 계속해서 만들어지며, 꼬리쪽에도 만들어져 닭보다 길이가 길어진다. 다른 척추동물에서처럼 체절은 척추와 근절을 형성하며 진피를 만드는 데도 기여한다. 한 쌍의 원시 심장은 E8.5일에 합쳐지며 E9일부터 심장박동이 시작된다. 왼쪽과 오른쪽 심방은 E11.5일에, 심실은 E14일에 분리된다. 중장의 닫힘은 회전과정에 의해 좀 더 빨리 닫힘에도 불구하고 장은 닭에서처럼 전장과 후장 주머니로부터 만들어진다. 이것은 현재 완성내배엽 뿐만 아니라 장측 내배엽으로부터의 장 상피가 원조를 통과하는 데 어느 정도 기여한다고 생각되어진다. 6개의 인두궁이 E9일부터 만들어지는데, 다섯 번째 궁은 흔적기관으로 남는다. 입은 E9일에 만들어진다.

체절에 측면으로 존재하는 중배엽은 신장과 생식소로 되는 **중간중배엽(intermediate mesoderm)**이다. 전신 원기(pronephric primordium)은 E9일에 출현하며 기능은 없다. **생식융기 (genital ridges)**는 E10일에 몸통 중간으로부터 꼬리 중간까지 눈에 보이게 된다. 이 융기의 측면 부분은 포유류에서는 흔적기관이며 기능이 없는 중신이 된다. 신관은 E11.5일에 **요관싹 (uretic bud)**을 형성하며, 이는 신장내배엽의 후방쪽으로 자라서 기능적인 신장인 **후신(metanephros)**을 만들어낸다. 비뇨생식융기의 중앙 부분은 **생식소**를 만든다. **생식세포**는 양막 접힘의 후방에서 배외중배엽으로부터 기원된다. 이 세포들은 E10일

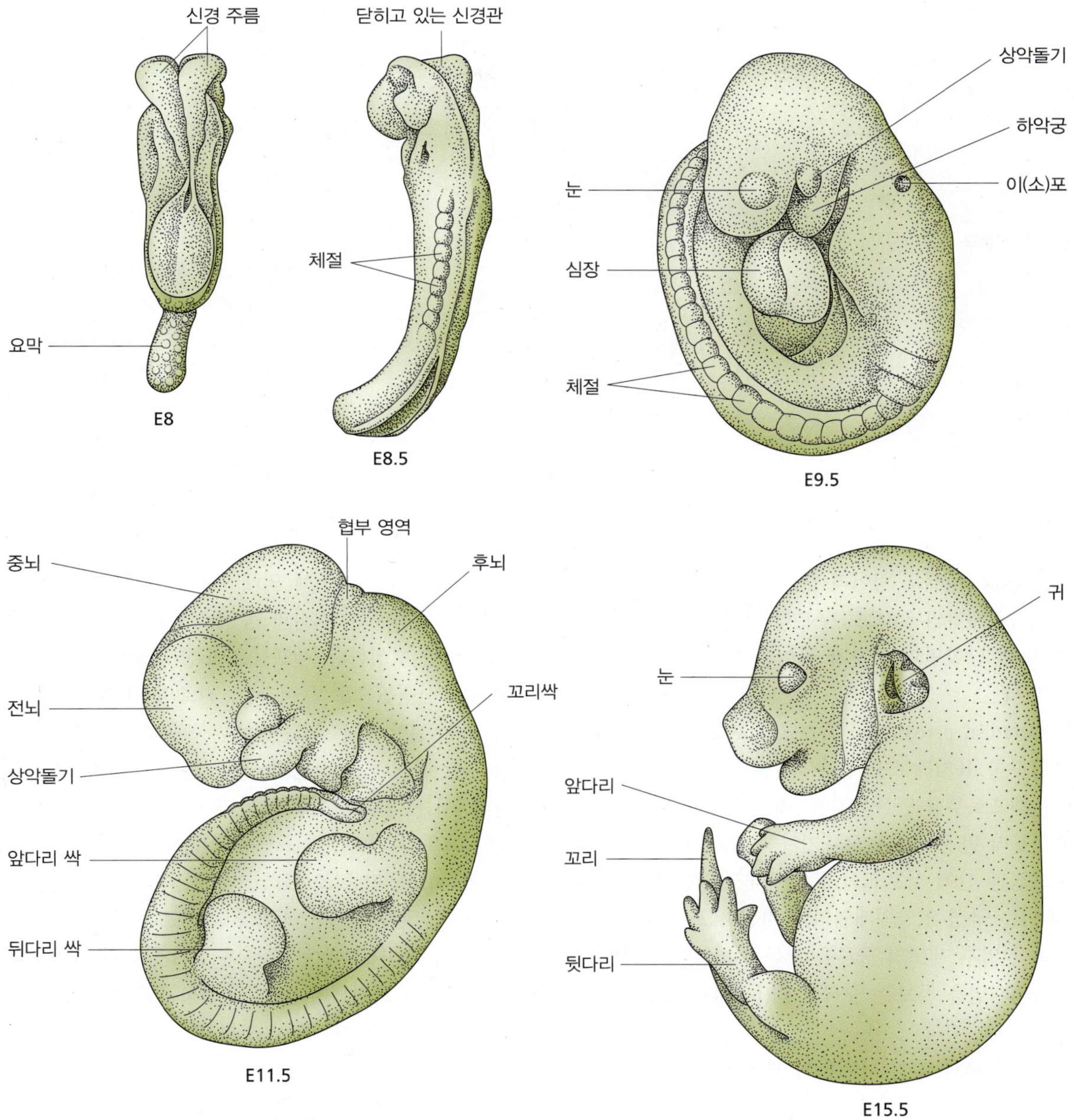


**그림 10.12** 생쥐 배아의 기관형성 시기. 이 시기 동안 주목할 만한 배아의 성장이 일어나 8일째 배아는 약 1 mm 정도이나, 15.5일째 배아는 머리에서 엉덩이까지 약 13 mm가 된다.

에 후장에 들어가 장간막으로 이동하여 E11일에서 E13일 사이에 생식소에 도착한다. 중간중배엽의 측면은 **측판(lateral plate)**이 되며, 이는 체강에 의해 바깥 **체측판(somatopleure**, 표피와 체측 중배엽)과 안쪽 **장측판(splanchnopleure**, 내배엽과 장측 중배엽)으로 나뉜다. 사지싹(limb bud)은 E9.5일에서 E10.5일에 체측판으로부터 만들어지며, 앞다리싹은 체절 8-12 위치에 있고 뒷다리싹은 체절 23-28 위치에 존재한다. 생쥐의 바깥쪽 표피는 다른 척추동물에서와 같이 E14일에 모낭(hair follicle)으로 덮여져 있다.

## 운명지도(Fate map)

고도의 조절 능력을 가지는 포유류 배아는 수정란의 시기에는 정의할 수 있는 운명지도를 갖지 않는 것으로 믿어져 왔다. 그러나 현재는 수정란이 극성을 가지는 것으로 인식되며, 초기 배아 시기까지 극성을 유지하는 것으로 보인다(그림 10.13a-d). 이는 세심한 관찰과 fluorescent lectin-coated bead와 기타 표지 물질로 난자 표면 일부를 표지하여 확립되었다. 난자의 원래의 동물극은 제2극체의 위치로 확인할 수 있다. 첫 번째 난할은 거의 자오선 방향으로 포배기의 할구를 분리하여 포배를 배아

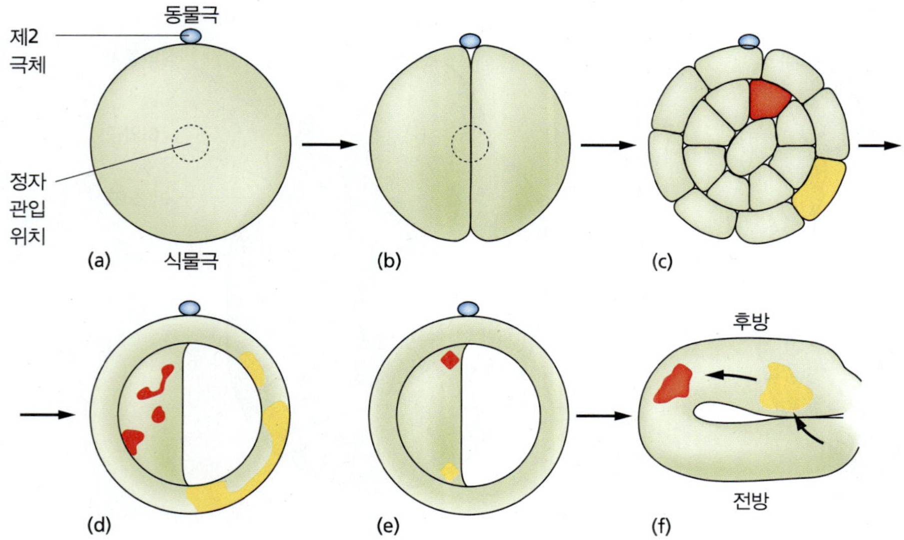


**그림 10.13** 초기 시기의 운명지도. (a) 제2극체는 접합자의 동물극을 나타낸다. (b) 첫 번째 난할은 자오선으로 일어난다. (c, d) 밀집한 포배기에서 안쪽 세포의 표지는 내세포 덩어리로 들어가고, 바깥쪽 세포는 영양외배엽으로 들어간다. (e, f) 내세포 덩어리에서 표지된 동물극 세포는 난원통의 원위부가 되고, 표지된 식물극 세포는 난원통의 근위부가 된다.

극(embryonic pole, 내세포 덩어리 끝)과 배외 극(abembryonic pole, 벽측 영양외배엽의 끝)으로 구분할 수 있게 한다. 여기에는 또한 첫 번째 난할면과 정자가 들어온 부위가 일치한다는 증거가 존재한다.

HRP (horseradish peroxidase) 혹은 형광 덱스트란의 주입으로 개개의 할구를 표지해보면 영양외배엽은 상실배의 바깥쪽에 있는 극성세포로부터 만들어지며, 내세포 덩어리는 안쪽의 비극성세포로부터 만들어진다. 포배기가 확장되는 시기에는 더 이상 두 세포집단 간에 상호교환이 일어나지 않는다. 초기 착상후 배아에서는 극성 영양외배엽의 표지된 세포 하나가 벽측 영양외배엽의 분열후 세포의 클론을 만들게 하는데, 극성 부위는 벽측 영양외배엽을 돌보는 증식 지역(proliferating zone)임을 보여준다.

또한 포배기의 축과 후기 난원통의 관계를 예측할 수 있다(그림 10.13e, f). 포배기의 동물극 끝쪽 세포들에 GFP mRNA를 주입하여 표지하면 난원통의 장측 내배엽의 말단쪽에서 끝나는 것으로 나타난다. 반대로, 식물극 끝쪽에 있는 내세포 덩어리 세포들을 표지하면 난원통의 기저부에서 끝이 난다. 이러한 세포의 원위부-근위부 분포는 배아의 원조를 형성하는 형태형성 이동의 초기 단계로부터 시작된다. 이는 접합자의 원래 동물극이 배아의 후방 쪽에서 끝나는 것처럼 보이며, 이는 원시선이 형성되는 부분이며 난원통 시기에 눈에 보이게 된다.

착상후 시기의 운명지도는 배아를 HRP로 표지하거나 또는 DiI를 세포외에 표지한 후 48시간 동안 체외에서 배양함으로써 알아낼 수 있다(그림 10.14). 이러한 연구는 원조와 양막과 요막 중배엽 모두 상배엽의 후방 모서리로부터 만들어짐을 보여준다. 원조는 원위부로 밀어 내며, 배외조직은 원시 양막 공간으로 확장한다. 이는 주로 상배엽의 컵 주변에 있는 세포들의 성장과 측면 이동에 의해 이루어진다. 원조의 전방 부위는 결절이 되며, 이는 척삭과 몸 전체 길이를 따라 존재하는 체절의 일부를 형성한다. 세포들은 또한 정중선의 측면 부위로부터 체절과 신경판으로 들어간다. 원조의 가운데 부분은 주로 몸의 후방 절반에 존재하는 측판 중배엽을 차지하고 있다. 원조의 후방 부위는 주로 양막, 장측 난황막, 요막의 중배엽을 차지한다. 이는 생쥐의 원조가 닭과 매우 유사한 방법으로 기능하는 것으로 보인다. 즉, 표면층에 존재하는 세포들이 측면 쪽으로 이동하고, 다음 조(條, streak)를 통과하여 완성내배엽과 중배엽으로 된다. 닭에서처럼 후방의 조는 정중선의 후방 부위가 되지 못하고, 대신에 몸의 측면 부위가 된다. 모든 연구에서 표지된 세포와 표지되지 않은 세포의 혼합 정도는 연속적으로 보여지며, 착상 후 생쥐의 운명지도는 통계적으로 구성되었으며,

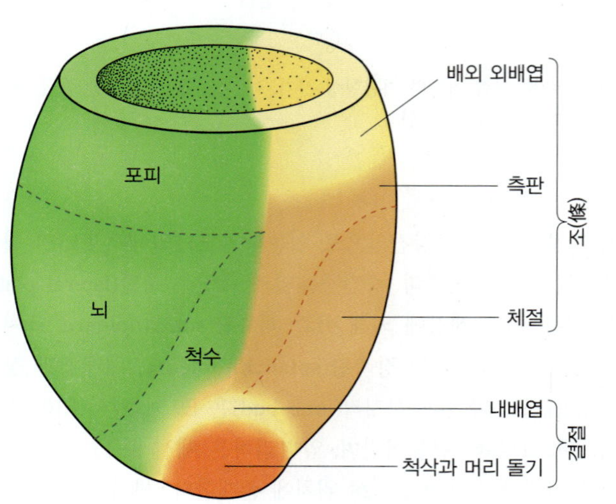


**그림 10.14** 후기 원시선 시기의 운명지도. 경계는 세포가 섞이기 때문에 보여지는 것보다 더 모호하다.

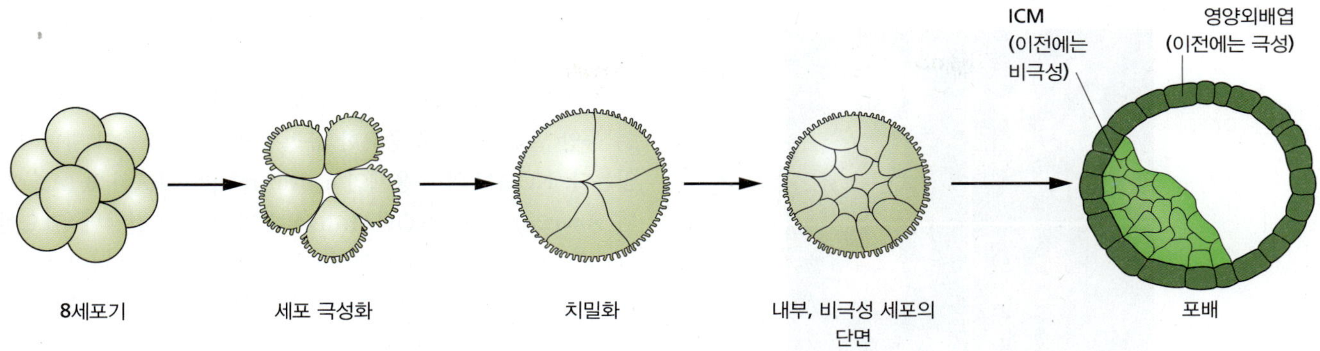


**그림 10.15** 8-세포 시기에 세포의 극성으로 생기는 내세포 덩어리(ICM)와 영양외배엽의 기원.

예상되는 부위 사이의 경계가 모호하다.

최근에는 Cre 표지 방법이 운명지도를 작성하는 데 사용된다(3장과 13장). 이는 전방 원조의 *Foxa2* 도메인이 나중에 완성내배엽과 척삭으로 되는 것을 보여주고 있다. 초기 조의 *Mesp1* 도메인은 나중에 주로 심장으로 이주한다.

## 지역 특정화

### 배아외 구조의 형성

생쥐 배아의 초기 할구는 전능한 것으로 알려져 있다. 이는 2-세포기 혹은 4-세포기의 할구 하나를 분리하여 배양하면 완벽한 포배를 형성할 수 있다는 가능성을 제시한다. 이러한 포배는 정상적인 영양외배엽보다 높은 비율을 가지는 경향이 있지만, 다시 착상시키면 완전히 정상적인 배아를 형성할 것이다. 32-세포기의 할구는 4배체의 숙주에 이식한다면 여전히 완전한 태아를 형성할 수 있지만, 8-세포기부터는 더 이상 하나의 할구로부터 완전한 배아를 정상적으로 얻을 수 없다. 2-세포기 시기에 전기 융합(electrofusion)으로 만들어진 4배체 배아는 배외막을 만들 수 있으며 태아 발생을 지지할 수 있다.

정상적인 발생 과정에서 내세포괴와 영양외배엽의 형성은 8-세포기에 일어나는 세포 극성에 의존한다(그림 10.15). 어떻게 이 두 종류의 세포로 전환되는 지 아직까지 명확하게 알 수 없지만, PAR 단백질이 관여하는 것 같다. 이것은 예쁜꼬마선충(12장)에서 처음 발견되었으며, 많은 시스템에서 비균등 세포 분열과 연관이 있다. 8-세포기에는 PAR 단백질의 분리현상이 나타난다: EMK1 (= PAR1)은 안쪽에, PAR6b는 바깥쪽에 농축된다. PAR 단백질의 dsRNA 또는 우성음성 버전의 복사본을 주입하면 내세포괴가 되는 비율은 증가하고 영양외배엽이 되는 비율은 감소한다. FGF 신호전달에 포함된 MAP 키나제의 형태인 ERK2는 꼭대기에 농축된다. FGF 신호전달의 활성화는 *Cdx2*의 상향 조절과 영양외배엽 세포의 수를 증가시킨다. 반면에, FGF 경로의 저해는 반대 효과를 나타낸다. TEF 패밀리 전사인자인 TEAD4는 *Cdx2*의 발현에 필요하며, CDX2는 영양외배엽의 형성에 필요하고 영양외배엽에서 *Oct4*와 *Nanog*의 발현을 억제한다. CDX2는 원래의 극성화(polarization) 사건을 촉진하는 것을 도와준다. 정상적인 특성화는 8-세포기에 개시되지만, 이것은 세포집합체를 안쪽으로 혹은 바깥쪽으로 몰아 극성 세포(polar cell)가 내세포괴가 되고, 비극성 세포(apolar cell)가 영양외배엽이 되는 시기까지 일어나게 된다. 64-세포기에 이 두 종류의 세포는 안정화되며 더 이상 뒤바뀌지 않는다.

착상 후, 내세포괴는 바깥층의 시원내배엽과 안쪽 중심의 상배엽으로 분리된다. 또 다른 과정에서는 FGF 신호전달을 필요로 하며, 내세포괴의 일부 세포는 무작위로 *Gata6*는 상향조절하고 *Nanog*는 잃게 되는데, 이 세포들은 포배강 표면의 시원내배엽 층으로 모이게 한다(그림 10.16).

영양외배엽은 내세포괴 이웃에 존재하는 극성 영양외배엽과 포배기의 나머지 부분을 둘러싸는 벽측 영양외배엽으로 나뉜다. 극성 지역에서의 세포분열 유지는 내세포괴의 접근성에 의존하는데, FGF4와 NODAL에 의해 발현이 상향조절되는 전사인자 ELF5 (ETS 패밀리)가 필요하다.

시원내배엽은 상배엽에 접촉하는 장측 내배엽과 벽측 영양외배엽에 접촉하는 체측 내배엽으로 분리된다. 체측 내배엽은 상피-간충직으로의 전이 결과로 생겨나게 되며, 영양외배엽의 안쪽 표면으로 라이셔트 막을 분비한다. 체측 내배엽의 형성은 fibronectin과 부갑상선호르몬(PTHrP)에 의해 촉진되며, laminin에 의해 감소된다.

### 배아의 몸 체제

다양한 배외 구조의 형성 후에 배아 전체는 난원통의 상배엽으로부터 유래된다. 후기 원조 시기까지, 상배엽 내로 이식된 세

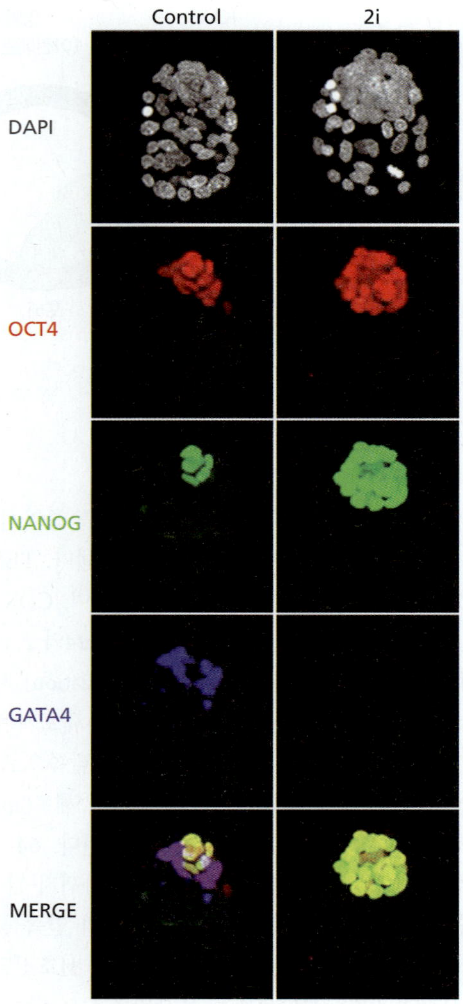


그림 10.16 시원내배엽(하배엽)의 형성. 내세포 덩어리는 OCT4로, 상배엽은 NANOG로, 시원내배엽은 GATA4로 면역염색하여 보여진다. 시원내배엽의 형성은 GSK와 FGF 신호(2i)의 저해제에 의해 억제된다. (인용) Company of Biologists Ltd.의 허락을 얻어 Nichols *et al. Development* 2009; 136: 3215–3222의 그림을 재구성하였음.

포는 그들의 환경에 따라서 발생한다. 게다가, 이 시기에는 대부분의 세포는 죽이고, 살아남은 적은 수의 세포를 재생시키도록 하는 세포독성 약제 처리에 의해 쌍생아 형성을 유도하는 것이 가능하다. 이러한 연구결과는 유전자 발현의 양상이 낭배 형성 과정을 통하여 몸의 축 부분에 따라 점진적으로 특정화됨을 제시할지라도, 원조 시기 이전에 지역 결정(regional determination)은 뒤바뀔 수 없음을 제시한다. 하등 척추동물과 달리, 이 시기는 매우 성장이 빠른 시기이다. 상배엽 세포는 난원통 시기로부터 후기 원시선 시기까지 660개에서 15,000개로 증가한다.

제노푸스에서처럼, 유도 순서에서 가장 주요한 기능은 NODAL이 담당한다. *Nodal*은 원래 생쥐의 레트로바이러스 돌연변이에 의해 발견되었으며, 실제로 결절에서 발현되어 그 이름을 갖게 되었다. 동형접합 기능상실(homozygous null) 배아는 어떤 배아 패턴도 형성하지 못하며, 원조와 결절이 형성되는 동안 발생학적으로 중요한 유전자 중 많은 것들이 발현되지 않는다. NODAL의 수용체인 activin receptor IIA와 B (*Acvr2a*와 *Acvr2b*), 또는 NODAL-like 인자의 신호전달에 필요한 *Smad2*, 혹은 전사조절에 관여하는 SMAD2의 파트너인 *Foxh1*의 적중은 모두 다 배아의 전후방 극성을 잃게 하여 중배엽이 완전한 배외조직을 형성한다. *Nodal*은 처음에 상배엽 전체에서 발현되며 나중에는 앞쪽에서 감소하고 조와(streak) 결절에 농축된다(그림 10.9). 원조의 형성은 상피-간충직 이행(epithelial-mesenchymal transition)을 필요로 한다. 이는 E-캐드히린의 상실에 의해 영향을 받는데, T-box 전사인자인 Eomesodermin에 의한 발현 억제에 달려 있다. Eomesodermin은 *Lmx1*과 *Mesp1*을 포함하여 많은 중요한 표적 유전자를 가진다.

배아의 전후방 양상은 처음에는 방사상으로 대칭이었다가 근위-원위축(proximodistal axis)를 따라 극성화되는 난원통으로부터 시작된다. 처음에는, 전사인자 유전자인 *Hex*와 유도인자 유전자인 cerberus-like1 (*Cerl1*), dickkopf (*Dkk1*), *Lefty1*은 장측 내배엽의 원위단부세포에서 발현되며 *T*를 포함하는 몇몇 유전자는 상배엽의 근위단부세포에서 발현된다(그림 10.17). 유도인자의 원위 그룹은 모두 다른 인자의 길항제이다. LEFTY는 TGFβ 수퍼패밀리에 속하고 NODAL 작용에 길항적이며, DKK1은 WNT 길항제이며, CERBERUS는 NODAL, BMP, WNT에 대한 억제 도메인을 가진다. 이러한 근위-원위 패턴의 확립은 배외 외배엽으로부터 나오는 WNT3와 여러 BMP로 구성된 신호에 의해 이루어진다. WNT3는 근위부 상배엽에서 발현되다가 나중에 원조에서 활성화된다. *Bmp2,-4,-8b*는 상배엽에 접해 있는 원위부 배외 외배엽에서 발현한다. 이러한 유전자의 적중은 발생 초기에 치명적인데, Wnt3 적중은 원조와 중배엽이 만들어지지 않으며, 각각의 Bmp 적중은 배아의 중배엽과 원시생식세포 형성에 문제가 생긴다. 게다가, 배외 외배엽을

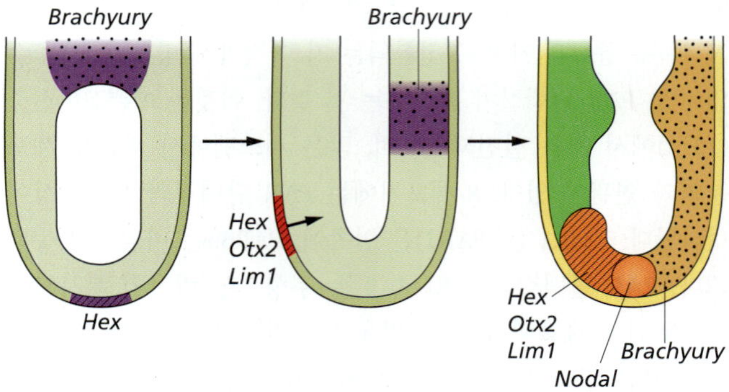


그림 10.17 난원통에서 원조까지 상배엽의 전후방 패턴 형성.

물리적으로 제거하면 원위부 유전자의 발현이 장측 내배엽의 나머지 부분을 통하여 퍼지게 되는데, 이는 근위부에서 만들어지는 신호들이 이들 유전자 발현을 제한하는 작용을 함을 의미한다.

컵 모양의 난원통이 확장하여 원시양막강을 형성하여 난원통의 방사상 대칭이 깨지게 된다. 형태적인 움직임은 *Hex* 도메인을 한쪽 면으로 *T* 도메인은 다른 쪽 면으로 이동시킨다. 이는 각각 배아의 **전방**과 **후방** 말단이 된다. 위에서 제시한 바와 같이 접합자의 원래 동물극 위치와 초기 배아의 후방면은 통계적으로 연관이 있다. 그러므로 수정란에서 유래된 작은 비대칭 때문에 난원통의 방사상 대칭이 깨지는 것이 가능하다. 앞쪽의 원위부 장측 내배엽이 **전방 장측 내배엽(AVE)**이 되며, 전방 발생에 관여하는 전사인자 유전자(*Otx2*, *Foxa2*, *Lim=Lhx1*)와 분비인자 유전자(*Cerl*, *Dkk1*, *Lefty*)를 발현한다. *Nodal*의 발현은 원조뿐만 아니라 AVE의 형성에도 필요하다. AVE에서 발현되는 유도인자 유전자의 적중은 전방의 단절을 일으키지만, AVE 자체는 상배엽의 다른 부분으로부터 신경 구조를 유도하지 못한다. *Cerl*나 *Lefty1*의 손실은 여러 개의 원조를 형성하도록 한다. 이러한 영향은 *Nodal* 유전자의 사본 하나를 제거함으로써 막을 수 있는데, 이는 원조의 발생을 억제하는 NODAL 저해제의 또 다른 기능을 제시한다.

하등척추동물에서처럼, 전방의 신경판은 발생의 잘못된 상태로 여겨질 수 있다. SOX2는 내세포괴 시기로부터 전체적으로 발현되며, OTX2는 전체 상배엽에서 발현되고 조(streak) 형성시 후방 절반에서는 억제된다. 후방 상배엽, 전방 조, 그리고 결절 자체 모두는 *Foxa2*, *Lim1*, goosecoid (*Gsc*)와 같은 형성체와 관련된 유전자를 발현한다. 그러나 이것은 낭배형성 과정 동안 이 부위를 통과하는 세포들처럼 하나의 세포군이 아니다. 결절은 제노푸스의 형성체처럼 작용하여, 상배엽의 다른 부위로 이식하면 숙주로부터 유래되는 신경관과 체절을 포함하는 2차 축을 유도할 수 있다. 생쥐의 결절은 또한 닭의 배반엽에서 2차 축을 유도할 것이며, 그 활성은 중반-조(mid-streak) 시기에 최고이다. Chordin (*Chrd*)과 noggin (*Nog*)은 둘 다 조 앞쪽과 결절 상배엽에서 발현되며, 이들 단백질은 스스로 상배엽으로부터 전방 신경조직을 유도한다. 더구나 *Chrd*와 *Nog*의 이중 적중은 전뇌 형성을 방해하며 척삭과 골분절(sclerotome)의 결함을 야기하므로, 이들이 신경유도와 중배엽 등쪽화에 중요한 기능을 한다고 보여진다. 그러나 *Chrd*와 *Nog* 적중이 신경계의 몸통과 꼬리 쪽의 형성은 방해하지 않는 것으로 보아 이는 부가적인 BMP 저해제가 일반적인 꼬리화 인자(caudalizing facor)인 FGF, Wnt와 함께 작용하여 일어나는 것으로 보여진다.

제노푸스에서처럼, FGF-CDX-HOX 경로는 후방 지역의 패턴화를 조절하는 것으로 생각된다. *Fgf4*와 *Fgf8* 유전자는 조에서 발현되며, 활성화된 ERK는 면역염색에 의해 확인된다. *Fgf8* 또는 *Fgf 수용체1* 또는 *Cdx* 유전자의 적중은 HOX의 활성 감소와 함께 후방부의 결함을 보여준다. *Cdx2*는 또한 영양외배엽의 발생에도 필요하므로, 기능상실(null) 표현형을 조사하려면 4배체 상보성을 사용할 필요가 있다. *Cdx2* 프로모터와 연결된 몸통 Hox 유전자의 과발현은 몸통 결함을 가진 *Cdx* 돌연변이에서의 후방 패턴을 정상화할 것이다. 이는 *Cdx* 유전자가 체내에서 Hox 유전자를 상향조절함을 확인해 준다.

FGF8 단백질의 농도구배는 꼬리싹 시기에 3배엽 모두에서 면역염색에 의해 볼 수 있다. 이는 꼬리싹에서 *fgf8*의 전사에 의해 일어나며, 세포들이 꼬리싹을 떠난 뒤 mRNA가 점진적으로 감소하게 되면서 나타난다(그림 10.18). 이러한 기전은 배아의 능동적인 성장에 달려 있으며, 초기 발생 시기에 성장이 많이 일어나지 않는 하등 척추동물에서는 작동하지 않는다. 그러나 최종적인 FGF 활성의 기울기는 유사하다. 생쥐에서 어떤 *Wnt* 유전자는 후방의 몸체 형성에서도 중요한 역할을 한다. 특별히 *Wnt3A*는 후방에서 발현되며, *Wnt3A*를 적중시키면 일부 뒤쪽 부위가 만들어지지 않는다. 게다가, 레티노산은—세포 내에서 레티노산을 만들어내는 효소인 retinaldehyde dehydrogenase의 기능상실 돌연변이를 포함하여—후방의 결함을 유도하는 것으로 보여진다.

가용한 정보는 생쥐에서 얻어진 지역 특이적인 기전은 동일하지는 않지만 제노푸스, 제브라피쉬, 닭과 공통점이 있다고 제시한다. 처음에는 지역화가 머리와 몸통 부위 두 곳으로 나뉘

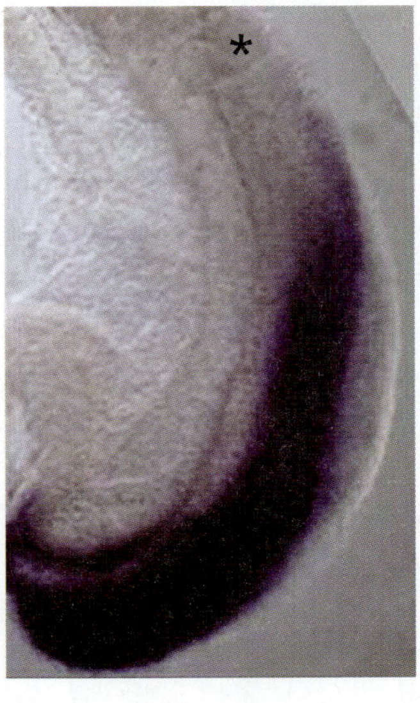


**그림 10.18** 9.5일째 생쥐 배아의 후방에서 *Fgf8* mRNA의 점진적인 발현. (인용) Nature Publishing Group의 허락을 얻어 Dubrulle and Pourquie. *Nature* 2004; 427: 419–422의 그림을 재구성하였음.

어 일어난다. 머리 양상은 전방 장측 내배엽에서 상향조절되는 유전자 그룹에 의존하며, 상배엽의 상응한 앞쪽 부위를 유도하는 데 필요한 유도신호도 있어야 한다. 몸통 양상은 원조의 끝과 나중에는 결절과 연관된 신호 중심에 의존하는데, 이 중심은 신경유도와 중배엽의 등쪽화에 책임이 있다. 모든 척추동물 종에서 NODAL 유형 인자들은 중배엽 형성에 중요한 역할을 하고 있으며, BMP 저해제는 신경 유도에 어느 정도 필요하며, FGF와 WNT 시스템은 후방 부위를 형성하는 데 필요하다.

## 생식세포 형성

대부분의 동물종과는 달리, 생쥐의 원시생식세포는 난자에 있는 세포질 결정인자로부터 만들어지지 않고 유도에 의해 형성된다. 약 30–40개의 원시생식세포가 E7.5일에 요막 바닥에서 보이기 시작하며 알칼리성 인산가수분해효소(alkaline phosphatase, ALP)에 대한 조직화학적 염색으로 알아낼 수 있다. 이들은 배외 외배엽으로부터 나오는 BMP4에 의해 유도된다. 그 증거로 BMP4 적중은 원시생식세포를 형성하지 못하며, BMP4를 잠재력이 있는 상배엽에 주입하면 원시생식세포의 형성을 유도할 수 있다. 원시생식세포는 DNA 메틸화를 잃고 상배엽과 배아줄기세포의 다능성과 연관된 Oct4와 Sox2의 발현을 재활성화한다. 후방 중배엽에서 최초 형성되지만 원시생식세포는 후장으로 들어가고 계속하여 생식소로 이동해다(제15장 참고).

## 좌-우 비대칭성

닭에서처럼, *Nodal*은 *Lefty2*를 따라서 제2-, 3-체절 시기부터 결절의 오른쪽 면에서 우선적으로 발현하게 된다. 이 발현은 곧 왼쪽 측판중배엽으로 퍼져나간다. 연속적인 유전자 상향조절의 결과는 닭과는 다소 다르지만, 결과적으로 이러한 요인들은 두 측면에 작동하는 하류 표적(downstream target)의 차별적인 상향조절에 의해 비대칭을 초래한다. 예를 들면 초기 심장의 비대칭에 기여하는 두 가지 bHLP-유형 전사인자가 있다. 왼쪽면의 NODAL에 의해 개시되는 연쇄반응은 dHAND가 주로 오른쪽면에서, eHAND는 주로 왼쪽면에서 발현되도록 한다. 유사하게, 장의 시계 반대 방향의 꼬임은 왼쪽면에 좀 더 빽빽한 간충직의 존재로부터 생겨난다. 이것은 왼쪽면에 있는 N-캐드히린에 의해 일어나며, N-캐드히린의 합성은 연쇄반응의 하류 요소인 전사인자 PITX2와 ISL1에 의해 조절된다.

비대칭의 원래 원인은 또한 "정상위치(situs)"라고 불리는데, 이는 결절에서 발견되는 섬모의 작용에 의해 초래된다고 생각된다. 각각의 결절 세포는 하나의 섬모를 가지며, 비대칭 유전자가 발현되기 직전 시기에 운동성을 보여 체액의 흐름을 왼쪽에서 오른쪽으로 유도한다. 이는 체외에서 배양하는 배아에 형광 염료를 첨가함으로써 눈으로 확인할 수 있다. 체액의 흐름은 결과적으로 후기의 유전자 발현과 연관이 있는데, 실험적으로 그 흐름을 뒤바꾸면 *Nodal*이 왼쪽 대신 오른쪽 발현됨을 초래한다. 정확한 기전은 아직 논쟁 중이지만, 체액 흐름은 왼쪽면의 감각 섬모를 자극하여 유전자 발현에 영향을 주는 세포내 칼슘 증가를 유발한다.

섬모는 본질적으로 비대칭 구조로 미세소관의 표준인 9+2 배열을 가지며, 그들의 움직임을 생성하는 운동단백질을 포함하고 있다. 생쥐에는 정상적인 몸의 좌-우 비대칭을 방해하는 많은 돌연변이가 존재하고, 이러한 높은 비율은 돌연변이는 섬모에서 결함을 일으킨다. 세 가지의 뚜렷한 돌연변이가 구분된다(그림 10.19). 첫 번째는 무작위로 비대칭을 일으키는 돌연변이이다. 이것은 배아의 반은 정상적인 ***situs solitus*** (***정위***), 반은 ***situs inversus*** (***역위***)를 가진다. 이러한 결과는 좌우 대칭의 깨짐은 여전히 일어나지만, 일상적인 ***situs solitus***를 보증하는 성향이 제거되었음을 시사한다. 이러한 돌연변이에서 *Nodal*과 *Lefty2*의 발현은 양쪽이 아닌 어느 한쪽 면에서만 일어나며, 이는 돌연변이가 일어난 유전자가 이 인자들의 상류임을 알려준다. 이러한 돌연변이는 **운동단백질**—예를 들어 키네신의 구성 요소인 KIF3A와 KIF3B, 다이네인, *iv* 유전자에 의해 암호화되

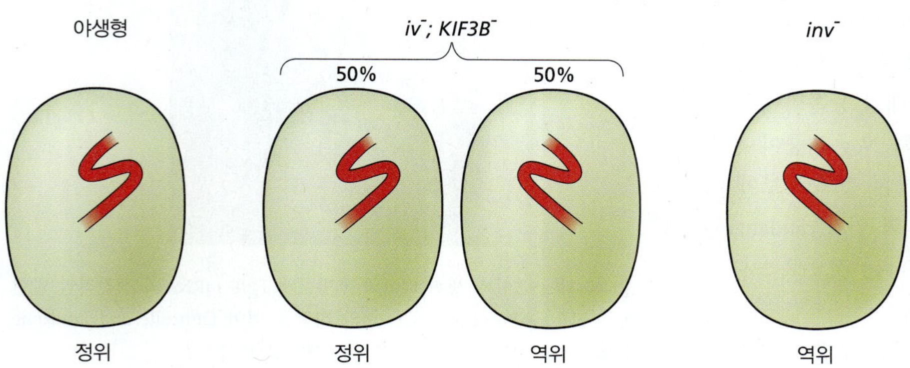


**그림 10.19** 생쥐에서의 비대칭 돌연변이.

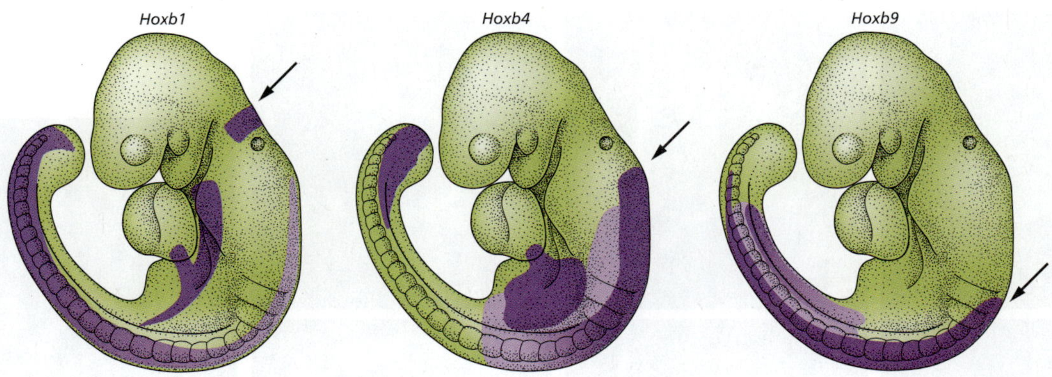


**그림 10.20** 서로 다른 전방 경계를 보이는 세 가지 Hox 유전자의 발현.

는 LRD—을 암호화하는 유전자에서 일어난다. 운동단백질 중 키네신은 섬모의 조립, 다이네인은 섬모의 움직임에 필요하다.

두 번째 돌연변이는 배아가 좌우 대칭의 상태를 벗어나게 한다. 이는 "**좌우비대칭상실(isomerism)**"로 알려져 있다(물론 화학적인 이성질 현상과 혼동해서는 안된다). 그 예로는 *TG737* 돌연변이가 있다. 여기에서 유전자 산물인 POLARIS도 섬모 조립에 관여한다. 기능상실 돌연변이는 섬모가 없으며 대칭적인 *Nodal*의 발현을 보인다.

세 번째 돌연변이는 역전된 비대칭(*situs inversus*)을 보인다. 그 예로 *inv*는 형질전환유전자(transgene) 삽입에 의해 만들어지며, *iv*와 *Kif3b*$^-$ 처럼 유전적으로 열성이다. 이것의 동형접합체는 모두 *situs inversus*이다. *inv*$^-$ 배아에서 *Nodal*과 *Lefty2*는 오른쪽 측면에서 발현된다. *inv* 산물인 INVERSIN은 ankyrin 반복 부위를 가진 세포질성 단백질이다. 이는 초기에 발현되며 섬모 움직임의 방향에 영향을 주는데, 돌연변이에서 체액의 흐름은 감소하며 왼쪽 방향 대신 오른쪽 방향으로 흐르며, *Nodal*은 오른쪽 면에서 발현된다.

사람의 유전병인 카르타게너 증후군(Kartagener's syndrome)은 무작위적인 비대칭을 포함한다. 유전적으로 어느 정도 이질적이지만, 많은 경우는 다이네인 돌연변이를 포함한다. 환자들은 정자가 운동성을 가지지 못하여 남성불임으로, 인두 상피의 섬모가 움직이지 않아 폐에 축적된 점액을 제거하지 못해 폐질환으로 고통 받는다.

## Hox 유전자

생쥐에서 4개의 **Hox 유전자** 집합체는 39개의 유전자를 포함한다. 유사유전자(paralog) 그룹 대부분은 둘 혹은 세 구성원을 가진다. 다른 척추동물에서처럼, Hox 유전자는 **계통형(phylotypic)** 시기에 최대로 발현되며 중추신경계와 중배엽 전방 경계에서 강하게 발현되는 경향을 보이며 후방에서는 점차 사라진다. 같은 유사유전자 그룹 구성원들은 유사한 전방 경계를 보인다(그림 10.20). Hox의 기능을 알기 위해 Hox 유전자에 대한 적중을 만들고, 외부 프로모터에 의해 만들어지는 Hox 유전자의 형질전환 동물을 만들어 이소적으로 발현시키는 등 많은 연구가 이루어졌다.

일반적으로, 적중은 전방의 변형을 초래한다. 그 효과는 대체적으로 유전자의 전방 발현의 경계에서 가장 강한데, 이는 특정 유전자가 좀 더 앞쪽 부위에서 전반적인 Hox 조합과 구분되기 때문이다. 일반적으로 하나의 Hox 유전자에 대한 적중은 가장 평범한 효과를 나타내며, 모든 유사유전자 그룹을 적중시키면 그 효과는 상당하다. 예를 들면 유사유전자 그룹 10의 적중은 요추(lumbar vertebrae)를 흉추(thoracic character)로 전환시키며, 유사유전자 그룹 11의 적중은 모든 천추(sacral vertebrae)를 요추로 전환시킨다. 유사유전자 그룹의 멤버가 대체로 서로 매우 유사하고 비슷한 부위에서 발현하기 때문에 상당한 여분이 있다.

Hox 유전자의 이소성 발현은 일반적으로 후방의 변형을 초래한다. 예를 들어 정상적으로 흉부에 전방의 경계를 둔 발현을 하는 *Hoxa7*이 머리에서 발현되면, 두개골의 기저 후두골이 제1경추 유형(pro-atlas type vertebra)으로 전환된다. Hox 유전자의 상향조절은 모체에 레티노산을 처리함으로써 자극되며, 동시에 여러 개의 Hox 유전자가 이소성 발현하기 때문에 여러 개의 후방화를 초래한다.

## 사람의 초기 발생

생쥐는 대체로 사람을 대신하는 좋은 모델로 여겨져 왔다. 사실상, 사람 발생의 착상전 배아 단계(그림 10.21)는 생쥐와 매우 유사하지만, 몇 가지 뚜렷한 차이가 있다. 수정은 난관에서

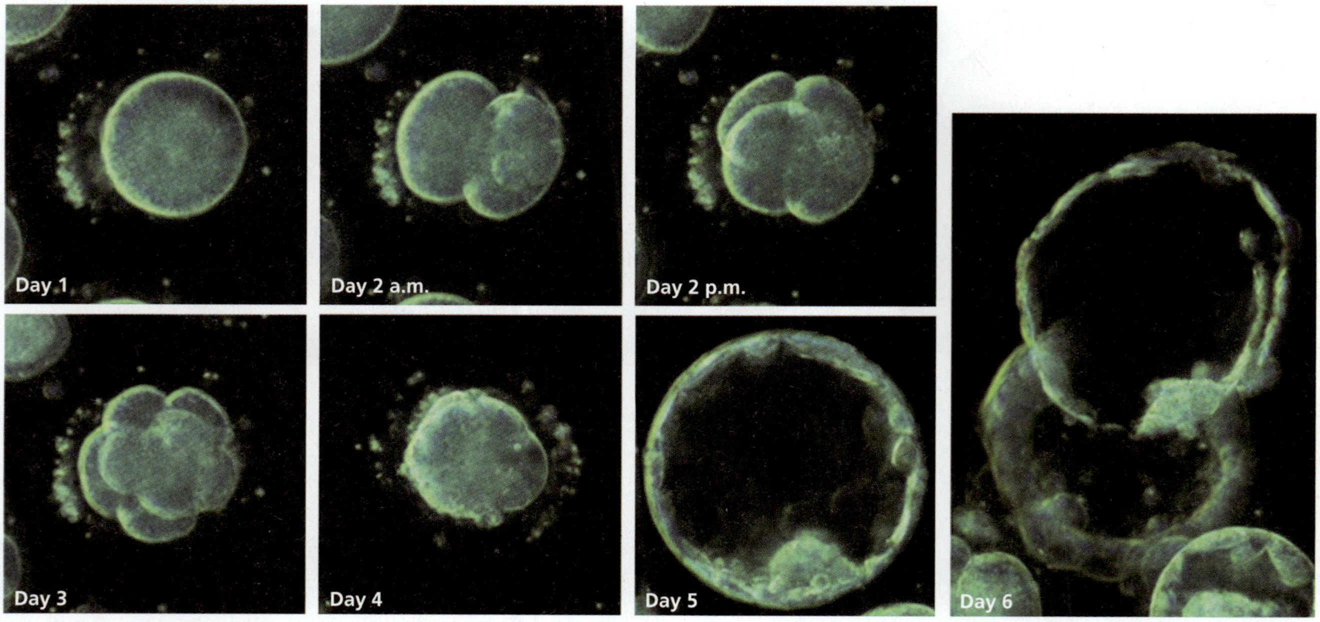


**그림 10.21** 사람의 초기 발생 : 수정란, 2-, 4-, 8-세포기, 밀집한 상실배, 투명대로부터 부화한 포배. (인용) Dr K. Loewke, Stanford University.

일어나며 배아가 자궁까지 이동하는 데 대략 4일이 걸린다. 난할은 매우 천천히 일어나는데, 첫 번째 난할은 약 30시간째에, 두 번째 난할은 40시간째에 일어나며, 조금 빨라져서 4일째에 초기 포배를 형성하고 5일째에 성숙한 포배가 투명대를 뚫고 나온다. 포배는 생쥐의 포배와 매우 닮아 있어서 내세포괴는 생쥐에서는 영양외배엽, 사람에서는 보통 **영양막(trophoblast)**이라 불리는 세포로 둘러싸여 있다. 착상은 6-7일째에 일어난다. 설치류의 벽쪽 영양외배엽이 형성하는 합포체와 상동인 것은 **다핵영양막세포(syncytiotrophoblast)**이라 불리며, 이는 모체의 자궁내막으로 파고든다. 그러나 포배는 생쥐의 극성 영양외배엽과 유사한 **세포영양막세포(cytotrophoblast)**로 완전히 둘러싸여 있으며, 계속 분열하는 세포로 남아 있게 된다.

**초기내배엽(primitive endoderm)** 혹은 **하배엽(hypoblast)**은 7일째에 내세포괴의 포배강쪽 표면에서 보이기 시작하며, 세포들은 영양막의 안쪽 표면쪽으로 가로질러 이동한다. 그러나 8일부터의 발생 단계는 생쥐와 세 가지 측면에서 다르다(그림 10.22). 첫째로, **양막강(amniotic cavity)**은 내세포괴 안에 만들어진 빈 공간에 의해 만들어진다. 두 번째로, 설치류와는 달리 상배엽이 난원통을 형성하지 않는다. 상배엽 대신 하배엽이라고도 불리는 초기내배엽이 양막강과 난황막강 사이에 존재하는 편평한 **포배판(blastodisc)**을 형성한다. 셋째로, 많은 양의 간충직이 초기내배엽과 영양막 사이에 나타난다. 이러한 배외중배엽의 기원은 논쟁의 여지가 있다. 원조가 형성되기 이전 시기에 나타나므로 낭배형성 과정의 산물은 아닌 것으로 보인다. 원숭이 배아 연구에서 기원은 1차 내배엽이라고 제안되었고, 이는 사람의 융모막 섬모 샘플에서의 염색체 결합과 일치한다. 대부분의 염색체 이상이 태아와 배외막에서 공통적이지만 가끔은 불일치가 있으며, 중배엽-유래 조직에서의 결손 비율은 영양막과 태아 모두 일치하지 않는다. 이는 기원이 1차 내배엽과 같은 다른 배외조직에서의 초기 비분리 현상으로부터 온다고 제안하고 있다.

태반은 다핵영양막세포에 있는 빈 부분(lacuna)이 나타나면서 형성되기 시작한다. 이는 계속하여 모체의 혈관구조가 된다. **융모막 섬모**는 배외중배엽으로부터 유래된 혈관을 포함하는 세포영양막세포의 돌기로 구성되어 있다. 이것이 자라서 혈액으로 가득찬 부분으로 되며, 모체와 미래의 태아 사이의 순환에서 가스교환을 제공한다. 융모막 섬모 샘플링은 유전병의 산전 진단의 한 방법으로 사용된다. 구성 세포는 태아 조직의 일부이므로 태아의 유전자형을 알 수 있다. 생식세포 계열 돌연변이를 찾아낼 수 있으며, 감수분열에서 일어나는 염색체 비분리 현상도 찾아낼 수 있다. 그러나 위에서 언급했듯이, 초기 발생에서 가끔 일어나는 염색체 비분리 현상은 태아와 배외막에서 동일하지는 않다.

**원조(primitive streak)**는 15일경에 포배판으로 부터 만들어진다. 낭배형성은 닭, 생쥐와 유사하여 세포들은 조를 따라 이동하여 중배엽과 하배엽으로 대체되는 완성내배엽을 형성한다. 결절은 원조의 끝 부위에서 만들어지며, 척삭은 이것으로부터 앞쪽으로 밀어낸다. 생쥐의 척삭과는 달리, 사람의 척삭은 빈

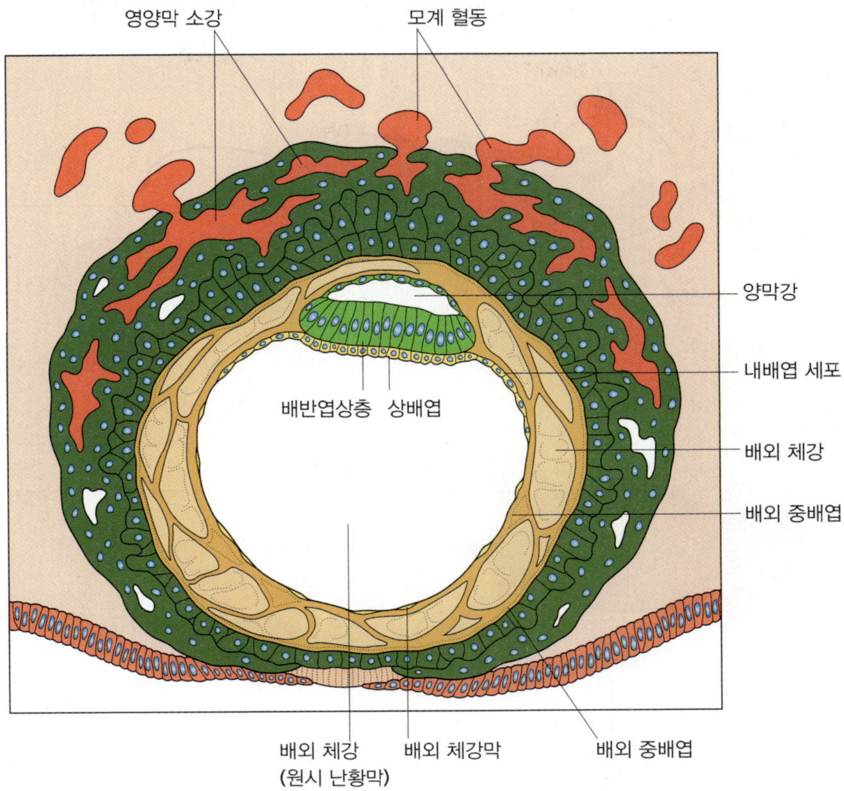


**그림 10.22** 수정 후 12일째 착상된 사람 배아. 생쥐와 달리 내세포 덩어리, 편평한 배반, 배외중배엽 덩어리로부터 형성된 양막강이 있다. (인용) Williams and Wilkins: Baltimore의 허락을 얻어 T.W.Sadler, *Langman's Medical Embryology*, 6th edn. (1990)의 그림을 재구성하였음.

공간을 가지며 함입과정에 의해 형성된다. 이는 후에 내배엽과 합쳐져서, 양막강과 난황막강을 결합한 일시적인 **신경-소화관공(neuroenteric canal)**을 형성하게 한다. 1차 몸 체제 형성 측면들도 생쥐와 비슷하지만, 예외적으로 요막은 후장이 팽출(膨出, evagination)한 것이며 내배엽과 나란한 데 비해 생쥐의 요막은 단지 중배엽으로만 구성되어 있다.

초기 사람 발생에서 사건들은 사람 **배아줄기세포**(21장 참고)에 관한 윤리적인 논쟁과 초기 사람 배아를 이용한 실험을 허가할 것인가의 문제와 연관되어 있다. 영국과 같은 사법체제하에서는 수정후 14일 동안은 자격증이 있는 경우에만 실험이 허가된다. 이에 대한 이론적 근거는 생물학적인 것이다: 원조가 형성될 때까지는 확인 가능한 인체 기관이 만들어지지 않는다. 이것 이전에는, 수태 산물(conceptus)의 모든 세포들은 태반까지 그들의 모든 파생물의 일부에 공헌하며, 쌍생아 발생은 하나 이상의 개체가 전체로서의 수태 산물로부터 만들어질 수 있음을 의미한다. 사람의 일란성 쌍생아는 대부분 내세포괴의 분열(70-75%)로부터 만들어지며 할구 분리(25-30%)로부터는 좀 더 낮은 비율로, 그리고 가장 덜 빈번하게 일어나는 것은 원조의 분열(1%)로부터 일어난다. 이러한 양상은 쌍생아가 태반과 양막을 공유하느냐에 따라 구분되어진다. 할구 분리의 경우는 태반이 각각 분리될 것이고, 내세포괴 분열의 경우는 태반은 공유하지만 양막은 분리될 것이며, 원조 분열의 경우는 태반과 양막 둘 다 공유할 것이다.

## 생쥐 발생유전학

### 형질전환 생쥐

유전적 구성을 조작한 생쥐의 창조는 발생학과 많은 생명의학 분야의 응용으로 실제적인 산업이 되고 있다. 가끔 **형질전환(transgenic)**이라는 용어는 모든 형태의 유전적 변형을 포함하지만, 여기서는 생식세포 계열에 새로운 유전자를 삽입하는 좀 더 좁은 의미로 사용한다. 오랫동안 표준 방법은 수정란의 전핵에 DNA를 직접 주입하는 것이었지만, 아래에서 언급할 **녹인(knock-in)** 방법은 변형된 유전자가 완전히 정상적으로 보존될 수 있는 환경 때문에 최근 인기를 얻고 있다. 또한 인테그라제(integrase)를 사용하여 상동재조합에 의해 미리 도입한 선결정한 부위에 DNA를 삽입할 수 있는 방법이 개발되었다.

전핵주입방법(pronuclear injection method, 그림 10.23)은 생식세포계열이 높게 형질전환될 가능성이 있는 합리적인 결과를 이끌어 낸다. 정상적으로 삽입은 유전체 내에서 무작위로 일어나며 많은 형질전환 유전자 사본이 머리에서 꼬리로 결합되어 세로로 나란히 배열(tandem array)되는 것을 포함한다. 만약 유전자를 주입할 때 대체적으로 형질전환 유전자의 발현을 억제

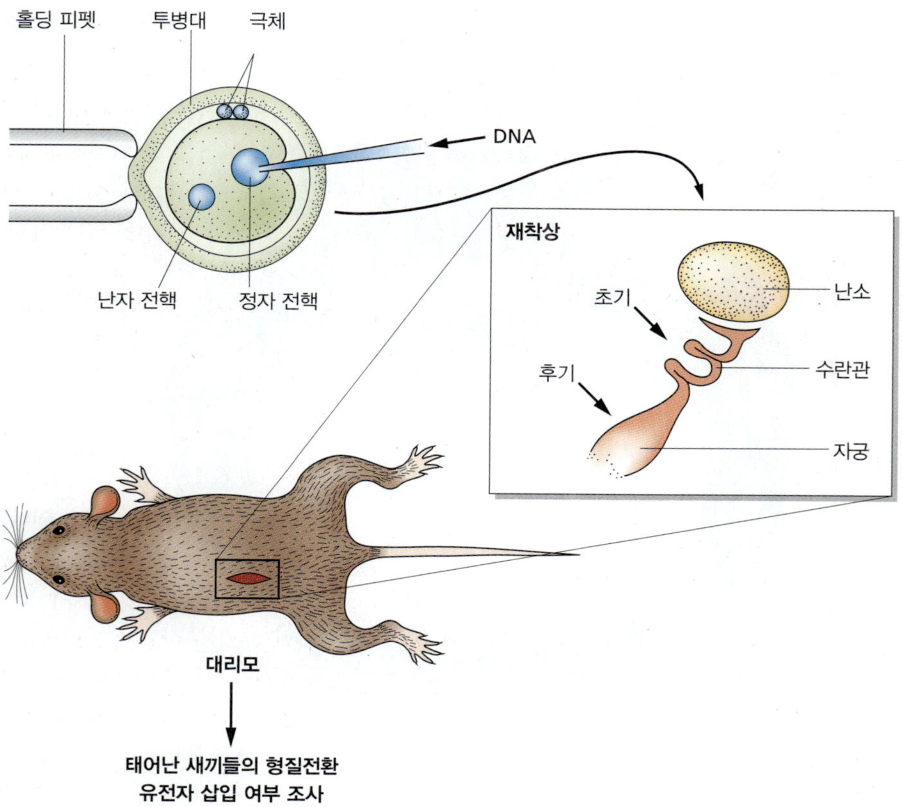


**그림 10.23** 수정란의 전핵 내로 DNA 주입하여 만들어진 형질전환 생쥐.

하는 서열을 지닌 플라스미드 DNA로부터 정제하여 삽입하면 유전자 발현 정도가 더 좋아진다. 또한 cDNA 보다 발현 정도가 더 좋은 인트론을 포함하는 게놈 DNA을 사용하는 것이 중요하다(cDNA; 인트론이 없는 mRNA로부터 복제된 DNA). 정상적으로 선형의 DNA가 고리형의 DNA보다 주입하기 더 좋다. 유전자 변형 실험으로부터 새로 태어난 생쥐의 각 개체의 꼬리로부터 DNA를 추출하여 게놈 서던블롯(genomic southern blot) 또는 PCR을 수행하여 유전자의 삽입 여부를 검증할 수 있다. 형질전환 유전자는 대체적으로 계속되는 번식에서 단순한 우성 유전자로서 행동한다. 따라서 동형접합체(homozygocity)가 될 때까지 번식하여 그 계통의 모든 배아가 유전자를 갖도록 함이 바람직할 것이다.

전핵 주입한 외래 유전자의 비정상적인 염색체 위치에도 불구하고, 충분한 flanking DNA 서열이 포함되는한 시공간적으로 정확하게 발현할 수 있다. 박테리아 인공염색체(Bacterial artificial chromosome, BACs)는 플라스미드보다 더 큰 크기의 삽입 DNA를 수용할 수 있는데, 삽입한 DNA의 클로닝을 위해 플라스미드보다 BACs를 사용하게 된 동기는 가능한 많은 측면 DNA를 포함하고자 함이다. 유전자 발현의 조절에 필요한 특정한 조절 서열을 찾아내기 위해 유전자의 측면서열(flanking sequence)을 변형하는 많은 연구가 수행되고 있다. 이러한 유형의 연구는 일시적인 형질전환을 사용하는 것으로도 충분하다. 이것은 유전자를 주입하고, 배아를 재착상시키고, 후에 회수하여 영구적인 계통(permanent line)을 확립하여 번식 과정 없이도 직접적으로 분석할 수 있음을 의미한다. 정상적인 유전자 산물을 조사하는 대신에, 이러한 연구에서는 유전자 산물을 좀 더 쉽게 찾아낼 수 있는 **리포터 유전자(reporter gene)**를 사용한다. 통상적으로 사용되는 리포터 유전자는 ***lacZ***와 ***Luciferase***이다. *lacZ*에 의해 암호화되는 β-galactosidase는 X-gal 반응을 이용하는 온표본(wholemount) 혹은 절편에서 쉽게 찾아낼 수 있다. Luciferase는 곤충으로부터 온 효소로, 루시페린(luciferin)이라는 기질을 발광성 산물로 바꾼다. 이것은 조직 표본에서 조도계(luminometer)를 사용하여 매우 민감하게 측정할 수 있으며, 이는 또한 고감도 온몸 이미지 시스템(sensitive whole-body imaging system)을 사용하여 온전한 생쥐에서도 눈으로 확인할 수 있다.

적절한 분자적 구조를 만듦으로써 다른 프로모터의 조절을 받는 유전자의 암호화 부위를 발현할 수 있으며, 이는 특정 유전자의 이소성 발현을 가능하게 하고 발생정의 변경을 초래한다. 가끔 균일한 발현이 요구되는데, 이때는 세포골격형 β-액틴(*Actb*) 혹은 히스톤H4 (*Hist4*)와 같은 housekeeping 유전자의 프로모터를 사용하여 달성할 수 있다.

## 배아줄기세포

발생학적으로 **다능성**을 보이는 세포 계열은 조직 배양에 생쥐 포배를 넣어줌으로써 만들어낼 수 있다. 포배가 투명대를 뚫고 나온 후에는 적절한 배양액 내에서 기질에 붙고, 그러면 내세포 덩어리(inner cell mass, ICM) 세포들은 증식할 것이다. 이러한 결과로 만들어진 세포들을 **배아줄기세포(ES cell)**라고 부른다. 그들이 내세포 덩어리로부터 유래되긴 하지만 유전자 발현정보는 완전히 동일하지는 않으며, 정상적인 배아에서 정확한 대응 짝이 있는지는 확실하지 않다. 그들은 여러 계대를 이어 배양될 수 있으며, 나중에 사용하기 위해 얼려질 수 있다. 배양을 위한 표준 방법은 방사선을 쪼인 섬유모세포를 **영양공급층(feeder layer)**으로 사용하거나, 혹은 백혈병억제인자(leukemia inhibitory factor, LIF)를 포함하는 배양액에서 자라는 ES 세포에 의해 분화가 억제된다. 최근에는 ES 세포의 다능성이 EGF와 Wnt 신호경로의 저해제(2i 또는 3i medium)의 존재 하에서 유지될 수 있음이 알려졌다. ES 세포는 단지 몇 종의 생쥐로부터만 유래될 수 있지만, 배양시 새로운 억제제를 사용하면 더 많은 종의 생쥐와 흰쥐로부터 ES 세포 생산이 가능하다. 영양공급층 세포나 LIF, 혹은 억제제가 제거된다면, ES 세포는 시간적으로는 정상이나 공간적으로는 매우 비정상적인 분화과정이 일어나는 **배상체(胚狀體, embryoid bodies)**로 분화된다. 보통 생쥐의 ES 세포를 **전능성**이라기보다는 **다능성**이라 표현하는 것은 분화시 어떤 영양외배엽도 형성하지 못하기 때문이다.

ES 세포는 끊임없는 자가-재생 능력과 분화된 자손을 생산하는 능력을 특성으로 나타내므로 줄기세포라고 말할 수 있다(18장 참고). 그들의 생체내 대응 짝인 내세포 덩어리, 혹은 초기 상배엽은 유도 신호의 영향 하에서 다른 종류의 세포로 빠르게 발생하므로 줄기세포가 아니다. ES 세포의 줄기세포 특성은 다능성인자로 언급된 OCT4, NANOG, SOX2를 포함하는 전사인자의 상호적인 상향조절작용에 의한다. 발생조절 유전자의 발현 촉진과 억제는 배엽의 형성과 지역 특정화 동안의 초기 사건들을 좌우한다. 발생조절 유전자는 변형된 히스톤의 길항적 쌍을 가지고 있어 관련된 유전자 활성의 촉진과 억제를 모두 할 수 있는 "2가의 표지(bivalent mark)"에 의해 능력이 유지된다. 예를 들면, 많은 유전자에서 H3K27과 H3K4 두 부위의 히스톤 메틸화가 일어나는 2가의 도메인이 존재한다. 그러나 2가의 염색사 도메인은 ES 세포만의 특징은 아니다.

면역학적으로 적합한 성체 생쥐에 이식하면, ES 세포는 다소 덜 통합된 방법으로 배열된 몇몇 분화조직을 포함하는 테라토마(teratoma)라고 불리는 종양을 형성한다. ES 세포를 생쥐의 포배에 주입하면, 내세포괴에 끼어들어가 높은 비율로 **키메라 형성(chimerism)**이 일어난다. 많은 경우에 키메라 형성은 생식세포까지 확장하여, 배양에서 자란 세포로부터 온전한 생쥐를 번식할 수 있다(그림 10.24). 소수의 ES 계통은 태아는 아니지만 배외막은 형성할 수 있는 **4배체(tetraploid)** 포배에 주입할 경우 자신의 완전한 배아를 형성할 수 있다. 배아를 다시 발생시킬 수 있는 능력을 잃지 않고도 250번 이상 계대배양을 하는 계통처럼, ES 세포의 존재는 발생 수임으로부터 성장을 멈추게 하는 것이 가능하다는 흥미로운 사실을 보여준다.

사람의 배아줄기세포는 재생의학에서 매우 중요한 주제이다(12장 참고). 그러나 현재까지 생쥐 ES 세포가 가진 실질적인 중요성은 생쥐 배아로 유전자를 재도입하는 정교한 경로를 제공한다는 점이다. 유전자는 DNA를 접합자 내로 간단히 주입하여 도입될 수 있지만, 이렇게 도입된 유전자의 복제된 수나 삽입된 부위의 위치를 조절할 수 없다. 대조적으로 배양 중인 ES 세포는 유전체 내에 상보적인 위치에 외래 DNA의 **상동재조합(homologous recombination)**에 의해 매우 드물지만 찾아내는 것이 가능하다(동영상 2: 상동재조합). 이것은 각 유전자를 불활성화된 변이형으로 대체함으로써 **적중**을 만들거나 다른 유전자를 삽입하는 **녹인**을 만드는 데 사용된다.

## 적중과 녹인

발생학에서 유전자를 적중시키는 주요 목적은 기능상실 표현형이 유전자의 기능을 밝혀 내리라는 기대이다. 일반적으로, 궁금한 유전자의 산물은 생화학적 활성, 발현 양상, 또는 초파리와 같은 다른 종에서 상동적인 발생 조절기능의 존재 여부 등에서 중요하다고 믿어진다. 적중은 또한 사람의 유전병에 관여하는 특정 유전자 변이체에 대한 돌연변이 생쥐를 만들어내는 데도 유용하다. 이는 사람 질병의 **동물 모델**을 제작함으로써 질병의 병리에 대한 더 많은 정보를 얻을 수 있으며, 치료 전략을 시험해 볼 수도 있다. 그 예로 cystic fibrosis transmembrane conductance regulator (CFTR 단백질)에 대한 돌연변이 생쥐는 사람 낭포성섬유증(cystic fibrosis)의 모델 역할을 한다. 다른 예로 apolipoprotein B (ApoB) 유전자를 망가뜨린 생쥐에서는 죽상동맥경화증(atherosclerosis)이 2-3개월 지나서 발생한다. 더 나아간 의학적 응용은 예를 들어 *p53* 유전자와 같은 종양억제 유전자의 제거에 의해 특별히 암에 예민한 생쥐를 만들어 내는 것이다.

현재 적중 기술이 매우 정교함에도 불구하고, 기본적인 방법은 대체로 무작위적인 삽입보다는 상동재조합을 위한 양성-음성 선별(positive-negative selection)을 사용한다. 표적 구조는 대체하고자 하는 부위의 게놈 DNA와 항생제-저항 유전자[주로 네오마이신 저항성(*neo*)]에 의해 대체되는 유전자의 필수

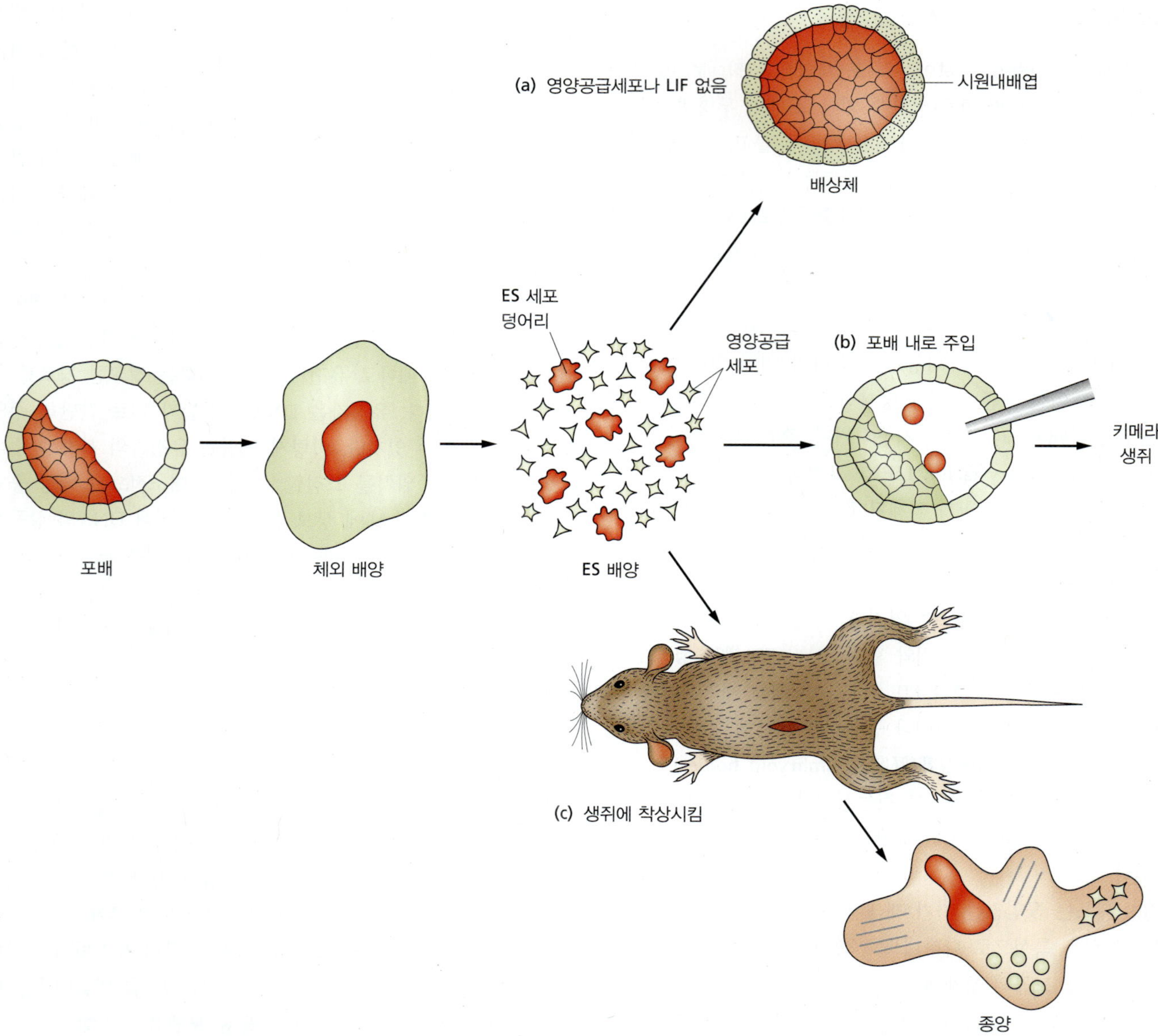


**그림 10.24** 배아줄기세포. (a) 배양보조세포층의 제거는 체외에서 분화를 유도하여 "배상체"를 형성하게 한다. (b) 포배로의 주입은 키메라 생쥐를 만들 수 있다. (c) 신장 캡슐 아래에 이식하면 기형종을 생산할 수 있다.

적인 기능 부위로 조립된다. 이의 측면은 티미딘 키나제(thymidine kinase, *TK*)를 암호화하는 바이러스 유전자의 사본이다. 이 구조를 ES 세포에 감염시키고 만약 상동재조합이 일어났다면, 단지 *neo*만 삽입될 것이다(그림 10.25a). 그러나 삽입이 무작위로 잘못된 위치로 되었다면 *neo*와 *TK* 모두 끼어들어갈 것이다(그림 10.25b). 그런 다음 세포는 두 가지 약제를 사용하여 선별해 낼 수 있다. **네오마이신(neomycin)**은 표적 벡터가 끼어들어가지 않은 모든 세포를 죽일 것이다. 왜냐하면 숙주인 ES 세포는 네오마이신에 민감하기 때문이다(영양공급세포는 저항성이 있다). **간시클로비르(ganciclovir)**는 *TK* 유전자가 존재하는 구조가 끼어들어간 세포들을 죽일 것이다. 왜냐하면 TK가 이 약을 세포독성 물질로 전환시키기 때문이다. 이러한 이중 함정효과로 생존하는 세포만이 상동재조합이 일어나 표적 유전자가 불활성화된 것으로 정확히 대체된 것이다. 이 세포들을 개개의 클론으로 배양하고 표적 구조가 예측된 위치에 제대로 삽입되었는지 확인하기 위해 서던 블로팅과 PCR로 검사한다(그림 10.26). 그런 다음 세포를 숙주의 포배에 주입하고, 그 배아를 다시 대리모에 이식한다. 숙주 배아의 품종은 ES 세포의 부모 품종과 털 색깔이 다른 것으로 선택한다. 키메라 형성은 얼룩덜룩한 털 색깔로 알 수 있으며, 꼬리 끝 DNA를 분석하여

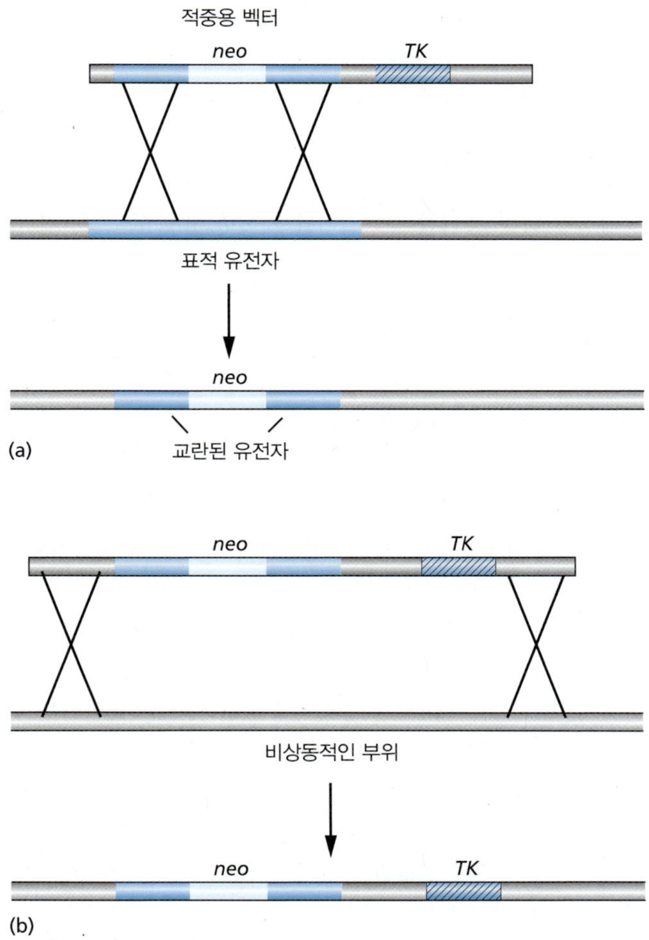


**그림 10.25** 유전자 적중: (a) 상동 부위에서의 재조합은 숙주 유전자를 파괴하여 *TK*가 아닌 *neo* 유전자로 삽입된다. (b)비상동 부위에서의 재조합은 *neo*와 *TK* 모두에 삽입된다.

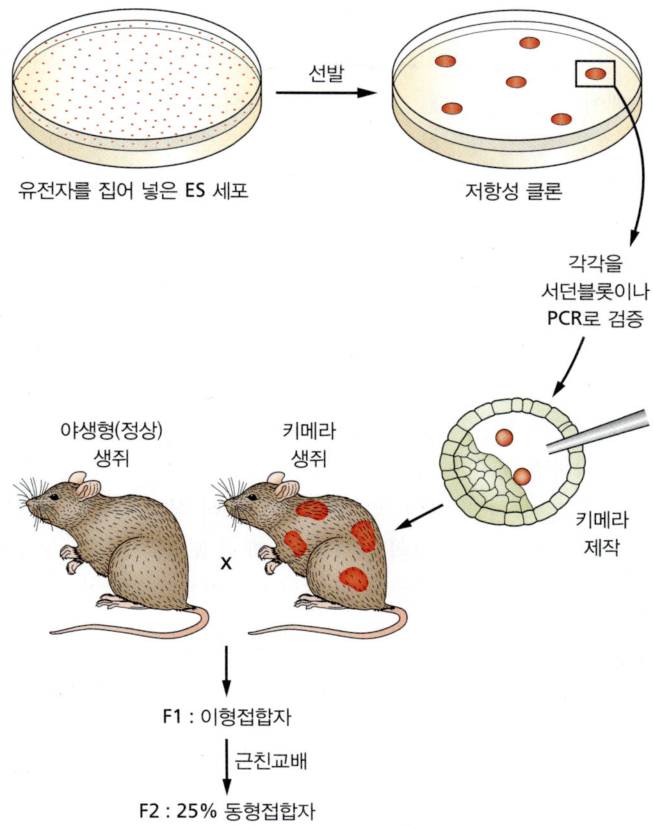


**그림 10.26** 배아줄기세포로의 상동재조합을 통해 유전자 적중을 만드는 과정.

확인한다. 키메라 생쥐는 생식계열에서 숙주세포를 포함할 수도 하지 않을 수도 있기 때문에, 교배시킨 후 자손의 꼬리 끝 DNA를 분석해야 한다. F1 세대가 표적 구조를 포함한다면 이들끼리 다시 교배를 하여 상동접합체를 생산할 수 있으며, 기능상실 돌연변이의 표현형이 확립될 수 있다.

정확하게 동일한 기술이 "**녹인**"을 만드는 데에도 사용된다. 여기에서는 불활성화된 내재 유전자로 대체하는 대신에 그 자체를 변형하여 대체하거나 리포터 유전자가 추가되어진다. 녹인 방법은 전통적인 형질전환보다 유리한 점을 갖는데, 왜냐하면 삽입 위치와 환경이 결정되어 있으므로 예상치 못한 삽입 결과는 없기 때문이다.

적중 생쥐의 사용에는 몇 가지 문제가 있다. 첫째로, 표현형의 비정상성이 없거나 거의 없는 경우이다. 이것을 주로 "**중복성(redundancy)**"이라고 표현하며, 유전체 내에 기능이 겹치는 다른 유전자가 존재하는 것이다. 이는 척추동물에서는 많은 수의 복합유전자 패밀리(multiple gene family)를 가지기 때문에 매우 일상적이다(3장 참고). 뚜렷한 중복성을 보이는 한 세트의 유전자의 기능을 알아내기 위해서는 모든 유전자를 적중시켜야 하며, 각각의 적중 계통과 함께 교배하여 다수의 상동접합체 기능상실을 모아야 한다. 이러한 부류의 연구가 상당히 이루어졌는데, 예를 들면 Hox 유전자의 유사유전자 그룹과 다양한 레티노산 수용체이다. 둘째로, 적중의 효과가 돌연변이가 도입된 생쥐의 품종이나 유전적 배경에 따라 꽤 다양하다는 것이다. 기능 분석이 복잡할지라도, 이러한 특징은 관련 연구에서 상호작용하는 다른 중요한 유전자를 찾아내는 데 도움을 주는 유용한 성질이기도하다. 마지막으로, 표현형이 너무 심각하여 배아가 초기에 죽기 때문에, 같은 유전자의 후기 기능을 알아 내는 것에 제약이 있다. 이러한 문제를 위한 몇 가지 해결책이 있다. 그중 하나는 Cre-lox 시스템(3장, 13장 참고)과 같은 **조건부 적중(conditional knockout)**을 만드는 것이다. 다른 하나는 태아의 일부에서만 유전자가 적중되는 **키메라**를 만드는 것이다.

## 키메라 적중

키메라 방법의 일반적인 응용은 배외막 조직에서 초기에, 그리고 배아 자체에서 조금 늦은 시기에 특정 유전자가 필요한 경우이다. 왜냐하면 초기 죽음은 베외막 조직으로부터 영양 공급을 받지 못하기 때문이다. 위에서 언급했듯이 ES 세포를 4배체 포배에 주입하였을 때, 그 이유는 잘 이해되지 않지만 ES 세포는 주로 배아를 형성하고 4배체 세포가 주로 배외막 조직을 형성한다. 4배체 배아는 2세포 시기의 할구를 전기융합하여 만들어지며, 그 자체는 장기간 생존할 수 없다. 착상 후 유전자의 기능을 알아내기 위해서는 상동의 기능상실 ES 세포, 혹은 상동의 기능상실 포배의 내세포괴 세포를 4배체 배아에 주입한 후 대리모에 이식해 준다. 4배체로부터 유래된 배외막 구조는 배아 그 자체에서 유전자가 필요할 때까지 발생을 지지하며, 이 시기부터 확인 가능한 결함이 생기면 정상적인 유전자의 기능을 밝혀낼 것이다. 그 예로 FGF receptor 2 (*Fgfr2*)의 경우이다. 만약 적중되면, 극성 영양외배엽의 증식 실패 때문에 착상 전 죽음이 일어난다. 그러나 정상형 4배체 포배와 *Fgfr2*$^-$ 세포로 구성된 키메라 배아는 약 E10.5일까지 발생할 것이며, 이 시기에 배아가 폐와 팔다리를 갖지 못하는 것이 뚜렷한 것으로 보아 이 수용체를 통한 FGF 신호가 이 두 가지 기관 모두를 형성하는 데 필요함을 보여준다.

## 유전자와 인핸서 포획

적중 기술은 매우 강력하지만, 이는 이미 확인된 유전자에서만 적용이 가능하다. 알려지지 않은 유전자는 신원을 확인하기 위해 돌연변이 유발이 필요하다. 3장과 8장에서 언급했듯이 이는 화학적 돌연변이 유발이며, 유전자의 위치추적 클로닝(positional cloning)이 뒤따른다. 이는 또한 변경된 유전자 좌위를 확인하기 쉬운 적절한 DNA 벡터를 사용하는 **삽입 돌연변이 유발(insertional mutagenesis)**을 수행하는 데 유용하다. 이와 관련된 구조를 **유전자 올가미(gene traps)**라 하며 스플라이스 수용 부위(splice acceptor site), 리포터 유전자, 선별 마커를 포함하고 있다(그림 10.27). 리포터 유전자와 선별 마커는 종종 ***β-geo***라고 불리는 단일 유전자와 결합되어 있는데, 이는 *E.coli lacZ*와 네오마이신-저항성 유전자가 합쳐진 것으로, 두 가지 활성을 모두 가진다. 이러한 구조를 ES 세포에 감염시킨다. 만약 이것이 유전자 바깥쪽에 있게 되면, 이는 자신의 프로모터가 없기 때문에 불활성화 상태로 남아 있게 된다. 만약, 구조가 유전자 안에 들어가면 스플라이스 수용 부위가 암호화 서열로 끼어들어갈 수 있어서 마지막 엑손으로서 기능할 것이다. 내재 유전자는 삽입에 의해 방해를 받기 때문에 불활성화되거나 활성이 감소하는 돌연변이가 일어날 것이다. β-geo는 짧아진 내재 단백질의 C-터미널 끝부분에서 융합된 형태로 발현될 것이다. 그리고 이어 맞추기가 틀 안에서 일어난다면, 세포들은 네오마이신-저항성에 의해 선택되어지며, 또한 β-갈락토시다제를 발현한다.

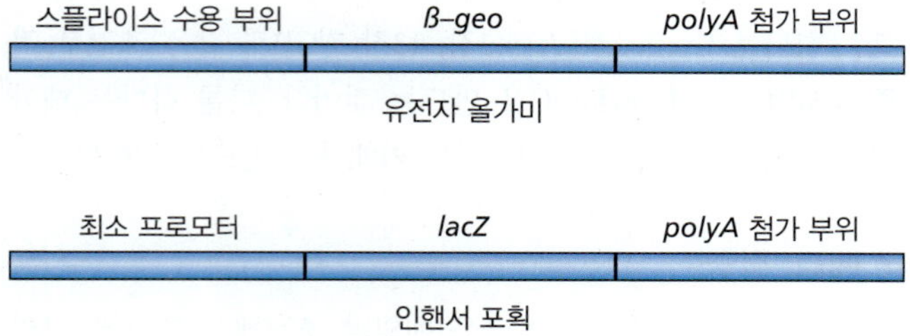


**그림 10.27** 유전자 올가미법과 인핸서 포획.

유전자 올가미는 ES 세포 내로 감염되며, 적중에서 사용된 동일한 과정으로 생쥐 내에 도입된다. 이 경우 키메라 자체를 X-gal로 염색하여 정상적인 발현 양상을 조사하는 것이 가능하다. 단지 공여세포만이 구조를 이동시키지만, 이러한 목적으로는 충분하다. 만약 발현 양상이 흥미롭다면, 키메라는 유전자 올가미법을 위한 이형접합체 F1 세대를 확립하기 위해 교배시킬 것이며, F1을 서로 교배하여 25% 상동성을 보이는 F2를 확립할 것이다. 이 시점에 올가미가 흥미로운 열성 표현형을 나타내는지 아니지는 분명할 것이다. 만약 그렇다면 유전자 올가미 계통으로부터 게놈 DNA 라이브러리를 만들어서 그 유전자를 클로닝하고 유전자 올가미 벡터 서열로 검증하게 될 것이다. 5′ 연결 서열이 포획된 유전자의 인트론 안에 있어야하며, 그 덕분에 나머지 부분의 신속한 클로닝이 가능하게 된다.

**Rosa26**은 중요한 유전자 올가미 생쥐 품종이다. 이 경우 포획된 유전자는 기능을 모르는 비번역(untranslated) RNA을 암호화한다. 그러나 이는 모든 시기에, 모든 조직에서 동시에 확실하게 발현되는 성질을 가진다. 이러한 이유로 요즘은 형질전환 유전자의 본질적인 동시 발현을 위해 디자인된 생쥐 품종이 상동재조합의 기술을 사용하여 *Rosa26* 좌위에 표적 유전자를 "knocking-in (진행형)"함으로써 만들어진다.

**인핸서 포획(enhancer trap)**은 스플라이스 수용 부위가 결핍된 유전자 올가미인데, 기본적인 RNA polymerase II 결합부위를 제공하지만 전사가 검출되기에는 불충분한 자신의 최소(minimal) 프로모터를 가진다(그림 10.27). 만약 이것이 내재 프로모터나 인핸서의 작용범위 안에서 유전체에 들어간다면, 이것은 최소 프로모터의 보완물이 될 것이며 *lacZ*의 유의한 전사를 가능하게 한다. 인핸서 포획은 내재 인핸서의 효과적인 작용범위 안이면 어디에서나 활성화되기 때문에 일반적으로 돌연변이는 아니다. 이것은 내재 유전자로부터 약간의 거리를 두고 떨어져 있기 때문에, 클로닝 목적으로는 그리 유용하지 않다. 이들의 주 사용은 특별한 조직이나 세포 유형이 β-갈락토시다제의 발현에 의해 두드러지게 하여 쉽게 눈으로 확인할 수 있는 생쥐 품종을 제공하는 것이다.

## 새로운 연구방향

생쥐는 광범위한 생물학적 주제들을 다루기 위한 형질전환과 적중 계통을 만들기 위해 사용될 것인데, 발생 기전에만 국한되는 일은 결코 없을 것이다. 예를 들어 주제에는 질병 기전 연구 외에도 세포생물학, 면역, 신경생물학 문제들을 포함한다.

특정 조직의 표지와 수정을 위한 정교함이 증가한 방법론들은 기관형성 기전과 조직 특이적 줄기세포의 성질 연구의 추동력을 계속 제공할 것이다.

크기 면에서 그리고 생리학 및 약리학 연구에 생쥐보다 훨씬 유리하기 때문에, 흰쥐에서 ES 세포를 만드는 능력은 유전적으로 변경된 흰쥐의 범위에 새로운 지평을 열 것이다.

## 생쥐 발생에서의 다른 주제들

### 핵 이식과 각인

초기 할구로부터 탈핵 난자로의 핵 이식(nuclear transplantation)은 단계에 따라 능력이 급격히 떨어지기는 하지만—이는 생쥐에서 접합체 전사의 빠른 개시와 연관이 있다—발생을 지지할 수 있다. 정상적인 발생의 필수적인 조건은 알이 부계로부터 유래된 하나의 전핵과 모계로부터 유래된 하나의 전핵을 포함하는 것이다. 난자의 활성화와 제2극체 형성을 억제하여 만든 **단위생식** 2배체 배아는 배외 조직의 부적절한 형성 때문에 불완전하게 발생한다. 암컷 전핵을 제거하고 두 번째 수컷 전핵을 주입하여 만든 수컷 2배체는 풍부한 배외 조직은 가지지만, 배아가 초기 시기에 정지된다. 이것은 부모로부터 온 염색체에서 상동유전자의 상태에 따라 약간의 차이가 있음을 알려준다. 즉, 부계의 사본은 영양외배엽에서, 모계 사본은 배아에서 더욱 활성화된다는 것이다.

이러한 이유는 일부 염색체에 **각인된 유전자(imprinted gene)**들이 존재하기 때문이다. 이것은 모계 혹은 부계의 염색체에서만 발현되는 유전자이다. 이러한 유전자는 100개 정도 있으며, 주로 성장 조절에 관여하는 것으로 생각되고 있다. 그러나 뇌에서는 부모-유래 특이적으로 발현되는 유전자 수가 10배 정도 높다. 성장 조절 기능에 관련된 이러한 현상에 대한 통상적인 설명은 진화론적인 것인데, 자연 선택은 항상 자손의 수를 최대화하는 특성을 선호하리라는 것이다. 수컷이 자손의 수를 극대화하는 것은 많은 암컷과의 교배에 의해, 그리고 다른 수컷의 자손에 비해 성장 속도를 최대화한 자신의 배아에 의해 이루어진다. 암컷이 자손의 수를 극대화하는 것은 각 배아에 동일한 자원을 제공함에 의해, 그리고 출산시 살아 남아서 다음 생식주기가 일어날 수 있게 함으로써 이루어진다. 그러므로 수컷과 암컷에서 더 선호하는 특성 사이에 잠재적인 진화의 충돌이 발생한다. 노골적으로, 수컷은 배아의 빠른 성장을 원하는 반면, 암컷은 일관되고 조절되는 성장을 원한다. 이러한 원리를 지지해 주는 예로 insulin-like growth factor-2 (IGF-2) 시스템이 있다. IGF2는 배아의 출생전 성장을 촉진하는 성장인자이며, 부계 염색체에서만 활성을 가진다. IGF2의 억제제는 잘못 이해되어 IGF2 수용체라 불리며, 이는 모계 염색체에서만 활성을 가진다. 이 경우에, 유전적 이질접합체의 영향은 어떤 염색체(모계유래인지 부계유래인지)에서 돌연변이가 일어나는지에 달려 있다. 만약 불활성화 대립유전자가 발현되지 않는 염색체에 존재한다면 아무런 영향을 주지 않을 것이다. 반면에 만약 발현되는 염색체에 존재한다면, 그 영향은 동형접합체의 기능상실 돌연변이와 똑같을 것이다. 역으로, 정상적으로 발현되지 않는 염색체에서 각인을 잃게 하는 돌연변이가 가능하며, 이는 정상 유전자 양을 두 배로 하여 영향을 미치게 된다. 예를 들어, 사람에서 Beckwith-Widemann 증후군은 배아의 과성장과 암에 걸리기 쉬운 소인을 포함한다. 이는 전압-의존성 $K^+$ 통로를 위한 유전자의 파괴를 포함하지만, 높은 비율로 *IGF2*의 각인 손실을 보여준다. 다른 예로, 신장의 소아암인 빌름스종양(Wilm's tumor) 대부분의 경우 *IGF2* 각인 손실이 나타난다.

각인된 유전자가 많이 있음에도 불구하고, *Igf2* 시스템은 단위생식적 발생의 방해라는 의미에서 특히 유의한 것으로 보인다. 만약 난자를 2개의 반수체 암컷 핵을 포함하도록 만들면, 이 중 하나는 부계의 핵처럼 *Igf2*가 발현하도록 변형되어 단위생식 배아가 끝까지 발생할 수 있다.

각인은 배우자형성 과정 동안 생식세포 계열에서 확립된다. 이 과정은 난자 내로의 핵이식을 통해 조사할 수 있으며, 모계와 부계 대립유전자 모두 각인된 좌위에서 발현되는지의 여부를 분석한다(그림 10.28). 원시생식세포 핵으로 만들어진 배아 전체 클론은 원래의 각인을 E11.5일부터 지우고, 아마도 이 세포에 있는 DNA의 게놈 전체 탈메틸화(genome-wide demethylation)와 연관된다. 각인은 난자의 성장 시기인 후기 배우자형성 과정에서 재확립되며, 이는 수컷 배우자형성 과정보다 빠르게 일어난다. 각인의 유지가 일반적으로 유전자의 DNA 메틸화와 관련이 있음에도 불구하고(부록 참고), 어떻게 확립이 개시되는지는 아직 확실하지 않다. 실험적으로 도입된 몇 가지 유전자가 각인되는 것이 발견되며, 정자와 난자에서 서로 다르

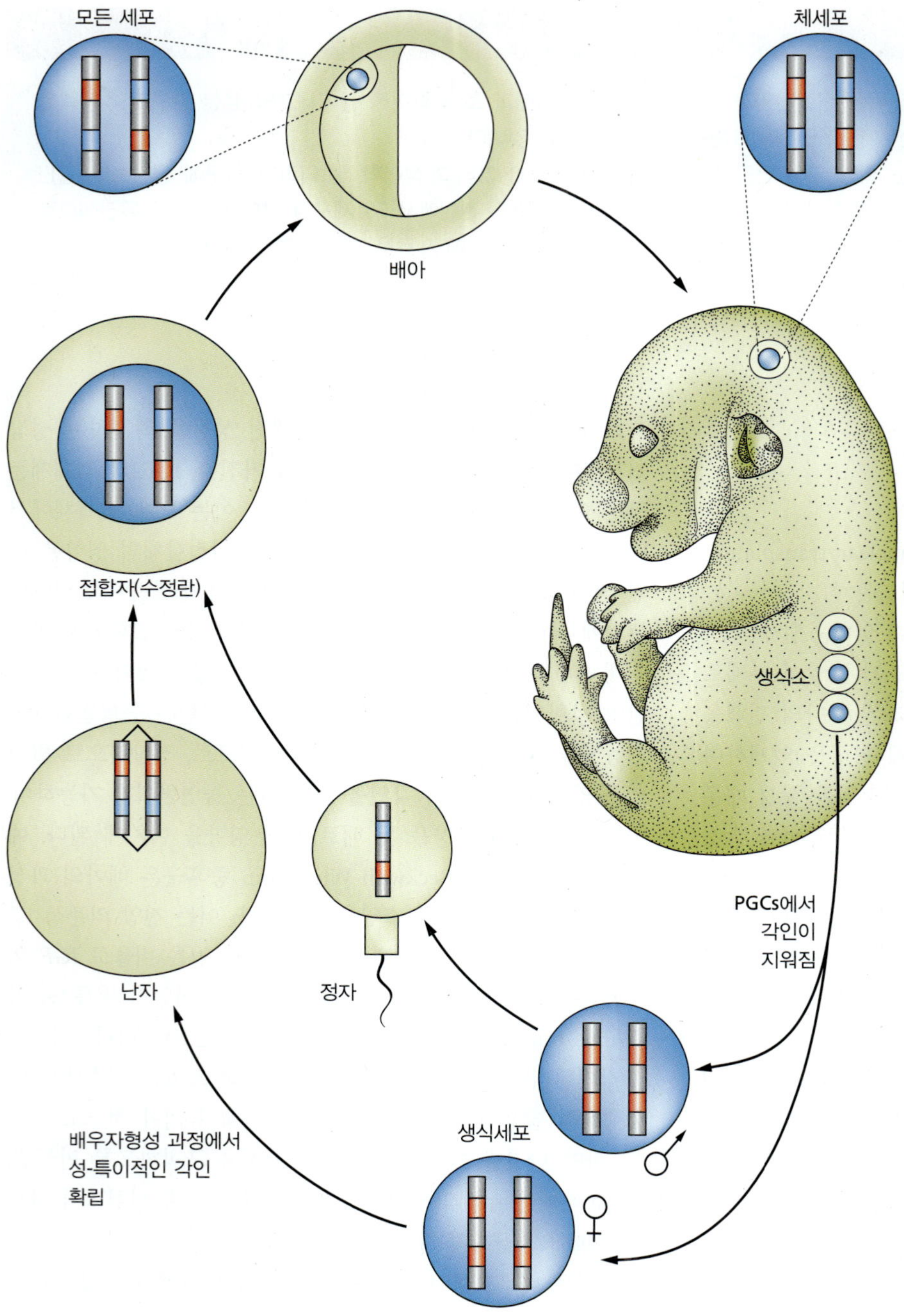


**그림 10.28** 각인의 "생활사". 두 개의 위치가 보이는데 붉은색은 발현되는 유전자, 푸른색은 각인된 불활성화된 유전자를 나타낸다. 각인은 원시생식세포에서 지워지고, 배우자형성과정 동안 다시 셋팅된다.

게 메틸화된다. 배아 발생의 초기 시기에는 유전체의 또 다른 일반적인 탈메틸화가 일어나지만, 이것은 어떤 식으로든 보호되고 있는 각인에는 영향을 주지 않는다.

## X-불활성화

모든 암컷 포유류는 **X-염색체**의 하나가 이질염색체가 되고 불활성화 되며, 핵 내의 바소체(Barr body)로 관찰된다. 이는 난원통 시기에 모계 유래 혹은 부계 유래 X-염색체가 불활성화될 지는 무작위로 일어난다. X-염색체 하나의 불활성화는 염색체 상의 그 어떤 이형접합 좌위에 대해서도 **모자이크(mosaic)**를 형성한다. 이는 어떤 세포는 궁금한 유전자를 발현하고 다른 세포들은 발현하지 않기 때문이며, 모든 암컷 포유류는 X-연관 이형접합 좌위에 대해 선천적으로 모자이크이도록 한다. X-불활성화는 나머지 유전체에 비교하여 늦은 복제에 의해, 그리고 불활성화된 염색체의 히스톤 과소아세틸화(hypoacetylation)에 의해 일어난다. 생쥐의 X-불활성화는 상배엽 자체보다 배외조직에서 먼저 일어나며, 이러한 조직에서는 부계 X-염색체가 특수하게 불활성화되어 있다(그림 10.29a). 이는 각인된 X-불활성화로 알려져 있으며, 배아조직에서 보여지는 무작위적

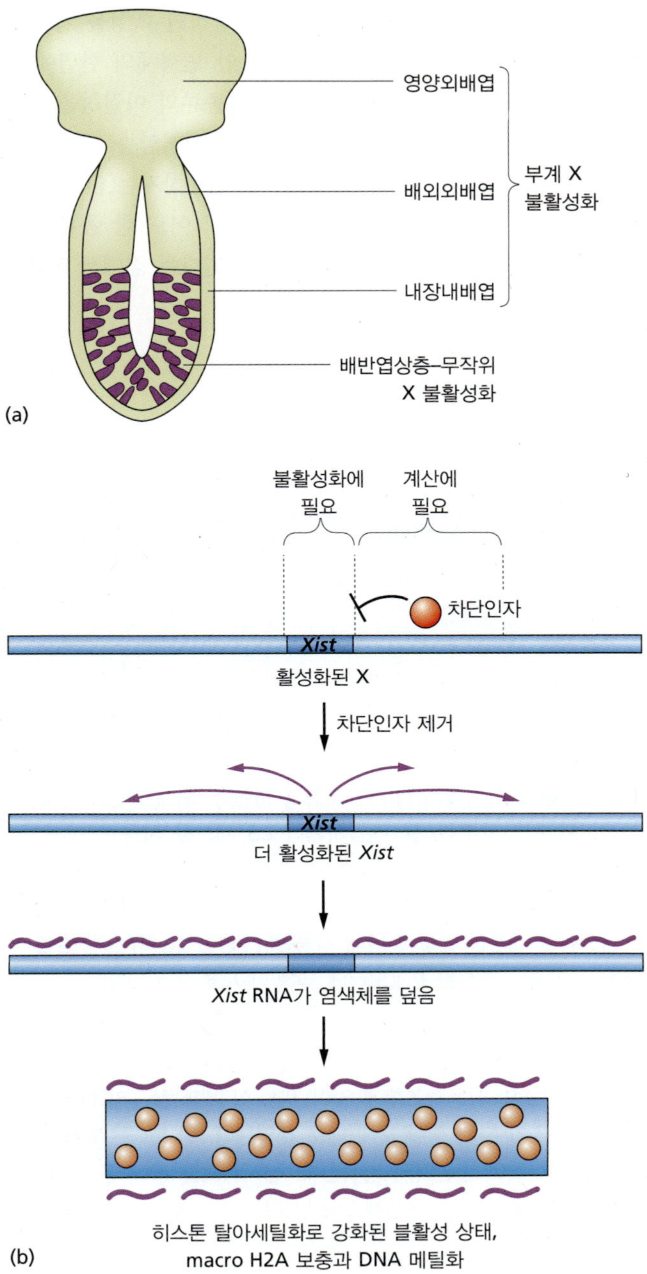


**그림 10.29** 암컷에서의 두 번째 X-염색체의 불활성화. (a) 부계 X-염색체에 *lacZ*가 존재하는 이형접합인 H253 생쥐배아에서 *lacZ*의 발현 (b) X-불활성와의 과정.

인 X-불활성화와는 약간의 차이를 보여준다. X-불활성화는 X-염색체에 몇 개의 *lacZ* 사본을 가지고 있는 생쥐의 H253 품종에서 쉽게 눈으로 확인할 수 있다. 암컷 이형접합자에서는 *lacZ*를 지닌 염색체는 50%의 세포에서 불활성화되어 그 표본을 X-Gal로 염색하면 각각의 세포는 푸른색이거나 흰색이다. 이것은 일부 유형의 **클론 분석(clonal analysis)**을 가능하게 하는데, 하나의 세포로부터 만들어진 어떤 구조는 모두 푸른색이거나 모두 흰색이며 혼합되어 존재하지는 않기 때문이다.

X-불활성화는 염색체의 X-불활성화 센터(Xic)의 존재에 달려 있다. 이는 비번역 RNA를 암호화하는 *Xist* ("exist"로 발음됨)라 불리는 유전자를 포함한다. *Xist*는 X-불활성화에 결정적으로 중요하며, 같은 핵 내에서 자신의 염색체에만 작용한다. 이는 초기 배아의 모든 X-염색체에서 낮은 수준으로 활성화된다. 불활성화되는 염색체에서는 활성이 증가하고, *Xist* RNA가 염색체 전체를 감싼다. 만약 *Xist* 부위가 삭제된다면 염색체는 불활성화되지 않는다. 역으로, *Xist* 형질전환 유전자는 상염색체라도 그것이 삽입된 염색체의 불활성화를 일으킨다. ES 세포에서 유도가능(inducible) *Xist* 형질전환 유전자로 실험하면, 유도될 때 자신의 염색체를 불성화시키며 불활성화를 유지하기 위해 48시간 동안 필요하다. 이후에는 더 이상 *Xist*가 필요하지 않으며, 불활성화는 특별한 히스톤인 macroH2A의 참여와 히스톤 과소아세틸화와 같은 다른 기전들에 의해 안정화된다(그림 10.29b). *Xist* 프로모터는 배우자형성과정동안 서로 다르게 메틸화되어 정자에서는 탈메틸화, 난자에서는 메틸화된다. 이러한 양상은 배외조직에서 유지되며 부계 X-불활성화의 선호와 관련이 있다. 상배엽에서, 각인이 지워지고 프로모터에 무작위 메틸화가 일어난다. *Tsix*라 불리는 안티센스 유전자는 다른 쪽 DNA 가닥에 *Xist* 유전자와 겹쳐진다. 이는 모계유래 X염색체는 활성화되고, 초기 불활성화 시기에 모계 X-염색체의 저항을 도와준다.

X-불활성화는 X 염색체와 상염색체의 개수 사이의 비율을 지각하는 계산 기전을 포함해야만 한다. 그 증거로 다수의 X 염색체를 가지는 경우, 하나를 제외하고 모두 불활성화된다. 이 결과를 지지하는 모델은 상염색체에 의해 만들어지는 차단인자를 포함하는데, 이는 제한된 양만 만들어지기 때문에 단 하나의 X 염색체에서만 *Xist* 발현을 막을 수가 있다.

## 기형암종

ES 세포의 본성과 그 사용에 대한 대부분의 아이디어는 과거의 기형암종에 대한 연구들에 의해 예견되었다. **기형암종(teratocarcinomas)**은 악성이며 이식 가능한 암으로써, 여러 종류의 조직으로 구성되어 있으며 미분화 세포를 포함한다. 조직 배양에서 성장할 미분화 세포는 종양을 위한 줄기세포로 여겨지며 자주 배아기형암종(embryonal carcinoma, EC) 세포라 불린다. 세 가지 종류의 기형암종으로 구분할 수 있다: 자발적인 정소형, 자발적인 난소형, 배아유래형이다. 자발적인 정소 기형암종은 strain129의 생쥐 태아 정소에서 발생한다. 그들은 원시생식세포와 잘 알려진 F9 세포주로부터 발생한다고 여겨진다. 자발적인 난소 기형암종은 3개월쯤된 암컷 LT 생쥐에서 발생한다. 이는 1차 감수분열을 마치고 난원통 시기까지 거의 정상적인 배아발생을 하는 난자로부터 유래된다. 배아유래 기형암종은 면역학적으로 적합한 숙주에서 초기 생쥐 배아를 자궁외 부위, 주로 신장이나 정소에 이식함으로써 만들어질 수 있다. 배아는 무질서하게 되고, 증식하는 EC 세포와 함께 다양한 성체 조직을 만들어낸다.

기형암종 세포주는 종류 별로 그 성질이 매우 다르다. 어떤 세포주는 성장하기 위해 영양공급세포가 필요하며, 다른 것은 필요 없다. 어떤 것은 복강에서 흩어진 상태로 성장하며(복수종양, ascites tumor), 다른 것은 아니다. 몇 개는 정상이거나 거의 정상이지만 대부분의 세포주는 비정상적인 핵형을 가진다. 대부분의 차이점은 종양 확립과 배양동안 변형체의 선별에 의해 일어나며, 이는 어느 정도 부모 세포 종류의 이질성을 반영한다. 키메라 생쥐는 포배에 어떤 종류의 기형암종 세포를 주입하여 만들 수 있지만, ES 세포만큼 잘 작동하지는 않는다. 그러나 적절한 생물학적 환경에 놓여 지면, 적어도 한 종류의 종양이 만들어져 정상적인 특성으로 되돌아간다는 점에서 이론적인 관심을 끈다.

## 기억해야 할 핵심 사항들

- 수정은 별개의 여러 단계를 포함한다. 첫째, 정자에 의해 투명대의 인식이다. 둘째, 첨체 반응은 투명대를 소화해 통과 경로를 만드는 가수분해 효소를 방출을 이끌어 낸다. 셋째, 정자와 난자의 융합으로 난자 원형질에 포스포리파제 C를 도입한다. 넷째, 세포내 칼슘의 상승은 피질과립의 방출, 난자의 두 번째 감수분열 완성, 그리고 첫 번째 난할을 대비한 DNA 합성 재개를 유발한다.
- 생쥐 배아 발생의 처음 4일 동안은 착상전 단계이다. 배아는 난관이나 자궁에 자유롭게 있으며, 포배 단계까지 발생한다. 착상전 배아는 체외에서 배양 및 조작할 수 있다. 착상후 발생은 태반을 통해 영양이 제공되는 자궁 내에서 일어난다.
- 발생 과정은 전반적으로 닭과 유사하지만 배외막의 배열이 상이하고, 설치류에서 발견되는 난원통과 연관된 고유한 특징이 있다. 배아 몸 체제는 배외외배엽과 전방 내장내배엽에서 나오는 유도신호에 의해 난원통 상배엽에서 확립된다. NODAL은 중배엽의 형성에 필수적이며 결절 지역은 제노푸스의 형성체와 유사한 특성을 가지고 있다. FGF와 WNT 신호는 후방 신체 부위의 형성에 필요하다.
- 몸 구조의 좌우 차이로 이어지는 대칭의 파괴는 결절 섬모의 고유한 비대칭에 달려 있다. 배아줄기(ES) 세포는 포배의 내세포괴로부터의 세포를 배양한 것이다. 이들은 체외에서 무한히 스스로를 재생할 수 있고, **배상체**(embryoid bodies)로 분화하고, 면역적합 숙주에 주입하면 기형종을 형성하고, 포배 내로 재도입할 경우 체내에서 모든 유형의 조직 형성에 기여할 수 있다.
- 형질전환 생쥐는 별도의 유전자를 포함한다. 외래 유전자는 수정란의 전핵에 DNA를 주입하거나 ES 세포를 사용한 "녹인(knock-in)"에 의해 도입될 수 있다. 주입된 난자는 "대리모"의 자궁에 이식되어 출산까지 키워진다. 태어난 새끼는 생쥐의 형질전환 계통을 만들기 위해 사육된다. 형질전환 유전자 발현은 특이성은 부착된 프로모터에 의해 제어될 수 있다.
- 적중 생쥐는 유전자가 불활성화되어 있는 동물이다. ES 세포에서 일어나는 적중과 녹인은 변경된 유전자를 포함한 표적 DNA 구조의 상동재조합에 일어난다. 이 세포들은 키메라 배아를 만들기 위해 생쥐 포배 내로 주입된다. 이 배아는 대리모로 재이식하여 출산까지 키워진다. 생식세포를 통해 돌연변이를 물려받은 자손은 유전적으로 변형된 생쥐 계통을 번식하는데 사용된다.
- 일부 유전자는 모계 또는 부계 염색체에서만 발현된다(각인). 암컷의 초기 배아에서 X 염색체 하나가 불활성화된다.

## 추가로 읽을 것


### Websites

The Mouse Genome Informatics database (Jackson Laboratory) contains gene lists, expression patterns, phenotypes, and much other data: http://www.informatics.jax.org/

The Edinburgh databases of mouse embryo anatomy and gene expression: http://www.emouseatlas.org/emap/home.html

### General

Theiler, K. (1989) The House Mouse. *Development and Normal Stages from Fertilization to Four Weeks of Age,* 2nd edn. Berlin: Springer-Verlag.

Kaufman, M.H. (1992) *The Atlas of Mouse Development*. London: Academic Press.

Alexandre, H. (2001) A history of mammalian embryological research. *International Journal of Developmental Biology* **45**, 457–467.

Nagy, M., Gertsenstein, M., Vintersten, K. & Behringer, R. (2003) *Manipulating the Mouse Embryo*, 3rd edn. Cold Spring Harbor, NY: Cold Spring Harbor Laboratory Press.

Niakan, K.K., Han, J., Pedersen, R.A., Simon, C. & Pera, R.A.R. (2012) Human pre- implantation embryo development. *Development* **139**, 829–841.

### Fertilization

Wasserman, P.M., Jovine, L. & Litscher, E.S. (2001) A profi le of fertilization in mammals. *Nature Cell Biology* **3**, E59–E64.

Runft, L.L., Jaffe, L.A. & Mehlmann, L.M. (2002) Egg activation at fertilization: where it all begins. *Developmental Biology* **245**, 237–254.

Talbot, P., Shur, B.D. & Myles, D.G. (2003) Cell adhesion and fertilization: steps in oocyte transport, sperm-zona pellucida interactions, and sperm-egg fusion. *Biology of Reproduction* **68**, 1–9.

Dean, J. (2004) Reassessing the molecular biology of sperm-egg recognition with mouse genetics. *Bioessays* **26**, 29–38.

Jones, K.T. (2005) Mammalian egg activation: from $Ca^{2+}$ spiking to cell cycle progression. *Reproduction* **130**, 813–823.

Ogushi, S., Palmieri, C., Fulka, H., Saitou, M., Miyano, T. & Fulka, J., Jr. (2008) The maternal nucleolus is essential for early embryonic development in mammals. *Science* **319**, 613–616.

Schatten, H. & Sun, Q.Y. (2009) The role of centrosomes in mammalian fertilization and its signifi cance for ICSI. *Molecular Human Reproduction* **15**, 531–538.

### Morphology and fate map

Rossant, J. (1995) Development of extraembryonic lineages. *Seminars in Developmental Biology* **6**, 237–246.

Brune, R.M., Bard, J.B.L., Dubreuil, C., Guest, E., Hill, W., Kaufman, M., Stark, M., Davidson, D. & Baldock, R.A. (1999) A three dimensional model of the mouse at embryonic day 9. *Developmental Biology* **216**, 457–468.

Lawson, K.A. (1999) Fate mapping the mouse embryo. *International Journal of Developmental Biology* **43**, 773–775.

Gardner, R.L. (2001) Specifi cation of embryonic axes begins before cleavage in normal mouse development. *Development* **128,** 839–847.

Piotrowska, K. & Zernicka- Goetz, M. (2001) Role for sperm in spatial patterning of the early mouse embryo. *Nature* **409**, 517–521.

### ES cells and gene targeting

Gossen, M. & Bujard, H. (2002) Studying gene function in eukaryotes by conditional gene inactivation. *Annual Reviews of Genetics* **36**, 153–173.

Tam, P.P.L. & Rossant, J. (2003) Mouse embryonic chimeras: tools for studying mammalian development. *Development* **130**, 6155–6163.

Capecchi, M.R. (2005) Gene targeting in mice: functional analysis of the mammalian genome for the twenty-first century. *Nature Review Genetics* **6**, 507–512.

Niwa, H. (2007) How is pluripotency determined and maintained? *Development* **134**, 635–646.

Ying, Q. -L., Wray, J., Nichols, J., Batlle-Morera, L., Doble, B., Woodgett, J., Cohen, P. & Smith, A. (2008) The ground state of embryonic stem cell self-renewal. *Nature* **453**, 519–523.

Evans, M. (2011) Discovering pluripotency: 30 years of mouse embryonic stem cells. *Nature Reviews Molecular Cell Biology* **12**, 680–686.

Nichols, J. & Smith, A. (2011) The origin and identity of embryonic stem cells. *Development* **138**, 3–8.

### Early developmental mechanisms

Liu, P.T., Wakamiya, M., Shea, M.J., Albrecht, U., Behringer, R.R. & Bradley, A. (1999) Requirement for Wnt3 in vertebrate axis formation. *Nature Genetics* **22**, 361–365.

Bachiller, D., Klingensmith, J., Kemp, C., Belo, J.A., Anderson, R.M., May, S.R., McMahon, J.A., McMahon, A.P., Harland, R.M. & Rossant, J. (2000) The organizer factors Chordin and Noggin are required for mouse forebrain development. *Nature* **403**, 658–661.

Brennan, J., Lu, C.C., Norris, D.P., Rodriguez, T.A., Beddington, R.S.P. & Robertson, E.J. (2001) Nodal signalling in the epiblast patterns the early mouse embryo. *Nature* **411**, 965–969.

Lohnes, D. (2003) The Cdx1 homeodomain protein: an integrator of posterior signaling in the mouse. *Bioessays* **25**, 971–980.

Sutherland, A. (2003) Mechanisms of implantation in the mouse: differentiation and functional importance of trophoblast giant cell behaviour. *Developmental Biology* **258**, 241–251.

Arnold, S.J. & Robertson, E.J. (2009) Making a commitment: cell lineage allocation and axis patterning in the early mouse embryo. *Nature Reviews Molecular Cell Biology* **10**, 91–103.

Johnson, M.H. (2009) From mouse egg to mouse embryo: polarities, axes, and tissues. *Annual Review of Cell and Developmental Biology* **25**, 483–512.

Rossant, J. & Tam, P.P.L. (2009) Blastocyst lineage formation, early embryonic asymmetries and axis patterning in the mouse. *Development* **136**, 701–713.

Takaoka, K. & Hamada, H. (2012) Cell fate decisions and axis determination in the early mouse embryo. *Development* **139**, 3–14.

### Left-right asymmetry

Mercola, M. & Levin, M. (2001) Left-right asymmetry determination in vertebrates. *Annual Reviews of Cell and Developmental Biology* **17**, 779–805.

Hamada, H., Meno, C., Watanabe, D. & Saijoh, Y. (2002) Establishment of vertebrate left-right asymmetry. *Nature Reviews Genetics* **3**, 103–113.

McGrath, J. & Brueckner, M. (2003) Cilia are at the heart of vertebrate left-right asymmetry. *Current Opinion in Genetics and Development* **13**, 385–392.

Levin, M. & Palmer, A.R. (2007) Left- right patterning from the inside out: Widespread evidence for intracellular control. *BioEssays* **29**, 271–287.

### Hox genes

Hunt, P. & Krumlauf, R. (1992) Hox codes and positional specifi cation in vertebrate embryonic axes. *Annual Review of Cell and Developmental Biology* **8**, 227–256.

van den Akker, E., Fromental- Ramain, C., de Graaff, W., Le Mouellic, H., Brulet, P., Chambon, P. & Deschamps, J. (2001) Axial skeletal patterning in mice lacking all paralogous group 8 Hox genes. *Development* **128,** 1911–1921.

Wellik, D.M. & Capecchi, M.R. (2003) Hox10 and Hox11 genes are required to globally pattern the mammalian skeleton. *Science* **301**, 363–367.

Deschamps, J. & van Nes, J. (2005) Developmental regulation of the Hox genes during axial morphogenesis in the mouse. *Development* **132**, 2931–2942.

### Imprinting and X-inactivation

Moore, T. & Haig, D. (1991) Genomic imprinting in mammalian development: a parental tug of war. *Trends in Genetics* **7**, 45–49.

Avner, P. & Heard, E. (2001) X-chromosome inactivation: counting, choice, and initiation. *Nature Reviews Genetics* **2**, 59–67.

Wilkins, J.F. (2005) Genomic imprinting and methylation: epigenetic canalization and confl ict. *Trends in Genetics* **21**, 356–365.

Reik, W. (2007) Stability and fl exibility of epigenetic gene regulation in mammalian development. *Nature* **447**, 425–432.

Augui, S., Nora, E.P. & Heard, E. (2011) Regulation of X- chromosome inactivation by the X-inactivation centre. *Nature Reviews Genetics* **12**, 429–442.

Ferguson- Smith, A.C. (2011) Genomic imprinting: the emergence of an epigenetic paradigm. *Nature Reviews Genetics* **12**, 565–575.

---

This chapter contains the following animation:

**동영상 2** 상동재조합.

**동영상 12** 포유류의 수정.

For additional resources for this book visit www.essentialdevelopmentalbiology.com

---

제11장

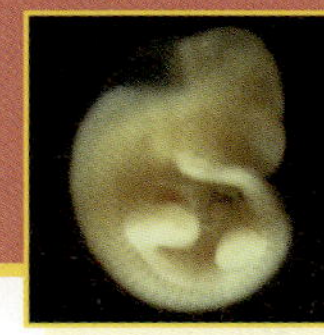

# 초파리(Drosophila)

초파리(*Drosophila melanogaster*)는 분자 수준에서 그 발생과정이 가장 먼저 알려진 생명체이며, 몸이 작고 생활주기가 2주일로 짧아서 유전학 연구에 매우 적합하다. 또한 초파리에서는 돌연변이를 선별하고 계통주(stock)를 만드는 세련된 다양한 방법이 개발되어 있다. 역사적으로 초파리에서의 발생학 연구는 관심을 끄는 표현형을 가진 돌연변이의 생산으로부터 시작되었다. 다음으로 그 돌연변이를 유발하는 유전자들이 클로닝되었고, 그 유전자의 발현 양상이 제자리 혼성화법(*in situ* hybridization)으로 연구되었다. 또한 한 유전자의 발현이 억제되거나 과발현된 상태에서 다른 유전자의 발현을 관찰하여 유전자들 사이의 상호작용이 추론되었다. 마지막으로 전사인자와 DNA의 조절부위 사이의 상호작용에 대한 체외 연구를 통해 보다 자세한 분자생물학적 발견들이 이루어졌다.

보다 최근에 이 연구방법들은 형태형성인자(morphogen)의 농도구배나 성장조절과 같은 다양한 방면의 세포학 및 발생학상의 이슈에 적용되었다. 초파리 유전자들이 돌연변이를 통해 발견되었기 때문에, 그 돌연변이가 열성이라면 유전자 이름의 첫 글자는 소문자로 쓰여졌다. 표 11.1은 이 장에서 거론된 유전자들을 보여준다.

## 곤충

모든 곤충(insects)의 성충(adult)과 유충(larva)은 머리(head), 가슴(thorax), 배(abdomen)의 세 가지 주요 신체 부분으로 이루어진다. 몸체 형성의 원시적인 형태는 배아 시기에 가장 확연하게 보이는데, 이것은 **확장된 배대(胚帶, extended germ band)**라 불리며, 모든 곤충 종들이 형태적으로 가장 유사하게 보이는 **계통형 시기(phylotypic stage)**이다. 머리 부분은 대개 대개 3개의 전두부(procephalic) 체절과 3개의 입틀(gnathal, "naythal"로 발음한다) 체절 등 6개의 체절로 구성된다. 입틀 체절은 다리싹(leg bud)과 유사한 부속지들을 포함하는데, 이들은 나중에 입 부위가 된다. 몸의 중간 부위인 가슴은 항상 **앞가슴(prothorax, T1)**, **가운데가슴(mesothorax, T2)**, **뒷가슴(metathorax, T3)**의 세 가지 체절로 구성된다: 이들 모두는 배쪽으로 다리가 자라며, 가운데가슴과 뒷가슴 부위의 등쪽에서는 날개가 한 쌍씩 자라난다. 배 체절의 숫자는 종마다 다른데 보통은 8–11개이다.

다른 쌍시류(두 날개 파리류)와 마찬가지로 초파리는 일반적인 곤충의 발생 양상을 따르는데, 몇 가지 예외가 있다. 즉, 초파리는 배아 시기에도 머리에 전두부 체절이 없으며, 3개의 입틀 체절이 일시적으로만 존재하고, 가운데가슴 마디만 날개를 가지며, 뒷가슴 마디는 **평형곤(hateres)**이라 불리는 작은 균형유지 기관을 가진다. 초파리는 일반적인 곤충과 같이 3개의 가슴체절(T1–3)을 가지며, 배의 체절은 8개이다(A1–8). 비록 유충이나 성체의 몸체 형성에서 주로 체절의 영향이 크지만, 초기 발생에서 가장 중요한 반복적인 단위는 **부체절(parasegment)**인데, 이것은 체절과 같은 주기를 가지며, 뒷부분의 체절에서는 희미해진다(아래 참고).

곤충 몸 안쪽의 신경삭(nerve cord)은 배쪽에 존재한다. 심장은 등쪽에 존재하여 혈액이 체강(body cavity)을 순환하도록 하며, 척추동물과 같은 특화된 혈관시스템은 없다. 산소는 피부층(epidermis)이 몸 안으로 자란 길고 가지달린 기관(tracheae)을 통해 조직으로 확산된다.

초파리는 **완전변태(holometabolous)** 곤충이므로, 알에서 깨어난 유충이 성충과는 매우 다른 구조를 가지는 완전하고 급격한 변태(metamorphosis) 과정을 거친다. 유충은 두 번의 탈피 과정을 거쳐 휴지기인 **번데기(pupa)**가 되는데, 이때 체형이 성충의 모습으로 바뀐다. 대부분의 성충 몸은 **성충판(imaginal discs)**과 배 부위의 조직원세포(abdominal histoblasts)로부터 형성되는데, 이것들은 유충의 미분화된 싹(bud)이다. 성충판의 발생에 관해서는 17장에 서술되었다. 일부 다른 곤충 목(order)들은 **불완전변태(hemimetabolous)**인데, 이 경우 유충은 성충

**표 11.1** 초파리 초기 발생에 관여하는 주요 유전자들

| 유전자 | 단백질의 기능 | 척추동물 유사체 |
|---|---|---|
| **등-배 구조(dorsoventral systems)** | | |
| *K10* | DNA 결합 | |
| *gurken* | 유도인자, EGFR 리간드 | TGFα |
| *Egfr* (=*torpedo*) | 세포막 수용체 | EGF receptor |
| *spätzle* | 유도인자, Toll 리간드 | |
| *easter* | 세포외 프로테아제 | |
| *pipe* | HSPG 설퍼트렌스퍼라제 | |
| *Toll* | 세포막 수용체 | Toll |
| *cactus* | 신호전달 | IκB |
| *dorsal* | 신호전달 | NFκB |
| *twist* | 전사인자 | Twist |
| *snail* | 전사인자 | Snail |
| *zerknüllt* | 전사인자 | Hox 3 |
| *rhomboid* | 막투과 단백질 | |
| *decapentaplegic* | 유도인자 | BMPs |
| *screw* | 유도인자 | BMPs |
| *short gastrulation* | Dpp 억제자 | Chordin |
| *tinman* | 전사인자 | Nkx2.5 |
| **모계 전-후축 구조(maternal anteroposterior systems)** | | |
| *Delta* | 유도인자, Notch 리간드 | Delta |
| *Notch* | 세포막 수용체 | Notch |
| *unpaired* (=*outstretched*) | 유도인자 | |
| *gurken* | 유도인자, EGFR 리간드 | TGFα |
| *bazooka* | 세포질 단백질 | Par3 |
| *bicoid* | 전사인자 | |
| *caudal* | 전사인자 | Cdx |
| *oskar* | 세포질단백질 | |
| *nanos* | RNA 결합단백질 | |
| *pumilio* | RNA 결합단백질 | |
| *vasa* | RNA 헬리케이즈 | Vasa |
| *torso* | 세포막 수용체 | |
| *torsolike* | 분비단백질 | |
| *trunk* | 유도인자, Torso 리간드 | |
| **간극유전자(gap genes)** | | |
| *orthodenticle* | 전사인자 | Otx |
| *huntchback* | 전사인자 | |
| *krüppel* | 전사인자 | |
| *knirps* | 전사인자 | |
| *giant* | 전사인자 | |
| *tailless* | 전사인자 | Tlx |
| *huckebein* | 전사인자 | |
| **쌍지배유전자(pair-rule genes)** | | |
| *hairy* | 전사인자 | Hes, Her |
| *runt* | 전사인자 | Runx |
| *even skipped* | 전사인자 | Evx |

**표 11.1** (계속)

| | | |
|---|---|---|
| *odd skipped* | 전사인자 | |
| *fushi tarazu* | 전사인자 | |
| *paired* | 전사인자 | |
| *odd paired* | 전사인자 | |
| *sloppy paired* | 전사인자 | |
| **체절극성유전자(segment polarity genes)** | | |
| *hedgehog* | 유도인자, Patched 리간드 | Hh |
| *wingless* | 유도인자, Frizzled 리간드 | Wnt |
| *engrailed* | 전사인자 | En |
| *frizzled* | 세포막 수용체 | Frizzled |
| *zeste-white 3* | 신호전달 | Glycogen synthase kinase 3 |
| *armadillo* | 신호전달 | β-catenin |
| *pangolin* | 전사인자 | Lef, Tcf |
| *patched* | 세포막 수용체 | Patched |
| *smoothened* | 신호전달 | Smoothened |
| *cubitus interruptus* | 전사인자 | Gli |
| **Hox 유전자(Hox genes)** | | |
| *labial* | 전사인자 | Hox 1 |
| *Deformed* | 전사인자 | Hox 4 |
| *Sex combs reduced* | 전사인자 | Hox 5 |
| *Antennapedia* | 전사인자 | Hox 6 |
| *Ultrabithorax* | 전사인자 | Hox 7 |
| *abdominal A* | 전사인자 | Hox 8 |
| *Abdominal B* | 전사인자 | Hox 9–13 |

표기된 많은 유전자들이 발생 후기에도 다른 기능을 수행한다(예를 들면, Delta-Notch 시스템은 신경세포형성에서 매우 중요하다). 척추동물 유사체는 일반적으로 복제에 의해서 생성된 유전자 패밀리이다. 일부 척추동물 유전자들은 초파리에서 처음 발견되었기 때문에 초파리 유전자 이름을 따라 명명되었다.

## 고전적인 실험들

### 돌연변이로부터 유전자 기능으로의 돌파구

호메오 돌연변이들(homeotic mutants)은 1920년대부터 알려졌지만, 당시에는 소수의 과학자들만이 관심을 가졌다. 그 중 한 명인 루이스(Ed Lewis)는 1978년에 이흉부복합체(Bithorax complex)에 관한 고전적인 연구를 출간하였고, 몸체 발생의 모델을 제안하였다. 발생과 관련된 많은 유전자들이 뉘슬린-폴하르트(Chritiane Nüsslein-Volhard)와 비샤우스(Eric Wieschaus)의 돌연변이 선별 실험을 통해 밝혀졌는데, 이것들은 1980년대 대부분의 실험실의 실험재료가 되었다. 이들 3명의 과학자들은 1995년에 노벨 생리의학상을 수상하였다.

새롭게 개발된 분자생물학적인 방법들은 이 발생돌연변이들을 유발하는 유전자들을 클로닝하고 이들의 발현 양상을 연구하는 것을 가능하게 하였다. 이 결과는 호메오 유전자들이 실제로 특정 부위에서 발현되며, 쌍지배유전자와 같이 주기적인 표현형을 보이는 유전자들은 그 주기에 맞게 발현되는 것을 보여주었다.

Lewis, E.B. (1978). A gene complex controlling segmentation in Drosophila. *Nature,* **276**, 565–570.

Nüsslein-Volhard, C., & Wieschaus, E. (1980). Mutations affecting segment number and polarity in *Drosophila. Nature,* **287**, 795–801.

Akam, M.E. (1983). The location of Ultrabithorax transcripts in *Drosophila* tissue sections. *EMBO Journal,* **2**, 2075–2084.

Hafen, E., Kuroiwa, A., & Gehring, W.J. (1984). Spatial distribution of transcripts from the segmentation gene fushi tarazu during *Drosophila* embryonic development. *Cell,* **37**, 833–841.

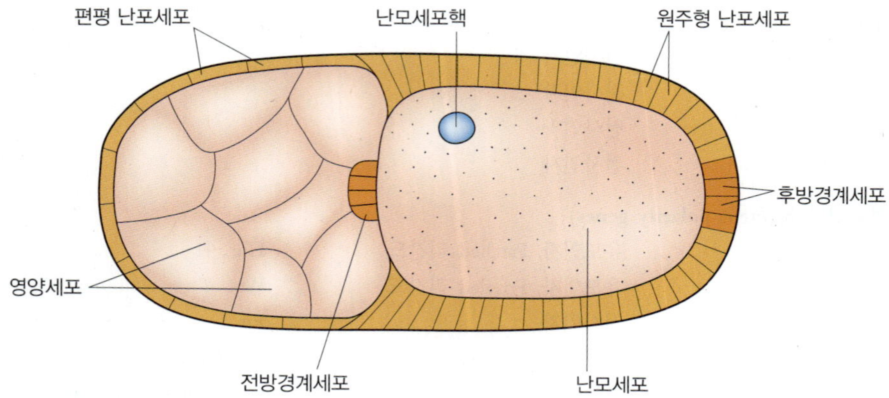


**그림 11.1** 초파리 난방(egg chamber).

의 작은 버전과 닮았으며, 약충 탈피에 의해 구분되는 일련의 약충 단계(nymphal stage)를 거쳐 성충이 된다.

## 정상 발생

### 난자형성

난자형성(oogenesis) 동안에 일어나는 일들은 초파리 배아에서 부분적 특성결정에 매우 중요하며, 알은 이미 대부분의 패턴이 특화된 채로 나온다. 난자형성의 초기에 하나의 생식세포(germ cell)는 4번 분열하여 16세포로 되며, 그중의 하나가 **난모세포(oocyte)**가 되고, 나머지 15개 모두는 **영양세포(nurse cells)**가 된다. 흥미롭게도 예쁜꼬마선충에서 세포질 비대칭에 중요한 *par1* 유전자가 초파리 난자형성에도 중요한데, 이 유전자가 없을 경우, 모든 16개의 세포가 영양세포로 된다. 난모세포와 영양세포들은 난포세포(follicle cells)에 둘러싸여 **난방(egg chamber)**을 형성한다(그림 11.1). 난포세포들은 생식소로부터 형성되므로, 생식계열(germ line)세포로부터 나왔다기보다 체세포로부터 기원한다. 난방이 커감에 따라서 난포세포들은 세 가지 그룹으로 나뉜다. 영양세포들을 둘러싼 난포세포들은 편평한 비늘모양이며 난모세포를 둘러싼 난포세포들은 원주형이다. 난모세포의 양쪽 끝 부분에는 **경계세포(border cells)**라 불리는 특별한 그룹의 난포세포들이 있는데, 이들은 전-후축 패턴(anteroposterior pattern)을 결정하는 데 중요하다. 영양세포들은 다배수체(polyploidy)가 되고 다량의 RNA와 단백질을 난모세포로 뿜어내어 난모세포의 크기가 자라는 데 기여한다. 이후 단계에서 난모세포는 등-배와 전-후축으로 극성을 띠고 후면의 끝에 과립형의 **극형질(pole plasm)**이 형성된다. 난포세포들은 알을 둘러싼 거친 외피인 **난황막(vitelline membrane)**과 **장막(chorion)**을 분비한다. 알의 **난황(yolk)**을 생산하는 주된 곳은 암컷 초파리의 지방체(fat body)인데, 난황 단백질은 혈림프를 통해 난소로 이동한다.

### 배아형성

수정은 자궁(uterus) 내에서 일어나는데, 정자는 난문(micropyle)이라 불리는 장막 위의 구멍을 통해 난자의 앞쪽 끝부분으로 들어간다. 초파리의 발생은 다른 대부분의 곤충들에 비해 매우 빨라서 일반적인 실험실 조건에서 24시간 안에 알에서 유충으로 깨어난다. 그림 11.2는 초기 배아 단계들을 나타낸다. 초기 단계는 "난할(cleavage)"이라고 불리는데, 실제로는 대부분의 곤충들에서와 같이 세포질 분열 없이 빠르게 동시적으로 핵분열이 일어난다. 이것은 **표할(superficial cleavage)** (2장 참고)이라고도 불리며, 이를 통해 전체 배아는 **합포체(syncytium)**를 형성하는데, 여기서 모든 핵은 하나의 공통된 세포질에 존재한다. 처음 8번의 분열이 일어난 후, 후방부 끝 쪽에 **극세포(pole cells)**가 형성되고, 여기에 포함된 핵들이 극형질(pole plasm) 내에 존재한다(그림 11.3). 이들은 이후에 **생식세포(germ cells)**가 된다. 9번 분열한 후에 대부분의 핵들은 표면 위로 이동하여, **합포체 배반엽(syncytial blastoderm)**을 형성하며, 안쪽에 남아 있는 핵들은 나중에 난황식세포(vitellophage)로 편입되어 장내(lumen)에서 없어진다. 이후 4번의 핵분열이 더 일어나면, 세포막들이 안으로 자라나서 핵을 나누어 **세포성 배반엽(cellular blastoderm)**이 형성된다. 이 단계에서는 약 5,000개의 표피세포와, 1,000개의 난황 핵, 그리고 16-32개의 극세포가 존재한다. 배반엽 세포들의 분열 속도는 급격히 줄어들고, 극세포들은 낭배형성(gastrulation) 이전에 단지 한 번 더 분화된다. 곤충 배아발생학에서는 초기 단계에서 전-후축 상의 위치를 종종 후방극으로부터 알 길이의 퍼센트 (%EL)로 나타낸다. 따라서 예를 들어 100-50%EL은 전반부 절반을 나타내며, 10-0%EL은 배아의 후반부 1/10을 의미한다.

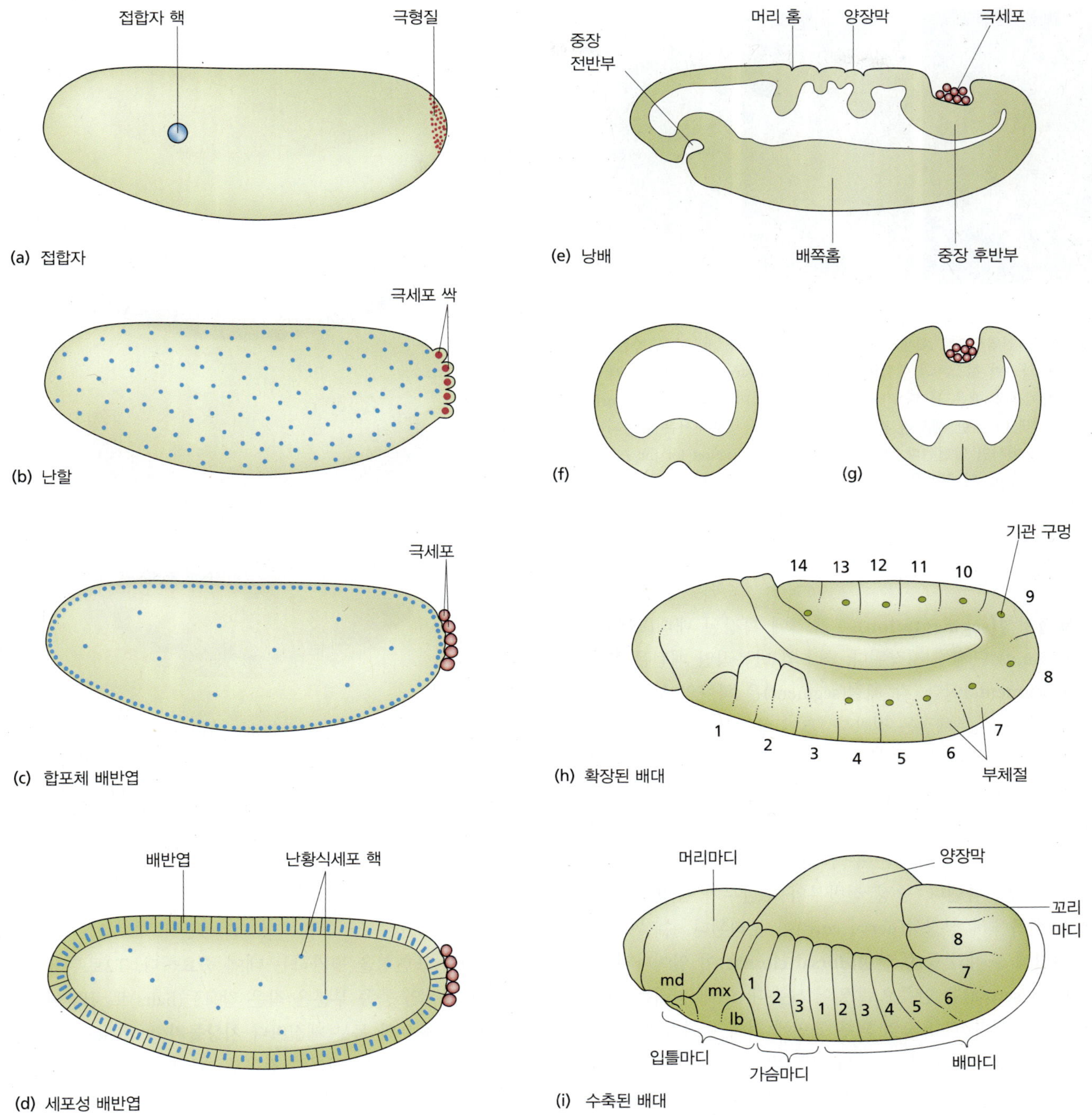


**그림 11.2** 초파리의 초기 발생. (f)와 (g)는 각각 중앙과 후반부의 가로단면이다. (i)에서 md, 아래턱(mandible); mx, 위턱(maxilla); lb, 입술(labium).

배반엽의 원주형 상피는 매우 두껍고 대부분이 배아의 일부가 되며, 오직 등쪽의 얇은 부위만이 배외양장막(extraembryonic amnioserosa)이 된다. 낭배는 수정 후 약 3시간 뒤에 배아의 길이 방향을 따라 깊은 **배쪽홈(ventral furrow)**이 형성되면서 시작된다(그림 11.2e–g, 11.4). 이것은 배쪽 중앙선을 따라서 일어나는 중배엽성 세포들의 함입을 포함하는데, **중장 전반부(anterior midgut)**와 **중장 후반부(posterior midgut)**는 함입된 후 서로 연결된다. 머리홈(cephalic furrow)은 이후에 65%EL 부분에서 생겨난다. 낭배형성과 동시에 배대(germ band)가 확장하기 시작하며, 후반부 끝쪽을 극세포들과 함께 알의 등쪽으로 둥글게 밀어 넣는다. 수정 후 약 4시간 후에는 첫 번째 신경아세포(neuroblast)가 신경성 외배엽(neurogenic ectoderm)으로부터 형성되는데, 이때 신경아세포는 중앙 배쪽의 배쪽홈 위 가까운 곳에 위치한다.

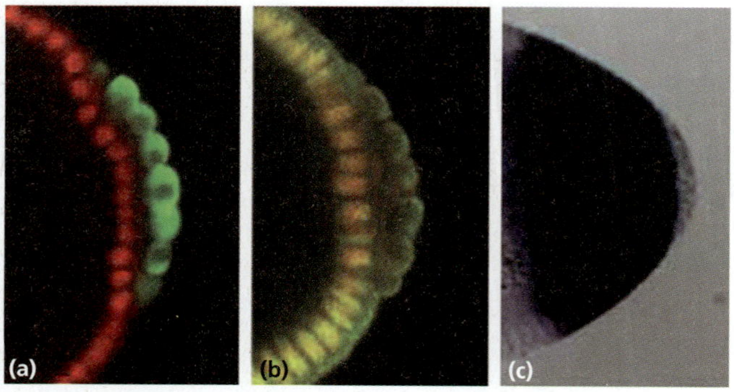


**그림 11.3** 극세포. (a) RNA 중합효소 II (빨간색)와 Vasa 단백질(녹색)에 대한 면역염색으로 체세포와 극세포가 구분된다. (b) RNA 중합효소 II (빨간색)와 3번 히스톤의 메틸화된 라이신 4 (histone 3 K4Me)에 대한 면역염색(체세포 핵은 둘 다 가지고 있어 노란색이다). (c) *tailless* mRNA (짙은 청색)에 대한 제자리 혼성화법. 이것은 극세포에서는 발현되지 않고, 체세포에서만 발현된다. (인용) American Association for the Advancement of Science의 허락을 얻어 Strome & Lehmann, Germ Versus Soma Decision: Lessons from Flies and Worms. *Science* 2007; 316:392의 그림을 재구성하였음.

**체절형성(segmentation)**은 초기에 확장된 배대(extended germ-band) 단계에 시작된다. 최초의 반복적인 패턴은 **부체절(parasegments)**이다. 각 체절(segment)은 하나의 부체절 후반부 2/3와 다음 부체절은 전반부 1/3이 합해져서 만들어진다. 비록 형태적으로 부체절이 수정 후 5–7시간 사이에 일시적으로 나타나긴 하지만, 이들은 몸체 형성에 기초 단위로서 매우 중요하다(아래 참고).

약 7.5시간 후에 배대는 수축되고 표면의 홈이 다시 정렬되면서 체절이 나뉜다. 중장 전반부와 후반부가 중앙에서 연결되고, 배쪽에서 신경삭(nerve cord)이 분리된다. 수정 후 10–11 시간에 표피의 **등쪽 닫힘(dorsal closure)**이 일어나서 양장막(amnioserosa)을 안쪽으로 밀어 넣는다. 이때 머리는 안쪽으로 "말려들어가서" 유충의 외부 표면에 거의 보이지 않는다. 이것은 다른 쌍시류에서도 일어나지만 일반적인 곤충에서 찾아보기 힘들다. 이후 단계에서 외분비기관인 말피기관(Malpighian tubules)이 중장 후반부와 후장(hindgut)의 연결 부위에서 생성되며, 근육, 지방체(fat body), 생식소 등이 중배엽(mesoderm)으로부터 만들어지고, 중추신경계(central nervous system)는 배쪽 신경삭의 신경절(ganglia)로부터 형성된다.

## 유충단계

초파리 유충은 다리가 없으며, 머리는 안쪽으로 밀어 넣어졌으며, 3개의 흉부, 8개의 복부 체절을 가진다. 배아 후기에 생성된 표피 큐티클의 특성은 후기 배아 치사 돌연변이(lethal mutations)의 표현형을 평가하는 데에 중요하다. T2로부터 A8에 이르는 체절의 등쪽 부분은 작은 강모들(hairs)로 뒤덮여 있다. 배쪽은 각 흉부와 복부 체절마다 **치상돌기(denticle)** 띠가 있다(그림 11.5). 각 띠는 체절의 전반부 대부분을 차지하고 있으나 체절 경계를 넘어 전 체절의 후반부에 약간 걸쳐 있다. 흉부와 복부 체절은 치상돌기 띠의 모양과 크기에 의해 구별된다. A8 체절은 기관계의 통기 구멍인 기문(spiracle)을 포함한다. 후반부 맨 끝은 체절화 되지 않은 부분으로 **꼬리마디(telson)**라고 불린다. 유충의 머리는 매우 복잡한데, 가장 돋보이는 부분은 뿔모양의 두인두 골격(horny cephalopharyngeal skeleton)으로 영양관(alimentary tract)의 전장 부위(stomodeal part)에 의해서 분비된다.

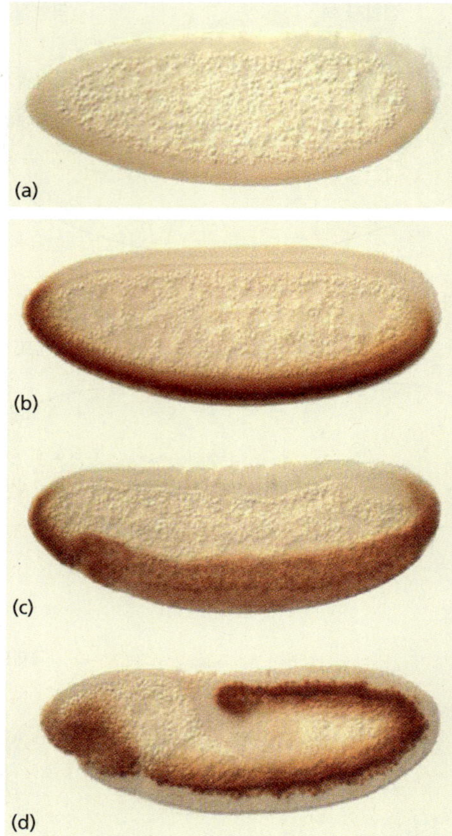


**그림 11.4** Twist 단백질(갈색)의 발현을 통해 본 초파리의 낭배형성. (a) 합포체 배반엽(syncytial blastoderm) (b) 세포성 배반엽(cellular blastoderm) (c) 낭배의 시작 (d) 확장된 배대. (인용) Cold Spring Harbor Laboratory의 허락을 얻어 Leptin, M. (2004) Gastrulation of Drosophila. In *Gastrulation: From Cells to Embryo*, C. D. Stern (ed.)의 그림을 재구성하였음.

**성충판(imaginal discs)**은 1령기(first-instar) 유충에서 작은 세포덩어리로 존재한다. 그들은 배아 발생 동안 약간 자라지만, 대부분의 성장은 유충시기에 일어난다. 번데기 시기 동안 성충

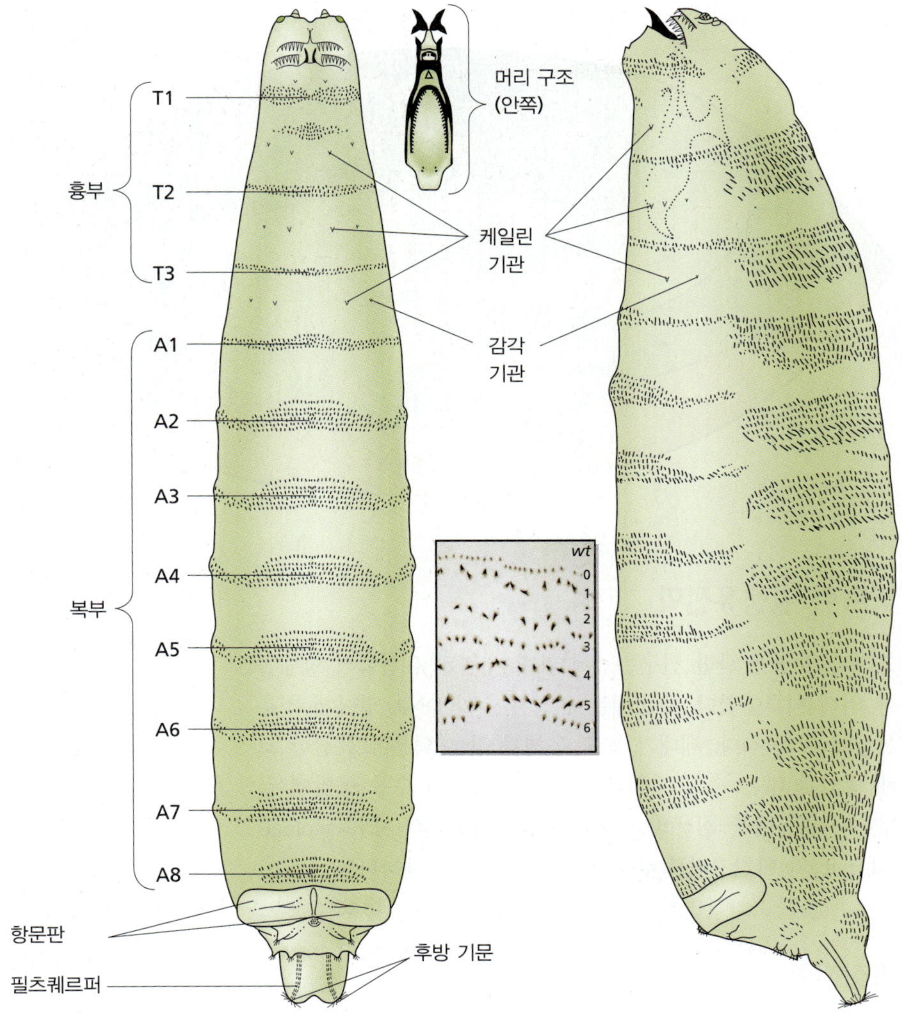


**그림 11.5** 초파리 유충의 배면 및 옆면 모습. 삽입한 그림: 3령기 유충의 치상돌기 띠, 0-1열은 후반부에 속하고 2-6은 전반부에 속한다. (인용) Company of Biologist Ltd.의 허락을 얻어 Repiso et al. *Development* 2010; 137:3411-3415의 그림을 재구성하였음.

판들은 분화되어 성충 몸의 주된 표피구조를 이룬다. 복부 체절은 복부의 조직원세포(histoblast)로부터 형성되는데, 이는 번데기 시기에만 성장한다.

## 운명지도

세포성 배반엽 시기의 초파리 배아에 대한 운명지도(fate map)는 부분적 UV 조사(irradiation)에 의한 작은 세포 손상이나 **겨자무과산화효소(horseradish peroxidase, HRP)**로 표지된 세포들의 주사에 의해 작성되었다(그림 11.6). 운명지도의 핵심적인 특징은 다음과 같다: 장래의 특정 부위들은 모두 유충의 체절에 존재하고, 이후 세포가 혼합되거나 작은 원기로부터 자라나는 불확정적인 부위들은 없다. 미래의 턱, 흉부, 복부 체절 부위들은 전-후축 방향에서 알 길이의 75에서 15% 부위에 배열된다. 장래의 전두 머리(procephalic head) 구조는 앞쪽 25% 부위를 차지한다. 중장 전반부도 운명지도의 앞쪽에 위치하는 반면, 중장 후반부, 말피기관, 항문함(proctodeum), 생식세포들은 뒤쪽에 위치한다.

## 극형질

극형질(pole plasm)은 난자형성(oogenesis) 동안 형성되고 생식세포 **결정인자(determinant)**를 포함하는데, *oskar*와 *vasa* 유전자들의 산물은 중요한 구성요소이다. 핵형질이 핵을 프로그램하여 생식세포로 만들 수 있다는 직접적인 증거는 핵형질을 난할 단계의 알의 앞쪽 끝으로 이식하는 실험을 통해 얻어졌다. 이식된 핵형질로 둘러싸인 이들 핵으로부터 이소성(ectopic) 극세포가 생겨났다. 이 이소성 극세포들을 다시 두 번째 수용자의 후반부로 재이식하면, 그들은 생식소로 병합되어 기능이 있는 생식세포를 생성할 수 있다. 많은 모계 효과 돌연변이(maternal-effect mutation)들이 극형질의 형성을 막고, 그 자손은 불임이 된다.

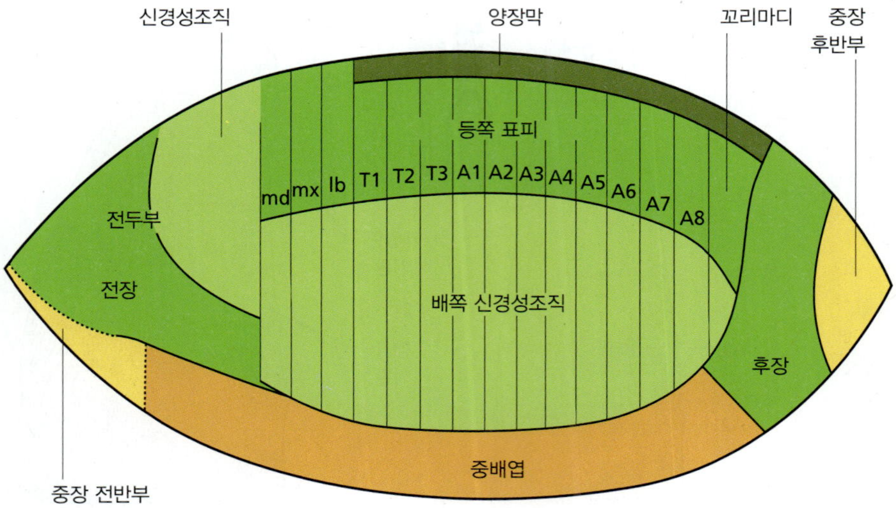


**그림 11.6** 세포성 배반엽 시기의 운명지도. (인용) Cold Spring Harbor Laboratory Press의 허락을 얻어 Hartenstein (1993) *Atlas of Drosophila Development*의 그림을 재구성하였음.

## 초파리 발생유전학

초파리 발생에 관한 연구는 여러가지 세련된 유전학적 방법들에 의해 이루어졌다. 유전체는 유전자 수와 DNA 양에서 척추동물에 비해 적다. 세대가 짧고 몸체가 작은 덕분에 복잡한 교배 방법과 많은 수의 개체를 이용한 실험들이 수주 동안에 끝날 수 있다. 유충 침샘의 거대염색체의 세포학적 지도(cytological map)와 마찬가지로 유전자 지도는 매우 상세하다.

## 형질전환

**P-전이인자(P-element)**라고 알려진 전이인자(transposable element)는 형질전환주(transgenic line)를 만들어내는 데에 중요하다. 관심 있는 유전자는 표지 유전자를 포함하는 P-전이인자 벡터에 클로닝되는데, 눈에서 정상적인 빨간색 색소를 만들어내는 야생형 *white* 유전자가 종종 표지로 사용된다. 이 재조합 P-전이인자는 *white* 유전자형 초기 배아의 후반부 극에 전이효소(transposase)를 암호화하는 mRNA나 플라스미드와 같이 주입된다. 이 초파리는 *white* 초파리와 교배된다. P-전이인자가 일부 생식세포에 융합되면 주입된 배아로부터 나온 초파리는 모자이크이며, 전체 몸이 형질전환된 일부 초파리를 생산하게 되는데, 그들은 빨간 눈을 가지므로 구분 가능하다. 이들로부터 안정적인 초파리 주를 확립할 수 있다.

P-전이인자 형질전환은 많은 목적으로 이용되었다: 인핸서 포획(enhancer trap) (3장과 10장 참고), 리포터 구조물을 가지는 초파리 주 제작, 돌연변이 구제(rescue), 외부 유전자의 발현. 그러나 이 방법은 몇 가지 한계가 있다. 삽입할 수 있는 최대 DNA의 크기가 20–25 kb이고, 이 인자는 유전자의 5′ 끝 부위에 삽입되는 경향이 있어 삽입 돌연변이를 유발한다. 최근에, ΦC31 파아지의 인테그라제(integrase)를 이용한 방법이 초파리 형질전환에 도입되었다. 이 효소는 주사된 플라스미드의 *attB*와 숙주의 *attP* 사이에 재조합을 일으킨다. 여기서 *attP*는 P-전이인자에 미리 들어가 있어야 하지만, 이로 인해 위치효과가 없는 곳으로 삽입지점을 고를 수 있으며, 큰 DNA를 삽입할 수 있게 되었고, 따라서 정상적인 양의 삽입유전자의 발현을 얻을 수 있는 유전체 서열의 사용이 가능해졌다.

삽입 돌연변이를 만드는 경향 때문에, P-전이인자는 삽입 돌연변이 제작법에 이용되었다. 이 목적으로 P-전이인자를 가지는 초파리와 전이효소를 가지는 초파리를 교배한다. 전이효소를 가진 자손에서 P-전이인자는 유전체 내에서 주변으로 움직이게 되고, 배우자는 P-전이인자의 존재에 의해서 꼬리표가 붙은 일련의 새로운 삽입체를 가지게 된다.

## 발생에 중요한 유전자 동정

초파리 유전체는 약 13,000개의 유전자를 포함하고 있으며, 그 중 5,000개는 돌연변이가 일어났을 때 치사성(lethality)을 보인다. 돌연변이가 일어났을 때 배아의 발생 패턴을 바꾸는 일련의 유전자들을 거의 완벽히 알아내는 것이 돌연변이 선별을 통해 가능하다. 이렇게 하는 몇 가지 프로토콜이 있는데, 그 중 간단한 예를 그림 11.7에 나타내었다. 비록 기본 원리는 3장에서 배운 제브라피쉬의 경우와 같지만, 초파리에서는 원하지 않는 재조합을 일어나지 않게 하여 수고를 크게 더는 특별한 방법들이 존재한다. 그림 11.7에 소개된 선별법은 상염색체 열성 돌연변이를 찾는 방법이며, 다른 대부분의 선별처럼 특별한 **평균체 염색체(balancer chromosome)**들을 이용하는데, 이것은 세 가지 중요한 특징을 가진다. 즉, 이들은 재조합을 막고, 눈으로 관찰 가능한 표지 유전자들을 가지며, 동형접합자는 치사

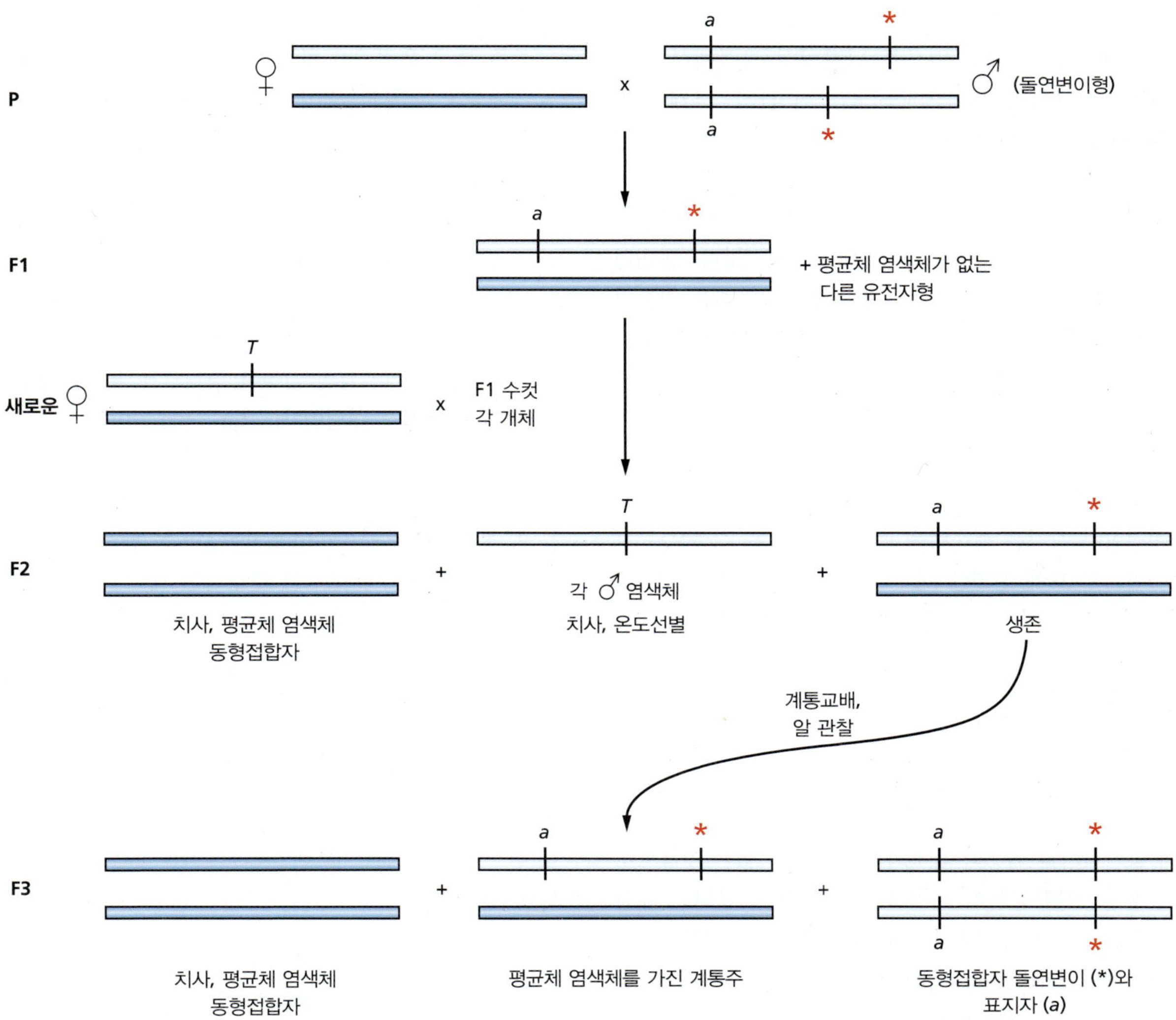


**그림 11.7** 초기 발생에 영향을 미치는 상염색체성 열성 돌연변이 선별과정. 짙은 파란색 염색체는 평균체 염색체인데, 이것은 재조합을 억제하고, 눈으로 관찰 가능한 표지 유전자들을 가지며, 동형접합자는 치사한다. "*a*"는 다른 표지 유전자로 열성임. "*T*"는 우성 열 민감성(temperature-sensitive) 치사 유전자. *는 새로운 돌연변이. 교배는 표기된 대로 수행하고 F3 알들의 비정상성을 관찰한다.

한다. 눈으로 관찰 가능한 표지 유전자(*a* – 평균체 염색체 위의 표지자와 다르다)를 가진 수컷에서 돌연변이를 일으킨 다음, 평균체 염색체를 가진 암컷과 교배한다. 각 자손 초파리는 돌연변이된 하나의 배우자로부터 나왔으므로 F1 세대로부터 각 수컷을 뽑아내어 다시 교배한다. F2 생산을 위해 평균체 염색체와 다른 상동염색체에 우성 열 민감성 치사 돌연변이를 가지는 암컷을 교배시키는데, 이로써 원하는 돌연변이 염색체를 가지지 않는 자손을 제거할 수 있다. F2 세대에서 각 관병의 초파리들은 원돌연변이를 가진 한 배우자의 자손들이다. 살아 있는 F2 초파리들을 F3 세대를 만들기 위해 서로 교배시킨다. F2 초파리가 돌연변이 염색체와 평균체 염색체의 이형접합자이므로 F3 세대의 25%는 돌연변이 염색체 동형접합자이다. 이들 동협접합자 돌연변이가 생존한다면, 돌연변이 수컷으로부터 받은 열성 표지 형질(*a*/*a*)을 보일 것이다. 만일 살아 있는 초파리에서 이 표지 형질을 관찰할 수 없다면 죽은 배아나 유충을 관찰하여 그들이 패턴형성에 두드러진 이상을 보이는지 확인한다. 돌연변이가 치사성을 보일 경우, 초파리 계통주(stock)는 하나의 돌연변이 염색체와 하나의 평균체 염색체를 가진 이형접합자로 유지된다. 이들은 자손에서 출현 가능한 동형접합자가 모두 치사성을 보이므로 고정된 형이 될 것이다. 본래의 돌연변이 유발법에서는 모든 염색체에 돌연변이가 생기지만, 평균체 염색체와 같은 염색체에 있지 않는 경우는 이계 교배(outcross)에 의해 대부분 사라질 것이므로, 이 방법에서 선별은 한 번의 연구에서 하나의 염색체에 대하여만 이루어진다. 돌연변이가 획득되면, 이들은 **상보성 검사(complementation test)**에 의해서 같은 유전자의 대립유전자(allele)들의 그룹으로 나누어지고 유전학적으로 염색체내 위치가 결정된다.

초파리에서는 많은 패턴 정보가 난자형성 과정에서 확립되고 난자형성에 필요한 유전자들의 돌연변이들은 **모계 효과(maternal effects)**를 나타낸다. 즉, 배아의 구조가 자기 자신의 유전자형에 의해 영향을 받는 것이 아니라 어머니의 유전자형에 의해 결정된다(3장 참고). 엄밀히 말하면 모계 영향 돌연변이에 대해 말할 때 "돌연변이 알"이라고 하기보다 "돌연변이 어미의 알"이라고 표현해야 하지만, 이러한 표현은 정확히 지켜지고 있지 않다. 모계 영향 유전자들은 접합자 치사성(zygotic lethal)을 보이는 것과 같은 원리로 선별과정을 통해 종종 암컷 불임 돌연변이로 동정된다. 그러나 일부 중요한 모계 영향 돌연변이들은 접합자 치사성 또한 나타낸다. 즉, 난자형성뿐만 아니라 배아발생에도 이 유전자들이 필요하다. 이러한 경우에 동형접합자 각각은 생식력을 측정할 수 있는 성충으로 자라나지 못하므로 모계 선별은 대개 불완전하다. 그러나 생식세포는 돌연변이이고 체세포는 정상형인 모자이크 배아를 제작하여 접합자 치사성 돌연변이들의 모계 효과를 알아볼 수 있다(아래 참고).

## 돌연변이의 유형

대부분의 돌연변이는 기능이 감소되거나 기능을 잃은 것들로서 유전자 산물을 적게 만들어 내거나 혹은 기능이 감퇴된 유전자 산물을 만든다. 이들은 대개 열성이다. 이러한 대립유전자들은 **정상하위대립인자(hypomorph)**라 하고 이들의 표현형을 **정상하위대립인자형(hypomorphic)**이라고 부른다. 초파리 유전학에서는 각 유전 좌위에 대해 모든 기능을 소실한 **완전기능상실 대립유전자형(null allele)**을 얻기 위해 여러 개의 대립유전자형 돌연변이들을 제작한다. 정상하위대립인자형들은 기능상실 표현형으로부터 표현형이 심한 것의 순으로 배열된다. 이러한 대립유전자 모음은 그 유전자의 기능에 대한 유용한 정보를 제공한다. 특히 표현형이 강한 대립유전자형에서는 관찰할 수 없는 것이 약한 대립유전자형에서 발견될 수 있다.

일부 대립유전자형들은 **온도민감성(temperature sensitive)**을 보이는데, 돌연변이가 단백질 산물의 열 안정성에 영향을 주기 때문이다. 일반적으로 단백질은 낮은 온도에서 활성이 있고[**허용** 온도(**permissive** temperature)], 높은 온도에서 불활성화 된다[**비허용** 온도(**nonpermissive** temperature)]. 온도민감성 돌연변이들은 그 유전자 산물이 요구되는 발생 단계를 확립하는 데에 도움이 되므로 매우 유용하다. 이것은 온도 이동을 통해 가능한데, 만일 유전자 기능이 필요한 시간 이전에 비허용 온도로 이동시키면 대부분이 돌연변이가 될 것이며, 이러한 온도 이동이 유전자 기능이 필요한 시간 이후에 일어난다면 대부분이 정상형이 될 것이다.

종종 특정 유전자가 **반가불충분성(haploinsufficient)**을 보일 경우, 그 유전자 돌연변이는 우성 기능상실(loss-of-function) 돌연변이이다. 이것은 단백질 산물이 정상의 50%로 줄었을 경우 돌연변이 표현형을 나타낸다는 의미이다. 이러한 경우 동형접합자 표현형은 이형접합자의 경우보다 더 심하다. 보다 흔한 우성 돌연변이는 **기능획득(gain of function)** 돌연변이인데, 이 경우 정상 상태에서는 발견되지 않는 시간이나 장소에서 활성화된 유전자 산물에 의해서 생성되거나, 혹은 돌연변이형의 유전자 산물이 야생형의 기능을 저해하는 **우성음성(dominant negative)[=반전상 대립인자(antimorphic)]**이다.

초파리 발생 유전자들의 이름은 대개 돌연변이 표현형으로부터 기인한다. 즉, 이름은 정상 기능의 반대를 의미한다. 예를 들면, 돌연변이가 등쪽화(dorsalized)되는 데서 기인한 *dorsal*은 정상 상태에서 배쪽 부위를 형성하는 데 작용한다. 일부 유전자들은 배아 치사 돌연변이를 찾기 위한 대규모 선별과정이 이루어지기 전에 발견된 생존 대립유전자형의 성충 표현형에 따라 명명되었다. 예를 들면, *Antennapedia*는 기능획득 대립유전자형에서 더듬이(antenna)가 다리로 바뀌는 것을 보고 명명되었는데, 기능상실 돌연변이의 경우 4번과 5번 부체절이 3번으로 바뀌어 동형접합자는 배아 시기에 치사한다.

## 유전자 클로닝

역사적으로 대부분의 초파리 유전자들은 **P-전이인자 돌연변이 제작법(P-element mutagenesis)**에 의해서 클로닝되었다. P-전이인자가 유전자 안이나 근처로 삽입되면, 그 유전자는 돌연변이가 되므로 그림 11.7에서 제시된 방법과 유사하게 특정 돌연변이들을 선별할 수 있다. 그 다음에 P-전이인자 삽입 돌연변이는 그 유전자를 클로닝하는 시작점으로 사용될 수 있다. P-전이인자 탐침자(probe)를 이용하여 이 돌연변이 초파리 계통의 유전체 라이브러리(genomic library)를 선별한 뒤, 동정된 클론들은 P-전이인자를 이용한 다사염색체(polytene chromosome)에 대한 제자리 혼성화법을 통해 검증된다. 다음으로 돌연변이의 유전자 지도 위치에서 가장 가까운 것이, 유전자 전체를 얻기 위해 수행하는 염색체 걷기(chromosomal "walk")를 위한 시작점으로 이용될 수 있다. 클로닝된 후보 유전자가 진짜로 원하는 유전자인지는 다음 세 가지 척도에 의해서 증명될 수 있다:

1. 몇몇의 알려진 돌연변이들은 후보 유전자에 염기서열 변이를 가진다.
2. 후보 유전자는 완전기능상실(null) 돌연변이에서는 발현되지 않는다(종종 완전기능상실 돌연변이는 불활성화된 단백질

산물을 생산한다).

3. 후보 유전자를 이용한 형질전환에 의해 완전기능상실 돌연변이의 표현형이 구제될 수 있다.

일단 그 유전자가 클로닝되면 다음 단계는 각기 다른 단계의 배아들에 대해서 제자리 혼성화법을 이용하여 정상적인 발현 양상을 결정하는 것이다. 다음 단계는 단백질 산물에 대한 항체를 제작하는 것인데, 대개 박테리아에서 발현시킨 융합 단백질(fusion protein)을 사용하며, 이렇게 제작된 항체를 이용하여 단백질 발현 양상을 결정한다.

한 유전자의 돌연변이가 다른 유전자들의 발현에 어떻게 영향을 미치는지를 발견하여 그 기능을 연구한다. A가 정상적으로 B 유전자의 발현을 증가시킨다면, A를 제거하면 B의 발현이 사라질 것이며, 반대로 A를 과발현시키면 B의 발현도 증가할 것이다. 반면, A가 정상적으로 B 유전자의 발현을 억제하고 있다면, A를 제거하면 B의 발현이 증가할 것이며, A를 과발현시키면 B의 발현이 억제될 것이다. 그러나 이러한 결과를 통해 효과가 직접적인지, 즉 A 유전자의 단백질 산물이 실제로 B 유전자에 결합하여 조절하는지는 알 수 없다. 이것은 간접 효과일 수 있다. 즉, A 유전자는 B 유전자를 조절하는 또 다른 유전자를 조절할 수 있다. 유전자 A가 유도인자나 수용체를 암호화한다면 그 효과는 간접적일 수 밖에 없다. A 유전자가 전사인자를 암호화한다면 직접적인 효과인지를 알아보기 위한 세 가지 방법이 있다.

1. **밴드이동분석(band shift assays)**을 통해 A 유전자 산물과 B 유전자의 조절부위 간의 상호작용을 확인할 수 있다.
2. A, B 유전자를 모두 초파리 조직 배양 세포들에 넣어 유전자 B가 다른 발생 기전 없이도 발현되는지 확인한다.
3. 새로운 DNA 인식 도메인을 A 유전자에 넣고 대응하는 DNA 염기서열을 B의 조절 부위에 삽입하는 등 도메인 교환(domain swap)이 가능할 것이다. A 유전자의 B에 대한 효과가 이 상황에서도 지속된다면 이것은 분자 수준에서 직접적으로 결합함을 의미한다.

B에 대한 A의 효과를 관찰할 때, 흔히 내재(endogenous) B 유전자를 관찰하지 않고 B의 조절부위를 리포터 유전자(대개 *lacZ*)에 융합한 구조물에서의 효과를 관찰한다. 그 이유는 내재적 산물을 감지하기가 어려운 경우 단순히 민감도를 올리기 위함이다. 또한 많은 구조물에서 베타-갈락토시다제(β-galactosidase) 단백질은 매우 안정적이어서, 그 농도를 관찰할 때까지 효과적으로 누적된다. 가장 많은 경우는 B의 조절부위는 발현 양상을 나타내는 DNA 염기서열 부위를 찾기 위해 여러 개로 나뉘어 분석될 수 있기 때문이다. 리포터 구조물이 사용될 때,

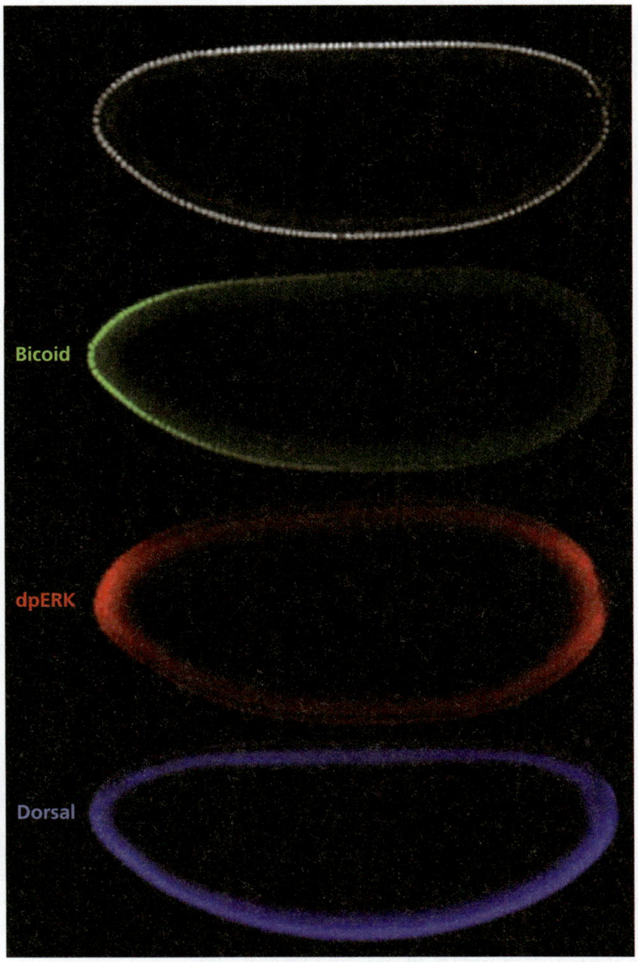


**그림 11.8** 모계 시스템의 세 가지 구성물에 대한 면역염색. 세포성 배반엽의 핵들은 맨 위에 나타냈다. 대부분 핵 안에 있는 Bicoid 단백질(녹색)의 농도구배는 앞쪽에서 강하며 뒤쪽으로 갈수록 약화된다. ERK 인산화(빨간색)는 Torso 단백질의 활성화 결과 양끝 부위에서 관찰된다. Dorsal 단백질(파란색)의 농도구배는 배쪽에서부터 등쪽으로 이루어져 있으며 역시 대부분은 핵 내에 존재한다. (인용) Elsevier의 허락을 얻어 Shvartsman *et al. Curr Opin Genet Dev* 2008; 18:342-347의 그림을 재구성하였음.

그것은 B 유전자의 조절부위 중 하나의 인핸서만을 포함할 것이다.

## 발생 프로그램

초파리 초기 발생에 대한 상세한 사항들은 전체 프로그램이 일련의 하위 프로그램들의 집합이라는 점을 인식한다면 이해될 수 있다. **등-배축(dorsoventral axis)**에서 작동하는 하나의 하위 프로그램은 중배엽, 신경부위(neurogenic region), 배쪽에서 등쪽까지의 표피 형성에 관여한다. 모계의 난방(egg chamber)에서의 일련의 사건의 결과, 모계 유전자인 *dorsal*의 산물은 배쪽

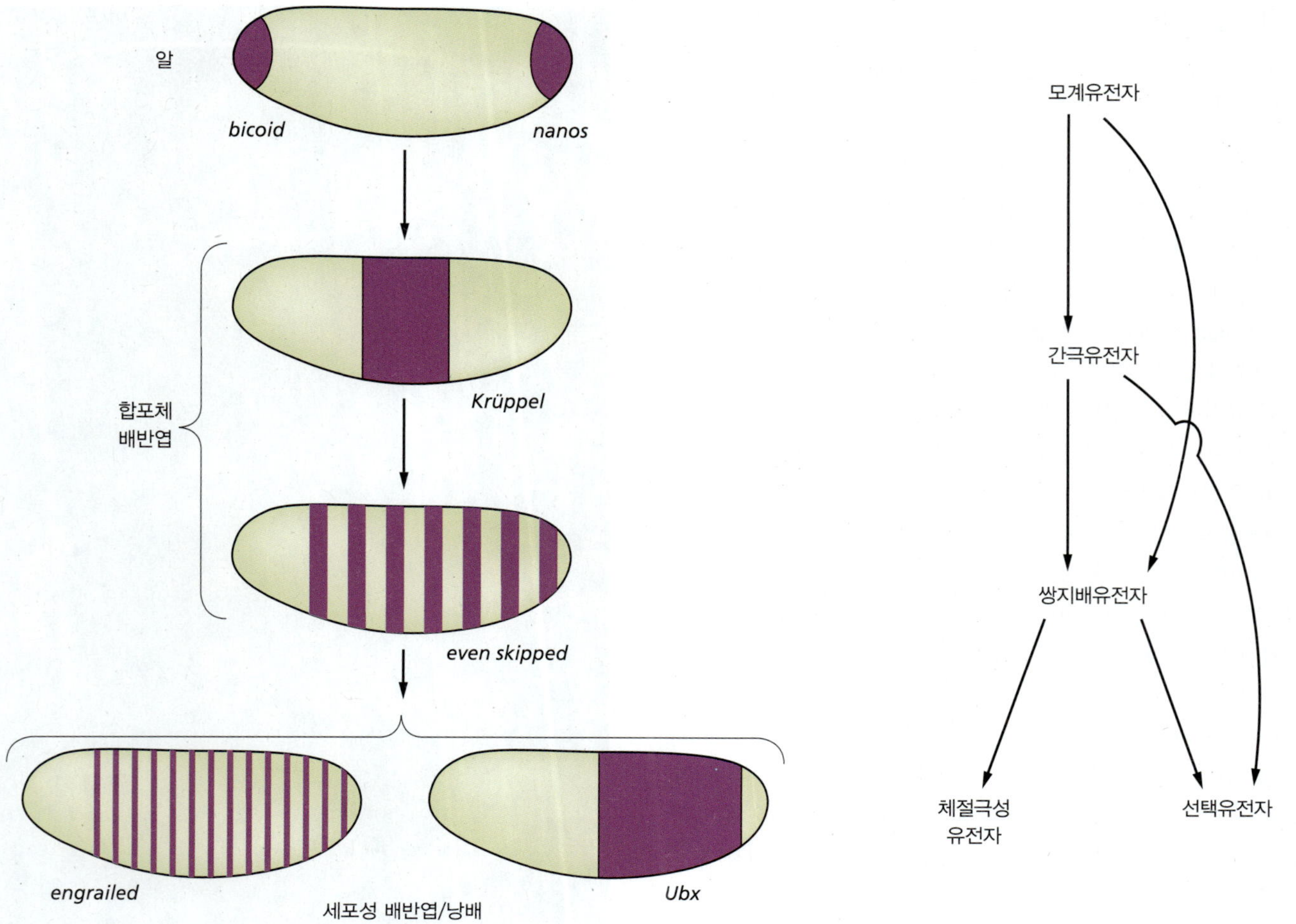


**그림 11.9** 전-후 패턴의 발생에서의 단계들의 서열.

에서부터 등쪽으로 농도구배를 이루며 배반엽의 핵에 분포한다(그림 11.8). 이것은 배쪽에서부터 등쪽으로 다양한 띠의 형성을 조절하는 *twist*, *rhomboid*, *zerknüllt* 등의 일련의 접합자 유전자 군을 조절한다. 다소 독립적인 하위프로그램 군이 **전-후축(anteroposterior axis)**에서 작동하여 보다 복잡해진다. 특정화의 첫 번째 단계는 세 가지 모계 시스템의 확립과 함께 난방에서 일어난다. 전반부 시스템은 전반부에 위치한 *bicoid* mRNA로부터 생산된 Bicoid 단백질의 농도구배와 관련 있다. 극형질이 필수적인 부위인 후반부 시스템은 *nanos* 유전자의 mRNA를 후반부에 놓는다. **말단 시스템(terminal system)**은 *torso*에 의해서 암호화되는 수용체가 양끝에서 활성화되는 것을 포함하는데, 이것은 ERK 신호전달경로를 활성화시킨다(그림 11.8).

이들 3개의 모계 시스템의 산물들은 그들의 상대적 농도에 의존적으로 배아를 전-후 방향으로 몇 개의 구역으로 나눈다. 전-후축을 따라 형성되는 이후의 구역화는 몇몇 주요 유전자들의 발현 양상과 함께 그림 11.9에 나타내었다. 세포화 이전에는 하나의 핵이 단순히 전사인자를 발현하는 것만으로 근처 핵들의 유전자 발현에 영향을 줄 수 있으며, 이 과정에 수용체나 신호전달 기전은 필요 없다. 활성화 도메인들이 겹치고, 같은 물질이 농도에 따라 다른 효과를 가질 수 있기 때문에, 모계 시스템은 접합자 유전자 활성도의 공간적 패턴을 그들이 원래 가지고 있는 것보다 더 복잡하게 활성화시킬 수 있다. 이 단계에서 활성화되는 유전자들은 *Krüppel*과 같은 **간극유전자(gap)**류와 *even skipped*와 같은 쌍지배유전자류(pair-rule)에 속한다. 간극유전자들은 하나 혹은 몇몇 도메인에서 발현되는 반면, 쌍지배유전자들은 두 체절 간격의 주기성을 가지는 줄무늬 패턴으로 발현된다. 같은 쌍지배유전자를 활성화시킬 수 있는 모계 유전자와 간극유전자들의 서로 다른 다양한 조합이 주기성을 만들어낸다. 쌍지배유전자들의 겹쳐지는 주기적 패턴은 *engrailed*와 같은 체절극성유전자(segment polarity genes)들의 반복적 패턴의 활성화를 조절하는데, 이들은 한 체절의 주기성을 가지며 축을 부체절(parasegments)로 세분화한다. 동시에 모계유전자, 간극유전자, 쌍지배유전자 산물의 조합들은 *Ubx*와 같은 Hox 유전자들을 활성화시키고, 이들은 각 부체절의 특징을 조절하여 이후 분화의 경로를 통제한다.

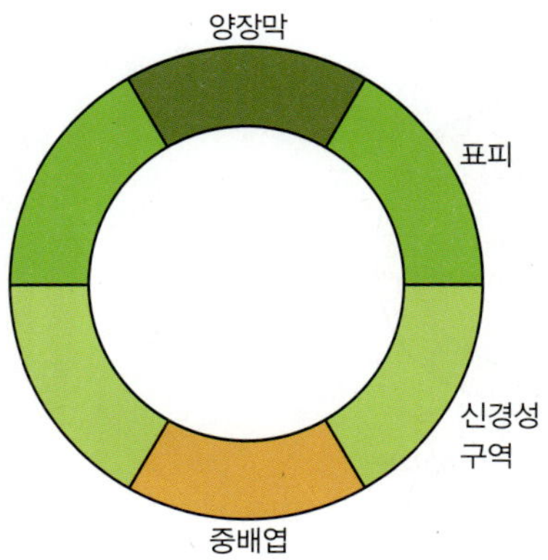


그림 11.10 초파리 초기 배아의 등-배 특성화 동안에 형성되는 구역.

## 등-배축 패턴

등-배축을 따르는 패턴은 상대적으로 간단하다. 이것은 세포성 배반엽 시기에 4개의 조각으로 구성되는데, 이들 조각들은 배쪽에서 등쪽으로 각각 중배엽, 배측 신경성 구역, 등측 표피, 그리고 양장막(amnioserosa)이다(그림 11.10). 이들 네 구역의 배치는 전사인자인 *dorsal* 유전자의 배-등쪽 핵 농도구배에 의해 지배된다(동영상 13: DV 패턴 시스템 참조). 등쪽 위치와 *dorsal* 유전자 산물을 혼동하지 않도록 여기서는 유전자 산물을 "Dorsal 단백질"이라고 칭할 것이다. Dorsal 단백질 농도가 가장 높은 곳은 배쪽 난포세포의 신호(Spätzle 단백질)에 의존적인데, 이 신호는 등쪽에서는 난모세포(oocyte)의 억제신호(Gurken 단백질) 때문에 오직 배쪽에서만 활성화된다. Dorsal 단백질의 농도구배 자체는 서로 다른 전사인자 활성을 가진 각각의 배쪽과 등쪽 구역의 다양한 접합자 유전자들을 조절한다.

## 등-배 패턴형성의 모계 조절

등-배 패턴형성에 영향을 미치는 모계 효과 유전자들의 군이 존재한다. 그들 대부분의 기능상실 표현형은 등쪽 표피의 특징인 얇은 강모를 가지는 유충 큐티클이 접힌 튜브 모양을 보이지만, 정상적으로 배반엽의 측면과 배쪽 구역으로부터 생성되어야 할 구조는 나타나지 않는다. 이러한 등쪽화를 보이는 부류의 전형적인 돌연변이는 *dorsal*이라고 불린다. 이와 반대로 *gurken*, *Egfr* (=*torpedo*), *cactus* 유전자의 기능상실 돌연변이는 치상돌기가 배아의 모든 부위로 확장된 배쪽화(ventralizing)표현형을 보인다. *Toll*이라 불리는 유전자는 등쪽화되는 기능상실 대립유전자형을 가지며, 또한 배쪽화되는 기능획득 대립유전자형을 가진다.

이들 유전자들이 어떻게 작동하는지를 이해하는 데 몇몇 유형의 유전학적 그리고 배아발생학적 실험들이 중요했다. 첫째로 몇몇 유전자들은 정상형에 비해 기능이 감소된 등쪽화 대립유전자형들을 가지며, 이들은 유전자 기능이 줄어든 정도에 따라 배쪽 부분의 형질을 점차적으로 잃어가고 완전형질상실형(amorphic)에서는 등쪽 큐티클만이 남는다. 이것은 이들 유전자의 정상적인 기능이 배쪽 발생을 촉진시키는 것임을 보여준다.

다음으로, 돌연변이에서 등쪽화시키거나 배쪽화시키는 효과를 보이는 유전자들의 이중돌연변이(double mutant)를 제작함으로써 이들 유전자들을 동일 작용 시간 그룹으로 배열할 수 있다. 이 경우 다른 유전자의 기능을 지배하는 것은 발생 프로그램에서 나중에 작동한다고 생각할 수 있다[**상위(epistasis)**, 3장 참고]. 작동시간에 대한 이해는 온도민감성 돌연변이를 이용하여 서로 다른 발생 단계에서 허용과 비허용 온도 사이의 이동 실험을 통해서도 일부 얻을 수 있다.

다음으로 특정 유전자가 생식세포(즉, 난모세포 그 자체나 영양세포)에 필요한 것인지 혹은 체세포(즉, 난소의 난포세포)에 필요한 것인지 하는 의문을 가질 수 있다. 여기에 답하기 위해, 돌연변이 극세포들을 정상 배아로 이식한 배아들이 제작되었다. 만일 돌연변이된 유전자가 생식세포에 필요한 것이라면, 이식한 배아들이 자라난 암컷은 돌연변이 자손들을 생산할 것이며, 만일 자손들이 정상이라면 그 유전자는 체세포에 필요한 것일 것이다. 이러한 연구의 결과들은 일부 유전자들은 생식세포에 필요하고(예를 들면, *gurken*, *Toll*, *dorsal*), 일부는 체세포에 필요하다는 것을(예를 들면, *Egfr*, *pipe*) 보여주었다. 최근에는 대개 이러한 종류의 실험들을 이식에 의해 수행하는 것이 아니라 **FLP 시스템**을 이용하여 수행한다(17장 참고).

마지막으로, 유전자가 클로닝되고 그 산물이 동정되기 전이라도, **세포질 이식(cytoplasmic transplantation)**을 통하여 그들 기능의 일부라도 알아낼 수 있다. 대부분의 등쪽화 돌연변이들은 극세포 단계 이전의 야생형 배아의 세포질을 약간 주사함으로써 정상으로 "구제"될 수 있다.

이들 다양한 종류의 실험들에서 다른 말이 없다면 "돌연변이"는 기능상실을 의미하는 것이다. 최초로 알려진 활성 유전자는 *K10*이다. 그 돌연변이는 등쪽화 효과를 가지며, 이 유전자 산물의 기능은 난모세포 핵 주변부에 *gurken* mRNA를 격리시키는 것이다. *gurken*과 *Egfr*은 모두 유사한 배쪽화 돌연변이 표현형을 보이는 유전자이다(그림 11.11a). *gurken*은 척추동물의 TGFα 연관 성장인자를 암호화하고 있으며 난모세포에서 작용한다. *Egfr*은 EGF/TGFα형 수용체를 암호화하고 있으며 난포세포에서 필요하다. *gurken* mRNA는 등쪽에 치우쳐 존재하는 난모세포 핵 주변부에만 존재하는 반면, *Egfr*은 모든 난포세포에서 발현된다. Gurken 단백질은 등쪽으로만 분비되어 등쪽에 있는 난포세포의 Egfr 단백질을 활성화시킨다. 이후 등쪽 난포세포들에서 ERK 신호전달계가 활성화되고 유전자 발현이 바뀌게 되는데, 특히 다른 곳에서는 활성화되어 있는 *pipe* 유전

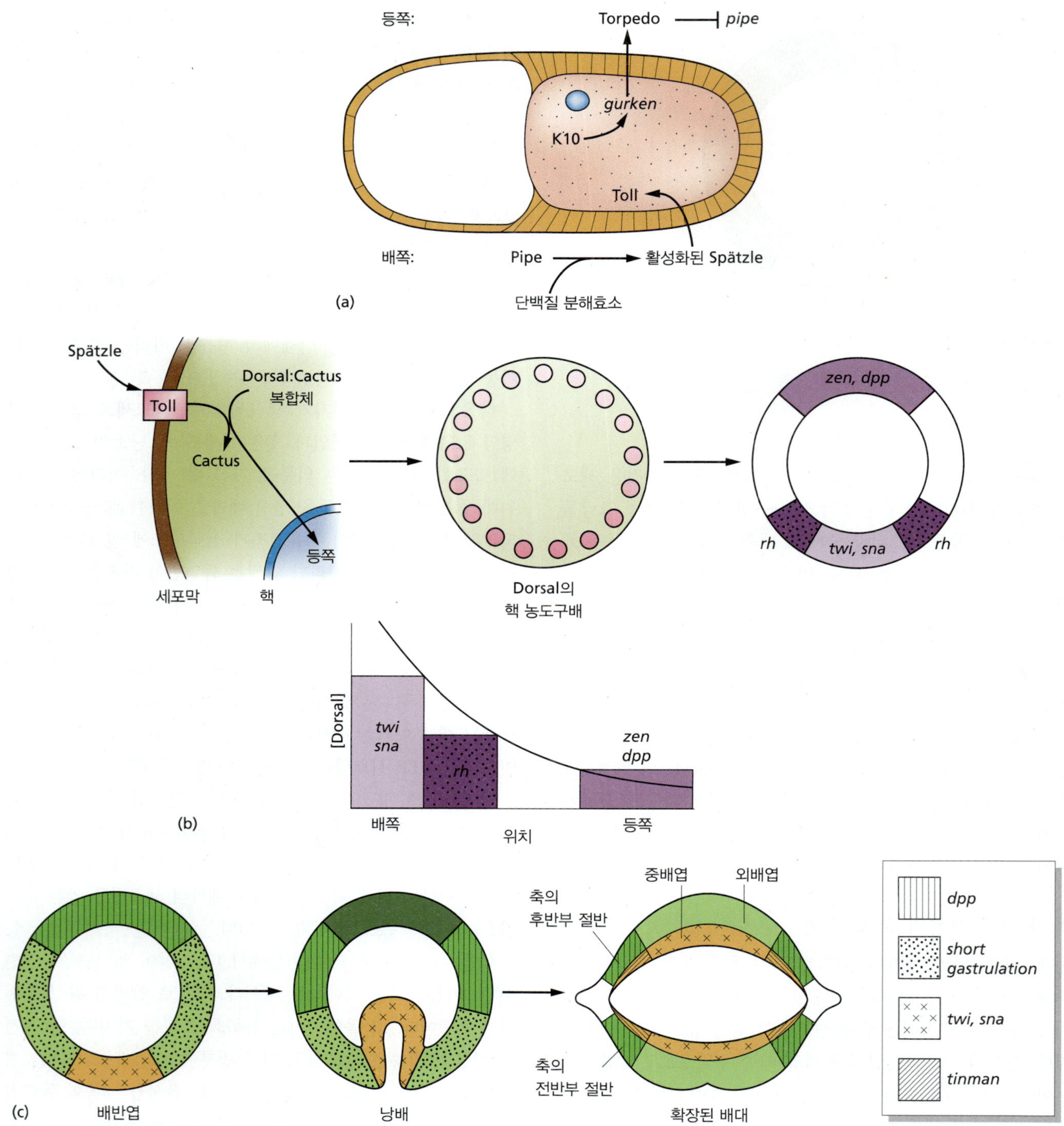


**그림 11.11** 등-배 시스템의 작동. (a) 등쪽에서는 Gurken 신호가 *pipe*를 억제한다. 배쪽에서는 pipe가 활성화되고 Spätzle (실제적으로는 난모세포에 의해서 생성된다)을 활성화시킨다. (b) Spätzle은 Toll을 활성화시키고, 활성화된 Toll은 Dorsal의 핵으로의 이동을 일으키고, Dorsal은 접합자 유전자들을 조절한다. (c) 각 영역들은 Dpp의 농도구배에 의해서 나중에 정립된다. *tinman*은 측면 중배엽(lateral mesoderm)에서 발현된다. 약자: *twi*, *twist*; *sna*, *snail*; *rh*, *rhomboid*; *zen*, *zerknüllt*; *dpp*, *decapentaplegic*; *sog*, *short gastrulation*.

자 발현이 억제된다. *gurken*이나 *Egfr* 돌연변이에서는 *pipe* 유전자 발현이 전체적으로 증가하기 때문에 배쪽화가 일어난다.

*pipe*는 난모세포의 배쪽에 존재하는 활성화된 세포외 리간드를 생산하는 데 관여하는 유전자 군 중의 하나이다(그림 11.11a). *pipe* 자체는 세포외 글리코사미노글리칸(glycosaminoglycans)에 황그룹(sulfate group)을 첨가하는 효소를 암호화한

다. 정상적인 발생 과정에서 *pipe*는 배쪽 난포세포들에서만 발현되는데, 그 이유는 등쪽에서는 *gurken-Egfr* 시스템에 의해서 억제되기 때문이다. 국소적인 글리코사미노글리칸의 황화는 *snake*와 *easter* 유전자에 의해서 생산되는 단백질 분해효소 등, 일군의 단백질들을 배쪽에 모으는데, 이들은 실제적인 배쪽화 신호를 활성화시킨다. 이 신호는 난모세포에서 활성화되는 *spätzle* 유전자산물 단백질인데, 활성화되기 위해서는 단백질 분해가 필요한 불활성화된 전구물질로 합성된다. Spätzle 단백질은 척추동물의 신경성장인자와 일부 서열유사성을 가지며, 이 단백질의 기능은 난모세포의 모든 표면에 존재하는 *Toll* 유전자에 의해 암호화된 수용체를 활성화하는 것이다. *Toll*은 두 종류의 돌연변이를 가지는데, 열성 등쪽화 돌연변이는 수용체 기능을 상실한 것이며, 우성 배쪽화 돌연변이에서는 리간드가 부재한 상황에서도 수용체가 신호를 계속 보낸다.

배쪽에서의 *Toll* 활성화는 수정 후 시작되어 배아 난할 단계 동안 뒤이은 반응들이 일어난다(그림 11.11b). *dorsal*은 모계 등배 발달 경로의 마지막 유전자이다. Dorsal 단백질은 척추동물의 NF-kB와 유사한 전사인자이다. 이 유전자의 mRNA는 난모세포에 골고루 퍼져 있으며 단백질은 수정 후 합성된다. 이 단백질은 초기에 골고루 퍼져 분포되어 있으나 합포체 배반엽 시기에 배쪽에서 핵으로 더 잘 들어가 핵 내 단백질의 등-배 농도구배를 형성한다. 핵으로 이동하는 것은 근처에 활성화된 Toll이 있는지에 달려있는데, Toll은 또 다른 단백질인 IkB와의 복합체로부터 Dorsal 단백질을 떼어낸다. 이렇게 분리된 Dorsal 단백질은 핵으로 이동하여 타겟 유전자들을 조절한다. 초파리 IkB는 *cactus* 유전자에 의해서 암호화되어 있다. *cactus* 돌연변이들은 배쪽화 되어 있는데, 그 이유는 Cactus의 정상적인 기능은 Dorsal 단백질의 기능을 억제하는 것이므로, Cactus가 없으면 Dorsal 단백질이 배아의 모든 핵 속으로 이동하게 되어 모든 곳에서 배쪽화를 유도하기 때문이다.

## 등-배 패턴형성의 접합자의 조절

Dorsal 단백질의 농도구배는 접합자의 유전자에 암호화되어 있는 다양한 전사인자들의 발현을 활성화시키거나 억제한다(그림 11.11c, 11.12).

**중배엽(mesoderm)**은 *twist*와 *snail*에 의해 암호화되어 있는 두 가지 전사인자에 의해 확립된다. 이들은 모두 Dorsal 단백질의 핵 내 농도가 높을 때 이 단백질에 의해서 활성화되는 전사인자이다. *twist*는 정확한 중배엽으로의 분화에 필요한 bHLH 단백질을 암호화하며, *snail*은 중배엽의 함입(invagination)에 필요한 징크-핑거(zinc-finger) 전사인자를 암호화한다.

다른 유전자들은 Dorsal 단백질의 농도가 낮을 때 활성화되어 배면 뿐 아니라 측면에서 발현된다. 이들의 일부는 Snail에 의해서 억제되어 장래의 신경외배엽 부위인 측면 부위에서 발현된다. 예를 들어, EGF 신호전달계에 포함된 막단백질을 암호화하는 *rhomboid*는 Dorsal 단백질에 의해서 활성화되고, Snail

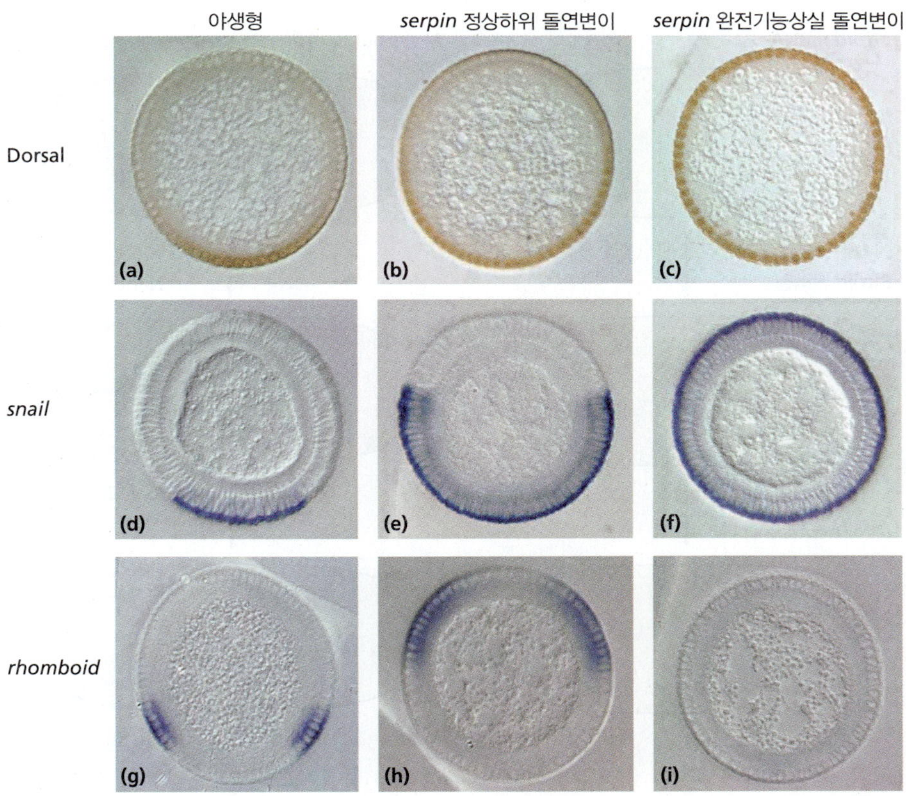


**그림 11.12** 단백질 분해효소 억제자를 암호화하는 유전자(*serpin*)의 기능상실에 의한 정상적인 등-배 시스템의 분포. (a, d, g) 정상적인 Dorsal 단백질의 농도구배와 두 접합자 유전자인 *snail*, *rhomboid*의 활성화. (b, e, h) *serpin* 유전자의 부분적 기능상실은 Dorsal 농도구배를 강화하고 증가된 Dorsal 양에 따른 반응 임계점을 밀어 올린다. (c, f, i) *serpin* 유전자의 완전 기능상실은 완벽하게 배쪽화된 패턴을 만든다. (인용) Elsevier의 허락을 얻어 Ligoxygakis *et al.* *Curr Biol* 2003; 13:2097-2102의 그림을 재구성하였음.

단백질에 의해서 억제되어 신경성 부위에서 발현된다(그림 11.12).

**등쪽 외배엽(dorsal ectoderm)**은 *zerknüllt* 유전자에 의해 암호화되는 호메오 단백질에 의해 확립되는데, 이 유전자는 정상적으로 배아 둘레의 약 40%에서 발현된다. 이것은 Dorsal 단백질에 의해서 억제되므로, 등쪽화된 돌연변이에서는 모든 둘레에서 발현된다. Dorsal 단백질에 의해서 억제되며 정상적으로 배아 둘레의 약 40%에서 발현되는 다른 유전자로 *decapentaplegic* (*dpp*)이 있다. 이것은 척추동물의 BMP들과 유사한 신호물질인데, 배아 둘레 중 등쪽 반의 패턴을 확립한다. *dpp* mRNA를 많은 양 주입하면 양장막(amnioserosa)을 유도하고 적은 양을 주입하면 등쪽 강모를 유도할 수 있다. 이러한 결과를 통해 농도구배와 같은 양식으로 작동할 것으로 예상되지만, Dpp 단백질 자체의 생산에는 농도구배가 없다. 대신에 전반적으로 골고루 발현되는 Screw라고 불리는 또 다른 BMP 유사인자와 작용하여 *dorsal* 유전자의 발현을 조절한다. 이들 인자들의 농도구배와 같은 효과는 *short gastrulation* (*sog*) 유전자에 의해서 암호화되어 있는 억제자의 작용에 의해 일어난다. 이 유전자는 Snail에 의해서 억제되기 때문에 측면 띠에서 발현되며 Screw를 억제하여 BMP 활성도가 등-배 구배를 형성하게 한다. Sog는 척추동물의 Chordin의 유사인자인데, 이것 역시 BMP4의 억제자이다(7장 참고).

중배엽의 패턴형성도 Dpp에 의존적인데, Dpp의 발현은 이후에 등쪽 부위의 한 쌍의 넓은 가로 줄무늬로 변형된다. *tinman*은 심장형성에 필요한 호메오도메인 전사인자를 암호화한다. 이것은 초기에는 *twist*에 의해 전체 중배엽에서 발현되지만, 이후에는 *dpp*를 발현하는 표피 주변의 측면 부위를 제외하고는 발현되지 않는다. 배쪽 부분이 체벽 근육을 형성하는 동안 이 측면 부분이 심장을 생성한다.

따라서 전체 등-배 패턴형성은 배쪽 반을 조절하는 Dorsal 단백질의 모계 농도구배와 등쪽 반을 조절하는 Dpp의 접합자 농도구배에 의해 이루어진다. 흥미롭게도 등쪽 Dpp–배쪽 Sog 패턴은 척추동물의 배쪽 BMP4–등쪽 chordin 패턴과 유사한데, 진화과정동안 위아래가 바뀌었음을 보여주는 증거이다(22장 참고). Dpp와 BMP4는 Chordin과 Sog와 마찬가지로 유사한 생물학적 활성도를 가진다.

등-배 시스템은 몇몇 주요한 발생과정의 예를 제공한다. Gurken과 Spätzle은 모두 그들에 대해 반응성 있는 조직들의 패턴형성을 일으키는 **유도인자(inducing factors)**들이다. 부분적인 부위에서의 Toll의 활성화는 알에서 **세포질 결정인자(cytoplasmic determinant)**의 예인데, 이 경우 결정인자는 부분적으로 존재하는 mRNA가 아니다. Dorsal 단백질의 핵 농도구배는 **구배(gradient)**의 형성을 통해 간단한 패턴을 보다 복잡한 것으로 바꾸는 예이다. 각 조직들은 Dorsal 단백질의 농도구배에 의해 직·간접적으로 활성화되는 전사인자들의 다양한 조합을 가지므로, 등-배축을 따라 다양한 조직 형태들이 생겨난다.

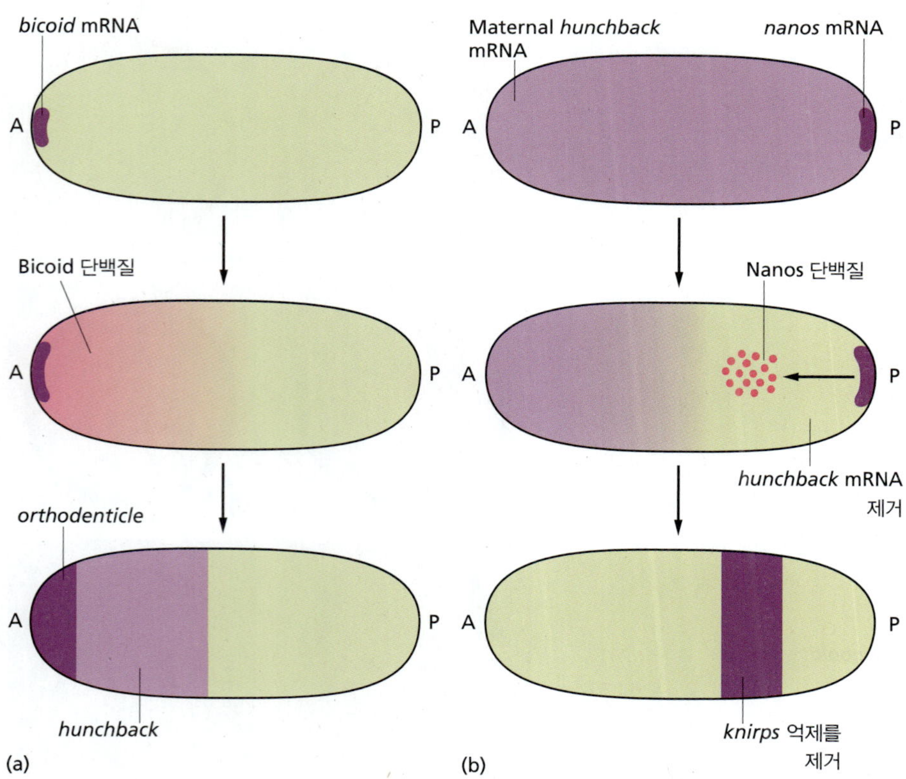


**그림 11.13** 모계 전-후 시스템. (a) 전반부 시스템; (b) 후반부 시스템

## 고전적인 실험들

### 최초의 실제 농도구배

초기에 발생학자들은 유전자 발현 패턴을 조절하는 형태형성 물질(morphogen)의 농도구배가 존재할 것으로 예상하였다. 이것은 Wolpert에 의해 작성된 이론 논문에서 인자(element)로 표현되었는데, 이는 실험 배아발생학의 문제들을 되살리고 그들을 현대적 언어로 재해석한 것이다. 그러나 실험적으로 발견된 최초의 농도구배 물질은 초기 초파리 배아에서의 Bicoid 단백질이다. 초기 초파리 배아가 합포체이기 때문에 이것은 실제로는 세포내 농도구배이다. 그러나 이것은 유전자 발현을 조절하고, 예상되는 것처럼 행동하였으므로 사람들은 마침내 발생에서 농도구배의 역할을 믿게 되었다.

Wolpert, L. (1969) Positional information and the spatial pattern of cellular differentiation. *Journal of Theoretical Biology* 25, 1–47.

Driever, W. & Nüsslein- Volhard, C. (1988) A gradient of bicoid protein in *Drosophila* embryos. Cell 54, 83–93.

## 전-후 시스템

### 난방에서의 사건

전-후축을 따라서 구조들의 특화는 모계시스템에 의해서 조절되는데, 이것은 완전하지는 않지만 대부분 등-배 패턴형성의 조절과정과 독립적이다. 기본 기전이 그림 11.13과 동영상 14 (난모세포의 AP 극성)에 요약되어 있다. 전반부에서 *bicoid* mRNA가 알에 위치하며 Bicoid 단백질의 농도구배가 다양한 유전자들을 활성화하여 부분별 구획화를 이룬다(그림 11.13a). 후반부에서는 *nanos* mRNA가 위치하고, 이 유전자가 만드는 단백질은 미래의 복부(abdomen)에서 유전자 억제를 제거한다(그림 11.13b).

등-배 시스템에서처럼 배아의 기본적인 구획화는 암컷의 몸에서 성장하고 있는 난모세포 시기에 일어나며 난모세포와 난포 세포 사이의 상호작용에 의존적이다. 난자형성이 시작된 직후부터 난방의 양쪽 끝의 일군의 난포세포 소그룹들이 특화되어 나중에 전-후측 **경계세포(border cells)**가 된다. 난자형성 초기에 난포세포들은 여전히 분열하고 있으며, 난모세포는 영양세포와 비슷한 크기이다. 이 시기에 생식세포는 Delta 신호를 내어 난포세포에서 Notch 수용체를 활성화시킨다. 이것은 난포세포를 체세포분열기에서 DNA 내적재복제(endoreduplication)기로 전환하며, 리간드인 Unpaired에 대한 반응 능력을 갖게 하는데, Unpaired는 말단 난포세포로부터 분비되어 난포세포들이 다양한 하위그룹으로 분화하도록 유도한다. 다음으로 난모세포는 Gurken을 분비하기 시작한다. 이 시기까지 말단 난포세포들은 자동적으로 전반부적 특징을 가지고 있다. 그러나

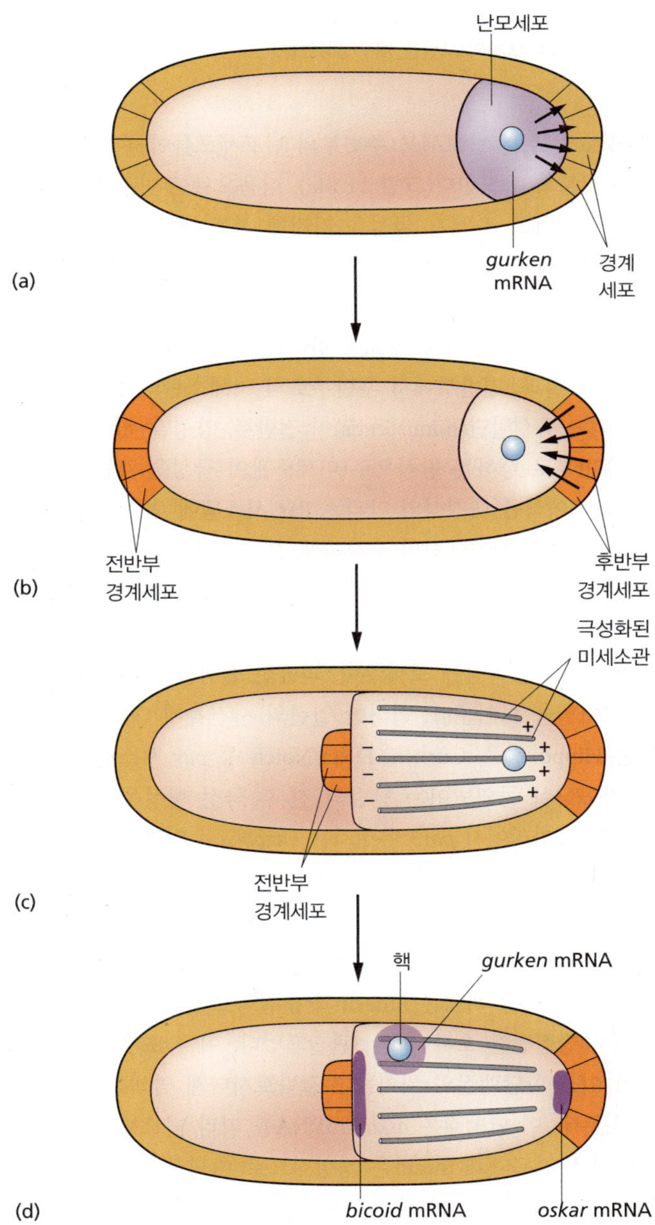


**그림 11.14** 전-후 극성의 근원. (a) Gurken에 의한 경계세포의 후반부 특성화. (b) 난포세포로부터 난모세포로의 역신호. (c) 방향성을 지닌 미세소관 배열 형성. (d) 핵의 이동과 방향성을 가진 미세소관을 따르는 이동에 의한 *oskar*와 *bicoid* mRNA의 위치 정립.

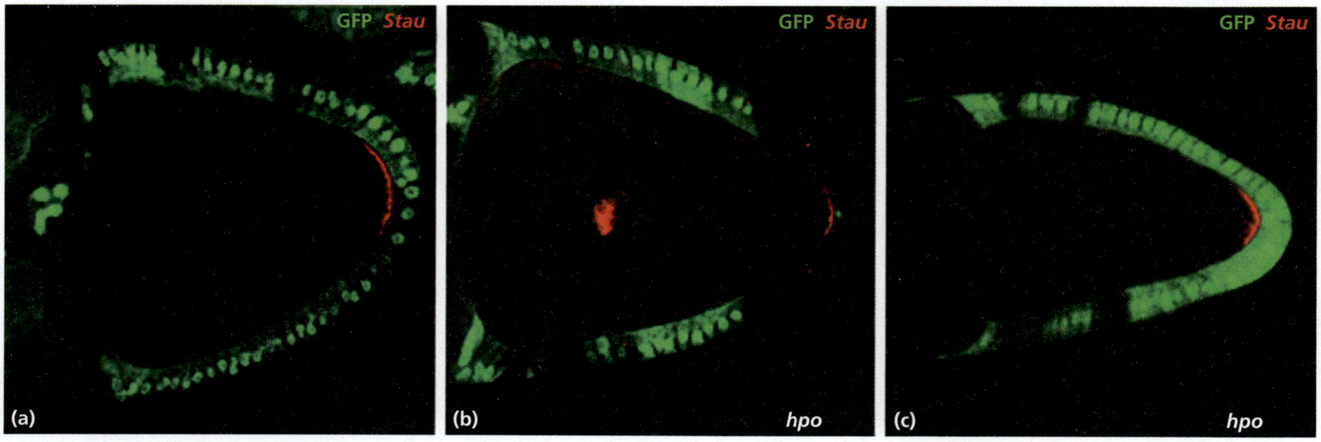


**그림 11.15** 난포세포에서 온 신호의 Hippo 경로 의존성. *hippo* (*hop*) 기능상실 클론은 FRT 방법(17장 참고)에 의해 유도되었다. 클론은 GFP가 발현되지 않는 부분이다. (a) 정상적인 상태에서는 후반부 그룹 mRNA인 *staufen* (*stau*, 빨간색)은 후반부에 정확히 위치한다. (b) 기능상실 클론이 난포세포에 존재하면 *staufen* 위치가 바뀐다. (c) 클론이 생식세포에 존재하면 *staufen*의 위치는 정상이다. (인용) Elsevier의 허락을 얻어 Polesello and Tapon. *Curr Biol* 2007; 17:1864-1870의 그림을 재구성하였음.

Gurken 신호는 난모세포 주변부의 난포세포들이 후반부의 특징을 갖도록 유도한다(그림 11.14a). 다음으로 후반부 난포세포들은 난모세포 자체가 극성을 가지게 하는 다른 신호를 낸다(그림 11.14b). 이 신호의 특성은 아직까지 잘 알려져 있지 않지만, 이 신호의 생성은 난포세포들에서의 Hippo 경로(19장과 부록 참고)의 활성화를 필요로 한다(그림 11.15). 이러한 신호를 받은 결과, 전반부에서 후반부로의 미세소관의 농도구배가 형성되고 음성말단(minus ends)이 전반부, 양성말단(plus ends)이 후반부로 향하는 방식으로 미세소관이 극성을 갖는다(그림 11.14c). 이러한 대칭성의 파괴는 Par 시스템에 의존적이다. 예쁜꼬마선충 접합자에서와 유사하게, 미세소관 재배열과 연관하여, Par1은 후반부 쪽으로 이동하고, Par3/Par6/aPKC는 전반부 쪽으로 이동한다. GFP와 융합된 Par1과 Par3 단백질은 이러한 방향으로의 움직임을 보여주며, 과발현 실험들은 이들이 서로를 밀어냄을 보여준다. 이러한 일련의 사건들에 대한 주된 증거는 Hippo 경로, Gurken, Delta/Notch 등 *par* 시스템 인자들의 기능상실 돌연변이는 난방의 전-후 극성 형성을 막는다는 점이다. 초파리에서 *par3* 유전자는 *bazooka*로 알려져 있다.

미세소관의 방향성은 양성이나 음성으로 방향 지워진 **운동단백질(motor proteins)**이 각각 *oskar* mRNA를 후방으로, *bicoid* mRNA를 전방으로 위치시킨다는 것을 의미한다(그림 11.14d). 이러한 과정은 kinesin과 β-갈락토시다제 융합단백질 유전자 형질전환 초파리에서 관찰되었다. 이들 초파리의 난방에서 이 융합단백질의 위치를 β-갈락토시다제 염색을 통해 알 수 있는데, 이 단백질은 *oskar* mRNA를 따라 난모세포의 후반부에서 발견된다. Kinesin은 정상적으로 미세소관의 양성말단 쪽으로 이동하는데, 이 실험은 미세소관 배열이 세포내 위치정립을 위한 극성 기질로 작용함을 보여준다.

난모세포가 자라남에 따라 핵은 미세소관 배열을 따라 전반부로 이동한다. 미세소관이 난모세포의 바깥부분에 둘러져 있기 때문에, 핵은 중앙으로 직접 이동하는 것이 아니라 바깥쪽을 따라 움직인다. 이러한 움직임은 이전 난모세포의 방사대칭성을 깨고 핵은 다른 쪽보다 한쪽에 가까이 위치하게 한다. 이제 핵 주위의 *gurken* mRNA는 Gurken 단백질이 핵이 위치하는 쪽에서 분비되도록 한다. 앞서 설명한 대로 Gurken 신호가 Egfr을 활성화시켜 *pipe*의 발현을 억제함으로써 주변부의 난포세포들은 등쪽의 특성을 가지게 된다. 그러므로 난자형성 초기에 난포세포의 등-배 패턴형성에 관여하는 일부 유전자들은 난모세포와 경계세포의 전-후 패턴형성에도 관여한다. 같은 신호가 두 가지 해부학적으로 직교하는 축 형성에 관여할 수 있는 데에는 세 가지 이유가 있다: 이것은 서로 다른 시간에 작용한다; 반응하는 난포세포들은 다른 능력을 보유하고 있다; 난모세포의 성장이 그 신호의 유효 부위를 바꾼다.

## bicoid

*bicoid*는 호메오도메인 전사인자를 암호화하는 모계 효과 유전자이다. 이 유전자의 기능상실 돌연변이들은 머리와 흉부가 미발달된다. *bicoid* 유전자의 전사는 난자형성 동안에 난모세포와 영양세포에서 일어나고, mRNA는 난모세포의 전반부에 위치한다. 항체와 GFP 융합단백질을 이용한 연구들은 Bicoid 단백질이 배아 발생 1-3시간 후인 합포체 단계 동안 합성된다는 것을 보여준다. 수정 후 90분까지 이 단백질은 전반부로부터 후반부로 농도구배를 형성한다. 처음에는 배아의 후반부에서 RNA의 분해가 일어남으로써 이러한 RNA의 위치정립이 루어

진다고 생각되었다. 그러나 생체 내에서 Bicoid-GFP 단백질에 대한 광탈색(photobleaching) 후 확산 행동에 대한 연구는 농도구배를 유지하는 기전이 초기 생각보다 훨씬 복잡하다는 것을 보여준다.

Bicoid 단백질의 농도구배의 기능은 접합자에서 *orthodenticle, hunchback, Krüppel* 등의 몇몇 간극유전자의 발현을 조절하는 것이다. *orthodenticle*과 *hunchback*은 호메오도메인 전사인자를 암호화하고, *Krüppel*은 징크-핑거 전사인자를 암호화한다. 이들 각각 유전자들의 프로모터 부위는 Bicoid에 대한 다른 민감도를 가지고 있어 전-후축을 따라 다른 곳에서 활성화된다.

패턴형성의 측면에서 이 시스템은 농도구배와 같이 작동한다. 암컷에서 유전자의 활성 사본수를 변화시켜 단백질의 양을 조절하면 머리홈(cephalic furrow)이나 쌍지배유전자 발현 띠와 같은 예상되는 방향 특징들이 바뀐다. 더욱이 *bicoid*가 결손된 알에 *bicoid* mRNA를 주입하면 정상표현형으로 구제된다. 이때 주입한 위치에서 앞쪽 끝 말단을 형성한다. 즉, mRNA를 *bicoid*가 결핍된 알의 중앙 부분에 주입하면 그 부분에서 머리가 발생하고, 여기에 인접하여 거울상 대칭형 배열을 가진 2개의 흉부가 생겨난다.

## 후반부 시스템

후반부 시스템의 형성에서 *nanos* mRNA가 후반부에 위치하게 되는 것이 필수적인데 이 유전자산물 단백질의 기능은 장래의 복부에서 다양한 간극유전자의 전사억제를 제거하는 것이다(그림 11.13b). 이 시스템의 기전은 유전학적, 발생학적 실험 결과들의 조합에 의해서 추론되었다.

배아 후반부 극을 찔러 적은 양의 세포질이 빠져 나오도록 하면, 꼬리마디(telson) 부분이 아니라 50-20%EL 부위에 존재할 것으로 예상되는 복부 부위에서 유충에 이상이 일어난다. 이것은 후반부 극에 복부의 발달에 필요한 무언가가 존재한다는 사실을 보여준다. 또한 복부가 결손 되는 많은 수의 모계 영향 유전자 돌연변이들이 존재한다. 여기에 속하는 것들이 *nanos, oskar, pumilio*이다. 이들 유전자들의 돌연변이들은 야생형 배아의 극형질 부위로부터 얻어진 세포질을 주입하여 정상형으로 구제할 수 있는데, 이는 정상적인 배아의 후반부 극 부위에 복부 형성 기질(abdomen-forming substance)이 위치하고 있음을 증명하는 것이다. 이것은 RNA 결합단백질인 *nanos* 유전자의 산물로 밝혀졌다.

*nanos* mRNA는 정상적인 상태에서 *oskar*에 의존적으로 극형질에 위치하지만 단백질은 미래에 복부가 될 부분에서 발견된다. Nanos의 기능은 *pumilio* 유전자 산물과 함께 작용하여, 접합자 간극유전자인 *knirps*의 전사를 유발하는 것이다. 이 작용기전은 *knirps*가 Hunchback에 의해 억제되는 것을 막고, *hunchback*의 번역을 억제하는 것을 포함한다. *hunchback*은 또 다른 접합자 간극유전자로서 전반부에서 Bicoid에 의해서 활성화된다. *hunchback*은 또한 난자형성 과정에서도 활성화되어 정상적으로 알은 모계 *hunchback* mRNA가 균일한 농도로 채워져 있다. 이 mRNA의 번역은 초기 난할 단계에 시작되고 배아의 후반부 절반에서는 Nanos 단백질에 의해서 억제된다. *knirps*는 후반부에서 활성화되고 전반부에서는 그렇지 않은데, Hunchback 단백질이 후반부에는 존재하지 않기 때문이다. Nanos가 결손되면 Hunchback 단백질이 모든 곳에서 만들어지고 *knirps*는 어디에서도 발현되지 못한다. 또한 Nanos는 생식세포 발생 이후 단계에서도 요구되는데, 이를 위해 Nanos 단백질은 접합자 유전자로부터 생산된다.

## 말단 시스템

세 번째 모계 시스템은 배아 말단 형성과 관련되어 있다(그림 11.16). 이것은 난포세포로부터 나와서 양끝 말단의 수용체를 활성화시켜 접합자 유전자들을 활성화하는 신호를 포함한다.

말단 시스템의 기능상실 돌연변이를 가진 배아는 가운데 부분은 정상이지만 양 말단에 이상을 보인다. 이 경로의 주요 유

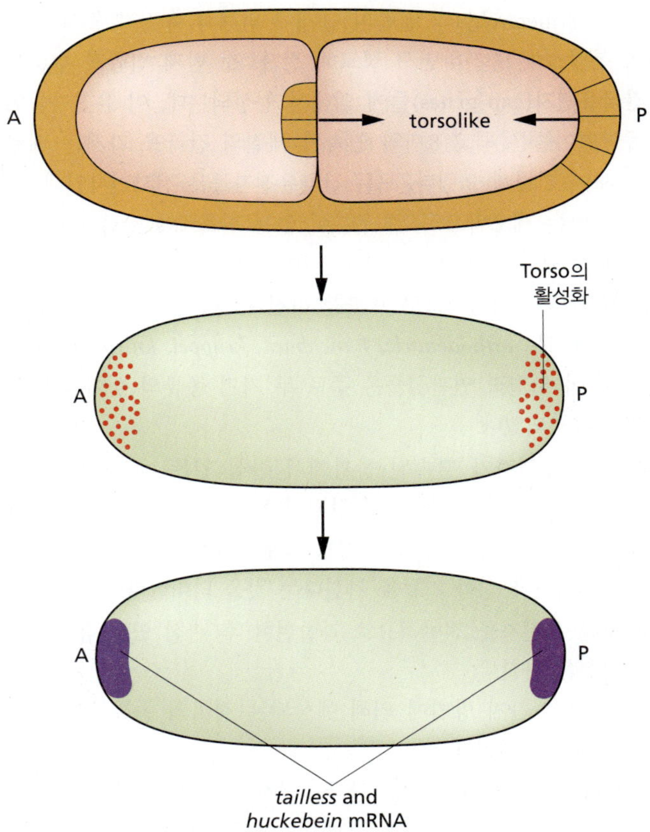


**그림 11.16** 말단 시스템.

전자는 *torso*인데, 이것의 기능획득 대립유전자형은 흉부와 복부 체절 형성이 억제된다. *torso*는 티로신 인산화효소(tyrosine kinase) 계열의 막표면 수용체로 ERK 신호전달계를 활성화하며, 기능획득 표현형은 이 수용체의 상시 활성화형에 의해서 나타난다. *Toll*과 마찬가지로 난모세포에서 전반적으로 발현되지만 수용체는 말단 부분에서만 활성화된다. 난모세포에서 활성화되는 *trunk*에 의해 암호화되는 리간드는 난황주위 액(perivitelline fluid)으로 분비된다. Trunk 단백질은 말단에서 *torso-like*의 산물에 의해서 활성화되는데, 이 단백질은 전-후 경계세포에 존재하는 새로운 단백질이다.

Torso의 활성화는 ERK의 활성화를 통해 접합자 간극유전자인 *tailless*와 *huckebein*의 발현을 증가시킨다. *tailless*는 핵수용체 계열의 전사인자를 암호화하고, *huckebein*은 징크-핑거 전사인자를 암호화한다.

비록 서로 다른 분자들이 관여하지만, 말단 시스템은 등-배 시스템과 매우 유사한 기전을 가지며, 활성화된 수용체 단백질은 일종의 **세포질 결정인자(cytoplasmic determinant)**로 볼 수 있다.

## 간극유전자들

모계로부터 받은 형태형성인자나 결정인자 시스템은 이후 발생상 위계(hierarchy)의 일련의 단계에 의해서 유전자 활성 양상의 복잡성이 증가하면서 정교해 진다. 첫 번째 접합자 수준은 **간극유전자(gap genes)**들에 의해서 형성되는데, 이 유전자들의 돌연변이들은 최고 8개의 연속된 체절의 간극을 가지는 패턴을 보여 이렇게 불린다. 모든 간극유전자들은 전사인자인데, 초기 배아는 세포막으로 된 구분이 없는 합포체(syncytium)이므로 세포-세포 간 신호가 필요 없이 하나의 핵에서 다른 핵으로 확산되어 직접적으로 효과를 미친다. 중요한 일부 간극유전자의 예로는 *orthodenticle, hunchback, krüppel, knirps, giant*가 있다. 이 조절적 연관성들은 주로 두 가지 종류의 실험들에 의해서 유추되었다.

1. 다른 유전자가 결손된 상황에서 관심 있는 유전자의 발현 양상 조사. 발현 지역이 확장되었다면 정상상태에서 억제 기능을 가진다는 것을 보여주며, 반대로 축소되었다면 정상 발달에서는 활성화 기능을 가진다는 것을 의미한다.
2. 다른 유전자를 전반적으로 과발현한 후 관심 있는 유전자의 발현을 관찰.

이들 두 가지 방법에 의해 예상되는 결과의 종류들이 그림 11.17에 예시되었다.

Bicoid 단백질과 함께, 간극유전자 발현의 초기 조절자는 *caudal* 유전자이다. 이것은 호메오도메인 전사인자를 암호화하며 척추동물의 *Cdx* 유전자 군의 유사체이다. 이것은 모계에서

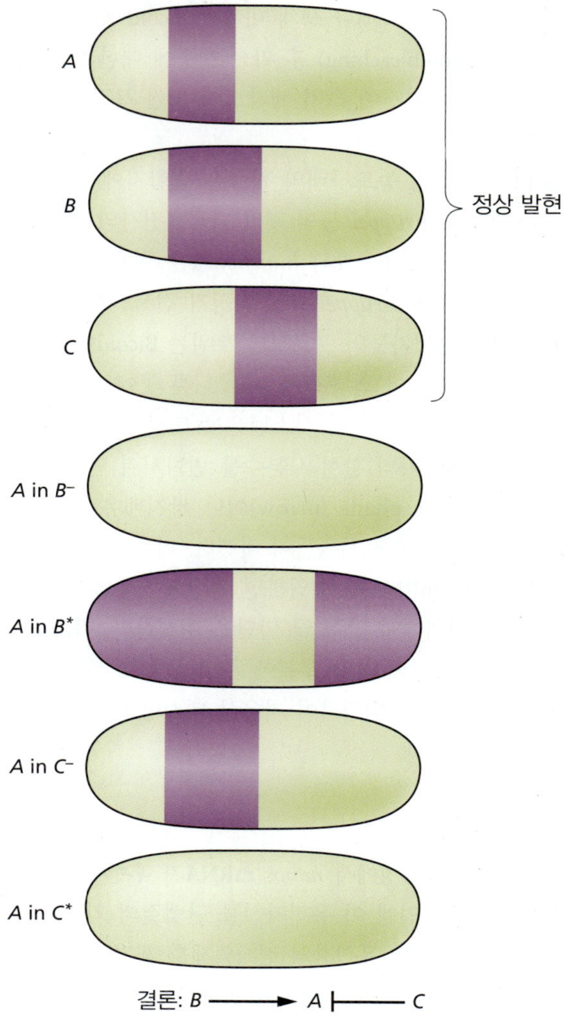


**그림 11.17** 유전자간의 상호 조절 관계를 알아내는 방법. 위 3개의 그림들은 3개의 유전자의 정상적인 발현을 보여준다. 아래의 그림 4개는 각각 *B*, *C* 유전자 결손돌연변이 (-)와 과발현 배아(*)에서 *A* 유전자 발현을 보여준다. 이들 결과들은 *A*가 *B*에 의해서 활성화되고, *C*에 의해서 억제됨을 보여준다.

발현되어 mRNA는 난모세포에서 골고루 분포한다. 합포체 배반엽 시기에 *caudal* mRNA는 전-후방에서 차별적으로 소실되어 mRNA와 단백질의 전-후 농도구배를 형성한다. *caudal* 결손 배아는 심각한 후반부 이상을 보인다. 일부 간극유전자들은 Bicoid 단백질과 Caudal 단백질이 모두 존재할 때 활성화되는데 이들 두 인자들이 초기 배아에서 서로 반대의 농도구배를 형성하므로 간극 유전자들의 발현은 공간적으로 조절된다기보다 세포 자율적으로 조절될 것으로 생각된다. *caudal*은 또한 예정 항문함(proctodeum)에서 후반부 접합자성으로 발현된다.

*orthodenticle* 돌연변이는 머리에 이상을 보인다. 이 유전자는 호메오도메인 전사인자를 암호화한다. 이것은 머리에서 발현되며 높은 농도의 Bicoid와 Torso에 의해서 활성화된다. *or-*

*thodenticle*의 중요한 척추동물 유사유전자는 *Otx2*인데, 이것은 전뇌와 중뇌 형성에 필요하다.

*hunchback*의 완전기능상실 대립형(null allele) 동형접합자 배아들은 커다란 전반부 간극을 가지며, 입술(labium) 부위와 흉부가 사라진다. 이 유전자는 징크-핑거 전사인자를 암호화한다. 난자형성동안 전사된 mRNA는 알에 전반적으로 골고루 분포되지만, 우리가 앞에서 살펴본 바와 같이, 후반부 절반에서는 안정성과 단백질로의 번역이 Nanos 단백질에 의해 억제되어 난할시기 동안 Hunchback 단백질이 전-후 농도구배를 이루게 된다. 접합자의 전사는 합포체 배반엽의 전반부 절반에서 시작되며, 세포체 배반엽에서는 후반부 띠에서도 일어난다. 후반부와 달리 전반부에서는 *orthodenticle* 활성화에 필요한 것보다 낮은 농도의 Bicoid 단백질에 의해서 접합자 *hunchback* 유전자 발현이 활성화된다. 후반부의 접합자 발현 부위에서는 Torso에 의해 활성화된다.

*Krüppel*은 완전한 접합자 발현 유전자인데, 이 유전자의 완전결손돌연변이는 흉부체절과 1–5번 복부체절에 해당하는 커다란 결손이 몸의 중앙 부분에 생긴다. 이 유전자는 징크-핑거 전사인자를 암호화하며, 그 발현은 합포체 배반엽에서 중앙 띠를 형성하며 시작된다. *Krüppel*은 Bicoid와 Hunchback에 의해서 활성화되고, knirps와 Giant에 의해서 억제된다. 이러한 조절을 통해 60–50%EL 지점에 넓은 띠 모양으로 발현된다.

*Knirps* 완전결손돌연변이들은 다른 모계 후반부 형성 그룹들과 유사하게 1–7번 복부 체절이 정체성이 없는 하나의 커다란 복부체절로 대체된다. 이 유전자는 핵 호르몬 수용체 패밀리에 속하는 전사인자를 암호화한다. 발현 양상은 합포체 배반엽시기에 45에서 30%EL 사이에서 띠를 형성한다. 유전자 활성은 항시적으로 일어나지만 Hunchback과 Tailless에 의해 억제되어 띠의 위치가 조절된다.

*giant* 돌연변이들은 흉부 앞쪽과 A5–A7 복부 부위에서 이상을 보인다. *giant*는 류신지퍼(leucin-zipper) 전사인자를 암호화하며, 발현은 합포체 배반엽 시기에 전반부인 80–60%EL과 후반부인 33–0%EL의 두 곳에서 시작된다. 세포성 배반엽까지 후반부 띠는 희미해지고, 전반부 띠는 3개로 나뉜다. *giant*는 Bicoid와 Caudal에 의해서 활성화되고, 전반부에서는 Hunchback에 의해서 억제된다.

*tailless*와 *huckebein*은 Torso에 의해 활성화되는 접합자 유전자들이다. 각 돌연변이들은 말단 부위 이상을 보이는데, 모계 말단 유전자들의 돌연변이의 표현형을 심화시킨다.

이제까지 설명되었던 주요 조절 관계들은 그림 11.18에 요약

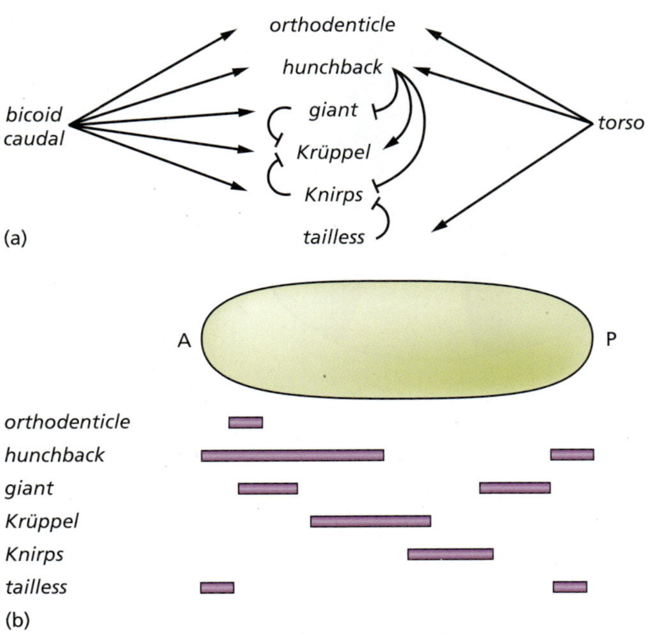


**그림 11.18** 간극유전자들. (a) 일부 조절 관계들; (b) 6개의 간극유전자들의 간략한 발현 위치.

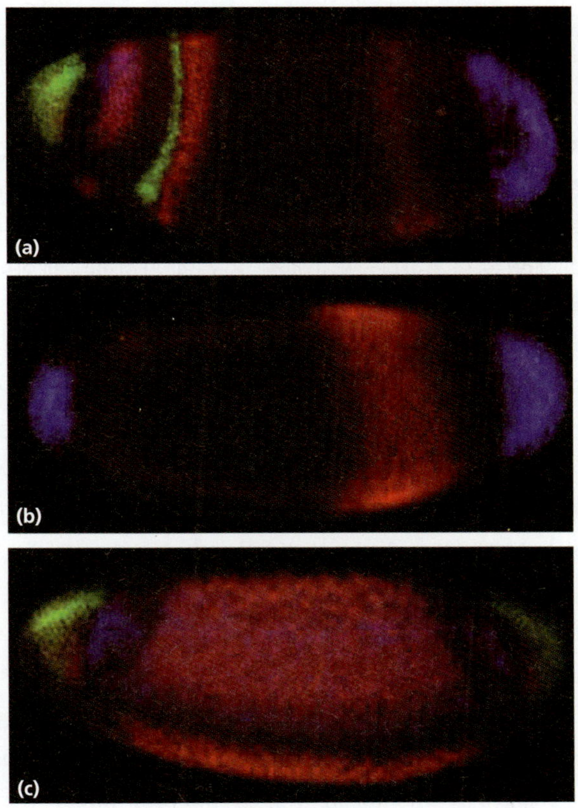


**그림 11.19** 세 가지 간극유전자들의 발현. (a) *cap-n-collar* (녹색), *giant* (빨간색), *tailless* (파란색)의 정상적인 발현 양상. (b) *bicoid* 제거는 *cap-n-collar* 발현 부위의 결손, *giant* 발현 부위의 후방으로의 이동을 일으킨다. (c) *bicoid* 결손상태(*bicoid*$^-$)에서 *bicoid*의 균일한 발현은 대부분의 패턴 정보를 제공하는 말단 시스템 거울상 대칭 패턴을 나타낸다. (인용) National Academy of Sciences의 허락을 얻어 Löhr *et al. PNAS* 2009; 2106: 21695–21700의 그림을 재구성하였음.

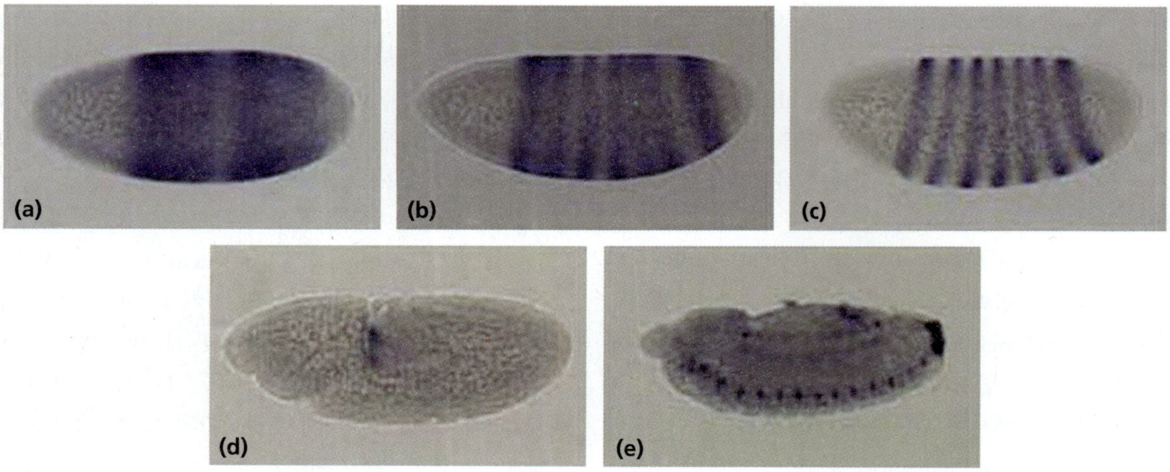


**그림 11.20** *even-skipped* (*eve*)의 발현 (제자리 혼성화). (a-c) 합포체 배반엽에서의 쌍지배 패턴의 발달. (d) 대부분의 *eve* 유전자 발현은 확장된 배대 시기에 사라진다. (e) *eve* 발현은 이후에 배측 신경절(ventral ganglia)에서 다시 생겨난다. (인용) Public Library of Science의 허락을 얻어 Peterson *et al. Big Genomes Facilitate the Comparative Identification of Regulatory Elements PLoS ONE 4*, e4688의 그림을 재구성하였음.

되어 있다. Biocoid 유전자 결손과 균일한 존재 하에서 일부 간극유전자들의 발현 위치 변화를 그림 11.19에 나타내었다.

## 쌍지배 시스템

**쌍지배유전자(pair-rule genes)**들은 발생상 상위단계에서 간극유전자와 체절극성유전자의 사이에서 작동한다. 이 유전자들은 간극유전자들을 따라서 Hox 유전자들의 발현과 체절 반복 패턴의 배열을 조절한다. 쌍지배유전자들의 활성화는 배아에서 반복성 패턴형성의 초기 단계를 나타낸다.

모든 쌍지배유전자들은 전사인자를 암호화하고 그 발현 패턴은 각 띠가 합포체 배반엽의 두 체절 띠에 해당하는 총 7개의 띠로 이루어진다(그림 11.20). 돌연변이 표현형은 특징적으로 두 체절의 주기성을 보이며 결손되는데, 좀 더 복잡하거나 심한 경우도 발견된다. 예를 들면, *even-skipped* 유전자는 돌연변이에서 짝수 체절이 감소하거나 결손되어 붙은 이름이다. 그러나 지금은 이 돌연변이가 정상 하위돌연변이로 밝혀졌고, 완전기능상실 돌연변이에서는 모든 체절이 결손된다.

1차 쌍지배유전자들이라 불리는 유전자들은 모계유전자나 간극유전자들에 의해 조절되는 것이며, 2차 쌍지배유전자들은 1차 유전자들에 의해서 조절된다. 1차 쌍지배유전자들은 *hairy*, *even-skipped* (*eve*), *runt* 등이며, 아마도 *fushi-tarazu* (*ftz*)와 *odd-paired* (*odd*)도 여기에 포함될 것이다. 이들은 몇몇의 인핸서들을 포함하는 복잡한 조절 부위를 가진다.

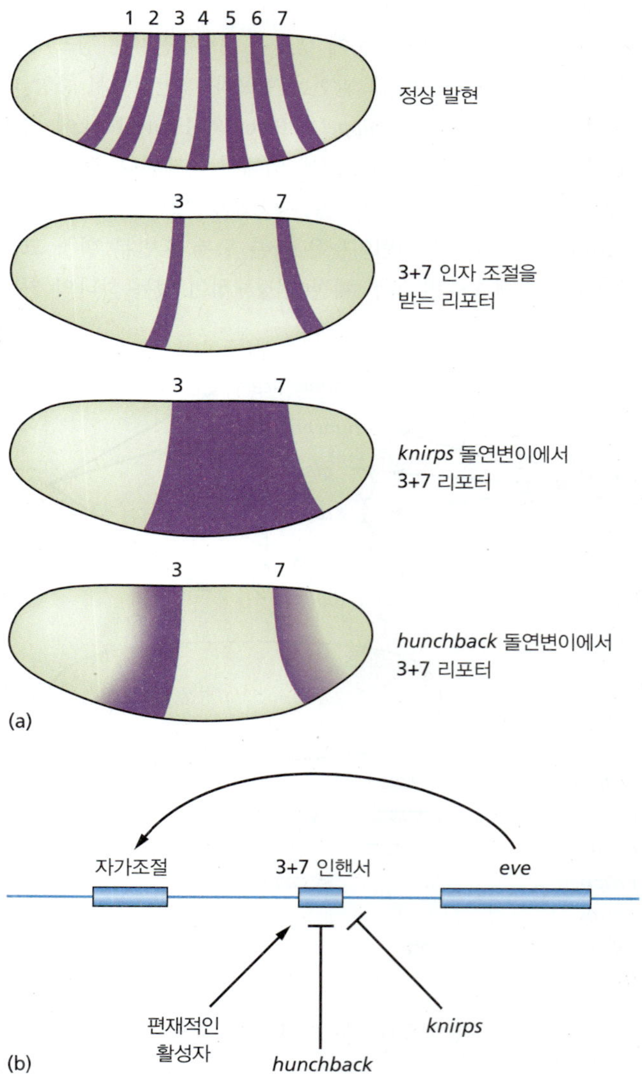


**그림 11.21** *even-skipped* 유전자 조절. (a) 정상적인 발현 양상, 3번과 7번 인핸서의 조절받는 리포터, 리포터 발현 양상에 돌연변이들이 미치는 효과; (b) *even-skipped* 발현을 조절하는 두 가지 인핸서.

일반적으로 규칙은 "하나의 인핸서가 하나의 줄무늬"를 만든다는 것이다. 각 인핸서는 활성자와 억제자에 대하여 겹쳐지는 결합 부위를 지녀서 활성자가 우세하면 발현이 활성화되고, 억제자가 우세하면 발현이 억제되는 식으로 조절된다. 줄무늬를 형성하기 위해서는 전-후축을 따라 한 구역에서는 유전자 발현이 활성화되고 다음 구역에서는 유전자가 억제되는 것이 필요하다. *even-skipped* 유전자의 예를 살펴보자(그림 11.21). 이것은 전사억제 작용을 하는 호메오도메인 전사인자를 암호화하며, 이 유전자는 12개의 인핸서를 가지는 커다란 조절 부위를 가진다. 이들 중, 2번 줄무늬 인자는 Bicoid와 Hunchback의 존재 하에 양성조절자이고 Giant와 Krüppel에 의해 억제된다. 그러므로 정상 발달에서 2번 줄무늬는 *giant*와 *Krüppel* 발현구역 사이에 가는 줄을 형성한다. 2개의 인핸서가 줄무늬 쌍을 조절한다. 4 + 6, 3 + 7 인핸서는 모두 어디에나 존재하는 요소(ubiquitous components)에 의해서 활성화되고, Hunchback과 Knirps에 의해서 억제된다. Hunchback과 Knirps는 또한 서로를 억제하여 *knirps* 발현 구역이 2개의 접합자 *hunchback* 발현 구역 사이에 위치하게 된다. 이들 2개의 *even-skipped* 인핸서는 억제자에 대해 서로 다른 정도의 민감도를 보여 각 인핸서는 2개의 발현 구역을 조절하며, 3과 7번 줄무늬가 4번과 6번 줄무늬의 바깥에 위치하는 식으로 배열된다. 줄무늬 인핸서에 더하여, 자가조절 인자가 있어 한번 형성된 7개의 줄무늬 패턴을 안정화시키며, 또한 이후 발생의 시기에 활성화되어 중배엽과 일군의 신경세포에서 발현을 유발하는 인자들이 있다.

쌍지배 전사인자들이 14개 체절극성유전자들의 14개 줄무늬를 활성화시키는 방법은 매우 복잡하다. 그러나 대체적으로 활성자가 억제자를 누르는 곳에서 14개의 좁은 띠를 생산하는 것이다. 예를 들면, 홀수 부체절의 *engrailed* 줄무늬는 *paired*에 의해서 활성화되고, *eve*는 *sloppy-paired*의 발현을 억제하여 이것이 가능하게 한다. 이러한 구역에서는 *paired*가 *sloppy-paired*에 비해 우세하다. 짝수 부체절의 *engrailed* 줄무늬는 *eve*와 약간 겹치는 부위에서 *ftz*에 의해서 활성화된다(그림 11.22). 이곳에서는 *eve*가 *odd-paired*를 억제하여 *ftz*가 우세하도록 하기 때문이다. 홀수와 짝수 부체절에서의 *engrailed* 줄무늬가 서로 다른 기전에 의해 조절된다는 사실은 하나의 쌍지배유전자 돌연변이에서 "쌍지배" 표현형이 나타나는 이유를 설명해 준다. *even-skipped*와 *odd-skipped*의 유전자 이름이 관찰되는 체절 이상과 관련된다는 점을 생각해 보라. 그러나 최종적으로 체절이 생기면서 초기에 형성되었던 부체절은 사라지기 때문에 *eve* 돌연변이는 홀수 부체절 이상을 일으키고 *odd* 돌연변이는 짝수 부체절 이상을 일으킨다.

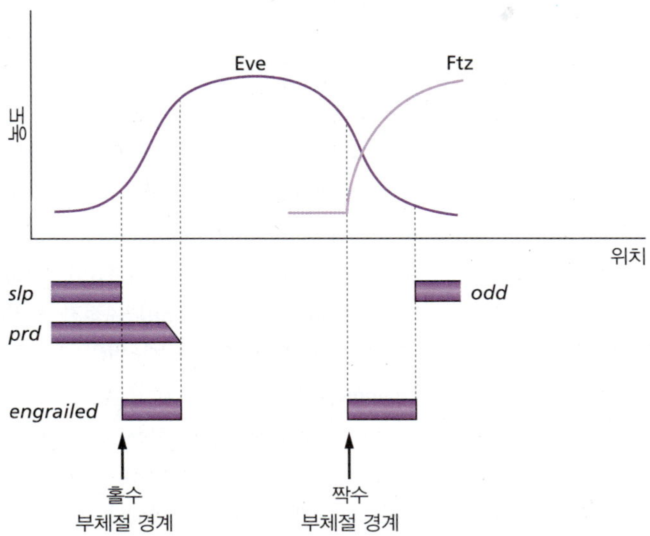


**그림 11.22** *engrailed* 줄무늬의 초기 확립. 낮은 농도의 Even-skipped (Eve)는 *sloppy-paired* (*slp*)와 *odd-paired* (*odd*)를 억제하여 *engrailed*가 Paired (Prd)와 Fushi-tarazu (Ftz)에 의해서 활성화되도록 한다.

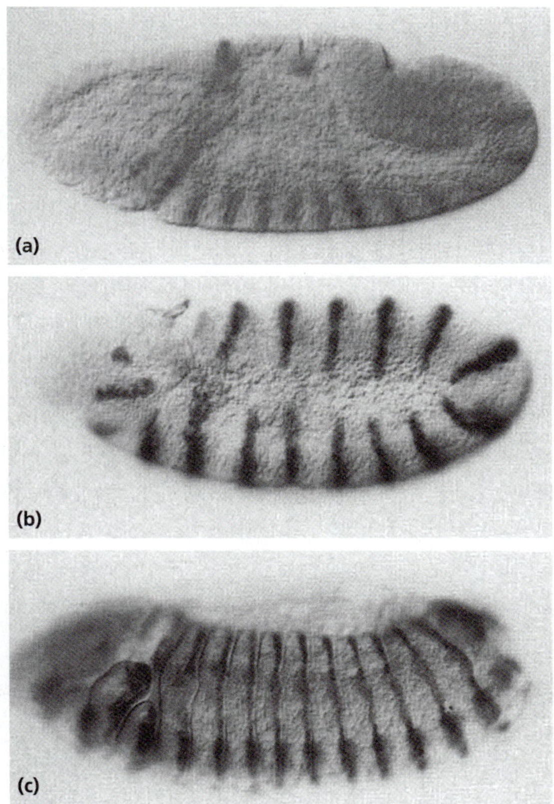


**그림 11.23** Engrailed 단백질의 발현(면역염색). 줄무늬는 낭배시기에 보이기 시작하고 확장된 배대시기에 최고조로 발달한다. (a) 낭배; (b) 확장된 배대; (c) 수축된 배대. (인용) Cold Spring Harbor Laboratory의 허락을 얻어 Hama *et al. Genes Dev* 1990; 4:1079–1093의 그림을 재구성하였음.

## 고전적인 실험들

### 호메오박스의 발견

호메오박스는 Bithorax와 Antennapedia 복합체에 속하는 모든 유전자들에 존재하는 DNA 염기서열로서 발견되었다. 이것은 호메오 유전자에 존재하므로 호메오박스로 명명되었다. 호메오박스는 곧 척추동물을 포함하는 다른 동물들의 DNA에서도 존재한다는 것이 밝혀졌다. 이에 모든 호메오 유전자들, 더 나아가서 아마도 체절형성에 관여하는 모든 유전자들이 정리되어, 발생유전학에 "로제타 스톤"이 될 것이라는 기대감이 커졌다. 그러나 문제는 그렇게 간단하지만은 않았다. 호메오도메인 DNA 결합 부위를 가진 전사인자들은 동물에만 국한되어 존재하지도 않았으며, 그들의 기능이 하나로 모아져 있는 것도 아니었기 때문이다. 그러나 동물계에서는 그들 중 많은 수가 발생의 특정 단계에서 작용하고, Antennapedia/Bithorax에 대한 유사체인 Hox 집단들은 전-후축 패턴형성과 연관되어 있다.

McGinnis, W., Levine, M.S., Hafen, E., Kuroiwa, A., &Gehring, W.J. (1983). A conserved DNA sequence in homoeotic genes of the Drosophila Antennapedia and bithorax complexes. *Nature*, **308**, 428–433.

Scott, M.P., &Weiner, A.J. (1984). Structural relationships among genes that control development – sequence homology between the *Antennapedia, Ultrabithorax*, and *fushi tarazu* loci of *Drosophila*. *Proceedings of the National Academy of Sciences USA* **81**, 4115-4119.

McGinnis, W., Garber, R.L., Wirz, J., Kuroiwa, A., &Gehring, W.J. (1984). A homologous protein-coding sequence in Drosophila homeotic genes and its conservation in other metazoans. *Cell*, **37**, 403–408.

Carrasco, A.E., McGinnis, W., Gehring, W.J., & De Robertis, E.M. (1984). Cloning of an *X. laevis* gene expressed during early embryogenesis coding for a peptide region homologous to Drosophila homeotic genes. *Cell*, **37**, 409–414.

## 체절극성 시스템

**체절극성유전자(segment polarity genes)**는 초기 배아의 **부체절(parasegment)** 경계를 생성하도록 한다(그림 11.23). 일단 활성화되면 *engrailed*와 *cubitus interruptus* (*ci*)의 활성에 의해 확립된 각 경계의 양쪽 세포 사이의 양성 되먹임고리(feedback loop)를 통해 반복적인 패턴을 유지한다. *engrailed* 세포는 Hedgehog라는 유도인자를 내어 이웃 세포에서 *ci*의 활성도를 유지하고, *ci* 세포는 이웃 세포에서 *engrailed*의 활성도를 유지시키는 Wingless라는 유도인자를 낸다(그림 11.24; 동영상 15: Ci-engrailed 고리 확립 참고). 이들 인자들은 척추동물 발달에서도 매우 중요하다: Hedgehog는 Sonic hedgehog와 Indian hedgehog 등 몇 가지 매우 중요한 리간드와 유사하며, Wingless는 Wnt 패밀리 인자들과 유사하다.

배반엽이 세포화된 이후에는 하나의 핵이 간단히 전사인자를 생산하여 그것을 주변에 확산시킴으로써 다른 핵에 영향을 미치는 것이 더 이상 불가능하다. 다세포 배아에서는 유도인자의 분비와 세포표면 수용체들의 활성화를 포함하는 소통이 필요하다. 모든 간극유전자와 쌍지배유전자가 전사인자를 암호화하는 반면, 세포화 이후에 작용하는 체절극성유전자는 전사인자뿐 아니라 신호전달계의 구성요소도 암호화할 것이다. 대부분의 체절극성유전자의 돌연변이들은 치상돌기(denticle) 띠의 체절 패턴이 사라지고 치상돌기가 연속적으로 퍼져 있는 표현형을 보인다. 이러한 돌기 투성이의 모습은 *hedgehog, armadillo, pangolin* 등의 유전자에 의해 조절된다.

*engrailed*는 호메오도메인 전사인자를 암호화하고 있으며, 세포성 배반엽 시기에 발현되기 시작하고 확장된 배대시기에 14개의 줄무늬 패턴을 보인다(그림 11.23). 각 띠는 부체절의 전반부 1/4지점을 특징짓는다. 앞서 설명한 대로 *engrailed* 유전자 발현은 초기에는 쌍지배유전자들에 의해 활성화된다(그림 11.22). *ci*은 Gli형 징크-핑거 전사인자를 암호화하고 Engrailed에 의해서 억제되어 *engrailed* 줄무늬 사이사이에 14개의 줄무늬 발현 패턴을 보인다.

발현 패턴의 유지는 상호 간의 작용에 의존적이다. 이것은 다른 유전자의 상태에 영향을 주는 한 유전자가 결손되었을 경우, 발현 패턴은 처음에는 정상적이나 나중에는 급격히 붕괴된다는 사실로부터 알 수 있다. 발현상태 유지를 위한 주요 유전자들은 2개의 세포간 신호전달 시스템의 구성요소를 만든다. *ci* 세포에서는 Wingless가 생산된다. 이것은 *frizzled* 유전자에 암호화되는 Wingless 수용체를 활성화한다. 이 신호는 *zeste-white-3* (= *gsk3*) 유전자에 의해서 암호화된 인산화효소(kinase)를 억제하는데, 이 효소는 *armadillo* (=*β-catenin*) 유전자가 암호화하는 단백질을 억제한다. 두 번의 억제는 한 번의 활성화와 동일하므로, 이것은 Wingless가 Armadillo를 활성화시켜 핵으로의 이동시키고, *pangolin*의 유전자 (= Lef/Tcf) 산물과 함께 표적 유전자들을 활성화시킴을 의미한다. *hedgehog*가 표적 중의 하나인데, Hedgehog 단백질은 *engrailed* 세포들에 의해 분비되어 *patched*에 의해서 암호화된 수용체에 결합한다. Patched는 또 다른 세포표면 단백질로 Ci 단백질을 활성화하는 Smoothened의 항시적 활성 억제자이다. Hedgehog는 Patched

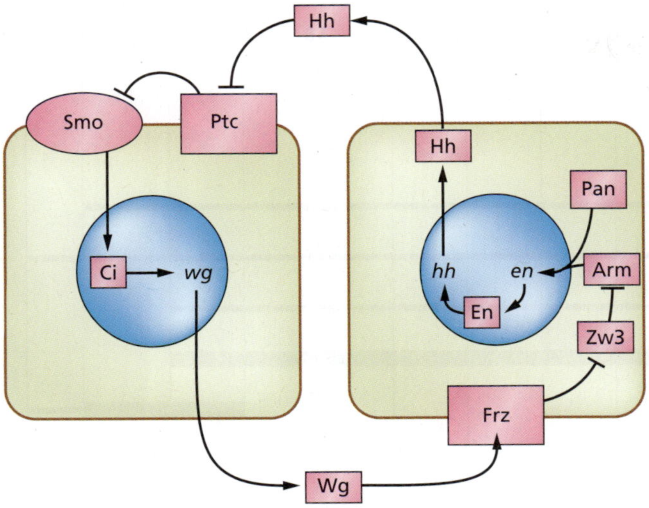


**그림 11.24** Hedgehog와 Wingless 시스템의 활성에 의한 패턴의 유지. En, engrailed; Hh, hedgehog; Ptc, patched; Smo, smoothened; Ci, cubitus interruptus; Wg, wingless; Frz, frizzled; Zw3, zest-white-3; Arm, armadillo; Pan, pangolin.

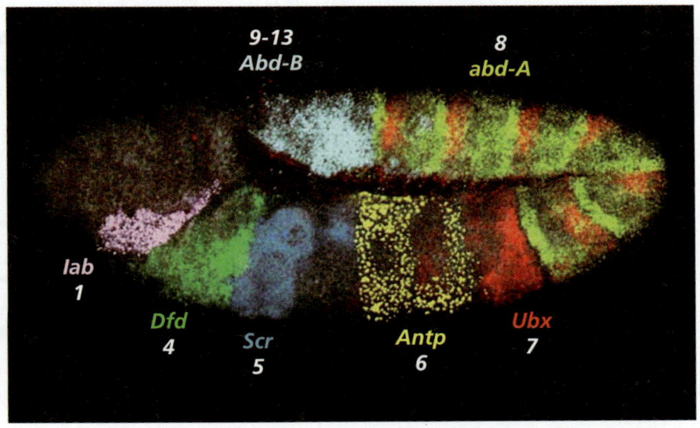


**그림 11.25** 7가지 색깔 제자리 혼성화법과 공초점 현미경을 통해 관찰한 Hox 유전자들의 발현 양상. (인용) American Association for the Advancedment of Science의 허락을 얻어 Lemons and McGinnis. *Science* 2006; 313:1918–1922의 그림을 재구성하였음.

를 억제하여 Smoothened의 억제를 제거하고, 결과적으로 Ci 단백질이 핵으로 들어가서 *wingless* 유전자를 활성화할 수 있도록 한다. 이 시스템을 그림 11.24에 나타내었다.

Hedgehog와 Wingless 신호가 오로지 한쪽에서만 그들의 표적을 활성화시키기 때문에 이 시스템에서는 근원적으로 극성이 생긴다. 이러한 극성은 *wingless*의 발현을 부체절의 후반부 절반에 한정시키는 다른 쌍지배유전자들의 활동으로부터 나온다.

체절극성유전자들은 모두 척추동물 유사유전자들을 가지는데, 이들은 앞선 장들에서 설명한 것처럼 척추동물 발생에 중요하다(표 11.1). 이들 유사유전자들이 존재하고 대개 생화학적 경로도 유사하지만, 그렇다고 발생에서의 기능이 완전히 같을 필요는 없다. *engrailed-cubitus* 고리는 곤충과 다른 절지동물에서 체절화의 동력이지만, 척추동물 체절화 과정에는 관여하지 않는다. 마찬가지로, Wnt 경로는 제노푸스에서 등-배 극성 결정에서 핵심적이지만, 초파리에서는 이에 상응하는 기능이 없다.

## Hox 유전자

**호메오박스(homeobox)**와 **Hox 유전자**들은 초파리에서 처음 발견되었지만 이미 앞선 장들에서 소개되었다. 다른 동물들처럼 초파리는 Hox 클러스터에 속하지는 않지만 발생에 관계된 많은 호메오박스 유전자들 뿐 아니라 Hox 클러스터를 가지고 있다. Hox 클러스터는 하나의 염색체 위에 존재하지만 Antennapedia 복합체와 Bithorax 복합체의 2개의 유전자 그룹으로 나뉘어 있다: 다른 곤충들이 하나의 집단만을 가지고 있는 것으로 보아 이러한 분할은 진화의 역사에서 비교적 최근의 일로 추정된다.

Antennapedia 복합체는 척추동물 유사유전자군(paralog group) 1–6에 해당하며 *labial*, *proboscipedia*, *Deformed*, *Sex combs reduced*, *Antennapedia* 등을 포함한다. *Bithorax* 복합체는 척추동물 유사유전자군 7–10에 해당하며 *Ultrabithorax* (*Ubx*), *abdomenal-A*, *Abdomenal-B*를 포함한다. *bicoid*와 *zerknüllt*도 Antennapedia 복합체에 속하는데, 이들은 초파리에서 Hox 유전자로서의 기능은 없지만 다른 곤충에서는 Hox와 비슷한 기능을 하는 유사유전자를 가진다. 세포성 배반엽 시기까지 이미 상당량의 단백질을 가지게 되는 *Defromed*를 제외하고, Hox 유전자들은 간극유전자와 쌍지배유전자 바로 뒤에 활성화되어 확장된 배대시기에 그들의 단백질 산물이 효과적인 수준에 이른다(그림 11.25). 다른 동물에서처럼 이들 유전자가 전-후축을 따라서 발현되는 위치는 염색체 내에서 그들의 위치와 같다.

확장된 배대시기의 부체절에서 Hox 유전자들이 발현되는 대략적인 위치는 그림 11.26과 같다(*proboscipedia*는 오직 유충에서만 발현된다). 이들 유전자들의 기능은 각기 다른 체절에 다른 특성을 부여하는 것이다. 일반적으로 돌연변이나 과발현 실험에 의해서 이들의 발현 위치를 변형하면, 체절의 고유성이 예상할 수 있는 방향으로 바뀌게 된다. 기능상실 돌연변이들은 일반적으로 전반부로 변형시키고, 기능획득 돌연변이는 후반부로 변형시킨다. 그러나 그들의 작용은 단지 그 위치에 존재하는 유전자의 단순한 조합에 의해서 일어나는 것이 아니다. 각 체절의 구조는 이들 유전자 중 하나의 최적 발현에 의해서도 그 특성이 부여되기 때문이다. 예를 들면, 5번 부체절에서의 *Antennapedia*의 발현은 기관구멍(tracheal pit)들이 생기지 않도록 하는데, 이들은 이 부체절에서 *Ubx*를 발현하는 유일한 세포

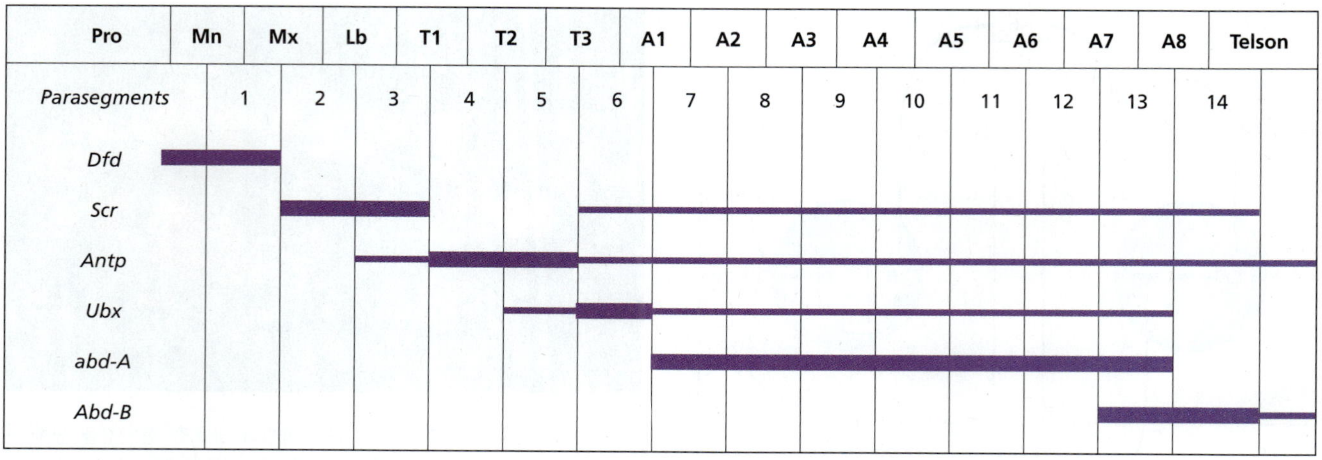


**그림 11.26** 확장된 배대시기에 Hox 유전자들의 발현 양상의 도식화 .

## 새로운 연구방향

초파리의 발생이 비교적 잘 알려져 있으므로 초파리 연구의 미래는 세포생물학 분야에 있을 것으로 생각된다. 특정 부위나 특정한 세포 유형에 특이적으로 유전자들을 제거할 수 있는 유전학적 기술들은 매우 강력하다. 초파리 연구에서 이러한 기술들은 포유류 조직 배양 세포를 활용한 연구를 보완하여 세포 극성화, 세포 이동, 물질들의 세포내 이동 등과 같은 현상들을 연구할 수 있게 해 준다. 또한 초파리 성충판(17장)은 성장조절과 재생(regeneration) 등에 대해 연구할 수 있는 훌륭한 기회를 제공한다.

들이다.

이 시스템의 특성은 척추동물 Hox7 유사유전자군의 상동유전자(homolog)인 *Ubx* 유전자에 관한 연구를 통해 설명되었다. *Ubx* 발현은 세포화 시기 근처에서 시작되고 초기에 6번 부체절에서 발현이 가장 강하며, 5-13번 부체절에서 약한 발현을 보인다. 이것은 또한 중배엽에서도 발현된다. 이후 발현은 이들 부체절의 배쪽 신경절, 유충의 뒷가슴(T3) 성충판(metathoraxic imaginal disc)에서 뚜렷하다. *Ubx*의 완전기능상실 돌연변이에서는 5번과 6번 부체절이 4번 부체절로 변환된다.

*Ubx* 발현의 초기 조절은 Hunchback에 의해 이루어지는데, 이것은 억제자이다. Fushi tarazu는 활성자로서 *Ubx*의 발현패턴을 일시적으로 쌍지배형으로 만든다. 이 쌍지배 조절은 체절극성유전자와 호메오유전자들의 부체절 상의 배열에 중요하다. 일단 이것이 확립되면, *Ubx* 발현의 후반부 경계는 Abd-A 단백질의 억제작용에 의해서 유지된다. Ubx 자신은 *Antp*를 억제하여 그것의 후반부 경계를 유지하도록 한다. 적어도 장측중배엽(visceral mesoderm)에서의 발현유지에는 Wingless와 Decapentaplegic이 포함되는 양성 되먹임고리가 필요하다. 장기간의 좀 더 영속적인 조절은 염색사(chromatin) 구조에 대한 조절과 유전체 내에서 활성과 비활성 부위에 대한 경계 설정에 의해서 이루어진다. *Polycomb*과 *extra sex combs*는 일반적으로 억제효과를 내며, 어디에나 존재하는 주요 조절 복합체의 구성요소를 암호화한다(부록 참고). 이들 염색사 조절자들의 기능상실 돌연변이들은 이소성(ectopic) Hox 유전자 발현을 유발한다(예를 들면, *extra sex combs* 돌연변이에서는 T2-3에서의 *Sex combs reduced*의 발현 억제가 제거되어 정상적으로 성즐(sex comb)이 생기는 수컷의 첫 번째 다리 뿐 아니라 두 번째, 세 번째 다리에서도 성즐이 생겨난다. 그러므로 유전자 이름이 *extra sex combs*인 것이다.

## 전-후 몸체 패턴형성

앞서 설명한 길고 복잡한 일련의 상호작용들은 확장된 배대시기까지 완전히 특성화된 몸 체제를 가지게 한다. 이러한 특성화는 두 가지 근본적인 요소들을 갖는다. 먼저, 경계가 *engrailed* 시스템(전)과 *ci* 시스템(후)이 활성화된 세포들의 띠의 병렬 배열에 의해 확립된 부체절로 이루어진 반복적인 패턴이 있다. 또한, Hox 유전자 발현이 되는 위치의 비반복적 배열이 있다. Hox 유전자 발현 부위가 겹치긴 하지만, 한 유전자의 발현이 우세한 곳이 전반부에서 후반부까지 배열되어 있다.

이 패턴의 각 요소들은 모계 시스템, 간극유전자들, 쌍지배

유전자들의 산물들의 농도의 조합에 의해서 부분적으로 시작된다. 쌍지배유전자들은 특히 매우 중요한 기능을 수행하는데, 그들은 체절극성유전자와 Hox 유전자들 사이의 영역 특이성을 조절하여 각 체절이 정확한 정체성을 가지도록 한다. 확장된 배대시기까지 조절 시스템들의 산물들은 분해되거나 분해되는 중이므로, 패턴의 유지는 다른 수단들에 의해 이루어진다. 이러한 수단들은 *Ubx*의 예에서와 같은 양성 되먹임 고리, *engrailed*와 *ci*의 예와 같은 상호 보강, *Ubx*에 의한 *Antp*의 예와 같은 이웃에 대한 억제, 염색사 구조에서의 장기적 변화들을 포함한다.

일반적인 몸 체제를 형성하기까지의 초파리의 부분적 특정화는 매우 잘 알려져 있다. 그러나 발생 유전자들의 궁극적인 기능은 알맞은 유전자의 조합을 활성화시켜 적절한 세포에서 서로 다른 기능들을 수행하도록 하는 것인데, 어떻게 이것이 가능한지는 여전히 일부만 알려져 있다. 이러한 한계의 주된 이유는 초파리의 세포학, 조직학, 일반 생화학 등이 척추동물에서 만큼 잘 알려져 있지 않기 때문이다.

## 기억해야 할 핵심 사항들

- 초파리 초기 발생에 영향을 주는 유전자들에 대한 돌연변이 선별을 통해 초파리 뿐 아니라 모든 동물의 발생을 조절하는 대부분의 유전자들을 발견하였다.
- 초파리와 다른 곤충 배아들은 초기에 합포체로 발생한다. 이것은 처음 3시간 동안 전사인자들은 하나의 핵에서 다른 핵에 확산되어 유전자 발현을 조절할 수 있다는 의미이다.
- 등-배와 전-후축 패턴은 대부분 서로 독립적으로 특정화된다. 등-배축 패턴은 난모세포와 난포세포 간의 일련의 상호작용에 의해서 확립되는데, 이것은 난모세포 핵의 중심을 벗어난 위치와 합포체 배반엽 핵에서 Dorsal 단백질의 농도구배의 축적에 의해서 시작된다.
- 전-후축 패턴을 조절하는 세포질 결정인자들 또한 수정 전에 난모세포에 위치한다. 그들은 전반부의 *bicoid* mRNA, 후반부의 *nanos*와 *oskar* mRNA, 말단부에서의 Torso 활성화 등이다.
- 발생은 간극유전자와 쌍지배유전자들에 의해서 암호화되는 전사인자들 조합에 의해서 특징지워진 각 세포들이 특정 위치에 존재하는 단계별 과정으로 진행된다. 이들은 체절화 유전자들을 조절하여 배아를 14개의 반복 단위로 특징짓고, Hox 유전자들은 각 부체절의 전-후 특징을 확립한다.
- 체절화는 Hedgehog를 분비하는 *engrailed* 발현 세포와 Wingless를 분비하는 *cubitus interruptus* 발현 세포들의 상호 활성에 의해서 조절된다.
- 전-후축 패턴은 Hox 유전자에 의해서 암호화된 전사인자들에 의해 조절된다. 이들은 특정 위치에 둥지를 틀 듯이 발현하는데, 모두 후방 위치에서 발현하더라도 각 유전자 별로 서로 다른 전방의 발현 한계점을 보이는 식이다. 기능상실 돌연변이들은 일반적으로 전반부화를 일으키는 반면, 기능획득 돌연변이들은 일반적으로 후반부화를 일으킨다.

## 추가로 읽을 것

2장에서 제시한 일반적인 교과서들도 참고할 것


### Websites

The Interactive Fly: http://www.sdbonline.org/fl y/aimain/1aahome.htm

www.virtual library *Drosophila*: http://ceolas.org/fly/

Volker Hartenstein's Atlas: http://www.sdbonline.org/fly/atlas/00atlas.htm

### General

Lawrence, P.A. (1992) *The Making of a Fly*. Oxford: Backwell Science.

Bate, M. & Martinez Arias, A., eds. (1993) *The Development of Drosophila melanogaster*, vols 1 and 2. Cold Spring Harbor, NY: Cold Spring Harbor Laboratory Press. Reprinted 2009.

Campos-Ortega, J.A. & Hartenstein, V. (1997) *The Embryonic Development of Drosophila melanogaster*. Berlin/Heidelberg: Springer-Verlag.

Gehring, W.H. (1998) Master Control Genes in Development and Evolution. *The Homeobox Story*. New Haven: Yale University Press.

### Genetics

Nüsslein-Volhard, C. & Wieschaus, E. (1980) Mutations affecting segment number and polarity in *Drosophila*. *Nature* **287**, 795–801.

St Johnston, D. (2002) The art and design of genetic screens: *Drosophila* melanogaster. *Nature Reviews Genetics* **3**, 176–188.

Venken, K.J.T. & Bellen, H.J. (2007) Transgenesis upgrades for *Drosophila melanogaster*. *Development* 134, 3571–3584.

### Dorsoventral patterning

Morisato, D. & Anderson, K.V. (1995) Signalling pathways that establish the dorso-ventral pattern of the Drosophila embryo. *Annual Review of Genetics* **29**, 371–399.

Leptin, M. (1995) Drosophila gastrulation: from pattern formation to morphogenesis. *Annual Review of Cell and Developmental Biology* **11**, 189–212.

Anderson, K.V. (1998) Pinning down positional information: dorsoventral polarity in the *Drosophila* embryo. *Cell* **95**, 439–442.

Stathopoulos, A. & Levine, M. (2002) Dorsal gradient networks in the

*Drosophila* embryo. *Developmental Biology* **246**, 57–67.

Moussian, B. & Roth, S. (2005) Dorsoventral axis formation in the Drosophila embryo–shaping and transducing a morphogen gradient. *Current Biology* **15**, R887–R899.

### Maternal anteroposterior systems

St Johnston, D. & Nüsslein- Volhard, C. (1992) The origin of pattern and polarity in the *Drosophila* embryo. *Cell* **68**, 201–219.

Munn, K. & Steward, R. (1995) The anteroposterior and dorsoventral axes have a common origin in *Drosophila melanogaster*. *Bioessays* **17**, 920–922.

López-Schier, H. (2003) The polarisation of the anteroposterior axis in *Drosophila*. *Bioessays* **25**, 781–791.

Montell, D.J. (2003) Border-cell migration: the race is on. *Nature Reviews Molecular Cell Biology* **4**, 13–24.

Poulton, J.S. & Deng, W.-M. (2007) Cell–cell communication and axis specifi cation in the *Drosophila* oocyte. *Developmental Biology* **311**, 1–10.

Shvartsman, S.Y., Coppey, M. & Berezhkovskii, A.M. (2008) Dynamics of maternal morphogen gradients in *Drosophila*. *Current Opinion in Genetics and Development* **18**, 342–347.

Grimm, O., Coppey, M. & Wieschaus, E. (2010) Modelling the Bicoid gradient. *Development* **137**, 2253–2264.

### Zygotic anteroposterior systems

Pankratz, M.J. & J ä ckle, H. (1990) Making stripes in the *Drosophila* embryo. *Trends in Genetics* **6**, 287–292.

Forbes, A.J., Nakano, Y., Taylor, A.M. & Ingham, P.W. (1993) Genetic analysis of hedgehog signalling in the *Drosophila* embryo. *Development* (Suppl.) 115–124.

Rivera-Pomar, R. & Jäckle, H. (1996) From gradients to stripes in Drosophila embryogenesis: filling in the gaps. *Trends in Genetics* **12**, 478–483.

González- Gaitán, M. (2003) Endocytic traffi cking during *Drosophila* development. *Mechanisms of Development* **120**, 1265–1282.

Dmitri, P. (2009) Stripe formation in the early fly embryo: principles, models, and networks. *BioEssays* **31**, 1172–1180.

Schroeder, M.D., Greer, C. & Gaul, U. (2011) How to make stripes: deciphering the transition from non-periodic to periodic patterns in *Drosophila* segmentation. *Development* **138**, 3067–3078.

### Modeling

O'Connor, M.B., Umulis, D., Othmer, H.G. & Blair, S.S. (2006) Shaping BMP morphogen gradients in the *Drosophila* embryo and pupal wing. *Development* **133**, 183–193.

Reeves, G.T., Murator, C.B., Schüpbach, T. & Shvartsman, S.Y. (2006) Quantitative models of developmental pattern formation. *Developmental Cell* **11**, 289–300.

Umulis, D.M., Shimmi, O., O'Connor, M.B. & Othmer, H.G. (2010) Organism-scale modeling of early *Drosophila* patterning via bone morphogenetic proteins. *Developmental Cell* **18**, 260–274.

### Hox genes

Mann, R.S. & Morata, G. (2000) The developmental and molecular biology of genes that subdivide the body of *Drosophila*. *Annual Review of Cell and Developmental Biology* **16**, 243–271.

Maeda, R.K. & Karch, F. (2006) The ABC of the BX-C: the bithorax complex explained. *Development* **133**, 1413–1422.

Hueber, S.D. & Lohmann, I. (2008) Shaping segments: Hox gene function in the genomic age. *BioEssays* **30**, 965–979.

Mallo, M., Wellik, D.M. & Deschamps, J. (2010) Hox genes and regional patterning of the vertebrate body plan. *Developmental Biology* **344**, 7–15.

---

This chapter contains the following animation:

**동영상 13** DV 패턴 시스템.
**동영상 14** 난모세포의 AP 극성.
**동영상 15** Ci-engrailed 고리 확립.

with website For additional resources for this book visit www.essentialdevelopmentalbiology.com

---

제 12장

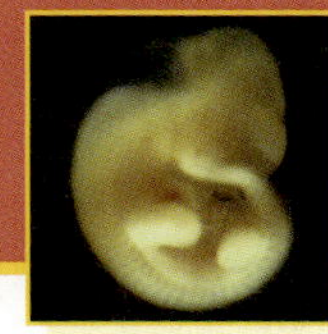

# 예쁜꼬마선충

예쁜꼬마선충(*Caenorhabditis elegans*)은 작고, 독립생활을 하는 토양 선형동물이며, 1960년대부터 발생생물학 연구에 사용되어 왔다. 발생생물학자들에게는 통상 '벌레'라고 불린다. 한편으로, 배아, 유생, 성체를 이루는 각각 세포의 위치와 계보를 모두 알고 있기 때문에, 지구 상에서 가장 많이 알려진 동물이기도 하다. 또한, 어떠한 동물보다 먼저 전체 유전체 염기서열 분석이 종료되었다. 유전체에는 19,099개의 유전자가 있으며, 이 중 대략 2,000개 유전자의 돌연변이는 치명적이다.

예쁜꼬마선충은 페트리접시에서 키우며, 박테리아를 먹인다. 다수의 벌레를 분석하는 것이 가능하며, 한 세대가 3일 밖에 되지 않기 때문에, 유전적 스크리닝은 매우 쉽다. 벌레는 자가 생식이 가능한 **자웅동체(hermaphrodites)**이어서 별도의 교미 없이도 열성 돌연변이는 자동적으로 두 세대 동안 동형접합자(homozygotes)로 분리된다(그림 12.1). 유전자 비축은 액체질소 속에 보관 할 수 있다. 유전적 분석이 용이하다는 것은 다수의 돌연변이가 가용하다는 것이며, 역사적으로 생물학적 과정에 영향을 주는 돌연변이의 발견으로부터 생물학적인 질문이 시작한 경우가 많다. 돌연변이를 분리하는 방법의 대안으로, 현재에는 **RNA 간섭**에 의한 유전자 기능 억제 역시 매우 쉽다(3장 참고). 내재적인 유전자에 상보적인 이중나선 RNA를 먹여 처치 가능하다. 간편한 방법은 필요한 이중나선 RNA를 박테리아에 플라스미드 형태로 발현시킨 후, 이 박테리아를 벌레의 먹이로 사용하는 것인데, 생물학적 효과를 보일 만큼 충분한 양의 RNA가 온전하게 흡수된다.

**형질전환**을 하기도 쉬워서, 원하는 DNA를 생식소에 주입하면, 염색체 밖 인자로 생식세포에 흡수된다. 하지만 이러한 형질전환은 안정적이지 않은데, 이들 인자는 체세포분열이나 감수분열 동안 사라지기 때문이다. 그러나 단기간의 형질전환은 많은 경우 실험 목표 수행을 충분히 충족시킨다. 현재는 DNA를 전이인자(transposon)의 절단에 의해 생성된 이중나선 절단의 DNA 합성을 통한 수리(repair) 과정을 이용하여 유전체 속에 삽입하는 방법도 가능하다. 염색체 밖의 도입 유전자 양쪽 끝에 유전체 절단 부위와 상보적인 염기서열을 추가하여, 수리과정 중 일어나는 DNA 합성 동안 원하는 유전자 속으로 복사된다.

**유전자 모자이크(Genetic mosaics)**는 정상적인 염색체 일부 부위의 중복에 의해 생성되어 독립적으로 존재하는 작은 자유 염색체 조각(free chromosome fragment)이 자연적으로 소실되면서 일어날 수 있다. 만일 주 염색체에 돌연변이 대립유전자가 있고, 자유 염색체 조각에 정상 대립유전자가 있을 때, 자유 염색체가 소실되면 이 세포와 그 자손 세포들은 돌연변이가 되지만, 나머지 세포들은 정상이다. 모자이크는 유전자의 기능이 어떤 세포에서 필요한지를 알아내는 데 매우 유용하다.

예쁜꼬마선충의 단점은 알이 작고, 단단한 껍데기가 있어 미세수술을 통한 실험이 어렵다는 점이다.

예쁜꼬마선충에서 단백질의 이름은 대문자로 적고, 유전자와 단백질 이름에 하이픈을 넣는 것이 일반적이다. 예를 들어 *glp-1* 유전자는 GLP-1 단백질을 암호화하고 있다. 통상, 초기 발생에 영향을 주는 돌연변이들의 다수가 모계영향유전자(maternal effect gene)이며, 이 경우 수정란이 아닌 모계의 유전자형이 배아의 표현형을 결정한다. 일반적인 자웅동체의 자가 수정에 의한 번식에서, −/− 부모는 −/− 수정란 만을 만들기 때문에, 예쁜꼬마선충에서 모계에서 결핍된 유전자는 대개 배아에서도 결핍되어 있다. 그러나 난자형성 시기 동안 초기 발생을 조절하는 유전자 산물들이 난자에 축적된다는 점은 여전히 고려해야 한다.

## 성체 해부학

성체는 매우 길다(벌레 모양; 그림 12.2). 가장 바깥층은 **피하층(hypodermis)**으로, 대부분 융합체(cyncytial)로 이루어진 단세포 층으로 되어 있으며, 두꺼운 큐티클 층을 분비한다. 피하층 아래에는 4개의 세로 방향 단핵성 근육세포 다발이 존재한다. 근육성 인두(pharynx)와 소장을 포함하는 관통형 소화관이 있

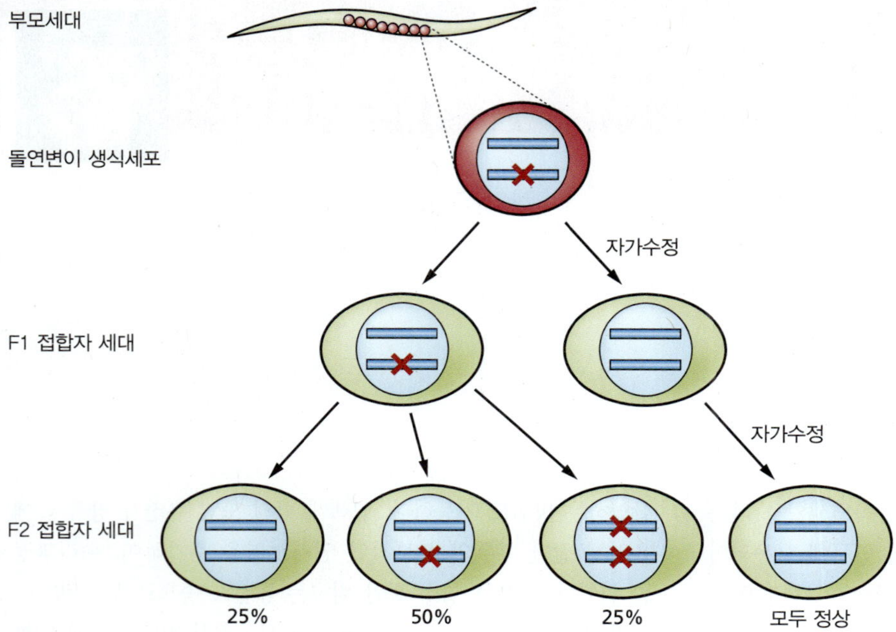


**그림 12.1** 돌연변이 형성과 두 세대의 자가수정에 의한 동형접합체의 분리. 빨간 X 표시는 돌연변이를 나타낸다. P 세대에서, 특정 돌연변이는 하나의 체세포분열 중인 생식세포에서 일어나기 때문에, 몇 생식세포들에서만 관찰된다. 이 생식세포를 포함한 자가수정은 F1 세대에 이형접합체 돌연변이 벌레가 생겨나게 한다. 이들 간의 자가수정은 F2 세대에서 25%의 동형접합체가 생겨나게 한다.

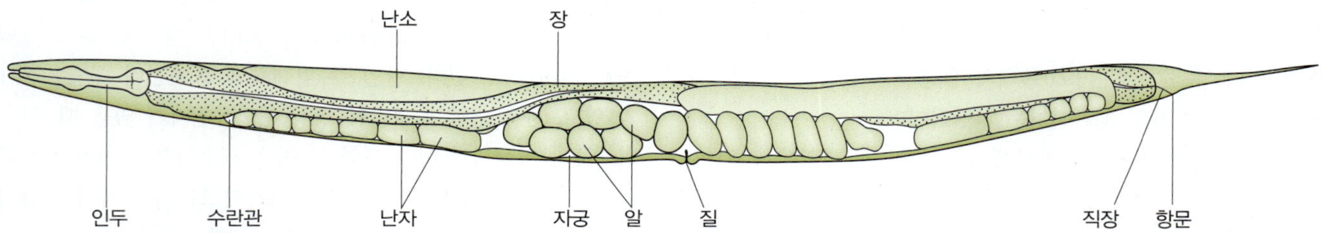


**그림 12.2** 예쁜꼬마선충 성충의 해부학. (인용) Elsevier의 허락을 얻어 Sulton과 Horvitz, *Dev Biol* 1977, 56: 110–156의 그림을 재구성하였음.

으며, 등쪽 신경색, 꼬리 신경절, 인두를 둘러싸고 있는 신경환(nerve ring)이 존재한다. 선형동물의 몸통 공간은 체강보다는 **의체강(pseudocoelom)**이라 표현하는데, 이는 전체가 중배엽으로 둘러싸여 있지 않기 때문이다. **생식소**는 가운데 배쪽의 질(vulva)을 통하여 열려 있다. 자웅동체에서 생식소는 길게 양쪽 팔을 가지고 있어서, 그 끝은 서로의 쪽으로 굽어져 있다. 생식소 안에 질 가장 가까운 쪽의 세포들은 정자로 성숙하고, 먼 쪽에 있는 세포들은 한동안 분열하다가 **난자**가 된다. 이들은 알로 성숙하고, 이들이 산란되는 길에 정자를 만나면 수정되어, 난할기 배아의 상태로 산란된다.

비록 대부분의 벌레들이 자웅동체이지만, 때때로 생식소의 한쪽 팔만이 존재하며, 뒤쪽 총배설강(cloaca) 쪽으로 열려 있는 수컷이 존재한다. 자웅동체의 경우 XX 염색체 쌍을 가지고 있으나, 수컷의 경우 XO 염색체로 구성되어 있다. 이들은 감수분열 동안 X 염색체 1개가 소실되어 나타난다. 만일 수컷과 자웅동체가 교미하면, 수컷의 정자가 자웅동체의 정자에 대하여 경쟁적 우위를 보이므로, 이종교배가 이루어진다.

다 자란 성체 선형동물 역시 세포의 숫자가 많지 않고, 배아 및 유생 발생 시기의 예쁜꼬마선충의 세포 가계는 거의 완전히 변화하지 않으므로, 개별 배아에서 모든 세포 분열의 방향과 순서는 완전히 동일하다. 배아는 산란 시 30개의 세포로 되어 있으며, 대략 14시간 후 558개의 세포일 때 부화한다. 유생은 먹고 성장하여, 959개의 체세포와 대략 2,000개의 생식세포를 지닌 성충이 되기까지 네 번 허물을 벗는다. 제2기 유생은, 제1기 유생기 동안 영양분 공급이 부족하면 **영속유충(dauer larva)**이라는 휴면기로 들어가게 된다. 마지막 탈피 이후 성충은 체세포분열을 하지 않으며, 세포 크기 증대에 의해서만 성장한다.

예쁜꼬마선충은 비록 중간에 끼어들어 있는 유전자들 때문에 유전자 집단을 이루고 있지는 않으나, 6개의 Hox 유전자를 가지고 있다. 일반적으로, 이들 유전자들은 염색체 상의 위치와 앞쪽 발현 개시 위치 간의 공통직선성 규칙(역자 주—염색체에서 앞쪽에 있는 유전자가 배아의 앞쪽에서 발현한다는 의미)을 지키고 있으나, *ceh-13*은 두 번째 유전자이지만, 다른 동물의 가장 앞쪽 Hox 유전자와 상동유전자이며 가장 앞쪽에서 발현한다. Hox 유전자들은 다음의 순서로 위치한다: *lin-39*,

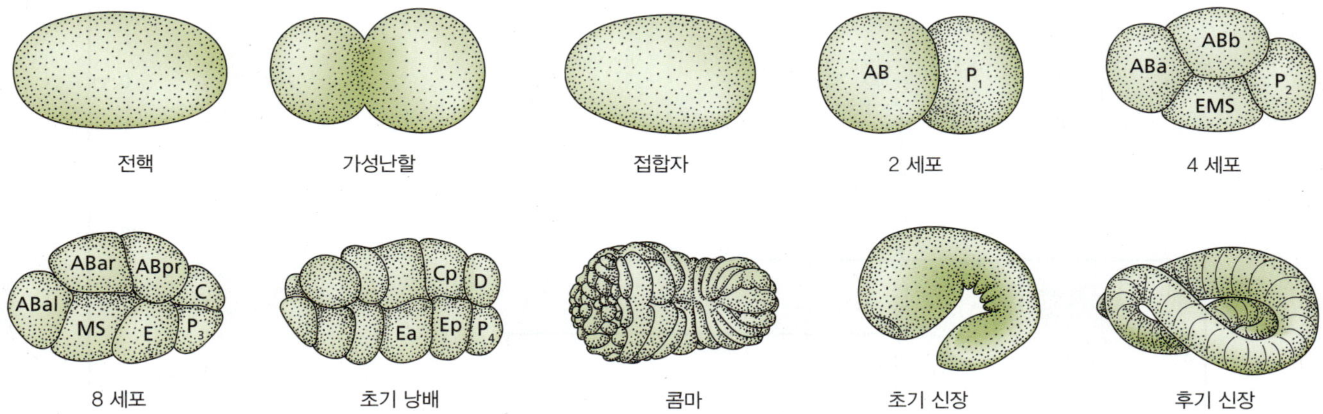


**그림 12.3** 예쁜꼬마선충의 배아 발생.

*ceh-13*, [gap], *mab-5*, *egl-5*, [gap], *php-3*, *nob-1*. 마지막 세 유전자는 *Abdominal B* 또는 뒤쪽 유전자 그룹에 속한다. *ceh-13*, *php-3*, *nob-1* 만이 기능상실(loss-of-function) 돌연변이 배아에서 표현형을 나타낸다.

## 배 발생

예쁜꼬마선충의 수정 과정은 매우 독특하다. 정자는 편모나 첨체(acrosome)를 가지고 있지 않으며, 아메바형이다. 난자는 감수분열 1기 이전에 수정되며, 난핵포 붕괴(germinal vesicle breakdown)와 난자성숙 개시는 주변 정자에서 분비된 주요 정자단백질(Major Sperm Protein)에 의존적이다. 정자는 난자의 어느 위치로든 들어갈 수 있으며, 정자 침입 위치는 이후 수정란의 **뒤쪽**이 된다. 이 과정의 초기 표식은 뒤쪽 표면이 매끄럽게 되고, 알의 나머지 부분은 울퉁불퉁해지는 것이다. 두 번의 감수분열이 끝난 후, 안쪽의 세포질이 뒤쪽으로 이동하고, 표면 쪽의 세포질은 앞으로 이동하는 세포질의 재구성이 진행된다. 이것은 '가성 난할(pseudocleavage)' 또는 고랑 형성과 관련 있는데, 완전한 난할이 진행되지 않는다. 이러한 극성화의 결과로, 초기 난할은 비대칭적이다(그림 12.3). 처음에는, 앞쪽의 AB 세포와 뒤쪽의 $P_1$ 세포가 형성된다. AB 세포는 이어서 ABa와 ABp 세포를 만들고, $P_1$ 세포는 반복적으로 분열하여, 계속 P-유사 딸세포(연속하여 $P_2$, $P_3$, $P_4$로 부른다) 하나와, EMS, C, D 할구를 하나씩 만들어낸다. 마지막 P 세포($P_4$)는 **생식세포(germ cell)** 선구체로서, 배발생 동안 한번만 더 분열하여 Z2와 Z3 세포가 되며, 이들은 유생과 성충 시기의 모든 생식세포를 만든다. 모계인자는 대략 26세포기까지 발생을 유도하는 데 충분하므로, 만일 배아를 RNA 중합효소 II의 억제제인 α-amanitin과 함께 배양하면 이 시기에 이르러 처음으로 발달장애가 명확히 관찰된다. 생식세포 계열에서 수정란 유래 RNA 중합효소 II의 전사는 약 100-세포기에 이를 때까지 훨씬 더 오랫동안 억제되어 있다.

알에는 RNA가 풍부한 **P-과립(P-granule)**이 있으며, 이들은 초기엔 무작위적으로 퍼져 있으나 세포질 재구성 시기에 뒤쪽으로 밀집된다. 각각의 순차적인 분열동안, 이들 과립들은 새로운 P 세포가 될 영역에 밀집한다. 최초의 세포들인 AB, MS, C 세포들은 모두 다양한 종류의 세포를 만들어내는 반면, 나머지들은 한 종류의 세포를 만든다: $P_4$는 생식세포 계열이 되고, E 세포는 소화관이, D 세포는 근육이 된다. 예쁜꼬마선충의 **'낭배형성(gastrulation)'** 역시 이례적이며 장기적으로 진행되지만, 자발적인 함입 과정을 통하여 대략 2개의 E 세포가 안쪽으로 들어가게 되는 26-세포기에 시작하는 것으로 간주된다. 이후 C와 D 세

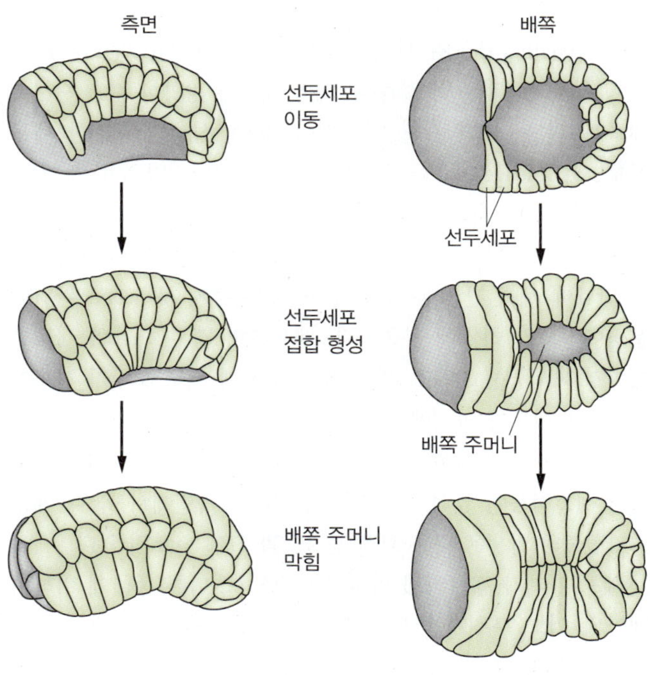


**그림 12.4** 예쁜꼬마선충 '낭배기'의 후기. (인용) John Wiley & Sons 의 허락을 얻어 Simske and Hardin, Bioessays 2001, 23: 2066-2075의 그림을 재구성하였음.

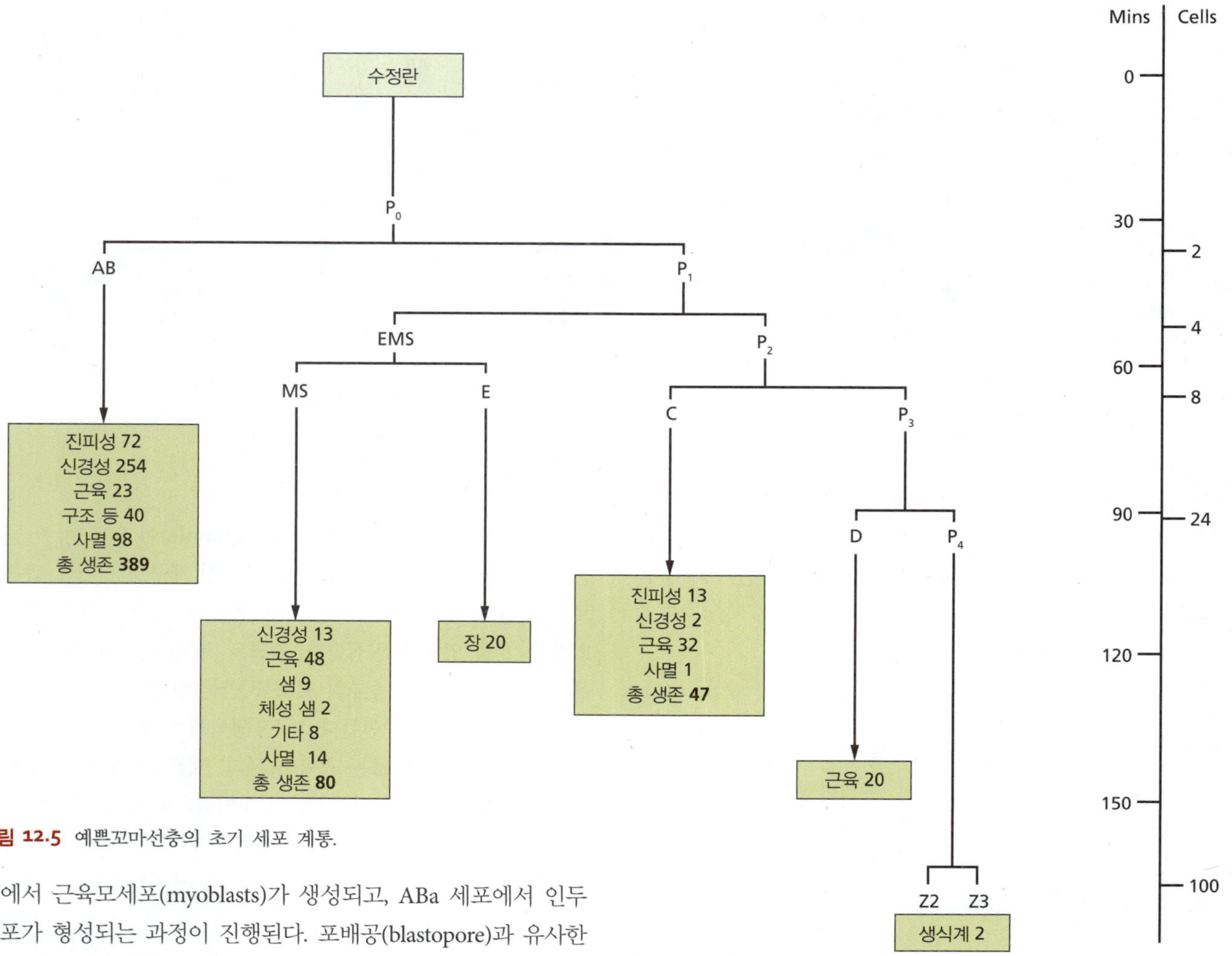


**그림 12.5** 예쁜꼬마선충의 초기 세포 계통.

포에서 근육모세포(myoblasts)가 생성되고, ABa 세포에서 인두 세포가 형성되는 과정이 진행된다. 포배공(blastopore)과 유사한 배쪽 틈(ventral cleft)은 대략 300-세포기에 막힌다(그림 12.4).

상대적으로 적은 세포 수와, 개별 세포가 정확히 같은 순서로 세포분열하는 불변성 때문에, 배아, 유충, 성충의 완전한 **세포 계보(cell lineage)**가 직접 관찰을 통하여 규명되었으며, 그 처음 부분을 그림 12.5에서 볼 수 있다. 한 측면으로 이 가계도는 매우 높은 정밀도를 가졌지만, 이 '가계도'만으로는 서로 다른 발생 단계에 세포 간의 위치적 관계를 보여주지 못하므로 완벽한 운명예정도라 하기엔 부족하다. 대부분의 경우 하나의 세포를 레이저 미세광선 조사로 제거하면, 이 후대 세포 모두가 사라지고, 주변 세포의 발생에 영향을 주지 않았으므로, 처음에 발생 과정은 완전히 **모자이크형**이라고 생각되었다. 그러나 이제 몇몇 유도 상호작용이 알려지게 되었고, 이러한 측면에서 볼 때 예쁜꼬마선충의 발생은 다른 모델 동물들과 크게 다르지 않다.

세포 가계가 정확하게 밝혀져 있으므로, 다른 동물에 비하여 배아의 어느 부위가 어떤 배엽에 속하는지를 알아 내는 것이 덜 필요하다. '공식적인' 배엽은 아래와 같다.

**외배엽**: AB, Caa, Cpa

**중배엽**: MS, Cap, Cpp, D

**내배엽**: E

그러나 AB는 통상 중배엽형으로 생각되는 인두 근육을 만들고, MS는 외배엽으로 여겨지는 인두 신경세포를 만들어 낸다.

## 배아의 지역 특정화

### 비대칭 난할

비대칭 난할에 이은 세포 극성화는 고등동물의 줄기세포 행동에 중요한 경우가 많으며, 일부의 기본 기전은 예쁜꼬마선충의 연구를 통해 발견되었다. 비대칭 세포분열은 세포질 극성 형성과 세포분열 장치(mitotic apparatus)의 정확한 방향 설정의 두 단계가 필요하다(그림 12.6). 가장 핵심적인 인자는 PAR 단백질이라 부르는 일련의 단백질들이다. 이들 유전자들은 초기 난할 과정을 어지럽히는 모계유전자 돌연변이의 스크리닝을 통하여 동정되었다["**Par**titioning (분할) 결함"] (그림 12.7). 지금은 이들 *par* 유전자의 포유동물 및 초파리 상동 유전자가 존재함이 밝혀졌으며, 이들은 역시 세포 극성의 획득과 비대칭 세포분열 조절에 관여하고 있다(18장). 이 시스템의 작동 과정은 웹

## 고전적인 실험들

### 비대칭 세포분열의 기전

연구의 돌파구는 접합자의 정상적인 극성이 사라지는 모계영향 유전자 돌연변이를 분리해 내는 것에 달려 있었다. 현재는 다른 많은 동물에서도 *par* 유전자의 상동유전자가 비대칭 세포분열에 관여함이 알려졌다.

Kemphues, K. J., Priess, J. R., Morton, D. G., &Cheng, N. (1988). Identification of genes required for cytoplasmic localization in early *C. elegans* embryos. *Cell*, **52**, 311–320.

Guo, S., &Kemphues, K. J. (1995). *par-1*, a gene required for establishing polarity in *C. elegans* embryos, encodes a putative Ser/Thr kinase that is asymmetrically distributed. *Cell*, **81**, 611–620.

사이트의 "PAR system" 항목의 동영상 16에서 볼 수 있다.

최초의 스크리닝은 산란을 하지 못하는 돌연변이 벌레를 찾는 것으로 수행되었다. 이 벌레들은 여전히 생식이 가능한데, 왜냐하면 자가수정에 의해 만들어진 유생들이 자웅동체의 몸통을 먹으면서 밖으로 뚫고 나가기 때문이다. 이러한 스크리닝을 하기 위하여, 한 마리씩 F1 유생을 접시에 각각 담는다. 만일 하나의 유전자에 돌연변이가 있다면 25%의 F2는 이 유전자의 동형 돌연변이를 가진다. 만일 수정란에서 이 돌연변이가 치명적이라면 이 개체는 발생하지 못한다. 그러나 이 유전자가 모계유전자 효과에 의한 사멸을 유도한다면, 이 개체는 성충으로 발생할 것이나, 나갈 경로를 뚫을 수 없어 생존 불가능한 F3 배아들로 가득 차게 될 것이다(그림 12.8).

- PAR-1은 세린/트레오닌 인산화효소로 비근육성 미오신과 결합한다. 세포질 재구성 이후 수정란의 뒤 표면쪽에 분포한다.
- PAR-2는 ATP-결합 부위와 아연결합(RING) 부위를 가지고 있는 세포질 단백질이다. 역시 수정란의 뒤쪽에 분포한다.
- PAR-3와 -6은 PDZ (단백질-단백질 결합) 부위를 가지고 있는 단백질들이다. 이들은 이례적 단백질인산화효소 C (atypical protein kinase C, aPKC3)와 결합하며, 이 결합체는 수정란 앞쪽의 세포막과 연결된다.

미수정란에서 PAR 단백질들은 균일하게 분포하고 있다. 수정 후 정자에서 유래한 중심체(centrosome)는 극성화의 개시를 유발한다. 자외선 레이저를 이용하여 중심체를 제거하면, 정

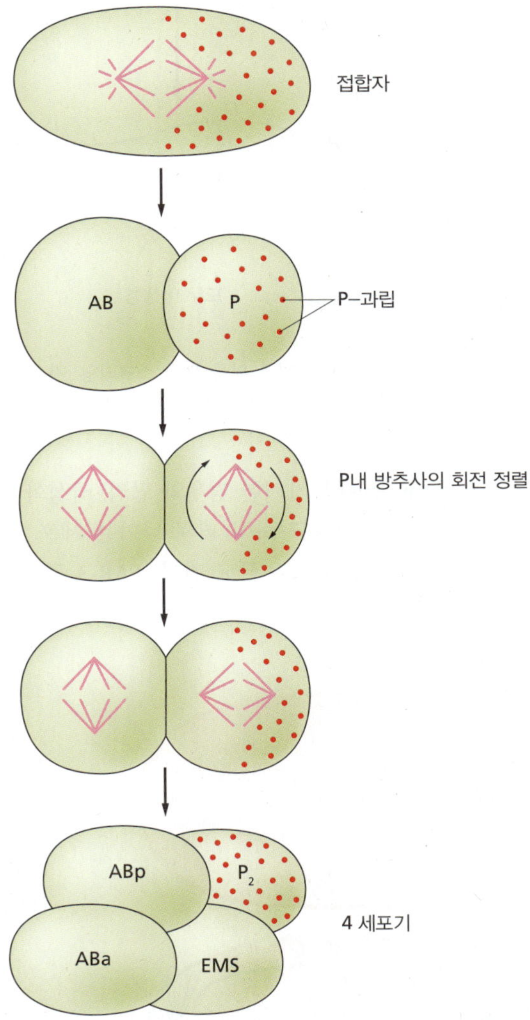


**그림 12.6** 비대칭 세포분열을 통한 P-과립의 P 세포 밀집과 $P_1$ 방추체의 회전 정렬.

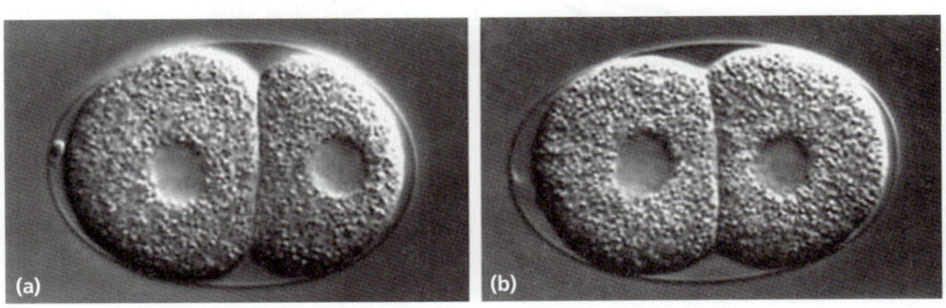


**그림 12.7** *par-3* 결손 모체로부터 형성된 배아. (a) 야생형은 정상적인 AB와 $P_1$ 세포를 보인다. (b) *par-3* 결손 돌연변이 배아의 첫 번째 난할에 의한 두 할구는 같은 크기를 보인다. (인용) Elsevier의 허락을 얻어 Goldstein and Macara, *Deveopmental Cell* 2007, 13: 609–622의 그림을 재구성하였음.

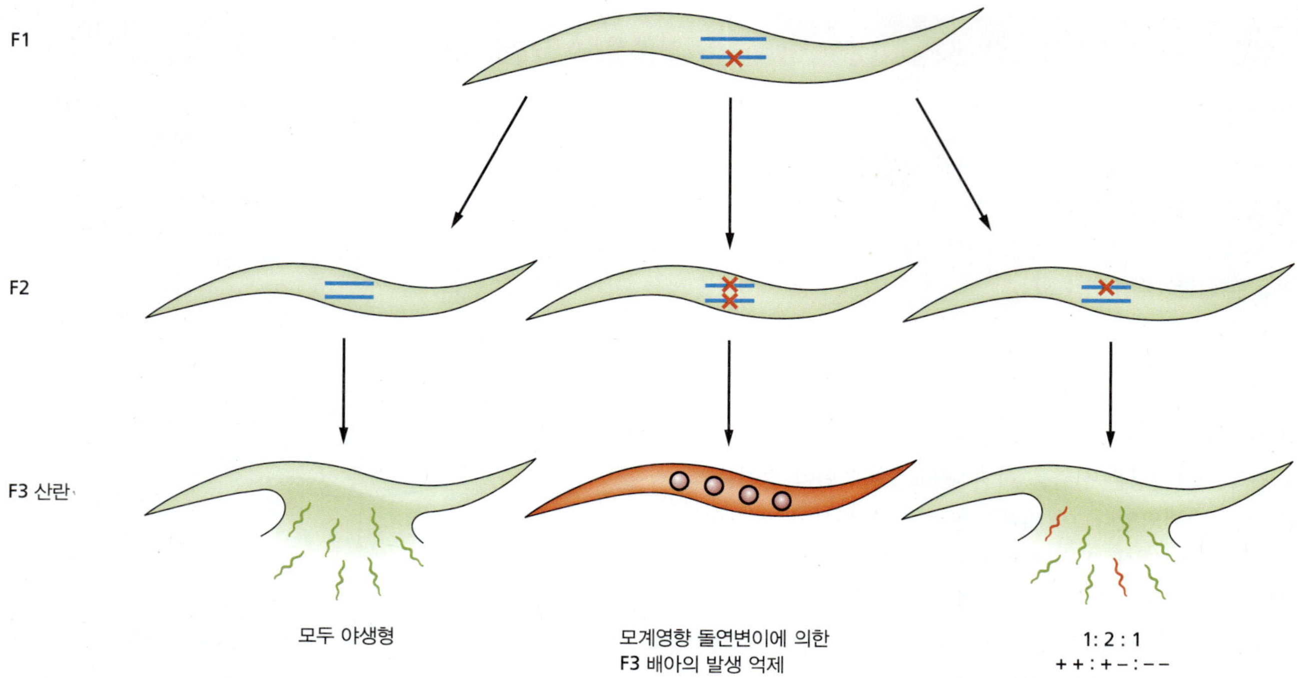


**그림 12.8** *par* 돌연변이 분리를 위한 모계 스크리닝. 자웅동체들은 질이 없어 산란이 불가능하므로, 유생들은 모체를 죽이고 자신들이 탈출할 길을 직접 뚫고 나온다. 그러나 모계효과 돌연변이 때문에 억제된 배아를 가진 F2 성충들은 유지된다.

자 원핵(pronucleus)을 제거한 경우와 달리, 극성화가 억제된다. 정자 침입 위치에서 시작하여 퍼져 나가는 세포 표면 파동은 PAR-3 결합체를 앞쪽으로 끌고 간다. PAR-3 결합체는 PAR-1과 PAR-2를 밀어내서, 이들은 뒤쪽에 밀집한다(그림 12.9). 이러한 상호 반발은 세포극성화의 핵심 요소이며, 정자 침입에 의한 작은 변화를 수정란 전체에 큰 변화를 일으키도록 증폭하는 역할을 한다. 일단 극성화 과정이 시작하면 정자 중심체의 제거는 더 이상 영향을 주지 못한다.

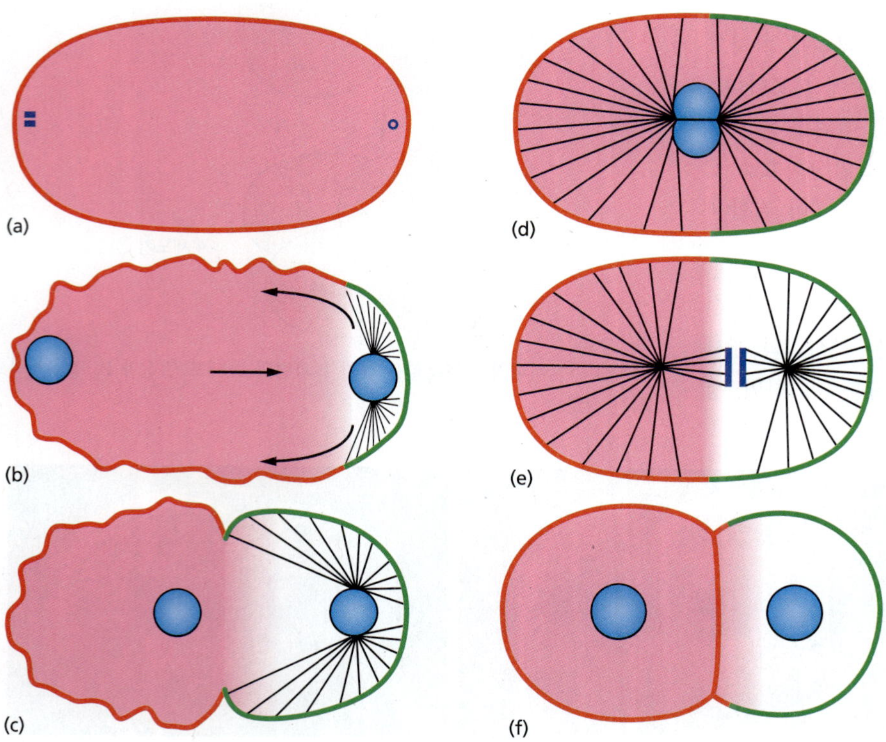


**그림 12.9** 예쁜꼬마선충 수정란에서 첫 번째 불균등 분열을 유발하는 일련의 과정. 앞쪽이 왼쪽이다. (a) 난자 유래 염색질(왼쪽)과 정자(오른쪽)는 파란색, PAR-3는 빨간색, MEX-5는 분홍색이다. (b) 뒤쪽 세포 표면을 매끈하고, PAR-2 (초록색)가 밀집한다. 원핵이 형성되면, 세포질 흐름이 시작한다. (c) PAR-2 영역이 넓어지고, 난자의 원핵이 뒤쪽으로 이동한다. 가성 난할. (d) 원핵이 융합하고, 표면 주름이 사라진다. (e) 첫 번째 체세포분열. (f) 2-세포기, AB는 $P_1$보다 크고, PAR-3 복합체는 $P_1$까지 뻗어 있다. (인용) John Wiley & Sons 의 허락을 얻어 Nance, *Bioessays* 2005, 27: 126–135의 그림을 재구성하였음.

상호 반발 기전에 대한 증거는 각각의 PAR 단백질이 없는 경우 다른 PAR 단백질들의 분포를 관찰하여 제시되었다. PAR-2 단백질이 없으면 PAR-3 단백질의 앞쪽 이동이 일어나지 않으며, PAR-3 없이는 PAR-1과 -2의 뒤쪽 이동이 일어나지 않는다. 단백질 분포 변화의 일부는 단백질들의 실제 이동에 의해 일어나며, 일부는 선택적인 단백질 분해에 의해서 일어난다. 이 과정에는 PAR-1이 PAR-3를 인산화시켜 PAR-3 결합체의 불안정화를 유도하는 과정과, aPKC가 PAR-2를 인산화하여 세포 표면 쪽과의 결합을 억제하는 기전이 관여한다.

## 세포분열 방향

보통, 초기 할구들은 마지막 난할의 직각 방향으로 분열한다. AB 세포는 이 규칙을 준수하여 첫 번째 난할의 직각 방향으로 갈린다. 그러나 $P_1$ 세포는 이와 달리 첫 번째 난할의 수평 방향으로 갈린다. 이는 중심체와 핵이 세포 표면 쪽과 미세소관의 결합 위치에 의해서 진행되는 90% 회전현상인 '회전정렬(rotational alignment)'에 의해서 일어나는 과정이다.

Par 단백질들은 회전정렬을 조절하여 세포분열의 방향성 결정에 도움을 준다. PAR-2 단백질이 없는 배아는 AB와 P 세포 모두의 회전정렬을 보이지 않는 반면, PAR-3 결손 배아는 두 세포 모두에서 회전정렬이 일어난다. *par-2*⁻와 *par-3*⁻ 이중 돌연변이 배아는 *par-3*⁻ 변이 배아처럼 두 세포 모두의 회전정렬을 보인다. 이는 *par* 유전자 이외의 유전자가 회전정렬을 유발하는 것이며, PAR-3 결합체는 정상적인 경우 AB 할구에서 이를 억제하고 있으며, 이 결합체의 부재가 $P_1$ 세포의 회전정렬을 가능하게 하는 것을 의미한다.

일단 첫 번째 비대칭적 난할이 일어나면 두 딸세포의 세포질 조성은 매우 달라진다. AB 세포는 과량의 PAR-3 결합체를 가지게 되며, $P_1$ 세포는 더 많은 PAR-1과 -2를 가진다. 이들 단백질들의 차등적 분포가 이후 지역적 특이성을 유발하는 세포질 결정인자로 작용한다.

## 결정

PAR 단백질들뿐만 아니라, 지역 특정화 형성에 필요한 몇몇 다른 모계 유래 단백질들이 밝혀졌다(그림 12.10; 표 12.1; 동영상 4: 세포질 결정 활동 참조). 이들의 작용 기전은 모계영향 돌연변이 표현형과 *par* 유전자를 포함한 다른 유전자들의 돌연변이에 의한 분포 변화를 통하여 추론할 수 있다. 단백질의 분

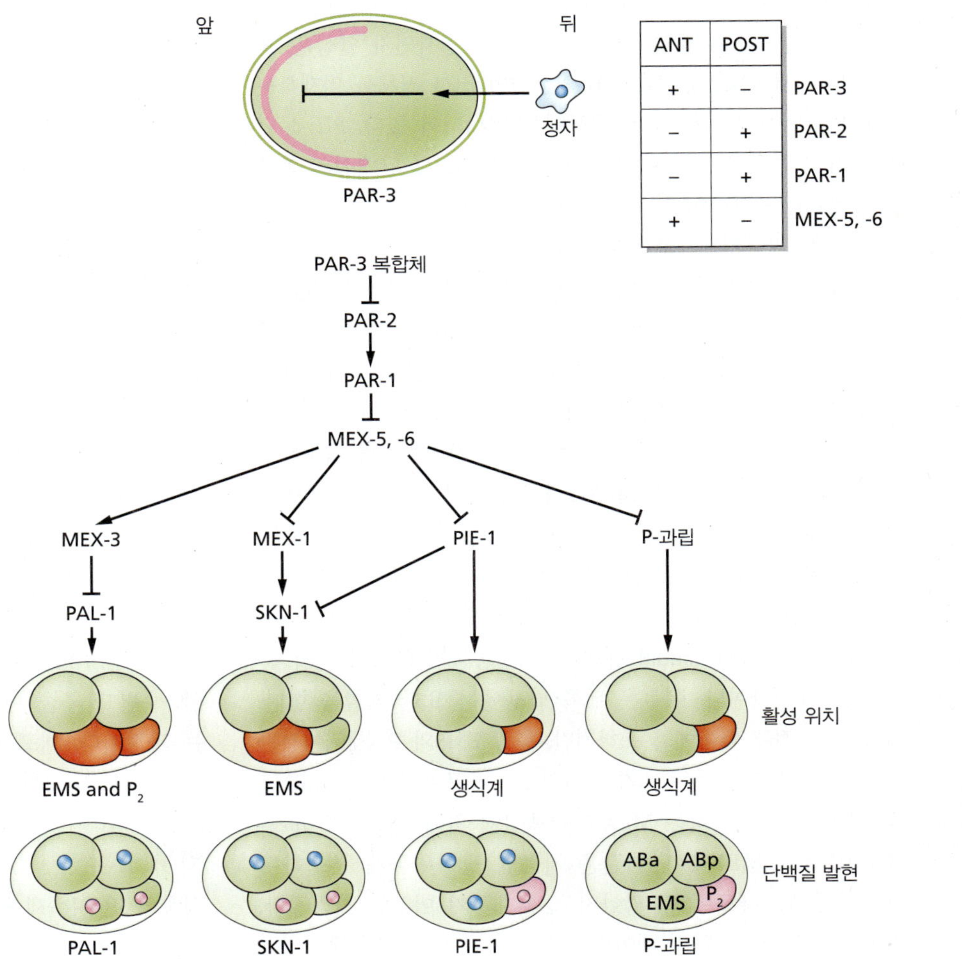


**그림 12.10** 예쁜꼬마선충의 세포질 결정인자. 수정 후 PAR-1과 PAR-2 단백질은 뒤쪽으로 분포하고 PAR-3 복합체는 앞쪽에 분포한다. SKN-1, PIE-1, PAL-1 단백질의 분포는 4-세포기에 보이는 것처럼 나타난다. SKN-1 단백질이 $P_2$ 세포에 분포하지만, PIE-1의 존재 때문에 활성화되지 않음에 주목하라.

| 단백질 | 생화학적 특성 | 기능상실 표현형 |
|---|---|---|
| SKN-1 | bZIP 전사인자 | 과다 피부형성 |
| PIE-1 | 징크-핑거 전사인자 | 인두와 장 과다생성, 생식선 없음 |
| MEX-1 | 세포질 징크-핑거 단백질 | 근육 과다 |
| MEX-3 | RNA/단백질결합 단백질 | 근육 과다 |
| MEX-5,6 | 세포질 징크-핑거 단백질 | 근육 과다 |
| PAL-1 | 호메오도메인(Homeodomain) 전사인자 | 몸 뒤쪽 결함 |

**표 12.1** 예쁜꼬마선충에서 활성이 있는 결정인자들

포는 단백질에 대한 면역염색이나 형질전환 GFP 융합단백질의 형광현미경을 이용한 세포내 위치 추적을 통하여 연구할 수 있다.

SKN-1 (skin으로 발음한다)은 bZIP 계열의 전사인자 중 하나로, 핵 내에서 EMS와 같은 발생이 일어나도록 한다. 이 mRNA는 모계로부터 유래하여 존재하며, 특정 영역에 제한되어 분포하지 않으나, 단백질은 $P_1$ 세포의 핵에만 축적된다. 또한 이후 다음 세대인 $P_2$ 세포와 EMS 세포의 핵에 존재하고 12-세포기 이후 사라진다. SKN-1이 없는 배아는 E와 MS 세포가 C 할구처럼 발생하기 때문에[과도한 '피부(skin)'형성], 인두와 소화관이 소실된다. 정상 배아에서 SKN-1은 $P_2$ 세포와 EMS 세포 모두에 존재하지만, 이들의 전사인자 활성은, 초기 배아에서 RNA 중합효소 II-의존적인 전사 전체를 억제하는 PIE-1 단백질에 의하여 $P_2$ 세포에서 억제되어 있다. PIE-1 단백질이 결손된 배아는 여전히 정상적인 SKN-1 단백질의 분포를 보이나, SKN-1이 두 세포에서 모두 활성화되어 있기 때문에 $P_2$ 세포가 EMS 세포처럼 발생한다.

*mex-1* mRNA는 초기에 광범위하게 분포하지만 P 계통 이외의 세포에서는 점차 소실된다. 단백질 역시 수정란의 뒤쪽에 집중된다. MEX-1이 없는 배아는 SKN-1 단백질이 $P_2$ 세포와 EMS 세포뿐만 아니라 AB 세포의 두 딸세포의 핵에도 존재한다. 따라서, AB 자손세포들은 MS 세포 자손들처럼 행동하여 과도한 근육을 형성한다. MEX-1과 SKN-1이 모두 없는 배아의 경우 AB는 정상적으로 발생하고 EMS는 C 세포처럼 행동하는, SKN-1 단독 결손과 유사하게 발생한다. 이 결과는 정상적인 AB의 행동은 SKN-1이 없는 것에 의존함을 확인해 준다.

*pal-1*은 초파리 caudal 유전자, 척추동물의 Cdx 유전자 군과 상동유전자이다. 이들은 뒤쪽 발생에 중요한 역할을 한다. mRNA는 전체 배아에 분포하지만, 통상 EMS와 $P_2$ 세포에서만 번역된다. 번역 과정은 초기 배아와 AB 세포에서 *pal-1* mRNA의 3′ UTR에 작동하는 MEX-3 단백질에 의해 억제된다. *mex-3* mRNA와 MEX-3 단백질은 처음엔 광범위하게 분포하다가, 점차 AB 세포에 더 많아지고, 4-세포기 이후엔 사라진다. MEX-3 단백질이 없는 배아의 경우 PAL-1 단백질이 광범위하게 분포하고, AB 세포에서 유래하는 세포들이 C 할구의 자손처럼 되어서, 형태적으로는 후위화(posteriorized)하게 된다.

이들 결과는, 어떻게 전 단계에서 물려 받은 인자들의 특정 조합을 통하여 각각의 초기 할구들의 특징이 특화되는지를 보여준다. 인자들의 공간적 분포는 PAR 시스템을 통하여 조절되며, PAR-1은 이들 중 가장 중요한 인자로 세포질 단백질인 MEX-5와 -6에 작용하여 이들이 앞쪽에 위치하도록 한다(그림 12.10). 이 과정은 PAR-1에 의한 MEX 단백질들의 인산화에 의해 세포내 확산 정도가 증대되어 일어난다. MEX-5와 -6 자신들은 MEX-1과 PIE-1 단백질과 P-과립에 작용하여, 이들을 모두 뒤쪽에 분포하도록 하여 P 계통의 할구형성을 유발한다.

이에 대한 증거로는, PAR-1이 없으면 MEX-1, -5, -6 단백질, PIE-1 단백질, P-과립이 모두 전반적으로 분포하게 되는 점이 있다. MEX-5와 -6 단백질이 없는 경우, PAR-1의 분포는 정상적이나 MEX-1, PIE-1, P-과립은 모두 전반적으로 분포된다. 따라서 PAR-1은 MEX-5와 -6의 분포를 조절하고, MEX-5와 -6는 나머지 인자들의 분포를 제어하는 것으로 볼 수 있다. 이들의 효과는 대부분 차등적인 단백질 분해에 의해서 일어난다.

MEX-5와 -6는 MEX-3을 앞쪽에 농축시키는 역할도 한다. PAR-1이 없으면, MEX-3는 배아 전체에 분포한다. 보통, 앞쪽의 MEX-3는 번역 조절을 통하여 PAL-1의 생산을 억제하므로 PAL-1의 활성이 뒤쪽에서 일어나도록 한다. 그러나 PAR-1이 없으면 MEX-3가 전반적으로 분포하게 되고, 따라서 PAL-1의 발현이 사라져 뒤쪽 발생에 장애가 생긴다.

지금까지 다룬 모든 요소들은 모계영향인자들이다. 그러나 각각의 세포 계통에서 특정 수정란 유래 유전자의 발현이 뒤따른다(그림 12.11). 이는 모계 유래 세포질 인자의 정확한 분포와, 주변 할구들 사이의 유도 신호 존재에 의존적으로 일어나는 과정이다. 세포질 인자와 유도 신호의 분포는 모두 궁극적으로 PAR 시스템에 의해 작동된다.

## 인두 유도

성충의 인두는 세 구획으로 된 원통이다. 내체(corpus)는 구강에 붙어 있어 음식물을 더 안쪽으로 밀어 넣는 역할을 한다.

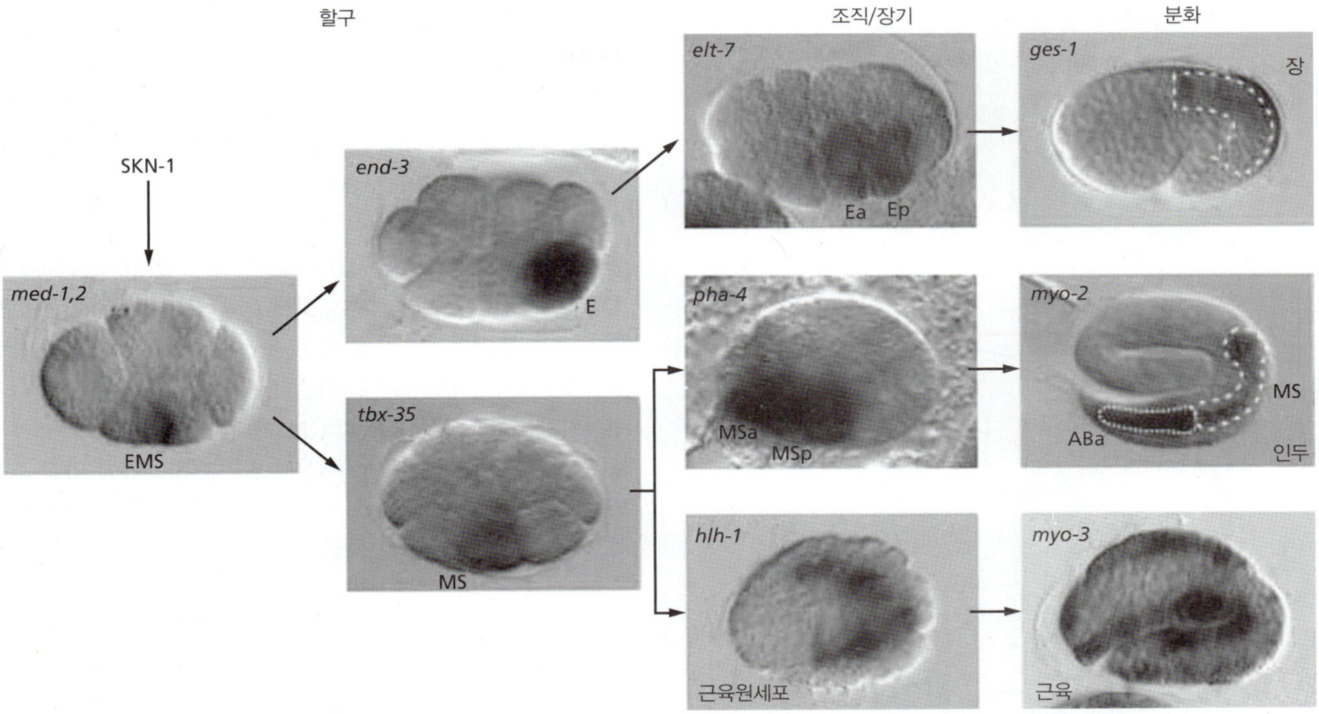


**그림 12.11** 제자리 혼성화법(in situ hybridization)을 통하여 가시화된 결정인자들의 분포에 따른 수정란 유래 유전자들의 활성. (인용) Elsevier의 허락을 얻어 Maduro and Rothman, *Dev Biol* 2002; 246: 68–85의 그림을 재구성하였음.

협부(isthmus)는 연동운동을 통해 음식물을 이동시키며, 말단구(terminal bulb)는 음식물을 갈아 곱게 만들어 소장으로 보낼 준비를 한다. 그러므로 인두는 매우 근육성인 장기이지만 샘 조직 및 신경세포 등 다른 종류의 세포들도 포함하고 있다.

인두는 AB와 MS 할구 모두에서 유래한다. ABa에서 유래하는 부분이 형성되기 위해서는 두 번의 연속적인 유도 신호가 필요하다. 첫 번째 신호는 억제성이고 $P_2$ 세포에서 나오며, 두 번째는 촉진성이고 MS 유래 세포에서 나온다(그림 12.12). 두 신호 모두 Notch 경로를 통해 작동되지만, 서로 다른 Notch 리간드를 사용한다.

억제성 신호는 보통 ABa의 자매 할구인 ABp에서 인두가 형성되는 것을 억제한다. 만일 ABa와 ABp를 서로 바꾸면 ABa 대신 ABp에서 앞쪽 인두가 형성되는데, 이는 세포 계보보다는 세포의 위치가 중요함을 의미한다. 그러나 만일 $P_2$ 세포가 ABp와 접촉하는 것을 막으면 ABa 뿐만 아니라 ABp에서도 인두가 형성되므로, ABp가 인두가 되는 것을 억제하는 신호가 $P_2$ 세포에서 나옴을 보여준다.

이 억제성 신호는 모계영향 유전자인 *apx-1* (anterior pharynx excess)에 암호화되어 있다. APX-1이 제거된 배아는 ABa에서만이 아니라, 두 AB 할구 모두에서 인두가 형성된다. *apx-1*은 델타와 유사한 리간드를 암호화하고 있다. 이에 대한 수용체는 또 다른 모계효과 유전자인 *glp-1* (**g**erm-**l**ine **p**roliferation, 즉 생식소 분열에 대한 효과 때문에 붙여진 이름임)이라는 Notch 유사 수용체이다. GLP-1이 없는 배아 역시 ABp 할구가 ABa처럼 발생하긴 하지만, *apx-1*$^-$와는 달리, *glp-1*$^-$는 두 ABa 유사 할구로부터 인두가 형성되지 않는다. 이는 실상 인두 형성이 ABa의 정해진 경로가 아니라, 순차적인 촉진성 신호에 의존적이기 때문이다. 이러한 사실은 분리해 낸 AB 세포가 인두를 만들지 못하는 점으로도 알 수 있다. 또한, 레이저로 8–12 세포기에 MS 세포를 제거하면 ABa 세포에서 인두가 형성되는 것이 억제되는데, 이 역시 이 기간 동안 MS 세포의 존재가 필요함을 보여준다. 12-세포기에 MS 할구는 ABa 할구의 두 손녀 세포(ABalp와 ABara)와 접촉하고 있으며, 인두 형성을 촉진하는 두 번째 신호를 방출한다. 게다가, *apx-1*$^-$ 배아에서 인두를 형성하는 ABp 세포의 자손들은 ABpra, ABprp, ABplp로, 이들 모두는 MS 세포와 12-세포기에 접촉하고 있다. 놀랍게도 이 두 번째 신호의 수용체 역시 GLP-1으로 생각되는데, 왜냐하면, 이미 언급한 것처럼, GLP-1의 돌연변이에서 AB 할구 계통 세포들은 비슷하게 행동함에도 불구하고 인두를 만들지 않기 때문이다. *glp-1* mRNA는 8-세포기까지 배아에 균일하게 분포하지만, 그 단백질은 AB 세포 후손들에서만 발견된다. 이는 mRNA의 3′-UTR 영역에 의한 선택적인 단백질 번역 때문인데, 뒷부분에서의 번역은 궁극적으로는 PAR-1에 의해서 조절되는 하위 인자에 의해서 억제된다. GLP-1 단백질은 28-세

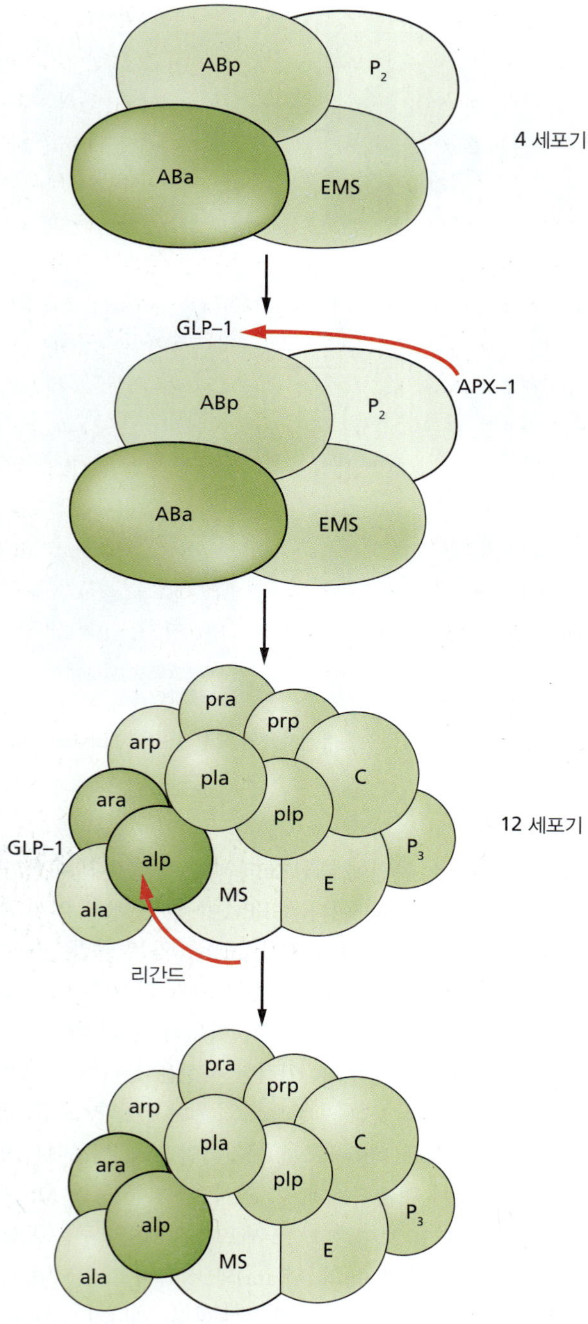


**그림 12.12** 인두 형성을 유발하는 두 유도 상호작용.

포기(이때 AB 후손 세포는 16개이다)에 사라진다. MS 세포에서 발현하는 GLP-1의 리간드는 APX-1과는 다르다.

그렇게 하여, GLP-1은 처음에는 $P_2$ 세포가 ABp에 작용하여 인두 형성을 억제하는 과정을 매개하며, 이후 MS 세포가 ABa에 작용하여 인두 형성을 촉진하는 과정을 매개하는 수용체로 작용하므로, 인두 발생에 두 번 필요로 한다. 이 두 번의 독립적인 필요성은, 선택적인 기간 동안만 비허용 온도에 둔 온도 민감형 *glp-1* 돌연변이를 이용하여 알 수 있다. 만일 4-세포기 근처에만 비허용 온도에 이 돌연변이를 두면, 그 표현형은 ABa와 ABp가 모두 인두를 형성하는 *apx-1*$^-$ 배아의 모계효과 표현형과 같아진다. 만일 비허용 온도가 12-세포기까지 유지되면 ABp와 ABa가 동등하게 세포분열하되, 인두를 형성하지 못하는 *glp-1* 결손 표현형이 나타난다.

궁극적으로, 전체 인두의 형성은, 척추동물의 소화관 발생에 중요한 나선형 전사인자인 FoxA와 유사 유전자인 *pha-4* 유전자가 수정란에서 발현되는 것에 의존적이다. *pha-4* 유전자의 발현은, ABa와 MS-유래 인두 부분에서 수정란 유래로 발현되는 T-박스 전사인자들에 의존적이다. ABa-유래 부분에서 이 전사인자는 *tbx-37*과 *-38*이고, MS에서는 *tbx-35*이다. MS에서 *tbx-35*의 발현 증가는, 자기 자신의 발현은 SKN-1에 의해 조절되는 GATA-형 전사인자인, 수정란 유래 *med-1*과 *med-2* 유전자 산물에 의해 조절된다(그림 12.11).

PHA-4는 '인두 인핸서'를 통하여 모든 인두 구성 세포들에서 발현하는 인두 유전자들의 발현을 관장한다. 발현이 증대되는 인두 유전자들 중 하나인 *hlh-6*는 샘 분화를 조절하는 bHLH 전사인자를 암호화하고 있으며, *tbx-2*는 근육 분화를 조절한다. *pha-4*의 기능상실 돌연변이는 ABa와 MS 부위에서 유래하는 인두 모두가 결손된다. 온도 민감형 돌연변이를 이용하여, *pha-4*가 발생 초기와 후기 분화 과정 전반에 필요함을 확인할 수 있다. 발현 정도는 발생과정 동안 점차 증가한다. 이는 PHA-4에 대하여 높은 친화도를 가진 프로모터 부위가 초기에 켜지고, PHA-4 단백질 양이 충분한 농도로 증가됨에 따라 낮은 친화도의 프로모터 부위가 이후 켜짐을 의미한다. 인두에서의 기능과 별개로, PHA-4는 생식소 발생과 성충의 수명에도 영향을 준다.

## 소장 발생

소장은 E 할구에서 유래한 20개의 세포로 구성되어 있다. 이 세포들은 극성화되었으며, 서로 엮여 있고, 결합복합체(junctional complex)를 통하여 장 내강 주변을 둘러싸도록 배열되어 있다. E 할구의 발생과정 중 특정화는 $P_2$ 세포에 의한 유도 과정에 의존적이다. 이 세포는 Wnt-유사 신호를 방출하여 EMS의 가까운 뒤쪽을 E 세포가 되도록 하고, 먼 앞쪽을 정해진 MS 특화 과정을 따라가도록 한다. 이 과정은 $P_2$ 세포를 제거하면 EMS의 두 딸세포 모두가 MS 세포를 닮게 되는 것에서 알 수 있다. 일련의 mom (more mesoderm, 더 많은 중배엽이라는 의미) 돌연변이가 $P_2$ 세포 제거와 비슷한 효과를 일으킨다. 이들은 Wnt-유사 경로 구성인자들을 암호화하고 있으며, 모자이크 분석을 통하여 이 신호 요소에 $P_2$ 세포에 필요한 Wnt 상동체 자체(*mon-2*)와, EMS 세포에 필요한 수용체 상동체(*mon-5*)가 포함되어 있음을 밝혔다. 이 유전자들에 대한 기능상실, 모계효과 돌연변이는 E 세포를 두 번째 MS 세포로 전환한다. 척추동물에서 Tcf와 Lef 인자와 유사한 HMG 전사인자를 암호화하고 있는 *pop-1*의 기능상실은 정반대 표현형을 유발한다. 이는 MS를 두 번째 E로 바꾸는데, 이는 E의 생성이 Wnt-유사 신호에 의한 POP-1의 억제 활성에 의존적이라는 점을 시사한다. 척추동물에서 Wnt- β-카테닌 경로는 정상적으로 TCF/LEF를 활성화할 것이다. 예쁜꼬마선충에서 Wnt-유사 경로는 약간 차이가 있어서, 'Wnt-MAPK 경로', '비전형적 Wnt 경로' 등으로 불리기도 한다. 하지만 이들 용어는 유사하게 명명된 척추동물의 신호 경로와 유사한 것처럼 오해를 불러일으킨다.

예쁜꼬마선충의 Wnt-유사 경로는 다음과 같이 작동한다. Wnt-유사 신호(MOM-2)는 MOM-5를 통하여 β-카테닌 상동체(WRM-1)와 세린-트레오닌인산화효소(LIT-1, 초파리 NEMO의 상동체로 장 소실, **l**oss of **i**n**t**estine을 의미) 모두를 활성화한다. LIT-1은 POP-1을 인산화하고, WRM-1은 핵으로부터의 방출을 촉진한다. 또 다른 β-카테닌의 먼 상동체인 SYS-1 (**sy**mmetric **s**ister)은 E 세포 예정 세포에서 증대된다. POP-1은 보통 장 발생에 필요한 GATA 인자를 암호화하고 있는 *end-1*과 *end-3*의 발현을 억제하고 있다. POP-1이 높게 유지되는 MS 핵에서 이들 유전자의 발현이 억제된다. 그러나 충분한 SYS-1이 존재하면 POP-1은 같은 표적에 대하여 촉진자가 된다. 그러므로 E 계통에서 *end-1*과 *end-3*의 발현은 증가하며(그림 12.11), 이 결과로 장 분화를 조절하는 일련의 유전자들이 추가로 활성화된다.

예쁜꼬마선충 발생 중, 두 딸세포에서 POP-1과 SYS-1의 비율을 조절하는 것과 동일한 Wnt-유사 신호 작동 기전이 여러 번 작동하는데, 생식세포 분열 조절을 하는 말단세포(distal tip cell)형성 과정 등이 그 대표적 예이다.

## 배아 이후 발생의 분석

### 발생 시기의 조절

발생 시기는 대부분의 생명체에서 핵심적이지만 잘 알려지지 않은 과정이다. 그러나 예쁜꼬마선충의 **비동시성 돌연변이 (heterochronic mutation)**를 이용하여 이 질문의 해답을 들여다 볼 수 있다. 이 돌연변이들은 정상 발생 순서에 비해 빠르거나 느린 발생 과정의 진행을 보이며, 많은 경우 단지 하나의 구조만 영향을 주는 것이 아니라 다양한 계통에 영향을 준다(그림 12.13). 예쁜꼬마선충은 부화한 후에 L1, -2, -3, -4로 불리는, 진피에서 분비된 세포외 큐티클층의 **탈피**를 통하여 구분할 수 있는 네 번의 유생기를 거친다. 보통 각 유생기 동안 일련의 과정이 정확하게 진행된다. 예를 들어 장 세포는 보통 L1기 동안 분열하지만 그 이후엔 분열하지 않는다. L2기에 측면 진피 솔기세포 일부는 분열하고, L4기에 세포주기에서 나와 융합하여 큐티클 측면 마루(lateral rigde), 또는 날개(alae)를 형성한다.

첫 번째 비동시성 돌연변이는 *lin-4*라 부른다. 기능상실은 L1 세포분열 패턴이 반복되도록 하여, 추가 탈피가 발생한다(그림 12.13). 다른 돌연변이인 *lin-14* 기능상실은 L1 분열을 건너뛰게 하여 L1 기간 동안 L2-형 분열이 일어난다. 둘 모두의 결손은 *lin-14* 유사한 표현형을 보인다. 그러나 *lin-14*의 기능획득(gain-of-function) 돌연변이는 *lin-4* 유사 효과를 보인다. 이는 *lin-4*가 통상 *lin-14*의 작용을 억제하고 있으며, L2 세포 분열에 *lin-14*가 필요함을 의미한다. *lin-14*는 전사인자를 암호화하고 있으며, 단백질로의 번역은 마이크로 RNA (miRNA, 부록 참고)인 *lin-4*에 의하여 억제되어 있다. *lin-14*의 기능획득 돌연변이는 RNA의 3′-UTR 부분이 결손되어 *lin-4*의 억제 효과가 미

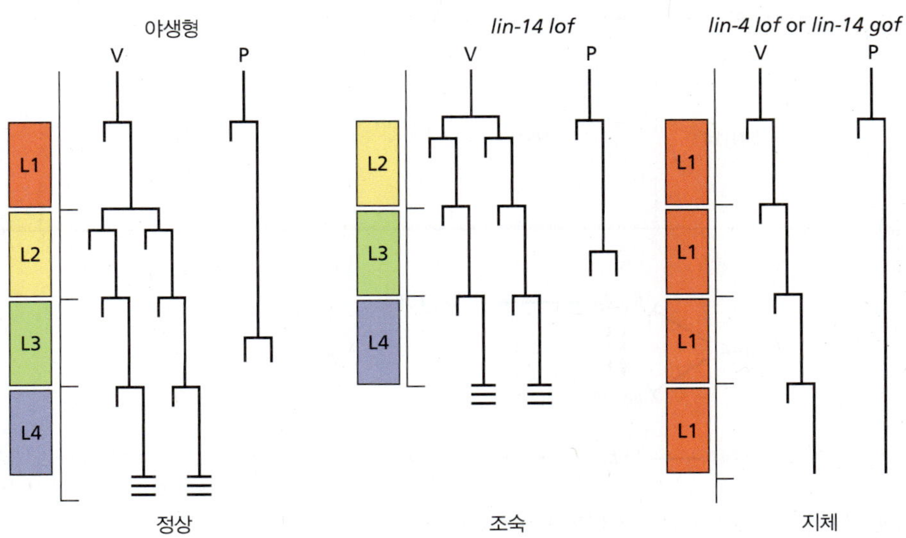


**그림 12.13** 비동시성 돌연변이 표현형의 예시. 정상적인 발생 과정에서 매우 상이한 분열 프로그램을 보여주는 P와 V, 두 유생 세포 가계가 표시되어 있음. 이들은 돌연변이에 의해 조절된다. 조숙 돌연변이는 하나의 유생기를 건너뛰게 하며, 지연 돌연변이는 L1 과정의 반복을 일으킨다. lof, 기능상실; gof, 기능획득. (인용) Elsevier의 허락을 얻어 Moss, *Current Biology* 2007; 17: R425–R434의 그림을 재구성하였음.

칠 수 없다.

LIN-14는 보통 L1기에 존재하며, L1 분열 현상을 유발한다. *lin-4* miRNA는 보통 L1 말기부터 발현하기 때문에, L2기가 시작하면서 LIN-14의 발현은 억제된다(그림 12.14a).

LIN-14은 세포질의 RNA 결합단백질인 LIN-28과 평행하게 작용한다. lin-28의 기능상실은 L2 분열을 건너뛰게 만든다. LIN-14처럼, LIN-28의 번역 역시 *lin-4* miRNA에 의하여 억제된다. 또한 LIN-14와 LIN-28은 서로의 번역을 자극한다(그림 12.14b). 이들이 이런 식으로 상호 의존적이기 때문에, 둘 중의 하나를 제거하면 표현형이 나타나며, *lin-4* 제거를 통한 억제 효과를 보이게 된다.

유사한 과정이 L2기의 끝에도 일어난다. 이는 3개의 서로 관련되어 있는 miRNA들(*miR-48, -84, -241*)에 의한 HBL-1 (초파리 hunchback의 상동체) 전사인자의 번역 억제에 의존적이다. HBL-1은 L2기의 분열을 조절한다. L2기 동안, 세 miRNA들이 발현되어 그 활성을 억제한다. 만일 이 세 miRNA가 모두 제거되면, 지속적인 HBL-1의 활성으로 L2 분열이 반복된다. 만일 L2기 이전에 한 miRNA만 과발현되더라도, HBL-1의 활성이 미리 제거되어 L2기를 건너뛴다.

유생 시기 말에 *let-7*의 기능이 소실되면 마지막 유생 시기의 반복을 초래한다. 반대로, *lin-41*의 기능상실은 L4가 아닌 L3 시기에 조숙하여 성충으로 진입하게 만든다. *let-7*은 LIN-41을 억제하는 miRNA를 암호화하고 있다. LIN-41은 세포질 단백질로, 세포주기 탈출과 성충 특이적인 세포 융합을 일으키는 징크-핑거 전사인자인 LIN-29의 번역을 억제한다. 보통, *let-7* miRNA는 L3 후기부터 증가하여 L4 말기에 LIN-41을 억제한다.

어떻게 이러한 억제성 상호작용들이 발생 시기 조절자로 작용하게 되는가? 이는 잘 알려져 있지 않으나, *lin-42* 유전자의 특징에서 그 단서를 찾을 수 있다. 이 mRNA와 단백질의 발현에는 주기성이 있어, 탈피기간 동안은 낮고, 그 사이 동안은 높게 발현한다(그림 12.14a). 이 단백질은 핵 내에 존재하며, 초파리에서 일주기 조절에 핵심적인 역할을 하는 Per 단백질의 상동체이다. *lin-42*의 기능상실은 조숙 행동을 일으킨다. LIN-42의 발현은 miRNA의 발현과 활동이 주기적으로 일어나도록 제어하는 기전을 제공하는 것으로 생각된다.

miRNA가 특별히 발생 시기 조절에 적합한 이유가 있을까?

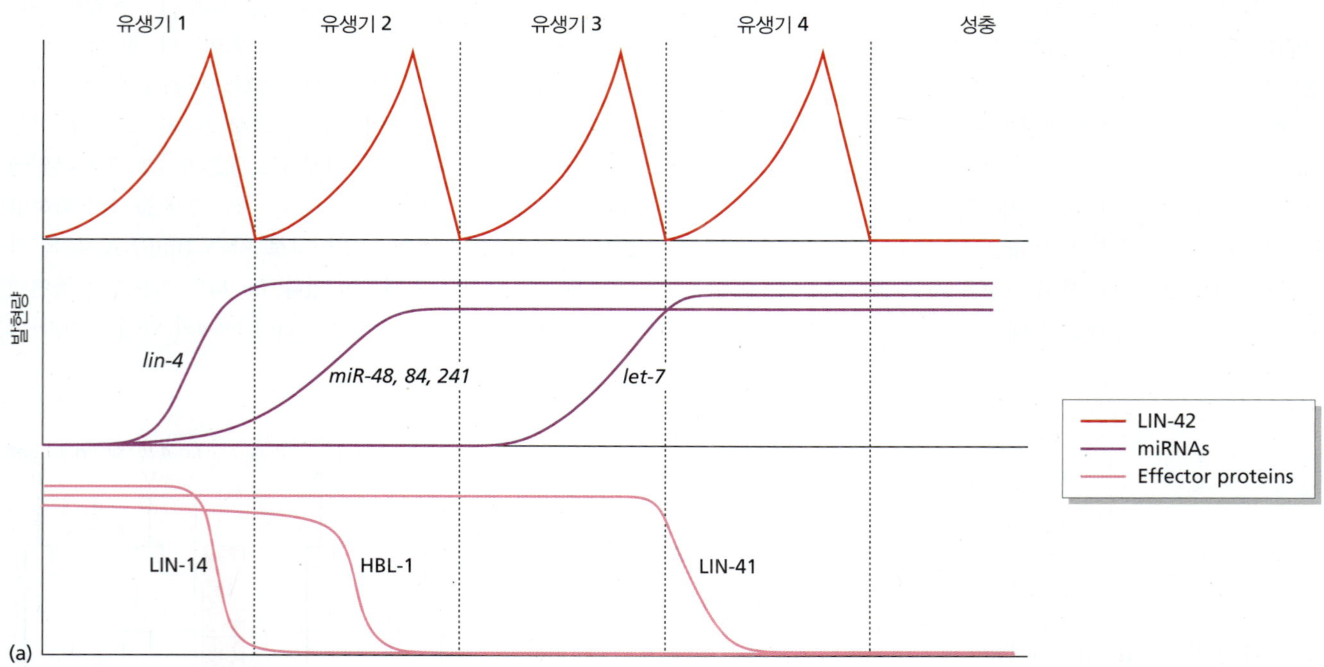


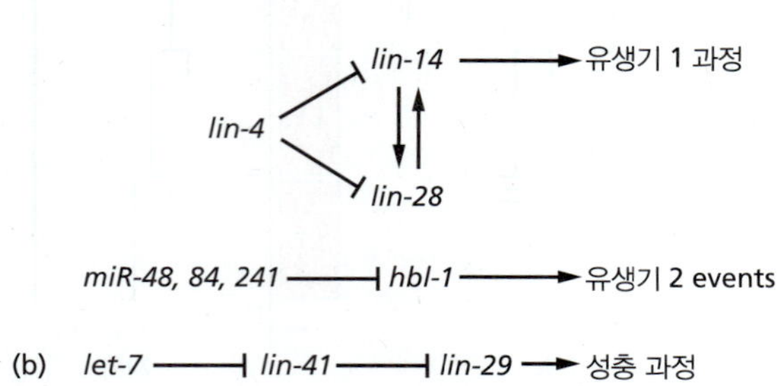


**그림 12.14** (a) per 상동체인 lin-42, 마이크로 RNA, 이들에 의해 번역이 억제되는 단백질들의 상대적 발현 행동의 모식도. (b) 유생의 시기를 제어하는 조절 기전의 상호 관련성.

이 역시 알려져 있지 않다. 예쁜꼬마선충에 존재하는 이들 유전자 다수가 척추동물의 상동체를 가지고 있다. *let-7* miRNA는 척추동물 발생 동안에도 발현하며, 종양 발생에도 영향을 주지만, 시기 결정에 관한 역할은 명확하지 않다. *lin-28A*는 **유도만능줄기세포(induced pluripotent stem cells, iPS cells**, 21장 참고)를 만드는 데 필요한 유전자의 하나로 유명하며, 예쁜꼬마선충에서처럼 척추동물에서도 *lin-4* 상동체의 표적이다. 시간 조절과 관련한 연관성은 유전체 수준의 연관성 분석 연구에서 제시되었는데, 유사한 유전자의 하나인 *lin-28B*의 돌연변이가 사람의 조숙증과 관련 있다는 점이 보고되었다. 초파리에서 *let-7*의 결손은 성충 시기까지 유생의 특징이 유지되도록 하는데, 이 점 역시 시간 조절 기전과의 연결 가능성을 제공한다.

## 질(vulva)

산란과 교미를 위해 사용되는 질은 유생 기간 동안 형성되는 진피 구조로, 생식소가 배쪽 가운데에서 열린 구멍이다(그림 12.15). 질의 형성은 **닻세포(anchor cell)**라 부르는 세포가 분비하는 표피성장인자(epidermal growth factor, EGF)-유사 신호에 의해 조절된다. 질은 배아 발생 동안 형성된 3개의 외피세포인 P5, P6, P7 세포의 뒤쪽 딸세포들인 P5p, P6p, P7p에서 유래한다.

- P5p는 7개의 질 후손세포를 만든다.
- P6p는 8개의 질 후손세포를 만든다.
- P7p는 7개의 질 후손세포를 만든다.

네 번째 유생 시기 동안 이들 22개의 세포는 다양한 이동과정과 융합을 통하여 질 자체를 형성한다. 또한 P3p, P4p, P8p로 불리는 주변 세포들은 질을 만들 수 있으나, 정상적인 발생 동안 각각 한번만 더 분열하여 2개의 세포씩 만들어 이후 진피에 들어간다. 질에 대한 논의에 있어서 아래와 같은 관례를 따를 것이다.

- 8세포의 형성 = 일차 운명 1°; 보통 P6p에 이어 생성됨
- 7세포의 형성 = 이차 운명 2°; 보통 P5p와 P7p에 이어 생성됨
- 2세포의 형성 = 삼차 운명 3°; 보통 P3p, P4p와 P8p에 이어 생성됨

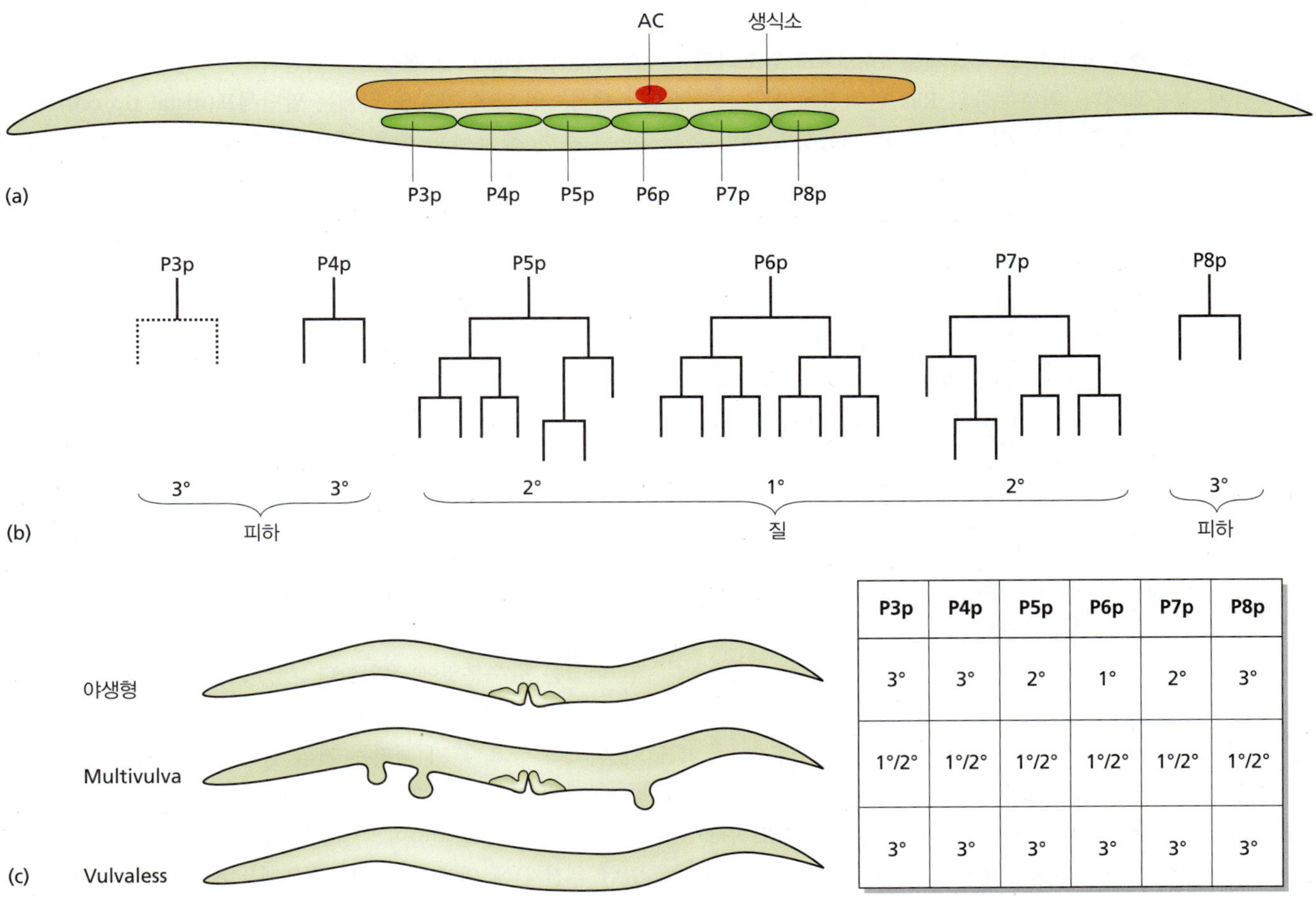


| P3p | P4p | P5p | P6p | P7p | P8p |
|---|---|---|---|---|---|
| 3° | 3° | 2° | 1° | 2° | 3° |
| 1°/2° | 1°/2° | 1°/2° | 1°/2° | 1°/2° | 1°/2° |
| 3° | 3° | 3° | 3° | 3° | 3° |

**그림 12.15** 예쁜꼬마선충의 질 발생. (a) 동등 집단 세포들의 생식소와 닻세포와의 상호 관련성. (b) 각 세포의 정상 계통. (c) 돌연변이 표현형. 각 돌연변이에서 각 세포들의 운명을 표시하였음.

자웅동체는 유생들이 자기의 탈출구를 만들 수 있기 때문에, 질 없이도 생식이 가능하다. 그러므로 산란할 수 없는 질 형성 이상 벌레를 스크리닝할 수 있다. 그러나 생존 가능한 돌연변이의 대부분은 기능저하(hypomorphic)형으로, 동일 유전자의 기능상실 변이의 경우 치사 돌연변이이다. 주요한 돌연변이 군은 *vulvaless*와 *multivulva*로, 후자의 경우 P3p-P8p 세포집단에서 다수의 질이 형성된다.

6개의 P3p-P8p 세포들은 모두 질을 형성할 수 있고, 다양한 실험 조건에서 서로를 대체할 수 있기 때문에, **동등 집단(equivalence group)**이라 불린다. 이는 P6p 세포와 안쪽에서 접하고 있는 생식소의 **닻세포**와의 관계에서 잘 관찰된다. 만일 닻세포가 레이저 조사로 제거되면, 모든 P3p-P8p 세포들이 삼차 운명 3°을 거쳐 질이 형성되지 않는다. 만일 P3p-P8p 세포 중 하나가 제거되면, 주변 세포 중 하나가 이를 대체하여 정상적으로 질이 형성된다. 만일 다양한 *displaced gonad* 돌연변이처럼 닻세포를 옮겨 P3p-P8p 세포와의 위치 관련성을 바꾸면, P3p-P8p 세포들 중 가장 가까이 있는 세 세포가 질을 형성한다.

다수의 *vulvaless* 돌연변이는 닻세포 제거와 비슷한 표현형을 보인다. 이들 중 일부는 친숙한 EGF 신호전달 경로에 관여하는 인자를 암호화하고 있다(부록 참고). 닻세포의 리간드는 *lin-3*로 암호화된 EGF 상동체이다. 그 수용체는 *let-23*으로 암호화된 EGF 수용체 상동체이다. 척추동물의 Ras 단백질에 상응하는 상동체는 *let-60*에 암호화되어 있는데, 이들의 기능상실 대립유전자와 기능획득 대립유전자에 의한 표현형은 반대이다. 기능상실 돌연변이는 *vulvaless* 표현형을 보이는 반면, 기능획득(지속적 활성유지) 돌연변이는 *multivulva* 표현형을 보인다. 이중 돌연변이 조합의 경우 예상 가능한 대로 작용하는데, 예를 들어 *let-23*과 *let-60*의 기능획득 돌연변이 조합은, Ras의 작용이 수용체의 하위에서 일어나므로 multivulva 표현형으로 나타난다. EGF 수용체 유전자의 형질전환 벌레를 이용하면, P6p 세포를 중심으로 EGF 활성 강도에 경사가 있음을 가시화할 수 있다.

이론적으로 EGF 신호 경사가 세 세포 운명을 결정하는 데 충분하긴 하지만, P5p와 P7p 세포에서 Notch 경로를 활성화하는 2차 신호가 P6p 세포에서 방출된다. 정상 발생 과정 중 이 두 신호의 조합이 질 형성을 조절한다.

## 생식계통

배아 이후 발생에 있어서 중요한 측면 중의 하나는 **생식계통(germ line)**의 성숙이다. 이들은 초기 배아의 P-과립과도 연관되어 있는 다양한 결정인자를 함유한 $P_4$ 세포로부터 유래한다. 이미 언급한 것처럼, PIE-1 단백질은 초기 발생 동안 RNA 중합효소 II에 의한 유전자 전사를 전반적으로 억제한다. 새로 부화한 유생에서 $P_4$ 세포에서 유래한 생식계통 세포는 Z2와 Z3, 단 2개뿐이다. 이들은 초파리 RNA 헬리카제(helicase) 유전자인 *vasa*의 상동체인 *cgh-1*을 발현한다. *cgh-1* 유전자는 이후 생식계통에서 활성화되어 있으며, CGH-1 단백질은 알에서 발견되고 이후 초기 발생동안 생식계통으로 분리되어 존재하는 P-과립의 구성성분 중 하나이다. *cgh-1*을 표적으로 하는 RNAi를 벌레에 처치하면 난자의 사멸과 기능성이 없는 정자를 형성하는데, 이는 후기 생식세포 발생에 미치는 중요 기능을 시사한다.

유생과 성충에서 생식세포는 생식소 안에 있다(그림 12.16a, b). 생식세포는 L2기에 이르면 60개 가량 존재하며, 자웅동체 성충에는 대략 2,000개 정도가 된다. 초기에 전체 생식계통 세포는 체세포분열한다. 발생이 진행되면서 감수분열을 보이는 곳이 나타난다. 먼저, 감수분열은 정자를 형성하고 나중에 난자 형성으로 바뀐다. 흥미롭게도, 생식세포 발생과정 동안 대부분의 유전자 발현 조절은 전사 조절보다는 번역 조절로 진행된다. 일련의 과정은 성충 생식소를 따라서 공간적으로 구성화되어 있어서, 대부분의 성숙 세포들은 질 주변에 있으며, 아직 체세포분열 중인 미성숙 세포들은 생식소의 막다른 끝에 존재한다. 체세포분열 중인 생식세포들의 세포질은 서로 연결되어 있으나, 이들의 분열은 동기화되어 있지 않으므로, 이들은 진정한 다핵체(syncytium)를 형성하지 않는다.

생식소의 양쪽 가지의 끝에는 **말단세포(distal tip cell)**라 부르는 주변 생식세포 핵을 체세포분열하도록 유지하는 기능을 하는 중요한 체세포가 있다(그림 12.17). 이들 두 세포는 MS 할구의 후손인 Z1과 Z4로부터 유래한다. 이들은 이전 시기 E-MS 결정에 관여했던 것과 같은 Wnt-유사 신호 기전에 의해 특화된다. Z1과 Z4의 멀리 있는 두 후손 세포들은 SYS-1과 POP-1의 큰 발현 비율 차이를 겪어 말단세포가 되는 반면, 가까운 쪽에 있는 두 세포들은 발현 차이가 크지 않아 결국 POP-1의 억제 신호가 작동하여 질 형성을 조절하는 닻세포가 된다.

유생시기 동안 생식소가 성장하면서, 생식세포 체세포분열 영역이 길어져서 점차 말단세포의 영향권에서 멀어지게 되고, 결국 체세포분열을 멈추고 감수분열에 들어간다. 어떤 시기에서든 레이저로 말단세포를 제거하면 남아 있는 체세포분열 중인 핵들은 감수분열에 진입한다. 이 이후 생식소의 구성은 도달한 성숙 단계에 의존적이어서, 초기 제거는 모두 정자세포가 되도록 하고, 후기 제거는 거의 정상에 가까운 정자와 난자의 배열을 가져온다(그림 12.16c). 말단세포는 *Delta*의 상동체인 *lag-2*의 발현에 의하여 기능한다. *glp-1* (인두 형성에 필요하였던 유전자)에 의해 암호화된 수용체는 생식세포의 다핵체 막에 분포한다. 수정란에서 *glp-1*이나 *lag-2*의 기능상실 돌연변이는 말단세포 제거와 같은 효과를 나타낸다.

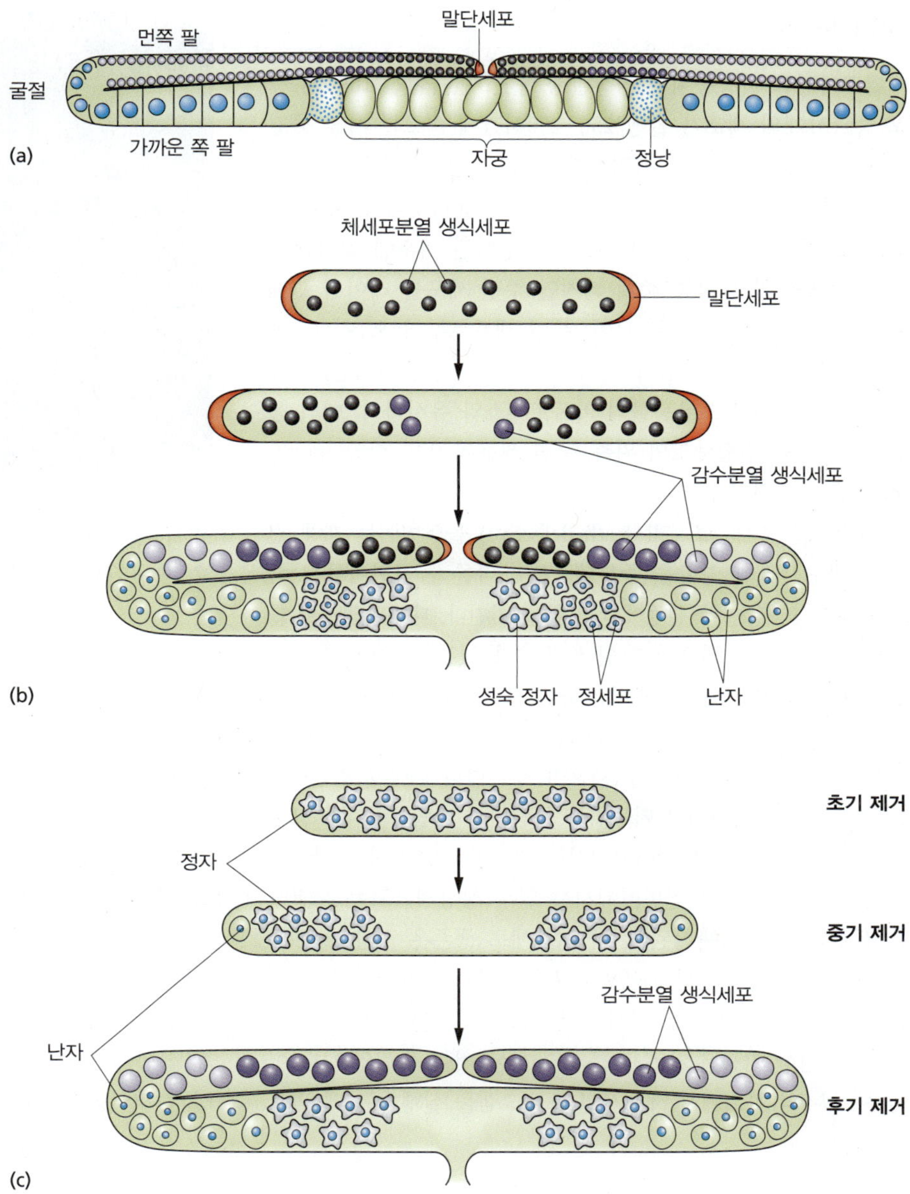


**그림 12.16** 예쁜꼬마선충 생식소의 발생. (a) 자웅동체 성충의 생식소. (b) 정상 발생. (c) 서로 다른 시기에 말단세포 제거의 효과.

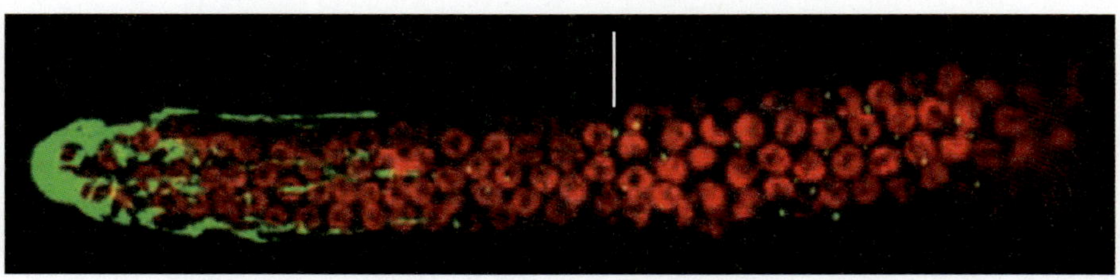

**그림 12.17** GFP 표지자로 가시화한 말단세포. (인용) Ann Reviews의 허락을 얻어 Kimble과 Crittenden, *Ann Rev Cell Dev BIol* 2007; 23: 405–433의 그림을 재구성하였음.

GLP-1신호는 생식계통에 존재하며 감수분열 진행에 필요한 한 쌍의 단백질인, 각각 RNA 결합단백질과 polyA 중합효소인 GLD-1과 GLD-2의 활성을 억제한다. GLP-1 신호는 난자 성숙에 필요한 또 다른 단백질을 암호화하고 있는 *daz-1* 역시 촉진한다. *daz-1*은 인간에서, 난자형성보다는 정자형성 과정에 필요하긴 하지만, *daz* (**d**eleted in **az**oospermia)의 상동체이다. 그러므로 비록 예쁜꼬마선충의 발생은 다른 모델 동물들과 매우 다르기는 하지만, 이 과정을 관장하는 몇몇 핵심 분자들은 잘 보존되어 있다.

## 예정세포사

예쁜꼬마선충 자웅동체의 정상발생 동안, 만들어진 1090개 세포 중 131개의 세포가 발생 250–450시간에 이르는 사멸 물결(death wave) 시기 동안 사멸한다(그림 12.18). 이들은 주로 작은 세포들이고, 총합적으로 전체 생물량(biomass)의 1%만을 차지한다. 대부분의 사멸은 자동적이며 생성된 직후에 일어난다. 일부 세포의 경우 보통 죽게 되지만 주변 세포를 레이저로 제거하면 살아 남는 것으로 보아, 주변 세포로부터 오는 신호에 의존적인 사멸도 존재한다. 일부 차이가 나기는 하지만, 대체적인 사멸 과정은 포유동물의 아폽토시스와 유사하여, 핵의 응축, 세포의 막 결합체로의 위축, 주변 세포에 의한 함입(engulfment)을 거친다.

세포사멸 장애(*ced*, cell-death-defective) 돌연변이는 개체 전체의 세포사멸에 영향을 주는데, 몇몇 다른 돌연변이들은 특정 세포의 사멸 여부 결정에만 영향을 미친다. 대부분의 *ced* 돌연변이들은 죽은 세포의 함입에 문제가 있는 경우이지만, 이들 중 세 돌연변이는 실제 세포사멸 프로그램 자체의 작용 인자에 일어난 것들이다. *ced-3*와 *ced-4*의 기능상실 돌연변이에서는 정상적으로 죽어야 할 세포가 생존한다. *ced-9* 유전자에는 기능상실 돌연변이와 기능획득 돌연변이 대립유전자가 모두 존재한다. 기능상실 돌연변이에서는 과도한 세포사멸이 관찰되는 반면, 기능획득 돌연변이에서는 일부 정상적으로는 사멸하는 세포의 생존이 관찰된다. 과도한 세포 생존은 정상 *ced-9*의 과발현에서도 관찰된다. *ced-9*$^-$/*ced-3*$^-$, 또는 *ced-9*$^-$/*ced-4*$^-$와 같은 이중돌연변이의 경우 역시 표적 세포의 생존이 관찰되므로, *ced-9*의 정상 기능은 *ced-3/4*를 억제하는 것이 틀림없으며, 이들은 *ced-9*의 하위에서 세포사멸 프로그램을 실행하는 데 필요하다(그림 12.19). 유전적 모자이크 실험에서, 세포사멸을 위해서는 *ced-3/4* 정상 유전자 자체가 반드시 그 표적 세포에 존재해야 한다는 것이 관찰되었다.

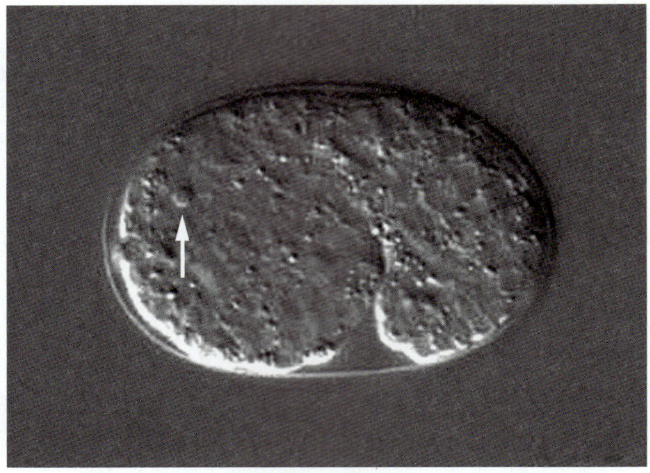

**그림 12.18** 배아에서 세포사멸(화살표). (인용) Nature Publishing Group의 허락을 얻어 Lettre와 Hengartner, *Nature Rev Mol Cell Biol* 2006, 7: 97–108의 그림을 재구성하였음.

*ced-9*는 포유동물의 단백질인 BCL2의 상동체이다. 이 단백질은 처음 **발암유전자(oncogene)**로 발견되었으며, 예정세포사를 개시하는 세포질 단백질이다. CED-9과 BCL2는 서로 치환 가능하여, 포유류의 BCL2 형질전환 벌레는 세포사멸 억제를 보이며, *ced-9* 돌연변이는 BCL2의 의해 정상화된다. *ced-9*는 인터루킨 1β-전환효소(interleukin 1β-converting enzyme, ICE)의 상동체이다. 이는 시스테인 단백질분해 효소로 아스파르긴산-X 서열을 분해하며, 카스파제(caspase) 집단의 원형으로, 현

### 고전적인 실험들

#### 세포 가계와 세포사멸

맨 처음 두 참고문헌에서는, 간섭현미경을 이용하여 매우 공들인 관찰로 만들어낸 예쁜꼬마선충의 완전한 세포 가계도를 설명하고 있다. 세 번째 논문은 자세한 해부학적 연구 결과이다. 이 연구를 하는 동안 다수의 세포사멸이 관찰되었다. 이하 세포사멸(ced) 돌연변이들은 고등생물과 생화학적 경로가 공통됨을 보여주었으며, 이를 통하여 사멸 경로를 규명할 수 있게 되었다. 시드니 브레너, 로버트 호르비츠, 존 설스턴은 이 공로로 2002년 노벨 생리의학상을 수상하였다.

Sulston, J. E., &Horvitz, H. R. (1977). Post-embryonic cell lineages of the nematode, Caenorhabditis elegans. *Developmental biology*, **56**, 110–156.

Sulston, J. E., Schierenberg, E., White, J. G., &Thomson, J. N. (1983). The embryonic cell lineage of the nematode *Caenorhabditis-elegans*. *Developmental biology*, **100**, 64–119.

White, J. G., Southgate, E., Thomson, J. N., &Brenner, S. (1986). The structure of the nervous system of the nematode *Caenorhabditis-elegans*. *Philosophical Transactions of the Royal Society of London. B, Biological Sciences*, **314**, 1–340.

Yuan, J., Shaham, S., Ledoux, S., Ellis, H. M., &Horvitz, H. R. (1993). The *C. elegans* cell death gene *ced-3* encodes a protein similar to mammalian interleukin-1-β-converting enzyme. *Cell*, **75**, 641–652.

Hengartner, M. O., &Horvitz, H. R. (1994). *C. elegans* cell-survival gene *ced-9* encodes a functional homolog of the mammalian proto-oncogene *bcl-2*. *Cell*, **76**, 665–676.

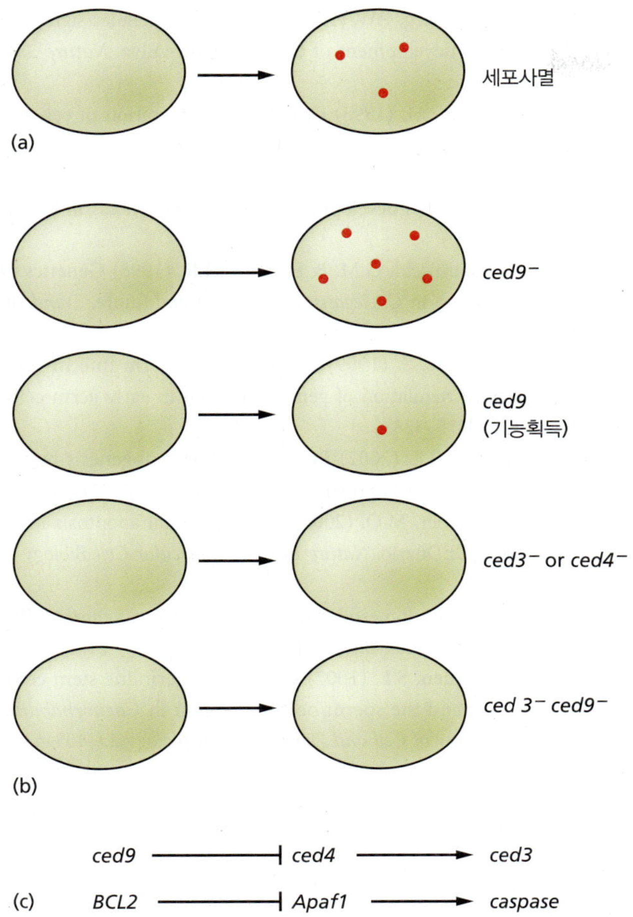


**그림 12.19** 세포-사멸 경호. (a) 정상적인 세포사멸. (b) 돌연변이 표현형. (c) 예쁜꼬마선충과 인간에서의 경로.

재는 유사 단백질이 다수 알려졌다. 카스파제는 실제로 세포사멸을 유발시키는 효소들로, CED-3 단백질 분해효소의 표적으로는 poly-ADPR 중합효소(DNA 수선경로에 참여), 라민(핵막 단백질), 기타 핵 단백질들이 포함되어 있다. 포유동물 세포에 도입되면, CED-3 자체로도 세포사멸이 유도된다. *ced-4*는 포유동물 상동체의 이름이 Apaf1인 단백질을 암호화하고 있으며 프로카스파제9를 활성화한다. 비슷하게, CED-4 자체는 CED-3을 활성화하며, CED-9에 의해 억제된다.

세포사멸 과정의 마지막 단계는 사멸한 세포가 주변 세포에 의해 함입되는 것이다. 예쁜꼬마선충은 특화된 포식세포를 가지고 있지 않으므로, 함입은 특화되지 않은 세포에 의해 일어난다. 그러나 포유동물의 함입처럼, 핵심적인 과정은 함입되어야 할 세포의 표면에 나타나는 특정한 인지질인 포스파티딜 세린(phospatidyl serine)을 인지하는 것이다. 다수의 *ced* 유전자 변이는 함입 장애를 일으키며, 이들의 상동체는 포유동물의 포식작용에 중요할 것으로 생각된다. 예들 들어 *ced-1*은 포유동물의 SERC (scavenger receptor from endothelial cells)의 상동체를 암호화하고 있으며, *ced-7*은 세포막을 통하여 작은 분자와 이온을 투과하는 데 작용하는 수송단백질 그룹의 하나인 ABC (ATP 결합 카세트) 수송단백질을 암호화하고 있다.

비대칭 세포분열과 함께, 세포사멸 기전의 발견은 예쁜꼬마선충 유전학을 이용하여 일반적인 세포학에 크게 기여한 영역이다.

## 새로운 연구방향

최근 예쁜꼬마선충은 노화 기전 연구와 병리학 연구와 같은 다른 연구 분야에 활발히 사용되고 있다(19장 참조). 기초적인 발생 기전을 이해하는 것은 이러한 종류의 연구에 중요한 기반이 된다.

## 기억해야 할 핵심 사항들

- 예쁜꼬마선충은 유전학적 연구에 매우 유용하다. 이는 짧은 세대 기간을 보이는 자가수정형 자웅동체이다.
- 배아와 성충의 모든 세포의 정확한 가계도가 밝혀져 있다. 이는 모든 종류의 실험에 중요한 기초 자원으로 활용된다.
- 배아의 초기 영역 패턴화는 수정 후 전-후축을 따라서 분리되며, 초기 할구들 사이에서 다른 세포질 결정인자들의 분포를 조절하는 PAR 단백질의 작용에 의해서 일어난다.
- 예쁜꼬마선충의 다양한 발생 단계는 유도 상호작용에 의존적이다. 이 과정은 다른 동물들에서 사용하는 것과 같은 경로를 사용한다. 예를 들어 AB 세포로부터 인두의 형성은 $P_2$와 MS 세포에서 유래하는 Delta-like 신호에 의존적이다. E 계통의 형성은 MS 세포에서 유래하는 Wnt-like 신호에 의존적이다.
- 배아 이후 발생에도 유도 상호작용이 관여한다. EGF/Ras 경로는 질 발생에 중요하며, Notch 경로는 생식세포의 체세포분열 유지에 중요하다.
- 비동시성 돌연변이는 다양한 세포 계통에 조화롭게 영향을 미치며, 정상 일정에 비하여 발생 과정이 빠르거나 느리게 진행되도록 한다.
- 예쁜꼬마선충은 세포 극성화와 예정세포사(아폽토시스)의 기전을 규명하는데 도움을 주어 세포학에 크게 기여하였다.

## 추가로 읽을 것

### Websites

http://www.wormbook.org/
http://www.wormbase.org/
http://elegans.som.vcu.edu/


### General

Riddle, D.L., ed. (1997) *C. elegans* II. Cold Spring Harbor, NY: Cold Spring Harbor Laboratory Press.

Simske, J.S. & Hardin, J. (2001) Getting into shape: epidermal morphogenesis in *Caenorhabditis elegans* embryos. *BioEssays* **23**, 12–23.

Singson, A. (2001) Every sperm is sacred: fertilization in *Caenorhabditis elegans. Developmental Biology* **230**, 101–109.

Joshi, P.M. & Rothman, J.H. (2005) Nematode gastrulation: having a BLASTocoel! *Current Biology* **15**, R495–R498.

### Genetics

Kuwabara, P.E. & Kimble, J. (1992) Molecular genetics of sex determination in *C. elegans. Trends in Genetics* **8**, 164–168.

Salser, S.J. & Kenyon, C. (1994) Patterning in *C. elegans:* homeotic cluster genes, cell fates and cell migrations. *Trends in Genetics* **10**, 159–164.

Hunter, C.P. (1999) A touch of elegance with RNAi. *Current Biology* **9**, R440–R442.

Yochem, J. & Herman, R.K. (2003) Investigating *C. elegans* genetics through mosaic analysis. *Development* **130**, 4761–4768.

Antoshechkin, I. & Sternberg, P.W. (2007) The versatile worm: genetic and genomic resources for *Caenorhabditis elegans* research. *Nature Reviews Genetics* **8**, 518–532.

Frokjaer-Jensen, C., Wayne Davis, M., Hopkins, C.E., Newman, B.J., Thummel, J.M., Olesen, S.-P., Grunnet, M. & Jorgensen, E.M. (2008) Single-copy insertion of transgenes in *Caenorhabditis elegans. Nature Genetics* **40**, 1375–1383.

### Asymmetric division and determinants

Rose, L.S. & Kemphues, K.J. (1998) Early patterning of the *C. elegans* embryo. *Annual Review of Genetics* **32**, 521–545.

Schneider, S.Q. & Bowerman, B. (2003) Cell polarity and the cytoskeleton in the *Caenorhabditis elegans* zygote. *Annual Review of Genetics* **37**, 221–249.

Macara, I.G. (2004) Parsing the polarity code. *Nature Reviews Molecular Cell Biology* **5**, 220–231.

Nance, J. (2005) PAR proteins and the establishment of cell polarity during *C. elegans* development. *BioEssays* **27**, 126–135.

Goldstein, B. & Macara, I.G. (2007) The PAR proteins: fundamental players in animal cell polarization. *Developmental Cell* **13**, 609–622.

### Induction, the germ line, the vulva, cell death

Priess, J.R. & Thomson, J.N. (1987) Cellular interactions in early *C. elegans* embryos. *Cell* **48**, 241–250.

Horvitz, H.R. & Sternberg, P.W. (1991) Multiple intercellular signalling systems control the development of the *C. elegans* vulva. *Nature* **351**, 535–541.

Sundaram, M. & Han, M. (1996) Control and integration of cell signalling pathways during *C. elegans* vulval development. *Bioessays* **18**, 473–480.

Kornfeld, K. (1997) Vulval development in *C. elegans. Trends in Genetics* **13**, 55–61.

Metzstein, M.K., Stanfi eld, G.M. & Horvitz, H.R. (1998) Genetics of programmed cell death in *C. elegans:* past present and future. *Trends in Genetics* **14**, 410–417.

Seydoux, G. & Strome, S. (1999) Launching the germ line in *Caenorhabditis elegans:* regulation of gene expression in early germ cells. *Development* **126**, 3275–3283.

Gaudet, J. & Mango, S.E. (2002) Regulation of organogenesis by the *Caenorhabditis elegans,* FoxA protein PHA-41. *Science* **295**, 821–825.

Lettre, G. & Hengartner, M.O. (2006) Developmental apoptosis in *C. elegans:* a complex CEDnario. *Nature Reviews Molecular Cell Biology* **7**, 97–108.

Maduro, M.F. (2006) Endomesoderm specifi cation in *Caenorhabditis elegans* and other nematodes. *BioEssays* **28**, 1010–1022.

Kimble, J. & Crittenden, S.L. (2007) Controls of germline stem cells, entry into meiosis, and the sperm/oocyte decision in *Caenorhabditis elegans. Annual Review of Cell and Developmental Biology* **23**, 405–433.

Mango, S.E. (2009) The molecular basis of organ formation: insights from the *C. elegans* foregut. *Annual Review of Cell and Developmental Biology* **25**, 597–628.

### Developmental timing

Jeon, M., Gardner, H. F., Miller, E.A., Deshler, J. & Rougvie, A.E (1999) Similarity of the *C. elegans* developmental timing protein LIN-42 to circadian rhythm proteins. *Science* **286**, 1141–1146.

Rougvie, A.E. (2005) Intrinsic and extrinsic regulators of developmental timing: from miRNAs to nutritional cues. *Development* **132**, 3787-3798.

Moss, E.G. (2007) Heterochronic genes and the nature of developmental time. *Current Biology* **17**, R425–R434.

Resnick, T.D., McCulloch, K.A. & Rougvie, A.E. (2010) miRNAs give worms the time of their lives: Small RNAs and temporal control in *Caenorhabditis elegans. Developmental Dynamics* **239**, 1477–1489.

Ambros, V. (2011) MicroRNAs and developmental timing. *Current Opinion in Genetics and Development* **21**, 511–517.


This chapter contains the following animation:

**동영상 4** 세포질 결정 활동
**동영상 16** PAR system

For additional resources for this book visit www.essentialdevelopmentalbiology.com

# 제3부

# 기관형성

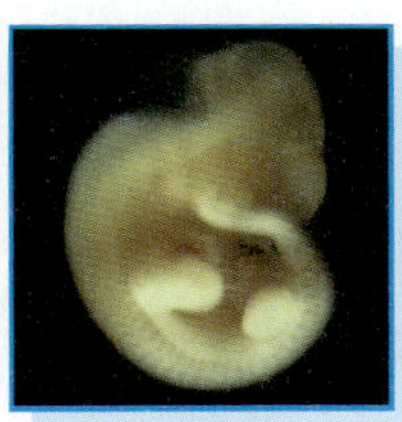

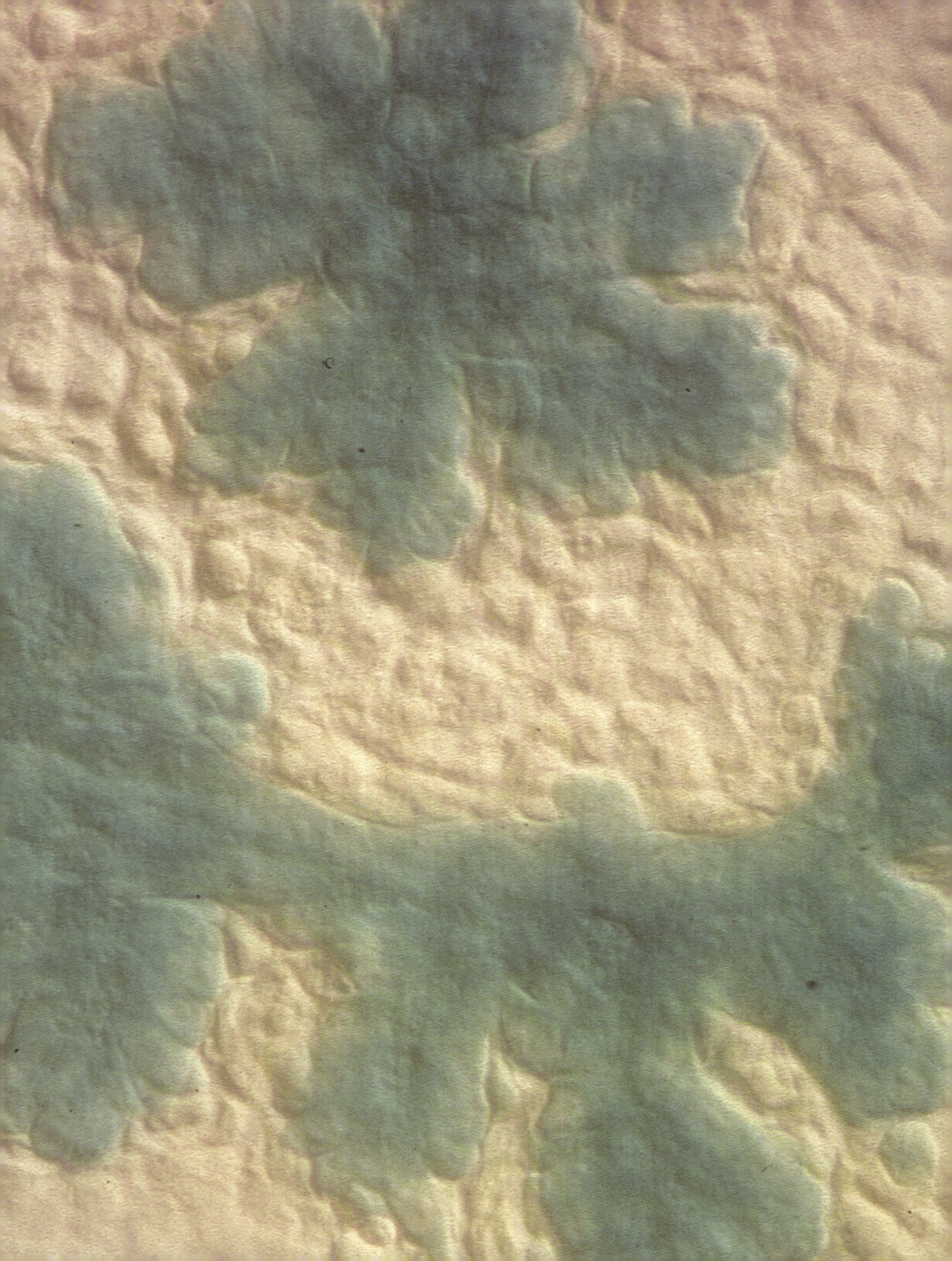

제13장

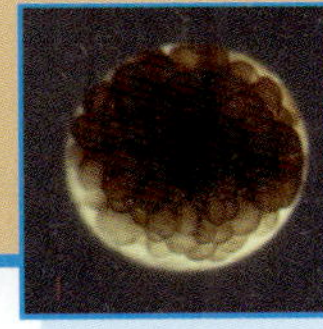

# 기관형성과정 및 출생후 발생 연구 기법

5장에 서술된 연구 기법 대부분은 초기 발생뿐 아니라 후기 발생 연구에도 사용된다. 하지만 후기 발생 단계에 더욱 특별히 적용되는 몇몇 기술들이 있는데, 특히 이들에는 생쥐에 각별한 Cre 체계에 사용되는 다양하게 변화된 형질전환 기법들이 있다. 본 장에서는 이것들을 설명한다. 또한 본 장에서는 포유동물의 클론분석 방법(clonal analysis methods), 조직 및 기관배양 방법, 세포 집단 분리를 위한 유세포분석법(flow cytometry) 등을 개관한다. 이러한 방법들은 기관형성 과정 연구에만 사용되는 것은 아니다. 그들은 또한 아래 4절에서 고찰될 생체조직 조직화 및 줄기세포들과 관련된 출생후 발생 과정을 분석할 때도 아주 중요하다.

제노푸스와 제브라피쉬가 종종 유용하게 사용될 수 있긴 하지만, 기관형성 과정 연구의 대부분은 생쥐와 닭에서 이루어졌다. 본 단원에서는 생쥐 발생단계를 배아 임신기간 날짜로(예, E12.5), 닭의 발생단계는 햄버거-해밀톤(Hamburger-Hamilton, H&H) 단계 시리즈로 나타낼 것이다.

## 유전학

상투적으로 과발현되는 형질전환 및 적중 생쥐 품종들이 기관형성 과정 연구에 널리 사용되었다. 그러나 거기에는 한계가 있고, 일부 아주 정교한 방법들이 최근 수년 동안에 생쥐 유전학에 첨가되어, 아주 더 광범위한 실험들을 수행할 수 있게 되었다. 이러한 방법들 중 서너 가지는 생쥐에 사는 다른 생물들, 즉 박테리아, 세균 분해 바이러스(phage, 박테리오파지), 효모 같은 생물들의 성분들과 관련되어 있다. 그러한 성분들은 본래 그들 자체로는 거의 사용할 수 없어서, 포유동물세포에서 기능을 잘 발휘하게 하기 위해 변경될 필요가 있다. 예를 들면 관련된 운반 RNA (transfer RNA)들이 다른 비율로 존재하기 때문에, 동일한 암호 사용법이 포유동물과 박테리아 간에는 달라진다. 따라서 유전자들의 암호 순서는 여전히 동일한 아미노산을 지정하면서 암호 각각을 변경시켜 포유동물에 더 공통적으로 사용되는 암호로 변경될 필요가 종종 있다.

### Cre 체계

Cre (크리, kree로 발음된다)는 파지 P1의 재조합효소 단백질로서 *loxP* 부위라고 부르는 결합 부위에 인접해 있는 DNA 부분을 잘라낼 수 있다. 여기에서는 용도를 두 가지 목적, 즉 특정 세포 유형의 유전자 적중과 특정 유전자 발현 도메인의 운명지도 작성 등을 생각할 것이다. 또한 아래에 설명된 바와 같이 클론 분석으로도 사용될 수 있다.

### 조직특이적 적중

조직특이적 적중은 기능상실 돌연변이 표현형이 발생 과정에서 유전자의 첫째 기능으로 우세해지기 때문에 기관형성 과정 연구에 특별히 중요하다. 핵심 유전자가 결여되어 있다면 배아는 아주 초기 단계에서 대개 죽어나갈 것이고, 그래서 유전자가 나타내는 차후의 어떤 기능에 대해 유전자의 상실 효과를 분석하는 일이 가능하지 않게 된다.

오직 하나의 조직에서 유전자 하나를 적중시키기 위해, 그리고 그렇게 하여 초기의 치사 문제를 극복하기 위해, 2종류의 생쥐 혈통을 만들어낼 필요가 있다(동영상 17: Cre-lox 재조합 참고). 처음에 표적 유전자는 암호화 지역의 필수적인 부분 양쪽에 삽입된 *loxP* 부위를 갖고 있는데, 그 유전자를 "**인접한 loxP (floxed**, flanked by loxP)"라고 말한다. 두 번째는 Cre

재조합효소가 조직특이적 프로모터로 시작되는 형질전환 계통이다. 이러한 유형의 구조 이름은 "*Pdx1-Cre*" 형태를 따르며, *Pdx1* 프로모터로 이끌려 온 *Cre* 암호 지역을 의미한다. 두 품종의 생쥐들이 서로 교배할 때, 표적 유전자는 자손에서 잘려 나가야 하지만, Cre를 생성하는 조직에서만 그렇다(그림 13.1). 실제로 Cre는 100% 효율적으로 절제하지 않으므로, 인접한 loxP (floxed) 표적 세포가 있는 부모가 활성이 없는 두 번째 유전자 복사본을 갖는 이형체로 되면 가장 좋다. 이것은 유전자의 단지 한 복사본만이 세포당 잘려 나갈 필요가 있고, 또한 단백질 산물들이 정상적인 수준의 절반에서만 시작된다는 것을 의미한다.

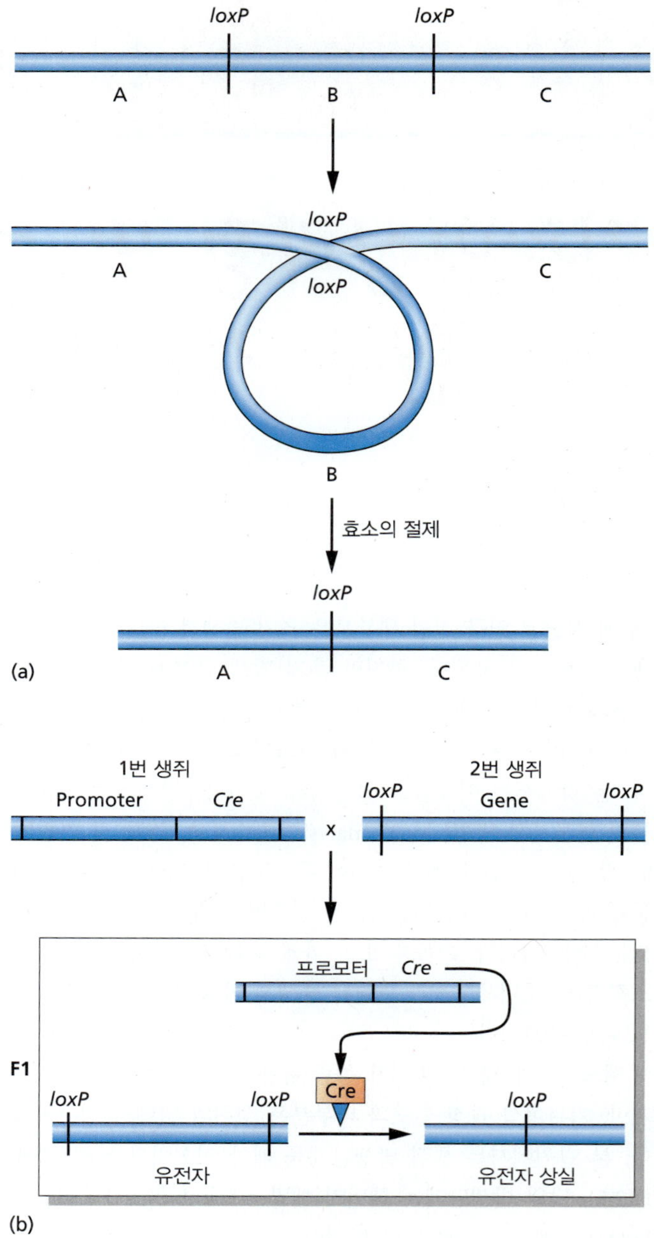


**그림 13.1** Cre-lox 체계. (a) Cre 재조합효소가 두 *loxP* 부위 사이의 DNA를 잘라낼 것이다. (b) 두 성분을 지닌 생쥐. 1번 생쥐와 2번 생쥐가 교배될 때, Cre 재조합효소가 결합되는 프로모터의 특이성에 따라 발현되어 그 *loxP* 부위 사이의 유전자를 잘라낼 것이다.

## Cre 기반 운명지도 작성

Cre-lox 체계는 또한 형질전환 유전자의 조직특이적 활성에도 사용될 수 있다. 이것은 다른 기능성 유전자의 도메인에 어떤 한 기능성 유전자를 발현하기 위해 사용될 수 있어서, 한 유전자가 도처에서 과발현되는 것과는 다른 더 정교함을 준다. 더욱 중요한 것은, 조절 중에 있는 유전자가 손쉽게 탐지될 수 있지만 불활성인 산물을 만들어내는 리포터 유전자일 때, 그 체계는 운명지도 작성에 사용될 수 있다. 이러한 목적으로 Cre는 기능을 발휘하여 표지 유전자의 발현을 정상적으로 방해하는 억제성 DNA 서열을 잘라낸다. 예를 들면, *loxP* 옆에 있는 전사종결 서열이 항시발현 프로모터와 암호화지역 사이에 삽입될 수 있다. 이것은 *stoplox-lacZ* 또는 *stoplox-GFP*의 예처럼 가끔 "*stoplox*"로 기록된다. 그 억제서열이 Cre에 의해 제거될 때, 리포터 유전자가 발현될 것이다. 그 체계가 표적으로 삼은 DNA가 절제된다면, 그 변화는 세포분열로 유전될 것이고, 변경된 세포 각자의 후손 모두에게서 나타날 것이다. 실험동물에 대한 이름은 "*Pdx1-Cre x stoplox-LacZ*" 형태를 따를 것인데, 여기에서 첫 번째 성분은 Cre 효소의 발현을 유도하는 조직특이적 프로모터를 말하고, 두 번째 성분은 사용된 리포터 유전자를 말한다.

유전될 수 있는 이 특징은 Cre 체계를 운명지도 작성에 아주 널리 사용되도록 적용되었다. 사실 그것은 난원통(egg cylinder) 단계 이후에 생쥐의 발생에 사용된 운명지도를 작성하는 유일한 방법이었다. 만일에 특정 단계에서 특정 프로모터를 활성화시키는 특정 그룹의 세포들에 의해 정상적으로 형성될 것인지를 알고 싶다면, 의문시되는 프로모터가 Cre 발현을 유도하고 Cre가 리포터 유전자를 활성화시키도록 생쥐를 만들어낼 수 있다(그림 13.2). 이러한 전략의 한 예로, 췌장의 모든 세포 유형들이 전사인자 Pdx1을 발현하는 내배엽에서 생겨난다는 증거가 있다(16장 참고). 물론 프로모터의 적합도가 이러한 종류의 실험에 절대적인 열쇠이며, 신중하게 확증될 필요가 있다. 만일 Cre 발현을 유도하는 프로모터의 어떤 이소성(ectopic) 발현이 있다거나 또는 프로모터가 활성적이지 않은 어떤 정상적인 도메인이 있다면, 결과는 오류로 나타날 것이다.

리포터 품종(reporter strain) 생쥐 몇 종류가 이러한 유형의 운명지도 작성에 사용되었다. 가장 평판이 좋은 품종은 R26R이라고 부르는 생쥐이다. 형질전환 유전자는 네오마이신 저항(*neomycin resistance*) 유전자에 결합시킨 *대장균 β-갈락토시다제*(*β-galactosidase*)로서 또한 *β-geo*라고 부른다. 이것에서 loxP

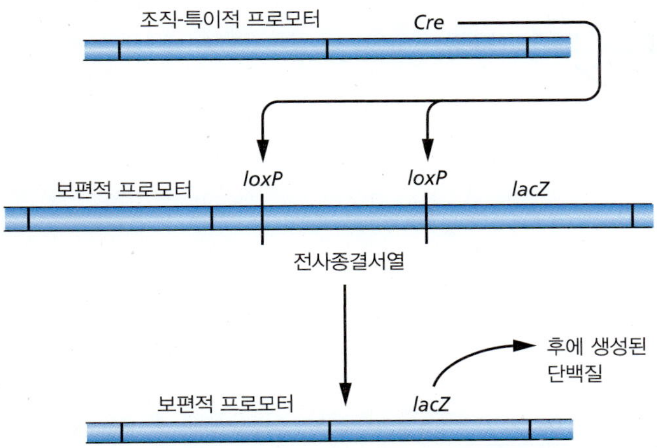


**그림 13.2** 운명지도 작성을 위한 Cre-lox 체계 사용. 세포집단은 *Cre*를 유도하는 프로모터를 상향 조절하면 영구적으로 표지된다.

부위에 인접한 전사종결 인자가 앞에 놓였고, 전체는 *Rosa26* 유전자 좌위에 끼워 넣었다. *Rosa26*은 발생의 모든 단계 모든 조직들에서 발현되는 비해독 RNA를 암호화하는 유전자 좌위이다. 이것은 처음에 보편적으로 발현하는 유전자 올가미(gene trap)로서 발견되었다(10장 참고). 그러므로 R26R 품종은 Cre가 존재하지 않는다면 lacZ를 발현시키지 못하지만, 단지 일시적이라도 Cre 효소가 발현되는 세포에서는 항상 lacZ가 발현될 것이다. 다른 리포터 계열은 하나의 마커가 Cre 작용 전에 발현되고 또 다른 마커는 그 후에 발현되도록 고안되었다. 이들에는 β-갈락토시다제를 알칼리성 인산분해효소(alkaline phosphatase)로 바꾸는 Z/AP가 포함되어 있고, β-갈락토시다제를 GFP로 바꾸는 Z/EG도 포함되어 있다.

## 발현유도 Cre

Cre 효소를 에스트로겐 수용체(estrogen-receptor, ER)의 리간드결합 도메인과 결합시켜 발현유도 Cre 체계(inducible Cre system)를 만드는 것이 가능하다. 7장에서 글루코코르티코이드 수용체(glucocorticoid receptor)에 대해 고찰한 바와 같은 방식으로, ER과 같은 핵내 호르몬 수용체는 정상적으로 열충격단백질에 결합하여 세포질의 한쪽에 격리되어 있다. 그들의 특정 리간드가 결합될 때 열충격단백질을 대체하고, 그 수용체가 핵으로 이동하는데, 이 경우에 ER 결합단백질을 핵으로 이동시킨다. *CreER*의 발현은 여전히 조직-특이적 프로모터로 가동되지만, 그것이 활성을 갖게 되는 시간은 적절한 수용체 리간드를 지닌 모체를 주사하여 조절한다. 사용되는 ER 서열은 내인성 에스트로겐에 예민하게 반응하지 않도록 변경되어 있어서, 실험적으로 사용된 리간드는 에스트로겐 그 자체가 아니라, 합성된 길항제인 타목시펜(tamoxifen) 또는 그 활성 대사산물인 4-하이드록시타목시펜(4-hydroxytamoxifen)이다. 타목시펜을 주입하면 생물학적으로 활성적인 4-하이드록시타목시펜이 2–3시간 후에 간에서 생성되고, 그 다음 24시간이 지나면 대부분 순환계에서 사라진다. 따라서 이 체계는 약 하루의 시간 차이를 보인다.

Cre로 수행될 수 있는 실험이라면 또한 Cre 활성 시간을 조절하는 타목시펜 용량을 사용해 CreER/타목시펜으로도 실행될 수 있다. 세포 집단의 후손들을 배아 발생 특정일에 특정 프로모터의 발현에 따라 추적할 수 있기 때문에, 이것은 특히 운명지도 작성에 쓸모가 있다.

## 테트라사이클린 체계

CreER 체계를 변형하면 일시적인 발현유도 효과가 영원히 나타나게 되는 한 가지 형태의 유도가능성이 구체화된다. 또한 DNA로는 유전될 수 있는 변화들을 초래하지 않지만, 자극제가 있는 경우에만 활동하는 발현유도성 형질전환 유전자 체계를 사용하는 것이 가능하다.

이를 위해 선호되는 체계는 대장균의 테트라사이클린 오페론(*tetracyclin* operon) 요소들을 사용한다. 테트라사이클린(Tetracyclin, Tet)을 분해하는 효소들은 이 오페론의 유전자들에 의해 암호화된다. 테트라사이클린이 없으면 그 오페론은 억제되지만, 테트라사이클린이 있으면 활성화된다. 이 체계는 테트라사이클린이 Tet 억제단백질(repressor protein, TetR)과 결합하기 때문에 작동하고, 이렇게 함으로써 그것을 DNA의 *tet* 작동자(operator, *tetO*) 서열에서 분리시켜 전사가 일어날 수 있게 한다.

생쥐 실험을 위해 이 체계가 변경되었고, 그렇게 함으로써 다양한 방식으로 특이성이 향상되었다(그림 13.3). 사용된 반응요소(response element, TRE)에는 최소 프로모터를 지닌 대장균 *tetO*의 복사본이 서너 개 있다. 본래의 TetR은 활성제(activator, TetA)로 전환되었고, 여기에서 정상적인 억제 도메인이 단순포진바이러스(herpes simplex virus)의 강력한 전사활성 서열인 VP16 활성 도메인으로 대체되었다. 형질전환 상황에서, 그 TRE는 표적 유전자와 결합되고, TetA는 유전체의 다른 곳에 있는 조직특이적 프로모터에서 발현된다. 사용된 유도체는 테트라사이클린 그 자체가 아니라 독시사이클린(doxycycline)이라는 안정된 유사화합물이다. **테트라사이클린-억제(Tet-off)**라고 부르는 이러한 변이에서 이 유전자는 독시사이클린이 있으면 불활성화되지만, 독시사이클린을 사용하지 않으면 TetA이 *TRE*와 결합하여 전사를 활성화시킬 것이다. 독시사이클린은 식수에 넣으면 임신한 암컷 생쥐에 연속적으로 공급되므로, TetA는 격리되고 표적 유전자는 꺼진 채로 남아 있게 된다. 표적 유전자를 활성화시키고자 할 때에는 독시사이클린을 회수한

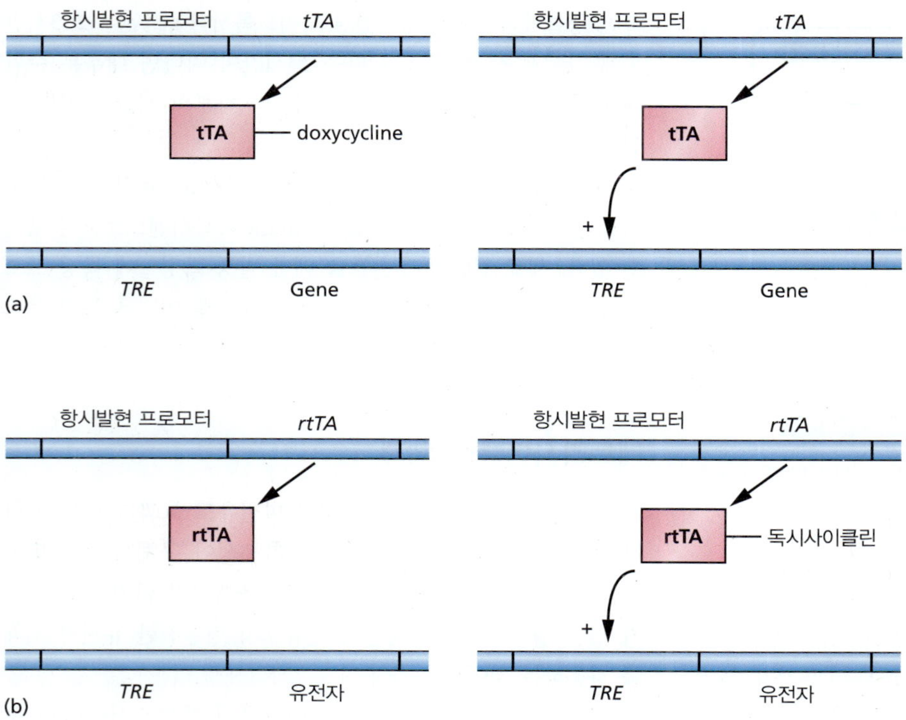


**그림 13-3** Tet 체계. (a) Tet-off에서 tTA는 독시사이클린이 *없으면* 표적 유전자를 상향 조절한다. (b) Tet-on에서 rtTA는 독시사이클린이 *있으면* 표적 유전자를 상향 조절한다.

다. 이렇게 하면 몇 시간 안에 모체 및 태아 순환계에서 제거되고, 그러면 TetA가 *TRE*에 결합할 수 있게 되어 표적 유전자가 활성화된다.

TetA 또한 적절한 돌연변이 과정으로 rtTA라고 부르는 "역활성제(reverse activator)"로 전환된다. 이 분자는 *TRE*에 결합할 수 있기 전에 독시사이클린을 필요로 하고, 그렇게 될 때에 유전자 발현을 활성화한다. 독시사이클린이 회수되면 rtTA는 *TRE*에서 유리되고 그 유전자는 꺼지게 된다. 이러한 양상은 **테트라사이클린-작동(Tet-on)**이라고 부른다. Tet-on이나 Tet-off 중 어느 것이 적절한지는 특정 실험 디자인에 달려 있다. 두 체계 또한 배아줄기세포 같은 조직배양 기반 체계에서 널리 사용되고 있고, 바이러스 유전자 전달 벡터의 유전자 발현을 조절하기 위해 흔히 사용되고 있다.

## 후기 단계의 유전자 삽입

10장에서 설명된 바와 같이, 생쥐에서 과발현 실험 대부분은 전통적인 주입 형질전환과정(injection transgenesis) 또는 녹인(knock-in) 과정으로 이루어진다. 하지만 유도 체계가 아주 정교함에도 불구하고, 가끔은 필요한 시기와 장소로만 유전자들을 삽입해야 한다.

이러한 일은 **전기천공법(electroporation)**으로 실행되며, 대부분 닭에서 사용되었다. 척수 내강 같은 공간에 DNA를 주사하고, 방형파(square-wave) 전기 펄스를 흘려 조직을 지나가게 한다. DNA는 음성 전하를 띠고 있어서 세포로 이동하는데, 전기천공기의 음극으로 흘러간다. 기관형성 단계의 생쥐에서 배아들은 모체의 자궁 내에 위치하고 있다. 하지만 지금은 외과적인 방법을 통해 자궁에 구멍을 완벽하게 뚫고 배아나 또는 태아를 노출시켜 필요한 부위에 전기천공법으로 유전자를 삽입시키고 자궁을 봉합하여 모체가 임신을 계속 유지하게 하고 새끼들을 품게 한다. 형질전환방법과는 다르게 전기천공법은 단기간 유전자 과발현을 위해 유용한 일시적인 기술에 불과하다. DNA는 숙주세포의 유전체로 거의 통합되지 않는데, 이는 세포분열 시에 희석되고 신진대사 중에 분해되기 때문이다.

## 유전자 도입용 바이러스 벡터

유전자를 배양 세포나 또는 온전한 생물로 삽입하기 위해 동물 바이러스에서 유래한 다양한 유형의 벡터가 현재 많이 사용되고 있다. 벡터는 몇 가지 종류로 분류되지만, 연구에 가장 흔하게 사용되는 유형으로는 **레트로바이러스(retrovirus)**, 이와 연관된 렌티바이러스(lentivirus), 아데노바이러스(adenovirus) 등이 있다.

레트로바이러스는 RNA 바이러스이고 세포를 감염시킨 후에 그 단일가닥 RNA 유전체가 이중나선 DNA로 역전사되어, 숙주 유전체로 통합될 수 있게 한다. 레트로바이러스 벡터에서, 관심 있는 유전자는 보통 자신의 프로모터와 함께 바이러스 암호부분 세 군데 모두를 대체한다. 바이러스 벡터의 경우에 "형질도입(transduction)"이라는 용어가 일반적으로 "감염(infec-

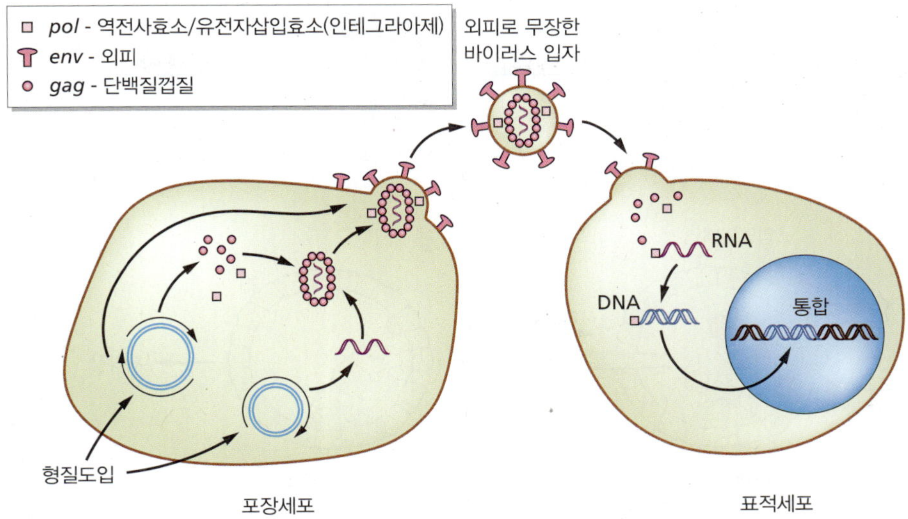


그림 13.4 복제결함 렌티바이러스 벡터. 도입된 플라스미드에서 발현된 성분들로부터 포장세포주에서 벡터가 만들어진다. 벡터는 표적세포에 형질도입을 할 수 있고, 유전체로 통합하는 DNA를 생성할 수도 있지만 새로운 바이러스 입자를 만들어내지는 않는다.

tion)" 대신 사용된다. 형질도입에 이어서 벡터가 통합될 수 있고, 형질전환유전자(transgene)는 그때 자신의 프로모터의 조절하에 발현된다. 렌티바이러스 또한 인체 면역결핍 바이러스와 관련되어 있는 레트로바이러스이지만, 분열하지 않는 세포들로 형질도입되어 통합되는 부가적인 능력을 지니고 있다.

대부분의 과발현 실험에서는 복제결함벡터(replication-defective vectors)들이 사용된다(그림 13.4). 이들은 복제에 필요한 유전자 대부분 또는 전부가 결여되어 있고, 따라서 새로운 바이러스 입자들을 만들어낼 수 없다. 그 벡터를 만들어내기 위해서는 그 벡터 서열을 동반하고 있는 플라스미드를, 결여된 성분을 암호화하는 플라스미드와 함께, 포장세포주(packaging cell line)로 형질도입한다. 그러면 필요한 모든 성분들이 존재하기 때문에 그 포장세포주는 결함이 있는 유전체를 포함하고 있는 바이러스 입자들을 분비할 것이며, 그러면 숙주세포를 형질도입하고 통합하여 발현될 것이지만, 새로운 바이러스 입자들을 만들어내지는 않는다. 정상적인 바이러스 외피 단백질(coat protein)을 소포상 구내염 바이러스(vesicular stomatitis virus, VSV-G)의 외피 단백질 같이 더 넓은 숙주 범위로 대체하는 일이 흔하다. 이를 "위형별(僞型別, pseudotyping)"이라 한다. 형질도입이 되면 모든 세포가 필연적으로 바이러스 DNA를 통합시키지는 않겠지만 대부분의 세포들이 그 형질을 발현할 것이다. 조직 배양에서는 항체 저항성 유전자를 사용하기 위해 유전체로의 통합을 선택할 수도 있다. 배아 전체 또는 동물에 대한 실험에서는 대다수의 세포에서 발현이 일시적이어서, 통합되지 않은 바이러스 유전체가 분해될 때 중단되는 것 같다. 배아 전체 또는 동물의 감염에 이어 **생식계통**에서 통합이 일어나는 기회는 아주 낮아서, 레트로바이러스 벡터 사용은 보통 형질전환 혈통을 형성하는 결과로 나타나진 않는다. 복제결함 레트로바이러스 또한 **클론분석(clonal analysis)**에 사용된다. 클론분석을 목적으로 하는 형질도입은 표지가 없이 널리 퍼져 있는 배경 세포 중에 간헐적으로 표지를 갖는 세포가 만들어지도록 일부러 중복성이 낮게 해서 시행된다.

연구용으로 흔하게 사용되는 다른 벡터는 아데노바이러스에 기초를 두고 있다. 이것은 숙주 유전체로 통합되지 않는 이중가닥 DNA 바이러스이다. 그것은 여러 세포 유형 감염에 효율성이 아주 높지만, 발현 또한 일시적이어서 바이러스 DNA 만큼만 지속된다.

사용되는 바이러스 벡터는 모두 Gal4나 테트라사이클린 체계나 Cre 같은 조건 조절 요소를 합칠 수 있으므로, 보통의 경우에 유전자 발현을 정교한 방식으로 조절하는 것이 가능하다.

닭의 배아 발생 연구를 위해 복제가능 레트로바이러스(replication-competent retrovirus, **RCAS**) 또한 사용되었다. 여기에서는 감염된 세포들이 이웃 세포들을 감염시키는 바이러스 입자들을 만들고, 내보내고, 이렇게 하여 며칠 안에 감염과 형질전환 유전자 발현이 배아 전체로 퍼진다. 이것은 보통 배아를 죽이기 때문에 실험은 관심 부위만 관심 단계에 감염되도록 때를 잘 맞춰야 한다. 사용된 레트로바이러스에 저항하는 닭의 품종 또한 가용하다. 따라서 사지싹(limb bud) 같은 생체조직의 조각을 예민한 배아에서 저항성 배아로 이식하는 일이 가능하고, 이 부위에서 감염도 일어난다. 이러한 조건에서 과발현은 예민한 지역으로 국한된다.

## 세포 절제

발생에 특이적인 방식으로 세포를 사멸시키는 방법이 몇 가지 있지만, 아마도 최상책은 병원균인 *Corynebacterium diphthe-*

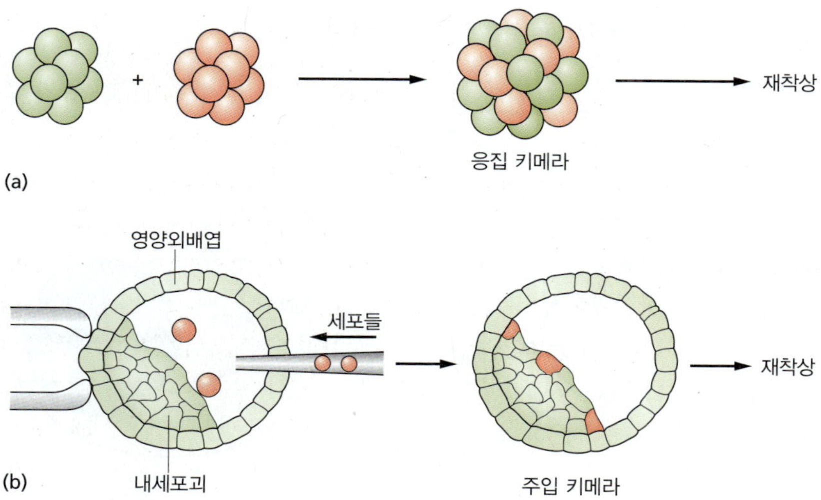


그림 13.5 키메라 만들기: (a) 응집법. (b) 포배 주입법.

*riae*의 외독소(exotoxin)인 디프테리아(diphtheria)를 사용하는 것이다. 이 분자는 2개의 서브유닛(subunit, 아단위)을 갖고 있는데, A 서브유닛은 세포를 죽이고, B 서브유닛은 인체 세포에 정상적으로 존재하는 세포 표면 분자(diphtheria toxin receptor, DTR이라 함)와 상호작용하여 A 서브유닛을 세포 내로 삽입한다. A 서브유닛은 단백질 합성에 필수적인 연장인자 2 (elongation factor 2)를 불활성화시키는 효소이다. 이 효소는 지극히 독성이 커서 분자 하나가 세포 하나를 죽이기에 충분하다.

DT-A는 단독으로 사용될 수도 있고, 적절한 조직특이적 프로모터 또는 발현유도 체계로 조절될 수도 있다. 하지만 독성이 너무 커서 약간의 누설적 발현이라도 일어나면 생쥐가 죽을지도 모른다. 더 정교한 방법으로 Cre-lox 체계 또는 테트라사이클린 체계라는 조직특이적 프로모터 조절 하에 DTR을 발현시킬 수 있다. 생쥐 세포들은 DT에 예민하지 않지만, DTR을 발현시키면 예민해진다. 그 다음 생쥐에 온전한 독소(A와 B 서브유닛)를 주사하면, DTR을 발현하는 세포들만이 B 서브유닛과 결합해서 A 서브유닛이 세포 내로 들어갈 수 있다.

## 클론분석법(clonal analysis)

클론분석법(clonal analysis)은 4장에서 초기 발생 단계와 관련하여 소개되었다. 이 단계에서 당면 과제는 보통 결정의 시간을 찾아내는 것인데, 결정이 일어나고 난 다음에는 하나의 클론으로부터 두 가지 구조가 나올 수 없다는 것을 감지해 내는 것이다. 기관형성과정과 출생후 발생을 연구하기 위해서는 오히려 전구세포들을 확인하고, 어떻게 증식해서 조직이 만들어졌는지를 이해하는 것이 더 중요하다. 만일 전체 구조가 단일 세포의 세포분열로 생겨난다면, 그 세포가 표지되고 난 다음에 생기는 전체 구조가 모두 표지되어 있을 것이다. 반면, 한 구조가 여러 세포로부터 생기는 것이라면, 단일 전구세포에 표지를 했을 때 그 구조는 혼합된 구성을 보일 것이다. 여기서는 생쥐에서 사용된 클론분석방법을 설명할 것이다. 클론분석은 초파리의 유충 단계들에서 성충판(imaginal disc)의 발생 연구에도 매우 중요했다. 하지만 이 기술은 다소 전문적이어서 17장에 기술했다.

## 모자이크 현상과 키메라 현상

포유동물 중에 어떤 동물은 **모자이크(mosaic)** 또는 **키메라(chimera)**라고 부르는 유전적으로 이질적인 세포들로 구성되어 있다. 보통 X 염색체 불활성화로부터 생겨나는 모든 암컷 포유동물의 모자이크 현상(mosaicism)처럼 단 하나의 접합자로부터 동물이 생겨나면 "모자이크"라는 용어를 사용하는 반면, 자연적으로 또는 실험에 의해 여러 원천에서 온 세포가 섞여서 생긴 경우에는 "키메라"라고 한다. 유전적 모자이크는 4장에서 언급된 모자이크 발생과 전혀 다른 개념이므로 혼동하지 말아야 한다.

생쥐 키메라를 만들어내는 실험상의 방법에는 두 가지가 있다(그림 13.5). **응집 키메라(aggregation chimera)**는 4–8 세포 단계의 배아에서 투명대를 제거한 후, 세포들이 서로 달라 붙도록 가볍게 압력을 가해 세포가 뭉치게 하는 것이다. 이렇게 융합된 배아를 가임신 상태의 대리모 자궁에 착상시킨다. 착상된 배아는 정상적인 발생을 보이고, 두 가지 요소의 세포 유형 혼합체로 유지된다. 주입 키메라(injection chimera)는 온전한 투명대를 지니고 있는 팽창포배의 포배강 공간으로 세포를 주입해서 만든다. 주입된 배아는 후속 발생을 위해 대리모로 착상시킨다. 사용된 두 생쥐 품종의 털 색깔이 다르다면, 털 패턴을 조사하여 키메라 현상을 탐지할 수 있다. 비록 색소세포 자체가 신경능선세포에서 유래한다 해도 모낭(hair follicle)의 색소 발현 또한 표피의 국소 유전적 구성에 좌우될 것이다. 따라서 키메라는 흔히 털 패턴에서 얼룩이 있거나, 최소한 사용된 두 생쥐 품종의 털 색깔이 어느 정도 섞여 있을 것이다.

주입 키메라는 **적중** 생쥐를 만들어내는 핵심 과정이기 때문에 실제로 그 중요성이 매우 크다. 하지만 두 가지 형태의 키메라 모두와 X 염색체 불활성화 모자이크를 태아 또는 출생후 생쥐의 구조 클론분석에 사용할 수 있다. 이러한 분석 유형은 18장에 설명된 바와 같이, 모낭 및 창자움(intestinal crypts)과 같은 구조에 대해 수행된 바 있다. 색깔이 다른 형광단백질을 발현하는 여러 가지의 다른 세포에서 유래한 ES 세포들을 주입해서 여러 색깔을 내는 주입 키메라를 만들어낼 수도 있다. 15장에는 발생 과정에서의 조혈 과정과 관련한 예가 나와 있다.

## 표지된 클론의 유도

생쥐 또는 닭의 배아에서 클론을 표지하는 방법은 *β-갈락토시다아제* 또는 *GFP*를 발현하는 복제불능 레트로바이러스를 소량 감염시키는 것이다. 이상적인 경우라면 바이러스의 양은 감염된 세포들이 잘 분리되고 양성인 세포 집단 각각이 단 하나의 클론으로 생각될 수 있도록 아주 적어야 한다. 이 방법은 중추신경계에서 많이 적용되었다. 하지만 현실적으로 클론세포들을 별개라고 말하기는 근본적으로 쉽지 않아서, 흔히 다수의 변이 서열(variant sequence)을 포함하고 있는 바이러스 라이브러리가 사용되며, 표지된 집단 각각에서 취한 생체조직을 PCR로 그 유형을 조사하여 같은 클론에 속하는지 다른 클론에 속하는지를 찾아낸다.

배아에 접근할 필요가 없는 클론유도법도 몇 가지 있다. 단지 몇몇 세포에서만 재조합 과정이 일어나도록 낮은 용량의 타목시펜을 *CreER x stoplox-reporter* 생쥐에 투여할 수 있다. 표지되는 때는 타목시펜 투여 후 다음 날 중일 것이며, 클론이 생기는 빈도는 타목시펜의 용량을 조절하여 조정한다.

더 단순하지만 통제하기 어려운 방법으로 *laacZ*라 부르는 형질전환 유전자를 사용하는 경우가 있다. *laacZ*는 종결코돈이 있는 내부중복(internal duplication)을 포함하고 있는 *lacZ*의 변형 판이다. 세포분열이 일어날 때 약 $1/10^6$의 빈도로 종결코돈을 제거하는 유전자내 재조합이 일어나 그 결함이 저절로 고쳐진다. 이렇게 되면 정상적인 *lacZ*가 발현되고 XGal 염색으로 볼 수 있는 클론이 만들어진다. 따라서 *laacZ*가 조직특이적 프로모터로 가동되고 있는 형질전환 생쥐에서는 그 조직에 낮은 빈도로 클론이 생긴다.

한 번에 두 혈통 이상을 가시화할 수 있으면 유용할 때가 있다. 위에서 언급한 바와 같이, 이것은 ES 계열을 서로 다르게 표지하고, 표지가 없는 숙주 배아로 주입하여 키메라를 만들면 된다. 또한 두 가지 색 이상으로 표지를 하는 형질전환 기술도 있다. 신경계 연구에서 "뇌지개(brainbow)" 방법이 도입되었지만, 모든 기관형성 과정이나 출생후 발생 문제에 대해서도 사용될 수 있다(그림 13.6). 이것은 변경된 *lox* 부위를 사용

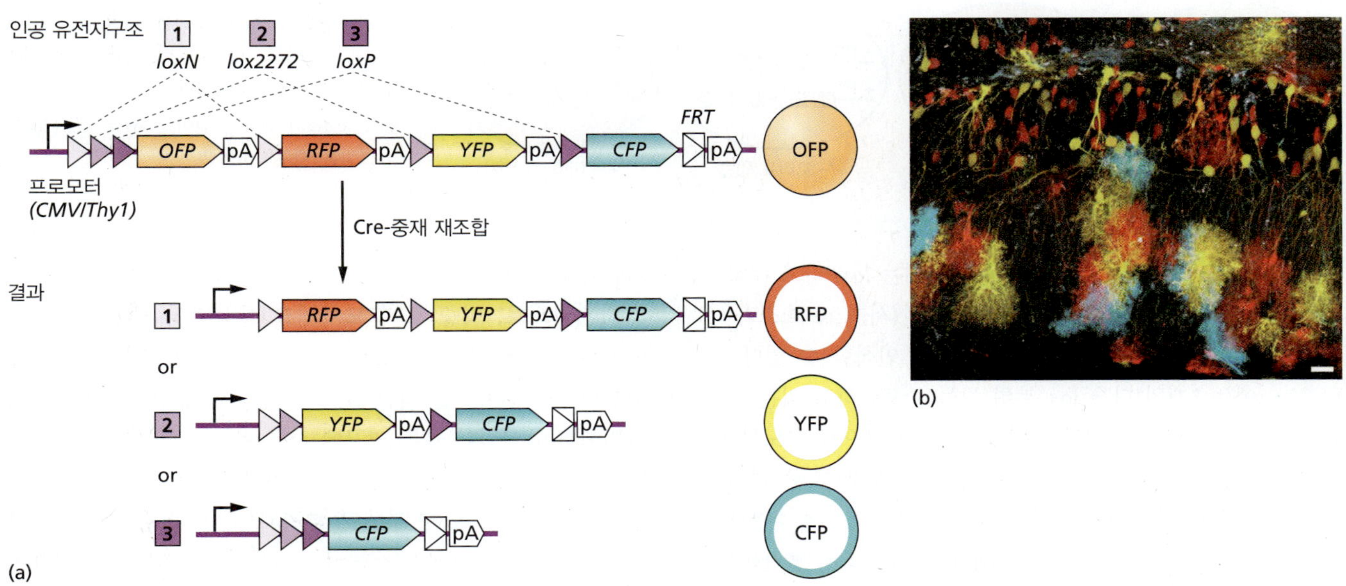


그림 13.6 여러 색깔을 가진 다수의 클론을 만들어내는 "뇌지개(Brainbow)" 기술. (a) 세 개의 다른 *loxP* 부위를 포함하고 있는 하나의 인공 유전자구조를 사용한다. Cre가 있으면, 다르게 발현되는 형광 단백질이 만들어지는 절제 과정 세 가지가 가능하다. (b) 표지된 여러 클론을 뇌의 치아이랑(dendate gyrus) 단면에서 볼 수 있다. 축척자는 20 μm. (인용) Nature Publishing Group의 허락을 얻어 Livet *et al.*, (2007)의 그림을 재구성하였음.

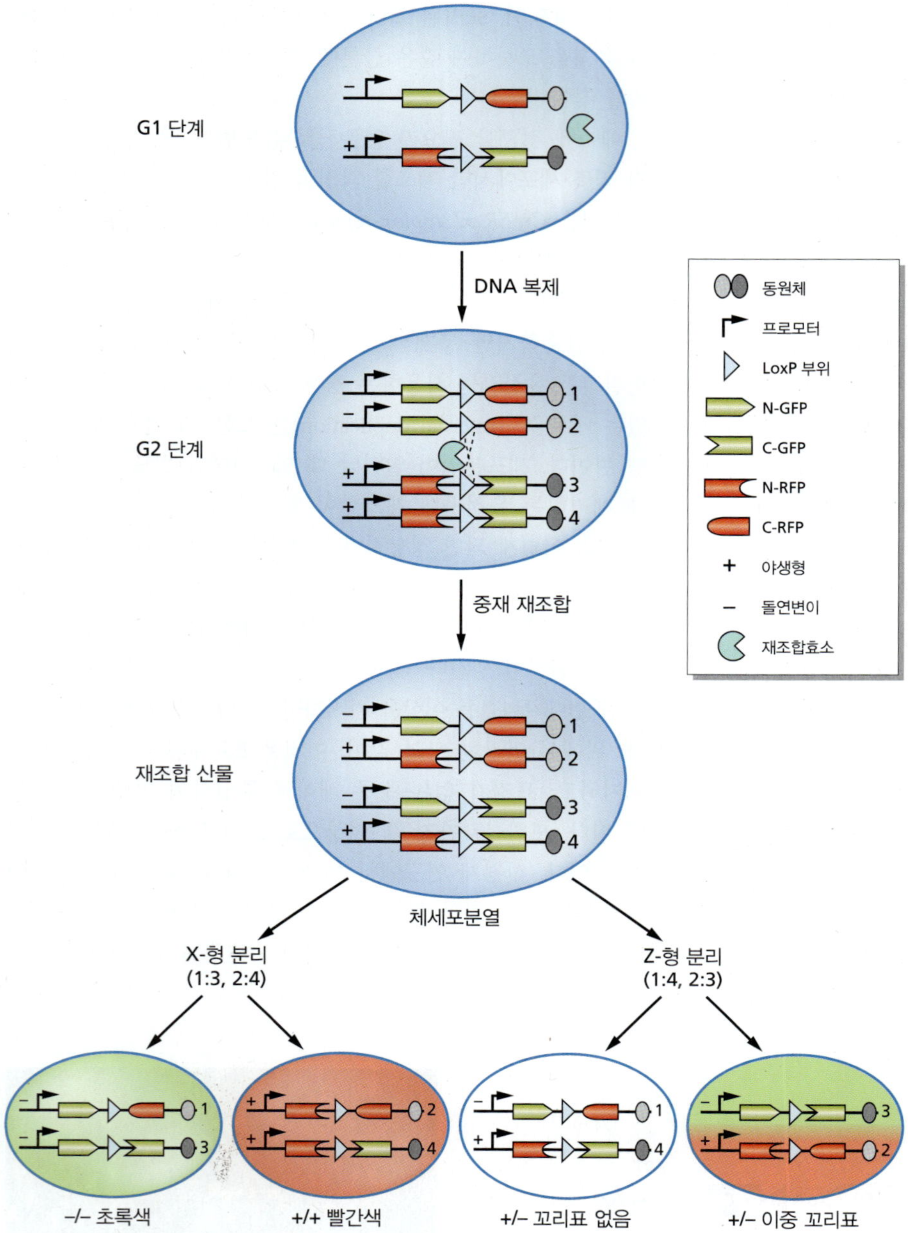


**그림 13.7** 이중 표지 모자이크 분석법. Cre는 *loxP* 부위에 있는 동형접합 염색체 사이의 재조합을 촉진한다. 재조합이 일어나면 GFP 또는 RFP의 암호 서열이 완전하게 조립된다. 만일 재조합이 세포주기의 G2 단계에서 일어나고 체세포 염색체 분리가 "X형"이라면, 쌍둥이점(twin spot)이 빨간색 클론과 초록색 클론을 만들어낸다. loxP 부위보다 더 멀리 있어 +/−로 표기되는 이형접합 유전자 좌위라면 재조합에 의해 동형접합으로 될 것이다. (인용) Elsevier의 허락을 얻어 Zong *et al.*, (2005)의 그림을 재구성하였음.

하는 Cre-lox 체계이다. 정상적인 lox 부위는 *loxP*라고 부르지만, *loxN* 또는 *lox2272* 같은 변이들도 있어서, Cre 효소가 인식할 수 있지만 단지 동일한 쌍일 때에만 인식할 수 있다. 그림 13.6a에는 3개의 다른 lox 부위 쌍들을 포함하고 있는 구조를 보여준다. CreER 생쥐와 교배하고 타목시펜으로 유도할 때, Cre가 생성되고 세 가지 상호 배타적인 절제 과정 중 하나가 일어날 수 있다. 이러한 구조를 지니고 있는 세포는 주황색으로 시작하며, 과거에 겪은 특정 절제 과정에 따라서 빨간색, 노란색, 파란색으로 될 수 있다. 그 형질전환 유전자들은 직렬 반복배열로서 존재하기 때문에, 단 하나의 행렬 내에서 반복되는 다른 절제 과정을 각각 겪을 수 있어서, 다른 클론에 다수의 가능한 색조가 만들어질 수 있다.

마지막으로, 이중 표지 모자이크 분석법(mosaic analysis with double marker, MADM)이라 부르는 기술이 있어서 동종접합된 돌연변이들을 갖는 표지 클론을 만들어낼 수 있다. 초파리에서 돌연변이 클론 연구에 사용된 것과 원리가 비슷하지만, Cre-lox 체계가 작동되게 한다는 점이 다르다. 이중 표지 유전자 좌위들은 *loxP* 부위로 분리된 두 형광 단백질들 각각의 암호지역 절반으로 구성되어 있다(그림 13.7). 예를 들어 염색체 하나는 *N-terminal GFP-loxP-C terminal RFP*와 역방향의 *N-terminal RFP-loxP-C terminal GFP*를 동반한 동종접합 염색체를 지닐 수 있다. 이러한 구조들을 생쥐 두 품종의 동일한

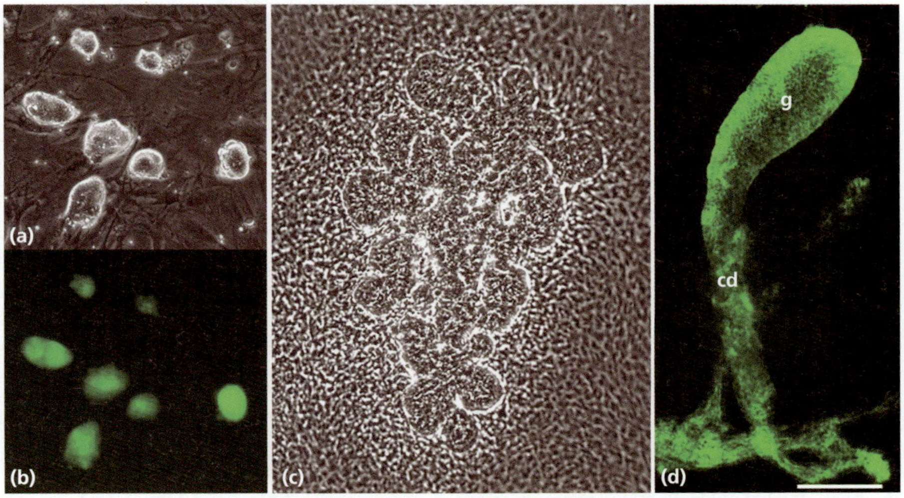


그림 13.8 조직 배양과 기관 배양. (a, b) 조직 배양 중인 생쥐의 유도만능줄기세포(iPSC): (a) 위상차; (b) 내부의 *Oct4-GFP* 리포터를 나타내는 형광. (c) 생쥐 배아 췌장의 기관 배양, 위상차. (d) 생쥐 배아 방광의 기관 배양, 형광을 내는 렉틴(lectin, DBA)으로 인해 초록색으로 염색되었다. g (gallbladder, 담낭); cd (cystic duct, 담낭관); 축척자는 200μm.

유전자 좌위로 녹인한 후 함께 교배한다. Cre 효소는 *loxP*를 지니고 있는 그 두 동종접합 염색체들 사이에서 재조합을 촉매할 수 있다. 재조합이 세포주기의 G1 단계에서 일어난다면, 결과는 두 종류의 클론이 되는데, 한 종류는 GFP와 RFP를 둘 다 만들어내 노란색이 되며, 다른 종류는 전혀 표지되지 않는다. G2 단계에서 일어난다면, 동종접합 염색체 각자가 중복되어 있어서, 단일 재조합 과정의 결과는 염색체들이 체세포분열에서 분리되는 방법에 따라 좌우된다. 빨간색과 초록색 염색체들이 서로 분리되는 과정에서, 결과는 빨간색 클론과 초록색 클론이 인접해 있게 되며, 초파리 명명법을 사용하자면 **쌍둥이점(twin spot, 쌍자반)**이 된다.

이 기법의 잠재적 가치라면, 빨간색 및 초록색 클론들을 생산하는 재조합은 같은 염색체 팔(arm)에 있는 *loxP* 부위에서 멀리 떨어진 다른 모든 유전자 좌위가 동형접합될 것이라는 사실에 있다. 따라서 이 염색체 팔에 발생 과정에 중요한 유전자 좌위를 포함하고 있고, 기능상실 돌연변이에 대해 이형접합이라면, 표지된 클론 중 하나는 완전 기능상실이 될 것이며 다른 한 클론은 +/+가 될 것이다. 이런 기법을 통해 돌연변이가 일어났을 때 생물 전체 또는 어떤 특정 조직 전체에 영향을 주어 치사하게 되는 돌연변이를 가진 클론의 행동도 연구할 수 있게 된다.

## 조직 배양 및 기관 배양

### 조직 배양

**조직 배양(tissue culture)**은 발생학에서 그다지 중요한 역할을 하지 않는 경향이 있었지만, 이제는 **배아줄기세포(embryonic stem cells)**와 **유도만능줄기세포(induced pluripotent stem cells)**의 중요성 때문에 핵심 기술로 생각되어야 한다(그림 13.8a, b; 그리고 21장 참고). 조직 배양은 체외(*in vitro*), 즉 영양분이 있는 배지에서 세포를 키우는 것을 의미한다. 비록 더 복잡한 3차원 배양기 사용이 증가하고 있다 해도, 대개 세포를 플라스틱 표면에서 단일층으로 키운다. 1차 세포 배양(primary cell culture)은 생물 내의 조직에서 직접 적출한 세포들이다. 보통 1차 배양 세포는 노화하기 전에 일정 횟수의 세포 세대 동안만 자랄 뿐이다. 설치류 세포들의 경우, 이것은 사이클린-의존성 키나아제 억제제(cyclin-dependent kinase inhibitors, CKIs)가 축적되기 때문에 대부분 이렇게 나타나며, 사람의 세포들도 사실상 **말단소체복원효소(telomerase)**가 결핍되어 염색체의 끝이 분해되기 때문에 나타난다(19장 참고). 배양 중에는 가장 빠르게 성장하는 변이를 가진 세포가 자동으로 선택되기 때문에, 조직 배양 중인 세포들은 염색체 이상이나 기타 돌연변이가 일어나기 쉽고, 따라서 그 작용을 생체 내(*in vivo*)에서의 세포 특성과 관련지을 때 주의해서 살펴야 한다. 영구 세포주는 이러한 돌연변이 중 일부를 항상 축적하고 있어서 정상적인 노화 과정을 피해간다. 일반적으로 조직 배양 기법은 포유동물 특히 설치류와 사람의 세포들에서 잘 개발되어 있지만, 포유동물이 아닌 세포의 조직 배양 기법은 잘 개발되어 있지 않다.

포유동물의 **배양액(media, 단수형은 medium)**은 일반적으로 약 350 밀리오스몰(mOsm)의 총 오스몰(osmolarity) 농도를 갖고 있다. pH는 정확하게 조절될 필요가 있는데, 보통은 7.4가 정상이다. pH는 보통 중탄산염-이산화탄소(bicarbonate-$CO_2$) 완충용액(2.2 g/L 중탄산염과 5% 이산화탄소의 조합)에 의해 조절된다. 이 완충용액이 다른 완충용액보다 더 좋은 결과를 주는 이유는 아마도 중탄산염이 영양분 유형 중 하나이기 때문일 것이다. 배양액에는 다양한 성분들이 포함되어야 한다. 즉 염(salts), 아미노산, 당분 및 특정 세포에 필요한 낮은 농도의 특정 호르몬과 성장인자들이 포함되어 있어야 한다. 호르몬과 성장인자의 필요성은 보통 동물의 혈청(serum) 일부, 흔히 10% 소 태아 혈청(fetal calf serum)을 배양액에 포함시켜 충족시킨다. 오랫동안 혈청을 사용해 왔지만 단점도 있다. 혈청은 결코 완벽하게 분석될 수 없고, 준비할 때마다 혈청에 차이가 있어 실험 결과에 결정적인 영향을 미칠 수 있다. 혈청이 없는 배양액을 만들기 위해서는 필요한 호르몬과 성장인자를 순수 정제된 형태로 넣어 주어야 한다.

세포가 일정한 배증 시간(doubling time)을 갖고 기하급수적으로 자랄 수 있도록 최적에 가까운 배양액에서 키운다고 가정하자. 그 세포들이 최고 속도로 계속 자라게 하기 위해서는 배양액을 정기적으로 교체해야 하고, 조직 배양이 이식되어 자랄 수 있는 표면적 전부를 덮는 100% 밀집도(confluence)에 근접할 때마다 저밀도로 다시 배양할 필요가 있다. 조직 배양 이식 과정은 보통 트립신(trypsin)을 처리하여 수행하는데, 이때 트립신은 세포외 단백질 일부와 세포 표면 단백질을 분해해서 세포를 플라스틱 배양기로부터 떨어뜨려 거의 원형 세포체로 떠다니게 만든다. 일단 트립신이 희석되면, 세포를 낮은 농도로 새로운 배양 용기로 옮길 수 있다. 한두 시간이 지나면 세포의 표면 분자들이 정상적인 수준으로 재합성되고, 새로운 배양 용기에 부착하여 계속 자란다.

조직 배양에서는 기하급수적인 성장이 보통 요구되고 실제 일어나긴 하지만, 생체 내의 세포가 기하급수적으로 성장하는 경우는 매우 드물다. 대부분의 세포가 정적이고 세포분열을 하는 경우도 매우 드물어서 성장 중의 조직 배양이라기보다는 밀집되어 정적으로 유지되고 있는 조직 배양과 유사하다. 생체에서 어떤 조직들은 실제로 계속 갱신이 일어나는데, 새로운 세포가 생산되고 오래된 세포들의 사멸과 탈락이 일어나 균형이 유지된다. 이런 경우에 세포 증식이 일어나는 중심지가 있지만 전체적인 세포 수는 일정하게 남아 있다.

### 기관 배양

조직 배양은 **기관 배양(organ culture)**과 대비될 수 있는데, 기관 배양에서는 어떤 배아의 조직 또는 기관 원기(rudiment)의 작은 체외배양편이 영양 배양액 안에서 온전하게 유지된다(그림 13.8c, d). 기관 배양 세포가 살아 있고 분화할 수 있으며 형태형성 운동을 한다해도, 일반적으로 기관 배양은 3차원 구조를 유지하고, 배양 기간 동안 넓게 성장하지 않는다. 일부 기관 배양은 단순한 플라스틱 표면 위에서, 일부는 콜라겐(collagen)이나 피브로넥틴(fibronectin)을 입힌 플라스틱 같은 세포외기질 물질 위에서 수행된다. 어떤 경우에는 콜라겐 겔이나 세포주의 세포외기질 추출물로서 상업적으로 구입할 수 있는 마트리겔(Matrigel) 같은 세포외기질 속에 체외배양편을 심는다. 체외배양편을 편리하게 대기-액체 계면(air-liquid interface)에 유지시킬 수 있는 기관 배양용의 다양한 디자인의 막을 이용할 수도 있다. 다른 유형의 막은 양쪽 면에 다른 조직 성분들을 배양할 수 있어서, 그 양쪽 면 사이의 유도 상호작용(inductive interaction) 분석에 특히 유용하다.

닭의 배아도 생쥐와 마찬가지로 체외에서 기관 배양할 수 있다. 게다가 작은 조각의 조직을 많이 자란 배아의 **장뇨막(chorioallantoic membrane, CAM)** 위에 외식하는 것이 가능한데, 이렇게 하면 그 조직들로 혈관이 형성되고 효율적으로 격리된 상태에서 성장하고 분화하게 된다.

## 세포 분리 방법

### 유세포분석법

줄기세포 연구는 특히 포유동물의 골수에서 발견되는 세포집단처럼 복잡하게 뒤섞인 집단으로부터 세포들을 동정하고, 분류하며, 나누는 능력에 좌우된다. 이것을 **유세포분석법(flow cytometry)**이라 한다. 트립신으로 처리한 예처럼 세포들을 단일 세포의 부유액으로 전환할 수만 있다면, 어떤 조직에서 유래한 세포들이든 이 방법을 적용할 수 있다. 소형이며 간단한 유세포분석기로 혼합된 세포를 분석할 수 있을 뿐만 아니라, 대형이며 복잡한 기계로 살아 있는 여러 유형의 세포들을 여러 시험관으로 분류해 낼 수 있다. 그 기계가 세포들을 분석할 수 있을 뿐만 아니라 분류까지도 할 수 있다면 **형광활성세포선별기(fluorescence-activated cell sorter, FACS)**라 한다(동영상 18: FACS 작동법 참고)

세포를 크기, "과립도(granulosity)", 또는 형광 항체에 좌우되거나 내재성 리포터 유전자들에 좌우되는 특정 형광신호로 분석할 수 있다. 만일 살아 있는 세포를 분류해야 한다면, 세포 표면 분자에 대한 항체를 사용해야 한다. 단지 분석하는 것이 목적이라면 세포를 고정하고 내부 항원을 인식하는 항체를 사용할 수도 있다. 분석을 하려면 세포를 적절한 배양액에 부유 상태로 저장소에 옮긴다. 세포를 노즐을 통과하여, 유체의 특징을 조절하는 피막류로 흘려 보낸다. 레이저 광선을 세포가 흐르는 방향으로 조사하고, 각각의 세포가 지나갈 때 광선 산란 및 형광신호를 탐지기로 측정한다. 전방 광선 산란은 세포 크기를 측정하게 하고, 측방 광선 산란은 과립도를 측정하게 한다.

형광활성세포선별기는 노즐을 진동하게 해서 세포를 포함하고 있는 흐름이 일련의 미세한 물방울로 쪼개지게 한다. 작은 물방울들이 둘 이상의 세포를 가진 경우가 거의 없도록 세포 밀도를 조정한다. 형광과 크기의 기준을 설정해 주면, 선별기는 탐지기의 측정치에 따라 낙하 중인 작은 물방울 각각에 양전하 또는 음전하를 부여한다. 그러면 작은 물방울들은 양전하를 띤 금속판과 음전하를 띤 금속판 사이를 지나면서 전하를 띤 물방울들만이 적절히 굴절되어 수집될 수 있다. 이것은 혼합된 초기 세포집단을 살아 있는 순수한 세포들의 부분집합들로 나눌 수 있다는 의미이다(그림 13.9). 선별기에는 레이저와 탐지기를 하나 이상 부착할 수 있어서 다채널 탐지 및 분리 과정을 아주

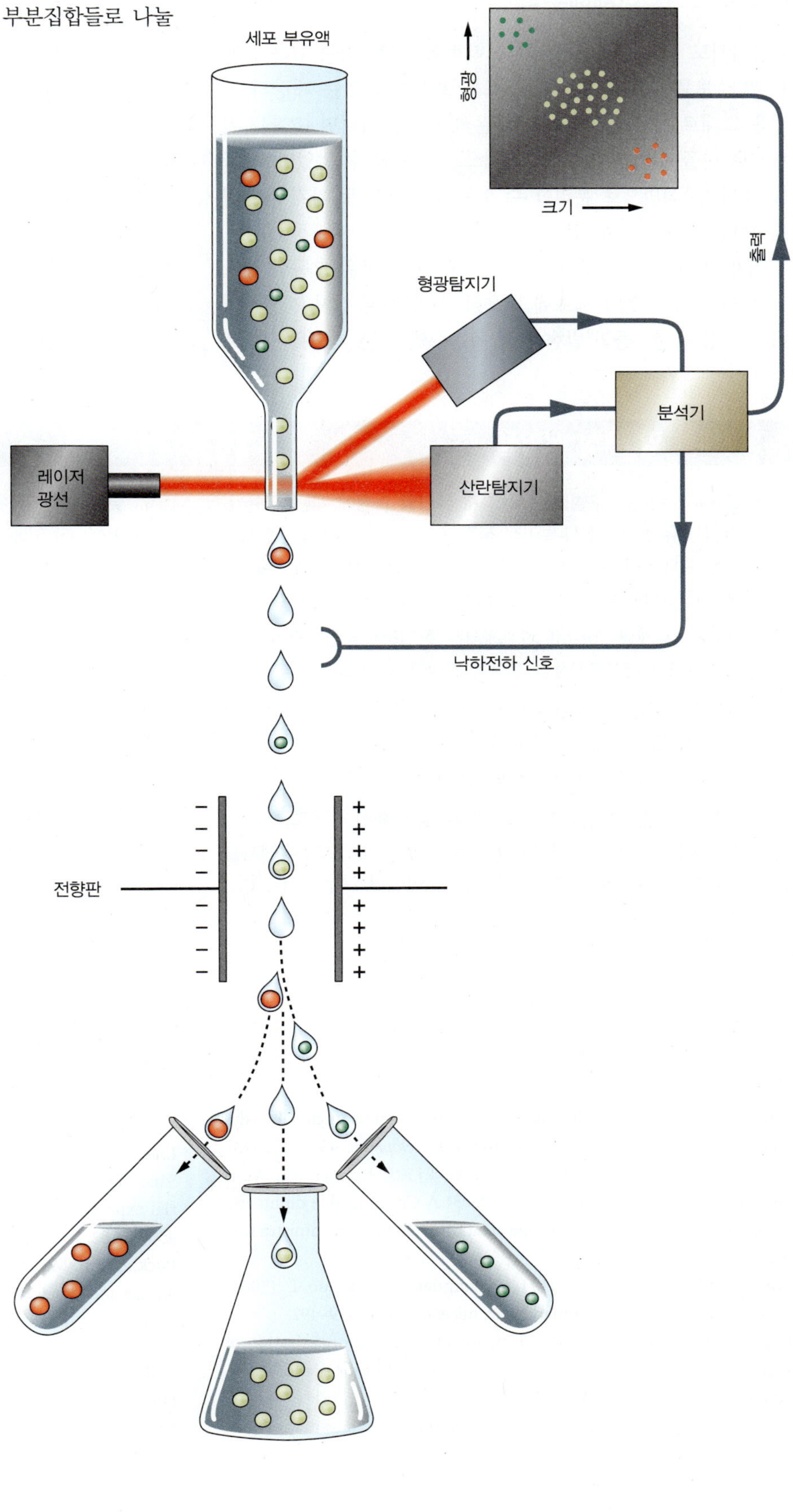


그림 13.9 형광활성세포선별기. 세포집단 안에 크기가 작지만 높은 형광(초록색)을 보이는 세포와 크기가 크지만 낮은 형광을 보이는 세포가 섞여 있다. 선별기를 적절하게 조정하면 세포별로 다른 시험관으로 분류할 수 있다.

정교하게 실행할 수도 있다.

## 레이저 포획 미세해부법

최근까지지도 조직 절편을 분자생물학적으로 분석하는 일은 불가능했다. 보통 수많은 유형의 세포를 포함하고 있는 대량의 조직을 그대로 유전자 발현용으로 분석하든지, 아니면 조직을 절편으로 만들고 염색해서 해부학적으로 조사할 수 있었다. 세포를 유세포분석법으로 분리할 수 있는 경우에만 두 가지 유형의 분석방법이 병행될 수 있을 것이다.

이제 미세절편으로부터 단일 세포로 또는 작은 그룹의 세포로 분리하고, 소수의 세포에 적용할 수 있는 유전자 서열분석이나 특정 유전자들의 발현 측정 등을 포함하는 기술을 사용해서 세포를 분석하는 일이 가능해졌다. 이것은 **레이저 포획 미세해부법(laser capture microdissection)**으로 알려졌다. 자외선으로 맥동되는 레이저 마이크로빔을 갖춘 특별한 현미경이 필요한데, 이 장치는 지정된 부분을 원형으로 잘라 낼 수 있다. 잘라 낸 부분은 단지 하나의 단일 세포일 수도 있고, 줄기세포 도메인이나 작은 종양 조각 같은 어떤 관심 있는 미세구조일 수도 있다. 기계 사용자는 소프트웨어로 잘라 내는 레이저 광선을 조종할 수 있다. 그러면 조직 조각이 격리되고, 보통은 초점을 흐리게 하는 레이저 펄스를 사용하여 샘플 시험관으로 "투석하게" 한다. 미세한 샘플이나 PCR을 이용한 물질의 뚜렷한 증폭을 포함하는 모든 기법과 마찬가지로 오염을 피하고 적합한 양성과 음성 대조군을 수행하기 위해서는 신중하게 주의를 기울여야 한다.

### 기억해야 할 핵심 사항들

- Cre-lox 체계는 구별되는 두 가지 유형의 과정에 사용될 수 있다. (1) 유전자의 조직-특이적 적중; (2) 특정 프로모터가 활성화되는 도메인의 운명지도 작성. Cre 효소의 발현유도 방법을 이용해서 실험자는 효과를 나타내는 시간을 조절할 수 있다.
- Tet-on 체계와 Tet-off 체계에서는 형질전환유전자의 발현을 테트라사이클린 유사물질 투여로 조절할 수 있다.
- 형질전환 이외에, 자궁 내에서 전기천공법을 이용해서 유전자를 후기 생쥐 배아로 도입할 수 있다.
- 표적세포를 디프테리아 독소를 사용하여 절제할 수 있다.
- 생쥐의 클론분석법은 몇 가지 방식으로 수행될 수 있다: (1) 초기 배아로 만들어진 모자이크 또는 키메라; (2) 표지 유전자를 가지고 있는 소량의 복제결함 레트로바이러스 투여; (3) Cre가 낮게 발현되도록 표지를 하는 유도발현; (4) *laacZ*의 자발적인 역전; (5) 키메라와 MADM을 비롯해서 더 정교하고 다양한 Cre 기반 기법.
- 조직 배양은 보통 플라스틱 배양기에서 단층으로 자라는 체외 배양 세포들의 성장을 말한다. 기관 배양은 체외에서 성숙할 수 있도록 살아 있는 조직 원기를 유지시키는 과정을 말한다.
- 부유액으로 집단을 형성할 수 있는 세포라면 유세포분석법으로 분석할 수 있다. 형광활성세포선별법으로 서로 다른 세포의 부분집합으로 분류할 수 있다.
- 단일 세포들 또는 소그룹의 세포들은 레이저 포획에 의한 미세해부법으로 나뉘어 분석될 수 있다.

## 추가로 읽을 것

### Genetics

Petit, A.- C., Legué, E. & Nicolas, J. - F. (2005) Methods in clonal analysis and applications. *Reproduction Nutrition Development* **45**, 321–339.

Buch, T., Heppner, F.L., Tertilt, C., Heinen, T.J.A.J., Kremer, M., Wunderlich, F.T., Jung, S. & Waisman, A. (2005) A Cre-inducible diphtheria toxin receptor mediates cell lineage ablation after toxin administration. *Nature Methods* **2**, 419–426.

Zong, H., Espinosa, J. S., Su, H.H., Muzumdar, M.D. & Luo, L. (2005) Mosaic analysis with double markers in mice. *Cell* **121**, 479–492.

Legue, E. & Nicolas, J.-F. (2005) Hair follicle renewal: organization of stem cells in the matrix and the role of stereotyped lineages and behaviors. *Development* **132**, 4143–4154.

Joyner, A.L. & Zervas, M. (2006) Genetic inducible fate mapping in mouse: Establishing genetic lineages and defining genetic neuroanatomy in the nervous system. *Developmental Dynamics* **235**, 2376–2385.

Dymecki, S.M. & Kim, J.C. (2007) Molecular neuroanatomy's "three Gs": a primer. *Neuron* **54**, 17–34.

Livet, J., Weissman, T.A., Kang, H., Draft, R.W., Lu, J., Bennis, R.A., Sanes, J.R. & Lichtman, J.W. (2007) Transgenic strategies for combinatorial expression of fl uorescent proteins in the nervous system. *Nature* **450**, 56–62.

Buckingham, M.E. & Meilhac, S.M. (2011) Tracing cells for tracking cell lineage and clonal behavior. *Developmental Cell* **21**, 394–409.

Kretzschmar, K. & Watt, F.M. (2012) Lineage tracing. *Cell* **148**, 33–45.

### Cells

Fukuda, K., Sakamoto, N., Narita, T., Saitoh, K., Kameda, T., Iba, H. & Yasugi, S. (2000). Application of effi cient and specifi c gene transfer systems and organ culture techniques for the elucidation of mechanisms of epithelial–mesenchymal interaction in the developing gut. *Development, Growth and Differentiation* **42**, 207–211.

Givan, A.L. (2001) *Flow Cytometry: First Principles*. New York: Wiley-Liss.

Freshney, R.I. (2005) *Culture of Animal Cells: A Manual of Basic Technique*, 5th edn. New York: Wiley-Liss.

Espina, V., Wulfkuhle, J.D., Calvert, V.S., VanMeter, A., Zhou, W., Coukos, G., Geho, D.H., Petricoin, E.F. & Liotta, L.A. (2006) Laser-capture microdissection. *Nature Protocols* **1**, 586–603.

This chapter contains the following animation:

**동영상 17** Cre-lox 재조합

**동영상 18** FACS 작동법

For additional resources for this book visit www.essentialdevelopmentalbiology.com

제14장 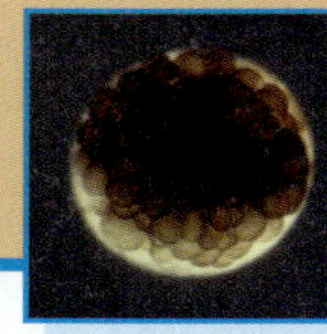

# 신경계의 발생

## 전반적인 구조와 세포 유형

척추동물의 중추신경계(central nervous system)는 뇌와 척수로 이루어져 있고, 초기 배아의 **신경판(neural plate)**으로부터 형성된다. 말초신경계(peripheral nervous system)는 뇌신경, 척수신경, 자율신경 및 이와 연결된 **신경절(ganglia)**들로 이루어진다. 말초신경계는 **신경능선(neural crest)**, 외배엽의 **기원판(placode)**과 중추신경계에 위치한 세포체에서 뻗어 나온 축삭으로부터 형성된다. 일반적으로 중추신경계의 신경세포, 즉 뉴런은 다른 뉴런에서 온 입력을 받아 들이는 수많은 수상돌기와 세포체에서 유래한 신호를 방출하여 수많은 다른 뉴런의 수상돌기와 연결되는 하나의 축삭을 가지고 있다(그림 14.1a). 중추신경계에서 "회색질"은 주로 신경세포를, "백색질"은 주로 신경축삭을 의미하는데, 흰색은 축삭을 덮고 있는 수초(myelin sheath)의 지방 함량이 높아서 나타나는 것이다. 중추신경계에서 뉴런의 세포체들이 응집된 것을 흔히 신경핵(nuclei)이라 부르는데, 세포핵과 혼동해서는 안 된다.

뉴런 사이의 연결이나 뉴런과 뉴런이 아닌 다른 표적세포 사이의 연결을 시냅스(synapse)라 부른다. 시냅스는 시냅스전 말단에서 신경전달물질(neurotransmitter)이 방출되고 시냅스후 말단에서 리간드-개폐성(ligand-gated) 이온채널이 열려 작동하는데, 이렇게 하여 수용세포에서 활동전위가 개시된다. 전반적으로 척추동물의 중추신경계는 엄청나게 복잡해서 인간의 뇌에는 천억($10^{11}$)여 개의 뉴런이 있고, 각각의 뉴런은 천($10^3$)여 개의 다른 뉴런과 시냅스를 형성한다. 중추신경계의 능력은 대부분 뉴런의 위치와 연결 정도에 따라 좌우되며, 이것이 배아발생 동안에 이루어지지만, 최종산물의 엄청난 복잡성은 수많은 단순한 과정이 순서대로 작동해서 생긴 것이다.

뉴런에는 많은 유형이 있다(그림 14.1a). 축삭과 수상돌기의 형태에 따라 분류하기도 하고, 아세틸콜린, 노르에피네프린(노르아드레날린)이나 도파민 등 사용하는 신경전달물질로 분류하기도 하며, 표적이 다른 뉴런이냐, 근육이냐(운동뉴런), 아니면 감각기관이냐(감각뉴런)에 따라 나누기도 한다. 신경계 내에는 신경세포 이외에도 그 열 배의 숫자에 달하는 **교세포(glial cells)**가 있다(그림 14.1b). **성상세포(astrocytes)**가 중추신경계에 가장 많은 세포형으로서 여러 가지 구조적, 대사적 기능을 수행하는데, 뇌혈관 장벽을 유지하고, 신경전달물질을 재흡수하며, 세포외기질을 만든다. 제1형(섬유성) 성상세포는 백색질에 더 많으며, 제2형(원형질성) 성상세포는 회색질에 더 많다. **희소돌기아교세포(oligodendrocytes)**는 중추신경계에서 축삭을 둘러싸는 수초를 형성하는 세포이며, 말초신경계에서는 **슈반세포(Schwann cells)**가 그 역할을 한다. NG2 세포(다돌기아교세포, polydendrocytes=synantocytes)는 최근에 밝혀진 교세포의 일종으로서 희소돌기아교세포의 선구세포로서 기능하며, 평생 동안 뇌 속에 남아 있다. **방사교세포(radial glial cells)**는 발생 동안에만 존재하는데, 이제는 이것이 진짜 교세포가 아니라 신경선구세포의 한 형태라는 것이 밝혀졌다. **소교세포(microglia)**는 신경판으로부터는 전혀 형성되지 않으며, 배아의 대식세포들 중의 한 원시집단에서 유래하는 식세포들이다. 마지막으로 **뇌실막(ependyma)**은 뇌실(ventricle)과 척주관(spinal canal)의 단순입방형 상피세포층이다.

뉴런의 단백질 합성은 대부분 세포체에서 수행된다. 물질들은 축삭을 따라 느린 축삭수송을 통해 수송되지만, 신경전달물질을 담고 있는 소포는 빠른 축삭수송에 의해 운반된다. 성숙한 뉴런에서 물질의 흐름은 축삭말단으로부터 세포체로 물질을 운반하는 역방향수송에 의해 그 균형이 이루어진다. 뉴런의 이런 행동 특질은 신경해부학자에게 매우 유용한데, **겨자무과산화효소(horseradish peroxidase, HRP)**를 주변부에 주입하면 축삭이 복잡한 중추신경계를 통과하는 경로를 추적할 수 있게 해 주기 때문이다. HRP는 축삭에서 흡수되어 세포체로 수송되는데, 조직화학염색법이나 다른 검출 방법을 통해서 위치를 확인할 수 있다. 예를 들어 HRP를 하나의 근육에 주입하면 이것

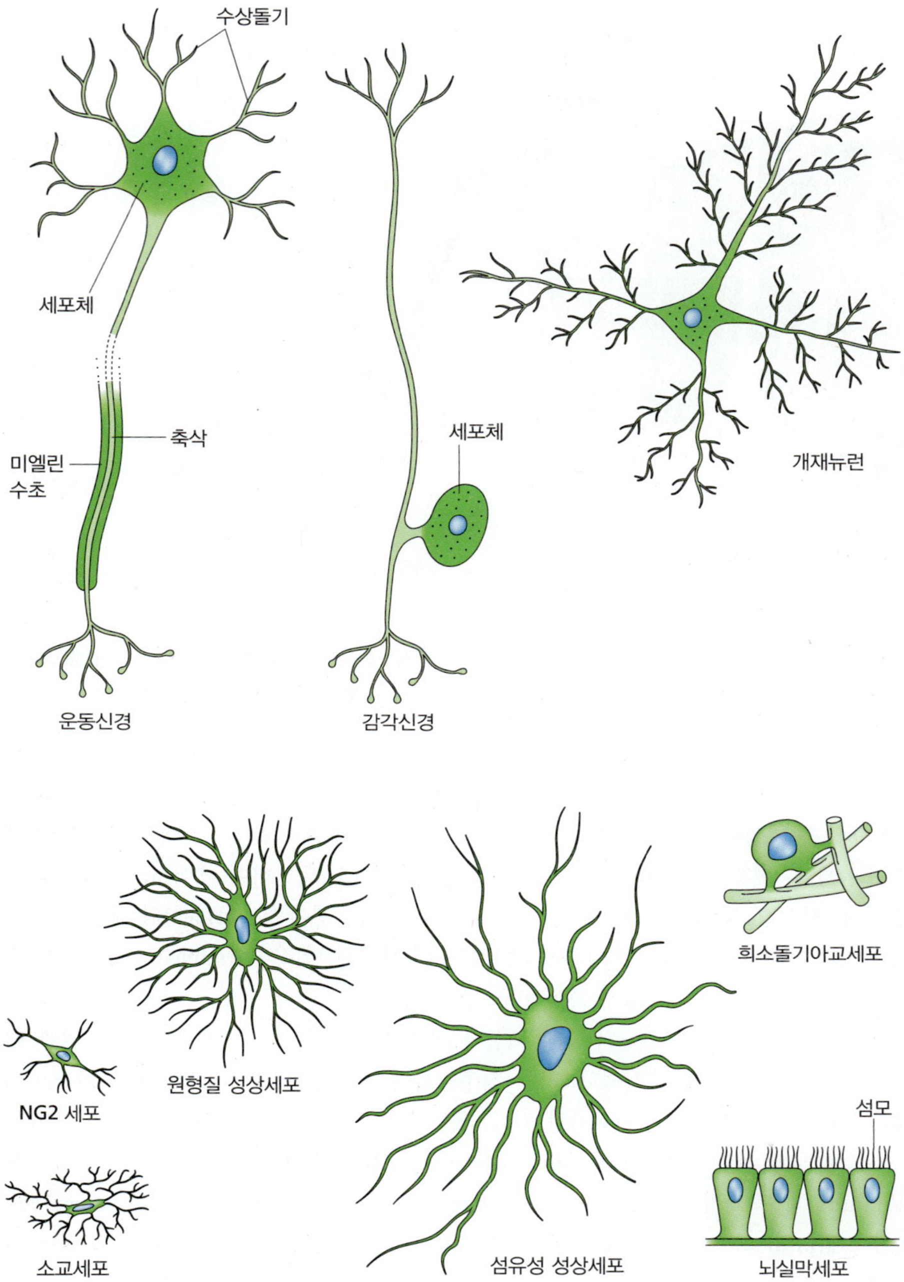


**그림 14.1** 중추신경계에서 발견되는 세포 유형. 성상세포의 형태를 가진 세포 중 일부가 이제는 신경줄기세포(neural stem cells)로 간주되고 있음에 유의하라.

이 이 근육으로 뻗어 있는 척수의 운동뉴런으로 역방향수송이 되기 때문에 그 위치를 눈으로 확인할 수 있게 된다.

## 뇌

뇌의 주요 부위(그림 14.2)는 초기 발생기에 신경관(neural tube)으로부터 나타난다. 앞쪽의 전뇌(forebrain)는 **단뇌(telencephalon)**가 되고, 이것이 짝을 이룬 대뇌반구를 형성하며, 특히 하등 척추동물에서는 후각기관의 수용역으로 기능한다. 후각 감각세포 자체는 코기원판(nasal placode)에서 유래하는데, 코기원판은 단뇌에 인접한 표피가 두터워진 것이다. 고등 척추동물에서는 대뇌반구가 매우 크고, 더욱 복잡한 연합 및 통제 행동이 분명해지는데, 포유동물에서는 다층으로 이루어진 대뇌피질을 흔히 **신피질(neocortex)**이라 부르기도 한다. 뒤쪽의 전뇌는 **간뇌(diencephalon)**가 되는데, 안포(optic vesicles)를 만들어낸다. 안포가 자라나고 함입해서 **눈오목[안배(眼杯), optic cups]**을 형성한다(그림 14.3). 눈의 수정체는 눈오목이 접하고 있는 표피에서 발생한다. 이것이 두터워진 수정체 기원판(lens placode)을 형성하고, 이 기원판이 둥글게 되고 함입해서 눈으로 병합된다. 각 오목의 안쪽 층은 감각성 망막이 되고, 바깥층

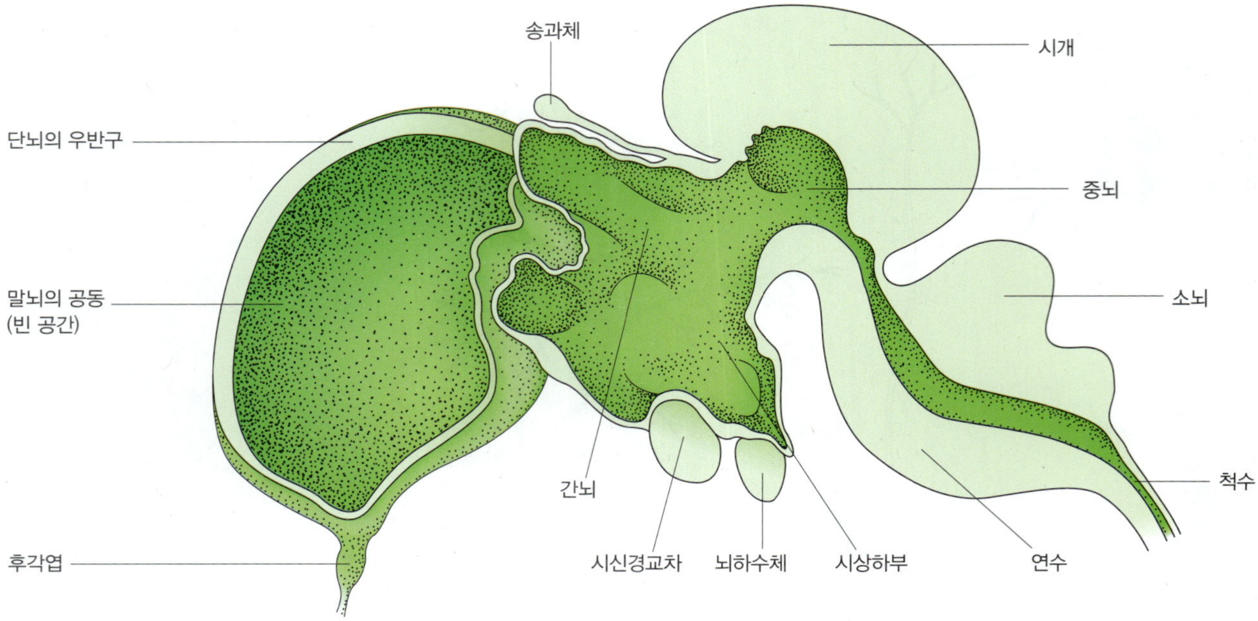


그림 14.2 발생 8일 된 닭 배아의 뇌구조. 중뇌와 후뇌는 정중면을, 오른쪽 단뇌와 소뇌의 팽창 부위는 측시상면을 나타내었다. (인용) Henry Holt & Co. New York의 허락을 얻어 Lillie, F.R. (1919) *The Development of the Chick. An Introduction to Embryology*의 그림을 재구성하였음.

은 색소망막이 되며, 뇌에서 눈오목으로 뻗어 있는 관 안에 시신경이 담기게 된다. 분화하면서 망막은 다층 구조를 형성해서 감각성 광수용체세포와 기타 다양한 뉴런을 포함하게 된다. 이 세포들은 다시 안포경을 따라서 뇌로 뻗게 된다. 시신경 섬유는 간뇌가 아니라 **중뇌(midbrain)**까지 뻗게 되는데, 중뇌의 등쪽 부위가 부풀어 올라 쌍을 이룬 시엽(optic lobes)이 되며, 비포유동물에서는 **시개(optic tecta)**라 불리고, 시각정보를 받아들이는 1차 중추다. 포유동물의 상소구(superior colliculus)는 시개와 상동인 구조다. 중뇌는 또한 청엽(auditory lobes)도 형성한다.

눈 이외에도 간뇌는 등쪽에서 시상(thalamus)과 송과체(pineal body = epiphysis)를, 배쪽에서 뇌하수체(pituitary = hypophysis)를 형성하기도 한다. 시상은 대부분의 측벽을 점유하고 있으며, 중요한 통합의 중추다. 송과체는 하루 주기의 리듬과 관련된 것으로 생각되며, 나중에 멜라토닌의 원천이 된다. 다양한 호르몬을 분비하는 핵심 내분비기관인 뇌하수체는 이중의 기원을 갖고 있다. 앞쪽 부분은 처음에 신경주름(neural folds)의 바로 앞에 있었던 기원판에서 유래하는데, 이것이 입구멍을 통해 함입해서 등쪽의 인두에서 라트케주머니(Rathke's pouch)를 형성한다. 뒤쪽 부분은 간뇌의 바닥인 시상하부(hypothalamus)에서 유래하며 평생 연결된 채로 남아 있게 된다.

후뇌(hindbrain)는 등 앞쪽엔 운동제어에 중요한 소뇌를 담고 있고, 보다 뒤쪽으로는 일련의 뇌신경핵을 포함하고 있는 연수(medulla oblongata)가 담겨 있다. 초기 배아의 후뇌는 분절이 되어 7개의 **능형할구(rhombomeres)**가 되는데, 이 중 첫째가 소뇌가 된다. 반대쪽의 5번과 6번 능형할구가 **귀기원판(otic placode)**으로서 함입하고 발달하여 내이(inner ear)를 형성하는데, 청각기관인 와우(달팽이관, cochlea)와 움직임을 지각하고 균형을 잡는 데 관련된 반고리관(semicircular canals)으로 이루어진다.

뇌 속의 뇌실과 척수의 중심관은 신경관 속에 원래 있던 내강이다. 모든 척추동물에는 기본적으로 10개의 뇌신경(cranial nerves)이 있다. 제I 뇌신경은 후각신경(olfactory nerve), II는 시신경(optic nerve)이며, III, IV, VI은 눈 근육을 제어하고, V는 삼차신경(trigeminal nerve), VII은 안면신경(facial nerve), VIII은 청각신경(audotory nerve), IX는 설인신경(glossopharyngeal nerve)이며, X은 미주신경(vagus nerve)이다.

## 척수

구조적으로 척수는 가장 안쪽의 뇌실막층(ependymal layer), 대부분의 세포체가 담겨 있는 중앙 부위의 회색질, 그리고 수초로 덮인 섬유가 주를 이루는 가장 바깥의 백색질 층으로 이루어진다(그림 14.4). 회색질 내에서 운동뉴런은 배쪽에 위치하며, 감각 입력을 받아들이는 개재뉴런(사이뉴런, interneuron)과 척수의 한쪽을 다른 쪽과 연결하는 교련신경원(맞교차신경세포, commissural neuron)은 등쪽에 자리 잡고 있다.

한 쌍의 **척수신경(spinal nerve)**이 각 체절로부터 유래하며,

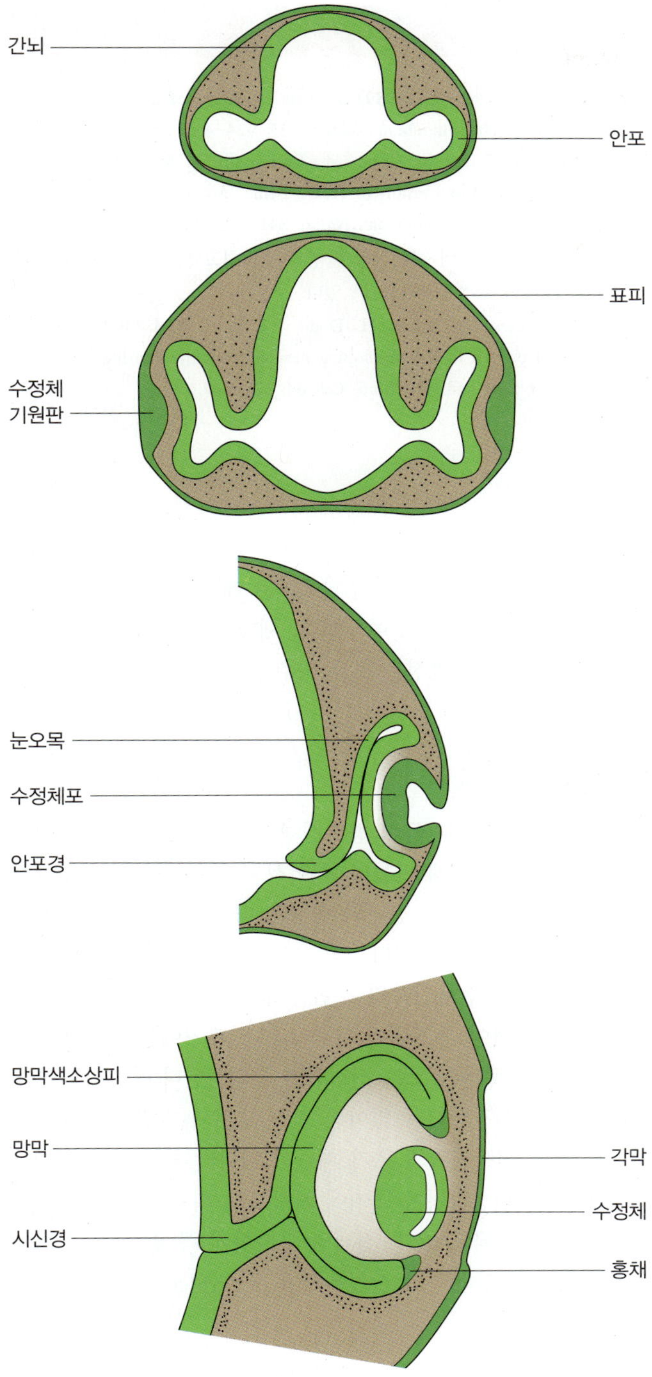


그림 14.3 눈의 발생. 안포는 간뇌에서 유래하는 반면에 수정체는 표피로부터 발달한다. 눈오목의 안쪽 층은 망막이 되는 반면에 바깥쪽 층은 색소상피가 된다. (인용) John Wiley and Sons Inc., New York.의 허락을 얻어 Hildebrand (1995). *Analysis of Vertebrate Structure*, 4th edn의 그림을 재구성하였음.

전근(ventral root)과 후근(dorsal root)으로 불리는 신경들의 조합으로 만들어진다. 전근은 척수 운동뉴런의 운동신경섬유로 이루어지며 근육으로 뻗게 된다. 후근은 감각섬유로 이루어지며, 말초 감각기관을 등쪽 척수의 개재뉴런과 연결한다. 감각뉴런은 **후근신경절(dorsal root ganglia)**에 위치하며 신경능선세포로부터 형성된다(그림 14.4). 앞다리와 뒷다리의 싹(사지싹)이 되는 곳에서 척수신경이 합쳐져 신경망을 형성하는데, 각각 **상완신경총(팔신경얼기, brachial plexus)**과 **요천골신경총(허리엉치신경얼기, lumbosacral plexus)**이라 불리며, 여기에서부터 사지로 뻗는 신경들이 나타나게 된다.

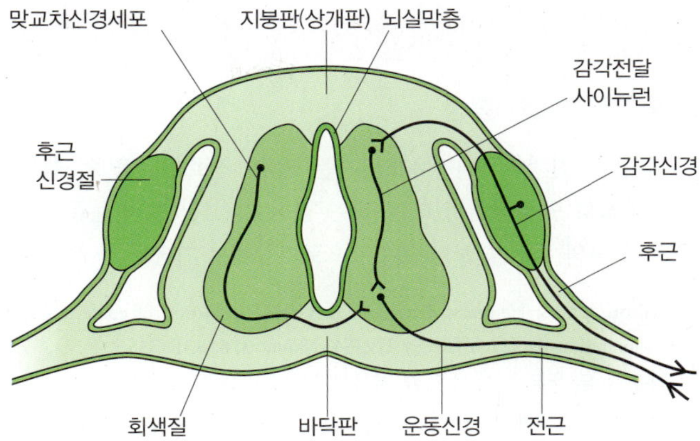


그림 14.4 발생 중인 척수의 주요 구조.

수많은 작은 신경절들과 중추신경계와의 연결을 갖고 있는 자율신경계도 신경능선으로부터 만들어진다. 뚜렷하게 구분되는 교감 및 부교감신경계로 나뉘며, 내장 벽에서 광대한 장관신경계(enteric nervous system)를 만들어내기도 한다.

## 신경판의 전-후축 형성

신경계의 발생은 신경판의 구획화가 일어나 여러 영역들로 나뉘는 초기 과정을 포함하는데, 그 기전은 다른 기관형성 과정과 유사하다. 이어서 특별한 세포분열이라는 측면에서 신경계의 유일한 특징이 나타나 신경세포형성(neurogenesis)과 교세포형성(gliogenesis)으로 이어지고, 나중에 다양한 세포 바깥 혹은 세포 표면의 인자들에 의해 인도되는 특정한 신경연결이 형성된다.

신경판의 초기 유도와 구획화는 7장에서 제노푸스, 9장에서 닭과 관련해서 다룬 바 있다. 신경유도는 부분적으로는 섬유아세포성장인자(fibroblast growth factors, FGFs)의 효과에, 그리고 또 부분적으로는 **형성체(organizer)**에서 분비되는 chordin과 같은 물질에 의해 골형태형성단백질(bone morphogenic proteins, BMPs)이 억제되는 것에 기인한다. 이것이 **신경상피(neuroepithelium)**를 앞쪽으로 특정화해서 더 이상의 신호가 없을 때에는 Otx와 같은 전사인자를 발현하게 되고 전뇌의 구조들을 형성하게 된다. 보다 뒤쪽의 구조들이 결정되는 것은

## 고전적인 실험들

### 중추신경계의 형성

마침내 "진정한" 신경유도인자는 BMP 신호전달을 억제하는 인자들로 구성되어 있다는 것이 밝혀졌다. 첫 번째 논문이 이런 연구의 정점을 보여주는 것으로 7장에서 기술된 바 있다.

Wilson, P.A. & Hemmati Brivanlou, A. (1995) Induction of epidermis and inhibition of neural fate by BMP-4. *Nature* **376**, 331–335.

다음의 두 논문은 특정 조합 전사인자들의 발현을 특징으로 하는 발생단위라는 견지에서 후뇌를 묘사하고 있다. 이를 통해서 전통적인 신경해부학적 설명과 현대 발생생물학의 원리가 통합될 수 있었다.

Lumsden, A. & Keynes, R. (1989) Segmental patterns of neuronal development in the chick hindbrain. *Nature* **337**, 424–428.

Wilkinson, D.G., Bhatt, S., Cook, M., Boncinelli, E. & Krumlauf, R. (1989) Segmental expression of Hox-2 hemeobox-containing genes in the developing mouse hindbrain. *Nature* **341**, 405–409.

마지막 논문은 바닥판의 신호전달 활성을 기술하고 있는데, 이 활성이 신경관의 등-배축 형성을 제어하고 있다.

Yamada, T., Placzek, M., Tanaka, H., Dodd, J. & Jessell, T.M. (1991) Control of cell pattern in the developing nervous system-polarizing activity of the floor plate and notochord. *Cell* **64**, 635–647.

다양한 후측화인자(posteriorizing factors)가 작용하여 시작된다. 이 중 중요한 것으로는 FGFs와 Wnts가 있는데, 이것이 Cdx 라는 전사인자를 발현시키고, 이어서 이것이 몸통과 꼬리에서 Hox 유전자들을 유도한다. 후뇌에서는 레티노산(retinoic acid)이 중요한 후측화인자로 여겨진다. 세밀한 부분에서는 차이가 있겠지만 전반적인 과정은 모든 척추동물에서 유사하다.

## 전뇌

이런 초기의 유도인자들이 중추신경계를 몇 개의 커다란 앞뒤축 도메인으로 나뉘게 만들며, 이어서 수많은 국부적인 상호작용에 의해 다듬어진다. 전뇌의 형성은 다른 배아의 상호작용들과 같은 방식으로 일어난다. 즉, 유도인자들이 서로 다른 부위에서 서로 다른 전사인자의 조합을 활성화하고, 이로 인해 이후의 분화 패턴이 통제된다(그림 14.5). 과거에는 대뇌피질의 형성이 시상으로부터 오는 신경입력에 의존한다고 생각되었다. 하지만 이런 신경입력이 없어진 적중 생쥐의 피질에서도 여전히 정상적인 전사인자의 초기 패턴이 나타났다. 따라서 현재는 시상에서 온 신경입력이 초기에 자동으로 확립된 패턴을 다듬는 것으로 간주되고 있다. 전뇌의 구획화에 꼭 필요한 한 가지 유도신호는 바로 앞쪽의 신경융선(neural ridge)에서 분비되는

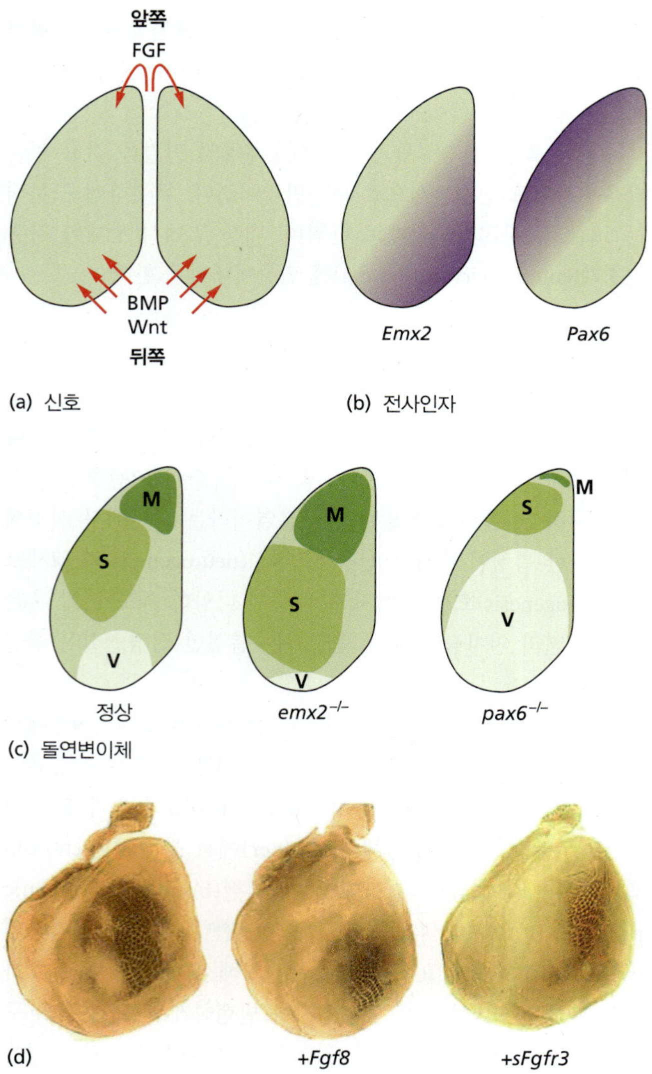


그림 14.5 생쥐 대뇌피질의 구획화. (a) 유도인자가 나오는 곳은 앞쪽 가장자리와 뒤쪽 경계부분이다. (b) 다양한 전사인자들이 초기 단계에서 영역 특이적인 발현을 보인다. (c) 기능상실 돌연변이체로 살펴보면 이런 전사인자들이 이후의 발생과정을 조절한다는 것을 시사한다. (d) E11.5 시기의 배아에서 앞쪽 부위에 FGF8이나 FGF 억제제를 전기천공법으로 도입하면 출생 직후 피질의 네 번째 층에서 감각영역의 위치가 전이된다. 시토크롬 산화효소(cytochrome oxidase)로 조직염색을 하면 불룩한 감각 부위를 볼 수 있다. 간단하게 보이기 위해 이 다이어그램에서는 E11.5 시기의 배아를 나타냈지만, 신호들은 더 이른 단계에서 작동한다. (인용) Elservier 출판사의 허락을 받아 O'Leary *et al.* (2007)의 그림을 재구성하였음.

FGF이다. 신경융선은 제브라피쉬에서 신경판의 가장 앞쪽에 있는 부위로서 처음 알려졌는데, 이 부위를 제거하면 간뇌가 팽창된다. 이 부위를 뒤쪽에 이식해서 이소적으로 단뇌를 유도할 수 있었다. FGF8, FGF17, FGF18의 비슷한 원천이 생쥐에서도 발견되었다. 앞쪽에 FGF를 과발현시키면 형성되는 구조의 경계가 뒤쪽으로 옮겨진다(그림 14.5d). 뒤쪽에 이소적으로 FGF 원천을 이식하면 구조가 중복되게 할 수 있다. 이런 두 가지 행태는 FGF 농도기울기에 대한 반응임을 의미한다.

피질 모서리 부위에서 발생 중인 대뇌피질의 뒤쪽 끝에서는 수많은 Wnts와 BMPs가 발현된다. *Wnt3A*나 *Lef1*이 적중된 생쥐는 해마가 없어지는 등, 뒤쪽의 단뇌에 결함이 있는데, Wnt 신호가 여기에 필요함을 시사한다. FGF, Wnt, BMP 신호들에 대한 반응으로 전뇌에서 발현되는 전사인자의 유전자들(*Emx2*, *Pax6*, *Couptf1*, *Sp8*)은 기능상실이나 기능획득 돌연변이체에서 예상 가능한 발현변화가 나타나 유도인자에 영향을 준다. 기능상실 돌연변이는 나중에 생기는 구조물들을 약해진 원천 쪽으로 가깝게 이동시키는 반면, 기능획득 돌연변이는 그 원천으로부터 더 멀어지게 만든다. 이런 전사인자들의 유전자는 유도인자들 자체와 마찬가지로 정도에 차이가 있는 발현을 나타내지만, 그럼에도 여전히 구조들 사이에서 나중에 생긴 경계는 뚜렷하다.

## 협부형성체

한 가지 중요한 앞뒤축 신호의 중추는 협부형성체(isthmic organizer)다. 중뇌와 후뇌 사이의 잘록해진 부위를 **협부(isthmus)**라 부른다(그림 14.6). 열려 있는 신경판 단계에서는 *Otx2*나 *Lim1*과 같은 전사인자의 유전자들이 전뇌와 중뇌의 예정역에서 발현된다. 장래에 협부가 될 부위의 바로 앞쪽에 해당하는 뒤쪽 경계에서 길고 가느다란 세포층이 유도인자인 Fgf8과 Wnt1을 만들기 시작한다. 이 형성체 부위는 양쪽에서 신경조직의 영역별 특정화를 제어한다. 앞쪽으로는 **중뇌(midbrain)**를 유도하는 동시에 전사인자인 Engrailed 1과 2의 발현 기울기를 만들어낸다. 뒤쪽으로는 능형할구 1을 유도해서 **소뇌(cerebellum)**를 만든다. 이런 효과는 닭 배아의 협부를 이식해서도 볼 수 있는데, 이렇게 하면 간뇌의 예정역에서 중뇌가 유도되고, 후뇌의 앞쪽 부위에서는 소뇌가 유도될 수 있다. 이런 활성들은 작은 구슬(bead)에 묻힌 정제된 Fgf8에 의해서도 똑같이 재현된다. Fgf8은 *Engrailed 1 (En)*, *Wnt1* 유전자 및 자체 유전자(즉, *Fgf8*)의 발현을 유도할 수 있는데, 형성체가 초기의 확립 과정이 지난 후에도 스스로를 유지함을 보여준다.

*Wnt1*과 *En1*이 모두 적중된 생쥐는 이 유전자들이 발현되는 협부만 없어지는 것이 아니라, 중뇌와 소뇌의 커다란 부분을 잃게 되는데, 이 유전자들이 형성체의 신호전달 기능에 필수불가결함을 확증한다. *Fgf8*의 적중 생쥐는 몸의 뒷부분에 커다란 결손이 생겨서 발생 초기에 사망하지만, *Fgf8*의 정상하위 대립인자(hypomorphic allele)가 있는 생쥐의 경우에는 남아있는 기능이 있어 초기 발생과정에 살아남지만 중뇌와 소뇌의 결함이 나타난다. 제브라피쉬의 돌연변이체인 *acerebellar*에서도 비슷한 표현형이 나타나는데, *Fgf8*의 기능상실 돌연변이지만 이에 상응하는 생쥐 돌연변이체보다 더 오래 생존한다.

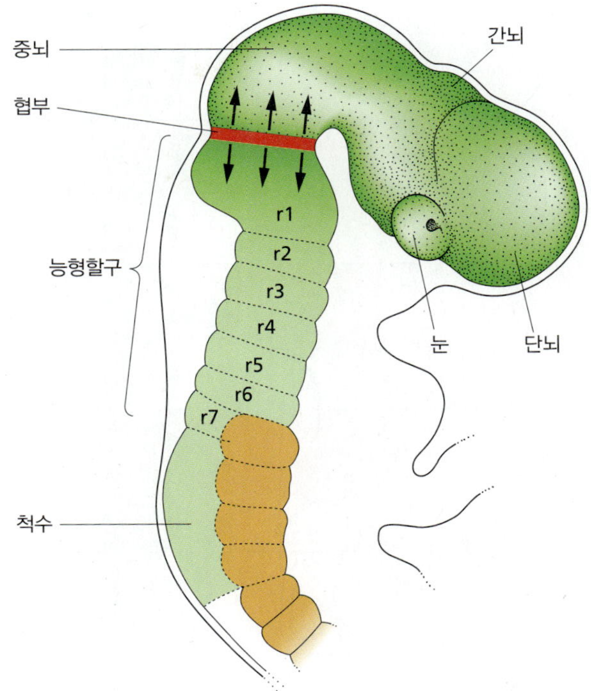


그림 14.6 닭의 배아에서 뇌의 주요 부분과 관련된 협부형성체의 위치.

협부형성체가 활동한 결과로 서로 다른 부위에서 서로 다른 *Pax*족 전사인자들의 조합이 발현된다. *Pax6* 유전자는 전뇌와 후뇌에서 발현되는 반면, *Pax2*와 *Pax5*는 중뇌와 능형할구1에서 발현된다. *Pax2*와 *Pax5*가 동시에 적중된 생쥐는 중뇌와 소뇌가 없는데, 이런 유전자들이 중뇌와 소뇌의 발생에 필요함을 입증한다.

## 후뇌의 체절화

중추신경계의 형태는 뇌의 앞쪽 부위보다는 후뇌에서 명백한 체절화가 일어난다. 신경관이 닫히고 난 후 7개의 연달아 존재하는 불룩한 부위가 가시화되는데, 이를 **능형할구(rhombomeres)**라 부른다(그림 14.6, 14.7). 첫 번째 능형할구에서 소뇌가 만들어진다. 그 이후 연속되는 능형할구의 쌍에는 반복된 운동 신경핵의 집합을 가지고 있는데, 각기 하나의 **뇌신경(cra-**

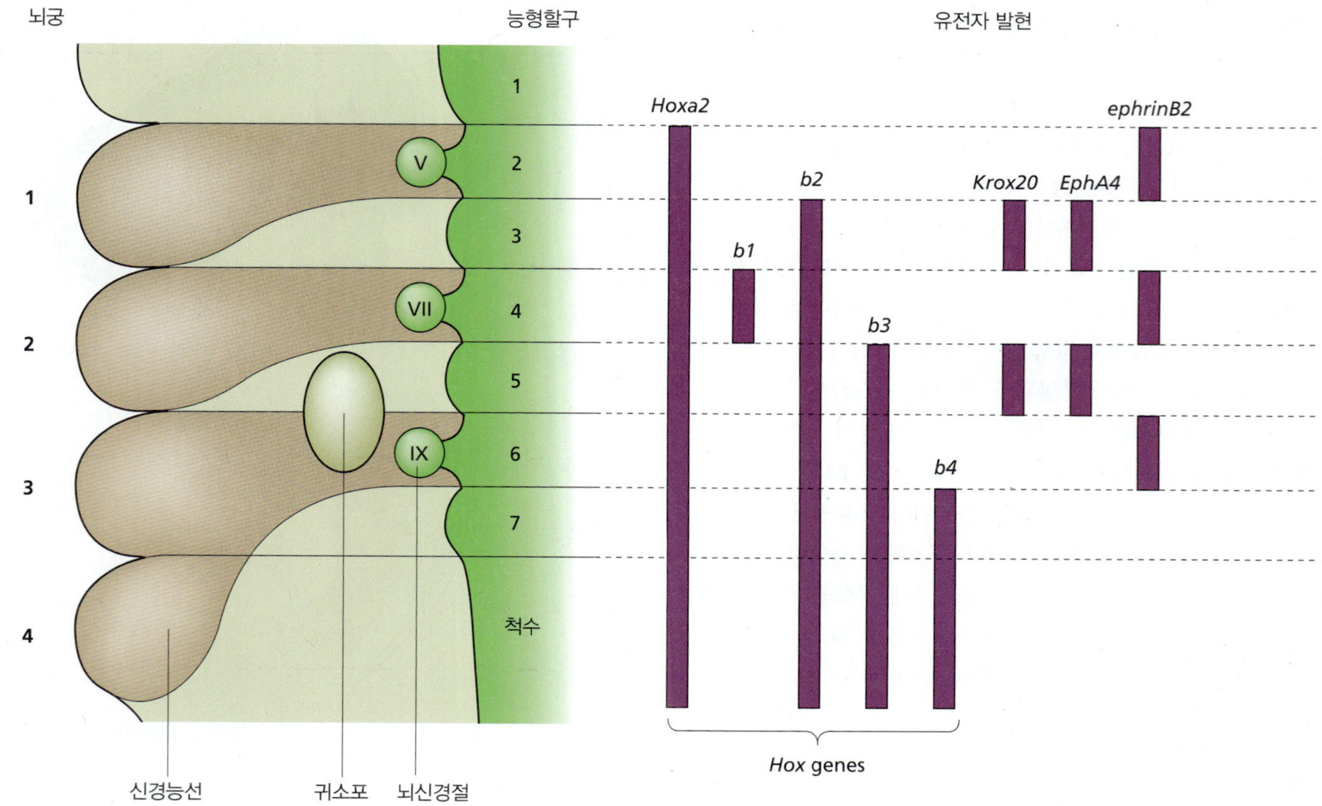


**그림 14.7** 능형할구에서 유전자 발현 영역과 뇌신경 및 신경능선에 미치는 공헌을 보여주는 다이어그램.

**nial nerve)**이 연결된다. 따라서 삼차신경(제V 뇌신경)은 능형할구 2와 3에서 오고, 안면신경(VII)은 능형할구 4와 5에서, 그리고 설인신경(IX)은 능형할구 6과 7번에서 온다. 각 짝수 번째의 능형할구는 하나씩의 **아가미궁(branchial arches)**에 **신경능선(neural crest)** 세포를 공급한다. 따라서 능형할구 2는 제1 아가미궁에, 능형할구 4는 제2 아가미궁에, 능형할구 6은 제3 아가미궁에 세포를 공급한다. 체절로 나뉜 능형할구의 특성은 **클론분석(clonal analysis)**에서도 명백하게 나타난다. 하나의 세포만 표지를 해보면 초기 단계에서는 능형할구 사이를 건널 수 있지만, 나중 단계에서는 넘지 못한다. 이런 클론성의 제약이 나타나는 이유는 각 능형할구 내에서 세포들이 응집하기 때문이다. 응집이 일어나는 이유는 적어도 부분적으로는 능형할구에서 번갈아 가며 에프린(ephrins)과 에프린의 Eph형(Eph-type) 수용체가 발현되는 데에 기인한다. 에프린 B형 리간드는 능형할구 2, 4, 6에서 발현되는 반면, Eph는 능형할구 3과 5에서 나타난다. Eph와 에프린을 발현하는 세포군 사이에서 나타나는 반발성 상호작용에 의해 경계가 생기며, 만일 Eph의 우성 비기능 돌연변이체를 과발현하면 그 경계가 나타나지 않는다. 신경판이 아직 열려 있는 단계에서는 능형할구의 정체성이 아직 분명치 않아서 후뇌 예정역을 다른 위치로 이식해도 최종 패턴에 아무런 차이가 없다. 하지만 능형할구의 경계가 일단 나타나기 시작하면 그 특성이 이미 정해져서 이식해도 결정된 특성이 그대로 유지된다. 경계를 이루는 세포가 실질적으로 형성되는 것은 Notch 체계에 의존한다. 제브라피쉬에서는 Notch를 항상 과발현하게 만든 세포는 경계 부위로 유도되는 반면, Notch 신호에 길항작용을 하는 우성 비기능 돌연변이 Su (H)를 과발현하는 세포는 경계 부위로부터 배제된다.

Hox 유전자군은 전뇌와 중뇌에서는 발현되지 않지만, 보다 뒤쪽에서 앞뒤 축 형성에 중요하다. 가장 앞쪽 유형의 Hox 유전자들은 그 앞쪽 경계가 후뇌에 있고, 그 활성의 조합은 각각의 능형할구가 유일한 코드를 갖도록 만든다(그림 14.7). 예를 들어 *Hoxa2*는 장래에 능형할구 1과 2의 경계가 될 부분이 발현 부위의 앞쪽 끝이 되며, 이후 나타날 신경능선 세포에서는 능형할구 4에서만 발현이 보이고 2에서는 없다. *Hoxa2* 적중 생쥐는 제2 아가미궁이 제1 아가미궁 쪽으로 전이된 형태가 나타난다. 반대로 닭이나 제노푸스에서 과발현한 실험의 경우에는 제1 아가미궁이 제2 아가미궁 쪽으로 전이된다.

Hox 유전자군은 다른 전사인자들에 의해 발현이 높아지는데, 이 전사인자들은 FGF, Wnt 및 레티노산의 초기 농도 기울기에 의해 발현이 높아진다. 이렇게 중간에서 매개하는 전사인

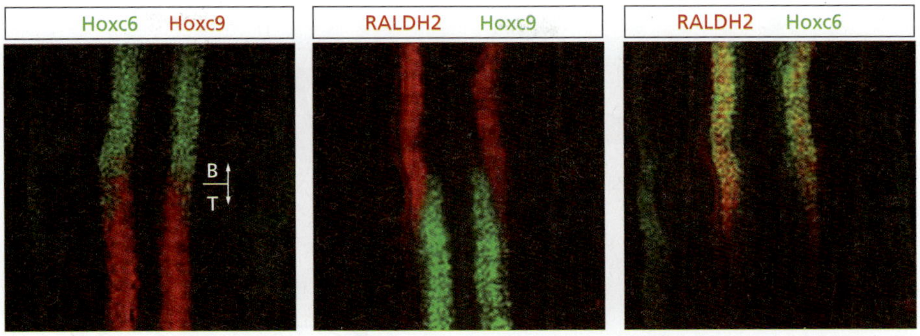


**그림 14.8** 발생 4일째인 닭의 배아에서 Hoxc6와 c9을 면역염색법으로 조사해서 앞다리와 가슴 부위 사이의 경계를 보여준다. RALDH2는 레틴알데하이드 탈수소효소(retinaldehyde dehydrogenase)로서 레티노산을 만드는 효소인데, 역시 앞다리 부위에서 발현된다. (인용) Nature Publishing Group의 허락을 얻어 Dasen *et al.* (2003)의 그림을 재구성하였음.

자의 한 가지 예는 Krox20으로 능형할구 3과 5에서 발현되는 징크-핑거 단백질이다. 능형할구 3과 5는 Eph형 수용체를 발현하는 능형할구의 쌍으로서 신경능선 흐름을 벗어나지 않는다. 생쥐에서 *Krox20* 유전자를 적중하면 능형할구 3과 5가 생기지 않고, 2, 4, 6이 융합되어 나타나 구별되는 경계가 없어진다.

레티노산의 농도를 인위적으로 조절하면 특히 후뇌에 강력한 효과를 미친다. 레티노산은 섭취한 비타민 A로부터 만들어지며 레티노산을 만드는 레틴알데하이드 디하이드로게네이즈(retinaldehyde dehydrogenase)는 몸통의 체절과 측판에서 발현된다. 레티노산을 분해하는 효소(Cyp26, 시토크롬 P450의 하나임)는 전뇌와 중뇌에서 나타난다. 그 원천이 뒤쪽에 있고, 이를 분해하는 효소가 앞쪽에 있기 때문에 레티노산의 농도는 후뇌 부위에 걸쳐서 뒤쪽에서 앞쪽으로 농도가 감소하는 기울기가 생기게 된다. 메추라기의 배아는 어미에게 비타민 A를 주지 않으면 체내에 레티노산이 전혀 없게 만들어질 수 있다. 이런 배아는 능형할구 5-7이 없는 작은 후뇌를 갖게 되지만, 초기 체절 단계에서 다시 비타민 A를 공급하면 잃었던 부위가 다시 발생한다. 또한 척수의 앞쪽에서 배쪽 신경세포 유형들이 사라진다. *Raldh2* 적중 생쥐의 배아는 임신 중기에 사망하며, 능형할구 5-7이 없다. 제노푸스에서도 우성 비기능 돌연변이가 일어난 레티노산 수용체를 과발현하면 비슷한 효과가 나타난다. 생쥐 배아의 경우에는 어미의 섭취량을 조절해서 레티노산에 과량 노출되게 할 수 있다. 배아 7.5일(E7.5) 시기에 레티노산에 과량 노출되면 정상적인 능형할구 4에서의 발현과 더불어 능형할구 2에서도 *Hoxb1*이 발현된다. 이렇게 되면 능형할구 2에서 나오는 신경능선 세포의 특성이 바뀌게 되고, 제1 아가미궁이 제2 아가미궁의 복사본으로 바뀐다. 이런 결과는 지금은 분자 수준에서 그 기전이 잘 이해되고 있는 **기형발생** 효과(**teratogenic** effect)의 전형적인 예가 된다. 과거에 레티노산은 여드름 치료를 위해 내복약으로 사용된 적이 있어서 인간에서 실질적인 기형발생 위험인자였다. 이런 위험이 이해되기 전에는 레티노산의 복용으로 수많은 유산과 뇌 손상을 가진 수많은 태생 기형으로 이어졌다.

## 척수

척수 내에서는 전-후축의 형성이 뇌만큼 분명하진 않다. 하지만 Hox 유전자의 발현에 있어서 다양한 수준에서 경계들이 나타나고, 몇몇 운동뉴런군의 전후 축에 따른 순차적 배열이 있다. 예를 들어 사지로 신경을 공급하는 측부 운동뉴런 원주(lateral motor neuron columns)는 사지 수준에서만 나타나며, 앞다리 수준에서는 *Hoxc6*의 발현에 상응한다. 자율운동뉴런의 원주(닭에서는 테르니 원주[columns of Terni]라 부른다)는 사지의 사이에 놓여 있는데, *Hoxc9*의 발현과 상응한다(그림 14.8). 닭에서 신경관의 이 부위로 *Fgf8*을 도입하면 Hoxc6와 Hoxc9 사이의 경계가 앞쪽으로 이동하면서 이에 따라 측부 운동뉴런 원주의 축소가 유발된다.

## 신경관의 등-배축 형성

척수는 그 전체 길이에 걸쳐 기본적으로 동일한 등-배축 배열을 가지고 있으며, 실제로는 척수의 여러 특징들이 후뇌와 중뇌까지도 연장되어 나타난다. 배쪽 중앙으로 **바닥판(floor plate)**이 있는데, 척색에 아주 가까운 위치에 있는 원주형 세포(columnar cells)들로 구성된다. 바닥판 양 옆에 운동뉴런이 들어있는 부위가 있다. 다양한 밀집도를 갖는 세포들이 있는데, 가운데 쪽 원주들은 축(몸통)근육과 체벽근육으로 연결되고, 가장자리 쪽 원주들은 사지근육으로 뻗는다. 각 원주 내의 운동뉴런들은 특정 조합의 Lim형 전사인자들을 발현하고 있으며, 그 조합에 따라 어떤 근육으로 연결될 것인지가 달라진다. 실험을 통해 *Lim* 유전자 발현의 조합을 바꾸면 이에 따라서 운동뉴런의 연결이 달라진다. 척수의 등쪽 절반에는 등쪽의 감각 중계 사이뉴런과 척수의 반대쪽 편으로 뻗게 되는 **맞교차뉴런(commissural neurons)**이 있다. 등쪽 정중선에 **지붕판(roof plate)**이 있다.

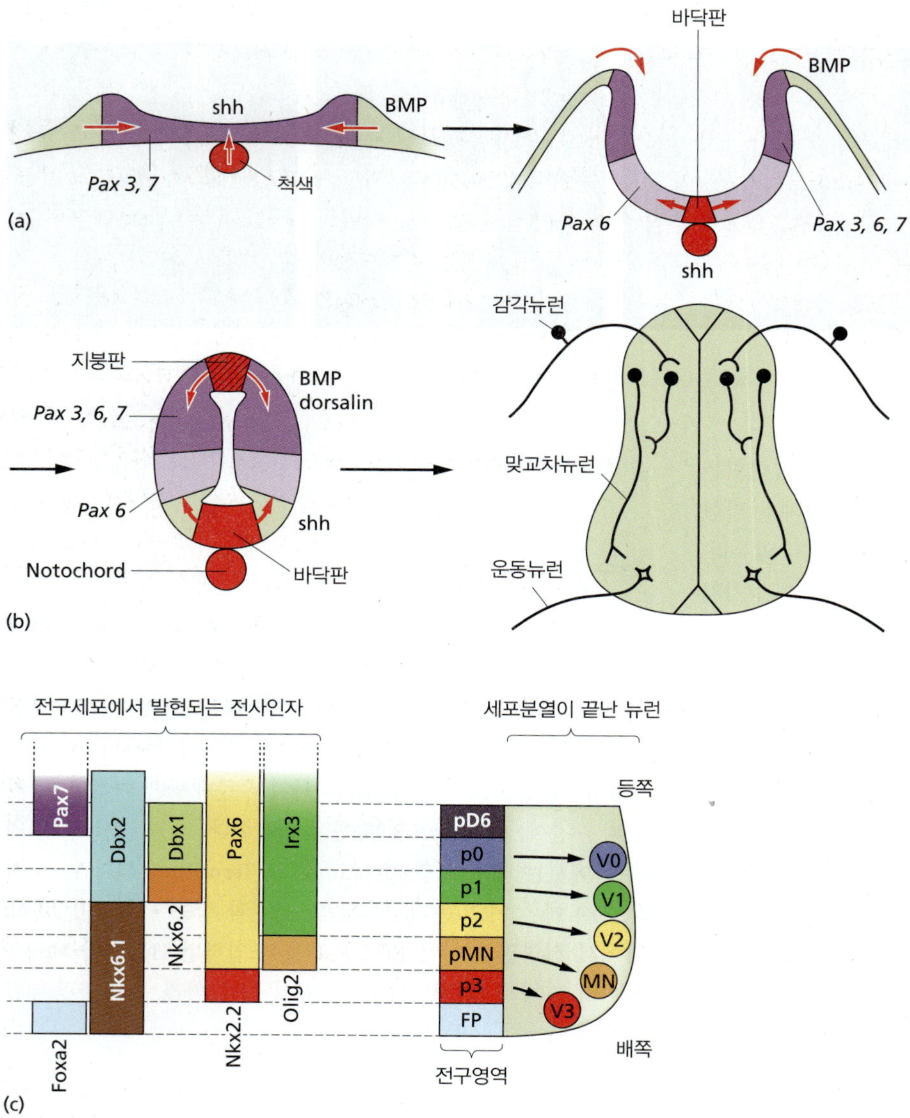


**그림 14.9** 신경판의 등-배축 패턴 형성. (a) 척색에서 유래한 sonic hedgehog (shh)가 바닥판에서 shh의 발현을 유도한다. 표피에서 나오는 BMP는 지붕판을 유도한다. (b) 두 센터에서 유래하는 신호가 중첩된 유전자의 발현패턴을 유도하며, 이것이 나중에 신경분화의 패턴이 생기도록 한다. (c) 척수에서 초기 유전자 발현영역과 이에 상응하는 전구영역(progenitor domains)을 나타내는 다이어그램. FP, 바닥판; MN, 운동신경; p-domains, 전구영역; V0–V3는 사이뉴런 영역이다. (인용) Company of Biologists사의 허락을 얻어 Dessaud *et al.* (2008)의 그림을 재구성하였음.

등-배축 패턴은 유도신호들에 의해 조절되는데, 초기에는 신경판에 인접한 조직에서 나오는 신호에 의해, 나중에는 바닥판과 지붕판에서 나오는 신호들에 의해 조절된다(그림 14.9). **척삭(notochord)**은 Sonic hedgehog (Shh)를 방출해서 바닥판을 유도하고, 낮은 농도일 때에는 운동뉴런을 형성하는 부위를 유도한다. 이러한 사실은 척삭을 다른 등-배축 수준을 갖는 닭의 신경관에 이식해 보면 알 수 있다. 이식한 부위 바로 부근에 이소적으로 바닥판이 형성되고, 조금 떨어진 곳에서 운동뉴런이 형성된다. 그 신호가 Shh라는 증거는 3가지이다. Shh는 척삭에서 발현되며, 신경관이 Shh에 노출되면 바닥판과 운동뉴런이 유도되고, Shh가 적중된 생쥐에서는 바닥판과 운동뉴런이 없어진다. 농도구배는 Shh와 GFP를 융합한 단백질을 발현하는 형질전환 생쥐로 확인할 수 있다. 반응하는 신경상피세포의 끄트머리 쪽(배쪽) 표면에 단백질이 농축되어 반점모양으로 발현되는 것을 볼 수 있다. 이런 세포내 패턴으로 볼 때, 가능한 확산의 한 가지 기전이 트랜스시토시스(transcytosis)임을 의미한다(그림 14.10; 17장 참고).

바닥판 자체도 Shh를 만들어낼 수 있으며, 일단 형성되고 나면 척삭의 유도 역할을 돕게 된다. Shh는 *Foxa2*, *Nkx2.2*, *Nkx6.1*을 포함한 일련의 전사인자 유전자들의 발현을 높인다. 반면에 *Pax6*와 *Pax7*과 같은 다른 전사인자의 발현은 억제한다. 그 다음에는 쌍을 이루는 전사인자들의 상호억제 기전을 통해서 등-배축의 경계가 뚜렷해진다. 예를 들면, Pax6와 Nkx2.2는 서로의 유전자 발현을 억제해서 p3와 pMN 사이의 경계가 형성되도록 하는데, 그림 14.9c에 나타내었다. 둘 중 하나의 유전자를 없애면 다른 유전자에 의해 발현되는 영역이 넓어진다. 특정 전사인자를 발현하는 등-배축 영역이 형성되는 경우도 있다. 예를 들면, 나중에 운동뉴런과 희소돌기아교세포

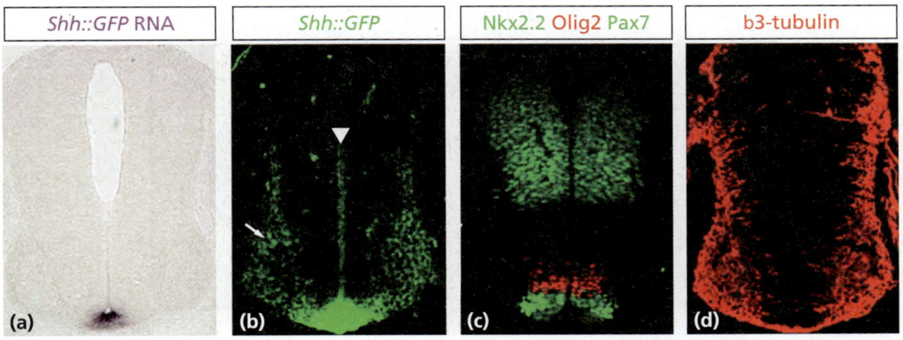


그림 14.10 Shh-GFP 융합단백질을 발현하는 형질전환생쥐에서 E10.5에 Sonic hedgehog의 농도구배를 조사한 것이다. (a) 제자리혼성화법으로 조사하여 바닥판에 mRNA가 존재함을 보여준다. (b) GFP 형광으로 조사한 것으로 가장자리 쪽의 반응성이 없는 분화된 뉴런이 있는 부위(화살표) 뿐만 아니라 뇌실지대(ventricular zone) 쪽으로 단백질이 수송되어 올라가는 것을 볼 수 있다. (c) 전사인자들을 면역염색해서 3가지 초기 유전자 발현영역을 보여주고 있다(영역을 바닥에서 위쪽으로 표지했다). (d) β3 tubulin을 면역염색한 것으로 뉴런의 위치를 나타낸다. (인용) Company of Biologists사의 허락을 얻어 Dessaud *et al.* (2008)의 그림을 재구성하였음.

의 분화에 관련되는 전사인자인 Olig2의 경우, Shh에 의해 증가되지만 그 직후 Nkx2.2에 의해 억제되어서 결국 pMN 부위를 정의하게 된다.

이런 기전이 밝혀지자 인간의 선천성 결함인 **통앞뇌증**(전전뇌증, **holoprosencephaly**)을 이해할 수 있게 되었다. 정중선 결함으로서 그 경중이 다를 수 있는데, 경증으로 정중 앞니가 단 하나인 경우에서부터, 심한 중증의 경우 정중선에 외눈만이 있고 그 위에 긴 코가 달리게 되는 경우도 있다. 이 결함은 Shh 기능이 부분적으로 상실되어 생기는데, *SHH* 유전자에 돌연변이가 생기거나 콜레스테롤 대사에 결함이 있어서 활성형의 Shh 분자에 콜레스테롤을 붙이지 못하기 때문에 일어날 수 있다. 다른 유전자의 돌연변이에 의해서도 통앞뇌증이 생길 수 있긴 하지만, Shh의 기능상실에 의해 일어나는 통앞뇌증의 경우에는 사지와 척추에서도 결함이 나타나므로, Shh가 이런 구조들의 패턴형성에 중요한 역할을 한다는 사실과 잘 부합된다(15장 참조).

신경관의 등쪽 정중선은 신경판의 가장자리 부위에서 비롯되는데, 이 부위는 표피와 접해 있다. 표피는 BMP4와 BMP7을 만들어내고, 이 단백질들을 신경판에 노출시키면 *Pax6*와 *Pax7*의 발현을 높일 수 있다. 신경관이 닫히고 나면 지붕판에서는 *Bmp4*와 *Bmp7* 및 Dorsalin이라 불리는 TGF-β 계열의 한 인자를 발현한다. 이 인자들은 감각 중계 뉴런처럼 등쪽에서 나타나는 세포형들을 유도하는 활성이 있다. *Lim1a* 유전자의 적중생쥐에서 볼 수 있듯이, 지붕판이 형성되는 것을 막으면 등쪽 뉴런세포들이 만들어지지 않는다. 척수의 전반적인 등-배축 패턴은 바닥판에서 유래하는 Shh의 농도구배와 지붕판에서 유래하는 BMPs 및 Dorsalin의 농도구배가 합쳐져서 나타나는 효과이다.

## 신경세포형성과 교세포형성

### 초파리

신경세포형성의 몇 가지 원칙은 초파리 연구를 통해 얻게 되었다. 초파리에서는 배쪽의 신경색이 하나의 신경원성 부위에서 나타나는데, 이 부위는 중배엽 가장자리에서 기원하며, 일단 중배엽이 함입하고 나면 배쪽 중앙 부위가 된다. 이 신경원성 부위에는 체절마다 반복되는 **신경선구 클러스터(proneural cluster)**의 패턴이 들어있는데, achaete-scute 복합체(AS-C)에 의해 만들어지는 bHLH 전사인자의 발현으로 정의된다. 클러스터의 위치는 11장에서 기술한 바 있는 앞뒤축 및 등-배축 패턴형성 체계가 작동해서 결정된다. 각 클러스터는 여러 상피세포와 함께 단 하나의 신경아세포를 만들어내고, 장래 신경아세포의 선택은 Notch **가장자리 억제** 체계(**lateral inhibition** system)에 의해 조절된다(동영상 19: 신경모세포 형성 참고). AS-C 인자들은 Delta 생산을 활성화하고, Delta가 인접한 세포에서 Notch를 자극한다. Notch 신호는 AS-C의 발현을 억제하고 이에 따라 인접한 세포의 Delta 생산을 감소시킨다(그림 14.11). 이러한 양성 피드백 시스템을 통해서 초기의 조그만 차이가 증폭되어 종국에 가서는 높은 수준의 AS-C를 가진 세포는 단 하나만 남게 되고, 이 세포가 신경모세포(neuroblast)가 되며, 낮은 수준의 AS-C를 발현하는 다수의 세포로 둘러싸이는데, 이 세포들이 표피가 된다. 이 기전은 어째서 Notch의 기능상실 돌연변이가 신경아세포의 과잉생산으로 이어지는지를 설명해 준다. 이 기전은 **대칭파괴**체계(**symmetry-breaking** system)의 한 가지 예이다. 초기의 획일적인 상태는 불안정한데, 왜냐하면 세포 사이에서 AS-C나 Delta의 수준에 약간의 변동이 있기 때문이며, 이것이 상호작용 속에 내재되어 있는 피드백에 의해서 증폭된다.

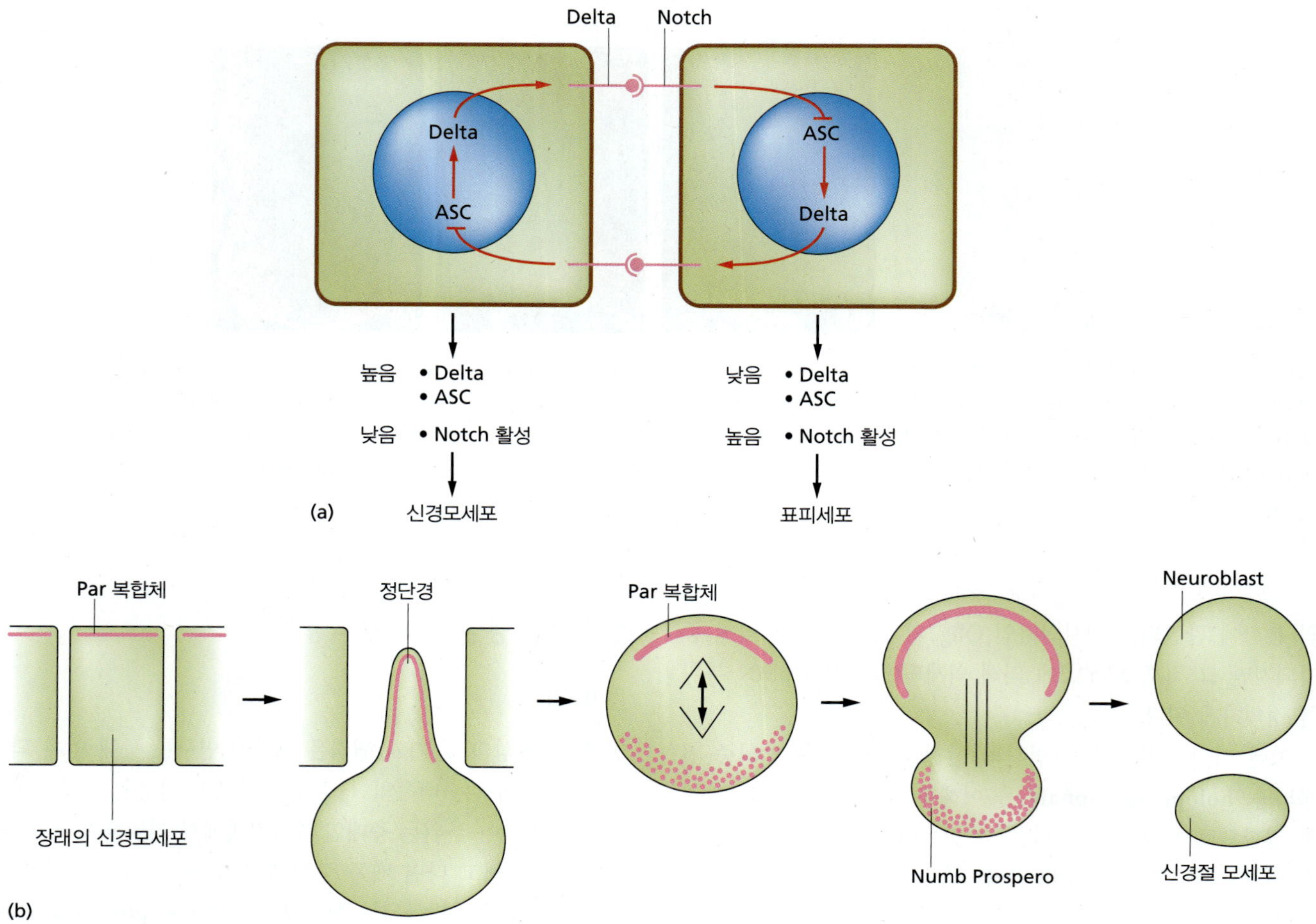


그림 14.11 초파리의 신경세포형성. (a) Delta-Notch 가장자리 억제 체계가 신경전구 클러스터의 세포 사이에 존재하는 작은 차이를 증폭해서 오직 하나의 세포만 높은 양의 ASC를 발현하여 신경모세포가 되도록 한다. (b) 신경모세포의 비대칭 세포분열을 통해 또 하나의 신경모세포와 신경절 모세포가 만들어진다.

일단 형성되면 신경모세포는 인접한 세포로부터 떨어져 나와서 안쪽으로 내려가며 정단경(apical stalk)을 통해서 일시적으로 상피면에 연결된 상태로 남아 있는다. 이렇게 끄트머리 부분이 특화된 부위에는 12장에서 기술한 바 있는 Par 복합체(Par3/Par6/aPKC의 복합체; *Par6*의 초파리 상동유전자는 *bazooka*라 함)가 들어 있다. Par 복합체는 세포내 교통체계 구성요소들을 인산화해서 다른 단백질들을 기저 부위로 몰아 내는데, 여기에는 티로신 탈인산화효소인 Numb, 호메오도메인 전사인자인 Prospero와 RNA 결합단백질인 Brat이 포함된다. 그 뒤를 잇는 세포분열은 비대칭적이어서 정단 쪽에 정단경을 물려 받은 커다란 신경아세포가 하나 생기고, 기저 쪽에는 작은 신경절 모세포(ganglion mother cell)가 하나 생겨서 Numb, Prospero 및 Brat을 풍부하게 담고 있다. 이런 구성요소들은 신경절 모세포의 특성을 조절해서 뒤이은 분열을 통해 한 쌍의 신경세포 또는 교세포를 만들어낸다. 이런 기전이 있다는 증거는 주로 기능상실 돌연변이체들을 연구해서 얻게 되었는데, 예를 들면 Par 복합체의 구성요소를 결여한 배아는 Numb과 Prospero의 국부화가 나타나지 않으며, 신경모세포가 대칭적으로 분열한다. *prospero*와 *brat*의 기능상실 돌연변이가 일어나면 결함이 있는 신경절 모세포가 만들어진다.

척추동물의 신경세포형성에서도 공통된 주제를 발견할 수 있는데, 1차 뉴런 형성의 기저에 놓여 있는 가장자리 억제와 나중의 신경세포형성의 비대칭적 세포분열에는 초파리에서 사용되는 분자 구성요소와 상동인 인자들이 관여하고 있는 경우가 많다.

## 척추동물의 일차 신경세포형성

하등 척추동물에서는 첫 번째 뉴런들이 열려 있는 신경판의 신경상피로부터 직접 나타난다. 이 단계에서 신경상피는 단 하

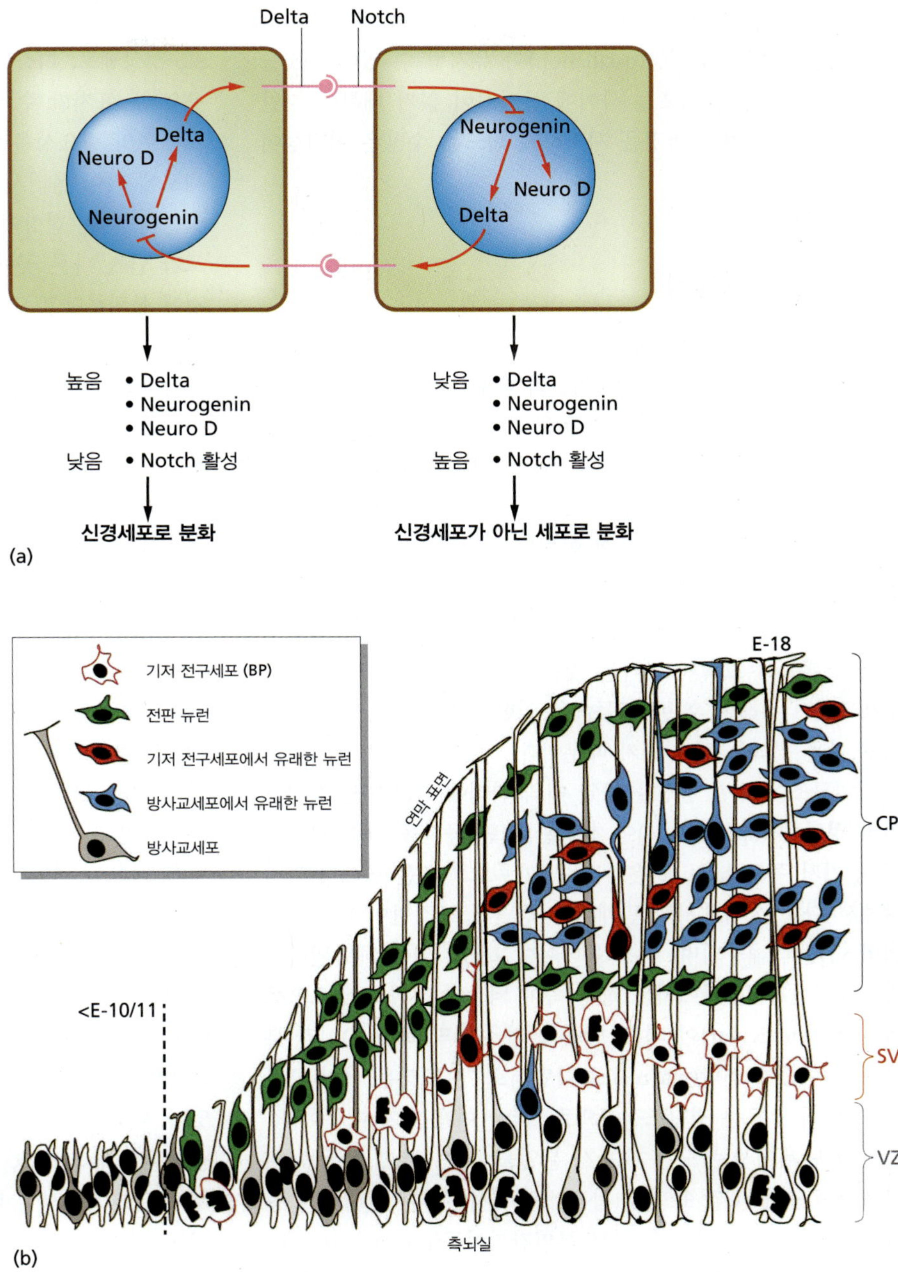


그림 14.12 (a) Delta-Notch 체계에 의해 중개되는 측면 억제를 통해서 신경원성 부위의 일부 세포만이 뉴런이 될 수 있다. (b) 방사 교세포로부터 신경세포형성. 생쥐의 임신 후반기 동안에 대뇌피질이 두터워지는 것을 보여주는 다이어그램이다. 처음의 신경상피는 여러 층으로 되어서 뇌실지대(ventricular zone, VZ), 뇌실하부지대(subventricular zone, SVZ) 및 피질판(cortical plate, CP)을 갖게 된다. 초기 뉴런 중 일부는 단순한 신경상피로부터 유래하지만, 대부분은 방사교세포로부터 유래하는데, 직접 유래하거나 간접적으로 기저 전구세포가 형성되는 것을 거쳐서 나온다. 상피세포의 형태로 보면 바깥쪽 연막 표면이 기저에 해당되고, 안쪽의 뇌실 쪽 표면이 정단이다. 기저 전구세포는 뇌실지대 쪽으로 기저에 놓여 있기 때문에 그렇게 불린다. (인용) Springer의 허락을 얻어 Malatesta *et al.* (2007)의 그림을 재구성하였음.

나의 세포층 두께이지만 줄무늬가 있는 것처럼 보이는데, 핵이 여러 다른 높이에 있기 때문일 뿐이다. 다수의 신경원성 전사인자들이 있어서 신경세포의 분화를 추동한다. 여기에는 초파리의 AS-C와 동일한 생화학적 가족에 속하는 Neurogenin과 NeuroD가 포함된다. *Neurogenin*은 처음 1차 뉴런을 생산하는 신경판 부위에서 발현되며, *NeuroD*의 발현을 유도해서 1차 뉴런에서 높은 수준으로 발현되게 한다. 제노푸스에서 둘 중의 한 인자를 과발현하면 신경상피에서 비롯되는 뉴런의 숫자를 증가시킬 수 있다. 1차 뉴런 사이의 간격은 초파리의 경우와 매우 유사하게 측면 억제 기전을 통해서 결정된다(그림 14.12a; 동영상 6: 측면 억제 참조). Neurogenin을 발현하는 부위에 있는 모든 세포가 뉴런이 될 수 있는 잠재력이 있다. 하지만 이런 경향은 Notch 신호전달에 의해서 억제되고, 한 세포에 있는 Notch가 인접한 세포에 있는 Delta에 의해 자극된다. Delta를 과발현하거나 항상 활성화되어 있는 상태의 Notch를 과발현하면 제노푸스의 신경판에서 1차 신경세포의 형성이 줄어든다. 반대로 우성음성 형태의 Delta를 과발현하면 1차 뉴런의 밀도가 높아진다. 측면 억제 과정을 통해서 여섯 층의 종단 신경원성 벨트에 걸쳐 다수의 개별 뉴런들이 흩어져 형성될 수 있는 것이다. 처음에는 대칭파괴사건이 세포 사이에서 분자 수준의 통계적 변동에 의한 것이라고 생각되었지만, 이제는 생화학적인 체계가 있어서 진동(oscillation)이 유지될 수 있다는 것을 알고 있다. 인접한 세포들 사이에 동시성이 없기 때문에 자발적인 진동이 생겨서 과정을 시작하게 만드는 수많은 이질성이 창조될 수 있다.

## 후기 신경세포형성

생쥐에서는 1차 신경세포형성이 적지만 신경상피가 한 세포 두께를 넘어서는 임신 후반기에 이르러 대부분의 신경세포형성이 일어난다. 레트로바이러스를 이용해서 초기(E9-10) 배아를 표지해 보면 클론들이 대부분 모두 뉴런이거나 모두 교세포인 경우가 많지만, 일부는 섞여 있기도 하다. 이런 사실로 미루어 볼 때 적어도 초기 선구세포 중의 일부는 다능성을 가졌다는 것을 알 수 있다. 한 가지 유형의 클론을 만드는 세포들은 그렇게 되도록 예정되어 있다고 생각한 적이 많았지만, 현재는 4장에서 설명했듯이 그렇지 않다는 것을 알게 되었는데, 다능성 선구세포에서 유래한 후손세포들에 동일한 미세환경을 만들어 주어도 같은 결과를 얻게 되기 때문이다.

상피구조에 대한 명칭을 붙일 때의 관례에 따르자면, 신경상피의 **정단** 쪽(**apical** side)이 신경관의 빈 공간을 마주하는 쪽이며, **기저** 쪽(**basal** side)은 바깥을 마주보고 있는 쪽이다(다시 말해서 다른 상피에서의 관례와는 정반대로 정단이 다이어그램의 아래에 해당되며, 기저가 다이어그램의 위에 해당된다는 뜻이다). 신경해부학에서는 정단 쪽이 뇌실에 접하고 있으므로 **뇌실 쪽(ventricular)**이 되고, 반대쪽 면은 **연막 쪽(pial)**이라 부르는데, 나중에 연막(pia mater, 라틴어로 "부드러운 어머니"라는 뜻)이라 부르는 결합조직층으로 둘러싸이게 되기 때문이다.

초기 단계에서는 모든 세포가 분열을 하며, 핵이 이동을 해서 S기 동안에 바깥 표면에 접근하고 유사분열이 진행되는 동안 내강 표면에 도달한다. 이를 **분열간기이동(interkinetic migration)**이라 한다. 신경세포형성이 진행되면서 대부분의 신경상피가 진정한 줄무늬층을 이루게 되며 일부의 신경상피세포가 **방사교세포(radial glia)**로 변형되어 전체 뇌실에서부터 연막까지를 포괄하도록 계속 확장한다(그림 14.12b). 이 세포들에 그런 이름이 붙은 이유는 다양한 교세포 표지인자(glial markers)를 발현하기 때문이지만 실제로는 신경세포와 교세포를 모두 만들어내는 선구세포들이다.

방사교세포는 단일층으로 이루어진 신경상피 때부터 정단 쪽에 Par 복합체를 계속 유지하고 있으며, 이와 더불어 막단백질인 Prominin-1 (= CD133), 중간섬유단백질인 Nestin과 뇌지질결합단백질(Brain lipid binding protein, Blbp)이 정단 쪽에 농축되어 있다. *Blbp-Cre* 생쥐를 R26R형 리포터 생쥐와 교배시켜 형질전환 생쥐를 만들면 일부의 뉴런, 기저쪽의 신경선구세포, 성상세포, 희소돌기아교세포의 선구세포 및 뇌실막세포 등을 모두 표지할 수 있다. 이런 연구를 통해 선구세포로서 방사교세포의 중요성을 알 수 있다. 후손 뉴런들은 어버이 방사교세포에 기어 올라서 신경상피의 최종 위치로 도달하는 경향이 있는데, 이런 현상이 관찰되기 때문에 과거 한동안은 방사교세포가 단지 다른 곳에서 유래한 뉴런에게 인도신호를 제공하는 것에 불과하다고 믿었던 것이다.

초파리와는 달리, 척추동물의 신경세포형성에서는 Par 복합체가 Numb을 끌어당겨 세포의 같은 부위로 이끌어 내며 반대 부위로 밀어 내지는 않는 것으로 보인다. 유사분열 후 증식하는 세포는 Numb 단백질을 유지하지만 유사분열이 끝난 뉴런들에서는 Numb이 사라진다. 생쥐에서는 Numb (그리고 이와 비슷한 단백질인 Numblike)이 세포 구조를 조절하는 세포간 접촉을 유지하도록 해서 방사교세포를 증식모드로 유지하는 것 같다. *Emx-Cre* 생쥐를 *Numb* 및 *Numblike* 플록스 생쥐와 교배시켜 등쪽 전뇌에서만 두 단백질이 국부적으로 적중되게 하면 신경세포형성이 지연되어 수많은 결함이 나타난다.

성체에서도 신경세포형성이 많이 일어나는 하등 척추동물에서는 방사교세포가 성체생활 내내 유지된다. 생쥐에서는 생후 1주 동안에 대부분의 방사교세포가 성상세포로 성숙한다. 이렇게 전환이 일어나는 것은 새롭게 형성된 뉴런에서 분비하는 IL6 계열의 성장인자인 cardiotrophin에 의존한다. 또한 소수의 방사교세포가 **신경줄기세포(neural stem cells)**로 전환된다(아래 참조). 이런 현상은 태어난 후의 리포터 생쥐에 Cre를 코딩하고 있는 아데노바이러스를 선조체(striatum)로 주입하면 피질의 방사교세포만 이를 받아들여 표지되기 때문에 확인해볼 수 있다. 이런 방식으로 표지한 대부분의 방사교세포는 출생 직후 성상세포가 되지만, 소수의 방사교세포가 뇌실 하부의 신경줄기세포가 되어서 뉴런, 성상세포 및 희소돌기아교세포를 담고 있는 클론을 형성한다.

## 신경세포의 생일과 층

일단 뉴런이 형성되고 나면 분열을 멈추므로, 발생 과정 중에 BrdU나 $^3$HTdR의 펄스를 주면 각 종류의 뉴런이 형성되는 시점을 밝혀낼 수 있다. 펄스를 주고 나서 약간의 시간이 경과한 후에 조직을 조사하면, 계속해서 분열을 한 모든 세포들은 연속된 DNA 복제에 따른 희석 효과로 인해 표지된 것이 사라지는 반면, 표지가 된 후에 분열을 멈춘 세포들은 여전히 표지된 채로 남아 있게 된다. 뉴런으로 분화하기 전에 마지막으로 일어난 S기의 시간을 그 뉴런의 **생일(birthday)**이라고 부르는 경우가 종종 있다.

중추신경계의 중층구조는 "내부가 밖으로 빠져 나오는(in-

## 고전적인 실험들

### 신경능선과 신경세포형성

Le Douarin, N.M. (1986) Cell line segregation during peripheral nervous system ontogeny. *Science* **231**, 1515–1522.

총설논문이지만 1970년대에 프랑스에서 출간된 일련의 논문들을 훌륭하게 요약하고 있다. 메추라기에서 닭으로 이식하는 방법을 이용하여 신경능선 부위의 운명과 발생 능력을 확립하게 되었다.

Heitzler, P. & Simpson, P. (1991) The choice of cell fate in the epidermis of Drosophila. *Cell* **64**, 1083–1092.

초파리의 가장자리 억제체계를 분석한 것인데, 나중에 척추동물의 신경세포형성도 조절하는 것으로 밝혀졌다.

Lee, J.E., Hollenberg, S.M., Snider, L., Turner, D.L., Lipnick, N. & Weintraub, H. (1995) Conversion of Xenopus ectoderm into neurons by NeuroD, a basic helix-loop-helix protein. *Science* **268**, 836–844.

한 가지 신경선구 전사인자를 과발현하면 척추동물의 신경세포가 형성되는 것을 추동한다는 증거를 마련했다.

Erikson, P.S., Perfilieva, E., Bjork-Eriksson, T., Alborn, A.M., Nordborg, C., Peterson, D.A. & Gage, F.H. (1998) Neurogenesis in the adult human hippocampus. *Nature Medicine* **4**, 1313–1317.

오랫동안 포유동물의 성체에서도 신경세포형성이 일어난다는 증거가 있긴 했지만, 이 논문이 사람들에게 최종 확신을 심어 주었다.

Noctor, S.C., Flint, A.C., Weissman, T.A., Dammerman, R.S. & Kriegstein, A.R. (2001) Neurons derived from radial glial cells establish radial units in neocortex. *Nature* **409**, 714–720.

방사교세포가 발생 과정에서 신경세포형성의 주요 원천임을 확립했다.

side-out)" 형태형성과정을 통해서 나타난다. 뇌실막 층에서부터 안쪽으로 이동하는 세포가 **외투층(mantle layer)**을 형성해서 뉴런과 교세포를 모두 포함하는 회색질이 된다. 신경세포가 축삭을 만들어냄에 따라 연막 표면 아래에 세포가 거의 없는 **가장자리 지대(marginal zone)**가 만들어진다. 축삭에 수초가 덮이면 이 부위가 백색질이 된다. 신경관이 두터워지면서 뉴런들은 뇌실지대에 있는 자신이 형성된 곳으로부터 방사상으로 이동해서 최종 목적지에 도달한다. 생일이 빠른 뉴런들은 짧은 거리를 가게 되고, 생일이 늦은 뉴런들은 더 먼 거리를 이동하게 된다.

뇌실층, 외투층 및 가장자리 지대라는 3개의 층으로 이루어진 초기 구조가 척수에서는 그대로 유지되지만, 뇌의 일부 부위에서는 더욱 복잡해진다. 포유동물의 대뇌피질에서는 처음 형성된 뉴런들이 연막 쪽의 전판(preplate)을 형성한다. 전판은 카할-레치우스 뉴런(Cajal-Retzius neuron)이라 부르는 바깥층 세포와 판하부 뉴런으로 이루어진 안쪽 층으로 이루어진다. 외투층으로부터 새롭게 이동하는 뉴런들이 가장자리지대로 침투해서 여섯 층(연막에서부터 뇌실쪽으로 I–VI까지 번호를 붙인다)으로 이루어진 **신피질(neocortex)**을 확립하게 된다. 여섯 층 각각에는 서로 다른 형태의 뉴런들이 들어 있다. 생쥐 배아에서 대부분의 피질 뉴런들은 E12.5–E17.5일 사이에 형성되고, 각각의 새로운 뉴런 집단이 전판을 지나쳐 이동을 해서 새로운 신피질의 층을 만들어낸다. 각각의 층은 내부가 바깥으로 빠져 나오면서 형성되므로, 처음 태어난 뉴런들이 VI번 층을 이루고, 나중에 태어난 뉴런들이 이미 존재하는 층을 지나쳐 이동을 해서 다른 층들을 형성하게 된다. 흰담비(ferret) 배아를 이용한 고전적인 실험을 보면, 초기에 이동하는 뉴런들을 나중 단계의 뇌에 이식하면 위쪽 층을 구성할 수 있었지만, 나중에 이동하는 뉴런은 아래쪽 층을 구성하도록 재특화가 일어나지는 않았다.

소뇌에서는 일부의 유사분열 세포가 바깥쪽 층으로 이동해서 외부배아층(external germinal layer)을 형성하는데, 곧 이어 "바깥이 안으로 들어 오는(outside-in)" 신경세포형성이 일어난다. 또한 외투층이 여러 층으로 나뉘는데, 이 중 한 층에 소뇌에서만 발견되는 거대 세포로서 $10^5$개에 달하는 다른 뉴런들과 시냅스를 이루는 푸르킨예 뉴런(Purkinje neuron)이 담겨 있다.

눈에서는 눈오목의 바깥 부위가 **색소상피(pigment epithelium)**가 되고, 안쪽 층이 망막이 되어서 6개의 층을 이루는데, 원래의 뇌실 쪽 표면에 광수용체세포가 있고, 시신경으로 이어지는 신경섬유들은 원래의 연막 표면 쪽에 있다.

## 신경줄기세포

하등 척추동물에서는 중추신경계의 많은 부위에서 평생 동안 세포 재생이 일어나지만, 포유동물의 뇌에서는 두 지역에서만 세포 재생을 볼 수 있다. 바로 측뇌실에 인접해 있는 뇌실하부지대(subventricular zone)와 해마의 과립하부지대(subgranular zone)인데, 해마는 측두엽 안쪽에 있는 구조로서 학습과 기억에 관련되어 있다(그림 14.13). 측뇌실에서 유래한 새로운 뉴런들은 앞쪽으로 이동해서 후각망울에 있는 사이뉴런이 된다. 해마에서 유래한 뉴런들은 안쪽으로 이동해서 과립지대의 뉴런이 된다.

이제는 **신경줄기세포(neural stem cells)**가 다른 재생 조직의 줄기세포들과 비슷한 방식으로 조직되어 있다고 믿고 있다(18장 참조). 줄기세포는 특정한 보금자리에 존재하며, 일시증폭세포(transit amplifying cells)를 만들어내는데, 이 세포들은 유한한 분열 잠재력을 갖는 전구세포(progenitor cells)들로서 신

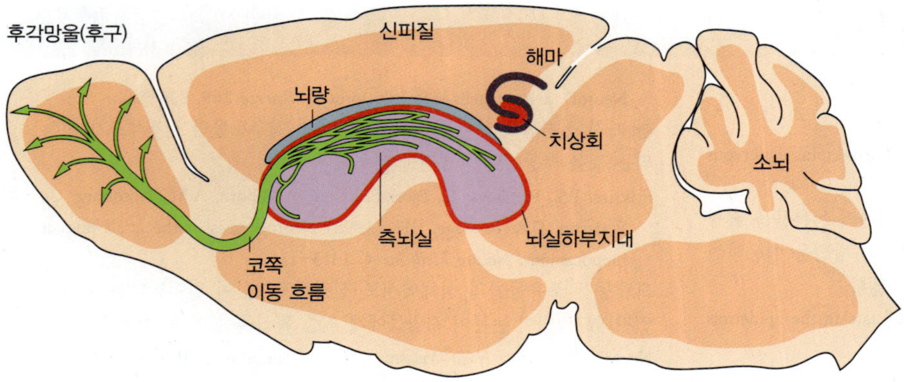


**그림 14.13** 생쥐 성체의 뇌에서 신경줄기세포의 위치. (인용) Elsevier 출판사의 허락을 얻어 Zhao *et al. Cell* 2008; 132: 645-660의 그림을 재구성하였음.

경모세포를 만들어낸다. 줄기세포들은 형태학적으로 확인 가능한 "B형(type B)" 세포로 동정된다. 줄기세포는 이전에는 성숙한 성상세포의 특징이라 여겨졌던 GFAP (glial fibrillary acidic protein)를 비롯해서 Nestin, Sox2 (배아 신경상피에 중요), 인테그린(integrins)은 물론이고, Prominin1 (= CD133), SSEA1과 같은 탄수화물 항원결정인자들을 발현한다. 비록 뇌실하부지대를 점유하고 있지만 뇌실막세포들 사이로 돌기를 뻗어서 뇌실 표면과 접촉하고 있다. **줄기세포 보금자리(stem cell niche**, 그림 14.14)는 혈관에 인접해서 그 기저판이 성장인자들을 받아들일 수 있도록 형성되는 것으로 생각된다. 줄기세포는 혈관은 물론이고 뇌척수액과도 접촉하고 있기 때문에 양쪽에서 오는 환경신호에 모두 반응할 것으로 생각된다.

신경줄기세포가 성상세포와 유사한 B형 세포라는 증거는 여러 가지다. 첫째, 이 세포들에서만 오랫동안 **BrdU**가 표지된 채로 남아 있다. 둘째, 일시증폭세포처럼 빠른 속도로 분열하는 세포를 죽이는 항유사분열 약물인 ara-C를 처리해도 신경줄기세포는 살아남는다. 약물 처리를 멈추면 신경세포형성이 다시 시작되므로, 이렇게 살아남은 신경줄기세포로부터 새롭게 신경세포형성이 시작된 것임에 틀림없다. 셋째, 성상세포와 유사한 세포들만을 특이적으로 GFP로 표지하면 그 후손세포들 속에 일시증폭세포와 후각망울로 이동하는 뉴런들이 포함되어 있다. 이렇게 특이적으로 표지하는 방법은 다음과 같다. GFAP 프로모터의 조절 하에 조류 백혈증 바이러스(avian leukosis virus)에 대한 수용체를 발현하는 형질전환 생쥐를 바이러스로 감염시킨다. 정상적인 생쥐는 바이러스에 감염되지 않지만 이렇게 형질전환된 생쥐에서는 GFAP를 발현하는 세포에만 특이적인 감염이 일어나서 표지가 되는데, 표지된 세포를 조사해 보면 여기에는 정상적인 성상세포는 물론이고 B형 세포도 포함되어 있다. 마지막으로 이 부위로부터 **신경세포구(neurosphere**, 아래 참고)가 자라날 수 있지만 GFAP를 발현하는 세포를 모두 죽이면 자라나지 못한다. GFAP를 발현하는 세포만 죽이는 방법은 이것이다. *Gfap-TK* 유전자(TK 선별법에 대해서는 10장

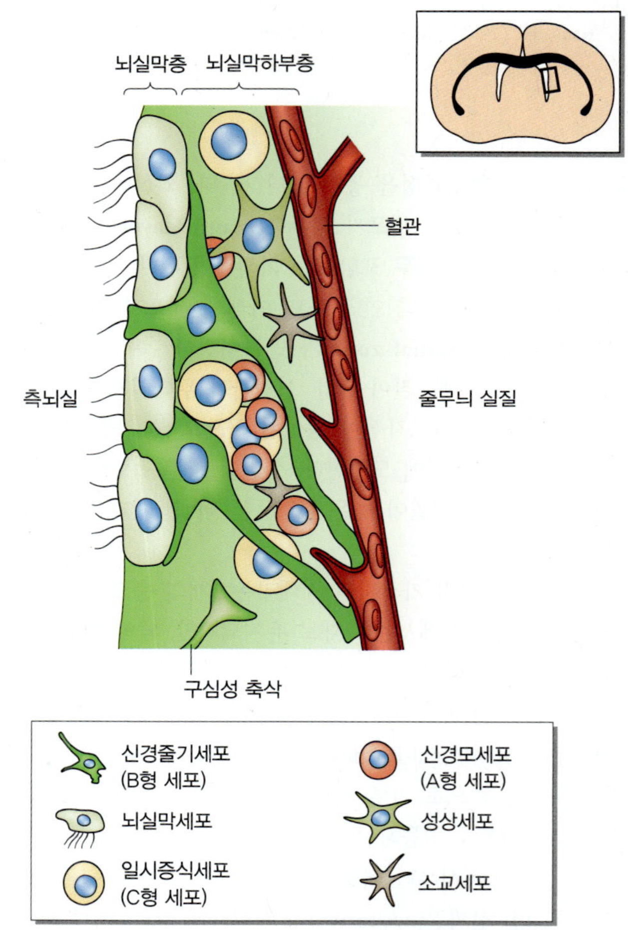


**그림 14.14** 포유동물 측뇌실의 뇌실하부지대에서 줄기세포 보금자리 모델. (인용) Elsevier 출판사의 허락을 얻어 Miller and Gauthier-Fisher (2009)의 그림을 재구성하였음.

참고)를 가진 형질전환 생쥐로부터 세포를 얻어서 간시클로비르(gancyclovir)라는 약물을 처리하면 된다. 혈관이 있어야 보금자리가 유지된다는 증거는 다음과 같다. 체외배양 중인 신경줄기세포는 혈관내피세포(endothelial cells)와 동시에, 혹은 여과

지를 사이에 두고 함께 배양(**transfilter** culture)해야만 자기갱신 능력이 유지된다.

개별 줄기세포의 발생 능력은 두 가지 방법으로 조사되었다. 복제 능력이 결여된 레트로바이러스를 **β-갈락토시다제(β-galactosidase)**나 **GFP**를 발현하도록 만든 후 형질도입해서 체내 **클론분석**(*in vivo* **clonal analysis**)을 하는 것이 그 하나다. 중복도를 낮게 해서 이런 실험을 수행하면 감염된 세포들을 구별하기 용이하며 표지된 양성 세포들 각각을 하나의 클론으로 간주할 수 있게 된다. 이 방법을 통해서 후손세포들이 현저하게 방사상 이동을 한다는 것을 확신할 수 있었고, 대부분의 클론이 뉴런이나 교세포로만 이루어졌음을 알 수 있었는데, 이는 일시증폭세포에 바이러스가 도입되었음을 의미한다. 하지만 소수의 클론들은 뉴런과 교세포를 모두 가지고 있었는데, 이런 결과는 표지된 세포가 **복능성을 가지고 있음(multipotent)**을 보여준다. 또 다른 방법은 개별 세포들을 체외 배양하는 것이다. 흰쥐 대뇌피질의 측뇌실지대를 배양하면 대다수의 클론들은 뉴런으로 이루어진 작은 클론이 되고, 일부는 교세포로 이루어진 작은 클론이 되지만, 약 7% 정도의 클론은 뉴런, 성상세포, 희소돌기아교세포를 포함하고 있는 커다란 클론이 된다. 두 가지 유형의 실험에서 여러 세포 유형이 섞여 있는 커다란 클론은 줄기세포에서 유래했고, 한 가지 세포 유형만 가진 작은 클론은 일시증폭세포에서 유래한 것으로 여기고 있다.

줄기세포의 지역 특정화라는 견지에서 볼 때, 서로 다른 하위 계층의 후각뉴런들이 뇌실하부지대의 서로 다른 부위로부터 유래했다는 것을 알 수 있었다. 발생 능력이 있는 부위를 갓 태어난 생쥐의 다른 부위로 이식해도 하위 계층적 특이성이 그대로 유지되는데, 이런 결과는 전뇌의 초기 지역특성화에 의존한다는 것을 의미한다.

신경세포형성의 1가지 흥미로운 측면은 배아 시기는 물론이고 태어난 후에도 레트로트랜스포존(retrotransposon) 동원 빈도가 체세포보다 훨씬 높다는 것이다. 정상적인 유전체 내에는 레트로바이러스와 유사한 요소들이 다수 들어 있다. 이중 소수만이 활성이 있는 레트로트랜스포존이다. 이들은 보통 DNA 메틸화가 일어나 잠잠한 상태로 있지만 가끔 RNA로 전사가 일어나고, 그 자신의 염기서열 속에 암호화되어 있는 역전사효소를 이용해서 DNA 분자로 바뀌어 유전체의 다른 부위로 끼어 들어간다. 이렇게 유전자 삽입이 일어나면 체세포의 돌연변이가 일어나거나 분화를 변경할 수도 있는데, 이웃한 유전자의 활성에 영향을 주기 때문이다. 입증된 것은 아니지만 이런 과정이 유전되는 것이 아니면서 경험에 의해서 조정이 이루어지는 개성이나 정신 능력, 다시 말해서 근친교배로 길러진 동물 사이나 일란성 쌍생아 사이에 존재하는 개별적인 차이의 원인이 아닌가 생각해 볼 수 있다.

## 신경세포구

포유동물의 중추신경계에서 진정한 신경줄기세포는 측뇌실 경계부나 해마에만 제한적으로 존재한다고 해도, 이보다 훨씬 다양하고 폭넓은 뇌 부위를 조직배양해도 줄기세포의 특성을 갖는 세포가 자라는 것을 볼 수 있다. 이렇게 어떤 형태를 이루어 줄기세포와 같은 세포가 자란 것을 **신경세포구(neurospheres)**라 부른다(그림 14.15). 이것은 폭이 0.3 mm에 이르는 세포덩어리로서 EGF (epidermal growth factor)와 FGF가 들어 있는 배지에서 부유배양으로 자란다. 이런 배양은 태아 중추신경계라면 어느 부위에서든 시작할 수 있고, 성체 중추신경계에서는 일부분에서 시작할 수 있으며, 심지어 계속적인 재생이 일어나지 않는 곳으로부터 시작할 수 있는 경우도 종종 있다. 뇌실막세포만 Cre로 표지한 생쥐의 척수를 이용해도 표지된 신경세포구가 자랄 수 있는데, 뇌실막세포에서 기원했음을 의미한다.

각각의 신경세포구는 자기 갱신이 가능한 소수의 신경줄기세포를 담고 있으며, 이와 더불어 유한한 분열 잠재력을 갖는 일시증식세포도 들어 있는 것으로 생각된다. 신경세포구를 혈청과 더불어 라미닌(laminin) 기질 위에 뿌리면 신경세포, 성상세포 및 희소돌기아교세포로 분화한다. 신경세포구를 단일 세포들로 해체시키면 이중 몇 % 정도의 세포들이 새로운 신경세포구를 만들어내는데, 원래의 신경세포구와 비슷하다. 해체와 성장을 주기적으로 반복할 수 있기에 실질적인 확장 능력을 제공해줄 수 있다.

신경세포구라는 현상은 조직배양의 경우 세포가 체내와는 달리 다른 방식으로 행동할 수 있다는 사실의 한 예가 된다. 신경세포구는 엄청난 관심을 불러 일으켰는데, 왜냐하면 조혈줄기세포와는 달리 체외에서 쉽게 확장이 가능하기 때문이고, 또 다른 이유는 언젠가 폭넓게 신경세포들이 죽어나가서 생기는 난치성 신경퇴행성질환의 **세포치료(cell therapy)**에 사용될 수도 있으리라는 희망 때문이다.

## 교세포형성

교세포의 형성은 신경세포형성 이후에 일어나는 경향이 있다. 일부의 희소돌기아교세포 선구세포는 방사교세포에서 유래하며, 방사교세포 자체는 일단 신경세포형성이 끝나고 나면 성상세포로 바뀌는데, 이런 전환은 새롭게 형성된 뉴런이 분비한 카디오트로핀(cardiotrophin)에 의존한다. 교세포들은 마지막 목적지까지 상당한 거리를 이동하는 경우가 종종 있다.

척수에서는 성상세포가 p1, p2 및 p3 부위에서 기원하는 반면, 희소돌기아교세포는 등쪽과 pMN 부위에서 유래한다(그림 14.9c). 더욱 등쪽에서 유래하는 성상세포는 릴린(Reelin)이라

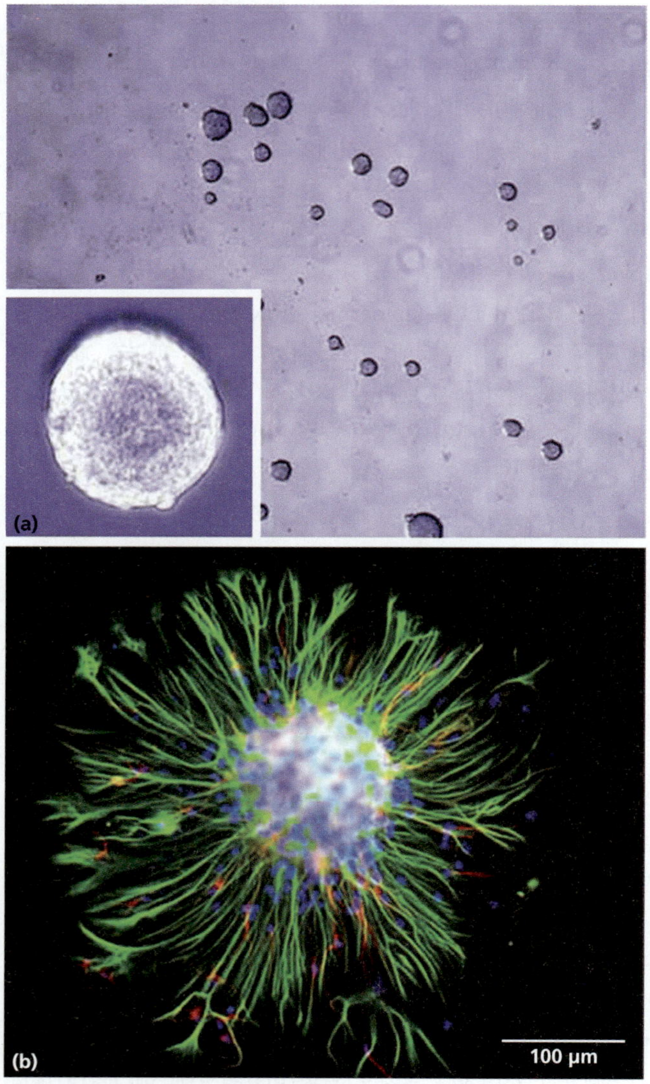


그림 14.15 신경세포구. (a) 배양액 속에 떠 있는 신경세포구들. 사진 안의 작은 사진은 단일 구체를 확대한 것임. (b) 끈적끈적한 기질 위에서 혈청의 영향으로 분화하고 있는 신경세포구. 면역염색법을 통해 GFAP를 녹색, β-튜불린을 빨간색, DNA는 파란색으로 염색했다. (인용) Bentham Science Publisher의 허락을 얻어 Marshall *et al.*, *Curr Pharm Biotechnol* 2007; 8: 141-145의 그림을 재구성하였음.

부르는 인도 분자를 만들어내는데, LDL 수용체에 결합하고, 보다 배쪽에서 유래하는 성상세포는 슬릿(Slit)을 생산하는데, 로보(Robo) 계열의 수용체에 결합한다. 이런 인자들은 그 이후의 이동과 위치결정을 제어한다.

다른 척수영역과 마찬가지로 pMN 부위는 척삭과 바닥판에서 만들어지는 Shh의 농도구배에 맞추어 다양한 전사인자의 조합에 의해 특정화가 일어난다. 처음에는 이 부위에서 전사인자인 Ngn2, Olig1 및 2가 발현되고 신경세포형성 기간에는 운동뉴런을 만들어낸다. 임신 후반기가 되면 Ngn2의 발현이 감소하고, Nkx2.2 영역이 등쪽으로 확장해서 이 부위를 포함하게 되며, 희소돌기아교세포의 선구세포가 만들어진다.

희소돌기아교세포의 선구세포는 양극성의 형태를 가지고 있다. 체내에서 레트로바이러스로 표지해서 살펴보면, 이 세포들의 정상적인 운명은 희소돌기아교세포가 되는 것이다. 하지만 배양 중에는 CNTF (ciliary neurotrophic factor, 섬모신경성장인자)에 노출시키면 제2형 성상세포를 형성할 수도 있다. NG2 교세포(다돌기아교세포)는 장기간 유지되는 희소돌기아교세포의 전구세포인데, 계속해서 Olig1과 2를 발현한다. NG2의 분자인 CSPG4에 대한 프로모터를 사용해서 Cre로 표지하면 백색질에서는 NG2 세포가 자기 갱신을 하며 희소돌기아교세포를 만들어내는 반면에 회색질에서는 2형 성상세포를 만들어낸다는 것을 알 수 있다.

## 신경능선

신경능선은 모든 척추동물의 신경주름에서 비롯된 세포의 집단이다(그림 14.16). 신경관이 닫힐 때 신경관의 등쪽 부분으로 존재하지만 곧바로 신경관을 떠나서 주변 조직으로 이동해 들어간다. 신경능선의 세포들은 다양한 유형의 세포들을 만들어내는데, 중요한 것으로 다음과 같은 것들이 있다.

- 감각 및 자율신경계의 뉴런과 교세포
- 부신수질과 갑상선의 칼시토닌 세포
- 색소세포(색소 망막의 세포 제외)
- 머리의 골격 조직
- 심장을 빠져 나오는 경로의 일부

두 가지 주요 실험기법을 통해 신경능선의 정상적인 운명이 밝혀졌다. 하나는 메추라기의 신경관 체절들을 닭의 배아에 이식한 다음, 나중 단계에서 메추라기 세포의 위치를 확인하는 것이다. 둘째 방법은 염료를 국부적으로 주입해서 체내의 신경능선을 표지하는 것이다. 세포의 바깥에 **DiI**을 주입하면 일부의 세포를 염색할 수 있으며, **형광 덱스트란(fluorescent dextran)**을 세포 내로 주입하면 개개의 세포를 표지할 수 있다. 표지를 한 다음 잠시의 시간을 주어 배아가 발생하도록 한 다음 나중 단계에서 표지된 세포들의 위치는 어디이고, 어떤 세포유형이 되었는지를 확인한다.

이런 유형의 실험을 통해서 정상적인 발생의 경우, 신경능선이 뚜렷한 전후축 영역을 가지고 있음을 알 수 있었다(그림 14.17). 두부의 신경능선은 정말 다양한 종류의 조직을 만들어낸다. 초기에는 두부 신경능선이 머리 중간엽의 대부분을 이루는 원천이다. 일반적인 결합조직과 마찬가지로 이것이 나중에 연골, 뼈, 두부 신경절, 혈관의 주위세포(pericytes) 및 평활

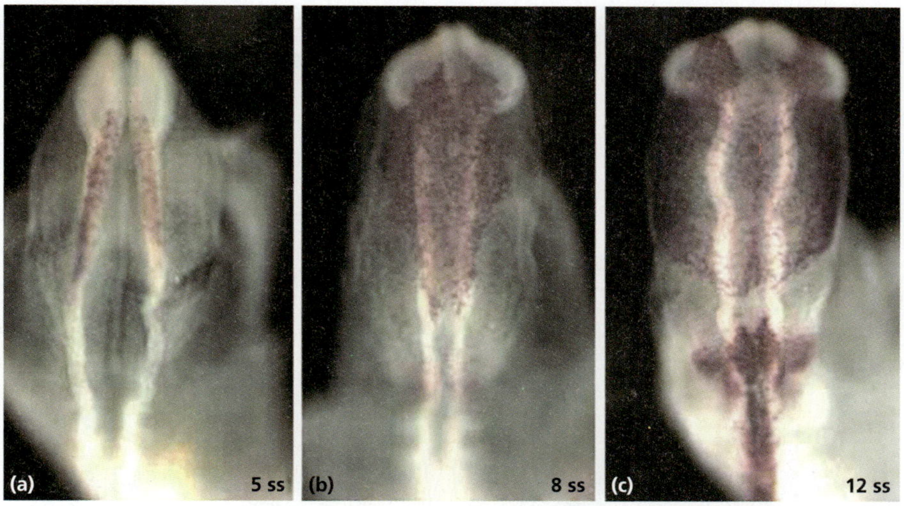


그림 14.16 닭의 신경관으로부터 두부 신경능선의 이동. *Sox10*을 제자리혼성화법으로 표지해서 세포를 가시화했다. (a) 5-체절 배아, (b) 8-체절 배아, (c) 12-체절 배아. (인용) Annual Reviews로부터 허락을 얻어 Crane and Trainor. *Ann Rev Cell Devel Biol* 2006; 22: 267-286의 그림을 재구성하였음.

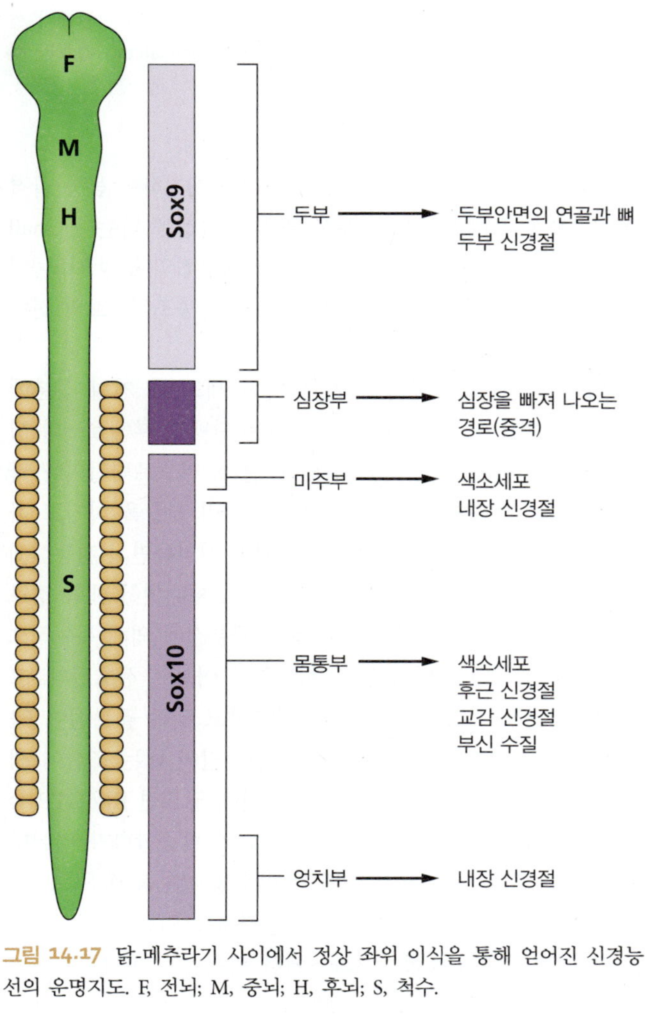


그림 14.17 닭-메추라기 사이에서 정상 좌위 이식을 통해 얻어진 신경능선의 운명지도. F, 전뇌; M, 중뇌; H, 후뇌; S, 척수.

근, 그리고 이빨의 상아질모세포(odontoblasts)가 된다. 몸통부의 신경능선은 두 가지 명확한 이동경로를 보인다(그림 14.18). 등가장자리쪽 경로는 표피와 체절 사이를 지나서 멜라닌세포(melanocytes)가 된다. 배쪽 경로는 뼈 분절을 지나서 후근 신경절, 교감 신경절, 부신 수질이 되고, 아울러 심장을 빠져 나오는 경로에도 일조한다(심장부 능선). 이런 이동은 단지 각 뼈 분절의 앞쪽 절반을 통해서만 일어나고, 각각의 후근 신경절은 뒤쪽 뼈 분절에 인접한 능선에서 유래한 세포를 포함하게 된다. 마지막으로 미주부와 엉치부로 알려진 두 부위의 능선은 내장 신경절의 네트워크에 포함되는 세포들을 만든다.

## 신경능선의 형성과 이동

신경주름의 개별 세포들을 표지하면 그 클론성 후손세포들에 표피세포, 신경세포 혹은 신경능선세포가 포함되든지 아니면 셋의 어떤 조합이 포함될 수 있다. 따라서 이 단계에서는 어떤 특이적인 신경능선의 흔적은 없지만 이 부위에 신경능선세포의 형성을 촉진하는 어떤 환경이 있다는 것을 시사한다. 신경주름을 제거하고 신경상피를 표피에 직접 붙이면 붙인 부위 양쪽에 있는 세포로부터 신경능선이 만들어질 수 있는데, 표피와 신경상피의 상호작용이 신경능선의 형성으로 이어질 수 있음을 의미한다. 표피에서 나오는 BMP4는 이 신호에서 중요한 구성성분이지만 그 자체로는 신경능선의 형성을 유도하는 데에 충분하지 않을 수 있다. 제노푸스와 닭을 이용한 실험을 보면 FGF, Wnts, Notch 및 레티노산 등도 마찬가지로 필요한 것으로 보인다.

신경능선을 결정하는 분자 경로를 보면 일직선의 순서라는 특징이 일부 나타나지만, 약간의 피드백 효과도 볼 수 있다. BMP 신호전달에 따른 초기 반응은 Msx1과 2라는 호메오도메인 전사억제자의 발현이다. 그 다음으로 2개의 징크-핑거 전사억제자인 Snail과 Slug가, 그 뒤를 이어 Sox9와 10이라는 전사인자가 발현된다. 경로에 대한 증거는 과발현, 억제 및 **상위성**

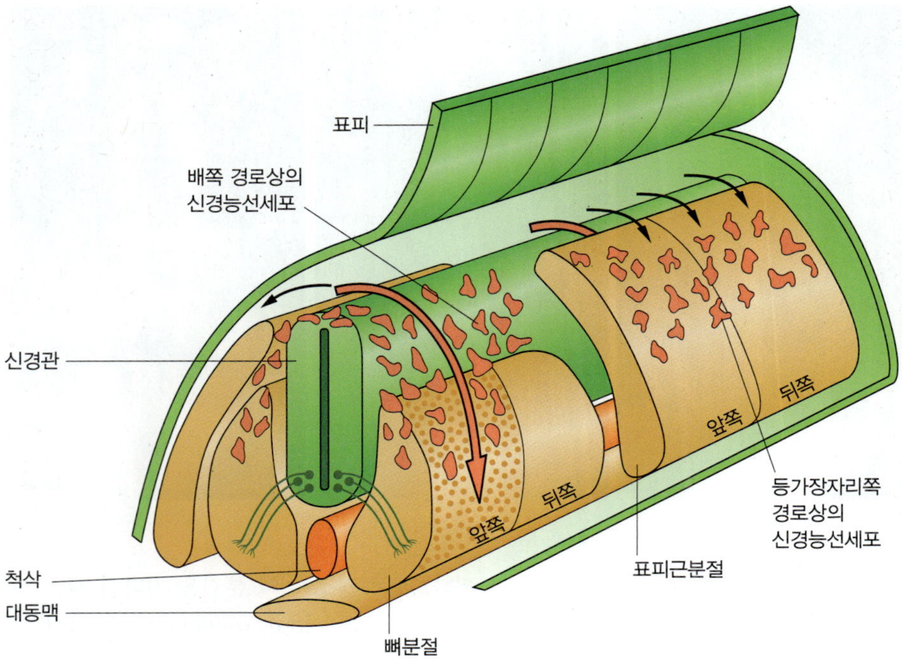


**그림 14.18** 몸통부 신경능선의 이동에서 볼 수 있는 등가장자리쪽(dorsolateral) 경로와 배쪽(ventral) 경로.

**(epistasis)** 실험을 통해 나온다. 여기서는 제노푸스의 결과를 기술하고 있지만 생쥐의 적중이나 닭에 레트로바이로스로 감염시켜 살펴본 결과들도 폭넓은 일관성을 보여준다. 제노푸스에서는 Msx 인자들을 과발현하면 *Snail*의 발현을 유도하고, Snail의 과발현은 *Sox10*의 발현을 유도하며, Sox10의 과발현은 *Slug*의 발현을 유도한다. 이 모든 인자들이 신경능선의 형성을 유도할 수 있고, 적절한 안티센스 **모폴리노(morpholino)**를 주입하거나 이 인자들의 우성음성형 **도메인 교환(domain-swap)** 산물을 주입하면 신경능선의 형성이 억제된다. 따라서 이런 과발현 데이터에 근거한 순서는 Msx→Snail→Sox10→Slug이다. 하지만 이렇게 단순한 직선경로와는 부합하지 않는 여러 결과들이 있으며, 이런 전사인자들은 상당한 수준의 병행 기능과 더불어 피드백 기능도 가지고 있을 것으로 보인다.

글루코코르티코이드로 유도할 수 있는 형태의 우성음성형 Slug로 초기에 발현을 유도하면 신경능선의 형성이 막히고, 신경능선이 형성된 후에 발현을 유도하면 세포의 이동이 막힌다. 이런 결과는 신경능선세포의 특성을 제어하는 Slug의 기능이 꽤 긴 시간 동안 필요하다는 것을 보여준다. 처음에는 Sox10이 전체 신경능선에서 발현되지만 곧 이어 두부의 신경에서만 발현되는 Sox9으로 대체된다(그림 14.17). Sox9은 중배엽으로부터 연골의 분화에 중요하다는 것이 이미 알려져 있었고, Sox9이 신경능선으로부터 연골이 형성되는 데에 중요하다는 증거는 조직 특이적으로 적중된 생쥐를 통해서 알 수 있다. *Wnt1-cre* 생쥐와 *Sox9* 플록스 생쥐를 교배시켜 얻어진 배아는 Cre 재조합효소가 신경능선에서만 발현되고, 중배엽에서는 발현되지 않는다. 이런 방식으로 신경능선에서 *Sox9*을 제거하면 몸통 골격에는 영향을 주지 않으면서 두부 골격의 형성을 막는다. Snail은 접착 분자인 E-캐드히린의 생성과 밀착연접의 구성요소들의 생성을 막아서 이동하기 전에 표피로부터 간충조직으로의 전이를 촉진하게 된다.

신경능선세포의 이동은 매우 다양한 세포 밖 기질 성분에 의존하며, MMP와 ADAMs를 포함하는 단백질 분해효소의 생성이 있어야 세포가 침투할 수 있게 된다. 피브로넥틴이나 라미닌과 같은 세포 밖 기질 성분이 긍정적인 역할을 하기도 하는데, 이런 단백질에 대한 중성화 항체를 처리하면 신경능선세포의 이동이 막힌다는 사실로 알 수 있다. 체내에서 배쪽 경로에 있는 몸통 능선세포의 이동은 뒤쪽 골분절에 의해 특이적으로 억제가 일어나서 앞쪽 골분절을 통한 이동이 선호된다. 그 이유는 신경능선세포가 EphB3를 발현하고 뒤쪽 골분절이 B1과 2를 발현하기 때문이다. 이렇게 서로 밀어 내는 조합이 생겨서 능선세포는 에프린 B를 가진 표면에 닿으면 RhoGTPase 체계(부록 참고)에 의해 매개되는 액틴의 탈중합화가 일어나 붕괴된다. 에프린 억제제를 닭의 배아에 넣으면 능선세포는 앞쪽 골분절은 물론, 뒤쪽 골분절을 통해서도 이동하도록 만들 수 있다. 후뇌의 능형할구 3과 5에서 일어나는 바깥쪽으로의 두부 능선세포의 이동도 Eph 체계에 의해서 막힌다.

## 신경능선의 수임과 분화

신경능선의 전반적인 전-후축 수임(commitment)은 신경관의 분절을 서로 바꾸고 그렇게 이식한 부위로부터 나타나는 능선세포의 운명을 조사하여 살펴본 바 있다. 이런 실험을 통해 적어도 고등 척추동물에서는 두부와 몸통부의 능선세포 사이의 구별이 일찍부터 나타나는 것을 알 수 있는데, 왜냐하면 오직 두부의 능선세포만이 골격조직을 만들 수 있기 때문이다. 몸통의 능선은 머리의 신경관으로 이식해도 연골을 만들어내지 않는 반면, 두부의 능선은 몸통으로 이식하면 몸통의 여러 신경세포 유형들을 만들 뿐 아니라 몸의 골격구조도 만든다. 하지만 몸통부 능선세포를 후뇌 대신에 안면원기 자체 내로 이식하면 연골을 형성할 수 있으므로, 그 구별이란 연골을 형성할 수 있는 실질적인 능력이라기보다는 이동 능력과 더욱 관련된 것으로 생각된다. 일반적으로 능선의 어떤 부위건 그 축을 따라서 적절한 부위에 이식하면 부교감 신경절, 교감 신경절 및 감각 신경절을 형성할 수 있다. 예를 들어 미주부의 능선은 보통 콜린성(부교감) 뉴런을, 흉부 능선은 아드레날성(교감 혹은 부신 수질) 뉴런을 만들 수 있다. 하지만 이 부위들을 서로 맞교환하면 새로 이식된 위치에 적합한 세포 유형이 형성된다.

미세주입법이나 레트로바이러스 감염법 등을 이용해서 개개의 능선세포를 체내에서 표지하면 초기에 신경관을 떠나는 세포들이 **다능성(multipotent)**임을 알 수 있는데, 왜냐하면 표지된 클론에 감각뉴런, 색소세포, 부신 수질 및 교세포들이 포함되기 때문이다. 이런 결과를 볼 때, 적어도 신경 능선의 일부세포에 다능성이 있음을 알 수 있다. 신경관을 늦게 떠나는 세포들은 오직 한 가지 유형의 세포 유형만을 만들 가능성이 높은데, 예를 들어 등쪽 가장자리 경로를 따라가는 세포들은 멜라닌세포가 된다. 하지만 정상적인 발생에서 한 가지 유형의 세포 유형만을 만드는 세포집단이라고 해서 그 주입된 세포들이 다른 세포 유형을 만들지 못한다는 것을 입증하는 것은 아니다(4장의 클론 분석 참조). 이것을 입증하기 위해서는 그 클론의 후손들을 충분히 이른 시기에 다양하고 폭넓은 환경에 노출시켰다는 것을 보여야 한다.

실제로 세포의 마지막 분화는 이동하면서 노출된 환경에 의존하는 경우도 있다(그림 14.19). 예를 들어 후근 신경절의 형성은 신경관에서 분비하는 BDNF (brain-derived neurotrophic factor, 뇌-유리 신경성장인자)에 노출되어야 한다. 만일 신경관과 능선세포들 사이에 장벽을 끼워 넣으면 능선세포들은 후근 신경절을 만들지 못한다. 하지만 여기에 BDNF를 공급해 주면 후근 신경절을 만들 수 있다. *Bdnf* 유전자가 결핍된 생쥐는 후근 신경절을 만들지 못한다. 후근 신경절의 실질적인 체절성 배열이 단순히 뒤쪽 골분절로부터 제외되어 피동적으로 나타나는 결과는 아닌데, 왜냐하면 서로 밀어 내는 영향을 제거한 돌연변이체에서도 여전히 신경절이 형성되기 때문이다. 하지만 세마포린 인도 체계(Semaphorin guidance system)에 의존하는데, 왜냐하면 Neurophilin 1과 2를 코딩한 유전자를 모두 제거하면 체절화가 일어나지 않기 때문이다.

자율신경세포가 될지, 교세포가 될지, 아니면 평활근을 형성할 것인지를 결정하는 것도 환경에서 오는 신호에 의존하게 된다. 배양 중인 몸통부의 능선세포를 Neuregulin에 노출시키면 **슈반세포(Schwann cells)**를 형성하는 것이 선호되고, TGFβ에 노출시키면 평활근이, BMP 2나 4에 노출시키면 자율신경세포가 형성되는 것이 선호된다. 비록 이런 인자들이 자기 자신의 세포 유형에 대해 차별적인 생존을 유발한다고 하더라도, 이런 효과들은 주로 **지시적(instructive)**인 것이라고 볼 수 있다. 이런 인자들은 배아에서 세포들이 이동하는 적절한 부위에 발현되는데, neuregulin은 신경수초에, TGFβ는 심장에서 뻗어 나오는 주요 혈관에, BMP 2/4는 등쪽 대동목과 내장에서 발현된다. 적중 생쥐를 이용해서 연구해 보면 예상한 결과를 얻게 되는데, 예를 들어 neuregulin 유전자(*Nrg*)가 적중되면 슈반세포의 개수가 줄어들고, *Tgfβ*의 적중은 심장 발생을 저해한다. 자율신경뉴런은 전사인자 유전자인 *Mash1*을 발현하는데, 이 유전자는 초파리의 AS 계열 단백질과 상동인 bHLH 전사인자를 코딩하고 있고, 적중되면 대부분의 자율신경뉴런이 결핍된다. 색소

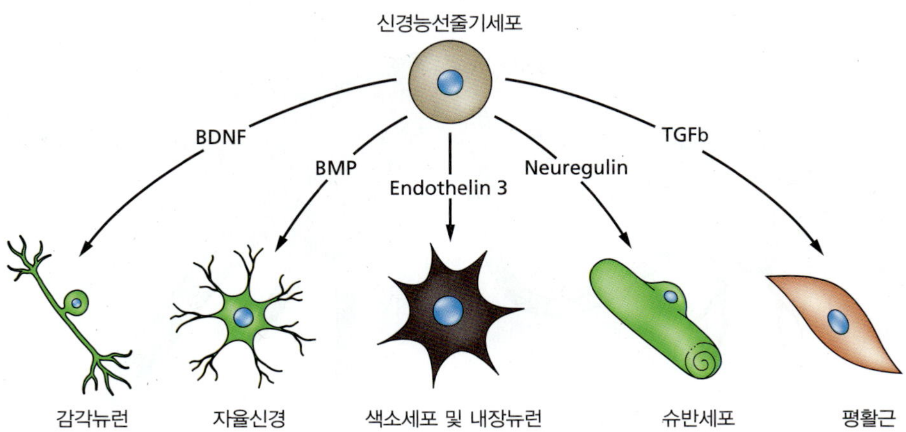


**그림 14.19** 서로 다른 유도인자에 노출된 몸통부 신경능선세포에서 선호되는 분화의 경로.

세포와 내장신경절로 수임되는 것은 유도인자인 Endothelin 3에 의존한다. 이 인자나 이 인자의 수용체가 결핍된 생쥐는 색소세포와 내장신경절이 모두 결핍된다. 이 인자의 활성이 필요한 시기는 임신 9.5일에서 12.5일 사이인데, 유도 가능한 형태의 수용체를 발현하는 형질전환 생쥐를 서로 다른 시기에 그 활성을 유도해서 알게 된 것이다.

신경능선세포들이 환경신호에 의해서 분화가 조절된다는 이렇게 많은 데이터들도 있지만, 능선세포들이 매우 다양한 환경 조건에 노출되더라도 오직 한 가지 세포 유형으로만 분화가 일어난다는 다양한 실험들도 있다. 이런 증거들은 시간이 흐르면서 진행되어 나타나는 특정 운명으로의 자율적 수임이라는 요소도 있다는 것을 시사한다.

## 신경 연결도의 발달

### 성장원추

뉴런의 축삭은 밖으로 자라나와 표적과 신경연접을 이룬다. 배쪽 척수의 운동뉴런은 근육과 분비샘으로 연결되고, 후근 신경절에 있는 감각뉴런은 말초 수용기와 감각기관으로 연결된다. 연결의 최종 패턴은 극심한 복잡성을 보여주는 한 가지 예인데, 어떻게 이 뉴런들은 어디로 가야할지를 아는 것일까? 실제로는 연결의 특이성을 조절하는 다양한 기전의 전반적인 위계 구조가 있다. 그 기전들 각각은 매우 낮은 특이성을 보이지만, 합쳐졌을 때 매우 정교한 최종 결과를 이끌어 낼 수 있다.

발생 중인 개별 축삭의 끝에는 **성장원추(growth cone)**가 있다(그림 14.20). 성장원추는 이동 중인 섬유아세포와 어느 정도 닮은 구조다. 끊임 없이 **사상위족(filopodia)**을 뻗고 오므리며 기질을 가로질러서 능동적으로 기어간다. 성장원추의 세포골격은 역동적인 정상상태에 놓여 있다. **라멜리포듐(lamelipodia)**과 사상위족은 플러스(바깥쪽) 말단에서 끊임 없이 길어지는 미세섬유 주변에 만들어진다. 이와 동시에 미세섬유는 미오신 유형의 **운동단백질(motor proteins)**에 의해 중앙부의 극성 영역으로 잡아 당겨진다. 이 부위에 미세소관 다발의 말단이 뻗어 있어서 축삭의 구조를 유지한다. 성장원추가 전진하게 만드는 자극들은 미오신 운동단백질의 활성은 감소시키고 미세소관은 길어지도록 한다. 성장원추가 전진하면서 축삭이 길어지도록 하기 위해 새로운 물질들이 깔리게 된다. 세포체와 근위부의 축삭은 움직이지 않지만 축삭이 길어지는 데에 필요한 새로운 물질들을 합성하는 대부분의 일을 수행하므로 이 과정에 필요하다.

성장원추가 상대적으로 크기 때문에 성장원추의 서로 다른 부분이 서로 다른 자극에 노출될 수 있으며, 한쪽 가장자리로만 자극이 오면 성장하는 방향이 달라질 수 있다. 미세섬유의 국부적인 탈중합화가 일어나면 성장원추의 방향이 전환되는 반면, 미세섬유가 국부적으로 안정화되면 그 자극의 방향으로 자란다. 신호에 대한 수용체와 세포골격 사이의 연결은 작은 GTP 교환단백질에 의존한다. 즉, RhoA는 활성화되었을 때 성장원추가 붕괴되도록 하지만 활성 상태의 Rac과 Cdc42는 축삭이 길어지는 것을 촉진한다.

축삭이 길어지는 것을 촉진하는 세포 밖 인자 중에서 가장 강력한 것은 신경영양인자(neurotrophins)들이다. 여기에는 NGF (nerve growth factor), BDNF (brain-derived neurotrophic factor), NT3 (neurotrophin 3) 및 NT4/5가 포함된다. 그 수용체들은 Trk ("트랙"이라고 발음함) 단백질로서, 수용체 티로신 키나아제(receptor tyrosine kinase)다. NGF는 TrkA에, BDNF는 TrkB에, NT3와 NT4/5는 주로 TrkC에 결합해서 체계에 약간의 특이성을 부여한다. 또한 신경영양인자들은 모두 p75라 불리는 낮은 친화도의 수용체에도 결합한다. p75는 RhoA를 활성화시키는 긴장성 기능을 가지고 있으며, 신경영양인자가 존재하면 그 활성이 멈춰져서 신경원뿔이 성장하게 만든다. 게다가 피브

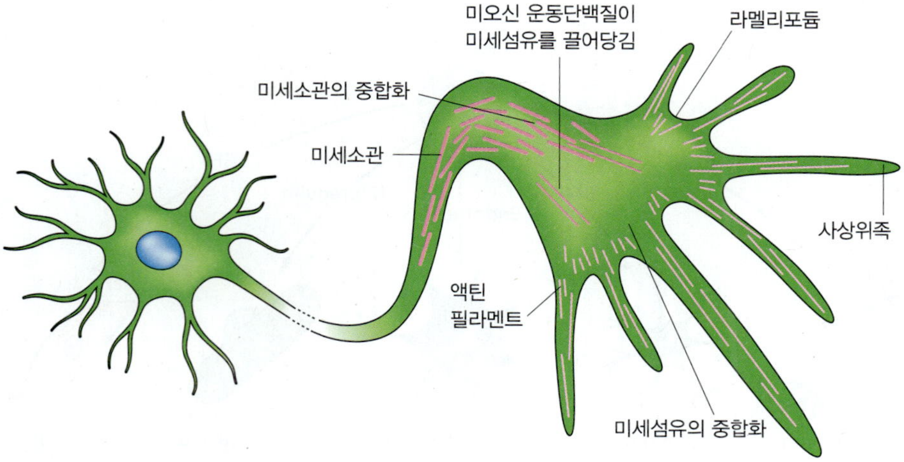


그림 14.20 발생중인 축삭의 끝에 있는 성장원추.

로넥틴(fibronectin), 라미닌(laminin)과 같은 세포 밖 기질 단백질들은 축삭이 길어지는 것을 허용하는 환경을 조성한다. 신경영양인자를 세포체에만 노출시키면 생존을 유지시킬 수는 있지만, 축삭이 길어지기 위해서는 신경영양인자가 성장원추에 직접 노출되어야 한다. 활성화된 수용체를 담고 있는 세포내 소낭이 역방향수송을 통해 세포체로 전달되어서 유전자 발현의 변화를 유도하는 것으로 생각된다.

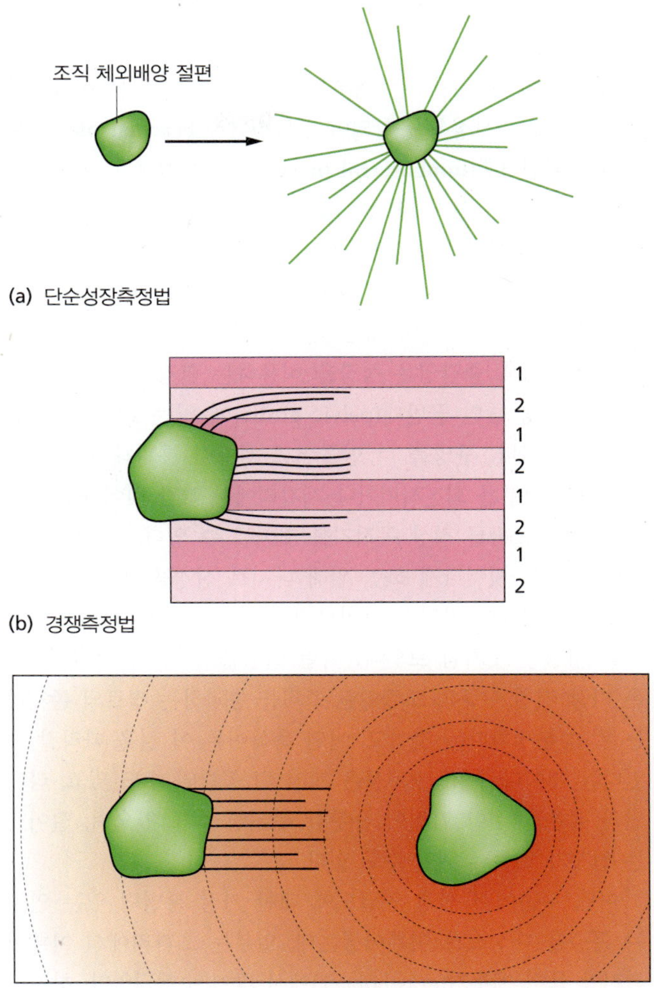


(a) 단순성장측정법

(b) 경쟁측정법

(c) 화학유인측정법

그림 14.21 인력과 척력의 측정. (a) 단순측정법으로서 조직을 체외로 이식해서 코팅한 표면 위에서 배양하거나 인자들을 처리해서 신경섬유의 성장을 살펴본다. (b) 경쟁측정법. 두 가지 기질인 1과 2를 얇게 교대로 띠처럼 발라 코팅을 해서 체외배양 절편이 둘 사이에서 선택하게 한다. (c) 화학유인측정법. 하나의 체외배양 절편에서 나온 신경섬유가 화학유인물질을 방출하는 또 다른 체외배양 절편을 향해 자란다.

## 인도분자

몇 가지 인자들이 다른 인자들과 길항작용을 하면서 성장원추를 인도한다. 그 효과를 4가지 일반 범주로 나눌 수 있는데, 접촉 인력, 접촉 척력, 원거리 인력 및 원거리 척력이다. 예전에는 각각의 효과들이 특정한 종류의 인도분자들(guidance molecules)과 연관되어 있다고 생각했으나, 지금은 같은 분자라 하더라도 맥락에 따라 끌어당길 수도 있고, 밀어낼 수도 있음을 알게 되었다. 주로 체외 측정법을 통해 인도분자들을 동정했다(그림 14.21). 접촉에 의해 활성화되는 인자들은 간단하게 배양접시에 코팅을 해서 체외배양절편으로부터 축삭이 자라 나오는 것을 지지하는지 살펴보면 된다. 하지만 좀 더 구별능력을 갖춘 측정법도 있어서 두 가지 서로 다른 대안이 되는 기질 중에서 선택할 수 있는 기회를 부여할 수도 있는데(그림 14.21b), 왜냐하면 체내에서는 성장원추가 서로 다른 대안이 되는 환경들 사이에서 끊임 없는 선택을 할 것이기 때문이다. 예를 들면 성장원추를 밀어내는 활성을 갖는 에프린은 이런 종류의 측정법을 통해서 시개(optic tectum)로부터 동정되었다. 원거리 인자들을 밝혀내기 위해서는 그 인자들이 확산이 가능하며 성장원추가 그 농도구배를 감지할 수 있다는 것을 보여야 하는데, 2개의 체외이식절편을 콜라겐 겔 위에 배치하면 된다(그림 14.21c). 축삭이 하나의 절편으로부터 뻗어 나와 다른 절편을 향해 자란다는 것은 표적이 되는 절편으로부터 원거리 화학유인물질(chemoattractant)이 분비된다는 것을 시사한다. 화학적 유인이 일어난다는 결정적인 증거를 얻기 위해서는 그 원천을 제거했을 때 축삭의 성장 방향이 바뀌는 것을 보여야 한다.

접촉성 유인인자들에는 라미닌, 피브로넥틴과 같은 세포 밖 기질성분이라던가, N-CAM, NgCAM이나 N-캐드히린처럼 다른 신경세포 위에 붙어 있는 부착분자(adhesion molecules)들이 포함된다. 접촉성의 척력인자로는 Eph군 수용체에 결합하는 것으로 알려진 에프린, 테나신(tenascin)과 같은 세포 밖 기질성분이 있다. 원거리 인도분자로는 네트린(netrins)을 들 수 있는데, 라미닌, 세마포린, 슬릿(Slits) 등과 관련되어 있는 확산 가능한 세포 밖 인자다. 일반적으로 네트린은 끌어당기는 반면, 세마포린이나 슬릿은 축삭이 자라지 못하도록 밀어내지만, 이것은 개별 세포집단의 능력에 의존한다. 네트린에 대한 수용체는 DCC (deleted in colon carcinoma)라고 불리며, 세마포린에 대한 수용체는 뉴로필린(neuropilins)과 플렉신(plexin)이라 불리고, 슬릿에 대한 수용체는 로보(Robos, 초파리의 *roundabout* 유전자와 상동인 유전자가 암호화하고 있음)라 한다. 비록 일부의 세마포린은 분비되어 원거리 인자로 작용할 수 있다고 해도, 다른 세마포린들은 막통과 분자들이어서 세포 간 접촉을 통해 단거리에서만 작용한다.

전문화된 신경인도분자들 이외에도 FGFs, BMPs, Hhs 및 Wnts와 같이 다른 발생 과정에서 친숙한 유도인자들도 축삭의 성장에 영향을 미친다.

## 신경경로

초기 경로에 대한 연구는 대부분 사지 부위에서 이루어졌는데, 이곳에서 척수신경은 융합되어 **상완신경총(brachial plexus)**이나 **요천골신경총(lumbosacral plexus)**을 이루었다가 다시 가지를 쳐서 사지로 뻗어 나가는 몇 가지 주요 신경이 된다. 다리로 뻗는 척수신경은 신경관을 둘러싸는 등앞쪽 골분절(추판)을 통과해서 자란다. 신경능선세포의 경우와 마찬가지로 배쪽과 뒤쪽의 골분절에는 밀어 내는 인자가 있어서 성장하지 못한다. 신경총 부위의 중간엽은 성장을 허용하는 환경을 조성하지만, 신경은 형성 중인 골반대(pelvic girdle)에 있는 2개의 구멍을 통과해야 한다. 구멍을 더 만들어도 신경이 통과해서 자란다. 신경관의 일부를 회전시키거나 제자리에서 약간 벗어나도록 해도 신경이 올바른 정상 목적지를 찾아갈 수 있다. 하지만 제자리에서 많이 벗어나게 하면 원래 다리로 신경을 뻗지 않던 부위로부터 신경이 자라서 다리로 뻗게 되고, 마치 정상적인 패턴을 형성한 것처럼 보인다. 이런 실험을 통해 알 수 있는 것은 가장 거친 수준의 조절이란 조직을 통과하는 경로의 존재라는 것이 분명하다는 것이고, 어떤 축삭이든 이 길을 따라갈 수 있다는 것이다. 이런 경로들은 그저 빈 공간일 수도 있고, 라미닌과 같은 적절한 기질이 풍부한 부위일 수도 있으며, 밀어내는 인자가 없는 부위일 수도 있다.

이런 수준에서 신경 연결도에 대한 가장 분별력 있는 연구는 곤충을 대상으로 이루어졌는데, 일부는 초파리에서 이루어졌지만 특히 메뚜기(grasshopper)에서 많이 수행되었다. 하지만 곤충과 척추동물의 신경발생에는 중요한 차이가 있다는 것을 반드시 기억해야 한다. 척추동물에서는 대부분의 뉴런이 중추신경계에서 유래해서 그 축삭을 말초기관으로 뻗는 반면, 곤충에서는 많은 뉴런들이 말초기관에서 유래해서 중추신경계로 축삭을 뻗는다. 곤충 신경경로의 발달에 대한 연구를 통해 완전한 경로가 약 100 μm의 작은 분절들로 나뉘어 있음을 알게 되었다. 그 길이만큼 성장원추는 경로를 따라 자란다. 선택 지점—이미 다른 뉴런이 존재하는 곳이거나 기질의 환경이 변화한 곳—에 도달하면 멈춘 후에 주변을 탐색하기 위해서 모든 방향으로 돌기를 뻗어 다음 성장 분절까지 가기에 가장 좋은 경로가 어딘지를 찾는다. 이런 초기의 신경연결은 배아가 꽤 작을 때에 "선발 뉴런(pioneer neuron)"이 하게 되므로 한 경로가 갖는 전체 길이도 짧다. 나중의 경로는 흔히 **다발(fascicles)**이라 부르는 이미 존재하는 축삭의 신경로에 의존하게 된다. 이 다발이 나중에 자라날 축삭이 따르게 되는 "고속도로"의 역할을 하는 것이다. 축삭이 다발 속에 남아 있을지 말지는 인력과 척력의 국부적인 균형에 의존하게 된다. 축삭은 서로 끌어당기는 힘이 기질보다 크다면 다발이 지속될 것이고, 만일 기질이 끌어당기는 힘이 축삭이 서로 끌어당기는 힘보다 크다면 다발이 해체된다. 예를 들어 척추동물의 탈다발화(defasciculation)는 축삭 표면에 존재하는 N-CAM에 폴리시알산(polysialic acid)이 더해졌기 때문에 나타날 수 있다. 이렇게 되면 표면이 매우 높은 음전하를 띠게 돼서 축삭끼리 서로 밀어낸다.

중추신경계에는 척수의 등쪽 부위에 **맞교차뉴런(commissural neurons)**의 집단이 있다. 이 뉴런의 축삭은 배쪽 정중선을 향해 자란 다음 대부분의 축삭이 다른 편으로 건너가서 표적이 되는 뉴런과 곧 바로 시냅스를 이루거나, 아니면 방향을 바꿔 세로 방향으로 정중선을 따라 자라다가 또 다른 앞뒤축 수준에서 시냅스를 형성하기도 한다(그림 14.22). 배쪽으로의 성장 방향은 **바닥판(floor plate)**에서 분비되는 네트린과 Shh에 의존한다. 그 증거는 바닥판의 체외배양절편이 맞교차뉴런 축삭의 성장을 유인하며, *Netrin1*을 발현하도록 만든 세포도 그렇다는 것에 있다. 더구나 *Netrin1*이나 그 수용체인 *DCC*의 적중 생쥐에서는 맞교차 축삭 성장의 패턴이 엉망이 된다. 축삭이 정중선에 도달하면 건너가는 세포들은 바닥판 세포 표면에 있는 것과 유사한 분자들에 결합할 수 있는 NgCAM을 발현하기 때문에 건너가는 것이다. NgCAM을 중성화하는 항체를 처리하면 대부분의 축삭은 건너지 못하고 세로 방향으로 자란다. 게다가 바닥판 부위 안에는 능동적으로 밀어내는 기전도 있는데, 정중선의 교세포가 분비하는 슬릿이 있어서다. 슬릿의 수용체인 로보는 일단 성장원추가 정중선 부위로 들어가고 나면 스플라이싱 변이체로 바뀌어 밀어내는 형태가 된다. 따라서 슬릿은 성장원추를 바닥판으로부터 밀어내고 DCC의 인도(성장을 촉진하는 것은 아님) 기능을 불활성화시킨다. 이렇게 함으로써

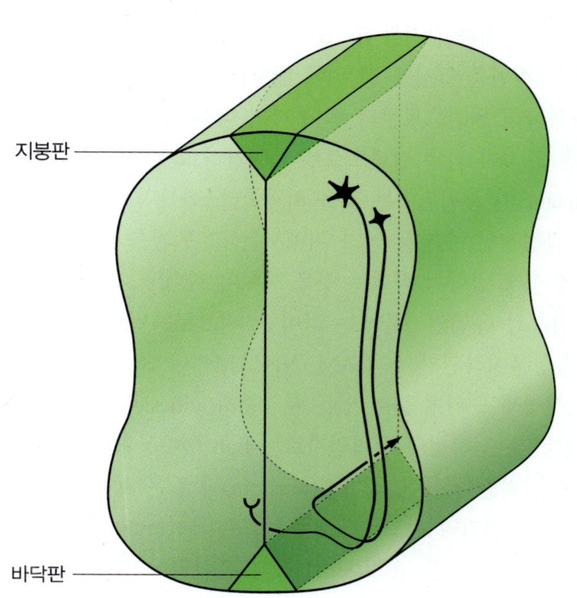


그림 14.22 맞교차뉴런 축삭의 경로.

## 고전적인 실험들

### 신경 연결의 특이성

Kennedy, T.E., Serafini, T., Delatorre, J.R., & Tessier-Lavigne, M. (1994) Netrins are diffusible chemotropic factors for commissural axons in the embryonic spinal cord. *Cell* **78**, 425–435.

이 논문에서 성장원추가 자라는 방향을 조절하는 인도분자를 최초로 발견했다.

Drescher, U., Kremoser, C., Handwerker, C., Loschinger, J., Noda, M. & Bonhoeffer, F. (1995) *In vitro* guidance of retinal ganglion cell axons by RAGS, a 25 kda tectal protein to ligands for Eph receptor tyrosine kinases. *Cell* **82**, 359–370.

망막시개로의 신경경로 특이성을 조절하는 분자를 순수정제했는데, 나중에 에프린 5로 알려졌다.

Cheng, H.J., Nakamoto, M., Bergemann, A.D. & Flanagan, J.G. (1995) Complementray gradients in expression and binding of ELF-1 and MEK4 in development of the topographic retinotectal projection map. *Cell* **82**, 371–381.

망막시개 체계에서 에프린과 Eph의 농도구배를 가시화했다.

그림 14.23 NT3의 발현. *NT3*의 한 대립유전자를 대장균의 *lacZ*로 대체시킨 리포터 생쥐를 이용하여 NT3의 발현을 조사한 것이다. E11 시기 배아의 흉부 횡단면으로서 NT3 발현을 청록색으로, 척수신경은 갈색으로 나타내었다. (인용) Elsevier 출판사의 허락을 얻어 Farinas *et al. Neuron* 1996; **17**: 1065–1078의 그림을 재구성하였음.

일단 축삭이 바닥판을 빠져 나가고 나면 네트린의 신호가 축삭이 길어지는 것을 계속해서 촉진하지만 정중선을 향해서 다시 끌어당기지는 않게 된다.

## 신경영양인자와 세포의 생존

생후 중추신경계의 성장이 일어나는 동안 상당한 수의 뉴런들이 예정세포사(apoptosis)를 통해 사멸한다. 중추 및 말초신경계 모두 상당한 뉴런의 손실이 있지만 그 기전은 말초신경계에서 잘 밝혀졌는데, 아마도 유전자 작용의 중복성이 심하지 않기 때문인 것 같다.

다양한 성장인자들이 배양 중인 뉴런의 생존인자로 기능할 수 있다. 여기에는 NGF군의 성장인자(NGF, BDNF, NT3, NT4/5), 몇 가지 FGFs, HGF (hepatocyte growth factor, 간세포성장인자)와 GDNF (glial-derived neurotropic factor, 교세포-유래 성장인자)와 CNTF (ciliary neurotropic factor)를 포함하는 다른 인자들도 포함된다. 뉴런의 생존은 표적 기관으로부터 충분한 양의 적절한 신경영양인자를 흡수하는 것에 의존한다(그림 14.23). 만일 표적기관을 제거하면 이와 연결을 형성하던 모든 뉴런이 죽어버린다. 예를 들어 처음에는 모든 후근신경절이 같은 크기다. 하지만 사지로 뻗지 않는 후근 신경절에서는 세포사가 더 많아져 그 크기가 작아진다. 하나의 사지 싹을 제거하면 그곳의 신경절은 더 많은 세포사가 일어나 쭈그러든다. 추가적인 사지 싹을 이식하면 그곳으로 뻗는 신경절에서 더 많은 세포들이 살아남아 더 커진다(그림 14.24).

NGF와 다른 신경성장영양인자들은 배양 중인 감각뉴런과 교감뉴런에 두 가지 구별되는 작용을 한다. 축삭이 자라 나오는 것을 촉진할 뿐만 아니라 세포체가 생존하는 것을 지지해준다. 성장원추와 축삭의 첨단 부위만 NGF에 노출되도록 실험을 설계해도 세포체가 여전히 살아남는데, 이 인자가 성장원추에서 흡수되어 그 효과가 역방향 수송을 통해 세포체로 전달될 수 있음을 보여준다. 가외의 사지 싹을 근처로 이식해서 후근 신경절에 보호효과를 줄 수도 있는데, 이 효과는 옆구리 조직에 NGF를 주입해도 모방할 수 있다.

신경영양인자나 그 수용체의 적중 생쥐에서는 감각뉴런 및 교감뉴런에 과다한 손실이 나타난다. 예를 들어 NGF에 주로 결합하는 TrkA의 적중 생쥐에서는 후근 신경절 및 삼차 신경절(trigeminal ganglion)의 상당한 축소가 일어난다. BDNF에 주로 결합하는 TrkB를 적중하면 결절, 전정, 와우 및 후근의 신

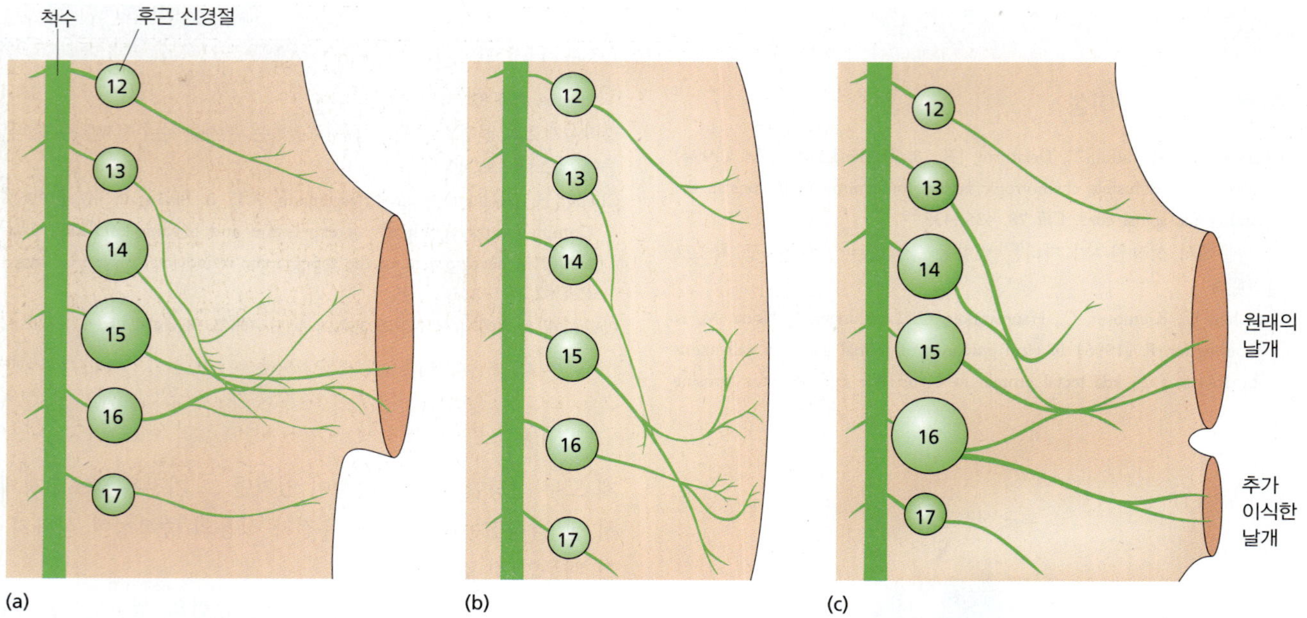


그림 14.24 신경영양인자가 후근 신경절에 미치는 효과. (a) 닭의 배아에서 볼 수 있는 정상적인 상완신경총. (b) 날개싹을 제거해서 작아진 신경절. (c) 추가로 날개싹을 이식해서 더 커진 신경절. (인용) Garland Science/Taylor & Francis Group의 허락을 얻어 Alberts *et al.* (1989), *Molecular Biology of the Cell*, 2nd edn.의 그림을 재구성하였음.

## 새로운 연구방향

이 분야에서 발생생물학의 과제는 일반적으로 신경과학의 과제와 교차하기에 수많은 흥미로운 연구 주제들이 있다. 하지만 발생학적인 질문에만 한정시킨다면 가장 흥분되는 연구영역은 외상이나 신경퇴행으로부터 회복될 수 있는가와 관련된다.

1 성체시기에 중추신경계의 세포들을 다시 활성화시켜서 신경줄기세포로 행동하게 만드는 것이 가능한가?

2 신경줄기세포를 이식하면 정말로 손상된 중추신경계의 일부분을 복구할 수 있을까?

3 말초신경의 축삭은 자르면 재생되지만 중추신경의 축삭은 재생되지 않는다. 중추신경계에 존재하는 억제성 물질을 중성화시킬 수 있는 방법이 있을까?

경절들이 축소된다.

### 축삭 경쟁

일단 최초의 시냅스 연결이 만들어지고 나면 중추의 뉴런들이 세포사멸을 통해 줄어들고 이어서 신경연결의 뒤섞임이 일어난다. 근육으로의 연결에서 이것은 하나의 다핵성 근섬유로 뻗고 있는 여러 뉴런들이 재구성되어서 각각의 근섬유에 단 하나의 뉴런만이 수많은 시냅스(신경과 근육 사이의 특별한 시냅스를 신경근접합부[neuromuscular junction]라 부른다)를 이루면서 연결되어야 함을 의미한다. 초기의 조잡하고 퍼져 있는 연결패턴과는 달리 후기 단계는 출생후에 벌어지며 전기적 활성에 의존하는데, 다음과 같은 규칙에 따른다. 각각의 신경근접합부는 최근에 그 자체가 활성이 있었다면 근육 흥분에 의해서 강화되고, 최근에 활성이 없었다면 근육 흥분에 의해 약화된다. 따라서 하나의 운동뉴런으로부터 오는 전기 자극이 자신의 모든 신경근접합부에는 상호 강화를 유발하는 동시에 다른 뉴런으로부터 오는 모든 것들은 약화시킨다. 이런 과정은 자동으로 벌어져서 결국 각각의 근섬유에는 단 하나의 뉴런에서 오는 신경근접합부만이 남게 된다.

중추신경계에서도 비슷한 원칙이 적용되는데, 초기의 신경연결은 매우 광범위했지만 점점 좁아져서 활성에 따라 조정이 일어난다.

### 시각계에서 뉴런의 연결

시각계는 뉴런 특이성의 가장 복잡한 예로서 최근 몇 년간 이루어진 기전 규명은 발생신경과학의 정밀한 한 장을 이룬다. 위에서 서술했듯이, 망막은 눈오목의 안쪽 표면에서 형성된다.

척추동물의 눈은 카메라와 유사한 광학을 가지고 있으므로, 망막의 각 지점은 시야의 특별한 한 지점에서 오는 빛을 수용하게 된다. 망막의 뉴런은 시각관(optic tube)을 따라 축삭을 내려 보내서 시신경(두 번째 뇌신경)을 이룬다. 이 섬유는 중뇌로 되자라서 **시개(optic tecta**, 포유동물에서는 외측슬상핵[lateral geniculate nucleus])에서 시냅스를 형성한다. 망막의 각 지점은 시개의 특정 지점으로 섬유를 뻗어서, 시개의 표면이 망막과 1:1로 대응되는 **지형적(topographic)** 관계를 형성하도록 이루어지므로 결국 외부 시야와도 지형적 관계가 형성된다. 이렇게 뻗어 있는 것은 시야의 한 지점에 조명을 비추고 이에 상응하는 시개의 지점에서 전기적 활성을 기록하면 눈으로 볼 수 있다. 하등 척추동물이나 조류에서는 시교차(optic chiasm)에서 시각 섬유의 완전한 교차가 일어나 오른쪽 망막은 왼쪽 시개로 뻗고 그 역도 성립하는 반면, 포유동물에서는 양쪽 망막으로부터 온 연결이 뇌의 좌우 모두로 뻗게 된다. 그 연결의 특성을 보면 앞쪽 망막은 뒤쪽 시개로 뻗고, 등쪽 망막은 배쪽 시개로 뻗는 식이다(그림 14.25). 신경과학 문헌에서는 망막의 앞뒤축을 코관자축(nasal-temporal axis)이라 칭하지만, 여기서는 발생생물학의 관례에 따랐음에 유의하라.

연결의 특이성이 나타나려면 망막과 시개 모두에서 세포를 표지하는 어떤 체계가 있어야 하고, 그 두 가지 표지의 집합을 서로 연결해 주는 수단이 있어야 한다는 것이 분명하다. 이 원칙은 스페리(Sperry)의 "화학친화도 가설(chemoaffinity hypothesis)"로 알려져 있다. 눈에서의 패턴은 초기 배아 단계에 설정된다. 제노푸스의 눈을 꼬리싹 단계 이전에 회전시키면 시개로의 연결이 정상적으로 일어난다. 더 나중의 시기에 회전시키면 연결이 형성되긴 하지만 뒤집힌 채로 남아 있다. 하등 척추동물에서는 시신경이 잘리면 재생이 일어나므로 재생된 지형도를 살펴볼 수도 있다. 정상적인 재생에서는 올바른 연결이 다시 확립된다. 신경을 절단할 때 눈의 반을 제거하면 나머지 반이 정상적인 방향성을 가지면서 전체 시개에 걸쳐서 뻗게 된다. 마찬가지로 시신경을 절단할 때 시개의 절반을 제거하면 전체 눈에서 온 시신경이 정상적인 방향성을 가지면서 남아 있는 절반의 시개로 뻗는다. 이런 종류의 수많은 실험을 통해서 표지체계가 양적이지만 선호되는 연결의 위계질서를 가진다는 것을 알게 되었다. 또한 연결이 역동적이며 끊임 없이 스스로를 재배열한다는 것도 알게 되었다. 이것은 망막이 방사상으로 자라고, 가장자리에 있는 발아지대로부터 새로운 세포를 추가해 나가기 때문이다. 이와 대조적으로 시개는 뒤쪽 가운데 표면에서 자라고 한쪽 끝에서 세포를 추가해 나간다. 이렇게 성장의 방식이 다르다는 것은 전체적인 지형적 연결을 유지하기 위해서 신경연결이 그 스스로를 끊임 없이 재조정한다는 것을 의미한다.

시각적인 신경연결이 어떻게 확립되는지 이해하기 위해서는

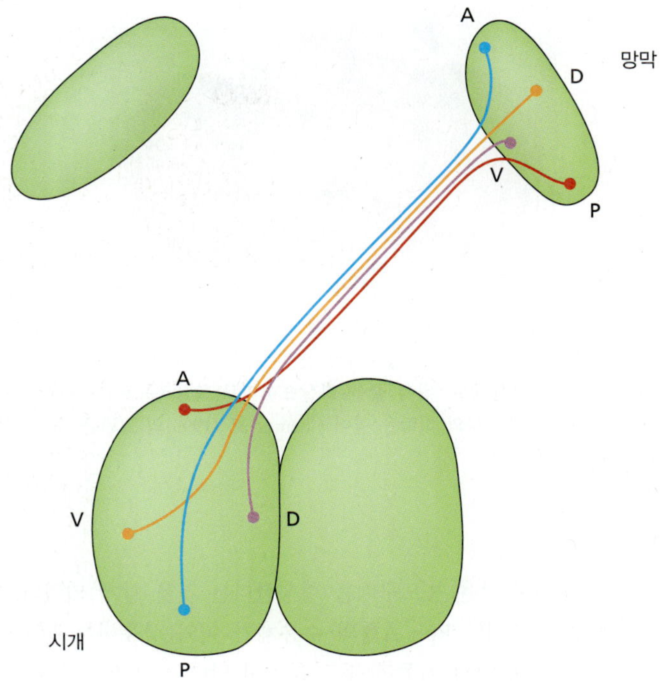


그림 14.25 하등 척추동물에서 정상적인 망막시개 경로. 앞쪽(코쪽) 망막은 뒤쪽(꼬리쪽) 시개로 뻗고, 등쪽 망막은 배쪽(가장자리쪽) 시개로 뻗는다.

다양한 척추동물 종을 대상으로 한 연구가 필요했다. 재생이 가능한 어류와 개구리에서는 대부분의 연구가 $^{3}$H-프롤린이나 HRP와 같은 물질이 정방향 수송된다는 것을 이용해서 신경연결을 추적하고 전기생리학적 방법으로 지도를 작성해서 이루어졌다. 보다 최근에는 경로를 추정하는 방법으로 DiI가 더욱 선호되고 있는데, 온표본(whole-mount)에서 뛰어난 가시화 능력을 보이기 때문이다. 닭의 배아에서는 레트로바이러스를 이용한 과발현이 기능획득 실험을 위해 이용되었고, 생쥐에서는 적중이 기능상실 실험의 기초가 되었다. 모델에 따라 약간의 차이는 있지만 원칙은 동일하다.

우선적으로 망막 신경섬유는 시개로 뻗어가야 한다. 처음에 신경섬유는 Slit이 있어서 시신경으로 유인된다. 시교차에서는 전사인자인 Zic1이 같은 방향으로의 경로를 유지하게 하며, Isl1에 의해 Zic1이 억제되면 반대 방향으로 건너가는 경로가 받아들여진다.

이제는 지형적 투사의 기초가 망막과 시개 모두에 걸친 세포 표면 분자들의 농도구배에 의해 암호화되어 있다는 것을 알게 되었다(그림 14.26). 줄무늬 측정법(그림 14.21b 참고)을 사용해서 뒤쪽 시개의 추출물은 뒤쪽 망막으로부터 축삭이 성장하는 것을 억제한다는 것을 알게 되었다. 앞쪽 시개는 밀어내는 활성이 없고 앞쪽 망막은 시개 인자에 반응하지 않는다. 이 인자들이 동정되어 에프린 A 계열의 접착분자이며, 뒤쪽에서

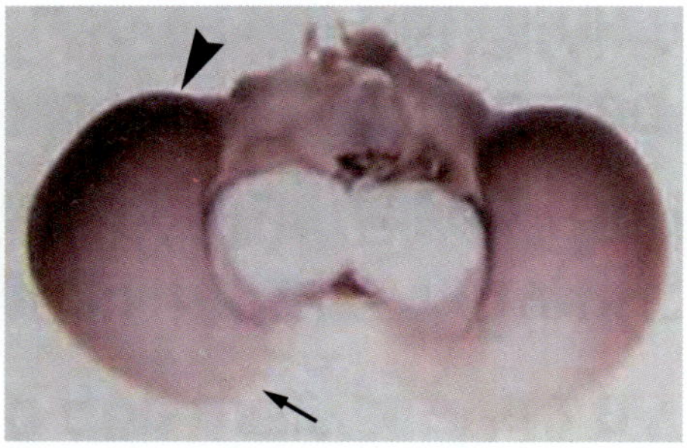

그림 14.26 13일 된 닭 배아의 시개에서 알카리성 탈인산화효소를 Eph A3에 접합시킨 후 조직과 결합시켜서 살펴본 에프린 A의 농도구배. 시개의 앞쪽 끝을 화살표로, 뒤쪽 끝을 화살표머리로(화살촉으로) 표시했다. (인용) Elsevier 출판사의 허락을 얻어 Chen *et al.* (1995)의 그림을 재구성하였음.

높고 앞쪽에서 낮은 농도구배를 형성한다는 것을 알게 되었다. 망막세포 표면에는 Eph A형의 수용체가 이와 상응하는 농도구배를 갖는데, 역시 뒤쪽이 높고 앞쪽이 낮다. 따라서 이 체계가 갖는 분자적 기초란, 뒤쪽 섬유가 앞쪽 시개에 고착되는 것을 선호하도록 만드는 Eph-에프린 체계에 기인한 단거리 척력인 것이다. 앞쪽 신경섬유도 앞쪽 시개로 갈 수 있지만, 신경섬유 사이의 경쟁으로 인해 뒤쪽 시개로 밀려나서 우리가 관찰할 수 있는 그런 특이성이 나타난다. 이런 기전에 대한 증거는 기능획득 및 기능상실 실험들이다. 예를 들어 닭에서 에프린 A2를 오발현시키고 반대편의 망막을 diI로 표지하면 뒤쪽의 망막 신경섬유가 이소성으로 발현된 에프린 A2 부위를 회피하게 된다. 시개에서 발현되는 주요 에프린이 에프린 2와 5인 생쥐에서는 두 가지 유전자를 모두 적중하면 지형도의 상당한 교란이 일어난다.

에프린의 발현은 전사인자인 Engrailed에 의해 조절되며, 이 전사인자 자체는 시개에 걸쳐 뒤쪽에서 앞쪽으로 농도구배가 있는데, 처음에 중뇌의 협부 형성체의 작용으로 확립된 것이다(앞부분 참조). 레트로바이러스를 이용해서 닭의 배아에 En을 오발현시키면 시개에서 이소적으로 발현된 부위에서 에프린의 발현이 늘어나고 뒤쪽 망막 신경섬유를 밀어내게 된다.

등-배축에서도 비슷한 체계가 작동하고 있지만 척력보다는 인력에 근거하고 있다. EphB 분자는 망막에서 배쪽이 높고 등쪽이 낮은 발현을 보이며, 시개의 에프린 B는 등쪽이 높고 배쪽이 낮다(신경과학 문헌에서는 정중부에서 가장자리쪽이라 일컬어진다). 그 체계가 인력을 가지고 있으므로, 배쪽 망막의 축삭이 등쪽 시개로 뻗는다는 것을 의미한다.

## 후기의 정교화

초기의 망막시개경로는 어떠한 신경활성도 없이 형성된다. 이것은 배아에 테트로도톡신—전압개폐성 나트륨 채널의 저해제로서 신경활성을 막는다—을 처리해 보면 알 수 있다. 하지만 초기의 연결은 꽤나 조잡하기 때문에 신경활성을 필요로 하는 과정을 통해 나중에 정교해진다.

비슷한 원칙이 1차 시각 중추에서 시각피질로 뻗는 데에도 적용된다. 양쪽 망막이 모두 양쪽편의 뇌로 뻗게 되는 포유동물에서는 외측슬상핵(시개와 동등한 부위)에 있는 서로 다른 층의 세포들이 2개의 망막으로부터 신경입력을 받지만, 둘 다 시각 피질의 같은 세포층으로 뻗는다. 출생 단계에서 시각 피질에서 두 눈에 대한 수용역은 뒤섞여 있다. 하지만 시각 자극에 노출되면 안우세원주(ocular dominance column)라 부르는 약 0.5 mm 두께의 줄무늬로 정리된다. 이런 원주들은 방사능으로 표지된 프롤린과 같은 추적물질을 눈에 주입하면 눈으

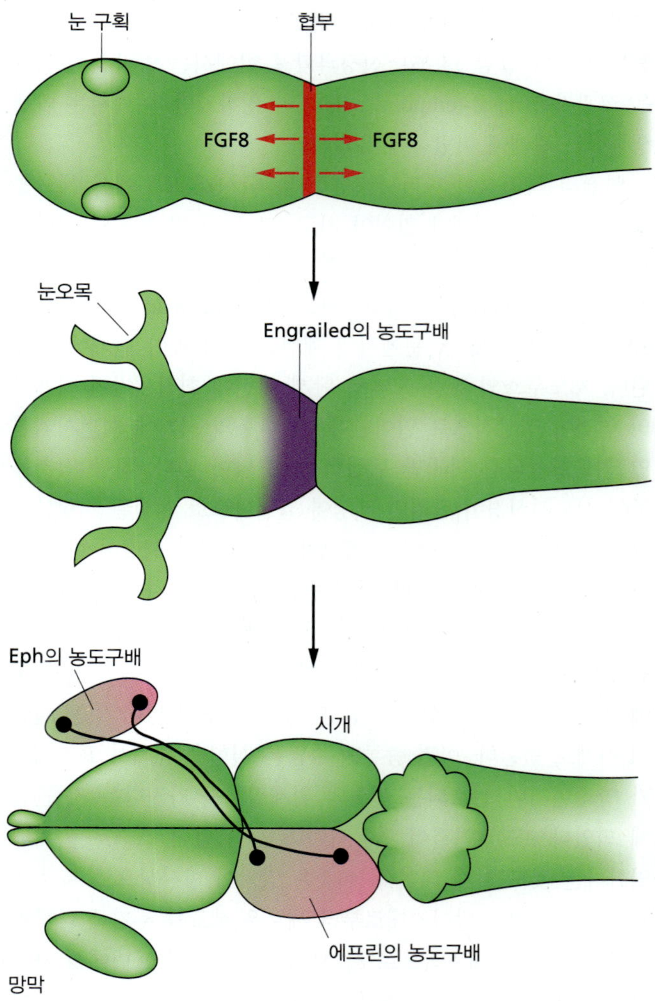


그림 14.27 망막시개 경로의 특이성을 획득하게 되는 단계들. 축삭이 뻗는 패턴은 에프린-Eph 상호작용에 의해서 통제되고, 시개에서 에프린 농도구배의 초창기 극성은 협부형성체에서 나오는 신호에 반응하여 더 이른 시기에 형성된 Engrailed의 농도구배에 의존한다.

로 볼 수 있다. 이 추적물질을 망막세포가 받아들이고, 정방향 수송을 통해 시각피질까지 가져가는데, 처음에는 망막세포를, 그 다음에는 중뇌세포를 거치게 된다. 피질의 줄무늬는 자가방사기록법으로 가시화될 수 있다. 인접한 줄무늬의 이웃한 지점은 두 눈으로 감지한 시공간의 같은 지점에 상응한다. 이런 원주들은 테트로도톡신으로 신경활성을 막으면 형성되지 않는다. 또한 어린 동물을 스트로보 섬광(strobe light)에 노출시켜 양쪽 눈에 균일하고 동시적인 자극을 준 경우에도 형성되지 않는다. 한쪽 눈을 막으면 이웃한 눈으로부터 온 신경입력이 확장되어 피질의 공간을 채우게 된다. 이에 대한 설명은 신경근접합부에서 정교화가 일어나는 것과 동일한 형태의 원칙처럼 보인다. 만일 두 중뇌세포가 같은 피질세포로 연결되었다면, 자극이 동시에 오는 경우 강화되고, 그렇지 않은 경우 약화된다. 만일 중뇌의 세포가 한쪽 눈 망막의 인접한 지점에 반응한다면 이 세포들은 대부분의 경우 동시에 발화할 것이다. 하지만 서로 다른 눈을 통해 보고 있는 같은 시각 지점에 반응한다면 신경입력이 결코 동시적이진 않을 것이고, 경쟁원리에 의해서 인접한 피질세포의 무리로 분류될 것이다. 이것이 비록 일반적인 설명이긴 하지만, 최근 연구에 의하면 한쪽 눈으로부터의 신경입력을 단순히 없앤 경우에도 원주가 형성될 수 있으므로 사전에 계획된 발생적 요소가 있을 수도 있다.

## 단순성에서 복잡성으로

초기의 신경유도에서부터 마지막 생리적 기능에 이르기까지 이제는 시각계의 발생 과정을 꽤나 잘 이해하게 되었다. 시각계 발달의 어떤 단계에서는 신경발생과 신경 특이성의 모든 원칙들이 나타난다. 망막과 시개가 될 신경상피의 초기 구획은 특정 조합의 전사인자들의 발현을 향상시키는 유도인자들의 농도구배에 의해 특정화된다. 시신경의 경로는 망막 신경섬유를 인도하는 다양한 화학유인물질의 자극 및 기질로부터 오는 자극들과 더불어 해부학적 공간에 의존하게 된다. 시개에서 지형도 형성을 결정하는 에프린의 농도구배는 Engrailed의 농도구배에 의존하며, Engrailed는 협부형성체로부터 나오는 FGF8에 의존하게 된다(그림 14.27). 지형도의 이른 단계는 신경활성이나 시각 경험이 없이 만들어지지만 나중 단계에서의 정교화는 시각 경험이라는 입력이 필요하다. 시각계는 신경발생에 관여하는 수많은 과정과 상호작용이 있다고 하는 일반 원칙을 잘 보여주는 예로서, 그 각각은 내재적으로 꽤나 단순한 것이다. 하지만 조합이 이루어지고 순서에 맞춰 일어나면서 엄청나게 복잡하고도 정교한 구조를 만들어 나간다.

## 기억해야 할 핵심 사항들

- 초기의 신경유도는 형성체로부터 분비되는 인자들로 인해 BMP 활성이 억제되는 것에 의존하며, 추가적인 유도인자들에 의존할 때도 있다. 그 이후의 지역 특정화는 뒤쪽에서 앞쪽으로 FGF와 Wnt의 농도구배가 생기는 것에 의존하는데, 이것이 앞뒤축 수준에 맞추어 서로 다른 Hox 유전자들의 발현을 향상시킨다. 등-배축 패턴 형성은 바닥판에서 나오는 Sonic hedgehog와 지붕판에서 나오는 BMPs의 농도구배에 의존한다.
- 국부적인 지역특성화는 앞쪽 신경 테두리, 피질 가장자리, 협부형성체와 같은 중추로부터 나오는 신호에 의존한다. 이런 신호로는 FGFs, Wnts 및 BPMs가 있다. 능형할구의 체절 정체성은 뒤쪽 중배엽에서 나오는 레티노산의 농도구배에 의존한다.
- 초파리와 척추동물에서 일차적인 신경세포형성은 가장자리 억제라는 대칭파괴 과정에 의존하는데, 초기 뉴런이 Notch 경로를 자극해서 이웃한 세포의 신경분화를 억제하는 것이다. 포유동물에서 대부분의 신경세포형성은 후기 배발생 동안 활발한 방사교세포로부터 나타난다. 포유동물의 중추신경계에는 성체시기 내내 지속적으로 신경줄기세포가 들어 있는 두 부위가 있다. 신경줄기세포는 뉴런과 교세포로 모두 분화할 수 있으며, 배양하면 신경구를 형성하면서 자랄 수 있다.
- 신경능선의 이동성 세포들로부터 다양한 조직이 만들어진다. 두부의 능선은 골격조직을 만드는 반면 몸통부의 능선은 만들지 못한다. 특정 세포형으로 수임이 일어나는 것은 세포가 이동하는 동안 통과하는 환경에 부분적으로 의존하게 되지만, 이동하기 전에도 어느 정도의 수임이 있는 것으로 보인다.
- 축삭이 자라는 것은 성장원추가 길어지는 것에 의존하는데, 성장영양인자나 기타 세포 바깥 인자들에 반응해서 일어난다. 자라는 방향은 허용적인 환경요소에 의존하는 동시에 특정한 유인물질이나 척력물질에도 의존한다. 단순한 결정이 반복되어 매우 복잡한 신경의 연결도가 나타난다. 망막에서 뇌로 가는 경로처럼 어떤 연결체계에서는 1:1의 지형적 관계를 유지하기도 하는데, 이것은 축삭과 표적 뇌부위에서 서로 잡아당기는 물질들의 농도구배 짝이 맞추어져 결정된다.
- 초기의 신경 연결은 매우 거칠다. 그 연결은 표적 조직에서 나오는 신경영양인자가 공급되느냐 마느냐에 의존하는 차별적인 뉴런 생존과, 같은 표적 세포로 뻗은 축삭 사이의 경쟁을 통해 정교해진다. 후기 단계에서는 감각 경험의 효과가 포함될 수도 있다.

## 추가로 읽을 것

### General

Brown, M., Keynes, R. & Lumsden, A. (2001) *The Developing Brain.* New York : Oxford University Press.

Sanes, D.H., Reh, T.A. & Harris, W.A. (2005) *Development of the Nervous System,* 2nd edn. New York : Academic Press.

Guillemot, F. (2007) Spatial and temporal specifi cation of neural fates by transcription factor codes. *Development* **134**, 3771–3780.

Hochman, S. (2007) Spinal cord. *Current Biology* **17**, R950–R955.

Kiecker, C. & Lumsden, A. (2009) Recent advances in neural development. *F1000 Biology Reports* **1**. Bellen, H.J., Tong, C. & Tsuda, H. (2010) 100 years of Drosophila
research and its impact on vertebrate neuroscience: a history lesson for the future. *Nature Reviews Neuroscience* **11**, 514–522.

### Neural induction and anteroposterior patterning

Lumsden, A. & Krumlauf, R. (1996) Patterning the vertebrate neuraxis. *Science* **274**, 1109–1115.

Marshall, H., Morrison, A., Studer, M., Pöpperl, H. & Krumlauf, R. (1996) Retinoids and Hox genes. *FASEB Journal* **10**, 969–978.

Blumberg, B. (1997) An essential role for retinoid signalling in anteroposterior neural specifi cation and in neuronal differentiation. *Seminars in Cell and Developmental Biology* **8**, 417–428.

Simeone, A. (2000) Positioning the isthmic organizer. Where otx2 and Gbx2 meet. *Trends in Genetics* **16**, 237–240.

Wilson, S.I. & Edlund, T. (2001) Neural induction: toward a unifying mechanism. *Nature Neuroscience* **4**, 1161–1168.

Dasen, J.S., Liu, J.-P. & Jessell, T.M. (2003) Motor neuron columnar fate imposed by sequential phases of Hox-c activity. *Nature* **425**, 926–933.

Briscoe, J. & Wilkinson, D.G. (2004) Establishing neuronal circuitry: Hox genes make the conection. *Genes and Development* **18**, 1643–1648.

Lumsden, A. (2004) Segmentation and compartition in the early avian hindbrain. *Mechanisms of Development* **121**, 1081–1088.

O'Leary, D.D.M., Chou, S.-J. & Sahara, S. (2007) Area patterning of the mammalian cortex. *Neuron* **56**, 252–269.

### Dorsoventral patterning

Placzek, M. & Furley, A. (1996) Patterning cascades in the neural tube. *Current Biology* **6,** 526–529.

Jessell, T.M. (2000) Neuronal specifi cation in the spinal cord: inductive signals and transcriptional codes. *Nature Reviews Genetics* **1**, 20–29.

Marquandt, T. & Pfaff, S.L. (2001) Cracking the transcriptional code for cell specification in the neural tube. *Cell* **106**, 651–654.

Str ähle, U., Lam, C.S., Ertzere, R. & Rastegar, S. (2004) Vertebrate floor plate specifi cation: variations on common themes. *Trends in Genetics* **20**, 155–162.

Dessaud, E., McMahon, A.P. & Briscoe, J. (2008) Pattern formation in the vertebrate neural tube: a sonic hedgehog morphogen-regulated transcriptional network. *Development* **135**, 2489–2503.

Roessler, E. & Muenke, M. (2010) The molecular genetics of holoprosencephaly. *American Journal of Medical Genetics Part C: Seminars in Medical Genetics* **154C**, 52–61.

### Neurogenesis and gliogenesis

Sanes, J.R. (1989) Analysing cell lineage with a recombinant retrovirus. *Trends in Neuroscience* **12**, 21–28.

McKay, R.D.G. (1997) Stem cells in the central nervous system. *Science* **276**, 66–71.

Gross, C.G. (2000) Neurogenesis in the adult brain: death of a dogma. *Nature Reviews Neuroscience* **1**, 67–73.

Cayouette, M. & Raff, M. (2002) Asymmetric segregation of Numb: a mechanism for neural specifi cation from Drosophila to mammals. *Nature Neuroscience* **5**, 1265–1269.

Henrique, D. & Schweisguth, F. (2003) Cell polarity: the ups and downs of the Par6/aPKC complex. *Current Opinion in Genetics and Development* **13**, 341–350.

Götz, M. & Huttner, W.B. (2005) The cell biology of neurogenesis. *Nature Reviews Molecular Cell Biology* **6**, 777–788.

Malatesta, P., Appolloni, I. & Calzolari, F. (2007) Radial glia and neural stem cells. *Cell and Tissue Research* **331**, 165–178.

Miller, F.D. & Gauthier-Fisher, A. (2009) Home at last: neural stem cell niches defi ned. *Cell Stem Cell* **4**, 507–510.

Nishiyama, A., Komitova, M., Suzuki, R. & Zhu, X. (2009)
Polydendrocytes (NG2 cells): multifunctional cells with lineage plasticity. *Nature Reviews Neuroscience* **10**, 9–22.

Suh, H., Deng, W. & Gage, F.H. (2009) Signaling in adult neurogenesis. *Annual Review of Cell and Developmental Biology* **25**, 253–275.

Rowitch, D.H. & Kriegstein, A.R. (2010) Developmental genetics of vertebrate glial-cell specifi cation. *Nature* **468**, 214–222.

### Neural crest

Le Douarin, N.M. & Smith, J. (1988) Development of the peripheral nervous system from the neural crest. *Annual Reviews of Cell Biology* **4**, 375–404.

Anderson, D.J. (1997) Cellular and molecular biology of neural crest cell lineage determination. *Trends in Genetics* **13**, 276–280.

LaBonne, C. & Bronner-Fraser, M. (1999) Molecular mechanisms of neural crest formation. *Annual Reviews of Cell and Developmental Biology* **15**, 81–112.

Le Douarin, N.M. & Kalcheim, C. (1999) *The Neural Crest,* 2nd edn. Cambridge: Cambridge University Press.

Graham, A. & Smith, A. (2001) Patterning the pharyngeal arches. *Bioessays* **23**, 54–61.

Krull, C.E. (2001) Segmental organization of neural crest migration. *Mechanisms of Development* **105**, 37–45.

Le Douarin, N.M. (2004) The avian embryo as a model to study the development of the neural crest: a long and still ongoing story. *Mechanisms of Development* **121**, 1089–1102.

Sauka-Spengler, T. & Bronner-Fraser, M. (2008) A gene regulatory network orchestrates neural crest formation. *Nature Reviews Molecular Cell Biology* **9**, 557–568.

Gammill, L.S. & Roffers-Agarwal, J. (2010) Division of labor during trunk neural crest development. *Developmental Biology* **344**, 555–565.

### Neuronal growth and connectivity

Colman, H. & Lichtman, J.W. (1993) Interactions between nerve and muscle: synapse elimination at the developing neuromuscular junction. *Developmental Biology* **156**, 1–10.

Tessier-Lavigne, M. & Goodman, C.S. (1996) The molecular biology of axon guidance. *Science* **274**, 1123–1133.

Bibel, M. & Barde, Y.A. (2000) Neurotrophins: key regulators of cell fate and cell shape in the vertebrate nervous system. *Genes and Development* **14**, 2919–2937.

Lisman, J.E. & McIntyre, C.C. (2001) Synaptic plasticity: a molecular memory switch. *Current Biology* **11**, R788–R791.

Wilkinson, D.G. (2001) Multiple roles of Eph receptors and ephrins in neural development. *Nature Reviews Neuroscience* **2**, 155–164.

Goldberg, J.L. (2003) How does an axon grow? *Genes and Development* **17**, 941–958.

Schneider, V.A. & Granato, M. (2003) Motor axon migration: a long way to go. *Developmental Biology* **263**, 1–11.

Lemke, G. & Reber, M. (2005) Retinotectal mapping: new insights from molecular genetics. *Annual Review of Cell and Developmental Biology* **21**, 551–580.

Rüdiger, S. (2006) The dual nature of neurotrophins. *BioEssays* **28**, 583–594.

Butler, S.J. & Tear, G. (2007) Getting axons onto the right path: the role of transcription factors in axon guidance. *Development* **134**, 439–448.

Tran, T.S., Kolodkin, A.L. & Bharadwaj, R. (2007) Semaphorin regulation of cellular morphology. *Annual Review of Cell and Developmental Biology* **23**, 263–292.

Ypsilanti, A.R., Zagar, Y. & Chédotal, A. (2010) Moving away from the midline: new developments for Slit and Robo. *Development* **137**, 1939–1952.

Gibson, D.A. & Ma, L. (2011) Developmental regulation of axon branching in the vertebrate nervous system. *Development* **138**, 183–195.

Sun, K.L.W., Correia, J.P. & Kennedy, T.E. (2011) Netrins: versatile extracellular cues with diverse functions. *Development* **138**, 2153–2169.

This chapter contains the following animation:

**동영상 6** 측면 억제

**동영상 19** 신경모세포 형성

For additional resources for this book visit www.essentialdevelopmentalbiology.com

제15장

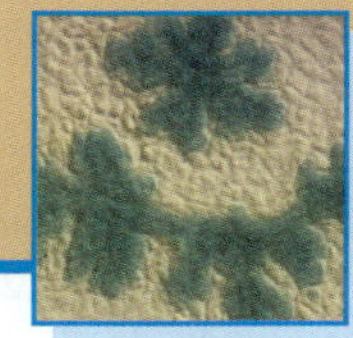

# 중배엽성 기관의 발생

복잡성이 큰 고등척추동물에서 중배엽은 초기배아 시기부터 중간부분에서 측면을 따라서 4부분으로 구분되어진다. 중앙선 부분의 **척삭**(**notochord**), 그 다음으로 체절을 형성하는 **측축중배엽**(**paraxial mesoderm**), 그 다음으로 생식소, 신장, 부신이 되는 **중간중배엽**(**intermediate mesiderm**), 마지막으로 체벽, 사지싹, 혈관, 그리고 심장을 형성하는 **측판중배엽**(**lateral plate mesoderm**)이 그것이다. 복잡성이 덜한 하등척추동물에서는 배열은 같지만, 중배엽이 축적된 난황을 둘러싸고 있어 등쪽에서 배쪽에 배치하고 있는 점이 다르다.

측판중배엽은 체강 형성과 함께 분리되어 바깥쪽에 **체측중배엽**(**somatic mesoderm**)과 내장쪽의 **장측중배엽**(**splanchnic mesoderm**)으로 나누어지며, 체측중배엽은 후에 사지싹을 형성하며, 장측중배엽은 장간막과 심장을 형성한다. 골격은 세 부분으로부터 유래하는데, 대부분의 두개골은 **신경능선**(**neural crest**)으로부터, 척추는 체절로부터, 사지의 뼈와 지대는 측판중배엽과 관련된 사지싹으로부터 형성된다.

무척추동물의 중배엽은 척추동물의 근육, 생식소, 결합조직, 혈구세포를 포함하여 척추동물과 비슷한 조직 유형을 형성함에도 불구하고, 척추동물의 중배엽이 구분되는 것과는 사뭇 다른 구획을 보인다.

이 장에서는 생쥐의 유전자와 단백질의 명명법 협약(주로 신장, 생식소, 생식세포에 대하여), 그리고 그 밖의 다른 협약에 따라 내용을 기술한다.

## 체절형성과 근육발생

### 정상적인 체절 발생

후뇌의 능형분절과 함께, 체절의 패턴은 척추동물 체형의 체절적 양상을 가장 명확하게 보여준다. 체절은 **측축중배엽** 또는 **체절판**이라고 불리는 척삭의 측면중배엽으로부터 앞쪽에서부터 뒤쪽으로 점진적으로 형성된다(그림 15.1). 이것은 포크헤드(forkhead) 전사조절인자인 Foxc1과 Foxc2의 발현으로 중간중배엽과 구분된다. 이들 두 유전자를 모두 적중한 생쥐에서는 체절이 없고, 닭에서의 레트로바이러스 감염을 매개한 이들 유전자의 과발현은 체절의 너비를 확장시킨다. 체절형성이 진행되면서 확연해져 관찰이 가능하기 때문에, 형성되는 체절의 수는 척추동물의 배아의 발생 단계를 정확하게 알려준다. 발생단계에 따른 형성된 체절의 수는 종에 따라 고유하며, 30개 정도인 물고기부터 수백개에 이르는 뱀까지 동물군에서 다양하게 나타난다.

모든 척추동물이 체절을 형성하지만, 주로 닭의 배아를 이용한 실험들을 통해 정보를 얻어 왔고 생쥐, 제노푸스, 제브라피쉬로부터 얻은 추가적인 정보가 획득되어 왔다. 닭에서 체절은 내강을 내포하는 세포덩어리인 상피체절로 느슨한 세포들의 집합체가 형성될 때 처음 눈으로 볼 수 있게 된다. 상피 체절의 형성에 따라 피브로넥틴과 N-캐드히린의 발현이 증가하고, 이들의 발현 증가는 체절의 형성을 촉진한다. 상피체절은 일시적인 구조로서 형성된 후 바로 중간쪽에서 상피-간충직 전환을 진행하여 **골분절**(**sclerotome**)을 형성한다. 골분절은 간충직이 응집한 구조로 차후 척추와 늑골을 형성한다(그림 15.2). 또한 골분절의 등쪽 부분은 "syndetome"이라고 불리는 건(힘줄)을 형성한다. 두개골의 바깥쪽 뼈(골)들의 형성에서처럼 척추는 처음에 연골형태로 형성되고, 나중에 골화된다. 각각의 척추는 앞 체절의 뒤쪽 반 부분과 뒤 체절의 앞쪽 반 부분이 결합하여, 즉 앞뒤 두 체절의 골분절로부터 형성된다. 그래서 척추는 체절의 반복되는 패턴과 달리 체절의 사이사이에 위치하게 된다. 이것은 "재체절형성(resegmentation)"이라고 알려져 있는데, 초파리의 체절과 부체절 사이의 관련성을 다소 연상시킨다.

상피체절의 측면부분은 **피부근육분절**(**dermomyotome**)이라 불리는 세포층(세포판)을 형성한다. 이는 결국 등쪽의 중앙 부분의 진피를 형성하는 **피부분절**(**dermatome**), 골격근을 형성

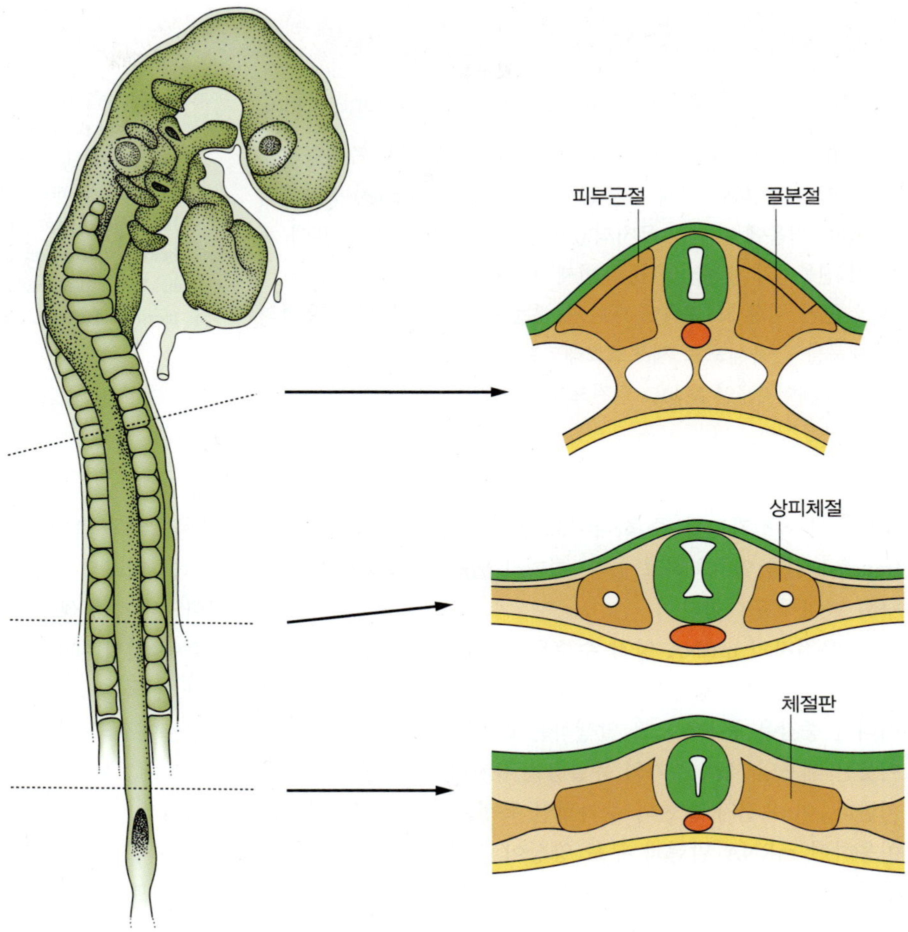


그림 15.1 닭 배아에서 체절형성. 체절형성이 앞쪽에서 시작하고 새로운 분절 형성은 후방 부위에서 일정 시간동안 진행된다. 형태적 변화는 맨 처음 표피 그 다음은 변두리 부분의 빽빽한 피부근절 그리고 안쪽의 느슨한 골분절 순으로 진행된다.

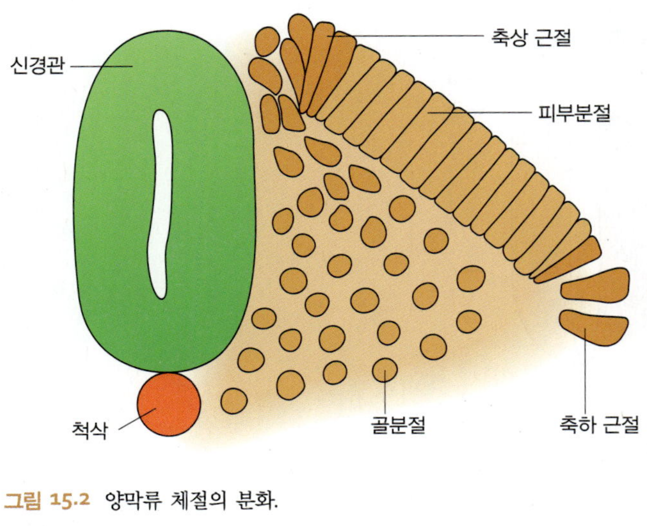


그림 15.2 양막류 체절의 분화.

하는 **근절(myotome)** 두 가지 부분으로 나누어진다. 중선 근처 부분 또는 축상 근절은 신체 주심축의 분절성 근육을 형성하고, 더 측면 부위에 있는 축하 근절은 복부 체벽, 사지, 횡경막의 근육을 형성한다.

## 분절형성 기전

체절의 반복적인 분절 패턴은 공간 구배와 함께 작동하는 분자 진동자 또는 시계의 작용을 통해 나타난다(동영상 20: 체절 진동자의 작동 참고). 시계의 한 순환주기는 한 체절의 형성을 유발하고 경사도는 체절이 앞쪽 부분에서부터 뒤쪽으로 가면서 순차적으로 형성될 수 있도록 한다 시계의 순환 기간은 제브라피쉬에서는 30분, 병아리에서는 90분, 생쥐에서는 120분에 이르기 까지 종에 따라 다르다. 병아리에서 시계는 초기 배아 때부터 작동되기 시작하여(H&H 3) 세 번째 순환주기에서 첫 번째 체절이 형성된다. 시계는 Hes 유전자와 *Lunatic fringe*를 포함하는 Notch 신호전달경로 구성요소의 기간적인 발현으로 추측할 수 있다. Hes 유전자는 bHLH 전사인자를 암호화하고 있고 초파리의 *hairy* 유전자와 상동이며, 쌍지배유전자로 체절형성에 관여되어 있다. *Lunatic fringe* 유전자군은 초파리 *fringe*의

## 고전적인 실험들

### 체절형성과 근발생(somitogenesis and myogenesis)

이와 관련된 Cooke와 Zeeman의 최초 논문에서 체절형성을 설명하기 위하여 시계-기반 모델(clock-based model)이 제안되었다. 처음에는 거의 무시되었으나 한참 세월이 지난 후에 체절 진동자가 발견되었다(두 번째 논문).

한편 체절세포분화에 대한 이해는 전사인자 중 다른 유형의 세포를 근육세포로 재프로그래밍할 수 있는 첫 번째 "주조절자(주제어자)"인 MyoD 발견으로 한층 고양되었다.

Cooke, J., & Zeeman, E. C. (1976). A clock and wavefront model for control of the number of repeated structures during animal morphogenesis. *Journal of Theoretical Biology*, **58**, 455-476.

Palmeirim, I., Henrique, D., Ish-Horowicz, D., &Pourquié, O. (1997). Avian hairy Gene Expression Identifies a Molecular Clock Linked to Vertebrate Segmentation and Somitogenesis. *Cell*, **91**, 639-648.

Davis, R. L., Weintraub, H., &Lassar, A. B. (1987). Expression of a single transfected cDNA converts fibroblasts to myoblasts. *Cell*, **51**, 987-1000.

상동적인 유전자그룹 중 하나이고 글리코실전달효소(glycosyl transferase)를 암호화하고 있다. 초파리 *fringe*는 성충판의 경계 구획 형성에 관여한다.

이 유전자의 mRNA 양적 수준은 새로운 체절 형성의 빈도에 따라 주기적인 증감을 반복한다. 대부분의 원시 체절판에서 이러한 증감은 동시적으로 발생하는데 이는 세포 간의 소통은 이웃한 세포의 세포 주기의 동일성을 유지하는 데 필요함을 의미한다. 이 유전자 발현의 주기적인 특성은 제자리혼성화법을 이용하여 mRNA 발현과 분포 양상이 시료 사이에서 주어진 시간 내의 빠른 변화가 매우 다양하다는 것을 밝히면서 알려졌다. 만약 배아를 서로 다른 시기에 세로로 잘라 고정하여 오른쪽과 왼쪽 측면을 제자리 혼성화법을 이용하여 mRNA 발현양상을 비교해 보면 시간 변화에 따른 추이를 알 수 있다. 가장 마지막에 형성된 체절과 인접한 부분에서 이러한 유전자의 증감이 원시 체절판의 나머지 부분에 비해 늦추어짐을 알 수 있다. 결국 이는 다음 체절의 형성될 부분에서 완전히 멈춘다. 이 부분에서의 시계의 지연은 즉각적인 것이 아니고 진행적이기 때문에, 새로 형성되는 체절의 앞부분은 낮은 수준의 mRNA로 뒷부분은 높은 수준으로 유지된다(그림 15.3).

주기적 증감 기전은 Hes 인자에 의한 전사의 자기조절에 의해 조절된다. 이러한 단백질들은 스스로의 전사를 억제하고 매우 불안정하여, 새로운 합성이 없을 경우 빠르게 감소한

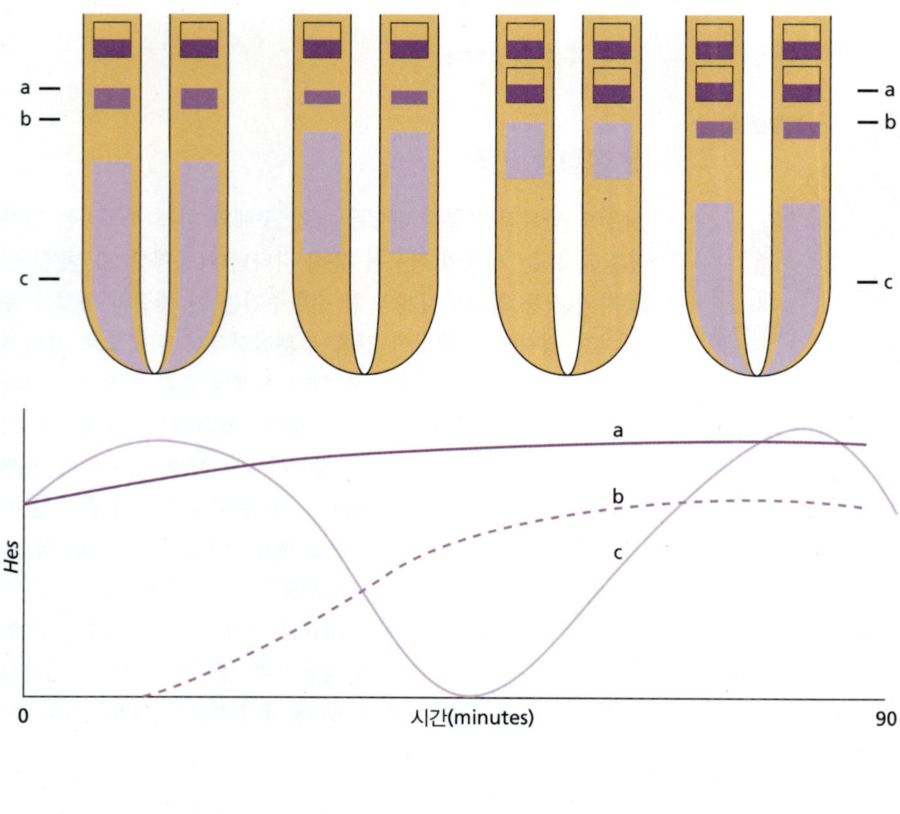


그림 15-3 닭에서 체절형성의 한 주기 동안 체절 진동자의 작동. 그림은 주기 내에서 *Hes*가 4번 발현하는 유형을 보여주고 있으며, 그래프는 a, b, c 점에서 전사물질 양의 다양성을 보이고 있다.

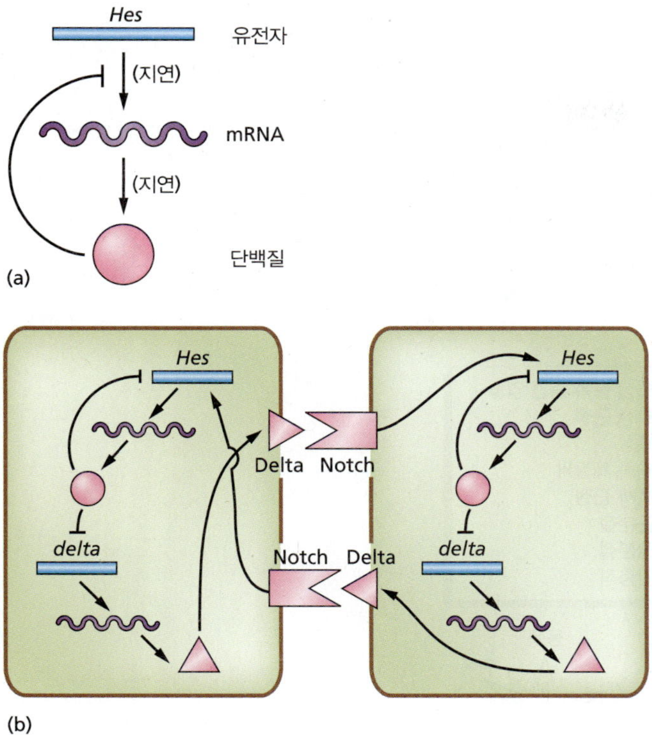


그림 15.4 (a) 진동자의 단순 되먹임과 지연 모델. (b) Delta-Notch 시스템에 의한 세포 연계.

다. 전사는 산물의 수준이 낮을 때에 이루어진다. 이러한 과정으로 단백질이 형성되면 전사가 억제되고, 단백질이 불안정해져 단백질의 수준이 낮아지면 전사가 다시 증가하게 된다(그림 15.4a). 이러한 음성되먹임 유형의 기전의 주요한 증거는 (생쥐에서) 돌연변이에 의한 Hes 합성의 억제 또는(제브라피쉬에서) **모폴리노(morpholino)** 처리에 의한 증감 기전의 정지이다. 제브라피쉬에서 양적 증감 기전은 Delta-Notch 체계로 인접한 세포와 공시성(synchrony)을 유지하면서 단순히 이러한 과정으로부터 형성된다. 양막류에서 양적 증감 기전은 기간이 길고 양적 증감 원인의 내적 구성요소로써 Delta-Notch 체계를 포함한다. 이 더 복잡한 주기에서 *Hes* 단백질은 *Delta* 전사를 억제하고, 이는 인접한 세포에서 Notch 신호를 감소시키고, 반면에 Notch 신호는 *Hes* 전사를 증가시켜서 인접한 세포에서 Hes 단백질은 감소하게 된다. 이것은 더 많은 *Delta* 전사를 초래하고 이로서 원시세포에서 더 많이 Notch 신호가 증가하여 *Hes* 전사가 다시 증가하게 된다(그림 15.4b). 생쥐에서 *Delta*의 손실은 양적 증감을 억제하지만 제브라피쉬에서 *Delta*의 손실은 양적 증감과정이 유지되도록 하여 인접한 세포에서 공시성을 없앤다. 이는 생쥐에서 Delta-Notch 체계가 양적 증감 과정 자체의 일부분이고, 제브라피쉬에서는 단순히 원시 체절판세포의 분포에서 단순히 같은 단계를 유지하는 데 관여함을 의미한다.

Notch 신호전달경로는 Hes 유전자와 *Lunatic fringe* 모두의 발현을 일으킨다. Lunatic fringe는 *Lunatic fringe*가 발현되는 부분과 발현되지 않는 부분의 경계 부분에서만 Notch 활성이 일어나는 것처럼 Delta-Notch 신호전달 체계의 구성요소를 수정할 수 있다. 이들 요소들을 적중시킨 모든 생쥐는 비록 체절 유래의 세포 분화가 정상적이나 체절 패턴이 무너지는 것과 같이 체절형성과 관련한 유사한 표현형을 가진다.

공간 내의 연속적인 체절을 형성하기 위해서 양적 증감원의 작동은 경사도(gradient)와 상호 연계되어야 한다. 이러한 시스템 내의 경사도 부분은 섬유모세포 성장인자(주로 FGF4와 FGF8)의 뒤-앞쪽 경사로 FGF는 몸의 뒤쪽 유형 형성과 관련되어 있다. 그 경사도는 점진적으로 줄어들어 동일 농도의 FGF가 시간이 흐름에 따라 더 뒤쪽 부위에는 있게 된다. 생체시계와 경사도는 모두 전사인자 유전자인 *Mesp2*와 같이 체절형성 조절에 관여하기 때문에 서로 협동적으로 작동한다. FGF의 수준이 특정 한계점(threshold) 아래로 떨어지게 되면, 시계 구성요소들은 *Mesp2*를 증가시킨다. 이는 Fringe 발현 경사도를 각 예정 체절의 후반부에서 가파르게 유지하게 하여 뒷부분에서 Notch 활성화를 일으킨다. 결국 Notch 신호전달은 상피체절 형성에 필요한 세포 부착 변화에 기여하는 에프린과 같은 다른 구성물의 발현을 촉진한다. 또한 Mesp2는 세포 부착 물질인 인테그린과 캐드히린 형성을 억제하는 Snail의 발현을 억제한다. 이 결과는 세포 부착 물질의 양을 증가시키고 간충직에서 상피로의 전환을 증가시켜 상피 체절의 형성을 이끈다. 제브라피쉬, 닭, 그리고 생쥐에서 *Fgf8* mRNA의 농도구배는 제자리 혼성화법을 통해 눈으로 확인할 수 있고, 면역염색법을 이용하여 탐색되는 인산화된 ERK의 농도구배와 연계되어 있다. 체절형성은 FGF 신호전달의 억제물질인 SU5402 투여로 방해받는다. SU5402 처리는 각 각 주기 동안에 역치보다 낮은 FGFs 신호를 받고 체절내로 합쳐지므로, 정상적 크기보다 큰 체절이 형성되게 한다. 정반대로, 천천히 방출하는 구슬(bead) 또는 전기천공을 통해 FGF 단백질을 투여하면 정상 크기보다 작은 체절이 형성된다.

체절형성에 대한 언급에서 가장 난해한 용어 중 하나로 "파면(波面, wavefront)"이 있다. 파면은 단순히 간충직에서 상피로 전환되는 경계면으로 계속적으로 변하고, 이는 FGF 농도 기울기의 역치 농도를 반영하는 것으로 뒤쪽으로 가면서 농도 기울기가 감소하는 것을 반영한다.

모든 척추동물은 체절형성 과정에서 비슷한 시계와 농도구배 과정을 가지고 있기 때문에 사람 또한 이러한 과정을 공유할 것이라고 추정된다. 흥미롭게도, 몇몇 유형의 선천적인 척추측만증(척추가 휨, 또는 가끔 다른 분절의 비정상)은 체절형

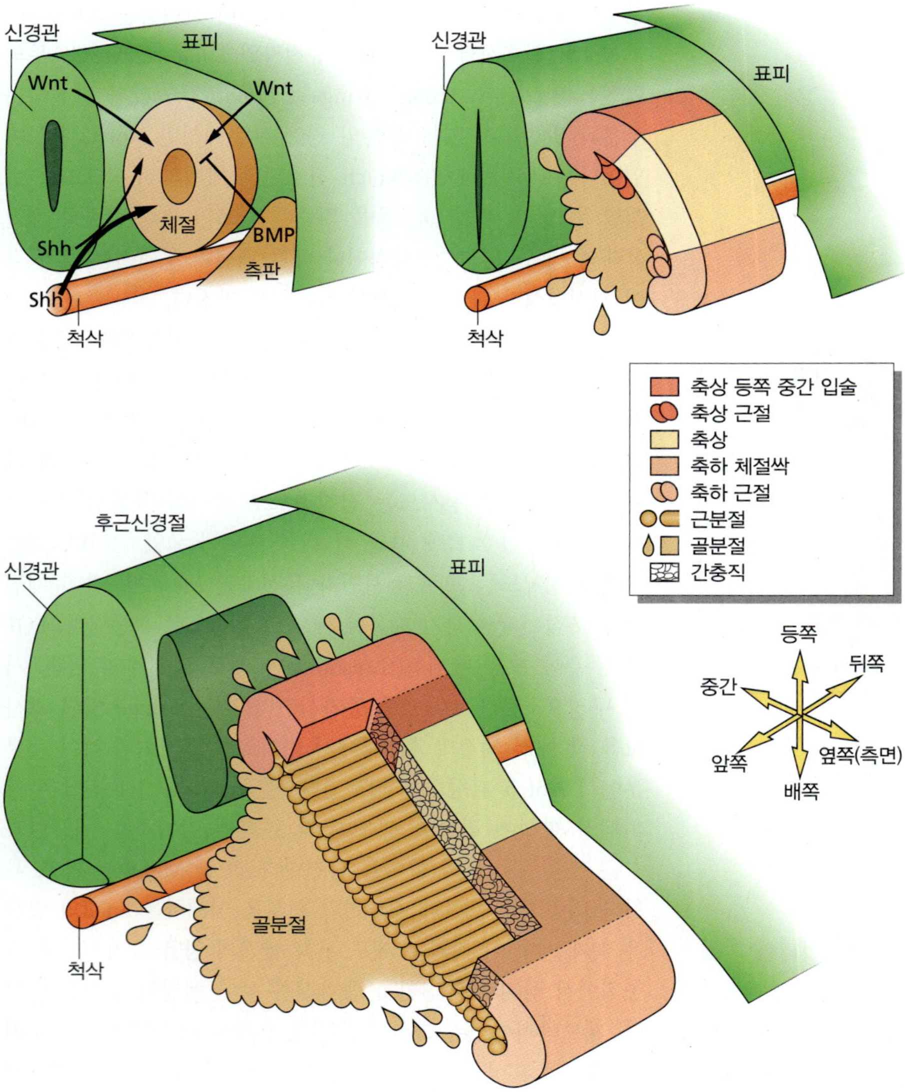


**그림 15.5** 주변 조직 유래 신호에 의한 체절의 세분화. DM=dermomyotome, 피부근절. (인용) Academic Press의 허가를 얻어 Ordahl (2000)의 그림을 재구성함.

성 과정에 중요한 역할을 한다고 알려져 있는 *DELTA-LIKE 3, LUNATIC FRINGE, MESP2*와 같은 유전자의 돌연변이 때문이다.

## 체절의 세분

체절의 내부적인 전-후 세분화는 체절형성시기에 형성되는데 후기 발생에 중요한 역할을 한다. 14장에서 보았듯이, 골분절 후반부에 에프린(ephrin)의 농도가 높아 신경능선세포와 척수신경이 각 체절의 앞쪽 골분절 쪽으로 우선적으로 자라기 때문에 골분절 후방 부위에 분포하지 않게 된다.

횡축으로 존재하는 체절의 세분은 골분절, 피부분절, 근분절, 주위 조직과의 상호작용에 따라 형성되는 것이다(그림 15.5). 이러한 사실은 새롭게 형성된 상피체절이 미세외과수술적으로 역으로 되거나 또는 회전하여 위치하게 되더라도 일반적인 세분화가 온몸 축에 대하여 일어난다는 사실로부터 알 수 있다. 원시체절조직을 특정한 유도 과정 각각으로부터 자유롭게 하면, 즉 유도과정으로부터 고립될 경우 체절의 세분화가 유도되지 않고, 신호를 주는 조직과 원시체절조직을 함께 배양하면 접촉한 부분에서 유도됨을 통하여 확인되었다. **골분절(sclerotome)**은 신경관의 등쪽 부분과 척삭에 의해 유도된다. **근분절(myotome)**의 축상 부분은 신경관의 등쪽 부분과 척삭에 의해 유도되고, 근분절 유도의 확산은 측판중배엽에 의해 제한된다. **피부분절(dermatome)**은 신경관에 의해 유도된다. 이들 상호작용 각각에 대한 유도신호 반응 능력은 4장에서 묘사된 소위 발현, 활성, 억제 등의 증거를 위한 기준을 근거로 추론되어 왔다.

골분절 유도에 있어 일차적인 주된 신호는 Sonic hedgehog (shh)이다. 이는 신경관의 바닥 면과 척삭에서 발현되고, 14장

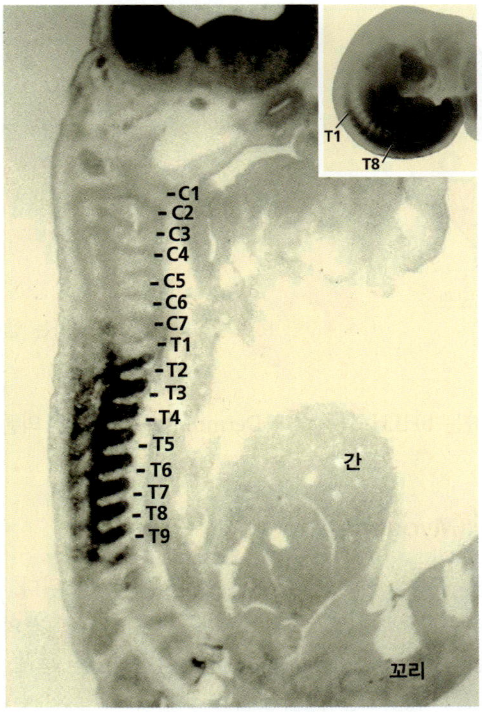


**그림 15.6** 생쥐 배아에서 흉추 예정 부위에서 Hox6의 발현. C1-7 경추, C1-9 흉추. (인용) Elsevier의 허가를 얻어 *Cell* 2008; 132: 185-195의 그림을 재구성함.

에서 설명한 것과 같이 신경관의 배쪽과 등쪽 양면의 패턴형성에 필요하다. Shh를 발현하는 세포는 모든 상피체절이 연골로 분화하도록 유도, 즉 연골형성을 유도한다. 초기 과정은 전사인자 유전자인 *Nkx3.2*, *Pax1*과 *Pax9*, *Scleraxis*의 발현 증가, Id 계열의 근형성 억제 유전자의 발현 증가와 관련된다. *Shh*를 적중한 생쥐는 골분절의 거의 모든 유도체가 없는데, 이는 *Shh*가 생체 내에서 골분절 형성에 매우 필요하다는 것을 보여준다. 정상적인 발생과정에서, 척삭 그 자체는 사라지지 않고, 추간판의 수핵(nucleus pulposus)이 된다.

각각의 척추는 발생이 진행되면서 위에서 언급한 것과 같이 한 체절의 뒤쪽 골분절과 바로 다음 체절의 앞쪽 골분절이 합쳐지는 재체절형성을 통하여 형성된다. 척추 각 부위의 특징(경추, 흉추, 요추, 천추, 미추)은 각 위치에서 발현하는 Hox 유전자와의 조합을 통하여 조절된다(그림 15.6). 닭과 생쥐는 신체 각 부분을 구성하는 척추골의 수는 서로 다르나 그 위치에 해당하는 Hox 유전자는 같다(그림 15.7). 예를 들어, *Hoxc6*가 발현되는 앞쪽 경계 부분은 경추 부위에서 흉추 부위로 전환되는 표식이고, *Hoxd10*이 발현되는 앞쪽 경계 부분은 요추 부위에서 천추 부위로 전환되는 표식이고, *Hoxd12*가 발현되는 앞쪽 경계부분은 천추골에서 꼬리뼈(미골)로의 전환 표식이다. Hox 유전자의 적중을 통한 제거 또는 형질전환을 통한 과발현을 통하여 10장에서 언급한 것과 같이 예측되는 척추의 특징 변화를 확인할 수 있다.

근분절의 형성은 더 복잡하다. 몇몇 초기 근육세포는 체절이 피부근절과 골분절로 나누어지기 전에 등쪽의 안쪽 부분에서 형성된다. 차후에 **근원세포(근육모세포, myoblasts)**는 피부근절의 중간(medial; epaxial)과 측면(lateral; hypaxial) 모서리 부분의 세포에서 계속 형성된다. 이들 세포는 피부근절판의 모서리 주변으로 이동하여 커 가는 근분절 아래 부분으로 합류한다. 일단 이 세포가 근분절로 이동하면, 분열이 끝난 상태가 되

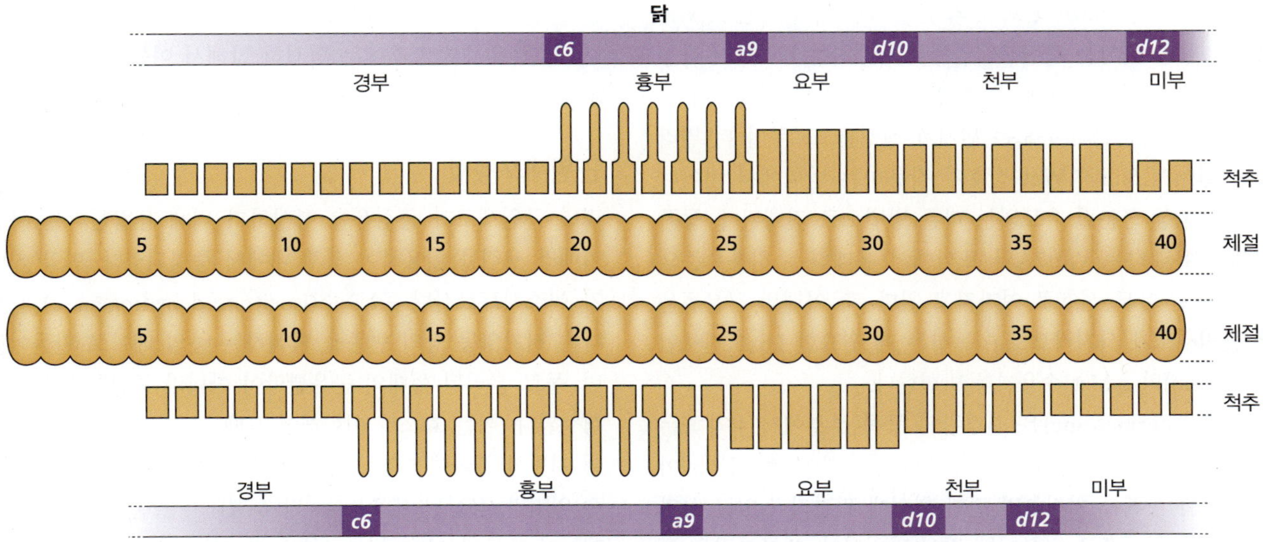


**그림 15.7** 닭(위쪽)과 생쥐(아래쪽)의 체절에서 척추골의 형성. 각 척추골은 2개 체절 각각의 반으로부터 형성되고, 척추골 각 부위의 특성은 어떤 도메인의 Hox 유전가가 발현하는가와 관련된다. *c6*, *a9*, *d10*, *d12*는 두 종에서 이들 Hox 유전자의 앞쪽 경계를 의미한다.

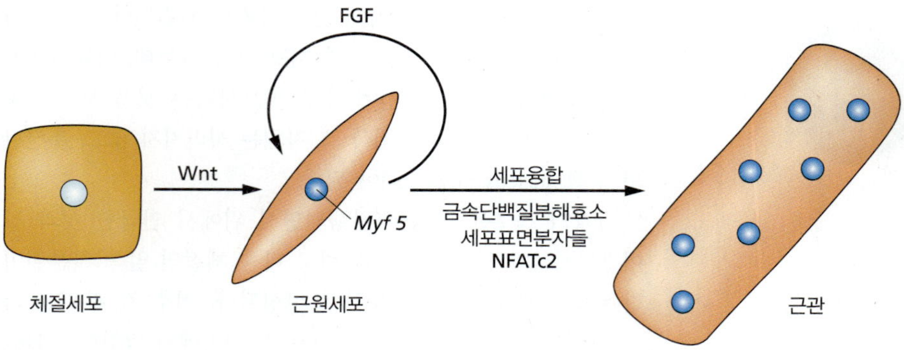


그림 15.8 근육 형성을 조절하는 인자들.

고 전방에서 후방 쪽으로 위치한다. 비록 축상과 축 아래 부분의 유도 신호 환경이 다르지만, 이 둘 모두 근원세포를 형성한다. 이것은 기관형성에서 다른 원기에서 유래한 서로 다른 두 세포가 처음에서 일정 부분 다른 지만 궁극에 가서는 동일 유전자군으로 수렴하는 분자 경로를 통하여 동일한 유형의 세포로 되는 많은 예 중의 하나이다. 아래의 bHLH class의 근육유도 전사인자가 한 예이다.

축상 부위에서의 근형성은 사전 노출 즉 원시체절 단계에서 Shh에 노출됨을 필요로 하고, 이후 신경관의 등쪽 부분에서 유래하는 Wnt 신호에 노출되어야 한다. 이는 *Myf5*와 같은 근육형성 유전자의 발현 유도와 상피체절 전체에서 기본적으로 발현되는 *Pax3*의 발현을 억제함을 초래한다. 측판중배엽을 제거함으로써 비슷한 효과를 나타낼 수 있다. 측판은 BMP4를 발현하는데 BMP는 잘 알려진 과발현 방법[세포덩어리, 천천히 분비하는 구슬(slow-release bead), 레트로바이러스를 이용한 과발현]을 이용하여 과발현할 때 근육형성을 억제한다. 축상 근분절의 영역 확장은 신경관 등쪽으로부터의 Wnt 신호와 측판중배엽으로부터의 BMP 신호 간의 균형에 의해 결정된다. Wnt 신호의 기능중 하나는 측판중배엽에서 유래하는 BMP4의 작용을 억제하는 *Noggin* 발현을 축상 부위에서 유도하는 것이다.

축 아래의 근분절의 유도는 원기가 신경관으로부터 더 멀리 떨어져 있어서 Shh와 Wnt 신호가 작용하는 범위에서 벗어나 있으므로 축상 근분절 유도와는 다른 방법으로 진행된다. 등쪽 표피에서 유래하는 Wnt7A와 포피에서 유래하는 허용수준의 BMP가 주된 유도 신호로 여겨지고 있다. 축 아래의 근분절은 후에 근원세포가 사지싹으로 이동하는 데 필요한 Lbx1 전사인자(LIM class)와 c-Met 수용기를 발현한다.

**피부분절(dermatome)**은 신경관의 등쪽 부분에서 유래하는 뉴로트로핀 3 (Neurotrophin 3) 신호에 반응하여 형성된다. 이 인자의 중화 항체를 처리하면 진피 형성에 관련되어 있는 상피세포가 간충직 세포로 전환되는 것이 방지된다. 피부분절은 등쪽 진피를 생성하지만 배쪽 부분과 측면 부분의 진피는 측판중배엽에서 유래한다. 이러한 특징은 근형성 전사조절인자의 발현을 억제하는 bHLH 단백질과 Dermo1에 일정 부분 의존적이다.

## 근 발생(Myogenesis)

척추동물 근육은 골격근, 평활근, 심근으로 분류된다. 모든 골격근은 축근육, 사지근육, 체벽근육을 형성하는 체절의 근분절이나 눈과 턱의 근육을 형성하는 비체절화된 머리중배엽으로부터 유래한다. 평활근은 측판중배엽과 체절의 축 아래 부분으로부터 형성되고, 심근은 앞쪽 장측중배엽으로부터 유래하는 초기 심장의 심근으로부터 형성된다.

골격근은 수의근으로 더 많이 알려져 있고 척추동물의 많은 부분을 차지한다. 이는 수축성단백질인 액틴과 미오신으로 구성된 **근원섬유**를 포함하는 다핵성 근섬유로 이루어져 있다. 골격근의 분화는 세포가 **근원세포(myoblast)**로 되도록 예정화되고, 그 다음으로 증식 그리고/또는 이주 기간이 오고, 그 다음으로 증식의 끝남과 근원세포가 다핵성 근섬유를 형성하는 융합과정이 진행된다(그림 15.8). 정상적인 발생에서 증식의 중단은 근원세포가 피부근절로부터 근절하부로 이동한 후 일어난다. 일단 유사분열 후에는 엄격히 말해서 이들 세포는 "근세포(myocyte)"로 불려야 하지만 "근원세포"가 일부 포함되어 있다.

## 근원세포융합

몇몇 근원세포가 근섬유를 형성하기 위해 융합한다는 사실은 키메라 생쥐를 이용하여 생체 내에서 증명되었다. 만약 키메라가 이소시트르산탈수소효소(isocitrate dehydrogenase)의 서로 다른 전기영동 상의 변종을 발현하는 종의 배아로 만들어졌다면, 둘로 분리된 형태의 근육뿐만이 아니라 중간형태의 근육이 형성된다. 이는 효소가 이합체이기 때문이다. 단일 세포는 그들이 기원한 배아에 따라 오직 AA 또는 BB의 이합체만을 형성할 수 있지만, 융합된 세포는 두 가지 형태가 같은 세포질 내에 존재하기 때문에 AB와 같은 이형이합체를 형성할 수 있다.

근원세포 융합 기전은 초파리 유전학과 포유동물의 근형성 연구 모델을 이용한 체외 연구를 통하여 알려지게 되었다.

초파리 배아에서는 30개의 다핵성 섬유가 형성되는데, 각각 다른 근육을 구성한다. 각각은 융합능을 가지고 있는 몇몇 근원세포와 융합하는 하나의 시조(founder) 세포에서 시작된다. 시조 근원세포는 Kin-of-irreC (Kirre)라고 불리는 세포 표면 물질을 발현하는데, 이 물질은 *stick-and-stone* 유전자를 번역하는 수용능 세포 표면의 수용체와 결합한다. 이들 요소들의 기능상실은 융합을 막는다. 이것의 중요성은 제브라피쉬의 융합하는 근원세포에서 이와 상동적인 유전자 Kirre-like를 발현하고, Kirre-like의 활동을 억제하는 모폴리노가 융합을 억제하는 것을 통하여 알 수 있고, 이를 통해 이는 기작의 공통성을 그럴싸 하게 보여준다.

포유류의 근육 융합은 대부분 조직배양 연구에 용이한 근원세포인 생쥐의 C2C12 세포주에서 연구되었다. 이 세포는 FGF가 공급되는 동안 지속적으로 성장하지만 생체 내에서의 근섬유와 비슷하게 FGF의 공급이 멈추면 성장을 멈추고 체내의 근섬유(myofiber)와 유사한 **근관(myotubes)**으로의 융합을 시작한다. FGF는 근육형성을 억제하는 전사억제인자인 Msx1의 발현을 유지한다. 적절한 유전자를 형질주입하면 융합을 가속화하거나 특정한 항체를 처리하면 융합을 억제하는 것으로 보아 융합은 다양한 분자들에 의해 일어난다. 포유류의 수정에 관여되어 있는 ADAM 계열(meltrin이라고도 불리는)의 한 집단은 금속단백질분해효소(metalloprotease)이다. 또한 단백질가수분해효소인 칼파인(calpain)과 세포 표면 물질인 카베올린(caveolin)이 관련되어 있다. 세포내 $Ca^{2+}$ 농도의 증가는 NFATC2 전사인자를 활성화하고, 이 유전자를 적중한 생쥐에서는 적은 수의 핵을 가지는 섬유가 형성된다.

## 근육형성 전사인자

골격근 분화의 중심이 되는 것은 **근육형성** 단백질 패밀리이다. 이러한 전사인자는 모두 bHLH class이고 MyoD, Myf5, Myogenin 그리고 MRF4 (muscle regulatory factor 4, 주로 Myf6라고 알려져 있음)라고 불린다. 이들 인자는 다양한 유형의 조직배양 중인 섬유모세포에 형질주입될 때, 이들 유전자들은 세포를 근육으로 분화하도록 한다. 이들 유전자가 도입된 세포는 근육세포 특이 단백질의 유전자를 발현하기 시작하며, 다핵성 근관세포로 융합된다. MyoD는 크레아틴인산화효소(creatine phosphokinase) 또는 아세틸콜린수용체와 같은 근육단백질의 유전자를 직접적으로 활성화시키는 것으로 알려져 왔다. 이는 또한 스스로의 전사를 활성화시키기 때문에 일단 한번 활성화되면 지속된다(4장의 쌍안정 스위치 참조). bHLH 인자는 이합체로 작동하는데 보통 모든 세포에 존재하는 것으로 알려진 bHLH 단백질인 E 단백질과 이형이합체로 작동한다. 또한 억제 기능을 갖는 HLH 단백질도 있는데 이들은 이합체를 구성하지만 전사활성 도메인이 없으며, 유전자 활성을 유발하지 못하는 bHLH 단백질들의 격리를 통하여 작동한다. 예를 들어 Shh에 반응하여 골분절에서 상향 발현되는 Id 단백질은 근육형성 bHLH 단백질과 비생산적인 이합체 형성을 하는 HLH 유형이고, 체절의 이 부분이 근육을 형성하지 않도록 확실하게 보증한다.

정상적인 발생과정에서 *Myf5*는 축상 근분절에서 초기에 상향 발현되고 *MyoD*는 근분절의 축 아래에서 상향조절되는데, 다른 요인들이 또한 이 두 구역에서 바로 상향조절된다. Myf5와 MyoD 중 하나가 적중되면 근육 발생에 미미한 영향을 미치게 되는데. 이는 만약 하나가 제거되면 나머지 하나의 발현이 상향조절되어 제거된 유전자의 기능을 대체하기 때문이다. 하지만, 두 가지를 모두 적중시키면 생쥐에서 근원세포와 골격근이 손실되는 등의 매우 심각한 결과를 가져온다. 이러한 이중 적중은 유전자 지도에서 Myf5와 인접한 Mrf4의 활성을 잃게 한다. 또한 이 이중 적중 생쥐는 유전체 상에서 *Mrf5*에 근접해 있는 *Mrf4*의 활성을 잃게 된다. *Myogenin*은 정상적으로 *Myf5*와 *MyoD*가 발현하기 시작한 이후에 모든 근분절에서 발현된다. Myogenin이 적중되면 골격근 형성에 매우 심각한 결함이 일어나며, 이러한 결과를 통하여 *Myf5*와 *MyoD*의 영향이 Myogenin을 통해 확실히 작동된다는 것을 보여준다.

일단 분화가 되면 포유동물의 근섬유는 일생동안 생존해 있고, 근육은 미리 존재해 있는 섬유의 확장을 통해 크기를 증가시킬 수 있다. 성장은 19장에 언급된 myostatin이라고 불리는 순환하는 억제제와 연관된 되먹임 시스템에 의해 조절된다. 비록 근섬유는 유사분열 후에 형성되지만, 지속적으로 존재하는 전구세포인 **근위성세포(muscle satellite cells)**와 연계되어 있다. 이들 근위성세포는 각 근섬유의 기저막 아래쪽에 위치하고 있는 단핵의 작은 세포이다. 그들은 피부근절의 중심 부분으로부터 기원하고, 전사인자인 Pax7이 발현하는 것이 특징이다. 근위성세포는 동물이 성장하는 동안에 섬유 수의 증가에 중요하고, 또한 성체에서 손상을 복구하는 데도 중요하다. 이와 관련된 내용을 18장에서 더 설명되었다.

# 신장

신장은 척추동물의 배설 기관으로 잘 알려져 있는데, 장기이식을 위한 인간 신장의 부족으로 인해 신장은 응용 발생생물학의 다른 몇 가지 형태 또는 **조직 공학(tissue engineering)**을 통해 대체하고자 하는 주요 목표 장기이다. 배아시기 신장 발생은 **상피(epithelium)**와 **간충직(mesenchyme)** 간의 상호 유도작용에 의해 진행되는 여러 인자가 관여하는 대표적인 기관이다. 신장의 선천적 기형은 흔하며 종종 신장의 발생에 관여하는 유전자

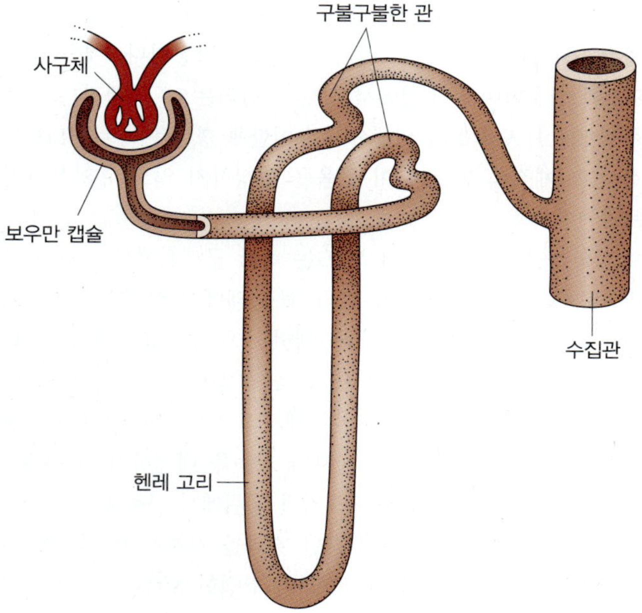


그림 15.9 네프론의 구조.

의 돌연변이에 의해 생기기도 한다. 예를 들어, 완전한 발육부진(없음)은 *Fgfrl*의 손실에 의해 나올 수 있다; *Pax2* 돌연변이에 의한 발육부진(정상보다 더 적은 네프론); *Wtl*과 *Pax6*에 영향을 미치는 근접한 DNA 부위의 결함에 의한 WAGR 증후군(빌름스 종양, 무홍체증, 비뇨생식기 이상증상, 그리고 정신지체).

완숙한 신장은 많은 네프론으로 구성된 작은 규모의 구조가 반복적으로 배열되어 있다. 네프론은 신세관과 연결된 신소체와 집합관으로 구성되어 있다. 신소체는 혈액에서 신세관으로 여과액을 제공한다. 여과액이 소변으로 만들어지는 과정은 신세관을 지나가면서 필요에 의한 물의 제거나 흡수와 함께 이온이 첨가되거나 제거된다. 결국, 소변은 집합관 계를 지나서 수뇨관으로 가고 포유동물, 어류, 양서류 등에서는 방광으로 유입된다. 신소체는 보우만 캡슐 안에서 신장 상피세포(podocytes)로 감싸진 나선형의 모세관 덩어리(glomerulus, 사구체)로 구성되어 있다(그림 15.9). 신소체 발생은 **기관배양 방법**으로 손쉽게 연구할 수 있다. 따라서 많은 포유동물을 대상으로 실험이 진행될 수 있었다. 외식한 신장 원기 조각은 배양을 통하여 며칠간 성장하고 분화하므로, 모체 내에서는 실험할 수 없는 상황을 극복할 수 있는 다양한 유형의 실험을 수행할 수 있다. 특히, 조직은 분리 또는 재결합될 수 있고, 배양액 조성을 더하거나 뺄 수 있으며, 성장인자를 천천히 분비하는 구슬에 부분적으로 적용할 수 있고, 각각의 유전자 발현이 이들 유전자에 특이적인 안티센스 올리고뉴클레오타이드(antisense oligonucleotide) 또는 RNAi를 이용하여 억제할 수 있다. 더욱이 최근에는, 유전자 표식과 조건부 적중 기술을 통하여 체내 기전에 대한 많은 정보가 추가되었다.

## 정상적인 신장의 발생

체절을 형성하는 측축중배엽의 측면은 신장과 생식소를 형성하는 **중간중배엽(intermediate mesoderm)**이 배열된다. 양막류(파충류, 조류, 포유동물)는 중간중배엽의 앞에서 뒤에까지 **전신(pronephros), 중신(mesonephros), 후신(metanephros)** 3개의 신장을 가진다. 전신은 기능이 없는 흔적기관이며, 중신은 배아 시기에 일시적으로 기능을 수행할 것이고, 후신은 최종적인 신장이다. 복잡성이 덜한 하등 척추동물들(어류와 양서류)에는 후신이 없고, 전신은 유생시기에 기능을 수행하고 중신은 최종적인 신장이다.

신장은 중간중배엽 내에서 발생하는 두 가지 구성 요소와 이웃한 측축중배엽으로부터 모집된 기질세포에서 발생한다. **신관(신장도관, nephric duct; Wolffian duct)**은 닭에서는 체절 10단계에 앞쪽에서 기원하고 뒤쪽으로 계속 자라나 총배설강에 이어진다. 신관은 *Pax2*와 *Pax8*이 특이적으로 발현되는 것으로 특징지어지고, 이들 유전자를 둘 다 적중시키면 신관이 형성되지 않는다. **Dil**을 이용한 신관 표지 또는 *LacZ* 유전자의 신관내 국부적 삽입 실험에서 신관의 성장은 외부로부터의 세포 모집을 통하여 진행된다기 보다는 내적인 고유성장을 통하여 진행됨을 알 수 있다. 초기에 신관은 속이 비어 있지 않은 뭉텅이 상태이며, 관을 형성하기 위해서는 이웃한 상피가 있어야 한다. 이러한 요구 조건은 BMP를 느리게 방출하는 구슬을 이용하여 알 수 있다. 이 주변의 중간중배엽은 이미 신장이 되도록 예정되어 있어 **신장형성 중배엽**으로 알려져 있다. 신관이 몸의 후방쪽으로 자라면서 신장형성 중배엽으로부터의 신세관이 분화하여 신관에 연결된다. 특히, 중신은 전후방향으로 순차적으로 네프론이 분할된 형태로 배열된다. 후신은 신장의 다른 부분에서, 즉 소변 수집계가 주된 신관에서 형성되는 것이 아니라 **요관싹(ureteric bud)**이라 불리는 것이 자라나와서 분화한 것이다. 요관싹은 요관의 거짓 중층상피를 가진 뒤쪽 부분에서 기원하는데, 요관싹은 신장형성 중배엽 안으로 자라면서 왕성하게 가지를 친다. 생쥐에서는 가지치기가 약 10세대 정도 일어난다. 요관싹의 신장은 유사분열 방향에 의존적이며, *Fat4*와 *Wnt9b*와과 같은 평면극성(planar polarity) 유전자들의 손실은 낭포 형성을 야기한다. 후신의 후기 분화에서 수집관(collecting ducts)은 주로 물 흡수에 중요한 주세포(principal cell)로 구성되어 있고, $H^+$나 $HCO_3^-$의 분비를 통하여 pH를 조절하는 사이세포(intercalated cell)가 일부 존재한다. *mindbomb1* (*Mib1*) 유전자 산물인 E3 유비퀴틴 리가아제(E3 ubiquitin ligase)와 같은 Notch 신호전달경로 구성요소의 손실은 주세포의

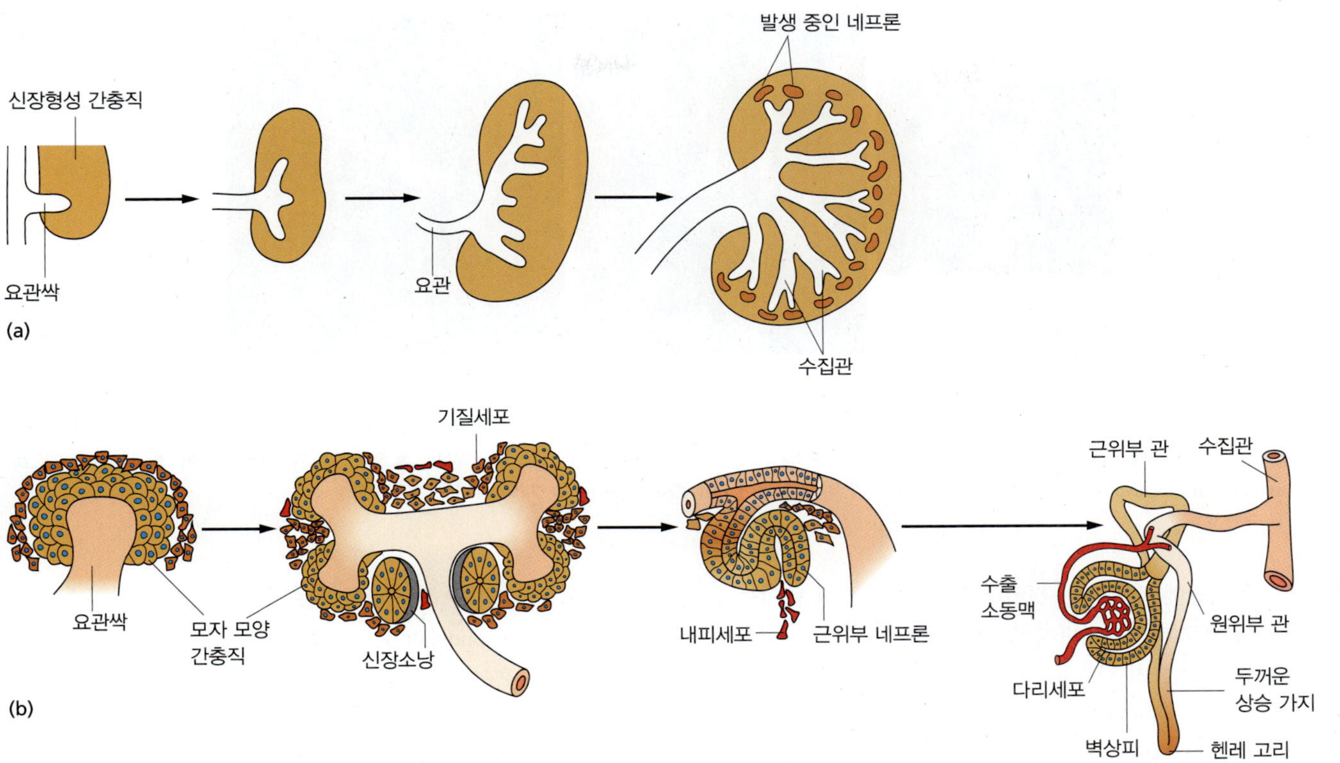


그림 15.10 후신의 정상적인 발생. (a) 요관싹이 후신 간충직으로 자라고 가지침; (b) 네프론의 유도. (인용) Biologist Ltd의 허락을 얻어 *Development* 2009; 136: 3863–3874의 그림을 재구성함.

확장에서 사이세포의 증가를 초래한다. 이것은 서로 다른 유형의 세포들이 일차 신경형성과 유사하게 Notch를 통한 측면억제 시스템 작동에 의해 형성됨을 의미한다(14장 참조).

신장형성 간충직은 네프론으로 분화하며 요관싹의 가지들과 연합하여 속이 비어 있지 않은 비체절적 기관을 형성한다. 이러한 과정은 간충직에서 상피로의 변환(mesenchymal-to-epithelial transition)의 한 예이다. 일차적으로 간충조직은 응집하여 요관싹 끝 부분에 빽빽한 모자 모양(캡)을 형성한다. 이것들은 쉼표모양체(comma-shaped bodies)로 요관싹 끝부분과 연결되어 난형(타원형)의 신장 소낭(ovoid renal vesicle)들을 형성하고, 이후 S-모양이 되면서 세관으로 발생한다(그림 15.10). 응집된 캡 부분에서는 호메오박스 유전자인 *Six2*가 발현되고. *Six2-CreER x R26R*로 표지된 생쥐를 통하여 이 도메인이 전체 네프론을 형성하는 것을 알 수 있다. 초기에, 간충직은 **피브로넥틴(fibronectin)**과 콜라겐 타입1과 3을 포함한 전형적인 기질을 분비하다. 세포 유형의 이행(transition)이 진행되면서, 이 기질은 상피 기저막의 전형적 구성물인 라미닌(laminin)과 콜라겐 4로 대체된다. 동시에, 세포 표면의 N-CAM은 E-캐드히린으로 대체된다. *Six2*의 손실은 신장소낭들의 조기 성숙과 분화를 초래한다. 생쥐에서는 네프론 형성은 *Six2*를 발현하는 세포들이 사멸되는 시기인 출생 직후까지 지속된다. *Six2* 발현 세포는 신장소낭을 형성할 수 있는 능력을 유지하면서 낭배 중간 시기 이후에 4번 정도 분열하기 때문에 **줄기세포(stem cell)**로 일컬어져 왔다. 그러나 이러한 세포의 특징은 조직특이적인 줄기세포의 일반적 정의를 충족시키지 못한다. 줄기세포는 더 긴 수명을 가지고 (18장 참조) 있어야 하기 때문에, *Six2*를 발현하는 세포들은 **전구세포(progenitor cell)**라고 판단하는 것이 더 합리적이다. 제브라피쉬 같은 하등 척추동물에서 신장은 일생 동안 새로운 네프론을 만든다.

## 신장발생에서 조직의 상호작용

만약 신관의 끝 부분이 파괴되면, 신관의 지속적인 성장이 억제된다. 중신세관(mesonephric tubules)은 정상적으로 신관이 있는 곳에서 발생하지만, 더 뒤쪽에서는 발생하지 않는다. 이는 네프론 형성에 신관이 필요함을 의미한다. 후신에서도 역시 마찬가지이다. 후신의 간충직을 체외에서 배양할 수 있으나, 요관싹(ureteric bud)이 없으면 신세관 형성이 일어나지 않는다. 이는 요관싹이 신세관 형성에 필요한 유도 신호를 냄을 보여 주는 것이다. 이것은 **허용 유도(permissive induction)**의 예인데, 이 간충조직이 신세관 외에는 다른 어떤 것도 형성할 수 없기 때문이다. 사실 간충직이 요관싹에 영향을 미치기 때문에 이

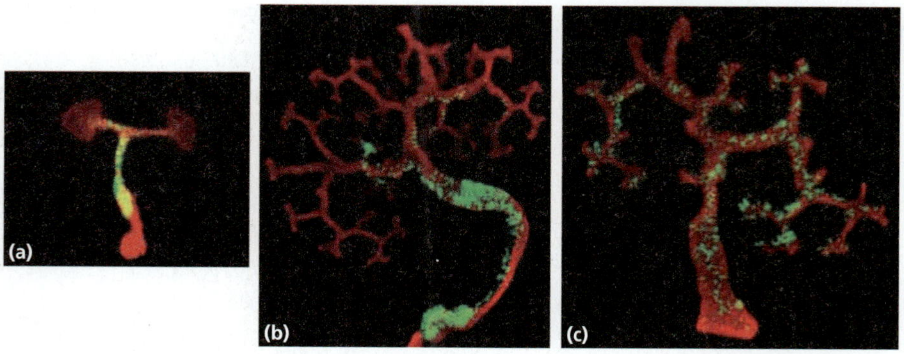


**그림 15.11** *Ret* 유전자가 상실된 배아줄기세포를 정상 포배에 주입한 키메라 배아에서 신장의 수집계 발생. *Ret*⁻ 세포는 GFP로 표지되었다. (a) E11.5 배아시기의 요관; *Ret*⁻ 세포는 요관 끝 부분에 표지되지 않음. (b) 체외(*in vitro*) 배양 3일 후에 가지치기 유형. *Ret*⁻ 세포는 끝 부분의 가지 부분에는 배제되어 있어 관찰되지 않음. (c) $Ret^+$ 기증 세포에 의한 조절. 축척자(scale bar)는 250 μm. (인용) John Wiley & Sons Ltd의 허락을 얻어 *BioEssays* 2006; 28: 117 Costantini and Shakya의 그림을 재구성함. Elsevier의 허락을 얻어 *Dev Cell* 2005; 8: 65–74의 그림을 재구성함.

유도는 상호 간에 진행되는 것이다. 간충직의 존재 없이는 요관싹이 신관으로부터 자라나지 않고 성장과 가지치기를 계속할 수 없을 것이다. 그러므로 이 과정에는 적어도 2개의 유도인자가 있는데, 하나는 요관싹과 가지를 만드는 간충직에서 유래한 것, 그리고 다른 하나는 간충직이 신세관으로 분화하게 만드는 싹에서 유래한 것이다.

간충직의 신호는 신경교세포유래 신경영양인자(glial-derived neurotrophic fator, GDNF)이다. 이것은 간충직에서 발현되며 이것의 수용체인 RET는 요관싹에서 발현된다(그림 15.11). RET는 티로신 키나아제(tyrosine kinase)로 ERK와 PI3K 경로 둘 다를 통해 신호를 전달한다. *Gdnf* 또는 *Ret* 유전자 중 하나가 적중된 생쥐는 신장을 형성하지 못한다. 만약 GDNF를 천천히 방출하는 구슬을 *Gdnf* 적중 생쥐의 배아에서 유래한 신장형성 중신과 함께 배양하면 신관의 가지치기가 진행되지만, GDNF와 반응 능력이 없는 *Ret* 적중 생쥐의 배아에서는 가지치기가 일어나지 않는다. 역으로, 지속적으로 수용체가 활성화되어 있는 *Ret* 기능획득 돌연변이에서는 통제되지 않는 요관싹 성장이 관찰된다. 그러므로 이러한 시스템은 발현, 활성, 억제라는 세 가지 모두를 적절히 테스트할 수 있다. 요관싹 이외의 다양한 조직은 후신형성 간충직과 함께 접촉 배양되면 신세관을 유도하고, 그래서 이와 관련된 대부분의 초기 실험에서는 척수(spinal cord)를 유도자로써 사용하였다. 이것은 매우 활성이 높은데 FGF의 분비를 통해 작동하며, 체외에서도 동일하게 작용한다.

신세관을 유도하는 요관싹에서 유래하는 유도인자의 정체가 논란이 되어 왔다. 현재 가장 유력한 후보 물질은 WNT9B로 요관싹에서 발현된다. Wnt9B는 기관배양 시스템에서 응집을 유도하고, *Wnt9B* 적중은 체내 조건에서 간충직에서 상피로의 전환을 차단한다. 유도의 초기 결과는 신장 발생에 필요한 응집하는 간충조직에서의 *Wnt4*의 상향 발현이다. 이와 관련해서 WNT4는 Wnt-$Ca^{2+}$ 경로를 통해 작동되는 것으로 판단되며, 칼슘 이온 운반체(calcium ionophore)는 신세관 형성을 유발한다.

간충직이 유도에 반응할 수 있는 능력은 징크-핑거 전사인자(zinc-finger transcription factor) WT1 (Wilm's tumor 1, 빌름스 종양)의 발현에 의존적이다. *Wt1* 적중 생쥐에서는 후신 발생이 완벽하게 실패한다. 또한 WT1는 이후에 발생에서 다른 기능을 한다. WT1의 양은 유도 이후의 간충직에서 증가하고, 이는 응집단계에서 높게 발현되지만 네프론이 분화되어 나올 수 있게 하기 위해서는 제거되어야 하는 *Pax2*의 발현을 정지하는 데 필요하다. 빌름스 종양 그 자체는 인간의 신장 전구세포가 계속적으로 증식하는 소아 종양으로, 모두는 아니지만 일부 경우는 체세포에서 *Wt1* 유전자 손실이 원인이 된다. 이것은 간충직 능력인 *Pax2*의 발현 억제 상실을 반영하는데, 초기 기능 보다는 신장 발생 이후 기능의 손실이다.

유도인자가 부재하면 간충직에서 수많은 세포들이 죽는다. FGF2는 요관싹에서 생합성되며 간충직의 생존과 응집을 유도한다. 그러나 이 이후의 발생을 지원하지 못하게 된다. BMP7도 또한 요관싹에서 발현되고, 분리된 간충직의 생존을 유지시키며 신세관 형성을 유도한다. Bmp7의 적중 생쥐는 의식혼탁(coma) 또는 S 형태 형성 시기 때 발생이 중단된 많은 네프론을 가지고 있는 심한 형성장애 신장(다발낭성 신이형성증)을 갖는데, 이는 신장 발생에 필요한 주요 조건은 신세관 유도 초기에 일어남을 의미한다. 발생 중인 신세관 자체에서 발현되는 WNT4는 체외 조건에서 신세관의 형성을 유도하고 이 유전자 적중은 응집단계에서 신장형성이 억제되게 된다.

이 데이터를 요약하면: 네프론은 요관싹의 WNT9B에 의해 신장형성 간충직으로부터 일차적으로 유도되고, 그 후의 발생은 간충직 자체에서 발현하는 WNT4의 발현에 의존적이며, FGF들과 BMP7은 생존 요인으로 작용한다는 것이다.

## 생식세포와 생식소의 발생

**생식소(gonads)**는 배우자들의 저장소이자 중요한 내분비 기관이다. 그들은 이중적인 배아 기원(dual embryonic origin)을 갖는다. 생식소의 체조직은 중신 부근의 **중간중배엽**에서 형성되는 생식융기(genital ridge)에서 유래한다. 배우자(gametes)를 생산하는 생식세포는 **원시생식세포(primordial germ cell, PGCs)**로부터 유래한다. 거의 모든 유형의 배아에서, 원시생식세포는 초기 발생시기에는 생식원기에서 멀리 떨어진 곳에서 형성되고 이후 생식원기로 이동한다. 성숙한 생식세포와 생식소는 개체가 수컷인지 암컷인지에 따라 그 형태가 서로 다르다.

### 생식세포 발생

생쥐 배아에서 PGC는 **원통형 배아(egg cylinder)**의 **중심부 부위(proximal part)**에서 기원한다. 이것은 **겨자무과산화효소(horseradish peroxidase, HRP)** 주입 방법(10장 참고)을 사용한 운명지도 작성에 의해 밝혀졌다. PGC는 배외외배엽이 없이는 유도되지 않는데, 이를 통해 배외외배엽의 영향에 의해 형성이 유도됨을 알 수 있다. 조직 재조합 실험에서 배외외배엽은 상배엽의 중심부 및 원위부에서 PGC 형성을 유도하였다. 신호는 BMP2, -4, -8b로 되어 있다. 이 BMP들은 생물학적으로 활성을 가지며, 배외외배엽에서 발현되고 이들 BMP들을 적중한 경우 다양한 정도의 PGC 형성 장애가 관찰된다. 생식세포형성 유도를 통하여 만들어지는 처음 산물은 막단백질인 *fragilis* 유전자가 발현되는 상배엽 후방부 주변의 조직 구역이다. 이 구역은 PGC와 요막(allantois)을 형성한다. 구역 내에 몇몇 세포는 징크-핑거 전사인자인 *bimpl* 발현을 상향조절한다. BLIMP1은 brachyury (T)와 *Snail* 같은 다양한 초기 발생 관련 유전자의 발현을 억제함으로써, 원시외배엽(primitive ectoderm)과 PGC 모두에서 특징적으로 발현하는 *Oct4, Nanog, Sox2*를 포함한 전능성과 연관된 일련의 유전자 발현을 하도록 한다. 정상적으로 전능성 유전자인 *Oct4*와 *Nanog*는 모든 체세포 조직에서 발현을 억제하는데, *Sox2*의 경우는 신경상피에서 발현이 지속된다. E7.5 배아단계에 약 40개의 PGC가 이미 형성된 PGC의 증식과 유도에 의해 새롭게 형성된다. 그들은 일시적으로 매우 높은 수준의 알카리성 인산가수분해효소(alkaline phosphatase) 발현을 통해 쉽게 확인될 수 있다. E8 배아 단계 시기에 모든 전사의 일시적 중지가 있는데, 초파리나 예쁜꼬마선충에서는 오래 지속되지 않는다.

요막 기저부로부터 PGC는 E9에서 E10 배아시기에 후장으로 들어가고, 이후 장간막을 따라 이동하여 생식기를 형성하는 생식원기에 E11.5 배아시기에 도착한다(그림 15.12). Oct4에 덧붙여서, 초파리의 생식세포 발생에 필요한 특정 유전자 산물들은 생쥐에서도 또한 필요하다. 이것들은 11장에 언급되었던 VASA (RNA helicase)와 NANOS (RNA 결합 단백질)을 포함한다. 생식세포의 이동은 측판중배엽에서 발현된 **주화성물질(chemokine)**인 SDF1 (stromal cell derived factor 1, = CXCL12; 기질세포유래 인자 1)에 의해 조절된다. 이것의 수용

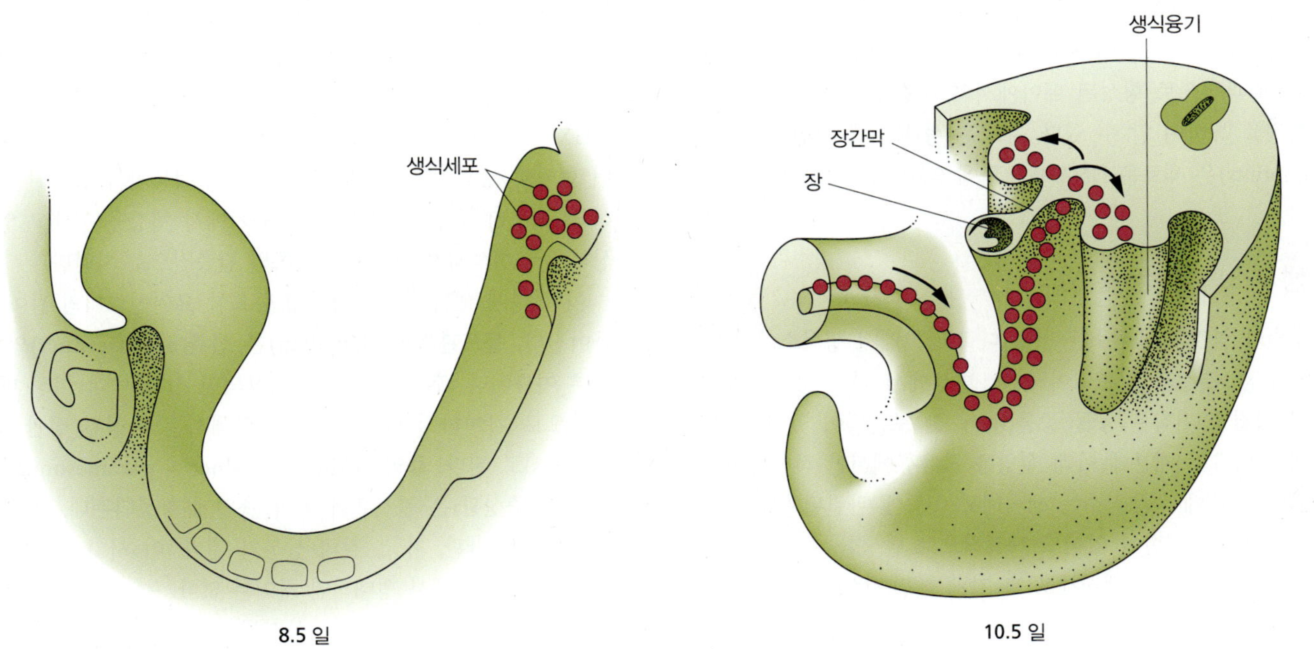


**그림 15.12** 생식세포의 기원과 이동. (인용) Cold Spring Harbor Laboratory Press의 허락을 얻어 *Manipulating the mouse Embryo*, $2^{nd}$ edn의 그림을 재구성함.

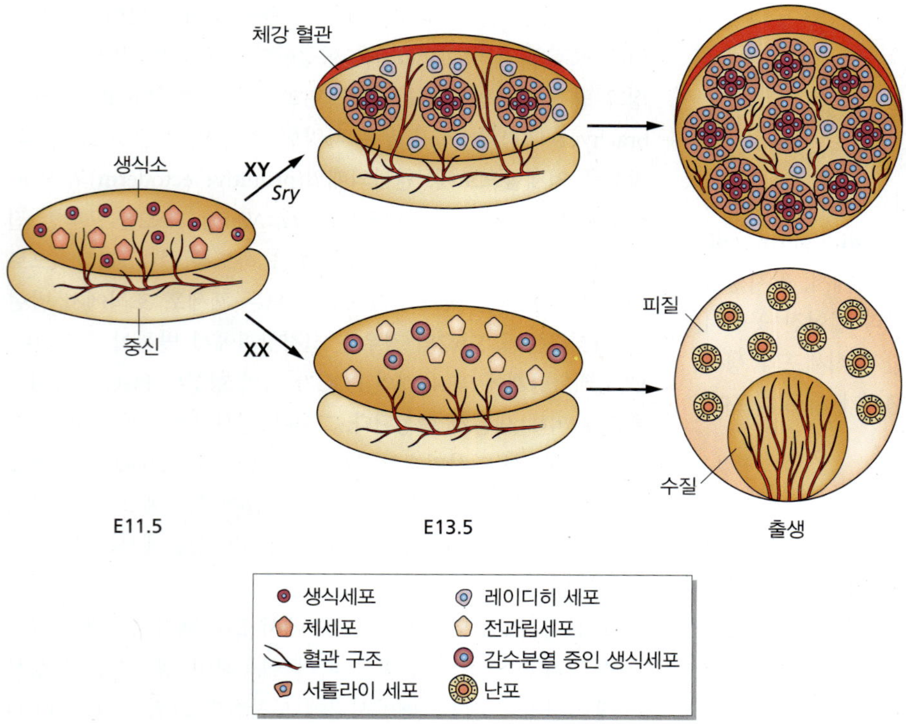


그림 15.13 생식소원기에서 생식소의 형성. (인용) Biologist Ltd의 허락을 얻어 *Development* 2009; 136: 3863-3874의 그림을 재구성함.

체인 CXCR4는 G-단백질 결합 수용체로 PGC에서 발현된다. *Cxcr4* 적중 생쥐에서 PGC는 생식소원기에서 콜로니를 형성하지 못한다. 이동하는 동안에 생식세포에서 발현되는 KIT라는 수용체에 결합하는 *steel* 유전자 산물인 SCF (stem cell factor, 줄기세포인자)를 포함한 다양한 인자들이 생존에 필요하다.

부모의 DNA 상의 각인(10장 참고)은 생식소에 다다른 후 바로 지워지는데, 이는 이들 생식세포를 이용한 핵이식 클로닝, 결과적으로 형성된 배아에서의 대립유전자 특이적인 발현 측정을 통하여 알 수 있다. 새로운 성-특이적 각인(sex-specific imprints)은 새로운 DNA 메틸화에 의해 뒤이어 설정된다.

## 생식소의 정상 발생

수컷과 암컷의 생식소는 서로 다르고 그래서 **생식소**의 발달 초기에 성 결절과 연관되어 있다. 발생에서 다른 양상들과는 달리 성결정 기작은 동물 종들 간에 잘 보존되어 있지 않은, 즉 매우 다르기 때문에 아래 설명은 포유류에서만 적용하여 진행된다. 생쥐에서 생식소는 생식세포 이동에 관련된 여러 유형의 돌연변이로 결함이 있어도 정상적으로 발생할 수 있음을 통하여 생식소 발생이 생식세포 그 자체를 필요조건으로 하지 않음을 알고 있다.

생식소는 신장과 근접한 중간중배엽(intermediate mesoderm)으로부터 발생한다. 중간중배엽의 측면부가 중신을 형성하고 안쪽 부분은 생식소를 형성한다. 성 간의 이형성이 나타나기 이전 초기 시기에 몇몇 유전자 산물이 필요한데, 신장 형성에 필요한 징크-핑거 전사인자인 WT1과 핵 호르몬 수용체 계에 속하는 SF1 (steroidogenic factor 1)이 이에 속한다. 이것들 중 한 유전자를 적중할 경우 생식소 발생이 되지 않는다. **생식융기(genital ridge)**가 E9.5 배아시기에 체강 쪽으로 살짝 돌출된 형태로 몸통의 좌우에 나타난다(그림 15.13, 조류에서는 그림 9.22 참고). 생식융기는 Lim 호메오도메인 전사인자(LHX9)를 발현하는데, *Lhx9* 유전자를 적중시킨 생쥐에서는 어떤 형태의 생식소도 형성되지 않는다. 생식융기가 형성된 직후 성삭(cord of cell; 생식선)이 생식융기에서 체강을 덧대고 있는 상피에서 형성되기 시작하여 안쪽의 간충직으로 자란다.

이 시기에 생식기관의 형성에 중요한 요인인 2개의 관이 만들어진다. **볼프관(Wolffian duct)**은 **신관(nephric duct)**의 또 다른 이름이다. 후신의 발생이 시작되면 신관은 더 이상 배뇨기관으로 기여하지 않고, 결국 수컷에서는 수정관(정관, vas deferens)로 된다. **뮬러관(Müllerian duct = paramesonephric duct, 측중신관)**은 볼프관을 따라 측면에 형성되는데, 결국 암컷에서는 수란관, 자궁, 질의 상부가 된다. 이 시기까지(E12.5 배아시기) 양 성에서 형태적인 차이는 없다.

수컷에서는 체강을 덧대는 상피세포 선(성선)이 생식소원기로 자라 들어와 생식세포와 기능적 구조적으로 연계된 **서톨라이** 세포(**Sertoli** cells)를 함유한 복잡한 시스템을 갖춘 세정관을

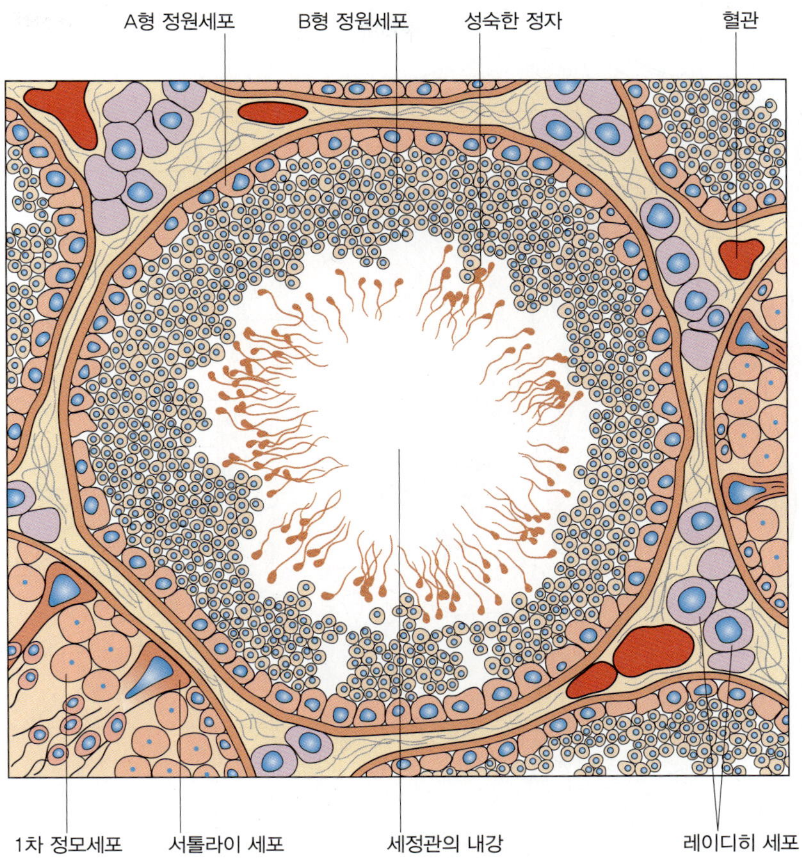


**그림 15.14** 세정관의 조직화. (인용) Jonh Wiley & Sons Ltd.의 허락을 얻어 *Analysis of Vertebrate Structure*, $4^{th}$ edn의 그림을 재구성함.

형성한다. 서톨라이 세포는 *Sry* 유전자를 발현하고, 후에 성 결정 프로그램의 중요한 요소인 *Sox9*를 발현한다(아래 참고). 이들 유전자 발현 산물의 작용을 통하여 세정관 사이에 있는 간충직으로부터 **레이디히** 세포(**Leydig** cell)가 분화하여 테스토스테론을 분비할 수 있게 된다. 이들 세정관은 볼프관에 연결되고, 발생 중인 생식소가 줄어들면서 정소로 된다. 생식세포는 E13.5 시기부터 태어날 때까지 유사분열이 중단된 상태로 있다. 반면 뮬러관은 퇴화된다. 정소의 세정관은 태어나서 빈 내강을 형성하고 생식세포로부터 유래된 **정원세포(spermatogonia)**가 나타날 때까지 속이 꽉 차 내강이 없는 상태로 남아 있다(그림 15.14). 성숙한 수컷의 정자형성 과정은 줄기세포군에서 지속적인 정자의 형성이 되며, 18장에서 보다 자세히 살펴 볼 것이다.

암컷에서는 체강을 덧대는 상피세포에서 형성되어 생식원기 내로 들어오는 성삭이 간충직으로 더 이상 깊이 자라지 않고, 생식세포 근위부에 있는 **과립세포(granulosa cells)**처럼 생식세포 근처에 남아 있다. 성 결정 시스템이 작동된 이후에 SRY가 없으면 난포 세포에서 *Wnt4*와 *Foxl2*의 발현이 상승을 하게 된다. 이 둘은 Sox9의 발현의 억제를 이끌고 간충직에서 에스트로겐 합성에 중요한 **난포막 세포(theca cell)**의 분화를 간접적으로 이끈다. 이러한 과정을 거쳐 생식소는 난소가 된다. 2개의 뮬러관은 끝부분에서 융합하여 질의 앞쪽 부분을 형성하고 자궁을 형성한다. 생쥐에서는 Y자 모양을 띤다. 앞쪽 끝 부분은 수집 깔대기(collecting funnel)가 난소 근처에 형성되어 있는 수란관을 형성한다. 반면 볼프관은 퇴화된다.

생식세포에서 유래한 난소의 **난원세포(oogonia)**는 마지막 유사분열을 마친 후 **1차 난모세포(primary oocyte)**가 된다. 감수분열 전기는 약 E13.5 배아시기에 시작되고, 이 시기 이후에는 포유동물에서 새로운 난자형성은 없는 것으로 믿어지고 있다. 각 1차 난모세포는 과립세포와 구조적 결합을 하여 원시난포(primordial follicle)를 형성한다. 일단 성적으로 성숙이 되면, 많은 난포들이 각 생식주기 동안 활성화되면서 과립세포가 증식하고, 난포내 난자는 성장한다(그림 15.15). 생쥐에서 8-12개의 난자가 한번에 배란된다. 각각의 파열된 난포는 **황체(corpus luteum)**가 되고, 이는 프로게스테론을 분비하여 착상을 위한 자궁의 준비를 돕는다.

## 성 결정

생식소가 궁극적으로 난소나 정소로 형성되는 것은 염색체의 구성에 달려 있다. 포유류에서 수컷은 XY이고 암컷은 XX이

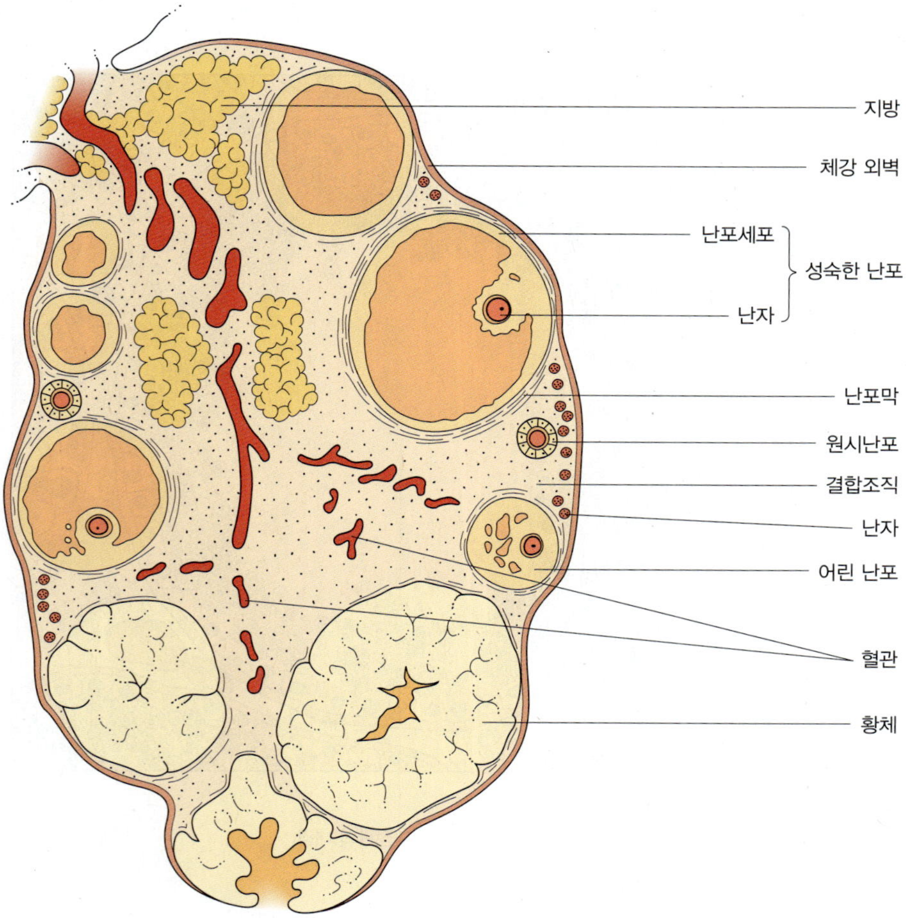


**그림 15.15** 포유동물의 난소. (인용) Jonh Wiley & Sons Ltd. 허락을 얻어 Analysis of Vertebrate Structure, 4th edn의 그림을 재구성함.

## 고전적인 실험들

### 포유동물의 성결정

성 염색체의 발견 이래로 XO는 여성인 반면에 Y 염색체가 하나있고 다수의 X 염색체를 가진 개체는 남성인 것처럼 Y 염색체의 소유 여부가 수컷이 되는 데 필수적이라고 알려져 왔다. 그러나 아주 극소수의 XX는 남성임이 알려져 왔다. 그들은 Y 염색체에서 X 염색체로 성 결정 유전자가 전좌(translocation) 되었기 때문이다. 역으로 아주 극소수의 XY가 여성인데, 이들은 Y 염색체에서 성 결정 유전자가 상실된 것이다. 이들 특이한 경우의 DNA에 제위치클로닝법(위치추적 목적 클로닝; position cloning techniques)을 사용하여 *Sry* 유전자를 찾았다. 생쥐를 이용한 연구에서 이 유전자가 제 위치에서 발현함이 밝혀졌고, 인간의 이 유전자가 유전적으로 암컷인 생쥐를 수컷(표현형)으로 만들 수 있음이 밝혀졌다.

Gubbay, J., Collignon, J., Koopman, P., Capel, B., Economou, A., Munsterberg, A., Vivian , N., Goodfellow, P. & Lovell Badge, R. (1990). A gene mapping to the sex-determining region of the mouse Y chromosome is a member of a novel family of embryonically expressed genes. *Nature*, **346**, 245–250.

Koopman, P., Münsterberg, A., Capel, B., Vivian, N., &Lovell-Badge, R. (1990). Expression of a candidate sex-determining gene during mouse testis differentiation. *Nature*, **348**, 450–452.

Sinclair, A., Berta, P., Palmer, M., S., Hawkins, J.R., Griffi ths, B.L., Smith, M.J., Foster, J. W., Frischauf, A.M., Lovell Badge, R. & Goodfellow, P.N. (1990). A gene from the human sex-determining region encodes a protein with. homology to a conserved DNA - binding motif. *Nature*, **346**, 240–244.

Koopman, P., Gubbay, J., Vivian, N., Goodfellow, P. & Lovell-Badge, R. (1991). Male development of chromosomally female mice transgenic for Sry. *Nature*, **351**, 117–121.

다. 그러나 Y 염색체는 X 염색체와 상동적이지 않은 부위를 가지고 있어 불균형적인 상황이 형성된다. Y 염색체 상에는 *Sry* (**s**ex-determining **r**egion of **Y**) 유전자가 있는데, 이는 포유류에서 성적 발생 경로를 조절하는 결정적 역할을 하는 스위치이다. *Sry*는 HMG (high mobility group)의 전사인자 중의 하나를 암호화하고 있으며, 전사인자인 Sox 계의 원형이다. 성 분화

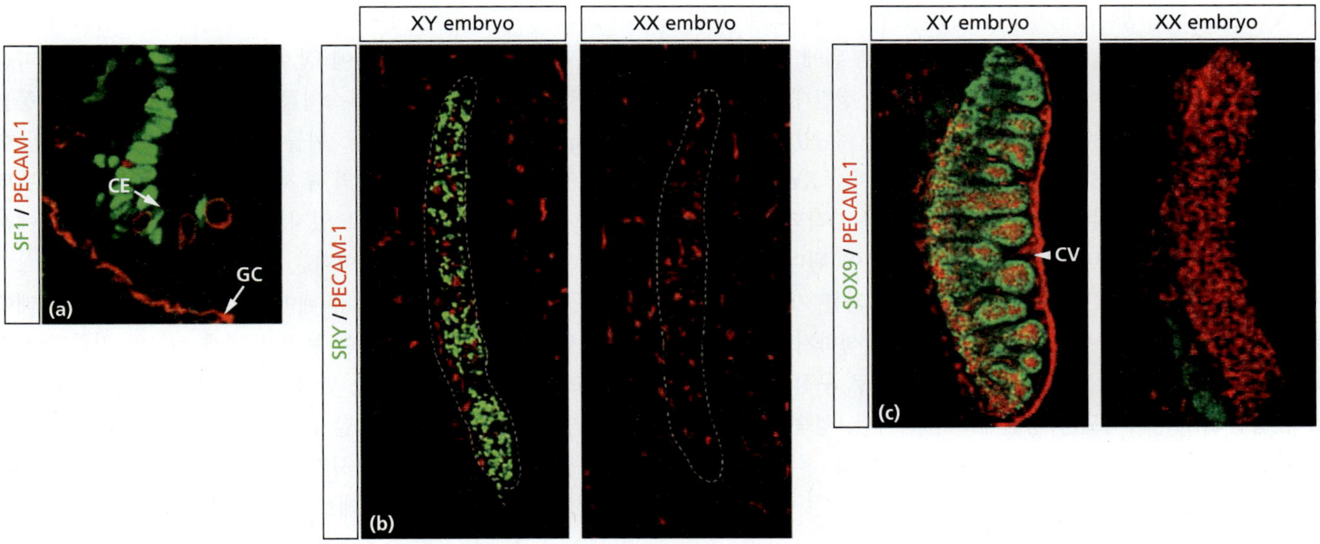


**그림 15.16** 성결정 기간 동안의 생쥐 생식소 (a) E10.5 배아시기 암컷과 수컷의 생식소는 동일하다. 체강을 겉대고 있는 세포는 SF1에 대한 항체로 녹색으로 면역염색되었다. 생식세포와 혈관의 내상피세포는 붉은색으로 염색되었다. (b) E11.5 배아시기, Sry (녹색)가 수컷의 생식소내 세포에 있으나 암컷의 생식소에는 없다. (c) E12.5 배아시기 Sox9 (녹색)는 정소 성삭이 형성된 수컷에서는 있으나 암컷에서는 없다. CE, coelomi epithelium (체강 상피); GC, germ cells (생식세포); CV, coelomic vessel (체강 혈관);. (인용) Elsevier의 허락을 얻어 *Dev Biol* 2006; 302: 13의 그림을 재구성함.

에 있어서 이것의 역할에 대한 증거는 다음과 같다. 만약 *Sry*가 Y 염색체 상에서 제거되면 XY 생쥐는 암컷으로 발달하며, 생존력이 있는 난자를 생산한다. *Sry*가 유전자 이식을 통하여 XX 생쥐에 주입되면 이 생쥐는 정자를 생산하지는 못하는 수컷으로 발생한다. 이와 비슷하지만 동일하지 않은 현상이 자연적으로 일어나는 인간의 염색체 이상에 의해서도 일어날 수 있다. Y 염색체를 가지면 남성화된다는 것에 일치되게, XXY 개체(Klinefelter's syndrome)는 남성이지만, XO 개체는(Turner's syndrome) 여성이다. 간혹 XX 사람이 표현형적으로 남성인 사람이 있는데, 이는 유사분열동안 비정상적인 재조합 원인으로 한 X 염색체 상에 *Sry* 유전자를 가지고 있게 되었기 때문이다. 역으로 간혹 XY인 사람이 표현형적으로 여성인 사람이 있는데, 이는 돌연변이가 있는 *Sry* 유전자를 가지고 있기 때문이다.

수컷에서 *Sry*는 성적 이형성(sexual dimorphism)이 나타나기 직전 짧은 시간동안 생식소에서 발현된다(그림 15.16). 아마도 *Sry* 발현산물의 기능은 단지 HMG box계 일원인 *Sox9*의 발현을 활성화시키는 것일 것이다. *Sry*와는 다르게 *Sox9*은 배아형성의 모든 단계 동안에 지속적으로 발현하는데, 모든 척추동물에서 수컷화와 관련된다. *Sox9* 발현 산물은 *Fgf9*과 *Amh* (*Mis*, 뮬러관억제 호르몬을 암호화하는 유전자)를 포함한 수컷기능 발생에 필요한 일련의 유전자 세트 발현을 증가시키고, *Wnt4*와 *Dax1*을 포함한 암컷 발생에 필요한 일련의 유전자 세트 발현을 억제한다. 뮬러관억제물질(Müllerian inhibitory substance, MIS)로도 알려진 AMH (Anti-Mullerian Hormone)는 서톨리 세포에서 분비된다. AMH는 TGFβ 수퍼패밀리에 속하는 물질로 *Amh*가 적중된 모든 생쥐가 뮬러관을 보유한다는 사실에서 알 수 있듯이, 이는 수컷에서 뮬러관의 퇴화를 유도하는 매우 특수한 역할을 가지고 있다. 수컷의 기능에 중요한 또 다른 것은 *Sf1* 유전자 산물로, 이는 생식소 발생 초기에 발현되며, *Sry* 발현 증가에 연관되고, 정소 분화 동안에 SOX9에 의해 발현 양이 증가하고 유지된다. SF1은 *Amh* 발현 증가와 레이디히 세포에서 테스토스테론 합성 경로에 필요한 유전자들의 발현에 관여한다. 혈액을 통한 테스토스테론 순환은 이후 수컷 발생에서 핵심적 요소이다. 이것은 활성형인 디하이드로테스토스테론(dihydrotestosterone)으로 대사되어 수컷 외부생식기가 분화하여 형성되도록 하며, 인간 남성의 저음이나 수염과 같은 다양한 2차 성징 유도에 핵심적인 역할을 한다.

암컷으로의 성분화 과정의 초기 단계의 하나는 신장 발생에서 필요한 *Wnt4*의 발현 상승이다. 정상적으로 *Wnt4*는 초기의 생식융기에서 발현하고, 이후에 수컷에서는 발현이 억제되지만 암컷에서는 발현이 계속 유지된다. 만약 *Sry* 발현 상승이 어떤 이유로 늦어지게 되어 WNT4 신호가 Sox9의 발현을 억제하기에 충분한 조건이 되면, 암컷 생식소로의 발생 경로가 왕성해진다. *Wnt4* 적중 생쥐는 수컷 유형의 스테로이드를 분비하는 세포와 매우 적은 수의 난자를 갖는 난소를 가지며 뮬러관이 없는 표현형을 보인다.

비록 생식소의 생식세포가 다른 조상형의 세포에서 유래했을지라도 생식세포의 발생 경로는 생식소의 발생 단계에 따른다. XY 동물에서 생식세포가 이동하는 동안에 생식소에 유입되지 못한 생식세포는 생식소가 아닌 다른 부위에 일정 동안 머무르며 정원세포가 아닌 난자로 발생한다. 정반대의 상황은 XX와 XY 세포로 형성된 키메라 생쥐에서 볼 수 있다. 키메라 생쥐에서 XY 세포가 35% 이상이면 *Sry* 유전자가 XY 서톨라이 세포에서 활성화되어 수컷으로의 발생 경로가 시작되며, AMH와 테스토스테론이 분비되어 이 생쥐는 수컷이 된다. 이들 호르몬은 세포가 XX든 XY이든 간에 동일한 효과를 가지고 있기 때문에 키메라 생쥐는 수컷 외형을 갖도록 발생하지만, 생식세포와 정소는 XY와 XX 염색체를 가진 세포들로 구성된다. 정소로 유입된 XX 생식세포는 정원세포가 되지만, 성숙한 정자로 발생하는 과정 전체를 수행하는 것은 불가능하다.

## 사지 발생

인간 사지의 선천적 결함은 보기에 매우 명확하고 여러 측면에서 괴로움을 주기 때문에, 척추동물의 사지는 발생학자들이 특히 흥미로워하는 분야이다. 따라서 사지 발생은 기관형성연구의 고전적 주제 중의 하나이다. 비록 세밀한 점은 다르지만 발생 기전은 척추동물 종 간에 잘 보존되어있다. 양서류, 파충류, 조류, 포유류는 4개의 부속지를 갖고 있기 때문에 **사지동물 (tetrapodes)**로 알려져 있다. 이들은 다리, 팔, 또는 날개인 한 쌍의 전지(앞다리)와 한 쌍의 후지(뒷다리)이다. 뱀과 같은 몇몇 사지동물은 사지를 갖고 있지 않은데, 이는 진화과정에서 2차적으로 소실되었기 때문이다.

대규모의 외과적 실험이 닭 배아에서 진행되어 왔고, 근래에 들어 생쥐를 이용한 광범위한 유전자 매개 연구와 결합되어 진행되고 있다. 닭 배아에서는 난각을 구멍 낸 난창을 통하여 발생 중인 사지싹을 미세수술할 수 있다. 수술후 구멍난 난각 부위를 봉합하고 발생을 지속시키기 위하여 부화기에 다시 넣는다. 유전자는 복제 가능한 레트로바이러스를 사용하거나, 전기천공법(electrophoration) 또는 느리게 분비되는 서방형 구슬로 투여 가능한 물질을 이용하거나, 감염된 세포의 침전물을 이용해 이소적으로 발현될 수 있다. 그러나 일상적으로 닭에서 유전자 적중은 가능하지 않기 때문에, 유전자의 상실 또는 획득에 따른 결과에 대한 정보는 대부분 생쥐를 통해서 획득해 왔다.

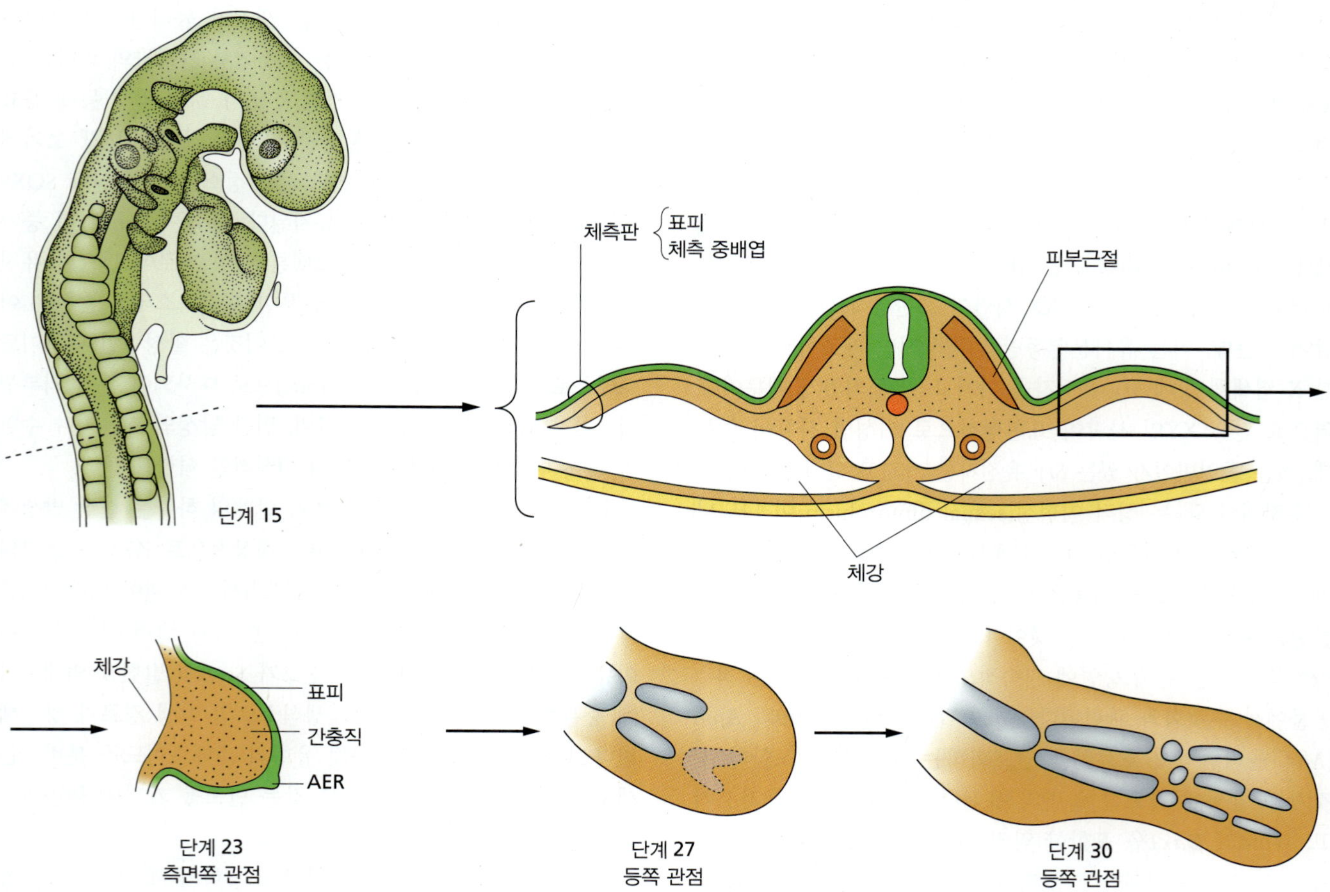


그림 15.17 사지싹의 기원과 성장.

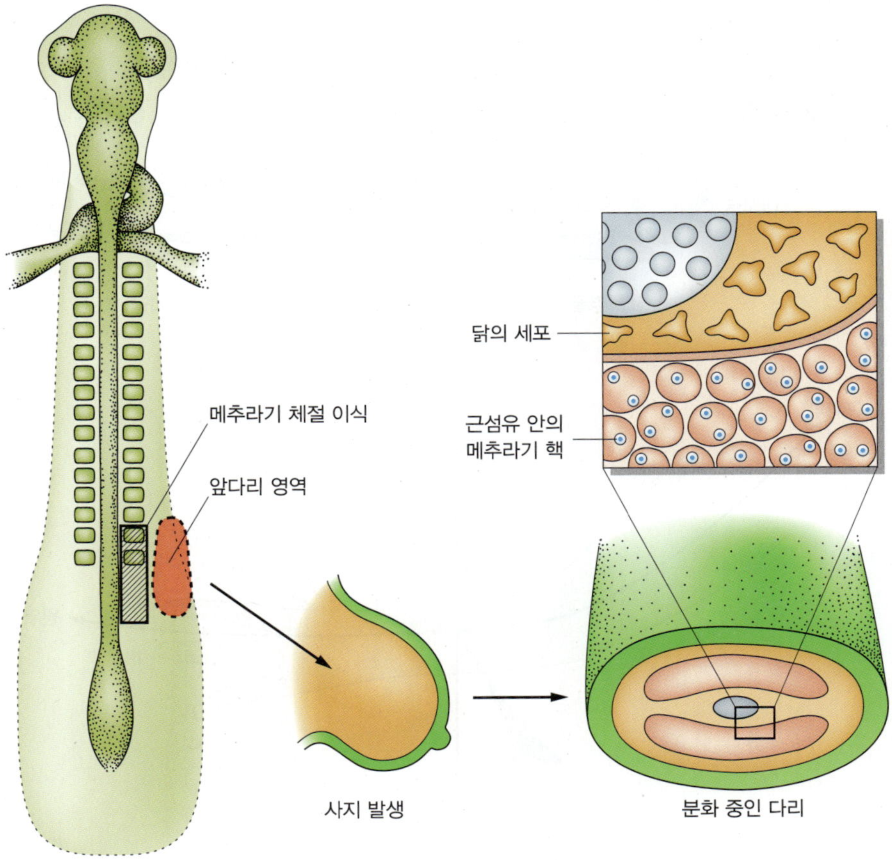


그림 15.18 사지 근육이 체절에서 유래한다는 증거는 메추라기에서 닭으로 체절 중배엽을 이식하고 사지를 분석함으로 밝혀졌다.

## 정상적인 사지의 발생

배아 발생 단계 중 종특이적 단계를 거친 이후에 사지싹은 표피로 둘러 쌓인 간충직 덩어리를 갖는 체측면에서 발생한다(그림 15.17). 사지가 발생하는 중배엽이 위치한 부분은 중간중배엽 측면 부위로 **체측 중배엽(somatic mesoderm)**으로 알려져 있다. 이 체측중배엽과 이를 감싸고 있는 표피를 합쳐서 **체측판(somatopleure)**이라 한다. 초기 사지싹은 표피 주위에 느슨한 간충직의 미분화된 형태로 구성된다. 몸쪽에서 먼 쪽의 표피 모서리 부위는 두꺼워져 **정단외배엽융기(apical ectodermal ridge, AER)**를 형성하는데, 정단외배엽융기는 몸 바깥쪽으로의 성장, 즉 사지의 길이 성장을 조절하는 중요 구조이다. 사지싹 간충직은 사지를 구성하는 모든 골격구조와 결합조직을 형성한다: 연골, 건(힘줄), 인대. 진피, 근육을 감싸는 근막을 이룬다. 그러나 **근섬유(myofibers)**는 체절로부터 유래한다. 이것은 사지싹이 앞으로 자라기 시작하기 전 단계의 닭 배아에 메추라기의 체절 이식을 통한 실험을 통하여 확인할 수 있다. 사지가 발생된 후 모든 근섬유의 핵은 메추라기의 것이나 사지의 모든 세포 유형은 닭의 것이다(그림 15.18).

사지가 자라는 동안 사지싹은 길어지고 납작해지며, 다양한

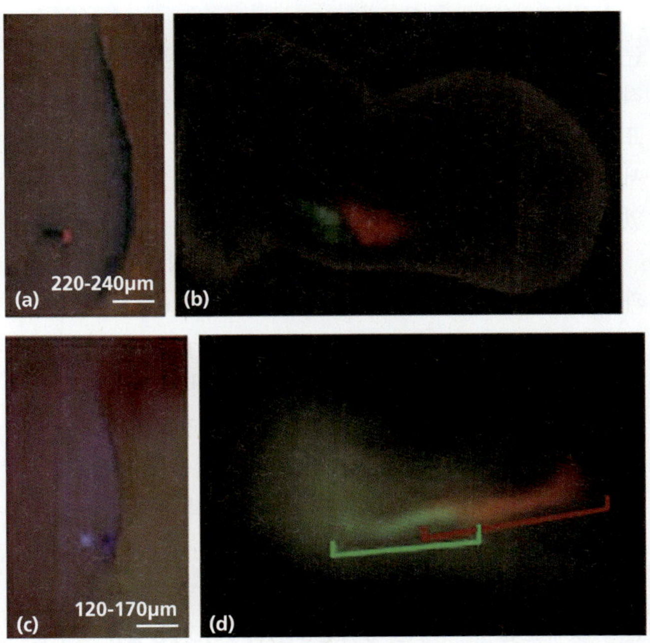


그림 15.19 닭 사지싹의 운명지도 작성. DiI (빨간색)와 DiO (녹색)의 작은 표지가 초기 사지싹 단계에 나타나고(a, c) 표지된 세포의 이틀 후 위치(b, d). 결과는 초기 싹의 원위 부위가 더 많이 길어져 있음을 보여주고 있으며 초기 단계 때의 근위부 경계가 없어졌다. (c에서는 색이 다르게 나타나 있는데, 이는 빛 조건 때문이다). (인용) Biologists Ltd의 허락을 얻어 Sato *et al.* (2007)의 그림을 재구성함.

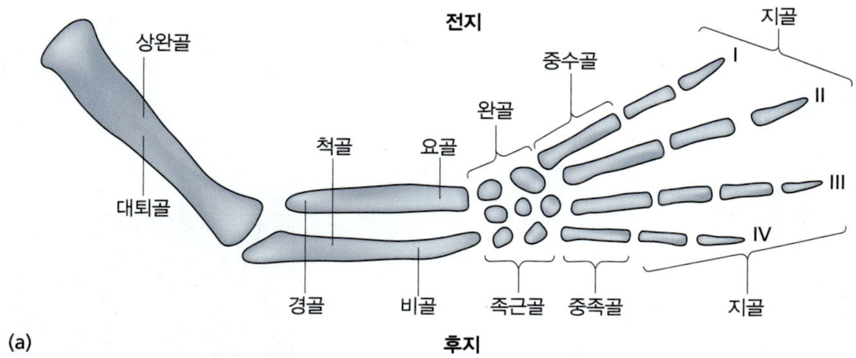


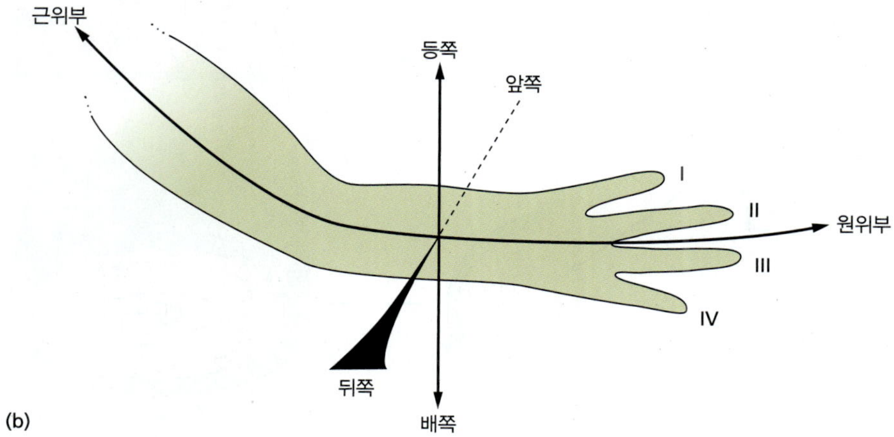


**그림 15.20** 사지동물 사지싹의 해부. (a) 전지대와 후지대 골격의 명칭; (b) 사지를 묘사하기 위해 사용되는 해부학적 축.

근육과 연골 요소들은 신체 근원 부위에서 원위 부위로 점진적으로 분화하여 길어진다. 사지싹의 운명지도는 **DiI**과 **DiO**를 표식자로 이용하여 작성되었고, 이는 근위부 세포들의 배열순서는 유지되는 반면, 원위부는 길어지는 과정을 밟음을 보여주었다(그림 15.19).

분화된 전지(앞다리)골은 전지 윗부분의 **상완골(humerus)**과 전지 아랫부분의 **요골(radius)**과 **척골(ulnas)**, 손목의 **완골(carpals)** 그리고 손가락의 **중수골(metacarpals)**과 **지골(phalange)**로 구성되어 있다(그림 15.20). 후지(뒷다리)골은 후지 윗부분의 **대퇴골(femur)**과 후지 아랫부분의 **경골(tibia)**과 **비골(fibula)**, 발목의 **족근골(tarsals)**, 발의 **중족골(metatarsals)**과 **지골(phalanges)**로 구성되어 있다. 해부학적 설명에 사용되는 **근위-말단(원위)축(proximal-distal axis)**은 상완골/대퇴골로부터 지골까지를 잇는 축을 의미한다. 근위-말단축을 기준하여서 팔의 윗부분을 의미하는 **상박골(stylopod, 기둥골)**, 윗부분과 지골목 사이의 **하박골(zeugopod)**, **손과 발(autopod)**가 사용되기도 한다. **앞뒤축(anteroposterior axis)**은 1번 손가락(전)부터 마지막 손가락(후)까지를 잇는 축이다. 이는 사람 손의 엄지에서 새끼손가락이고 손바닥이 배쪽 면으로 위치한 상태로 쭉 펴면 신체의 전-후축과 일치한다. 척추동물 사지는 가락(손 또는 발의) 수가 5개가 넘는 일이 드물기 때문에, **오지(pentadactyl)**라고 표현된다. 하지만 그 수가 줄어들 때가 있는데, 예를 들면 닭의 날개는 가락 수가 3개인데 가락 2, 3, 4이고, 닭 다리는 4개의 가락이 있다. **등-배축(dorsal-ventral axis)**은 손등으로부터 손바닥을 잇는 축이다. 이는 연골 요소의 유형을 나타낼 수 있는 온표본 염색(wholemount staining)을 통하여 알 수 있다. 이것은 근위-말단축과 전-후축 유형에 유용한 길잡이이지만, 모든 골 요소가 한 면에 있어서 등-배축 유형에 대한 정보를 주지는 못한다. 그러나 등-배축에 따른 다양한 특징들이 있고, 이는 근육 패턴과 날개, 비늘, 발갈퀴, 손톱과 같은 표피의 특화 유형처럼 특이적인 패턴 분석에 사용될 수 있다.

분화된 사지는 골격과 근육 이외의 많은 종류의 세포로 구성되어 있다. 비늘과 발톱 같은 피부의 모든 특수화된 것은 표피에서 유래한다. 혈관은 사지싹이 돌출되어 자라날 때 중배엽에 이미 존재하던 모세혈관 망으로부터 자라 나온다. 신경은 척수로부터 자라나와 사지싹이 자라는 곳에 미분화된 상태로 분포한다. 이와 관련된 척수신경은 서로 합쳐져 앞다리 신경분포를 위한 **상완신경총(brachial plexus)**과 뒷다리에 신경분포를 위한 **요천추신경총(lumbosacral plexus)**을 형성한다. 신체의 다른 곳에서처럼 색소세포가 신경능선으로부터 유래한다. 골격

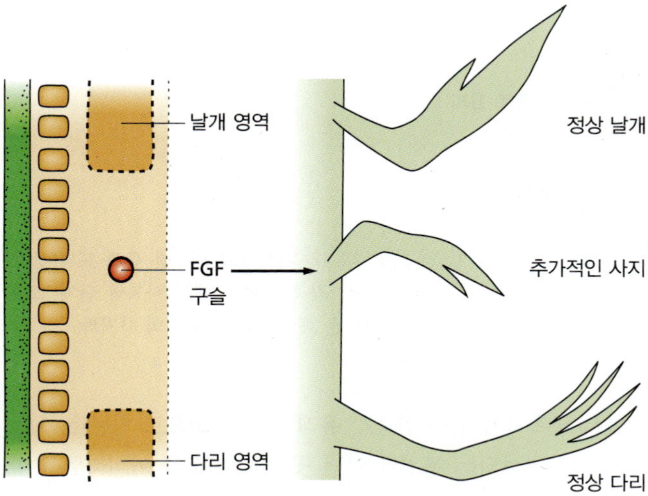


그림 15.21 FGF 구슬을 이용한 몸통 측면에서의 사지싹 유도.

은 일차적으로 연골로 분화되고 후에 이차적으로 뼈로 교체된다. 사지 발생의 초기 단계와는 달리 연골인자의 골화는 근위부터 시작하여 말단으로 점차적으로 진행하지 않는다. 그러나 사지에서의 골화는 예정된 순서를 따라 진행되며, 일반적으로 초기에는 큰 골요소에서 골화가 진행되고 이후에 그보다 작은 골요소에서 골화가 진행된다.

## 사지 발생의 실험적 분석

### 사지 결정

사지 원기는 중배엽 지역에서 처음으로 특화된다. 이는 사지가 형성될 것으로 예정된 중배엽 조직을 앞과 뒤쪽 사지싹 사이 몸통 측면에 이식하면 알 수 있다. 이식된 중배엽에 의해 사지싹이 형성되지만, 원래 예정되었던 사지의 상피는 그렇지 못하다. 이는 예정 사지중배엽일지라도 동일한 전후수준(anterior-posterior level)의 체절조직이 없는 경우 사지싹이 발생하지 않음을 알 수 있고, 이를 통해 사지로의 예정화에 체절로부터의 초기 유도가 있어야 함을 알 수 있다.

FGF를 서서히 분비하는 구슬을 앞뒤 정상 사지싹 사이의 몸통 측면 부위에 이식하면 새로운 사지 유도가 가능하다(그림 15.21). 앞다리는 몸통 측면부 앞부분에서, 그리고 뒷다리는 몸통 측면부 뒷부분에서 위와 같은 구슬이식을 통하여 발생한다. *Fgf10*은 초기 원체절판에서 발현하고 차후에 예정 사지중배엽 그 자체에서 발현한다. 또한 *Fgf10* 적중 생쥐는 사지싹을 갖고 있지 않다는 것을 통하여 FGF10이 사지 발생에 필수적임을 알 수 있다. 그러므로 FGF10은 체절 중배엽내 사지가 형성될 부분의 초기 유도에 필요한 발현, 활성, 억제라는 기준을 충족한다. *Fgf10* 유전자는 Wnt 신호에 의해 발현이 상향조절된다. 앞다리 싹 부위에서는 *Wnt2*가 발현되고, 뒷다리 싹 부위에서는 *Wnt8b*를 발현하고, 이들의 발현 산물은 *Fgf10* 발현과 사지가 자라는 것을 유도한다. Wnt 억제제인 액신(axin)은 사지 발생을 억제하고, Wnt 신호전달경로를 구성하는 *Lef1* 또는 *Tcf1*을 적중한 생쥐는 사지싹을 형성하지 않는다.

앞다리와 뒷다리는 T-box 유전자의 발현 여부에 따라 구분된다. 즉 *Tbx5*는 초기 앞다리에서, *Tbx4*는 초기 뒷다리에서 각각 발현하고, 이들 유전자는 신체의 다른 부위에서 활성을 가지는 Hox 유전자들의 조합에 따라 직접 또는 간접적으로 조절된다. Tbx4의 과발현이 닭의 날개싹을 다리싹으로 부분적인 전환을 초래할 수 있는 것으로 보아, T-box 유전자가 앞다리와 뒷다리 사이의 차이를 결정하는 데 기여함을 추정할 수 있다.

체절로부터의 근원세포 이주는 싹의 돌출성장을 시작하기 바로 몇 시간 전에 이뤄지는데, 정상 상태에서 사지에 근원세포를 공급하는 체절뿐만 아니라 신체 축 상의 어떤 위치에 있던 체절이라도 사지가 발생하는 부위로 이식될 경우 근육을 형성하는 세포를 공급할 수 있다. 이동에 필요한 주된 주화성 신호물질은 간세포성장인자(hepatocyte growth factor, HGF = scatter factor)이다. HGF는 사지싹 원기의 간층직에서 발현하고, Met라고 불리는 그것의 수용체는 근육분절(myotome)에서 발현한다. *Met*나 *Hgf*가 적중된 생쥐에서는 사지로의 근원세포(근육모세포, 근모세포) 이동이 없어 근육이 없는 사지가 발생한다.

### 근위-말단 외부로의 길이 성장(돌출성장)과 정형화

사지싹 발생 초기의 가시적 변화는 표피에 **정단외배엽융기(apical ectodermal ridge, AER)**의 형성이다. AER은 중배엽에 의해 유도되는데, 이는 몸통 측면 표피 아래에 사지형성 예정 중배엽 이식실험에서 관찰할 수 있다. 그러나 AER 형성은 이것 이외에 표피의 두 영역, 즉 체절과 중간중배엽을 덮고 있는 중간 부위와 체측 중배엽을 덮고 있는 측면 부위의 상호작용이 필요하다. DiI 마커를 사용하여 작성한 예정사지의 표피 운명지도는 중간 표피(중간 부위의 표피)는 사지싹의 등쪽 표피, 그리고 측표피(측면 부위의 표피)는 사지싹의 배쪽 표피와 AER이 됨을 보여준다(그림 15.22). AER 형성은 BMP 신호를 필요로 하는데, 표피-특이적인 프로모터를 이용하여 BMP 수용체 작용 억제자를 발현하는 형질전환 생쥐에서 AER 형성이 억제됨을 알 수 있다. 측표피에선 전사인자인 *Engrailed-1*이 발현되는데, *Engrailed-1* 적중 생쥐에서 배쪽으로 확장된 AER이 형성되는 것으로 보아 *Engrailed-1* 산물이 AER 형성을 억제하는 기능을 갖는 것으로 추정된다.

AER은 사지싹이 성장하는 동안 존속한다. 만약 이것을 사지

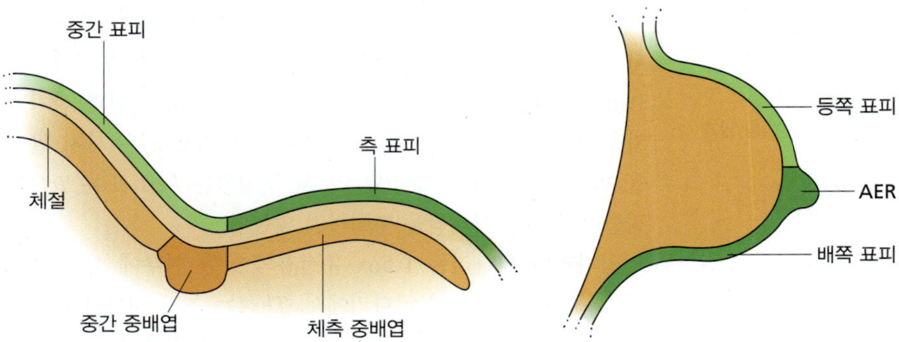


**그림 15.22** 사지싹의 배쪽과 등쪽 표피(상피)의 기원. 좌측 단면은 예정 사지싹 단계, 오른쪽 단면은 배아발생 단계 23의 사지싹.

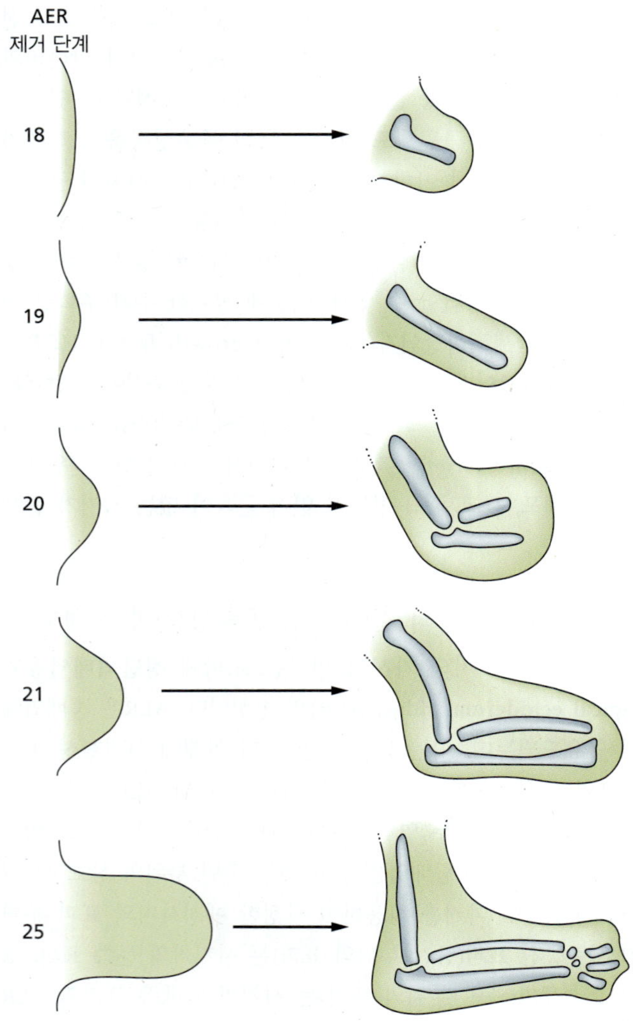


**그림 15.23** AER을 제거한 시기가 빠르면 빠를수록 원위부 절단이 심화됨.

싹이 자라는 어느 특정 단계에 외과적으로 제거하면, 사지 발생이 완성된 단계에서의 형태는 사지 끝 부분이 절단된 형태이다(그림 15.23). 제거가 이르면 이를수록 더 많은 구조물이 없어지는데, 이는 사지싹이 자라면서 원위부에서 근위부 순으로 연차적으로 분화 결정이 진행된다는 것을 추론할 수 있다. AER 그 자체는 존속하기 위해 간충직 유래 인자를 필요로 하는데, 이는 사지싹이 형성되는 부위가 아닌 곳으로 ARE을 이식하였을 때 빠르게 퇴화하는 것을 통해 인지할 수 있다. AER과 간충직 간의 관계는 상호적으로, 각각에서 유래한 유도인자가 다른 것의 기능에 필요하다. AER로부터 약 250 μm 정도되는 끝 부분은 사지싹이 자라나는 동안 미분화 상태로 머문다. 이 부분에서는 *Msx1*, *Ap2*, *Lhx2*를 포함한 몇 개의 특이 전사인자 유전자가 발현된다. 억제성 **도메인 교환(domain swap)**물인 *Lhx-engrailed*의 과발현은 사지의 길이 성장을 억제하는데, 이는 적어도 이 유전자가 연속적인 구조물을 형성하는 데 필요함을 의미한다. 흥미롭게도 *Lhx2*는 초파리 날개 성장에 필요한 *apterous*와 상동이다.

AER는 다양한 섬유모세포성장인자(fibroblast growth factor, FGF)(*Fgf 4, 8, 9, 17*)를 발현한다. 만약 AER이 제거되면, FGF를 서서히 분비하는 구슬이 AER을 대신하여 지속적으로 자라게 하고 끝 부분이 발생하도록 한다. Cre-lox 시스템을 이용하여 AER 특이적으로 *Fgf8*을 적중시키면 사지의 말단부위 결함이 생기고, *Fgf4*와 *-8*을 함께 적중시키면 사지발생이 되지 않는다. 따라서 AER에 의해 발현되는 FGF는 활성인자로서의 일반적인 세 가지 기준인 발현, 활성, 억제를 충족한다.

간충직 유래 AER의 지속적인 활성 유지는 **극성화활성대(zone of polarizing activity, ZPA**, 아래 참고) 유래 Sonic hedgehog (Shh)와 BMP 억제제인 그렘린(Gremlin)이 일정 부분 관여하고 있다. 여러개의 BMPs가 사지의 간충직과 AER에서 발현된다. 이 시기에 BMP 활성이 부분적으로 억제되면 AER이 확장되는데, 이는 사지 성장 과정에서 BMP가 AER을 억제하는 효과를 가짐을 의미한다. 사지 발생 후기에 BMP들은 발가락이 형성될 때 발가락 사이에서 진행되는 세포의 죽음에도 필요하다. 특정 표피 프로모터를 사용하여 *Noggin*의 발현을 촉진하는 형질전환 생쥐는 발가락 형성이 제대로 되지 않아 오리발과 흡사한 결과의 발이 만들어진다.

근위-말단 축에 따른 구조의 분화는 각 부위에 따른 다양한 유전자 발현에 진행된다. 최근위 영역인 사지기부(stylopod)는 몸통에서 유래한 레티노산에 의해 유도되는 호메오박스 유

## 고전적인 실험들

### 사지에서 극성화 활성대 (zone of polarizing activity, ZPA)

ZPA는 발생학에서 유도신호 센터 중의 하나이다. 전-후축을 따른 재특정화가 J.W. Saunder의 닭 사지싹 끝 부분 회전 이식 시험을 통하여 처음으로 제안되었다. 그러나 이 효과에 대한 해석을 형태형성인자의 농도구배로 한 것은 Tickle 등의 논문에서 처음으로 대두되었다. 그들은 레티노산을 형태형성 인자 후보군으로 제안하였으나, Sonic hedgehog가 진정한 형태형성 인자로 밝혀졌다.

Tickle, C., Summerbell, D., &Wolpert, L. (1975). Positional signalling and specification of digits in chick limb morphogenesis. *Nature* **254**, 199–202.

Tickle, C., Alberts, B., Wolpert, L., & Lee, J. (1982). Local application of retinoic acid to the limb bond mimics the action of the polarizing region. *Nature* **296**, 564–566.

Riddle, R. D., Johnson, R. L., Laufer, E., & Tabin, C. (1993). Sonic hedgehog mediates the polarizing activity of the ZPA. *Cell* **75**, 1401–1416.

전자인 *Meis1*과 *-2*의 발현 부위이다. 이들 유전자의 과발현은 사지기부의 근위부위 특성을 보이는 영역을 원위(말단) 쪽으로 더 확장하는데, 이를 통하여 근위부의 특성을 특화하는 데 관여함을 알 수 있다. zeugopod라고도 불리는 사지의 중간 부분은 *Shox* (short stature homeobox gene)을 발현하는데, 이 유전자에 돌연변이가 있는 인간은 짧은 척골(ulna)과 요골(radius)을 갖는다. 초기 사지싹 시기에 *Hoxa10, -11, -13* 유전자는 일정 구획 내에서 발현하는데, 이들 모두는 향후 사지의 원위부, 즉 자각(autopodium)이 형성될 부위에서 발현한다(그림 15.24a). 이것은 종종 근위-말단 분화를 조절하는 것으로 여겨지고 있으나, 발현 양상이 발생 중 상당히 변하므로 사지 패턴형성에서의 Hox 유전자의 정확한 역할은 아직 확실히 밝혀져 있지 않다. 이들 Hox 유전자를 개별적으로 적중하면 사지 형태에 제한된 효과를 보인다. 모든 상동유전자(paralog)를 적중하면 호메오틱 효과(homeotic effect)까지는 아니더라도 사지의 부분적 결실을 극적으로 유발할 수 있다(그림 15.25). 따라서 Hox 유전자는 사지 발생에 필요하기는 하지만, 이들의 주된 기능은 지역 특정화라기 보다는 성장 조절일 것이다. 신호적인 관점에서 AER로부터 온 FGF와 체축(body axis)에서 온 레티노산의 농도구배는 유전자가 상향조절 되는 부위를 국한시키는 데 충분한 것으로 보인다.

다른 연골 요소 사이에 형성되는 관절은 초기 단계에서부터 미리 특화된다. 사지 위쪽 부분의 초기 연골 응축은 장차 대퇴골, 척골, 그리고 요골을 포함한다. 이 응축에서 장차 팔꿈치 관절이 될 부분을 현미경을 이용하여 미세 제거하면, 두 연골 응축이 연립하게 되어 팔꿈치 관절 형성이 억제된다. 장차 관절이 되는 부분은 BMP 패밀리인 *Gdf5, -6, -7*과 현재 *Wnt9a*이라 불리는 *Wnt14*를 포함하는 다양한 유전자를 발현한다. *Gdf5, -6*의 기능상실은 관절 결합을 야기한다. 다른 부위에서 *Wnt9a*의 발현은 추가적인 관절 형성을 초래한다. *Wnt9a*은 짧은 거리에서의 스스로의 발현을 상향조절하지만 먼 거리에서는 억제하여, 관절의 나열을 예정하는 주기성을 갖는 발현을 하도록 한다.

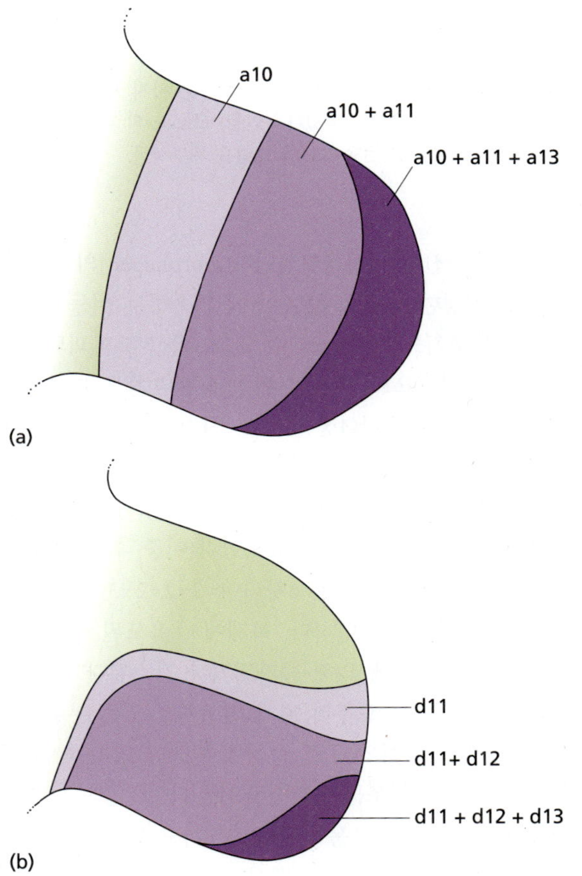


그림 15.24 사지싹에서 *Hox* 유전자의 구획적 발현. (a) *Hoxa* 유전자; (b) *Hoxd* 유전자.

### 전-후축 정형화

**전-후축 정형화(patterning)**는 사지싹의 뒤쪽 가장자리에 위치한 **극성화활성대(zone of polarizing activity, ZPA)**에서 제어

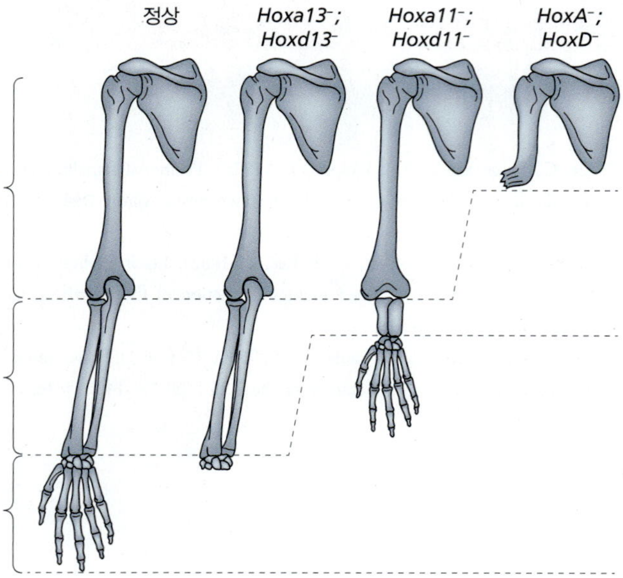


그림 15.25 a와 d군 *Hox* 유전자의 상실에 따른 사지 표현형 결과. 오른쪽의 경우 Hoxa와 d군이 적중되었다. (인용) Elsevier의 허락을 얻어 *Curr Opin Genet Dev* 2007; 17: 359-366의 그림을 재구성함.

된다. 이것은 확산하는 형태형성인자(morphogen)의 원천 역할을 하는데, 일정한 농도로 ZPA 내에 존속하는 이들 형태형성인자는 주변 조직으로 확산될 수 있고, 확산후 파괴되고 제거된다. 이러한 기전으로 사지의 뒤쪽에서 앞쪽으로 급격한 농도구배가 형성되게 된다(4장 참조). 2차적인 ZPA를 사지싹 앞쪽 가장자리에 접합시키면, 이 ZPA는 원래의 앞쪽 구조물들에 대한 **거울상의 대칭(mirror symmetrical)** 배열 형태로 2차적인 앞쪽 구조물들의 형성을 유도한다(이중 후미 복제, 그림 15.26, 15.27). 복제된 구조는 6자리 4-3-2-2-3-4에서 3자리 4-3-4에 이르기까지 다양하다. 복제에서 유도된 구조물 수는 두 ZPA 사이의 거리에 의해 증가되거나 감소된다. 이들이 사지싹의 U자 형 중심으로부터 멀리 떨어져서 있는 부위에 있다면, 더 많은 앞쪽 유형의 구조 형성에 필요한 역치를 충족하게 되어 더 많은 수의 구조물이 형성될 것이다.

ZPA 신호는 다른 척추동물 종들에게서도 동일하여, 닭 사지싹의 앞쪽 측면에 이식된 도마뱀이나 생쥐의 ZPA에 의해서도 사지 복제가 유도된다. 복제된 사지의 모든 부분은 닭 조직으로부터 만들어지기 때문에, ZPA를 제공한 종의 유형이 아니라 닭 유형의 형태를 띤다. 앞뒤 사지싹 사이의 몸통 측면에 이식된 FGF 구슬에 의해 유도된 사지는 정상 사지와는 역으로 된 앞뒤 극성을 형성한다(그림 15.21). 유도된 사지싹의 ZPA는 정상적인 앞쪽 사지 형성에 ZPA가 형성되는 곳과 동일한 사지싹 위치, 즉 이 사지싹의 뒤쪽면보다는 앞쪽면에서 형성된다.

레티노산을 천천히 분비하는 구슬 이식은 후방부의 구조를 유도하는 ZPA 이식과 동일한 효과를 갖는다. 레티노산과 그 수용체는 사지싹에 있고, 어미가 비타민 A가 결핍된 모이를 먹은 메추라기 배아는 비정상적인 사지싹을 보인다. 그러나 레티노산은 ZPA 그 자체에서 유래한 신호는 아닌데, 이는 *lacZ*와 연결된 레티노산 수용체 요소(RER)를 함유한 레티노산 수용체 형질전환 생쥐에서는 사지싹에서 레티노산의 농도구배나 어떠한 레티노산의 활동도 관찰되지 않음을 통해 알 수 있다. 레티노산 신호 활성은 사지싹에 이웃한 신체 몸통에 있고, 이것의 체내에서의 역할은 사지싹의 제일 끝 부분을 결정하는 *Mies* 유전자의 활성을 유도하는 것으로 여겨지고 있다.

ZPA에서 나오는 형태형성인자는 사실상 *Sonic hedgehog* (*Shh*) 유전자 산물이다. 접합실험들에서 *Shh*는 ZPA 활성을 가지는 부위에서 발현된다. 사지조직 절편을 이용한 조직배양기반 생물학적 정량분석에서 활성을 갖는 *Shh*의 양은 앞쪽면보다 뒤쪽면에서 약 5배 이상 농도가 높은 것을 알 수 있다. 분비 구슬 또는 Shh 생산세포는 마치 ZPA처럼 복제 조직을 유도할 수 있다. 닭에서는 Shh가 급격한 단순 농도구배를 형성하는 것 같다. 그러나 생쥐에서는 훨씬 더 복잡한 기전을 갖는데, 점진적인 Shh양의 감소는 앞쪽에서 뒤쪽 순으로 손가락의 결실을 초래한다.

Shh는 또한 AER의 지속적 유지와 ARE에서의 *Fgf* 발현을 지속하게 할 수 있도록 하여 이전에 "AER 유지 인자"로 알려졌었다. *Shh* 발현은 레티노산에 의해 증가할 수 있으나, ZPA에 의한 지속적 발현 유지는 AER 또는 FGF 구슬과의 지속적인 접촉을 필요로 한다. 이것은 Shh와 FGF 유전자가 양성 되먹임회로를 형성하고 있음을 보여준다. 사지싹 정단 융기에서 유래하는 FGF가 ZPA를 유지하고, ZPA에서 유래하는 Shh는 정단 융기의 온전성을 유지한다. Shh 적중 생쥐는 몇 종류의 말단부 결함과 앞뒤축과 관련된 극성이 결합된 사지를 갖는다. 예상하는 것처럼 적중 생쥐의 사지싹은 ZPA 활성 부위가 없는데, 이는 정상 사지싹 앞쪽에 이식하는 실험을 통하여 확인된다. 적중 생쥐의 표현형은 앞뒤 정형화의 상실과 AER의 활성을 지원하지 못함이라는 두 원인에 기인한다. 초기의 Shh 발현 양의 증가는 레티노산에 의해 일어날 수 있지만, 정상 발생에서 이 현상의 수립 기전은 전사인자인 dHAND와 Gli3의 상호 억제인 것으로 보인다. dHAND는 bHLH 인자로 사지싹의 모든 간충직에서 초기에 발현되지만 Gli3는 Hedgehog 신호전달경로에 관여한다. 정상 발생에서는 앞으로 사지싹이 될 부분의 후방부에서 발현하고 *Shh*의 발현을 활성화시키는 dHAND와, 다른 여타 부위에서 발현되는 Gli3 간에 일정한 평형 상태를 형성한다. 상호 억제의 증거는 이 중 한 인자를 적중한 생쥐에서 나머지 한 인자의 발현 부위가 더 넓어진다는 것이다.

Gli3는 Shh 신호경로에 있는 3개의 Gli 형태 전사인자 중 하

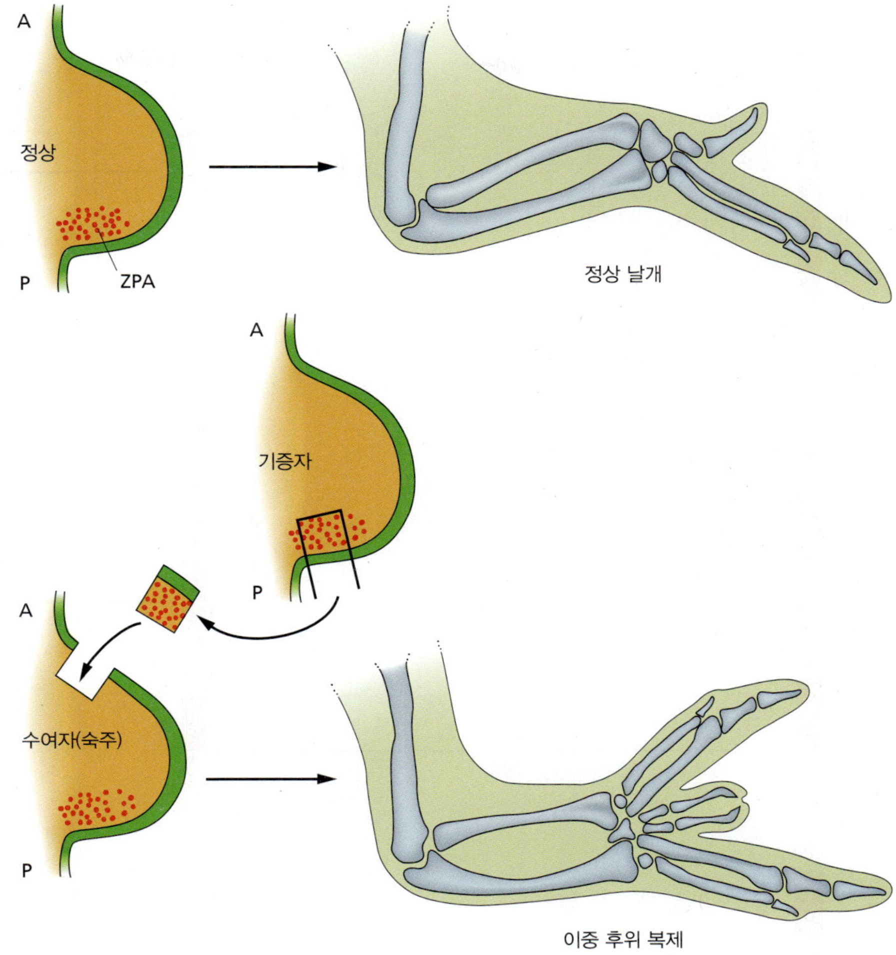


**그림 15.26** ZPA 이식은 2개의 후위 중복 사지형성을 유도한다. 보통 원위부위(지골)가 영향을 받는데, 이는 이식시에 이미 근위부로 가면 갈수록 운명이 결정되었기 때문이다.

나이다(부록 참조). 원칙적으로 Shh 신호는 Gli 인자가 파괴되지 않도록 안정화시켜 핵으로 들어가 표적 유전자의 발현을 제어하도록 한다. 그러나 사실은 오직 Gli2만이 이러한 방식으로 행동한다. Gli1은 매우 활동적이지 않으며, Gli3은 표적 유전자 발현을 대부분 억제한다. 이것은 왜 *Gli3* 적중 생쥐가 매우 많은 가락을 가지는 (**다지증; polydactyly**) 지를 설명해 준다. 이것은 어느 정도 *dHAND*와 *Shh* 영역이 보통보다 크고, 또 Shh 신호가 일상적인 것 보다 더 효과적이어서 사지싹에 더 많은 가락이 유도되기 때문이다. 사람에서도 역시 Gli3의 결핍 혹은 감소는 그레이그 증후군(Greig syndrome)에서 볼 수 있는 인간의 다지증을 유발한다.

유전자 *Hoxd9, -10, -11, -12, -13*은 사지싹을 뒤쪽에서부터 앞쪽으로 가로지르며 분포하는 구획된 영역에서 발현하는 양상을 보인다(그림 15.24b). 이들 유전자의 발현은 ZPA 이식이나 Shh 처리에 의해 이러한 구획된 영역에서의 발현 양상을 다른 조직에서 재현될 수 있다. 이들 유전자가 사지의 여러 다른 부분의 분화를 결정하는 부위를 결정한다고 광의로 생각할 수 있다. 그러나 생쥐에서의 이들 *Hoxd*에 속한 유전자들의 적중 결과를 종합해 보면, 호메오 유전자 변형보다는 말단 결실을 일으킨다는 것은 이러한 광의적인 생각과 일치하지 않는다. *Hox* 유전자는 발생 단계마다 바뀌는 역동적인 발현 유형을 가진다. 그리고 그림 15.24에 나타난 발현 패턴은 오직 표시된 그 단계에서만 나타난다. Hoxa 유전자의 경우처럼, Hoxd 유전자가 사지 발생 단계 중 어느 단계에서 필요로 하는지가 아직 밝혀져 있지 않았다. 그리고 그들이 정말 전-후쪽 결정 단계를 결정하는 데 관여하는지는 불분명한 상태이다.

## 등-배쪽의 정형화

등-배축을 따른 정형화는 근육 또는 표피에서 유래한 깃 형성원과 발톱의 배열로 나타난다. 사지 내부 조직의 등-배축 정형화는 사지 형성 초기 단계에 상피를 역방향으로 위치하게 하여 역방향으로 될 수 있다. 이것은 배아에서 사지싹을 제거하여 트립신을 처리한 후 간충직에서 표피를 분리하고, 표피를 역방향으로 위치하게 다시 결합시킨 뒤 작은 백금침으로 사지싹을 원상태로 붙여 발생을 지속하게 하면 된다.

표피의 일차적 극성은 등쪽 표피가 원래 체절위를 덮고 배

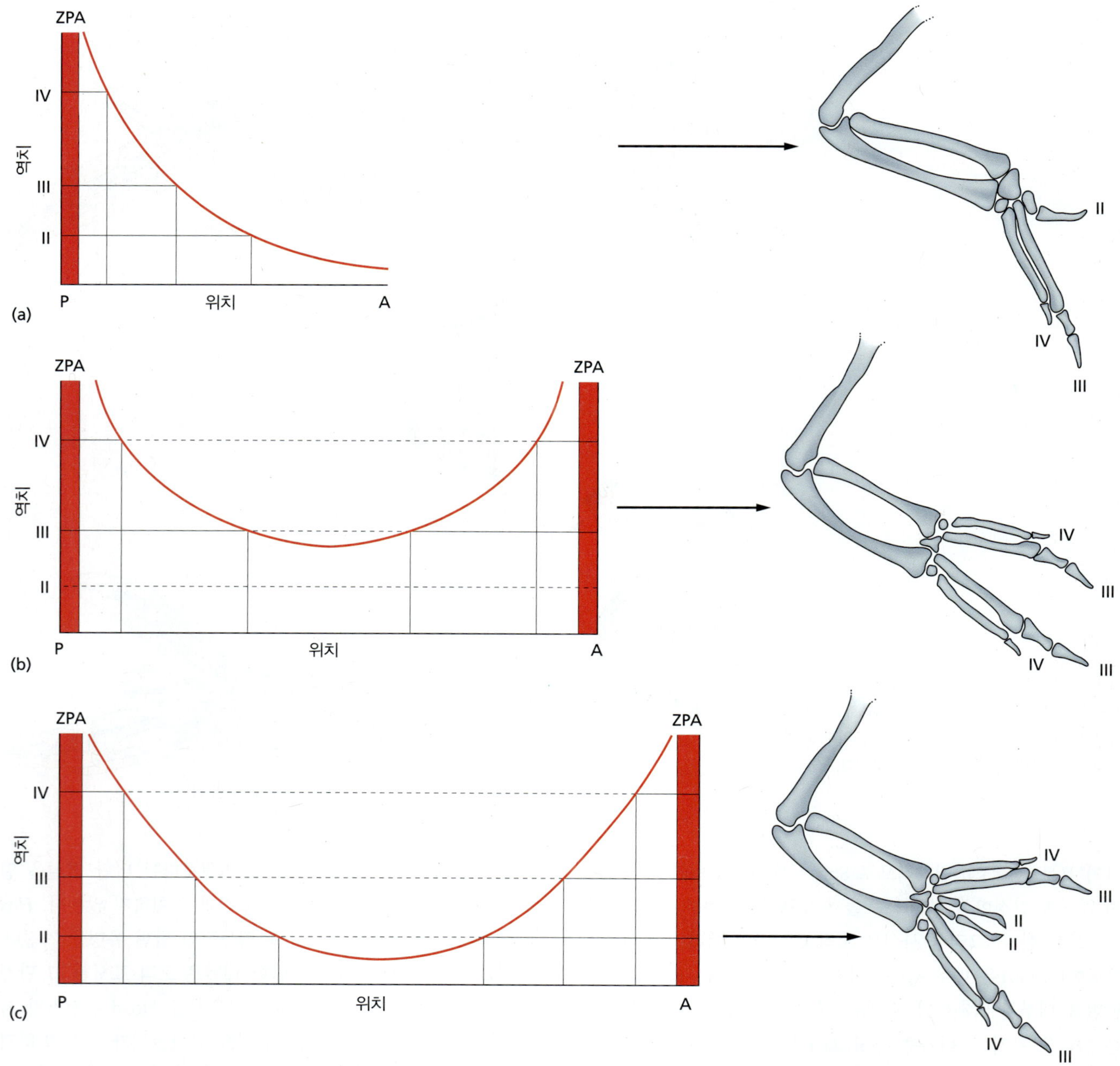


**그림 15.27** ZPA 부분의 농도구배가 손가락 형성 유형에 어떻게 영향을 미치는가를 나타내고 있다: (a) 정상 발생; (b)와 (c) ZPA 이식. 이식된 것과 원 ZPA 사이의 거리가 더 멀어짐에 따라(c), U자형에서 낮은 부분이 가까이 위치하는 경우(b) 보다 더 낮아 복제된 지골의 수가 더 많다.

쪽 표피는 측편 중배엽을 덮고 있다는 사실에서 기인한다(그림 15.22). *Engrailed-1*은 정상적으로 배쪽 표피에서 발현한다. *Engrailed-1* 적중 생쥐는 손발의 배쪽 부분이 부분적으로 등쪽화된다. 이는 *Engrailed-1*이 배쪽임을 암호화함을 의미하고, 앞에서 보았듯이 Engrailed-1 활성이 AER의 확장을 제한한다는 것을 의미한다. 만약 예정 배쪽 표피가 장벽에 의해 아랫부분의 간충직과 격리되면, *Engrailed-1*의 발현은 상향조절되지 않을 것이고 최종적으로 등이 2개인 사지가 만들어진다. 이것은 측면 중배엽에서 유래한 유도인자가 사지싹의 등과 배라는 축, 즉 극성형성에 일차적으로 관여함을 보여준다. 그 신호는 측중배엽에서 합성분비되는 BMP4에 의한 것이고, 또한 체절을 인식하는 데 일정 부분 관여한다(체절형성 부분 참고).

Engrailed-1의 기능 중 하나는 *Wnt7a*의 발현 억제로, 결과적으로 등쪽 표피에서는 정상적으로 발현하지만 배쪽 표피에서는 발현하지 않는다. Wnt7a는 ZPA의 지속적 *Shh* 발현을 유지하는 데 관여하고 이는 간접적으로 AER 유지를 돕는다. 또한

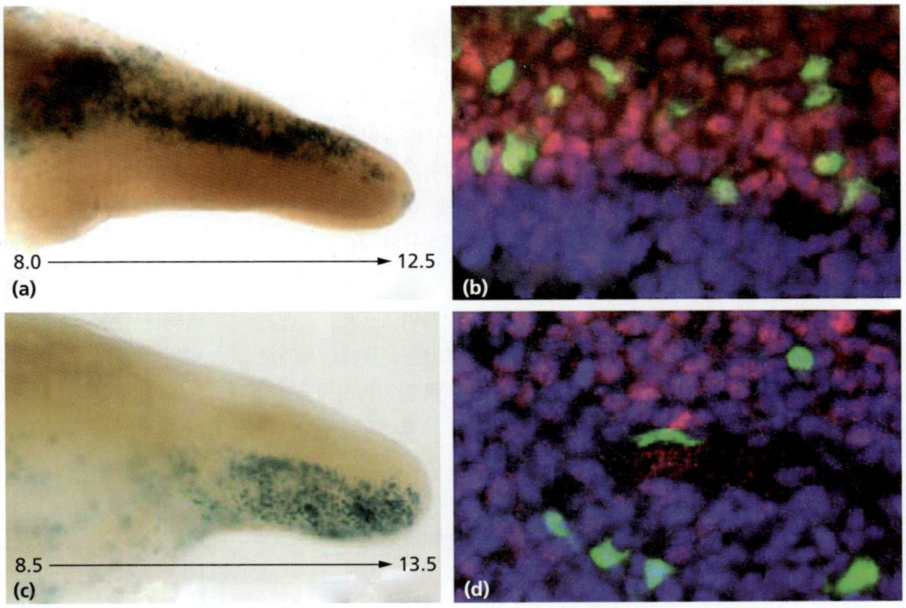


그림 15.28 생쥐 사지싹 내 등쪽과 배쪽 간충직 간의 격실 경계 식별. *Pol2-CreER x R26R* 생쥐에 저농도의 4-hydroxytamoxifen에 의해 E8.0 또는 E8.5 배아시기에 클론이 유도된다. (a)와 (c) 부위 clone은 E12.5 배아시기에 배아 전체를 XGal 염색을 한다. (b)와 (d)는 고배율에서 단면을 본 것으로, 클론은 GFP 형광물이 있어 관찰된다. 전사인자 LMX1B를 발현하는 세포는 빨간색으로 면역염색되었고 핵은 파란색으로 염색되었다. (인용) Biologist Ltd의 허락을 얻어 Arques *et al.* (2007)의 그림을 재구성함.

Wnt7a는 등-배의 특수화에서 핵심적 역할을 한다. *Wnt7a*의 과발현은 배쪽이 없이 등쪽이 2개인 사지를 만들고, 이 유전자의 적중은 등쪽이 없고 배쪽이 2개인 사지를 만든다. 이러한 증거는 Wnt7a는 표피에서 유래하여 하단의 사지싹 간충직에 등쪽임을 인지하도록 하여 등쪽이 되도록 하는 신호임을 보여준다. Wnt7a는 등쪽 간충직에서 LIM-호메오박스 유전자인 *Lmx1*을 발현시킨다. 이것은 세포 간 부착의 원인이 되어 LmxI 구역을 형성하는데, LmxI 구역은 척추동물의 구성물 중 볼 수 있는 해부학적 경계와 일치하지 않는 경계를 갖는 유일한 예이다. 격실 경계(구획된 경계)는 정상적인 발생 동안 특정 세포 유래 집단이 분포하지 않는 경계이다(4장과 17장 참조). 이 부분적 경계는 저농도의 타목시펜(tamoxifen)이 매우 낮은 비율의 세포에서 Cre 재조합효소를 활성화시킨다는 것에 기반한 클로닝 염색 기술로 볼 수 있다. *CreER*은 어디에서나 발현할 수 있는 프로모터를 이용하여 합성하고, Cre 효소가 *R26R* 리포터 좌위에서 재조합이 일어나게 하면, 소수의 클론을 분리하여 만들 수 있다(13장 참조). 사지싹의 길이 성장 동안 매우 많은 세포가 분산됨에도 불구하고, 이 방법을 사용하여 보면 금을 긋듯이 등쪽 클론은 LmxI 외의 구역과 교차하지 않고 배쪽 클론은 이것을 지나 교차하지 않았다(그림 15.28).

사지는 비대칭적 3차원 형상 그리고 세포판의 형태형성 운동이라기보다는 세포들이 뭉쳐진 조직 덩어리로부터 형성된다는 면에서 대부분의 기관과 다르다. 사지의 세 축이 각각의 진행과정에 의해 조절된다는 것이 좋은 증거다. 근위-말단 축을 따른 패턴형성은 여전히 완전히 밝혀져 있지 않았으나, 정단 부위에서 유래하는 FGF의 지속적 공급과 신체 근위부로터 유래하는 레티노산 신호에 의존한다. 전-후쪽 정형화는 ZPA에서 오는 Shh의 농도 변화에 의해 제어된다. 등-배축을 따른 정형화는 등쪽 표피에서 오는 Wnt7a에 의하여 제어된다. 이 세 축의 발생은 정단 부위가 지속적으로 형태와 기능을 유지하기 위하여 Shh와 Wnt7a 둘 다를 필요로 한다는 사실에 의해 함께 엮여 있고(그림 15.29), 이들 세 과정이 통합적인 온전한 기관을 만드는 데 함께 작동함을 의미한다.

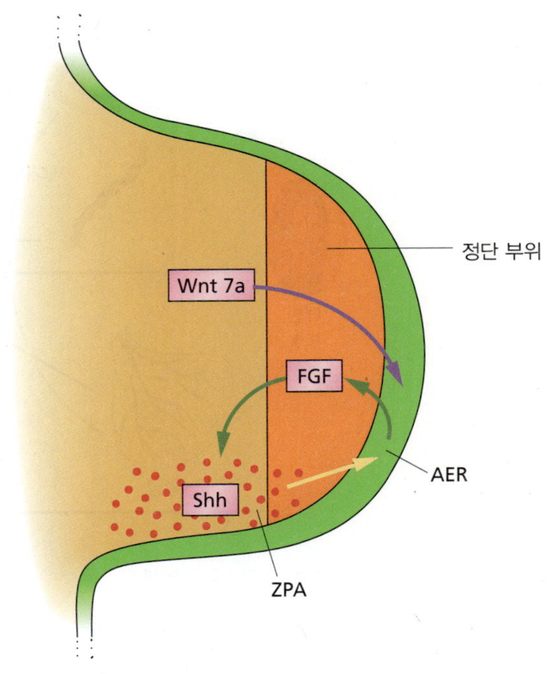


그림 15.29 사지의 길이 성장과 패턴 형성을 진행하는 3개의 신호계.

## 새로운 연구방향

대부분의 기관형성 연구는 치료를 위한 의학적 목적이 동기가 되어 왔다. 심장형성 전조세포의 동정과 분리는 손상된 심장의 세포 치료에 확산 적용할 수 있기 때문에 명백하게 흥미로운 것이다. 이를 신장에도 동일하게 적용할 수 있는데, 이는 이식할 신장이 수요에 비해 절대적으로 적기 때문이다. 손상된 기관을 재생할 수 있는 능력은 매우 의미 있는 것이다.

동맥과 정맥 상호 간의 분자 수준에서의 차이에 대한 이해는 조직공학에서 중요할 수 있다. 혈관 공급 없이는 기능을 제대로 수행하는 진정한 인공 기관을 만들어내는 것은 불가능하다. 그리고 모세혈관 형성 기반 구성에 관여하는 분자 인식 원리는 이러한 인공장기를 활성화함에 있어 절대적으로 중요하다.

생식세포 발생에 대한 더 많은 이해는 어린이나 젊은이의 미성숙 생식세포의 성공적인 보존이나 성숙을 가능하게 할 것이다. 암치료를 받는 개인에게 치료 후에 생식능력을 다시 갖게 하는 것은 매우 중요하다. 따라서 암치료를 받는 사람이 치료후 생식능력을 다시 회복하도록 재이식될 수 있다면 그 중요성은 두말할 나위가 없다.

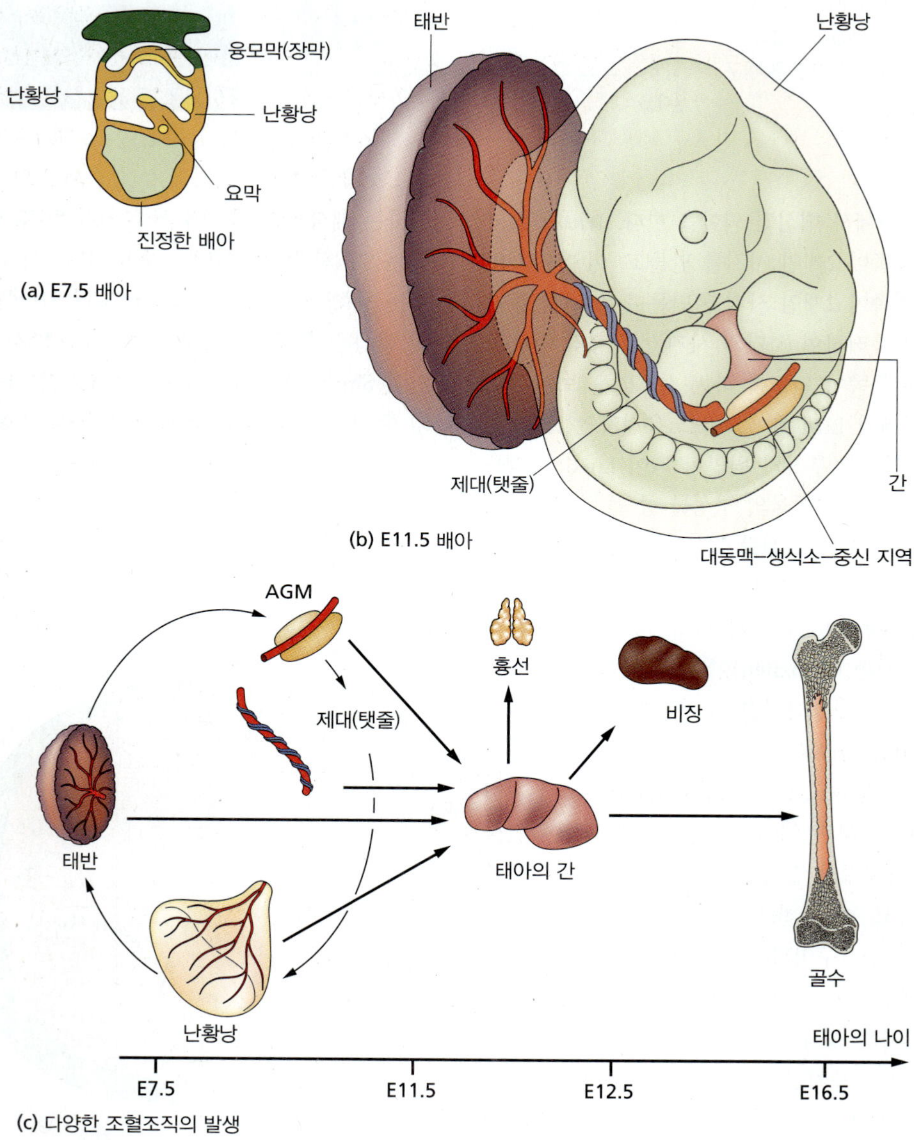


**그림 15.30** 조혈 발생. (a) 원시적 조혈이 난황막(난황낭)에서 진행됨. (b) 일반적으로 정의되는 조혈이 배대동맥(등쪽 대동맥)과 다른 중심 동맥에서 예정됨(즉 허락됨). (c) 조혈 전구세포가 태아의 간으로 이동하고 이후 골수와 림프기관으로 이동함. (인용) Biologist Ltd의 허락을 얻어 Medinsky *et al.*, *Development* 2011; 138: 1017–1031의 그림을 재구성함.

## 혈액과 혈관

### 혈액

혈액의 생성은 **조혈작용(hematopoiesis)**으로 알려져 왔다. 여기서는 발생학적인 조혈작용을 다룰 것이고 성인에서의 조혈작용은 18장 이후에 다룬다. 생쥐 배아에서 혈액세포의 첫 번째 발생은 E7.5 배아시기에 나타나는데 난황막(yolk sac)에서 세포들이 모인 섬의 형태[혈도(피섬)]로 나타난다. 이후 혈액 생성은 주요 동맥[배대동맥(dorsal aorta), 난황동맥(vitelline), 배꼽동맥(umbilical ateries)]의 **내상피(endothelium)**에서 진행되고, 배아 발생이 진행되면서 간에서 만들어지고 최종적으로는 골수에서 만들어진다(그림 15.30). 난황막의 혈도는 원시적 조혈작용(primitive hematopoiesis)을 보이며, 더 단계가 경과하면 혈액과 면역체계 상의 모든 종류의 세포를 만들어내는 "완성된" 조혈작용("definitive" hematopoiesis)을 보인다. 원시적 조혈작용을 통해서 형성되는 대부분의 것은 원시 적혈구(primitive erythrocyte)이다. 정상적인 적혈구, 즉 일반적으로 알려진 적혈구보다 훨씬 더 큰 원시 적혈구는 대부분이 핵을 가지고 있으며, 이 핵 대부분은 며칠 동안 존속한다. 이들은 후기 태아 또는 성체의 헤모글로빈에 비해 훨씬 더 큰 산소 친화도를 갖는 배아 유형의 헤포글로빈을 가지고 있다. 원시 혈도(primitive blood islands)는 또한 몇몇 거핵세포(megakaryocytes)와 원시 대식세포(primitive macrophages)를 만들고, 이로부터 뇌의 **소교세포(microglia)**가 유래한다.

전사인자인 GATA1 (징크-핑거), SCL (bHLH 유형), 그리고 LMO2 (LIM 유형)를 암호화하는 유전자는 원시 및 완성된 조혈작용 모두에 필요하다. 이와 같은 3개의 전사인자 mRNA를 제노푸스 배아 할구에 주입했을 경우, 이는 대부분의 중배엽에서 이소성 혈액(ectopic blood) 형성을 야기한다. 비록 초기 혈도가 내상피세포에 싸여 있을 지라도, 이 단계에서 이 두 세포는 독립적으로 발생하는 것으로 추정되고 있다. 서로 다른 표식을한 3종류의 배아줄기세포를 포배에 넣은 후 대리모에 이식하여 착상하고 발생하게 하여 4가지 색 생쥐("four-color" mice)를 만든다면, 대부분 혈도는 다클론성(polyclonal)이고, 내상피와 주변의 혈액 전구체(progenitor)는 대개 다르게 표지되는데 (그림 15.31), 이는 이들 각각이 서로 다른 세포에서부터 유래됨을 나타낸다.

혈액순환은 생쥐배아에서 약 E8.5 배아시기에서 시작된다. 약 E10.5 배아시기에서 E12.5 배아시기 사이에 조혈작용은 배대동맥(dorsal aorta)과 다른 동맥에서도 발견된다. 이 지역은 **대동맥-생식소-중신[AGM (aorta-gonad-mesonephros)]**이라고 불리어 왔으나, 이는 배아를 대상으로 시행한 부정확한 미세수술을 근간으로 한 것이다. 정확히는 주중심동맥(main central arteries)이 적당하다. 혈액세포는 배대동맥 배쪽 부위의 내상피가 얇은 조각으로 갈라져 떨어져 나오는 것으로 관찰된다. 이것은 순환계로 DiI-Ac-LDL (acetylated low density lipoprotein, 내상피세포로 우선적으로 흡수됨)을 주사하여 혈관 내상피를 염색함으로써 알 수 있다. 이 방법은 처음에는 조류 배아(avian embryo)를 대상으로 행해졌으며 후에는 생쥐에도 적용되었는데, 둘 다에서 표지 마커는 내상피세포 마커(VEGF 수용체의 하나인 Flk1 같은 것)를 발현하는 내상피를 비롯하여 조혈세포 마커를 모두 발현하는 부착된 세포 덩어리에 표지되며 순환하는 혈액 세포도 표지된다. 또한, VE-캐드히린이라고 불리어지는 부착 분자가 내상피에서 발현된다. *VE-Cadherin-Cre x R26R* 생쥐에서, 표지된 세포가 후에 성체의 골수세포 중에 높은 비율로 발견된다. 게다가, 조혈줄기세포에 결함이 있다는 사실이 치사량의 방사선을 조사한 생쥐에서 이식에 의해 조혈줄기세포가 활성을 가져 다시 혈액세포를 생성하는가를 알아보기 위한 실험에서 재확인되었다(18장 참조). 초기 배아세포는 이를 할 수 없다. E10.5-11 배아시기까지에는 복대동맥(dorsal aorta) 상의 일부 세포가 다시 되살릴 수 있다. *VE-Cadherin-Cre x R26R* 생쥐에서 재형성된 혈액세포는 표지된 그들 세포 중 하나인데, 이는 그들이 내상피에서 유래했음을 나타낸

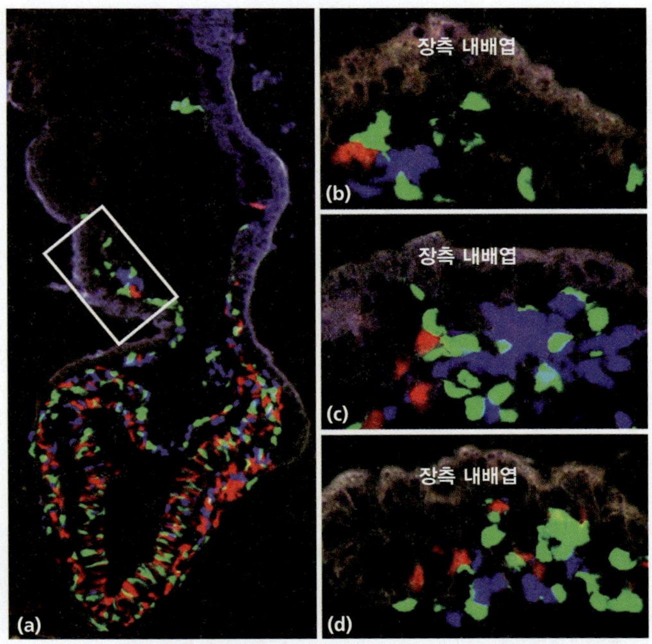


그림 15.31 생쥐 배아 난황막에 혈도 클론형성 분석. 발생 중인 배아는 빨간색, 초녹색, 파란색으로 염색된 배아줄기세포를 표지되지 않은 포배의 포배강에 넣어 형성된 것임. (a) 신경배 단계의 배아. 3색으로 염색된 것을 볼 수 있고 혈도는 흰색 박스로 표시하였다. (b-d) 혈섬을 지나는 3 절편을 통해 여러 클론이 구성체임을 알 수 있다. (인용) Elsevier의 허락을 얻어 Ueno and Weissman. *Int J Dev Biol* 2011; 54: 1019–1031의 그림을 재구성함.

다. "완성된" 조혈작용에 의한 혈액세포의 기원은 여전히 논쟁 중에 있으나, 중심동맥의 내상피에서 기원했다고 결론지어지고 있다. 내상피 또는 혈액세포를 생성할 수 있는 능력을 가진 세포를 **혈관모세포(hemangioblast)**라 하고, 내상피에 존재하는 혈액전구세포를 생성하는 내피를 **혈액생성 내상피(hemogenic endothelium)**라 한다.

전사인자 Runx1은 완성된 조혈(성체시기)에는 필요하지만 원시적 조혈(배아시기)에는 필요 없다. Runx1은 모든 완성된 조혈세포군에서 발현된다. *Runx1-CreER x R26R* 생쥐에서, 다른 시간대에 4-하이드록시타목시펜(4-hydroxytamoxifen) 투여를 통한 표지 실험에서 배대동맥에서 조혈 세포집단(hematopoietic cluster)을 육안으로 볼 수 있다. 이 부위에서 새로운 세포군을 형성할 수 있는 능력을 갖기 바로 전시기인 E9.5–10.5 배아시기 사이에 완성된 조혈의 줄기세포가 형성됨이 밝혀졌다.

또한 Cre 표지 실험은 배대동맥, 태아의 간, 골수에 있는 완성된 조혈세포 집단이 각기 다른 발생시기에 한 위치에서 다른 위치로 이동한(기원은 동일하나 발생 시기에 따라 이동한 위치가 다름) 동일한 세포들임을 밝혀 주었다. 원시 혈도에서 유래한 세포들이 완성된 조혈을 담당하는 세포집단을 형성하는 가에 대한 여부는 뜨거운 논쟁거리이다. 제노푸스 배아에서 초기 할구에 계보 표지를 통하여 3개의 서로 다른 집단을 표지할 수 있다(7장 참조). D4 주입은 양막류의 난황막세포의 적혈구생성 세포집단(erythropoietic population)과 같은 후방의 배쪽 혈도를 표지한다. C1D1에 주입은 원시 골수세포(myeloid cell)를 형성하는 전방의 배쪽 혈도를 표지한다. C3에 주입은 AGM 부위와 완성된 조혈조직을 표지한다. 이러한 실험 결과는 적어도 제노푸스에서는 원시적 조혈세포와 완성된 조혈세포 간의 계보 관계에 대한 논쟁을 깨끗하게 잠재운다. 생쥐에서 몇몇 난황막(난황낭, yolk sac) 세포는 후기 조혈세포집단(later hematopoietic population)까지 추적할 수 있지만, 이들 난황막 세포는 이미 완성된 세포로 되어 있고 단순히 순환계가 성립된 바로 후 난황막으로 이동해 간 것이다.

## 혈관

배아에서 혈관의 신생(*de novo* formation)은 **혈관형성(맥관형성, vasculogenesis)**이라고 불리며, 기존의 혈관에서 세포 증식과 세포 이동을 통한 모세혈관의 형성은 **혈관신생(맥관신생, angiogenesis)**이라 불린다. 혈관형성은 측판과 배외중배엽(extraembryonic mesoderm) 전부분에 걸쳐 일어나 원시형의 모세관망을 형성한다. 모세혈관은 겉표면에 기저막을 가진 단층의 내상피세포로 구성되어 있다. 더 큰 혈관은 내상피세포 바깥쪽으로 결합조직 층과 평활근 층을 가지고 있다. 내상피세포는 개체의 일생동안 계속 분열할 수 있으며, 대개 조직 리모델링과 관련된 제한된 성장이 있을 수 있다. 세포분열과 세포 이동을 통해 생성된 새로운 모세혈관은 상처 치유 또는 암의 성장 동안 매우 활동적으로 일어난다.

혈관 발생과 관련된 발견 중 가장 중요한 것 중의 하나는 동맥과 정맥의 내상피세포는 본질적으로 다른 기원이라는 것이다. 배대동맥과 주정맥을 형성하는 주된 혈관 원기가 형성될 때, 동맥세포는 에프린 B2를 생성하고 정맥 세포는 EphB4를 생성한다. 후기 배아의 모세혈관계는 동맥으로부터 그리고 정맥으로부터 자라 나온 모세혈관이 서로 만나는 것과, 이들 두 구성체를 융합할 수 있도록 하는 분자의 상보적 능력으로 융합하여 형성된다. 초기의 차이는 배대동맥이 형성되는 곳에서 혈관내상피성장인자(VEGF, vascular endothelial growth facter, 아래 참조) 유전자를 상향 발현하게 하고, 향후 Notch 신호경로 구성요소의 발현을 증가시키는 척삭 유래의 Sonic hedgehog에 의존적인 것으로 보인다. 제브라피쉬에서 Notch 신호를 억제하는 *mindbomb* 유전자 돌연변이체는 정맥이 동맥으로 바뀌어 있다.

수많은 성장인자들이 혈관형성과 혈관신생을 수행하는 활성을 가지는데, 이 중 VEGF, FGF, angiopoietins가 대표적이다. VEGF는 ERK, p38, PI3K, PLC$\gamma$를 포함하는 여러 신호전달과 관련되어 있는 티로신 키나아제인 Flk1을 포함하는 일련의 수용체 발현을 자극한다(부록 참조). 혈관계의 특징인 광범위한

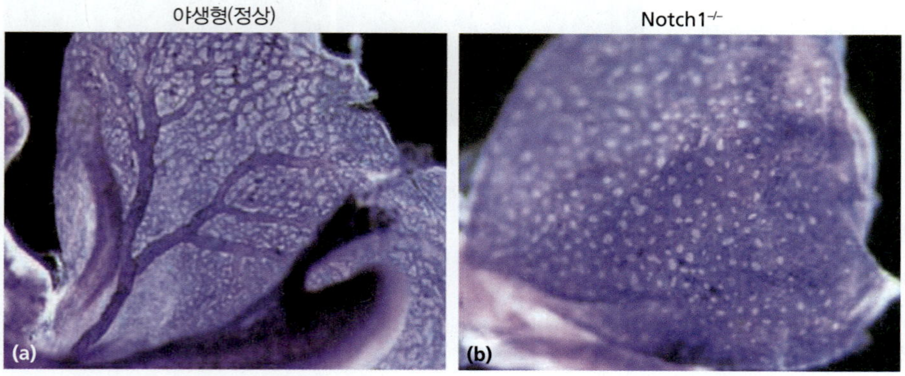


그림 15.32 생쥐 배아 난황막내 관계. (a)에서는 정상적 재구축이 진행됨; (b)에서는 Notch 시스템 기능상실로 원시적 모세혈관망 상태로 남아 있다. (인용) Gridley, *Development* 2007; 134: 2709–2118의 그림을 재구성함.

분지는 VEGF에 의해 증진된다. 많은 위족을 갖고 있는 극화된 정단세포(tip cell)가 유도되며, 이들 각 세포는 새로운 분지를 형성한다. 분지의 형성은 Notch의 측면억제 시스템에 의존적이다(그림 15.32와 4장 참조). VEGF에 노출된 혈관 내상피세포는 주변에 Delta4 농도가 가장 높은 세포가 있을 때 정단세포가 되고, Notch를 이용하여 주변 세포를 자극하여 추가적인 정단세포를 형성하도록 한다..

해부학자들은 수세기 동안 주요한 신경로(nerve tract)가 주요 혈관과 관련되어 있고, 이들이 공동의 신호계에 의해 서로 연결되어 있다는 것을 알게 되었다. 이것은 VEGF가 Flk1에 결합할 뿐만 아니라 세마포린(semaphorin)수용체인 뉴로필린(neuropilin)과도 결합하기 때문이다. Neuropilin1은 동맥에서 발현되며, neuropilin2는 정맥에서 발현된다. 이 2개의 뉴로필린을 적중한 생쥐에서는 축삭의 길이 성장 결함(axonal growth defects)이 있고 혈관이 없다. 신경과 혈관 모두의 성장에서 VEGF는 양성(positive) 신호로 작용하며, 세마포린 3A (semaphorin 3A)는 음성(negative) 신호로 작용하는데, 이 둘은 함께 운용된다. 게다가, 신경은 종종 VEGF를 분비하여 직접적으로 혈관 성장을 초래할 수 있을 것으로 예측된다.

## 심장

심장은 사람 발생학에서 매우 중요한 데, 그 이유는 태어나는 사람 중 1%가 심장 발생의 선천적 결함(congenital defect)을 가지고 있기 때문이고, 따라서 심장 발생은 매우 활발한 연구 영역 중의 하나가 되어 왔다. 척추동물의 모든 다른 강(class)에 속한 동물의 심장은 유사한 과정을 거쳐 형성되기 시작하지만, 최종 산물은 그 형태와 구조가 다양하다. 물고기는 정맥동(sinus venosus), 심방(atrium), 심실(ventricle), 유출로(outflow tract)로 나눠지는 하나의 근육관(muscular tube)으로 구성된 심장을 가지고 있는데, 이것은 아가미로부터 몸의 기관으로 전해져 심장으로 돌아오는 단일 순환이다. 동일한 이러한 기본 구역은 정맥동이 포유동물에서는 동방결절(sinoatrial node)로 축소됨에도 불구하고 더 상위의 척추동물(vertebrate)의 심장에 존재한다. 양서류는 폐와 그 이외 신체로의 순환(systemic circulation, 체순환)이 나뉘어져 있는데 심방은 분리되어 있으나 심실은 1개로, 심실은 어떻게든 2개의 혈액 흐름으로 나뉠 수 있도록 유지한다. 조류와 포유동물은 오른쪽 심방이 기관으로부터 혈액을 받아들이고 오른쪽 심실이 폐로 이 혈액을 보내고 왼쪽 심방은 폐로부터 혈액을 다시 받고 왼쪽 심실은 기관으로 혈액을 보내는 완벽하게 구분된 2개의 순환구조를 가지고 있다.

이중 순환(Double circulation)은 폐가 기능을 가질 때까지는 작동할 수 없기 때문에, 발생 시스템은 출생 또는 부화(hatching) 시기에 빠른 전환이 가능하도록 진화하였다. 사람의 경우, 태아의 호흡 교환(respiratory exchange)의 주관 기관은 태반(placenta)인데, 태반내 혈액은 제대정맥을 통하여 오른쪽 심방으로 들어간다. 심방격벽 내 틈인 **난원공(foramen ovale)**을 지난 후 왼쪽 심실을 통과하여 체순환 과정을 진행한다. 오른쪽 심실의 삼출 혈액은 **동맥관(ductus arteriosus)**이라 불리는 대동맥과 폐동맥 사이의 연결 부분을 통하여 체순환으로 방향을 바꾼다. 출생시 난원공과 동맥관 모두 닫혀져 오른쪽 심방에서 왼쪽 심방으로 혈액이 흘러감을 방지하고 오른쪽 심실의 삼출물이 폐로 가도록 한다.

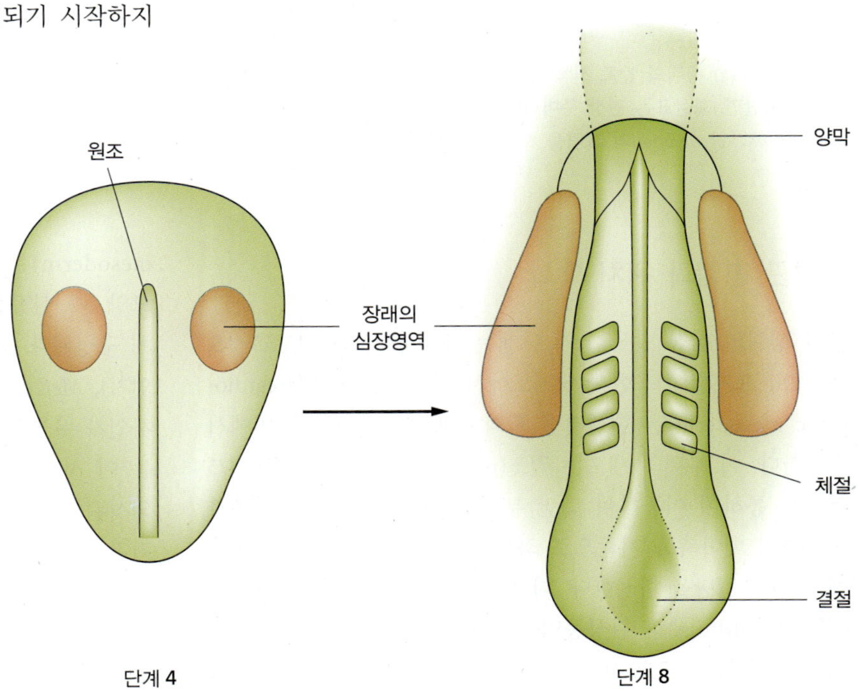


그림 15.33 DiI로 작성된 닭 배아의 운명지도상의 심장형성 부위

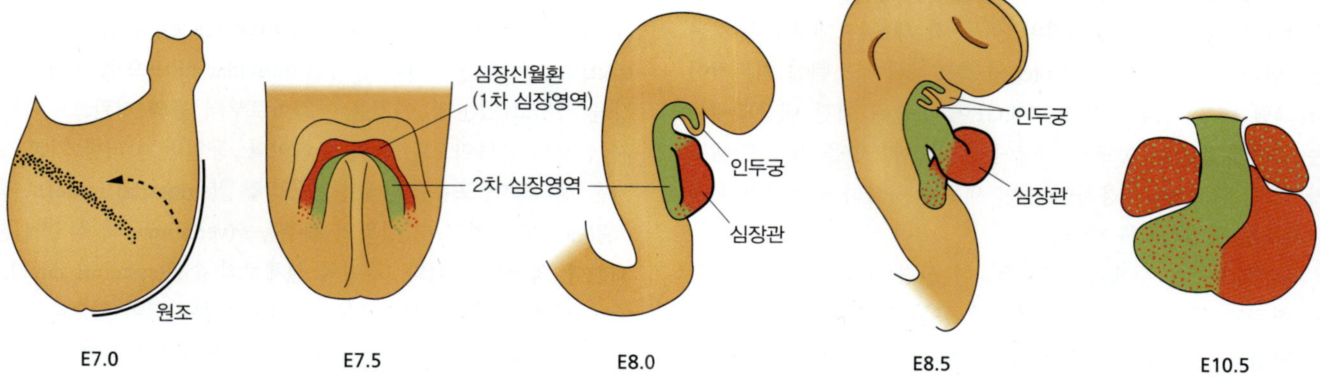


그림 15·34 생쥐 배아에서 측면 부위에 있는 세포가 원조(ps)을 통해 이동하여 심장신월환을 형성한다. 양쪽에 형성되는데 중심선쪽으로 이동한 후 하나로 융합하여 심장관을 형성한다. 이후에도 세포들이 이곳으로 이동하여 2차 심장영역을 형성한다. (인용) Academic Press의 허락을 얻어 Rosenthal and Harvey (eds) (2010), *Heart Development and Regeneration*의 그림을 재구성함.

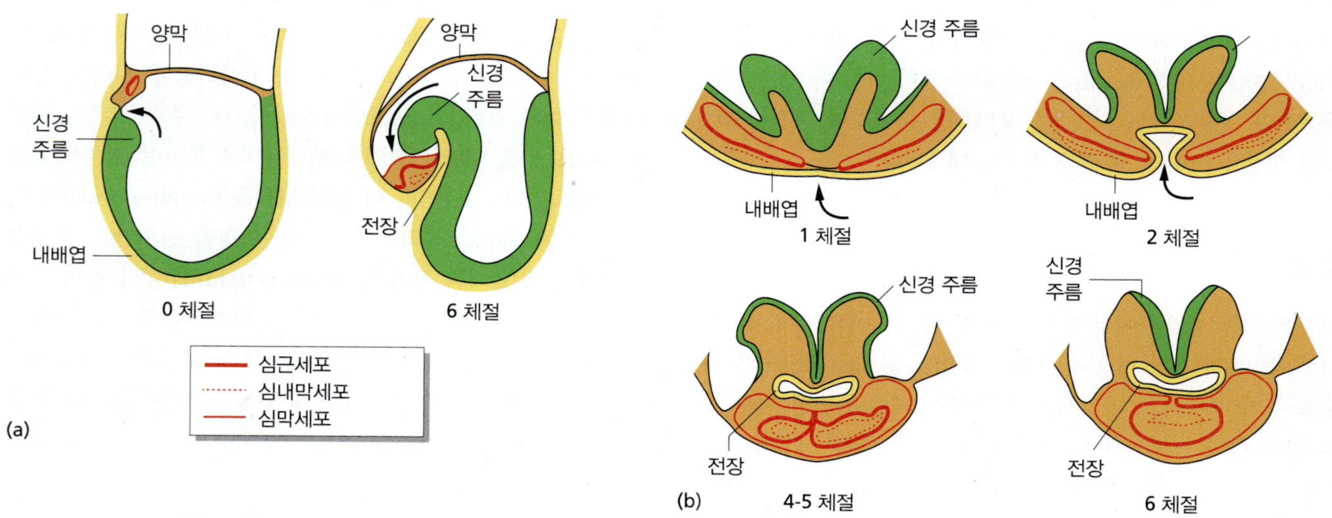


그림 15·35 (a) 생쥐의 앞쪽 신체 접힘 형성은 심장 원기를 배아의 앞쪽으로 이동시킨다. (b) 측중배엽 원기가 융합하는 것을 보여주는 초기 심장을 가로지르는 횡단면. 화살표는 전장 주머니(foregut pocket)를 나타낸다. (인용) Academic Press의 허락을 얻어 Posenthal and Harvey (eds) (2010), *Heart Development and Regeneration*의 그림을 재구성함.

## 심장관 형성과 위치 특화

닭과 생쥐의 심장 발생 초기 단계는 유사하다(그림 15.33–15.35). DiI 표지를 이용한 운명지도에서 심장형성 중배엽(cardiogenic mesoderm)은 헨센결절 쪽의 상배엽(epiblast) 측면에서 유래한다. 이 부위의 세포는 원조(primitive streak)의 앞쪽 1/3 부분을 통하여 이동하여 측면 부위를 형성하고, 이후 일부가 이동하여 배아축을 기준으로 좌우 양쪽으로 확장된 형태의 2개의 세포 집단을 형성한다. 더 뒤쪽 부분(posterior part)은 심외막(epicardium)과 관상동맥(coronary arteries)을 형성한다. 머리 주름(Head fold)이 형성될 때, 예정 심장중배엽(cardiac mesoderm)은 심장중배엽의 앞쪽 배부분 가장자리에 초생달 모양, 즉 심장신월환(cardiac crescent)으로 알려진 구조로 해체 구성된다. *Nkx2.5* (호메오도메인), *Gata4-6* (징크-핑거 전사인자), *Mef2c* (MADS box), *Tbx5* (T box)를 포함하는 여러 전사인자 유전자가 이 부위에서 발현된다. 심장신월환이 형성되는 이 시기에 미세수술로 해당 조직의 위치를 바꾸거나 또는 외식된 조직의 제거는 후에 심장의 결함 원인이 되므로, 이 시기가 심장으로의 분화를 결정하는 시기에 해당함을 알 수 있다. 비록 *Nkx2.5*의 상동 유전자인 *tinman*이 초파리에서 이 기능을 하고 척추동물에서도 매우 중요하지만, 심장 형성에서 진정한 주된 조절자 역할을 하는 유전자는 없다. 닭의 배아에서

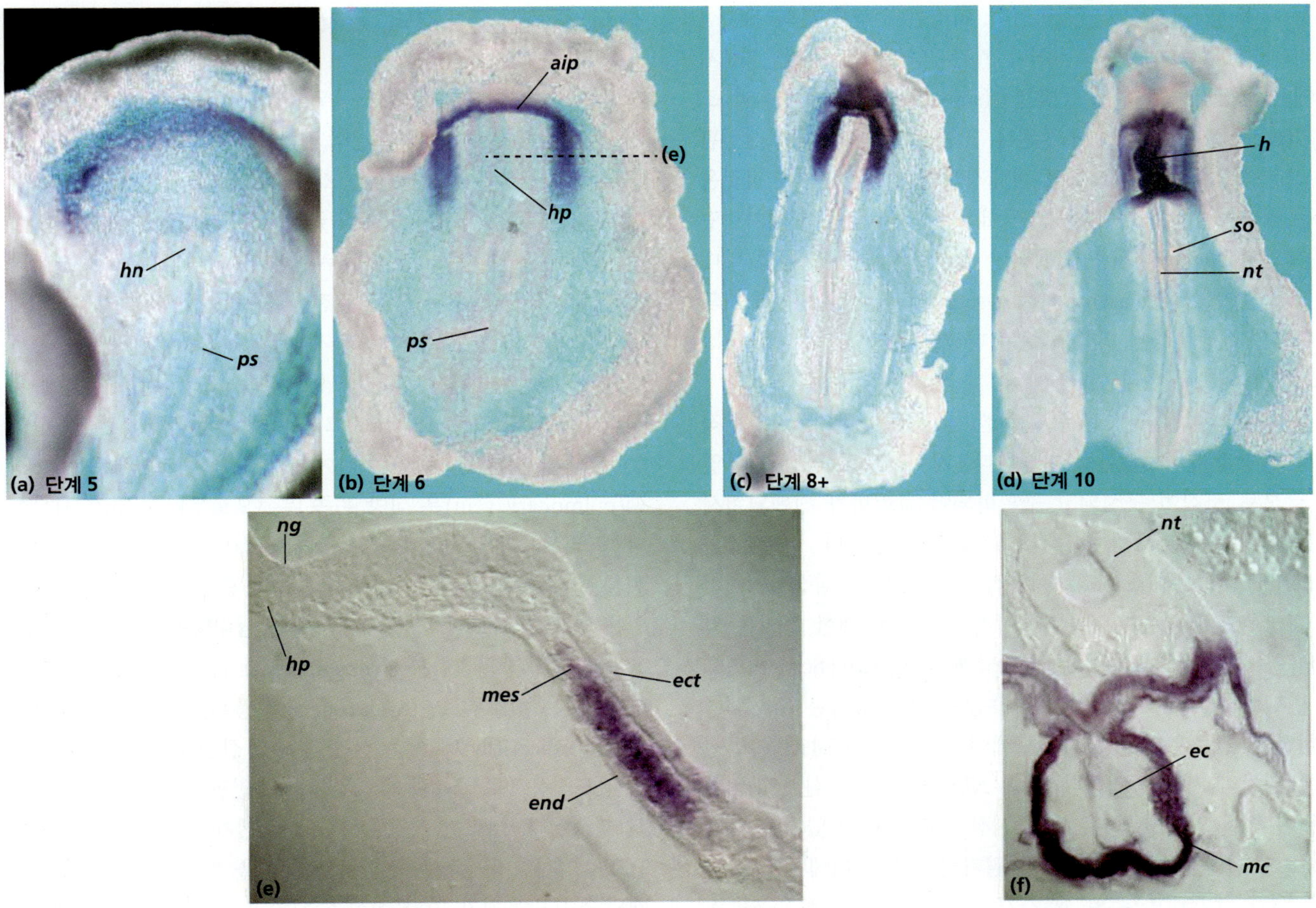


**그림 15.36** 제자리 혼성화법(*in situ* hybridization)을 이용하여 닭 배아에서 Nkx2.5의 발현을 보임: (a–d) 온표본(wholemount) 관찰; (e) 6단계 시기 배아의 (b) 횡단면; (f) 10단계 배아의 횡단면. hn, Hensen's node (헨센 결절); ps, primitive streak (원조); aip, anterior intestinal portal (앞쪽 소화관 개구부); hp, head process (머리 돌기); h, heart (심장); so, somites (체절); nt, neural tube (신경관); ng, neural groove (신경구); ec, endocardium (심장내막); mc, myocardium (심근). (인용) Biologists Ltd의 허락을 얻어 Schultheiss *et al. Development* 1995; **121**: 4203–4214의 그림을 재구성함.

*Nkx2.5*의 발현 패턴을 그림 15.36에서 보여주고 있다. 생쥐 배아에서 Cre-lox 표지 실험을 통해, 심장관의 모든 층은 *Nkx2.5* 표지 세포로부터 형성됨을 알 수 있다. 제노푸스에서 *Nkx2.5* 과발현은 심장을 거대하게 하고, 우성음성(dominant negative) 버전에서는 심장 발달이 완벽하게 억제된다. *Nkx2.5*를 적중한 생쥐는 심장을 가지고 있지만, 그 발달은 고리형단계(looping stage)에서 혈액 유입관과 유출관의 결합을 보이며 정지된다.

심장중배엽은 인접한 내배엽 유래의 신호로 유도된다. 앞쪽 내배옆의 제거는 심장 발달의 실패를 초래하며, 이 내배엽이 운명지도상에 정상적으로 심장이 형성될 부위가 아닌 다른 부위의 중배엽과 결합되면 이 중배엽으로부터 심장 분화를 유도할 수 있다. 중배엽에서 유래된 중요 신호 물질은 BMP이다. BMP는 앞쪽 내배엽에서 발현되며, 이들은 적어도 몇몇 다른 이소성 위치에서 심장 형성을 유도한다. BMP 억제자인 Noggin의 처리는 심장 발달을 억제한다. 또 다른 물질은 앞쪽 내배엽에서 발현되는 FGF8이다. FGF8은 BMP 신호가 존재한 상태에서 중배엽이 심장을 형성하도록 유도할 수 있다.

머리가 배반엽 포면으로 융기하고 전장이 형성되기 시작할 때, 심장 원기는 정중선의 하단 깊은 곳으로 이동한다(그림 15.35). 이러한 이주는 앞쪽 내배엽에서 분비된 피브로넥틴(fibronectin)에 의존적이다. 이주 실패는 좌우 양쪽에 분리된 심장이 형성되는 **심장갈림(cardia bifida)** 상태를 초래한다. 정상적으로 2개의 심장원기는 융합하여 4개의 층을 갖는 하나의 관을 형성한다. **심장내막(endocardium)**과 심장 교양질(cardiac jelly), 실질적인 심근을 형성하는 **심근(myocardium)**, 얇은 바깥쪽 결합조직싸개(outer connective tissue sheath)가 되는 심막(pericardium)이 있다. 심장형성 세포(Cardiogenic cell)는 이주하는 동안동안 심장내막과 심근으로 나눠기 시작한다.

2개의 원기(rudiment)가 결합한 직후, 심장관은 천천히 박동(pulsation)을 시작한다. 이것은 닭에서는 단계 11부터, 생쥐에서는 배아시기 8.5일부터 시작된다. 이러한 수축은 분화하는 심근의 내재적 특성으로, 조직이나 기관배양에서도 나타난다. 체내에서 심장박동은 후에 동방결절(sinoatrical node)의 심박 조율기(pacemaker)에 의해 조절된다. 또한 결합과 동시에, 심장관은 오른쪽으로 굽어짐으로써 비대칭적인 형태가 된다, 이것은 모든 척추동물에서 나타나며, 9장에 묘사되어 있듯이 일차적인 공통 인자 *Nodal*이 왼쪽 면에서만 발현하는 왼쪽-오른쪽 비대칭 시스템(left-right asymmetry system)에 의존적이다. 초기의 비대칭은 심장형성에 영향을 주는 다양한 전사인사가 비대칭적으로 발현되도록 한다.

초기에 형성된 심장관은 완전한 심장은 아니지만, 일차적으로 심방과 왼쪽 심실을 형성한다. 지속적으로 심장관의 앞쪽 끝으로 조직이 구성되고 구획화되어 고리화가 진행되어서 우측 심장과 외부로의 유출관 대부분을 형성한다. 이는 앞쪽(anterior), 두 번째(second), 이차적인(secondary) 심장영역이라고 다양하게 칭하는 이유이다. 이러한 위치에 대한 정의는 약간씩 차이를 보이지만, 이 부위는 낭배형성(gastrulation) 이전에 첫 번째 심장 영역 내부를 나타내며, 이 부위 앞쪽은 *Nkx2.5*를 발현한다. 그들은 LIM-호메오도메인 전사인자인 Islet1을 발현하는 위치와 거의 동일하다. 비록 *Nkx2.5*가 일차 심장 부위와 관련이 되어 있고, *Islet1*은 이차 심장 부위 관련이 있지만, Cre-lox 표지 실험을 통해 모든 심장 원기의 특정 부위에서 *Islet1*과 *Nkx2.5*가 발현되고, 주된 세 가지 유형의 세포 즉 심장근세포, 평활근세포, 내상피세포가 이들 유전자를 발현하는 전구세포에서 유래됨을 알 수 있다..

비록 심장의 대부분이 앞쪽 중배엽에서 유래되었지만, **신경능선(Neural crest)** 세포도 역시 큰 기여를 한다. 이들 세포는 주로 발생하고 있는 유출관으로 들어가며, 그 이동은 이들을 둘러싸고 있는 인두 외배엽(pharyngeal endoderm)과 2차 심장 영역에 의해 조절되고 부분적으로는 T box 전사인자인 Tbx1에 의존적이다. 신경능선으로부터 유래된 세포는 폐 순환과 대동맥 순환을 구분짓는 중격 형성에 참여하며, 심실 사이 중격(interventricular septum)의 일부가 된다(아래 참고).

많은 전사인자 유전자가 심장 발생에 매우 중요한 것으로 밝혀졌다. *Nkx2.5*와 *Islet1*은 이미 언급하였다. 다른 중요한 전사인자로는 다음과 같은 것이 있다. *Mef2c* 유전자를 적중하면 심한 심장 결함으로 초기 치사한다; *COUP*와 *TFII*는 심방의 형성에 주요하다; *dHAND*는 우심방 형성에 중요하다; *eHAND* 유전자는 태반 형성에 필요하기 때문에 이 유전자를 적중하면 초기 치사를 일으키는데, 좌심실 형성 동안에 발현한다; *Tbx5*는 후방부에서 전방부로 농도구배가 형성되어 있고, 이 유전자의 적중은 심방의 퇴화 원인이 된다.

## 심장 중격(심장 격벽, cardiac septa)의 발생

사람 배아에서 심도 있게 연구된 심장 발생 양상은 단순한 초기 심장관을 왼쪽 면과 오른쪽 면에서 순환을 가능하게 하는 중격으로 구성된 4개의 방을 가진 심장으로 되는 진행과정이다(그림 15.37). 이것은 휘어짐(굽힘, looping), 비대칭 성장, 혈관 삽입 부위의 이동, 강을 나누는 내부 격벽의 형성을 포함하고 있다. 최근 진행된 생쥐 유전학 정보 연구와 닭의 기관 배양 실험은 이러한 사실에 여러 새로운 사실을 추가하였다.

첫째, 심장관의 휘어짐은 심방을 앞쪽으로 심실을 뒤쪽에 위치하도록 한다(그림 15.37a). 그런 다음 주정맥(vein)들의 삽입은 심방을 오른쪽으로 이동하여 위치하게 하고, 새로운 폐정맥(pulmonary vein)은 심방 왼쪽 부분으로부터 자라기 시작한다. 그리고 2개의 심방 중격(atrial speta)이 심방과 연결된 부위를 향해 아래로 자란다. 이들은 출생 전까지 혈액이 흐를 수 있는 통로를 확보한다. 동시에 4개의 **심내막융기(endocardial cushion)**가 방실접합부(atrioventricular junction)에서 나타난다. 이것은 히알루로난(hyaluronan)이 풍부한 심장젤리(심장교양질, cardiac jelly)에 박혀 있는 세포가 심근에서 유래한 TGFβ의 유도작용으로 표피에서 중간엽으로 전환됨에 의해 심내막에서 형성된다. 이러한 사실은 TGFβ의 첨가는 전환을 유도하고 TGFβ 억제자의 첨가는 전환을 억제함을 통하여 알 수 있다. 2개의 심내막융기가 만나 심실을 왼쪽과 오른쪽으로 나누는 중격형성을 위한 **중격중개물(septum intermedium)**을 형성한다. 다른 융기들은 후에 방실판막(atrioventricular valve) 형성에 기여한다: 왼쪽에 이첨판(iscupid 또는 mitral), 오른쪽에 삼첨판(triscupid)이다.

초기에, 원시 심방(primitive atrium)은 예정 좌심실(ventricle)에만 연결되어 있으며, 예정 우심실은 전체 유출관(outflow tract)에 연결되어 있다. 중격중개물이 형성되는 동안 리모델링이 진행되어 심실 측면에 상응하는 좌심방과 우심방이 위치한다(그림 15.37b). 동시에 유출관은 예정 심실과 대칭적으로 연관되어진다. 그 뒤 **근육 심실 중격(muscular ventricular septum)**은 심실벽(ventricular wall)에서 자라 오른쪽과 왼쪽 심실로 나눈다. 이것은 전사인자 Tbx에 의해 조절되는데, 이에 상응하는 발생단계의 닭에서 수행된 실험들을 통해 증명되었다. 정상적으로 *Tbx5*는 좌심실에서 발현되며, *Tbx20*은 우심실에서 발현된다. 만약에 전기천공법으로 *Tbx5*를 오른쪽 부분에 주입하면, *Tbx20*의 발현을 억제하고 결합 부위에서 심실중격의 형성이 시작된다. 이러한 현상과 함께, 세로 방향의 **트룬코코널 팽윤(truncoconal swelling)**이 유출관에서 형성되고 결국 대동맥에서 폐동맥이 분지되도록 서로의 방향으로 자란다(그림 15.37c).

안쪽으로 자란 모든 것, 즉 동맥중격, 심실중격, 유출관 중격

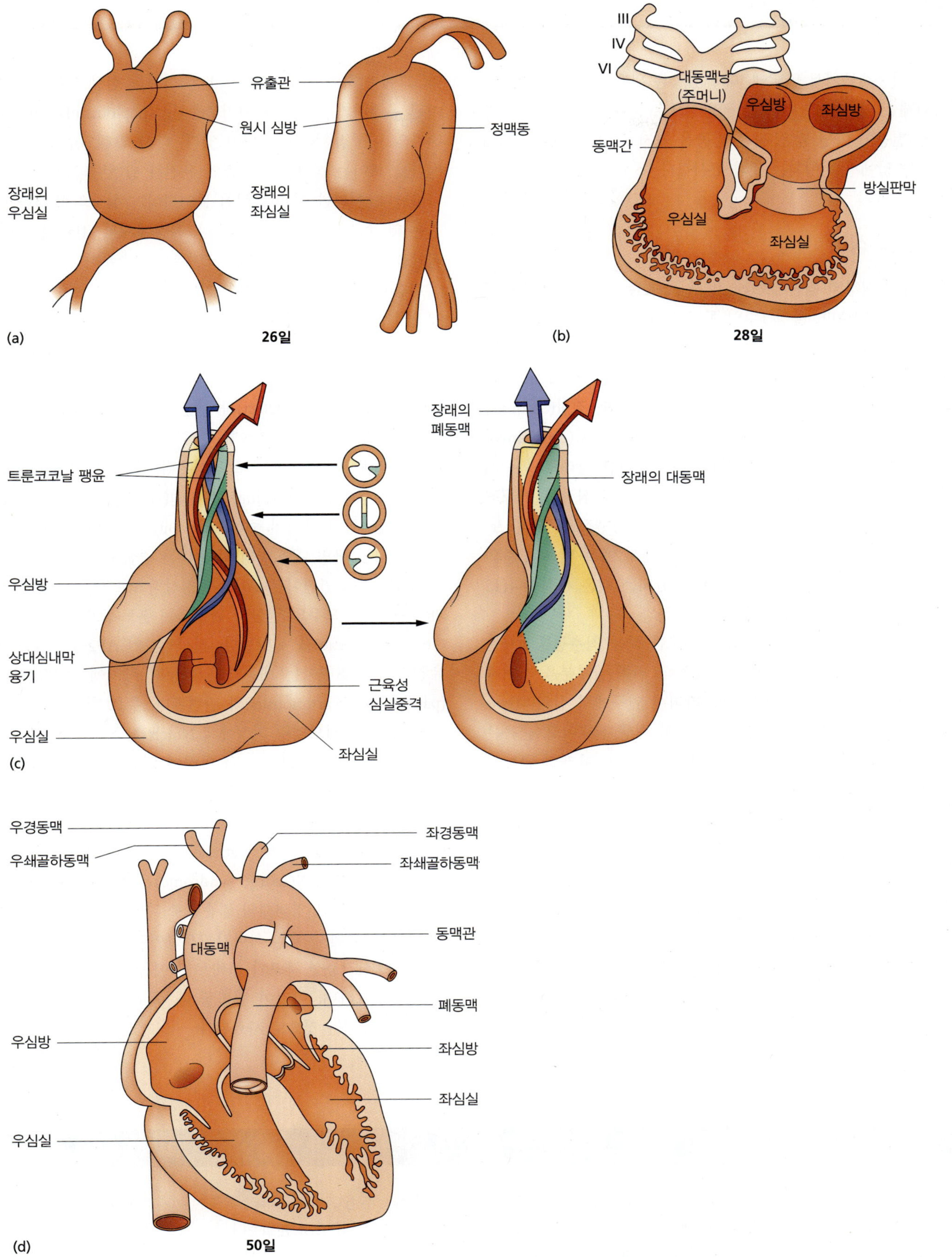


**그림 15.37** 사람 심장의 후기 발생. (a) 26일째된 고리형성(looping) 후 심장의 외형. (b) 28일 때 4개의 실 배열. (c) 유출로 내 횡격막의 형성. (d) 50일째 사람의 심장. 4개의 실과 주 혈관이 모두 형성되어 있다. (인용) Elsevier에서 허락을 얻어 Larsen 1993, Human embryology, Churchill Liingstone의 그림을 재구성함[a와 c]. Srivastava, *Cell* 2006; 126: 1037-1048에의 그림을 재구성함[b와 d]..

이 중격중재물에서 만남에 따라 심장은 완벽하게 두 부분으로 나뉘게 된다. 이러한 과정은 일반적으로 포유동물과 비교할 때 단일 천공이 아닌 많은 작은 천공을 가지고 있다는 것을 제외하고는 닭에서 진행되는 것과 유사하다.

## 출생 후 심장

생쥐에서 심장의 심근세포(cardiomyocyte)는 출생 시기에 분열을 대부분 멈춘다. 출생 1주일 동안에 대부분의 심근세포는 한 번 더 DNA 복제를 진행하고 세포질 분열은 없이 핵 분열만 진행되어 2개의 핵을 가진 심근세포(cardiomyocyte binucleate)가 형성된다. 출생 후 바로 외상 또는 관상동맥 결찰(coronary artery ligation)로 생쥐 심장을 훼손하면 심근세포(cardiomyocyte)의 분열에 의한 재생과정을 통해 완전한 상태로 회복될 수 있다. 하지만 1주 또는 그 이상이 지난 후 심장에 가해진 훼손은 심장근육 재생을 통한 복원보다는 영구적인 흉터(permanent scarring)가 된다. 사람의 심장에서 매우 낮은 수준의 세포 재생이 있긴 하지만, 재생이 잘 안되는 것은 사실이다(18장 참조).

어류나 양서류와 같은 복잡성이 덜한 하등 척추동물에서는 성체 시기에 외과수술 방법으로 심장의 위쪽 끝부분을 제거하면 완벽한 재생이 가능하다. 제브라피쉬 연구에서 심외막(epicardium)에서부터 방출되는 레티노산이 재생 신호이고, 근육은 심외막 근처에 걸대에 있는 심근세포 집단에서 유래한 근세포들로 재생된다.

## 선천적인 심장기형

심장 발생에 대한 이해의 폭이 넓어짐에 따라서 일부 선천성 심장기형이 하나 또는 그 이상의 심장 형성 전사인자들의 유전자 돌연변이에 의한 것임을 설명할 수 있게 되었다. 이러한 유전자들이 적중된 생쥐의 대부분이 배아 시기에 사망하지만, 이형 접합체는 대개 정상적으로 살아간다는 것이 잘 알려져 있다. 그에 반하여 사람의 경우 많은 선천적 심장 이상은 돌연변이된 유전자가 우성이고 반가불충분성(haploinsufficient)인 유전자의 이합접합과 관련되어 있다. 다시 말해, 살수는 있지만 결함을 보이는 심장은 정상적인 유전자 발현량의 반감에 의해 나타난다. 이러한 이유로 생쥐 돌연변이가 심장의 발생을 이해하는 데 중요한 역할을 해 왔으나, 사람에게서 나타나는 다양한 질환을 정확하게 보이는 질환 모델로는 불충분하다.

다음과 같은 몇몇 심장 기형의 예를 들어 볼 수 있다. 사람에게서 *NKX2.5* 유전자 돌연변이는 휘어짐(looping) 결함, 흥분 전도시스템(conduction system) 결함, 심방중격(atrial septa) 결함, 삼첨판(triscupid valve) 결함, 그리고 팔로의 4징후 결함(Ttetralogy of Fallot defect)과 같은 몇몇 다른 심장 결함과 관련되어 있다. 이름에서 추측할 수 있듯이, 팔로의 4징후 결함은 다음과 같은 4개의 결함으로 구성된다. 즉, 폐동맥(pulmonary artery)의 좁아짐(narrowing), 우심실(ventricle) 쪽으로 대동맥이 위치함, 심실 사이의 중격(interventricular septum) 내에 형성된 하나의 구멍, 우심실의 확대(다른 결함보다 2차적인 것)이다. *TBX5*의 돌연변이는 *TBX5*가 정상적으로 필요한 곳인 심장과 위쪽 사지 모두의 결함이 관찰되는 홀트-오람 증후군(Holt-Oram syndrome)을 유발한다. 전사인자인 AP2를 암호화하는 유전자의 돌연변이는 대동맥과 폐동맥 사이에 동맥관열림증(patent ductus arteriousus)과 관련된다. 주요 혈관을 형성하기 위한 중격 및 리모델링 과정에서 Notch 시스템의 관여는 알라질증후군(Alagille syndrome)을 통하여 명백하게 알 수 있다. 이 증후군은 Notch 리간드 JAGGED1 유전자의 한 사본 결핍과 관련되어 있으며, 팔로 4징후, 폐동맥 협착증(pulmonary artery stenosis), 담도폐쇄증(biliary atresia)과 연관되어 있다.

디죠지 증후군(DiGeorge syndrome)은 45개의 유전자를 동반하고 있는 22번 염색체의 결손으로 나타나는 복합적인 상황이다. 이들 유전자 중의 하나가 *TBX1*이다. *TBX1*은 심장의 유출관으로 신경능선 세포가 올바르게 이동하도록 하는 데 간접적으로 필요하며, 이것이 결핍될 때 증후군의 심장과 관련된 증상이 초래되는 것으로 사료된다.

## 기억해야 할 핵심 사항들

- 척추동물의 체절은 앞쪽에서 뒤쪽으로 순서적으로 발생하는데, 이는 뒤쪽에서 앞쪽으로의 FGF 농도경사에 의해 일어난다. 각 체절의 세포 수는 Hes/Her 패밀리에 속하는 bHLH 전사인자의 전사에 대한 피드백 억제에 기반을 둔 진동자에 의해 조절된다.
- 체절은 주변 조직으로부터 유도신호에 대응하여 근육, 척추, 진피 형성 영역으로 분할된다.
- 근육 분화는 MyoD 그룹의 bHLH 전사인자에 의해 일어난다. 개별 근원세포는 다핵성 근섬유들을 형성하기 위해 융합한다. 근섬유는 세포분열이 끝난 상태이지만, 그와 연관된 위성세포는 분

열할 수 있어서 근육성장에 기여할 수 있다.

- 고등 척추동물의 기능성 신장은 후신이다. 이것은 신관으로부터의 요관싹과 후신형성 간충직(metanephrogenic mesenchyme) 간의 상호작용에 의해 형성된다. 중배엽성인 간충직은 GDNF 신호에 의해 요관싹의 가지치기를 일으키고, 요관싹은 Wnt9b를 포함하는 신호들에 의해 간충직으로부터 세관을 유도한다.
- 포유동물에서 생식세포는 배외외배엽으로부터의 BMP에 의해 난원통의 상배엽에서 유도된다. 곧 이들은 요막 기저부를 지나고, 후장을 돌아 장간막을 타고 생식융기까지 이동한다.
- 생식소는 생식융기로부터 발생한다. 수컷에서 SRY 단백질은 Sox9을 상향조절하고, Sox9은 수컷 발생에 필요한 유전자의 짝들을 조절하는데, 여기에는 뮐러관(Müllerian duct)을 억제하고 레이디히 세포에서 테스토스테론 생산을 활성화하는 데 필요한 것들이 포함된다. 암컷에서는 *Sry* 유전자가 없으므로, 수컷 발생경로가 없다. 대신, 뮐러관이 지속되어 암컷의 생식기관(도관)이 된다.
- 사지싹은 측면의 체측중배엽에서 기원한다. 이들이 사지로 확립되려면 Wnt 신호, FGF 신호 및 T 박스 전사인자(Tbx5 또는 4)의 발현이 필요하다.
- 사지싹은 3차원적으로 비대칭인데, 이 패턴 형성을 조절하기 위해서는 세 가지 신호가 필요하다. 하나는 정단외배엽능선(apical ectodermal ridge, AER)으로부터의 FGFs와 연관되어 있다. 두 번째는 극성화활성대(zone of polarizing activity, ZPA)로부터의 Sonic hedgehog (Shh)이다. 세 번째는 등쪽 표피로 부터의 Wnt7a인데, Shh와 Wnt7a 모두 정단능선의 FGF 발현을 유지하는 데 도움이 되어 상호 피드백 시스템을 확립한다.
- 배아 적혈구의 형성을 선도하는 원시 조혈작용은 포유동물의 난황낭 또는 하등 척추동물의 배쪽 중배엽에서 일어난다. "완성된" 조혈작용은 성체의 혈액과 면역체계를 형성하며, 대동맥과 다른 중심 동맥들의 내피세포에서 시작된다. 그후 조혈전구세포는 태아의 간으로 이동하고 결국 골수로 이동한다.
- 초기 혈관의 형성(vasculogenesis, 혈관 형성)은 측판 중배엽에서 일어나며, 후기 형성은 기존의 혈관이 성장(angiogenesis, 혈관 신생)에 의한다. 혈관내피성장인자(vascular endothelial growth factor, VEGF)는 혈관 신생을 위한 주요 신호이다. 동맥과 정맥은 다양한 수용체 및 부착 분자의 발현에서 차이가 있으며, 이 상보성은 모세혈관계의 발생에 필수적이다.
- 심장은 2개의 대칭적인 중배엽 원기로 출현하는데, 중앙에서 융합하여 단순한 관을 형성한다. 유출관에는 신경능선세포가 포함된다. 4개의 구역으로 된 고등 척추동물의 심장은 다양한 격막의 형성, 심장관 비율의 재조정 및 주요 혈관의 삽입 부위 비율의 재조정을 통해 단순한 관으로부터 발생한다.

## 추가로 읽을 것


### Somitogenesis

Burke, A.C., Nelson, C.E., Morgan, B.A. & Tabin, C.J. (1995) Hox genes and the evolution of vertebrate axial morphology. *Development* **121**, 333–346.

Christ, B., Huang, R. & Wilting, J. (2000) The development of the avian vertebral column. *Anatomy and Embryology* **202**, 179–194.

Ordahl, C.P., ed. (2000) *Somitogenesis.* Current Topics in Developmental Biology, Vol. 48, Parts 1 and 2. San Diego: Academic Press.

Brent, A.E. & Tabin, C.J. (2002) Developmental regulation of somite derivatives: muscle, cartilage and tendon. *Current Opinion in Genetics and Development* **12**, 548–557.

Giudicelli, F. & Lewis, J. (2004) The vertebrate segmentation clock. *Current Opinion in Genetics and Development* **14,** 407–414.

Dequéant, M.-L. & Pourquié, O. (2008) Segmental patterning of the vertebrate embryonic axis. *Nature Reviews Genetics* **9,** 370–382.

Pourquié, O. (2011) Vertebrate segmentation: from cyclic gene networks to scoliosis. *Cell* **145**, 650–663.

### Myogenesis

Rudnicki, M.A. & Jaenisch, R. (1995) The MyoD family of transcription factors and skeletal myogenesis. *Bioessays* **17**, 203–209.

Pownall, M.E., Gustafsson, M.K. & Emerson, C.P. (2003) Myogenic regulatory factors and the specifi cation of muscle progenitors in vertebrate embryos. *Annual Reviews of Cell and Developmental Biology* **18**, 747–783.

Horsley, V. & Pavlath, G. K. (2004) Forming a multinucleated cell: Molecules that regulate myoblast fusion. *Cells Tissues Organs* **176**, 67–78.

Buckingham, M. & Relaix, F. (2007) The role of Pax genes in the development of tissues and organs: Pax3 and Pax7 regulate muscle progenitor cell functions. *Annual Review of Cell and Developmental Biology* **23**, 645–673.

Bryson- Richardson, R.J. & Currie, P.D. (2008) The genetics of vertebrate myogenesis. *Nature Reviews Genetics* **9**, 632–646.

Buckingham, M. & Vincent, S.D. (2009) Distinct and dynamic myogenic populations in the vertebrate embryo. *Current Opinion in Genetics and Development* **19**, 444–453.

### Kidney

The kidney development database: http://www.ana.ed.ac.uk/anatomy/database/kidbase

Sariola, H. & Sainio, K. (1997) The tip top branching ureter. *Current Biology* **9**, 877–884.

Kuure, S., Vuolteenaho, R. & Vainio, S. (2000) Kidney morphogenesis: cellular and molecular regulation. *Mechanisms of Development* **92**, 31–45.

Shah, M.M., Sampogna, R.V., Sakurai, H., Bush, K.T. & Nigam, S.K.

(2004) Branching morphogenesis and kidney disease. *Development* **131**, 1449–1462.

Dressler, G.R. (2006) The cellular basis of kidney development. *Annual Review of Cell and Developmental Biology* **22**, 509–529.

Costantini, F. & Kopan, R. (2010) Patterning a complex organ: branching morphogenesis and nephron segmentation in kidney development. *Developmental Cell* **18**, 698–712.

### Germ cells, gonads, and sex determination

Goodfellow, P.N. & Lovell-Badge, R. (1993) SRY and sex determination in mammals. *Annual Review of Genetics* **27**, 71–92.

Wylie, C. (1999) Germ cells. *Cell* **96**, 165–174.

Capel, B. (2000) The battle of the sexes. *Mechanisms of Development* **92**, 89–103.

Matova, N. & Cooley, L. (2001) Comparative aspects of animal oogenesis. *Developmental Biology* **231**, 291–320.

McLaren, A. (2003) Primordial germ cells in the mouse. *Developmental Biology* **262**, 1–15.

Raz, E. (2003) Primordial germ cell development: the zebrafish perspective. *Nature Reviews Genetics* **4**, 690–700.

Saga, Y. (2008) Mouse germ cell development during embryogenesis. *Current Opinion in Genetics and Development* **18**, 337–341.

Sasaki, H. & Matsui, Y. (2008) Epigenetic events in mammalian germcell development: reprogramming and beyond. *Nature Reviews Genetics* **9**, 129–140.

DeFalco, T. & Capel, B. (2009) Gonad morphogenesis in vertebrates: divergent means to a convergent end. *Annual Review of Cell and Developmental Biology* **25**, 457–482.

Sekido, R. & Lovell- Badge, R. (2009) Sex determination and SRY: down to a wink and a nudge? *Trends in Genetics* **25**, 19–29.

Kashimada, K. & Koopman, P. (2010) Sry: the master switch in mammalian sex determination. *Development* **137**, 3921–3930.

### Limb development

Johnson, R.L. & Tabin, C.J. (1997) Molecular models for vertebrate limb development. *Cell* **90**, 979–990.

Martin, G.R. (1998) The roles of FGFs in the early development of vertebrate limbs. *Genes and Development* **12**, 1571–1586.

Capdevila, J. & Izpisúa-Belmonte, J.C. (2001) Patterning mechanisms controlling vertebrate limb development. *Annual Reviews of Cell and Developmental Biology* **17**, 87–132.

Christ, B. & Brand- Saberi, B. (2002) Limb muscle development. *International Journal of Developmental Biology* **46**, 905–914.

Niswander, L. (2003) Pattern formation: old models go out on a limb. *Nature Reviews Genetics* **4**, 133–143.

Arques, C.G., Doohan, R., Sharpe, J., & Torres, M. (2007) Cell tracing reveals a dorsoventral lineage restriction plane in the mouse limb bud mesenchyme. *Development* **134**, 3713–3722.

Sato, K., Koizumi, Y., Takahashi, M., Kuroiwa, A. & Tamura, K. (2007) Specifi cation of cell fate along the proximal-distal axis in the developing chick limb bud. *Development* **134**, 1397–1406.

Tabin, C. & Wolpert, L. (2007) Rethinking the proximodistal axis of the vertebrate limb in the molecular era. *Genes and Development* **21**, 1433–1442.

Towers, M. & Tickle, C. (2009) Growing models of vertebrate limb development. *Development* **136**, 179–190.

### Blood and blood vessels

Risau, W. & Flamme, I. (1995) Vasculogenesis. *Annual Reviews of Cell and Developmental Biology* **11**, 73–91.

Walmsley, M., Ciau- Uitz, A. & Patient, R. (2002) Adult and embryonic blood and endothelium derive from distinct precursor populations which are differentially programmed by BMP in *Xenopus*. *Development* **129**, 5683–5695.

Adams, R.H. (2003) Molecular control of arterial-venous blood vessel identity. *Journal of Anatomy* **202**, 105–112.

Ruhrberg, C. (2003) Growing and shaping the vascular tree: a multiple role for VEGF. *Bioessays* **25**, 1052–1060.

Orkin, S.H. & Zon, L.I. (2008) Hematopoiesis: an evolving paradigm for stem cell biology. *Cell* **132**, 631–644.

Ciau-Uitz, A., Liu, F. & Patient, R. (2010) Genetic control of hematopoietic development in *Xenopus* and zebrafish. *International Journal of Developmental Biology* **54**, 1139–1149.

Palis, J., Malik, J., McGrath, K.E. & Kingsley, P.D. (2010) Primitive erythropoiesis in the mammalian embryo. *International Journal of Developmental Biology* **54**, 1011–1018.

Medvinsky, A., Rybtsov, S. & Taoudi, S. (2011) Embryonic origin of the adult hematopoietic system: advances and questions. *Development* **138**, 1017–1031.

Adamo, L. & García- Cardeña, G. (2012) The vascular origin of hematopoietic cells. *Developmental Biology* **362**, 1–10.

### The heart

Fishman, M.C. & Chien, K.R. (1997) Fashioning the vertebrate heart: earliest embryonic decisions. *Development* **124**, 2099–2117.

Harvey, R.P. (2002) Patterning the vertebrate heart. *Nature Reviews Genetics* **3**, 544–556.

Brand, T. (2003) Heart development: molecular insights into cardiac specification and early morphogenesis. *Developmental Biology* **258**, 1–19.

Garry, D.J. & Olson, E.N. (2006) A common progenitor at the heart of development. *Cell* **127**, 1101–1104.

Srivastava, D. (2006) Making or breaking the heart: from lineage determination to morphogenesis. *Cell* **126**, 1037–1048.

Abu-Issa, R. & Kirby, M.L. (2007) Heart field: from mesoderm to heart tube. *Annual Review of Cell and Developmental Biology* **23**, 45–68.

Dyer, L.A. & Kirby, M.L. (2009) The role of secondary heart field in cardiac development. *Developmental Biology* **336**, 137–144.

Musunuru, K., Domian, I.J. & Chien, K.R. (2010) Stem cell models of cardiac development and disease. *Annual Review of Cell and Developmental Biology* **26**, 667–687.

Rosenthal, N. & Harvey, R.P., eds (2010) *Heart Development and Regeneration*, 2 vols. London: Academic Press.

---

This chapter contains the following animation:

**동영상 20** 체절 진동자의 작동.

For additional resources for this book visit www.essentialdevelopmentalbiology.com

---

# 제16장

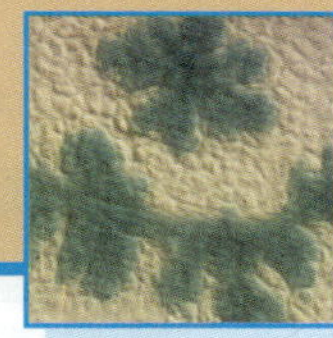

# 내배엽성 기관의 발생

내배엽은 낭배형성 동안에 3배엽 중에서 가장 안쪽에 형성된다. 내배엽은 기관형성 과정 중의 장(gut)과 이 장의 팽창으로 형성되는 간, 이자, 호흡계의 내부를 감싸는 상피를 형성한다. 평활근, 결합조직, 혈관으로 구성되어 있는 이들 기관의 바깥쪽은 **측판중배엽(lateral plate)**에서 **체강(coelom)**이 형성될 때 장쪽에 위치하는 장측 중배엽인 **내장중배엽(splanchnic mesoderm)**에서 유래한다. 체측 중배엽과 표피는 **체측판(somatopleure)**이라 하며, 장측 중배엽과 내배엽의 조합은 **장측판(splanchnopleure)**이라 한다.

## 정상 발생

### 양막류에서의 장관(gut tube) 형성

닭에서 내배엽은 낭배형성 동안 형성된 하부층인 **최종 내배엽층(definitive endoderm)**으로, 원조(primitive streak)에서 이동해 온 세포가 배반엽 주변의 **하배엽(hypoblast)** 세포를 대체한 것이다. 장관 내강은 배반엽 아래 공간에서 기원한다. 장관 그 자체는 배반엽에서 멀리 떨어진 부분에서 일종의 3개의 배엽층 팽출로 여겨지는 접힘을 통해 형성된다(그림 16.1). 머리 주름의 형성은 마치 축소된 손가락이 아래로부터 배반엽을 밀어 올린 다음 튀어나온 부분을 옆으로 길어지게 하기위해 누른 상황과 닮았다. 그래서 몸의 안쪽 부분은 배반엽을 들어올리게 되고, 이 부위의 내배엽은 관 형태의 **전장(foregut)**이 된다. 전장과 중장(midgut)의 연결점 또는 **앞쪽 창자개구부위(anterior intestinal portal)**는 관이 내배엽의 평평한 층 안으로 더 넓어지는 곳이다. 얼마 후에 유사한 과정이 뒤쪽 끝 부분에서 일어나서 **후장(hindgut)**이 형성되며, 중장과 후장 사이의 연결점이 **뒤쪽 창자개구부위(posterior intestinal portal)**가 된다. 입은 3일째 배쪽 전장과 이를 덮고 있는 표피의 융합으로 형성되고 후방 끝부분에는 **배설강(cloaca)**이 형성되나 부화할 때 까지 기능적으로 특정화되지는 않는다. 전체 과정은 "동영상 21: 양막동물 소화관 형태형성 초기 단계"에 묘사되어 있다.

성장과 운동은 내배엽의 열려진 잔여 부분이 빠르게 줄어드는 것처럼 배아 외부 끝 부분의 크기를 확장시킨다. 4일째에 열린 내배엽 부분은 난황덩어리에 연결하는 **난황장관(vitellointestinal duct)**으로 중장에 연결된다. 장이 닫힘으로써, 양쪽 측면에 있던 장측중배엽이 근접하게 되고 융합하여 배쪽과 등쪽의 장간막을 형성한다(그림 16.2a, b). 심장, 간, 배설강 부근의 배쪽 장간막을 제외한 다른 부위의 배쪽 장간막은 소실되는 반면에, 등쪽 장간막은 지속되고 성숙한 소화관을 잡아 준다. 이 과정은 표피에 의해 지속되고, 장 주변을 중배엽이 감싸 배쪽 체벽을 형성한다(그림 16.2c). 결과적으로 이것은 난황장관을 포함한 배아외막, 즉 난황 혈관 그리고 **요막(allantois)**에 연결된 제대관(umbilical tube)을 제외하고는 완전해진다. 요막은 후장에서 배쪽으로 자라나온 것이다(그림 16.1b). 둘쨋 날부터 이것은 배아 바깥쪽으로 자라 양막강 내로 자라고, 장막과 융합하여 **장뇨막(chorioallantoic membranes)**을 형성한다(그림 9.7 참고). 요막은 혈관이 매우 잘 발달한 막으로, 이것은 후기 배아시기에 알껍질을 벗겨 열었을 때 즉시 눈에 보이고 부화 이전에 중요한 호흡기관으로서 기능한다. 요막 자루와 요막 혈관은 제대관에 포함되기 시작한다. 닭의 부화 배양 약 4일째 장은 완전한 관 형태로 완전히 되고, 9장에서 소개된 좌-우 비대칭 체계에 의해 조절되는 비대칭적인 나선형 꼬임을 시작한다. 또한 다양한 기관 원기의 모양과 크기 측면에서 몇몇 지역적 패턴을 보여주기 시작한다(그림 16.3).

이러한 발생 과정은 더 고등한 척추동물에서도 상당히 비슷하다. 생쥐에서 최종적인 내배엽이 배아원통 바깥으로 배쪽의 가늘고 긴 조직 조각으로 자라고 내장 내배엽과 경계를 짓는다. 이것은 10단원에서 소개된 "**회전(turning)**" 과정의 도움을 받아서 닭에서와 유사한 방법으로 전장과 후장 주머니로 포함되게 된다. 장의 전체적인 구조 역시 유사하다. 중배엽 만으로 구성

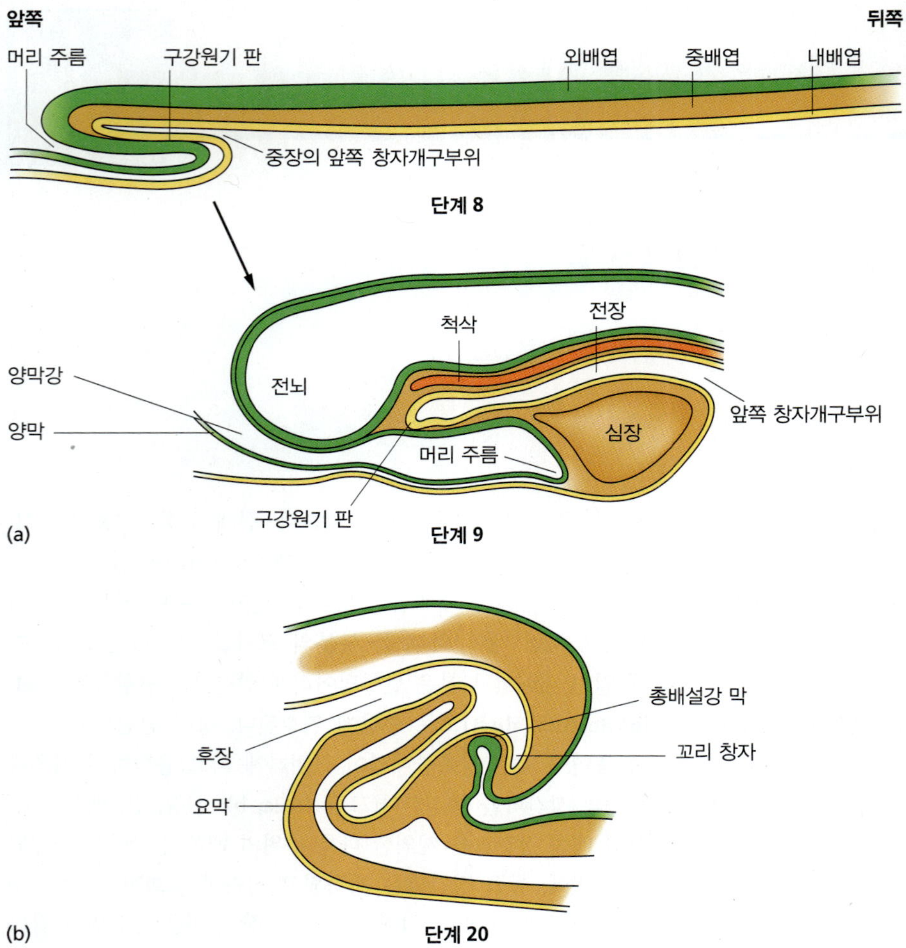


**그림 16.1** 닭 배아에서 전장과 후장의 형성. (a) 머리 주름(접힘)과 전장의 형성. (b) 후장의 형성(후반기 단계). (인용) Academic Press의 허락을 받아 Osmond (1998) *The Atlas of Chick Development*의 그림을 재구성함.

되어 있는 생쥐 배아의 요막도 태반 구조 형성에 기여한다.

## 장관의 조직화

인두 부위에서 **인두낭(pharyngeal pouches)**이 형성되는데, 능형분절에서 형성된 세궁(아가미궁, branchial arches) (인두궁으로 분화가 일정부분 진행된 후의 이름) 나란히 배열하고 있다(14장 참고). 인두낭에는 4개의 주요 낭이 있는데, 이들 낭은 내배엽 유래물의 체절적인 배열과 관련되어 있고, 일부 종에서는 하나 또는 2개 이상의 흔적적인 낭을 갖는다(그림 16.4). 제1 인두낭에서 유래한 싹은 중이의 내강과 유스타키오관(Eustachian tubes)을 형성한다. 제2인두낭 반대 쪽의 배쪽 정중선 부위는 갑상선(thyoid gland)을 형성한다. 좌우의 제2인두낭은(포유동물에서) 편도를 형성하고, 제3과 제4인두낭 쌍은 흉선과 부갑상선을 형성한다. 제4인두낭 반대쪽의 배쪽 정중선 부위에서 기관이 되고, 한 쌍의 기관지 형성싹 및 폐 조직 형성싹을 형성하는 후두기관 홈(laryngotracheal groove)이 생긴다. 인두의 바닥의 대부분은 혀가 되고, 혀는 주로 머리 중배엽에서 유래한 근육으로 구성된다.

장관의 국지적 분화는 그림 16.5에서 보여주고 있다. 전방에서 후방으로의 순서상, 인두 부위가 처음으로 위치하고 그 다음에 초입 부위는 원주형 상피가 덧대어져 있고 후방부에는 단층 편평상피로 덧대어져 있는 식도가 온다. 그 다음에 위가 오는데, 상피가 샘이 되고 염산과 펩신을 분비하도록 특화된다. 위의 출구는 유문괄약근(pyloric sphincter)으로 소장과 연결되며, 소장은 배아시기에는 원주형 상피이지만 성숙하면 장샘과 장융모의 배열로 분화하는데, 18장에 소개되어 있다(그림 16.6). 성숙한 동물에서 식도-위의 연결 부위와 위-창자의 연결 부위는 공통 세포층에서 유래한 상피세포의 유형이 현격하게 달라져 다른 성격을 보이는 신체에서 매우 독특한 부위이다.

소장의 첫 번째 부분은 십이지장(duodenum)인데, 이것은 간과 췌장이 닿는 고리 형태를 형성한다. 간은 내배엽 상피가 배쪽으로 돌출하여 자란 것으로, 전장에서 이 부위가 형성된 이후에 곧이어 배쪽 장간막 부분으로 확장된다. 이 부분의 중배엽은 포유동물에서 **횡중격(가로중격, septum transversum)**이라고 불린다. 췌장은 등쪽 싹과 작은 배쪽 싹(닭에서 배쪽 싹은

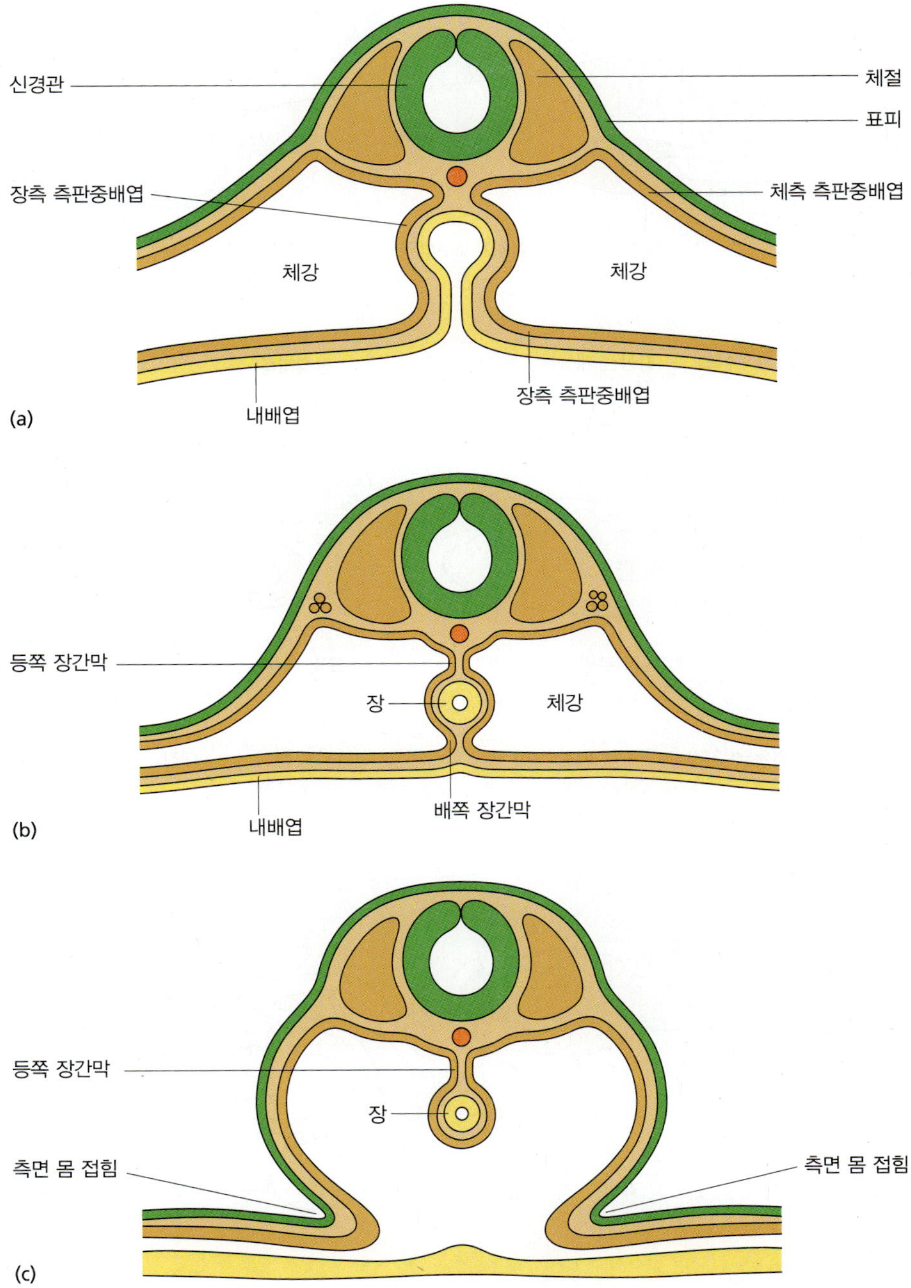


**그림 16.2** 닭 배아에서 몸의 장과 배쪽의 폐쇄에 의한 몸통 닫힘. (a–c) 배양 3일차의 중장과 후장 사이의 횡단면. (인용) Academic Press의 허락을 받아 Bellairs and Osmond (1998) *The Atlas of Chick Development*의 그림을 재구성함.

한 쌍임)으로부터 발생한다. 이들은 함께 이동하고 융합하여 후에 1개의 기관으로 발생한다. 배쪽 췌장은 간에 바짝 붙어 있고, 배쪽 췌장관은 간의 관과 융합하여 공통 담즙관을 형성한다. 소장의 좀 더 뒤쪽 부분은 공장(jejunum)과 회장(ileum)이라고 불린다. 소장과 대장 사이의 연결 부위는 창자 상피로 덧대어 있는 끝이 막혀 있는 낭인 맹장(ceca)인데, 이는 돌출된 구조로 특징지어진다. 대장의 주된 상피는 소장의 상피와 유사하지만, 움푹 들어간 곳(cypts, 와)에 파네스세포(Paneth cells)가 없고 융모도 없다. 대장의 뒤쪽 끝은 직장(rectum)이 되고 포유동물에서는 항문괄약근(anal sphincter)을 통해서 외부와 통해 있다.

성숙한 장에서 전장, 중장, 후장이라는 단어가 계속 사용되고 있지만, 장관이 형성되는 동안 이들의 경계가 이동했기 때문에 앞쪽과 뒤쪽 장 출구로 제한된 장 체절과는 더 이상 관련이 없다. 관습적으로 후기 단계에서 **전장**은 췌장과 간까지 확장되고, **중장**은 소장과 대장 사이의 접합부까지 확장된다.

이러한 설명은 대부분의 양막류 척추동물에서 일반적이지만, 실험적으로는 닭과 생쥐에서 많이 수행되었고, 그들은 상당부

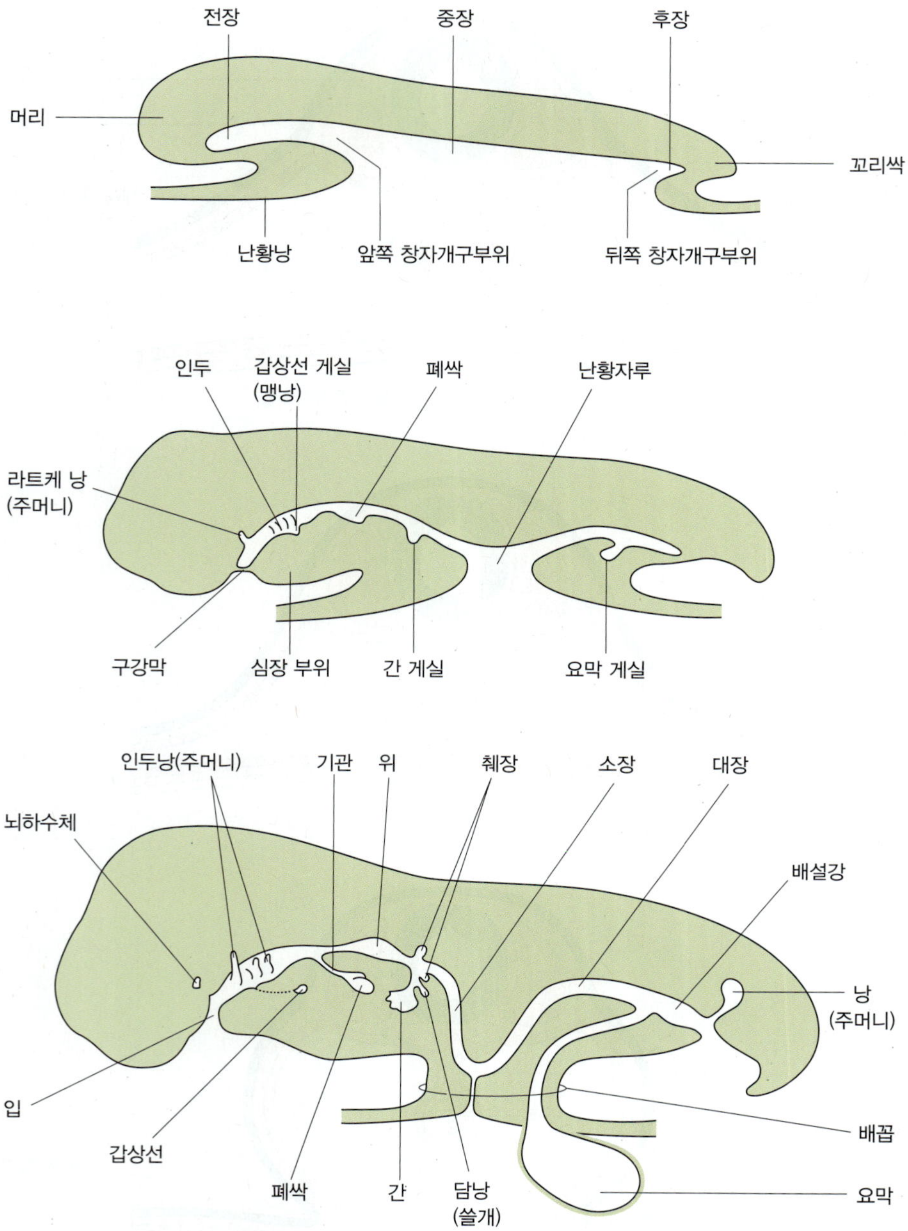


**그림 16.3** 양막류 배아에서 장의 부위별 형성. (인용) Johb Wiley & Sons Ldt의 허락을 받아 Hildebrand (1995) *Analysis of Vertebrate Structure*, 4th edn의 그림을 재구성함.

분 똑같지는 않다. 다음의 점검표는 차이점에 대한 파악을 하는 기준을 제공해 준다:

- 생쥐에서는 두번째 인두낭에 편도가 있지만, 닭은 그렇지 않다.
- 생쥐에서는 아가미끝소체(후새)가 갑상선의 C (칼시토닌) 세포로 편입되나, 닭은 서로 분리된 채로 유지한다.
- 생쥐 폐는 허파꽈리를 가지고, 닭의 폐는 멀리 떨어져 있는 공기주머니로 연결된 망상채널이다.
- 닭은 식도의 특수화로 모이주머니를 형성하지만 생쥐는 그렇지 않다.
- 닭은 샘이 있는 **전위(proventriculus)**와 근육성인 모래주머니(gizzard)로 나뉜 위를 가지나 생쥐는 모래주머니가 없다.
- 생쥐 배아의 간은 주요 조혈기관이지만 닭의 경우 그렇지 않다.
- 닭은 한 쌍의 배쪽 췌장싹을 가지지만, 생쥐는 하나 만을 가진다.
- 생쥐는 소장과 대장 사이에 하나의 큰 맹장(cecum)을 가지고, 닭은 2개의 작은 맹장을 가진다.
- 닭은 총배설강 근처에 위치한 B 림프구를 생산하는 파브리키우스 소낭(bursa of Fabricius)을 가지나 생쥐는 그렇지 않다.

- 닭은 1개의 **배설강(cloaca)**을 가지지만 생쥐는 비뇨생식 구멍과 소화 구멍으로 서로 나뉘어졌다.

## 내배엽의 운명지도

닭에서 내배엽은 매추라기 조직의 **동소이식편(orthotopic grafting)**과 **DiI**의 소량 세포외 주입후 장관이 닫힐 때까지 체외 배양하는 방법을 포함한 여러 방법을 이용하여 운명지도가 작성되어 왔다. 비교 연구가 생쥐와 제노푸스 간에 진행되어 왔다. 예상된 바대로 이들 간에 폭넓은 전-후방 상호관계의 보존이 있어 앞쪽 내배엽은 전장이 되고, 중간지역의 내배엽은 중장이 되고, 뒤쪽 내배엽은 후장이 된다(그림 16.7a). 초기 내배엽은 열린 편평한 층이어서 이것의 정중선이 장관의 등쪽 정중선이 되어 운명지도상에서 정중선상에 등쪽 췌장싹이 있는 것처럼 보인다. 간과 같이 배쪽 정중선 구조물들은 확정된 내배엽 언저리에서 기원하는데, 내배엽 언저리의 앞쪽과 뒤쪽 개구부가 서로를 향해서 이동하면서 진행된다. 이는 배쪽에서 형성되는 기관 싹들이 종종 쌍을 이루는 이유이다.

운명지도에서 중요한 특징 한 가지는 내배엽이 될 것으로 예상되는 지역과 **장측 중배엽(splanchnic mesoderm)**이 될 것으로 예상되는 지역 사이의 관계이다(그림 16.7b). 중배엽 내 예상 부위는 횡으로 배열되는 경향이 있는 내배엽 예상 부위와 꽤 다르다. 이것은 장관이 닫히는 과정과 배쪽 체벽이 닫히는 과정에서 2개의 배엽 층의 이동과 상당한 관련성이 있다. 장 발생에서 중요한 점은 중배엽과 내배엽 사이의 유도 상호작용으로, 운명지도는 장관이 형성되는 과정 중에 내배엽의 특정 지역이 여러 다른 지역의 중배엽과 작용한다는 것을 명확하게 보여준다. 이것은 내배엽의 특수화는 다른 간충직과 접촉하면서 바뀐다는 것을 의미한다.

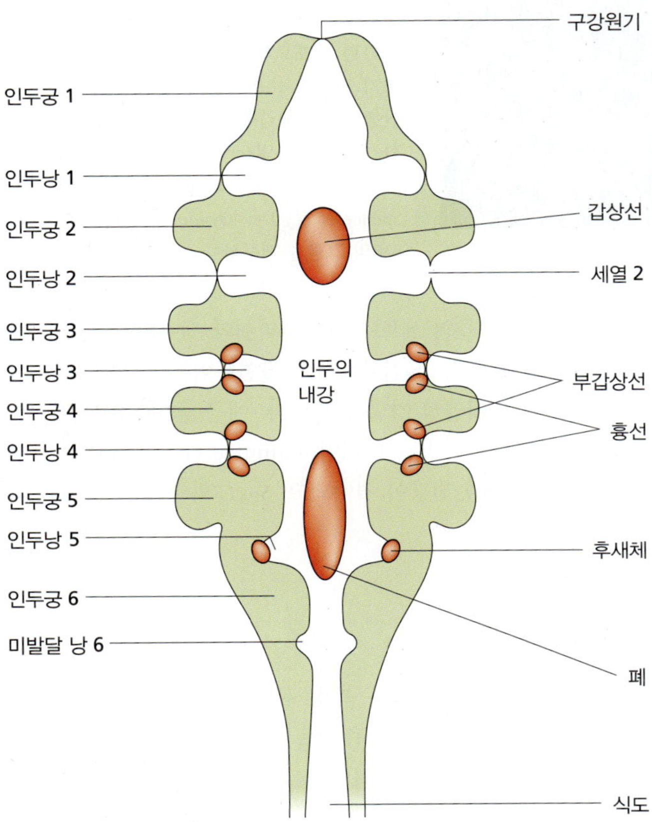


그림 16.4 닭 배아에서 인부 부위내 내배엽의 부위별 바깥쪽으로의 성장.

## 내배엽 발생의 실험적 분석

### 내배엽 결정

내배엽 형성은 처음에는 주로 제노푸스와 제브라피쉬에서 연구되어 왔다. 제노푸스의 내배엽은 32세포기에서 배쪽 할구 8개에 해당하는 조직으로부터 형성된다. 내배엽은 전사인자인

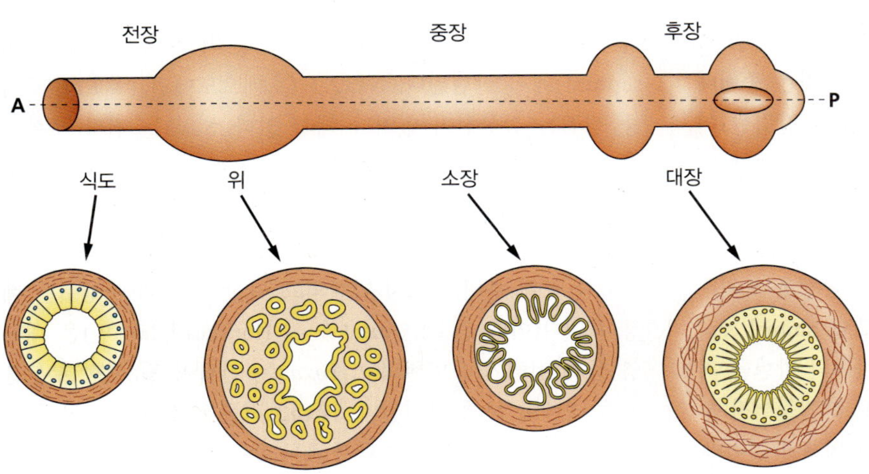


그림 16.5 닭 장관의 부위별 세포분화(cytodifferentiation).

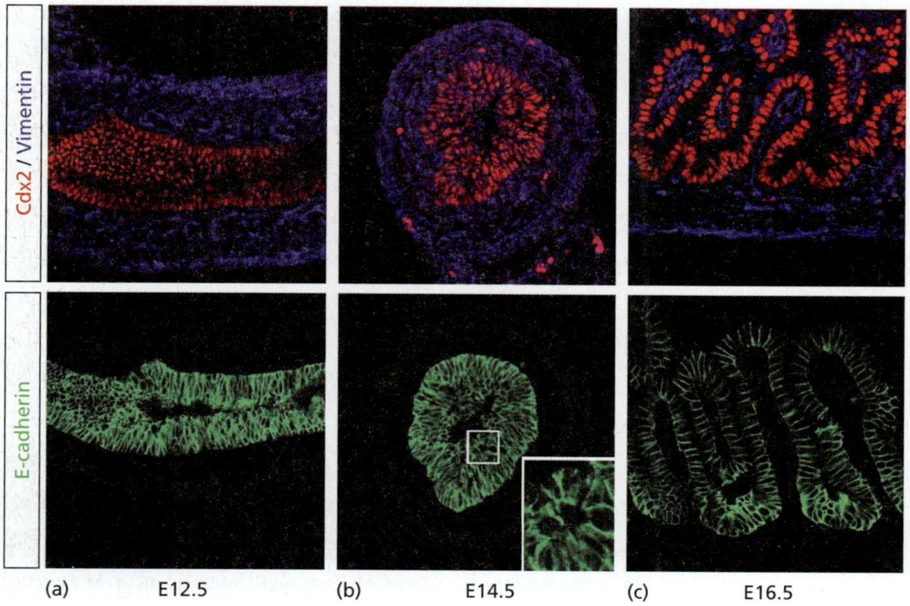


그림 16.6 생쥐 소화관의 발생. 빨간색은 표지물인 전사인자 Cdx2, 파란색은 간충직 표지물인 vimentin, 녹색은 상피의 부착 분자를 표지하는 E-캐드히린이 면역염색된 것이다. (a) 초기 단계로 소화관은 단순 원주형상피 관이 간충직으로 둘러싸인 것. (b) 다층의 상피세포화. (c) 상피가 움(crypts)과 융모로 됨을 분석. (인용) John Wiley & Sons Ltd 허락을 받아 Spence *et al.*, *Dev Dynamics* 2011; 240: 501–520의 그림을 재구성함.

VegT의 mRNA가 존재로 형성된다. VegT 산물은 그 이후의 다양한 전사인자들 즉 *Sox17*α와 -β, *Mix1*, *Mixer*, *GATA1-4* 등을 활성화시킨다(그림 16.8). 이들 중 몇몇은 직접적으로 증가하지만, 나머지는 유도신호를 필요로 한다. 특히 *Mixer*와 *GATA4*는 Nodal 신호를 필요로 한다. *Cyclops/squint* 이중 돌연변이는 Nodal 유전자가 적중된 제브라피쉬에서 내배엽이 형성되지 않는 것으로 보아, Nodal 신호에 좀 더 의존적이다. *casanova*라고 불리는 한 Sos 계 유전자와 spiel-ohne-grenzen이라고 불리는 POU 도메인 상동유전자인 Oct4는 모두 Nodal에 의해 통제된다. 또한 생쥐에서도 Nodal 신호에 있어서 결함이 있는 돌연변이의 경우 확정된 내배엽을 형성하지 못한다. Nodal은 처음에 상배엽 전반에 걸쳐서 발현되고 이후 원조에 국한되어 발현한다. 활성의 확산은 Nodal의 표적 중에 하나인 *Lefty* 때문에 제한되는데, *Lefty*는 Nodal보다 더 빨리 확산되는 Nodal 억제제를 암호화하고 있기 때문이다. 그래서 Nodal은 근처 부위에서만 활성을 갖고 먼 부위에서는 억제된다. 배아줄기세포를 이용한 연구에서 중배엽성 마커와 내배엽성 마커 모두를 발현하는 세포가 일시적으로 존재함이 밝혀졌다. 이것은 **중내배엽(mesendoderm)**이라고 불려 왔다. 이들 세포의 강력한 이행 특성은 몇몇 전사인자들 간의 강력한 상호 억제 때문에 나타난다. 예를 들면 중배엽 성격의 *Brachyury*는 내배엽 성격의 *Mixer*의 발현을 억제하고, 또 그 역으로 서로간의 억제를 한다.

다양한 내배엽성 전사인자들은 상당한 상호의존성을 보여준다. 만약 제노푸스의 동물극쪽 세포뭉치(동물모자, animal cap)에서 이 전사인자들이 과발현되다면 다른 인자들의 발현을 최고로 증가시킬 것이고, engrailed 억제 도메인으로 만들어진 우성음성 DNA 구조물을 주입하면 내배엽 발생이 억제될 것이다.

유사한 전사인자들의 세트가 제브라피쉬와 생쥐의 초기 내배엽에서 발현되고, 이들 유전자에서의 돌연변이는 다양한 정도 차이를 보이는 내배엽성 결함을 보인다. 예를 들어 생쥐에서 *Mixl1*이 적중되면, 확정된 내배엽(definitive endoderm)이 없고, *Foxa2*를 적중하면 전장이 결여되고, *Sox17*의 적중은 중장과 후장이 결여된다.

## 지역적 특정화

위에서 언급된 전사인자는 특정 유형의 상피나 기관의 특성을 규정하기보다는 내배엽 층으로서의 특성을 갖도록 하는 것들이다. 내배엽의 각 특이적인 부위에서 발현되는 많은 전사인자들이 있다(그림 16.9). 이들 중 몇몇은 돌연변이 표현형 때문에 부위별 특수화에 있어서 중요하다고 알려졌다. *Pax9* (paired domain)은 모든 인두낭에서 발현되고 이 유전자가 적중된 생쥐는 흉선, 부갑상선, 아가미끝소체가 결여되어 있다. *Nkx2.1*는 갑상선 싹과 기관식도중격(tracheoesophageal septum)에서 발현된다. *Nkx2.1* (호메오도메인, = *TTF1*) 적중 생쥐는 갑상선이 없거나 폐가 없다. *Sox2*는 전장 부분에서 발현되고 식도 형성에 필요하다. Hex (= *HHex*, 호메오도메인)는 전장 지역에서 발현되고, 간의 형성에 필요하다. *Pdx1* (호메오도메인, = 개구리에서 *XlHbox8*)은 췌장싹 예정 부위를 포함한 근위 부위 장에서 발현되고 이 유전자 적중 생쥐는 췌장이 없다(아래 참고). *Foxa1*과 *–2* (forkhead 도메인)은 내배엽 상피 전체에서 발현되고, *Foxa3*는 간싹이 될 예정 부분을 앞쪽 경계로 하여 발현된다. *Foxa2* 적중은 전장과 중장의 소실을 가져온다. *HNF4*α (핵 호르몬 수용체)는 식도와 위의 연

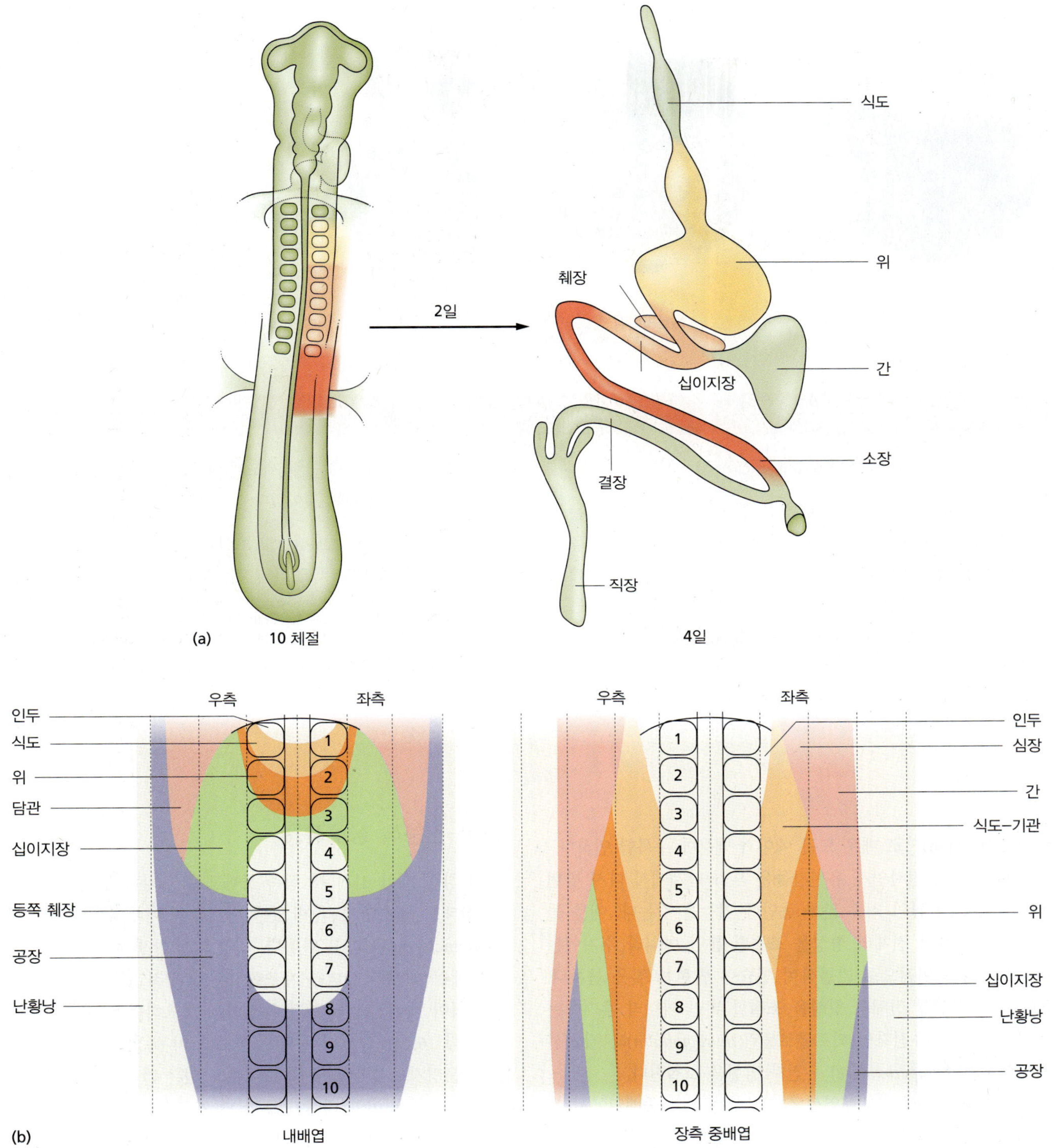


그림 16.7 (a) 닭 내배엽의 운명지도 (Kumar et al. *Developmental Biology* 2003; **259**, 109–122 변형) (b) 1.5일 배아단계에서 내배엽과 내장 중배엽의 운명지도 간의 불일치 (인용) Matsushita, *Roux's Archives of Devel Biol* 1996; 205; 225–231의 그림을 변형).

결부(esophageal-gastric junction) 예정 부위 뒤쪽에서 발현된다. *Cdx2* (호메오도메인, = 닭에서 *CdxC*)는 장의 대부분에 해당하는 장의 후방 부위에서 발현된다. Cdx2는 영양배엽에 필요하기 때문에 이를 적중하면 초기 배아 시기에 사망하지만, *Foxa3-Cre x floxed Cd2*를 이용한 장 특이적 적중을 하면 장에서 식도의 상피와 같은 상피를 갖는 생쥐가 만들어진다. 이것들은 척추동물에서 단일 유전자의 기능상실에 따른 장의 뒤쪽 부분에서 앞쪽으로의 명백한 **호메오틱 유전자변형(homeotic**

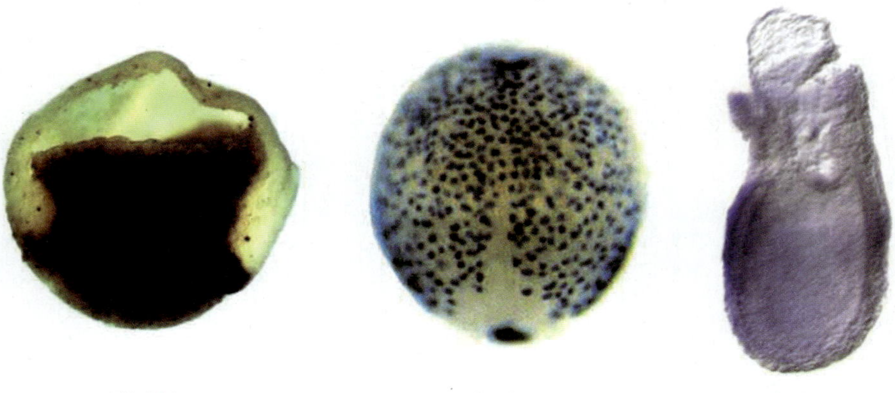


**그림 16.8** 제자리 혼성화법(in situ hybridization)을 이용한 제노푸스, 제브라피쉬, 생쥐 배아에서 *Sox 17*의 발현 위치 표현. (인용) Annual Review에서 허락을 얻어 Zorn and Wells, *Ann Rev Cell Dev Biol* 2009; 25: 221–251의 그림을 재구성함.

## 고전적인 실험들

### 췌장의 마스터 유전자(master gene)

*Pdx1* (이후에는 *IPF1*으로 부름)은 인슐린 발현을 조절하는 전사인자로서 밝혀졌다. 그러나 이 유전자를 적중한 실험을 통해, 전체 췌장의 발생에 필요하다는 것이 밝혀졌다(첫 번째 논문). 어떻게 내배엽성 세포의 일부가 내분비세포로 바뀌는 것인가에 대한 것은 신경형성 조절과 유사한 측면억제 시스템이 밝혀지기 전까지는 미궁으로 남아 있었다. 두 번째 논문은 어떻게 *Neurogenin3*가 내분비세포 형성에 필수적이고, Notch 신호전달이 *Neurogenin3*-발현 세포 옆에서 내분비세포로의 발생을 억제하는 가에 대한 것이었다.

Jonsson, J., Carlsson, L., Edlund, T. & Edlund, H. (1994) Insulin-promoter-factor-1 is required for pancreas development in mice. *Nature* **371**, 606–609.

Apelqvist, A., Li, H., Sommer, L., Beatus, P., Anderson, D.J., Honjo, T., de Angelis, M.H., Lendahl, U. & Edlund, H. (1999) Notch signalling controls pancreatic cell differentiation. *Nature* **400**, 877–881.

**transformation)**으로 매운 드문 예이기 때문에 주목할 만하다.

몇몇 내배엽 전사인자 유전자들은 후기 단계에서 다시 발현되고 관련된 기관의 최종 분화 동안에 기능을 갖는다. 예를 들어, *Pdx1*은 췌장 전체의 형성을 조절한 뿐만 아니라 후기에는 β-세포에서 특이적으로 발현하여 인슐린 발현 조절을 돕는다. *Nkx2.1*은 갑상선 전체의 형성을 조절할 뿐만 아니라 후기에는 갑상선 특이적 유전자인 티로글로불린(*thyroglobulin*)과 갑상선 과산화효소(*thyroperoxidase*) 유전자 발현을 조절한다.

많은 전사인자들이 내배엽성 상피보다는 장측 중배엽에서 지엽적으로 발현된다. 몇몇은 직접적으로 중배엽 분화에 영향을 준다. 예를 들어, 전체 HoxD 그룹(*d1*과 *d3* 제외)의 소실은 중배엽에서 형성되는 근육 구조의 하나인 회맹부 괄약근(ileocecal sphincter)의 소실을 유발할 것이다. 다른 것들은 아마도 내배엽의 부위별 패턴을 조절하는 중배엽 유래의 지엽적 유도 신호들을 조절함에 있어서 중요하다. 예를 들어 레트로바이러스를 이용하여 중장 간충직의 *Hoxd13* 이상 발현을 유도하면 중장의 상피가 소장의 상피보다는 대장의 상피 형으로 발생하는 원인이 된다.

## 상피-간충직 상호작용

원시 장관 배아 시기 때 장측 중배엽은 표피관 주변에 미분화된 상태로 느슨하게 묶여 있는 단일층을 이루고 있어 **간충직(mesenchyme)**이라고 불린다. 간충직과 발생 중인 장의 다른 부분에서 유래한 상피를 재조합하는 고전적 재조합 실험에서, 간충직이 내배엽의 국지적 특정화에 중요하다는 것이 밝혀졌다(그림 16.10). 그러나 상황은 이보다 더 복잡하다. 위에서 언급된 운명지도 실험을 통해 보여주고 있는 간충직과 상피의 연속적인 상대 변이와 내배엽으로부터 간충직으로 전달되는 많은 신호들이 있기 때문에 매우 복잡하여 장의 각 영역은 국부적 및 상호작용의 복잡한 조합 결과로 특정 조직 유형이 결정된다.

초기 상호작용은 넓은 범위에서 일어나고 FGF와 Wnt와 같은 몸 패턴에 관여하는 동일 후위화 신호들에 의해 매개된다. 이들은 *Cdx* 유전자의 발현을 유도하고 유지하며, 후에 중장 또는 후장에서 *Hox* 유전자의 발현을 조절한다. 닭 배아의 장을 이용한 재조합 실험은 전방 부위 내배엽이 후방 부위 중배엽과의 접촉에 의해 후위화 될 수 있으나 후방 부위 내배엽은

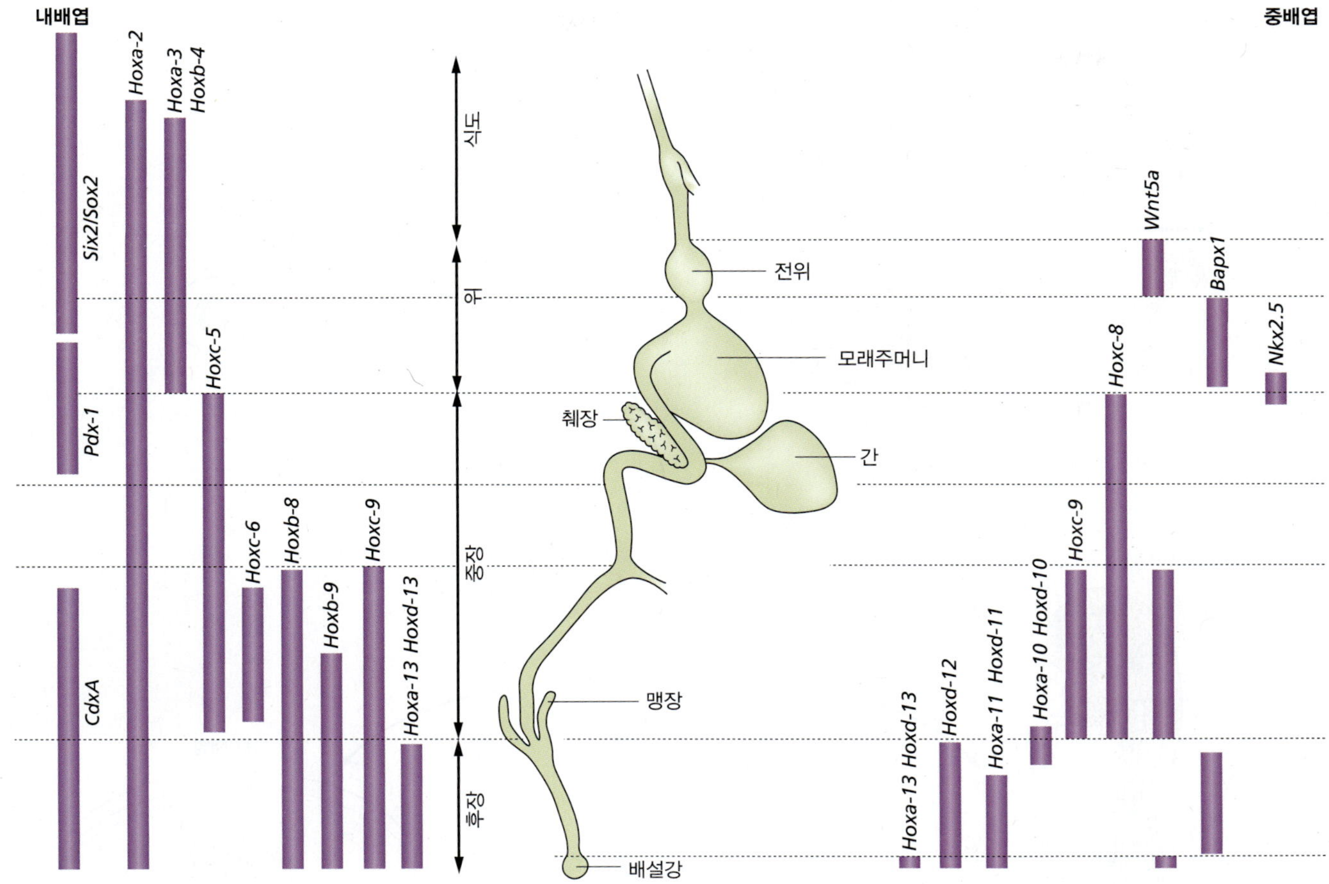


**그림 16.9** 초기 닭 장의 내배엽과 중배엽 층에서 전사인자 발현 모식도. (인용) Roberts, *Developmental Dynamics* 2000; 219: 109–120의 그림을 변형.

전방 부위 중배엽과의 접촉에 의해 전위화를 위한 재프로그래밍이 되지 않는 "후위 우세(posterior dominance)"를 보여준다(그림 16.11). 특히, *CdxA*를 발현하는 소화관 예정 부위는 배양 1.5일이 되기 전에 예정화, 즉 분화 수임이 고정되는 반면 식도와 위 예정 부위는 약 배양 4.5일까지 소화관 상피를 형성할 수 있는 능력을 소유하고 있다. 이러한 행동 유형은 쌍안정 방식으로 유전자를 활성화 시키는 농도구배에 반응한 아주 정상적인 반응이다(4장 참고). 이러한 인자들의 기능의 다양성과 다른 유전자 산물의 중복으로 인해 유전자 적중 표현형은 정보를 제공하는 데 유용하지 않고, 주로 예상된 후방 부위 결함을 보여준다. 예전에 후위화 인자로 고려되었던 레티노산은 그 효과의 대부분이 전장에서 나타난다. 레티노산 생성에 필요한 효소를 암호화하는 유전자인 *Raldh2* 유전자가 적중된 생쥐는 폐와 위, 등쪽 췌장이 없고 간에서 결함이 나타난다.

포유동물의 위와는 달리, 닭의 위는 2개의 매우 특이한 부분으로 나뉜다. **전위(proventriculus)**의 앞부분은 포유동물의 위와 비슷한 선상피 내막을 갖고 있지만, 뒤쪽 **모래주머니(gizzard)**는 먹이를 휘젓고 불려서 부드럽게 할 수 있는 구조, 즉 **편평(squamous)**상피로 덧대어 있고 두꺼운 근육층 벽을 갖고 있다. 이 부분의 표피는 다른 부분의 간충직과 배양할 경우 상호 전환될 수 있는 능력이 대략 배양 9일째까지 유지된다. 전위의 간충직세포는 여러 BMP를 발현시키는 반면, 식도와 모래주머니에서는 이들의 발현이 일어나지 않는데, 이는 유도성 신호로써 BMP의 중요성에 대한 좋은 근거 자료가 된다. 식도나 모래주머니의 표피에 BMP를 처리하면 전위와 같은 샘 분화를 유발하고, 이 효과는 Noggin에 의해서 억제된다. 전사인자인 Nkx2.3 (호메오도메인, = Bapx1)은 보통 모래주머니의 간충직에서 발현되고, 내배엽에서 나온 Shh가 간충직에서 BMP 합성을 활성화하는 것을 억제한다. 이 인자를 전위 간충직에서 발현하게 유도하면 인접한 표피가 전위보다는 모래주머니로의 표피로 발생하도록 이끈다. 모래주머니의 맨 끝부분에서 일어나는 BMP 신호는 간충직에서 반지 형태로 Nkx2.5 (이 전사인자는 심장 발달을 조절하는 전사인자이기도 하다) 발현을 일으키고 이것은 유문괄약근(pyloric sphincter)의 형성을 조절한다.

간충직-상피 신호의 다른 예는 간의 형성과 배쪽 췌장으로부터의 구분이다. 전장의 배쪽 게실(ventriculum)에서 발생하는

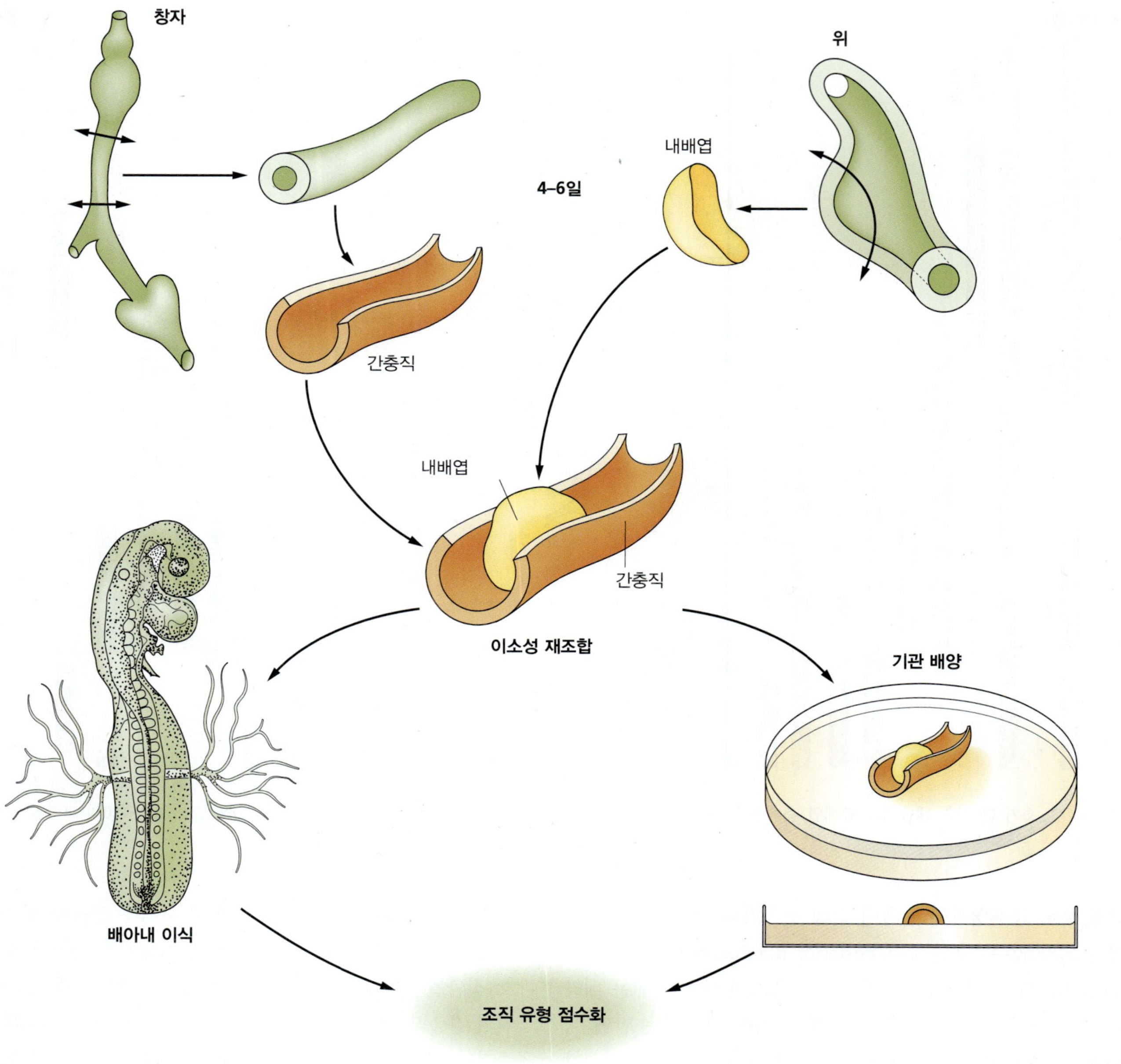


그림 16.10 닭 배아 장의 내배엽과 간충직 간의 재조합 실험 모식도.

간은 포유류 배아에서는 **횡중격(septum transversum)**이라 불리는 배쪽 간충직 안으로 증식한다(그림 16.12). 그러나 간 게실은 인접한 심장성 중배엽으로부터 온 신호를 받을 때까지 형성되지 않는다. FGF가 이 신호라는 좋은 증거가 있는데, 즉 심장성 중배엽이 FGF를 만들고, FGF 억제자는 이 신호를 억제하고 FGF는 분리된 간 형성 내배엽에 유사한 효과를 보인다(그림 16.13). 비록 FGF가 초기 후위화 인자로서 내배엽의 지역화와 관련이 있다 하더라도, 후위화는 간의 형성과 관련된 국소적 상호작용보다 훨씬 더 빠른 원조 시기 동안 일어나기 때문에 같은 신호를 다른 목적으로 사용하는 것이 가능하다. 게다가, 간 유도신호는 아마도 BMP와 혈관에서 방출되는 어떤 물질을 포함할 것이다. 이에 대한 근거는 재조합실험에서 VEGF 수용체인 Flk1의 적중으로 인해 혈관이 없다거나, *Bmp4*가 없는 배아에서 유래한 간충직이 정상적인 간 내배엽을 제대로 발달시킬 수 없다는 것이다. 간싹이 일단 형성되면 이후의 성장은 Wnt 활성을 필요로 하는데, 닭 간에서 레트로바이러스를 이용한 β-카테닌의 과발현은 간의 성장을 촉진하고 Wnt 억제자의 과발현은 간의 성장을 감소시킨다는 사실에서 알 수 있다. 초기 상피세포는 간모세포(hepatocytes)라 불리는데, 두 종류의 간세포 즉 성숙한 간의 주된 세포 유형과 쓸개관 상피세

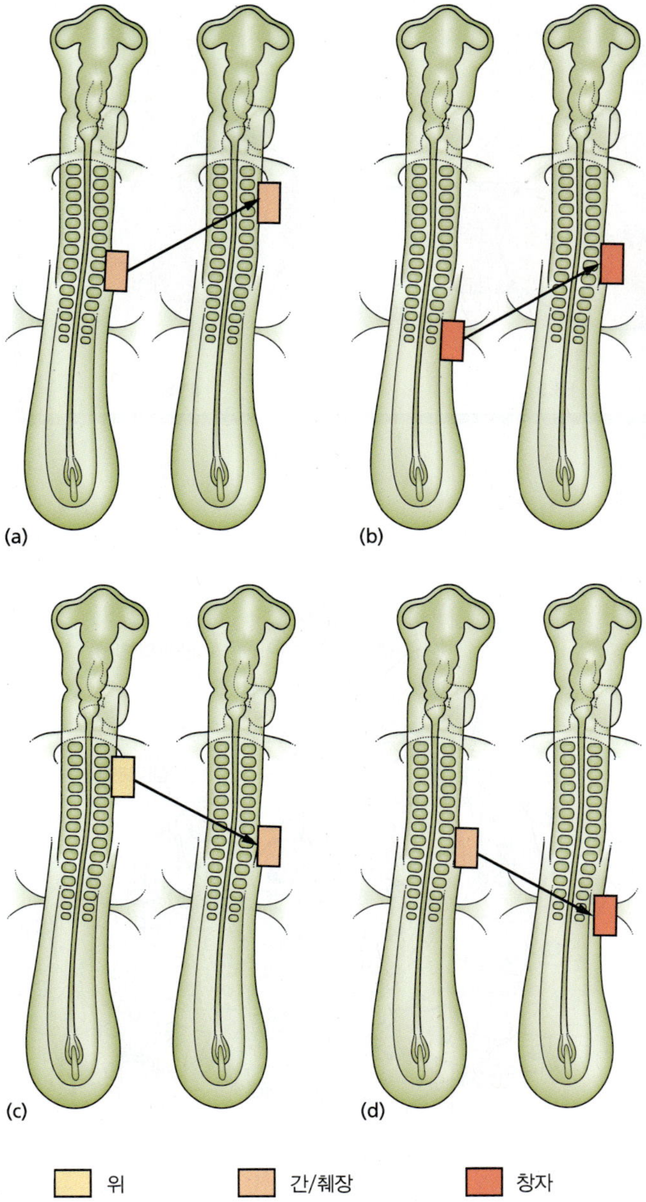


**그림 16.11** 후방부 우위를 보여주는 닭 배아내 이식 실험. (a) 간/이자 예정 부위의 앞쪽으로의 이식 (b) 장 예정 부위의 앞쪽으로의 이식. (c) 위 예정 부위의 뒤쪽으로의 이식. (d) 간/이자 예정 부위의 뒤쪽으로의 이식. 색깔은 Fig. 16.7a에 나타난 구조를 표지함.

포(cholangiocyte)를 만들 수 있는 능력이 있다.

간충직에서 유래한 유도성 신호가 위에서처럼 표피의 국부적 특화를 이끈다는 것 이외에도 간충직은 내배엽성 이식절편의 성장, 형태형성, 성숙에 필요한 **허용적(permissive)** 신호를 제공한다는 사실이 일반적으로 알려져 있다. 이러한 유형의 신호 가운데 하나가 FGF10이다. 예를 들어, 이 인자는 간싹의 외부로의 성장과 맹장의 돌출성장에 필요한 것으로 알려져 있다. *Fgf10*과 *Fgfr2b* 유전자 적중은 사지싹의 결합과 함께 폐와 맹

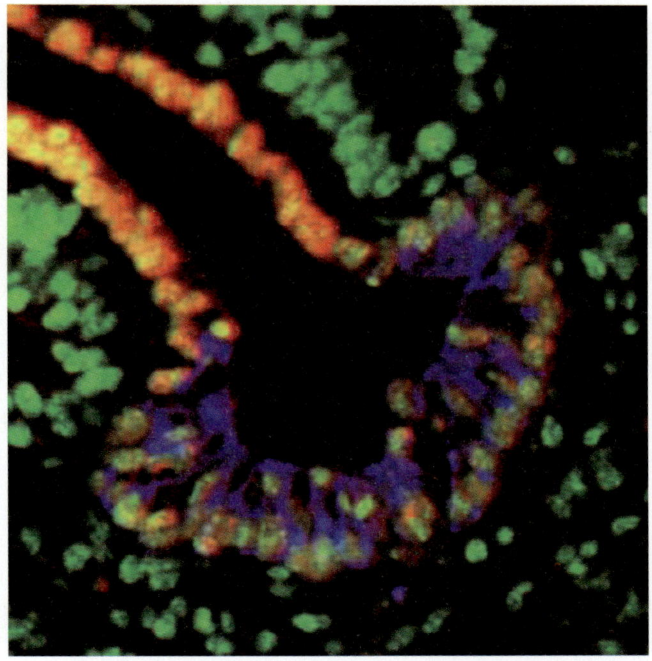

**그림 16.12** 생쥐 배아에서 초기 간싹. 간모세포(hepatoblast)는 표지유전자(reporter gene) *Hex-lacZ* 때문에 파란색으로, 장 내배엽은 Foxa2 면역염색으로 주황색이다. (인용) Amerian Assoiation for the Advancement of Science에서 허락을 얻어 Zaret and Grompe, *Science* 2008; 322: 1490–1494의 그림을 재구성함.

장의 결실을 초래한다(15장 참고). 발생 중인 폐의 **분지형태형성(branching morphogenesis)**은 새로운 분지의 끝부분에서 생성되는 FGF10에 의한 '바로 자신과 인접하여 다른 가지치기가 진행되지 않도록' 하는 측면억제 유형 시스템(lateral inhibition-type system)이 관여한다.

장관의 성숙에 따라 간충직 층은 여러 층의 조직으로 재배열한다. 즉 고유층(lamina propria), 점막근층(muscularis mucosa), 점막하조직(muscularis mucosa), 평활근(smooth muscle) 조직으로 된다. 이러한 방사형 패턴은 내배엽 상피 전체에서 방출된 Sonic hedgehog (Shh)에 의해 조절된다. Shh는 간충직을 가로질러 방사형 농도구배를 형성하고 이들 다양한 층으로의 분화를 조절한다. 이것은 Shh를 처리하면 국부적으로 이러한 패턴이 유도되고, 반면에 Shh 억제자인 사이클로파민(cyclopamine)을 처리하면 이러한 패턴 형성이 억제된다는 사실을 통해 설명될 수 있다.

성숙은 또한 위 상피에 샘의 형성과 장 표피의 움(crypts)과 융모 형성에 관련된다(그림 16.6 위쪽). 장의 각 부분은 표피에 특화된 세트의 분화된 세포 유형을 가지고 있으며, 이들은 계속적으로 줄기세포 집단에서 재생된다. 이 과정은 18장에 설명되어 있다.

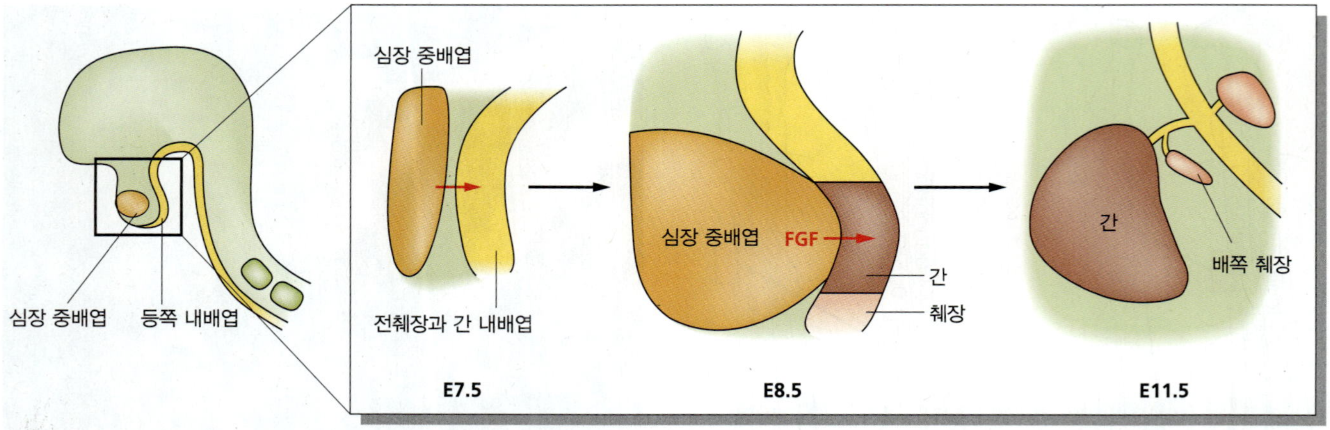


그림 16.13 생쥐배아에서 심장 중배엽 유래 FGF에 의한 간의 유도.

## 췌장(이자)

췌장의 발생은 매우 중요한 두 가지 질병(당뇨와 췌장암)에 대한 흥미로 최근 몇 년간 많은 연구가 진행되어 왔다. 성숙한 췌장(그림 16.14)은 두 가지 뚜렷하게 구분된 생리학적 기능을 수행하는 조직이다. 하나는 소화 효소를 합성하는 것이다. 이들 소화 효소는 췌장 무게의 대부분을 차지하는 **외분비(exocrine) 세포**에서 만들어진다. 그들은 **소엽**(**acini**, singular: **acinus**)으로 다발지어 있으며, 십이지장으로 연결된 관에 생성물을 분비한다. 두 번째는 혈류로 방출되는 호르몬을 합성하는 것이다. 이들 호르몬은 **내분비(endocrine)** 세포에 의해 만들어지는데, 일부 내분비세포는 독립적으로 또는 작은 무리로 있으나, 대부분의 내분비세포는 랑게르한스 섬(islet of Langerhans)으로 그룹화되어 있다. 랑게르한스 섬 세포의 대부분은 인슐린을 분비하는 β-**세포**이다. 그리고 글루카곤(glucagon)을 분비하는 소수의 α-세포, 소마토스타틴(somatostatin)을 분비하는 소수의 δ-세포, 췌장 폴리펩타이드(pancreatic polypeptide)를 분비하는 소수의 PP-세포, 그렐린(ghrelin)을 분비하는 소수의 ε-세포 등이 있다. 배아에서 내분비세포의 비율은 대략 10%이지만 성인 췌장에서는 1-2%로 떨어진다.

췌장의 모든 상피세포는 내배엽으로부터 유래하지만(아래 참고), 혈관과 더 적은 양의 췌장 결합조직은 간충직으로부터 유래한다. 췌장의 간충직은 또한 비장을 형성한다. 췌장의 발생은 모든 척추동물에서 매우 비슷하다(그림 16.15, 16.16). 췌장의 발생은 큰 등쪽 원기와 더 작은 배쪽 원기(닭의 경우에는 한 쌍의 배측 원기)로 십이지장으로부터 기원한다. 이 원기들은 서로 융합하여 하나의 기관이 될 때까지 서로 팽창하고 이동한다. 각각의 원기는 관을 갖고 있으며, 사람의 경우에 배쪽 원기의 관은 주된 관이 되고 등쪽 원기는 부수적인 관이 된다.

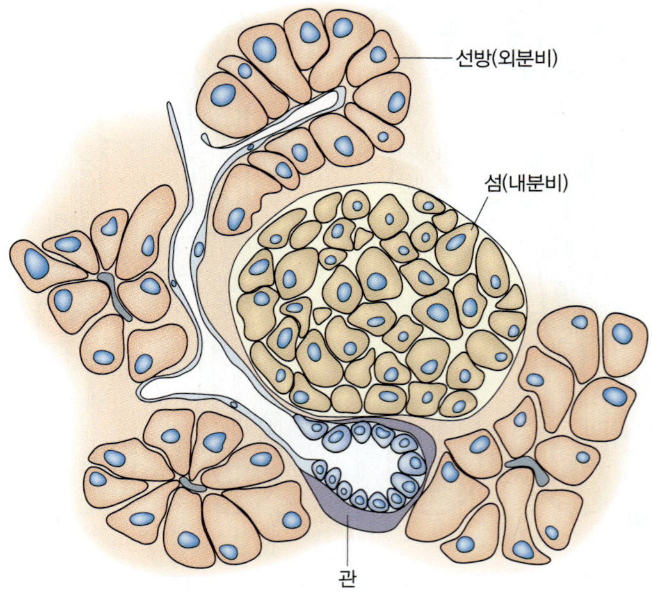


그림 16.14 성숙한 췌장내 세포 유형들.

제브라피쉬에서 등쪽 원기는 대부분 내분비세포를 형성하고, 배쪽 원기는 대부분 외분비세포를 형성하며, 내분비세포가 더 늦게 발달된다.

대부분의 실험은 생쥐를 대상으로 진행되었고, 그 다음으로는 닭, 개구리, 제브라피쉬 순으로 진행되었다. 생쥐에서 등쪽 원기는 E9.5 배아시기에 나타나고 배쪽 원기는 그보다 대략 2일정도 늦게 나타난다. 내분비호르몬을 포함한 세포는 초기 원기에서 뚜렷하게 관찰되고, 성숙한 세포와는 달리 종종 하나 이상의 호르몬을 만든다. 그러나 그것들은 성숙한 내분비세포의 전구체가 아니라고 알려져 있다(아래 참고). 원기의 성장은 E14-18.5 배아시기에 빠르게 진행되고, 이때 내분비세포의 수

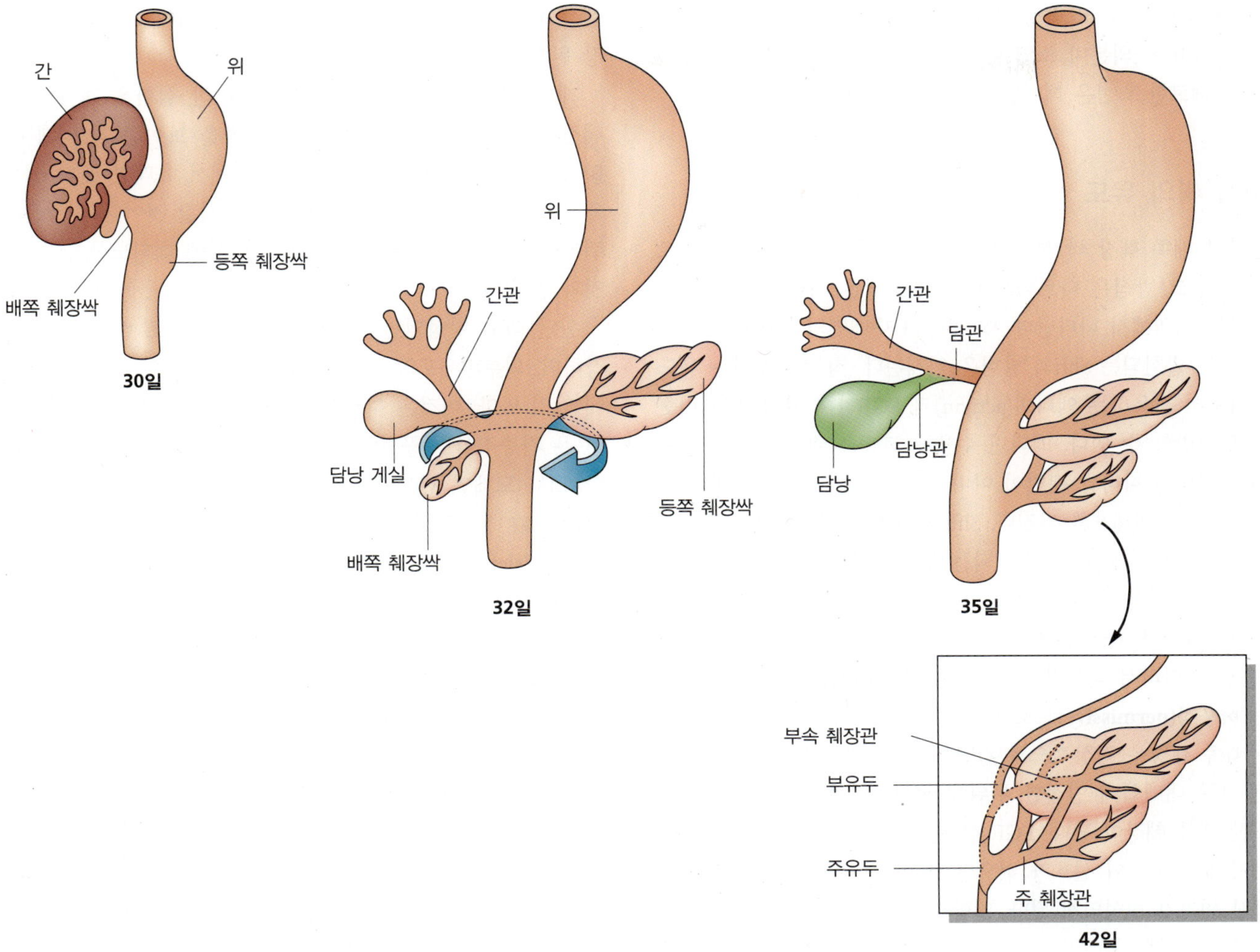


그림 16.15 사람 배아에서 췌장싹의 발생. (인용) Elsevier에서 허락을 받아 Larsen (1993), *Human Embryology*. Churchill Livingstone의 그림을 재구성함.

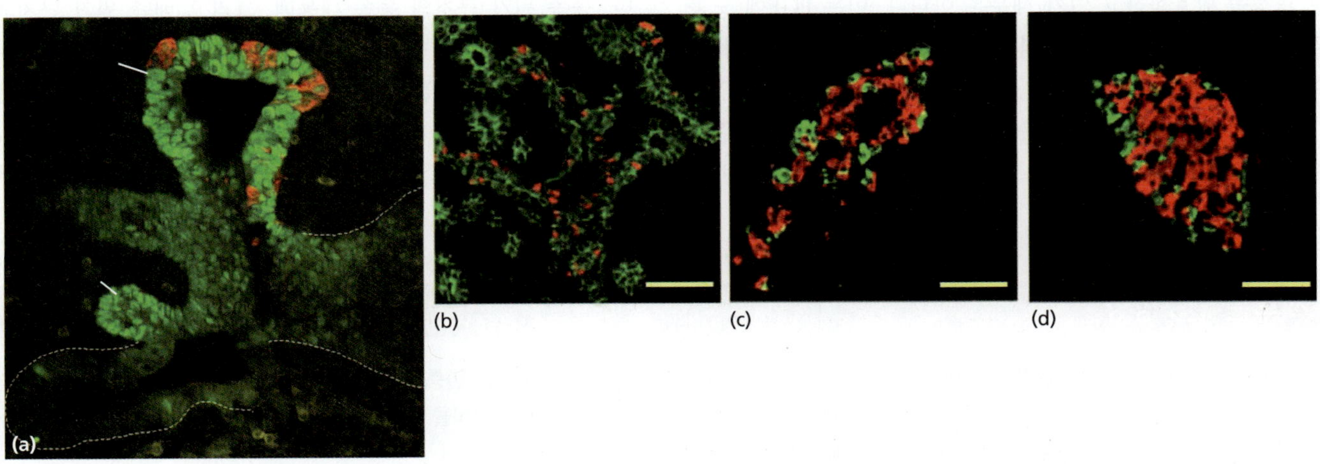


그림 16.16 면역염색 방법을 이용한 생쥐 췌장 발생의 관찰. (a) E10 배아시기때 췌장싹(이자싹)과 이것 주변 세포에서의 Pdx1 발현(녹색). 원시 내분비 세포는 glucagon (빨간색)을 발현한다. (b) E15.5 배아시기때 내분비 전구세포로 된 세포는 Ngn3 (빨간색)를 발현한다. 췌장 상피는 E-캐드히린(녹색)으로 볼수 있도록 하였다. (c) E17.5 배아시기에 랑게르한스 섬이 형성되기 시작한다: 인슐린(빨간색), 글루카곤(녹색). (d) 성숙한 랑게르한스 섬에서 β-세포가 주가되고 중앙 부위에 위치한다: 인슐린(빨간색), 글루카곤(녹색). 축척자는 50 μm. (인용) Biologists Ltd의 허락을 받아 Murtaugh. *Development* 2007; 134: 427-438의 그림을 재구성함. Jonh Wiley & Sons Ltd의 허락을 받아 Jensen. *Developmental Dynamics* 2004; 229:176-200의 그림을 재구성함.

가 빠르게 증가하고 췌장 대부분의 나머지 부분은 외분비세포로 분화한다. 외분비 소엽은 태어나기 전에 어느 정도 형성되고, 랑게르한스 섬은 태어날 시기쯤 형성된다.

## 췌장 싹의 유도

등쪽과 배쪽 췌장 싹 모두가 일정 비율의 췌장 세포 유형으로 되지만, 그 방식은 다르다. 배측(등쪽) 싹은 척삭이 장 천장과 만나는 지역에서 나타난다. 이 곳에서 내배엽의 나머지 부분에서 모두 발현되는 Shh의 발현은 억제된다. 척삭의 효과는 유도인자로서 작용하는 액티빈(activin)과 FGF의 투여에 의해 비슷하게 모방할 수 있다. 액티빈 수용체 적중 생쥐는 장에서 많은 여러 결함이 나타날 뿐만이 아니라, 작은 췌장과 췌장 내 훨씬 소수의 내분비세포를 가진다. Shh 억제자 **사이클로파민**을 내배엽에 처리하면 Pdx1이 발현되는 부분으로부터 이소성 췌장싹의 형성을 유발한다. 그러나 더 뒷부분의 내배엽은 척삭과 접촉시키거나 사이클로파민을 투여해도 이소성 췌장을 유도시킬 수 없다. 따라서 척삭의 역할은 **지시적(instructive)**이라기 보다는 **허용적(permissive)**으로 보여진다.

배쪽 췌장은 정상적으로 간 싹을 유도하는 FGF 신호가 없는 간쪽 내배엽에 인접한 부위에서 형성되며, 간 예정 부위도 또한 배쪽 췌장이 된다. FGF 신호는 내배엽에서 *Shh*의 발현을 유지시키는데, 이 신호가 없으면 Shh의 발현이 정지되고 복측 췌장 원기가 형성되게 된다. 일반적으로, 배쪽 췌장을 형성하는 부분은 심장의 중배엽으로부터 매우 멀리 떨어져 있어 FGF 신호를 받지 않는다. 그러나, *Hex* (호메오도메인 전사인자) 유전자 적중 생쥐에는 배쪽 췌장이 없다. 이는 Hex 인자가 직접 췌장 형성을 암호화하고 있기 때문은 아니다. 이는 FGF에 노출되지 않는 배쪽 췌장이 형성되는 부위 등이 있는 배쪽 전장 부위로 정상적으로 확장해 가는 세포의 증식과 이동에 Hex 인자가 필요하기 때문이다. 결론은 비록 두 원기를 형성하기 위한 공통 요인은 내배엽에서 Shh 발현이 억제되는 것이지만, 배쪽 췌장 원기의 발생 요인은 FGF의 부재에 의해, 그리고 등쪽 췌장 원기는 FGF에 의해 유도된다는 것이다.

제브라피쉬와 제노푸스를 대상으로 한 실험은 레티노산이 췌장 원기의 초기 형성시기에 필요함을 보여준다. 억제자인 BMS453은 원기의 형성을 막고, 외부에서 유래한 레티노산은 외분비보다 내분비 세포의 발생을 증진시킬 것이다. 이것은 생쥐에서 나타나는 다른 전장 기관의 발생에 레티노산이 필요한 것과 일치한다.

일단 싹이 형성되면, 이들 싹은 계속적으로 바깥쪽으로 성장하며, 외분비세포의 분화는 췌장 중배엽 근위부에 접하는 것에 달려 있다. 이것은 허용적인 효과 및 장의 다른 부분으로부터 온 간충직이 성공적인 대리자 역할을 할 수 있음을 보여준다. LIM 도메인 전사인자인 Islet-1은 췌장 간충직에서 발현되고, *Islet-1* 유전적 적중 생쥐는 등쪽 췌장이 성장하지 않는다. 그러나 Islet-1 적중 생쥐에서 유래한 내배엽이 정상적인 생쥐의 원기로부터 온 간충직과 같이 배양되면 정상적으로 성장한다. 기관 발생에 관한 다른 예로서 FGF10가 중요한 허용적인 신호 인자라는 것이다. FGF10은 독립적으로 존재하는 췌장 내배엽 세포의 증식을 자극하고, *Fgf10*이나 *Fgfr2b* 유전자 적중은 췌장 성장의 감소를 가져온다. 비록 간충직 인자가 허용적이라 하더라도, 간충직 인자들은 내배엽으로부터 분화하는 세포 유형의 비율에 영향을 미친다. 더 많은 내분비세포를 형성하는 데 관여하는 TGFβ를 처리한 개체 배양실험에서 폴리스타틴(follistatin), 액티빈과 같은 억제자 등을 같이 처리해 주었을 때 내분비세포로의 분화가 억제되었다.

내분비세포 발생은 혈관으로부터 온 신호에 의해 촉진된다. 두 췌장 원기는 주혈관의 기저부에 위치한다는 공통점을 갖는다. 등쪽 원기 근처의 등쪽 대동맥, 그리고 배측 원기 근처의 난황정맥이다. 췌장 원기와 혈관 간의 조합은 내분비세포의 비율을 증가시킬 수 있고, 혈관과의 거리가 멀어짐은 내분비세포의 비율이 감소하게 한다. 그러나 제브라피쉬에서는, *cloche* (*Vegfr2*) 돌연변이일 때 모든 혈관의 제거가 췌장의 내분비세

### 새로운 연구방향

췌장 발생에 대한 연구는 인간의 β-세포를 만들고 성장하는 방법에 대한 연구가 주종을 이룬다. 이는 β-세포가 파괴되거나 불충분하게 활성화되는 당뇨병이 세계적인 보건 문제이기 때문이다. 인슐린 치료는 매우 효과적이지만 많은 당뇨병 환자들은 여전히 심각하고 위협적인 합병증을 겪고 있다. 섬(islet) 세포 이식은 몇 가지 유형의 당뇨병 치료에 성공적인 방법으로 되었지만, 현재 인간 섬의 유일한 원천은 사체 장기 기증자이며, 이들의 공급이 항상 절망적으로 불충분할 것이다. 따라서 β-세포 발생에 대한 이해를 β-세포 이식을 위한 새로운 방법 개발에 사용되기를 희망한다.

이식을 위한 인간 간의 공급이 수요에 비해 훨씬 적기 때문에, 어느 정도 유사한 주장이 간에도 적용된다. 간은 손상 받은 뒤 재생될 것이지만, 인간의 간세포는 신속하게 자신의 분화된 특성을 잃기 때문에 체외에서 배양할 수 없다.

포 발생에 영향을 미치지 않는 것으로 보인다.

## 췌장 내 전사인자

최근 몇 년간, 췌장 발생에서 중요한 역할을 하는 많은 전사인자가 밝혀졌다. 그중 매우 중요한 몇 가지가 여기에 서술되었다.

Pdx1 (LIM-호메오도메인)은 췌장 원기 예정 부위를 포함한 십이지장 주위로 고리 형태로 발현되고 췌장 형성에 절대적이다. *Pdx1* 유전자 적중 생쥐는 원기 싹들을 형성하지만, 길이성장 또는 분화는 하지 못한다. Pdx1은 초기 원기의 모든 세포에서 발현되고 이후 낮은 수준으로 하향조절되는데, β-세포에서는 높은 발현 수준을 지속적으로 유지하며 *insulin* 유전자의 전사인자로서 역할을 한다(사람과는 달리 설치류에서는 2개의 *insulin* 유전자를 가짐). 독시사이클린으로 조절되는 유전자를 이용한, 출생 후 Pdx1 유전자 적중은 β-세포에서 인슐린의 손실을 야기한다. 췌장에서 Pdx1은 "주 제어(조절) 유전자(master control gene)"로써 알려져 있지만 장의 다른 부분에서 부적절한 발현이 일어나더라도 췌장 형성을 유도하지는 못하는데, 제노푸스에서 활성화된 **도메인 교환(domain swap)**인 *Pdx1-VP16*은 발생하는 간을 췌장이 되도록 재프로그래밍할 수 있다.

Hb9 (호메오도메인, *Hlxb9*에 의해 암호화됨)는 Pdx1보다 더 넓은 범위에서 약간 더 이른 시기에 발현된다. Hb9의 발현은 레티노산에 의해 증진된다. *Hb9* 유전자 적중 생쥐는 등쪽 췌장이 없으며 β-세포가 정상적으로 성숙하지 않은 배쪽 췌장을 갖는데, 이로서 Hlxb9는 분화된 β-세포에서 필요함을 알 수 있다.

PTF1은 3개의 소단위체로 구성된 전사인자로, 여러 외분비 유전자의 상향 발현 조절에 필요하다. PTF1은 또한 췌장싹에서 발현된다. P48 소단위체를 적중하면 췌장 배쪽 싹의 형성이 억제되고, 등쪽 싹은 형성되지만 조악하게 발달하여 외분비 조직이 없다. 제노푸스 배아에서 p48과 Pdx1 전사체 주입을 통한 과발현은 정상 위치보다 더 후방의 내배엽에서 이소성 췌장 형성을 유도할 수 있다.

Sox9 (SRY 도메인)은 췌장싹의 증식에 필요하다. Sox9는 간충직 유래의 FGF10에 반응하는 FGF 수용체의 발현을 유지한다.

Pax4와 Pax6 (paired box)은 외분비세포 발생에 필요하다. *Pax4* 유전자 적중 생쥐는 β-세포와 δ-세포가 없고, *Pax6* 유전자 적중 생쥐는 α-세포가 없다. 또한 호메오도메인 인자 Nkx6.1과 Nkx2.2는 β-세포의 발생에 필요하나, 이후에는 필요치 않다. MafB (류신지퍼인자)는 α-세포의 발생에 필요하고, MafA는 β-세포의 성숙에 필요하다. Arx (호메오도메인)은 α-세포 형성에 필요한데, 이 유전자 적중은 과대한 β-세포, δ-세포 형성을 초래한다.

Hox11 (=Tlx1; 호메오도메인, 이름과 무관하게 Hox cluster를 이루지 않음)은 췌장의 간충직에서 발현되며, 이 유전자가 적중된 생쥐는 정상적인 췌장을 갖지만 비장(지라, spleen)이 없다.

측면 억제 기전이 신경 발생에서 세포의 분화를 조절하듯이, 췌장에서도 이 기전이 작동한다. 초기 단계에서 내분비세포는 Delta를 만들고 그들 주변 세포에서 Notch 신호 경로를 자극함으로써 이들 주변 세포가 내분비세포로 분화하는 것을 억제한다(동영상 6 참조: 측면 억제). 내분비세포의 발생을 증진시키는 주 전사인자는 Neurogenin3 (bHLH 패밀리)이다. 생쥐 배아에서 Neurogenin3은 췌장싹 내에 호르몬을 생산하지 않고 있는 드문드문 산재한 세포에서 발현되는데, 이 세포의 수는 E13.5–15.5 배아시기에 가장 많다. *Ngn3* 유전자 적중은 모든 내분비세포의 손실을 가져와 내분비세포가 없다. Pdx1 프로모터를 이용하여 Ngn3를 과발현하는 형질전환 생쥐에서는 췌장세포가 매우 높은 비율로 내분비세포로 되며, 이들 중 대부분 α-세포가 된다. *Delta like 1*, *RBPJκ*, *Hes1*을 포함한 Notch 신호경로 구성 요소의 적중은 *Ngn3*의 과발현과 유사한 효과를 보여 내분비세포의 비율이 높다.

Neurogenin3의 기능은 내분비 전구세포의 형성을 조절하는 것이다. 어떤 종류의 내분비세포(α, β, δ, PP, ε)로 될 것인가에 대한 결정은 다른 인자와의 아직 잘 알려져 있지 않은 상호작용에 달려 있다. 이 과정의 한 예는 Arx와 Pax4의 상호작용이다. 위에 언급한 대로 *Arx* 유전자 적중 생쥐는 α-세포가 없고, *Pax4* 유전자 적중 생쥐는 β-세포, δ-세포가 없다. 만약 *Arx*가 β-세포에서 *Pdx1-Cre*, *Pax6-Cre*, 또는 *Insulin-Cre*로 유도하여 과발현되면, β-세포의 형성이 매우 감소한다. 만약 Pax4가 같은 방법으로 과발현되면 α-세포의 형성이 감소한다. 흥미롭게도, 출생후 랑게스한스 섬에서 이러한 실험 진행을 통하여 이미 분화된 α-세포와 β-세포를 전이분화 할 수 있음이 밝혀졌다.

## 췌장 세포계보

췌장의 내분비세포는 형태학, 행동, 그리고 유전자 발현 패턴에 있어서 뉴런과 매우 유사하다. 한때는 이들이 **신경능선(neural crest)**에서 유래한 것으로 여겨겼었으나, 메추라기의 신경능선을 닭의 신경능선 부분으로 이식하는 실험을 통하여 아님이 밝혀졌다. 실제로 내배엽 조직 절편의 체외배양실험을 통하여 약간의 췌장 내분비세포를 얻을 수 있음을 알 수 있고, 또는 조직 배양법을 이용하여 표지된 내배엽과 간충직을 혼합 배양에서 모든 내분비세포가 내배엽에서 유래함을 알 수 있다. 레트로바이러스 표지를 이용한 클론의 다능성이 밝혀졌는데, 1개의 내배엽세포가 외분비와 내분비 전구세포 둘 다를 생산할 수

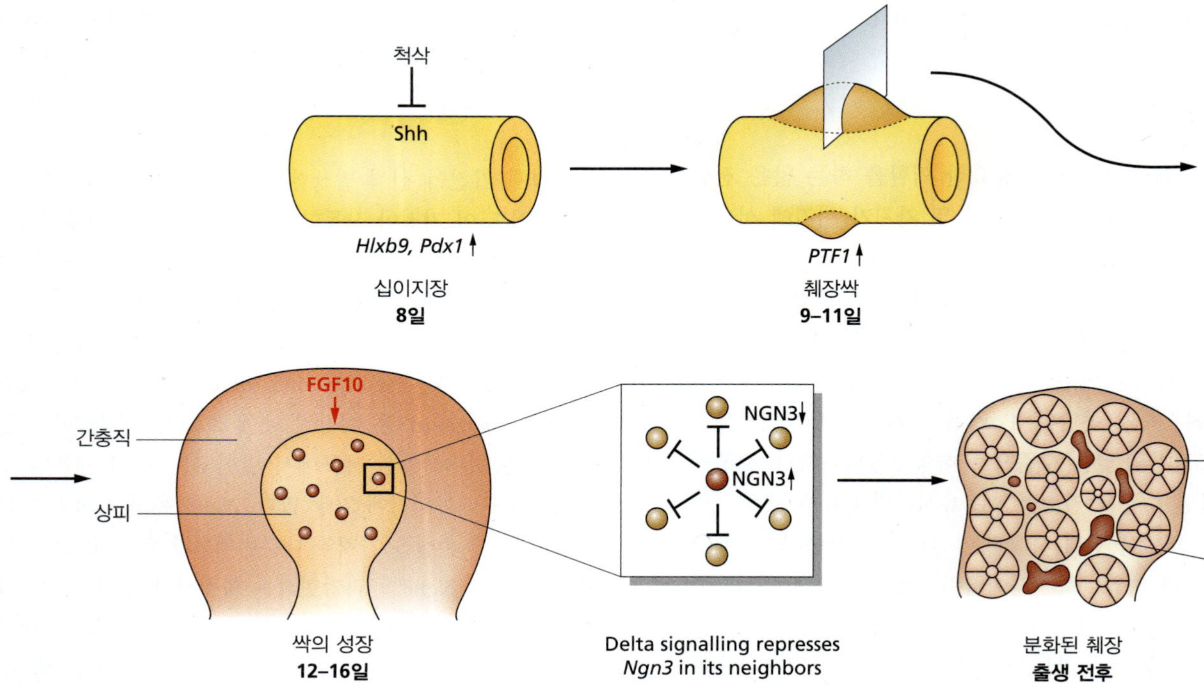


**그림 16.17** 췌장(이자) 발생의 전반적 기전.

있다.

고도의 분석력을 가지고 계보에 대한 이해를 위해서 많은 Cre-lox 계보 실험이 진행되어 왔다. *Pdx1*이나 *p48*의 프로모터가 *Cre* 발현에 사용되고 *R26R* 리포터를 사용한 실험에서 모든 타입의 췌장 세포에 표지되었다. 타목시펜에 의해 활성화되는 CreER은 특정 발생 단계에서의 표지가 가능하다. *Pdx1-CreER x R26R* 생쥐에서 E8.5 배아시기 이후부터 타목시펜을 투여하면 내분비 및 외분비세포가 표지된다. 그러나 관은 오직 E9.5-11.5 시기 동안만 표지되는데 이는 이 시기에서 이 계보의 형성에 특정한 방식임을 보여준다. 배아시기에 *Sox9* 프로모터를 이용하여 *CreER*을 작동시키면 *Sox9* 양성 세포의 증식을 통해 내분비 전구세포와 외분비 전구세포를 형성한다. 그러나 성체에서는 췌장의 관 세포만 형성한다. *Neurogenin 3* 프로모터를 이용하여 Cre를 작동시키면 *Ngn3* 자신의 발현은 일시적일지라도 모든 내분비세포가 표지된다.

초기 췌장싹 시기에는 다중호르몬 세포(multihormone cells)가 2–3개의 호르몬을 동시에 생성하기 때문에 이들이 후기에 관찰되는 내분비세포의 전구체가 될 수 있다고 여겨졌다. 그러나 *insulin-Cre x R26R* 생쥐에서 나중에 형성되는 α-세포가 표지되지 않는데, 이는 이전에 인슐린을 발현하지 않았음을 보여준다. 또한 글루카곤 프로모터가 *Cre* 발현에 사용된 경우 β-세포가 표지되지 않는데, 이는 이들 세포가 이전에 글루카곤을 발현하지 않았음을 보여준다. 그러나 *pancreatic polypeptide* (PP) 프로모터가 *Cre* 작동에 사용되면, β-세포가 표지되는데, 이는 PP가 발현되는 세포는 다른 내분비세포 유형의 전구체임을 의미한다.

출생 이후의 생애 동안 β-세포가 미분화 줄기세포나 전구세포에서 형성될 수 있는 가에 대한 엄청난 양의 정보가 Cre 표지방법을 이용하여 얻어졌다. 인슐린 프로모터가 *CreER*의 작동을 위해 사용된 경우 *CreER*의 활성이 출생 이후에 유도되며, 시각적으로 모든 β-세포가 표지됨이 밝혀졌다. 이 표지는 무기한으로 남아 있는데, 이는 타목시펜 투여 시 인슐린 합성을 하지 않았던 랑게르한스 섬 내 다른 세포나 췌장관으로부터 유래한 새로운 β-세포의 보충이 없음을 보여준다. 췌장관 세포의 프로모터를 이용한 다른 표지 이용 실험에서, 췌장의 외과적인 부분 제거 또는 췌장관 결찰 후 보이는 주조직 재생 조건에서 적은 수의 β-세포가 관으로부터 형성되는 것이 관찰되었다. 따라서 이러한 결과는 대부분의 β-세포가 정상적으로 기존의 β-세포에서 형성되고, 출생 이후에는 췌장의 다른 세포 유형에서의 β-세포 보충이 흔치 않은 일임을 보여준다.

최근 몇 년 동안 췌장의 발생에 관한 연구에 투자된 많은 노력은 개체 발생을 가장 잘 이해할 수 있는 최적의 예시를 구축하였다. 배아를 이용한 실험과 생쥐의 유전체를 결합하여 추론된 이 현상의 전반적인 과정은 그림 16.17에 요약되어 있고, Cre-lox 운명지도 실험에 기초하여 합의된 췌장 세포 계보는 그림 16.18에서 보여주고 있다.

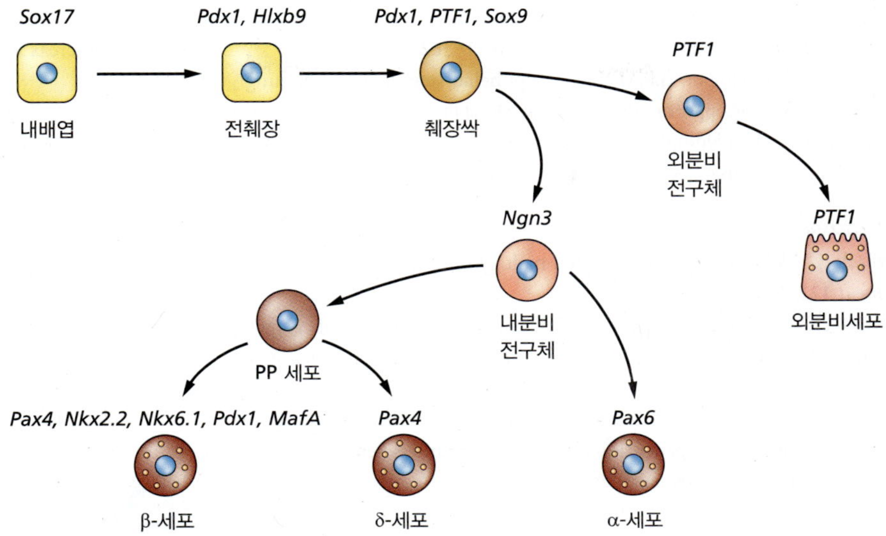


그림 16.18 이자 세포 계보.

## 기억해야 할 핵심 사항들

- 양막류(amniotes)의 내배엽은 외배엽과 중배엽 층 아래의 납작한 세포들로 시작한다. 장관은 머리접힘과 꼬리접힘을 생성하는 배반엽의 접힘에 의해 형성되는데, 각각 전장과 후장 주머니를 포함한다. 계속해서, 앞쪽과 뒤쪽 창자개구부위는 합쳐질 때까지 서로를 향해 이동한다. 장관과 배측 체벽은 배아의 복부 측면에서 서로 만나는 측면 몸 주름에 의해 폐쇄된다.
- 장의 기본 패턴은 인두, 식도, 위, 간, 췌장, 작은 대장 등 모든 척추동물에서 동일하다. 각각은 내배엽에서 유래하는 특징적인 상피가 늘어서 있다.
- 운명지도에서, 창자 각 부분의 내배엽과 간충직은 배아의 다른 위치로부터 유래한다. 이들은 장이 폐쇄하는 과정에서 함께 이동한다.
- Nodal 신호는 시그널링은 초기 내배엽 전사인자의 발현을 활성화하는 데 필요하다.
- 지역 특정화는 유도신호에 따라 달려 있다. 초기 패턴은 몸 뒤쪽에서 앞쪽으로의 FGF와 Wnt 구배에 대응하여 일어난다. 이후 지역 특정화는 내배엽과 중배엽 사이의 국부적인 상호 신호 이벤트에 대응하여 일어난다.
- 췌장은 소장으로 소화효소를 분비하는 외분비 세포들과 혈류로 인슐린을 포함한 호르몬을 분비하는 내분비 세포들로 구성되어있다.
- 췌장은 십이지장으로부터 등쪽 배싹으로 기원한다. 내배엽에서 Shh 발현의 억제는 싹 형성에 필요하며, FGF는 지속적인 성장을 위해 필요하다.
- Pdx1과 PTF1은 모든 췌장 세포 유형의 발생에 필수적이다. Neurogenin3은 내분비 세포의 발생에 필수적이다. 다양한 전사인자들의 비율은 어떤 유형의 내분비 세포를 형성할지를 조절한다.

## 추가로 읽을 것


### General endoderm

Grapin-Botton, A. & Melton, D.A. (2000) Endoderm development from patterning to organogenesis. *Trends in Genetics* **16**, 124–130.

Roberts, D.J. (2002) Molecular mechanisms of development of the gastrointestinal tract. *Developmental Dynamics* **219**, 109–120.

Shivasani, R.A. (2002) Molecular regulation of vertebrate early endoderm development. *Developmental Biology* **249**, 191–203.

Yasugi, S. & Mizuno, T. (2008) Molecular analysis of endoderm regionalization. *Development, Growth and Differentiation* **50**, S79–S96.

Burn, S.F. & Hill, R.E. (2009) Left-right asymmetry in gut development: what happens next? *BioEssays* **31**, 1026–1037.

Zorn, A.M. & Wells, J.M. (2009) Vertebrate endoderm development and organ formation. *Annual Review of Cell and Developmental Biology* **25**, 221–251.

Spence, J.R., Lauf, R. & Shroyer, N.F. (2011) Vertebrate intestinal endoderm development. *Developmental Dynamics* **240**, 501–520.

### Liver and lung

Warburton, D., Schwartz, M., Tefft, D., Flores-Delgado, G., Anderson, K.D. & Cardoso, W.V. (2000) The molecular basis of lung morphogenesis. *Mechanisms of Development* **92**, 55–81.

Lemaigre, F. & Zaret, K.S. (2004) Liver development update: new embryo models, cell lineage control, and morphogenesis. *Current Opinion in Genetics and Development* **14**, 582–590.

Cardoso, W.V. (2006) Regulation of early lung morphogenesis: questions, facts and controversies. *Development* **133**, 1611–1624.

Rawlins, E. & Hogan, B.L.M. (2006) Epithelial stem cells of the lung: privileged few or opportunities for many. *Development* **133**, 2455–2465.

Si-Tayeb, K., Lemaigre, F.P. & Duncan, S.A. (2010) Organogenesis and development of the liver. *Developmental Cell* **18**, 175–189.

### Pancreas

Slack, J.M.W. (1995) Developmental biology of the pancreas. *Development* **121**, 1569–1580.

Herrera, P.L. (2002) Defi ning the cell lineages of the islets of Langerhans using transgenic mice. *International Journal of Developmental Biology* **46**, 97–103.

Gu, G., Brown, J.R. & Melton, D.A. (2003) Direct lineage tracing reveals the ontogeny of pancreatic cell fates during mouse embryogenesis. *Mechanisms of Development* **120**, 35–43.

Lammert, E., Cleaver, O. & Melton D.A. (2003) Role of endothelial cells in early pancreas and liver development. *Mechanisms of Development* **120,** 59–64.

Murtaugh, L.C. (2007) Pancreas and beta-cell development: from the actual to the possible. *Development* **134**, 427–438.

Gittes, G.K. (2009) Developmental biology of the pancreas: A comprehensive review. *Developmental Biology* **326**, 4–35.

Wandzioch, E. & Zaret, K.S. (2009) Dynamic signaling network for the specification of embryonic pancreas and liver progenitors. *Science* **324**, 1707–1710.

This chapter contains the following animation:

**동영상 6** 측면 억제
**동영상 21** 양막동물 소화관 형태형성 초기 단계

For additional resources for this book visit www.essentialdevelopmentalbiology.com

제17장

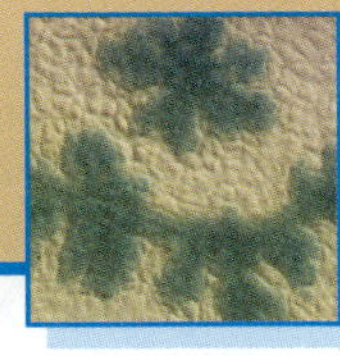

# 초파리 성충판

## 변태

초파리(*Drosophila*)는 쌍시류(Diptera)에 속하는 곤충이며, **완전변태(complete metamorphosis)**를 거쳐 발생한다(그림 17.1). 부화 후, 유충은 **탈피(molt)**에 의해 나누어지는 세 번의 **영(instar)**을 거친다. 처음의 두 령은 하루 동안 지속되고 3령은 약 2일 동안 지속된다. 이 기간 동안 유충은 게걸스럽게 먹고, 크게 자라지만, 몸의 형태는 별 변함이 없다. 3령기 유충이 **번데기(pupa)**가 되는 용화과정(pupation) 동안 대부분의 유충의 몸은 재흡수되어 **성충판(imaginal discs)**로부터 나온 성체구조로 대체된다. 각 성충판이 만드는 성체구조 부분이 표 17.1에 표기되어 있으며, 배아에서 성충판의 원기가 그림 17.2에 나타나 있다.

성충판은 표피가 주름진 것이다. 성충판은 세포 하나의 두께인 원주형 표피로 이루어졌으며, 편형 원기강막(peripodial membrane)으로 싸여 있다. 각 성충판에는 나중에 근육으로 분화되는 몇 개의 중배엽성 아데피텔리아 세포(adepithelial cells)가 붙어 있다. 유충시기에 성충판은 크게 자라난다. 예를 들면, 날개 성충판은 40개의 세포로부터 출발하여 분화할 때까지 약 50,000개의 세포가 된다. 번데기 시기에 성충판들은 돌출되어 적절한 부속지들이 되고(그림 17.3), 그 부속지는 특징적인 털과 각모를 가지는 큐티클로 싸이게 된다. 척추동물과 다르게 초파리의 성충판은 고유의 감각신경을 가지는데, 감각신경은 안으로 자라나 중추신경계와 연결된다.

곤충의 탈피는 스테로이드 호르몬인 엑디손(ecdysone, 활성화 형태는 20-hydroxyecdysone)의 급격한 분비(surge)에 의해서 조절된다. 뇌의 신경분비세포에서 분비된 펩티드 호르몬인 전흉선자극호르몬(prothoracicotropic hormone, PTTH)은 전흉선(prothoraxic gland)을 자극하여 엑디손을 분비하도록 한다. 뇌에 붙어 있는 알라타체(corpora allata)라고 불리는 한 쌍의 분비선은 테르페노이드(terpenoid)인 유약충호르몬(juvenile hormone, JH)을 분비한다. JH의 농도가 높을 때, 엑디손의 농도가 오르면 유충이 탈피를 한다. JH의 농도가 낮을 때, 엑디손은 변태를 유발한다. 엑디손 수용체는 전형적인 핵 호르몬 수용체인데(부록 참고), 수용체 자신의 유전자 자체가 수용체의 표적이므로 자극이 오면 자극 받은 조직은 호르몬에 대해 더욱더 반응하게 된다.

성충판 조각을 성체의 복부에 이식하면 성충판은 유충기 동안 성장하는 정상 성충판보다 훨씬 더 자라게 된다. 이들을 반복적으로 이식하면 그들은 분화 없이 끝없이 자란다. 반면, 성충판이나 성충판 조각을 막 변태하려는 유충에 이식하거나(그림 17.4), 엑디손 존재 하에서 시험관 내에서 배양하면 분화가 일어난다.

## 유충 발생의 유전학적 연구

성충판 발생에 중요한 많은 유전자들이 배아 발생에도 중요하다. 그러므로 완전결손 돌연변이들은 배아에서 치사하여 성충판 특이적인 표현형을 볼 수 없다. 성체까지 살아남도록 하는 돌연변이는 **완전결손 돌연변이(null)**가 아니라 **정상하위 돌연변이(hypomorph)**이다. 그들은 종종 **온도 민감(temperature sensitive)** 돌연변이인데, 이는 생물체를 비허용(nonpermissive) 온도로 옮겼을 때 단백질 산물이 불활성화된다는 의미이다. 이것은 유충 시기나 변태 동안에 유전자가 기능하는 시기를 알 수 있게 해 준다. 돌연변이 그룹들을 서로 다른 시간에 비허용 온도에 놓아둔다. 이 온도는 특정 유전자의 산물을 불활성화하고, 만일 그 유전자가 그 시기에 필요한 것이라면 돌연변이 표현형이 생겨날 것이다.

열충격 프로모터에 의해 유도되는 형질전환유전자(transgene)를 발현시키는 과발현 실험이 초파리에서 종종 행해진다. 열충격 단백질들은 모든 세포에 존재하고 다른 단백질들이 올바르게 접히도록 도와 준다. 이들의 발현은 높은 온도에서 급

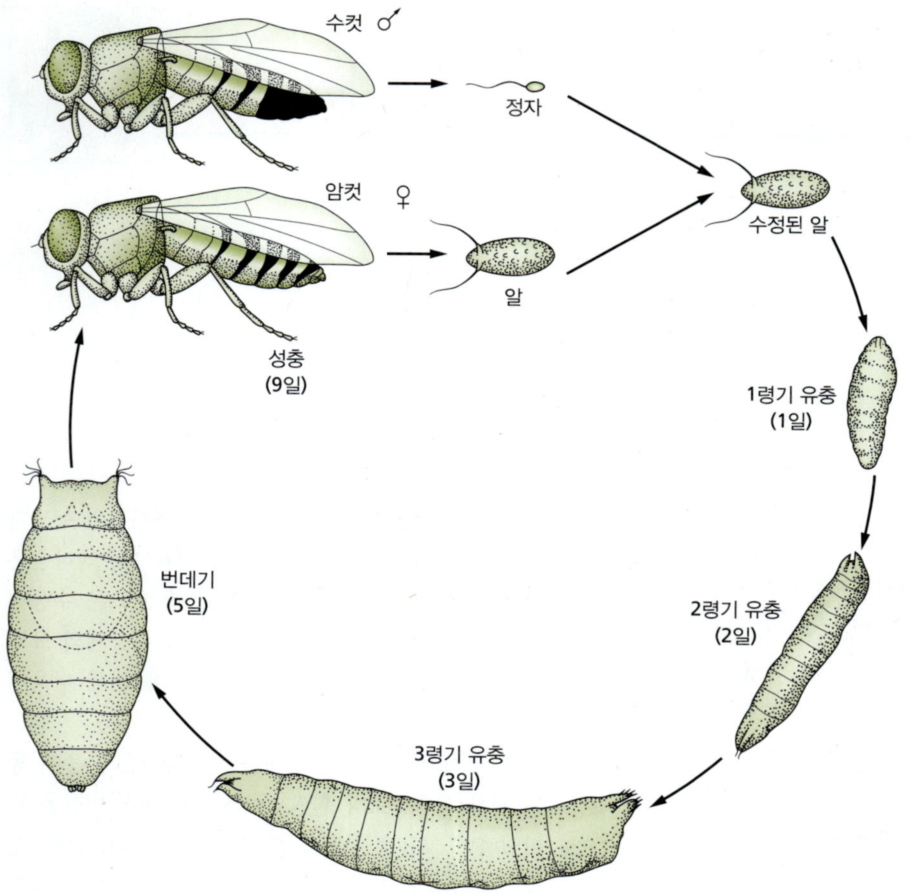


**그림 17.1** 초파리의 한살이.

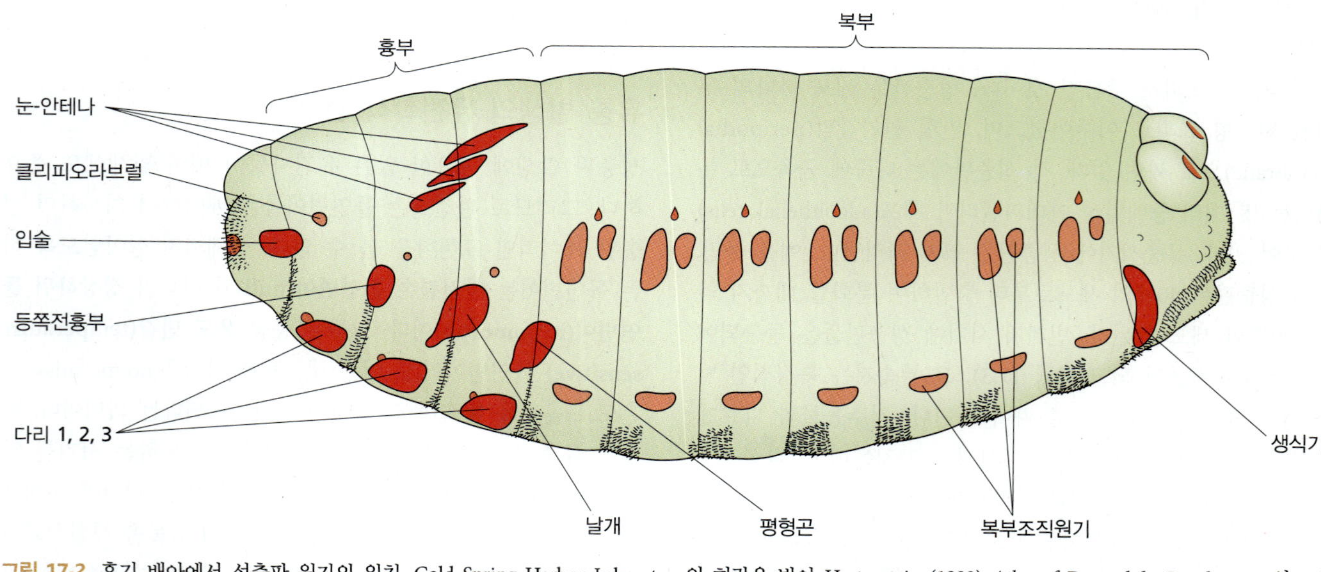


**그림 17.2** 후기 배아에서 성충판 원기의 위치. Cold Spring Harbor Laboratory의 허락을 받아 Hartenstein (1993) *Atlas of Drosophila Development*의 그림을 재구성함.

격히 증가하는데 이것은 그 프로모터에 의해 가능하다. 열충격 프로모터를 다른 유전자와 연결하면 온도를 올렸을 때 그 유전자가 활성화된다. 이러한 기술은 당연히 온도민감성 돌연변이의 활용과 다른 것이다.

발생유전자들은 종종 몇 개의 **인핸서(enhancer)**를 가지며, 각각은 서로 다른 곳에서 발현을 유도한다. 이 중 하나의 인핸서만을 취하여 ***gfp***나 ***lacZ***와 같은 **리포터 유전자**에 연결한 뒤 이러한 유전자 구조물을 가진 형질전환 초파리를 만드는 것이 가능하다. 배아, 유충, 성충판 등을 형광현미경(GFP를 보기 위한)이나 X-Gal 염색(*lacZ* 유전자 산물인 β-갈라토시다아제 활성을 보여줌)으로 관찰해서 그 특정 인핸서가 작동하는 곳을 알 수 있는데, 대개 정상 유전자의 여러 발현 위치 중 하나이다. 이렇게 리포터 유전자를 활용하는 것은 제자리혼성화법을 통해 내인성의 mRNA를 관찰하는 것보다 더 정확하고 민감하다.

**인핸서 포획주(enhancer trap line**, 3장과 10장 참고)에서는 리포터 유전자가 내인성 인핸서의 활성을 반영하여 특정한 공간적 패턴으로 발현되는데, 이 경우 무작위적 삽입에 의해서 특정 발현 패턴을 보이는 인핸서가 발굴된다. 그들은 리포터가 약한 프로모터의 조절 하에 있는 구조물을 주입하여 만들어진다. 이 프로모터는 너무 약해서 이 구조물이 우연히 인핸서 서열 근처의 유전체에 삽입될 경우에만 발현되며, 이 경우 리포터는 그 인핸서의 특징적인 패턴에 따라 발현된다. 이 방법을 이용하여 특정한 *lacZ* 발현 패턴을 보이는 수많은 초파리 주(line)가 제작되었는데, 대다수는 이미 알려진 유전자들의 발현 양상을 닮았지만 새로운 패턴을 보이는 것도 많이 발견되었다. 이들은 특정 세포 집단을 연구하는 것이 가능하고 X-Gal 염색을 통해 간단히 관찰 가능하므로 실험적으로 매우 유용하다.

인핸서 포획 방법의 다른 변형은 관심 있는 어떤 유전자라도 **이소적**으로 발현시키는 것이다. 이것은 효모의 GAL4 조절시스템에 기초한다. GAL4는 징크-핑거 계열의 전사활성인자로 이것이 결합하는 "상류 활성서열(upstream activating sequence)" (*UAS*) 뒤의 어떤 유전자든 발현을 유도할 수 있다. *lacZ* 리포터 유전자 대신에 *Gal4*를 넣은 인핸서 포획주를 만든다. 다른 형질전환 초파리 주는 *UAS*에 연결된 관심 있는 유전자를 가진다. 이 2개 초파리 주의 각 개체를 서로 교배하면 GAL4는 그 인핸서의 조절 하에 발현되고, 발현된 GAL4는 *UAS*를 통해 표적 유전자의 발현을 유도할 것이다. 공간적 발현 양상은 *Gal4* 유전자를 발현시키는 데 사용한 인핸서에 의존적이다(그림 17.5). "FLP-out"(아래 참고)과 함께, 이것은 성충판에서 구역 특이적 과발현을 유도하는 일반적인 방법이다.

**표 17.1** 성충판과 복부 조직원기(histoblast)들로부터의 성충 몸의 기원

| 성충판/조직원기 | 몸체 부분 |
|---|---|
| Clypeolabral disc | Some mouthparts |
| Eye–antenna disc | Eyes, antennae, rest of head |
| Labial disc | Proboscis |
| Dorsal prothoracic disc | Dorsal prothorax |
| Prothoracic leg disc | First leg and ventral prothorax |
| Mesothoracic leg disc | Second leg and ventral mesothorax |
| Metathoracic leg disc | Third leg and ventral metathorax |
| Wing disc | Wing and dorsal mesothorax |
| Haltere disc | Haltere and dorsal metathorax |
| Dorsal abdominal histoblasts | Tergites (dorsal abdominal cuticle) |
| Ventral abdominal histoblasts | Sternites (ventral abdominal cuticle) |
| Genital disc* | Genital apparatus |

* 생식기 성충판(genital disc)은 하나만 존재하지만 다른 것들은 오른쪽과 왼쪽에 쌍으로 존재한다.

## 체세포 재조합방법

재조합은 정상적으로는 생식세포 분열(meiosis, 감수분열)에서 일어나지만 체세포 분열 시에도 상동염색체 간에 강제로 재조합이 일어날 수 있다. 이형접합자 돌연변이(+/−) 세포에서 재조합이 일어났을 때, +/+와 −/−인 두 종류의 세포들을 생산해 낸다(그림 17.6). 이들은 이웃하는 **클론**으로 자라나며, **쌍둥이점(twin spot)**이라고 불린다. +/+ 클론은 일반적으로 보이지 않지만 (−/−) 클론은 적어도 다음의 4가지 목적으로 사용될 수 있으므로 중요하다.

1. 성충판에서의 세포특성 결정을 위한 **클론분석(clonal analysis)**. 클론의 경계가 없다는 것은 특성 결정이 없다는 것을 의미한다.
2. 돌연변이의 세포 **자율성(autonomy)**에 대한 연구. 돌연변이가 일어난 클론 뿐 아니라 주변의 세포들에 까지 영향을 줄 경우, 이 돌연변이는 비자율적(nonautonomous)이라고 한다.

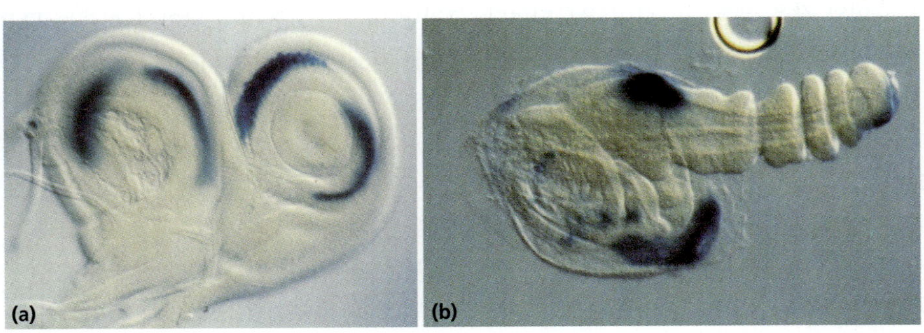


**그림 17.3** 용화(pupation)시기 동안 다리 디스크의 돌출: (a) 2개의 3령기 유충 다리 디스크와 (b) 번데기의 다리 디스크의 돌출.
(인용) Cold Spring Harbor Laboratory 출판사의 허락을 얻어 Bate and Martinez-Arias (eds) (1993) *The Development of Drosophila Melanogaster*의 그림을 재구성함.

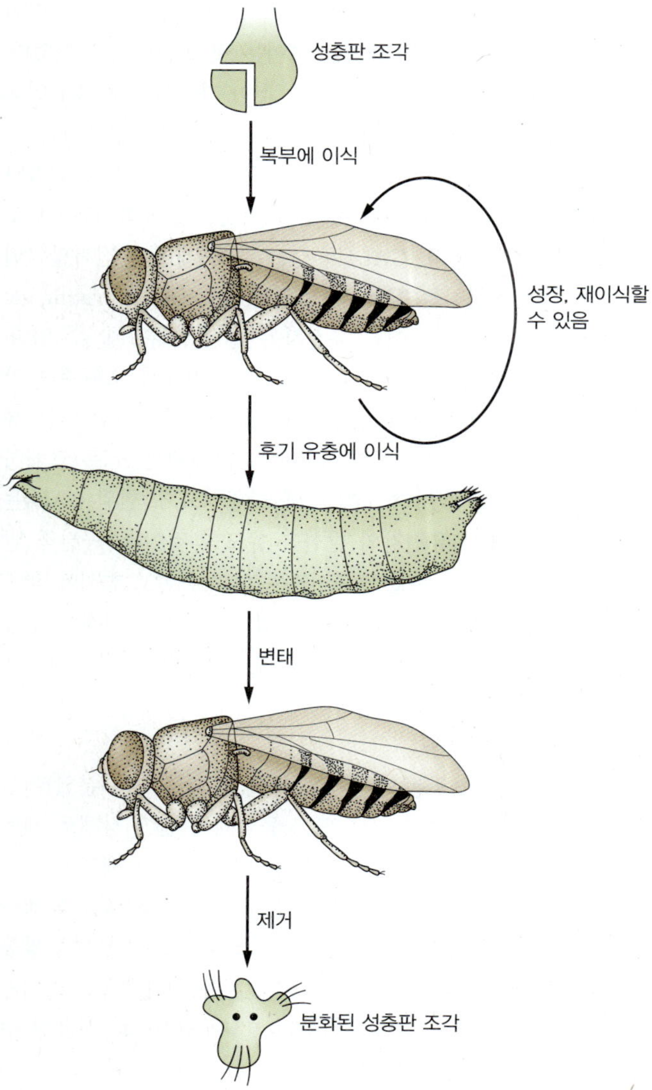


**그림 17·4** 성충 몸에서 성충판의 성장과 후기 유충에서의 성충판 분화를 위한 실험 방법.

이것은 일부 세포 간 신호전달계에 직접적 혹은 간접적으로 영향을 주었음을 의미한다.

3 배아 발생 동안 치사성을 보이는 돌연변이의 후기 표현형을 연구. 종종 돌연변이는 세포 수준에서는 치사성이 없지만 전체 배아의 발생을 멈추게 한다. 그러므로 돌연변이 클론은 정상적인 유충이나 성충으로 자라날 것이다. 이와 같은 클론은 형태적 이상을 보일 것인데, 이것은 다른 방법으로는 이제까지 관찰되지 않았던 발생 후기의 기능을 뜻하는 것이다.

4 각 유전자들의 국소적인 과발현. 이것은 앞서 설명한 GAL4 방법에 대해 보완적으로 사용된다. GAL4는 그것을 발현시키는 프로모터에 의존적으로 특정한 과발현 양상을 나타내며, 체세포 재조합은 과발현되는 클론들의 무작위적 그룹을 생산할 수 있다. 이 두 가지 방법은 성충판 발생에 대한 연구에서 많이 이용되고 있다.

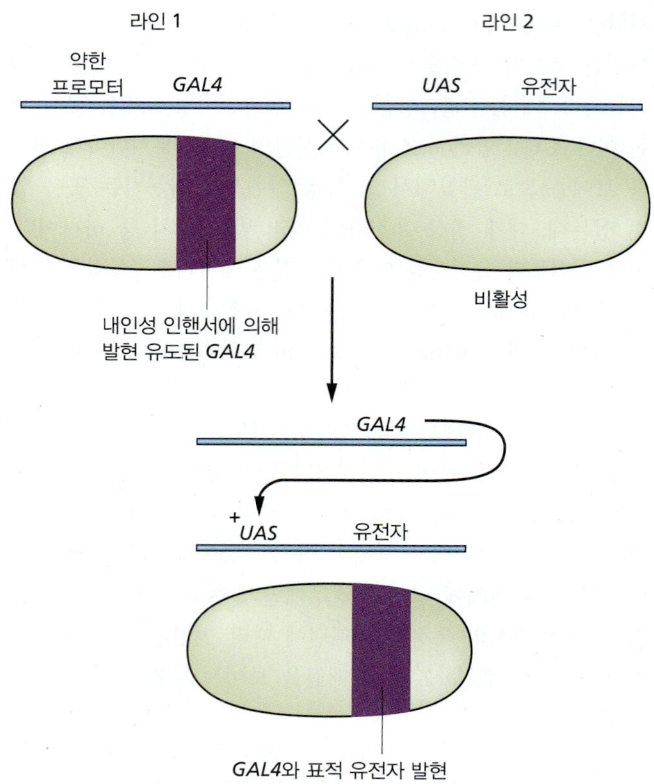


**그림 17·5** 형질전환 유전자의 이소적 과발현을 위한 GAL4 방법. 2개의 형질전환 라인이 교배되었을 때, 그 자손은 표적 유전자의 조직 특이적 발현을 보일 것이다.

만일 체세포 재조합을 일으키는 목적이 정상 발현하면서 단지 클론을 관찰하는 것이라면, 발생 자체에 이상을 준다기보다 단순히 세포의 모양을 변형시키는 돌연변이를 이용해야 한다. 이러한 목적으로 원래 사용하였던 것들은 *yellow*와 *multiple wing hairs* 등의 큐티클 표지자인데, 이들은 배아나 유충시기에는 관찰할 수 없고 성충에서만 관찰 가능하다는 한계가 있다. 좀 더 최근에는 GFP와 다른 형광 단백질들을 암호화하고 있는 많은 수의 형질전환 유전자 표지들이 도입되어 일반적으로 사용되고 있다.

초기 실험에서 체세포 재조합은 염색체를 끊는 X-선을 이용하여 유도되었다. 그러나 이것은 효율성이 낮아서 현재는 **FLP** ("플립"이라고 발음한다) 시스템이 보편화되었다. 이 방법의 기본적 요소는 효모의 효소인 FLP 재조합효소와 표적 DNA에 존재하는 FRT 위치이다. FLP 재조합효소는 2개의 FRT를 인지하고 이들 간의 재조합을 유도한다. 이때 FRT를 지니고 있는 초파리 라인과 열충격 프로모터에 의해서 발현이 유도되는 FLP를 가지는 초파리 라인을 교배한다. 이후 간단히 열충격을 주면 재조합이 시작되는데, 이때 재조합효소의 일시적 전사를 유

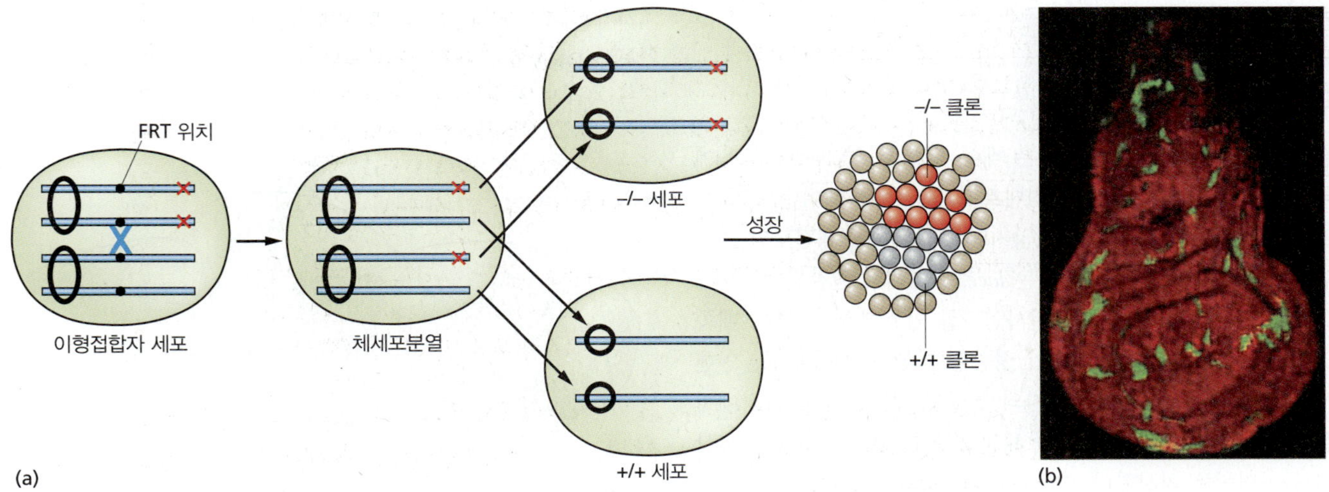


**그림 17.6** (a) 체세포 재조합은 -/-와 +/+로 된 2개의 쌍둥이점을 생산한다. 돌연변이 위치는 빨간색 x에 의해 표기되었으며, 검은색 원은 동원체이다. 재조합은 FLP 재조합효소가 유도되어 FRT 위치에서 일어난다. (b) 몇 개의 클론을 가진 날개 성충판. 이 사진은 MARCM 기술에 의해 얻어진 것인데, 여기서 녹색 표지자를 가지는 것은 유도된 클론이며 그렇지 않은 것은 재조합이 일어나지 않은 곳이다. (인용) Elsevier 출판사의 허락을 받아 Lee and Luo. *Neuron* 1999; 22:451-461의 그림을 재구성함.

도하게 되고 몇몇 세포에서만 재조합이 일어난다. FRT 위치보다 **동원체(centromere)**에서 먼 부분에 *gfp*나 *lacZ*와 같은 표지자 유전자가 위치하면, 재조합이 일어난 세포에서 이 유전자들을 잃을 것이므로, 정상적으로 발생하지만 표지가 없는 것을 확인해서 재조합 세포를 확인할 수 있다.

이러한 방법으로 확인 가능한 클론들이 생산되지만 더욱 보편화된 방법은 특정 유전자를 없애거나 과발현하는 클론에서는 표지가 보이지 않도록 만드는 것이다. 만일 클론에서 유전자를 제거하는 것이 목적이라면 FRT는 돌연변이의 동원체 부근에 있어야 하며, 이때 재조합효소가 그림 17.6에 표시된 것처럼 -/- 클론을 생산한다. 앞서 설명한 것처럼, 이 방법에서는 돌연변이 클론에서 표지자인 형질전환 유전자를 잃게 되어 보편적으로 염색되는 배경과 구분하기 힘들다. 이러한 단점을 극복할 수 있는 방법이 MARCM (mosaic analysis with responsible cell marker) 방법이다. 여기서는 표지자의 발현이 FRT와 돌연변이가 같이 있는 염색체 좌위에 의해서 항시적으로 억제된다. 재조합에 의해서 억제자가 하나의 염색체로 분리되어 들어가고 표지자와 돌연변이가 다른 염색체에 들어가게 된다. 이것으로 말미암아 표지자는 억제가 풀려 활성화되고 표지되지 않은 배경에 대해 쉽게 구분되게 된다(그림 17.6b). 일반적으로 억제자는 GAL4 억제자인 효모 단백질 GAL80가 사용된다. 표지자는 어디에서나 작동하는 프로모터에 의해 발현되는 GAL4에 의해 발현유도되는 UAS-리포터 유전자이다.

이소적으로 발현하려는 형질전환 유전자는 연구하려는 유전자를 발현시킬 항시적인 프로모터와 단백질 산물을 끝이 잘

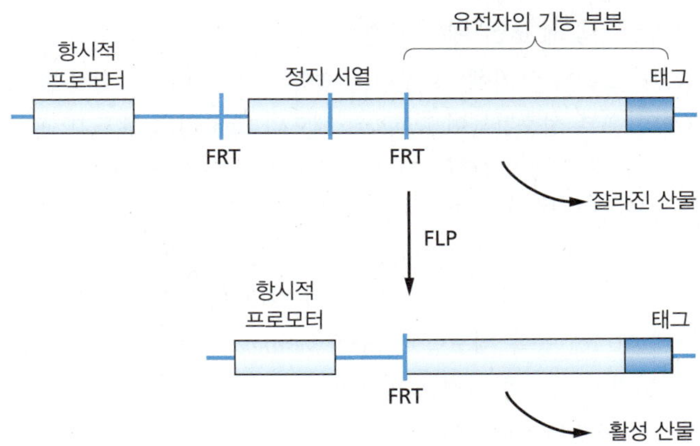


**그림 17.7** FLP-out 방법에 의해서 생산된 클론에서 형질전환 유전자의 활성화.

리거나 기능이 없어지게 할 전사나 번역 상의 정지 염기서열을 포함한다. 이 정지 서열은 2개의 FRT에 의해서 인접해 있다. 재조합효소의 발현을 유도하면, 이 효소는 이들 인접한 2개의 FRT 사이에서 재조합을 일으켜 정지 서열을 제거하고 완전한 서열의 유전자가 발현되도록 한다(그림 17.7). 이 변형된 방법은 "FLP-out"이라고 알려져 있다. 클론의 식별을 위해 분리된 표지자가 항상 필요한 것은 아니다. 왜냐하면 연구하는 유전자가 형질전환 유전자라면, 식별서열을 암호화 서열에 넣을 수 있기 때문이다. 예를 들면, "Myc 태그"는 발암 유전자인 Myc에서 유래한 짧은 펩티드인데, 이것은 특이성 있는 항체에 의해서 인지될 수 있어서 돌연변이 클론을 식별할 수 있게 한다.

## 성충판의 발생

### 성충판의 기원

흉부 성충판의 첫 번째 태동은 배아 발생후 약 5시간 즈음에 나타나는데, 이때는 배대가 최대로 확장되었을 때이다. 그들은 일반적인 현미경으로 보이지 않지만, *Distal-less* 유전자의 초기 인핸서에 의해 발현이 유도되는 *lacZ*에 의해서 관찰될 수 있다. *Distal-less*는 호메오도메인 전사인자를 암호화하며, 모든 배쪽의 부속지에서 발현한다. 초기 성충판 발생과, *Distal-less* 인핸서의 활성화는 *wingless* 유전자의 역할에 의존적이다. 11장에서 설명하였듯이, *wingless*는 배아 체절형성에 필요하고 완전기능상실 돌연변이는 치사한다. 그러나 *wingless*의 온도민감성 돌연변이 또한 존재하며, 이들을 이용하여 날개 발생에서 몇몇 중요한 시기가 밝혀졌는데, 첫 번째 시기가 발생 후 5시간이 약간 못되서 이며, 이때 *wingless*는 *Distal-less* 인핸서를 활성화시킨다.

배아에서 *wingless*는 초기에 각 부체절의 후반부를 에두르는 줄무늬로 발현된다. 성충판 형성에 관여된 또 다른 유전자는 *decapentaplegic* (*dpp*)이다. 초기에 *dpp*는 Dorsal 단백질의 농도 구배의 작동에 따라 배아 등쪽의 40% 부분에서 발현된다(11장 참고). 그러나 후기에 그 발현은 몇몇의 가로 밴드로 변화한다. 3개의 흉부 성충판들이 *wingless* 밴드와 *dpp* 가로 밴드가 교차하는 곳에서 생겨난다(그림 17.8). 배대의 수축동안 몇몇 세포 그룹들이 2개의 성충판 원기로 부터 분리되어 나와서 등쪽으로 이동한다. 이들 등쪽 세포들의 그룹이 날개와 평형곤 디스크가 되고 3개의 배쪽 세포그룹들이 다리 디스크가 된다. 10시간에 이르면 등쪽 세포덩어리들이 *vesitigial* 유전자를 발현하는데, 이것은 날개와 평형곤 발생에 필요한 전사조인자(cofactor)를 암호화한다. 대략 이 시기에 모든 성충판과 복부 조직 원기(histoblasts)들은 *escargot* 유전자를 발현하기 시작하는데, 이 유전자는 징크-핑거 전사인자를 암호화한다. 적어도 조직 원기에서는 DNA의 다사성(polytency)을 막아서 세포가 분열할 수 있는 상태를 유지하도록 한다.

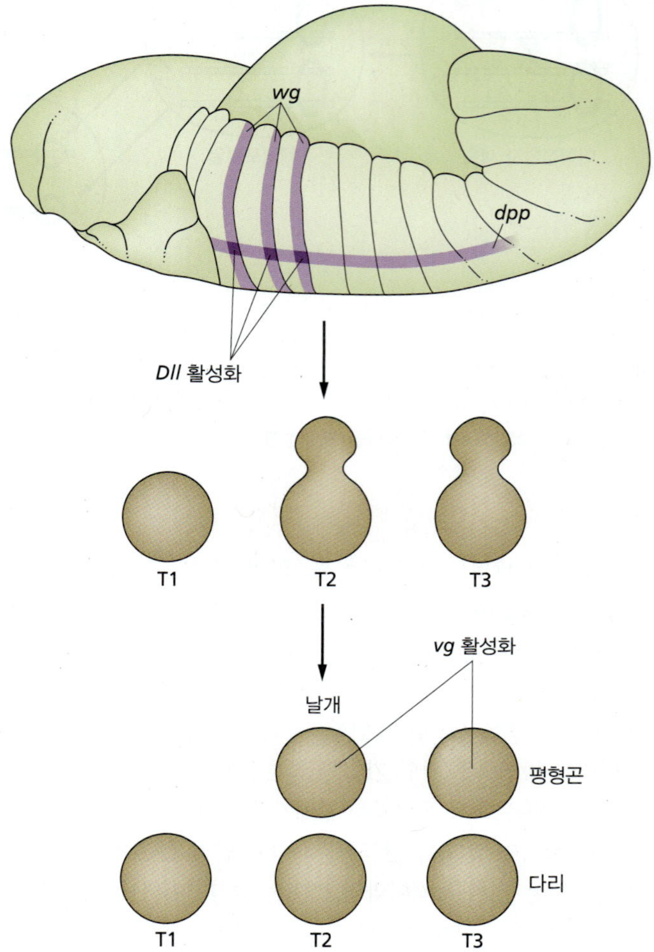


그림 17.8 배아에서 흉부 성충판의 형성.

## 고전적인 실험들

### 발생의 구획화에 대한 발견

발생 중인 구획에 대한 아이디어는 초파리에 국한된 것이 아닌 발생생물학의 기본 개념이었다. 구획은 성충판의 클론 분석에 의해 발견되었으며, 소수 세포들의 자손들에 의해 만들어지는 몸 구조의 단위로 정의한다. *engrailed* 돌연변이의 특징에 대한 연구를 통해, 이들은 또한 호메오유전자의 활성 도메인으로 확인되었다.

첫 번째 논문은 표지된 클론의 행동을 기술한 것이고, 두 번째 논문은 훨씬 크고 정보가 많은 클론 생산을 가능케 하는 *Minute* 기술을 소개한다. 세 번째 논문은 총설 논문이지만 저자들의 메시아적인 확실성 때문에 색다른데, 스페인 그룹의 연구는 그 중요성으로 인해 큰 관심을 받았다.

García-Bellido, A., Ripoll, P., & Morata, G. (1973). Developmental compartmentalisation of the wing disk of Drosophila. *Nature*, **245**, 251–253.

Morata, G., & Ripoll, P. (1975). Minutes: mutants of *Drosophila* autonomously affecting cell division rate. *Developmental biology*, **42**, 211-221.

Crick, F. H. C., & Lawrence, P. A. (1975). Compartments and polyclones in insect development. *Science*, **189**, 340–347.

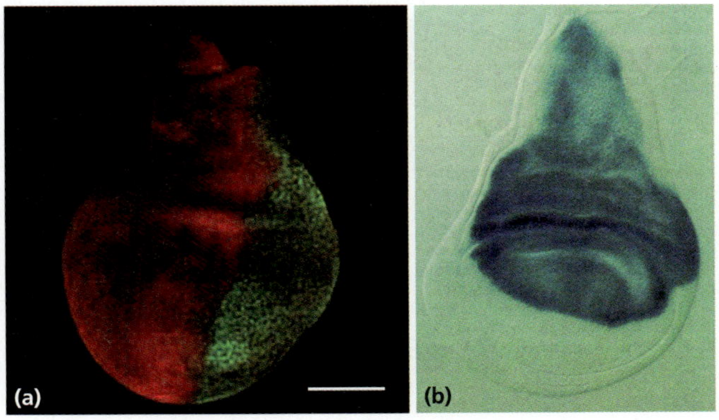

그림 17.9 3령기 유충의 날개 성충판에서 전-후 및 등-배 구역화. (a) 후반부 쪽에서 Engrailed (En, 녹색)와 전반부 쪽에서 Cubitus interruptus (Ci, 빨간색)의 면역염색. 축척자는 100 μm. (b) *lacZ* 리포터 유전자는 등쪽 부위에서의 *apterous* 발현을 보여준다. (인용) Elsevier 출판사의 허락을 받아 Smith-Bolton *et al. Dev Cell* 2009; 16:797-809의 그림을 재구성함. (그림 a); Cold Spring Harbor Laboratory Press의 허락을 받아 Bate and Martinez-Arias (1993) (eds), *The Development of Drosophila Melanogaster*의 그림을 재구성함(그림 b).

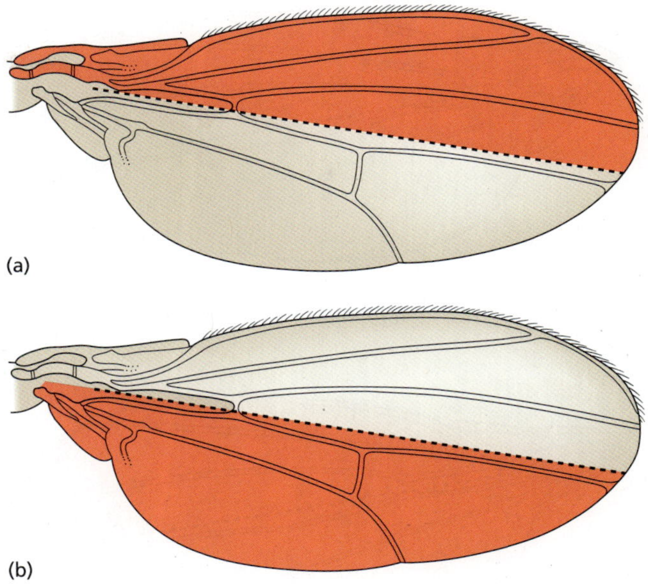

그림 17.10 *Minute* 기술을 사용한 전반부와 후반부 구역의 시각화. 정상 클론이 *Minute* 유전적 배경 하에서 유도되어, 전체 구역을 덮고 있다. (a) 전반부 구역; (b) 후반부 구역. (인용) John Wiley & Sons Ltd.의 허락을 받아 Lawrence (1992) *The Making of a Fly: The Genetics of Animal Design*의 그림을 재구성함.

## 구획화와 선택 유전자들

성충판의 점진적 형성과 구역화는 **클론분석법(clonal analysis)**을 통해 추적할 수 있다. 체세포 재조합이 배반엽 시기에 유도되면 각 클론들은 체절 경계를 넘지 못하고 각 흉부 성충판에서 전-후 경계를 넘지 못한다. 이러한 클론 제한을 전-후 **구획(compartment)** 경계라 부르고, 지금은 *cubitus interuptus*와 *engrailed* 시스템에 의해 정립되는 초기 배아에서의 **부체절** 경계로 알려졌다(그림 17.9a, 11장 참고). 이러한 경계는 세포분열을 통해 유전되고 각 흉부 성충판에서 유지된다. 비록 구역에 한정되지만 흉부의 배반엽 시기의 클론은 여전히 날개와 다리 디스크를 사이를 건널 수 있는 반면, 유충에서의 클론은 날개나 다리를 유도하는 것에 국한된다. 이것은 각 흉부 디스크 원기들은 하나의 세포 덩어리로부터 기원하여 2개로 나누어지기 때문이다.

전-후 구역 경계는 표지된 클론이 매우 커서 이것의 많은 부분이 경계면에 인접한다면 보다 쉽게 관찰된다. 이것은 리보솜 단백질을 암호화하고 있는 유전자의 우성 돌연변이인 *Minute* 돌연변이를 이용하여 관찰가능하다. *Minute* 돌연변이 사본 1개를 가진 초파리는 단백질 합성 이상으로 인해 느리게 성장하지만 생존하여 성충이 된다. *Minute*/+의 유전적 배경 하에서 +/+ 클론을 유도함으로써 주변의 조직에 비해 야생형 클론이 성장에 이점을 가져서 하나의 클론이 최종 기관의 많은 부분을 차지하게 되는 것이 가능해진다(그림 17.10). 놀랍게도 클론들의 이런 차별적인 성장은 조직의 최종 크기나 비율에는 영향을 미치지 않는다. 날개 성충판(다리 성충판은 아님)의 경우에는 2령기 유충기에 확립되는 등-배 구역 경계도 있다. 다시 말해, 1령기 유충기에 유도된 클론은 등-배 경계를 넘어 자라지만, 늦은 2령기 유충기에 유도된 것의 경우에는 등쪽이나 배쪽 부분에 한정된다.

각 구역의 구획화는 특정 호메오유전자 발현에 의존적인데, 종종 이런 의미에서 이들은 선택유전자(selector gene)라 불린다. 후반부 구역은 *engrailed* 유전자의 발현에 의해 확립된다. *engrailed* 활성은 배아 각 부체절의 전반부 줄무늬를 이루는 세포들을 정하지만, 성충판이 부체절의 경계에서 자라나기 때문에 이것은 성충판의 후반부가 된다. *engrailed*의 완전기능상실 돌연변이는 배아 치사성을 보이지만, 생존하며 날개 후반부가 전반부로 변형되는 정상하위 돌연변이들도 있다. 체세포 재조합에 의해서 실험적으로 유도된 클론들은 무작위적으로 전반부나 후반부 구역에서 생겨난다. *engrailed*가 결핍된 클론이 전반부에서 유도되면 그들은 전반부에 남아 있고, 정상적으로 발생한다. 그러나 이와 같은 클론이 후반부에서 유도되면 그들은 해부학적 이상을 유발하고 전반부 구역으로 경계를 넘어갈 수 있다(그림 17.11). 이들 실험들은 *engrailed*가 후반부 구역을 정의하는 역할을 하며, 이 유전자가 결핍되면 자동으로 전반부가 된다는 것을 보여준다. 세포 이동에 대한 실제적 장벽은 *engrailed*에 의해서 조절되는 integrin과 다른 구성요소에 의해 기인하는 구역별 세포 부착성의 차이에 의존적이다. 비록 여기에

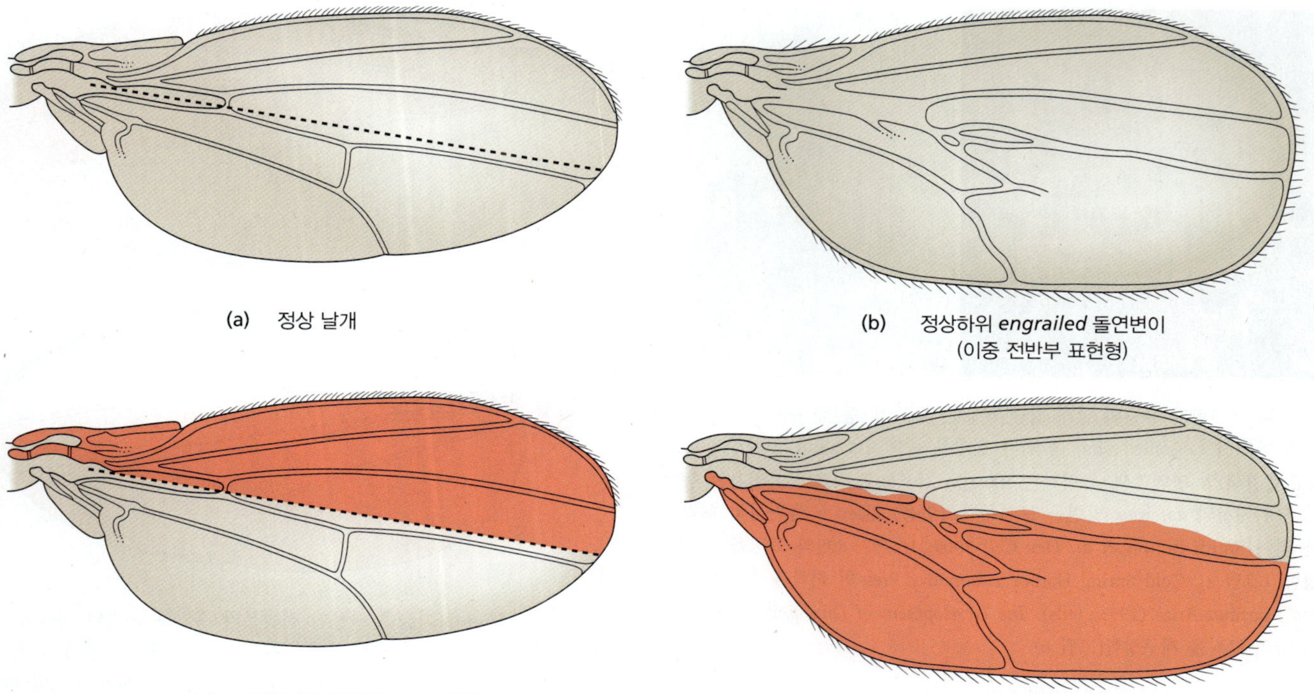

(a) 정상 날개

(b) 정상하위 *engrailed* 돌연변이 (이중 전반부 표현형)

(c) 전반부에 존재하는 $en^-$ 클론 (정상 표현형, 정상 경계)

(d) 후반부에 존재하는 $en^-$ 클론 (이중 전반부 표현형, 경계 무너짐)

**그림 17.11** *engrailed* 유전자의 기능. (a, b) 생존하는 *engrailed*의 정상하위 돌연변이는 2개의 전반부를 가지는 구조의 날개를 가진다. (c, d) *engrailed* 결핍 클론들은 전반부에서는 구역 경계를 정확히 지키지만, 후반부에서는 그렇지 않다. (인용) John Wiley & Sons Ltd.의 허락을 받아 Lawrence (1992) *The Making of a Fly: The Genetics of Animal Design*의 그림을 재구성함.

연루된 세포부착물질들이 자세히 밝혀지지는 않았지만, 전반부와 후반부 세포들은 2장에서 설명된 방법으로 서로 분별되어질 것이다(그림 2.18).

날개 성충판의 등쪽 구역은 Lim 클래스의 전사인자를 암호화하는 *apterous*의 발현에 의해서 경계가 결정된다(그림 17.9b). *apterous*의 발현은 2령기 유충에서 시작하는데 이것은 등쪽 클론이 등쪽에 한정되는 시기와 일치하며, 등쪽에 한정된다. 이것은 *vein*에 의해 암호화되는 neuregulin 유사인자에 의해 활성화된다. Neuregulin은 Egfr을 통해 작용하는데 *Egfr* 유전자가 결핍된 경우 *apterous*가 발현되지 않는다. *apterous*가 결핍된 클론이 배쪽에서 형성되면 정상이지만, 등쪽에서는 클론의 경계 주변에서 이소적인 날개의 가장자리가 생성된다. *apterous*가 결핍된 세포들은 배쪽 강모를 생산하는 클론들 사이에 존재하는 반면, 클론 주변의 세포들은 *apterous*를 발현하고, 등쪽 강모를 생산한다. 그러므로 정상적인 경우에서처럼 이소적 등-배 경계가 *apterous* 활성의 경계에서 생겨나는 것이다.

3령기 유충시기의 성충판들은 비록 눈에 띄는 분화는 일어나지 않지만, 유전자의 복잡한 발현 양상을 보인다(그림 17.12). 성충판과 성충판 조각을 시험관 내에서 배양하는 것은 성공적이지 않다. 즉, 끈적거리는 특별한 배양액을 사용함에도 불구하고 그들을 충분히 키워내어 성장시키는 것은 불가능하다. 그러나 성충판 조각을 다른 유충이나 성충의 몸에 이식하는 경우에는 장기간 생존하며 성장한다. 성충판 조각을 변태 중인 유충의 몸에 이식했을 때, 그들은 분화하여 정상 상태에서 자신이 형성할 부분을 만든다. 이 방법은 성충판의 어느 지점이 성체의 어느 지점으로 되는지를 보여주는 **운명지도(fate maps)**를 작성하기 위해 사용되어 왔는데, 엄밀히 말해 이것은 추출해내어 배양하는 방법을 사용하였으므로 **특성화지도(specification maps)**라고 하는 것이 맞다(4장 참고). 성충 초파리의 표피는 숙련된 관찰자가 구분할 수 있는 털과 강모 등, 다양한 특성화된 유형이 존재하므로 지도는 매우 정밀하다. 날개 성충판에서 등쪽 부분은 노텀(등쪽 큐티클)으로 발생하고, 배쪽 부위는 날개 성충판 막(pleura: 날개와 다리 사이의 큐티클)이 되며, 중앙부위는 날개의 연결부(hinge)와 날(blade)가 된다(그림 17.12d).

## 날개 성충판의 지역 패턴화

### 전-후축 패턴

정상적인 발생과정에서 몇몇 성충판들의 패턴형성 기전은 잘

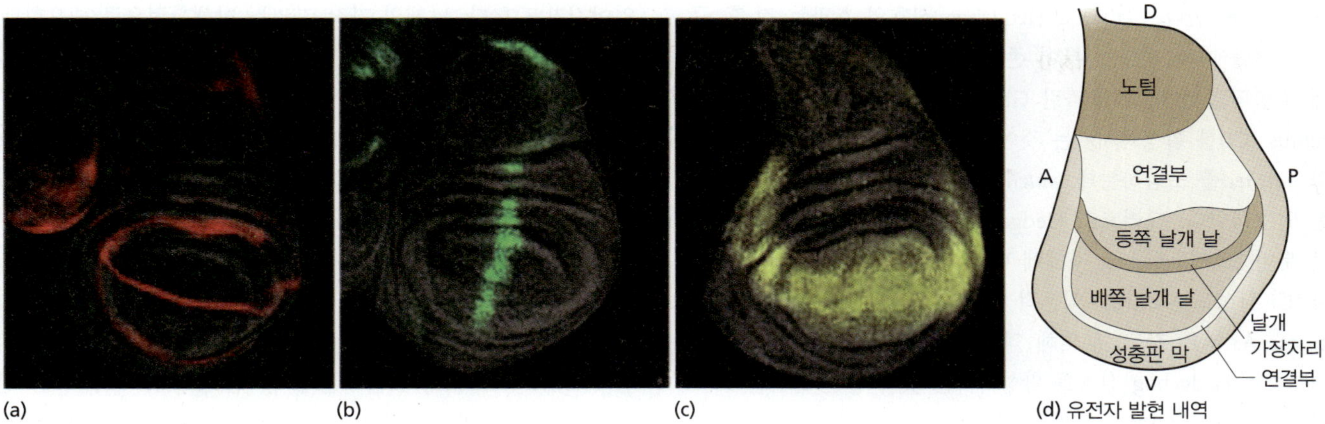


그림 17.12 3령기 유충의 성충판에서 유전자 발현 구역들. (a) *wingless*는 등-배 경계와 일부 다른 곳에서 발현된다. (b) *dpp*는 전-후 경계를 따라 발현된다. (c) *vestigial*은 장래의 날개 날 부분에서 발현된다. (d) 각 부분으로부터 어떤 구조가 발생하게 될지 보여주는 유전자 발현지도. (인용) Annual Reviews의 허락을 받아 Neto-Silva *et al. Ann Rev Cell Devel Biol* 2009; 25:197–220의 그림을 재구성함.

알려져 있다. 여기서는 날개 성충판에 대해 서술할 것인데, 이것의 발생은 다른 성충판들과 기본 원리는 같지만 실질적인 발생과정들은 상당한 차이가 있다. 날개 성충판들에 대한 기본적인 모델은 다음과 같이 요약할 수 있다: 전사인자인 Engrailed는 후반부 구역에서 발현되어 *hedgehog* 유전자 발현을 활성화시킨다. 세포 밖의 Hedgehog 단백질은 전-후 경계를 따라서 전반부 세포들을 활성화하여 *decapentaplegic* (*dpp*) 유전자를 발현하도록 한다. Dpp 단백질은 전-후 경계부분에서 가장 강하고 날개의 가장자리에서 약한 세포외 농도구배를 형성한다. 이 농도구배는 각기 다른 농도의 임계점을 가지는 전사인자들을 활성화시켜 전반부와 후반부 양쪽이 패턴을 형성한다.

이 모델의 증거는 주로 클론에서 유전자 활성을 없애버리거나 FLP-out 클론이나 GAL4 방법에 의해서 유전자를 과발현하는 등의 다양한 실험들을 통해서 얻어졌다. 초기 배아에서 전-후 구역 경계는 *engrailed*가 부체절의 전반부에서만 발현되는 것에 의해서 결정된다. 성충판들은 부체절의 경계면에서 발생하는데, *engrailed* 활성은 후반부를 정립한다. 후반부에서의 *engrailed*의 이소적 발현은 정상 클론을 생산하는데, 전반부에서의 활성은 비정상 클론을 생산한다. 이들은 주변 조직들에서 패턴의 중복을 만든다(그림 17.13a). Engrailed는 전사인자이기 때문에 이들 클론의 비자율성은 *engrailed* 과발현 세포들로부터 신호가 나온다는 것을 보여준다. *engrailed*가 체세포 재조합에 의해서 제거되면 전반부에 형성된 클론은 정상이지만, 후반부에 형성된 클론은 과도한 성장을 보이고 패턴이 중복된다(그림 17.13a).

배아 발생단계에서처럼, *engrailed* 발현 세포가 내는 신호는 Hedgehog인데, 이것은 짧은 범위로만 확산된다. 후반부 구역의 세포들은 Hedgehog에 대해 반응하지 못하는 반면에 전반부 세

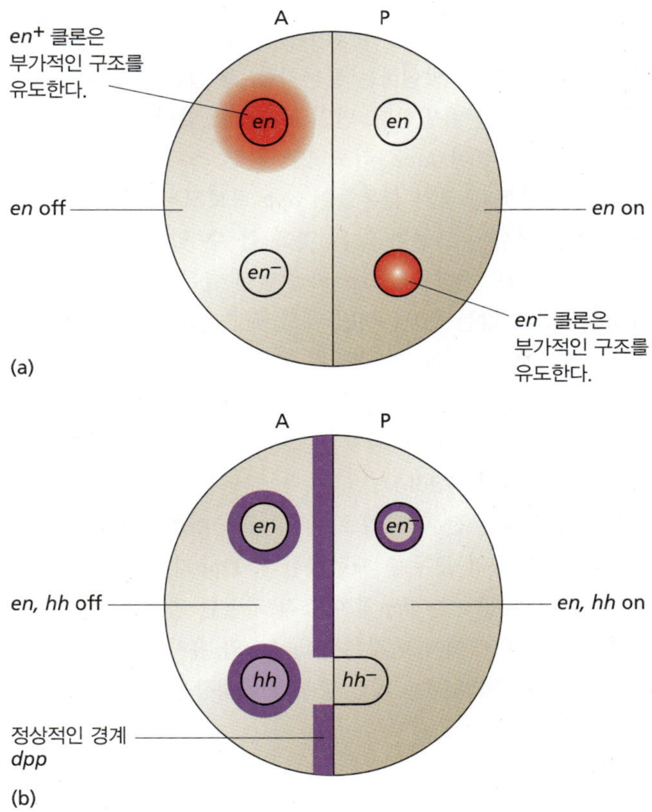


그림 17.13 (a) *engrailed* 발현 변이를 가진 클론들의 행동. 전반부에 존재하는 *engrailed* 과발현 클론들은 그들의 주변에서 패턴 중복을 유발한다; 후반부 구역에 존재하는 *engrailed* 활성결핍 클론은 그들 자신이 이소적 구조를 형성한다. (b) *engrailed*나 *hedgehog* 발현이 변화된 클론이 *dpp* 인핸서에 미치는 영향. *engrailed*가 결핍된 후반부의 클론들은 그들이 후반부 구역의 조직들과 접하고 있을 경우에만 *dpp* 인핸서를 활성화한다. *engrailed*를 발현하는 전반부 클론들은 주변 조직들에서 *dpp* 인핸서를 활성화한다. *hedgehog*가 결핍된 후반부 클론은 정상적인 경계를 넘어서 *dpp* 활성을 억제한다. 전반부 클론은 자신의 안쪽에서 그리고 주변부 세포에서 모두 *dpp*를 활성화한다.

포들은 반응한다. 그러므로 Hedgehog 신호의 효과는 전-후 구역 경계를 따라 띠를 이루어 존재하는 세포를 자극한다. 11장에 설명되었듯이, 그 효과란 Gli형 전사인자인 Cubitus interruptus (Ci)를 활성화시키는 것이다. Ci의 표적 유전자들은 *dpp*와 *patched*를 포함하는데, *patched*는 Hedgehog에 대한 수용체를 암호화한다. 그러므로 Hedgehog 신호에 대한 반응은 Dpp를 분비하고 Hedgehog 자체에 대한 민감도를 증가시키는 것이다. Ci 활성도는 cAMP 의존적 인산화 단백질인 PKA (protein kinase A: 부록 참고)에 의해 억제된다. 그러므로 PKA 기능을 제거하면 Hedgehog 신호를 활성화하는 것과 같은 효과를 보이며, 이 분야에서 PKA 활성을 제거한 클론을 이용하는 수많은 실험들이 수행되었다.

위에서 설명된 것과 같은 과정에 대한 증거는 *hedgehog*를 이소적으로 발현하는 클론과 *hedgehog*의 활성이 결핍된 클론에 대한 연구를 통해 얻어졌다. *hedgehog*를 생산하는 클론이 후반부에 존재할 경우 그들은 정상이다. 만일 그들이 전반부에 존재하면, *engrailed*를 발현하는 클론처럼, 그 클론을 둘러싼 조직에서 패턴 중첩을 유발한다. 만일 *hedgehog* 발현 클론들이 *dpp* 프로모터와 연결된 *lacZ* 리포터를 가진 초파리에서 유도되었다면, 전반부 구역의 클론들이 *dpp* 프로모터를 활성화시키고, 후반부에서는 그렇지 않은 것을 볼 수 있을 것이다(그림 17.13b). 반대로, 전반부의 *engrailed* 발현 클론은 자신의 *dpp*를 활성화시키지 않는 반면, 주변 세포에서 *dpp*를 활성화시킨다(그림 17.13b). *hedgehog*가 결핍된 클론은 그들이 전-후 경계면에 접하고 있을 때만 표현형을 보인다. 이 경우 주변의 전반부 세포들에서 *dpp*가 활성화되지 않으며 패턴형성에 부분적인 이상을 보인다(그림 17.13b).

Dpp 단백질은 전-후 경계로부터 농도구배를 형성하여 전반부와 후반부 구역 모두를 패턴화한다. Dpp가 패턴형성의 주요 실행자라는 증거는 *dpp*의 이소적 과발현 연구를 통해 얻어졌다. 전반부 구역에서 이것은 *hedgehog*와 유사한 효과를 보인 반면, 후반부 구역에서는 패턴 중복과 과성장을 유발한다.

## 등-배축 패턴

날개 성충판에서는 등-배축의 패턴형성을 확립하는 독립적인 신호가 존재한다. 이것은 등-배 구역 경계를 따라 Notch의 활성화에 의존적인데, 이것은 전사인자 유전자인 *vestigial*과 유도인자 유전자인 *wingless*를 활성화한다(그림 17.12).

이 과정에 관여하는 유전자들인 *wingless*, *Notch*, *Delta*, *Serrate*, *fringe* 등은 이소적으로 발현되었을 경우나 클론에서 제거되었을 경우, 서로 유사한 효과를 지닌다. 이소적 발현은 날개 가장자리에 이소적 패치(patch)를 나타내는 경향이 있는 반면, 제거할 경우 가장자리 이상이 생기거나 혹은 날개 날이 완전히 없어지기도 한다. 날개의 가장 자리는 발생학적으로 중요한데, 그 이유는 이 부분이 유충의 날개 성충판의 등-배 구역 사이의 접합점으로부터 나오기 때문이다.

Notch는 Serrate와 Delta 2개의 리간드를 가지는데, Serrate는 등쪽 구역에서만 발현되고, Delta는 성충판의 전부위에서 발현된다. 그러나 Notch는 등-배 경계를 따라서만 자극되는데, 이것은 이 시스템의 두 가지 특성에 의해서 일어난다. 첫 번째로, Notch 신호가 Notch 자신의 경로에 포함된 인자들을 암호화하는 *Delta*, *Serrate*, *Notch* 등의 유전자들을 활성화하는 양성되먹임(positive feedback)이 존재한다. 두 번째로, 등쪽 구역에서만 발현되는 *fringe*의 작용을 들 수 있다. *fringe*는 글리코실트랜스퍼레이즈(glycosyl transferase)를 암호화하는데, 이것은 Notch에 당 잔기를 붙여 Notch가 Delta에 더욱 민감하게 하고, Serrate에 덜 민감하게 한다. Fringe의 작용 때문에 Notch는 등쪽에서 Delta에 더욱 민감하게 되고 등쪽 전반에서 어느 정도의 Notch 활성화가 일어나고, 이로 인해 Delta와 Serrate가 약간 더 생성된다. 그러나 등쪽에서는 Fringe 때문에 Serrate는 영향을 미치지 못한다. Fringe가 없는 배쪽 구역의 첫 열의 세포에서 Serrate의 영향이 가장 크다. 그러므로 이 열의 세포들에서 Serrate와 Delta를 더 생산한다. 이것은 다음으로 자가촉매성을 보인다. 왜냐하면 Serrate와 Delta의 국소적 증가는 Notch 경로의 인자들을 암호화하는 유전자들의 발현을 증가시키기 때문이다. 이러한 효과로 오로지 등-배 경계를 따라서 Notch 경로 인자들의 신호활성과 유전자 발현 증가가 모두 일어난다. 이러한 기전에 대한 증거는 GAL4 시스템을 이용한 *Delta*와 *Serrate*의 과발현의 결과로 제시되었다. Delta는 등쪽 구역에서 *Serrate*의 전사를 증가시킬 수 있는 반면, Serrate는 배쪽 구역에서 *Delta*의 전사를 증가시킬 수 있음이 알려졌다. 더욱이, 등쪽 구역 선택 유전자인 *apterous*는 *fringe*를 활성화시킨다고 보고되었다. *apterous* 돌연변이에서 *fringe*를 발현시키면 이것은 날개 형성을 정상화한다.

*vestigial*은 날개 세포들의 증식을 위해 필요한 전사조인자(transcriptional cofactor)를 암호화하며, 정상적으로 장래의 날개 날이 될 부분 전체에서 전사된다. *vestigial*은 "주 조절 유전자"의 지위를 가지는데, 그 이유는 이것이 다른 성충판에서 활성화되면 이들에서 날개 날의 형성을 유도하기 때문이다. *vestigial*은 2개의 인핸서를 가지는데, 각각은 날개 성충판에서 활성화된 신호시스템 중 하나에 대해 반응한다. 경계 인핸서는 정상적으로는 Notch 신호에 의해 등-배 경계를 따라 활성화된다. 사분원 인핸서는 Dpp 신호에 의해서 활성화되며 이것은 장래의 날개 날의 남은 부분에서 *vestigial*을 활성화한다.

구역 간의 상호작용의 최종 결과는 날개의 가장자리가 될 부분을 따라 *wingless* 활성화와 전체 날개 날에서의 *vestigial*의 활성

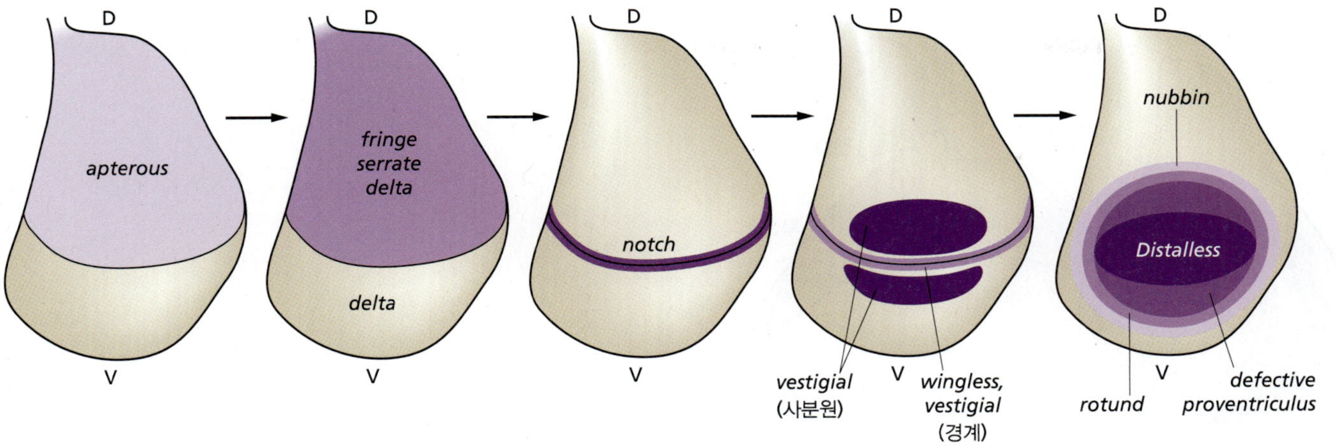


그림 17.14 날개 성충판에서의 등-배 패턴형성. 등쪽 구역에서의 *apterous*는 *fringe*를 활성화한다. Notch는 *fringe* 경계에서 활성화되어 *wingless*와 *vestigial*을 발현시킨다. *vestigial*은 또한 Dpp에 의해서 사분원 인핸서를 통해 활성화된다. 마지막으로, 동일한 중심을 가진 전사인자들의 그룹이 활성화되어 날개의 기부-말단(proximodistal) 패턴형성의 분화를 조절한다.

화이다(그림 17.14). 날개의 기부-말단(proximodistal) 패턴은 말단(중앙)부터 기부(원주)까지 동심원으로 배열된 전사인자 유전자들의 발현 도메인에 의해 나타난다: *Distal-less* (호메오 도메인), *defective proventriculus* (호메오 도메인), *rotund* (징크-핑거), *nubbin* (호메오-POU 도메인). 이들은 적어도 부분적으로는 Wingless와 Notch의 조합에 의해 활성화되고, 연결부(hinge), 날개 기부와 날개 날로 구성된 최종적인 기부-말단 패턴을 형성한다.

## 재생과 결정전환

성충판 조각이 다른 유충이 아닌 성충 암컷의 초파리의 복부에서 배양되면, 이것은 계속적으로 살아남아 어떤 조건에서는 재생된다. GAL4 시스템을 이용하여 특정한 국소적 위치에 세포치사 유전자 발현을 통해 성충판에 국소적 상처를 줄 수도 있다. 약 일주일 후 성충판 조각은 없어진 부분을 재생하거나, "복제"라는 일종의 재생을 통해 이미 존재하는 부위의 사본을 재생할 것이다. 재생의 결과는 제자리혼성화나 리포터 유전자들의 발현을 통하여 직접적으로 관찰할 수 있다. 고전적인 방법은 재생된 조각을 변태하고 있는 유충에게 이식하고 분화해서 생산된 구조를 관찰하여 어떤 일이 일어났는지를 유추하는 것이었다.

재생은 발생이 날개와는 조금 다른 다리 성충판에서 가장 많이 연구되었다(그림 17.15). 다리 성충판에서도 여전히 *engrailed*와 *hedgehog*가 후반부 구역에서 발현되지만, 등-배 구역 경계는 없다. Hedgehog는 *wingless* (배쪽 전반부에서)와 *dpp* (등쪽 전반부에서)의 발현을 모두 유도한다. Wingless와 Hedgehog 모두의 접합 효과가 최대인 중앙점이 다리의 말단 끝부분이 되고 neuregulin 유사인자를 암호화하는 *vein*의 발현을 활성화한다. 결과적으로 형성된 말단에서부터 기부로의 EGF 수용체 활성의 농도구배는 다리의 가장 끝 말단인 부절(tarsus)과 좀 더 기부 부위의 패턴형성을 조절한다.

성충판이 잘리면, 초기에는 원주형 표피가 성충원기막(peripodial membrane)에 접합되는 방식으로 치유한 다음, 원주형 표피의 잘린 끝 부위가 서로 융합되는 방식으로 재정리된다. 이것은 MAP 인산화효소의 일종인 JNK의 국소적 활성화를 일으키고 약 15 세포 넓이의 부위에서 세포분열을 촉진한다(그림 17.16). Wingless나 Dpp의 농도구배의 정상적인 기울기가 재형성될 때까지 충분히 세포분열이 지속된다. 성충판의 새로운 부위에 하나의 농도구배가 재정립되면 중첩이 생길 것인데, 왜냐하면 구조들은 국소적 농도에 따라서 형성되는데, 이 경우는 하나 대신에 두 군데서 같은 농도를 가지기 때문이다. 그러나 말단 부위의 재생은 *hedgehog*, *wingless*, *dpp* 부위가 겹치는 곳에서만 일어난다. 그러므로 예를 들어 *wingless* 발현 클론은 오로지 이 클론이 *dpp* 발현 위치에 접해 있을 때만 말단 부위를 생산한다. 전흉부 다리 성충판에서(제2, 제3의 흉부체절의 다리 성충판에서는 아니다), 성충원기막 자신은 *hedgehog*를 발현한다. 이것은 아마도 성충원기막이 원주형 표피에 접합하는 초기 치유단계 후, Hedgehog에 의해서 부가적인 *wingless*나 *dpp* 구역이 유도된다는 것을 의미하며, 이것은 상대적으로 작은 조각들로부터 재생이 일어나는 기전이 된다.

성충 숙주에서 성충판 조각을 배양하는 실험들이 이루어진 초기에 다리에서 날개로 치환되는 것과 같은 성충판 유형이 다른 것으로 치환되는 것이 종종 관찰되었는데, 이것을 **결정전환(transdetermination)**이라고 한다(그림 17.16b). 지금은 성충판이 "약점"을 따라 잘리면 결정전환이 일어난다는 사실이 알려

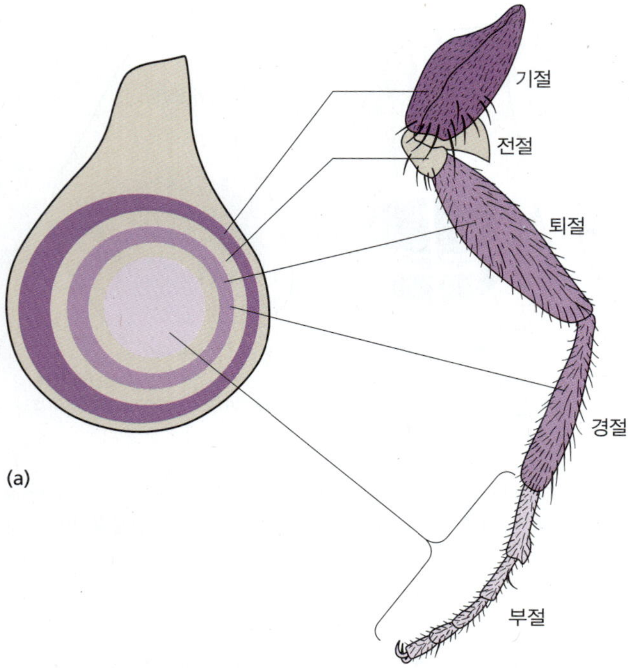


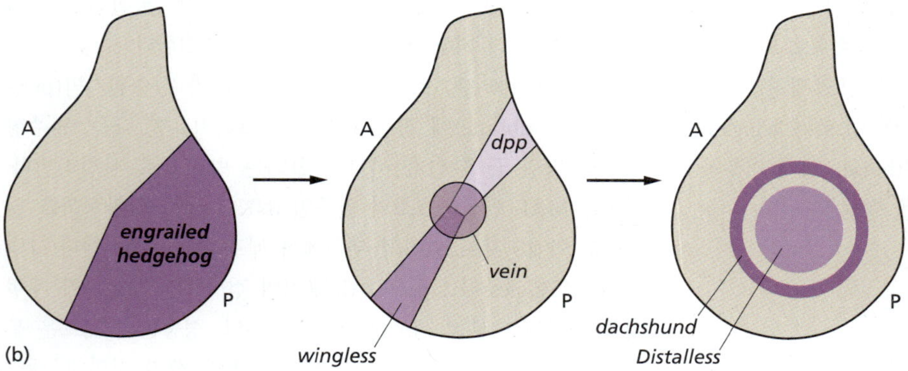


그림 17.15 다리 성충판. (a) 다리 성충판의 운명지도. (b) Wingless와 Dpp의 조합적인 작용에 의한 기부-말단 축에서의 전사인자들의 활성화.

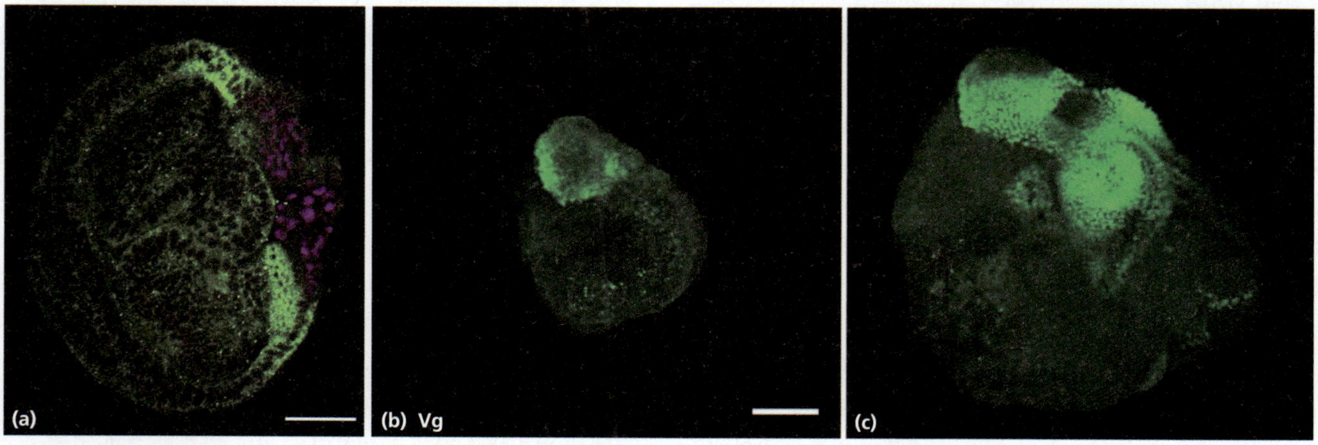


그림 17.16 첫 번째(전흉부) 다리 성충판의 재생. 단백질들은 면역염색법을 통해 관찰되었다. (a) 2일 동안의 생체 내 배양 후 전반부 조각으로부터 후반부 세포들의 재생. Engrailed (후반부 구역 표기)는 심홍색이고 Cubitus interruptus (전반부 구역 표기)는 초록색이다. 축척자는 25 μm. (b, c) 날개 표지인 Vestigial의 발현으로 관찰된 "약점"에서의 결정전환: (b) 4일, 축척자는 100 μm; (c) 7일 배양. (인용) Elsevier의 허락을 얻어 Schubiger *et al. Developmental Biology* 2010: 315-324의 그림을 재구성함.

져 있다. 다리 성충판의 경우에는 *dpp*가 발현되는 곳의 중앙에 이 약점이 존재하며, *wingless*의 자가촉진적(autocatalytic) 발현 증가에 민감한 부분이다. 성충판에서 전반적으로 낮은 수준의 *wingless* 발현이 일어나는데, 이 부분의 상처는 *wingless*의 발현이 자기 자신을 활성화하여 자기 발현 수준을 높게 유지하는 방법으로 민감도를 높인다. Wingless와 Dpp가 모두 이렇게 높은 수준으로 발현되므로, *vestigial*이 활성화되어 다리 성충판 일부분이 날개 성질을 가지게 되는 호메오성 변화가 일어난다.

*wingless*의 이소적 발현이 정상적인 다리 성충판에서 조차 같은 위치에서 결정전환을 일으킨다는 것이 증명되었다 *vestigial*의 이소적 발현 또한 다리나 평형곤 성충판으로부터 날개 구조가 자라나는 것이 관찰되었다. 이것이 *Ultrabithorax* (*Ubx*) 돌연변이에서 호메오성 효과가 일어나는 이유이다. Ubx는 Hox 군에 속하며 이것의 기능상실 돌연변이는 평형곤을 날개로 변화하는 반면, 이소적 발현은 날개를 평형곤으로 변환한다. 그 이유는 Ubx가 Wingless와 Notch 경로를 통해 *vestigial*의 유전자 발현 활성화를 억제하기 때문이며, *Ubx*가 결손되면 *vestigial*의 발현이 유도되어 날개가 발생되는 것이다.

### 새로운 연구방향

초파리 배아처럼 성충판들도 발전된 유전학적인 방법들의 사용이 가능하기 때문에 다양한 세포학적 주제들에 대한 연구에 사용될 수 있다. 현재의 관심 분야들은 세포내 물질이동, 평면 극성확립, 성장조절 등이다.

## 형태형성인자의 농도구배와 극성

초파리 성충판은 **형태형성인자(morphogen)**의 **농도구배(gradient)**가 존재한다는 증거를 보여준다. 특히 Dpp와 Wingless의 농도구배가 존재한다는 것이 항체염색을 이용하거나 형질전환 초파리에서 GFP 융합단백질의 분산 관찰 등을 통해 관찰되었다. 그러나 이러한 농도구배가 이전에 상상되었던 것처럼 세포외로의 단순한 분산에 의해서 형성되는 것이 아니라 수용체와 세포내 물질이동 체계를 포함한다는 사실이 날개성충판에서의 Dpp 농도구배에 관한 연구를 통해 밝혀졌다(그림 17.17). Dpp-GFP 융합단백질의 농도구배가 열충격 프로모터에 의해 조절되는 형질전환 유전자에 의해 시작될 수 있다. 국소적 생산근원으로부터의 분산 및 제거 모델(source dispersed sink model: 2장 참고)에서 예측된 것과 같이 농도구배는 약 7시간에 후에 25 세포 두께에 걸쳐 형성된다. 이와 맞물려 MAD 단백질(초파리에서는 smad)의 인산화가 일어나는데, 이는 이 단백질이 활성화된다는 의미이다. 그러나 만일 Dpp를 암호화하는 형질전환유전자가 수용체에 결합하지 못하도록 제작되었다면 농도구배는 관찰되지 않으며, 이 단백질의 대부분은 세포 내에 머무르게 된다. Dpp 수용체 결손 클론이 유도되면 이 클론에서 Dpp-GFP 단백질은 분산되지 않고 클론의 발현 위치에 축적된다(그림 17.17b). 리간드 수용체 복합체의 세포내화(internalization)는 운동단백질인 dynamin과 small GTPase인 Rab5 활성을 필요로 한다(부록 참고). dynamin 결손 클론에서도 역시 농도구배가 형성되지 않으며(그림 17.17c), *Rab5* 돌연변이에서는 농도구배의 범위가 변할 것이다: 기능상실 돌연변이에서는 범위가 축소되고, 기능획득 돌연변이에서는 증가할 것이다. 그러므로 농도구배는 수용체 결합, 세포내화, 재분비 등의 능동적 과정에 의해 확립되고 유지되는 것으로 예상된다. 세포 간 물질유입(transcytosis)이라는 과정에 의해서 수용체-Dpp 복합체를 포함하는 소낭(vesicle)이 세포를 건너 Dpp를 다른 위치에 분비할 것으로 예상된다(그림 17.17d).

Wingless의 농도구배의 경우에는 영향을 받는 세포가 10개 내외로 매우 가파르다. 이 경우 dynamin 결손에 의해 영향을 받지 않는 등, Dpp의 농도구배와는 다른 기전으로 이동된다. 성충판에서의 이들 두 가지 형태형성인자에 대한 자세한 연구들은 다른 형태형성인자들이 매우 다른 기전으로 이동된다는 것을 보여준다.

날개와 같은 초파리 부속지들에서 잘 연구된 몸체 부분의 패턴형성의 또 다른 양상은 각 개별세포의 **극성(polarity)**이다(그림 17.18). 날개 세포 각각은 하나의 액틴 전모(prehair)를 가지는데, 이들은 말단 쪽으로 향해 있다. 이 세포 극성에는 Wingless 신호경로에 포함된 많은 구성요소들이 사용되는데, 이들은 대칭성을 파괴하는 방식으로 행동한다. Wingless의 수용체인 Frizzled는 Dishevelled를 모은다. 이것은 Frizzled의 축적을 안정화하고 이웃 세포에 Lim 도메인 단백질인 Prickle-Spiney leg를 모으고, Dishevelled를 그 세포의 다른 쪽으로 밀어 낸다. 두 번째 세포의 다른 위치에서의 Dishevelled의 축적은 그 위치에서 Frizzled와의 복합체 형성을 촉진하여 그 다음 세포의 같은 위치에 Prickle을 모은다. 이 결과 처음엔 균질했던 위치에서부터 출발하여 극성이 생겨나고, 세포와 세포를 통해 전파되어 갈 수 있다. 이 기전에 대한 주요 증거는 *frizzled* 돌연변이 연구로부터 얻어졌다. 만일 *frizzled* 결손 클론이 정상

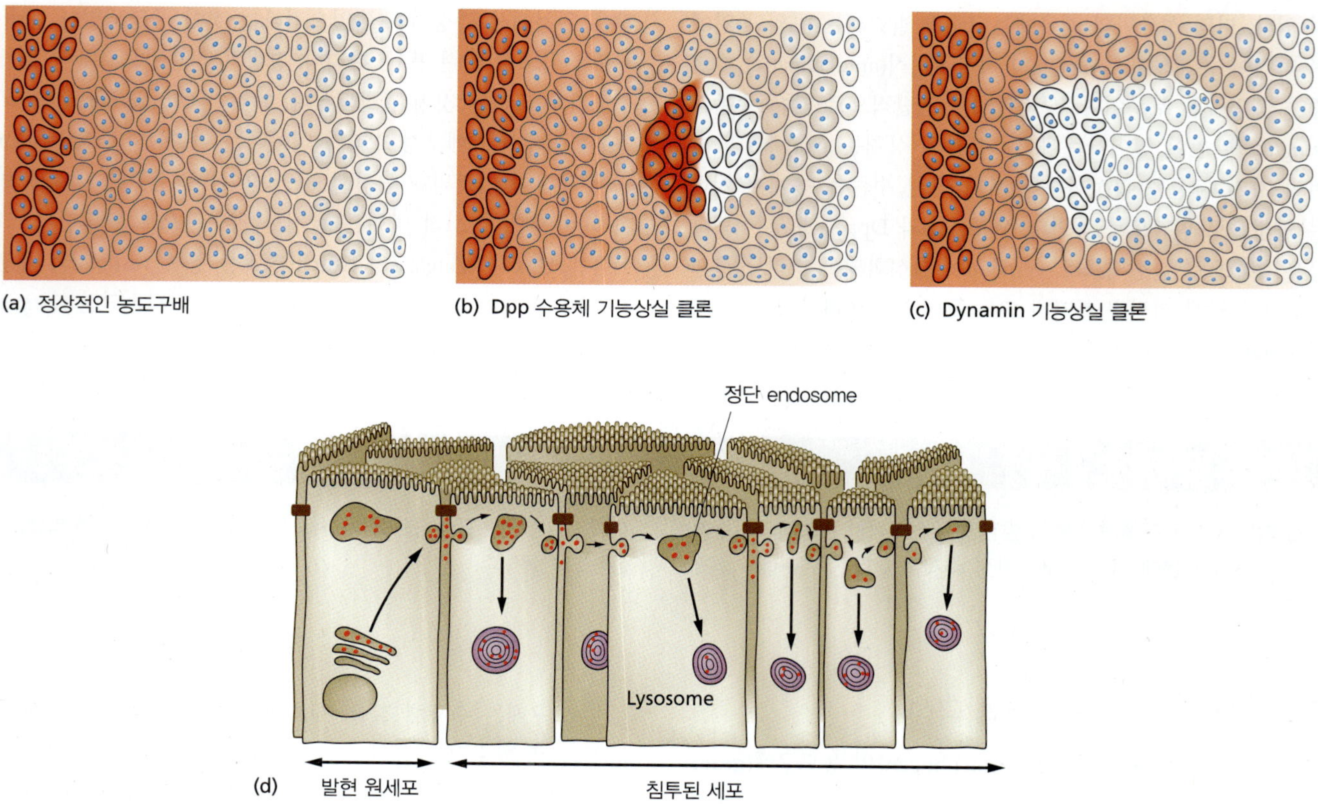


**그림 17.17** 날개 성충판에서 Dpp의 농도구배. (a) 정상. (b) Dpp 수용체 결손 클론의 효과. (c) dynamin 결손 클론의 효과. (d) 평면적 세포 간 물질 유입(transcytosis)의 모델. (인용) Elsevier의 허락을 얻어 González-Gaitán. *Mech Dev* 2003;120: 1265–1282의 그림을 재구성함.

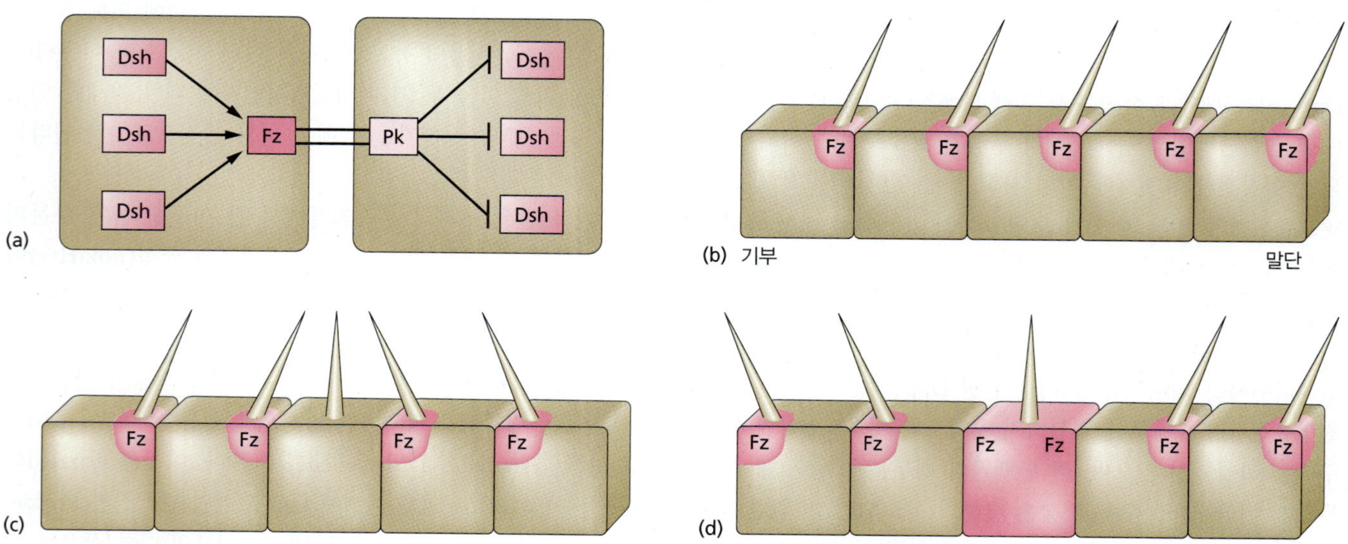


**그림 17.18** 평면세포극성시스템. (a) Frizzled와 Prickle-Spiney leg 복합체 형성으로 세포들의 극성이 전파된다. (b) 날개 모의 정상적인 방향성. (c) *Frizzled* 결손 세포 주변의 날개모들의 방향성. (d) *Frizzled* 과발현 세포 주변 세포의 날개모 방향성.

세포들 사이에서 유도되면 주변정상세포들의 날개모들은 클론 방향을 향하는 경향이 있다. 반면 *frizzled*를 과발현하는 클론의 경우 주변의 정상세포들의 날개모들은 그 클론의 반대방향으로 향한다. 공초점 현미경(confocal microscopy)을 이용한 면역염색을 통해 관찰하면 다양한 단백질들이 이 세포내에 축적됨을 알 수 있다. 유사한 **평면세포극성시스템(planar cell polarity)**

이 다른 동물들에서도 발견된다. 예를 들면 제노푸스의 낭배형성 동안 세포들의 방향성 조절이 있는데, 이 경우 척추동물에서의 전반적인 극성은 Wnt5와 Wjnt11과 같은 Wint 패밀리 구성원들에 의해서 조절된다.

초파리에는 2개의 비전형적인 cadherin인 Fat, Dachsous와 Fat를 인산화시켜 활성화하는 골지체 단백질 인산화효소인 Fourjointed에 기초한 전혀 다른 세포 극성화 시스템이 존재한다. Dachsous와 Fourjointed는 초기 형태형성물질의 농도구배에 따라 농도구배를 형성한다. Fat는 이웃 세포에 존재하는 Dachsous와 결합할 수 있다. 만일 이와 같은 결합에 의해서 많은 양의 Fat나 Dachsous가 세포의 한쪽으로 모이면 다른 쪽에서는 이들이 감소하고 세포 극성이 전파될 것이다. 이 시스템은 세포성장조절경로인 Hippo 경로와 연결되어 있으며(19장 참고), 국부적으로 과도한 세포분열을 일으키는 패턴 단절에 관한 정보를 제공하는 것으로 생각되어지고 있다.

## 기억해야 할 핵심 사항들

- 초파리 유충은 두 번의 탈피(molt)를 거쳐 번데기(pupa)가 된다. 번데기에서 유충 몸의 대부분은 몇몇 성충판들로부터 분화되어 치환된다. 머리, 흉부 생식기의 큐티클은 배아시기에 생겨나서 유충기에 자라난 성충판으로 부터 형성되지만 변태기간 동안 미분화된 상태로 남아 있다.
- 체세포 재조합은 성충판 발생을 분석하기 위해 사용되었다. 이것은 클론 분석이나 무작위적 클론에서 관심 있는 특정 유전자들을 제거하거나 과발현하기 위해 사용될 수 있다.
- GAL4 방법은 특정 위치에서 관심 있는 유전자들을 과발현하기 위해 사용된다.
- 흉부의 성충판들은 보이지 않는 전-후 경계로 나뉘는데, 이것은 클론 분석을 통해 관찰되고 배아의 부체절 경계에 해당한다. 각 성충판의 후반부 구역은 *engrailed* 유전자의 활성에 의해 확립된다.
- 날개 성충판은 2령기 유충시기에 등쪽과 배쪽 구분이 형성된다. 등쪽 구역은 *apterous* 유전자 활성에 의해서 확립된다.
- 날개 성충판의 전-후 패턴형성은 Engrailed에 의한 *hedgehog* 활성화에 의해서 생겨나는데 Hedgehog는 *decapentaplegic* (*dpp*)을 전-후 경계를 따라 활성화한다. 이것은 Dpp 단백질을 경계로부터 양쪽 가장자리로의 농도구배를 형성한다.
- 날개 성충판의 등-배 패턴형성은 *Notch*의 발현과 등-배 경계를 따라 Notch 신호전달계의 활성화에 의해 조절된다. 이것은 *wingless*의 발현을 증가시킨다. DPP, Notch, Wingless 신호계의 조합은 전체 성충판에 걸쳐 세포 분화의 패턴을 형성한다.
- 성충판은 상처를 입었을 때 재생될 수 있다. 잘린 면은 치료되고 그 주변에서 국소적 세포분열이 일어난다. 결합부위가 새로운 말단 끝을 형성하면 없어진 부분이 재생될 것이다. 결합부위가 형태형성인자의 농도구배를 새로운 구역으로 연장하면 중복된 구조가 생겨날 것이다.
- 결정전환은 재생의 결과로 생겨난 성충판 유형의 변화이다. 일부 결정전환은 *wingless*이나 *vestigial* 유전자의 과발현에서 의해서 일어날 수 있다.
- 성충판에서 Dpp 농도구배에 대한 연구는 이것이 이동을 위한 수용체 매개 세포내 유입(endocytosis)에 의존적이라는 것을 보여준다. 하지만 Wingless의 농도구배는 이러한 경로를 이용하지 않는다.

## 추가로 읽을 것


Website for data on *Drosophila* genes: http://www.sdbonline.org/fly/aimain/1aahome.htm

### General

Lawrence, P.A. (1992) *The Making of a Fly*. Oxford: Backwell Science.

Cohen, S.M. (1993) Imaginal disc development. In: *The Development of Drosophila melanogaster*. Bate, M. & Martinez-Arias, A., eds. Cold Spring Harbor, NY : Cold Spring Harbor Laboratory Press, pp. 747–841. Reprinted 2009.

Brook, W.J., Diaz-Benjumea, F.J. & Cohen, S.M. (1996) Organizing spatial pattern in limb development. *Annual Reviews of Cell and Developmental Biology* **12**, 161–180.

### Methods

Brand, A.H. & Perrimon, N. (1993) Targeted gene expression as a means of altering cell fates and generating dominant phenotypes. *Development* **118**, 401–415.

Harrison, D.A. & Perrimon, N. (1993) Simple and efficient generation of marked clones in *Drosophila*. *Current Biology* **3**, 424–433.

Lee, T. & Luo, L. (1999) Mosaic analysis with a repressible cell marker for studies of gene function in neuronal morphogenesis. *Neuron* **22**, 451–461.

Blair, S.S. (2003) Genetic mosaic techniques for studying *Drosophila* development. *Development* **130**, 5065–5072.

### Disc regeneration and transdetermination

Bryant, P.J. (1978) Pattern formation in imaginal discs. In: *Biology of*

*Drosophila*. Ashburner, M. & Wright, T.R.F., eds, Vol. 2c. New York: Academic Press, pp. 229–335.

Campbell, G. & Tomlinson, A. (1995) Initiation of proximodistal axis in insect legs. *Development* **121**, 619–628.

Gibson, M.C. & Schubiger, G. (2001) *Drosophila* peripodial cells, more than meets the eye? *Bioessays* **23**, 691–697.

Maves, L. & Schubiger, G. (2003) Transdetermination in *Drosophila* imaginal discs: a model for understanding pluripotency and selector gene maintenance. *Current Opinion in Genetics and Development* **13**, 472–479.

Berganti ños, C., Vilana, X., Corominas, M. & Serras, F. (2010) Imaginal discs: renaissance of a model for regenerative biology. *BioEssays* **32**, 207–217.

### Compartments

Lawrence, P.A. & Struhl, G. (1996) Morphogens, compartments and pattern: Lessons from *Drosophila? Cell* **85**, 951–961.

Serrano, N. & O'Farrell, P.H. (1997) Limb morphogenesis: connection between patterning and growth. *Current Biology* **7**, R186–R195.

Blair, S.S. (2003) Lineage compartments in *Drosophila. Current Biology* **13**, R548–R551.

### Wing

Zecca, M., Basler, K. & Struhl, G. (1995) Sequential organizing activities of engrailed, hedgehog and decapentaplegic in the *Drosophila* wing. *Development* **121**, 2265–2278.

Cohen, S.M. (1996) Controlling growth of the wing: Vestigial integrates signals from the compartment boundaries. *Bioessays* **18**, 855–858.

Eaton, S. (2003) Cell biology of planar polarity in the *Drosophila* wing. *Mechanisms of Development* **120**, 1257–1264.

González-Gaitán, M. (2003) Endocytic traffi cking during *Drosophila* development. *Mechanisms of Development* **120**, 1265–1282.

Kicheva, A., Pantazis, P., Bollenbach, T., Kalaidzidis, Y., Bittig, T., Julicher, F. & Gonzalez- Gaitan, M. (2007) Kinetics of morphogen gradient formation. *Science* **315**, 521–525.

제4부

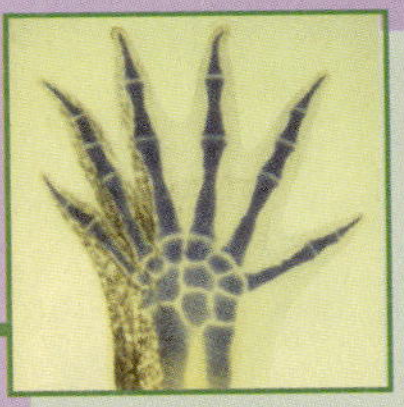

# 성장, 재생, 진화

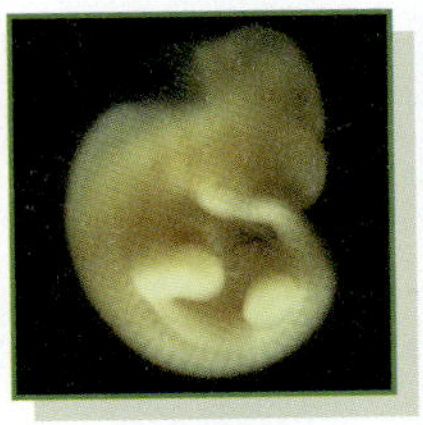

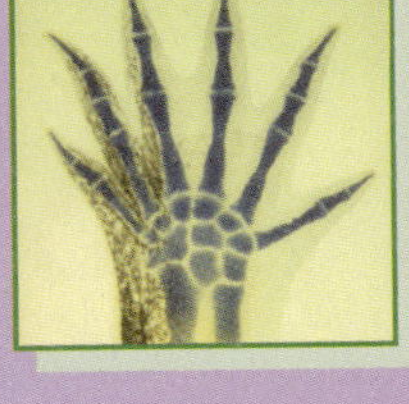

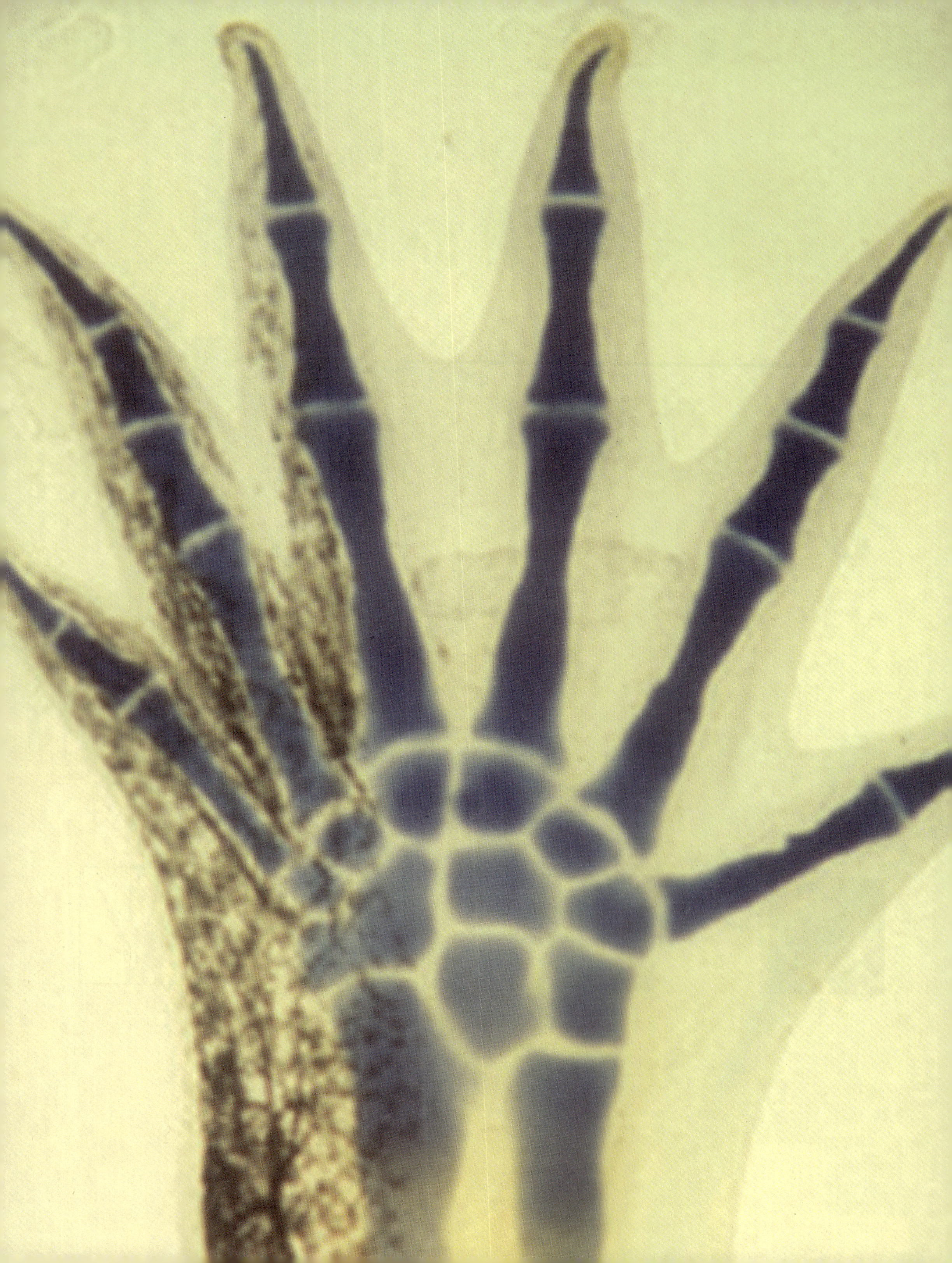

# 제18장

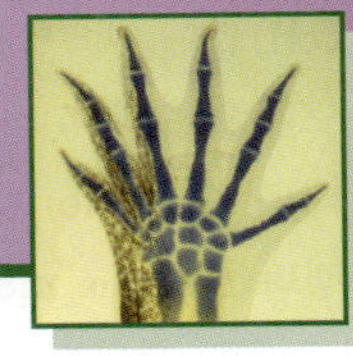

# 조직의 구성과 줄기세포

기관형성 과정은 일반적으로 한 층 이상의 세포층으로 구성되며, 특정 조직으로의 분화가 가능한 많은 수의 다양한 기관원기(rudiment)를 발생시킨다. 어떤 조직에서는 이러한 세포들의 분화 완료와 함께 기관 발생이 종료되지만, 또 다른 조직의 경우는 발생 과정이 생존기간 내내 지속되면서 해당 조직 내의 줄기세포들로부터 새로운 세포가 꾸준히 분화되고 생산된다. 이번 단원에서는 척추동물에서 줄기세포의 특징 중 하나인 세포의 자가증식(self-renewal)이 일어나는 주요 조직들에 대하여 알아본다.

광학현미경 수준에서 척추동물에는 약 200여 종의 분화된 세포가 발견되며, 제자리 혼성화(*in situ* hybridization) 기법과 면역형광염색 등의 기법을 사용할 경우 특히 중추신경계 및 면역계에서 보다 많은 종류의 세포가 발견된다. 발생생물학적인 관점에서 이러한 다양한 세포들은 각각 특이한 전구세포(progenitor cell) 혹은 줄기세포(stem cell)에서 분화되어 조직 내의 특정 위치에 배열된다. 이렇게 형성된 여러 유형의 조직들은 대부분 배아시기의 원기(embryonic origin)는 서로 다르지만 함께 모여 생명 유지를 위한 기능을 담당하는 하나의 기관을 형성한다. 전통적인 조직학적 분석방법으로 분류할 때 이들 조직들은 상피, 결합조직, 근육, 신경조직, 혈액/혈관, 그리고 생식세포이며 이 중 일부에 대해서는 3부에서 이미 소개한 바 있다.

## 조직의 유형

### 상피

**상피(epithelium,** 복수 **epithelia)**란 서로 인접한 세포들이 특화된 세포 간 연접(junctions)에 의해 부착되어 **기저막(basement membrane)** 위에 한 층으로 배열된 세포층을 일컬으며, 체내에 존재하는 200여 종의 세포 유형 중 60%를 차지한다. 이들 상피세포들은 독특한 정단-기저부 **극성**(apical-basal **polarity**)을 나타내며, 기저부(basal surface)는 기저막(basement membrane)에 인접하고, 정단 표면(apical surface)은 그 반대쪽에서 체액으로 차여 있는 일종의 관(lumen)에 접해 있다. 기저막은 상부의 상피에서 분비된 기저판(basal lamina)과 하부에 존재하는 결합조직에서 생산된 라미닌(laminin), 제4형 콜라겐(type IV collagen), 엔탁틴(entactin), 그리고 헤파란황산프로테오글리칸(heparan sulfate proteoglycan) 등을 포함하는 세포외기질로 구성된다. 세포 간 혹은 세포와 기저막 사이에 존재하는 연접복합체(junctional complex)는 **밀착연접(tight junction)**, 부착연접(adherens junctions), 그리고 데스모솜(desomosomes, 접착반)의 3종류로 분류된다(그림 18.1). 연속적으로 이어진 밀착연접은 세포와 세포 사이에 액상물질이 새는 것을 막아 주며, 정단부와 기저부를 물리적으로 구분한다. 또한 부착연접은 세포 내의 미세섬유들과 연결되는 부위이며, 데스모솜은 세포골격 섬유다발들이 연합되는 부위이다. 부착연접 및 데스모솜에 의한 세포 간 연합은 세포 표면에 존재하는 캐드히린(cadherin) 단백질들의 칼슘에 의해 매개되는 동종친화성 결합에 의해 일어나며, 연합된 일련의 세포들은 인테그린(integrin)들이 관여하는 세포-기질 부착연접과 헤미데스모솜(반접착반, hemiedsmosome)에 의해 기저막에 부착된다. 상피세포의 정단부에는 종종 섬모(cilia)들이 존재하기도 하며, 만일 세포가 흡수기능을 담당할 경우 **미세융모(microvilli)**들을 보유한다.

상피는 단층 혹은 여러 층의 세포로 구성되며, 대부분의 세포들은 편평하거나 입방형 형태를 나타낸다. 또한 많은 상피들은 주위 조직에 특정 물질을 분비하는 선(샘, gland)의 형태를 나타내기도 하며, 이러한 선들은 여러 갈래의 관(tube)으로 가지가 나뉘고, 가지의 끝 부분에서 주머니 모양의 **형태(acinus)**를 형성하기도 한다(그림 18.2). **외분비선(exocrine gland)**들은 분비물을 도관을 통하여 분비하며, **내분비선(endocrine gland)**에는 도관이 존재하지 않으며 혈액으로 직접 물질을 분비한다. 이러한 분비선들의 주위에서는 종종 **근상피세포(myoepithelial** cell)들이 발견되는데, 이들 세포는 수축 과정을 통해 선에서 도관으로의 분비를 촉진한다. 또 다른 형태의 상피로서 조직 내의 습한(moist) 상피층과 이에 인접한 결합조직층을 일컬어 **점막(mucous membrane 혹은 mucosa)**이라 한다.

비록 상피는 일반적으로 외배엽성 조직으로 여겨지지만, 실제로는 발생 과정 중 배아의 내, 외, 중배엽을 포함하는 모든 조직으로부터 형성된다.

## 결합조직

일반적으로 "**결합조직(connective tissue)**"이란 용어는 피부의 진피층과 대부분의 장기를 감싸고 있는 **섬유성(fibroblasts)** 막처럼 주로 섬유모세포로 구성되어 있는 조직들을 일컬으나, 골격조직, 근육, 심지어 혈액세포들을 포함하는 보다 넓은 의미로 사용되기도 한다. 발생 기간 동안 결합조직은 일부가 신경능선(neural crest)으로부터 형성되는 것을 제외하고는 대부분 중배엽으로부터 발생된다.

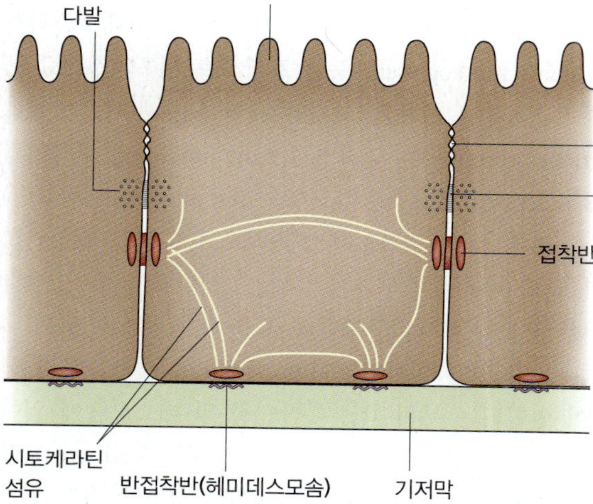

**그림 18.1** 상피세포가 형성하는 다양한 세포 연접들에 대한 모식도.

성숙한 결합조직은 대부분 세포외기질 및 그 안에 내포되어 있는 섬유모세포로 구성된다. 섬유모세포는 히아루론산(hyaluronan), 프로테오글라이칸(proteoglycan), 피브로넥틴(fibronectin), 제1형 및 3형 콜라겐과 엘라스틴을 포함하는 세포외기질의 구성성분을 합성하고 분비한다. 결합조직을 구성하는 또 다른 세포로는 조직 내에서만 발견되는 대식세포의 일종인 조직구(histocyte)와 혈액의 호염구(basophil)처럼 히스타민을 분비하지만 조직 내에만 존재하는 비만세포(mast cells)가 있으며, 이 두 종류의 세포 모두 골수에서 생산된다.

골격조직은 연골(cartilage)과 뼈(bone)로 구성되어 있으며, 모두 중배엽과 신경능선으로부터 형성된다. 대부분의 골격은 연골로써 형성이 시작되어 점차적으로 골화가 일어나 뼈조직에 의해 대치된다. 그러나 일부 **골격**, 예를 들어 두개골의 경우는 연골이 아닌 간충직(mesenchyme)에서 직접 형성되며, 이러한 조직을 **막골(membrane bone, 피골)**이라고 한다.

**지방조직(adipose tissue)** 역시 결합조직의 한 형태이며 중배엽으로부터 형성된다. **중간엽줄기세포(mesenchymal stem cell)**라 불리는 세포들은 다양한 결합조직으로부터 추출된 후 체외에서 배양이 가능하다. 이들 중간엽줄기세포는 섬유모세포와는 다르며, 적절한 배양조건에서 섬유모세포를 포함하여, 골격조직, 지방세포, 혹은 평활근 등으로 분화시킬 수 있다. 중간엽줄기세포는 성체보다 어린 개체의 조직에서 풍부하게 존재하며, 후기 배아시기에 존재하는 일종의 전구세포가 발생 과정 중 개체의 조직 내에 지속적으로 일부 생존하는 것으로 보여진다.

**간충직(mesenchyme)**은 혼동하기 쉬운 용어로서, 결합조직 혹은 중배엽을 칭하는 용어가 아니며, 느슨한 **세포외기질(extracelluar matrix**, 2장 참고) 안에 산재해 있는 성상세포들(stellate cells)을 일컫는다. 중배엽 혹은 신경능선에서 유래된

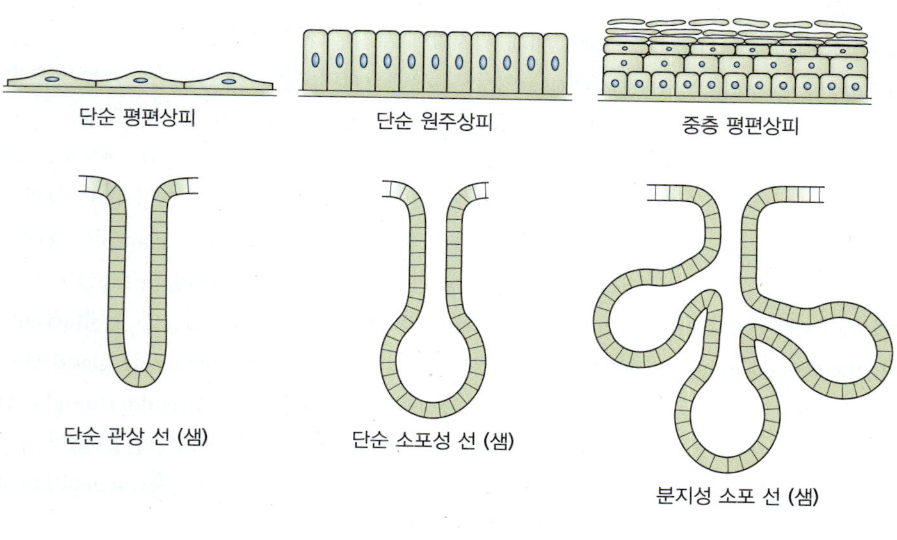

**그림 18.2** 상피의 여러 형태.

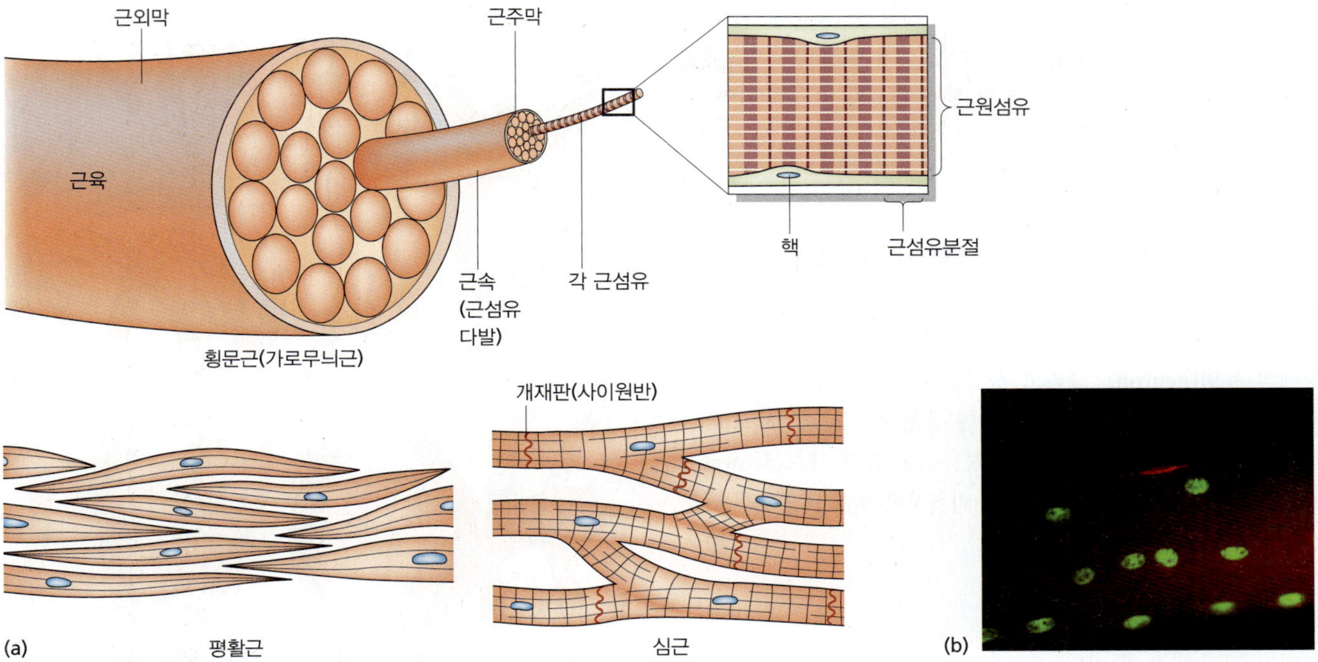


그림 18.3 (a) 근육의 형태. (b) 위성세포(Pax7에 대한 면역형광염색으로 핵이 빨간색으로 표지됨)와 인접하여 존재하는 근섬유(근섬유를 구성하는 세포의 핵은 녹색형광으로 표지됨).

간충직은 배아의 대부분 조직사이를 채우며, 섬유모세포, 지방조직, 평활근, 그리고 골격조직 등으로 분화되지만, 일단 분화된 후에는 이들 세포들을 칭할 때 간충직이란 용어를 사용하지 않는다.

## 그 밖의 조직

### 근육

근육(muscle)에는 세 가지 종류가 있으며(그림 18.3), 골격근의 경우 근절(myotome)로부터의 발생 과정이 15장에 자세히 기술되어 있다. 골격근은 **근섬유(myofiber)**라 불리는 기다란 다핵성세포들로 구성되어 있으며, 근섬유 다발들이 모여 일종의 섬유성 막인 근주막(perimysium)에 둘러싸여 있고, 전체 근육은 근외막(epimysium) 안에 싸여 있다. 근섬유는 더 이상 세포분열을 하지 않으나, 운동 등에 의해 섬유의 크기가 증가될 수 있다. 더불어 기저막 밑에는 작은 크기의 **위성세포(satellite cell)**들이 존재한다(그림 18.3). 이들 위성세포들 역시 근절로부터 형성되며, 개체가 성장함에 따라 분화하지 않고 증식을 계속한다. 성체가 되면 위성세포들은 근육 내에서 휴지 상태로 존재하지만, 만일 근육이 손상되면 활성화되면서 근형성 전사인자(myogenic transcription factor)들의 발현이 촉진되어 결국 근육모세포(myoblast)로 분화된다. 이렇게 새로 형성된 근육모세포는 상호 간 혹은 기존에 존재하는 근섬유와 융합하여 손상에 의해 위축된 근육의 크기를 복원한다. 위성세포가 근육 재생에 필수적이라는 사실은 디프테리아 톡신(diphtheria toxin)의 발현을 유도하는 *Pax7-CreER* 시스템을 이용한 형질전환 생쥐에서 확인할 수 있다. 예를 들어 이 형질전환 생쥐에 타목시펜을 투여할 때 생성되는 디프테이아 톡신은 근육 내의 위성세포만을 선택적으로 죽이는데, 이 경우 생쥐는 근육 손상을 회복하는 능력을 소실하게 된다. 위성세포들이 증식할 경우 생쥐들은 추가적인 미분화 위성세포들을 생산하며, 따라서 위성세포들은 근육 내에 존재하는 일종의 줄기세포로 여겨진다.

평활근(smooth muscle)은 방추형의 단핵성 세포의 다발로 존재하며, 골격근과 유사한 근수축 시스템을 보유하고 있지만, 골격근에서처럼 뚜렷한 근섬유분절(sarcomere)은 관찰되지 않는다. 평활근은 발생 중인 배아의 측판(lateral plate)으로부터 형성되며, 주로 소화관, 혈관, 선(gland)의 도관 등 주기적이고 반복적인 수축이 요구되는 기관의 주위에 존재한다. 평활근의 유사분열은 일반적으로 관찰되지 않으나, 조직이 손상되었을 경우에는 성장할 수 있도록 활성화된다.

심근(cardiac muscle)은 **심근세포(cardiomyocyte)**로 구성되며 심장 조직에서만 존재한다. 15장에 기술된 바와 같이, 심근은 발생 중인 배아의 측판 중배엽의 앞배쪽(anteroventral) 가장자리로부터 형성되며 골격근과 같이 뚜렷한 근섬유로 되어 있으나 융합되어 있지 않으며 평활근과 같이 개개의 세포로 구성되어 있다. 이들 심근세포들는 부착연접 및 데스모솜을 포함하는 개재판(혹은 사이원반, intercalated disc)과 함께 간극연접(gap junction)에 의해 서로 끝과 끝이 연결되어 있기에 심근 전체에 걸친 빠른 전기신호 전달이 가능하다. 골격근섬유와 마찬가지로 심근세포 역시 유사분열을 거의 하지 않으며, 다만 심장이 지속적인 스트레스를 받을 경우 세포의 크기 증가에 의해 조직 크기가 증가될 수 있다.

## 신경조직

신경조직(neural tissue)의 발생은 14장에 자세히 기술되어 있다. 신경조직은 태아의 **신경관(neural tube)** 및 **신경능선(neural crest)**에서 형성된 세포로 부터 발생한다. 신경관은 중추신경계의 뉴런(neuron), 그리고 성상교세포(astrocyte)와 희소돌기아교세포(oligodendrocyte)를 함께 총칭하는 신경교세포(glial cell)로 구성되어 있는 반면에, 신경능선은 **슈반 세포(Schwann cell)**와 색소 세포(pigment cell)를 비롯하여 말초신경계의 자율신경을 구성하는 세포를 생산한다.

## 혈액과 혈관

혈액과 혈관의 초기 발달 과정은 15장에 자세히 기술되어 있다. 성체의 혈액은 혈구세포, 과립구(granulocyte), 단핵구(monocyte), 림프구(lymphocyte) 등 다양한 종류의 세포로 구성된다. 혈소판(platelet)은 거핵세포(megakaryocyte)로부터 형성되며 혈액의 응고에 필수적인 요소이다. 림프구 이외의 혈액 내 모든 세포들을 집합적으로 **골수성 세포(myeloid cell)**라 한다. 골수성 세포와 림프구를 포함하여 조직세포(histocyte), 파골세포(osteoclast), 그리고 피부의 랑겔한스 세포(Langerhans cell) 등의 모든 세포가 골수에 존재하는 **조혈줄기세포(hematopoietic stem cell)**로부터 분화되어 생산된다.

순환계는 심장으로부터 조직들로 혈액을 운반하는 동맥과 조직 말단에 존재하는 모세혈관, 그리고 조직으로부터 심장으로 혈액을 수송하는 정맥으로 구성되어 있다(그림 18.4). 혈관은 3개 층으로 구성되어 있으며 맨 안쪽은 한 층의 **혈관내피세포(endothelial cell)**, 중간층은 동맥의 경우 두껍고 정맥의 경우 얇은 층으로 되어 있는 평활근, 그리고 맨 바깥층은 섬유성 결합조직으로 형성되어 있다. 한편 모세혈관은 단순히 안쪽에 단층의 혈관내피세포와 외부에 기저판(basal lamina) 층으로만 구성되며, 평활근 층은 존재하지 않으나 **중간엽줄기세포**의 기원으로 여겨지는 주피세포(pericyte)를 포함한다. 혈관내피세포는 지속적으로 일생에 걸쳐 주어진 조건에 따라 분열가능하며 혈관내피세포의 증식 및 이동에 의해 형성된 새로운 모세혈관의 형성 과정을 **혈관신생(angiogenesis)**이라 일컫는다. 혈관신생을 촉진하는 과정에는 많은 종류의 생리활성인자들이 함께 작용을 하며, 그중 대표적인 예가 혈관내피세포성장인자(Vascular endothelial frowth factor, VEGF)와 섬유모세포성장인자(fibroblast growth factor, FGF)들이다.

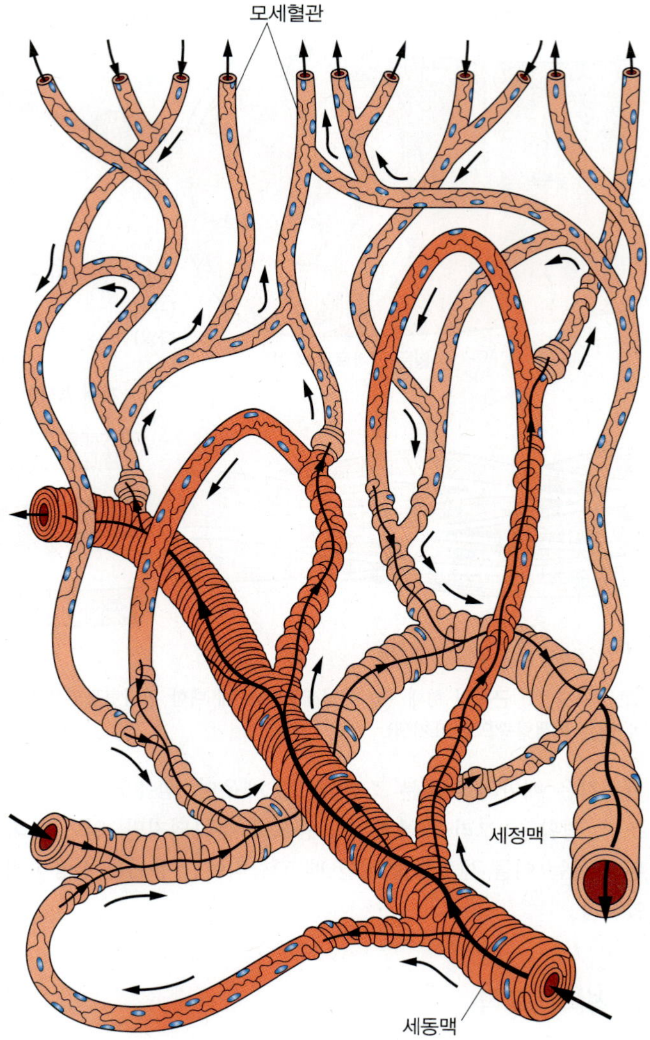


**그림 18.4** 모세혈관에 의한 동맥 말단과 세정맥의 연결을 보여주는 미세순환계. (인용) Elsevier의 허락을 얻어 *Gray's Anatomay*, 1973, 35판의 그림을 재구성하였음.

## 조직의 자가생산

게놈 상의 DNA를 제외하고 동물을 구성하는 대부분의 분자들은 지속적으로 합성되고 분해된다. 몇몇 조직을 구성하는 세포들은 대부분 태어난 직후, 혹은 일단 성장이 종료되면 더 이상 세포분열을 하지 않게 된다. 그러나 어떤 종류의 세포들은 세포분열을 통해 자가재생을 하며, 이 중 몇몇은 조직 손상 시에만, 또 다른 몇몇 세포들은 일생동안 지속적으로 분열할 수 있다. 최근 자가증식을 함과 동시에 여러 종류의 세포로 분화할 수 있는 **줄기세포들**에 많은 관심이 집중되고 있다. 본 장에서는 각 조직 내에 존재하는 **조직-특이적 줄기세포**의 특성과 관련하여 일반적으로 잘못 이해되고 있는 두 가지 오해에 대하여 다루고자 한다. 첫째, 줄기세포들은 어느 종류의 세포로도 분화가 가능하다는 잘못된 생각이다. 초기 발생단계의 세포와 마찬가지로 체내의 줄기세포는 이들 세포가 존재하는 조직을 구성하는 여러 종류의 세포 중 특정 일부 세포로만 분화된다. 두 번째, 모든 조직이 줄기세포를 보유한다는 오해이다. 지속적인 재생이 일어나는 조직에만 줄기세포가 존재하며, 제한적으로 재생이 이루어지거나 재생되지 않는 조직은 줄기세포를 보유하지 않는 경우도 있다. 더불어 분열할 수 있는 세포가 모두 줄기세포는 아니며, 체내에서 분열하는 대부분의 세포들은 특정세포에 대한 **전구세포(progenitors)** 또는 **변화-증식세포(transit amplifying cell)**일 뿐 줄기세포는 아니다. 따라서 줄기세포에 대한 연구는 체내의 정상적인 세포의 '생성과 소멸(turnover, 세포 교대)'을 이해하는 데 근간을 두고 이루어져야 한다.

## 세포 교대(cell turnover)의 측정

비록 최적의 배양환경에서 세포는 기하급수적으로 증식하지만, 생체 내에서 이런 세포증식은 태아시기에 몇몇 소수의 세포에만 국한되어 일어난다. 일단 동물의 신체 크기가 성체 수준에 도달하면 세포의 분열과 소멸 사이의 적절한 균형이 필수적이다. 세포의 생산이 왕성하게 일어나고 있는 재생 중인 조직은 세포의 증식이 일어나는 부분과 증식된 세포가 기능성 세포로 분화되는 두 부분이 존재한다.

세포의 증식은 분열 중인 세포를 계수하여 **분열지수(mitotic index)**를 구함으로써 평가할 수 있다. 그러나 M기는 일반적으로 매우 짧고, 따라서 이 경우 세포가 매우 빨리 증식해야만 높은 분열지수를 보이게 된다. 다른 방법은 세포주기 중 M기보다 긴 **S기**의 세포를 계수하는 방법으로, 이 경우 증식 중인 세포 수를 보다 정확하게 측정할 수 있다. 간단한 방법으로는 조직절편을 시료로 하여 세포주기에 연계된 단백질에 대하여 면역염색을 하는 기법이 있다. 이러한 단백질 중의 하나가 항체 Ki67을 사용하여 핵단백질을 인식하는 방법이다. 이 항체는 증식 중인 세포의 핵에 존재하는 단백질만을 인식하므로 조직 안에서 분열 중인 세포만 가시적으로 표지할 수 있다. 또 다른 단백질로는 proliferating cell nuclear antigen (PCNA)로서 이 단백질은 DNA 중합효소의 보조인자이며 DNA 복제기인 S기에 있는 세포의 핵에 존재한다.

그 밖에 세포, 조직, 혹은 동물 전체를 DNA 전구물질로 표지하여 세포의 증식률을 조사할 수 있다. 이때 많이 쓰는 것이 티미딘(thymidine) 유사체인 **bromodeoxyuridine (BrdU)**이다. BrdU는 증식 중인 세포의 DNA에 구성성분으로 끼어 들어가 증식 중의 세포를 가시적으로 표지하게 되며, 이 BrdU를 포함하고 있는 세포를 항 BrdU 항체를 사용하여 면역염색을 실시한 후 가시화된 증식세포를 계수할 수 있다(그림 18.5). 따라서 BrdU를 짧게 처리하면 처리 시점에 S기에 있는 세포만 표

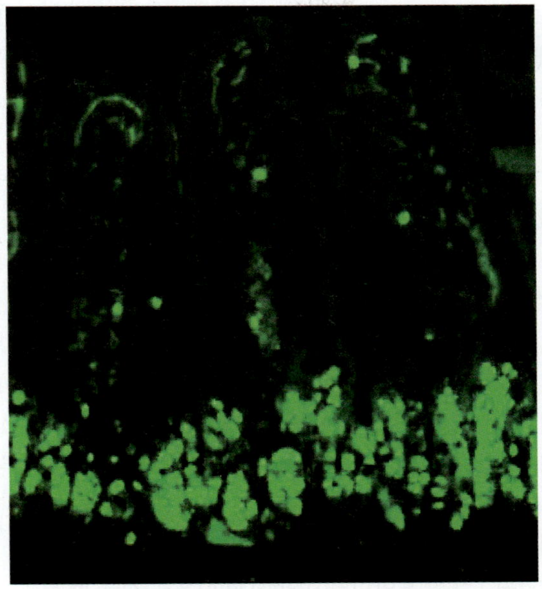

그림 18.5 위장관 조직의 BrdU 염색. 짧은 시간의 BrdU 주입으로 S기의 모든 세포를 표지하였음. 위장관 상피에서 분열하는 세포는 장움에서만 발견됨. 표지된 한두 세포는 융모의 결합조직에서도 보인다. 출처: http://www.abcam.com.

지 되어 PCNA 염색과 유사한 결과를 얻게 되며, 오래 처리하게 되면 세포주기를 돌고 있는 모든 세포가 표지되어 Ki67 염색과 비슷한 분열지수를 얻게 된다. 또한 짧은 BrdU의 처리 후 일정시간이 지난 뒤에 BrdU에 표지된 세포의 생체 내 이동 및 분화양상도 확인할 수 있다. 만일 짧은 BrdU의 처리 후 지속적으로 세포가 증식했다면, DNA 내에 BrdU의 양은 세포의 분열과 더불어 희석되어진다. 따라서 생체 내 BrdU의 주입 후 만일 BrdU의 존재가 오랫동안 지속된다면, 그 조직은 다른 조직보다 천천히 분열하고 있는 세포를 보유하고 있음을 의미한다. 발생 중 마지막 S기는 그 직후 분화가 시작되므로 세포의 **생일(birthday)**이라 불리는데, 특히 신경세포에서 세포 생일에 대한 많은 연구가 수행되었다.

만일 BrdU의 짧은 처리 후 지속적으로 세포의 증식이 일어나면 핵 내 DNA의 BrdU 함량은 지속적인 티미딘의 DNA 내 함입으로 희석된다. BrdU 처리 후 5번의 연속적인 세포분열이 일어나면 희석율은 32가 되어 결국 면역염색으로 검출이 불가능하게 된다. 복잡한 조직으로 구성되어 있는 생체 내에서 만일 지속적으로 BrdU를 함유하는 세포가 발견되면, 이들 세포들은 다른 세포들 보다 세포분열 속도가 느린 세포임을 암시한다.

BrdU가 널리 사용되기 전에는 많은 연구들에서 S기에 있는 증식세포의 표지용으로 **$^3$H-thymidine ($^3$HTdR)**을 사용하고 표지된 세포들의 위치와 수를 **방사능사진촬영술(autoradiography)**로 판독하였다(5장 참고). 최근에는 BrdU를 이용 시에 수행해야하는 면역염색의 번거로움을 없애고 간단한 조직화학적

방법으로 분석을 가능하게 하는 **ethynyl deoxyuridine (EdU)**를 사용하기도 한다. 또한 하나 이상의 DNA 표지가 요구되는 경우, 각각 다른 항체에 의해 검출할 수 있는 chorodeoxyuridine과 iododeoxyuridine를 동시에 활용할 수 있다.

조직의 **자가재생**은 세포의 소멸과 생성에 밀접하게 연관되어 있다. 세포 자살 지수(Index of apoptotic cell death)는 여러 가지 방법으로 측정이 가능하다. 가장 널리 쓰이는 방법은 세포자살과 관련된 단백질, 예를 들어 카스파아제(caspase) 효소들의 존재 및 활성화 유무를 면역염색으로 분석하고 TUNEL (TdT-mediated dUTP nick end labeling)이라는 방법으로 DNA의 절단 정도를 검출하는 것이다. TUNEL에서 사용되는 terminal deoxynucleotidyl transferase는 바이오틴(biotin)이 부착된 변형된 뉴클레오타이드를 사멸되는 세포의 절단된 DNA 절편에 첨가하는 데 사용되며, 첨가된 바이오틴을 형광 혹은 효소가 결합된 스트렙트아비딘(streptavidin)으로 검출한다.

세포의 생성률을 측정하기 위해서는 S기 표지지수 뿐만 아니라 세포주기의 지속 시간과 전체 세포주기 중에서 S기에 소요되는 시간의 비율 역시 파악하여야 한다. 예를 들어 어떤 세포가 24시간에 한 번씩 세포분열을 하고 S기가 6시간 지속된다면, 짧은 시간의 BrdU 표지는 세포주기의 약 1/4의 해당하는 세포를 관찰 가능하게 한다. 따라서 이런 경우 1일당 세포의 생성률은 세포 표지 지수의 4배가 된다. 그러나 실제 조직상에서 분열하는 세포에 따라 세포주기의 수는 매우 다양하며, 생체 리듬 및 그 밖의 생리학적 변화에 따라 달라질 수 있다.

세포의 손실률은 자주 활용되지는 않으며 실제보다 낮게 평가될 가능성이 있다. 세포의 사멸에 소요되는 시간은 1~4시간으로 짧아 24시간 당 세포의 사멸은 사멸표지 지수의 수배가 될 수 있다. 예를 들어 사멸지수가 1%이고 죽어가는 세포가 고작 2시간 동안만 관찰된다면, 실제 세포의 손실률은 약 1 X (24/2), 즉 1일당 12% 정도가 된다.

세포주기의 시간은 생체 내에서 여러 가지 방법에 의해 측정된다. 최근에 사용되는 방법 중 하나는 BrdU와 EdU 등 두 종류의 DNA 전구체를 사용하여 증식 중인 세포를 표지하는 방법이며, 이 경우 특정 세포주기에 속하는 세포의 비율은 그 세포주기의 지속 시간에 비례하게 된다. 예를 들어 한 개체에 BrdU를 $T = 0$에 주입하고, EdU를 $T = 1.5$시간에 주입한 뒤, $T = 2$시간에 개체로부터 특정 기관을 적출하여 조직절편을 제작하고 BrdU와 edU에 대한 면역염색을 실시한다고 추정해 보자. EdU가 S기에 속해 있는 모든 세포의 DNA에 삽입되어 표지되는 시간은 30분이면 충분하다. EdU에 표지된 세포의 비율을 "*S*"라고 하자. 이들 세포들은 EdU 처리 전 미리 주입한 BrdU에 의해 모두 표지된다. 그러나 일부 세포들은 BrdU에 의해서만 표지될 것이며, 이들은 EdU 처리전 1.5시간 동안 S기를 빠져나간 세포들이 될 것이다. BrdU에 의해 표지되었지만 EdU에 의해 표지 되지 않은 이들 세포의 비율을 "*L*"이라 할 때, 세포의 비율은 세포주기 각 기의 진행에 소요되는 시간을 반영하므로 $1.5/T_s = L/S$ (여기서 $T_s$는 S기의 지속시간)가 된다. 따라서 $T_s = 1.5S/L$ 이다. 만일 예를 들어 $L$ 값이 0.05 그리고 $S$ 값이 0.167이라 가정하면, $T_s = (1.5 \times 0.167)/0.05 = 5$시간이다.

전체 세포주기의 지속시간인 $T_c$를 계산하기 위해서는 세포분열 중인 전체 세포군의 비율에 대한 추가 정보가 필요하며, 이는 세포 표지가 포화상태에 이를 때까지 장기간 동안 BrdU를 처리함으로써 혹은 Ki67에 대한 염색에 의해 결정할 수 있다. 이 세포분열 중인 전체 세포군을 $P$라 할 경우, $T_s/T_c = S/P$이며, 따라서 $T_c = T_sP/S$가 되고, 만일 예를 들어 $P$값이 0.5이라 할 경우, $T_c = (5 \times 0.5)/0.167 = 15$시간이 된다.

이 밖에 세포주기의 지속시간, 세포 생성률 및 소멸률을 측정하는 여러 가지 방법이 있으나 모든 방법들은 나름대로 단점이 있기에 여러 가지 결함 및 오류를 초래하는 요소들에 주의를 기울어야 한다.

## 조직의 증식 패턴

생체 내의 여러 조직들은 이들의 증식 패턴에 의해 나누어질 수 있다. 어떤 조직의 경우 증식을 하지 않는 세포로 구성되기도 하지만, 이러한 조직도 손상이 있을 경우 이들 조직 내에 존재하는 줄기세포 혹은 전구세포에 의해 손상 부위가 복구될 수 있다. 하등 척추동물은 매우 다른 형태의 세포 재생 패턴을 보이기 때문에, 이러한 분류는 포유류에 국한된다.

1 주된 기능을 하는 세포가 유사분열하지 않으며, 일부 손실이 되어도 회복되지 않는 조직: 만일 손실된 조직이 회복되더라도, 조직 내의 분화된 세포들의 분열이 아닌 줄기세포 혹은 전구세포에 의해 대치된다. 예들 들어 뉴런, 골격근섬유, 심근세포 등의 세포는 일단 분화되면 더 이상 증식하지 않는다. 후각신경구(olfactory bulb)와 해마(hippocampus)는 신경줄기세포들(neuroal stem cells)에 의해 일부 재생되지만, 중추신경계의 나머지 부분들에서 뉴런의 증식은 일어나지 않는다. 골격근의 경우 손상 후 위성세포(stellite cell)에 의해 일부 새로운 근섬유가 형성되기도 하며, 심장의 경우 심근세포의 증식은 거의 일어나지 않는다.

2 유사분열이 가능한 분화세포로 구성되었으나 개체의 성장이 완료되면 더 이상 증식이 일어나지 않는 조직: 성체에서 이러한 조직들은 대부분 극히 낮은 세포 분화율을 보이며 휴지상태에 머물러 있다. 그러나 조직에 손상이 있을 경우 조직 내의 분화세포들이 유사분열을 개시한다. 몇몇 결합조직, 평활근, 간조직이 이 부류에 해당된다.

3 재생산이 가능한 조직: 이 경우 조직 내의 세포들은 지속적인 유사분열을 할 수 있다. 이러한 조직들은 활동적인 세포증식이 일어나는 줄기세포를 포함하는 부분이 존재하며, 이 부위로부터 새로운 세포들이 분화되어 생성되고, 소멸되면 재생산된다. 이 부류의 전형적인 예로는 조혈줄기세포(hematopoietic stem cells), 피부의 표피층(epidermis), 장의 상피층(epithelium of intestine), 그리고 정소의 정원세포(spermatogonia of the testis) 등이 있다.

## 느린 세포 교대의 측정

심장과 같이 BrdU/EdU 표지방법 조차 적용이 불가능한 낮은 세포 교대(cell turnover)를 보이는 조직들이 있다. 그러나 최근 이같이 매우 느린 세포 교대를 측정할 수 있는 방법이 개발되었으며 인간조직에 적용이 가능하다. 이 방법은 1950년대부터 1960년대 초에 대기 중에 다량의 방사성 동위원소를 배출했던 핵실험에 근간을 두고 있다. 1963년 핵실험금지조약 후 모든 핵실험은 지하에서 실시되었으며 따라서 대기로의 동위원소 배출은 더 이상 일어나지 않았다. 세포 교대 분석에 사용되는 동위원소는 탄소-14 ($^{14}C$)이다. 이 동위원소는 고고학에서 방사성 붕괴(radioactive decay)를 이용하여 연대를 측장하는 데 흔히 이용된다. 그러나 세포 교대 분석에서 $^{14}C$의 이용은 방사성 붕괴와는 관련이 없으며, 물리화학적 반응에 의하여 대기로부터 $^{14}C$를 포함하는 이산화탄소의 빠른 감소율을 이용한다. 식물은 광합성을 위하여 대기로부터 이산화탄소를 흡수하며, 사람은 이들 식물과 이를 먹은 동물을 섭취한다. 따라서 주어진 년도의 탄소 섭취는 동일한 년도의 대기를 구성하는 동위원소의 비율과 매우 유사하다. 매년 $^{14}C/^{12}C$의 비율은 나이테의 동위원소 분석으로 정확히 알 수 있다. 이 비율은 1955부터 1963년까지 핵실험에 의해 갑자기 증가하였으며 대기 중 $^{14}C$의 소실에 의해 점진적으로 감소하였다(그림 18.6). $^{14}C$의 반감기는 5730년이기 때문에, 이 기간 동안 $^{14}C$의 방사성 붕괴는 거의 미미한 수준으로 결과에 영향을 미치지 않는다.

세포 교대는 조사하고자 하는 세포의 DNA 내에 존재하는 탄소 동위원소의 분석에 의해 결정될 수 있다. 이 방법은 사후 인간 조직샘플에 의해 검증된 바 있다. 세포핵 내의 DNA는 매우 독특하며 안정적이기 때문에 출생 후 분열하지 않는 세포의 DNA는 태어난 해의 동위원소 구성을 반영한다. 반대로 재생이 가능한 조직 내의 활동적으로 분열하는 세포들의 경우 사망한 해의 동위원소 구성을 보유한다. 모든 조직은 다양한 종류의 세포로 구성되어 있기 때문에 분석할 특정 세포의 핵을 정제하여 DNA를 추출한 뒤, 이산화탄소로 열분해하여 가속질량 분석기(accelerate mass spectrophotometer)로 동위원소의 비율을 측정하게 된다.

이러한 방법을 이용하여, 신경줄기세포의 공급을 받지 못하는 대뇌피질에는 새로운 신경단위세포의 형성이 일어나지 않음이 확인되었다. 대뇌피질에 존재하는 모든 신경단위세포는 태아시기에 형성되었고 그 이후 새로운 신경단위세포의 공급이 일어나지 않았기에 동위원소 비율의 변화는 나타나지 않는다. 심장의 경우는 아주 낮은 수준으로 매년 0.5%의 세포 교대가 일어남이 증명되었다. 이러한 사실은 심장의 심근세포는 80년의 수명에 걸쳐 일부분만이 재생산됨을 의미한다. 지방조직의 경우는 재생산 속도가 다소 빨라 연간 10% 정도의 재생산율을 보인다.

## 줄기세포

**조직-특이적 줄기세포**는 개체의 전 생애에 걸쳐 분화하지 않은

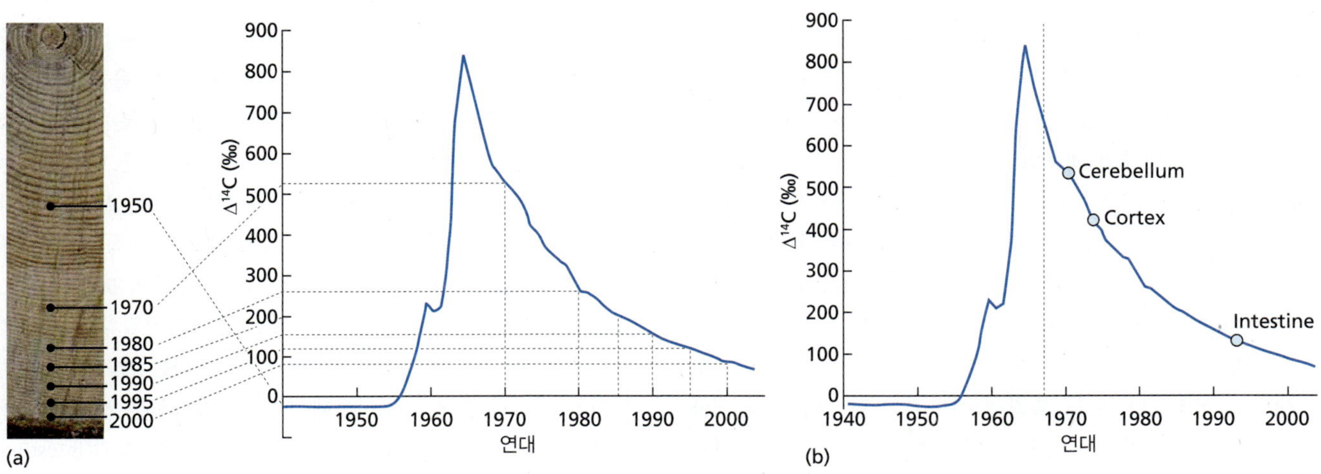


그림 18.6 방사성동위원소 $^{14}C$의 희석에 의한 분석방법. (a) 핵폭탄 실험 시대 동안 대기 중 $^{14}C$의 증가와 감소. 나타난 값은 나무의 나이테 샘플로부터 매년 측정된 수치임. (b) 1967년에 태어나 2003년에 사망한 사람으로부터 추출한 세 종류의 다른 조직 DNA에 함유된 $^{14}C$의 양. 이결과는 많은 세포들로 구성된 전체 조직들에 대한 평균값임. (인용) Elsevier의 허락을 얻어 Spalding *et al*, *Cell* 2005; 122: 133-143의 그림을 재구성하였음.

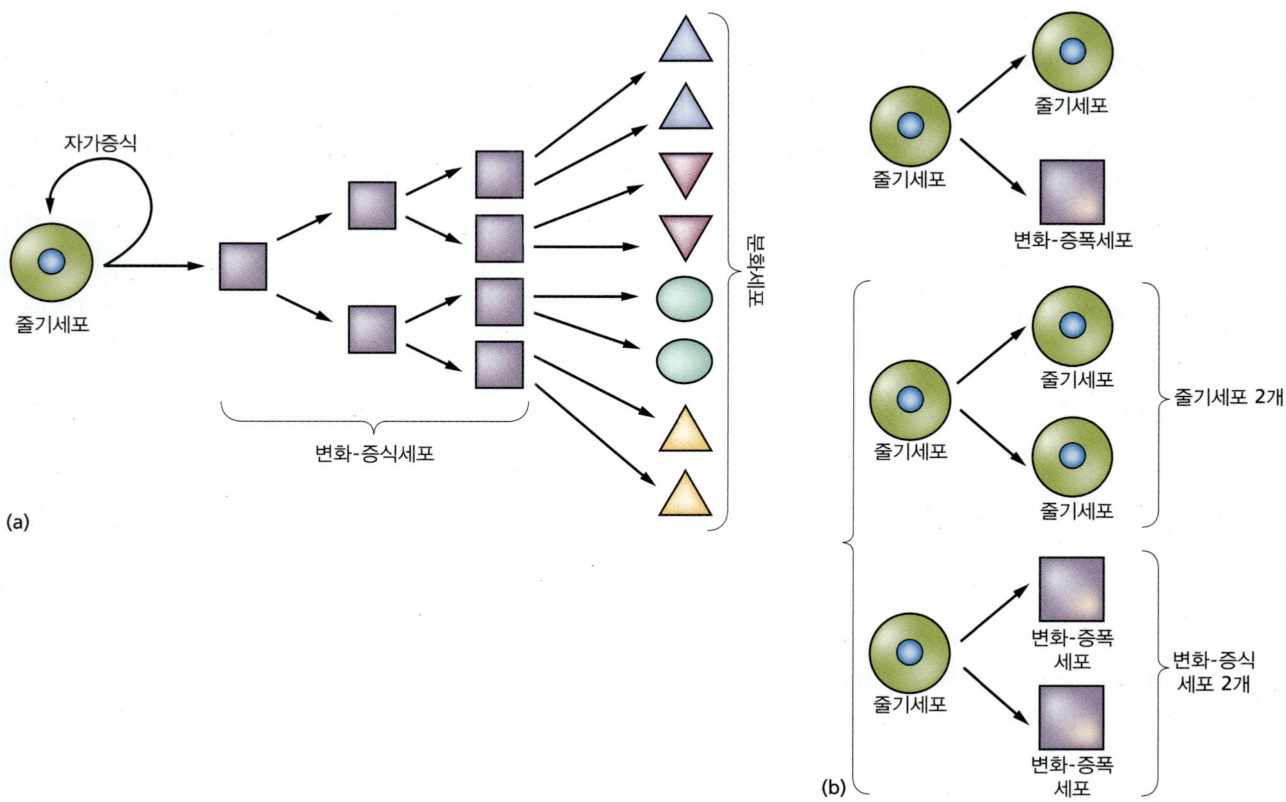


**그림 18.7** (a) 자가재생 중인 조직 내의 줄기세포, 변화-증식세포, 그리고 분화세포를 포함하는 세포 계통. (b) 줄기세포는 반복적인 비대칭 분열 혹은 줄기세포와 변화-증식세포들을 같은 빈도로 그러나 각각 다른 분열을 통하여 생산함으로써 스스로를 유지한다.

상태로 지속적인 세포분열을 통하여 줄기세포를 생산하거나 특정 세포로 분화할 수 있는 세포로 정의될 수 있다(그림 18.7a). 따라서 조직-특이적 줄기세포는 **배아줄기세포(ESC)**와 공통적인 특성을 가지고 있으나 여러 관점에서 차이를 보인다. 예를 들어 조직-특이적 줄기세포는 개체의 조직 내에서 본연의 역할을 담당하고 있지만, 배아줄기세포의 경우는 배양접시에서 세포배양을 통해 장기간의 세포분열을 유도할 수 있다. 또한 조직-특이적 줄기세포는 특정 조직에 존재하는 몇몇 종류의 세포로 분화될 수 있는 반면(= uni- 혹은 **multipotent**), 배아줄기세포는 거의 모든 종류의 세포로 분화할 수 있는 능력(= **pluripotent**)을 보유한다. 조직-특이적 줄기세포와 배아줄기세포는 각 줄기세포의 특성 유지를 담당하는 유전자의 종류 및 줄기세포의 특성을 대변하는 줄기세포 표지인자(stem cell markers)가 서로 상이하다.

조직-특이적 줄기세포는 제한 없이 세포증식을 할 수 있는 세포로 정의되나, 이들 줄기세포는 결코 단순히 조직 내에서 지속적으로 분열하는 세포는 아니며, 개체가 처하는 환경과 자극에 따라 새로운 분화세포가 요구될 때에만 몇 차례 분화를 할 수 있는 중간단계의 **변화-증식세포(transit amplifying cells)**가 줄기세포에서 분화된다. 이러한 변화-증식세포는 일종의 **전구세포(progenitor cell)**이며, 이 전구세포는 초기 발생단계의 배아에서도 존재한다. 따라서 줄기세포와 전구세포의 차이점은 줄기세포는 끊임 없이 지속적으로 분열이 가능한 세포이지만, 전구세포는 제한적인 세포분열과 함께 적절한 시기에 자극을 받아 특정 세포로 분화되는 세포라는 점이다. 변화-증식세포는 정상적인 조직재생 과정에서 분열하는 대부분의 세포이다. 반면에 조직특이적 줄기세포는 이 과정에서 아주 적은 비율로 존재하면서 전구세포보다 느린 세포 증식을 보인다. 비록 조직-특이적 줄기세포는 비대칭 세포분열을 통해 한편으로는 지속적으로 줄기세포의 수를 유지하면서 다른 한편으로는 분화된 세포를 생산해 내지만, 줄기세포군의 모든 세포가 비대칭 세포분열을 하는 것은 아니다. 일반적으로 조직-특이적 줄기세포에서 세포분열을 통하여 생산되는 세포의 50%는 줄기세포이며, 나머지 50%는 특정세포로 분화되어질 전구세포라고 추정된다(그림 18.7b). 종종 체내에 존재하는 줄기세포는 방사선에 민감한 것으로 보이는데, 개체에 방사선을 조사하면 골수부전(bone marrow failure), 불임(sterility), 장 붕괴(intestinal breakdown) 혹은 피부 손상을 유발한다. 진화적인 관점에서 볼 때 이러한 사실은 자연계에 존재하는 독성물질이나 방사선에 의해 손상된 세포들을 제거하는 것이, 이러한 자극에 의해 돌연변이를 일으킨 줄기세포들이 지속적으로 생존하여 암을 생성하는 것보다 안전한 이유인 것으로 유추할 수 있다.

조직특이적 줄기세포는 한 종류의 조직을 구성하는 세포들로만 분화된다. 장줄기세포(intestinal stem cells)는 오직 장을 구성하는 세포로만 분화되며, 상피줄기세포(epidermal stem cells)는 오직 표피만을 생성한다. 이러한 사실은 배아의 발생과정에 따르는 세포분화의 능력에 대한 체계와 잘 상응하며, 발생 과정이 진행될수록 특정 조직에 존재하는 세포의 분화능력은 점진적으로 제한되는 이치와 일치한다. 예를 들어, 초기 발생 과정에서 장줄기세포는 여러 장기를 형성할 수 있는 내배엽으로의 분화 과정을 거쳐 오직 장 조직만을 형성하며, 조혈줄기세포는 중배엽을 거쳐 혈액을 형성하는 조직으로 분화된다. 모든 조직-특이적 줄기세포는 그 조직을 구성하는 한 종류 이상의 세포로 분화할 수 있다. 예를 들어 정소의 정원세포는 정자라는 오직 한 종류의 세포로 분화되지만(unipotent, 단분화능), 조혈줄기세포는 혈액과 면역계를 구성하는 다양한 종류의 세포로 분화가 가능하며, 장줄기세포는 장상피를 구성하는 모든 종류의 세포가 될 수 있고, 상피줄기세포는 표피의 주성분인 각질세포(keratinocyte) 뿐만 아니라 일부 감각세포인 메르켈 세포(merkel cells)로도 분화가 가능하다.

체외배양 중인 세포의 특성은 체내의 동일한 세포의 특성과 매우 다르다. 따라서 특정 조직에서 줄기세포와 유사한 세포를 수획하여 배양할지라도 그 조직이 반드시 줄기세포를 함유하고 있음을 의미하지는 않는다. 예를 들어 신경줄기세포는 뇌의 오직 두 부위에서만 발견되지만, 줄기세포와 유사한 세포를 포함하는 신경구(neurosphere)는 뇌의 여러 부위에서 추출하여 배양이 가능하다. 대량의 클론을 형성할 수 있는 능력이 종종 줄기세포의 특성으로 인식되고 있으나 체내가 아닌 배양 환경에서 세포들의 특성이 변화할 수 있으므로, 이 능력이 줄기세포 특성의 절대적인 기준이라 보기는 어렵다.

많은 종류의 조직들은 선의 소포(glandular acini)와 장움(intestinal crypt)과 같은 여러 작고 반복적인 소단위의 조직학적 구조를 나타낸다. 이러한 소단위는 그 조직의 기능적인 단위임과 동시에 세포의 증식과 소멸(turnover)이 일어나는 단위가 된다. 줄기세포가 존재하는 이러한 소단위는 줄기세포의 특성 유지 및 증식에 적합한 미세환경을 제공해 주며, 이러한 환경을 **"줄기세포 삶터(stem cell niche)"**라 일컫는다. 줄기세포를 이 환경 밖으로 이동하면 더 이상 증식하지 않게 되며, 반대로 다시 그 환경에 넣어 주면 증식을 재개한다. 조직 특이적 줄기세포의 특성을 파악하는 가장 좋은 방법은 1개의 줄기세포를 표지하여 그 세포가 생산해 내는 세포들을 동정하는 방법이다. 클론 분석의 원리에 의하면 줄기세포와 그로부터 분화된 세포는 지속적으로 표지가 되어 있어야 한다. 이러한 분석을 위한 가장 일반적인 방법은 13장에 기술되어 있는 형질전환 *CreER x R26R* 시스템을 이용하는 것이다. 우선 특정 조직의 줄기세포에서만 CreER 유전자를 활성화하게 하는 프로모터를 사용하여 그 줄기세포들만 CreER 단백질을 생산하게 한다. 이때 타목시펜(tamoxifen)을 처리하면 Cre가 활성화되어 재조합에 의해 이들 줄기세포는 *lacZ* 유전자를 발현하게 된다. 이후 일정시간이 지난 뒤에 줄기세포의 클론은 조직상에서 lacZ 발현을 검출하여 확인할 수 있다. 궁극적으로 줄기세포로부터 증식된 클론 및 이들로부터 변화-증식세포를 거쳐 분화된 세포들이 띠 모양으로 표지된다. 인간의 경우 형질전환방법을 사용하지는 못하지만 COX (cytochrome c oxidase) 유전자가 결여된 클론을 조사하여 비슷한 결과를 얻을 수 있다. COX는 미토콘드리아에 존재하는 효소로서 미토콘드리아 DNA에 의해 발현된다. 미토콘드리아 유전자는 핵 DNA에 비해 DNA 수선이 원활하게 작동하지 않기에 돌연변이가 빈번히 발생한다. 그러나 미토콘드리아 하나당 여러 개의 중복된 게놈을 소유하며, 하나의 세포에 여러 개의 미토콘드리아가 존재하므로 COX 효소가 완전히

## 고전적인 실험들

### 조직 내의 세포 교대

첫 번째 논문은 소장의 상피 내 유사분열에 대한 연구로서 장움 내에서 세포들은 지속적으로 생산되며 융모의 끝에서 떨어져 소멸된다는 결론을 도출하였다. 두 번째 논문은 동위원소인 $^{3}$H-thymidine이 표지된 세포가 사멸되어 주변의 세포에 함입되는 방법을 사용하였다. 이 함입된 방사선 동위원소의 분포를 분석하는 방법으로 1종류의 줄기세포가 소장 상피를 구성하는 모든 4종류의 세포를 생산한다고 주장하였다.

세 번째 논문은 오랜 기간 동안에 걸쳐 세포 교대를 측정하는 완전히 새로운 방법을 제시하였다.

Leblond, C. P., &Stevens, C. E. (1948). The constant renewal of the intestinal epithelium in the albino rat. *The Anatomical Record*, **100**, 357–377.

Cheng, H., &Leblond, C. P. (1974). Origin, differentiation and renewal of the four main epithelial cell types in the mouse small intestine V. Unitarian theory of the origin of the four epithelial cell types. *American Journal of Anatomy*, **141**, 537–561.

Spalding, K. L., Bhardwaj, R. D., Buchholz, B. A., Druid, H., &Frisén, J. (2005). Retrospective birth dating of cells in humans. *Cell*, **122**, 133–143.

결여된 세포가 형성되기까지는 수년이 걸리게 된다. 그러나 일단 COX 효소가 완전히 결여된 후에는 *lacZ*와 같이 유전적 표지로 이용될 수 있으며, COX에 대한 조직화학분석을 통해 조직 내에서 증식하고 있는 세포들로 구성된 소단위의 위치를 파악할 수 있다.

## 장 상피

척추동물의 위장관은 구강으로부터 항문에 이르는 기다란 근육층의 관으로 구성되며, 부위에 따라 인두, 식도, 위, 소장, 대장에 이르기까지 각각 독특한 종류의 상피세포들로 뚜렷하게 구분된다. 이 상피층은 초기 배아의 **내배엽(endoderm)**으로부터 형성되며, 소화관의 다른 세포층은 **내장 중배엽(splanchnic mesoderm)**으로부터 유래된다. 상피층과 그 바로 밑의 결합조직을 합쳐서 고유판(lamina propria)이라 부르며, 그 외부의 얇은 한 층의 근육은 흔히 **점막(mucosa)**이라 불리는 점막근층(muscularis mucosa)이다. 점막의 바깥쪽에는 보다 두꺼운 결합조직 및 평활근 층이 위치한다.

세포 자가증식(cell renewal)은 소장에서 그 진행 과정이 가장 잘 알려져 있다. 비록 구성 세포의 종류는 크게 다르지 않지만 소장은 십이지장(duodenum), 공장(jejunum), 그리고 회장(ileum)을 포함한다. 현미경 하에서 장 상피의 구조를 보면 손가락 모양의 융모가 장의 안쪽 공간으로 뻗어 있으며 융모 사이에 창자 움(crypts of lieberkuhn, 관모양의 장샘: intestinal glands)이 존재한다(그림 18.8, 18.9). 세포분열은 오직 이 장움(crypt)에서만 일어나며, 분화되는 세포들은 지속적으로 움을 떠나 융모 쪽으로 이동하여 궁극적으로 장 내의 공간으로 떨어져 나간다. 융모를 구성하는 주된 세포는 **장세포(enterocytes, 흡수세포)**와 **배상세포(goblet cells)**이다. 흡수세포는 끝 쪽에 여러 개의 작고 많은 미세섬모를 보유하고 있으며, 배상세포는 점액성 뮤신(mucin)으로 채워져 있는 큰 소포를 포함하고 있다. 또한 장움의 밑 쪽에는 항균성 물질인 라이소자임(lysozyme)과 크립딘(cryptdin)을 분비하는 **파네스 세포(paneth cells)**들과 여러 펩티드 호르몬을 분비하는 **장내분비세포(enteroendocrine cells)**들이 위치한다. 집합적으로, 배상세포, 파네스 세포, 그리고 장내분비세포들이 분비성세포들로 알려져 있다. 주로 직장에서 암이 빈번히 발생하기 때문에 직장의 조직학적 구성에 대한 연구도 많이 진행되었으며, 그 결과 직장의 구조는 소장의 구조와 비슷하나 융모와 파네스 세포는 포함하고 있지 않는 것으로 밝혀졌다.

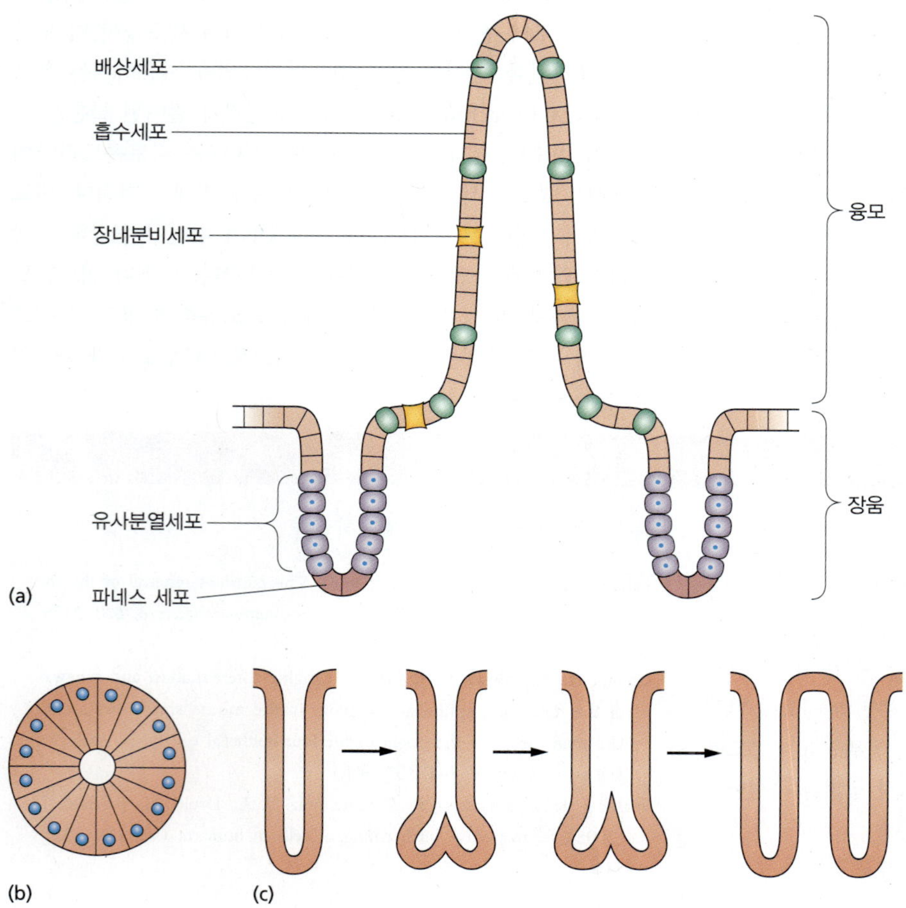


그림 18.8 소장 상피의 구성. (a) 2개의 장움과 1개의 융모를 포함하는 종단면. (b) 장움의 횡단면. (c) 장움의 증식은 기저부로부터 시작하는 출아법에 의해 일어난다.

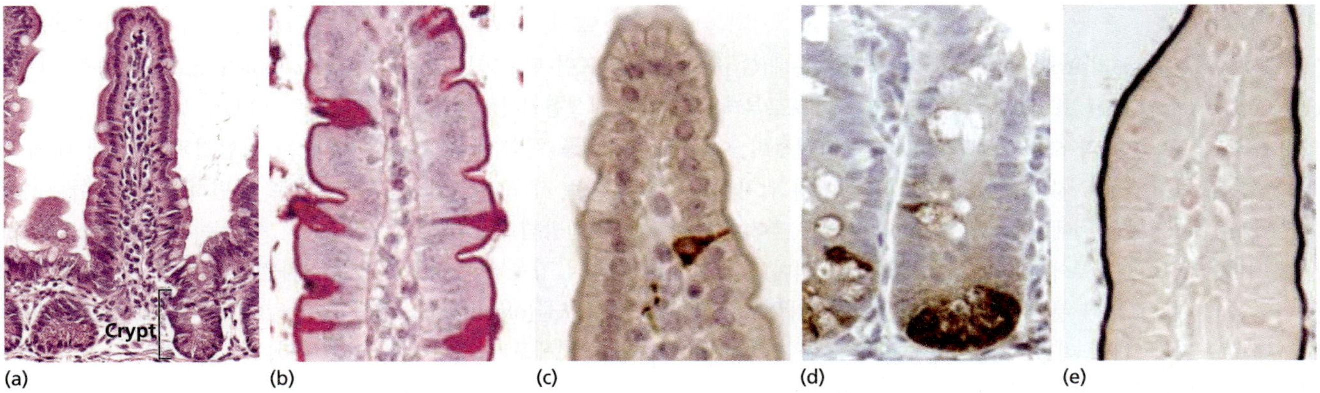


그림 18.9 소장을 구성하는 세포의 종류: (a) 융모와 장움의 헤마톡실린-에오진 염색; (b) 배상세포, 과요오드산 시프 염색[periodic acid-schiff (PAS) 염색]; (c) 장내분비세포, 시냅토파이신(synaptophysin) 면역염색(갈색); (d) 파네스 세포, 라이소자임 면역염색(갈색); (e) 흡수세포, akaline phosphatase 조직화학염색(짙은 파란색). (인용) Annual Reviews의 허락을 얻어 van der Filer and Clevers, *Ann Rev Phys* 2009; 71: 241-260의 그림을 재구성하였음.

장의 구조에 관련된 실험은 형질전환 생쥐를 이용하여 주로 수행되었으며, 이 경우 조직 특이적 과발현을 유도하는 목적으로 장상피에서만 특이적으로 유전자의 발현을 유도하는 Villin 프로모터를 이용할 수 있다. 또한 *Cyp1a* 프로모터(시토크롬 450 효소 중 하나를 암호화)를 이용하면 aryl hydrocarbon 수용체에 결합하는 beta-naphthoflavone을 처리함으로써 특정 원하는 시기에 주입된 유전자 (transgene)의 발현을 유도할 수 있다. 더불어 이들 프로모터들은 선택된 유전자의 과발현이나 결여를 유도하는 *Cre* 혹은 *CreER* 시스템에 활용이 가능하다.

생쥐의 경우 융모는 발생 약 15일차부터 형성되며, 장움은 출생 직후에 형성된다. 이러한 과정은 BMP들과 Hedgehog들이 관여하는 일종의 측면억제(lateral inhibition) 기전에 의해 일어난다. 먼저 Sonic hedgehog과 indian hedgehog가 전체 장상피에 발현되어 장 내의 중간엽층 형성을 촉진한다. 그 후에 hedgehog 발현은 나중에 장움이 될 부분에서만 제한적으로 집중되어 발현된다. 이 시기에 만일 Hedgehog에 의한 신호전달 경로를 억제하면 장움이 형성되지 않는다. 융모의 성장은 중간엽 조직에서 생산되어 장상피 조직을 자극하는 BMP2와 4에 의해 촉진된다. 따라서 BMP보다 Hedgehog의 영향을 많이 받는 부분은 움으로, 반면에 Hedgehog보다 BMP의 작용이 보다 우세한 주변 조직은 융모로 발달된다. 융모와 장움의 형태형성 과정은 평평한 내배엽성 상피세포가 접히면서 형성된다. 이때 중요하게 작용하는 유전자는 융모에서 발현되는 ephrin B1과 움에서 발현되는 EphB2와 B3이다. 또한 이 유전자들에 의한 각각의 단백질 생산은 β-카테닌에 의하여 조절된다. 만일 *EphB2*와 *B3*가 제거되면 장은 분화된 세포와 증식하는 세포가 분리되어 있지 않고 무질서하게 섞이면서 발달된다. 장움과 융모는 생후 일생 전반에 걸쳐 지속적으로 새롭게 생성되며, 특히 장움의 기저부 쪽에서 1개가 2개로 출아법으로 나뉘며 여러 개로 발달된다(그림 18.8). 이러한 움의 분리에 대한 자세한 기전은 알려져 있지 않으나, 아마도 줄기세포의 수적 증가가 중요한 역할을 할 것으로 추측되고 있다.

장움에서의 세포분열은 매우 빠르게 일어난다. 줄기세포는 장움의 기저부에 위치하며 그 위쪽으로 앞서 언급한 변화-증식세포가 여러 층으로 위치한다. 생쥐의 장움 하나는 약 250개의 세포로 구성되며, 이 중 약 160개의 세포가 13시간의 세포주기로 분열한다. 줄기세포로부터 생산된 전구세포들은 위쪽으로 이동하여 장움을 떠나며, 따라서 각 장움은 하나 이상의 융모에 세포를 공급하고 각 융모는 여러 개의 장움으로부터 세포를 공급받는다. Wnt-β-카테닌 신호가 움에서의 세포분열에 중요한 역할을 담당하며, Wnt와 그 수용체는 장움의 상피세포에서 발현된다. Wnt-β-카테닌 신호를 억제하면, 특히 전사조절인자인 *Tcf4*의 발현을 억제할 경우, 줄기세포와 변화-증식세포들의 세포분열이 정지된다. Wnt에 의해 발현이 조절되는 *c-Myc* 역시 지속적인 세포분열에 중요한 요소이며, 만약 장에서 *c-Myc*의 발현을 억제하면 융모의 발달이 정지된다.

APC는 *adenomatous polyposis coli*라는 유전자의 산물인 세포질 내에 존재하는 단백질로서 GSK3dp 의한 β-카테닌의 인산화(비활성화)에 중요한 역할을 담당한다. APC 기능상실 돌연변이에서는 β-카테닌이 지속적으로 활성화 상태에 놓이게 된다. 이러한 경우, EphB2와 B3의 생산을 중단할 수 없게 되며, 그 결과 장 내의 공간 쪽으로 비정상적으로 구성된 장의 조직인 **폴립(polyps)**이 형성되어 돌출된다. 선종성용종증(adenomatous polyposis)이 있는 환자는 이러한 위장관 폴립을 많이 보유하며, 이러한 폴립들은 암으로 발전하는 높은 가능성이 있다. 이 질병은 유전성이며 APC 유전자 한 사본이 소실되어 발생하고, 나머지 한 사본에 돌연변이가 일어나면 세포 내의 β-카테닌이 지속적으로 활성화 상태에 놓여 결국 폴립으로 발달된다.

## 장관줄기세포

장관줄기세포는 Lgr5라고 하는 G 단백질-연관 수용체(G protein-coupled receptor)를 표지 인자로 하여 다른 세포로부터 구별될 수 있다. 장움당 약 6개의 세포가 Lgr5를 발현하며, 이들 세포는 움의 기저부에 위치한 파네스 세포들 사이에 위치한다. *Lgr5-CreER x R26R* 생쥐에서 이들 세포들의 위치를 추적해 보면, 초기에는 장움 기저부에서 줄기세포만 표지가 되며, 이후에는 이들 줄기세포로부터 분화되는 세포들이 움의 위쪽으로 리본 형태로 표지가 되고, 며칠 후에는 융모의 끝 쪽에 도달하여 소멸되고 장 내로 탈락되는 것을 볼 수 있다(그림 18.10). 리본 형태로 표지된 분화세포들은 흡수세포, 배상세포, 장내분비세포, 그리 파네스 세포를 모두 포함한다. 이와 유사한 결과가 세포 표면 탄수화물에 결합하는 *Dolichos* lectin을 이용한 장세포 표지실험에서 얻어진 바 있다(그림 18.11).

비록 체외 배양을 통하여 얻은 실험결과가 생체 내에 존재하는 세포의 특성을 직접적으로 대변하는 것은 아니지만, FACS 방법으로 정제한 Lgr5-양성 세포는 마트리겔(Matrigel) 내에서 장움과 융모로 구성된 3차원적으로 장과 유사한 세포성 구조물(organoid)을 형성할 수 있다(그림 18.12). 생체 내 소장 줄기세포가 존재하는 삶터는 파네스 세포에 의하여 형성되는 것으로 보인다. Lgr5 세포는 파네스 세포에 바로 인접하여 존재하며, 파네스 세포는 줄기세포와 변화-증식세포에 대한 세

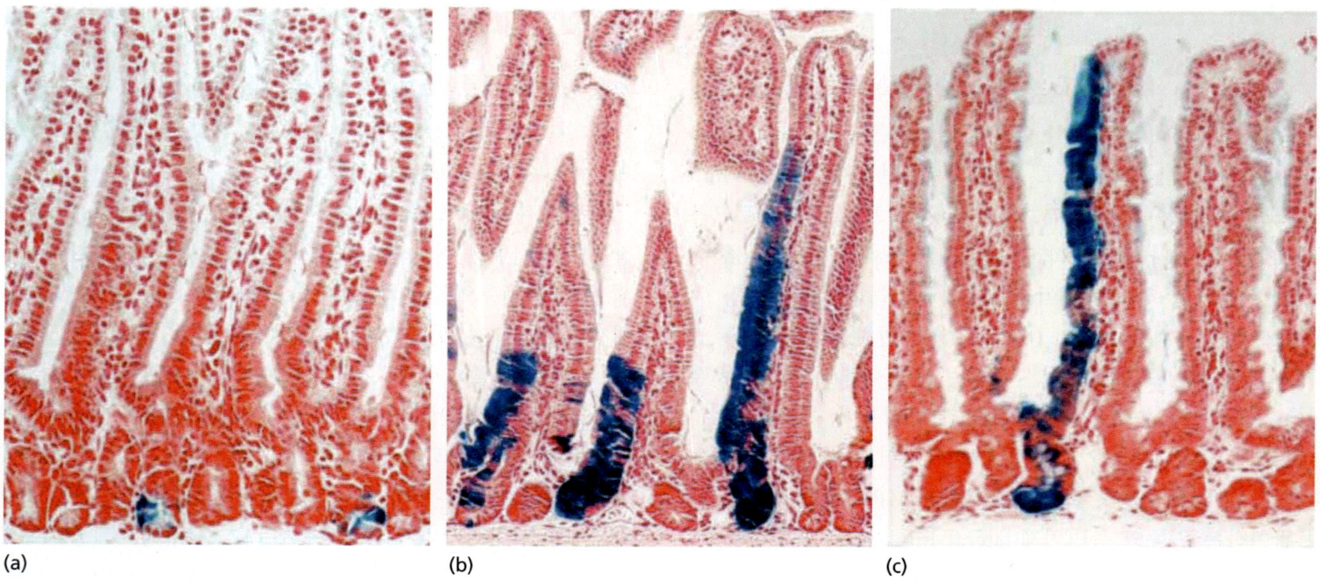


**그림 18.10** Lgr5-CreER x R26R 생쥐에서 $Lgr5^+$ 세포의 세포 계통. 생쥐의 장을 타목시펜을 처리하여 세포 표지를 유도한 후 1, 5, 60일 후에 XGal로 염색하였다. 초기에는 $Lgr5^+$ cell에만 표지가 되지만 시간이 지나면서 이들 줄기세포로부터 형성되는 세포들이 장움에서 융모에 이르기까지 표지가 되어 리본처럼 나타난다. (인용) Nature Publishing Group의 허락을 얻어 Barker *et al, Nature* 2007; 449: 1003–1007의 그림을 재구성하였음.

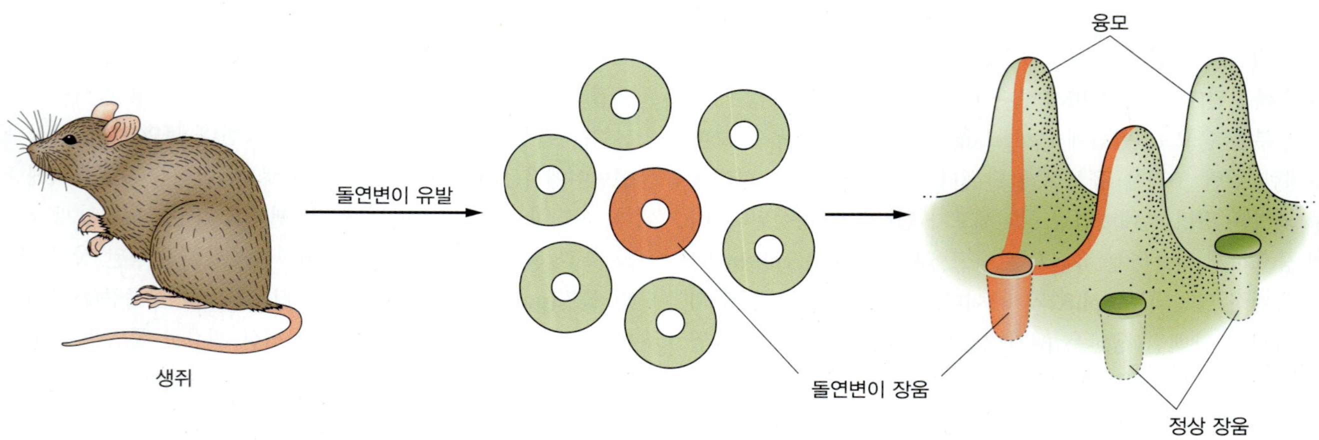


**그림 18.11** 돌연변이 유발을 통해 *Dolichos* lectin과 결합하여 표지될 수 있는 세포가 형성될 수 있다. 돌연변이가 유발된 1개의 줄기세포가 장움 전체를 형성할 수 있으며, 인접한 융모의 첨단부에 이르기까지 긴 리본 형태의 세포군을 형성할 수 있다.

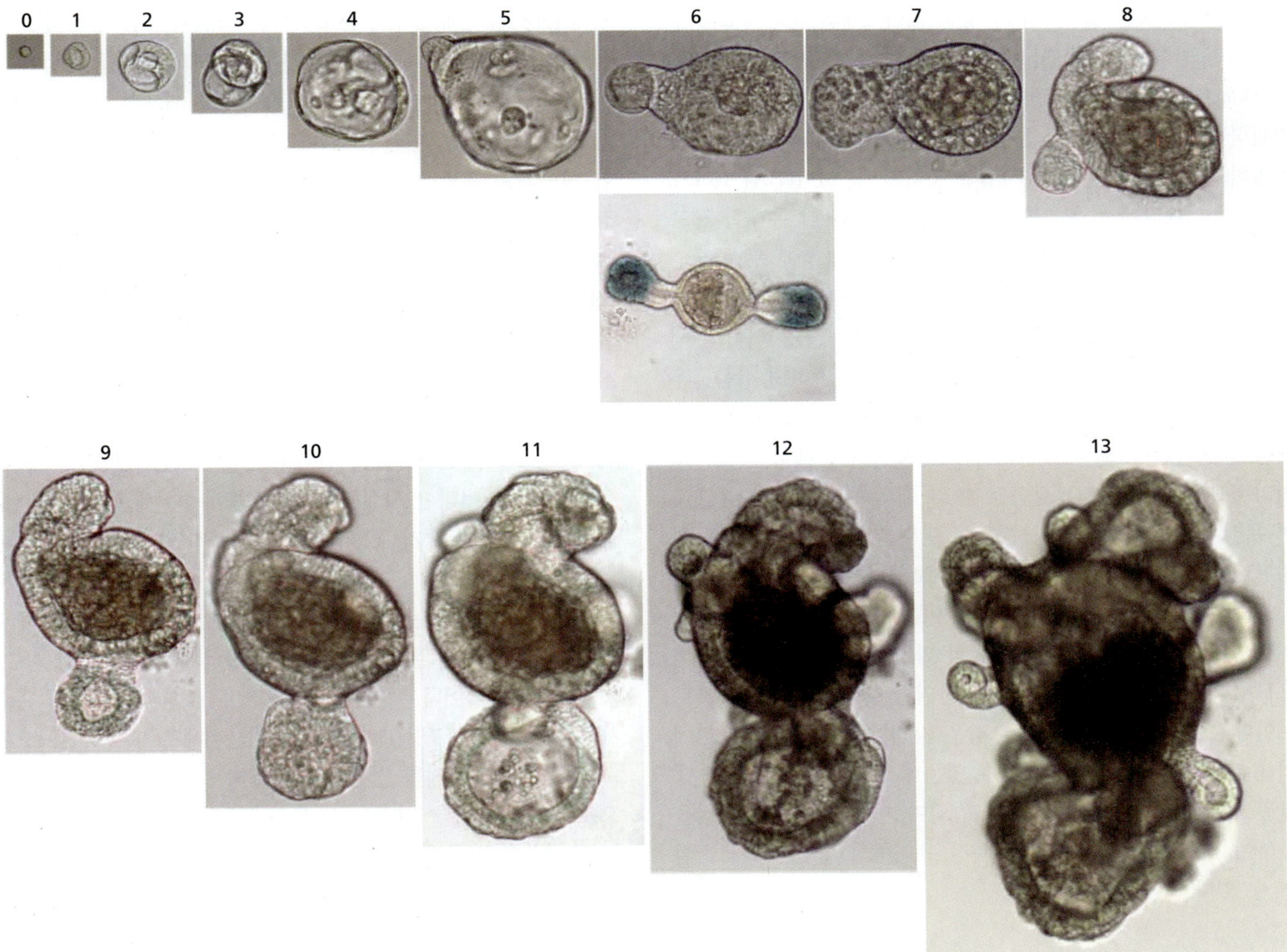


그림 18.12 마트리젤에서 성장하고 있는 3차원적으로 장과 유사한 구조물(organoid). 이 콜로니는 하나의 Lgr5$^+$ 세포로부터 형성되었으며 배양개시 후 매일 (사진 위의 숫자는 배양기간) 사진을 찍어 기록하였음. 중간 삽입사진: Wnt 리포터 생쥐로부터 형성된 초기 배양 세포 구조물(organoid), Wnt 신호가 발생되는 지역이 정상적인 장움에서 나타나는 것과 유사하게 XGal 염색에 의해 녹색으로 표지됨. (인용) Nature Publishing Group의 허락을 얻어 Sato *et al, Nature* 2009; 459: 262–265의 그림을 재구성하였음.

포증식을 유도하는 두 종류의 *Wnt* 유전자(*Wnt3*와 *Wnt9b*)를 발현한다. 또한 만일 Lgr5 세포를 파네스 세포와 공동배양하면 앞서 언급한 3차원적 세포성 구조물을 더욱 높은 효율로 형성한다. *Cyp1a-Cre*를 이용한 형질전환 생쥐의 장에서 Sox9 유전자의 결여를 유도하면 파네스 세포의 수를 4–8주에 걸쳐 감소시킬 수 있는데, 이 시기 동안 파네스 세포의 수적 감소는 줄기세포의 양을 감소시킨다. 이 경우, 궁극적으로 장움의 숫자가 감소되며, 장은 유전자 결여의 영향을 받지 않은 소수의 정상적인 장움의 빠른 분열에 의해 재생된다.

흥미롭게도, 장상피에는 적어도 하나 이상의 또 다른 줄기세포군이 존재하는 것으로 보이며, 이들 세포는 PRC1 polycomb complex를 형성하는 단백질을 암호화하는 *Bmi1*이라는 유전자를 발현하고 있다. *Bmi-CreER x R26R* 시스템에 의해 표지하였을 경우, 이들 세포는 Lgr5 세포처럼 리본 형태로 오랜 기간 유지되는 세포로 분화된다. 그러나 이러한 Bmi 세포는 파네스 세포의 위쪽에 위치한다. Lgr5 세포가 소장의 끝 쪽이나 결장에 많이 존재하는 반면, Bmi 세포는 소장의 앞쪽에 주로 위치하여, 각 위장관 부위의 부분적 특성을 반영하는 세포로 분화된다. Lgr5 세포는 인간의 디프테리아 독소 수용체에 대한 유전자를 Lgr5 유전자 위치에 존재하게끔 하여 실험적으로 제거할 수 있다. 생쥐의 경우 디프테리아 독소에 저항성을 보유하기 때문에, 독소를 주입하면 이 독소에 대한 수용체를 보유하는 *Lgr5* 세포만 제거가 된다. 이 경우 장관 세포는 *Lgr5* 세포가 없는 상태에서도 *Bmi* 세포에 의해 재생산된다.

장관에 존재하는 줄기세포가 비대칭 세포분열을 하는지에 대한 여부에 대하여는 오랜 기간 동안 논란의 대상이었다. 그러나 장움에 존재하는 줄기세포의 분열에 대한 수학적 분석결과는 이들 줄기세포가 2개의 줄기세포, 1개의 줄기세포와 1개의 분화세포, 혹은 줄기세포의 생산 없이 2개의 분화세포를 무작위적인 방식으로 생산할 수 있음을 암시하고 있다. 장세포에서 *Dolichos* 렉틴이라는 탄수화물의 수용체를 발현하는 생쥐와 발현하지 않는 생쥐 간에 **응집 키메라(aggregation chimera)**를 형성하고 분석하여 이러한 사실을 추측할 수 있다(그림 18.13). 이 응집 키메라에서 위 2종류의 생쥐 배아로부터 유래한 세포들은 초기에 서로 섞인 상태로 태아의 장움 형성에 두 종류의 세포가 모두 기여하게 된다. 그러나 생후 1-2주 안에 장움은 두 종류 중 하나를 소실하게 되고, 각 장움은 둘 중 하나의 생쥐 배아에서 유래한 세포로만 구성된다. 다시 말하면 장움들은 한 종류의 세포에 의해 **단일클론(monoclonal)**으로 형성된다. 처음에는 장움당 오직 하나의 줄기세포만이 존재하는 것으로 여겨졌으나, 현재는 각 장움당 여러 개의 줄기세포가 존재하며 무작위적인 선택 과정을 통하여 단일클론에 의해 장움이 형성된다는 가설이 더 확실한 것으로 보인다. 장움 안에서 줄기세포들은 많은 세포분열을 거치며, 이를 통하여 특정 줄기세포의 소실로 인해 줄기세포의 유전적 다양성이 감소되어 궁극적으로 한 종류의 줄기세포에 의한 단일클론이 형성되는 것으로 보인다. 또 다른 가능성으로는 장움 자체가 출아법(budding)에 의해 또 다른 장움을 생산할 수 있는데, 이 과정에서 새로 생산된 장움과 줄기세포를 공유하게 되며, 이러한 일련의 과정을 통하여 새로 형성된 장움에서 특정 유전형의 줄기세포가 소실될 수 있다.

장움당 줄기세포의 수는 손상되지 않은 정상 조직의 상태에서 일정한 수로 유지된다, 그러나 조직의 손상 및 재생이 일어나는 경우 몇몇 변화-증식세포들이 줄기세포의 특성을 보유하게 되는 것으로 여겨진다. 이러한 사실은 방사선 조사에 의한 실험으로 추측할 수 있다(그림 18.4). 일정량의 엑스선 혹은 감마선은 장상피를 구성하는 세포를 소멸시킨다, 조직을 성장 및 재생산을 담당할 수 있는 세포를 **클론생성세포(clonogenic cells)**라 부르며, 장움은 적어도 1개 이상의 클론생성세포를 보유해야만 재생이 가능하다. 여러 수준의 방사선량을 조사한 후 장움의 생존을 측정해 본 결과, 각 장움은 약 80개의 클론생성세포를 보함하고 있는 것으로 보인다. 이 숫자는 각 장움에 존재하는 *Lgr5* 혹은 *Bmi1*을 발현하고 있는 줄기세포의 수보다 훨씬 높으며, 이러한 사실은 아마도 변화-증식세포가 줄기세포 삶터로 이동하여 줄기세포의 특성을 획득하였다는 가능성을 반영한다.

위장관 줄기세포는 장관 내의 여러 종류의 분화세포를 생산하며, 이러한 과정은 Delta-Notch **측면억제**(4, 14, 16장 참고) 기전에 의해 일어나는 것으로 알려졌다. 줄기세포로부터 흡수세포 혹은 분비세포들(배상세포, 장내분비세포, 혹은 파네스 세포) 중 하나가 될지를 결정하는 마스터 스위치가 존재하는 것으로 보이며, 이 스위치는 Delta 단백질의 형성을 촉진하는 *Math1*이라 하는 bHLH형 전사조절인자에 의해 조절된다(그림 18.15). Notch를 발현하는 모든 세포는 초기에 비슷한 수준

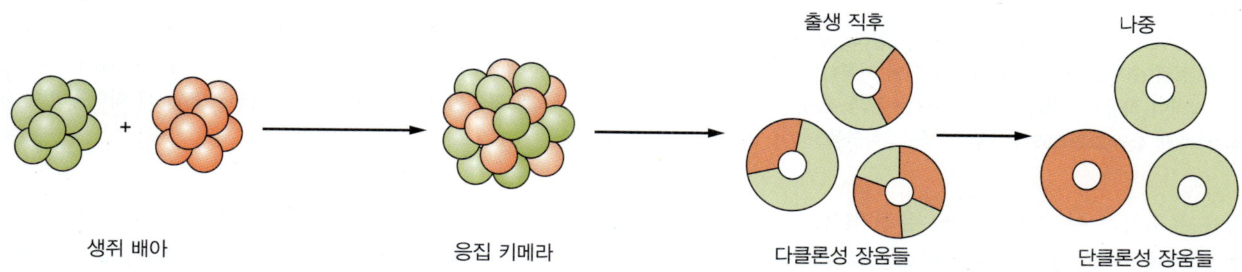


**그림 18.13** 응집 키메라. 초기의 장움은 다클론성(polyclonal)이지만 후에 단클론성(monoclonal)으로 된다.

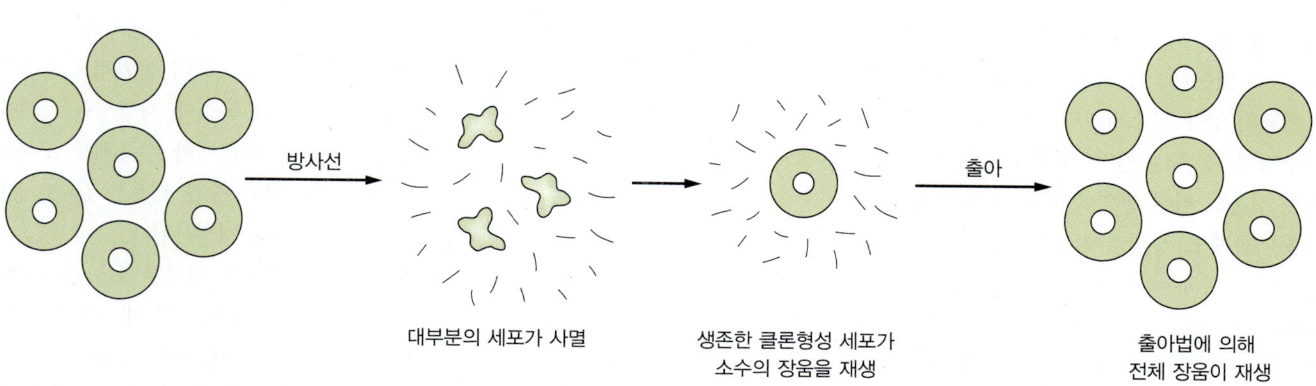


**그림 18.14** 방사선 조사에 의해 대부분의 세포를 사멸시키면, 생존한 클론형성(clonogenic) 장움으로부터 전체 장움이 재생된다.

의 Math1을 발현한다. 기회적으로 한 세포가 보다 높은 수준의 Math1을 발현하게 되면 이 세포는 다른 주위세포 보다 많은 Delta 단백질을 생산하게 되며, 인접한 다른 세포들에게 이 신호를 전달한다. Delta 단백질 신호에 의해 주변 세포의 Notch가 자극되면 이들 세포에서는 *Math1*의 발현이 억제되며, 따라서 Delta 단백질의 발현이 감소하게 된다. 이러한 과정이 지속 되면, 결국 Math1과 Delta의 발현이 높은 소수의 세포들이 Math1과 Delta의 발현이 낮은 많은 주변의 세포들에 의해 둘러싸이게 된다. 낮은 수준의 Math1을 발현하는 세포들이 흡수세포로 분화되는 반면, Math1의 발현이 높은 세포들은 분비세포들이 된다. 이러한 분화기전의 증거로서, 만일 Math1 유전자가 결여된 생쥐에서 장상피의 전반적인 구조는 전반적으로 정상이고, 정상적인 흡수세포가 발견되지만, 모든 종류의 분비세포가 발견되지 않는다. 반대로 또 다른 전사조절인자인 *Hes1* 유전자가 결여되면 반대의 표현형이 나타나는데, 장상피 조직에서 *Math1*을 발현하는 세포와 분비세포들의 비율이 증가된다. Hes1은 Notch 신호전달에 관여하며 Hes1의 결여는 Notch 신호에 의한 Math1의 발현억제 효과를 감소시킨다.

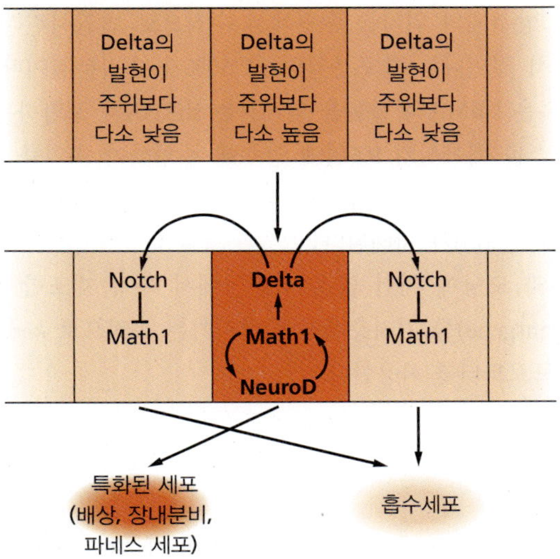


**그림 18.15** 측방억제에 의한 장상피 내의 세포분화 조절.

## 표피

피부는 중층편평상피(squamous stratified epithelium)인 **표피(epidermis)**와 결합조직위의 **진피(dermis)**로 구성되어 있다(그림 18.16). 표피를 구성하고 있는 주된 세포는 **각질세포(keratinocyte)**이며 세포분열은 기저층에서만 일어난다. 인간의 경우 표피는 이 기저층으로부터 약 2주에 한번 꼴로 재생산된다. 표피 및 그 밖의 다른 편평상피인 식도와 여성생식기인 질(vagina)의 기저층은 p63이라는 전자조절인자의 활성에 의존한다. p63은 기저층 전반에 걸쳐 발현되며, 세포가 위쪽으로 이동하면서 발현이 감소한다. p63이 결여된 생쥐는 편평상피를 형성하지 못하며 출생 직후 죽는다(그림 18.17).

진피는 섬유성 탄성 결합조직으로 발생 중인 배아의 진피판(dermatome)과 신경능선(neural crest)에서 발생한다. 진피의 아래쪽은 대부분 지방조직으로 구성되어 있으며 진피와 표피의 경계면에는 기저막(basement membrane)이 존재하고, 인간의 경우 이 기저막은 주름지어 진피유두(dermal papillae)와 표피마루(epidermal ridge)를 형성한다. 진피는 신경과 혈관들을 포

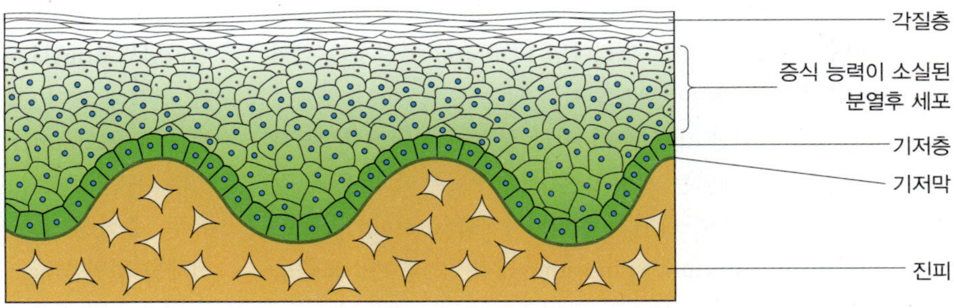


**그림 18.16** 피부의 표피 구조. 모든 각질세포는 기저층에서 생성되어 표면쪽으로 이동하면서 점진적으로 분화된다.

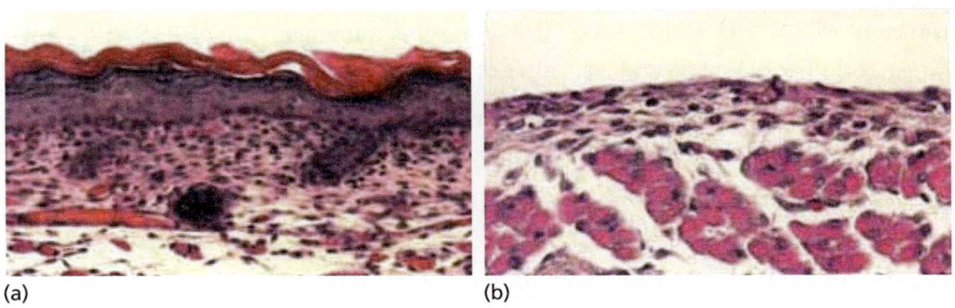


**그림 18.17** 출생 직후 생쥐의 정상 피부 (a)와 *p63*이 결여된 생쥐의 피부 (b). *p63*이 결여되면 세포의 성층구조가 형성되지 않는다. (인용) Koster and Roop, *Ann Rev Cell Dev Biol* 2007; 23: 93-113의 그림을 재구성하였음.

함하고 있으며, 파시니 소체(parcinian corpusle)라는 압수용체(pressure receptor)와 함께, 표피에서 만들어지는 모낭(hiar follicle), 피지선(sebaceous gland), 그리고 땀샘(sweat gland)을 포함한다.

표피 기저부 세포의 증식은 TNF-α와 같이 표피 자체에서 생산되는 인자들과 진피에서 생산되는 FGF7를 포함하는 인자들에 의해 유도된다. 각질세포는 섬유모세포와 함께 공 배양하면 배양접시에서 증식되고 피부와 유사한 편평상피 형태로 형성될 수 있다.

표피 기저부를 구성하는 세포의 약 60% 정도가 세포분열을 하는 것으로 나타나지만, 표피 줄기세포에 대한 정확한 표지인자가 밝혀지지 않아 이들 모든 세포가 줄기세포인지는 아직 확실하지 않다. 표피의 경우 줄기세포와 변화-증식세포의 구분이 뚜렷하지 않기에 모든 분열하는 세포가 줄기세포로 여겨지고 있으나, 이들 세포는 실제로 체외에서 배양해 보면 서로 간에 상당한 차이를 나타낸다. 예를 들어, 어떤 세포들은 증식 능력이 뛰어나 큰 콜로니를 형성하며 여러 번 계대배양이 가능하지만, 다른 세포들은 적은 수의 세포로만 구성된 작은 콜로니를 형성한 후 곧 증식 능력을 소실한다. 따라서 기저부의 세포 중 약 10% 정도만 줄기세포로 여겨지고 있으며, 실제로 방사선 조사로 손상된 표피에서 비슷한 양의 줄기세포만이 표피를 재생산할 수 있음이 관찰되었다.

이들 약 10%의 표피 줄기세포는 변화-증식세포들과 높은 β-1 인테그린(integrin)의 발현에 의해 다른 세포와 구별된다. β-1 인테그린은 세포 부착 분자로서 세포에 의한 콜라겐, 라미니, 피브로넥틴의 인식 과정에 관여한다. 인간의 음경포피(foreskin)에서 높은 수준의 인테그린을 발현하는 세포들이 진피유두의 첨단에 집중적으로 분포하기 때문에 이곳이 표피의 줄기세포 쉼터로 추측되고 있다. 그러나 *β-1 integrin* 유전자를 결여시켜도 줄기세포의 결손이 유도되지는 않는다.

일단 기처층을 떠난 세포는 더 이상 분열하지 않고 분화 과정에 들어간다. 분화되는 세포들은 기저부로부터 다음과 같은 표피의 여러 층으로 나뉘게 된다: 기저층(stratum germinativum), 유극층[stratum spinosum: 많은 양의 데스모좀을 포함하는 가시층(prickle layer), 과립층(stratum granulosum: profilaggrin으로 구성된 과립을 함유), 그리고 각질층[stratum corneum: 세포핵을 소실하고 트랜스글루타미나아제(transglutaminase)에 의해 연결된 평평한 케라틴 주머니가 됨]. 케라틴은 모든 상피세포에서 발견되는 **중간섬유(intermediate filament)**인 사이토케라틴을 구성하는 섬유성 단백질을 총칭하는 명칭으로 다양한 유전자에 의해 여러 종류의 케라틴이 만들어지고, 세포가 기저부를 떠나 위쪽을 이동하면서 그 발현이 변화된다. 예를 들어, 세포가 기저층을 떠나 가시층으로 들어가면 K5 (Keratin 5)와 K14의 발현이 감소되면서 K1과 K10의 발현이 증가된다. 과립층과 각질층의 세포들은 involucrin이라 하는 단단한 비용해성 단백질을 함유하고 있다.

초기 발생 중인 배아에서 표피가 처음 형성될 때는 일시적으로 존재하는 평편층인 주피(periderm)로 싸인 한 층의 세포로 발달된다. 생쥐 발생 약 14일경에 표피세포의 분열은 대칭분열에서 비대칭분열로 바뀌며, 이러한 변화에 의해 중층형의 표피층이 형성된다. 일반적인 세포극성(cell polarity)과 마찬가지로, 이들 세포도 세포 첨단부에 국한하여 Par3/Par6/aPKC 복합체를 보유한다. 이 복합체는 미세소관과 결합하여 방추체의 방향을 바꾸는 단백질인 LGN (Leu-Gly-Asn repeat-enriched protein)과 NuMA (nuclear mitotic apprartus protein)과 상호작용하여 방추체의 위치를 수평에서 수직으로 변환시킨다. 배아 표피에서 일어나는 세포분열의 약 50%가 수직분열이다. 만일 LGN 혹은 NuMA의 발현을 억제하는 shRNA를 포함하는 렌티바이러스를 배아시기 9.5일에 양수에 주입하여 표피를 감염시키면 수직 세포분열이 현저히 감소되고, 그 결과 세포의 성층화(stratification)가 저해된다.

표피와 모낭에 대한 많은 실험들에서 특정 재조합 전이유전자(transgene)를 기저층에서 발현시키는 목적으로 *keratin 14* (*K14*) 프로모터를 사용한다.

## 모낭

모낭(hair follicles)의 구조는 그림 18.18a에 나타나 있는 바와 같다. 모간(hair shaft)은 표피의 **기질부(matrix)**에서 생산된 사멸된 각질세포들에 의해 형성된다. 이 부분은 섬유모세포가 모여 형성한 돌출된 모양으로서 색소과립을 각질세포에 전달하는 **멜라닌세포(melanocyte)**를 포함하는 **표피유두(dermal papilla)**에 인접해 있다. 모낭은 표면 표피에 이르기까지 연결되어 있는 외모근초(ourter root sheath)라 불리는 한 층의 세포에 싸여 있다. 표면 표피와 연접하는 부분에는 피지선이 위치하며, 진피유두, 증식성 표피세포 구역, 외층을 포함하는 모낭의 기저부 전체를 털망울(hair bulb)라고 한다.

털은 지속적으로 자라지 않으며 주기적으로 성장한다(그림 18.18b). 성장이 왕성히 이루어지는 시기를 **성장기(anagen)**라 하며 생쥐의 경우 약 3주간, 인간의 경우 3-6년 간 지속된다. 모낭이 퇴화되는 시기는 **퇴화기(catagen)**라 하며, 성장이 일시 정지되어 있는 시기를 **휴지기(telogen)**이라 한다. 생쥐의 경우 털의 성장주기는 동기화되어 있으며, 머리 부위부터 매번 새롭게 시작된다. 털의 성장주기는 진피층에서 일어나는 BMP2와 4의 주기적인 발현과 관련되어 있으며, BMP의 발현은 후기 성장기와 초기 휴지기 사이에 높고 후기 휴지기 동안에 낮으므로

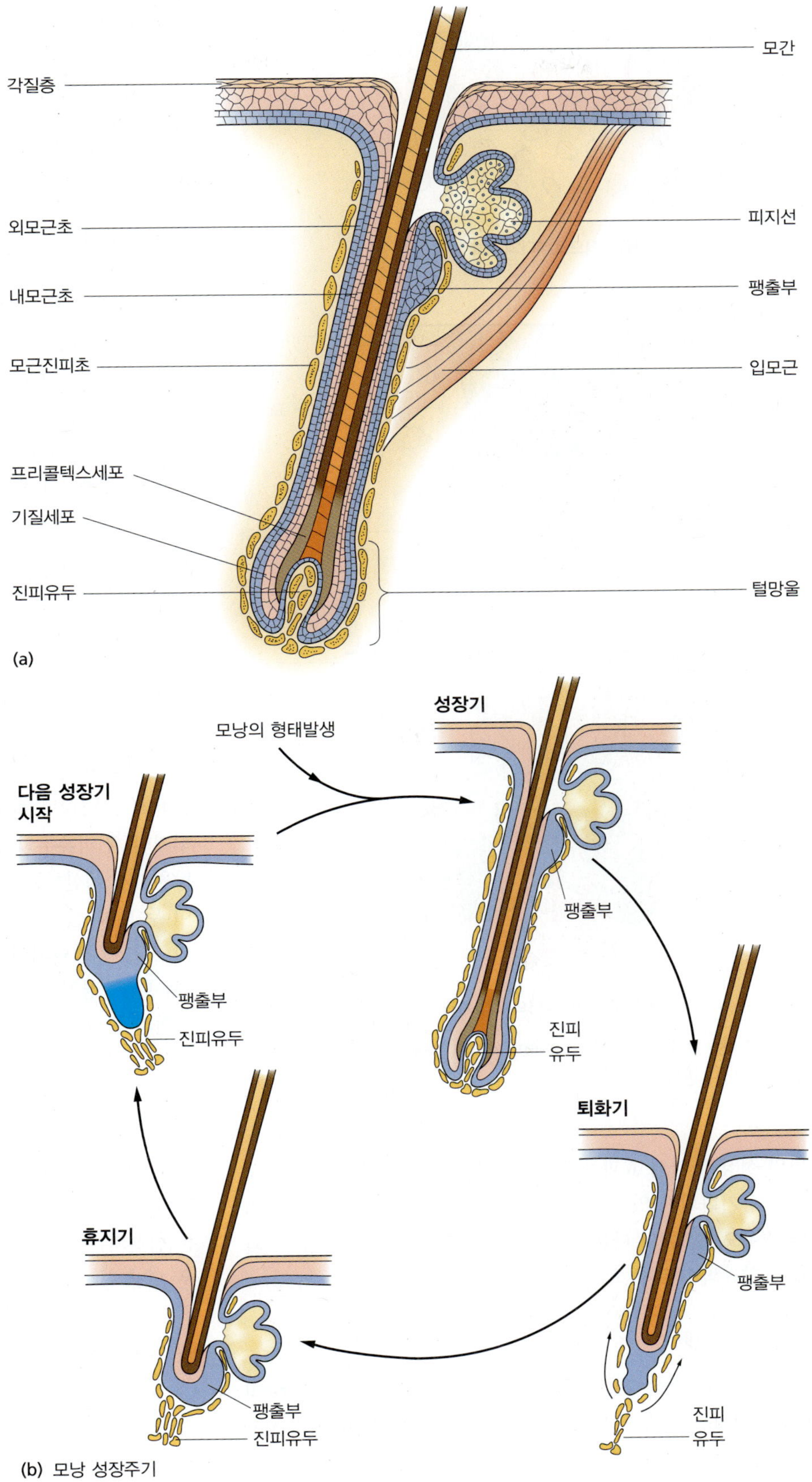


**그림 18.18** (a) 모낭의 구조 (b) 털의 성장 주기.

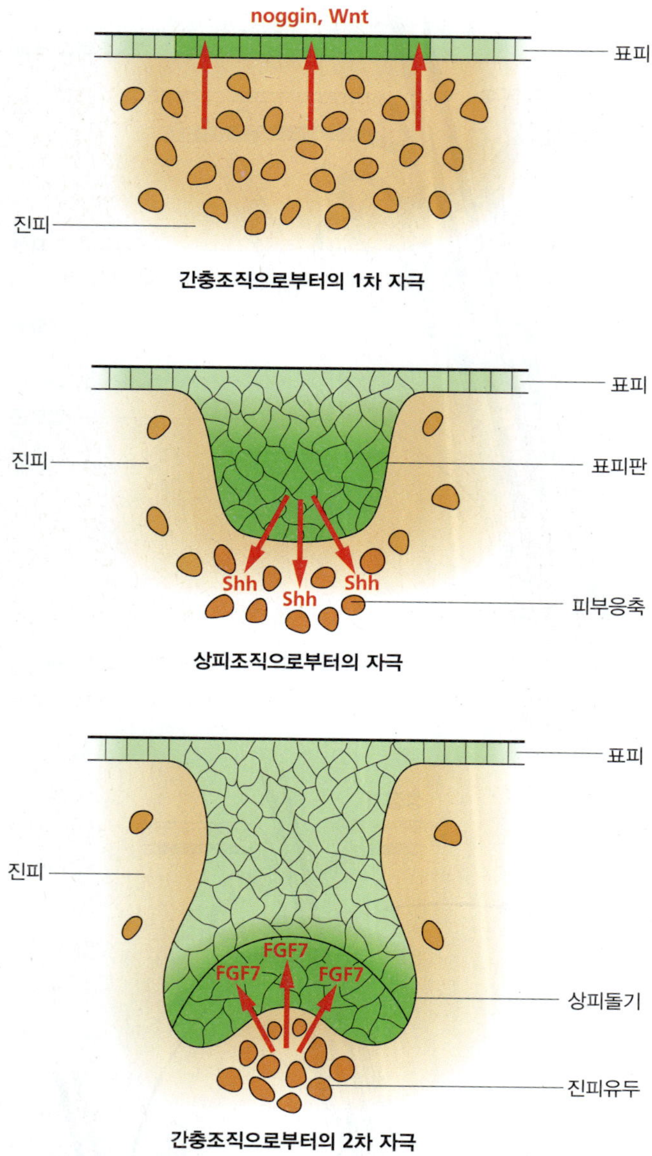


**그림 18.19** 모낭의 초기형성. 표피와 진피층 간에 적어도 세 단계의 신호교환이 작용한다.

털의 성장에 억제 효과가 있는 것으로 보인다. 인간의 경우 모낭은 동기화되어 있지 않고 독립적으로 활성을 나타낸다. 생쥐의 경우도 4종류의 다른 털을 가지고 있으며, 각각 그 발생 과정이 약간씩 다르다.

## 모낭의 발생

모낭은 생쥐 발생 14.5일로부터 형성되는 표피판(epidermal placode)에서 발생하며, 표피판 밑에는 피부응축(dermal condensation)이 생겨난다. 표피판은 이후 밑쪽으로 자라 나중에 모낭의 **진피유두(dermal papilla)**가 되는 피부응축을 감싸게 된다(그림 18.19).

모낭의 형성과정에는 Wnt 신호가 요구되며 이와 반대로 BMP 신호는 억제활성을 나타낸다. BMP는 표피층에서 발현되며 BMP 신호에 대한 억제제인 Noggin은 진피층에서 생산된다. Noggin은 Wnt 3A와 함께 새로운 모낭 형성을 유도한다. Noggin에 의한 BMP 신호의 억제는 *Lef1*의 발현을 증가시키며, Wnt 신호는 세포질 내에 존재하는 β-카테닌의 안정화를 유도하여 Lef1을 세포 핵 안으로 전달하여 표적 유전자의 발현을 조절하게 한다. 표적 유전자 중 하나는 *E-캐드히린*으로 이 과정에 의해 발현이 억제되면 세포들은 상호간 부착력이 감소되면서 함입(invagination)되어 후에 모낭이 될 원기를 형성한다. 이러한 여러 분자가 관여하는 기전은 다양한 실험에 근거를 두고 있다. 예를 들어 Wnt 혹은 Noggin의 신호전달에 관련된 구성 단백질에 대한 유전자가 결여된 생쥐는 매우 적은 수의 모낭을 보유하거나 모낭을 전혀 형성하지 않는다. 또한 각질세포의 배양에 Wnt3A와 Noggin을 함께 처리하면 생체 내에서와 유사한 함입 원기를 형성할 수 있으며, Wnt 억제제인 *Dickkopf*의 유전자를 발현하는 형질전환 생쥐에서 모낭원기의 형성은 억제된다. 후자의 경우 표피에만 제한적으로 유전자의 발현을 원할 경우 표피-특이적 발현을 유도할 수 있는 *K14* 프로모터를 이용하면 된다. 다양한 수준으로 Dickkopf를 과발현시킬 때 표피판 간의 간격이 달라지므로, 일종의 측면억제가 작동하는 것으로 보인다.

비록 모낭원기 형성에 요구되는 초기 신호는 진피에서 비롯되지만, 진피유두의 형성은 진피층으로 함입되는 과정에서 모낭원기가 생산하는 두 번째 신호에 의해 의존한다(그림 18.19). 이 두 번째 신호는 Shh로서, Shh가 결여된 생쥐는 모낭 형성이 이 시기에 중단되며, 이때 진피유두는 매우 작거나 형성되지 않는다. 정상적으로 발달한 진피유두는 FGF7을 분비하여 표피 기질의 증식부위 형성을 유도한다. 분리 추출된 진피유두는 체외의 특정 조건 하에서 표피로부터 완전히 새로운 모낭의 형성을 유도할 수도 있다.

추가적인 모낭의 형성은 배아시기 뿐만 아니라 성체시기에서도 안정화된 형태의 β-카테닌 등 Wnt 신호전달경로에 관여하는 구성 단백질의 과발현으로 유도될 수 있다. 이러한 효과는 발현되는 단백질의 양에 비례하여 높은 수준의 발현은 새로운 모낭 형성을, 중간 수준의 발현은 피지선 형성을, 그리고 낮은 수준의 발현은 모낭 형성을 억제한다. 새로운 모낭의 형성은 기존에 존재하던 모낭으로부터 여분으로 형성될 수 있으나 (생쥐), 모낭 사이의 표피에서 완전히 새롭게 형성되기도 한다. 이 과정 역시 Wnt 의존성으로서 Wnt 신호과정에 관여하는 단백질의 발현 수준이 높으면 새로운 모낭의 수가 증가하며, 낮으면 그 수가 감소한다.

모낭의 형성 기전에 대한 이해는 Wnt 신호관련 단백질의 과

발현에 의한 대머리 치료를 가능하게 할 수도 있을 것으로 기대된다. 가장 큰 문제점은 Wnt 신호전달경로가 여러 종류의 암 발생에도 관여되어 있다는 점으로, 종양의 형성의 유발을 피하면서 새로운 모낭의 형성을 촉진하는 치료방법이 요구된다.

## 모낭 팽출부

모낭 망울(hair follicle bulb)의 분열하는 표피세포는 성장기 기간에만 국한되어 증식하기 때문에 줄기세포라 할 수 없다. 진짜 줄기세포들은 모낭 측면의 팽출부(bulge) 안에 위치하고 있다. 이 팽출부에는 매번 새로운 성장기의 시작시점에 이동하여 모낭망울에 새로운 세포를 공급하는 세포가 존재한다. 설치류의 주둥이 털 모낭은 절개하여 채취할 수 있을 정도로 충분히 크다. 만일 *lacZ*-양성(**Rosa26**) 생쥐의 모낭 팽출부를 채취하여 표지되지 않은 모낭에 이식한 뒤 **누드 마우스**에 주입하여 관찰하면, β-갈락토시드를 포함하는 세포가 전체 모낭을 새롭게 형성할 수 있음을 알 수 있다. 또한 *lacZ*로 표지된 팽출부를 표지되지 않은 생쥐 태아의 등에 발생 후기에 이식한 후 관찰하면 표피, 모낭, 그리고 피지선이 모두 표지됨을 알 수 있으며, 이는 팽출부의 세포가 이들 조직으로 분화될 수 있음을 의미한다(그림 18.20). 팽출부의 세포는 네프로넥틴(nephronectin)이라는 단백질을 기저막 쪽으로 분비하여 입모근(erector pili muscle)의 분화 및 부착을 유도한다.

여러 종류의 표지인자가 모낭 팽출부의 줄기세포에서 특이적으로 발현됨이 알려졌다. 그중의 하나가 Keratin 15 (*K15*)로서 이 유전자는 배아시기와 출생 후 초기에 전체 표피의 기저부에서 발현되지만, 그 발현은 점차 모낭 망울에 제한되어 일어난다(그림 18.21). Ganciclovir (간시클로비르)를 독성물질로 대사하는 효소인 *티미딘 키나아제*(*thymidine Kinase*, TK)를 "자살" 유전자로 이용하여 모낭 팽출부가 결여된 생쥐를 제작 할 수

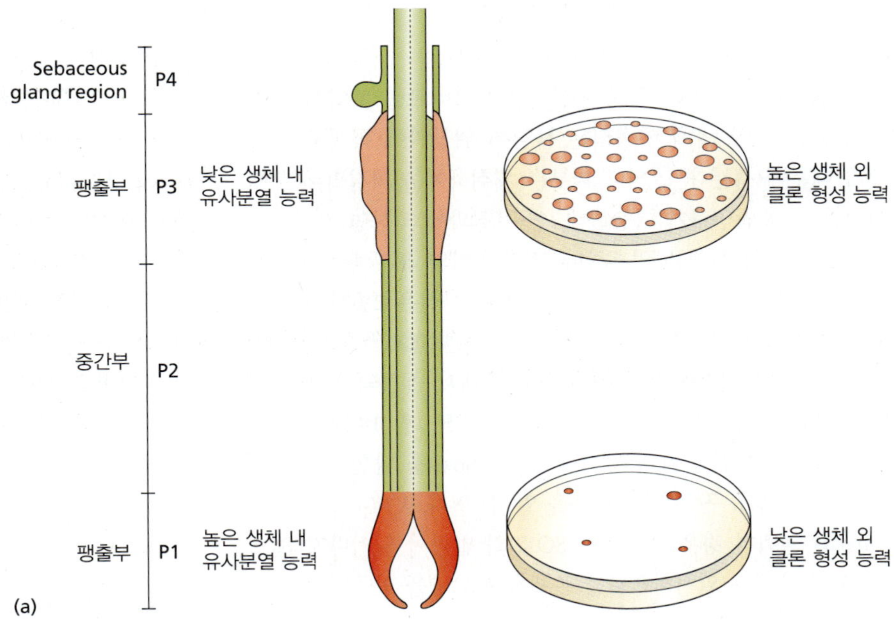


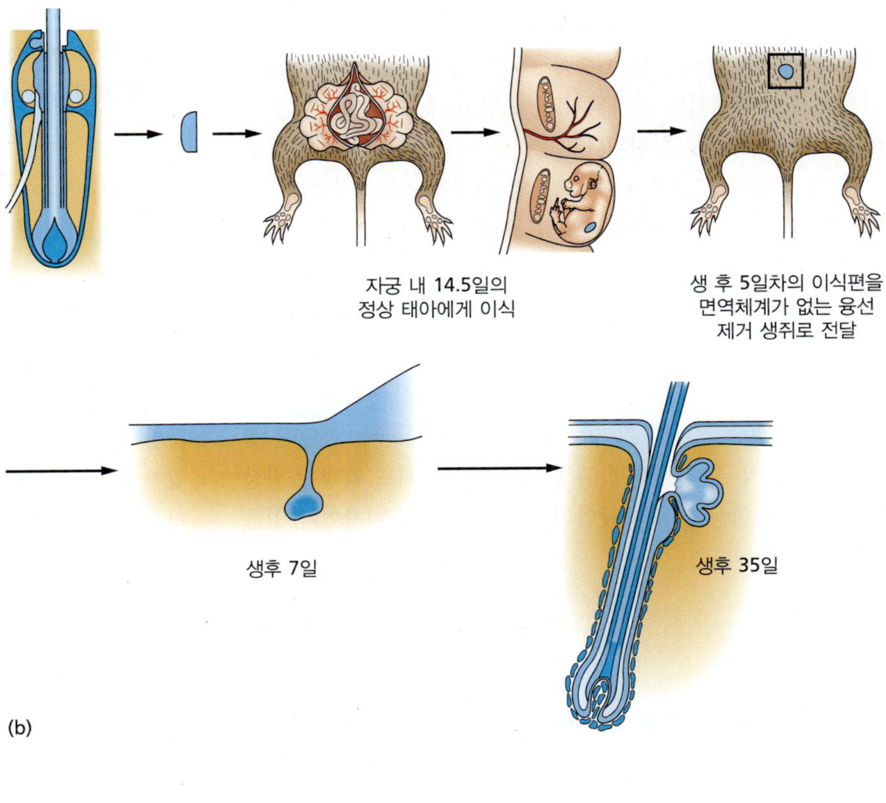


**그림 18.20** 줄기세포가 팽출부에 존재한다는 증거 실험. (a) 팽출부의 세포는 생체 내에서 낮은 유사분열 활성을 보이지만 체외 배양시에는 높은 클론 형성 능력을 보인다. (b) 팽출부로부터 추출한 β-갈락토시다아제가 표지된 세포는 태아의 등에 이식된 뒤 모낭을 포함하는 표피조직을 형성할 수 있다. 본 실험은 큰 코털 모낭을 재료로 수행되었음.

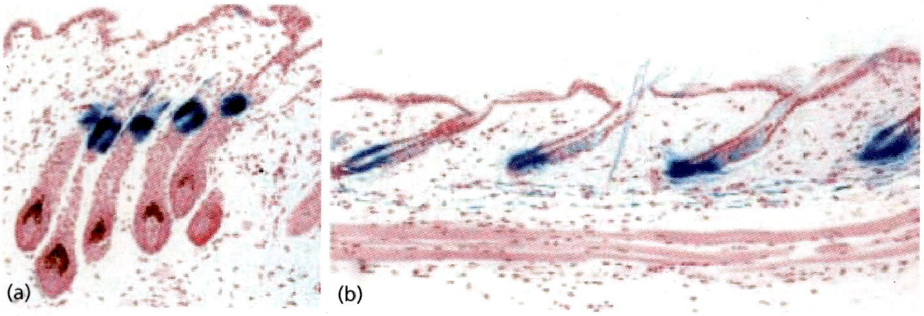


그림 18.21 *K15-lacZ* 리포터 생쥐. 프로모터의 활성은 XGal 염색에 의해 진한 녹색으로 나타난다. (a)에서 털은 성장주기 중 성장기(anagen)에 존재하며, 팽출부는 모낭의 중간 위쪽에 위치한다. (b)에서 털은 휴지기(telogen)에 존재하며, 모낭의 끝에 존재한다. (인용) Nature Publishing Group의 허락을 얻어 Liu *et al, J Invest Dermatol* 2003; 121: 936-968의 그림을 재구성하였음.

있다. *K15-TK* 형질전환 생쥐는 간시클로비르를 주입할 경우 체내에서 TK에 의해 생성되는 물질이 위장관에 독성을 나타내기 때문에 죽는다. 그러나 피부는 채취하여 면역결핍 생쥐에 이식한 후 후속연구가 가능한데, 연구 결과에 의하면 간시클로비르가 모낭의 형성을 억제하나 모낭 사이의 표피에는 영향을 미치지 않음을 보여주고 있으며, 이러한 사실은 2종류의 줄기세포가 존재할 가능성을 나타낸다. 또 다른 표지인자는 SOX9이며, SOX9을 발현하는 세포는 표피판에서 발견되고, 모낭이 발달하면서 이들 세포는 팽출부로 이동한다(그림 18.22). *SOX9 Cre x R26R* 생쥐를 제작하여 분석하면 Sox9을 발현하는 세포가 모낭 전체를 구성할 수 있음을 알 수 있다. *K14-Cre x Sox9 (floxed)* 생쥐의 경우 표피에서 SOX9의 발현이 일어나지 않으며, 이들 생쥐는 일시적으로만 존재하는 모낭을 만들며 피지선도 결여되어 있다..

흥미롭게도 위장관 줄기세포에서 특이적으로 발현되는 Lgr5 유전자가 모낭에서도 발현되며, Lgr6도 팽출부 위에서 발현된다. Lgr5 발현 세포는 변화-증식세포일 가능성이 높다. Lgr6의 발현은 표피판에서도 관찰되지만, 모낭의 주요 부위보다는 피지선 및 표피층에서 발현된다.

비록 표피와 모낭은 각각 고유의 줄기세포를 보유하고 있어, 일반적으로 서로 간에 세포의 공급을 교환하고 있지는 않지만, 조직에 손상이 일어난 경우는 상황이 다르다. 생쥐의 경우 조직 손상이 일어난 부위에서는 새로운 모낭이 표피로부터 형성될 수 있다. 또한 팽출부를 표지하는 여러 종류의 실험 모두, 손상이 일어난 경우 팽출부에서 유래한 모낭 세포가 손상 후 표피를 재생하는 데 기여할 수 있음을 시사한다. 이러한 실험결과는 손상 후 조직재생 과정 동안의 줄기세포 활성은 정상적인 조직의 항상성 유지 동안의 줄기세포 활성과 차이가 있음을 암시한다.

## 조혈계

포유류의 성체에서 **조혈계(hematopoietic system)**는 큰 뼈 안의 골수에 존재한다. 그러나 발생 중인 배아에서는 15장에 기술되어 있는 바와 같이, 난황막(yolk sac), 등대동맥(dorsal aorta, "AGM"), 간, 비장과 림프절의 순으로 그 역할을 담당하며, 최종적으로 골수가 조혈 활성을 보유한다.

생후에 포유류의 조혈계에서는 생애 전반에 걸쳐 지속적으로 세포를 생산하게 된다. 이를 위하여 자기 스스로 계속 분열하면서 혈액을 구성하는 여러 종류의 세포로 분화가 가능한 세포가 **조혈줄기세포(hematopoietic stem cell)**이다. 조혈줄기세포는 혈액을 비롯하여 면역계를 구성하는 모든 세포로 분화가 가능하며, 조직구(histocyte), 조골세포(osteoclast), 그리고 피부의 랑게르한스 세포로도 분화될 수 있다.

혈액을 구성하는 세포는 아래와 같다.

1 **적혈구(erythrocytes, red cells)**
2 **과립세포(granulocytes)**; 호중구(neutrophil), 호산구(eosinophil), 호염구(basophil)로 구성
3 **단핵구(monocytes)**; 대식세포 및 조직구와 유사한 세포
4 **거핵세포(megakaryocytes)**; 나중에 여러 개의 혈소판으로 나뉘는 거대 세포

위 네 유형의 세포들을 총칭하여 **골수성 세포(myeloid cell)**로 알려져 있다.

5 **림프구(lymphocytes,** T세포와 B세포)

조혈모세포의 존재에 대한 많은 증거들은 재구성(reconstitution) 실험으로 얻을 수 있다. 골수는 생체 조직 중 방사선에 가장 민감한 조직이며, 적절한 방사선 양으로 다른 조직에 큰 영향 없이 골수세포만 소멸시킬 수 있다. 만일 생쥐에 치사량의 방사선을 조사한 뒤, 골수세포를 혈액에 투여하면 이 세포들은 숙주 동물의 골수에 들어가 집락을 형성한 뒤 광범위하게 증식하여 생쥐를 생존하게 한다. 수주일 후 이 골수세포를 이식받은 생쥐의 대부분의 혈액세포의 수준은 정상치로 회복되는데, 이 세포들은 모두 이식된 세포에서 유래된 세포들이다. 따라서 치사량의 방사선에 피폭된 생쥐의 골수 및 혈액을 재구성

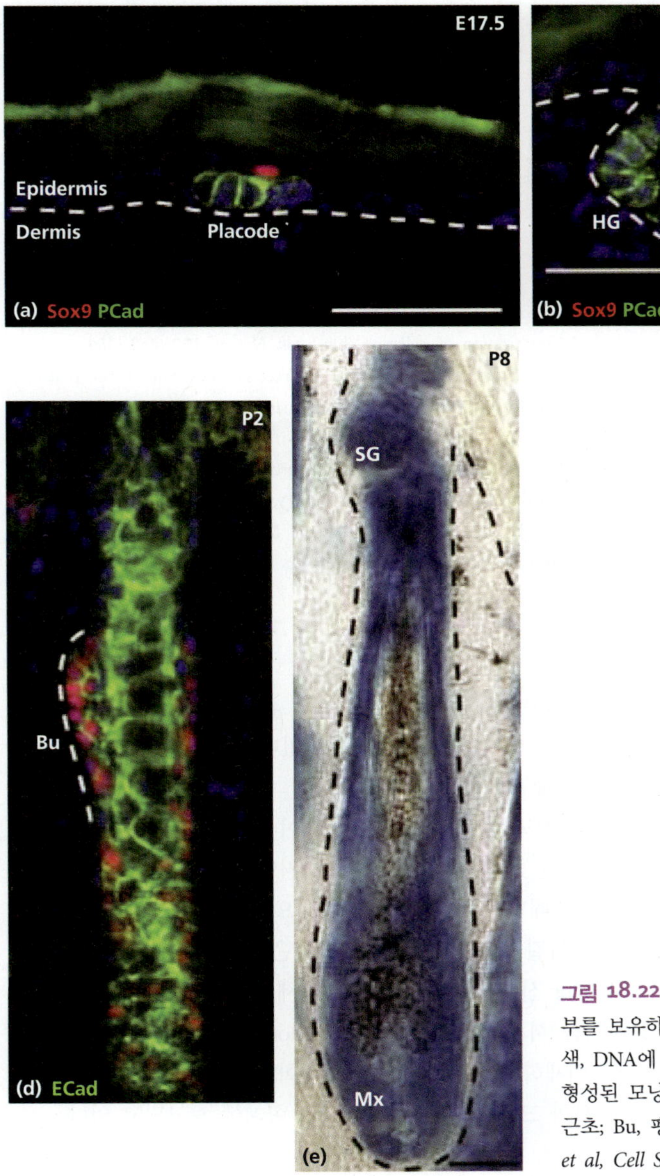


그림 18.22 모낭 발생 과정 중 SOX9 (빨간색 형광)의 발현. (a–d) 표피판 단계부터 팽출부를 보유하는 초기 모낭단계까지의 발달. 녹색, P 혹은 E-캐드히린에 대한 형광염색; 파란색, DNA에 대한 DAPI염색. (e) *Sox9-Cre X R26R* 생쥐: 한때 Sox9을 발현하는 세포로부터 형성된 모낭 전체를 X-Gal 염색으로 나타내었음. Epi, 표피; Der, 진피; Pc, 판; ORS, 외모근초; Bu, 팽출부; SG, 피지선; Mx, 기질; P, 생후일. (인용) Elsevier의 허락을 얻어 Nowak *et al, Cell Stem Cell* 2008; 3: 33–43의 그림을 재구성하였음.

하여 치료할 수 있는 능력이 조혈줄기세포를 정의할 수 있는 특성에 대한 기준으로서 고려된다.

조혈줄기세포는 형광이용세포분석(Fluorescence-activated cell sorting, **FACS**, 13장 참고) 기술에 의해 골수에서 추출할 수 있다. 생쥐 조혈줄기세포는 높은 수준의 Sca1과 c-Kit을 발현함과 동시에 낮은 수준의 Thy1을 발현하며, 그 밖에 다른 분화 표지인자들은 발현하지 않는다(즉, $Sca^+$, $c\text{-}Kit^+$, $Thy1^{lo}$, $Lin^-$). Sca1 (stem cell antigen 1)과 Thy1 (thymus 1)은 모두 세포표면에 위치하는 당단백질이며, 특히 Thy1은 성숙한 T 세포에서 많이 발견된다. c-Kit은 Stem Cell Factor에 대한 티로신 키나아제-유형 수용체(tyrosine kinase type receptor)이며 Steel Factor 혹은 Mast Cell Growth Factor로도 알려져 있다. 생쥐의 조혈줄기세포는 세포 표면 당단백질인 CD150의 존재, 혹은 다른 세포와 달리 Hoechst 33324와 같은 특정 형광물질을 세포 내로 유입하지 않는 특성 등을 이용하여 골수내의 다른 세포로부터 분리해 낼 수 있다. 가장 효과적인 정제 방법은 조혈줄기세포가 특이적으로 보유하거나, 반대로 보유하지 않는 여러 개의 세포 표면 단백질에 대하여 조합적으로 FACS와 같은 방법을 이용하는 것으로 약 50% 정도의 순도로 조혈줄기세포를 정제할 수 있다. 만일 다량의 다른 세포들과 함께 이식되더라도, 단 하나의 조혈줄기세포로 방사선으로 피폭된 생쥐의 전체 혈액과 면역계를 재구성할 수 있음이 알려져 있다.

조혈줄기세포는 골수에 존재하는 전체 세포 중에 약 $1/10^5$ 비율로 존재한다. BrdU로 조혈줄기세포를 표지한 뒤 추출하여

## 고전적인 실험들

### 조혈줄기세포와 세포계통

1940년도에 방사선에 피폭된 생쥐는 골수의 이식에 의해 생존할 수 있음이 알려졌다. 그러나 그 당시는 골수에 존재하는 어떤 물질이나 호르몬이 중요한 역할을 하는 것으로 여겨졌었다. Ford 등은 염색체 상의 표지인자를 발견함으로써 골수의 치유 능력은 사실상 혈액을 형성할 수 있는 세포에 의한 군집화에 의한 것임을 밝혀 내었다.

두 번째 논문은 방사선으로 피폭된 동물의 비장에서 조혈세포가 단일 클론을 형성할 수 있음을 기술한 논문이다. 이 논문은 특정 전구세포를 계수하는 방법을 제시하였으며, 여러 종류의 세포로 구성된 클론을 형성하는 다분화성 세포의 존재를 밝혔다.

세 번째 논문은 다분화성 세포를 보다 구체적으로 동정하고 조혈 성장인자를 정제하는 데 이용할 수 있는 콜로니 형성에 대한 생체외 분석 방법을 확립하였다.

네 번째인 Spangrude 등의 논문에서 FACS에 의해 생쥐 골수로부터 순수한 조혈줄기세포를 추출하는 방법이 학계에 보고되었다.

Ford, C. E., Hamerton, J. L., Barnes, D. W., &Loutit, J. F. (1956). Cytological identification of radiation-chimaeras. *Nature*, **177**, 452–454.

Till, J. E., &McCulloch, E. A. (1961). A direct measurement of the radiation sensitivity of normal mouse bone marrow cells. *Radiation research*, **14**, 213–222.

Bradley, T. R., &Metcalf, D. (1966). The growth of mouse bone marrow cells in vitro. *Immunology and Cell Biology*, **44**, 287–300.

Spangrude, G. J., Heimfeld, S., &Weissman, I. L. (1988). Purification and characterization of mouse hematopoietic stem cells. *Science*, **241**, 58–62.

조사해 보면, 이들 세포는 대부분 약 한 달에 한 번씩 혹은 이보다 더 천천히 분열하는 것을 알 수 있다. 이 세포들은 H2B-GFP를 이용한 세포 표지 방법에 의해 정제가 가능하다. H2B-GFP에 의해 표지된 세포들은 방사선에 피폭된 생쥐의 혈액을 재구성하는 데 보다 효과적이며, 연이어서 여러 번 다른 방사선 피폭 생쥐에 이식을 통한 재구성이 가능하다. 정제하지 않은 골수의 연이은 이식은 약 다섯 차례까지 가능하며, 그 이후에는 혈액 및 림프계를 재구성하는 효과가 소실된다. 그 이유는 아직 불확실하지만, 이 상황에서는 정상적인 일생에서 일어나는 것보다 훨씬 많은 분열이 관여하는 것으로 보인다. 세포주기 저해제인 p16, p19, p53 유전자를 결여시키면 세포 노화 과정에서 종종 축적되는 돌연변이 현상과 유사하게 (19장 참고) 혈액 재구성 활성이 증가된다.

인간 조혈계는 생쥐의 조혈계와 유사하다. 백혈병이나 림프종을 치료하기 위한 골수이식에서 가장 핵심이 되는 세포가 조혈줄기세포이다. 인간의 조혈줄기세포는 생쥐 조혈줄기세포에는 존재하지 않는 세포 표면 단백질인 CD34에 의해 정제가 가능하다. 인간 조혈줄기세포의 재구성 분석(reconstitution assay)을 위해서는 NOD-SCID 생쥐와 같은 면역결핍 생쥐를 숙주로 사용하여 이식된 인간 세포가 생쥐에 주입된 뒤 면역반응에 의해 소멸되는 것을 방지한다. 방사선 피폭 생쥐에 인간 조혈줄기세포를 이식하면 이 세포들은 생쥐 골수에서 집락을 형성하고 인간 혈액 및 림프계를 구성하는 모든 종류의 세포들을 생쥐에서 생산한다.

조혈줄기세포의 자가증식능력(self-renewing property)에는 *polycomb*-형 전사억제인자(*polycomb*-type transcriptional repressor)를 생산하는 원종양형성 유전자(proto-oncogene)인 *Bmi1*이 중요한 역할을 담당하고 있다. *Bmi1* 적중 생쥐에서는 조혈줄기세포가 형성되기는 하지만 생후에 그 수가 크게 감소하며, 혈액 및 림프계 재구성 능력이 거의 모두 상실된다. 조혈줄기세포는 체외배양이 매우 어렵지만 레트로바이러스를 이용하여 β-카테닌을 세포 내에 안정적으로 꾸준히 도입하면 그 수를 증가시킬 수 있다. 이러한 사실은 피부와 위장관과 마찬가지로 Wnt 신호가 아마도 조혈줄기세포의 자가증식에도 필요한 요소임을 시사한다. Aryl hydrocarbon nuclear hormone receptor를 억제하는 Stemregin1이라는 화합물이 조혈줄기세포의 체외 증식의 크게 증가시키는 것으로 학계에 보고되고 있다.

## 조혈줄기세포 삶터

조혈줄기세포에 의한 혈액 및 림프계의 재구성은 골수 내에 이들 줄기세포의 특성 유지를 위한 미세환경인 삶터(nich)가 많이 존재하기 때문이며, 이 삶터는 방사선 조사에 의해 비워진다. 조혈줄기세포는 골수로부터 혈액으로, 혈액에서 다시 삶터가 존재하는 골수로 이동하는 능력을 보유하고 있으나, 이 삶터의 특성에 대해서는 아직 많은 논란이 되고 있다.

골수 강소 안의 해면질골(trabecular bone)에 존재하는 **조골세포(osteoblasts)**가 조혈줄기세포 삶터에 기여하는 중요성에 대한 몇몇 증거가 존재한다. BMP 수용체 1A의 발현을 감소시키거나 부갑상선 호르몬을 주입하는 등의 방법에 의해 조골세포의 수를 증가시키면 조혈줄기세포의 수도 증가한다. 조혈줄기세포 옆에 근접하여 존재하는 혈관내피세포 역시 삶터 형성에 중요한 역할을 하는 것으로 보인다. 예를 들어 Bis 유전자가

## 새로운 연구방향

조직-특이적 줄기세포가 발생 과정에서 줄기세포가 아닌 세포로부터 어떻게 형성되는지를 정확히 이해하는 것이 중요하다.

줄기세포 삶터의 특성 및 삶터에서 작동하는 세포 간 신호들에 대한 보다 명확한 이해 역시 필요하다.

더불어 Notch가 매개하는 측면억제 기전이 모든 조직에서 다양한 세포의 분화를 조절하는지 아니면 이를 위한 다른 분자적 기전이 존재하는지에 대한 연구가 요구된다.

동일한 세포는 정상적인 조직의 환경, 조직의 재생 과정, 그리고 세포배양 과정 등 각각의 주어진 환경에서 다른 활성을 나타낼 수 있으며, 이러한 활성의 차이에 대한 원인은 무엇인지에 대한 보다 깊은 이해가 필요하다.

결여되어 골수에 혈관내피가 부족하게 될 경우, 이 생쥐의 조혈줄기세포를 다른 정상 생쥐에 주입하면 삶터로 이동하여 정상적인 역할을 수행하지만, 정상 생쥐의 조혈줄기세포를 *Bis* 유전자가 결여된 생쥐에 주입하면 줄기세포로의 역할을 수행하지 못한다. 줄기세포 삶터는 케모카인의 일종인 SDF1을 분비하며, 이 SDF1은 조혈줄기세포의 표면에 존재하는 수용체인 CXCR4에 결합하여 주화성에 의해 유도되는 세포의 이동을 촉진하는 것으로 보인다.

그림 18.23은 이식된 조혈모줄기세포가 조골세포들과 혈관 주위에 존재함을 생쥐 두개골에서 2광자 현미경(two-photon microscope)를 통하여 보여주는 사진이다. **중간엽줄기세포(Mesenchymal stem cell)**도 조혈줄기세포의 삶터에 중요한 역할을 담당하는 것으로 여겨진다. 중간엽줄기세포 역시 SDF1, angiopoietin, 그리고 조혈줄기세포의 활성을 유지하고 이동을 촉진하는 여러 물질들을 생산한다.

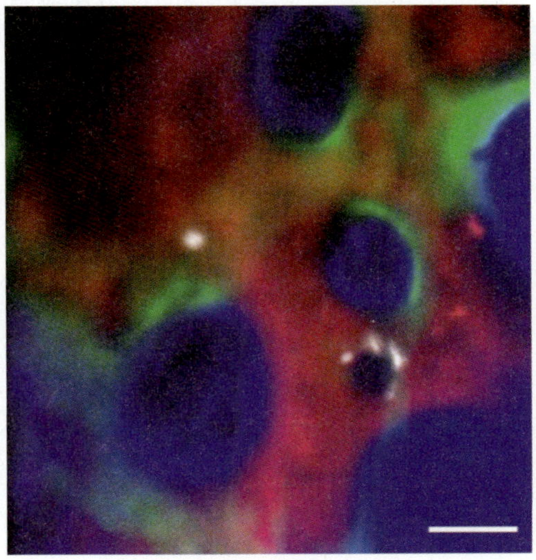

그림 18.23 골수 내의 조혈줄기세포. 사진은 살아 있는 생쥐의 두개골 골수에 이식된 조혈줄기세포를 보여준다. 조혈줄기세포들은 DiD염색에 의해 백색으로, 혈관은 빨간색으로, 골기질은 파란색으로, 그리고 조골세포는 녹색으로 표지되어 있다. 1개의 좌측에 혼자 떨어져 위치하는 조혈줄기세포와 아마도 하나의 세포에서 2번 연속 분열하여 형성된 작은 그룹의 4개 조혈줄기세포가 우측에 보인다. 축척자 50 μm. (인용) Nature Publishing Group의 허락을 얻어 Mendez-Ferrer *et al*, *Nature* 2010; 466: 829–834의 그림을 재구성하였음.

### 수임 전구세포

조혈줄기세포에 더하여 골수는 여러 세포 표면 표지인자들의 조합을 통하여 분리 추출할 수 있는 여러 다른 세포들을 포함하고 있다. 재구성 분석 방법을 통하여 이 세포들은 조혈줄기세포로부터 분화될 수 있는 모든 세포 중 일부 세포로만 분화가 가능한 다분화능 전구세포로 분류가 되며, 이 전구세포들에는 림프계 전구세포(lymphoid progenitor), 골수계 전구세포(common myeloid progenitor), 과립세포-대식세포 전구세포(granulocyte-macrophage progenitor), 그리고 거핵세포-적혈구 전구세포(megakaryocyte-erythrocyte progenitor)가 포함된다. 이 전구세포들과 조혈줄기세포 사이에 조혈줄기세포처럼 모든 혈액 및 림프 세포로 분화될 수 있는 능력을 보유한 세포가 일시적으로 존재한다. 조혈계를 구성하는 모든 세포의 계통 분화 단계는 그림 18.24에 나타나 있다.

이 모델에 대한 부가적인 증거는 체외 콜로니 분석(*in vitro* colony assay)을 통해 얻을 수 있다. 골수 세포를 적절한 성장인자가 포함된 소프트 아가(soft agar) 혹은 메틸 셀룰로우스(methyl cellulose)에서 배양하여 조혈줄기세포의 클론을 획득하는 것이 가능하다. 이 경우 모든 각각의 콜로니는 1개의 세포에서 만들어진 클론이므로 이 클론 내에 여러 종류의 세포가 존재한 다는 사실은 다분화능 전구세포들의 존재를 증명한다.

비록 그림 18.24에 나타난 분화 모식도가 일반적으로 학계에서 받아들여지고 있지만, 아직 조혈줄기세포를 유전적인 인자로 표지한 뒤 그 후손이 되는 세포를 동정하여 검증이 이루어진 것은 아니다. 게다가 대부분의 분석이 소프트 아가 분석처럼 체외에서 이루어지거나, 방사선 피폭 생쥐를 이용한 대량의 재구성 분석 등 매우 비정상적인 상황에서 수행된다. 이러한 비정상적인 상황에서 세포는 일반적인 항상성 유지를 위한 활성과는 다른 행동을 보일 수 있기에 정확한 분화 과정의 규

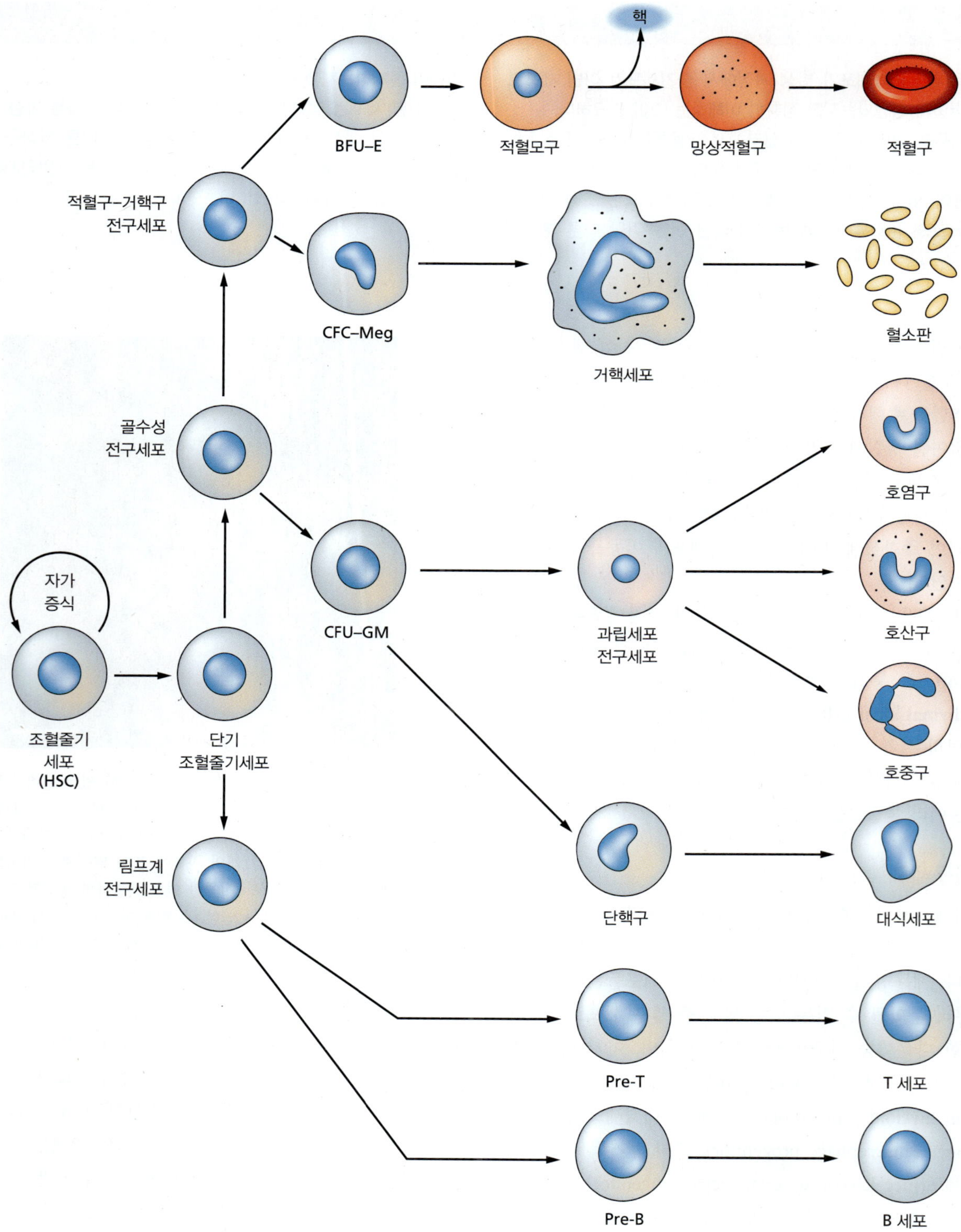


**그림 18.24** 혈액과 림프계의 세포에 대한 세포 계통 분화도.

명을 위한 보다 생리적인 모델의 개발이 요구된다. 특히 수임된 전구세포(committed progenitor)들이 생체 내에서 자가증식을 하는 일반적인 줄기세포로의 역할을 담당하며, 휴면상태에 있는 진정한 조혈줄기세포는 높은 양의 방사선 피폭 등과 같은 심각한 조직손상 상황에서만 줄기세포로서의 활성을 나타낼 가능성도 있다.

### 조혈성 성장인자

체외 콜로니형성분석(*in vitro* colony formation assay) 방법을 이용하여 수많은 조혈성 성장인자 혹은 콜로니형성 자극인자(colony-stimulating factor, CSF)들이 발견되어 왔다. 인터류킨 3 (interleukin 3)와 stem cell factor (SCF)는 조혈줄기세포의 세포분열을 촉진하며, 반면에 GM-CSF (granulocyte-macrophage CSF), G-CSF, M-CSF, 그리고 erythropoietin들은 조합적으로 여러 종류의 변화-증식세포계열(transit amplifying lineages)의 분열을 자극한다. 여러 종류의 세포에 대한 생산은 변화-증식세포 수준에서 성장속도를 조절함으로써 되먹임 제어되어진다. 이러한 이유는 조혈줄기세포 수준에서 조절이 일어나 세포의 생산속도를 제어하기에는 여러 주가 소요되지만, 중간 단계의 변화-증식세포 수준의 조절을 통하여 상황에 적합한 빠른 반응을 유도해 낼 수 있기 때문이다. 몇몇 종류의 조혈성 성장인자가 현재 재조합 DNA 방법을 통하여 치료목적으로 생산되고 있으며, 특히 여러 종류의 빈혈 치료 및 암 치료 후 골수를 재건하는 방법에 유용하게 사용된다.

### 중간엽줄기세포와 "교차분화"

조혈줄기세포와 함께 골수는 또 다른 줄기세포를 함유하고 있으며, 이들은 중간엽줄기세포(mesenchymal stem cells, MSC) 혹은 골수기질세포(marrow stromal cells)라 불리고 일반적으로 줄여서 "**MSC**"란 용어로 많이 지칭된다. MSC는 플라스틱에 부착하는 성질이 크고 골수세포들을 장기간 배양하면 MSC를 제외한 그 밖의 다른 골수세포는 소멸된다. 체외 배양시 MSC는 적절한 환경 하에서 지방세포, 연골세포, 조골세포로 분화하는 능력을 보유한다. 체내에서 MSC의 정상 기능은 아마도 지속적으로 뼈를 구성하는 세포의 재생산을 담당하는 줄기세포와 유사할 것으로 여겨지고 있다.

2000년도 이후에 수행된 많은 연구에서 골수세포들을 방사선 피폭 생쥐에 이식하였을 때 기대 이상으로 다양한 골수 이외의 조직도 재생됨이 관찰되었다. 이러한 연구들은 전체 골수세포 혹은 정제된 조혈줄기세포와 중간엽줄기세포들을 이용하였으며, 이들 세포가 이식된 후 다양한 상피조직과 근육 심지어는 신경조직으로 분화될 수 있음을 주장하여 전통적인 발생학적 개념을 뒤집는 상당한 논란을 야기하였다. 이렇듯 모든 조직의 세포가 골수에 존재하는 전능성 줄기세포로부터 분화되는 현상을 교차분화(transdifferentiation)이라 한다(원래 교차분화는 흔한 경우는 아니나 종종 한 종류의 분화된 세포가 다른 분화세포로 전환될 경우에 사용되는 용어였다). 그러나 최근에 얻어지는 결과에 의하면 이러한 골수세포에 의한 실질적인 교차분화는 일어나지 않으며, 이식된 세포가 이식을 받은 수여자 조직의 세포와 세포 융합을 통하여 일어나는 실험적 오류로 여겨지고 있다. 아마도 세포의 재프로그래밍에 의한 실질적인 교차분화가 일어날 수는 있지만, 그 빈도는 매우 낮게 일어난다. 실험적으로 방사선 피폭된 생쥐의 체내에서는 상당한 조직 손상과 함께 광범위한 재생 기전이 작동하고 있기 때문에 이러한 상황은 기회적인 세포 재프로그래밍을 유발할 수 있다고 여겨진다. 그러나 세포 재프로그래밍이 광범위하게 일어나거나, 골수가 몸 전체를 구성하는 모든 세포로 분화될 수 있는 전능성 세포를 함유하고 있다고 보기는 어렵다.

### 정원세포

정자형성 과정에 대해서는 2장에서 상세이 기술하였다. **정원세포(spermatogonia)**는 유사분열을 통하여 정모세포(spermatocyte)가 되고 정모세포는 감수분열을 통하여 4개의 정세포(spermatid)를 생산하며, 이어서 정세포는 궁극적으로 정자(sperm)로 성숙된다. 포유류의 경우 정자는 일생에 전반에 걸쳐 줄기세포로부터 지속적으로 생산되기 때문에, 태아 시기에 모든 생산이 완료되는 난자의 경우와는 근본적으로 다르다.

정소의 발생 과정은 15장에 기술되어 있다. 정소는 중간 중배엽(intermediate mesoderm)에서 기원되며 발달 과정 중 원시생식세포(premordial germ cells)들이 중배엽으로 이동하고 세정관이 형성되면서 발달된다. 세정관은 체세포에서 기원되는 서톨리 세포(sertoli cell)와 레이디히 세포(leydig cell)들, 그리고 생식세포에서 기원하는 세포들을 포함하고 있다. 생쥐의 경우 정자형성 과정은 출생 직후부터 왕성하게 일어나며, 생후 1주일 간에 걸쳐 원시생식세포로부터 생식모세포(gonocyte)가 형성되고 정원세포로 분화된다. 흥미롭게도 다른 기관의 줄기세포와 마찬가지로 유사분열을 하는 정원세포는 세정관의 기저부에 위치하며, 유사분열을 하는 정모세포는 주변의 서톨리 세포와 상호작용을 함과 동시에 위쪽의 강소로 이동하면서 성숙되고 분화된다(그림 18.25a). 생쥐의 정자형성 과정에서 정원세포가 정자로 분화되는 전 과정은 약 35일에 걸쳐 일어난다.

정소의 형태학적 분석결과, 세정관의 기저부에는 독립적으로 존재하는 정원세포와 2-16개의 세포가 서로 연결되어 있는 형태로 존재하는 정원세포 등 여러 종류가 존재하는 것으로 알려졌다. 이들 세포 중 "As"라 하는 단독으로 존재하는 세포를 줄기세포로, 그리고 "Apaired 혹은 Aaligned"라 불리는 상호 연결되어 있는 세포들을 줄기세포에서 형성되는 변화-증식세포로 추측되어 왔다. 그러나 서로 연합되어 있는 세포들의 일부가 *Ngn3* 유전자를 발현하며, *CreER* 방법으로 표지를 하면 이들 세포들이 세정관 내에서 지속적인 콜로니를 형성한다는 연구 결과는 이들 연합된 세포들이 줄기세포의 특성을 보유하고

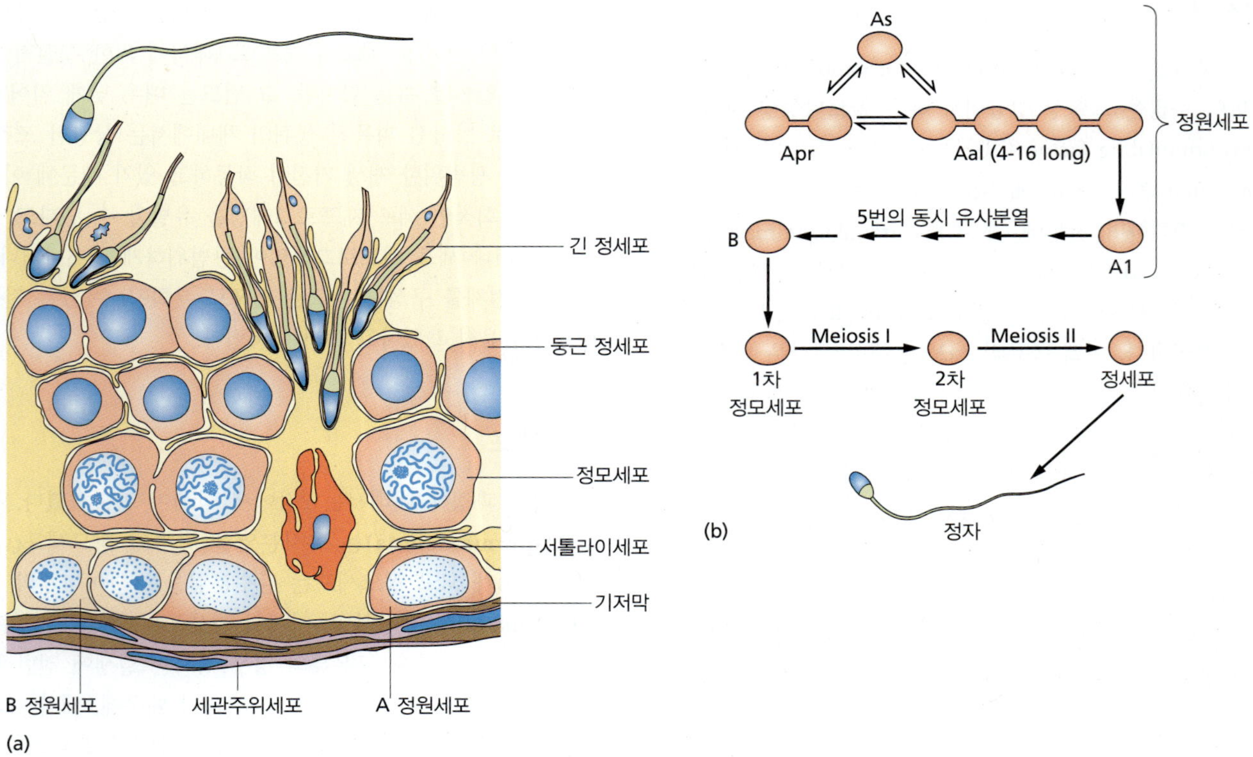


그림 18.25 정자형성 과정 (a) 정원세포는 세정관의 기저부에서 세르톨리 세포와 연접해 있다. 정원세포들은 세르톨리 세포 위쪽으로 이동하면서 감수분열을 하는 정모세포로 분화되며, 연이어 강소쪽에서 정세포와 정자의 차례로 성숙된다. (b) 정자형성 과정 중 여러 형태의 정원세포 상호간 가능한 상관관계. (인용) Company of Biologists Ltd의 허락을 얻어 de Rooij and Mizrak, *Development* 2008; 135: 2207-2213의 그림을 재구성하였음.

있음을 시사한다. 더불어 이들 서로 연합되어 있는 세포들은 각각의 독립된 세포로 분리되어진다는 것이 밝혀졌으며, 따라서 진정한 줄기세포는 As + Apr + Aal 세포군 중의 일부 세포, 특히 glial-derived neurotrophic factor (GDNF)에 대한 수용체인 GFRa1을 보유하는 세포들로 추정된다. 일단 16개의 세포로 이루어진 연합된 세포가 독립된 세포들로 분리되면 이들 세포는 비가역적인 추가 세포분열을 거쳐 A1, A2, A3, A4, 중간단계, 그리고 B형 정원세포로 되며, 감수분열을 통하여 정모세포로 분화된다(그림 18.25b). 줄기세포의 삶터는 세르톨리 세포들과 레이디히 세포들에 의해 형성되는 것으로 보이며, 서톨리 세포는 위에 언급한 GDNF를 분비한다. *GDNF*, 혹은 이에 대한 수용체인 *c-Ret*를 적중하여 결여시킨 생쥐에서는 정자형성 과정이 일어나지 않아 불임이 되며, GDNF는 정원줄기세포를 체외에서 배양할 때도 필요하다.

정원줄기세포를 분석하기에 유용한 방법으로는 이들 줄기세포를 분리하여 다른 개체의 세정관으로 이식을 하는 방법이다. 이러한 이식은 동계교배계(inbred stain) 혹은 이식된 세포의 생존을 위하여 면역결핍 호스트를 이용해야 하는 계(strains) 간 혹은 종(species) 간에 이루어진다. 일반적으로 호스트는 정원세포를 소멸시키는 것으로 알려진 항암제의 일종인 부설판 (busulfan)으로 불임을 유도하고, 추후 분석을 위하여 이식되는 세포는 *GFP* 혹은 *lacZ*로 유전적인 표지를 한다. 이식된 줄기세포는 몇 주에 걸쳐 생쥐의 정소 내에서 콜로니를 형성하고 정자형성 과정의 모든 단계에 해당하는 세포를 생산한다(그림 18.26). 형성된 클론의 분포 및 크기를 분석해 보면 비대칭적 분열이 아니라, 자가생산과 분화 둘 중 무작위적인 선택으로 세포를 생산하는 것으로 관찰되며, 장에서처럼 한 줄기세포 클론이 주변 클론의 영역을 차지하거나 그 반대의 경우가 일어나는 것으로 보여진다.

이러한 분석 방법들은 조직 손상 및 이에 따르는 재생 과정에서 나타나는 결과이며, 정상 상태의 조직에서는 콜로니를 형성할 수 있는 세포의 수가 줄기세포의 수보다 많은 것으로 보인다. 호스트 생쥐는 이식된 세포에 표지된 유전적 특성을 나타내는 후손을 생산할 수 있으며, 이러한 사실은 이들 줄기세포가 정상적인 정자로 분화될 수 있음을 나타낸다. 그러나 종간에 이루어지는 이식 실험에서 이식된 정원 줄기세포의 분화는 개시되지만 정상적인 정자를 형성하지는 않는다.

정원줄기세포 체외배양을 통한 이식 분석이 가능한데, 정원줄기세포는 GDNF를 포함하는 배양액 내에서 영양세포(feeder cells)들과 함께 배양할 경우 체외에서 장기간 동안 성장할 수

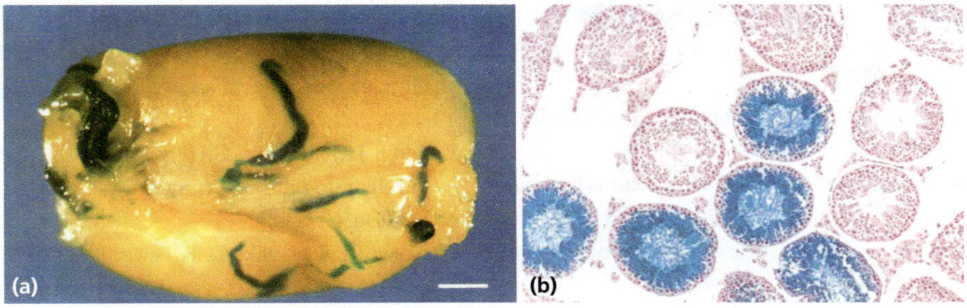


그림 18.26 정원줄기세포 이식. (a) *lacZ* 리포터가 표지된 생쥐의 정원줄기세포를 이식 받은 생쥐의 정소. 이식된 줄기세포가 새로 형성한 세정관이 XGal 염색에 의해 나타나 있다. (b) lacZ 리포터가 표지된 정원줄기세포를 이식 받은 정소의 조직학적 분석. 세정관 내에서 체세포를 제외한 모든 생식세포가 이식된 정원줄기세포에서 형성되었음이 XGal 염색으로 검증되었음. (인용) National Academy of Sciences의 허락을 얻어 Brinster and Avarbock, *Proc Natl Acad Sci USA* 1994; 91: 11303–11307의 그림을 재구성하였음.

있다. 이 정원줄기세포는 배아줄기세포처럼 Oct4, Sox2, 그리고 alkaline phosphatase를 발현하지만, 또 다른 배아줄기세포의 특징적 표지유전자인 Nanog를 발현하지 않으며, 이식된 후 테라토마를 형성하지는 못한다.

## 기억해야 할 핵심 사항들

- 개체를 구성하는 기관들은 대부분 한층 이상의 조직으로 구성되면 각 조직 층은 여러 종류의 세포들을 포함한다.
- 조직들 내의 세포형은 유사분열 능력을 소실한 분열후 세포, 휴지상태에 있으나 성장할 수 있는 세포, 그리고 지속적으로 자가증식하는 세포로 나눌 수 있다. 자가증식이 일어나는 조직에서 세포의 생성과 소멸은 균형적으로 일어난다.
- 세포 교대율(cell turnover rate)은 세포주기의 특정 시기에 존재하는 단백질에 대한 면역형광염색, BrdU와 같은 DNA 전구체를 이용한 표지, 그리고 사람의 경우는 출생 후 DNA 내의 14C의 양적 감소 등을 분석하는 방법을 이용하여 측정할 수 있다.
- 조직-특이적 줄기세포는 증식을 통하여 자기 자신을 새롭게 생성할 수 있는 능력과 조직을 구성하고 있는 여러 세포로 분화할 수 있는 능력을 모두 보유한다. 이들 줄기세포는 개체의 일생 동안에 전반에 걸쳐 지속적으로 존재하며, 주위 세포로부터 생성되는 신호에 의해 형성되는 줄기세포 삶터에서 발견된다.
- 소장은 장움의 아래쪽에 증식하는 세포가 위치하는 지역이 존재한다. 줄기세포는 장움 아래쪽 파네스 세포 옆에서 발견된다. 줄기세포는 장움의 위쪽과 융모로 이동하면서 4종류의 분화세포를 생산한다.
- 표피는 중층편평상피이다. 표피는 기저층에만 증식하는 줄기세포를 보유하며 위쪽 층으로 올라가면서 점차적으로 성숙된 분열후 세포가 분포한다.
- 모낭은 성장주기 중 특정 시기에 털망울을 구성하는 외모근초의 팽출부에 줄기세포를 보유한다.
- 골수는 혈액과 림프계를 구성하는 모든 세포를 생산할 수 있는 조혈줄기세포를 포함하고 있다. 조혈줄기세포와 이들 세포로부터 분화된 여러 수임 전구세포(committed progenitor)는 이들 만이 보유하는 특정 세포 표면인자에 의해 FACS로 분리 가능하다.
- 정원줄기세포는 정소의 세정관 안에서 세르톨리 세포와 연접해 있으며 포유류 정소에서 정자를 지속적으로 생산한다.

## 추가로 읽을 것

### Histology and tissue organization

Le Gros Clark, W.E. (1971) *The Tissues of the Body.* Oxford: Clarendon Press.

Young, B., Lowe, J.S., Stevens, A. & Heath, J.W. (2006) *Wheater's Functional Histology: A Text and Colour Atlas,* 5th edn. Philadelphia: Churchill Livingstone, Elsevier.

Alberts, B., Johnson, A., Lewis, J., Raff, M., Roberts, K. & Walter, P. (2008) Specialized tissues, stem cells and tissue renewal, Chapter 23. In: *The Molecular Biology of the Cell,* 5th edn. New York: Garland.

Eroschenko, V.P. (2008) *diFiore's Atlas of Histology with Functional Correlations.* Baltimore and Philadelphia: Lippincott, Williams and Wilkins.

Mescher, A.L. (2009) *Junqueira's Basic Histology: Text and Atlas,* 12th edn. Lange, McGraw Hill.

Ross, M.H. & Pawlina, W. (2010) *Histology: A Text and Atlas with Correlated Cell and Molecular Biology,* 6th edn. Baltimore and Philadelphia: Lippincott Williams and Wilkins.

### Stem cells and their niches

Potten, C.S. & Loeffl er, M. (1990) Stem cells: attributes, cycles, spirals, pitfalls and uncertainties. Lessons for and from the crypt. *Development*

**110**, 1001–1020.

Raff, M. (2003) Adult stem cell plasticity: fact or artifact. *Annual Reviews of Cell and Developmental Biology* **19**, 1–22.

Robert, J.S. (2004) Model systems in stem cell biology. *BioEssays* **26**, 1005–1012.

Wagers, A.J. & Weissman, I.L. (2004) Plasticity of adult stem cells. *Cell* **116**, 639–648.

Li, L. & Xie, T. (2005) Stem cell niche: structure and function. *Annual Review of Cell and Developmental Biology* **21**, 605–631.

Moon, K.A. & Lemischka, I.R. (2006) Stem cells and their niches. *Science* **311**, 1880–1885.

Martinez-Agosto, J.A., Mikkola, H.K.A., Hartenstein, V. & Banerjee, U. (2007) The hematopoietic stem cell and its niche: a comparative view. *Genes and Development* **21**, 3044–3060.

Slack, J.M.W. (2008) Origin of stem cells in organogenesis. *Science* **322**, 1498–1501.

Jones, D.L. & Wagers, A.J. (2008) No place like home: anatomy and function of the stem cell niche. *Nature Reviews Molecular Cell Biology* **9**, 11–21.

Fellous, T.G., McDonald, S.A.C., Burkert, J., Humphries, A., Islam, S., De-Alwis, N.M.W., Gutierrez-Gonzalez, L., Tadrous, P.J., Elia, G., Kocher, H.M., Bhattacharya, S., Mears, L., El-Bahrawy, M., Turnbull, D.M., Taylor, R.W., Greaves, L.C., Chinnery, P.F., Day, C.P., Wright, N.A. & Alison, M.R. (2009) A methodological approach to tracing cell lineage in human epithelial tissues. *Stem Cells* **27**, 1410–1420.

Fuchs, E. (2009) The tortoise and the hair: slow-cycling cells in the stem cell race. *Cell* **137**, 811–819.

Barker, N., Bartfeld, S. & Clevers, H. (2010) Tissue-resident adult stem cell populations of rapidly self-renewing organs. *Cell Stem Cell* **7**, 656–670.

Losick, V.P., Morris, L.X., Fox, D.T. & Spradling, A. (2011) Drosophila stem cell niches: a decade of discovery suggests a unifi ed view of stem cell regulation. *Developmental Cell* **21**, 159–171.

Morin, X. & Bellaïche, Y. (2011) Mitotic spindle orientation in asymmetric and symmetric cell divisions during animal development. *Developmental Cell* **21**, 102–119.

Simons, B.D. & Clevers, H. (2011) Strategies for homeostatic stem cell self-renewal in adult tissues. *Cell* **145**, 851–862.

### Epidermis

Millar, S.E. (2002) Molecular mechanisms regulating hair follicle development. *Journal of Investigative Dermatology* **118**, 216–225.

Schmidt-Ullrich, R. & Paus, R. (2005) Molecular principles of hair follicle induction and morphogenesis. *BioEssays* **27**, 247–261.

Watt, F.M., Celso, C.L. & Silva-Vargas, V. (2006) Epidermal stem cells: an update. *Current Opinion in Genetics and Development* **16**, 518–524.

Fuchs, E. (2007) Scratching the surface of skin development. *Nature* **445**, 834–842.

Koster, M.I. & Roop, D.R. (2007) Mechanisms regulating epithelial stratification. *Annual Review of Cell and Developmental Biology* **23**, 93–113.

Blanpain, C. & Fuchs, E. (2009) Epidermal homeostasis: a balancing act of stem cells in the skin. *Nature Reviews Molecular Cell Biology* **10**, 207–217.

Driskell, R.R., Clavel, C., Rendl, M. & Watt, F.M. (2011) Hair follicle dermal papilla cells at a glance. *Journal of Cell Science* **124**, 1179–1182.

### Intestinal epithelium

Winton, D.J. & Ponder, B.A.J. (1990) Stem cell organization in mouse small intestine. *Proceedings of the Royal Society London [Biology]* **241**, 13–18.

Gordon, J.I., Schmidt, G.H. & Roth, K.A. (1992) Studies of intestinal stem cells using normal, chimeric and transgenic mice. *FASEB Journal* **6**, 3039–3050.

Crosnier, C., Stamataki, D. & Lewis, J. (2006) Organizing cell renewal in the intestine: stem cells, signals and combinatorial control. *Nature Reviews Genetics* **7**, 349–359.

Barker, N., van Es, J.H., Kuipers, J., Kujala, P., van den Born, M., Cozijnsen, M., Haegebarth, A., Korving, J., Begthel, H., Peters, P.J. & Clevers, H. (2007) Identifi cation of stem cells in small intestine and colon by marker gene Lgr5. *Nature* **449**, 1003–1007.

Barker, N., van de Wetering, M. & Clevers, H. (2008) The intestinal stem cell. *Genes and Development* **22**, 1856–1864.

van der Flier, L.G. & Clevers, H. (2009) Stem cells, self-renewal, and differentiation in the intestinal epithelium. *Annual Review of Physiology* **71**, 241–260.

### Hematopoietic

Kondo, M., Wagers, A.J., Manz, M.G., Prohaska, S.S., Scherer, D.C., Beilhack, G.F., Shizuru, J.A. & Weissman, I.L. (2003) Biology of hematopoietic stem cells and progenitors: implications for clinical application. *Annual Review of Immunology* **21**, 759–806.

Metcalf, D. (2007) Concise review: hematopoietic stem cells and tissue stem cells: current concepts and unanswered questions. *Stem Cells* **25**, 2390–2395.

Purton, L.E. & Scadden, D.T. (2007) Limiting factors in murine hematopoietic stem cell assays. *Cell Stem Cell* **1**, 263–270.

Orkin, S.H. & Zon, L.I. (2008) Hematopoiesis: an evolving paradigm for stem cell biology. *Cell* **132**, 631–644.

Wilson, A., Laurenti, E. & Trumpp, A. (2009) Balancing dormant and self-renewing hematopoietic stem cells. *Current Opinion in Genetics and Development* **19**, 461–468.

Oh, I.-H. & Kwon, K.-R. (2010) Concise review: multiple niches for hematopoietic stem cell regulations. *Stem Cells* **28**, 1243–1249.

### Mesenchymal stem cells

Prockop, D.J. (1997) Marrow stromal cells as stem cells for nonhematopoietic tissues. *Science* **276**, 71–74.

da Silva Meirelles, L., Caplan, A.I. & Nardi, N.B. (2008) In search of the in vivo identity of mesenchymal stem cells. *Stem Cells* **26**, 2287–2299.

Nombela-Arrieta, C., Ritz, J. & Silberstein, L.E. (2011) The elusive nature and function of mesenchymal stem cells. *Nature Reviews Molecular Cell Biology* **12**, 126–131.

### Spermatogonia

de Rooij, D. (2001) Proliferation and differentiation of spermatogonial stem cells. *Reproduction* **121**, 347–354.

Brinster, R.L. (2007) Male germline stem cells: from mice to men. *Science* **316**, 404–405.

Oatley, J.M. & Brinster, R.L. (2008) Regulation of spermatogonial stem cell self-renewal in mammals. *Annual Review of Cell and Developmental Biology* **24**, 263–286.

제19장

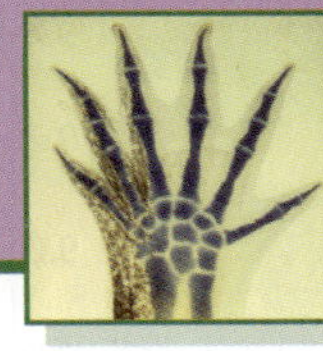

# 성장, 노화, 종양

## 성장: 신체 크기와 비율의 조절

비록 모두에게 익숙하지만, 성장은 발생에서 가장 이해가 덜된 부분이다. 포괄적인 몸 체제가 형성될 시점에 배아의 길이는 1 mm이며, 각 기관은 작은 '싹' 형태로서 존재한다. 인간과 같은 큰 동물에서는 이런 배아에서 성체까지 대략 $10^9$배로 체적이 증가한다. 이 같은 거대한 변화는 주로 세포분열에 의해 주도되지만, 세포외기질(extracellular matrix) 분비와 세포 크기의 증가에 의해서도 일어난다. 미세환경에서 세포에 작용하는 성장인자들의 생화학적 작용 방식과 같은(부록 참고), 세포분열을 조절하는 세포내 사건들은 이제 상당히 이해되고 있지만(2장 참고), 전체적인 성장 조절은 여전히 수수께끼로 남아 있다.

왜 특정 시점에 성장을 멈추는지, 즉 최종 크기와 관련된 의문들이 있다. 모든 동물은 한정된 크기까지만 성장한다. 그러나 많은 어류는 최종 크기에 도달하기까지 오랜 시간에 걸쳐 성장하는데, 실제 대부분의 어류는 정상적인 삶 동안 그 크기에 도달하지 못한다. 따라서 어류의 성장은 쉽게 가늠할 수 없다. 전형적으로, 조직배양시 세포는 영양물질들이 충분할 경우 기하급수적으로 성장한다. 그러나 동물에서 기하급수적인 성장은 드물게 나타난다. 동물 또는 동물 신체 일부의 정상적인 성장 곡선은 그림 19.1과 유사한데, 시작할 때는 성장률이 급속하게 증가하다가 최종 크기에 도달하면서 정체된다. 전체적인 성장을 수학적으로 설명하기 위해 여러 공식들이 제안되었지만, 어느 것도 완벽하진 않다. 이는 크기를 증가시키는 데 많은 개별 과정들이 다양한 방식으로 기여하기 때문이다.

다른 중요한 주제는 신체 각 부분들 간 성장의 조화이다. $10^9$배 이상으로 팽창하는 신체 각 부분들 간에 성장률이 조금만 차이가 나도 상대적인 비율에서는 매우 큰 차이가 날 것이다. 이는 개체의 전체적인 크기를 감지하고 개별 신체 부분의 성장을 조절할 수 있는 기전이 존재해야 함을 시사한다. 실제로, 상대적인 비율은 보통 성장하는 동안에 질서정연하게 바뀌는데, 예를 들어 사람의 머리는 아이가 성숙해 가면서 몸에 비해 상대적으로 작아진다. 한 개체의 두 부분 사이 또는 몸 전체와 한 부분 사이에서 성장의 상관관계는 흔히 $y = ax^b$ 또는 $\log y = \log a + b \log x$로 표시되는데, $y$는 한 부분의 크기, $x$는 다른 부분의 크기, a와 b는 상수이다. 이러한 관계를 "**상대성장(allometry)**"이라 한다. 그러나 이 공식은 진정한 이론적인 기반이 없고 잘 맞지 않는 경우가 자주 있기 때문에, 성장과정을 설명하기 보다는 데이터 표시에 편리한 것으로 간주된다. 그림 19.2는 상대성장 관계의 예인데, 성장 과정에서 초파리의 더듬이는 몸 전체 크기에 비례하는 데 비해 생식기는 몸 크기 대비 점차 작아진다.

성장은 거의 항상 세포 수의 증가를 수반한다. 통상, 세포분열은 세포 크기가 한계에 도달하면 일어나기 때문에 평균적인 세포 크기는 비슷하게 유지되는데, 세포군의 체적은 세포 수에 비례한다. 세포 크기가 비슷하게 유지되지 않는 경우가 드물게 있는데, 예를 들어 난할의 경우 동일하게 한정된 체적의 조직 내에서 점점 더 작은 세포들로 분열하기 때문에 세포분열이 성장으로 연결되지 않는다(그림 19.3). 세포 크기는 세포분열 없이도 증가하기도 하는데, 염색체 수(또는 배수체, ploidy)가 증가할 때나 세포가 이핵체가 되는 경우이다. 이는 포유동물에서

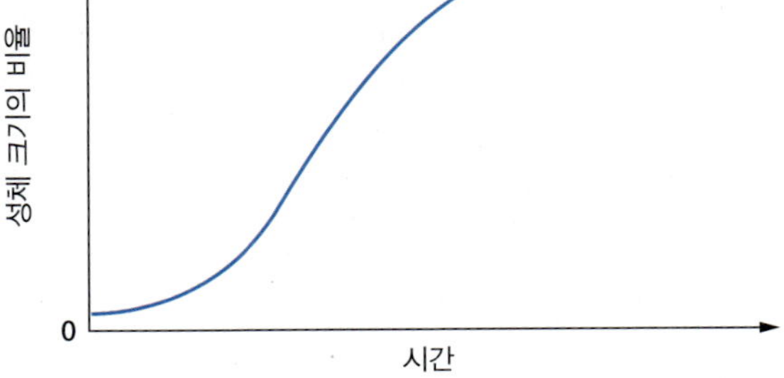


**그림 19.1** 동물의 전형적인 성장 곡선.

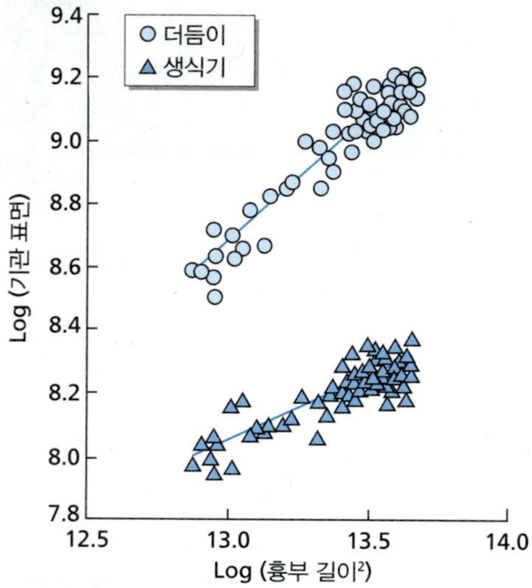


그림 19.2 신체 두 부분 간의 상대성장 관계의 예. 성체 초파리 개체의 더듬이는 전체 몸 크기에 비례해서 성장하는데 비해, 생식기 크기는 몸 크기에 비례해서 점차 작아진다. 이 자료는 상대성장 공식 $y = ax^b$에 부합한다. (인용) John Wiley & Sons Ltd.의 허락을 얻어 *Alexander et al. BioEssays* 2007; 29: 536 - 548의 그림을 재구성하였음.

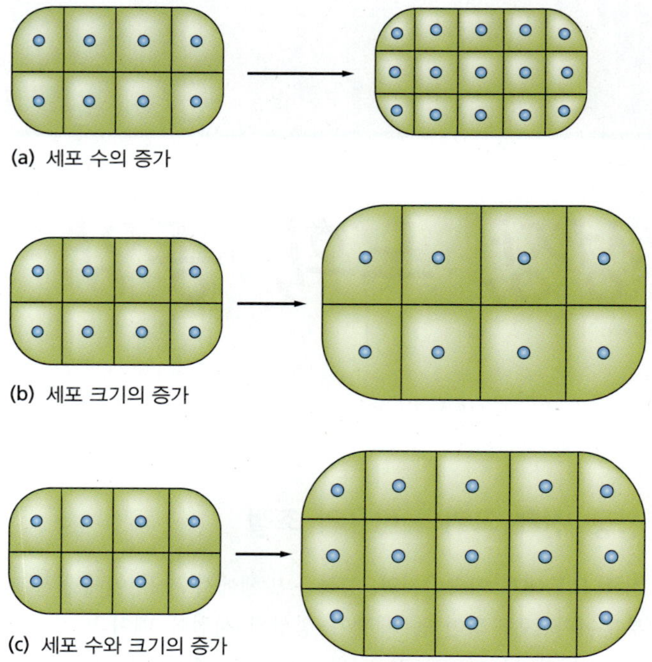


그림 19.3 세포분열율 증가 효과와 세포 수 증가 효과.

유사분열 이후 또는 분열이 더딘 세포 유형에서 자주 일어나는데, 간세포(hepatocytes)나 심근세포(cardiomyocytes)가 그 예다.

## 성장 조절의 생화학적 경로

2종류의 신호 경로, 인슐린-TOR 시스템과 Hippo 경로가 성장 조절에서 결정적으로 중요한데, 이들은 다른 발생 기능들도 갖고 있다. 일반적으로 인슐린 시스템은 전체 크기를, 그리고 Hippo 경로는 이웃한 세포들로 부터의 국부적인 접촉-기반 신호들에 대응하여 성장을 조절한다.

### 인슐린 경로

인슐린-IGF 신호시스템과 이와 연관된 세포내 TOR (target of rapamycin) 시스템은 모든 동물에서 근본적으로 유사한데, 상응하는 구성 요소의 수는 다를 수 있다. 예를 들어 예쁜꼬마선충의 *인슐린* 유사 유전자는 37개가 넘지만, 포유동물에서는 3-4개뿐이다. TOR라는 명칭은 장기이식을 받는 환자의 면역억제제로 사용하는 라파마이신의 작용 부위이기 때문에 붙여졌다.

이 시스템의 작동은 인슐린이나 IGF가 그들의 수용체에 결합한 뒤 일어나는 일련의 작용들을 통해 잘 이해할 수 있다. 그들 수용체는 2개의 α와 2개의 β 소단위로 구성된 이형사합체(heterotetramer)이다. β 소단위는 막관통단백질이며, 티로신 키나아제(tyrosine kinase) 도메인을 포함한다. 리간드가 결합하여 수용체가 활성화되면 인산기 전이가 일어나고 어댑터 단백질들을 경유하여 하류 단계의 표적들을 활성화하는데, 2개의 핵심적인 신호전달경로가 활성화된다. ERK 경로는 어댑터 단백질인 Shc, Grb2와 SOS를 경유하여 수용체와 결부된다. 이 단백질들은 GTP 교환단백질인 Ras의 활성화를 야기하고, 다시 Ras는 키나아제인 Raf를 세포막으로 끌어들여 활성화한다. Raf는 ERK 단백질을 인산화하는 MEK 단백질을 인산화한다. 활성화된 ERK는 핵 내로 들어가 다른 전산인자들과 공조하여 표적 유전자들을 작동시킨다. ERK 경로는 인슐린 그룹뿐만 아니라 다른 많은 성장인자들에 의해서도 활성화되는데, 예를 들어 EGF, FGF, PDGF 등이 있다. ERK 경로는 세포분열 자극을 포함하는 다수의 과정들에 영향을 미친다.

인슐린 유사 수용체들에 의해 활성화되는 다른 주요 경로는 PI3 키나아제(PI3K) 경로이다. 이 경로는 주로 대사, 특히 단백질 합성률 조절에 관여하는데, 이는 세포 크기를 결정하는 요인이다. PI3K가 인슐린 수용체기질(insulin receptor substrate, IRS)이라 불리는 어댑터 단백질에 의해 활성화되면 막의 인지질인 phosphatidyl inositol-4,5-diphosphate ($PIP_2$)를 phosphatidyl inositol-3,4,5-triphosphate ($PIP_3$)로 인산화시킨다. $PIP_3$는 단백질 키나아제 B (protein kinase B, PKB 또는 Akt)라 불리는 세린-트레오닌 키나아제를 활성화시킨다. PIP3는 PTEN이라는 포스파타아제에 의해 탈인산화되므로 무제한으로 축적되지는 않는다. PI3K 경로는 잘 알려진 세포 대사반응들을 촉발하는데, 특히 글루코스와 지방산의 흡수 증가와 글리코겐 합성 증가를 야기한다. 성장 조절에 관해서, 활성화된 PKB는 TOR를 불활성화시키는 *Tuberous sclerosis* 유전자 1과 2가 암호화하

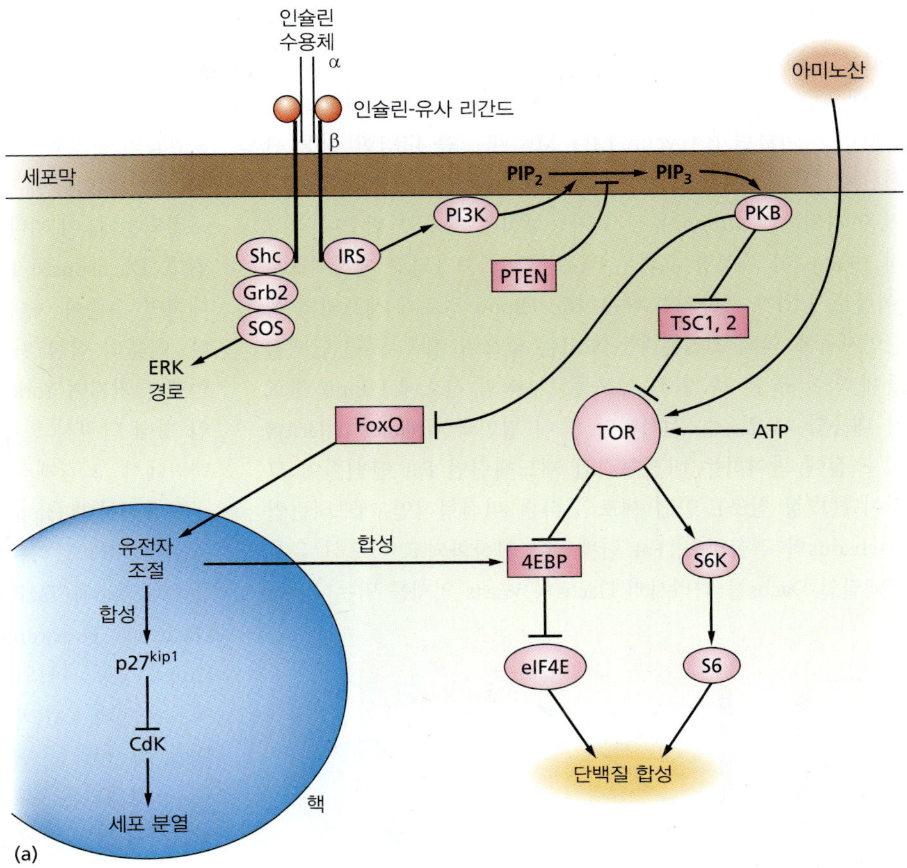


그림 19.4 인슐린/TOR 경로. (a) 성장을 촉진하는 요인들은 원형으로, 성장 억제 요인들은 사각형으로 표시하였다. (b) 인슐린 유사 리간드가 존재하거나 부재할 때의 관련 요인들 상태.

| | 수용체 | PI3K | PKB | TSC | TOR | FoxO | 단백질 합성 |
|---|---|---|---|---|---|---|---|
| + 리간드 | 활성 | 활성 | 활성 | 불활성 | 활성 | 불활성 | 상승 |
| − 리간드 | 불활성 | 불활성 | 불활성 | 활성 | 불활성 | 활성 | 하락 |

(b)

는 두 단백질의 결합체가 불활성화되도록 인산화시킨다. 2개의 억제는 하나의 활성화와 동등하기 때문에, 인슐린 신호는 TOR를 활성화한다. 세포내 세린-트레오닌 키나아제인 TOR는 다른 키나아제인 S6 키나아제를 인산화시키는데, 이는 리보좀 단백질인 S6를 인산화시켜 활성화한다. 이 과정은 리보좀이 리보좀 단백질을 암호화하는 일군의 mRNA들이 번역되도록 만들어 세포의 전체 단백질 합성 능력을 증진시킨다. 이는 또한 다른 경로에 의한 단백질 합성을 자극하는데, 단백질 합성개시인자인 eF1a의 억제물질인 4EBP 단백질을 억제하는 경로이다. 이 경로는 전사조절인자인 PKB에 의해 불활성화되는 FoxO (forkhead 계열)를 통해 유전자 발현에 영향을 미친다. 인슐린 신호가 없을 때 FoxO는 탈인산화되어 핵으로 들어가고 단백질 합성을 줄이고(4EBP 등) 세포분열을 감소시키는(Cdk 억제제인 $p27^{kip1}$ 등) 특정 요소들의 전사를 활성화한다.

이런 생화학적 시스템은 적절한 성장-촉진 신호, 가용한 영양물질들, 에너지원 공급 등에 의해 결정되는 성장의 정도를 보장한다. 이 모든 요인들이 한데 모이는 위치가 TOR인데, TOR는 인슐린신호 외에도 ATP와 아미노산들에 의해 활성화되기 때문이다. 그러므로 TOR는 성장인자들, 에너지 공급, 영양물질 가용도를 감지하는 것을 통합한다.

## Hippo 경로

이 경로는 초파리에서 발견되었지만, 모든 동물계에서 널리 존재하며 인간의 많은 암세포에서는 상향조절되어 있다. 그림 19.5는 그림은 초파리의 경우이며 척추동물의 경우는 부록에 나와 있다. Hippo 자체는 키나아제이며, 그림 19.6a,b에 보이듯이 이 유전자의 기능을 상실하면 과성장이 일어난다. Hippo는 Warts라 불리는 다른 키나아제를 활성화하는데, 이 키나아제는 Yorkie라 불리는 핵단백질을 인산화시키며, 인산화된 Yorkie는 세포질 내에 남아 있게 된다. 인산화되지 않은 Yorkie는 핵으로 들어가서 전사인자인 Scalloped의 보조인자로 작용하며 사이클린 E (cyclin E)나 Myc과 같은 다양한 성장 관련 유전자들을 상향조절한다. yorkie를 과발현시키면 과성장이 야기되는데, *hippo* 유전자 기능상실의 경우와 비슷하다(그림 19.6c). 이 과성장 효과는 세포분열이 증가되고 예정세포사(아폽토시스)가 제한되기 때문이다. Hippo 경로가 세포외의 성장인자들에 의해 조절된다는 보고는 없으며, 세포 표면 단백질들에 의한 조절, 즉 인접 세포들로부터의 신호에 Hippo 경로가 대응할 수 있음을 시사한다. 특히 평면극성(planar polarity)의 조절에 관여하는 비전형적인 캐드히린인 Fat 단백질이 그것이다(17장 참조). 인접 세포의 다른 비전형적인 캐드히린인 Dachsous와 결합하면, Fat 단백질이 인산화되고 미오신 유사 단백질인 Dachs를 격리시켜 Dachs의 Warts 억제를 막는다. Fat

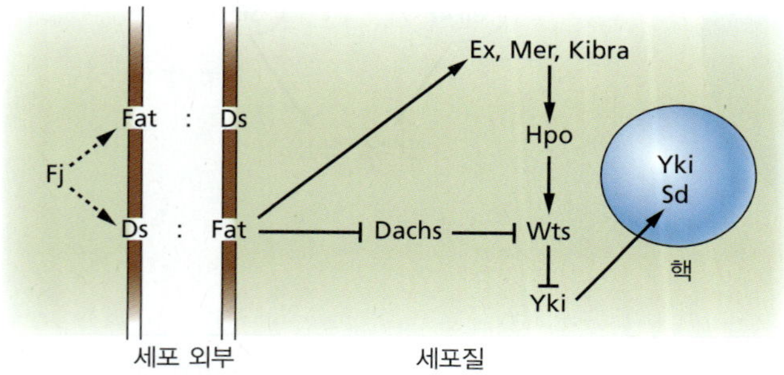


| Fat | Dachs | Hpo | Wts | Yki |
|---|---|---|---|---|
| + | − | + | + | − |
| − | + | − | − | + |

그림 19.5 초파리의 Hippo 경로. Fj와 Ds가 Fat 단백질에 미치는 영향은 절대적인 수준이 아니라 인접 세포들 간의 차이에 의존한다. Fat이 활성화되었을 때 일어나는 이 경로에서의 억제적인 단계들 때문에 Yorkie가 불활성화된다.

는 또한 상피의 아정단부(亞頂端部) 내에 존재하는 어댑터 단백질들인 Expanded, Merlin, Kibra로 구성되는 복합체를 통해 Hippo를 활성화시킬 수 있다. 어떤 경우이든, 활성화된 Fat는 Yorkie의 활성화를 감소시키므로 성장에 길항적이다. Fat는 또한 골지체 안에서 발견되는 Fourjointed라는 키나아제에 의해 조절되는데, 이 키나아제는 세포외 도메인 상의 Fat를 인산화시킨다. Dachsous와 Fourjointed의 Fat에 대한 영향은 이들의 절대적인 수준이 아니라 인접 세포들 내의 함량 차이에 달려 있다. 이들의 함량 차이가 클수록 Hippo 키나아제 경로에 대한 억제가 커지며 Yorkie를 통한 성장 촉진이 커진다. 이는 외과적인 형태 단절시 일어나는 국부적인 성장 자극, 즉 재생의 전후 맥락에서 그 잠재적인 중요성이 크게 부각된다(20장 참조).

포유동물의 Hippo 경로는 동일한 핵심 구성요소들을 가진다(Mst1과 2라 불리는 Hippo 동족체, Lats1과 2로 불리는 Warts 동족체, Yap와 Taz라 불리는 Yorkie 동족체). 포유동물에도 Fat, Dachsous, Fourjointed 동족체가 존재하지만, 현재까지 이들과 Hippo 경로 사이의 유사한 연관성은 확립되지 않았다. 그러나 세포 표면과 YAP 단백질 사이에는 α-카테닌을 통한 연관이 있는데, α-카테닌은 평상시 캐드히린을 세포내 골격에 연결시킨다. α-카테닌은 14-3-3이라는 단백질을 통해 인산화된 YAP과 결합하여 탈인산화를 방지한다.

## 최종 크기 조절

### 곤충

최종 크기 조절은 완전변태 곤충류의 경우에서 잘 이해된다. 이는 담배박각시과 나방(tobacco hornworm)인 *Monduca sexta*의 애벌레를 재료로 많이 연구되었는데, 초파리에서의 기전과 유사하다. 이 곤충의 성체는 거의 전체가 유사분열 이후 상태이므로 최종 크기는 유충(애벌레, larval)과 번데기(pupal) 시기에 성충판(imaginal disc)이 성장하는 정도에 달려 있다. 애벌레 시기 동안 결정적인 크기에 도달하면, 이후 굶더라도 변

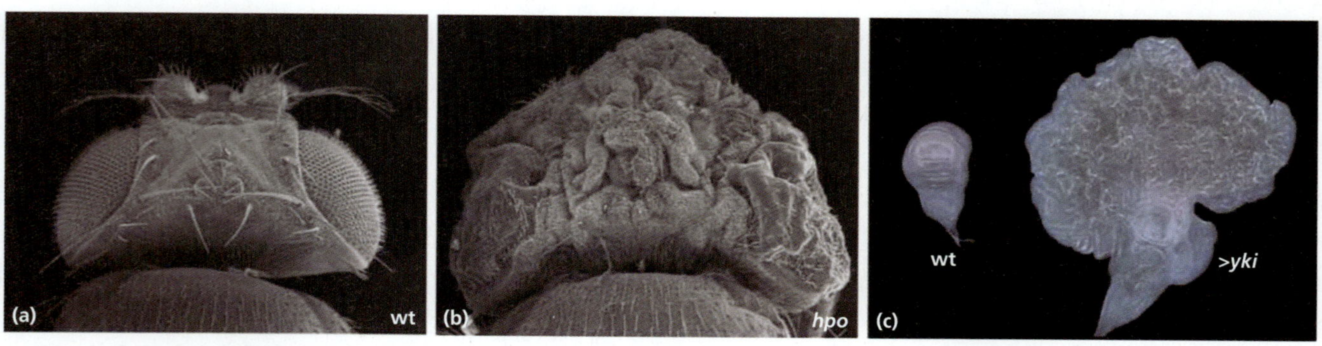


그림 19.6 (a, b) 초파리 머리 부위에서 Hippo (*hpo*) 단백질 소실은 비정상적인 과성장을 이끌어 낸다. (c) 날개 디스크(wing disc)에서의 Yorkie (*yki*) 과발현은 엄청난 과성장을 야기한다. *wt*, 야생형(정상). (인용) Elsevier의 허락을 얻어 Pan, *Genes Dev* 2007; 21: 886 – 897의 그림을 재구성하였음.

태 과정(metamorphosis)에 돌입하게 된다. 이는 호르몬에 의한 변태 과정 조절과 성장 조절 사이의 밀접한 연관성을 의미한다. 몸 전체의 성장은 뇌 안의 몇몇 세포들이 분비하는 인슐린 유사성장인자(IGF)에 의해 촉진된다. 초파리의 성충판에서 인슐린-TOR 시스템을 작동하는 구성인자(인슐린 수용체, PI3K, PKB, TOR) 중 어떤 것이라도 기능상실 또는 기능축소가 일어나면, 세포의 수와 크기 모두 감소하게 되며, 이에 따라 몸의 크기도 축소된다. 이와 반대로, 이 시스템을 억제하는 구성인자(PTEN, TSC1과 2, FoxO)의 기능상실 또는 기능축소가 일어나면 세포 수와 크기 모두 증가하고, 그 결과 몸의 크기도 증가한다.

몸 전체 크기를 감지하는 것은 특히 엑디손(ecdysone)을 만드는 전흉선(prothoracic gland)에 달려 있다. 엑디손은 알라타체(corpora allata)의 유충호르몬(juvenile hormone) 생산을 억제하여 결국 변태를 개시한다. 만약 전흉선이 과도하게 커지게 끔 유전적으로 PI3 키나아제를 과발현하도록 조작하면, 유충의 결정적인 크기가 감소하여 변태 과정이 일찍 시작되므로 성체의 크기가 작아진다. 이와 반대로 전흉선이 매우 작아지도록 PTEN을 과발현시키면, 변태가 늦게 시작되어 성체의 크기가 커진다. 이러한 영향은 전흉선 크기를 조정하는 방법에 인슐린 신호가 포함되는 경우에 한해서만 나타난다. 만약 다른 경로들에 의해 크기가 조정되면, 몸 전체에 미치는 영향은 나타나지 않는다.

초파리 날개 원기(wing disc)는 성장 조절 연구에 많이 사용되어 왔는데, FLP-out 방법을 사용하여 클론에서 발현시키거나 감수분열 시의 재조합에 의해 유전자를 제거하기가 용이하기 때문이다(17장 참고). 세포주기를 직접 방해함으로써 인슐린 시스템을 우회하는 것이 가능하다. 예를 들어 세포주기 중 S기에 필요한 여러 유전자의 발현을 활성화하는 전사조절인자인 E2F를 과발현시키면 국부적으로 세포분열의 비율 증가가 야기된다. 이와 반대로 E2F를 억제하는 레티노블라스토마(retinoblastoma, Rb) 단백질을 과발현시킴으로써 세포분열률 지체를 관찰할 수 있다. 그러나 이 두 발현 조작 중 어느 것도 날개 원기 전체 크기에 미치는 영향은 크지 않은데, 세포 크기 증가율은 변하지 않기 때문이다. 다시 말하자면, 한 클론에서 세포주기가 빨라지면 더 많은 수의 작은 세포들을 만들어내며 주기가 느려지면 더 적은 수의 큰 세포들을 만들어 낸다. 또한 전체 성장률을 바꾸기 위해서는 인슐린 신호에 대응해서 일어나듯이 세포 크기 증가율을 바꿀 필요가 있다.

## 포유동물

포유동물 성체는 곤충 성체와 크게 다르다. 포유동물은 다양한 조직들로 구성되는데, 일부는 일정한 세포 교대를 보이며, 다른 일부는 대개 휴지상태이지만 재생적인 성장을 나타낼 수 있다. 신경세포와 골격 근육섬유와 같은 일부 세포 유형은 유사분열을 마친 상태이지만, 조직내 소수의 세포는 그렇지 않다. 포유동물에서는 절지동물에서의 탈피와 변태를 조절하는 유충호르몬-엑디손 시스템에 해당하는 시스템이 없다. 그러나 최종 몸 크기 조절이라는 측면에서, 인슐린 경로의 중추적인 역할에서는 핵심적인 유사성이 있다.

포유동물에서는 인슐린 자체 보다는 2개의 인슐린유사성장인자(insulin-like growth factor), 즉 IGF1과 IGF2가 성장 조절을 주로 책임진다. 이 둘은 "IGF1 수용체"라 불리는 앞서 언급한 포괄적인 인슐린 수용체를 통해 작동한다. IGF2는 주로 태반에 영향을 줌으로써 태아기 동안의 성장 지원에 더 중요하고, IGF1은 출생 이후의 성장 지원에 더 중요하다. IGF1은 뇌하수체 전엽의 성장호르몬분비세포(somatotroph)에서 분비되는 성장호르몬(growth hormone)의 조절 하에 매우 다양한 조직에서 만들어진다. 성장호르몬이 불충분한 동물(인간 포함)은 성장과 성숙이 지체되며 최종 몸 크기가 작아진다. 이와 비슷하게, 성장호르몬 수용체가 결여되면 라론 증후군(Laron's syndrome)이라는 왜소증(dwarfism)이 나타난다. 반대로, 과도하게 성장호르몬을 분비하는 뇌하수체 종양이 생긴 사람은 소아기와 사춘기에 성장이 훨씬 빨라서 정상인의 최종 키 보다 커지는 거인증(gigantism)이 나타난다. 뇌하수체-결함 동물은 성장호르몬이나 IGF1을 주사함으로써 거의 정상적인 성장률로 회복할 수 있다. 이들 호르몬의 경우 정상 상태의 유전적인 차이들이 일부 있는데, 예를 들어 덩치가 큰 개와 작은 개 품종 간에는 혈중 IGF1 수준에서 상당한 차이가 보인다. 이는 *IGF1* 유전자 좌위에 생긴 변이 때문이며, 개 품종들 사이에는 몸 크기가 최대 80배까지 차이가 나타나게 된다.

*Igf1* 또는 *Igf2* 적중(knock-out) 생쥐는 출생시 크기가 정상 쥐의 60% 정도이며, 이 유전자들 둘 다 적중시킨 생쥐는 정상의 30% 정도에 불과하며 출생시 사망한다. 이와 비슷하게, IGF1 수용체 또는 3개의 *PKB* 유전자 중 2개를 적중시킨 생쥐는 정상의 50% 크기이며 출생시 사망한다. *Igf2*만을 적중시킬 경우 출생 후 정상적으로 성장하는데, 이는 이 유전자의 기능이 거의 모두 태아기에 나타나기 때문으로 여겨진다. 반대로, IGF1 생산을 자극하도록 IGF1 또는 성장호르몬을 과발현하는 형질전환 동물은 크기가 정상의 약 2배로 증가한다.

## 상대적 비율 조절

상대적 비율 조절은 성장 조절에 있어서 소홀히 다뤄졌지만 역시 매우 중요하다. 개체의 전체 크기가 정확히 커지더라도, 어떻게 상이한 신체 부분들 간에 서로에 비례하여 확대되는 것이 보장될 수 있을까? 다시 말해, 비례 성장에서 상대 성장 편차가 있는 경우에는 어떻게 조절될까?

비례 조절 설명에서 인기 있는 모델은 각 신체 부분의 자체적인 되먹임 억제를 포함한다. 예를 들어 각각의 신체 부위가 개체의 전체 혈액으로 희석되어 들어가는 저해제를 생산하는 경우, 그 농도는 전체의 크기에 비례하는 부위의 크기가 고려될 것이다. 만약 어떤 부분이 너무 커지면, 억제제는 성장을 늦출 것이며, 너무 작아지면 성장이 가속화 될 수 있도록 억제제 수준이 낮아질 것이다(그림 19.7과 동영상 22: 칼론 작용 참조). 이러한 가상적인 음성 되먹임 신호를 **칼론(chalone)**이라 한다. 이를 조사하는 확실한 방법은 어린 동물에서 성체로 또는 그 반대로 장기를 이식하는 것이다. 이는 간단해 보이지만, 면역계의 복잡한 영향과 이식된 장기와 이식받은 동물(호스트)의 기관들에 동등하게 혈액 공급을 하기가 어렵다는 것 때문에 실제로는 쉽지 않다. 일반적으로 칼론 모델은 맞지 않을 것인데, 이식된 장기들은 호스트의 크기에 적응하지도 않고 호스트 내에 상응하는 부분의 상대적인 성장에도 영향을 주지 않는 자동적인 방식으로 작동하는 경향이 있다. 하지만 칼론과 유사한 시스템에는 근육과 간의 크기 조절과 같은 예가 있다(아래 참고).

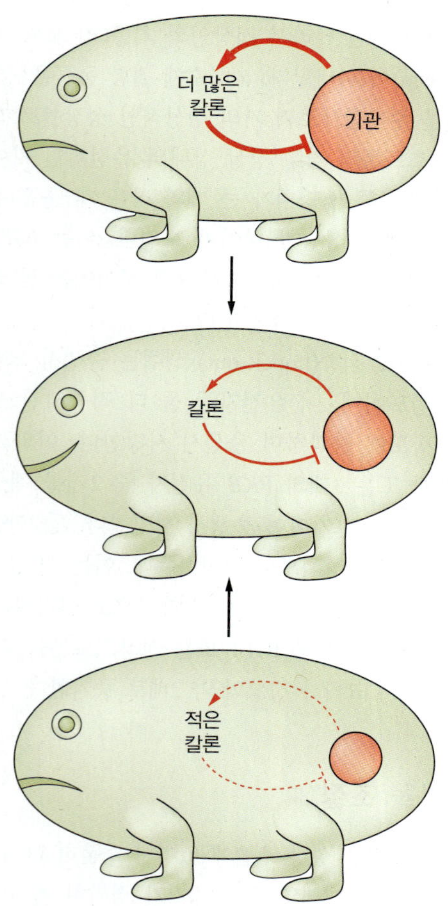


그림 19.7 가상적인 칼론 시스템의 작용.

## 곤충

초파리의 특정 클론이 그 이웃들 보다 성장에서 유리함을 가질 수 있는데, 이것이 반드시 불균형을 초래하지 않음이 알려져 왔다. 대신, 이 클론은 다른 클론들을 희생하면서 특정 영역의 대부분을 채운다. 이는 17장에 나오는 성충 원기(imaginal discs)의 클론 분석의 기초가 된다. 이 원리는 *Minute* 돌연변이 조직과 *d-myc* 종양 유전자를 과발현하는 클론에서도 적용된다. *Minute* 돌연변이는 리보솜 단백질 유전자들에서 일어나며, 단백질 합성을 느리게 하여 개체의 발생을 늦추고 성체 크기가 작아지도록 한다. 성충 원기 내에서 활발한 세포 경쟁 과정이 일어남이 최근 입증되었는데, 예를 들어 느리게 성장하는 "패자" 클론이 훨씬 빠르게 성장하는 "승자" 클론에 비해 우선적으로 세포 사멸을 겪는 것이다. 이 과정은 Flower라는 세포막 단백질을 필요로 하는데, 패자 세포에서 특정 아형이 상향 조절되어 세포 사멸로 이어진다.

이 시스템과는 대조적으로, 세포 클론에서 Yorkie를 과발현시키거나 그 저해제를 제거하면 불균형한 성장을 일으키지 않는다. 이 경우에 세포 경쟁이 없는 이유는 알려져 있지 않다. Yorkie는 또한 절단에 의한 부분 손실이 있은 후의 성충 원기 재생과 후속 치유를 위해 필요하다. 이는 아마도 구조 일부의 부재를 감지하는 Dachsous와 Fourjointed의 농도 경사 불연속에 기인하고, Fat 억제와 그 결과로 Hippo 키나아제 연쇄반응 및 핵으로의 Yorkie 이동 억제가 나타난다.

발생 중 성충원기 내 영역 특화의 조절은 형태형성인자(morphogen) 농도구배에 달려 있는데, 특히 강한 성장 촉진 기능도 가지고 있는 Decapentaplegic (17장)에 의한다. 그러나 정상적인 성충원기는 Decapentaplegic 농도구배에 상응하는 방식이 아니라 균일하게 성장한다. 이는 아마도 농도구배가 다른 농도에서는 상이한 발생 하류 시스템을 활성화하고, 전반적인 성장은 매우 균일하지만 국부적으로는 다른 성장률을 나타내는 효과가 있기 때문이다.

## 포유동물

척추동물에서 칼론 작용의 가장 잘 규명된 예는 TGFβ 슈퍼패밀리에 속한 마이오스타틴(*myostatin* = Growth and Differentiation Factor 8, GDF8)에 의해 나타나는 근육 성장의 조절이다. 마이오스타틴은 발생 중인 근육세포에 의해 분비되며, 근육모세포(myoblast)의 세포 분열과 근섬유의 확장을 감소시킨다. 마이오스타틴 적중 생쥐는 근섬유가 더 많고 더 커서 근육량이 2-3배 증가한다. 벨기에 블루와 같은 일부 가축 품종은 마이오스타틴에 대한 정상하위대립인자(定常下位對立因子)를 가졌는

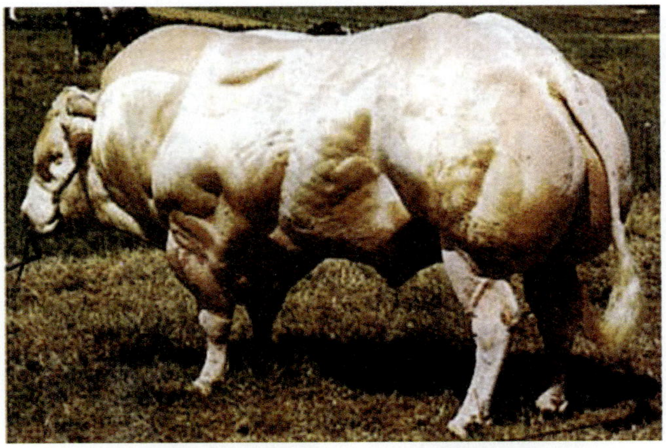

그림 19.8 벨기에 블루 품종 숫소. 엄청난 근육량을 보라.

데, 이미 전통적인 동물 육종을 통해 이 부분에서 합리적인 유전자 변형이 일어났음을 예상할 수 있다(그림 19.8). 배아에서 마이오스타틴은 피부근육분절(dermomyotome) 중앙 부분의 축상과 축하의 근육모세포 생성 영역 사이에서 발현되며, 이후에는 근원세포 생성 영역 사지원기의 근육모세포와 일부 다른 간충직 조직에서 발현된다. 발생 중인 근육에 인접한 조직에서 이 유전자의 초기 발현은 근원성 영역의 경계뿐만 아니라 이후의 음성 피드백 조절을 한정하는 역할을 가질 수 있음을 나타낸다.

또 다른 잘 알려진 칼론 유사분자는 후각 시스템의 GDF11 (Growth and Differentiation Factor 11)이다. GDF11은 후각 신경세포에서 발현되며 Cdk 억제물질인 $p27^{kip1}$의 상향조절 생산에 의한 이후의 신경생성을 억제한다. *Gdf11* 적중 생쥐는 후각 상피 내에 더 많은 전구세포와 신경세포들을 가진다. 흥미롭게도, 마이오스타틴과 GDF11은 둘다 TGFβ-유사 요인들의 하부 그룹에 속하고, 모두 폴리스타틴(follistatin)에 의해 억제된다. 이는 많은 조직특이적 음성 되먹임 기전의 작용을 조절하는 포괄적인 조절이 있을 수 있음을 시사한다.

뇌하수체성 왜소증과 거인증 외에, GH-IGF 경로의 구성 요소는 인간에서 발견되는 일부 불균형 성장 유형들에서도 나타난다. 성인이 돼서 생긴 뇌하수체 종양은 거인증으로 이어지지 않는데, 긴뼈의 성장 영역이 이미 닫혀 있기 때문이다(아래 참고). 그러나 이 종양은 말단비대증(acromegaly)으로 알려져 있는 턱, 손, 발의 불균형적인 확장을 일으킨다. 포스파타아제 *PTEN* 유전자는 종종 인간의 암에서 돌연변이가 일어나 비활성으로 된다. 이는 **종양억제유전자(tumor suppressor gene**, 아래 참고)이므로 생식세포에서 유전자 사본이 하나가 없는 경우 암으로 될 위험성이 커지는데, 출생 후에 일어나는 체세포 돌연변이에 의해 세포가 쉽게 남아 있는 사본을 잃을 수 있기 때문이다. *PTEN* 기능의 완전한 손실은 "프로테우스 증후군(Proteus syndrome)"으로 연결된다. 이 증후군은 극히 드물지만 배아 발생에서 아주 초기에 체세포 돌연변이로 일어날 수 있으며, 신체 일부가 그 유전자가 완전히 결여된 모자이크를 생성한다. 그 결과 뼈와 결합조직 전체에서 많은 혼란스런 이상돌출이 일어나는데, 이 상태는 유명한 "엘리펀트 맨"인 조셉 메릭이 경험했을 것이다. *결절성경화증*(*Tuberous sclerosis*) 유전자 역시 종양억제유전자인데, 이 유전자의 사본 하나가 소실될 때 혹은 정상적인 유전자 사본에서 체세포 돌연변이가 일어날 때 자주 양성 종양이 형성되는 우성 유전질환으로부터 명명되었다.

## 간 재생

포유동물에서 간은 일부를 제거해도 며칠 이내에 원래의 크기로 다시 재생할 수 있는 이례적인 기관이다. 재생을 다룬 장에서와는 달리, 여기서는 간이 정말로 성장 조절의 현상을 보이는 지에 대해 고찰한다. 간 재생 실험에서 자주 하듯 간의 한 엽(葉)을 제거하면 다른 엽들이 원래의 간 크기로 회복하도록 증가하지만, 상실한 엽을 재생하지는 않으며 원래의 간 형태를 회복하지도 않는다. 이는 배아 발생에서도 마찬가지다. 생쥐 간이나 췌장의 전구세포 수를 조직특이적 프로모터에 의해 유도되는 디프테리아 독소로 절제하여 감소시키면, 발생 중인 간은 수일 내에 정상적인 크기로 조정되는 데 비해 췌장 성체기까지 작아진 상태를 영구적으로 유지한다.

간의 조직학적 구조는 작은 담관이 간동맥과 간문맥(portal triad)의 가지 친 부분과 나란히 배열된 문맥 주변부으로부터 간정맥 가지에 인접한 정맥 주변부로 뻗어 나가는 간세포들 판의 반복되는 패턴으로 구성되어 있다(그림 19.9). 하나의 중심정맥 주위에 위치한 이 부위를 소엽(lobule)이라 한다. 조직 제거 후, 남아 있는 간 전체에서 간세포들은 24시간 이내에 증식하기 시작한다. 간에서 다른 세포 유형들[담관 상피 세포, 쿠퍼 세포(Kupffer cell), 내피 세포]은 어느 정도 시간이 경과한 후 증식을 시작하는데, 간의 모든 세포 집단은 궁극적으로 서로 조화된 방식으로 세포 수가 증가한다. 간 크기를 조절하는 혈액 순환 요인들이 있음은 오래 전부터 알려졌는데, 외과적으로 **결합순환(parabiosis)**시킨 두 동물 중 하나로부터 간 일부를 제거하면 다른 동물의 온전한 간에서 부가적인 증가를 일으킨다. 이 순환 요인들은 복잡한 혼합물일 것인데, 손상된 간의 혈액으로 방출되는 담즙산(bile acids)을 포함할 가능성이 있다. 일반적으로, 후보 요인들은 억제제 보다는 오히려 활성제로 간주되므로 칼론 모델에 완전히 부합하지는 않지만, 한 동물의 전체에 대비하여 간의 크기를 적정하는 순환 요소가 된다. 이런 조절 되먹임 시스템은 간 이식 상황에서도 작동한다. 작은 간을 큰 수혜자에 이식할 경우, 이식된 간은 당초 제거된 간의

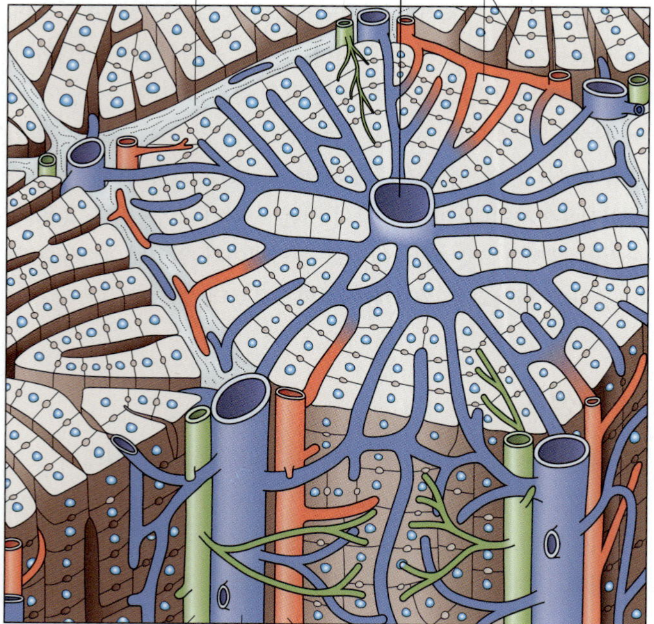


**그림 19.9** 간의 조직학적 구조.

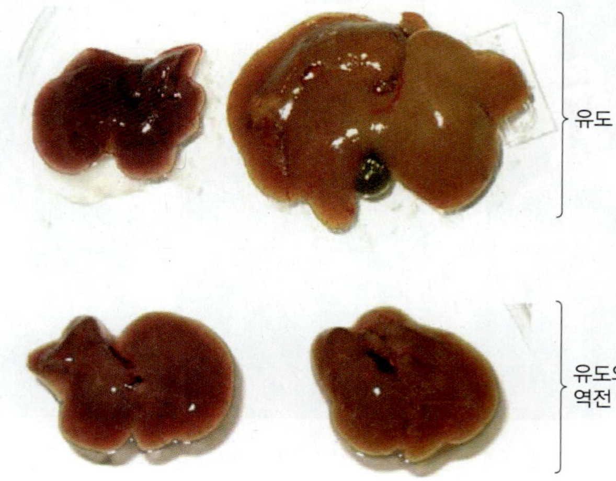


**그림 19.10** 5주 동안 YAP1의 과발현에 의해 유발된 생쥐 간의 확대. 과발현 없는 추가 5주후 간은 정상 크기로 돌아간다. (인용) Carmago *et al.* *Curr Biol.* 2007; 17: 2054-2060의 그림을 재구성하였음.

전체 크기에 도달할 때까지 빠르게 성장한다.

비록 전체 간 크기는 재생 후에도 변하지 않지만, 재생된 간 소엽은 원래의 간보다 더 큰 것처럼 보인다. 즉, 간문맥으로부터 중심 정맥의 평균 길이는 증가한다. 그러나 이런 차이는 조직이 정상적인 느린 회전율 과정에서 다시 개조될 때 해결된다.

간의 크기는 Hippo 경로를 통해 조정될 수 있다. 그림 19.10은 *Yap1* (포유동물의 *Yorkie*와 상동)의 기능획득 돌연변이 실험에서 Tet-off 시스템을 사용하여 간에서 발현됨을 보여준다. 형질전환 유전자를 유도한 35일 후 간 크기는 4배 증가하지만, 도입한 유전자의 작동이 꺼질 때 크기는 점차 정상으로 복귀한다. 이 효과는 세포분열과 세포사멸 빈도의 변화에 기인한다. 이런 가소성(plasticity) 수준은 다른 척추동물 기관들에서는 볼 수 없으며, 간이 매우 독특한 방식으로 세포 수를 조정하도록 특화되어 있음을 나타낸다. 이 능력은 척추동물 진화과정에서 생겨났을 것인데, 간은 소장에서 흡수되는 양분의 일차적인 목적지라서 체내외 환경으로부터 유래된 어떤 독소들도 간에 먼저 타격을 주고 종종 일부 세포 손상을 야기할 것이기 때문이다.

## 키 성장

인간 또는 척추동물의 전체 신장(키)은 사지의 긴 뼈 길이에 대부분 달려 있다. 거의 모든 배아 골격처럼, 이 긴뼈는 최초에 연골 **모형**으로 형성되었다가 발생 후기에 뼈로 대체된다(그림 19.11). 연골은 혈관, 신경 또는 림프관이 없는 투명한 세포외기질 내의 골세포소강(lacunae)에 박혀 있는 **연골세포(chondrocyte)**들로 구성되어 있다. 기질은 유형 II 콜라겐(type II collagen)과 연골 유형 프로테오글리칸(cartilage-type proteoglycan)인 아그레칸(aggrecan)의 존재로 특징지어진다. Sox9는 중배엽 또는 신경능선에서 유래된 연골의 발생에서 중요한 전사인자로 기능하며, 특정 연골 유형 콜라겐의 전사를 활성화시킨다. 연골 결손으로 인해 다양한 골격 이상이 일어나는 인간 유전질환인 태아굽지이형성증(campomelic dysplasia)은 *Sox9*의 한 복사본의 손실 때문에 발생하는 우성 반가불충분성(半價不充分性, haploinsufficient) 상태이다. 연골의 주위 또는 **연골막(perichondrium)**은 **연골모세포(chondroblast)**를 생성하도록 분열하는 섬유모세포 유사 세포로 구성된다. 이들은 몇 번 더 분열하고는 연골세포로 분화하여 기질 내에 박히게 된다.

얼굴과 두개골 뼈는 **막골(膜骨, membrane bone)**로 알려져 있는데, 연골 모형으로부터 형성되지 않고 머리에 신경능선이 기원인 머리의 진피에서 직접 분화된다. 어느 방법에 의한 골 형성이든, 정상적으로 분화하는 뼈와 골절 치유 중인 뼈에서 발현되는 뼈형태형성단백질(bone morphogenetic proteins, BMPs)의 작용이 필요하다. BMP는 또한 다양한 초기 발생 사건들에도 필요하기 때문에, *Bmp* 적중 생쥐는 골격을 형성할 만큼 충분히 발생하지 못할 수도 있다. 그러나, *Bmp7* 적중은 생존이 가능한 골격 결함을 야기하는데, 자연스럽게 발생한 *Bmp5* 및 *Growth and differentiation factor 5* (*GDF5*, BMP 패밀리의 일종)의 완전상실 돌연변이(null matation)와 같다.

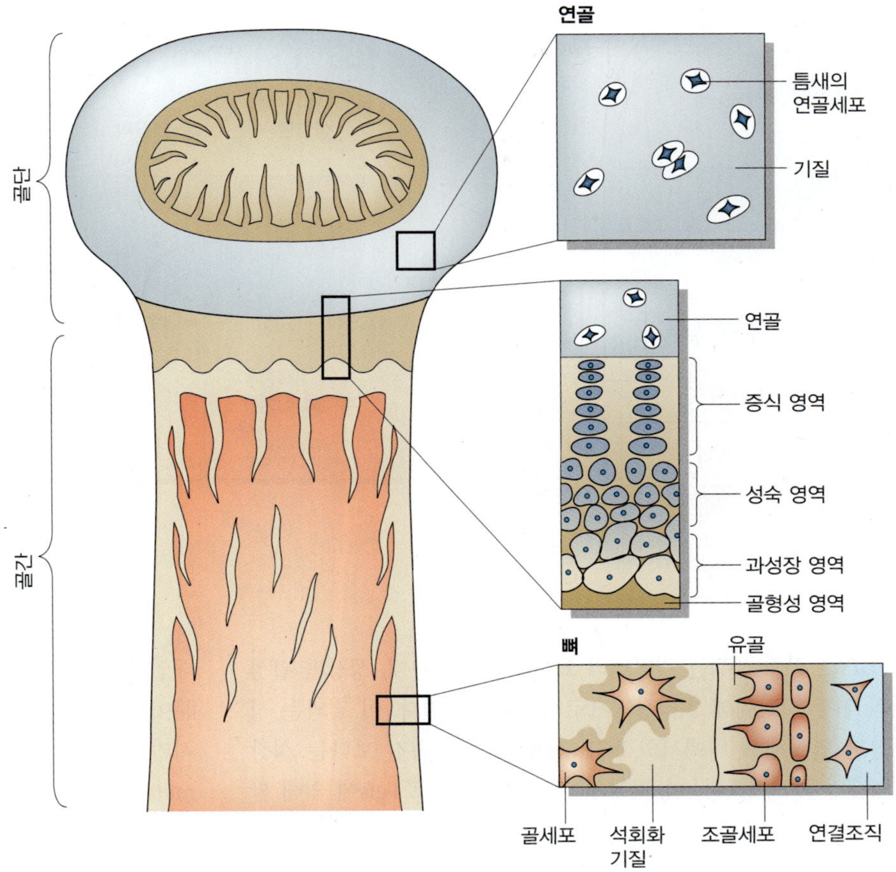


그림 19.11 연골 골단, 골단 성장판 및 골간의 골화를 보여주는 발생 중인 긴 뼈.

긴뼈의 축은 **골간(骨幹, diaphysis)**이라 하며, 양 끝에 손잡이 모양은 **골단(骨端, epiphysis)**이라 한다. 일차골화(primary ossification)는 연골막이 **조골세포(osteoblast)**를 포함하는 **골막(periosteum)**으로 변환되는 골간 중심 주위의 고리 부분에서 시작한다. 표지되지 않은 연골과 **Rosa26** 생쥐 연골막을 조합하여 **누드 마우스**의 신장 캡슐에서 키우면, 조골세포가 연골막에서 유래된 것임을 알 수 있다. 골형성을 유도하는 핵심 전사인자는 Cfba1 (호메오도메인, Runx2로도 알려짐)이다. *Cbfa1* 적중 생쥐는 뼈가 전혀 없으며 전적으로 연골 골격만을 가지고 있다. 이형접합 개체(heterozygote)는 쇄골두개이형성증(cleidocranial dysplasia)이라는 인간증후군으로 알려져 있으며, 막골화에 결함이 있다. 골화 동안, 조골세포는 혈관과 연관되어 연골로 침투하여 주로 I형 콜라겐으로 구성된 기질(유골, osteoid)을 분비한다. 이것이 두꺼워지면서, 일부 세포는 기질에 의해 붙잡혀 **골세포(osteocyte)**로 되는데, 이들이 인산칼슘을 분비하면 수산화인회석(hydroxyapatite) 형태로 기질 내에 침전된다. 연골세포와 달리, 골세포는 골소관(canaliculi)이라 불리는 채널을 통해 가늘게 뻗어 나가는 세포 부분끼리 접촉한 채로 남아 있다. 뼈는 표면에서 성장을 지속하다가, 조혈 시스템인 골수 안에서 형성되는 거대 다핵세포인 파골세포(osteoclast)에 의해 안쪽에서부터 서서히 부식된다. 파골세포는 또한 뼈 기질 안에 혈관, 신경 및 림프관을 위한 채널을 형성한다. 추가적인 골화 중심이 골단에 나타나지만, 긴뼈의 끝 부분에서는 각 골단에 남아 있는 연골과 골간의 뼈 사이 영역에서 일정 기간 동안 성장이 계속된다.

이 영역을 **골단 성장판(epiphyseal growth plate)**이라 한다. 성장판 내에서 가장 먼 부분은 왕성하게 분열하는 연골세포들로 구성되며, 가까운 부분에서는 분열이 중단되고 연골세포가 **비대해지고** 기질이 석회화된다. 비대성 연골세포는 결국 골세포로 대체되고 기질은 뼈로 전환된다. 성인의 키에 도달하면, 골화된 골단이 골간과 융합되고 성장판이 사라진다. 개체의 최종 크기는 성장판의 활성과 활성이 유지되는 기간 모두에 달려 있다. 성장판 폐쇄의 타이밍 때문에, 아동기의 성장호르몬 과잉은 키를 크게 하지만, 골단 융합 후에는 말단비대증(acromegaly)이 초래된다.

인간 왜소증에서 가장 흔한 유형인 연골무형성증(achondroplasia)은 긴뼈가 비정상적으로 짧아 불균형이 나타나므로 뇌하수체 왜소증(pituitary dwarfism)과는 다르다. 이는 성장판 증식 감소를 유도하는 FGF 수용체3 (*FGFR3*)의 우성 기능획득 돌연변이(gain-of-function mutation)에 의해 야기된다. 흥미롭게도

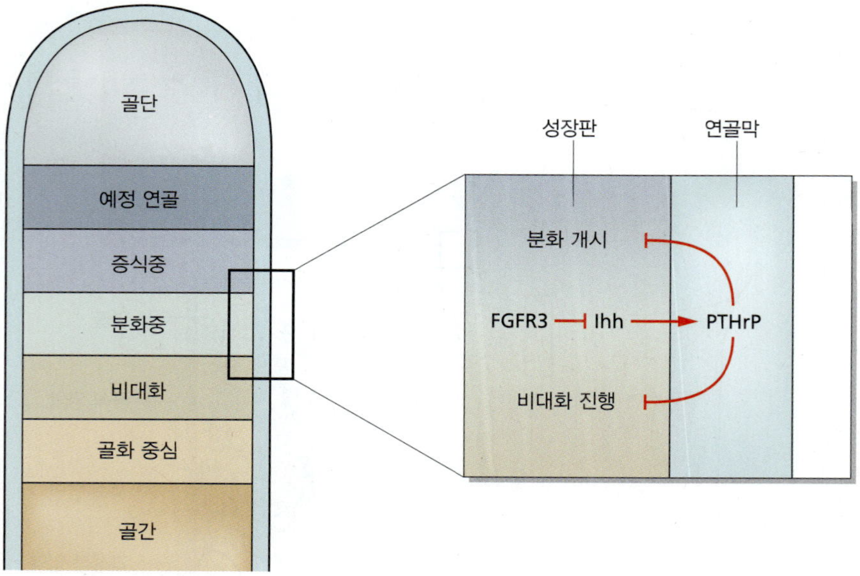


**그림 19.12** 연골세포 비대화 분화를 제어하기 위한 피드백 고리회로. 약속은 되어 있지만 아직 비대화되지 않은 연골에서 분비되는 Ihh는 PTHrP를 통해 분화를 억제한다.

*FGFR3* 적중 생쥐는 정반대의 표현형을 보이는데, 성장판 활성의 연장으로 인해 비정상적으로 긴 뼈를 가진다. 이 결과는 성장판 연골세포 내에서의 FGF 작용이 성장 촉진 보다는 성장 억제임을 보여준다. 이 억제 활성은 정상적으로 Fgfs에 의해 활성화되는 ERK 경로 보다는 STAT 신호전달 경로를 통해 나타난다. *FGFR3*의 강력한 기능 획득 돌연변이는 두개골 이외 대다수 골격의 성장이 중단되는 훨씬 치명적인 치사성이형성증(thanatophoric dysplasia)을 초래한다. 다른 FGF 수용체의 기능 획득 돌연변이는 막골 형성에서 결함을 야기하는데, 특히 두개골 뼈가 미성숙한 채로 융합되는 두개골유합증(craniosynostosis)을 초래한다.

성장판 내 연골세포의 증식은 신호분자 중 hedgehog 패밀리의 일원인 Indian hedgehog (Ihh)와 부갑상선호르몬과 유사한 부갑상선호르몬-연관단백질(parathyroid hormone-related protein, Pthrp)을 포함하는 되먹임 고리회로에 의해 유지된다(그림 19.12). Ihh는 분열이 완료된 후 비대화 분화(hypertrophic differentiation)를 수임 예정인 연골세포에 의해 생성된다. Ihh는 *PTHrP*를 상향 조절하기 위해 연골막에 작용한다. 그러면 *PTHrP*는 분열 중인 연골세포에 작용하여 분열을 유지하고, 따라서 비대화된 영역으로의 진행을 억제한다. 이들 인자 또는 *PTHrP 수용체* 중 어느 유전자이든 적중시키면 성장판의 증식 감소와 조기 골화가 초래되며, 따라서 짧은 사지를 지닌 왜소증 유형이 나타난다. *Ihh* 과발현은 연골세포 분열 단계를 연장시키며, 따라서 비대화 연골의 형성을 억제한다. 비대화 분화 그 자체가 사지가 어느 정도 늘어나는 것을 정상적으로 일어나게 하므로, 이 과발현 또한 왜소증을 초래한다. 그러나 실제로 그 표현형은 *PTHrP* 적중 개체에서 발견되는 것과는 정반대인데, 비대화된 연골의 형성이 진전되기 보다는 지연되기 때문이다. *Ihh* 과발현은 *PTHrP* 적중은 표현형을 정상으로 회복시키지는 못하지만 *PTHrP 수용체*의 구성 돌연변이(constitutive mutation)는 가능한데, 이는 PTHrP가 Ihh의 하류(Ihh 작용 이후 단계를 의미)에서 작용함을 확인해 주는 것이다. 따라서, 이는 본질적으로 세포 유형(비대성 연골)의 생산 속도가 이 경로가 수임된(분화가 허락된) 세포 집단의 크기에 의해 조절된다는 또 다른 칼론 유사 시스템이다.

## 노화

노화(Aging)가 발생 과정인지 아닌지는 오랜 논쟁거리였다. 찬성 쪽은 노화와 죽음이 미래 발생학적인 조절 하에 있는 미리 프로그램된 이벤트라는 것이다. 반대쪽은 노화가 선천적으로 무작위적인 특성을 가진 점진적인 돌연변이와 기타 손상에 기인하는 단순한 이벤트라는 것이다. 실제로, 양쪽 모두 어느 정도 옳은 것으로 판명되었다. 조작 가능한 유전자들에 대응한다는 면에서 노화는 발생학적인데, 노화를 조절하는 중요한 시스템 중 하나가 놀랍게도 성장을 조절하는 인슐린 신호전달 경로와 동일함이 밝혀졌다. 반면, 이 경로에 의해 조절되는 유전자들은 대부분은 산화 스트레스와 여러 고분자 손상에 따른 결과를 최소화하는 구성 요소들을 암호화하는데, 이는 개체의 최종적인 파괴(죽음)로 이어질 여러 병적인 측면이 대부분 무작위적이고 비발생학적인 손상에 의함을 나타낸다.

## 세포 자율 과정

1차(초대) 배양으로 키운 포유동물 세포 연구에서, 세포의 증식

속도가 점차 느려지는 경향을 보이다가 결국 특정한 분열 횟수가 지나면 중지한다. 이를 **헤이플릭 한계(Hayflick limit)**라 한다. 이런 유형의 과정이 개체 전체의 노화에 기여하는지 여부는 아직도 논란거리지만, 일반적으로 적어도 줄기세포 고갈이라는 관점에서는 그러한 것으로 여겨지는데, 조직 내의 줄기세포의 수와 때때로 증식 능력의 감소가 일어난다. 그러나 줄기세포는 일생 동안 다 소모되지는 않는다. 조혈줄기세포(hematopoietic stem cells), 표피세포, 정원세포들은 이식한 숙주(호스트)에서 생쥐 수명이 초과할 때까지도 각각의 기능을 잘 유지한다.

헤이플릭 한계에 대한 몇 가지 설명이 있다. DNA 손상에 이르는 무작위적인 과정 외에도, 체계적인 과정이 두 가지 더 있다. 하나는 *INK4a/ARF* 유전자 자리에 의해 암호화된 단백질의 점진적인 축적이고, 다른 하나는 말단소체(telomere)의 점진적인 단축이다. 배양에서 무한정 증식하는 영구 세포주는 암세포가 겪는 것과 유사한 돌연변이를 겪는데, 이는 위의 두 과정을 방지할 수 있도록 해 준다.

## *INK4a/ARF* 유전자 좌위

INK4a/ARF는 서로 다른 해독틀로 전사되는 $P16^{INK4a}$와 ARE(alternate reading frame) 단백질을 암호화한다. $P16^{INK4a}$는 사이클린-의존성 키나아제(cyclin-dependent kinases)인 Cdk4와 6의 억제제이며 세포주기를 멈춘다. ARF는 p53을 변형시키는 유비퀴틴 리가아제(ubiquitin ligase)를 억제하여 단백질 분해가 쉬워지도록 만든다. 따라서 ARF는 세포주기 정지 또는 스트레스나 DNA 손상에 대응한 아폽토시스(apoptosis, 예정세포사) 개시와 관련된 다양한 기능을 가진 p53의 활성을 향상시킨다. p53은 기능상실 또는 우성음성 돌연변이(dominant negative mutation)가 흔히 발견되는 암에서 매우 중요한 단백질이다(아래 참고). 1차(초대)배양 중인 포유동물 세포에서 $P16^{INK4a}$와 ARF 분자의 점진적인 증가가 발견되는데, 이는 성장 속도를 느리게 하는 요인들 중 하나이다. 또한 이 두 단백질은 젊은 동물에 비해 늙은 동물에서 양이 상승한다. 이 현상은 그 단백질들의 회전율과 상관없이 모든 조직에서 일어나므로, 세포분열 횟수 보다는 경과 시간과 관련된 것으로 보인다. 염색질 억제자인 Polycomb 그룹 일원 BMI1의 기능은 이 유전자 좌위를 정상적으로 억제한다. BMI1은 조혈줄기세포와 여타 줄기세포의 기능에 필요한데, 상향조절되면 헤이플릭 한계 부근까지 배양된 세포의 분열능을 복원할 수 있다. *INK4a/ARF* 유전자 좌위가 결여된 생쥐는 어릴 때는 비교적 정상이지만 성숙하면서 암이 발생할 위험이 실질적으로 높아지는데, 이는 시스템이 존재하는 진화적인 이유가 암에 대한 보호임을 시사한다.

## 말단소체 단축

세포는 많은 주기를 걸치는 동안에도 분열 횟수를 계산할 수 있는 것으로 생각된다. 이 능력과 가깝게 알려진 유일한 기전은 염색체 말단 영역인 **말단소체(telomeres)**의 단축 능력이다. 일반적으로, 각 DNA 복제주기에서 말단소체는 매번 조금씩 짧아지게 되고 결국 삭제에 의해 너무 멀리까지 잠식되는데, 이는 DNA 이중 가닥이 깨질 때처럼 p53을 활성화시켜 결과적으로 아폽토시스가 일어난다. 말단소체는 쉘터린(Shelterin)이라는 다중 단백질 집합체에 의해 결합하는 6 염기쌍 TTAGGG가 수천 개 반복하는 구성으로 이루어진다. 정상 세포분열에서 매 주기마다 50~100 염기쌍이 소실된다. 그러나 DNA 말단은 **말단소체복원효소(텔로머라제, telomerase)**라 불리는 효소-RNA 복합체에 의해 복구될 수 있는데, 이 복합체는 생식세포에 정상적으로 존재하며 종종 암세포와 영구 조직배양 세포주에서는 상향조절된다. 이는 말단소체 서열을 암호화한 RNA (Terc)의 조각과 DNA를 만드는 역전사효소(TERT)를 포함한다.

말단소체 단축이 모든 동물의 노화에 기여할까? 노화된 생쥐와 인간은 짧은 말단소체를 가진다. 조직특이적 줄기세포는 텔로머라제 활성을 일부 갖고 있지만 말단소체를 온전하게 유지하기에는 부족한데, 줄기세포에서 조차도 말단소체 단축이 어느 정도는 있다. 텔로머라제의 RNA 구성 요소를 적중한 생쥐는 수명이 단축되는데, 흥미롭게도 생식세포가 분열할 때 마다 점점 짧아져 정상과 같은 말단소체를 유지하지 못함을 보인다. 또한 순차적인 이식을 지원하는 조혈줄기세포의 능력을 감소시킨다. 정상 조혈줄기세포는 방사선을 쪼인 호스트 생쥐로의 순차적인 이식을 4회 유지시키지만, Terc-적중 생쥐는 2회만 유지시킨다. 이는 줄기세포 고갈이 적어도 일정 부분은 말단소체 단축 때문임을 보여준다. 텔로머라제를 과다발현하는 생쥐는 암이 유발되므로, 일반적으로 수명이 단축된다. 그러나 여분의 *INK4a/ARF*와 *p53* 복사본을 주입하여 암에 저항하도록 만들어진 생쥐는 대조군보다도 더 오래 생존한다. 체세포 핵이식에 의해 복제된 동물은 정상적인 말단소체 길이를 보이는 경향이 있는데, 이는 체세포 핵의 재프로그래밍 이후 초기 배아에서 텔로머라제가 활성화됨을 나타낸다.

## 인슐린 경로와 노화

노화과정에서 인슐린 경로의 역할이 예쁜꼬마선충에서 발견되었다. 조건이 나빠지면, 즉 첫 번째 유충 단계에 양분이 제한되거나 개체가 과밀하면 세 번째 유충 단계 대신 **영속유충(永續幼蟲, dauer larva)**을 형성할 수 있다. 영속유충은 먹이 섭취를 하지 않고 무감각하며 분산된 단계이다. 이들은 몇 달 간 생존할 수 있지만, 조건이 나아지면 여전히 성체로 발생할 수 있다.

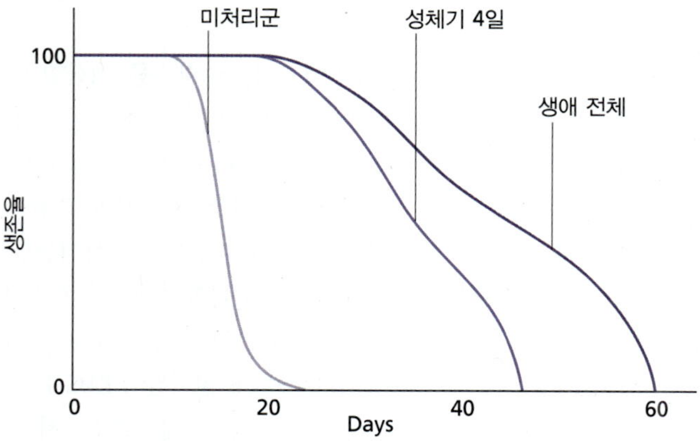


그림 19.13 인슐린 경로 하향조절이 예쁜꼬마선충(*C. elegans*) 수명에 미치는 효과. 인슐린 수용체의 RNAi와 같이 먹이는 것을 마지막 탈피 전에 시작하면 수명을 상당히 연장하지만 성체기에 시작하면 그 효과가 줄어든다.

이 발생의 스위치를 켜는 방법을 찾기 위해 돌연변이체들을 조사에서, 인슐린 경로 구성요소를 '기능상실'한 돌연변이가 영속유충을 형성하는 원인임이 밝혀졌다. 또한, 같은 유전자에서 정상하위대립유전자(定常下位對立遺傳子, hypomorphic alleles)를 지닌 개체는 자발적으로 영속유충을 형성하지는 않지만 정상보다 2-3주 더 오래 산다. 예쁜꼬마선충의 *인슐린수용체* 유전자는 *daf2*, *PI3kinase* 유전자는 *age1/daf23*이라 하고 *FoxO*의 상동체를 *daf16*이라 한다. *FoxO*가 존재하지 않는 한, 인슐린 경로가 효과를 발휘하지 않는 것으로 보인다. 이는 단백질 합성 수준을 통해 주로 작동하는 성장 조절과는 달리, 노화 경로가 대부분 전사 조절을 통해 작동함을 시사한다. *FoxO*는 카탈라아제와 과산화물제거효소(superoxide dismutase, SOD)와 같은 산화적 스트레스를 줄이는 다양한 유전자들의 전사를 촉진한다. 수명이 연장된 예쁜꼬마선충의 미토콘드리아 구성 요소들에서 여러 정상하위대립유전자 돌연변이들이 발견되는데, 이는 자유 라디칼을 동반 생산하는 호기성대사(aerobic metabolism)가 궁극적으로 죽음에 이르게 함을 시사한다. 그러므로 *FoxO*는 산화적 스트레스를 감소시키는 단백질들의 생산을 유발함으로써, 적어도 부분적으로나마 수명을 연장시킨다. 인슐린 경로가 *FoxO*을 억제하기 때문에, 정상적으로 인슐린 신호를 자극하는 먹이가 풍부한 조건은 수명을 감소시키는 경향이 있을 것이다. 인슐린 수용체에 대한 RNAi를 예쁜꼬마선충에 투여하면 보호 효과가 발휘되는 시기를 결정하는 것이 가능한데, 최대한 수명을 연장하기 위해서는 최종 탈피 직후 이 수용체가 하향조절될 필요가 있음이 알려졌다(그림 19.13).

다른 동물과의 비교를 통해 예쁜꼬마선충 연구 결과의 보편적인 중요성을 알 수 있다. 초파리의 수명은 3-4개월인데, 인슐린 수용체 기질(insulin receptor substrate, IRS)을 암호화하는 *chico* 유전자의 이형접합자(heterozygote) 개체는 약 40% 정도 연장될 수 있다. 보통 생쥐는 2-3년 살지만, 스넬(Snell) 난장이생쥐와 에임스(Ames) 난장이생쥐는 40% 더 살 수 있다. 스넬 난쟁이생쥐는 전사인자 Pit1 (POU 도메인)을, 그리고 에임스 난쟁이생쥐는 전사인자 Prop1 (쌍 호메오도메인, paired homeodomain)이 결여되어 있다. 이 생쥐들은 뇌하수체 전엽의 세포유형인 성장호르몬분비세포(somatotroph), 프로락틴분비세포(lactotroph) 및 갑상선자극호르몬분비세포(thyrotroph)를 형성하지 못한다. 앞서 언급한 바와 같이, 성장호르몬분비세포의 부재에서 비롯되는 성장호르몬 감소는 IGF1 생산 감소와 인슐린 경로 신호의 감소를 초래한다. 성장호르몬 수용체가 적중된 라론(Laron) 난쟁이생쥐는 정상형보다도 55% 이상 더 오래 산다.

## 칼로리 제한

"칼로리 제한(caloric restriction)"에 의해, 즉 일반적으로 소비되는 먹이량의 약 3분의 2만 공급하면 동물의 수명이 크게 확장될 수 있음이 오래 전부터 알려져 왔다. 이러한 개체는 더

### 고전적인 실험들

#### 노화

노화의 기본 기전을 발견한 세 가지 고전적인 실험이 있다. 첫째는 흰쥐에서 칼로리를 제한한 최초의 연구이다. 둘째는 텔로머라제에 관한 최초의 연구 보고이다. 테트라히메나(*tetrahymena*)는 세포생물학 연구에 사용되는 섬모충 원생동물이다. 세 번째 연구는 예쁜꼬마선충의 *daf2*와 *daf16* 돌연변이의 첫 번째 보고이다. 이 유전자들은 나중에 각각 인슐린수용체와 FOXO 상동체를 암호화하는 것이 확인되었다.

McCay, C., Crowell, M. F., &Maynard, L. A. (1935). The effect of retarded growth upon the length of life span and upon the ultimate body size. *Journal of Nutrition* **10**, 63-79.

Greider, C. W., &Blackburn, E. H. (1985). Identification of a specific telomere terminal transferase activity in *Tetrahymena* extracts. *Cell* **43**, 405-413.

Kenyon, C., Chang, J., Gensch, E., Rudner, A., &Tabtiang, R. (1993). A C. elegans mutant that lives twice as long as wild type. *Nature* **366**, 461-464.

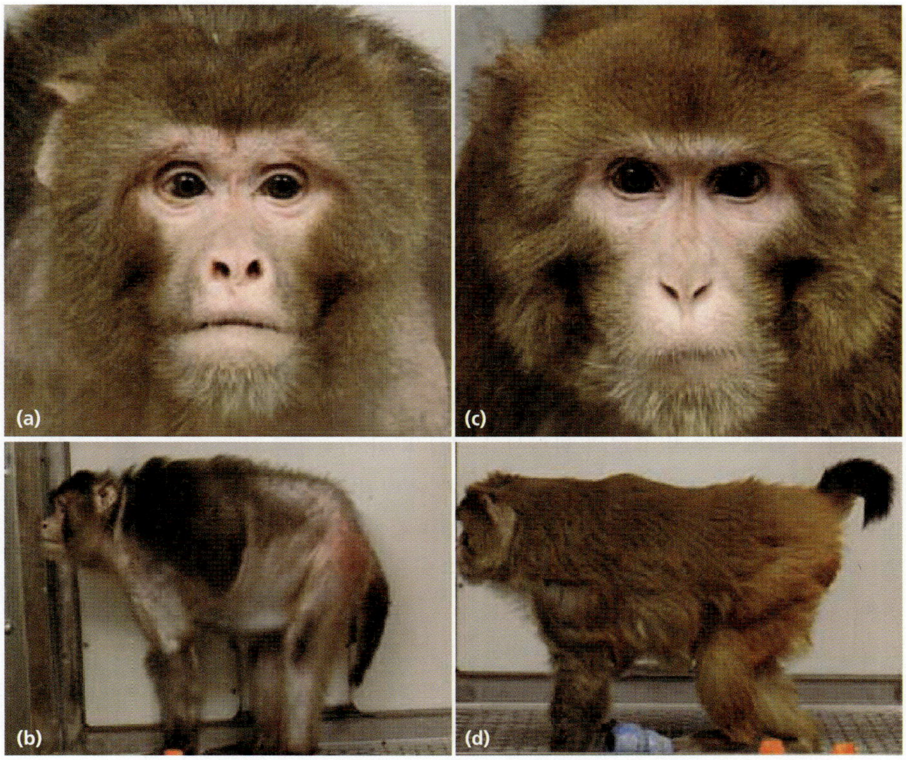


그림 19.14 붉은털원숭이(Rhesus macaque)에서 칼로리 제한 효과. 제한은 20년 동안 실시하였다. (a, b) 대조군 27세; (c, d) 같은 나이의 칼로리 제한 동물. (인용) American Association for the advancement Science의 허락을 얻어 *Colman et al. Science* 2009; 325: 201 – 204의 그림을 재구성하였음.

천천히 성숙하고 오래 산다. 이 효과는 흰쥐에서 처음 발견되었는데, 현재는 영장류에서도 나타남이 알려졌다(그림 19.14). 초파리와 예쁜꼬마선충을 포함한 하등 동물에서도 역시 비슷한 효과가 나타난다. 심지어 동물이 아닌 효모(*Saccharomyces cereviseae*)도 유사한 현상을 보인다. 이는 저농도의 포도당으로 배양한 모세포에 의해 만들어지는 딸세포 수의 증가로 알 수 있다.

적어도, 칼로리 제한은 인슐린 신호전달을 감소시키는 대안이다. 초파리에서 칼로리 제한은 *chico* 이형접합체의 수명 증가와 같은 수준에 도달하게 하는데, 그 수준을 초과하지는 않는다. 그러나 뇌하수체 난쟁이생쥐와 일부 예쁜꼬마선충 인슐린 시스템 돌연변이들은 어느 정도 병렬 또는 상승효과가 있는 것 같아서 칼로리를 제한하면 수명이 더 연장될 수 있다. 칼로리 제한은 수많은 효과를 나타내는데, 일반적으로 당뇨병, 암, 심혈관 질환 및 뇌 위축을 포함한 노화 관련 이벤트 및 과정 모두를 감소시킨다. 암 발생 위험의 감소는 특히 중요한데, *INK4a/ARF* 적중 또는 텔로머라제 과발현 둘 모두 암 발생 위험을 증가시킨다.

효모의 수명 연장은 NAD 의존성 히스톤 탈아세틸화효소(NAD-dependent histone deacetylase)를 암호화하는 유전자인 *sir2*에 달려 있다. 히스톤 탈아세틸화효소가 유전자 활성 억제에 일반적으로 연관되어 있고 NAD (nicotinamide adenine dinucleotide, 대사과정에서 가장 중요한 중간 산물)에 의존한다는 점은 이 효소가 세포의 대사 상태와 글로벌한 유전자 활성 조절 사이를 연결하는 수단임을 가리킨다. 발생생물학적 관점에서는 효모가 동물과는 멀어 보이지만, 예쁜꼬마선충과 초파리에서 *sir2* 상동체를 과발현시키면 수명이 연장됨이 확연하다. 그러나 이 효과는 관련 돌연변이에 의한 것일 수 있으며, 가장 유사한 *Sirt1*과 같이 *sir2* 상동체가 여러 개 존재하는 포유동물에서는 나타나지 않았다. 레스베라트롤(resveratrol)은 SIRT1을 활성화시키는 것으로 알려진 물질이며, 생쥐에서 고지방식에 의한 장기적인 악영향을 상쇄하는 것으로 간주되어 왔다. 하지만 이 역시 포유동물의 수명을 연장하지는 않는다.

## 암

암은 인간의 커다란 관심 사안인데, 우리들 중 약 40%는 어떤 종류의 암에 걸리고 그중 절반이 사망할 것이기 때문이다. 따라서 암생물학은 큰 주제이며, 이 절은 발생생물학과 관련된 측면들을 다룰 것이다. 암은 근본적으로 우리 신체 조직의 성장인데, 부적절한 범위 또는 부적절한 장소에서 일어나는 것이다. 그러나 암이 출생 후 부적절한 발생과정에서 유일한 형태는 아니다. 성장과 분화 과정에는 생명을 덜 위협하지만, 생물학적으로 흥미로운 장애가 많이 있다.

## 출생 후의 성장과 분화 결함

**과(다)형성(過多形成, hyperplasia)**은 세포를 과도하게 생산하지만, 매우 정상적인 세포 분화와 세포교대(turnover)가 일어난다. 일부 과형성은, 예를 들어, 사춘기 또는 임신 중의 유방 상피세포 성장과 같은 정상적인 생리학적 사건이다. 병리학적인 과형성의 예로는 갑상선종(goiter)인데, 요오드 결핍 또는 갑상선호르몬에 의해 뇌하수체로부터 더 많은 갑상선자극호르몬(TSH) 생산이 유발되고, 이 TSH에 의해 갑상선 성장이 증가되는 것이다. 항상 동일하게 설명되지는 않지만, 과형성은 **칼론-**유사 시스템의 또 다른 예가 된다. 동물이 최종 크기에 도달할 때 성장이 멈추는 조직 유형에 과형성이 영향을 미치는 경우, 해당 조직의 최종 크기에서 불균형한 증가가 초래될 수 있다. 대조적으로, 갱신되는 조직의 과형성은 크기를 증가시키지 않을 수 있지만 그 시스템 내로 신속한 세포 유입을 야기하는데, 건선(psoriasis, 마른 버짐)의 예처럼 TGFα 수준 상승과 맞물려 각질세포가 대량으로 연속해서 과잉 생산된다.

**화생(化生, metaplasia)**은 한 조직 유형이 다른 유형으로 전환됨을 의미한다. 이는 대개 외상이나 감염에 의해 유발된 조직 재생과 연관되어 매우 자주 발생하며, 한 조직 유형에서 다른 유형으로 줄기세포 또는 전구세포의 발생학적인 (분화허락) 수임이 바뀌는 것을 나타낸다. 많은 선 상피(glandular epithelia)는 **편평상피(squamous)** 화생을 발전시킬 수 있는데, 이는 선상피가 조직 조각들을 여러 층의 편평상피 세포들로 전환시킴을 의미한다. 예를 들어 기관지의 편평상피 화생은 흡연자에서 흔히 나타난다. 장상피 화생의 조각들은 위에서 발생하는데, 종종 궤양과 연관된다(그림 19.15). 이 조직 조각들은 정상적인 장(창자) 발생에서 중요한 *Cdx2*를 발현하는데, 발생 중인 생쥐 위에서의 *Cdx2* 과발현은 이소성 장 조각 형성을 자극할 수 있다. 화생은 결합조직에서도 나타날 수 있다. 연골이나 뼈의 조직 조각이 종종 이소성(ectopic) 부위에서 형성되는데, 예를 들어 수술 흉터 또는 상처 입은 근육이다. 이들은 골격 발생 경로에 들어가도록 예정된 섬유모세포(fibroblast)로부터 유래된 것으로 생각된다. **전환분화(transdifferentiation)**는 원래 한 유형의 분화된 세포가 다른 유형으로 직접 전환되는 것을 설명하기 위해 만들어진 용어인데, 화생의 하위 개념이 된다. 최근에는 이 용어를 한 유형의 조직특이적 줄기세포가 다른 조직 유형을 생성하는 변환에도 적용하고 있는데, 예를 들면 방사선을 조사한 호스트에 조혈줄기세포를 이식한 후에 비조혈조직 내에서 드물게 공여자 유래 세포들이 나타난다. 이러한 변환이 정말로 일어날 수 있는 지 여부에 대한 논란 때문에(18장 참조), 다른 생물학 분야에서 잘 확립된 전환분화 예들이 과도하게 불신되는 경향이 있었다. 예를 들어 일부 양서류 렌즈의 볼피안 재생(Wolffian regeneration)은 제거된 렌즈를 대체하기 위해 홍채 색소세포가 형질전환되는 것은 널리 알려진 현상이다.

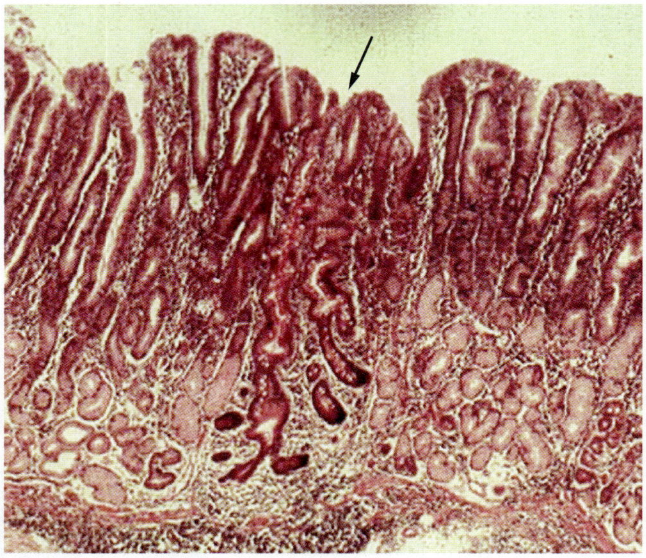

그림 19.15 위에서의 장상피 화생. 상피 화생이 일어난 조각(화살표로 표시)은 위축성 위염(atrophic gastritis)이라는 염증 상태인 환자의 위에서 유래되었다. (인용) Nature Publishing Group의 허락을 얻어 Owen. *Mod Pathol* 2003; 16: 325 – 341의 그림을 재구성하였음.

**신생물(neoplasm)**은 "새로운 성장"이고, 원래 의미가 "붓기(swelling)"인 종양(tumor)과는 거의 동의어인데, 이는 종양이 모든 유형의 신생 성장이기 때문이다. 종양은 양성 또는 악성일 수 있다(그림 19.16). 양성 종양은 원래의 생성 위치에서 분화가 순조롭게 진행되며, 흔히 섬유성 캡슐로 둘러싸인다. 악성 종양은 인근 부위로 세포를 침투시키고 혈류 또는 림프 시스템을 통해 세포를 보내 체내 먼 부위에서 2차 종양을 형성시키는 **전이(metastasis)**를 일으키며, 덜 분화되고 더 빨리 성장하는 것 같다. 악성 종양이 신체의 다른 부위로 확산되면 수술로 치료하기가 특히 어렵다. 양성 종양 또한 간혹 사망을 일으킬 수 있지만, **암(cancer)**이라는 용어는 악성 종양을 의미하는 경향이 있다.

출생 후의 모든 발생 이상을 초래하는 결함은 체세포 돌연변이, 유전된 **생식계열 돌연변이(germ-line mutation)**, 또는 돌연변이가 아닌 방법에 의한 유전자 발현 변화를 통해 일어난다. 암의 발생에는 체세포 돌연변이가 가장 중요한데, 초기에 돌연변이가 생긴 세포에서 후속 돌연변이 가능성이 높아지며 돌연변이 빈도 증가는 흔히 암 발생을 가속화한다. 예를 들어 DNA를 담당하는 시스템의 결함과 염색체 절단과 재배열을 촉진하는 결함이 포함될 수 있다. 비록 대부분의 인간 암은 전 생애에 걸쳐 획득된 무작위적인 체세포 돌연변이에 기인하지

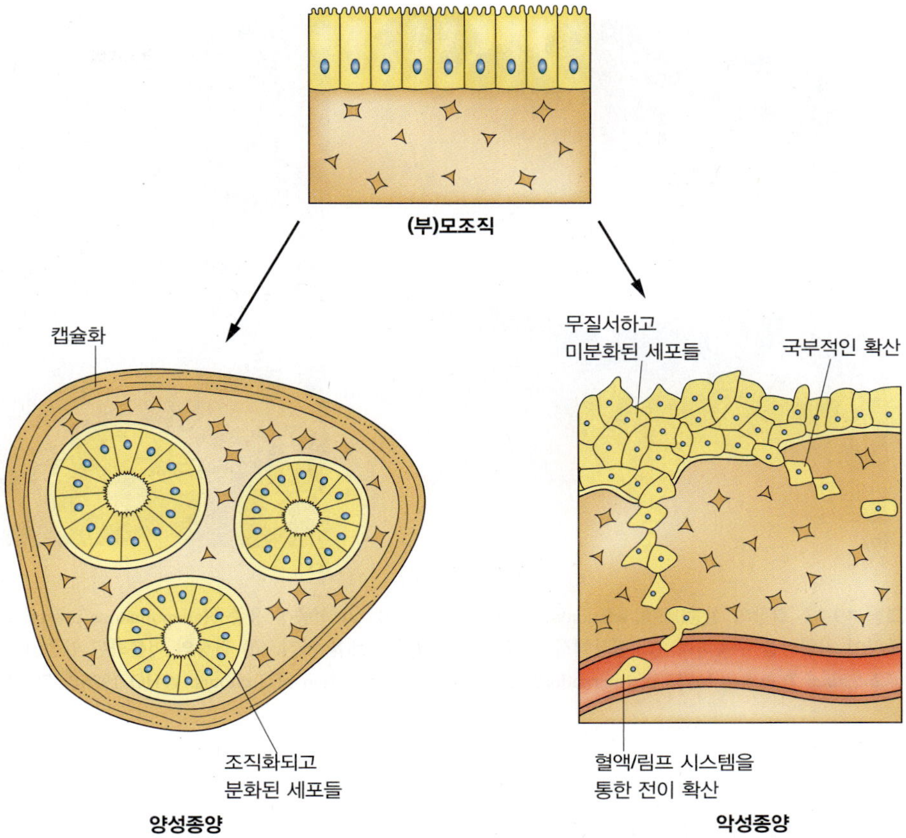


그림 19.16 종양 : 양성과 악성.

만, 생식계열에서는 이미 동일한 표적 유전자의 돌연변이가 존재하는 경향이 여러 종류의 암에서 나타난다. 예를 들어 만약 일반적으로 6개의 돌연변이가 종양 형성에 필요하다면, 기존에 1개의 생식계열 돌연변이를 가진 개인은 5개의 돌연변이만 더 생기면 되므로 생애 중 암 발생 위험이 더 높은 유전적인 소인을 보일 것이다.

## 암의 해부학적 유형들

궁극적으로, 인체 내 대부분의 암은 성장과 분화 조절기구에 체세포 돌연변이가 몇 개 생긴 세포의 단일 클론으로부터 발생한다. 하나의 클론에서 몇몇 관련 돌연변이가 생기는 데는 오랜 시간이 소요되므로, 대부분의 암은 나이가 들면서 발생 빈도가 증가하고 노인의 경우 가장 빈발하게 된다. 많은 경우에 아직 위험하지 않지만 성장 조절이 일부 변형된 가시적인 전구체 병변(precursor lesions)이 존재한다. 예를 들어 그림 19.17a는 선종성 용종증(adenomatous polyposis coli) 환자의 선종을 보여준다. 이 선종은 상당히 정상적인 조직 구조를 가지고 있지만, 소낭을 과잉 생성하고 선종 부산물을 만들기에는 충분한 이상이 있다. 다른 전구체 병변은 일부 화생들을 포함하는데, 예를 들어 대부분의 폐암은 편평상피 화생 영역 내에서 발생하고 다수의 위암은 장상피 화생 영역 내에서 발생한다. **이형성(異形成, dysplasia)**은 변경된 성장과 분화가 일어나는 부위를 지칭하는 일반적인 용어다. 일부 이형성은 암 전구 병변이지만 자연스럽게 퇴화하는 것도 있다. 자궁경부 도말세포검사에 의해 검출된 자궁경부 이형성이 그 예이다. 현재는 통상 자궁경부 상피내 종양(cervical intraepithelial neoplasia, CIN)이라 지칭하는데, 반드시는 아니지만 자궁경부암으로 진행되기도 한다.

심지어 악성 종양 조차도 일반적으로 부모 세포의 분화된 조직학적 특성을 상당 부분 유지하는데, 종양의 조직학적 분류도 이 사실에 기초한다. 이는 적어도 신체의 세포 유형들만큼 많은 종류의 암이 있어야 함을 의미한다. 실제로 분자 수준에서는 종류가 많은데, 각각의 세포 유형이 자신의 정상적인 성장 조절 능력을 잃는 데는 여러 가지 방법이 있기 때문이다. 그림 19.17b와 c는 분화가 잘 일어난 결장의 암이다. 이는 장의 선와(腺窩, 움 = 움푹 파인 홈 모양) 구조 특성을 유지하지만 선종과는 대조적으로 세포가 비정상이며 정상 속도로 제거되지 않고, 종양이 하부의 결합 조직으로 침입하기 시작한다. 그림 19.17d는 결장의 또 다른 암인데, 가시적인 분화를 대부분 상실하였고 만약 그 위치가 아니었다면 장상피세포라고 인식하기

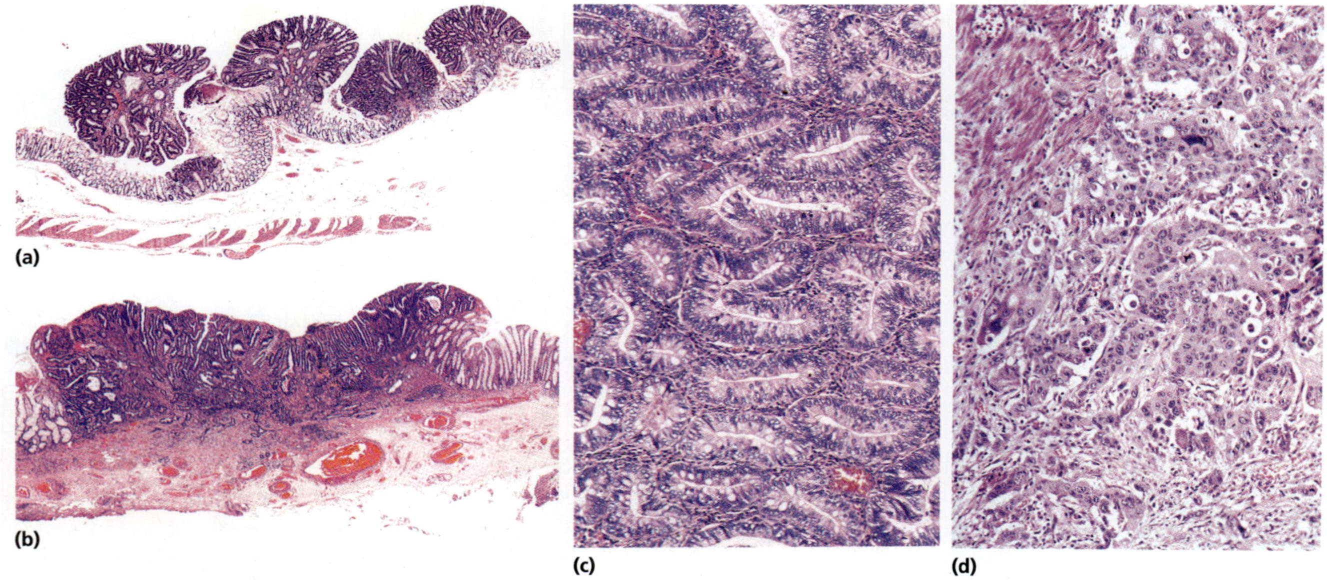

그림 19.17 결장의 선종(腺腫, adenoma)과 암종(carcinoma). (a) 선종성 용종증(adenomatous polyposis coli) 환자의 선종. (b) 암종. 아래의 결합조직으로 종양이 침입함을 주목하라. (c) 결장에서 잘 분화된 암종의 고배율 사진. (d) 결장의 미분화된 암종. (인용) WHO Press의 허락을 얻어 *Histological Typing of Intestinal Tumours*, No.15 of International Histological Classification of Tumours. WHO 1976의 그림을 재구성하였음.

어려울 것이다.

상피조직의 암은 **암종(癌腫, carcinoma)**이라고 불린다. 조직학적으로 선(샘) 구조인 경우 선암(腺癌, adenocarcinomas)이라 하고, 조직학적으로 편평한 구조인 경우에는 편평세포암이라 한다. 넓은 의미에서 결합조직의 종양을 **육종(肉腫, sarcoma)**이라 한다. 따라서, 골육종(osteosarcoma)은 뼈의 악성 종양이며 지방조직의 지방육종(liposarcoma)이다. 각 조직에 해당하는 양성 종양은 접미사 -oma을 붙이는데, 예를 들어 선종(adenoma)은 선 상피세포의 양성 신생물, 편평상피는 유두종(papilloma), 뼈는 골종(骨腫, osteoma), 지방 조직은 지방종(lipoma)이다. 종양이 부모 조직을 알 수 없을 정도로 미분화 상태인 경우는 퇴행성(anaplastic)이라고 지칭한다.

백혈병(leukemia)은 한 종류 이상의 혈액세포가 과잉 생성되는 조혈조직의 암이다. 급성골수성백혈병(acute myeloid leukemia)은 조혈줄기세포에서 발생하는 것으로 여겨지는데, 이와 다른 종류는 무한 증식능력을 보유한 중간 단계의 세포 유형 중 하나로부터 유래된다. 백혈병의 종류는 조혈세포 분화 경로 중 어느 단계에 부모 세포가 있는가에 달려 있으므로, 과립구성 백혈병은 **과립구(granulocyte)** 전구세포의 질병이며 림프구성 백혈병은 **림프구(lymphocyte)** 전구 세포의 질병이다. 림프종(Lymphoma)은 림프구가 과다 성장한 고형암이지만 혈액을 타고 순환하는 악성 세포를 동반할 수도 있다.

그 외에도 다양한 암 유형들이 있다. 거의 대부분 어린이들에서 발견되며 아마도 1~2개의 돌연변이만을 필요로 하는 일부 유형들이 있는데, 예를 들어 신경모세포종(neuroblastoma)은 미성숙한 신경모세포의 종양이며 빌름스 종양(Wilm's tumor)은 신장 전구세포가 증식한 것이다. 발생학자들이 특히 관심을 갖는 종양은 **기형종(teratoma)** 또는 **기형암종(teratocarcinoma)**인데, 생식세포로부터 유래하며 생쥐의 배아줄기세포와 매우 유사하다(10장 참고). 배아줄기세포와 마찬가지로, 기형암종은 다양한 분화 조직들을 형성할 수 있으며, 아마도 줄기세포 자체 외에도 뒤죽박죽으로 섞인 구조들을 포함할 수 있다.

## 암 줄기세포

오랫동안 병리학자들은 일부 암이 줄기세포 유형들을 가진다고 믿어 왔는데, 소수의 줄기세포 집단이 종양 부피의 대부분을 형성한다는 믿음이다. 최근 이 개념은 실험생물학자들 사이에서 유행이 되고 있다. 통상적으로 암줄기 세포는 면역결핍 생쥐에 이식하면 종양 전체를 재구성할 수 있는 부분적인 세포 집단으로 정의된다. 예를 들어 급성골수성백혈병(human acute myelogenous leukemia, AML) 환자의 $CD34^+$와 $CD38^-$ 세포 집단은 면역결핍 생쥐에서 종양을 재구성하지만, 다른 세포 집단은 그러지 못한다. CD34는 정상 조혈줄기세포(hematopoietic stem cell, HSC)에서 발견되는 시알로뮤신(sialomucin)이며, CD38은 분화된 림프구의 표면에서 발견되는 당단백질이다. 이 것 외에도 정상 조혈줄기세포와 일치하는 암줄기세포의 다른 특성들 때문에, 조혈줄기세포는 급성골수성백혈병 암세포의 기

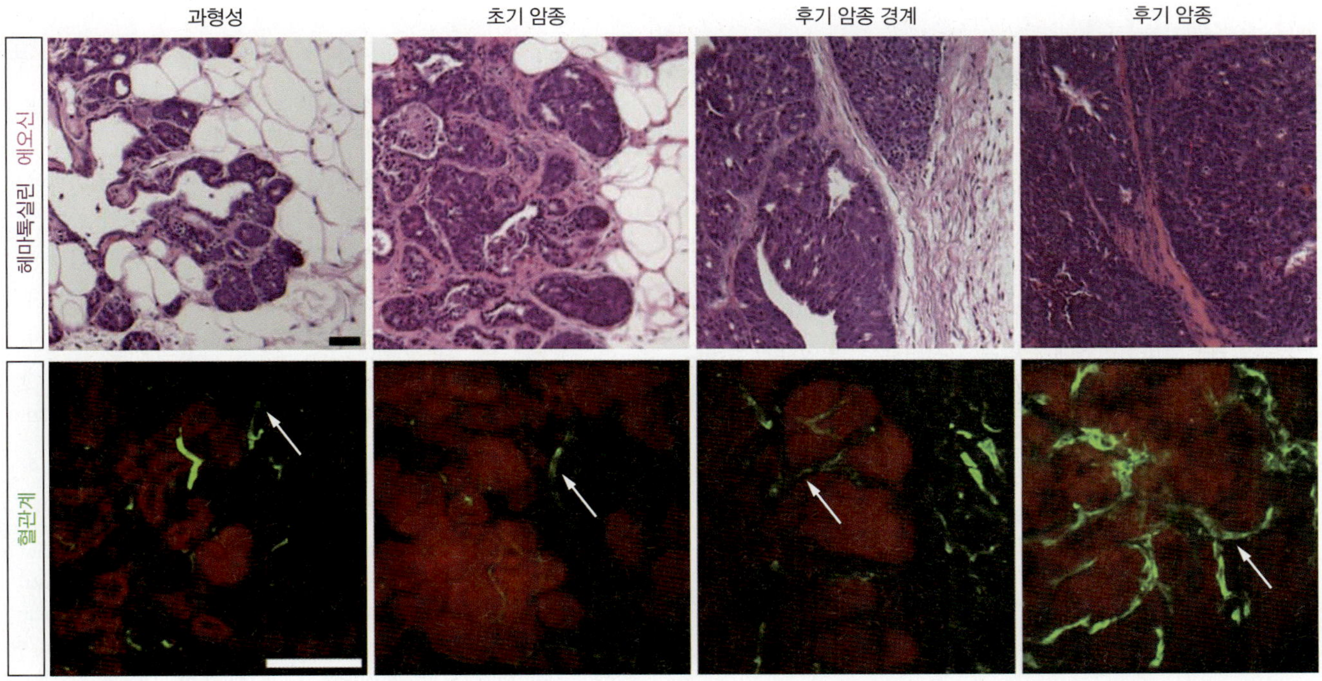


그림 19.18 상단 행은 기질 변화를 동반하는 생쥐 유방 종양의 진행을 보여준다. 아래 행은 형광물질이 부착된 렉틴 정맥주사에 의해 표지된 혈관(화살표)의 발생을 보여준다. 축척자는 100 μm임. (인용) Egeblad *et al. Dev Cell* 2010; 18: 884 – 901의 그림을 재구성하였음.

원으로 여겨진다. 유사하게, 인간 신경교종(神經膠腫, glioma)의 CD133$^+$ 세포, 즉 CD133 또는 Prominin1이라는 세포 표면 당단백질에 대해 양성인 세포 집단은 면역결핍 생쥐에서 종양 형성을 개시하지만, CD133$^-$ 세포는 그러지 못한다. CD133/Prominin1은 신경줄기세포의 마커이므로, 이 세포들이 신경교종의 부모세포일 가능성이 있다. 또한 이 세포 소집단은 배양 시 신경구(神經球, neurosphere)를 형성한다(14장 참고). 그러나 신경구체와 신경교종은 신경줄기세포를 포함하지 않는 중추신경 영역에서도 유래될 수 있으므로, 종양줄기세포는 체세포 돌연변이를 통해 줄기세포의 특성을 획득한 더 성숙한 세포들로부터 발생할 가능성도 있다.

실제로 몇몇 연구는 제 위치(*in situ*)의 조직특이적 줄기세포에 대해 발생학 연구 방법을 사용하여 줄기세포로부터 성숙한 종양까지의 계보 추적을 시도하였다. 한 예가 인간 흑색종(melanoma)의 ABCB5-양성 세포 소집단이다. ABCB5은 ABC 유형 수송 당단백질이다. 위 예들과 마찬가지로, 이 세포 소집단은 면역결핍 생쥐에서 새로운 종양 형성을 개시한다. 더욱이 마커 유전자를 안정적으로 형질주입하여 ABCB5$^+$ 세포를 유전적으로 표지한 경우, 그들은 비표지 세포들보다 더 성장하여 종양을 재형성함을 보여줄 수 있다.

암줄기세포는 근절될 필요가 있는 세포군이라는 점에서 치료 계획 수립에서 중요하다. 분화된 자손만을 근절할 경우, 생존한 종양줄기세포들로부터 곧 종양이 재출현한다. 일부 암은 분명히 줄기세포와 유사한 구조가 없지만, 모든 종양이 그렇지는 않다. 때로는 종양 재구성을 책임질 세포 소집단이 없기도 하다. 또한 암줄기세포가 반드시 조직특이적 줄기세포에서 발생해야 할 필요는 없다. 암은 항상 많은 체세포 돌연변이를 겪으며 암이 중간단계 증식세포(transit amplifying cell)나 분열 능력이 있는 다른 세포들로부터 유래될 가능성도 충분하다. 그러나 성숙한 신경 세포 또는 골격근 섬유와 같이 유사분열이 완전히 끝난 세포는 암 발생이 매우 드물다.

## 암의 진행

암은 미생물처럼 성장하는 미분화된 세포 집단이 아니다. 하나의 조직 유형(대개는 상피조직)이 종양 이름으로 되지만, 통상적으로 종양은 결합조직, 혈관 및 면역세포들로 구성된 기질을 포함할 수 있다. 상피세포와 기질 간의 상호작용은 종양의 진행에 매우 중요하다. 종종 연관된 체세포 돌연변이가 일어나는 기질의 섬유모세포는 성장, 신생혈관생성(angiogenesis), 염증 및 조직 침입을 촉진하는 인자들을 분비할 수 있다. 충분한 영양소 공급 없이는 종양 성장이 일어날 수 없기 때문에, 혈관신생은 특히 중요하다. 비록 많은 종양이 주로 혐기성 대사를 하여 어느 정도 저산소 상태이지만, 산소도 필요하긴 하다.

종양이 일반적으로 겪는 진행은 정상적인 발생보다도 더 생물학적인 진화를 보인다. 이는 가장 빠르게 성장하는 변이체가

## 고전적인 실험들

### 암의 분자적인 기초

암의 분자 생물학에 대한 우리의 이해를 구축한 많은 발견들이 있지만, 아래 논문들은 발생학적인 관련성을 지닌 두 가지 주요 유전자에 초점을 맞추었다. 1980년대 초 인간 종양 DNA가 조직배양세포의 발암적 변형(oncogenic transformation)을 일으킬 수 있음이 발견되었다. 분리했을 때, 그 유전자는 이미 발암성 레트로바이러스에서 발견된 신비로운 "발암유전자(oncogene)"와 유사한 것으로 밝혀졌다. 처음 세 논문들은 단 1개의 염기 변화가 정상 상동체와 발암유전자를 구별하는 차이의 전부임을 보여준다. 후에 이 발암유전자는 주요 ERK 신호경로에서 Ras 단백질을 암호화하는 것으로 밝혀졌다.

Tabin C.J., Bradley S.M., Bargmann C.I., Weinberg R.A., Papageorge A.G., Scolnick E.M., Dhar R., Lowy D.R., Chang E.H. (1982) Mechanism of activation of a human oncogene. *Nature* **300**, 143–149.

Reddy E.P., Reynolds R.K., Santos E., Barbacid M. (1982) A point mutation is responsible for the acquisition of transforming properties by the T24 human bladder carcinoma oncogene. *Nature* **300**, 149–152.

Taparowsky E., Suard Y., Fasano O., Shimizu K., Goldfarb M., Wigler M. (1982) Activation of the T24 bladder carcinoma transforming gene is linked to a single amino-acid change. *Nature* **300**, 762–765.

다른 두 논문은 종양억제유전자를 다룬 것인데, 이는 일반적으로 성장을 억제하는 데 필요하고 기능상실 돌연변이가 종양을 유발한다. APC 유전자의 결함은 인간의 유전 질환인 선종성 용종증을 일으킨다. 이 조건을 가진 개인은 유전자의 정상 사본 하나만을 가지고 있는데, 세포가 체세포 돌연변이로 이 사본을 소실할 때마다 선종이 시작된다. 이 논문은 생쥐의 유전자를 확인하였고 정상 복사본 손실이 암 발생의 초기 단계임을 보여주었다. 현재 APC는 β-카테닌 분해에 필요한 Wnt 경로의 구성 요소로 알려져 있다.

Su, L.K., Kinzler, K.W., Vogelstein, B., Preisinger, A.C., Moser, A.R., Luongo, C., Gould, K. A. & Dove, W.F. (1992) Multiple intestinal neoplasia caused by a mutation in the murine homolog of the *APC* gene. *Science* **256**, 668–670.

Powell, S.M., Zilz, N., Beazerbarclay, Y., Bryan, T.M., Hamilton, S.R., Thibodeau, S.N., Vogelstein, B., & Kinzler, K.W. (1992) *APC* mutations occur early during colorectal tumorigenesis. *Nature* **359**, 235–237.

선택되는 세포 내의 꾸준한 유전적 변화를 통해 종양의 진행이 일어나기 때문이다. 그림 19.18은 생쥐 종양의 진행을 보여주는데, *Wnt1*이나 *Fgf3* 유전자 등 다양한 발암원 유전자 위치로 끼어들어가는 DNA 바이러스인 생쥐유선종양바이러스(murine mammary tumor virus, MMTV)에 의해 유도된 유방암이다. 초기에 종양은 양호한 조직학적 구조를 유지하지만, 곧 나빠짐과 동시에 기질이 지방조직을 잃고 섬유모세포와 면역세포가 더 많아진다. 이는 상당한 혈관 증식을 동반한다.

궁극적으로 악성 종양은 인접한 다른 조직으로 침입하는 과정을 거친 후 림프절 안에서 2차 종양 또는 전이성 종양이 될 세포들을 보내며, 결국 체내 모든 조직에서 종양이 형성된다. 이는 발생학자들에게는 친숙한 여러 과정들을 포함한다. 침입의 초기 단계는 종종 신경능선(neural crest)이나 골분절(sclerotome) 발생에서 볼 수 있는 상피-간충직 전이(epithelial to mesenchymal transition)의 전형적인 특징을 가진다. 정상 발생에서처럼 이 과정은 Snail, Slug, 그리고 Twist와 같은 전사인자에 의해 작동된다. 이 인자들은 칼슘 의존적 세포 부착을 담당하고 상피 구조 유지에 매우 중요한 E-캐드히린의 생산 억제를 초래한다. 간충직세포의 특성인 중간 필라멘트 단백질 비멘틴(vimentin)이 이때 상응해서 증가한다. 전이성 종양은 종종 케모카인 SDF1에 대한 수용체인 CXCR4를 발현하는데, 이 단백질은 전이가 흔히 일어나는 부위인 허파와 골수에 풍부하다. 정상 발생에서 SDF1-CXCR4 시스템은 세포 이동시 안내 역할을 담당하는데, 예를 들어 생식세포가 생식소로 그리고 조혈모세포로 골수가 이동하는 경우이다.

주변에 국부적인 파괴를 일으키는 것 외에도, 종양은 전신적인 효과를 지닌 인자를 분비한다.

TNFα (tumor necrosis factor, 종양괴사인자)와 IL6 (인터루킨의 일종)이 여기에 포함되는데, 이들은 지방과 골격근의 병리적인 손실을 일으킴으로써 암이 진행하면서 수반되는 악액질(cachexia)의 원인이 된다.

## 암의 분자생물학

암의 분자생물학적 특징이 최근 몇 년 동안 매우 잘 연구되고 있다. 그러나 암의 분자병리학은 단순히 종양에 의해 획득된 모든 체세포 돌연변이를 식별함으로써 이해되지는 않는다. 이해는 현재의 염기서열결정법에 의해 달성될 수 있는데, 실제로 완전한 RNA 서열과 ChIP 서열을 프로파일링 함으로써 확실히 실현가능하다. 그러나 정상 체세포 조차도 생식계열과 비교해 $10^4$–$10^5$개의 다양한 돌연변이를 갖고 있다. 그러므로 종양에서 발견되는 모든 돌연변이 가운데 극소수만이 암 표현형에 필수적이다. 나이가 암 발생 증가에 대한 역학 조사는 암이 정상 세포로 변환하기 위해서는 5–7개의 속도 제한(rate-limiting) 단계를 통과해야 할 필요가 있음을 시사한다. 비록 전구체 병변의 형성이나 화생은 훨씬 적은 변화를 필요로 하겠지만, 이 역시 일반적으로 암에서 뒤죽박죽이 되는 많은 세포생물학적 시스템들과 매우 잘 부합한다. 돌연변이 대부분은 호변변화(tautomeric shift)로 인한 DNA 염기 미스매치, 자연방사선 또는 대사산물로 인한 산화적 손상으로 생긴 DNA 손상 등의 무작위적인 과정에 의해 발생한다. 암 발생률은 담배 연기에서 또는 진균에 의해 오염된 식품에서 발견되는 화학적 발암물질에 대한 노출에 의해 가속화 될 수 있다. 태양으로부터 자외선은 인간 피부암의 중요 원인이다. 소수의 암은 바이러스에 의해 일어나는데, 이들이 발암유전자를 세포로 전달하거나(아래 참고), 내재적인 발암유전자를 활성화하거나, 조직 손상과 그에 따른 재생을 증가시킴으로써 돌연변이를 확립할 기회를 증가시키기 때문이다.

암 확립에 필요한 첫 번째 결함 유형은 분열을 지속하기 위한 성장인자가 불필요하다. 이는 접촉 억제를 상실하는 암 행동과 비슷한 조직배양세포의 변화를 일으킬 수 있는 유전자인 **발암유전자(oncogene)**를 생성하는 돌연변이에 의해 초래된다. 발암유전자 산물은 흔히 성장과 발생을 조절하는 신호시스템의 구성 요소인데, 성장인자 그 자체, 성장인자 수용체, 신호전달 경로의 구성요소 또는 이들 경로에 의해 활성화된 전사인자 중 하나이다. 기능획득 돌연변이는 구조적으로 활성화된 단백질을 생성할 수 있는데, 예컨대 인간 종양은 종종 EGFR와 FGFR 같은 수용체 티로신키나아제(receptor tyrosine kinase)에 의해 활성화되는 ERK 경로 구성요소인 GTP 교환단백질 Ras의 구성성 돌연변이(constitutive mutation)를 포함한다. 발암성 돌연변이는 다른 정상 유전자 산물을 부적절하게 발현시킴으로써도 작용할 수 있다. 예를 들어 많은 종양은 성장인자를 분비하는데, 줄기세포 쉼터(niche)를 생성하기 위해 인접한 조직이 정상적으로 공급하는 요인일 수 있다. 종양 자체가 이 인자들을 만들거나 혹은 이 인자들의 존재로부터 자유로운 경로를 활성화하면, 성장은 더 이상 인접 조직에 의해 조절되지 않고 자율적으로 될 것이다. 또 다른 매우 중요한 발암유전자는 *Myc*인데, 이는 히스톤 아세틸기전이효소(histone acetyl transferase)를 끌어들임으로써 여러 유전자를 상향조절하는 전사인자이다. 수많은 기능 중 하나가 세포분열 자극이며, 인간 암에서 기능획득 돌연변이가 자주 발견된다.

다음의 변화는 성장 억제자들에 대해 무감각해지는 것이다. 이와 관련된 유전자가 **종양억제유전자(tumor suppressor gene)**들인데, 보통 성장 억제자를 암호화한다. 돌연변이에 의해 이 유전자들이 불활성화되면, 정상적인 억제가 해제되어 암 발생에 기여하게 된다. *망막모세포종(Retinoblastoma, Rb)* 유전자의 산물이 그 예이다. 이는 TGFβ 패밀리에 속하는 인자에 의해 상향 조절되는 세포주기 저해제이다. *Rb* 유전자의 두 사본이 망막세포에서 손상될 경우, 망막모세포종이 발생한다. 이는 한 세포의 유전자 두 사본 모두에서 별개의 기능상실 돌연변이가 일어나야 하기 때문에, 정상적인 상황에서는 대단히 드문 사건이다. 그러나 그런 돌연변이가 있을 경우 질환 발병에 매우 민감하며, 그 예로는 두 눈에서 여러 암 발생부위가 형성되는 유전형 망막모세포종이 있다. 이는 이들이 생식계통을 통해 이미 결함 유전자 사본을 하나 전달받은 이형접합자이기 때문이다. 이 질환은 남아 있는 정상 유전자 사본을 불활성화하는 단 1회의 체세포 돌연변이를 겪은 오직 하나의 망막세포에서 시작될 것인데, 수많은 망막세포들이 있다는 점에서 보면 단지 몇 개의 세포에서만 이 돌연변이가 발생할 것이다. 망막모세포종은 단일 유전자의 기능손실만으로도 종양 형성을 개시하기에 충분하기 때문에 흔치않은 경우이지만, 대신 아주 명확하게 종양 억제유전자의 특성을 보여준다. 이는 위에 나온 *p16INK4a/ARF* 유전자 자리를 포함한다.

세 번째 변화는 세포사멸을 방지하는 기능이다. 흔히 이 변화는 DNA 손상과 세포사에 이르는 여러 스트레스 상황을 감지하는 단백질인 p53을 암호화하는 유전자의 기능상실에 달려 있다. p53은 많은 기능을 가지고 있지만, 기본적으로는 DNA 수선을 촉진하고 이 수선을 용이하게 하기 위해 세포주기를 저지하는데, 손상이 심한 경우 아폽토시스(예정세포사)를 개시한다. 만약 p53에 의해 매개되는 조절이 없어지면 많은 세포들이 다양한 종류의 결함을 갖게 되며, 죽지 못하는 대신 생존하고 증식한다. p53의 돌연변이는 흔히 우성음성(dominant negative)이므로, 단 하나의 우성 돌연변이로도 실질적으로 세포 사멸을 감소시키는 데 충분하다.

네 번째 변화는 무제한으로 증식할 수 있는 능력이다. 이는 **텔로머라제(telomerase)**의 상향조절 때문에 염색체가 단축되는 일이 일어나지 않기 때문이다. 정상 세포에서의 텔로머라제 활성은 매우 낮은 수준이며, 말단소체(텔로미어, telomere) 단축은 줄기세포 고갈이 일어나는 요인 중 하나이다. 그러나 인간 암에서는 텔로머라제 발현이 상향조절된다.

종양 성장에 필수적인 다음 요소는 **혈관 신생(angiogenesis)**을 촉진하는 기능이다. 종양이 주변으로부터 자신 쪽으로 모세혈관 성장을 유도하지 못하면, 영양분을 얻을 수 없고 성장할 수도 없다. 대부분의 종양은 FGFs와 VEGF 같은 혈관신생인자를 분비하여 풍부한 혈액 공급을 끌어들일 수 있다.

마지막으로, 침입(invasion)과 전이(metastasis)에 필요한 변화들이 있다. 여기에는 E-캐드히린 같은 다양한 세포 접착분자의 하향 조절, 그리고 주변의 세포외기질을 분해하여 세포가 보다 자유롭게 이동할 수 있도록 하는 프로테아제 분비가 포함된다.

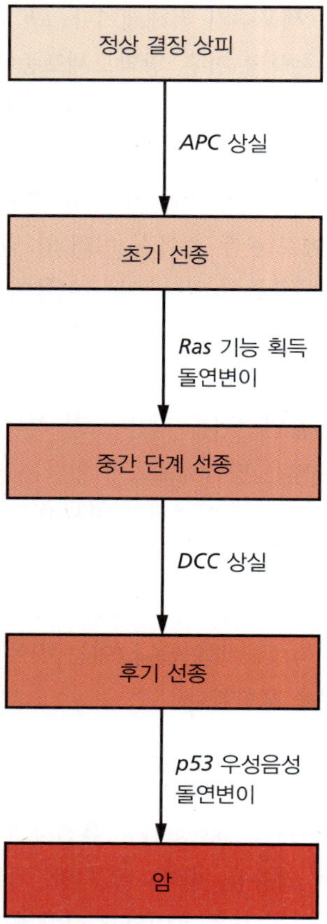


그림 19.19 결장 암종 형성에 관여하는 돌연변이 발생 순서 중 하나.

## 결장암

결장 암종(Colon cancer)의 발생은 돌연변이 발생 순서가 상당히 잘 알려진 예이다(그림 19.19). 결장의 조직학적 구조는 13장에 서술한 소장과 유사하지만, 융모 또는 파네스 세포(Paneth cell)가 없다. 아래에 설명한 순서는 공통 경로이지만, 유일하게 가능한 경로는 아니다.

암 발생의 첫 단계는 작은 선종 형성에 이르게 하는 종양억제유전자인 *APC* (*adenomatous polyposis coli*)의 상실이다. APC는 GSK3에 의한 β-카테닌(β-catenin)의 인산화를 담당하는 복합체를 구성하는 세포질의 단백질을 암호화한다. 인산화는 β-카테닌 저하로 연결되기 때문에, APC는 Wnt 신호의 억제제가 된다. 18장에서 설명한 바와 같이, Wnt 경로는 일반적으로 장움(intestinal crypt)에 있는 증식 영역의 크기를 조절하는 데 관여한다. 유전 질환인 가족성 선종성용종증 환자들은 APC 기능상실 돌연변이의 이형접합자이다. 이들은 체세포에서 정상인 대립유전자의 반복되는 상실로 인해 다수의 결장선종을 갖게 되고, 생애 중 암 발생 확률이 매우 높다.

다음 단계는 ERK 신호전달경로에 참여하는 *RAS*의 구성성 돌연변이 획득이다. 이 돌연변이는 선종을 커지게 한다. 다음은 *DCC* (deleted in colon carcinoma) 유전자인 네트린(netrin) 수용체의 상실이 있고, 그 결과 큰 선종이 생긴다. 마지막으로 p53의 우성음성 돌연변이가 있는데, 종양세포의 아폽토시스 억제에 의해 순성장이 증가한다. 이 모든 변화를 겪은 종양은 마침내 주변에 급속히 퍼지고 따라서 악성으로 된다.

위에 서술한 일련의 이벤트는 필요충분조건은 아닌데, 모든 결장암이 4개 돌연변이 모두를 가지지는 않으며 모두 같은 순서를 보이지도 않는다. 그러나 이벤트는 이 유형의 암을 발생하기 위한 공통적인 돌연변이 경로를 나타내는 것이며, 따라서 이 예는 암 발생을 위해서 교란될 필요가 있는 성장, 분화 및 세포 부착에 관련된 다수의 발생 이벤트들을 잘 보여준다.

## 암 치료

오랜 세월 동안 암 치료는 공격적인 종양을 제거하는 수술에 의존해 왔다. 수술은 생명 유지에 필수적인 조직을 파괴하지 않고 종양이 아직 전이되지 않는 한 성공적일 수 있다. 여전히 캡슐(= 상피) 안에 갇혀 있는 양성종양은 종종 수술만으로도 치료할 수 있다. 그러나 대부분의 암 환자는 국부적으로 퍼졌거나 전이가 이미 일어난 때에 수술을 받는다. 이 때문에 환자 대부분은 급속하게 분열하는 세포를 파괴하기 위한 방사선 치료요법(radiotherapy)이나 항암 화학요법(chemotherapy)을 함께 받게 된다. 종양이 소수의 세포에 의해 다시 성장할 수 있기 때문에, 이런 방법들로 종양 내의 모든 세포 또는 적어도 모든 줄기세포를 파괴할 필요가 있다. 정상적인 분열세포도 공격하기 때문에, 이 치료 방법은 심각한 부작용과 매우 높은 사망률을 보인다. 정상 재생조직이 가장 민감하므로, 골수기능부전(bone marrow failure), 탈모, 소화관 손상, 불임은 방사선요법이나 항암 화학요법의 일반적인 합병증이다.

면역요법(immunotherapy)은 골수이식으로 백혈병 및 림프종을 치료하는 데서 점차 중요해지고 있는데, 골수는 암세포에 대한 면역공격을 담당하는 T 림프구를 포함한다. 이는 줄기세포치료 중 하나이며, 21장에서 논의할 것이다.

암의 분자생물학과 관련된 방대한 연구를 통해 암 발생에 필요한 다양한 과정을 표적으로 삼는 새로운 약물들이 생산되어 왔다. 이들 가운데는 VEGF 신호전달을 억제하는 ERK 경로 약물과 혈관신생 억제약물들처럼 경로 활성을 감소시키는 키나아제 억제제들이 있다. 아직까지는 이들의 임상적인 효과가 별로 크지 않지만, 불과 수십 년 전까지만 해도 생물학적으로 완전히 신비로웠던 질환 그룹에 이제는 적용할 수 있는 합리적인 치료법임을 보여준다. 암 발생의 분자적인 과정 대부분이 또한 발생 과정이기 때문에, 발생생물학도 이에 어느 정도 기여했다고 할 수 있다.

## 새로운 연구방향

이 장에서는 현대 생물학 연구의 광대한 영역과 발생생물학 분야 밖의 여러 중요 사항들에 대해 다룬다.
그러나 아래와 같은 몇몇 특별히 발생학적인 문제들이 있다 :

1 알려진 전신적 요인이 존재하지 않는 조직에서, 세포는 어떻게 자신이 속한 기관 또는 신체의 나머지 부분이 얼마나 빨리 성장하는지를 알 수 있는가?

2 이식 후 줄기세포가 개체의 수명 이상으로 생존할 수 있다고 가정하면, 텔로머라제가 말단소체를 어느 정도 단축시키고 CDK 억제제가 어느 정도 축적되어야 개체의 노화에 기여할까?

3 전암성병변(前癌性病變, precancerous lesion; 과형성, 이형성, 화생)의 속성을 소수의 발생조절 유전자의 활성 변화에 기초하여 어느 정도 설명할 수 있을까?

## 기억해야 할 핵심 사항들

- 성장 조절은 최종 크기의 조절 및 다른 신체 부위의 상대적인 비율의 조절 모두를 필요로 한다.
- 전신적인 성장은 인슐린/IGF 신호전달경로에 의해 큰 범위로 조절된다. 기능상실 돌연변이는 성장을 감소시키고 기능획득 돌연변이는 성장을 증가시킬 것이다.
- TOR (target of rapamycin)는 영양분과 에너지의 가용성에 인슐린 신호를 통합한다.
- Hippo 경로는 성장에 억제적인 조절을 나타내고, 인접 세포로부터의 정보와 성장률을 통합할 수 있다.
- 출생 후 포유동물의 뇌하수체에서 분비된 성장호르몬은 IGF1 합성을 조절하는데, 이 시스템 구성요소의 손실은 왜소증으로 이어질 수 있다.
- 개별 조직, 특히 간 및 근육의 성장을 조절하는 칼론-유사 되먹임 시스템에 대한 일부 증거가 있다.
- 척추동물에서 키 성장은 긴뼈의 신장에 주로 의존한다. 이는 말단 연골성장판의 활성에 의존한다. 이들의 성장은 FGFs에 의한 억제적인 조절 하에 있으며, Indian hedgehog(IHH)에 의해 분화된다.
- 배양 중인 세포의 노화는 말단소체의 침식과 $p16^{INK4a}$ 및 ARF의 축적에 의한다. 또한 이러한 과정은 전체 동물에서도 일어난다.
- 인슐린 경로는 산화 스트레스를 감소시키는 단백질의 유전자들에 대한 억제적인 조절을 통해 수명에 영향을 미치는데, 칼로리 제한의 수명 연장 특성에 대한 일부 설명이 된다.
- 정상적인 성장과 분화에 관한 다양한 병리학적 이상이 있는데, 과형성, 이형성, 화생 그리고 종양형성으로 분류된다.
- 양성과 악성 종양은 주위 조직을 침범하고 체내 다른 곳에 전이되는 성향에 따라 크게 구분된다.
- 암은 자신의 부모 조직의 많은 특성을 유지하지만, 질환이 진행됨에 따라 속성을 변경한다.
- 암 발생에는 일반적으로 하나의 세포에서 파생된 클론에서 일어나는 여러 돌연변이가 필요하다. 주요 단계는 발암유전자의 기능획득 돌연변이, 암억제유전자(tumor suppressor gene)의 손실, 세포사멸 회피, 텔로머라제의 상향조절, 혈관신생 촉진이며, 전이성 확산에 앞서 변경된다.

## 추가로 읽을 것

### Growth


Robertson, E.J. (1995) Insulin-like growth factors, imprinting and epigenetic growth control. *Seminars in Developmental Biology* **6**, 293–299.

Lee, S.J. & McPherron, A.C. (1999) Myostatin and the control of skeletal muscle mass. *Current Opinion in Genetics and Development* **9**, 604–607.

Day, S.J. & Lawrence, P.A. (2000) Measuring dimensions: the regulation of size and shape. *Development* **127**, 2977–2987.

Lupu, F., Terwilliger, J.D., Lee, K., Segre, G.V. & Efstratiadis, A. (2001) Roles of growth hormone and insulin-like growth factor 1 in mouse postnatal growth. *Developmental Biology* **229**, 141–162.

Kozma, S.C. & Thomas, G. (2003) Regulation of cell size in growth, development and human disease: PI3K, PKB and S6K. *Bioessays* **24**, 65–71.

Nijhout, H.F. (2003) The control of body size in insects. *Developmental Biology* **261**, 1–9.

Hay, N. & Sonenberg, N. (2004) Upstream and downstream of mTOR. *Genes and Development* **18**, 1926–1945.

Lecuit, T. & Le Goff, L. (2007) Orchestrating size and shape during morphogenesis. *Nature* **450**, 189–192.

Mirth, C.K. & Riddiford, L.M. (2007) Size assessment and growth control: how adult size is determined in insects. *BioEssays* **29**, 344–355.

Shingleton, A.W., Frankino, W.A., Flatt, T., Nijhout, H.F. & Emlen, D.J. (2007) Size and shape: the developmental regulation of static allometry in insects. *BioEssays* **29**, 536–548.

Reddy, B.V.V. G. & Irvine, K.D. (2008) The Fat and Warts signaling pathways: new insights into their regulation, mechanism and conservation. *Development* **135**, 2827–2838.

Halder, G. & Johnson, R.L. (2011) Hippo signaling: growth control and beyond. *Development* **138**, 9–22.

### Skeletal development

Kronenberg, H.M. (2003) Developmental regulation of the growth plate. *Nature* **423**, 332–336.

Zelzer, E. & Olsen, B.R. (2003) The genetic basis for skeletal diseases. *Nature* **423**, 343–348.

Hartmann, C. (2009) Transcriptional networks controlling skeletal development. *Differentiation and Gene Regulation* **19**, 437–443.

Karsenty, G., Kronenberg, H.M. & Settembre, C. (2009) Genetic control of bone formation. *Annual Review of Cell and Developmental Biology* **25**, 629–648.

Long, F. (2012) Building strong bones: molecular regulation of the osteoblast lineage. *Nature Reviews Molecular Cell Biology* **13**, 27–38.

### Ageing

Kenyon, C. (2001) A conserved regulatory system for aging. *Cell* **105**, 165–168.

Carter, C.S., Ramsey, M.M. & Sonntag, W.E. (2002) A critical analysis of the role of growth hormone and IGF-1 in aging and lifespan. *Trends in Genetics* **18**, 295–301.

Helfand, S.L. & Rogina, B. (2003) Genetics of aging in the fruit fly *Drosophila melanogaster. Annual Reviews of Genetics* **37**, 329–348.

Blasco, M.A. (2005) Telomeres and human disease: ageing, cancer and beyond. *Nature Reviews Genetics* **6**, 611–622.

Bordone, L. & Guarente, L. (2005) Calorie restriction, Sirt1 and metabolism: understanding longevity. *Nature Reviews Molecular Cell Biology* **6**, 298–305.

Kim, W.Y. & Sharpless, N.E. (2006) The regulation of INK4/ARF in cancer and aging. *Cell* **127**, 265–275.

Collado, M., Blasco, M.A. & Serrano, M. (2007) Cellular senescence in cancer and aging. *Cell* **130**, 223–233.

Kenyon, C.J. (2010) The genetics of ageing. *Nature* **464**, 504–512.

Houtkooper, R.H., Pirinen, E. & Auwerx, J. (2012) Sirtuins as regulators of metabolism and healthspan. *Nature Reviews Molecular Cell Biology* **13**, 225–238.

### Cancer

Vogelstein, B. & Kinzler, K.W. (1993) The multistep nature of cancer. *Trends in Genetics* **9**, 138–142.

Kinzler, K.W. & Vogelstein, B. (1996) Lessons from hereditary colorectal cancer. *Cell* **87**, 159–170.

Garcia, S.B., Novelli, M. & Wright, N.A. (2000) The clonal origin and clonal evolution of epithelial tumours. *International Journal of Experimental Pathology* **81**, 89–116.

Hanahan, D. & Weinberg, R.A. (2000) The hallmarks of cancer. *Cell* **100**, 57–70.

Frank, S.A. & Nowak, M.A. (2004) Problems of somatic mutation and cancer. *Bioessays* **26**, 291–299.

Gupta, G.P. & Massague, J. (2006) Cancer metastasis: building a framework. *Cell* **127**, 679–695.

Slack, J.M.W. (2007) Metaplasia and transdifferentiation: from pure biology to the clinic. *Nature Reviews Molecular Cell Biology* **8**, 369–378.

Schatton, T., Frank, N.Y. & Frank, M.H. (2009) Identifi cation and targeting of cancer stem cells. *BioEssays* **31**, 1038–1049.

Egeblad, M., Nakasone, E.S. & Werb, Z. (2010) Tumors as organs: complex tissues that interface with the entire organism. *Developmental Cell* **18**, 884–901.

Hanahan, D. & Weinberg, R.A. (2011) Hallmarks of cancer: the next generation. *Cell* **144**, 646–674.

Rubin, H. (2011) Fields and fi eld cancerization: The preneoplastic origins of cancer. *BioEssays* **33**, 224–231.

Greaves, M. & Maley, C.C. (2012) Clonal evolution in cancer. *Nature* **481**, 306–313.

---

This chapter contains the following animation:

동영상 22 칼론 작용.

For additional resources for this book visit www.essentialdevelopmentalbiology.com

제20장

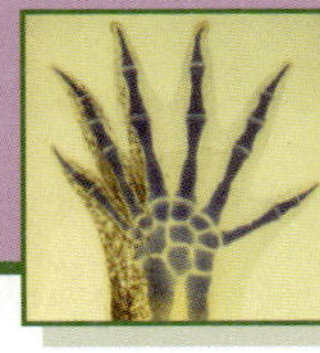

# 상실한 부분의 재생

## 재생 능력의 분포

상실한 부분을 다시 재생하는 능력은 수천 년 동안 인류를 매료시켰던 주제이다. 하지만 분자적인 기초가 이해되었을 때에만, 상실한 팔과 다리, 결함이 있는 신장, 또는 새로운 심장근육 등을 우리 인간이 재생시킬 수 있을지 여부를 알게 될 것이다. 이 책에서 다룬 많은 주제들과 마찬가지로, 재생은 발생학의 미개척 영역이고 여전히 근본적인 미해결 문제로 남아 있다.

가장 극적인 유형의 재생은 전신이 횡으로 절단된 후에 주된 체축(body **axis**)이 다시 자라게 하는 능력이다. 잘 알고 있는 담수 히드라(*Hydra*)를 포함하는 **히드로충류(Hydroids)**는 흔히 절단 근위부에서 새로운 히드라꽃들(hydranths), 그리고 절단 원위부에서 기저 부분을 새로이 재생시킬 수 있다. 유형동물문(Nemertean)에 속하는 벌레들(ribbon worms, 유형동물) 또한 작은 조직 조각에서 전신을 재생시킬 수 있다. 비록 이러한 능력을 지니고 있다고 흔히 가정하지만, 환형동물문에 속하는 동물들(예, 지렁이와 갯지렁이)은 그 현상이 훨씬 낮은 정도로 나타난다. 환형동물에서 꼬리 재생은 일반적이지만 머리 재생은 그렇지 않아서, 머리와 꼬리 두 부분의 높은 재생 수준은 일부 다모류(polychaete) 종에 국한되어 있다. 진화 과정에서 머리 재생이 가능하다고 알려진 "가장 고등한" 동물은 바다에 사는 도토리벌레(acorn worm)인 반색동물(hemichordate) *Ptychodera flava*이다. 반색동물이 **후구동물(deuterostome)**문에 속함은 아주 흥미로운데, 이는 머리를 재생시키는 다른 유형의 동물들보다 척추동물에 훨씬 더 가까운 근연종이기 때문이다. 전신 재생은 **플라나리아(planaria)**를 사용한 실험 연구들에서 아주 상세하게 조사되었는데, 머리 부분을 상실한 절단면에서 머리가 새로 다시 자라고, 꼬리를 상실한 절단면에서 꼬리가 새로 다시 자랄 수 있다(아래 참고).

전신 재생은 보통 무성생식 유형과 연관되어 있는데, 그 유형에서 몸통은 자발적으로 두 부분으로 나뉘고, 각 부분이 새로운 개체를 재구성하도록 발육한다. 분체 생식(fission)과 전신 재생이라는 무성생식의 필요조건들은 분명히 아주 비슷하다. 전신 재생은 또한 세포들의 연속적인 교대(생성과 소멸)와 연관되어 있는데, 여기에는 미분화된 줄기세포들이 주요 신체 부분들로 흘러들어가는 과정이 있다. 이는 플라나리아와 히드로충류 둘 다에서 발견된다. 전신 재생의 근본적인 특징은 양방향이라는 것이다. 동일한 절단면에서 머리 또는 꼬리를 재생시킬 수 있으며, 정상적으로 형성되는 것은 기초가 되는 조직에 대한 공간적 관계에 좌우된다. 이것은 재생체가 머리로 될 것인지 꼬리로 될 것인지를 결정하는 근본적인 극성 조절과정이 있고, 그래서 새로운 부분을 형성하는 과정 자체가 시작되기 전에 그렇게 결정되고 있음을 의미한다.

발생학자들에게 아주 잘 알려진 생물인, 예쁜꼬마선충은 전혀 재생할 수 없다. 발생학자들이 가장 널리 연구한 동물들은 척추동물과 곤충류인데, 그들도 어떤 양방향 재생을 전혀 보이지 않으며, 전신축의 재생은 일부 척추동물의 꼬리에만 국한된다. 그러나 이들의 부속지에서 단일 방향 재생이 실제로 일어나는데, 이는 전신 재생과 같은 방식인 무성생식과는 연관되지 않은 능력이다. 곤충에서 외부 부속지의 재생은 **불완전변태류(Hemimetabola)**에만 국한되는데, 이 동물들은 일련의 유충 형태를 통해 성체로 가는 점진적인 과정을 보여주는 집단이다. 이 현상이 **완전변태류(Holometabola)**에서는 발견되지 않는데, 이들은 초파리처럼 번데기 단계에서 급작스런 변태를 보여준다. 따라서 초파리의 경우, 성충판이 변태 전에 손상을 입으면 재생할 수 있다하더라도, 성체 구조는 그 어떤 재생도 보여주지 않는다(17장 참조). 척추동물의 재생은 주로 양서류에서 볼 수 있다. 유미양서류[영원(newt)과 도롱뇽(salamander)]는 보통 변태 전후에도 다리, 꼬리, 턱 등을 재생할 수 있다. 무미류들(개구리와 두꺼비)은 통상 올챙이 단계에서는 그렇게 할 수 있지만, 변태 시에는 그러한 능력을 상실한다. 도마뱀은 꼬리를 재생하는 능력으로 잘 알려졌지만, 새로운 꼬리는 본래의 조직

## 고전적인 실험들

### 패턴의 재생

재생 연구 분야의 이러한 고전적인 논문들은 아주 논리적으로 온당한 결과가, 실험적으로 정립되기 이전에 이론과학자들에 의해 추론되었다는 점에서 매우 특이하다. 첫 번째 논문은 성충판, 불완전변태 곤충의 사지 및 양서류 사지의 재생에 대한 몇 가지 일반적인 현상 규칙을 도출하기 위해 시도한 것이다. 이 논문은 전적으로 옳은 것은 아니었지만 당시 영향력이 매우 컸다. 두 번째 논문은 모델이 3차원적으로 개선됨을 보여준다. 세 번째 논문은 초파리 다리 디스크로부터 분자적인 정보로 이루어졌으며, 마지막 논문은 불완전변태 곤충의 사지 재생에서 예측된 유전자 발현 패턴을 나타냈다.

French, V., Bryant, P.J. & Bryant, S.V. (1976) Pattern regulation in epimorphic fi elds. *Science* **193**, 969–981.

Meinhardt, H. (1983) Cell determination boundaries as organizing regions for secondary embryonic fields. *Developmental Biology* **96**, 375–385.

Campbell, G. & Tomlinson, A. (1995) Initiation of the proximodistal axis in insect legs. *Development* **121**, 619–628.

Mito, T., Inoue, Y., Kimura, S., Miyawaki, K., Niwa, N., Shinmyo, Y., Ohuchi, H. & Noji, S. (2002) Involvement of hedgehog, wingless, and dpp in the initiation of proximodistal axis formation during the regeneration of insect legs, averifi cation of the modifi ed boundary model. *Mechanisms of Development* **114**, 27–35.

과 구조들을 모두 포함하고 있는 것이 아니라 다소 결함이 있는 복제품이다.

포유동물 중에 의미심장하고 유일하게 재생되는 외부 부속기관은 다시 자라는 숫사슴의 뿔이다. 그러나 이는 보통 재생이라고 부르는 흥미로운 현상이지만, 더 적절하게는 과증식(hyperplastic, 과다증식) 성장에 해당된다. 그런 예 중 하나는 19장에서 언급된 간의 재생이다. 다소 비슷한 과증식은 한쪽 신장 제거 이후 남아 있는 신장에서도 나타난다. 세포 수는 빠르게 증가하지만 네프론(nephron)의 수는 증가하지 않는데, 아주 어린 동물에서는 예외이다.

이러한 재생에 대한 대략적인 개관에서 연구해야 할 문제들 중 하나가 드러나는데, 이는 포괄적인 재생 능력들이 익숙한 발생학 실험모델 종이 아닌 동물들에서 주로 발견된다는 점이다. 이것은 클론된 유전자들의 기존 수집 방법, 또는 유전자들을 삽입시키거나 제거하는 방법, 또는 세포 꼬리표 붙이는 방법(labeling) 또는 이식 방법 등이 아직 없음을 의미한다. 새로운 실험 접근방법들이 실험 각각에서 필요해졌고, 이것이 발전 속도를 끌어 내리는 요인이 되었다. 그래도 최근 수년 동안의 재생 연구에서 중요한 결과들을 얻었고, 그 본질적인 흥미로 인해 실천해야 할 연구목록에서 상위를 차지하리라는 점이다.

## 재생: 본성 또는 적응 특성

재생 능력의 분포에 관한 또 다른 중요한 측면은 아주 유사한 종 사이에서도 흔히 매우 다양하다는 점이다. 예를 들면, 어떤 플라나리아 종은 머리를 재생시킬 것이지만, 다른 종은 그렇지 않을 것이다. 또 어떤 도롱뇽 종은 일생의 생활주기 중에 다리 재생을 훌륭하게 해낼 것이지만, 다른 종은 단지 변태 과정 전에만 재생시킬 것이다. 그러한 변이들은 재생 전문가들로 하여금 재생 능력은 아마도 진화 과정에서 손쉽게 상실되는 선천성 또는 본성적인 생물학적 특성일 것이라고 결론을 내리게 했는데, 상실되는 이유로는 아마도 전반적인 생식 적합성이라는 관점에서 막대한 비용이 들어가기 때문일 것이다. 이와 달리, 재생 과정의 각 예는 특정 종의 생활사에서 독특하고 새롭게 얻어지는 적응이라는 견해는 비록 반증을 들기 어렵지만 지지를 받지는 못했다. 재생 기전은 흔히 정상적인 발생 과정을 반복하는데, 올바른 조건을 필요로 하는 본성적인 잠재력이 나타나는 것이라는 개념과 일치한다. 하지만 재생 과정들 일부가 특성 적응이라면, 그 과정 기전이 정상적인 발생 과정과 필연적으로 일치해야 할 필요는 전혀 없다.

재생은 근본적으로 국소적으로 특수화하는 패턴이 포함되어 있고, 관련된 상호반응들이 국소적이기 때문에, 그 신비에 싸인 패턴 형성이 성숙한 구조 전체에 걸쳐 제시되어야 함을 의미한다. 이를 가끔 **위치정보(positional information)**라고 부른다. 이것은 한때 발생 패턴 정보를 나타내는 용어로 널리 사용되었지만, 분자적인 기반 위에 더 많이 이해하게 됨으로써 더 이상 쓰이지 않게 되었다. 그러나 여전히 재생 관련 문헌에서 자주 접하게 된다.

## 플라나리아의 재생

플라나리아는 편형동물문에 속하며 자유롭게 생활하는 담수어 벌레 종이며, 좌우대칭을 보이는 가장 간단한 동물이다. 이들은 외배엽, 중배엽, 내배엽의 3배엽을 지니고 있지만, 체강과 체절이 없다. 머리에 눈이 있지만 순환계 또는 호흡계는 없다. 장은 몸의 중심 부분에 근육성 인두로 열리며, 두 엽이 있

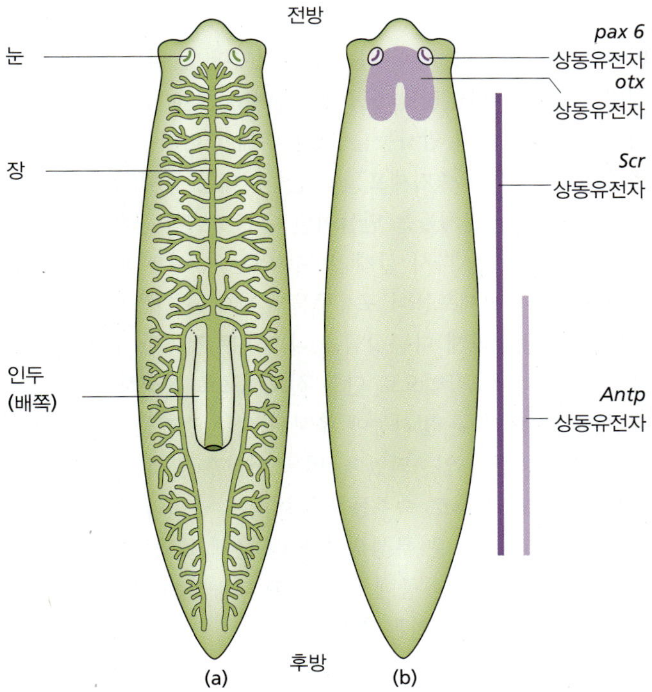


**그림 20.1** 플라나리아 벌레: (a) 해부학적 특징; (b) 재생 시에 나타나는 일반적인 좌우대칭 특징(**동물형**)의 외관.

고(bilobed), 맹낭(blind-ended sac)은 있지만 항문은 없다.

단순하지만 플라나리아들은 동물들의 기본 특징을 나타내는데, 재생하는 머리에서 발현하는 *Otx* 상동유전자(homolog)와 눈에서 발현되는 *Pax6* 상동유전자 등 동물의 재생에서 후방에서 전방으로 차례로 끼어 넣는 방식으로 발현되는 Hox 유전자들을 지니고 있다(그림 20.1). 다른 무척추 **원구동물(protospome**, 전구동물, 선구동물)과 마찬가지로, 플라나리아는 등쪽 부분에서 *Bmp* 상동유전자가 발현되고, 그 주요한 신경삭은 배쪽에 위치하고 있다. 비록 *Schmidtea mediterranea*라는 학명의 플라나리아가 점점 더 선호되고 있고 지금은 유전체 서열이 전부 동정되었다하더라도, 많은 다른 플라나리아 종들이 재생 연구에 사용되고 있다. 플라나리아는 교배를 포함한 유전실험에는 적절하지 않지만, 특정 mRNA를 제거하는 **RNAi** 실험방법은 잘 작동한다(3장 참조). 서로 마주 보고 있는 두 T7 프로모터들 사이를 갖고 있는 플라스미드에서 필요한 dsRNA가 암호화된다. 이 플라스미드를 포함하고 있는 박테리아와 세균분해바이러스 T7 중합효소(phage T7 polymerase)들은 양 방향으로 그 서열을 전사시킬 것이고, 그 두 상보성 RNA 가닥들은 결합하여 이중가닥 RNA를 형성할 것이다. 그 박테리아를 음식에 섞어 플라나리아에게 줄 수 있고, 벌레가 그것을 먹을 때 이중가닥 RNA의 일부가 세포들로 흡수될 것이다. 광범위한 선별과정을 통해 이 방법이 수행되었고, 재생에 필요한 많은 유전자들이 확인되었다(3장 참조, 그림 3.12c).

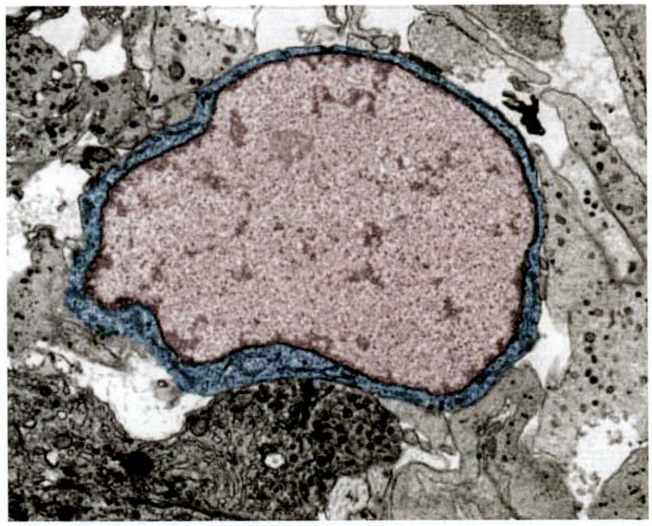

**그림 20.2** 투과전자현미경으로 관찰한 플라나리아 신모세포. 핵과 세포질이 각각 옅은 빨간색과 파란색으로 의사 채색되었다(pseudocolored). (인용) Annual Reviews의 허락을 얻어 Reddien and Alvarado. *Ann Rev Cell Dev Biol* 2004; 20: 725–757의 그림을 재구성하였음.

## 세포 교대 및 신모세포

플라나리아는 세포 교대(cell turnover)를 연속적으로 하고 있는 상태이며, 공급되는 식량에 따라 매일매일 성장하거나 수축될 수 있다. 커다란 핵이 있는 작은 세포들인 **신모세포(neoblasts)**라고 부르는 세포들 집단이 있는데(그림 20.2), 초파리의 Vasa 단백질과 유사한 ATP 의존성 RNA 헬리케이즈(ATP-dependent RNA helicase)가 발현되는 특징을 보인다. 다른 동물들에서 Vasa 상동유전자 **다능성(pluripotency)**과 연관되어 있다. 신모세포들은 크기와 과립상에 근거하여 **FACS**로 다른 세포 유형들과 분리될 수 있다. 그들은 정상적으로 분열하는 유일한 세포들이며, 그래서 벌레의 조직을 구성하고 있는 조직학적으로 구별되는 세포 유형 12–15종류를 만들어내는 **줄기세포(stem cells)**들로 구성되어 있거나 줄기세포들을 포함하고 있다고 생각된다. 안정된 상태에서 플라나리아는 약 20%의 신모세포들과 80%의 분화된 세포들을 포함하고 있다.

세포 교대가 연속적으로 일어나기 때문에, 동물 전체의 국소 패턴은 가끔 RNAi 처리로 변경될 수 있다. 예를 들면, BMP 신호전달경로의 요소들을 역행하는 방향으로 RNAi를 처리하면 온전한 벌레들의 등쪽 부분에 복부 표시기(marker) 발현을 유도할 수 있는데, 이것에는 정상적으로는 복부 구조인 신경삭이 여기에 부차적으로 복제되어 있다. 마찬가지로, 정상적으로는 후방 구조와 관련되어 있는 Wnt/β-카테닌 경로의 요소에 역행하는 방향으로 RNAi를 처리하면 온전한 벌레의 꼬리에서 전방 구조를 형성하게 할 수 있다.

## 재생

플라나리아는 오랫동안 재생 능력이 높다고 알려졌다(동영상 23 참조: 플라나리아 재생). 만일 반으로 잘린다면 전방 절반은 절단된 후방 표면에 해당하는 꼬리 부분을 새로이 만들어낼 것이고, 반면에 후방 절반은 절단된 전방 표면에 해당하는 머리 부분을 새로 만들어낼 것이다(그림 20.3). 플라나리아를 횡단으로 자르면, 잘린 면에 국한된 근수축이 일어나고 잘린 면 전역에 걸쳐 얇은 상처 상피조직이 빠르게 형성된다. 그 상처 상피조직 아래에 미분화된 세포들이 축적되는데, 이들이 **재생 아체(blastema)**를 만들어낸다. 혼돈스럽게도 플라나리아에서 재생 아체라는 용어가 세포분열이 일어나지 않는 무색소 원위부를 지칭한다하더라도, 재생 아체는 미분화된 세포들을 포함하는 재생 싹(bud)을 의미하는 일반적인 용어이다. 플라나리아 아체에 있는 세포들은 근위부에 있는 분열세포들에서 온다. 아체는 세포를 보충시켜 커지고 며칠에 걸쳐 재분화하여 상실된 구조를 만들어낸다.

신모세포들이 재생한다는 근거는 출처가 두 가지이다. 첫째, 절단수술 전에 BrdU로 꼬리표(표지)를 붙이면 그 꼬리표를 단 많은 세포들을 포함하는 아체가 유도된다. 둘째, 재생하는 벌레들의 능력은 X-선 조사로 파괴되는데, 이는 신모세포들이 신속하게 사라지기 때문이다. 세포들이 더 이상 새로 만들어지지 않아 벌레들이 2-3주 후에는 죽을 것이다. 만일 X-선 조사가 치명적이지 않다면, 몇몇 신모세포들이 생존한다. 그들이, 원칙적으로는 고용량의 방사능을 쪼인 후에 나타나는 포유동물의 소장 또는 정소의 줄기세포들이 만들어내는 군체(colonies, 세포군)와 유사한 군체들을 만들어낼 수 있다. 이 군체들은 벌레의 모든 조직들을 다시 살게 할 수 있는데, 이는 최소한 몇몇 플라나리아 신모세포들이 포유동물의 배아 줄기세포들의 방식으로 보면 완벽하게 다능성임을 나타내는 것이다. FACS로 정제한 후에 미세조작법으로 단일 신모세포로 분리하고, 이들을 유전적 혈통이 다른 방사능에 조사된 숙주 벌레들에게 주입하는 것이 가능함이 입증되었다. 비록 이식후 몇몇 개체만 생존한다하더라도, 때때로 숙주동물은 이식된 세포의 후손들로 다시 살게 되고, 새로운 무성생식 벌레 군체를 확립할 수 있다. 이것은 신모세포 집단 중에 일부 참된 다능성 줄기세포들의 존재를 공식적으로 증명하는 것이다.

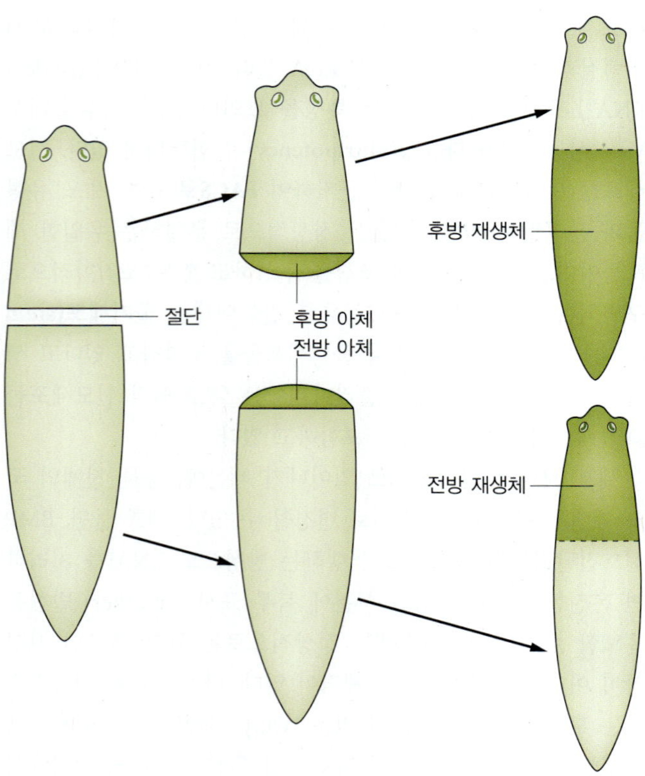


그림 20.3 플라나리아의 전방 재생과 후방 재생.

### 머리-꼬리 극성(head-tail polarity, 수미극성)

아체 세포들이 내려야 하는 초기의 결정은, 머리로 될 것인가 또는 꼬리로 될 것인가 하는 **극성(polarity)**이다. 이를 위해 중요한 조절 요소는 Wnt-β-카테닌 경로이다. 절단하면, Wnt 형의 리간드들은 절단된 후방 표면에서 우선적으로 발현된다. 이 경로의 요소에 역행하는 RNAi는 절단된 전방 표면에서 꼬리보다 머리를 새로 만들어낼 것이다(그림 20.4). 정상적인 극성 조절은 전방 표면 또는 후방 표면에서 치유의 비대칭성에 좌우될 것이다. 상처 상피조직은 전방 아체에서는 등쪽 표피로부터 나올 것이고, 후방 아체에서는 배쪽 표피에서 나올 것이다. 확실히 외과적으로 인위적으로 만들어낸 등쪽-배쪽 대면은 새로운 아체를 형성하게 하는 데 충분하다. 모든 Hox 유전자들이 그 두 유형의 아체에서 재생 시작 1시간 안에 상향 조절되므로, Hox 유전자들이 극성을 결정짓는 것 같지는 않다.

극성 조절과정에서 오류가 일어날 수 있다. 플라나리아 서너 종에서 그 벌레의 가운데 부분의 짧은 단편은 양쪽 끝에서 전방아체를 형성하여, 야누스 머리를 지닌(Janus-headed) **양극 형태(bipolar form)**를 재생하는 일이 아주 흔한데(그림 20.5), 이는 양쪽 절단면에서 β-카테닌의 활성화와 상호 연관되어 있다.

플라나리아의 여러 지역에서 진행되는 과정들이 일부 자율성으로 일어날 수 있다하더라도, 재생과 연관된 어떤 신호전달 과정들이 있다는 근거도 있다(그림 20.6). 만일에 두 번째 머리가 첫 번째 머리에 가까이 이식되고, 그리고 그때 첫 번째 머리를 잘라낸다면, 이제 두 번째 머리가 있기 때문에 첫 번째 머리의 재생은 억제된다. 만일 머리가 후방 지역, 즉 인두 후방 지역으로 이식된다면, 한 쌍의 인두들이 새로 그 이식 부위에

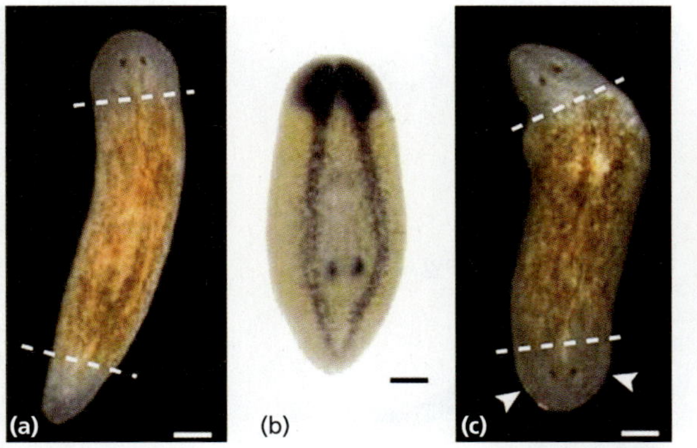


그림 20.4 β-카테닌에 의한 극성 조절. (a) 머리 및 꼬리의 정상적인 재생. (b) 전환효소 2 (prohormone convertase 2)의 프로호르몬을 암호화하는 유전자를 제자리혼성화법(*in situ* hybridization)으로 나타낸 정상적인 중추신경계. (c, d) β-카테닌에 대한 이중가닥 RNA (dsRNA)를 처리하여 얻은 이중 머리 재생. 화살촉들은 재생된 광수용체들을 나타낸다. (e) 재생하지 않는 플라나리아에서 β-카테닌에 대한 이중가닥 RNA에 의해 꼬리가 머리로 전환하는 재프로그램(reprogramming). 축척자 200 μm. (인용) American Association for the advancement Science의 허락을 얻어 Gurley *et al.*, *Science* 2008; 319: 323-327의 그림을 재구성하였음.

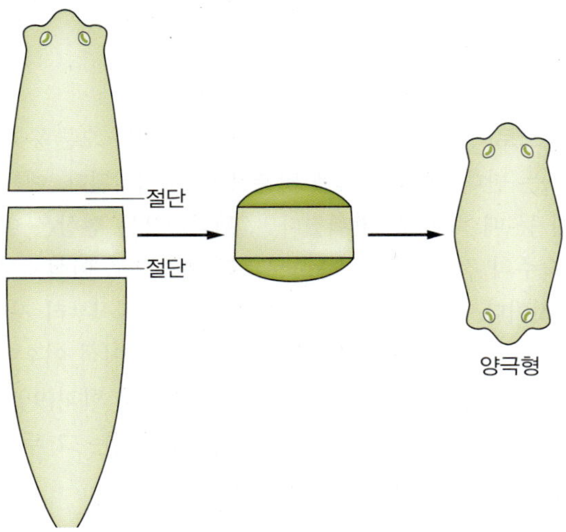


그림 20.5 플라나리아의 신체 가운데 부분에서 생겨나는 이중 전방 양극형 재생.

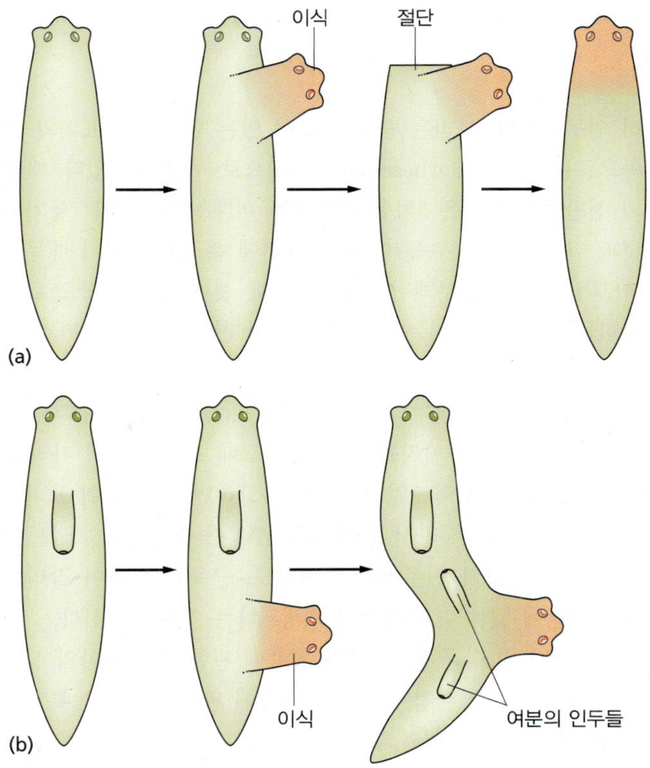


그림 20.6 플라나리아 재생에서 장거리 상호작용의 근거. (a) 이식된 머리에 의한 머리 재생 억제; (b) 이식된 머리에 의한 여분의 인두 유도.

서부터 재생될 것이다. 이러한 상호작용에 관련된 신호들의 본성은 현재 알려지지 않았다.

## 곤충의 다리 재생

변태 과정 후에, 초파리 및 다른 완전변태 곤충(holometabolous) 대부분은 유사분열 후 세포들로 구성되어 있기 때문에 재생이 일어나지 않는다. 하지만 부속지들의 재생은 메뚜기 또는 바퀴 같은 불완전변태(hemimetabolous) 곤충에서는 실제로 일어난다. 이 그룹에 속하는 동물 종들은 애벌레로서 알에서 부화하고, 연속적인 탈피과정을 거쳐 성체로 점진적으로 발생한다. 만일 다리 또는 안테나가 제거된다면, 다시 자랄 것이고 차후 탈피과정에서 보이게 될 것인데, 이때 예전 외피는 탈락된다. 흔히 서너 번의 성장-탈피 주기들이 재생을 완성하기 위해 필요하다.

다리 재생은 최근에 귀뚜라미 *Gryllus bimaculatus*에서 자세

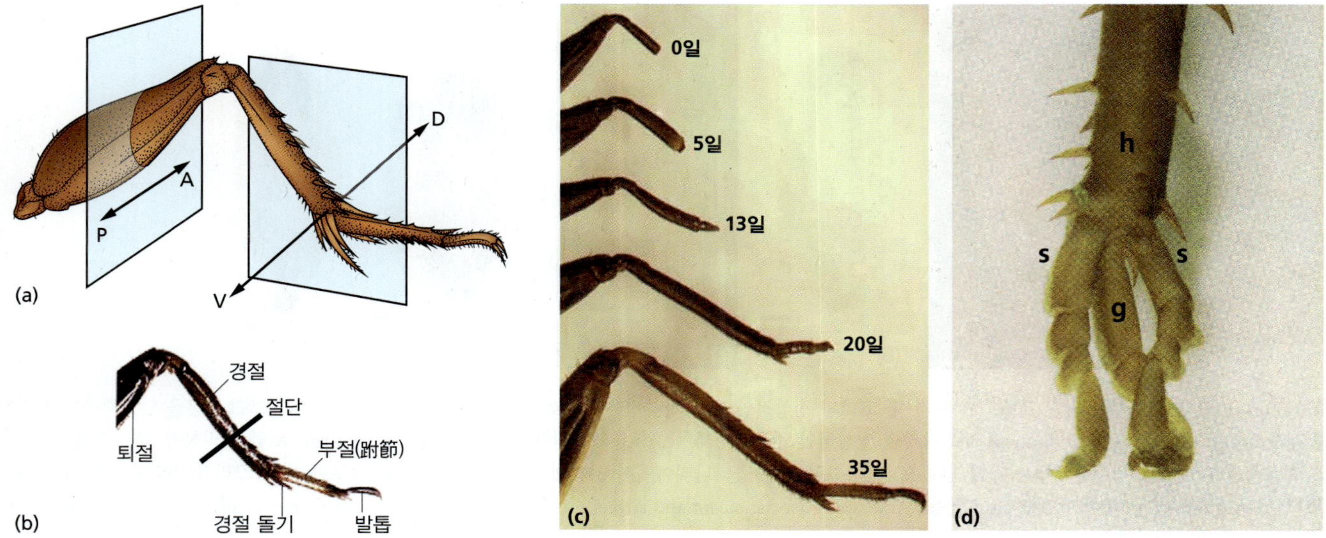


그림 20.7 곤충의 다리 재생. (a) 해부학적인 등-배 축(D-V)과 전-후축(A-P)을 보여주는 귀뚜라미의 후흉각(metathoracic leg) 구조. (b, c) 경절 가운데를 절단한 후에 나타나는 귀뚜라미 다리의 재생. (d) 바퀴의 다리 축 역위 실험에서 결과로 나타난 쌍으로 된 여분의 다리. h, 숙주; g, 이식; s, 여분. (인용) Elsevier의 허락을 얻어 Mito *et al.*, *Mech Dev* 2002; 114: 27-35의 그림을 재구성하였음.

히 연구되었다. 다리는 근육이 붙어 있는 단일층의 표피와 안쪽으로는 공기관(tracheae, air tubes)으로 구성되어 있다. 다리의 전반적인 모양은 3차원 상으로는 비대칭인데, 이는 돌기와 털과 같은 다양한 부속기관들이 표면에 분포하고 있기 때문이다(그림 20.7a). 흉부체절의 첫째, 둘째, 셋째에 있는 쌍으로 된 다리들 간에 눈에 띄는 차이점들이 몇 가지 있다. 3령기 초기에 경절의 중앙 부분을 절단하면, 완벽한 재생이 35-40일에 걸쳐 또는 4-6주에 걸쳐 일어난다(그림 20.7b). 절단 직후에 혈액의 혈구세포들은 딱지를 형성한다. 그때 표피는 상처 자리에, 즉 딱지 아래에서 약 2일 간 자란다. 그러면 상처 부위 표피는 아체를 형성하고 자라서 원위 표피 부분을 형성한다. 세포 혈통에 관한 연구가 전무하다 할지라도, 근육과 기관이 잘리고 남은 부분에 있는 각 조직에서 재생된다는 것은 가능하다.

귀뚜라미 및 다른 불완전변태 곤충에 관한 수년 동안의 실험들은 국소 특이성 관점에서 다리 재생에 관한 흥미로운 특징들을 보여줬다. 첫째, 원위 부분을 더 근위 밑동으로 이식하여 만들어진 예와 마찬가지로, 그 패턴에 차이가 있다면 이것은 **절간재생(intercalary regeneration)**이라고 알려진 과정에 의해 그 차이가 채워지게 된다. 귀뚜라미에서 새로운 조직들은 특징 면에서 더 원위부였던 연접 부위에서 온다. 이것은 이식 조각들이 돌기와 털 같은 독자적인 특성을 수반하는 다른 흉부 체절의 다리 사이로 이식될 수 있는데, 그렇게 되면 재생에서 그러한 특징의 본질은 초기의 접근현상을 보이는데, 여기에서 재생된 조직들이 유래한다. 절간재생은 또한 여러 지역들이 다리의 원주 주변에 붙을 때도 일어난다. 이것은 유명한 실험 형태로 가장 극적으로 설명되는데, 여기에서 왼쪽 다리가 오른쪽 다리 밑동에(또는 반대로) 횡단 축을 맞춘 상태로 이식된다. 예를 들면, 만일에 등-배 축이 잘 맞춰졌다면, 뒤따라오는 현상은 이식 조각과 숙주의 전-후축이 좌측으로부터 우측으로 이식에서 반대로 될 것이다. 이것은 최대 불연속 패턴 지점에서부터 자라나는 완벽한 여분의 다리를 형성하게 한다. 그러한 이식 이후에 이식 조각과 숙주의 표피는 3일 후에 결합한다. 첫 탈피(9일) 후에 두 아체들이 나타나고 두 번째 탈피(14일) 후에는 그 두 여분의 다리들이 명확하게 드러난다(그림 20.7d).

## 여분의 다리 생성에 관한 분자적 기초

이 놀라운 현상을 이해하는 분자적 수준의 출처에는 두 가지가 있다. 정상적인 초파리 다리 원판(leg disc) 발생의 이해, 그리고 귀뚜라미에서 유전자 활성을 제거하기 위한 RNAi의 사용이 그 둘이다. 초파리에서 다리 원판 각각의 후방 부분은 전사인자 Engrailed의 존재로 규명된다. 그 후방 부분은 Hedgehog를 분비하고, 이것이 전방 부분의 등쪽 부분에서 Decapentaplegic (*Dpp*)을 그리고 전방 부분의 복부 부분에서 Wingless (*Wg*)를 암호화하는 유전자 발현을 유도한다(17장 참고, 그림 17.15). 최대 수준의 Dpp 단백질과 Wg 단백질이 결합하는 지역은 *vein* 유전자의 상향조절을 보여주는데, 이 *vein*은 EGF 수용체(EGFR) 리간드를 암호화하고 원위부 성장을 촉진한다.

귀뚜라미는 성충판(imaginal disc)을 나타내지 않는다. 대신에 배아에서 형성된 다리 싹(limb buds, 지아)들이 있다. 하지

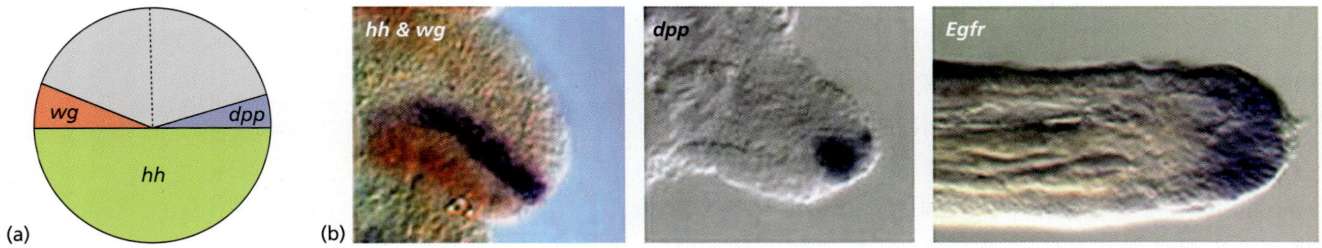


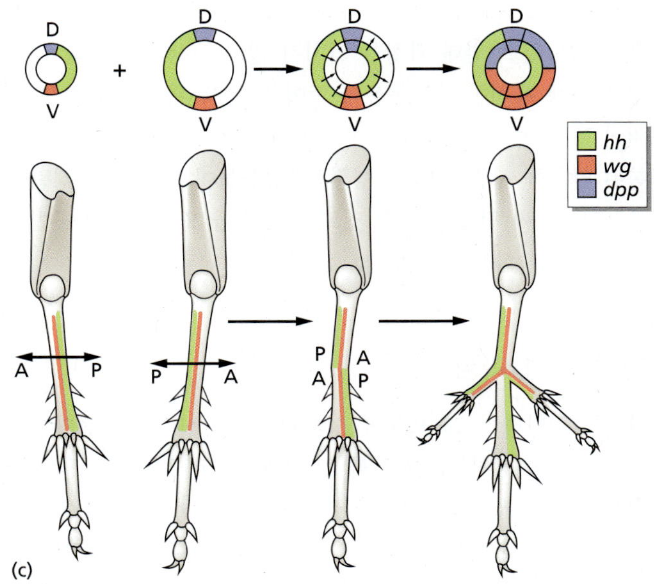


그림 20.8 귀뚜라미의 다리 재생을 조절하는 유전자들. (a) 다리 끝에서 관찰하여 도식적으로 나타낸 다리싹(leg bud). (b) 재생 아체에서 제자리 혼성화법으로 나타낸 *hh* (빨간색)와 *wg* (보라색) 유전자 발현, *dpp* 유전자 발현, *Egfr* 유전자 발현. (c) 축 역위에 이어 나타나는 여분의 다리 형성에 관한 해석. (인용) Springer의 허락을 얻어 Campbell and Tomlinson. *Development* 1995; 121: 619–628의 그림을 재구성하였음.

만 다리싹에서 유전자 발현 패턴은 국소지역의 특이성 기전이 초파리의 성충판과 동일함을 보여준다. 발생 중인 유충 다리에서 이 도메인들은 유전자 발현 수준이 낮아도 계속 존재한다. 절단하면, 핵심 유전자들 모두가 근본적으로 같은 도메인의 지아에서 상향조절된다. 그래서 후방 구역에서 나오는 Hedgehog가 인접한 전방 구역에서 Dpp와 Wg 발현을 다시 유도하기 때문에 정상적인 재생이 일어나고, 그래서 Dpp + Wg가 최대로 되는 지점이 EGFR 리간드 발현을 유도하고 원위부 말단으로서 싹이 터 자라난다. 전-후축 역위 실험에서, 이러한 과정들이 두 번 일어날 것이라고 예측할 수 있는데, 이는 연접 부위 각각은 전방 조직에 Engrailed가 발현되는 후방 구역이 붙기 때문이다. 따라서 두 과잉 재생이 시작되며, 이때 각각은 숙주 다리와 반대 극성을 갖는다(그림 20.8).

이러한 예측들은 RNAi를 사용하여 각 유전자들의 발현을 억제(knock down)시킴으로써 시험되었다. 귀뚜라미에서, dsRNA가 애벌레의 복부로 주입되었다. 표적 RNA 수준이 감소되고 그리고 그 효과가 약 3번의 탈피 후에 사라짐이 제자리혼성화법(*in situ* hybridization)으로 밝혀질 것이다. *hedgehog*, *β-catenin*, *Egfr* 등에 길항적인 dsRNA를 투여하면 재생이 억제될 것이다. 그들은 정상적인 애벌레 다리 발생을 억제하지 않는데, 아마도 이를 위해 낮은 수준의 유전자 발현이 요구되기 때문일 것이다.

무엇이 다리싹으로 하여금 근원부 지역적 불연속(proximodistal regional discontinuities)을 탐지하고 그리고 절간재생을 시작하게 할 수 있는가? 아마도 그것은 Fat–Dachsous 시스템일 것인데, 세포 표면에서 일어나는 과정들을 Hippo 경로로 연결시키고 Yorkie의 성장촉진효과(growth-promoting effects)로 연결시킨다(19장 참고). 정상적인 다리싹에서 Fat는 근위에, Dachsous는 원위에, Dachs는 전체에 걸쳐 존재한다. 발생 중에 있는 다리의 분절화가 눈으로 볼 수 있게 나타날 때 반복되는 패턴이 있는데, *fat*와 *four-jointed* mRNA들이 각 분절의 근위부에 보이는 반면, *dachsous*와 *dachs*는 원위부에서 보인다.

RNAi로 *fat*와 *dachsous*의 억제는 다리싹의 세포분열을 증가시켜, 확장되고 짧고 두꺼운 재생체를 나타낸다. *dachs* 또는 *yorkie*의 억제는 *fat* 또는 *dachsous*의 RNAi 효과를 억제하는데, 이는 그 경로에서 이러한 요인들이 하류에 위치함을 보여주는 것이다. *fat*와 *dachsous*는 또한 절간재생에도 필요하지만, 축역위(axis inversion) 실험에서 일어나는 여분의 다리 형성에는 필요하지 않음이 유사한 실험들을 통해 밝혀졌다. 이것은 Fat 시스템이 전후 패턴 형성보다 근위 형성에 관련되어 있음을 증명하는 것이다.

## 척추동물 다리 재생

척추동물 중 일부 양서류 종만이 외과적 절제 후에 다리를 재생할 수 있다. **무미류(anuran)** 올챙이는 흔히 성장과 분화 기간 중에 다리를 재생할 수 있지만, 그 능력은 **변태**기간(**metamorphosis**) 중에 상실된다. 대조적으로 많은 **유미류** 종들은 유생 시기와 성체 기간 내내 다리를 재생할 수 있다. 영원이나 또는 아홀로틀(axolotl)은 보통 재생 실험모델로 사용되는데, 아홀로틀은 결코 변태 과정을 거치지 않고 유생의 해부학적 특징을 평생 유지하는 도롱뇽 유형이다. 비록 완벽한 유전체 서열이 아직 아홀로틀의 경우에 가용하지 않더라도, 훌륭하게 기록된 암호화 서열이 있다. 형질전환동물들이 DNA를 수정란에 주사함으로써 만들어질 수 있고, 유전자들 또한 전기천공법을 통해 다리로 삽입될 수 있다.

## 다리 재생 과정

다리를 절단하면, 그 밑동에 상피세포들이 신속하게 절단면으로 이동하여 상처 상피세포를 형성한다. 그러면 내부 조직들이 절단면의 안쪽 약 1 mm 깊이까지 탈분화한다. 이 지역의 세포들이 두꺼운 표피로 둘러싸인 엉성하게 조직화된 간충직세포들로 구성된 **아체(blastema)**를 형성한다. 플라나리아 아체와는 달리, 양서류 아체는 증식하는 세포들로 구성되어 있다. 그 아체는 잠시 동안 증식하고 다리의 구조들은 근위부에서 원위부로 재분화한다. 그 재생체는 소형으로 완성되고, 그리고 장기간의 성장이 일어나 본래의 크기로 돌아간다. 재생 단계들은 탈분화, 원추형(cone), 팔레트(palette), 초기 지화(early digit), 후기 지화(late digit) 단계로 말할 수 있다(그림 20.9). 패턴을 소형으로 재생시키는 데 필요한 시간은 동물의 나이와 크기에 따라 다양하지만, 전형적으로 작은 유생에서는 2-3주, 커다란 성체의 경우에는 2-3달 정도 걸린다.

다리 발생에서 Hox 유전자들의 중요성 때문에, a-paralog (유사유전자)와 d-paralog 그룹에 속하는 두 Hox 유전자들의 발현이 둘 다 양서류 다리 발생과 재생에서 연구되었다. 유생의 다리싹 발생 중에, 그 유전자들의 발현은 고등 척추동물과 유사하다. a-paralog 유전자들의 발현은 원위부로부터 근위부로 차례로 끼워 넣어졌고 d-paralog 유전자들의 발현은 후방에서부터 전방으로 차례로 끼워 넣어져 있다. 재생 시에 그들은 절단 직후에 아주 일찍 발현된다. 처음에, *Hoxa9*과 *Hoxa13* 유전자들은 아체 전반에 걸쳐 나타나고, 그리고 아체가 성장함에 따라 그들의 패턴이 *Hoxa13*을 원위부에 지닌 채로 끼워진 배열로 귀결된다. d 유전자들의 일부는 상처 반응의 일부로서 활성화된다. 이것은 몸의 어느 부분에서도 일어날 수 있고 재생

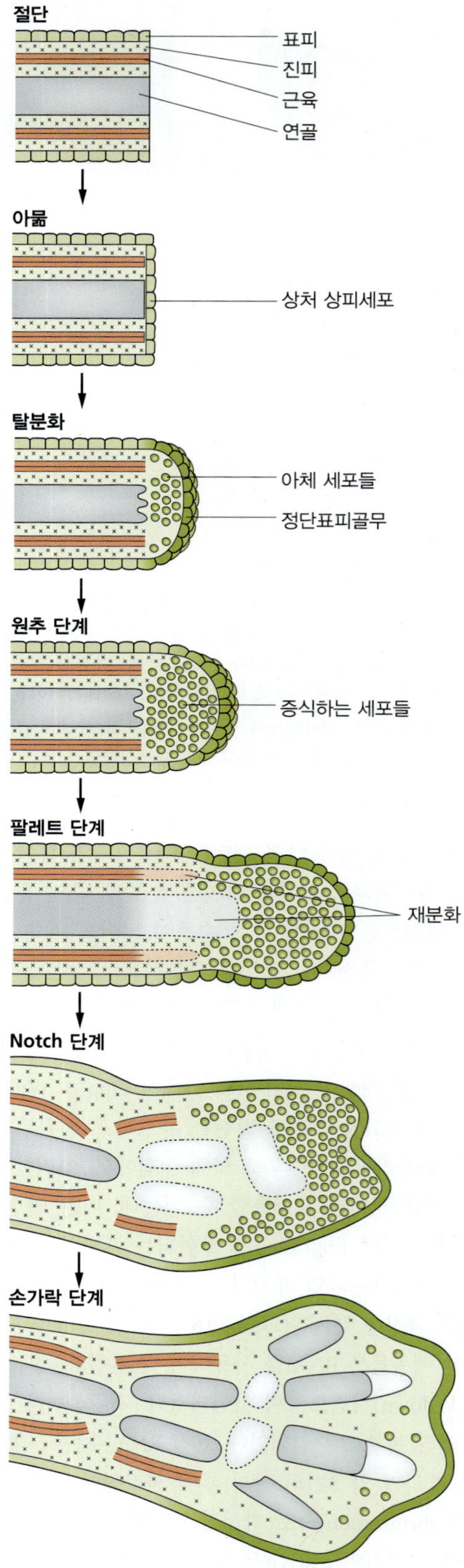


그림 20.9 양서류의 다리 재생 단계.

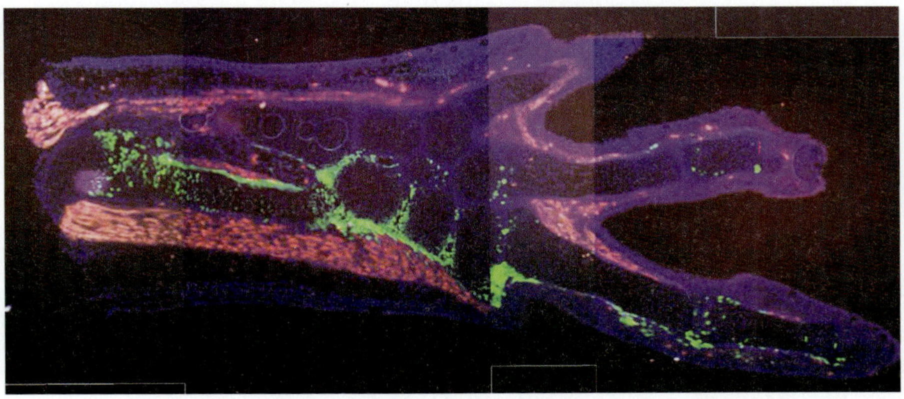

그림 20.10 재생 중에 추적된 세포 계통. 연골의 외식편 하나가 GFP 유전자도입동물로부터 정상적인 동물로 이식되었고, 이식된 지역을 통과하여 다리를 절단하였다. 절편은 초록색 이식편이 유도해 낸 세포들이 골격조직과 연결조직에서만 군체를 형성하고, 근섬유나 또는 표피에서는 군체를 형성하지 않음을 보여준다. (인용) Nature Publishing Group의 허락을 얻어 Kragl *et al.*, *Nature* 2009; 460: 60-65의 그림을 재구성하였음.

에 특유한 것은 아니다. 섬유모세포성장인자(fibroblast growth factor, FGF)는 재생아체의 표피모자로 발현되는 것으로 밝혀졌고 격리된 아체에게는 분열촉진요소(mitogenic)로 밝혀졌다. sonic hedgehog (shh)는 유생의 다리싹에서와 마찬가지로 아체의 후방 경계면에서 발현된다.

## 재생용 세포들의 출처

재생하는 세포들의 출처를 생각할 때, 흔히 혼동되는 문제점 세 가지가 두드러지게 나타난다.

- 전구세포들이 기원 측면에서 국소적인가 또는 멀리 떨어져 있는가?
- 그들이 기능성 세포들의 탈분화로 형성되는가 또는 미분화된 "예비세포들(reserve cells)"로 형성되는가?
- 그들이 단능성(unipotent)인가, 복능성(multipotent)인가, 또는 다능성(pluripotent)인가?

첫 번째 질문과 관련하여 세포들의 기원은 절단면에 국소적이라고 알려졌다. 이것은 X선 조사로 알 수 있는데, 이때 세포분열을 전적으로는 아니지만 대부분 억제하는 용량으로 쪼이면 재생이 완전히 억제될 수 있다. 방사선은 다리의 좁은 부분만 쪼이도록 가릴 수 있다. 만일 미래에 절단될 부위가 방사선에 조사된다면 재생은 일어나지 않지만, 미래의 절단 지역이 보호되고 이웃하는 조직들이 방사선에 쪼인다면 재생은 정상적으로 진행된다. 이것은 골수 또는 다른 먼 부위에 있는 줄기세포들이라기보다 절단면으로부터 수 mm 이하의 멀지 않은 곳에 위치하고 있는 세포들에서부터 생겨나야 함을 보여준다.

두 번째 질문은 초기 배아 발생에서 남은 그리고 조직 전반에 흩어져 있는 다능성 세포로 생각되는 "예비세포들"의 존재 가능성과 관련되어 있다. 그렇게 이론적인 세포들은 플라나리아에서 알려진 이후로 흔히 **신모세포(neoblast)**로 부른다. 그러나 신모세포들은 플라나리아에선 분명히 보이지만, 양서류 다리에서는 전혀 보이지 않는다. 예비세포 같은 실체의 부재를 증명하기는 결코 쉽지 않지만, 그들이 정말로 존재한다는 긍정적인 근거도 없다.

마지막 질문은 재생 중에 **화생(metaplasia, 변질형성)** 발생 유무와 관련되어 있다. 19장에서 언급된 화생은 다자란 생물에서 어떤 조직 유형이 다른 조직 유형으로의 전환된 것을 의미한다. 재생에서 그것의 발생은 GFP로 꼬리표를 단 형질전환 아홀로틀의 조직을 꼬리를 달지 않은 숙주로 이식하여 연구되었다. 단지 한 종류의 조직만이 꼬리표를 달고 있음을 확실히 하기 위하여, 꼬리표를 단 근육섬유(myofiber)를 포함하고 있는 다리는 GFP로 꼬리표를 단 중배엽을 숙주 배아의 체절 지역으로 이식하여 만들어낼 수 있다. 다리들이 발육할 때, 그들의 근육조직은 체절에서 유래하므로, 근육들은 꼬리표를 달지 않은 연결조직 성분들로 둘러싸인 GFP + 근육섬유들을 갖게 될 것이다.

꼬리표를 달은 한 가지 조직 유형을 포함하는 다리를 만들어내는 실험에서, 절단하고 재생하게 하면 아래와 같은 결과를 얻는다. 표피는 바로 새로운 표피로 된다. 근육은 바로 새로운 근육이 된다. 신경 수초인 슈반(Schwann) 세포들은 단지 새로운 슈반 세포들로 된다. 그러나 연결조직 구성원들은(진피, 연골, 건과 인대, 섬유성 피막 등) 하나가 다른 것으로 되는 광범위한 화생을 보인다(그림 20.10). 그러므로 재생하는 다리에서 세포 계통 제한은 발생 중인 다리의 계통과 유사한데, 여기에서 연결조직 유형들이 다리싹 간충직세포에서 유래했고, 근육세포들은 체절에서, 슈반 세포들은 신경제세포에서, 표피세포 유형들은 다리싹 표피세포에서 유래했다.

## 신경성장인자

다리 재생은 절대적으로 다리에 분포하는 신경에 좌우된다. 신경이 잘린 동물들에서 초기 과정들은 정상적으로 일어나 아

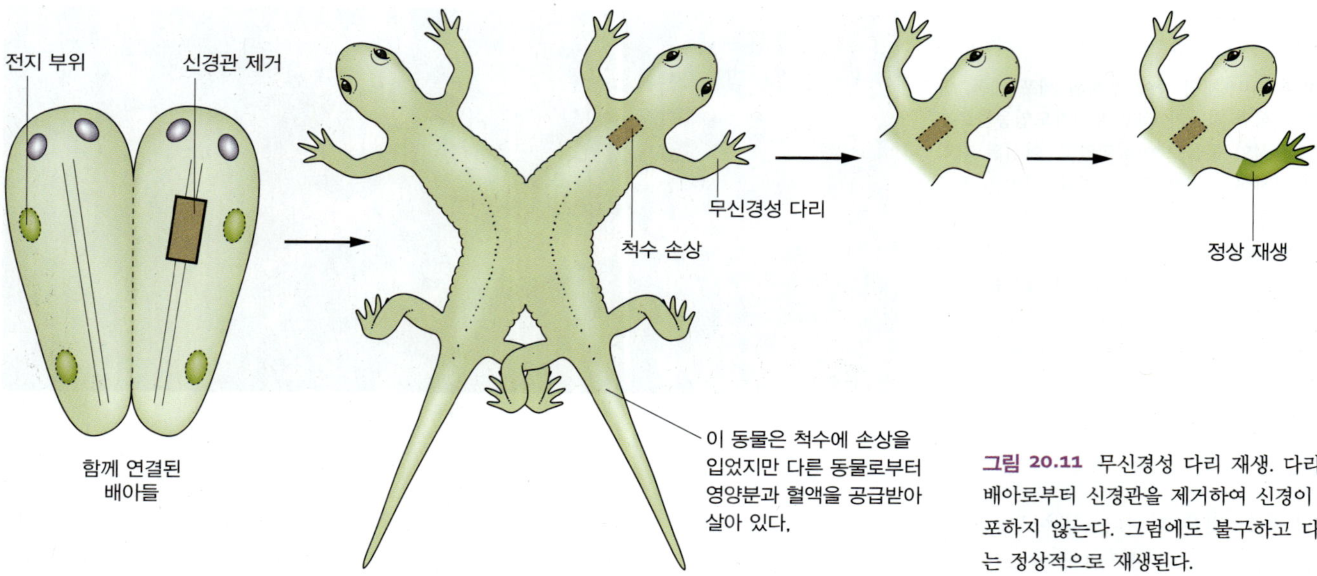


**그림 20.11** 무신경성 다리 재생. 다리는 배아로부터 신경관을 제거하여 신경이 분포하지 않는다. 그럼에도 불구하고 다리는 정상적으로 재생된다.

체를 형성하게 하지만, 이 아체는 자라지 못하여 재생이 일어나지 않는다. 신경세포의 기능은 흔히 **신경성장인자(neurotrophic factor)**로 언급되는 분열촉진인자를 분비하는 것이다. "신경성장인자"라는 용어는 보통 신경세포의 성장이나 또는 생존에 필요한 성장인자를 의미하며, 재생 상황에서 그 용어는 아체의 성장에 필요하고 신경세포에서 유래된 분열촉진 활성을 의미함을 알아야 한다. 신경성장인자들은 아마도 뉴레귤린(neuregulin)을 포함할 것인데, 이것은 신경축삭에 풍부하며 격리된 아체의 분열촉진제이다. 뉴레귤린은 EGF와 유사하고 티로신 인산화효소(tyrosine kinase) ErbB2 수용체의 리간드이다. 덧붙이면, 제노푸스 배아의 시멘트선(cement gland)에서 처음으로 발견되었고 사람의 종양에서 흔히 과발현되는 당단백질인 anterior gradient (AG)와 상동으로 알려진 물질이 있다. AG는 신경수초에서 그리고 절단 후에 생기는 상처표피의 선세포들에서 합성되며, 또한 아체 세포들에게는 분열촉진제이기도 하다. 신경을 제거한 다리의 아체로 AG를 전기천공하면 재생 능력이 어느 정도 회복된다.

신경성장인자의 효과로서 놀라운 사실은 신경이 분포하지 않은 거의 모든 다리를 만들어내는 것이 가능하다는 것이며, 이러한 "무신경(aneurogenic)" 다리들은 재생에 신경성장인자를 필요로 하지 않는다는 점이다. 이들을 만들어내는 한 가지 방법은 다리 지역에서 신경관을 제거하고, 수술 받은 배아를 다른 배아와 **병체결합(parabiosis**, 순환계 결합) 방법으로 합치고 생존을 확실히 유지하는 것이다(그림 20.11). 그러면 다리는 수술 받은 지역에서 자라 나올 것인데, 이때 신경분포는 제한되거나 존재하지 않는다. 나중 단계에서 근육이 퇴화하더라도 이 다리들은 외견상 정상이다. 신경분포가 결여되어 있음에도 불구하고, 그들은 정상적으로 재생할 수 있다. 만일 신경분포가 여전히 일어나고 있는 유생 단계의 정상적인 숙주에게 무신경 다리를 다시 이식한다면, 숙주에 의해 신경이 분포될 수 있어서 신경 의존적으로 될 것이다. 이는 AG 물질이 무신경 다리의 표피에서 항시적으로 만들어진다는 설명이다. 하지만 일단 신경에 노출되면 AG 물질이 하향조절되어 신경 손상에 의존하게 된다.

신경의 역할에서 또 다른 이상한 측면은 "역설적 재생(paradoxical regeneration)" 현상이다. 만일 다리에 충분한 용량의 X-선을 쪼여 준다면, 이것은 재생을 억제할 것이다. 만일에 상완신경총(brachial plexus)을 으깨서 신경분포를 없애면, 이 또한 재생을 억제할 것이다. 그러나 위의 두 처리를 동시에 실행하면, 일정한 시간 뒤에 다리는 재생 능력을 다시 얻는다. 이것에 대한 설명은 신경이 옛길을 따라 다리로 가는 재생이라는 것이다. 신경축삭은 이 경로를 따라 아래로 성장하고, 그러므로 필요한 분열촉진 인자들을 공급할 수 있다. 부가하면, 섬유모세포들은 재생하는 경로를 따라 내려가며 성장하고 연결조직이라는 특징 때문에 재생체의 골격을 형성할 수 있는 X-선에 조사되지 않은 세포들의 집단을 삽입시킨다.

## 지역 패턴의 재생

### 근원부 패턴

재생체의 패턴은 잘린 곳의 **원위부(distal)**에 해당하는 모든 부분들이 복원되는 절단 기부(stump, 절단단, 밑동)의 패턴에 따른다. 근위부 재생은 절단면이 근위부를 향할 때, 그림 20.12 또는 양서류 다리 재생에 관한 동영상 24의 실험 I에 나타낸

**그림 20.12** 고전적인 실험에서 나타낸 바와 같이, 절단 표면이 근위부를 향하고 있어도 원위부 재생은 일어난다.

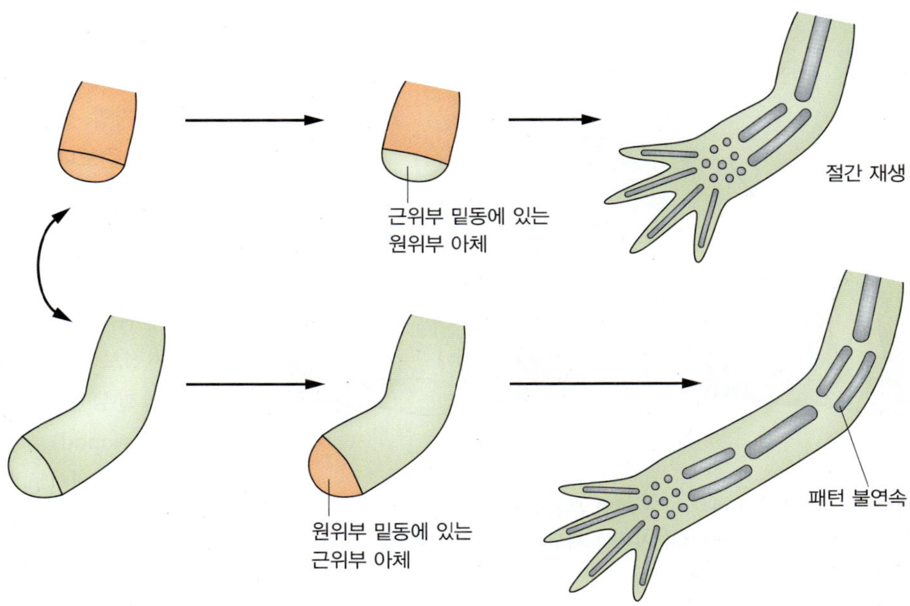


**그림 20.13** 근원축에서 절간재생. 밑동에서 더 원위부의 조직을 만들어낼 수 있지만, 아체는 더 근위부 조직을 만들어낼 수 없다.

과정에서 이루어지는 바와 같이 절단면에서 일어나지 않는다. 이 사실은 "원위부 변형 법칙(law of distal transformation)"으로 일반화되었는데, 여기에는 재생할 수 있는 모든 척추동물과 절지동물 부속지가 포함되어 있다. 곤충이 아니라 양서류의 다리에서는 또한 **절간재생(intercalary regeneration)**을 유지하고 있는데, 이것은 정상적으로는 이웃이 아닌 부분들 사이의 조직연접에서 일어나는 재생을 의미한다. 다리싹들이 원위부에서 근위부로 이식될 때 재생체의 패턴에서 잠재적인 차이는 잘린 기저부면에서부터 절간재생으로 채워진다. 그러나 만일 근위부 다리싹이 잘린 원위 기저부로 이식된다면 그 차이를 채우는 반대방향 절간재생은 일어나지 않고, 그 대신에 구성요소 각각이 그 패턴의 불연속을 남겨 두고 정상적으로 재생한다(그림 20.13). 그러한 실험에서 조직의 기여도는 피부 색소나 삼배수성(triploidy) 또는 형질전환 표지 등 유전적으로 꼬리표를 단 동물들 사이의 이식 조각을 사용하여 결정될 수 있다.

재생에 관한 많은 실험 결과들을 통해, 다리의 조직들이 위치정보, 즉 지역의 실체 암호를 수반하고 있어서 어떤 구조들이 분화과정에서 형성될 것인지 지시함을 암시한다. 이것은 다음의 실험으로 설명될 수 있을 것이다. 재생을 억제하기 위해 다리에 X-선을 조사한다. 피부의 소맷부리가 X-선으로 조사되지 않은 동물의 상완에서 X-선으로 조사된 동물의 하완으로 이식된다. 그리고 혼성 다리가 이식 자리를 통과하여 절단된다. 이식 조각에서부터 유도된 재생체가 형성될 것이고, 이식의 근원부 발달의 실체를 나타내기 때문에 재생된 패턴은 하완에서라기보다 상완에서 시작될 것이다. 지역의 실체는 세포 접착 차이와 관련되어 있다. 이것은 어떤 다리의 다리싹을 다른 다리에 있는 다리싹과 잘린 기저부의 연접 부위로 이식하여 보여줄 수 있다. 이러한 이식-숙주 조합의 성장과 분화에 이어서, 공여자 아체는 숙주 다리에서 분지되어 나오는 이소성 다리(ectopic limb)를 형성할 것이다. 놀랍게도 이소성 다리가 분지

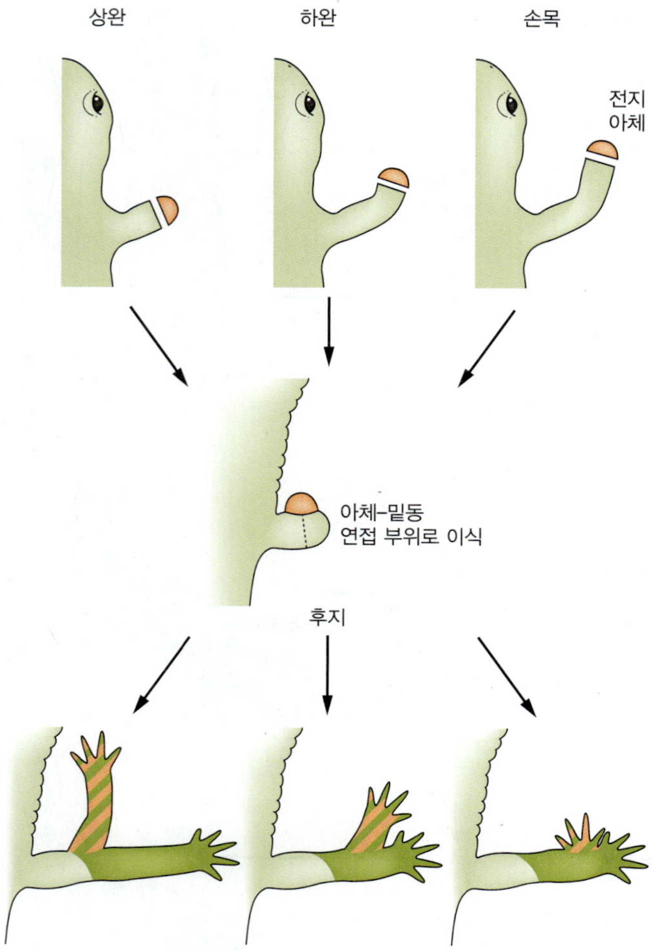


**그림 20.14** 후지의 아체-밑동 연접 부위로 이식된 아체의 이주. 근위부 아체들은 근위부 위치에서 분지하여 재생하고, 원위부 아체는 원위부 위치에서 분지하여 재생한다.

되어 나오는 근원부 발달 정도는 자신의 근원부 특징에 해당한다. 달리 말하면, 만일 이식편이 근위부 아체라면 그것은 근위부로 끝날 것이고, 원위부 아체라면 원위부로 끝날 것이다(그림 20.14; 그리고 동영상 24의 실험 II 참조; 양서류 다리 재생).

위치 정보에 관한 분자 후보 성분 중 하나는 Prod1이라고 부르는 물질이다. 이 단백질은 생화학적으로 보체활성화(complement activation) 억제제인 포유동물의 CD59와 관련되어 있지만, 유미양서류 특이적이기도 할 것이다. Prod1은 원위부 다리싹에서보다 근위부 다리싹에서 더 많고, 그 발현은 레티노산으로 상향조절된다(아래 참고). 그것은 GPI 고정장치가 있는 세포 표면 단백질이다. 정상적으로 근위부 다리싹을 근접하여 배양한다면 원위부 다리싹을 삼켜버릴 것인데, 이는 원위부 세포들이 근위부 세포들보다 서로 더 강하게 점착하고 있음을 나타내는 것이다(2장 참조). 하지만 Prod1에 대한 중성 항체는 이를 방지할 것인데, 이는 근위부 세포들의 줄어든 점착성이 Prod1 수준보다 더 높기 때문임을 암시한다. 만일에 *Prod1* 유전자가 전기천공법으로 다리싹으로 삽입된다면 그것을 받은 세포들은 이식된 근위부 다리싹과 같은 방식으로 결국 근위부에 위치하게 될 것이며, 한편 전기천공법을 겪은 대조군 세포들은 결국 원위부에 위치하게 될 것이다(그림 20.15)

위치정보와 연관되어 있는 전사인자들은 Meis 단백질인데, 이들은 발생 중 척추동물 다리의 근위부 분절(proximal segment, stylopod) 그리고 또한 초파리 다리 디스크(leg disc)의 근위부 부분에서도 발현된다. 만일 *Meis* 유전자들이 전기천공법으로 아홀로틀 다리싹 세포들로 삽입된다면, 이를 포함하는 세포들은 *Prod1*을 발현하는 세포들과 같은 방식으로 대조군 세포들보다 더 근위부 위치로 이동할 것이다.

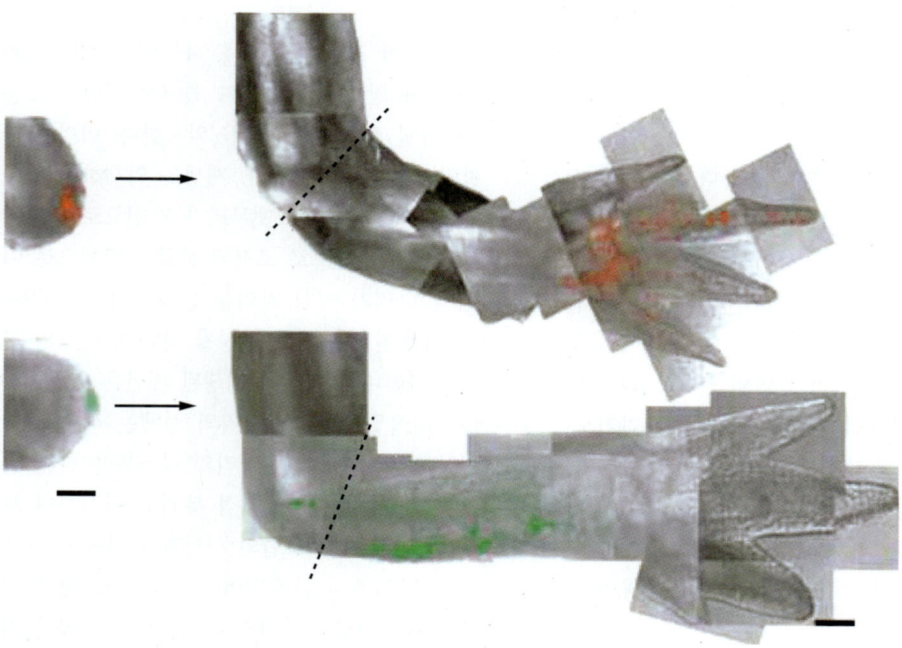

**그림 20.15** Prod1이 근위-원위부 패턴 형성을 조절한다는 근거. *Prod1*이 *Gfp*를 따라 아체로 전기천공되었다. 재생 후에 초록색 세포들이 근위부 위치에서 분지하여 재생한다. *DsRed* 만으로 전기천공된 대조군 아체에서, 빨간색 세포들은 원위부 위치에서 분지하여 재생한다. 좌측 축척자는 200 μm이고, 우측 축척자는 1 mm이다. 점선들은 절단면을 나타낸다. (인용) Elsevier의 허락을 얻어 Echeverri and Tanaka, *Dev Biol* 2005; 279: 391의 그림을 재구성하였음.

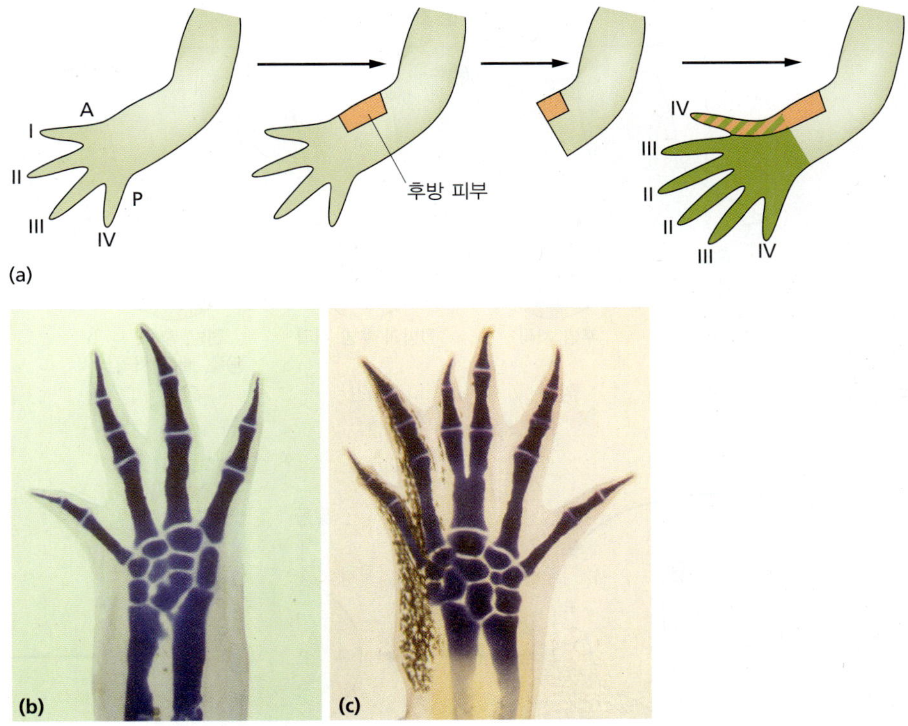


그림 20.16 전-후축에서 절간재생. (a) 후방 피부 이식은 숙주 조직과의 사이를 메우는 손가락을 형성하게 한다. (b, c) 피부 이식과 재생으로부터 생겨나 복제된 아홀로틀(axolotl) 다리. (b) 대조군 재생으로, 손가락 4개가 외양이 다름을 주목하라. (c) 색소를 함유한 동물의 후방 피부를 색소가 없는 숙주 다리의 전방으로 이식한 후에 나타나는 재생. 색소로 판단할 때, 여분의 손가락 4번과 3번이 이식 부위로부터 생겨나고, 복제된 손가락 2번은 숙주에서 생겨난다.

## 횡단축에서 패턴 재생

다리는 3차원 상에서 비대칭이기 때문에, 원칙적으로 3종류의 해부학적 축(근-원축, 전-후축, 등-배축 등)에서 분화의 패턴을 명시하기 위해 3세트의 지역적 암호를 필요로 한다. 어떤 점에서는 실제로 그러한 방식으로 작용한다. 횡단축에서 그 암호는 탈분화와 다리싹 형성이 절단 과정으로 일어날 때에만 탐지될 수 있다. 흔한 실험 계획안에는 다리를 외과적으로 재배열하고 이를 함께 꿰매어 붙여 치료하는 과정이 포함되어 있다. 이것은 본질적으로 재생을 유발시키지는 않는다. 하지만 만일에 변경된 다리가 그때 절단된다면, 다리싹이 잘린 표면에 형성될 것이고, 재생된 구조의 패턴은 잘린 표면에 나타나는 암호 및 그들 사이의 본성적인 상호작용에 의존하게 된다.

횡단면 축에서 일어나는 이런 상호작용의 효과를 요약하는 합리적으로 잘 확립된 원칙이 두 가지 있다. 첫째는 **절간(intercalation)**의 원칙이다. 이것은 두 지역 암호 사이에 불연속성이 있는 조직 지역 두 곳에서 다리싹이 만들어질 때, 재생체는 그 두 지역 사이에서 정상적으로 형성되는 구조의 차이를 메꿀 것이라는 말이다. 이것은 다리 한 부분의 피부를 다른 부분으로 이식하고, 이식 부분을 통과하여 절단할 때 나타날 것이다. 만일에 구성요소들이 X-선에 조사되지 않는다면, 사이에 끼어 있는 구조들은 이식 조각 및 숙주 모두에서 유래한다(그림 20.16). 그러한 실험들은 또한 특히 어떤 조직이 그 지역의 암호를 수반하는지 드러낼 것이다. 답은 그들이 근육이나 또는 표피에 의해서가 아니고 연결조직에 의해 수행된다는 것이다. 그래서 피부 이식들이 흔히 그러한 실험에서 사용된다 하더라도, 활성이 있는 것은 단지 **진피(dermis)**이다. 순수한 진피 이식은 유사한 효과를 나타내는 한편, 순수한 표피 이식은 효과가 없다는 사실로 밝혀졌다.

다른 원칙은 절단면에서 어느 정도의 암호 불연속은 원위부 재생을 개시하기 위해 필수적이라는 점이다. 예를 들면, 만일 작은 피부 조각이 X-선이 조사된 다리로 이식되고 그 이식 자리를 통과하여 절단된다면, 그러면 단지 아주 제한된 재생체가 형성될 것이다. 하지만 만일에 다리의 반대쪽에서 크기가 유사한 조각들을 이식한다면, 그러면 재생체는 훨씬 더 견실하게 될 것이고 많은 패턴 요소들을 포함할 것이다(그림 20.17). 같은 방식이 신경 일탈에 이어지는 여분의 재생체 형성에도 적용된다. 만일 상완신경이 위 팔의 피부를 통해 외과적으로 제위치에서 벗어나게 되면 다리싹 형성이 유발될 것이지만, 바로 퇴화한다. 만일에 신경 일탈이 후방에서 전방의 피부 이식으로 행해진다면, 완전한 다리가 연접 부위에서 형성될 것이다. 그러나 일부 구조들이 결여되어 있는 부분적인 다리 또는 비정상적인 다리도 잘 재생될 수 있기 때문에, 모든 암호들이 절단면에 있을 필요는 없다. 예를 들면, 배아에서 **극성화활성대(zone of polarizing activity, ZPA)**를 이식하여 만들어진 이중 후지는 이

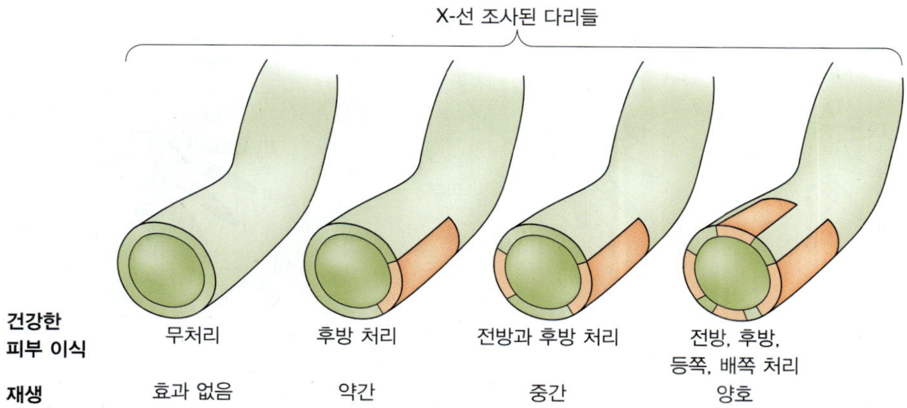


**그림 20.17** 원위부 재생에 대한 절단면에서 패턴 불연속 필요성.

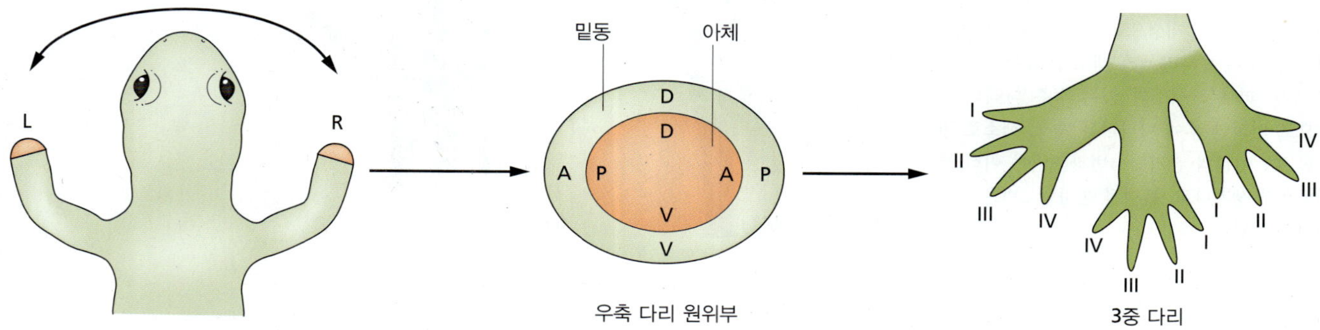


**그림 20.18** 밑동으로 아체의 축 역위는 3중 다리를 만들어내는데, 중앙에 하나 그리고 좌우에 여분으로 2개가 만들어진다.

중 후방 재생체를 재생시킬 것이다.

그 두 원칙들은 곤충 다리에 대해 위에서 설명한 과정과 아주 유사한 축역위(axial inversion) 실험 결과에서 볼 수 있다. 이것은 동물의 반대쪽 면 밑동으로 다리싹을 이식하는 것이다. 다리는 3차원 상에서 비대칭이기 때문에, 오른쪽 다리를 좌측 다리에 겹쳐 놓기는 가능하지 않다. 만일에 다리싹을 오른쪽에서 왼쪽으로 또는 왼쪽에서 오른쪽으로 이식한다면, 그러면 숙주 밑동에 관하여 역전된 축을 필연적으로 갖게 될 것이다(그림 20.18). 이 이식은 최대 불일치 지점에서 과잉 재생체 쌍을 확실히 만들어낸다. 따라서 재생된 다리가 전부 셋이나 된다(동영상 24의 실험 III 참조: 양서류 다리 재생). 하나는 본래 지니고 있던 극성으로 다리싹에서 발생하고, 나머지 둘은 가운데에 있는 중앙 다리에 관하여 역전된 극성으로 일치하지 않는 다리싹-밑동의 연접 부분에서 발생한다. 자신의 밑동에 다리싹의 간단한 회전 또한 여분의 다리를 만들어내지만, 그 수, 위치, 해부학적 완성도 등은 한층 더 다양하게 되는데, 이는 암호들의 불일치가 그 원주 전반에 유사하기 때문이다.

다리의 원주 주위에 관한 위치정보의 분자적 실체에 관한 분자 정보는 제한적이다. SHH는 다리싹의 후방 부분에서 발현되고, 바이러스 벡터를 사용하여 *Shh* 유전자를 다리싹의 전방 부분으로 삽입하면 이중 후방복제를 생성할 것이다. 이것은 최소한 다리 발생에서 어떤 기전들이 보존되어 있음을 보여주는 것이다.

## 레티노산 효과

원추단계(cone-stage) 다리싹을 레티노산으로 처리하면 몇 가지 다른 유형의 재특성화 암호를 얻을 수 있다. 이들에는 근위부화(proximalization), 후방화(posteriorization), 복부화(ventralization) 등으로 나타나는 세 가지 패턴 축 각각에 미치는 효과가 있다. 이러한 실험에서는 동물 전체가 레티노산 용액에 담겨지기 때문에, 다리싹은 아마도 처리 기간 동안 일정한 용량의 반응물에 노출될 것이다.

해부학적으로 정상인 다리가 잘리고 레티노산으로 처리될 때, 결과는 아체의 발생이 계속되어 구조들이 연속적으로 복제되어 근위부화로 나타난다. 그래서 예를 들면, 레티노산으로 처리된 손목 부위의 다리싹은 다리를 완벽하게 재생할 수 있다(그림 20.19). 물론 이것은 원위부 변형의 정상적인 "법칙"에 맞지 않는다. 고용량은 더 근위부화를 나타내는 어떤 농도-반응 효과가 있지만, 특정 용량을 초과하면 재생이 완전히 억제되는 성장 억제 현상도 일어난다.

그림 20.19 레티노산 처리로 인한 아체의 근위부화.

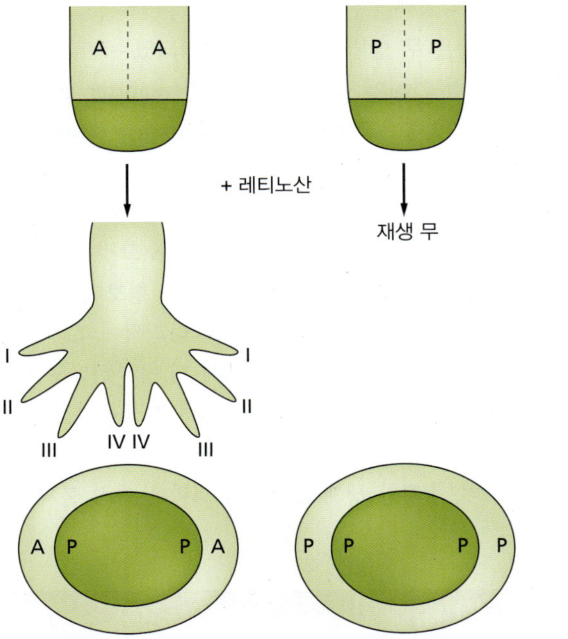


그림 20.20 외과적으로 만들어낸 이중 전방 다리와 이중 후방 다리에 미치는 레티노산의 효과. 후방화한 아체와 변경되지 않은 밑동 사이의 상호작용 때문에 이중 전방 다리가 이중 재생체를 형성하게 한다.

후방화 효과는 반쪽 다리의 아체가 레티노산으로 처리될 때 나타난다. 정상적으로 반쪽 후지는 반쪽 전지보다 재생 능력이 더 좋게 나타날 것인데, 반쪽 후지는 흔히 완전한 원위부 다리를 재생하며 반쪽 전지는 거의 재생하지 않거나 전혀 재생하지 않는다. 하지만 이것은 레티노산 처리로 변경되어, 반쪽 전지로부터 정상적인 다리 재생을 야기하고 반쪽 후지로부터는 재생을 억제한다. 만일에 다리가 이중 전지 또는 이중 후지 형태를 갖게 만들어진다면, 정상적으로 이중 후지가 어떤 원위부 재생을 만들어내지만 이중 전지는 아무것도 만들어내지 않는다. 다시 말하면, 이 결과는 레티노산으로 역전되는데, 이중 전지는 2개의 완전한 재생체들을 만들어내지만 이중 후지는 아무것도 만들어내지 않는다(그림 20.20). 이러한 결과들은 레티노산이 다리싹을 후방화한다는 가정으로 설명될 수 있다. 레티노산을 일정하게 처리하면, 다리싹을 완전히 후방에 걸맞게 만든다. 그러므로 다리싹과 밑동에서 새로이 탈분화된 조직 사이의 상호작용들은 전방 암호와 후방 암호 사이의 불연속이 있는 장소라면 다리를 만들어낼 것이다

등쪽 반쪽 다리와 배쪽 반쪽 다리에 레티노산을 처리했을 때 비교되는 결과들이 얻어졌다. 레티노산 처리 후에 등쪽 반쪽들은 재생하여, 이중 등쪽 반쪽들이 이중 다리를 형성한다. 위의 결과들은 레티노산이 작용하여 다리싹을 배쪽화하며, 재생체들이 다리싹과 새로 탈분화된 밑동 조직 사이의 상호작용 후에 발생한다는 점을 암시한다. 이러한 유형의 해석이 정확하다는 근거는 탈분화가 완결된 후에 늦게 레티노산으로 처리하면 패턴 단절이 나타난다는 사실에서 온다. 이것은 이 단계에 이르러 밑동은 원위부 재생을 시작하는 데 필요한 상호작용이 일어날 수 있게 하는 그 이상의 탈분화된 조직을 더 이상 만들어낼 수 없기 때문이다.

따라서 레티노산의 전반적인 효과는 오히려 복잡하여, 다리싹의 동시적인 근위부화, 후방화, 복부화 등과 연관되어 있다. 이 현상의 분자적 기초는 근위부화를 제외하고는 불분명하게 남아 있는데, 여기에서 *prod1*과 *Meis* 유전자들이 레티노산으로 상향조절된다고 알려졌다. 그 작용에서 초기 단계는 레티노산이 수용체와의 결합을 필요로 하는데, 그 수용체는 핵 수용체 등급에 속한다. 유미류 다리는 δ-수용체라고 부르는 유미류에 독특한 형태들을 포함하는 여러 유형의 레티노산 수용체들을 포함하고 있다. 어느 수용체가 부호화 형식 변경 효과에 책임이 있는지를 확인하기 위해, 갑상선 수용체로 **도메인 교환(domain swap)**을 수행했는데, 그 키메라 분자들은 DNA 결합과 유전자 활성화에 대한 레티노산 수용체 도메인이 아닌 갑상선호르몬결합 도메인을 갖고 있었다(그림 20.21). 이것은 레티노산이 정상적으로 제어하는 유전자들은 이제 갑상선호르몬으로 조절될 수 있지만, 단지 다리로 삽입된 특정 수용체가 그 신호를 전달할 수 있는 경우일 뿐임을 의미한다. 세포를 확인

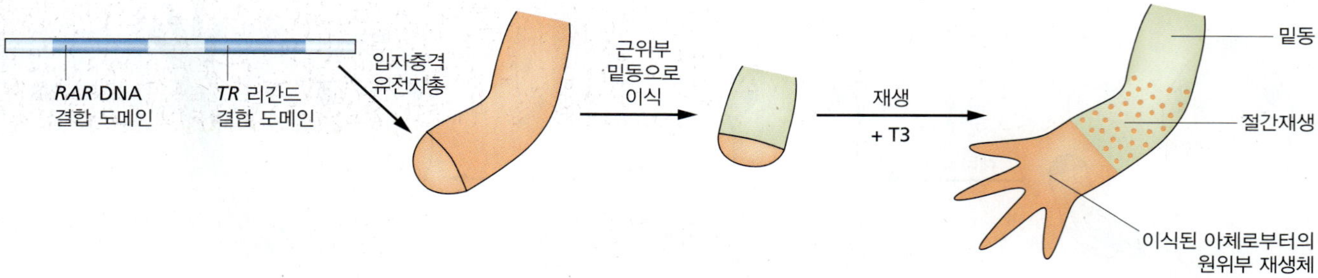


**그림 20.21** 어떤 레티노산 수용체가 근위부화를 일으키는지를 찾아내기 위한 실험. 도메인-스왑(domain-swapped) 수용체가 원위부 아체로 형질도입되었다. 이것이 근위부 밑동으로 이식되었고, 동물은 갑상선호르몬으로 처리되었다. 절간 재생체에 있는 공여자 세포(donor cell)들의 존재는 갑상선호르몬이 유도한 근위부화를 나타내는 것이다.

하는 유전자인 *alkaline phosphatase*와 더불어 수용체 유전자들은 입자충격 유전자총(biolistic particle bombardment) 방법으로 레티노산으로 처리한 원위부 아체로 삽입되었다. 이어서 그 아체는 근위부 밑동으로 이식되었다. 근위부화가 절간 재생체에서 alkaline phosphatase 양성 세포들의 존재로 나타났는데, 이는 정상적으로는 밑동 조직에서만 형성되는 것이다. 이러한 실험들을 통해 근위부화는 가능한 5가지 수용체들 중 하나, 즉 레티노산 수용체 δ2라고 부르는 유미류 특이 유형들 중 하나로만 중재됨이 밝혀졌다.

비록 실험상으로 적용된 레티노산의 놀라운 효과가 잘 설명되었다 하더라도, 이것이 필연적으로 레티노산 또한 재생 조절에 내인성 역할을 갖고 있다는 의미는 아니다. 내인성 레티노산의 수준은 두 방법 중 하나로 측정되었는 바, 화학적 추출 및 분리가 한 가지이고 리포터 유전자(reporter gene)에 연결된 레티노산 반응요소(retinoic acid response element, RARE)를 포함하는 포유동물의 리포터 세포들에 대한 양서류 조직들의 반응 관찰이 또 한 가지이다. 이 방법들로 레티노산이 재생 다리싹의 상처 표피에 존재함이 밝혀졌다. 그것은 사실 레티노산의 9-*cis* 이성질체(isomer)인데, all-*trans* 형보다 더 효과가 좋다. 그것은 원위부 다리싹보다 근위부 다리싹에, 그리고 다리싹 내에서는 전방 지역보다 후방 지역에 더 풍부하다고 밝혀졌다. 그래서 레티노산은 상처 표피에 존재하고 생물학적 활성을 지니고 있지만, 재생에 미치는 레티노산 억제제의 효과들은 아주 크지 않으며, 정확한 생체 내에서의 역할은 아직 불확실하다.

### 새로운 연구방향

재생 연구 기회는 항상 있다. 몇몇 핵심 질문들은 다음과 같다.

1. 몇몇 구조들은 왜 재생할 수 있고, 다른 구조들도 분명히 비슷한데 왜 재생할 수 없는가(즉, 유미류 다리와 무미류 다리)?
2. 플라나리아에서, 다능성 신모세포에서 특정 세포 유형으로 유도하는 발생 결정 체계는 무엇인가?
3. 탈분화의 분자적인 기초는 무엇인가?
4. 절단면에 존재하는 것과 아주 다를 수도 있을 때, 세포들이 특정 패턴을 어떻게 재생할 수 있는가(즉, 손의 패턴과 상완 전지 패턴)?

## 재생의 일반적인 특징

어떤 일반적인 특징들이 상실한 부분들의 재생 과정에 분명히 나타난다. 가장 중요한 것은 문제의 그 부분이 여전히 분열하는 세포들을 포함해야 한다는 것, 그리고 성장과 지역의 특이성을 조절하는 유전자들이 여전히 활성적이거나 적어도 상처받은 후에 상향 조절될 수 있어야 한다는 것이다. 비록 출발점이 다르고 과정의 규모에 따라 항상 어떤 차이점들이 있다하더라도, 재생은 배아 발생에서 사용했던 기전을 다시 사용하는 경향이 있다. 다리 같은 개체의 신체 부분들의 재생은 세포들이 모든 발생 과정상의 수행 임무를 잃고 배아줄기세포들과 같이 되어야 한다고 요구하지는 않는데, 이는 사실 세포들이 주로 그들의 조직 유형들을 보존하는 것처럼 보인다. 그러나 전신이 재생될 수 있는 플라나리아의 경우에, 최소한 일부 신모세포들은 배아줄기세포에 버금가는 만능성 특성을 실제로 가지고 있다. 재생을 위해 다시 발현될 필요가 있는 유전자들은 전형적으로 재생하지 않는 상황에서는 상향조절되기 어렵다. 예를 들면, 유미류에서 전-후축 패턴 형성을 맡고 있는 *Shh* 유전자의 증폭자(enhancer)는 DNA 수준에서 메틸화되어 있지 않아서(unmethylated) 아마도 관련된 조절 단백질에 접근할 수 있는 반면에, 변태 과정 후에 다리를 재생시킬 수 없는 무미류에서 동일한 증폭자가 메틸화되어 있어서 작용하지 않는다.

## 기억해야 할 핵심 사항들

- 일부 무척추동물들은 작은 조직 조각에서 전신을 재생할 수 있다. 그러한 경우에 황단면 신체는 전방을 향하는 절단면에서 머리를 새로 만들어낼 수 있고, 후방을 향하는 절단면에서는 꼬리를 새로 형성할 수 있다. 이것은 양방향 재생으로 알려졌다. 곤충과 척추동물들은 단지 부속지를 재생할 수 있는데, 이것은 단일 방향 재생이고 항상 절단면의 원위부로 진행된다.
- 플라나리아들은 양방향 재생할 수 있는 동물이다. 재생 능력은 신모세포들의 존재와 관련되어 있는데, 이 세포들은 작고, 미분화되었으며, 몸의 약 20%를 차지하는 분열세포들이다. 신모세포 집단 내에 있는 세포들은 정상적인 성장과 재생 둘 다에 대해 줄기세포들처럼 작용한다.
- 유미류 양서류 대부분은 일생 동안 다리를 재생할 수 있다. 재생체는 절단면 가까이 있는 세포들에서부터 형성된다. 일종의 탈분화가 일어나는데, 특히 세포주기로 다시 들어갈 수 있고 단핵 세포들로 바뀔 수 있는 다핵 근섬유들에서 탈분화가 일어난다.
- 유미류의 다리를 절단한 후에, 눈에 보이는 미분화 세포들의 재생 다리싹이 형성된다. 그것은 자라고 근위부에서 원위부 순서로 분화되어 상실한 부분들을 다시 형성한다. 그래서 소형 기관은 정상적인 크기로 성장한다.
- 다리 재생에는 어떤 변질형성이 있는데, 특히 진피와 연골의 상호전환 시에 폭넓게 일어난다. 그러나 근섬유, 슈반 세포, 표피 등은 다른 세포 유형으로 전환되지 않는다.
- 신경세포들이 분비하는 성장인자들이 다리싹의 성장에 필요하다.
- 다리는 신체의 각 부분을 표지하는 위치정보 체계를 포함하고 있는 것 같이 이식실험에 반응을 보이는데, 위치정보는 재생과정 중에 형성되는 구조들의 패턴을 조절한다. 위치정보의 어떤 불연속성은 원위부 재생에 필요하다.
- 레티노산은 다리싹을 근위부화, 후방화, 복부화할 수 있다.

## 추가로 읽을 것


### General

Goss, R.J. (1969) *Principles of Regeneration.* New York : Academic Press.

Scadding, S.R. (1977) Phylogenetic distribution of limb regenerationcapacity in adult amphibia. *Journal of Experimental Zoology* **202**, 57–68.

Brockes, J.P., Kumar, A. & Velloso, C.P. (2001) Regeneration as an evolutionary variable. *Journal of Anatomy* **199**, 3–11.

Agata, K., Saito, Y. & Nakajima, E. (2007) Unifying principles of regeneration I: Epimorphosis versus morphallaxis. *Development Growth and Differentiation* **49**, 73–78.

Tanaka, E.M. & Reddien, P.W. (2011) The cellular basis for animal regeneration. *Developmental Cell* **21**, 172–185.

### Planarian regeneration

Agata, K. (2003) Regeneration and gene regulation in planarians. *Current Opinion in Genetics and Development* **13**, 492–496.

Reddien, P.W. & Alvarado, A.S. (2004) Fundamentals of planarian regeneration. *Annual Review of Cell and Developmental Biology* **20**, 725–757.

Sánchez Alvarado, A. (2006) Planarian regeneration: its ends is its beginning. *Cell* **124**, 241–245.

Forsthoefel, D.J. & Newmark, P.A. (2009) Emerging patterns in planarian regeneration. *Current Opinion in Genetics and Development* **19**, 412–420.

Wagner, D.E., Wang, I.E. & Reddien, P.W. (2011) Clonogenic neoblasts are pluripotent adult stem cells that underlie planarian regeneration. *Science* **332**, 811–816.

### Insect limb regeneration

Nakamura, T., Mito, T., Bando, T., Ohuchi, H. & Noji, S. (2008) Dissecting insect leg regeneration through RNA interference. *Cellular and Molecular Life Sciences* **65**, 64–72.

### Amphibian limb regeneration

#### General

Iten, L.E. & Bryant, S.V. (1973) Forelimb regeneration from different levels of amputation in the newt *Notophthalamus viridescens* : length, rate and stages. *Wilhelm Roux's Archives of Developmental Biology* **173**, 263–282.

Mescher, A.L. (1996) The cellular basis for limb regeneration in urodeles. *International Journal of Developmental Biology* **40**, 785–795.

Brockes, J.P. (1997) Amphibian limb regeneration: rebuilding a complex structure. *Science* **276**, 81–87.

Nye, H.L.D., Cameron, J.A., Chernoff, E.A.G. & Stocum, D.L. (2003) Regeneration of the urodele limb: a review. *Developmental Dynamics* **226**, 280–294.

Nacu, E. & Tanaka, E.M. (2011) Limb regeneration: a new development?

*Annual Review of Cell and Developmental Biology* **27**, 409–440.

### Dedifferentiation and metaplasia

Namenwirth, M. (1974) The inheritance of cell differentiation during limb regeneration in the axolotl. *Developmental Biology* **41**, 42–56.

Brockes, J.P. & Kumar, A. (2002) Plasticity and reprogramming of differentiated cells in amphibian regeneration. *Nature Reviews in Molecular and Cellular Biology* **3**, 566–574.

Tanaka, E.M. (2003) Cell differentiation and cell fate during urodele tail and limb regeneration. *Current Opinion in Genetics and Development* **13**, 497–501.

Kragl, M., Knapp, D., Nacu, E., Khattak, S., Maden, M., Epperlein, H.H. & Tanaka, E.M. (2009) Cells keep a memory of their tissue origin during axolotl limb regeneration. *Nature* **460**, 60–65.

### Positional information and retinoic acid

Tank, P.W. & Holder, N. (1981) Pattern regulation in the regenerating limbs of urodele amphibians. *Quarterly Reviews of Biology* **56**, 113–142.

Bryant, S.V. & Gardiner, D.M. (1992) Retinoic acid, local cell–cell interactions, and pattern formation in vertebrate limbs. *Developmental Biology* **152**, 1–25.

Stocum, D.L. (1996) A conceptual framework for analysing axial patterning in regenerating urodele limbs. *International Journal of Developmental Biology* **40**, 773–783.

Maden, M. (1997) Retinoic acid and its receptors in limb regeneration. *Seminars in Cell and Developmental Biology* **8**, 445–453.

Chernoff, E.A.G., Stocum, D.L., Nye, H.L.D. & Cameron, J.A. (2003) Urodele spinal cord regeneration and related processes. *Developmental Dynamics* **226**, 295–307.

This chapter contains the following animation:

**동영상 23** 플라나리아 재생.
**동영상 24** 양서류 다리 재생.

For additional resources for this book visit www.essentialdevelopmentalbiology.com

# 제21장

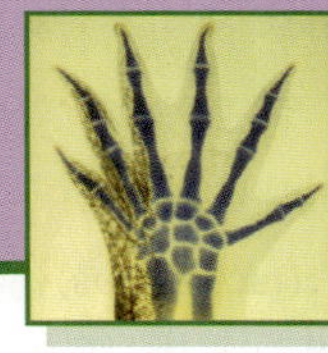

# 만능줄기세포의 활용

발생학의 발전은 여러 가지 차원에서 인간의 복지에 기여하여 왔지만, 이 중 가장 큰 기여는 아마도 세포 이식 치료를 위한 여러 종류의 분화세포를 만드는 기술일 것이다. 다시 말해서 질병이나 손상으로 손실된 세포를 대체할 수 있는 새로운 체세포를 만들어서 신체의 적절한 부분에 분화된 세포들을 이식하는 것이다. 예를 들어 분화된 새로운 심장 근육세포를 기능이 손상된 심장의 심근에 이식하고, 새로운 기능성 신경세포를 뇌졸중 환자의 뇌에 이식할 수도 있다. 넓은 의미에서 이러한 기술적 적용을 "재생의학(regenerative medicine)"이라고 하며 이 개념에는 손상된 세포, 조직, 기관들의 대체 및 재생을 포괄적으로 포함한다. 이러한 재생의학은 유전자 치료와 조직공학을 포함한 세포 이식 치료 또한 포괄한다. 유전자 치료는 비정상 혹은 결손된 유전자를 가진 환자의 세포에 이에 상응하는 건강한 유전자를 주입하는 기술을 말한다. 조직공학은 지지틀(scaffolds)을 이용하여 세포들의 3차원적 집합체를 유도하는 기술로써 때로는 다양한 종류의 세포들로 이루어진 집합체들을 구성할 수도 있다.

이 장에서는 이러한 분야의 활용을 위한 세포이식의 세포 공급원으로써의 **만능줄기세포[배아줄기세포(embryonic stem cell-ES cell)**와 **유도만능줄기세포(induced pluripotent stem cell-iPS cell)**]의 특성과 활용에 중점을 두어 기술하기로 한다.

## 세포 이식 치료

세포 이식(Cell transplantation)을 통한 치료에 유용하게 사용될 수 있는 대부분의 세포들은 체외배양 시 잘 증식하지 않으며, 증식하더라도 그들 고유의 특성과 성질을 빠르게 소실한다. 이러한 체외 증식의 문제들 때문에 간에서 얻어지는 간세포와 췌장에서 얻어지는 β-세포들을 이용한 이식 치료는 오늘날까지도 큰 성공을 거두지 못하고 있다. 따라서 대부분 세포이식 치료는 체외증식의 과정 없이, 한 사람으로부터 다른 사람에게, 혹은 몸의 한 부분에서 다른 부분으로의 직접 실시된다. 예를 들어 **골수 이식(bone marrow transplantation)**은 골수 또는 골수가 포함하는 **조혈모세포(hematopoietic stem cells)**를 살아 있는 공여자로부터 충분히 기증 받아 실행할 수 있다. 그러나 오늘날 췌장의 섬(islets)과 간세포의 이식은 인간의 사체에서 세포를 얻어 이식하는 방법을 주로 사용하고 있으므로 세포의 수획과 방법에 큰 한계가 있다. 따라서 생체 외(*in vitro*) 증식에 제한이 없는 만능줄기세포의 사용은 다양한 종류의 세포와 대량의 세포 공급을 할 수 있는 잠재성을 가지고 있기 때문에 세포이식에 매우 유용하게 활용될 수 있다.

세포 이식 치료가 직면하는 가장 큰 문제점은 이식된 세포에 대한 수혜자의 면역 반응이다. 감염에 대응하는 면역체계는 타인으로부터 이식된 세포, 조직, 기관들에 면역거부 반응을 일으킬 수 있다. 이식된 세포들은 수혜자의 **T-림프구(T-lymphocytes)**에 의해 자기세포가 아닌 것이 인식된다. 이러한 과정은 바이러스 감염에 대응하는 데 중요한 역할을 하는 인터페론(interferons)과 종양세포들로부터 분비되며 여러 독성을 나타내는 종양사멸인자(tumor necrosis factors, TNFs)와 같은 **사이토카인(cytokines)**에 이식된 세포들을 노출시켜 사멸시킨다. T-림프세포들은 정상적으로 생체 내에 존재하지 않는 어떠한 새로운 분자들도 감지할 수 있지만, 세포 표면분자들인 **인간 백혈구 항원(human leukocyte antigen, HLA)** 인자들에 대응하는 면역반응도 관장한다. HLA는 개인 간에 매우 큰 변이를 띠는 세포 표면의 당단백질들(glycoproteins)이다. 이들은 두 종류의 유전자 집합에 의해 암호화되어 있는데, 그 유전체를 ABC와 DR이라고 하며 각각 다양한 대립형질을 가질 수 있다. 수 많은 대립형질의 조합이 성립될 수 있기 때문에, 한 사람에서 다른 사람으로 [**동종이계 이식(allogeneic graft)**과 **동종 이식(allograft)**] 이식된 조직이 수혜자의 T-림프구들에 의해 면역거부 반응을 일으킬 확률도 높다. 임상에서 이러한 면역거부 반응은 T-림프구들의 활성을 억제하는 면역억제제들에 의해 조절할 수 있다. 예를 들어 사이클로스포린(cyclosporine) 혹은 타크로리무스(tacrolimus)는 칼슘을 증가시켜 T-세포 수용체의 활성을 가져오는 칼시뉴린(calcineurin)을 저해함으로써 면역을 억제하고, 라파마이신(rapamycin=sirolimus)는 TOR (19장 참고)을 저해함으로써 면역을 억제한다. 그러나 동종 이식편(allograft)에 의한 면역거부 반응을 억제하기 위해 면역억제제들의 사용는 것은 상당한 경제적 비용을 초래한다. 또한 면역억제제의 사용은 종종 다양한 종류의 기관에 손상을 주는 부작용을 일으키는데, 이런 약물들에 의해 환자들의 면역기능이 저하되어 세균에 쉽게 감염되기 때문이다. 성공적인 세포 치료를 위한 면역억제는 이식된 세포와 수혜자의 HLA 대립형질 유전자들 간의 불일치가 작을수록 보다 쉽게 이룰 수 있다. 공여자와 수혜자 사이의 HLA 일치 정도를 결정하는 것은 장기 이식과 최근의 세포이식 치료에 매우 중요한 역할을 담당하는 조직적합 검사(tissue typing)를 바탕으로 한다.

1950년대 이후 일란성 쌍둥이들 사이의 조직 이식에는 면역반응 문제가 없다는 것이 알려져 왔다. 이것은 일란성 쌍둥이들 사이에서는 면역 반응을 일으킬 수 있는 HLA 대립형질 유전자들의 조합이 완벽하게 일치하기 때문이다. 이러한 현상은 한 사람의 신체 일부분을 그 사람의 다른 부분으로 이식하는 **자가 이식**(**autologous graft** 혹은 **autograft**)의 경우에도 동일하다.

위에 언급된 고려 사항들은 만능줄기세포의 활용에 있어서 면역거부 반응의 잠재적 중요성을 시사한다. 이를 극복하기 위한 한 가지 수단은 모든 사람들의 HLA에 부합하는 만능줄기세포주 은행들을 설립하는 것이다. 산술적으로 계산하였을 때 대략 수백 개의 만능줄기세포주들만 확립하면 어떤 사람에게도 면역거부 반응 없이 이식 가능할 것으로 추정된다. 다른 가능성은 환자 개인으로부터 만들 수 있는 유도만능줄기세포(iPS)의 사용이다(아래 참고).

## 조혈줄기세포 이식

여러 종류의 세포이식 치료가 실행되고 있지만 그중에서 압도적으로 가장 많이 실행된 세포이식은 **조혈줄기세포 이식**(**hematopoietic stem cell transplantation**)일 것이다. 조혈줄기세포 이식은 골수 이식(bone marrow transplantation)으로 더 잘 알려져 있지만, 조혈줄기세포는 골수 뿐만이 아니라 말초혈액(peripheral blood), 제대혈(umbilical cord blood)에도 존재한다. 매년 전 세계적으로 약 5만 건의 조혈모세포 이식이 이루어지고 있으며, 대부분은 백혈병과 림프종을 치료하기 위한 목적이고, 일부 암 치료 및 혈액과 관련된 유전질환 치료에도 실시된다. 18장에서 설명한 바와 같이, 조혈줄기세포들은 모든 종류의 혈액과 면역계를 구성하는 세포들로 분화될 수 있으며, 일생 동안 개개인의 골수에서 조골세포와 혈관들에 의해 형성된 삶터(niche)에 존재한다. 강한 방사선 조사 및 항암 화학치료로 조혈줄기세포들을 사멸시키면 삶터(niche)가 비워지게 된다. 이러한 상황에서 기증자의 조혈줄기세포를 이식하면, 이들 세포들은 비워진 삶터를 다시 채우고 모든 혈액세포와 면역세포들을 재생산할 수 있다. 방사선 치료와 항암제 치료 때문에 수혜자는 일반적으로 이식에 대한 면역 부작용이나 거부 능력이 거의 없다. 그러나 조혈세포 이식의 경우는 많은 T-림프구들을 포함하고 있기 때문에 수혜자 조직에 대한 면역 반응을 일으킬 수 있다. 동종이계 이식에서 이러한 공여자와 수혜자의 사이의 면역거부 반응은 이식편대숙주병(graft-versus-host disease)을 유발하여 주요 사망 원인이 된다. 암 치료에서 과량의 방사선 치료와 항암제 사용의 근본 이유는 암의 재발을 방지하기 위하여 암세포의 완전한 소멸을 이루기 위함이다. 항암 치료의 강도에 대한 일반적인 한계는 골수에 존재하는 정상적인 조혈세포들의 항암 치료에 대한 민감성에 달려 있다. 그러나 종종 환자의 골수를 희생하는 과량의 항암제가 투여되기도 하는데, 이때 환자는 건강한 조혈세포 공여자로부터 골수를 이식 받아 골수 손상과 사망을 피할 수 있다. 오늘날 항암 치료의 과정은 이식 세포 자체의 항암효과를 증진시켜 환자의 생체에 남아 있는 소수의 암세포를 사멸시키는 것으로 그 개념이 다소 변하고 있다. 이러한 효과는 이식된 세포들에 포함된 림프구의 종양에 대항하는 면역 반응으로 유도할 수 있으며, 정상적인 이식편대숙주 반응과는 약간 다르다.

동종이계 조혈줄기세포 이식은 이식편대숙주병과 이에 수반되는 면역억제 문제로 인하여 심각한 사망률을 동반하는 위험한 치료과정이다. 따라서 이러한 치료는 생명을 심각하게 위협하는 질병인 백혈병, 림프종, 조혈계의 유전적인 질병 치료에만 사용되고 있다. 다른 많은 면역질환은 면역세포들의 교체에 의해 이론적으로 치료될 수 있다,

동종이계 조혈줄기세포 이식과 더불어 자가유래(autologous) 조혈줄기세포 이식도 이루어지고 있다. 이 경우, 방사선 치료 혹은 항암 치료 전 미리 골수 샘플을 암환자에게서 채취하여 보관하고, 항암 치료를 한 뒤 보관된 환자 당사자의 골수를 재주입하는 방법이다. 따라서 이식에 따른 이식편대숙주병을 피할 수 있다는 이점이 있지만, 앞서 설명한 이식편에 의한 종양형성 억제 효과는 얻을 수 없다. 또 다른 자가유래(autologous) 조혈줄기세포 이식의 문제점은 골수에 존재할 수 있는 소수의 암세포가 재주입되어 환자의 생체에 다시 노출됨으로써 암이 재발할 수 있다는 것이다.

## 고전적인 실험들

### 인간 배아줄기세포

이 논문은 생쥐와 유인원에서 선행적으로 확립된 배아줄기세포와 인간 포배의 내세포 덩어리(inner cell masses)에서 유래하여 성장하는 배아줄기세포를 비교 설명하고 있다.

Thomson, J.A., Itskovitz-Eldor, J., Shapiro, S.S., Waknitz, M.A., Swiergiel, J.J., Marshall, V.S., Jones, J.M. (1998). Embryonic stem cell lines derived from human blastocysts. *Science* **282**, 1145–1147.

동시에 인간 배아줄기세포는 태아 유래 원시생식세포로부터 얻어진 세포들과 유사하다.

Shamblott, M.J., Axelman, J., Wang, S., Bugg, E.M., Littlefield, J.W., Donovan, P.J., Blumenthal, P.D., Huggins, G.R., Gearhart, J.D. (1998) Derivation of pluripotent stem cells from cultured human primordial germ cells. *Proceedings of the National Academy of Sciences USA* **95**, 13726–13731.

비록 조혈줄기세포 이식 성공이 다른 종류의 세포를 이용하는 향후 세포 치료에 대한 중요한 계기가 되었지만, 현재 기대하고 있는 만능줄기세포를 이용한 세포 치료와는 상당히 많은 차이점들이 있다. 첫 번째로 조혈줄기세포 이식의 경우 이식되는 세포는 환자의 줄기세포 삶터에서 혈액과 면역세포를 영구적으로 생산해 낼 수 있는 줄기세포가 된다. 그러나 만능줄기세포를 이용한 세포 이식의 경우 줄기세포가 이식되면 환자의 체내에서 기형종(teratomas)을 형성할 수 있기 때문에, 줄기세포 자체를 이식하는 것이 아니라 줄기세포에서 분화된 체세포가 이식할 대상이 된다. 줄기세포가 자체가 이식되는 것이 아니기 때문에, 이식하기 전에 수혜자 체내의 줄기세포 삶터를 비울 필요가 없다. 또 다른 차이점은 조혈줄기세포 이식은 줄기세포의 체외 배양의 중간 과정이 없이 공여자에게서 추출하여 바로 수혜자에게 이식된다. 예를 들어 자가이식(autograft)의 경우, 환자 본인의 세포들을 체외 배양 없이 본인에게 이식하는 것이다. 이러한 이식은 체외 배양으로 인한 돌연변이의 발생 및 병원성 바이러스 등의 감염을 피할 수 있다. 마지막으로 조혈줄기세포 이식은 주된 합병증으로 이식편대숙주병을 유발할 수 있으나, 림프세포를 포함하지 않는 다른 종류의 세포 이식에서는 이러한 합병증이 일어나지 않는다. 이러한 이유들에 근거하여 만능줄기세포에서 분화된 여러 체세포들의 이식이 조혈줄기세포의 이식보다 안전할 수 있으며, 현재 직면한 많은 기술적 및 규제적인 문제들이 해결되면 보다 보편적으로 이용될 것으로 기대된다.

## 배아줄기세포

### 인간 배아줄기세포

생쥐 **배아줄기세포**는 10장에서 유전적으로 형질전환된 생쥐를 만들기 위한 매개체로서 언급한 바 있다. 본 단원에서는 인간 배아줄기세포(human embryonic stem cells)의 특성과 임상적 차원에서 이 잠재적 활용성에 대해 알아보기로 한다. 생쥐 배아줄기세포와 마찬가지로 인간 배아줄기세포는 착상 전 포배(blastocysts, 배반포)의 내세포 덩어리(inner cell mass)를 추출하고 배양하여 얻는다. 인간 배아줄기세포는 작은 세포로 이루어진 타원형의 콜로니 형태로 자란다(그림 21.1). 현재는 **영양공급세포(feeder cell)**의 존재 없이 인간 배아줄기세포만을 배양할 수 있는 몇 가지 배양액이 개발되어 있으나, 일반적으로 인간 배아줄기세포는 생쥐 태아에서 획득한 영양공급세포와 함께 배양한다. 줄기세포 배양에 동물세포나 동물 유래 산물을 사용할 경우 해로운 바이러스 감염의 위험이 있기 때문에 영양공급세포 없이 줄기세포만을 배양하는 것이 임상적 차원에서 이식치료의 경우에 매우 중요하다.

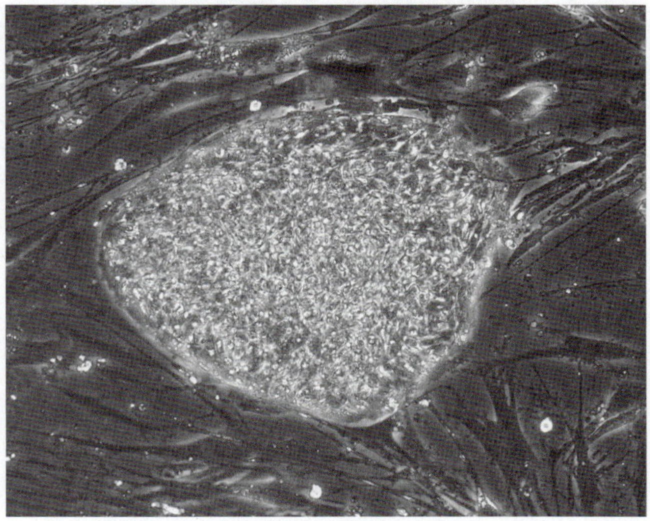

**그림 21.1** 세포 배양 시 인간 배아줄기세포 콜로니(위상차). 콜로니는 몇 백 개의 작은 세포로 이루어져 있고 크고 가늘고 긴 섬유세포의 영양세포층으로 둘러싸여 있다. (인용) Lucas Greder, University of Minnesota Stem Cell Institute.

인간 배아줄기세포는 생쥐 배아줄기세포와 여러 면에서 비

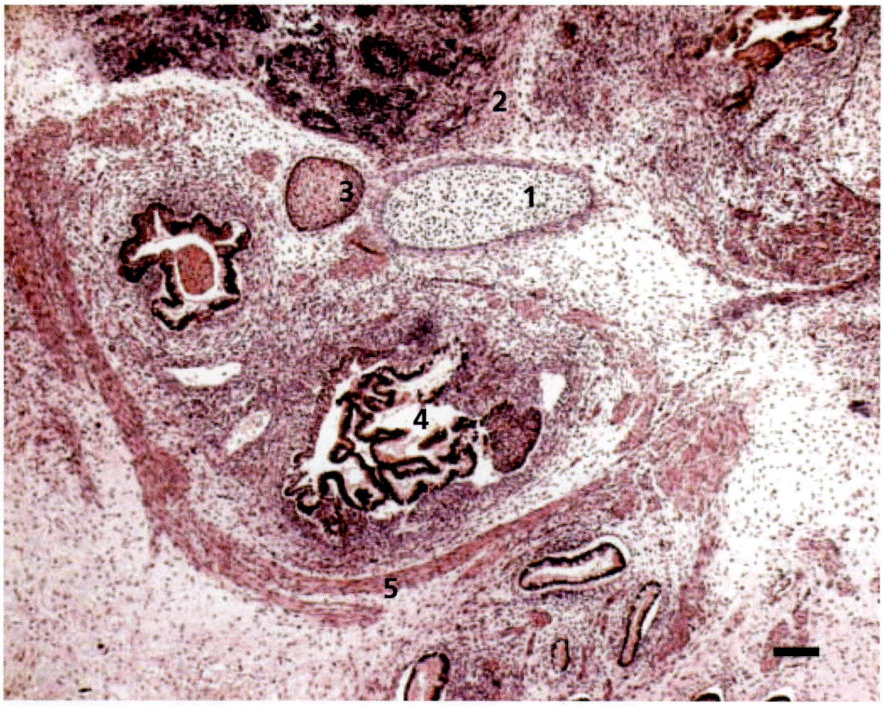


그림 21.2 면역억제 생쥐의 정소에 인간 배아줄기세포를 이식해서 생긴 전형적인 테라토마 현미경 모습. (1) 연골조직(cartilage), (2) 초기 신경세포(primitive neural cells), (3) 중층편평상피(stratified squamous epithelium), (4) 선상피(glandular epithelium), (5) 근육(muscle) Hematoxylin-Eosin stain. Scale bar 800 μm. 헤마톡실린-에오신 염색. 축척자는 800 μm. (인용) Company of Biologists Ltd.의 허락을 얻어 Pera and Trounson, *Development* 2004; 131: 5515–5525의 그림을 재구성하였음.

슷하다. 두 세포 모두 세포의 만능성에 필수적인 전사인자인 OCT4, SOX2, NANOG를 발현한다. 이들 유전자로부터 생성된 단백질은 네트워크를 형성하여 서로 간의 발현을 증가시킴과 동시에 초기 분화를 유도하는 유전자의 발현을 감소시켜 다능한 상태(pluripotent state, 다능성 상태)를 안정적으로 유지하도록 해 준다. 두 가지 세포 모두 체외에서 무한증식할 수 있으며, 다능성을 보유하여 체외배양시 배상체(embryoid body)를 형성하고, 생체 내에 이식될 경우 기형종(teratoma)을 형성할 수 있다(그림 21.2).

그러나 생쥐 배아줄기세포와 인간 배아줄기세포 간에는 많은 차이점들 역시 존재한다. 배양 중 형성하는 콜로니의 모양이 서로 다른데, 인간 배아줄기세포가 생쥐 배아줄기세포다 더 가장자리가 뚜렷하고 편평하면서 둥근 콜로니를 형성한다. 생쥐 배아줄기세포는 1개의 단일 세포로부터 콜로니를 형성할 수 있지만, 인간 배아줄기세포는 이런 능력이 없기에 다수의 세포로 이루어진 작은 세포집합체의 형태로 계대 배양을 한다. 또 다른 차이로 생쥐 배아줄기세포는 다능성 상태를 유지하기 위해서 LIF (Leukemia inhibitory factor)가 필요하지만 인간 배아줄기세포는 FGF2와 activin이 필요하다. X-염색체 불활성화(X-inactivation)와 관련하여, 생쥐 암컷 배아에서 유래된 생쥐 배아줄기세포는 2개의 X 염색체가 모두 활성화되어 있는 반면. 인간 배아줄기세포는 종종 둘 중 1개의 X 염색체가 비활성화되어 있다. 생쥐 배아줄기세포는 체외에서 원시생식세포(primordial germ cells)를 쉽게 형성하지 못하지만, 인간 배아줄기세포는 BMP4를 처리하면 원시생식세포로 분화될 수 있다. 인간 배아줄기세포는 영양외배엽(trophectoderm)으로 분화가 가능하지만 생쥐 배아줄기세포는 영양외배엽으로 분화할 수 없다.

생쥐에서는 착상 후 배반엽상층(epiblast) 세포를 추출하여 배아줄기세포와 유사한 세포로 배양하는 것이 가능하다. 이 세포를 배반엽상층 유래줄기세포(EpiSC)라 부르며, 인간 배아줄기세포와 매우 유사한 특징들을 나타낸다. 더불어 생쥐 배아줄기세포는 포배(blastocyst)에 주입했을 때 키메라(chimeras)가 쉽게 형성되는 반면, 배반엽상층유래 줄기세포는 키메라를 형성하기 어렵다. 윤리적인 문제로 인하여 실험이 실행될 수 없기에, 인간 배아줄기세포가 초기 인간 배아에 주입되었을 때 모든 조직의 세포로 발달되는지는 알려져 있지 않다. 인간 배아줄기세포와 생쥐 배반엽상층유래 줄기세포는 마이크로어레이(microarray)와 RNA-서열 분석법으로 비교했을 때 유전자 발현 패턴이 유사한 것으로 보인다.

정확히 알려져 있지는 않지만 생쥐 배아줄기세포의 실제 기원은 착상 전 배반엽상층으로 생각되고 있는 반면, 인간 배아줄기세포와 배반엽상층유래 줄기세포는 착상 후 배반엽상층에서 유래된 것으로 추정하고 있다. 배아줄기세포의 진정한 기원이 어느 세포이든 간에, 이들이 줄기세포는 아니다. 초기 배아 내에 존재하는 모든 세포들은 일시적으로 존재할 뿐 곧 특정 조직이나 세포로 분화된다. 이런 이유 때문에 배아줄기세포는 체내에서는 지속적으로 유지되는 줄기세포가 아닌 체외 배양 시에 만들어지는 다소 인공적인 줄기세포(*in vitro* artifact)라 할 수 있다. 그러나 이런 사실에도 불구하고 배아줄기세포는 여러 다양한 분야로의 응용 가능성 때문에 그 가치를 인정받고 있다.

인간 배아로의 이식실험은 윤리적인 문제가 있기 때문에, 새롭게 확립한 인간 배아줄기세포주의 다능성 보유 유무는 테라토마 형성 분석(그림 21.2)으로 검증한다. 주로 생쥐의 피하나 근육 내에 세포를 주입하여 테라토마 형성능력을 관찰하며, 형성된 테라토마 내에서 초기 정상 배아의 3종류 배엽인 **외배엽(ectoderm)**, **중배엽(mesoderm)**, **내배엽(endoderm)**으로부터 유래되는 세포의 존재 유무로 다능성 보유 여부를 판단한다. 테라토마 형성 실험에는 면역력이 억제된 생쥐인 NOD-SCID (nonobese diabetic, severe combined immunodeficiency)을 사용한다. 그렇지 않으면 이식된 인간세포가 생쥐의 면역 체계에 의해서서 소실될 수 있다. NOD (non-obese diabetes)는 선천적 면역 체계에 결함이 있어 발생 과정에서 인간의 제1형 당뇨병과 유사한 자가면역성 당뇨가 발생한다. SCID (severe combined immunodeficiency)는 T 림프구나 B 림프구의 성숙 과정에서 유전자 재배열에 필요한 DNA 수선효소(DNA repair enzyme)의 결핍이 일어난 것을 의미한다. NOD-SCID 생쥐는 SCID 결핍에 의해 일어나는 자가면역 반응이 NOD 생쥐에 의해서 발생 과정에서 발병하는 자가면역성 당뇨병을 막아 주기 때문에 실제로 당뇨병을 갖지는 않는다. 이 두 가지 면역 결핍의 조합으로 인해서 이종의 세포 이식이 가능하므로, 이 생쥐는 테라토마 형성이나 다른 목적의 실험에 흔히 사용된다. 그러나 이런 면역결핍 때문에 감염에 매우 민감해서 사육할 때 세심한 주의를 기울여야 한다.

**다능성(pluripotent)**이라는 단어는 배아줄기세포가 다양한 종류의 세포로 분화할 수 있는 능력을 일컬을 때 사용된다. 생쥐 배아줄기세포는 키메라나 체외에서 영양외배엽(trophectoderm)으로 분화되지 못하기 때문에, 일반적으로 배아줄기세포가 "**분화전능성(totipotent)**"을 보유한다고 할 수는 없다. 모순적이게도, 생쥐 배아줄기세포보다 더 성숙한 분화시기에 있다고 알려진 인간 배아줄기세포는 영양외배엽으로 분화할 수 있다. 그러나 현재는 인간 배아줄기세포에서는 "분화전능성"이라는 용어는 사용하지 않고 수정란에만 국한하여 사용하고 있다.

인간 배아줄기세포의 생산을 위한 배아는 체외수정(IVF) 시술과정에서 형성된다. 일반적으로 한 달에 한번 성숙이 일어나는 난모세포(oocyte)와 달리, 체외수정의 목적으로 다량의 난모세포를 동시에 성숙시키기 위하여 환자는 과량의 호르몬 주사를 맞는다. 이러한 한 주기의 호르몬 주사로 인해 획득한 10~12개의 난모세포를 정자와 체외에서 수정시킨 후, 며칠 동안 착상전 배아(preimplantation embryo)로 발달시킨다. 다태임신(multiple pregnancy)의 위험성 때문에, 현재 한 번의 시술에 2개 이상의 배아를 착상에 사용하는 것은 비윤리적인 일로 받아들여진다. 따라서 잔여 배아는 차후에 사용될 가능성에 대비하여 냉동보존한다. 만약 첫 번째 착상 시술이 성공적이지 못하다면, 호르몬 자극과 난모세포 획득을 위한 또 다른 주기를 시행하지 않고, 냉동보존된 배아 중 2개의 배아를 해동하여 다시 착상 시술에 사용할 수 있다. 하지만 초기에 냉동된 배아가 모두 사용되는 일은 흔하지 않다. 중도에 임신이 성공될 수도 있으며, 어떠한 이유에서든 더 이상의 착상 시술을 원치 않을 수도 있다. 따라서 체외수정을 실시하는 대부분의 병원은 액체 질소에 보관된 다량의 배아를 보유하고 있으며, 어느 시점에서 과잉의 배아는 소멸되어야 한다. 이때, 첫 번째 방법은 간단하게 배아를 버리는 것이지만, 또 다른 방법으로는 새로운 배아줄기세포주의 확립과 같은 연구의 목적으로 배아를 기증하는 것이고, 실제로 이러한 기증에 많은 부모들이 기꺼이 동의한다. 미국립보건원(NIH)과 그 밖의 다른 나라의 유사한 기관에 의해 제시된 조직 기증을 위한 윤리적 지침이 있다. 이러한 지침은 배아가 연구 목적을 위하여 만들어져서는 안 되며, 배아의 기부에 대한 보상을 제공해서는 안 된다는 것을 포함하고 있다. 더불어 배아를 기증한 부모들이 그 세포가 어떻게 사용될 것인지에 대해서 충분히 인지할 수 있어야 한다.

이러한 규제 조치의 제정에도 불구하고, 몇몇 사람들은 착상전 인간의 배아가 다양한 연구에서 비윤리적으로 사용될 가능성에 대한 우려의 목소리를 내고 있다. 이러한 쟁점에 대한 토론의 결과 여러 나라에서는 연구 목적으로 배아를 사용하는 것에 대해 반대하는 법안을 입법화하였다. 현재, 영국, 스웨덴, 호주, 싱가포르와 같은 몇몇 국가에서 당국의 허가를 받고 인간 배아줄기세포를 만들고 사용할 수 있다. 반면 몇몇 나라에서는 새로운 인간 배아줄기세포 주를 만드는 것 자체를 금지하고 있다. 미국의 경우에는 배아줄기세포 연구 활동에 대한 연방정부 차원의 금지 법령은 없지만, 인간 배아와 연관된 연구를 위하여 연방 정부의 연구 기금을 사용하는 것은 금지되어 있다.

## 인간 배아줄기세포의 응용

인간 배아줄기세포에 대한 관심은 이로부터 분화된 세포를 이용한 세포이식 치료(cell transplantation therapy)의 가능성에 집중되어 있다. 심장병, 암, 당뇨, 관절염, 그리고 퇴행성 뇌신경질환을 포함하는 대다수의 질병들은 특정 세포들의 손실이나 손상에 의해 일어나며, 인간 배아줄기세포는 이러한 손상된 조직이나 기관을 재건하기 위한 목적으로 이식될 건강한 세포들의 훌륭한 공급원이 될 수 있다. 이와 관련된 첫 번째 임상 시험이 현재 진행 중이다. 이러한 임상적 차원의 응용에 더하여 다른 차원에서도 인간 배아줄기세포가 활용될 수 있는데, 아래

| | | | | | |
|---|---|---|---|---|---|
| 발생 유도 단계: | 내배엽 → | 장관 → | 앞 창자 후미 → | 췌장 싹 → | 내분비 세포 |
| 배양에 사용된 물질: | Activin Wnt | FGF10 Cyclopamine | FGF10 Cyclopamine Retinoic acid | DAPT Exendin 4 | IGF1 Exendin 4 HGF |
| 배양에 사용된 배양액: | RPMI RPMI+0.2% serum | RPMI 2% serum | DMEM 1% B27 | DMEM 1% B27 | CMRL 1% B27 |
| 단계별 최대 기간: | 4일 | 4일 | 4일 | 3일 | 3+ 일 |

**그림 21.3** 인간 배아줄기세포의 분화를 조절하기 위하여 사용된 과정의 예 (이 경우에는, 췌장 β-세포로의 분화). 총 5개의 단계를 거쳐 분화가 이루어지는데 각 단계는 다른 배양액과 인자 그리고 다음 발달 결정 단계를 조절하기 위한 억제제를 처리하게 된다. Oxford University Press의 허락을 얻어 Slack, *Stem Cells. A Very Short Introduction* ,Oxford University Press 2012의 그림의 재구성하였음.

에서 살펴보고자 한다.

첫 번째는 인간의 초기 발달과정을 연구하는 목적으로 활용하는 것이다. 착상 전의 초기 배아를 얻는 어려움과 연구 목적으로 배아를 사용하는 데 따르는 윤리적 문제로 인하여 인간의 발생 과정은 아직 완벽히 이해되어 있지 않다. 비록 전반적인 발생 과정은 다른 척추동물의 것과 매우 유사하지만 세부적인 관점에서는 분명히 차이가 있으며, 이러한 차이는 인간 배아 발생의 직접적인 연구에 의해서만 알아낼 수 있다. 따라서 인간 배아줄기세포의 분화를 통하여 체외에서 정상 발생 과정과 유사한 과정을 진행하는 인간세포를 분석함으로써 다른 방법으로는 접근 불가능한 인간 발생의 몇몇 측면을 조사할 수 있을 것으로 생각되고 있다.

두 번째는 약물 스크리닝(drug screening)을 위한 인간 세포를 얻는 유용성이다. 심장 근육세포와 같은 몇몇 세포들은 획득하기가 매우 어려우며 간세포는 획득한 후 체외 유지가 어렵다. 여러 약물들이 심장에 부작용을 일으키기 때문에 약물에 대한 심장 근육세포의 반응은 매우 중요한 요소이며, 이러한 테스트는 신약 개발의 초기 단계에서 이루어지는 것이 무엇보다 중요하다. 약물이 섭취되고 장에 흡수된 뒤 가장 먼저 간에서 대사가 되면서 그 약물의 활성과 독성이 변화될 수 있기에 약물 스크리닝에 간세포를 이용하는 것은 매우 중요하다.

세 번째는 배아줄기세포에서 분화되는 세포를 이용하여 여러 유전병에 대한 세포병리학적 연구수행을 가능하게 할 수 있다. 이러한 경우는 배아줄기세포보다는 유전자형(genotype)을 알고 있는 각 환자로부터 획득할 수 있는 유도만능줄기세포(induced pluripotent stem cell, iPSC)를 활용하는 것이 더 효과적일 것으로 기대된다.

인간 배아줄기세포를 특정 종류의 세포로 분화시키기 위한 전략은 인간 발생과정의 충분한 이해와 인간의 발생 과정이 다른 척추동물의 것과 유사할 것이라는 가정을 토대로 한다. 어떤 특정 종류의 세포의 형성은 발생 과정에서 일어나는 세포의 운명에 대한 순차적 결정(decision)에 기인한다. 예를 들어 췌장 β-세포를 분화시키기 위한 목적에서, 배아줄기세포는 우선적으로 내배엽성 세포로 전환될 필요가 있다. 이후 앞쪽 내배엽(anterior endoderm), 췌장싹 조직(pancreatic bud tissue), 내분비성 전구세포(endocrine progenitor) 단계를 따라 분화가 된 후 최종적으로 β-세포로 분화되는 것이다. 이러한 단계를 거치기 위해서는, 세포는 일반적인 발생 과정 동안 경험하는 것과 같은 농도로 적절한 시간에 일련의 다양한 유도인자에 순차적으로 노출되어야 한다. 보통, 이러한 과정 동안 4~6단계의 처리를 거치게 되는데, 배아줄기세포가 분화되면서 단계별 각각의 처리는 분화되는 세포들이 그 다음 단계의 처리에 대하여 더욱 더 수용적(competent)인 상태로 만든다. 결국 최종 결과물은 분화된 원하는 세포의 군집이 된다. 그러나 배양 접시 내의 환경은 온전한 배아에서의 환경과는 다르며, 배아줄기세포주의 종류에 따라서 주어진 환경에 약간씩 다르게 행동하고 분화된다. 이러한 이유로 인하여 합리적인 분화 전략의 설계와 더불어 경험적인 노하우가 필요하기도 하며, 실험실마다 다소 차이가 있는 프로토콜을 사용하기도 한다. 그러나 분화 과정 중 필수적인 단계는 모든 실험실에서 공통적으로 공유하고 있으며, 인간 배아줄기세포로부터 인슐린을 생산하는 세포를 얻기 위한 프로토콜의 예를 그림 21.3에 도식화하였다.

## 맞춤 만능줄기세포

### 체세포 핵 이식

첫 번째 체세포 핵 이식(somatic cell nuclear transfer) 실험은 개구리 배아를 이용하여 수행되었다. 이 첫 핵 이식 실험은 모든 종류의 세포에서 모든 유전자는 핵에 존재한다는 것을 입증하기 위해 실행되었다. 포배기 세포로부터의 채취한 핵은 핵이

## 고전적인 실험들

### 체세포 핵 치환

Briggs와 King의 논문은 핵이 제거된 제2난모세포에 성공적인 핵치환을 하여 독자 생존이 가능한 배아를 형성한 첫 번째 예이다. Gurdon은 이러한 연구를 확장시켜 분화된 세포를 사용하여 핵의 행동에 대해서 세부적으로 연구하였다. Wilmut 등의 논문은 Dolly와 같은 복제 양의 창조와 함께 포유류로의 방법론적 확장을 기술하고 있다

Briggs, R. & King, T.J. (1952) Transplantation of living nuclei from blastula cells into enucleated frogs' eggs. *Proceedings of the National Academy of Science USA* **38**, 455-463.

Gurdon, J.B., Laskey, R.A. & Reeves, D.R. (1975) The developmental capacity of nuclei transplanted from keratinized cells of adult frogs. *Journal of Embryology and Experimental Morphogy* **34**, 93–112.

Wilmut, I., Schnieke, A.E., McWhir, J., Kind, A.J. & Campbell, K.H.S. (1997) Viable offspring derived from fetal and adult mammalian cells. *Nature* **385**, 810–813.

제거된 제2난모세포에 주입되어 재프로그램되어 일반적인 배아 발생 과정을 유도할 수 있음이 밝혀졌다. 단일 포배기(single blastula)로부터 얻은 핵들을 핵이 제거된 다량의 난모세포들에 주입함으로써 유전적으로 동일한 복제 개구리 클론을 만들 수 있다(그림 21.4). 이 실험에서 포배기의 핵은 높은 비율로 배아를 생산하지만, 포배기 이후 단계로부터 얻은 핵은 배아 생산의 확률이 낮아지며, 성체의 분화된 세포로부터 얻은 핵을 이용할 경우 거의 배아를 생산할 수 없다. 예를 들어, 양서류인 아프리카발톱개구리의 분화된 피부 각질세포로부터 얻은 핵은 매우 낮은 효율로 올챙이 발생을 유도할 수 있다.

잘 알려진 복제양 돌리(Dolly)의 탄생에 연이어, 핵이 제거된 제2난모세포로의 핵치환(nuclear transplantation)이 생쥐, 흰쥐, 소에서도 수행되었다(그림 21.5). 제노푸스의 경우처럼 초기 발생단계에서 얻어진 공여핵(donor nuclei)은 매우 낮은 효율을 보였으나, 충분한 양의 난자를 사용했을 때 배아가 일부 생성되었다. 이 방법이 현재 "**체세포** 핵이식(**somatic cell** nuclear transfer)" 또는 줄여서 SCNT로 알려진 방법이다. 체세포는 체내에서 생식세포(germ cell)가 아닌 모든 세포를 일컫는다. 체세포 핵이식은 남은 반수체 난자핵과 함께 만들어진 삼배체 세포의 형성을 제외하곤 인간에서 성공하지 못했다. 이 방법이 인간에서 성공한다 하더라도, 복제인간을 만드는 비윤리적인 시도에 이용될 수도 있다. 더불어 핵치환 방법에 의해 태어난 동물 배아의 연구결과는 이 방법에 의해 많은 발생 장애, 특히 DNA 메틸화(DNA methylation), 히스톤 변형(histone modification), 각인된 유전자(imprinted gene)의 발현 등을 포함하는 후생유전적 기형이 발생될 수 있음을 시사하고 있다(10장 참고).

그림 21.4 아프리카발톱개구리에서 수행된 체세포 핵 치환 실험. 모든 알비노 개구리들은 하나의 수컷 알비노 배아의 포배기 핵으로부터의 자손이며, 이 배아의 복제물이다. 난세포 군은 암컷에서 보이듯이 착색되어 있다. (인용) Nature Publishing Group의 허락을 얻어 Gurdon and Colman. *Nature* 1999; 402; 743-746의 그림을 재구성하였음.

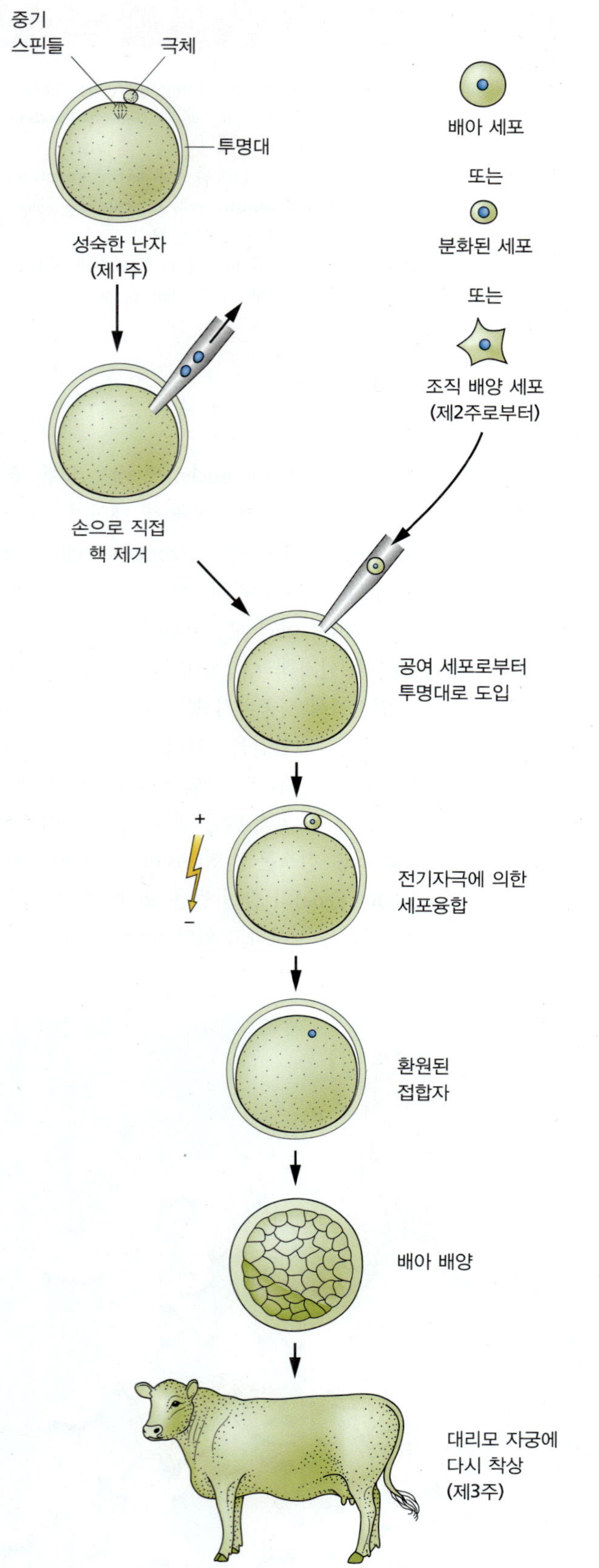


**그림 21.5** 완전한 포유동물 복제를 위한 순서. 복제된 동물은 난자로 주입된 세포 핵의 유전적 특성을 갖게 된다.

극소수의 사람들만이 체세포 핵치환을 이용한 인간복제를 지지할 뿐, 대다수 과학계 종사자들은 체세포 핵이식에 의해 만들어진 초기 배아를 이용해 배아줄기세포주(ES cell lines)를 확립하고자 한다. 이렇게 확립된 줄기세포는 핵 기증자와 유전적으로 동일하므로, 핵 기능자의 체내로 면역 거부 없는 이식이 가능하다. 이 과정은 실질적인 복제인간 생산을 수반하지 않기 때문에 **치료적 복제(therapeutic cloning)**라고 한다. 비록 이 방법도 윤리적인 논쟁을 불러일으키지만, 실제로 인간에서 성공한 사례는 없다. 뿐만 아니라, 윤리적인 논쟁을 피하는 맞춤형 줄기세포를 만들기 위한 노력의 일환으로 **유도만능줄기세포(induced pluripotent stem cells, iPS cells)**가 최근에 개발되었다.

## 유도만능줄기세포

배아줄기세포(ES cells)와 거의 동일한 특성을 지니는 유도만능줄기세포(iPS cells)는 특정 유전자를 일반 세포에 주입하여 생성할 수 있으며, 재프로그램되어 배아줄기세포과 유사한 상태가 된 세포만 선별적으로 배양될 수 있는 조건에서 콜로니 형태로 자라난다(그림 21.6, 21.7). 초기에 사용된 도입용 유전자는 *Oct4, Sox2, Klf4,* 그리고 *Myc*이며, 이 방법을 개발한 사람의 이름을 따서 “야마나카 인자(Yamanaka factor)”라고 한다. OCT4와 SOX2는 배아줄기세포의 전분화능을 조절하는 핵심 전사조절인자다. *Klf4*와 *Myc*의 기능은 아직 많이 알려져 있지 않으나, 둘 다 배아줄기세포에서 발현되며 부적절하게 활성화되면 암을 유발하는 **발암유전자(oncogene)**로 알려져 있다. 이 유전자들은 세포분열을 촉진하거나 OCT4와 SOX2가 염색질에 접근하기 쉽게 자리를 만드는 역할을 할 것으로 여겨진다. 생쥐의 섬유모세포(fibroblast)에 레트로바이러스 벡터(retroviral vector)를 매개로 하여 야마나카 인자를 도입하면, 대략 10,000개의 세포당 1개의 배아줄기세포 콜로니가 얻어진다. 인간 세포의 경우, 그 콜로니 형성 확률이 더 낮지만, 여분의 유전자들을 함께 도입하거나, 히스톤 데아세틸라아제 억제제(histone deacetylase inhibitor)로써 염색질을 풀어 게놈에 전사조절인자의 접근성을 높여 주는 발프로산(Valproic acid) 같은 물질을 처리하면 확률을 높일 수 있다. 후속 연구를 통하여 야마나카 인자 중에서 *Oct4*만이 실제로 필수적이며, 다른 유전자는 보통 *Nanog* 같은 배아줄기세포 전능성 인자들 혹은 세포분열을 유도하는 유전자들로 대체될 수 있음이 알려졌다. 필수적인 요구조건은 이들 유전자의 과발현(overexpression)이 배아줄기세포 특성인 전능성에 관련된 자가촉매적 네트워크(autocatalytic network)를 활성화할 수 있어야 한다는 것이다. 이런 재프로그램 과정의 효율을 높이기 위하여 miRNA를 이용해 다른 요소를 저해하는 방법도 이용될 수 있다. 예를 들면, 사이클린-의존

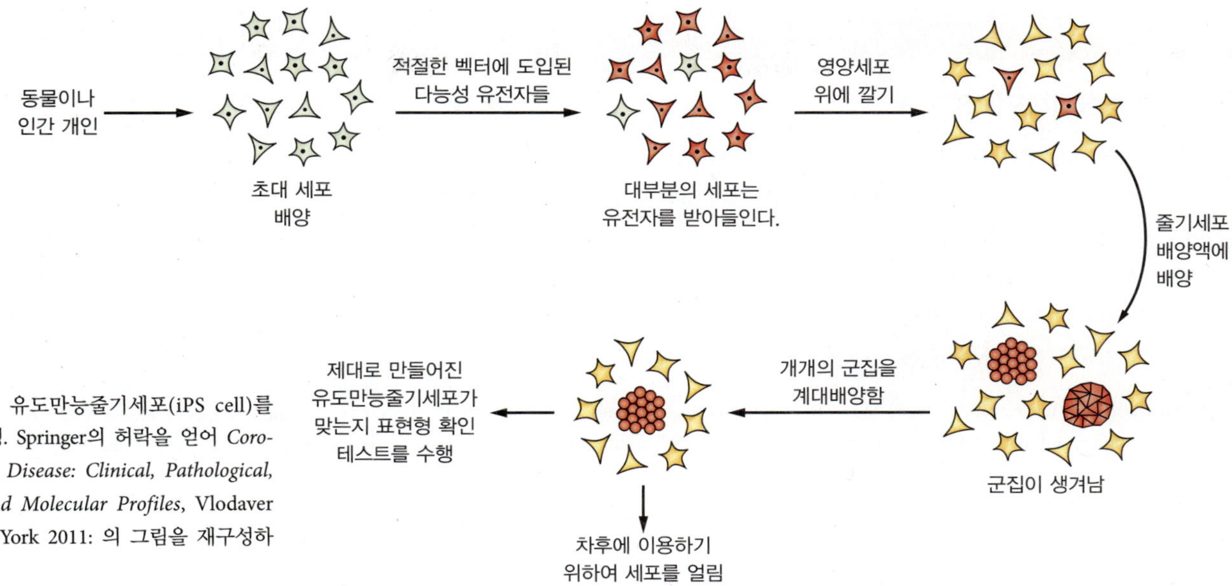


**그림 21.6** 유도만능줄기세포(iPS cell)를 만드는 과정. Springer의 허락을 얻어 *Coronary Heart Disease: Clinical, Pathological, Imaging and Molecular Profiles*, Vlodaver (ed.), New York 2011: 의 그림을 재구성하였음.

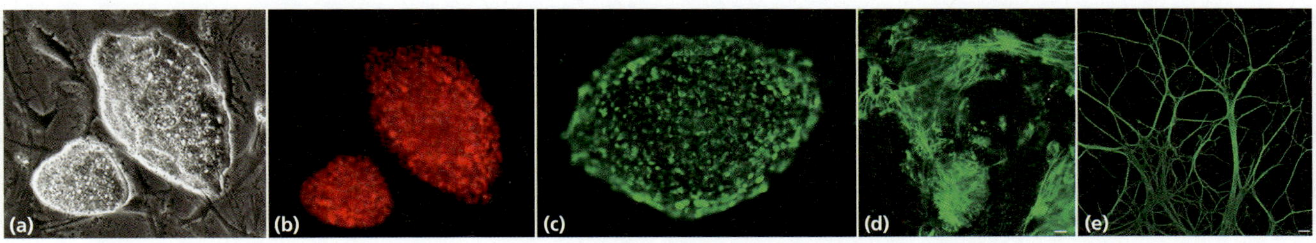


**그림 21.7** 유도만능 줄기세포(iPS cell). (a, b) 생쥐 유도만능줄기세포의 위상차 사진과 NANOG의 발현(형광염색, 빨간색). (C) 인간 유도만능줄기세포의 군집. TRA1-81 형광염색(초록색). (d, e) 생쥐 유도만능줄기세포의 분화 (d) 심장 근육세포는 cardiac troponin (초록색)으로 형광염색됨. (e) 뉴런은 신경필라멘트 단백질(neurofilament protein, 초록색)로 형광염색됨. (인용) Lucas Greder (part c), Jamens Dutton (part a, b, d, e), University of Minnesota Stem Cell Institute.

성 키나아제(cyclin-dependent kinase)의 길항제(antagonist)를 생산하는 *Ink/Arf* 유전자와 p53 (20장 참고)의 발현을 감소시켜 유도만능줄기세포 생산 효율을 높일 수 있다.

유도만능줄기세포는 다양한 포유류 종에서 만들 수 있다. 생쥐 유도만능줄기세포를 생쥐 포배에 주입하면 생쥐 배아로 통합된 후 생식세포를 포함하는 모든 조직의 세포로 분화가 가능함이 밝혀졌다. 이 방법은 만능성을 확인하는 가장 대표적이고 신뢰성 있는 테스트이다. 또한 섬유모세포가 아닌 다른 체세포로도 유도만능줄기세포를 만들 수 있음이 알려졌다. 특히 혈액에서 분리한 림프구를 적절한 성장인자 또는 렉틴(lectin)으로 자극하여 분열시키면, 유도만능줄기세포를 만들기 위한 체세포로서 사용 가능하다. 혈액은 각 개인으로부터 쉽게 얻을 수 있기 때문에, 이 실험 결과는 매우 중요한 의미성을 갖는다. 림프구처럼 항체유전자 재배열 또는 T 세포 수용체 유전자 재배열이 이미 일어난 세포가 유도만능줄기세포가 될 수 있다는 것은 고도로 분화된 세포도 적절한 전사인자만 이용하면 재프로그램될 수 있음을 시사한다.

레트로바이러스 벡터 또는 렌티바이러스 벡터(lentiviral vector)를 통해 전달된 유전자는 수혜 체세포의 염색체 내에서 높은 수준으로 발현이 유도된다. 바이러스가 침투시킨 이들 외래 유전자는 궁극적으로 후에 "비활성화(silenced)"되는데, 아마도 게놈에 침투한 외래 유전자 주위의 염색질에 대한 전사인자 복합체(transcription machinery)의 접근이 어렵게 되기 때문으로 여겨진다. 도입된 유전자의 지속적인 활성은 전능성 상태를 지속적으로 유지하게 하기 때문에 세포의 분화를 억제한다.

생성된 유도만능줄기세포의 특성을 조사하고, 이들 세포주가 진정한 배아줄기세포와 유사한 표현형을 보유하는지를 검증하는 몇 가지 표준검사 방법이 있다. 이런 방법에는 적절한 유전자 발현 패턴, 정확한 세포 표면 마커(cell-surface markers)와 알칼리 포스파타아제 활성의 유무, 전능성 유전자 프로모터의 DNA 탈메틸화, 그리고 모든 삼배엽 세포로 분화할 수 있는 배상체(embryoid body) 형성 능력 등이 포함되어 있다. 또

## 고전적인 실험들

### 유도만능줄기세포(iPSC)

첫 번째 논문은 생쥐 섬유모세포에 후보 유전자 칵테일을 도입하고 선택적인 배양액에 배양함으로써 배아줄기세포와 유사한 세포를 만든 것에 대해 기술하고 있다. 다음 두 번째 논문은 유사한 방법으로 인간 유도만능줄기세포를 만든 방법에 대해 묘사하고 있다. 마지막 논문은 유도만능줄기세포를 이용하여 세포 이식 치료가 가능할 수 있음을 증명한 중요한 논문이다.

Takahashi, K. & Yamanaka, S. (2006) Induction of pluripotent stem cells from mouse embryonic and adult fibroblast cultures by defined factors. *Cell* **126**, 663-676.

Yu, J., Vodyanik, M.A., Smuga-Otto, K., Antosiewicz-Bourget, J., Frane, J.L., Tian, S., Nie, J., Jonsdottir, G.A., Ruotti, V., Stewart, R., Slukvin, I.I. & Thomson, J.A. (2007) Induced pluripotent stem cell lines derived from human somatic cells. *Science* **318**, 1917-1920.

Takahashi, K., Tanabe, K., Ohnuki, M., Narita, M., Ichisaka, T., Tomoda, K. & Yamanaka, S. (2007) Induction of pluripotent stem cells from adult human fibroblasts by defined factors. *Cell* **131**, 861-872.

Hanna, J., Wernig, M., Markoulaki, S., Sun, C.- W., Meissner, A., Cassady, J.P., Beard, C., Brambrink, T., Wu, L.- C., Townes, T.M. & Jaenisch, R. (2007) Treatment of sickle cell anemia mouse model with iPS cells generated from autologous skin. *Science* **318**, 1920-1923.

한 분화한 세포는 정상적인 핵형(karyotype)을 보유하여야 하며, 바이러스 유래 유전자들은 완전히 비활성화되어야 한다. 생쥐 배아줄기세포의 중요한 특징 중 하나는 초기 생쥐 배아에 주입하면 **키메라(chimera)**를 형성하는 능력이다. 이론적으로, 이런 키메라는 생식계열 키메라(germ-line chimera)로서, 공여세포의 일부가 생식세포(동물의 성에 따라 정자 또는 난자)가 된다는 뜻이며, 이들 생쥐는 배아줄기세포 유전형과 같은 자손을 만들 수 있다. 또 다른 검사는 사배체 구제검사(tetraploid rescue test)이다. 두 세포가 전기충격융합(electric pulse-induced fusion)에 의해 하나의 세포가 된 **사배체(tetraploid**, 염색체 수가 정상 세포의 두 배) 숙주배아(host embryo)가 있다고 가정하자. 아직 이해되지 않은 이유에 의해 사배체 배아세포는 태반 구조는 형성하지만 태아조직은 전혀 만들지 못한다. 하지만 질적으로 우수한 배아줄기세포를 사배체 숙주배아에 주입하면, 숙주세포가 형성하지 못하는 전체 태아조직이 이식된 배아줄기세포에 의해 발달되어 온전한 태아를 형성할 수 있게 된다. 이런 현상이 유도만능줄기세포를 대상으로 한 연구에서도 관찰되는 것으로 알려졌다.

윤리적 이유 때문에 인간 유도만능줄기세포를 배아에 주입할 수 없으므로, 일반적으로 면역억제동물(immunodeficient host animal)에 세포를 주입하여 기형종이 생성되는지 여부를 검사할 수 있다. 좋은 질의 유도만능줄기세포는 기형종을 형성하며 이 기형종은 배아의 모든 **세 배엽(germ layer**: 외배엽, 중배엽, 내배엽)에서 유래되는 특징적인 조직들을 모두 포함하고 있어야 한다.

테트라사이클린(tetracycline)이 투여되었을 때만 야마나카 유전자들이 발현되는 유도만능줄기세포로부터 생쥐가 만들어졌다. 생쥐 내의 추가적인 rtTA 존재로 야마나카 유전자는 독시사이클린(doxicycline) 처리로 발현될 수 있다. 이 생쥐의 섬유모세포를 이용하여 "이차적인" 유도만능 줄기세포 효율이 5%로 더 높았으며 역분화 과정에 관련된 일부 기전에 대한 연구가 가능했다. 이런 실험을 통해 바이러스 벡터로 도입한 유전자 방식의 경우, 유도만능줄기세포 콜로니는 7일 만에 보이기 시작하지만, 실제로 유전자들이 활성화되어 유도만능줄기세포가 생성되기까지는 약 12일이 필요하다는 것이 밝혀졌다. 앞서 언급한 여러 실험으로 말미암아 다양한 분화 세포로부터 유도만능줄기세포를 만들 수 있다는 사실과 낮은 효율은 전능성 네트워크 유전자 부근의 염색질에 대한 전사조절물질의 접근성과 같은 확률적 문제에서 비롯될 수 있음이 알려졌다.

배아줄기세포와 흡사한 좋은 질의 유도만능줄기세포라 할지라도, 콜로니 형성에 따르는 무작위적 변수 때문에 불완전한 세포주를 확립할 가능성이 존재한다. 일반적으로 유도만능줄기세포는 아마도 DNA 메틸화 형태로 암호화되어 있는 원래 세포에 대한 일종의 "기억"을 갖고 있다고 알려졌으며, 이 때문에 다른 종류의 세포보다는 유도만능줄기세포가 되기 전 원래 종류의 세포로 쉽게 분화하는 편향성을 갖는다.

### 환자 맞춤형 유도만능줄기세포주

비록 환자 개개인으로부터 핵 치환 기술로 만든 배아줄기세포주("치료적 복제")의 치료적 효용성에 대하여 앞서 언급한 바 있지만, 인간 난자를 얻기 힘들다는 점과 낮은 성공률 때문에 실용성이 매우 낮다. 반대로, 유도만능줄기세포주는 난자 없이 약간의 환자 피부나 혈액 샘플로도 확립할 수 있다. 섬유모세포는 진피층의 생검으로 채취하여 배양 가능하며, 백혈구는 혈액에서 분리하여 렉틴(lectin) 또는 성장인자를 처리하여 분열을 유도할 수 있다. 이미 많은 유도만능줄기세포주가 유전질환이나 돌연변이를 갖는 환자로부터 만들어졌다. 환자 맞춤형 줄기세포주의 가장 큰 장점 중의 하나는 체세포 공여자와 면역학적으로 완전히 동일한 모든 분화세포를 만들 수 있다는 점이며, 따라서 면역억제제의 필요 없이 이식이 가능하다는 점이다.

### 유전자 삽입의 문제점

원래 유도만능줄기세포를 만드는 방법은 유전자를 전달하는 벡터로서 복제 능력이 소실된 레트로바이러스나 렌티바이러스를 사용한다(13장, 그림 13.4 참고). 이런 종류의 바이러스는 RNA 게놈을 갖는데, 이는 감염 후에 DNA 사본으로 역전사가 가능하다. 이 DNA는 감염된 세포의 게놈에 통합될 수 있으며, 유도만능줄기세포가 바이러스에서 유래된 DNA를 지속적으로 보유하게 된다. 일반적으로 이런 유전자들은 일정 기간이 지나면 비활성화되는 것으로 알려져 있다.

외부 유전자의 삽입(gene insertion)은 삽입 과정 동안 숙주세포의 유전자의 구조적 혹은 기능적 손상을 초래하거나 비정상적인 활성화를 유도할 수 있기 때문에 돌연변이를 만들 수 있다. 게다가 삽입된 전분화능 관련 유전자들(야마나카 인자)은 비활성화된 후 나중에 낮은 비율이지만 재활성화되어 암 형성을 유발시킬 가능성도 있다. 이런 현상은 유도만능줄기세포 키메라에서 생산된 생쥐에서 확인되었는데, 특히 *Myc* 유전자를 유도만능줄기세포를 만드는 인자 중 하나로 이용할 때 암 형성의 확률이 증가한다. 이러한 위험성 때문에, 실질적으로 임상에서 환자 특이적인 세포를 이식치료에 이용하기 위해서는 도입된 유전자가 숙주세포의 게놈 상에 삽입되지 않는 방법이 필요하다. 최근에 개발된 가장 효과적인 방법 중 하나는 에피솜(episome)을 이용하는 방법이다. 에피솜은 고유의 복제 개시점(origin of replication)을 갖는 환형(circular) DNA다. 이 환형 DNA는 숙주세포 게놈으로 거의 삽입되지 않으며, 세포가 분열함에 따라 각 분열된 세포에서 희석되면서 소실된다. 또 다른 방법은 센다이 벡터(Sendai vector)를 이용하는 방법으로서, 동물 병원성 센다이 바이러스에서 유래한 자기복제능력을 상실한 벡터다. 센다이 바이러스는 외가닥 RNA (single-stranded RNA) 게놈을 갖는데, 세포질 내에서 이중가닥 RNA (double-stranded RNA) 형성을 통해서만 복제가 가능하다. 다시 말하면, 이 바이러스는 결국 세포분열 과정을 통해 세포주에서 사라지게 된다. 세 번째 방법은 마이크로 RNA (microRNA)를 사용하여 전능성 유전자들의 리프레서(repressor)를 제거하여 관련 유전자들의 발현을 촉진시키는 방법이다.

### 직접적인 세포 재프로그래밍

유도만능줄기세포에 관련된 지속적인 연구개발 과정 중 특정한 분화세포(일반적으로 진피 섬유모세포)에서 직접 다른 종류의 세포로 재프로그램을 유도할 수 있는 전사조절인자들의 조합들이 발견되었다. 궁극적으로 만들고자 하는 세포의 정상 발생에 중요한 전사인자를 암호화하는 여러 유전자들을 실험적으로 테스트한 뒤, 최적의 결과를 보이는 유전자 조합을 추려 각 세포별 성공적인 유전자 조합이 밝혀지고 있다. 이러한 유전자 스크리닝 과정에서는 주로 세포-특이적 리포터(reporter)를 사용한다. 예를 들면, *Tau-GFP*는 신경세포 특이적인 Tau 단백질을 암호화하는 유전자의 프로모터를 이용하여 어떤 세포가 신경세포와 유사한 표현형(neuron-like phenotype)을 나타내면 녹색으로 표지될 수 있도록 한다. 현재까지, 적절한 조합의 유전인자를 자가복제가 상실된 바이러스를 통하여 세포 내에 도입시켜 섬유모세포를 뉴런으로, 심장 근육세포로, 또는 간세포로 직접 분화시키는 데 성공하였다. 이러한 방식으로 만든 세포의 문제점 중 하나는 한 분화세포에서 직접 또 다른 분화세포로 변환되었기 때문에 세포의 증식률이 매우 낮다는 점이다. 따라서 유도만능줄기세포와 달리 이런 세포는 체외(*in vitro*) 대량 생산을 위한 증식이 불가능하다. 그러나 재프로그램된 간세포는 간에 이식된 뒤 증식할 수 있고, 적절한 형광 리포터 또는 세포 표면 마커를 이용하여 증식력이 없는 세포를 유세포 분석기를 통해 소량으로 분리할 수 있다는 연구보고가 있다. 독시사이클린 유도 렌티바이러스를 사용하면 마음대로 유전인자들의 발현을 상향 또는 하향조절할 수 있다. 이러한 벡터를 사용한 경우 직접 분화된 세포는 새로운 형태로의 내재적인 유전자 발현 프로그램이 활성화되어 더 이상 벡터 유래 유전자의 산물이 필요 없다는 것이 알려져 있다.

직접 재프로그램(direct reprogramming) 과정은 정상적인 세포 발생 단계를 따르지 않는다. 대신 비정상적인 방식으로 한 종류의 세포에서 다른 종류의 세포로 “점프(jumps)”를 하는 형식이다. 워딩턴(Waddington)의 “후생학적 풍경(epigenetic landscape)”인 관점에서(4장, 그림 4.13), 직접 재프로그램(분화)은 한 특정 세포가 분화가 일어나는 계곡의 마지막 종착 지점에서 다른 세포의 분화 계곡 종착지점으로 횡적으로 이동하는 것으로 설명될 수 있다. 반면에, 유도만능줄기세포의 형성은 분화 계곡의 네트워크를 거슬러 그 기원으로 올라가는 것으로 간주된다. 직접적인 재프로그램은 조절유전자의 발현을 인위적으로 변화시킴으로써 발생되므로, 비정상적인 점프가 일어나지 않아야 할 특별한 이유가 없다. 다른 한편으로 이러한 점프는 조혈줄기세포 이식에 따른 전환분화(transdifferentiation) 현상처럼(18장 참고), 세포가 다른 환경에 단순히 노출되었을 경우 매우 드물게 발생하는 현상으로 알려져 있다.

## 만능줄기세포를 이용한 세포 이식 치료법

만능줄기세포를 이용한 미래의 세포 이식 치료는 체외에서 분화된 세포를 만드는 것과 분화된 세포를 환자의 몸 적절한 위치에 이식하는 것에 초점이 맞춰질 것이다. 배아줄기세포와 유도만능줄기세포 모두 숙주에 이식되었을 때 기형종을 형성할 수 있는 특성을 가지므로 만능줄기세포 자체를 이식하지는 않는다. 대부분의 종양처럼, 기형종은 매우 위험하여 이식될 분화세포들 사이에 만능줄기세포가 남아 있지 않도록 하여 기형종을 형성할 가능성을 완전히 배재할 수 있어야 한다.

유도만능줄기세포 확립, 유전자 치료, 그리고 조혈줄기세포 이식을 모두 포함하는 치료과정의 예가 그림 21.8에 동물 실험으로 묘사되어 있다. 이 경우 겸상적혈구성빈혈(sickle cell anemia)의 원인이 되는 인간 헤모글로빈 βS 대립유전자를 보유하는 생쥐를 사용하였다. 유도만능줄기세포는 꼬리 끝 섬유모세포를 채취하여 확립한다. 그 다음 10장에 묘사된 유전자 결함을 대체하는 유전자 적중 방법을 이용하여 하나의 겸상적혈구세포의 대립유전자를 정상적인 인간 헤모글로빈 β 유전자로 대체한다. 이후 유도만능줄기세포로부터 분화유도를 개시하여 조혈줄기세포를 획득한다. 이 분화과정에는 배상체(embryoid bodies)의 형성과 *Hoxb4* 유전자의 과발현 방법이 포함된다. 마지막으로 겸상적혈구세포 생쥐를 방사선에 노출시킴으로써 유전자 결함이 있는 조혈줄기세포를 모두 제거하고, 정상 유전자로 치환된 유도만능줄기세포에서 분화시킨 조혈줄기세포를 정맥주사로 이식한다. 그 결과 이식된 정상 조혈줄기세포에 의해 골수는 새롭게 재구성되었으며, 따라서 비정상인 겸상 혈구세포는 정상 혈구세포로 완전히 대체된다.

## β-세포

당뇨병(diabetes)은 혈당(blood glucose)의 수치가 높고 통제되지 않는 특징을 나타내는 흔한 질환 중의 하나이다. 식사 후, 정상적인 혈당의 상승은 췌장의 β-세포를 자극하여 인슐린을 분비하게 하고, 분비된 인슐린은 지방조직과 근육, 그리고 간으로 하여금 당을 흡수하도록 자극하며, 흡수된 당은 글리코겐 또는 지방으로 변환되어 세포질에 저장된다. 따라서 인슐린이 없으면 조직 내로 글루코스가 흡수될 수 없기 때문에 혈당 수준이 증가한다.

당뇨병에는 두 가지 형태가 있다. 제1형 당뇨(Type 1 diabetes)는 보통 유년기와 초기 성인기 동안 발병하며, 자가면역공격(autoimmune attack)에 의한 β-세포의 파괴에 의해 일어난다. 자기면역을 발생시키는 원인은 불분명하지만 바이러스 감염이나 유전적 요인이 그 원인이 된다. 비록 β-세포는 어느 정도 범위 내에서 재생을 할 수 있지만, 제1형 당뇨병 환자는 결국 모든 β-세포가 손실되고, 치료적 조치가 없으면 바로 죽음에 이르게 된다. 당뇨병 환자는 절대적으로 인슐린 주사에 의존적이며

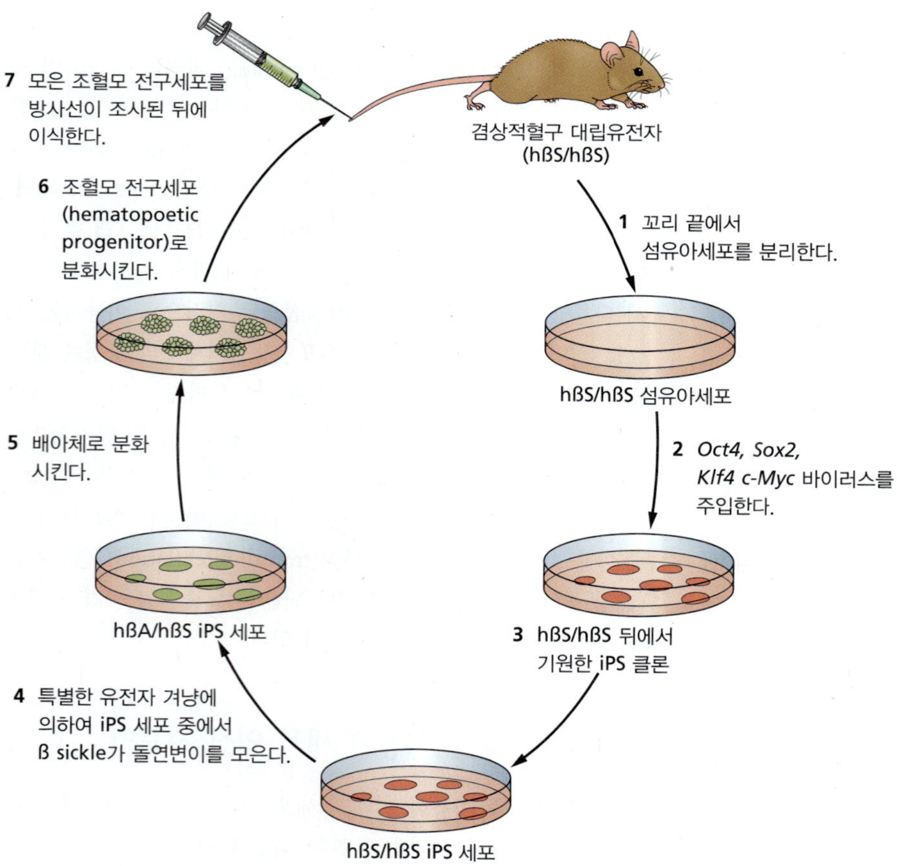


**그림 21.8** 겸상적혈구증(sickle cell disease) 쥐를 치료하기 위한 실험모델 방법. 쥐겸상 적혈구 대립유전자를 보유하고 있는 그 쥐에 겸상 적혈구 대립유전자가 도입된 인간화된 헤모글리빈 β유전자를 가지고 있다. 유전자 결함을 가진 세포를 건강한 상동 유전자로 치료한 유도만능세포(iPS)들로 유도분화시켜 준비한다. 이들 세포들은 *Hoxb4*의 과발현에 의하여 조혈모세포로의 분화를 유도한다. 겸상적혈구 쥐에 방사선을 조사하여 내성적인 조혈모세포를 제거하고 유도만능세포(iPS) 유래 조혈모세포를 이식한다. 그 결과 회복된 세포와 혈액이 군집화된다. hβA, 정상 대립유전자; hβS, 겸상적혈구 유전자. (인용) Amerian Assoiation for the Advancement of Science의 허락을 얻어 Hanna *et al., Science* 2007, 318; 1920-1923의 그림을 재구성하였음.

신중하게 식단을 조절해야 하고, 혈당치의 적당한 유지를 위해 주기적으로 정확한 양의 인슐린을 투여 받아야 한다.

제2형 당뇨(Type 2 diabetes)는 1형보다 흔하게 발생하는 당뇨병이며 주로 노년기에 발생하는 경향이 있다. 제2형 당뇨병은 복잡하고 다양한 요인에 의해 발생하며, 보통 β-세포의 어떤 병리적 상태, 예를 들면, 비만이 심해지면서 β-세포가 증가된 필요량의 인슐린을 생산하지 못하게 되어 발생할 수 있다. 또 다른 원인은 말초 조직의 인슐린 저항성(insulin resistance)으로 인해 인슐린에 의한 조직의 당 흡수가 기능적으로 원활히 이루어지지 않아 발생할 수도 있다. 제2형 당뇨병은 보통 다양한 약물들로 치료하는데 이런 약물들은 장으로부터 글루코스가 천천히 방출되도록 하거나, β-세포로부터 인슐린 분비를 증가시키거나, 이용 가능한 인슐린의 활성을 증가시켜 주는 역할들을 한다. 일반적으로, 질병이 진행될수록 제2형 환자들도 역시 인슐린 투여가 필요하게 된다.

당뇨를 잘 관리하면 환자의 수명이 정상인과 비슷하게 되지만, 혈당 농도를 정확하게 조절하지 못하면 혈관 손상을 유발한다. 장기적인 혈관 손상은 심장질환, 뇌졸중, 실명, 그리고 사소한 상처에도 절단을 해야 하는 말초 혈관질환을 포함하는 심각한 여러 합병증들을 발생시킬 수 있다. 당뇨병은 만능줄기세포를 기반으로 하는 세포 이식 치료의 가장 주요 대상인데, 그 이유는 이미 당뇨의 치료 기법으로 실행되고 있는 '췌도 이식(Islet transplantation)'이란 기법을 활용하여 실행할 수 있기 때문이다.

## 제1형 당뇨병에 대한 췌도 이식

당뇨병 치료를 위한 세포 이식은 사망한 조직 기증자의 췌장에서 췌도(췌장 섬)를 얻어 당뇨병 환자에 이식하도록 개발되었으며, 부분적으로 효과가 있는 것으로 증명되었다. 이 치료는 일반적으로 빠르게 의식불명이나 죽음에 이르도록 하는 저혈당을 인식하지 못하는 환자에게 실시되었다. 이 과정은 조직 기증자의 췌장에서 췌도를 획득하여, 장과 간을 연결하는 간문맥(hepatic portal vein)을 통하여 간에 췌도를 주입시켜는 것을 포함한다. 이식된 췌도는 간에 정착하여 혈당 수준을 감지하고, 충분한 양의 인슐린을 분비하여, 혈당을 일정한 수준으로 조절할 수 있다. 이 치료 방법은 상당히 성공적인 것으로 증명되었다. 이식 받은 대부분의 환자들은 저혈당에서 회복되었으며 몇몇 환자들은 인슐린 주사를 더 이상 맞지 않을 정도로 치유가 되었다. 치료 효과는 혈청 내 C-펩티드 수준을 측정하여 확인할 수 있다. C-펩티드는 2개의 펩티드 사슬로 구성된 인슐린 단백질이 합성되는 동안 프로인슐린(proinsulin) 폴리펩티드가 절단되면서 만들어지며 β-세포의 활성을 측정하는 지표가 된다.

그러나 췌도 이식에는 크게 두 가지의 중요한 문제점이 있다. 첫째는 모든 이식용 췌도를 기증자로부터 획득하여야 하는데, 이식 수요를 만족시키기에는 공급되는 기증자의 췌도의 양이 현저하게 부족하다. 둘째로 기증자로부터 획득한 췌도는 당뇨환자에 이식된 후 **동종이계이식(allograft)**에 의한 면역거부 반응을 일으킬 수 있다. 따라서 다른 사람의 췌도를 이식 받은 환자는 남은 인생 동안 평생 면역억제제(immunosuppressive drug)를 투여 받아야 한다. 이 약은 여러 부작용을 유발할 수 있으며, 이식된 β-세포에도 손상을 줄 수 있다.

이 두 가지 문제점 모두 줄기세포를 이용하여 해결할 수 있을 것으로 기대되고 있다. 만약 만능줄기세포로부터 β-세포를 만들 수 있다면, 이 줄기세포는 β-세포에 대한 무한한 잠재적 공급원이 될 수 있다. 더불어 각각의 환자로부터 유도만능줄기세포(iPS cell)를 만들 수 있다면, 이로부터 분화된 β-세포의 유전형은 환자와 완벽하게 일치하게 되어 이식 후 면역거부 반응이 일어나지 않는다. 제1형 당뇨병은 자가 면역 반응에 기인하기 때문에, 환자와 이식되는 세포가 유전적으로 완벽하게 일치하여도 여전히 자기면역 공격을 극복하지 못한다. 따라서 유전형이 다른 췌도를 이식 받을 때보다는 심하지 않지만, 면역거부를 막기 위한 방법이 여전히 필요하다. 이식거부 반응과 자기면역을 피하기 위한 다른 방법으로는 부분적으로 투과성을 가진 물질인 알지네이트(alginate)로 이식될 세포를 캡슐화 하는 것으로, 인슐린과 영양분은 이 캡슐을 투과할 수 있지만, 이식 받는 수혜자의 세포독성 림프구(cytoxic lymphocytes)는 통과하지 못한다.

## 만능줄기세포로부터 β-세포의 생산

만능줄기세포로부터 β-세포를 생산하기 위해서는 정상 β-세포와 췌장의 발생을 잘 이해하는 것이 우선적으로 필요하다(16장). 배아의 원조 단계(primitive streak stage)로부터 내배엽층이 발생하고, 내배엽층은 원시장관(primitive gut tube)을 형성한 후 나뉘어져 전장 영역(foregut territory)이 형성된다. 전장은 2개의 췌장싹(pancreatic buds)를 형성하고, 두 싹이 궁극적으로 합쳐져 하나의 췌장으로 발생하게 된다. 췌장원기 안에서 내분비세포가 발생한다. 이 세포들 중 일부는 β-세포가 되고 나머지 세포들은 랑게르한스섬(islet of Langerhans)에서 발견되는 α-세포를 비롯한 다른 종류의 내분비세포로 발생한다. 따라서 인간 만능줄기세포로부터 β-세포를 분화시키는 방법은 내배엽, 전장, 췌장싹, 내분비 전구세포, 그리고 최종적으로 β-세포 단계의 세포를 분화해 내는 다섯 단계로 구성될 수 있다. 각 단계에서는 그 발생 단계에 적절한 특정 성장인자나 호르몬들 또는 신호전달 억제인자를 처리하게 된다. 또한 각 단계의 성공적 진행은 발생 단계별로 활성화가 요구되는 주요 유전자의 발현양상 분석을 통해 알 수 있다: 예) *SOX17* (내배엽), *HNF4A* (전장 내배엽), *PDX1* (췌장원기), *NGN3* (내분비 전구세포), *INSULIN* (β-세포). 연구실마다 약간의 다른 방법이 고안되어 β-세포 분화에 이용되고 있으나, 전반적으로 비슷한 원리에 근간을 두고 있으며 그 예는 그림 23.1에 나타나 있다. 현재까지 고안된 방법으로는 100% 순수한 인슐린 분비 세포를 얻어내지 못하고 있는 상황이며, 분화된 β-세포도 태아의 췌장에서 발견되는 미성숙한 β-세포의 성질을 보유하여 당의 농도에 제한적으로만 반응하고 있는 실정이다.

면역력이 상실된 생쥐에 β-세포를 파괴하는 스트렙토조토신(streptozotocin)이라는 약물을 우선 처리하여 당뇨를 유발한 뒤, 위의 방식으로 분화된 β-세포들을 이식하여 치료적 효능을 검증하는 것이 가능하다. 면역결핍 생쥐는 이식된 인간세포들의 거부 반응을 피하기 위해 사용된다. 이때 사용하는 생쥐는 일반적으로 NOD-SCID로 불리는 생쥐이며, 자가면역이 형성되지는 않지만 당뇨병 쥐는 아니다. 따라서 스트렙토조토신을 처리한 후 인간 세포가 이식하고 생존할 수 있는 당뇨병 쥐를 얻을 수 있다. 보통 혈관형성이 잘 일어나고 이식된 세포의 생존율이 높은 신장에 주로 이식을 실시한다.

인간 배아줄기세포에서 분화된 β-세포의 전구세포를 신장에 이식 받은 생쥐에서 당뇨병이 완화되는 효과가 나타남이 알려졌다. 이 경우 만일 이식한 세포들을 포함하는 신장을 제거하면 혈당은 다시 증가한다. 이러한 사실은 당뇨를 완화시켰던 효과가 다른 영향에 의한 효과가 아닌 바로 이식된 분화세포에 의한 것이었음을 시사한다. 이러한 동물실험 결과들과 현재 실시되고 있는 췌도 이식 방법을 기반으로 하여, 가까운 미래에 만능줄기세포에서 생산된 β-세포들을 사용하는 당뇨 치료가 가능해 질 것으로 전망된다.

## 도파민 뉴런

파킨슨병(Parkinson's disease)은 알츠하이머병(Alzheimer's disease) 이후 두 번째로 흔한 신경퇴행성 질환으로써 점진적 운동장애를 일으킨다. 평균 60세에 이르러 발병하며 근육경직, 떨림, 느린 움직임이 나타나고 심한 경우 움직일 수 없게 된다. 파킨슨병은 운동장애뿐 아니라 언어 및 인지능력에도 영향을 끼친다. 이러한 운동장애는 대뇌 피질(cerebral cortex)의 운동영역(motor region)에 대한 자극이 감소되어 운동피질(motor cortex)이 움직임과 동작 제어를 적절히 수행할 수 없기에 일어나게 된다. 이러한 증상은 뇌간(brainstem)의 흑질(substantia nigra)에 분포하는 도파민 뉴런이 소실되어 발생한다. 파킨슨병이 진행되면서 퇴화된 신경세포는 사멸되며, 퇴화되는 과정에서 루이소체(Lewy bodies)라 불리는 구조물을 만들어낸다. 파킨슨병 환자의 대부분은 증상이 나타날 때까지 80% 이상의 도파민 뉴런이 소멸된다. L-DOPA (L-3,4-dihydroxyphenylalanine)는 도파민의 전구물질이기 때문에, 1960년대부터 다른 약들과 함께 파킨슨병 치료제로 환자에게 투여되었다. 결과적으로 치료에 약간의 효과는 있었지만, 통제되지 않는 불수의적인 행동장애, 감정장애 혹은 수면장애와 같은 부작용을 동반하기도 하였다.

## 태아 중뇌 이식

인간의 6~9주된 태아의 중뇌로부터 얻은 조직을 도파민 뉴런이 정상적으로 작용하는 부분인 미상핵(caudate nucleus)과 두부 경막(anterior putamen) 부위에 이식하여 파킨슨병을 치료하려는 시도가 여러 차례 있었다. 이식된 중뇌 조직은 장기간 생존하며, 다른 뉴런들과 시냅스를 이루는 도파민 뉴런을 많이 형성하였다. 하지만 이 치료법의 효과는 논쟁의 대상이기도 하며, 놀랍게도 수년 후 이식을 받은 사람들에 대한 사후 연구를 통하여 환자의 뇌에 이식된 세포들 역시 루이소체를 발달시킬 수 있음이 밝혀졌다. 이 사실은 환자의 세포에 존재하던 질병이 이식된 새로운 세포로 전이되었음을 시사하며, 아직 이 질병의 전이 과정은 알려지지 않았다.

이 치료 방법의 한 가지 문제점은 이식될 중뇌 조직을 얻을 수 있는 초기 태아의 수가 극히 제한적이라는 것이다. 또한 낙태로 얻어진 조직은 피할 수 없는 윤리적 문제를 발생시킨다. 사산된 태아의 사용은 줄이면서 이식될 세포의 공급을 늘리기 위해, 인간만능줄기세포를 도파민 뉴런으로 분화시키기 위한 다양한 방법들이 개발되고 있다. 일반적으로 이 분화방법은 만능줄기세포로부터 배상체(embryoid body)를 형성한 후, 신경유도과정을 거쳐 신경줄기세포(neural stem cell)가 뭉쳐진 덩어리(aggregates)를 형성하는 과정을 포함한다. 이런 과정에서 형성된 세포들을 부유된 상태로 배양한 후, 정상 배아발생 단계에서 중뇌 형성을 유도하는 것으로 알려진 FGF8과 같은 성장인자로 처리하여 단층 배양으로 분화시키면 중뇌 도파민 신경세포로 분화시킬 수 있다.

도파민 뉴런을 선택적으로 소멸시키는 6-hydroxydopamine을 뇌의 한쪽에 주입한 흰쥐를 파킨슨병에 대한 일반적인 동물모델로 사용하여 만능줄기세포에서 유래된 도파민 뉴런의 치료적 효과를 검증할 수 있다. 이렇게 한쪽 대뇌에 병변을 유도한 흰쥐는 다양한 비대칭 행동(asymmetrical behavior)을 나타낸다. 도파민 뉴런이 정상적으로 연결되는 부분인 선조체(striatum)에 치료용 세포를 주입한 뒤, 일련의 행동학적 검사를 통하여 이식된 세포의 치료 효과를 확인할 수 있다. 이식 후 일정 시간이 지나면 쥐를 희생시킨 뒤 뇌에 이식된 세포의 생존율과 분화 상태를 분석한다. 이러한 실험결과, 이식된 세포는 행동학적 증상을 많이 호전시킬 수 있으며, 이식 후 도파민 뉴런의 표현형을 장기간 동안 유지할 수 있고 기형종을 유발하지 않음이 알려졌다.

## 심장 근육세포

현대 선진사회에서 가장 흔한 돌연사는 심장마비(또는 심근경색, myocardial infarction)이며, 이는 하나 이상의 관상동맥(coronary arteries)이 막혀 심장근육으로의 산소공급이 제대로 이루어지지 않기 때문에 일어난다. 자발적으로 혹은 응급 치료를 통해 관상동맥의 막힘이 해결되지 않는다면, 산소공급이 제대로 이루어지지 않은 심장근육은 1시간 이내에 사멸된다.. 만약 그 손상이 전반적인 심장 기능이 정지될 만큼 광범위하면 그 사람도 죽게 된다. 하지만 손상된 영역이 제한적이라면, 환자는 살아나겠지만 심장은 영구적인 손상을 입게 된다. 심근세포가 생애에 걸쳐 정상적으로 새롭게 생산되는 심근세포로 대체되는지의 여부에 대해서는 논쟁 중에 있지만, 대체가 되더라도 그 속도가 굉장히 느리고, 손상된 부분에서 의미 있는 조직 재생은 보이지 않는다. 대신 손상된 부분은 세포외기질을 분비하는 심장 섬유세포(cardiac fibroblasts)로 채워져 결국 반흔조직(scar tissue)으로 대체된다. 이 경우 심장의 물리적 견고성은 회복이 되나 심장이 수축할 때 반흔조직으로 채워진 부분은 적절히 기능을 하지 못하여 심장 기능이 약화된다. 이러한 과정에서 심장이 과도한 스트레스를 받으면 생존한 심장근육세포들은 비대해지고 기능상실이 일어나 심장부전이 발생한다. 고혈압이나 판막질환(valve disease)도 심장마비의 원인이긴 하지만, 앞서 말한 심장의 기능저하가 일반적인 원인이 된다. 심장부전은 몸의 다른 부분에 충분한 혈액 공급이 이루어질 수 없게 되는 것을 의미하므로 많은 문제를 발생시키며 손상 정도에 따라 단시간에 죽음을 초래할 수도 있다.

현재 새로운 심장 근육세포를 이용한 세포 치료가 임상에서 실시되고 있지는 않다. 그러나 건강한 심장 근육세포의 이식이 심근경색에 효과가 있으리라는 기대로 인간만능줄기세포로부터 심장 근육세포를 만드는 방법에 대하여 많은 연구가 진행되고 있고 동물실험을 통해 세포 치료의 가능성을 확인하고 있다. 다른 세포로의 분화처럼 심장 근육세포로의 분화 역시 유도만능줄기세포를 심장의 발생 단계에 상응하는 분화유도인자들로 처리하는 방법으로 진행된다. 먼저 중배엽을 분화시킨 다음, 다음 전방 중배엽(anterior mesoderm)을 발생시켜 심장 전구세포를 분화시킨 후 마지막으로 심장 근육세포로 성숙시킨다. 세포 치료 외에도, 심장 근육세포는 심장에 작용하는 약제 뿐 아니라 임상실험 중인 다양한 약물들이 심장에 안 좋은 부작용을 나타내는 일이 흔하기 때문에 새로운 약물을 테스트하는 데 매우 유용하게 사용될 수 있다. 비록 동물 실험 역시 이러한 약물 부작용의 효과를 예측하는 데 장점이 있지만, 보다 신뢰할 수 있는 결과는 사람 세포에서 얻어질 수 있다.

심장의 세포이식 치료를 검증하기 위한 동물모델은 일반적으로 관상동맥을 묶음으로써 심장 근육의 특정 부분에 손상을 주어 만든다. 이후 외부 세포를 손상 받은 부위에 주입한 뒤, 여러 생리실험을 통하여 심장 기능을 평가함으로써 세포 치료의 효과를 연구할 수 있다. 궁극적으로는 동물을 희생시켜 이식된 세포의 분화 상태, 생존율, 그리고 조직 내의 분포 등을 평가할 수 있다. 사람은 분당 60–80회의 심장박동수가 정상이지만, 흰쥐나 생쥐의 경우 분당 100회 이상의 심장박동수가 정상이다. 따라서 이러한 차이로 인한 동물실험의 어려움이 있으나 일부 성공적인 실험결과가 얻어진 바 있다. 그림 21.9는 무흉선(athymic 또는 면역결핍, immunodeficient) 흰쥐에 이식된 인간 배아줄기세포 유래 심장 근육세포를 보여주고 있다. 일반적으로 동물실험 결과들에 따르면 이식된 인간 배아줄기세포 유래 세포가 이식된 후 생존하며 심장의 기능 향상에 도움을 줌이 알려져 있다. 이식된 조직을 후에 분석해 보면 심장 근육세포 뿐만이 아니라 혈관에 대한 전구세포도 포함하고 있다. 정상 배아 발생 단계 중 심장 전구세포는 심장 근육세포 뿐 아니라, 혈관 내피세포(endothelial)와 동맥 바깥쪽을 둘러싸는 평

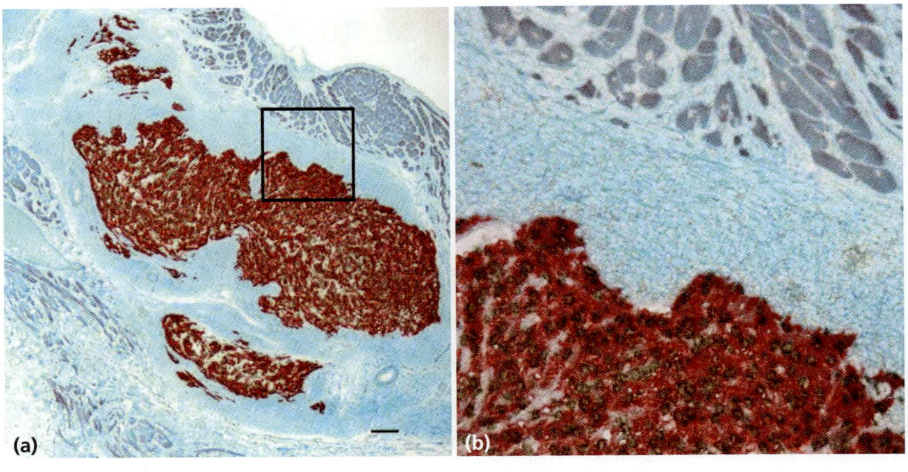


그림 21.9 심장의 세포 치료. 면역결핍 흰쥐의 관상동맥을 묶어 심근경색을 유발시킨다. 4일 후 손상된 부위에 인간 배아줄기세포에서 분화된 심장 근육세포를 주입한 후 4주 뒤 분석하였다. 빨간색은 미오신 중쇄(myosin heavy chain)를 나타내고, 갈색은(고배율 사진 (b)에서 관찰할 수 있음) 제자리 혼성화법(*in situ* hybridization)으로 염색한 판-중심립 시퀀스(pan-centromeric sequence)를 나타낸다. 나타난 모든 심장근육은 조직에서 유래되었다. 축척자 100 μm. (인용) Nature Publishing Group의 허락을 얻어 Laflamme *et al. Nature Biotech* 2007; 25: 1015–1024의 그림을 재구성하였음.

활근(smooth muscle)으로 분화할 수 있는 다분화능 세포로 추정되고 있다. 이런 과정을 통하여 만들어진 더 많은 혈관은 손상 부위로의 혈액 공급을 증가시킬 수 있으며, 남아 있는 심장 근육의 기능을 향상시킨다.

## 망막색소상피

눈을 구성하고 있는 망막(retina)의 중심 부분에 존재하는 직경 5 mm의 작은 색소성 부분을 황반(macula)이라고 한다. 황반은 망막 중에서도 가장 높은 밀도의 원추형 광수용체(cone-type photoreceptor)를 포함하고 있으며, 고도로 정교하게 반응하여 시야의 중심 부분에서 사물을 식별하는 역할을 한다. 노화가 진행됨에 따라 광수용체 수가 줄어들어 황반 기능이 저하되는 현상이 나타나게 되며, 65세 이상 노인 가운데 10% 가량이 이러한 현상을 겪고 있다고 알려져 있으며, 노인성 황반변성(age-related macular degeneration, ARMD)이라고 한다. 몇몇 심각한 경우에는 읽는 능력이나 인물을 식별하는 능력, 또는 고도의 시력을 요구하는 작업을 할 때 사용되는 중심시력(central vision)을 잃게 된다. 일부 주변시력(peripheral vision)이 남아 있다 하여도 심각한 노인황반변성을 앓고 있는 환자는 법적으로 맹인으로 간주된다.

노인성 황반변성은 일반적으로 크게 2종류로 분류된다. 건성 노인황반변성("dry" form of ARMD)은 망막색소상피(retinal pigment epithelium, RPE)의 결함에 의해 생성된 퇴화 잔해가 특정 부위에 축적되어 발생되는 것으로 여겨진다. 망막색소상피는 광수용체 아래에 존재하는 한 층의 색소세포로 구성되며, 일반적으로 안배(optic cup)의 바깥층으로부터 형성된다. 습성 노인황반변성("wet" form of ARMD)은 맥락막(eye capsule, choroid)으로부터 망막 아래의 공간(subretinal space)까지 혈관이 과도하게 성장하여 나타나는 황반변성 질환의 한 종류이다. 현재까지 건성 노인황반변성의 경우는 치료책이 개발되지 않았다. 습성 노인황반변성의 경우, 새로 생성되는 혈관을 레이저를 이용해 제거하거나 혈관 성장에 대하여 길항작용을 하는 특이적 항체를 주사하는 방법으로 치료하고 있다.

이와 관련된 실험은 왕립 외과의협회(Royal College of Surgeons) 흰쥐 동물모델(RCS rat)을 사용하여 진행되었으며, 광수용체 층으로부터 정상적으로 생성되는 노화 퇴적물을 제거하는 망막색소상피의 능력을 저해하는 자연돌연변이를 사용하였다. 노화 퇴적물이 축적되면 광수용체가 사멸하게 되어 혈관의 변화가 초래된다. 왕립 외과의 협회 흰쥐 동물모델을 이용하여 망막색소상피를 망막 아래의 공간으로 이식하였을 때 인접한 광수용체 층을 보존할 수 있었으며, 전기생리학적 기록(electrophysiological recording)과 행동검사(behavioral test)를 통해 시력 또한 유지할 수 있음을 밝혀졌다. 이 동물실험을 이용하여 인간 망막색소상피 세포주 또한 이식된 후 비슷한 치료 효과를 나타냄이 알려졌다. 눈은 면역세포가 상대적으로 접근하기 어려운 부분이라고 여겨지지만, 손상이 일어난 경우에는 이식세포의 생존을 위해 면역억제가 필요하다.

이러한 실험적 근거로 인해 인간만능줄기세포로부터 만들어진 망막색소상피 세포를 망막 아래의 공간으로 이식시켜 노인성 황반변성을 치료하고자 하는 노력이 시도되고 있다. 망막색소상피는 만능줄기세포로부터 비교적 얻기 쉬운 세포 종류로 알려져 있으며, 이 세포들이 보유하는 색소적 특징에 의하여 명백히 구분이 가능하다(그림 21.10). RCS 흰쥐 동물모델의 망막아래 공간에 인간 만능줄기세포로부터 분화된 망막색소상피를 이식하였을 때, 실험동물의 시력이 향상되었으며 기형종은 형성되지 않았음이 관찰되었다. 이후, 이 기술을 이용한 최초의 임상실험이 2011년에 미국 식품의약국(FDA)에 의해 승인되었다. 망막색소상피는 인간 배아줄기세포로부터 만들어질 예정이며, 이는 노인성 황반변성을 치료하는 데 사용되거나 다른 형태의 황반변성 질환인 스타르가르트병(Stargardt's disease)을 치료하는 데 사용될 수 있다. 황반변성치료 목적의 세포 치료에 대한 임상시험 허가가 이루어진 이유로서, 첫 번째는 건성 황반변성을 치료하기 위한 다른 대안책이 현재까지 전무한 상황이며, 두 번째는 동공을 통해 이식 후의 경과를 확인할 수 있다는 장점이 있기 때문이다. 세 번째는 만일의 경우 기형종이 형성된다하여도 환자는 종양을 형성한 한쪽 눈을 제거함으로써 여전히 생존은 가능하다는 점이다.

## 척수 복구

만능줄기세포를 이용하여 척수 손상을 치료하기 위한 최초의 임상실험은 분화된 재수초형성세포(remyelinating cell)를 이용하여 2009년 시작되었다. 척수에 외상이 있게 되면, 운동(descending, motor) 또는 감각(ascending, sensory) 신경섬유로(nerve fiber tract)의 손상을 유발하여, 손상된 부위 이하의 신체 부위에 마비 혹은 감각상실이 초래된다. 세포체(cell body)는 신경섬유로부터 멀리 떨어진 곳에 존재한다. 척수 손상은 뉴런들과 신경교세포(glial cell)들의 국부적 세포사멸을 초래하며, 이때 형성된 신경교 상흔(glial scar)은 신경섬유의 재생을 억제한다. 또한 주변의 정상 신경섬유 수초(myelin sheath)의 유실을 추가적으로 초래하여 효율적인 전기신호전달(electrical signal transmission)을 수행할 수 없게 되기도 한다.

앞서 언급한 임상시험은 인간 배아줄기세포로부터 분화된 **희소돌기아교세포(oligodendrocyte)**를 이식하여 실시되었다. 이들 세포는 뉴런 축삭(axon)의 수초형성(myelination)을 담당

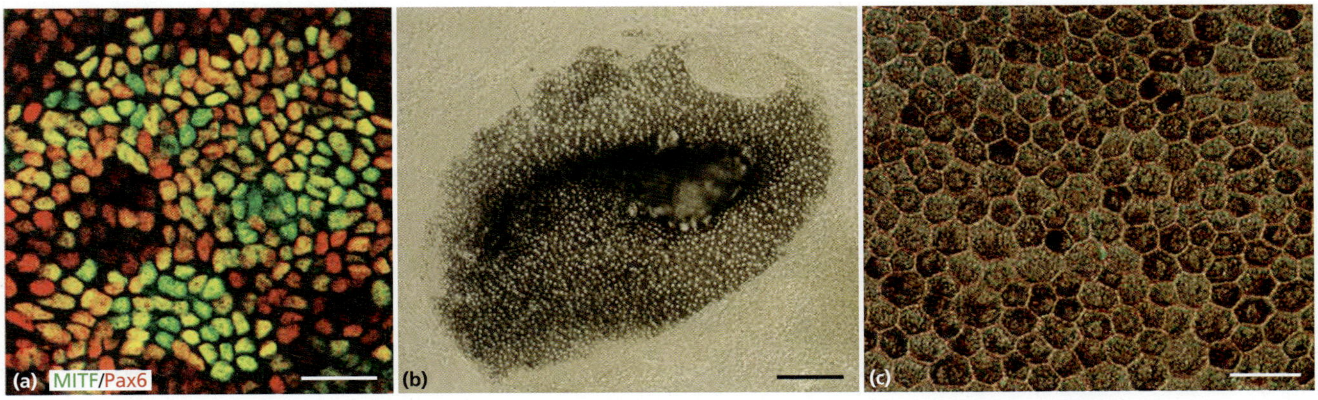


그림 21.10 필리핀원숭이(cynomolgus monkey)의 배아줄기세포를 이용한 망막색소상피 분화. 세포의 분화는 Lefty와 Dkk를 함유한 무혈청 배지(serum-free medium)를 사용하여 작은 세포 무리형태로 이루어졌으며, 이후에 세포는 폴리리신-라미닌-피브로넥틴 기질(polylysine-laminin-fibronectin substrate)로 옮겨졌다. (a) 색소 세포 전구체(pigment cell precursor) 특이적 전사인자인 MITF와 PAX6를 이용한 형광염색. (b) 콜로니(colony)에서 색소 세포의 모양. (c) 성숙한 색소 세포가 형성하는 직교배열(orthogonal array). 축척자 (a) 30 μm; (b) 100 μm; (c) 20 μm. (인용) Nature Publishing Group의 허락을 얻어 Osakada *et al. Nature Biotech* 2008 26; 215-224의 그림을 재구성하였음.

하는 신경교세포로서, 살아 있는 일부 신경섬유가 이식된 이들 희소돌기아교세포에 의해 재수초를 형성하여 기능성을 회복시킬 것을 기대하고 있다.

## 새로운 치료법의 소개

만능줄기세포를 이용한 다양한 활용방법이 주목 받고 있지만, 이를 위한 실질적인 진행은 더디며 그 이유는 다음과 같다. 모든 새로운 치료 방법은 미국식품의약국에서 규정하는 정밀조사를 거쳐야 하며, 이는 미국 뿐 아니라 다른 나라에서도 마찬가지이다. 더불어 임상실험을 승인받기 위해서는 오랜 기간과 많은 비용이 요구된다.

첫 번째 이슈는 역시 안전성이다. 세포이식 치료는 비교적 새로운 방법이며 따라서 예상치 못한 새로운 잠재적 위험을 내포할 수 있다. 한 가지 명백한 위험 요소는 만능줄기세포를 이용함에 있어 끊임 없이 문제로 제기되고 있는 이식 후 기형종의 형성 가능성이다. 따라서 잠재적으로 포함될 수 있는 모든 만능줄기세포를 이식 전에 제거하였음을 증명하는 것은 매우 중요한 부분이다. 또 다른 문제점은 이식을 위한 세포를 분화시키고 준비하는 과정에서 동물 유래 영양공급세포(feeder cell) 또는 동물 혈청(animal serum)과 같은 동물 유래 산물이 사용된다는 점이다. 동물 유래 산물은 인체에 유입된 후 질병을 유발할 수 있는 바이러스들을 포함할 수 있다. 따라서 세포 치료에 사용되는 모든 세포는 위험성을 내포하고 있는 동물 유래 산물들이 배제된 정성 배양액(defined medium)을 이용하여 생산되어야 한다. 세포 치료를 위한 세포를 준비 과정에서 발생할 수 있는 다양한 문제점들을 해결하기 위해 의약품 제조 품질 관리 기준(Good Manufacturing Practice, GMP)과 같은 명확한 기준이 세포 준비 공정에 적용되어야 한다. 새로운 치료법이 꼭 100%의 안전성을 보장해야 되는 것은 아니지만, 새로운 치료법에 따르는 위험성이 그 질병의 심각성보다는 낮아야 된다. 예를 들어, 골수이식 수술이 처음 소개되었을 때, 치명적인 수준의 급성 백혈병(leukemia) 환자의 경우는 고위험성의 새로운 백혈병 치료 방법이 허용되었다. 반면에 당뇨병 치료의 경우, 현존하는 효과적인 치료법이 존재하므로, 새로운 치료법의 허용 위험성 또한 낮은 수준이다.

두 번째 이슈는 효율성에 관련된 문제이다. 일반적으로 동물실험에서 성공적인 결과를 도출한 방법이 인간 대상의 실험에서는 비효율적인 것으로 나타나는 경우가 많아서, 1차 임상실험 후에 후보 치료제의 추가 개발이 포기되는 일이 빈번하게 일어난다. 더욱이 새로운 치료법은 단순 효율성 뿐만 아니라 현존하는 치료법보다 나은 효과를 보여야 한다. 앞서 기술된 여러 질병들에 대한 현재 치료법의 예로서는, 제1형 당뇨병에 대한 효과적인 인슐린 펌프(insulin pump), 혹은 큰 효과는 아니지만 어느 정도의 효과를 나타내는 파킨슨 병(Parkinson's disease) 치료용 약물치료나 고주파 전기자극법(electrical stimulation)들이 있다. 대략적인 비용과 잠재적인 위험성을 고려해 볼 때, 줄기세포 치료제는 현존하는 최고의 치료방법으로 자리 잡기 위해서는 더 발전해야 한다.

마지막 이슈는 비용과 관련된 문제점이다. 의약품 제조 품질 관리 기준에 적합한 세포를 대량으로 배양하기 위해서는 고비용이 요구된다. 환자 맞춤형 세포 배양은 그 환자의 세포로부터 새로운 유도만능줄기세포주를 확립하고, 그 세포들의 특성 분석, 대량생산, 그리고 치료를 위한 체세포로의 분화를 성공적으로 실행해야 되기 때문에 훨씬 더 많은 비용이 요구될 것이

## 새로운 연구방향

이번 장의 목표를 심화하기 위해서 몇 가지 과학적 요소와 기술적인 발전이 필요하다.

1 통합 벡터(integrating vector)를 사용하지 않으면서도 신뢰할 수 있는 유도만능줄기세포를 만드는 방법이 필요하다.
2 줄기세포와 유도만능줄기세포의 직접 분화 방법이 더욱 신뢰할 수 있는 방법으로 개발되어야 한다.
3 직접적인 재프로그램(direct reprogramming, 직접적인 형질전환)이 가능한 세포 종류에 대한 이해가 필요하다.
4 세포 이식 후, 세포의 생존 능력과 기능성이 유지될 수 있는 세포 전달 방법의 개선이 필요하다.

다. 이 때문에 현 분석가들은 이러한 환자맞춤형 유도만능줄기세포를 이용한 치료 방법이 현실화되기에는 너무 많은 비용이 발생할 것으로 생각되어진다. 그러나 이전에 개발된 고가의 치료법들이 기술의 발달로 점차 저렴해지고 있기 때문에, 만능줄기세포를 이용한 치료법 역시 이러한 추세를 따라 비용 문제를 해결할 수 있을 것이라 전망된다.

## 기억해야 할 핵심 사항들

- 대부분의 최신 줄기세포 치료는 조혈모세포(hematopoietic) 이식이다.
- 동종이계(allogeneic) 이식은 면역억제가 요구되는 반면 자가이식[(autograft) 혹은 일란성 쌍둥이로부터의 이식)]에는 면역억제가 필요하지 않다.
- 만능줄기세포(배아줄기세포와 유도만능줄기세포)는 생체 외(*in vitro*)에서의 무한증식과 다양한 체세포로의 분화능력을 가진다.
- 인간 배아줄기세포는 불임병원에서 동결 보관된 포배 세포들에서 유래한 세포들로서 목적에 의해서 수정란의 부모들로부터 기부된다.
- 인간 배아줄기세포는 생쥐 배아줄기세포와 일정한 부분 공통된 성질을 가지지만 보다 성숙된 세포의 성질을 가진다는 점에서 생쥐 배아줄기세포와는 명확히 다른 성질도 가진다.
- 효율이 낮기는 하지만 체세포의 핵을 핵이 적출된 제2난모 세포에 이식함으로써 생존할 수 있는 배아를 만들 수 있다.
- 유도만능줄기세포들은 만능 유도 유전자들을 분화된 세포들에 주입하거나 이들 유전자들의 발현을 인위적으로 세포 안에서 선택함으로써 확립할 수 있다. 유도만능줄기세포들은 환자 맞춤형으로 각 환자들의 표본 세포에서 만들 수 있다.
- 직접적인 재프로그램(direct reprogramming, 직접적인 형질전환) 방법은 선택된 특정 전사인자들을 과발현시킴으로써 다른 종류의 세포를 신경세포, 심근세포, 혹은 간세포로 분화시킬 수 있는 기술을 말한다.
- 임상학적 이식과 더불어 인간 만능줄기세포들은 인간의 발생과 유전질환의 세포 병리를 연구하는 데 활용될 뿐 아니라 분화된 세포를 이용한 약물 검사에도 사용될 수 있다.
- 만능줄기세포의 직접 분화(direct differentiation)는 발생학적 세포 운명 결정 체계를 모방하여 줄기세포를 순차적으로 발생학적 인자들에 노출시킴으로써 성취될 수 있다.
- 배아줄기세포유래 세포들(희돌기아교세포, oligodendrocytes)을 이용한 척수외상 치료와 망막 퇴화(망막색소상피, retinal pigment epithelium) 치료를 위한 임상 테스트가 진행 중이다. 이와 유사한 췌장의 β-세포, 심장근육 세포, 도파민 뉴런, 간세포 및 다른 체세포를 이용한 활발한 임상연구들이 추진 중에 있다.

## 추가로 읽을 것


### General

Cohen, C.B. (2007) *Renewing the Stuff of Life Stem Cells, Ethics, and Public Policy.* New York: Oxford University Press.

Goldstein, L.S.B. & Schneider, M. (2010) *Stem Cells for Dummies.* Indianapolis, Indiana: Wiley Publishing Inc.

Mummery, C., Wilmut, I., van de Stolpe, A. & Roelen, B. (2011) *Stem Cells: Scientific Facts and Fiction.* London: Academic Press.

Slack, J.M.W. (2012) *Stem Cells: A Very Short Introduction.* Oxford: Oxford University Press.

### Mouse ES and iPS cells

Niwa, H. (2007) How is pluripotency determined and maintained? *Development* **134**, 635–646.

Nichols, J. & Smith, A. (2009) Naive and primed pluripotent states. *Cell Stem Cell* **4**, 487–492.

Hanna, J.H., Saha, K. & Jaenisch, R. (2010) Pluripotency and cellular reprogramming: facts, hypotheses, unresolved issues. *Cell* **143**, 508–525.

Marión, R.M. & Blasco, M.A. (2010) Telomere rejuvenation during nuclear reprogramming. *Current Opinion in Genetics and Development* **20**, 190–196.

Stadtfeld, M. & Hochedlinger, K. (2010) Induced pluripotency: history,

mechanisms, and applications. *Genes and Development* **24**, 2239–2263.
González, F., Boué, S. & Belmonte, J.C.I. (2011) Methods for making induced pluripotent stem cells: reprogramming àla carte. *Nature Reviews Genetics* **12**, 231–242.
Nichols, J. & Smith, A. (2011) The origin and identity of embryonic stem cells. *Development* **138**, 3–8.
Plath, K. & Lowry, W.E. (2011) Progress in understanding reprogramming to the induced pluripotent state. *Nature Reviews Genetics* **12**, 253–265.

### Human ES cells

Thomson, J.A., Itskovitz-Eldor, J., Shapiro, S.S., Waknitz, M.A., Swiergiel, J.J., Marshall, V.S. & Jones, J.M. (1998) Embryonic stem cell lines derived from human blastocysts. *Science* **282**, 1145–1147.
Pera, M.F. & Trounson, A.O. (2004) Human embryonic stem cells-prospects for development. *Development* **131**, 5515–5525.
Adewumi, O., Afl atoonian, B., Ahrlund-Richter, L., Amit, M., Andrews, P.W., Beighton, G., Bello, P.A., Benvenisty, N., Berry, L.S., et al. (2007) Characterization of human embryonic stem cell lines by the International Stem Cell Initiative. *Nature Biotechnology* **25**, 803–816.
Lensch, M.W., Schlaeger, T.M., Zon, L.I. & Daley, G.Q. (2007) Teratoma formation assays with human embryonic stem cells: a rationale for one type of human–animal chimera. *Cell Stem Cell* **1**, 253–258.
Yu, J. & Thomson, J.A. (2008) Pluripotent stem cell lines. *Genes and Development* **22**, 1987–1997.

### Somatic cell nuclear transfer

Armstrong, L., Lako, M., Dean, W. & Stojkovic, M. (2006) Epigenetic modification is central to genome reprogramming in somatic cell nuclear transfer. *Stem Cells* **24**, 805–814.
Gurdon, J.B. (2006) From nuclear transfer to nuclear reprogramming: the reversal of cell differentiation. *Annual Review of Cell and Developmental Biology* **22**, 1–22.
Byrne, J.A., Pedersen, D.A., Clepper, L.L., Nelson, M., Sanger, W.G., Gokhale, S., Wolf, D.P. & Mitalipov, S.M. (2007) Producing primate embryonic stem cells by somatic cell nuclear transfer. *Nature* **450**, 497–502.
Yang, X., Smith, S.L., Tian, X.C., Lewin, H.A., Renard, J.-P. & Wakayama, T. (2007) Nuclear reprogramming of cloned embryos and its implications for therapeutic cloning. *Nature Genetics* **39**, 295–302.
Gurdon, J.B. & Melton, D.A. (2008) Nuclear reprogramming in cells. *Science* **322**, 1811–1815.

### Direct reprogramming

Zhou, Q. & Melton, D.A. (2008) Extreme makeover: converting one cell into another. *Cell Stem Cell* **3**, 382–388.
Ieda, M., Fu, J.-D., Delgado-Olguin, P., Vedantham, V., Hayashi, Y., Bruneau, B.G. & Srivastava, D. (2010) Direct reprogramming of fi broblasts into functional cardiomyocytes by defined factors. *Cell* **142**, 375–386.
Vierbuchen, T., Ostermeier, A., Pang, Z.P., Kokubu, Y., Südhof, T.C. & Wernig, M. (2010) Direct conversion of fibroblasts to functional neurons by defined factors. *Nature* **463**, 1035–1041.
Cohen, D.E. & Melton, D. (2011) Turning straw into gold: directing cell fate for regenerative medicine. *Nature Reviews Genetics* **12**, 243–252.
Huang, P., He, Z., Ji, S., Sun, H., Xiang, D., Liu, C., Hu, Y., Wang, X. & Hui, L. (2011) Induction of functional hepatocyte-like cells from mouse fibroblasts by defined factors. *Nature* **475**, 386–389.
Jopling, C., Boue, S. & Belmonte, J.C.I. (2011) Dedifferentiation, transdifferentiation and reprogramming: three routes to regeneration. *Nature Reviews Molecular Cell Biology* **12**, 79–89.

### hES cell differentiation and transplantation

Nistor, G.I., Totoiu, M.O., Haque, N., Carpenter, M.K. & Keirstead, H.S. (2005) Human embryonic stem cells differentiate into oligodendrocytes in high purity and myelinate after spinal cord transplantation. *Glia* **49**, 385–396.
Daley, G.Q. & Scadden, D.T. (2008) Prospects for stem cell-based therapy. *Cell* **132**, 544–548.
Murry, C.E. & Keller, G. (2008) Differentiation of embryonic stem cells to clinically relevant populations: lessons from embryonic development. *Cell* **132**, 661–680.
Mooney, D.J. & Vandenburgh, H. (2008) Cell delivery mechanisms for tissue repair. *Cell Stem Cell* **2**, 205–213.
Passier, R., van Laake, L.W. & Mummery, C.L. (2008) Stem-cell-based therapy and lessons from the heart. *Nature* **453**, 322–329.
Harlan, D.M., Kenyon, N.S., Korsgren, O. & Roep, B.O. (2009) current advances and travails in islet transplantation. *Diabetes* **58**, 2175–2184.
McKnight, K.D., Pei Wang & Kim, S.K. (2010) Deconstructing pancreas development to reconstruct human islets from pluripotent stem cells. *Cell Stem Cell* **6**, 300–308.
Ronaghi, M., Erceg, S., Moreno-Manzano, V. & Stojkovic, M. (2010) Challenges of stem cell therapy for spinal cord injury: human embryonic stem cells, endogenous neural stem cells, or induced pluripotent stem cells? *Stem Cells* **28**, 93–99.
Smith, K. (2010) Outlook: Parkinson " s disease. Treatment frontiers. *Nature* **466**, S15–S18.

### Regulatory and financial issues

Ährlund-Richter, L., De Luca, M., Marshak, D.R., Munsie, M., Veiga, A. & Rao, M. (2009) Isolation and production of cells suitable for human therapy: challenges ahead. *Cell Stem Cell* **4**, 20–26.
Goldring, C.E.P., Duffy, P.A., Benvenisty, N., Andrews, P.W., Ben-David, U., Eakins, R., French, N., Hanley, N.A., Kelly, L., Kitteringham, N.R., Kurth, J., Ladenheim, D., Laverty, H., McBlane, J., Narayanan, G., Patel, S., Reinhardt, J., Rossi, A., Sharpe, M. & Park, B. K. (2011) Assessing the safety of stem cell therapeutics. *Cell Stem Cell* **8**, 618–628.
Maziarz, R.T. & Driscoll, D. (2011) Hematopoietic stem cell transplantation and implications for cell therapy reimbursement. *Cell Stem Cell* **8**, 609–612.

### Other applications

Nishikawa, S.-I., Goldstein, R.A. & Nierras, C.R. (2008) The promise of human induced pluripotent stem cells for research and therapy. *Nature Reviews Molecular Cell Biology* **9**, 725–729.
Saha, K. & Jaenisch, R. (2009) Technical challenges in using human induced pluripotent stem cells to model disease. *Cell Stem Cell* **5**, 584–595.
Rubin, L.L. & Haston, K.M. (2011) Stem cell biology and drug discovery. *BMC Biology* **9**, 42.
Zhu, H., Lensch, M.W., Cahan, P. & Daley, G.Q. (2011) Investigating monogenic and complex diseases with pluripotent stem cells. *Nature Reviews Genetics* **12**, 266–275.
Robinton, D.A. & Daley, G.Q. (2012) The promise of induced pluripotent stem cells in research and therapy. *Nature* **481**, 295–305.

제22장

# 진화와 발생

발생학과 진화생물학 사이의 접점엔 꽤나 긴 역사가 있다. 19세기 초 독일의 배아학자인 칼 폰 베어(Karl von Baer)는 서로 다른 유형의 척추동물 배아들에서 초기 단계가 매우 유사하다는 것을 알아 내고는 동물의 보다 일반적인 특징이 먼저 발생하고 나중에 보다 특이적인 특징들이 발생한다고 제안한 바 있다. 19세기 중엽 에른스트 헥켈(Ernst Haeckel)은 "개체 발생이 계통 발생을 반복한다"는 학설을 주창했는데, 다시 말해서 개별 생명체의 발생 단계는 자신의 진화적 조상들의 순서를 닮는다는 것이었다. 이런 견해는 삶의 경험을 통해 유전되는 변화가 나타나며, 따라서 발생 순서의 끄트머리에 이러한 변화가 덧붙여질 수 있다고 보는 당대 라마르크 진화설의 맥락에서는 말이 되는 것이었지만, 자연선택의 입장에서는 설명하기가 매우 어려웠다.

20세기 초에는 신다윈주의(neo-Darwinism)가 폭넓게 받아들여졌다. 신다윈주의는 다윈의 자연선택설, 멘델의 유전학, 그리고 피셔, 라이트, 홀데인이 만들어 낸 유전에 대한 정량적 수학이론을 종합한 것이다. 여기서 진화적 변화의 기전은 돌연변이에 의해 일어나는 것으로 간주되며, 각각의 돌연변이는 이런 변이를 가진 개체에게 생식상의 이득을 주어서 집단 내에 퍼지게 되고 결국 야생형이 된다. 신다윈주의에 따르면 형태적 변화는 서서히 일어나는데, 작은 효과를 갖는 돌연변이들이 여럿 모여서 나타나게 된다. 자연선택에 의해 일어나는 변화를 **적응적 진화(adaptive evolution)** 혹은 적응(adaptation)이라 부른다. 20세기 후반에는 분자생물학적인 연구의 결과로 DNA의 일차 서열에서 나타나는 대부분의 변화가 적응적이지 않고, 아무런 선택적 귀결이 없는 돌연변이의 누적으로 이루어진 **중립적 진화(neutral evolution)**라는 것이 분명해졌는데, 돌연변이는 한 세대에서 다음 세대로 넘어가면서 임의적 표본추출의 효과[유전적 부동(genetic drift)]를 통해 집단 내에 퍼져 나간다.

발생과정을 분자 수준에서 이해하게 되자 진화생물학에 중대한 영향을 미치게 되었는데, 왜냐하면 이전에는 답할 수 없었던 질문들에 대한 접근을 가능하게 해 주었기 때문이다. 그 첫째는 원거리 상동성이라는 사안이다. 전통적으로는 서로 다른 동물의 신체 부위 사이의 **상동(homology)**을 발생 단계에 대한 연구를 포함한 비교해부학적인 방법으로 결정했다. 하지만 지금은 발생 기전의 분자적 기초에 대한 지식을 갖게 되면서 형태적 유사성이 전혀 남아 있지 않은 경우라도 상동을 결정하는 것이 가능해졌다. 초기 발생 기전에 대한 연구, 특히 **계통형 단계(phylotypic stage)**에 대한 연구를 통해 모든 동물은 단 하나의 공통 조상으로부터 유래했다는 것을 확신할 수 있게 되었다. 또한 원시 동물의 주요 유전자 발현 영역들을 신뢰할 수 있을 정도로 재구성할 수 있게 되었다.

두 번째 사안은 진화적 변화의 **발생적 제약(developmental constraint)**에 대한 조사다. 한 가지 특정한 초기 발생 기전이 주어진 경우, 우리는 특정 핵심요소의 기능이 상실되거나 획득된 돌연변이가 항상 해로울 것임을 예측할 수 있게 되는데, 왜냐하면 관련된 유전자들이 다양한 기능을 가지고 있기[즉 **다면발현성(pleiotropic)**] 때문이다. 한 가지 기능에 잠재적으로 유리할 만한 변화는 다른 기능들에는 해로운 변화를 수반할 가능성이 매우 높다. 이는 하나의 번식 집단에 가용한 돌연변이들이 항상 제한적일 것임을 의미한다. 변이가 없이는 선택이 작동할 수 없을 것이므로 특정한 진화의 경로를 가로막는 발생적 제약이 있을 것이라는 개념이 도출된다.

세 번째 사안은 진화과정에서 실제로 어떤 일이 일어났는가를 이해하는 것이다. 그중에서도 이제 우리는 진화에 중요한 형태적 변화가 일어나는 발생학적 기초를 연구할 수 있게 되었다. 여기에는 두 가지 측면이 있다. 첫째는 관찰된 형태적 변화를 유발한 관련 발생 체계의 변화를 알아내는 것이다. 둘째는 실제 어떤 돌연변이가 집단 내에 확립되어 그런 변화를 불러온 것인지 발견해 내는 것이다. 이 두 가지가 같은 것일 필요는 없다. 예를 들어 Hox 발현의 변화에 의해서 체절의 정체성이 변할 수 있지만, 이것을 초래한 돌연변이가 Hox 유전자 자체에서 일어난 것은 아닐 수도 있다. 이러한 접근은 신다윈주의에서는 일반적으로 선호되지 않을 **대돌연변이(macromutations)**가 진화적 변화에 기여할까 아닐까라는 아주 오래된 진화학적 수수께끼를 풀 수 있는 가능성을 열어 준다.

진화발생학 연구는 실험실에서 흔히 사용되는 여섯 종의 주요 실험동물 이외에도 다양한 생명체에 대한 연구를 포함하기 마련이다. 이 장에서 살펴보게 될 예로는 척추동물의 "자매군(sister group)"인 활유어(amphioxus), 좌우대칭동물의 "자매군"인 자포동물(cnidarians), 공통 조상으로부터 유래한 극단적인 체절 다양성의 한 가지 예라 할 수 있는 갑각류(crustacea), 사지 상실의 한 가지 예라 할 수 있는 뱀 등이다. 하지만 진화발생학은 그 어떤 동물이라도 연구하는 것이 될 수 있다. 다행스럽게도 그렇게 할 수 있는 기술적 여건이 마련되어 있다. 첫째, 전체 유전체의 염기서열을 결정하는 것이 용이해졌기 때문에 어떤 생명체건 전체 유전자의 완전한 목록을 얻어낼 수 있을 뿐만 아니라, 그 유전자의 염색체 상의 위치 정보를 기존에 잘 확립된 실험동물 모델과 비교해서 상대적으로 결정할 수 있다. 둘째, 제자리 혼성화법(*in situ* hybridization)을 통해 유전자 발현의 패턴을 연구할 수 있다. 셋째, 보다 정교한 형질전환의 방법이 없는 경우일지라도 전기천공법(electroporation)을 통해 유전자를 도입할 수 있고, 마지막으로 표적 유전자의 활성을 줄이는 방법으로 RNA 간섭(RNA interference, RNAi)을 활용할 수 있다. 그렇다고 해도 일반적으로는 연구 대상 동물의 배아 단계가 가용하다는 것이 중요하기 때문에, 사육이 가능해서 실험실 내에서 전체 생활사를 살펴볼 수 있는 그런 실험동물이 연구에 있어서 선호되는 재료가 된다.

## 대진화

생명체는 위계적인 방식으로 분류되며, 이렇게 세분된 것을 **분류군(taxa**, 단수형은 **taxon)**이라 한다. 동물 종들은 속(genera), 과(families), 목(orders), 강(classes)을 거쳐 가장 큰 단위인 **문(phyla**, 단수형은 **phylum)**으로 묶여 가는데, 저자에 따라 다르지만 동물계 내에는 대략 35개의 문이 있다. 문의 크기도 다양해서, 연체동물(Mollusca)처럼 수만 개의 종을 포함하는 커다란 문도 있는가하면, 동갑동물(Loricifera)처럼 단 몇 개의 종으로 이루어진 아주 작은 문도 있다. 발생생물학의 입장에서는 척추동물과 곤충이 중요한 생물군이지만, 이것은 문이 아닌 강의 수준에 해당한다. 척추동물(vertebrates)은 척색동물문(phylum Chordata) 내에서 가장 큰 강에 해당하며, 곤충(insects)은 절지동물문(phylum Arthropoda) 내에서 가장 큰 강이다.

분류의 체계, 즉 **분류학(taxonomy)**은 완전히 임의적일 수 있고, 표본을 불분명함 없이 동정해 내는 것을 가능하게 한다는 의미에서 여전히 유효한 것이다. 하지만 오랫동안 생물학계에서는 분류 체계가 관련된 생명체의 진화 역사와 잘 부합되도록 만들기 위해 노력해 왔다. 이런 전통에 따르자면 하나의 분류군은 하나의 조상으로부터 유래한 모든 후손들의 집합으로 이루어진 **단계통군(clade)**이어야 한다(그림 22.1). 하지만 몇 가지 잘 알려진 생물군은 단계통군이 아님에도 불구하고 이미 너무 친숙하기 때문에 그대로 용인되는 경우도 있다. 예를 들어 파충류(reptiles)는 단계통군이 아닌데, 왜냐하면 조류(birds)를 빠트리고 있기 때문이다. 조류는 척추동물 가지에서 하나의 독립적인 군을 이루는 것이 아니라 파충류 내부에서 갈라져 나온 후손이다. 어떤 임의적인 분류의 체계도 가능할 수는 있지만, 진화 과정에서 실제로 일어났던 가지치기(bifurcation)를 엄밀하게 따르는 "진정한 나무(true tree)"는 하나뿐이다. 이를 **계통수(phylogenetic tree)**라 부르는데, 문의 단계를 다루든 더 하위 단계를 다루든 마찬가지다. 계통수의 각 마디는 나중에 2개의 가지로 나눠게 될 실제 조상동물들의 집단에 해당되도록 해야 한다. 이것은 물론 종 수준까지 자세하게 내려가야 글자 그대로 참일 수가 있는데, 왜냐하면 실제로 진화하는 것은 상호 교배가 가능한 생명체의 집단이라는 의미에서의 종이기 때문이다. 종 수준을 넘어서는 진화를 **대진화(macroevolution)**라고 한다. 잊지 말아야 할 것은 상위 분류군의 진화를 추동하는 힘은 없다는 것이다. 왜냐하면 상위 분류군의 진화란 여러 종을 아우르는 평행적 변화가 동시에 선택되어야 한다는 것을 의미하고, 거의 불가능하기 때문이다. 결국 대진화란 멸종 사건을 포함해서 수많은 종 수준의 진화가 일어난 결과에 불과하며, 오랜 세월에 걸쳐서 지구 생명체의 대략적인 구성을 바꾸게 된다. 따라서 상위 분류군을 의미하는 계통수 상의 마디 하나는 단 하나의 특정 조상에 해당되며, 이 조상 생물종이 두 갈래의 후손으로 갈라진 것이지만, 유관 분류군의 다른 다양한 생명체가 있을 수 있고, 같은 나무에 표상된다.

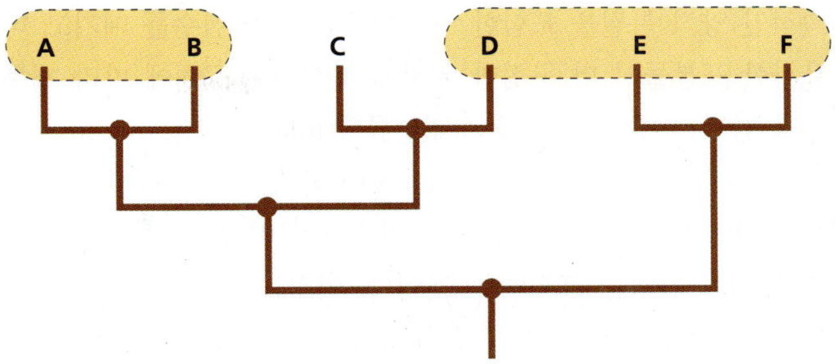


그림 22.1 계통분류학(phylogenetic or cladistic taxonomy). A에서 F는 주어진 계통에 의해 생기는 분류군들을 말한다. A + B는 상위 분류군으로 받아들일 수 있는데, 왜냐하면 하나의 공통조상으로부터 유래했기 때문이다. D + E + F는 상위 분류군으로 받아들일 수 없는데, 같은 조상으로부터 유래한 후손을 빠트렸기 때문이다.

계통수를 만든다는 것은 복잡한 일로서 이 책의 범위를 벗어난다. 하지만 원칙적으로 두 가지 접근법이 있다. 하나는 연속적인 양적 특질을 포함한 수많은 특질들에 점수를 매기고 더 유사한 표본들이 더 근접한 위치에 놓인다는 근거에 따라 계통수를 만드는 것이다. 이를 수리분류학(numerical taxonomy) 혹은 표형분류학(phenetic taxonomy)이라 한다. 또 다른 접근법은 실제 계통수를 유추해 내기 위해서 여러 가지 변화의 가능성에 대한 가정을 포함하는 것이다. 이것을 분지분류학(cladistic taxonomy) 혹은 계통분류학(phylogenetic taxonomy)이라 한다. 둘 중 어느 방법이든 "진정한 계통수"를 만들어 내리라는 보장은 없지만, 더 많은 데이터를 사용할수록 더 정확한 계통수가 만들어진다.

동물학자들은 오랫동안 서로 다른 생명체 사이의 유사성에서 두 가지 유형을 구분해 왔다. 바로 **상동(homology)**과 **상사(analogy)**가 그것이다. 만일 두 가지 구조가 서로 상동이라면 이것은 두 구조가 비슷할 뿐만 아니라 이 유사성이 하나의 공통 조상으로부터 유래했기 때문에 생겼다는 것을 의미하며, 그 조상은 지금 문제로 삼고 있는 그 부위의 조상형태(원시형태)를 가지고 있었던 것이다. 한 가지 예는 **사지동물(tetrapods)**의 사지다. 인간에서 악어에 이르기까지 많은 척추동물에서 팔다리의 개수, 뼈 및 근육의 구성, 사지가 몸에 붙어 있는 위치 등으로 볼 때 명백한 유사성을 보인다. 이렇게 유사성을 보이는 이유는 한때 조상 사지동물이 있었고, 이로부터 현존하는 모든 사지동물들이 유래했기 때문에 팔다리가 그런 것이다. 같은 유래를 가지고 있기 때문에 상동인 구조는 비슷한 발생 기전에 의해 형성되어야 한다. 대조적으로 두 가지 구조가 상사라는 것은 공통의 조상이 없다는 것이며, 두 부위가 비슷해 보이는 이유는 자연선택의 압력에 의해 두 구조가 수렴해서 같은 기능에 대한 필요성을 만족시켰기 때문이다. 한 가지 예는 곤충의 날개와 조류의 날개다. 분명코 이 둘 사이엔 날개를 가진 공통의 조상이 없었는데, 왜냐하면 화석의 증거를 놓고 볼 때 각각의 분류군에서 날개를 가진 구성원이 나타나기 전에 이미 오랜 역사가 있음을 알 수 있기 때문이다. 더구나 곤충과 조류 사이의 공통조상은 동물이 육상으로 진출하기 이전에 존재한 바다 생명체였음에 틀림없다. 비록 곤충과 조류의 날개가 서로 상동은 아니지만, 날개를 만드는 데에 관여하는 다양한 개별 유전자나 유전자 경로는 여전히 상동일 수도 있다는 점에 유의해야 하며, 차후 논의될 것이다. 일반적으로 조상의 특질을 닮은 특질을 원시적 혹은 **기본적(basal)** 특질이라 부르며, 적응 진화를 통해 새롭게 나타났다고 생각되는 특질을 **유도된(derived)** 특질이라 한다.

## 분자분류학

현대 분류학의 상당 부분은 형태적 특질들보다는 유전자의 일차 염기서열을 활용하게 된다. 하나의 단백질을 이루는 아미노산 중에서 일부분만이 생물학적 활성을 갖는 데에 중요하기 때문에, 유전자나 단백질의 서열은 시간이 흐르면서 서서히 바뀌게 된다. 대부분의 변화는 **중립적(neutral)**이거나 거의 중립적인데, 다시 말해 이런 변화가 개별 생명체의 생존이나 번식에 영향을 미치지 않고, 따라서 자연선택에 따른 차별을 받지 않기 때문이다. 어떤 돌연변이든 이런 변화가 모든 종으로 퍼져 나가 그 유전자나 단백질의 정상형으로 고착될 가능성은 매우 적다. 그런 돌연변이들이 무척 많고, 또 진화의 시간은 매우 긴 것이기 때문에 생화학적 기능을 담당하지 않는 단백질의 부위에서 아미노산 서열은 여러 가지로 대체될 수 있다. 집단유전학의 이론에 따르면 **분자시계(molecular clock)**의 존재를 예측하게 되는데, 두 계통이 공통조상으로부터 갈라져 흐른 시간과 두 서열 사이에서 찾을 수 있는 차이의 개수 사이에 선형의 비례관계가 있으리라는 것이다. 여러 다양한 형태의 알고리듬을 사용해서 일차 서열을 분석하고 계통수를 만들 수 있다. 이런 알고리즘 중의 어떤 것은 단순히 차이의 숫자만 비교하며(표형분류학), 또 어떤 알고리즘은 치환 사건의 숫자가 최소가 되도록 시도한다(계통분류학). 이런 연구에 이용할 이상적인 유전자는 확실하게 상동이라는 것이 밝혀질 수 있는 것이어야 하며, 연구에 사용될 생명체의 범주 내에서 약간의 변이가 있긴 하지만 변이가 너무 많아서 치환된 것이 또 치환되어 누적될 정도의 변이가 나타나지는 않는 그런 유전자여야 한다. 광범위한 계통발생을 연구하기 위해서는 크고 작은 리보솜 RNA 유전자들을 활용해 왔는데, 왜냐하면 이 유전자들은 원핵세포와 진핵세포가 갈라지기 이전부터 같은 기능을 그대로 유지해 오고 있기 때문이다. 단백질을 코딩하고 있는 유전자 중에서 선호되는 것으로는 RNA 중합효소(RNA polymerases), 해당효소(glycolytic enzymes) 및 시토크롬(cytochromes)을 들 수 있는데, 이 유전자들은 어떤 생명체에서건 본질적으로 같은 기능을 하고 있기 때문이다. 분자계통발생학적 방법의 매력은 형태와는 완전 무관하게 활용할 수 있고, 원칙적으로는 각 생명체에 대한 다른 어떤 지식이 없이도 현존하는 생명체에서 얻어진 염기서열에 그대로 적용할 수 있다는 것이다. 하지만 이 방법이 반드시 유일무이한 계통수를 만들어내는 것은 아니며, 진정한 계통수를 만들어내기에 가장 가까운 접근법이 되려면 비교형태학, 분자 서열 및 화석 증거를 함께 합쳐야 한다는 것이다.

분자분류학이 발달하면서 상동과 상사에 대한 우리의 개념이 더욱 확장되고 정교해졌다. 하나의 단백질 서열에서 꼭 필요하지 않은 위치에 있는 아미노산 중의 다수가 중립적 돌연변이를 통해 변화할 수 있다고 해도 또 다른 필수불가결하지 않은 위치에서는 변하지 않은 채 그대로 남아 있는 경우도 많다. 꼭 필요하지 않은 부위에서도 같은 아미노산을 가지고 있다는 것이야말로 서로 다른 생명체가 가진 2개의 유전자가 정말 상

## 고전적인 실험들

### 발생 수준에서의 원거리 상동성

처음 두 편의 논문은 생쥐 *Hox* 유전자 중 앞쪽 발현의 한계를 결정하는 순서가 초파리의 경우와 마찬가지임을 밝혀 내어 연구의 돌파구를 열었다. 이것은 모든 동물에 공통된 발생 계획이 있으리라는 것을 함축하는 핵심적인 발견이다. 하지만 이들 논문에서 사용한 *Hox* 유전자의 명명법이 오늘날 우리가 사용하는 것과는 다르다는 점에 유의해야 한다.

세 번째 논문은 생쥐의 *Small eye* 유전자가 초파리의 *eyeless* 유전자와 상동이며 Pax6라는 단백질을 암호화하고 있음을 보여준다. 초파리나 생쥐의 Pax6 유전자를 초파리의 다른 성충판(imaginal discs)에 과발현시키자 원래의 자리가 아닌 곳에서 눈 조직을 유도할 수 있었다.

Duboule, D. & Dolle, P. (1989) The structure and functional organization of the murine Hox gene family resembles that of *Drosophila* homeotic genes. *EMBO Journal* 8, 1497–1505.

Graham, A., Papalopulu, N. & Krumlauf, R. (1989) The murine and *Drosophila* homeobox gene complexes have common features of organization and expression. *Cell* 57, 367–378.

Hadler, G., Callaerts, P. & Gehring, W.J. (1995) Induction of ectopic eyes by targeted expression of the *eyeless* gene in *Drosophila*. *Science* 267, 1788–1792.

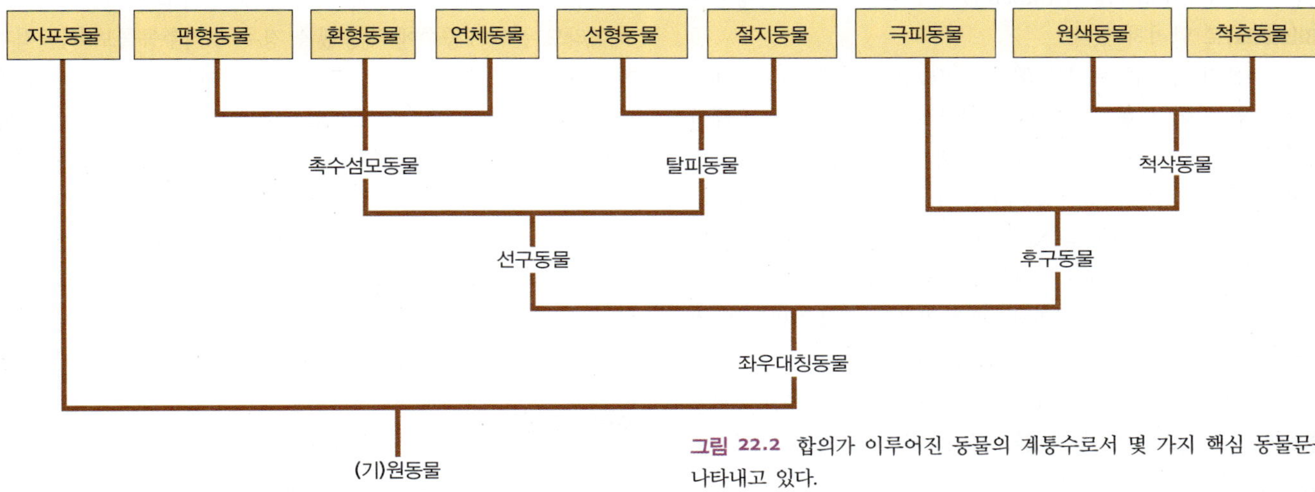


**그림 22.2** 합의가 이루어진 동물의 계통수로서 몇 가지 핵심 동물문을 나타내고 있다.

동이라는 것을 입증한다. 하지만 여러 생명체에서 상동인 유전자들을 동정해 내는 것이 그렇게 간단하지는 않은데, 진화라는 장구한 시간 동안에 **유전자 중복(gene duplication)**이 광범위하게 일어났기 때문이다. 하나의 유전자가 중복되어 2개로 되면 그중 하나만이 원래의 기능을 수행하기 위해 필요하며, 남은 하나는 자유롭게 다른 기능을 떠맡을 수 있는데, 많은 경우 원래의 기능과 관련된 것이긴 하지만 말이다. 특히 척추동물에서는 높은 비율의 유전자들이 다중유전자족(multiple gene family)에 속한다. 하나의 동일한 생명체가 가지고 있는 2개의 유전자가 유전자 중복에 의해 나타난 것일 경우 이 둘을 **유사유전자(paralogs)**라 부른다. 서로 다른 생명체에 있는 2개의 유전자가 계통에 의해 직접적으로 연결되어 있을 뿐 아니라 같은 기능을 수행하고 있다면 **이종상동성유전자(orthologs)**라 부른다. 올바르게 종 사이의 비교를 하기 위해서는 반드시 진정한 이종상동성유전자를 찾아내야 하며, 그렇지 않은 경우엔 그 비교가 유전자 중복이 일어난 시점과 관련되는 것이 되기 때문에 실제 조상 종들이 갈라진 시점보다 훨씬 앞선 시점이 될 수 있다.

만일 두 유전자가 전혀 다른 서열에서 시작했지만 같은 기능을 수행하도록 수렴한 것이라면 둘 사이에서 서열이 일치하는 곳이 아예 없거나, 아니면 촉매나 다른 생화학적 기능을 수행하고 있는 매우 작은 부위에서만 일치하는 서열이 국한되어 나타날 것이다. 분자 수준에서 상사의 한 가지 예는 크리스탈린(crystallins)으로서 눈의 수정체(lens)를 만드는 단백질이다. 다양한 유형의 척추동물들이 다양한 종류의 단백질을 이용해서 투명한 수정체를 만들었고, 비록 같은 생리적 기능을 수행한다고 하더라도 그 일차 서열에서는 유사성을 찾아 볼 수 없다.

## 동물의 계통 발생

그림 22.2는 몇 가지 가장 중요한 동물군에서 현대적 합의가

이루어진 계통수를 보여준다. 서로 다른 동물문에 속하는 성체 동물 사이에서는 공통된 형태적 특징을 찾을 수 없기 때문에 전통적으로는 배아나 유생에서 얻어진 정보를 이용해서 계통수를 작성하게 된다.

이런 특질들 중 첫 번째는 배엽의 개수다. 이미 살펴보았듯이 대부분의 동물들은 낭배형성이 끝나고 나면 외배엽, 중배엽, 내배엽이라는 3개의 조직층을 형성하게 된다. 이런 동물들을 **삼배엽성동물(triploblasts)**이라 부른다. 단 3개의 동물문만이 삼배엽성동물이 아닌데, 해면동물(Porifera, 예: 해면)에서는 잘 구별되는 조직의 층 자체가 없고, 자포동물(Cnidaria, 예: 히드라, 해파리, 말미잘)과 유즐동물(Ctenophora, 예: 빗살해파리)은 2개의 층만을 갖고 있다. 자포동물과 유즐동물을 **이배엽성동물(diploblasts)**이라 한다. 이들 3개의 동물문은 대체로 방사대칭(radial symmetry)을 보여주는 반면, 삼배엽성동물의 대부분은 좌우대칭(bilateral symmetry)이기 때문에 **좌우대칭동물(Bilateria)**로 알려져 있다.

그 다음의 중요한 특징은 **체강(coelom)**의 존재유무다. 체강은 중배엽 안에서 형성되는 빈 공간으로서 중배엽에서 유래한 상피세포인 복막(peritoneum)에 의해 둘러싸여 있고, 주요한 몸속 빈 공간을 형성하는 경우가 많다. 편형동물(Platyhelminthes, 예: 와충)과 유형동물(Nemertea)은 체강이 없어서 무체강동물(aceolomates)이라 한다. 선형동물(Nematodes)을 비롯한 다수의 무척추동물들은 중배엽에 의해 일부분만 둘러싸여 있기 때문에 의체강동물(pseudocoelomates)이라 부른다. 환형동물(Annelids), 연체동물(Mollusca), 절지동물(Arthropoda), 극피동물(Echinodermata, 예: 성게, 불가사리) 및 척색동물(Chordates)은 모두 체강을 가지고 있다.

전통적으로는 체강동물의 동물문들을 2개의 상문(super phyla)으로 묶을 수 있었는데, 첫째가 **선구동물상문(Protostomia)**이며, 둘째가 **후구동물상문(Deuterostomia)**이다. 후구동물상문에는 극피동물문과 척색동물문이 포함된다. 후구동물은 **방사상 난할(radial cleavage)**을 하고, 포배구(blastopore)로부터 항문이 형성되며, 내장에서 유래한 중배엽 원기에서 발아하여 체강이 형성되는 과정인 **장체강형성(enterocoely)**을 한다는 것으로 정의된다. 사실 진정한 장체강형성은 척추동물에서는 나타나지 않지만, 몇몇 원색동물과 극피동물에서 나타나기 때문에 이 2개의 문을 함께 연결할 수 있게 된다. 선구동물을 정의하는 특징은 **나선형 난할(spiral cleavage)**, **세포질 결정인자(cytoplasmic determinants)**의 이른 작용, 그리고 중배엽이 쪼개져 체강이 형성되는 과정인 열체강형성(schizocoely)이다. 오래된 교과서에서는 포배구로부터 입이 형성되는 것을 포함하고 있을 수도 있지만, 이것은 부정확한 것이다. 전형적으로 선구동물에서는 포배구가 좁아져서 배쪽 슬릿(ventral slit)이 형성되고 이로부터 입과 항문이 유도된다.

최근 분자분류학이 발달하면서 이런 조망에 변화가 생겼다. 후구동물은 여전히 하나의 분류군으로 남아 있지만 체강의 중요성은 사라졌고, 선구동물을 2개의 상문으로 나누게 되었다. 환형동물과 연체동물은 **담륜자(trochophore)**라 불리는 유생의 형태를 공유하기 때문에 다른 몇 개의 동물문과 합쳐서 **촉수섬모동물상문(Lophotrochozoa)**을 이루는 반면, 절지동물과 선형동물은 다른 탈피하는 동물문과 합쳐서 **탈피동물상문(Ecdysozoa)**을 이룬다.

분자분류학의 이점은 형태학보다 훨씬 머나먼 과거까지 추적할 수 있다는 것이며, 원칙적으로는 언제 마지막으로 모든 동물의 공통조상이 번성했었는지를 알 수 있다. 하지만 실제로는 이것이 매우 어려운 일임을 알게 되었는데, 왜냐하면 그런 추정치는 화석기록에서 나타나는 교정 연대(calibration dates)에 의존하기 때문이다. 비록 화석 연대가 비교적 믿을만하다고 하더라도 분자계통수에 적용했을 경우 무척추동물보다는 척추동물에서 중립적인 돌연변이가 훨씬 천천히 누적되었음을 알 수 있었다. 그 이유는 모르고 있지만 연대 교정의 불확실성 때문에 모든 동물의 공통조상에 대한 추정치는 그 범위가 매우 커서 대략 10억 년 전에서 6억 년 전 사이로 추정된다. 6억 년 전이라는 추정치는 무척추동물의 방산 시점으로부터 얻어진 것이며, 에디아카라기(Ediacaran period)에서 얻은 가장 빠른 후생동물(metazoan)의 화석 연대와 상당히 잘 부합한다.

## 화석 기록

화석 기록은 과거를 실제로 살펴볼 수 있게 해 주며, 계통수를 작성하는 연대 교정의 유일한 원천이 된다. 화석이란 암석에 보존된 생명체의 잔존물이다. 거의 모든 화석은 퇴적암에서 발견되며 바다나 민물에서 퇴적물이 쌓여서 생긴다. 대부분의 화석은 생명체의 딱딱한 부분으로만 이루어져 있는데, 예를 들면 해양 무척추동물의 껍질이나 척추동물의 뼈 등이며, 광물화가 진행되어 원래의 유기물질이 암석으로 대체된 경우가 많다. 화석은 동물이 서식처로 사용했던 굴이라던가, 동물이 지나간 흔적과 같은 "생흔화석(trace fossil)"일 수도 있는데, 실물은 없이 활동의 증거만을 보여준다. 극소수의 지질학적 유적에서만 보존상태가 매우 뛰어난 생명체들을 포함하고 있어서 생명체의 연약한 부분까지도 살펴볼 수 있는데, 예를 들자면 캄브리아기의 버지스 이판암(Burgess shale)과 쳉지앙 퇴적물이 잘 알려져 있다.

그림 22.3은 지질학적 연대와 다양한 분류군의 화석이 언제 처음 나타나는지를 보여준다. 이들 첫 출현의 대부분이 척추동물에 관한 것임을 알아차릴 수 있을 것이다. 대부분 혹은 아마도 모든 무척추동물이 캄브리아기에 이미 존재했는데, 이 시기

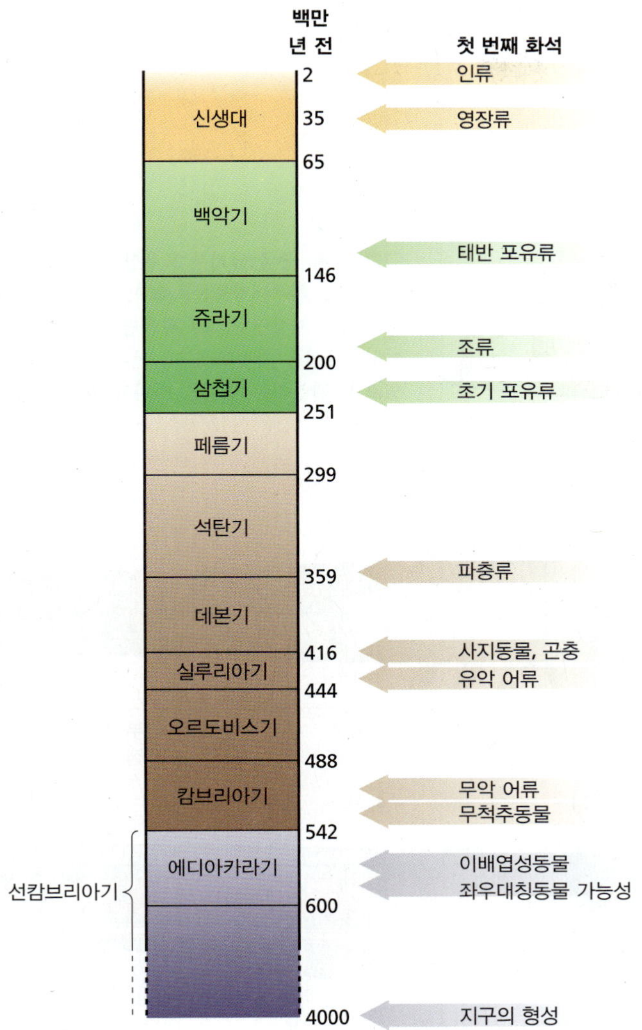


**그림 22.3** 지질학적 연대, 현재 통용되고 있는 각 연대의 시작 시점과 더불어 주요 동물군의 화석이 언제 처음 발견되는가를 나타내었다.

가 암석에 상당한 수의 화석이 발견되는 가장 이른 지질학적 연대다. 무척추동물의 여러 문들이 한꺼번에 나타난 "캄브리아기 대폭발(Cambrian explosion)"은 5백만 년~2천만 년이라는 지질학적으로 매우 짧은 기간이다. 이렇게 빠르게 다양화가 진행되었기 때문에 동물계의 진정한 계통수를 확립하는 데에 문제가 생긴다. 계통수는 형태든 염기 서열이든 현대의 생명체들이 가진 특질을 이용하여 작성하는 것이며, 캄브리아기 대폭발로 확립된 후손 계통에서 나타난 모든 변화를 활용하게 된다. 시간에 비례해서 일어나는 중립적인 특질의 경우, 단지 2% 가량만이 캄브리아기 대폭발 동안의 계통 다양화와 관련되고, 남은 98%는 그 이후에 누적된 것이다. 결국 나중에 일어난 커다란 진화의 잡음 속에서 작지만 유의미한 신호를 잡아내기가 어렵다는 것을 의미한다.

화석 기록은 계통 발생을 입증하는 것은 아닌데, 왜냐하면 특정한 하나의 화석이 층위의 수준에서 파악되는 진정한 조상인지를 알아내기가 불가능하기 때문이다. 하지만 몇 가지 가능성은 배제할 수 있는데, 분명히 나중에 나타나는 것으로 확인된 화석군이라면 먼저 나타나는 화석군의 조상일 리는 없기 때문이다. 또한 화석 기록은 계통수를 작성할 때 유용한 연대 교정 수단이 되는데, 새로운 동물군이 처음으로 나타난, 다시 말해 방산이 일어난 시점을 제공해 준다. 예를 들어 조류와 포유류의 방산 시점은 3억 년 전이며, 초파리와 모기가 갈라진 것은 2억3천5백만 년 전이다. 이러한 시점들은 화석 자체로부터 유추할 수 있는 것은 아니다. 화석의 효용은 여러 지질학적 유적에서 얻은 상관관계를 정합성을 갖는 순서로 만들게 해 준다는 점에 있다. 절대 시간은 암석의 방사능 연대 측정을 통해서 얻게 되는데, 이 자체도 매우 복잡한 일로서, 퇴적암에는 이런 종류의 측정을 가능하게 해 줄 만큼 적절한 반감기를 가진 방사능 원소가 극미량 밖에 없다. 하지만 전 세계의 여러 유적지에서 얻어진 상관관계를 통해 그림 22.3에서 볼 수 있는 시간 척도를 얻게 되었다.

캄브리아기 이전의 시기를 에디아카라기 혹은 벤디아기(Vendian)라 부르는데, 자포동물과 유사한 화석들이 발견된다. 여기에 대해서는 약간의 불확실성이 있는데, 왜냐하면 해파리는 화석으로 보존되기가 극도로 어려워서 에디아카라기에서 발견된 동물상은 딱딱한 부위가 있지만 후손을 남기지 않고 멸종한 다른 유형의 방사대칭동물을 대표하는 것일 수도 있기 때문이다. 선캄브리아기의 암석에서 확인 가능한 후생동물의 증거를 찾아 내기는 어렵다. 비록 100–200 μm 길이의 아주 작은 벌레 같은 생명체를 에디아카라기에 해당하는 중국 남서부의 도우샨투오 지질층(Doushantuo formation)에서 발견하기는 했지만 말이다. 이 생명체의 단면으로 살펴볼 때 관통하는 내장과 앞쪽의 감각 기관을 갖고 있는 체강동물인 것으로 보인다(그림 22.4와 아래 참고).

## 원시동물

진화발생생물학을 통해 얻게 된 새로운 결과 중 가장 중요한 것이라면, 과거에는 볼 수 없었던 상동을 밝혀 낼 수 있다는 것으로서, 몸 체제를 이루는 유전자들의 발현과 기능을 연구해서 알게 된다. 이것을 설명하기 위해서는 우선 **몸 체제(body plan,** 원어는 독일어인 **Bauplan)**와 **계통형 단계(phylotypic stage)**의 개념을 파악해야 한다. 몸 체제란 광범위한 동물들로부터 필수불가결한 해부학적 구성의 특질을 추상해 내는 것이 가능하리라는 생각을 말한다. 동물학 교과서에서 일반적인 척추동물 혹은 일반적인 연체동물의 모식도를 보여줄 때 이런 생각을 엿볼 수 있다. 몸 체제가 임의적인 추상에 불과한 것이 아니라 실

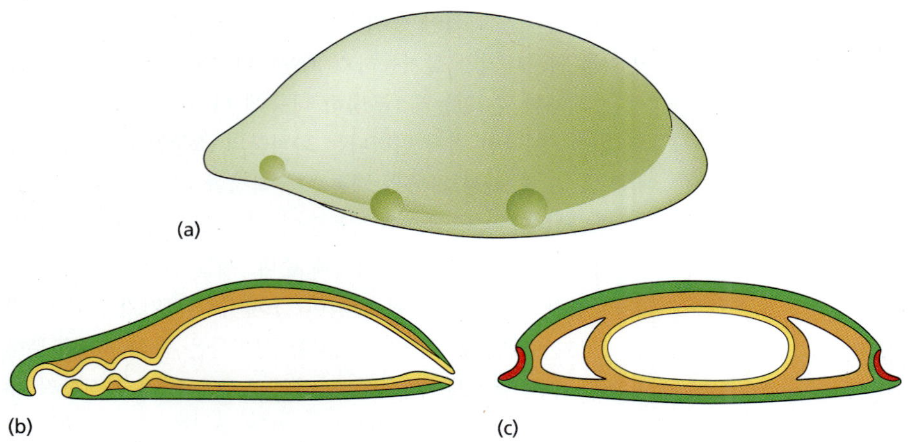


**그림 22.4** 중국 남서부 도우샨투오 지질층에서 발견된 좌우대칭동물로 보이는 화석. (a) 재구성, (b) 시상단면, (c) 횡단면. 이 생명체는 3개의 배엽을 가지고 있고, 전-후축의 패턴이 있으며, 관통하는 내장을 가지고 있는 것으로 보인다.

제임을 보여주는 증거를 발생생물학에서 얻을 수 있는데, 하나의 분류군에서 핵심적인 전사인자나 신호전달분자들이 매우 유사한 발현 영역을 가지고 있기 때문이다. 예를 들어 척추동물의 *Brachyury* 유전자는 제브라피쉬, 제노푸스, 닭, 생쥐에서 서로 다르게 생긴 부위에서 발현하지만, 이 부위들은 모두 이전에 중배엽이라고 생각되는 곳에 해당하며, 실제로 중배엽이 하나의 실질적인 세포 상태라는 개념을 강화시켜 주는데, 중배엽이 배아의 부위를 그저 임의로 나눈 것에 불과한 것이 아니라 특정 조합의 전사인자들의 활성으로 정의할 수 있음을 의미한다.

## 계통형 단계

**계통형 단계(phylotypic stage)**란 한 분류군의 모든 구성원들이 최대의 유사성을 보이는 발생의 단계를 말한다. 계통형 단계가 다른 분류군에서도 정의되긴 했지만 가장 폭넓게 적용된 것은 곤충과 척추동물에서다. 모든 곤충들은 **확장된 배대(extended germ band)** 단계에서는 매우 유사해 보인다. 이 단계에서는 체절의 배열이 분명해서 3개의 하악체절, 3개의 흉부체절 및 다양한 개수의 복부체절을 갖는다(그림 22.5a). 배아의 등쪽이 닫히기 전에 확장된 배대 단계에 도달하는데, 외배엽과 중배엽의 구성요소들로 이루어진 하나의 체판으로 구성된다. 배쪽에 신경삭(nerve cord)이 있긴 하지만, 장래의 표피 구조물들이 갖게 될 상세가 아직 나타나기 전이며, 앞쪽과 뒤쪽의 중장 함입(midgut invagination)이란 측면에서의 내배엽도 형성되기 전이다.

척추동물에서는 계통형 단계가 **꼬리싹**(미아, **tailbud**) 단계인데, 이 시기에 모든 척추동물은 앞쪽에서 분화가 진행된 등쪽

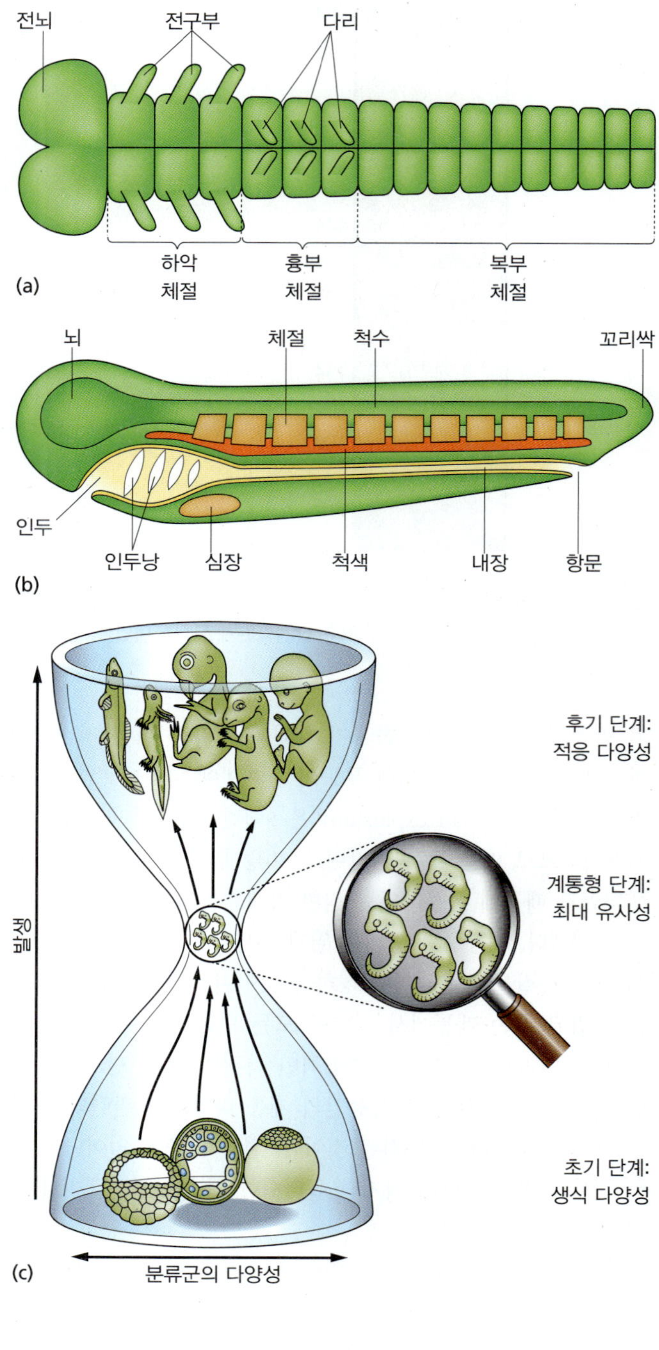


**그림 22.5** 계통형 단계. (a) 곤충의 계통형(확장된 배대) 단계. (b) 척추동물의 계통형(꼬리싹) 단계. (c) 척추동물의 "계통형 모래시계." (인용) Duboule. *Dev Suppl* 1994: 135–142의 그림을 재구성하였음.

신경삭을 가지며, 나눠진 체절, 배쪽의 심장 및 일련의 인두궁을 가지고 있다.

곤충과 척추동물 이외에서 볼 수 있는 계통형 단계로는 연체동물의 **피면자(veliger)** 유생을 들 수 있다. 이 유생은 머리(두부), 후부, 관통형 내장, 등쪽의 껍질샘(shell gland)과 배쪽의 근족(muscular foot)을 가지고 있다. 환형동물의 계통형 단계는 특정 개수의 체절이 나타나 그 생명체가 머리, 배쪽 신경삭, 관통형 내장 및 모든 배아층을 포괄하는 체절을 가진 때라고 할 수 있다. 극피동물은 유생에서 성체로의 변태가 매우 극적인 주목할 만한 동물문이다. 성게의 **에키누스 원기(echinus rudiment)**나 다른 강에서 볼 수 있는 이와 유사한 형태도 계통형 단계로 간주할 수 있는데, 왜냐하면 그보다 이른 단계의 유생은 방사대칭이라기보다는 좌우대칭이고, 수관계(water vascular system)나 관족(tube foot)과 같은 극피동물의 특징을 가지고 있지 않기 때문이다. 마지막으로 **나우플리우스(nauplius)** 유생은 세 쌍의 머리 부속지를 가지고 있어 갑각류의 계통형 단계로 여겨져 왔다. 계통형 단계라는 개념에 대해 다양한 이유로 논쟁이 되었지만, 평균적으로 볼 때 계통형 단계에서 발현되는 유전자들은 그 전이나 그 후의 발생 단계에서 발현되는 유전자에 비해 그 진화의 역사가 훨씬 길다는 것을 보여줄 수 있었다.

어째서 어느 한 단계에서는 잘 보존된 몸 체제의 특징들이 표출되는 것인지 한번 생각해 보면 도움이 될 것이다. 발생의 가장 이른 단계들은 이후의 사건에 미칠 파장이 크기 때문에 진화 과정에서 변할 수 없다고 흔히 주장되곤 했지만, 그럼에도 불구하고 초기 배아의 형태가 매우 다양하다는 것 또한 친숙한 사실 중 하나다. 그 주요 원인은 생식양식과 생식전략이 다양하다는 데에 있다. 심지어 매우 유연관계가 높은 동물의 난자도 난황의 함량에는 커다란 차이가 있을 수 있다. 이것은 진화적 교환거래의 결과인데, 생명체들은 생존 가능성이 낮은 다수의 작은 난자를 만들던지, 아니면 생존 가능성이 큰 소수의 커다란 난자를 만들도록 유도하는 서로 다른 생태적 지위를 점유하게 된다. 더 많은 난황을 갖게 되면 초기 발생에 다양한 변화가 생기는데, 난할의 성향[**완전난할(holoblastic)**보다는 **부분할(meroblastic)**로]이나 낭배형성 운동의 본성[**함입(invagination)**보다는 **외적(epiboly)**으로] 등이 변하게 된다. **태생성(viviparity)**은 초기 배아의 삶에 더욱 커다란 변화를 야기하며, 반드시 어미와 수정란에서 유래하는 다양한 배아 외막과 지지구조가 일찍부터 형성되어야 한다. 따라서 초기 발생이 다양한 것은 생식 행동이 다양하기 때문이다. 후기 발생 단계가 되면 배아는 유생이 되었든, 성체가 되었든 배아 이후의 생명체의 모습과 닮아간다. 자유롭게 살아가는 생명체들은 선택에 노출되며, 생식 단계 때까지 살아남기 위해서는 고유한 생태적 지위를 획득해야 하기 때문에 후기 배아가 다양한 것은 그 이후에 자라날 생명체가 다양하기 때문이다. 하나의 커다란 분류군 내에서 최대의 유사성을 보이는 단계가 배아 발생의 초중기가 되리라는 것은 어쩔 수 없는 사실로서, 생식전략에 의해 강요되는 제약이 지난 후이자, 자유롭게 살아갈 생명체의 적응이란 측면에서 강요되는 제약이 나타나기 전의 단계인 것이다. 계통형 단계는 난피, 젤리층 혹은 자궁 안에서 맞이하게 되는 초중기의 단계로서 이때 환경과의 상호작용은 최소한에 불과하다. 이렇게 생각하면 계통형 단계가 있어야 할 특별한 원인은 없는 것이 되며, 변화를 유발할 선택압이 최소로 유지되는 중간 발생 단계에 불과할 뿐이고, 따라서 공통조상이 가졌던 특질을 그대로 유지할 가능성이 높은 단계인 것이다. 이러한 생각이 뒤불(Duboule)이 주창한 "계통형 에그 타이머" 다이어그램에 요약되어 있다(그림 22.5c).

## 동물형

동물문은 각각의 문이 하나의 독특한 몸 체제에 해당하도록 정의되는데, 앞서 말한 발생학적 특질 이외에는 어떠한 형태적 상동성도 발견해 내기가 어려울 수밖에 없다는 것을 의미한다. 하지만 발생생물학에서의 발견을 통해 서로 다른 동물문 사이에서 핵심적인 발생 유전자의 발현 패턴을 비교하는 것이 가능하게 되었다. 이 유전자들 중의 일부는 동물계의 대부분의 문에 걸쳐서 보존되어 있다. 그림 22.6은 지역특성화(regional specification)에 관련된 다양한 핵심 유전자들의 발현 도메인을 보여주는 동물 배아의 다이어그램이다. 이 유전자들은 연구가 이루어진 주요 좌우대칭동물문 모두에서 계통형 단계 즈음에 활성을 띠는 것으로 나타난다. 공통 발현 영역 전체를 일컬어 **동물형(zootype)**이라 불러 왔는데, 발생 유전자 발현 패턴에서 볼 수 있는 신비스런 해부학적 특징이 바로 '동물이란 과연 무엇인가'를 정의한다는 의미에서다. 척추동물에서 쓰이는 명명법이 사용되고 있지만, 이 유전자들과 상동인 유전자들이 초파리나 다른 무척추동물에도 존재해서 이와 유사한 역할을 하고 있다. 현대의 생명체들로부터 유추해 낸 유전자 발현 영역의 배합이 과연 6억 년 전의 도우샨투오 지질층에서 발견되는 아주 작은 생명체에서도 똑같은 활성을 나타내었을까 생각해 보는 것도 흥미로운 일이다(그림 22.4). "동물형"이라는 용어는 현재로서는 부적절해졌는데, 왜냐하면 이런 유전자 발현 영역의 조합은 좌우대칭인 동물의 특징이며, 해면동물이나 자포동물에서는 나타나지 않기 때문이다. 따라서 삼배엽성인 좌우대칭동물의 특징이라는 의미에서 "삼배엽형(triplotype)"이라 부르는 것이 더욱 정확할 것이다.

## Hox 유전자

Hox 유전자에 대해서는 2부에서 각각의 모델 생명체라는 문

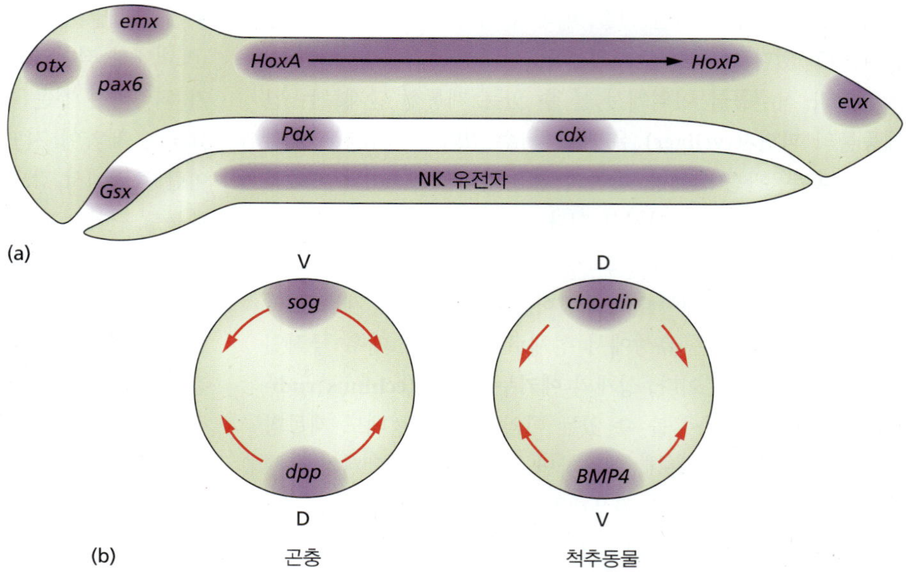


그림 22.6 "동물형"을 보여주는데, 현재로서는 좌우대칭동물들의 몸 체제에서 발견되는 발생 유전자들의 발현 도메인에 있어서의 공통 배치를 보여준다는 점에서 "삼배엽형(triplotype)"이라 부르는 것이 보다 적절할 것이다. (a) 계통형 단계에서 활성을 갖는 전사인자들. *HoxA*→*HoxP*는 발현이 중첩되면서도 서로 다른 앞쪽 발현 한계를 갖는 Hox 유전자들의 집합을 의미한다. (b) 곤충과 척추동물에서 상동을 보이는 등-배쪽 신호전달계.

맥에서 다룬 바 있다. 현재의 데이터를 놓고 보면 모든 좌우대칭동물들은 똑같은 집합의 Hox 유전자들을 사용해서 전-후축 패턴을 조절하는 것으로 보인다. 이 유전자들은 상동인 유전자군에 속하지만, 항상 하나의 염색체 내에 떼 지어(클러스터를 이루어) 존재하는 것은 아니고, 다른 유전자들이 중간에 끼어든 경우도 있다. 발현의 패턴이라는 측면에서 살펴보면 각각의 Hox 유전자는 서로 다른 전-후축 영역에서 발현되고 앞쪽 발현 한계의 순서가 염색체 상에서 그 유전자의 순서와 유사하다는 경향이 있다. 실험이 가능한 시스템에서 살펴보면 하나의 Hox 유전자에 기능상실 돌연변이가 일어난 경우 체절전환(homeotic transformation)이 일어나서 영향을 받은 부위가 전측화(anteriorization)되고, 기능획득 돌연변이가 일어난 경우 그 부위가 후측화(posteriorization)된다.

진화학적 측면에서 살펴볼 때 Hox 유전자—그리고 실제로는 발생의 중요 도구를 이루는 거의 모든 구성요소—의 가장 핵심적인 면은 이 유전자들이 다른 유전자의 발현을 높이거나 억제하는 스위치로서 작용한다는 점이다. 어떤 전사인자든 신호전달경로에서 적절한 연결만 되어 있다면 이런 일을 할 수 있을 것이다. 만일 동물이 여러 종류의 다양한 하등 조상 진핵세포들로부터 진화한 것이라면 서로 다른 집합의 전사인자들이 전-후축의 패턴을 구성하는 일을 담당하도록 되었을 것이다. 하지만 모든 좌우대칭동물에서 똑같은 집합의 전사인자들이 이 일을 담당하고 있다는 이야기는 결국 모든 동물이 하나의 공통조상으로부터 진화했음을 의미한다.

척추동물의 Hox 유전자들을 연구해 보면 척추동물이 기원한 무렵에 일어난 주목할 만한 사건을 알게 되는데, 바로 전체 유전체가 4배로 증가한 것이다. 활유어라는 생명체는 **원색동물**로서 현대의 동물 중 척추동물의 공통조상에 가장 가까운 것으로 여겨져 왔다. 활유어는 등쪽에 신경삭이 있고, 척색, 체절, 인두아가미틈과 더불어 관통하는 내장을 가지고 있다(그림 22.7). 다른 무척추동물과 마찬가지로 단 하나의 Hox 클러스터를 가지고 있긴 하지만, 무척추동물과는 달리 유전자의 개수가

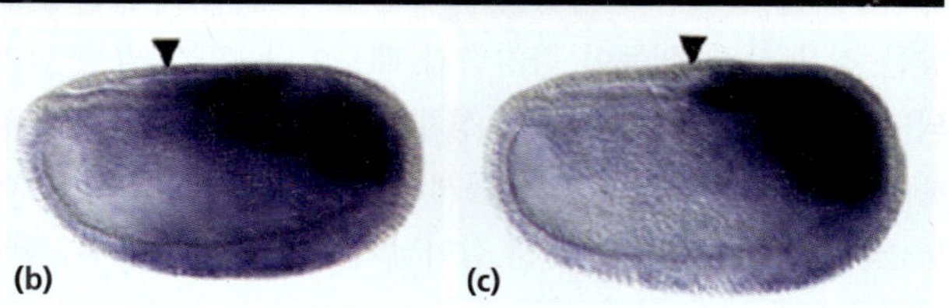


그림 22.7 원시적인 척삭동물인 활유어. (a) *Branchiostoma lanceolatum*이라는 종명을 갖는 활유어의 성체. (b와 c) 낭배형성 후에 제자리 혼성화법으로 살펴본 *Hox1* (b)과 *Hox3* (c) 유전자의 발현(진한 파란색). 화살표 머리는 유전자 발현의 앞쪽 한계를 나타낸다. (인용) 크리스챤 쾨니히의 사진. © www.konig-photo.com (a 부분); Elsevier 출판사의 허락을 얻어 Koop *et al. Dev Biol* 2010; 38:98–106의 그림을 재구성하였음(b와 c 부분).

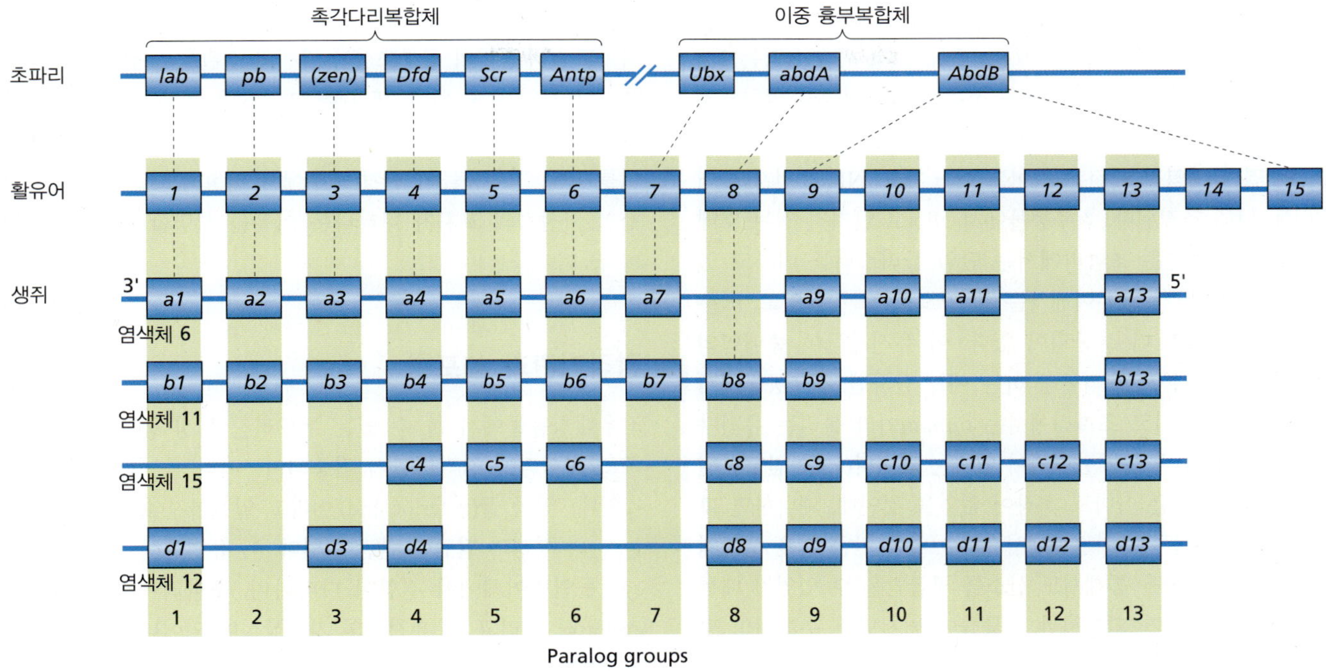


**그림 22.8** 초파리, 활유어 및 생쥐에서 볼 수 있는 Hox 유전자군의 모식도.

15개로 늘어나 있다(그림 22.8). 척추동물은 서로 다른 염색체에 4개의 Hox 클러스터를 갖는다(그림 22.8). 각각의 클러스터에는 활유어 클러스터의 이종상동성유전자(orthologs)에 해당하는 유전자군을 가지고 있어서 마치 척추동물의 공통조상은 두 번의 염색체 중복을 통해 네 벌의 사본을 갖게 되었고, 각각의 유전자들은 서로 다른 척추동물의 계통 내에서 각 클러스터로부터 상호 독립적으로 상실된 것처럼 보인다. 서로 다른 동물군에서 볼 수 있는 Hox 클러스터 사이의 유사성이 놀랍긴 하지만, 특히 무척추동물 사이에서는 Hox 유전자들의 방향과 유전자 사이에 거리를 둔 정도가 매우 다양하며, 초파리를 포함한 몇몇 경우에는 어느 정도 클러스터 내에 끊김이 존재한다는 것에 유의해야 한다.

척추동물의 클러스터는 a, b, c, d로 불리며, 각각의 유전자에는 클러스터의 3′ 쪽에서부터 1-13의 번호가 매겨져 있다. 배아에서의 발현 영역이 염색체 상에서의 위치와 동일한 순서로 놓여 있기 때문에 이 숫자는 앞쪽 발현 한계의 순서를 의미하기도 한다. *a4, b4, c4, d4*처럼 같은 숫자를 갖는 개개의 유전자들은 **유사유전자(paralogs)**이며, 유사유전자의 집합을 **유사유전자군(paralog group)**이라 부른다. Hox 클러스터 뿐만 아니라 전체 유전체가 두 번의 염색체 중복을 겪었다고 생각하는 이유는 척추동물의 다른 유전자 계열들도 무척추동물의 단일 유전자에 해당하는 경우가 많기 때문이다. 유전체를 두 배로 늘리는 가장 쉬운 방법은 **4배체(tetraploid)**가 되는 것인데, 유사분열의 산물이 분리가 되지 않아서 각각의 핵이 두 배 숫자의 염색체를 갖게 되는 것이다. 진화에 있어 4배체형성(tetraploidization)이 드문 일은 아니어서 모델 생명체 중 하나인 제노푸스는 3천만 년 전에 4배체였고, 경골어류(teleost)의 조상은 4억 2천만 년 전에 4배체를 형성했다. 활유어와 여러 척추동물 유전체의 염기서열을 분석한 결과를 놓고 보면 척추동물의 기원에서 두 번의 4배체형성이 두드러지고, 이에 따라 전체 유전자의 개수가 15,000개에서 60,000개로 늘어났다가 그 이후 이어진 유전자 손실에 의해 25,000개로 감소한 것으로 생각된다. 이렇게 잠재적으로 유용한 유전물질이 크게 증가한 것이 척추동물에서 볼 수 있는 눈부신 적응방산이 일어날 기회를 제공하는 데에 도움을 주었을 것이다.

척추동물에서는 Hox 유전자의 발현 영역이 앞쪽으로 확장되어 후뇌에까지 미치지는 않는다. 전뇌와 중뇌에서 볼 수 있는 지역적 패턴은 *Otx*와 *Emx*라는 또 다른 호메오박스 유전자들에 의해 조절된다. 이 유전자들도 무척추동물에 이종상동성유전자가 있어서 맨 앞쪽 끝에서 발현되고, 동물형 혹은 삼배엽형의 일부를 이루는 것으로 보인다.

## 그 밖의 유전자 클러스터

비록 Hox 유전자가 척추동물의 모든 배엽에서 발현되기는 하지만, 대부분의 무척추동물에서는 외배엽으로만 한정되어 있고, 다른 배엽의 전-후축 패턴은 다른 유전자들에 의해 조절된다. 내배엽의 지역화는 Parahox 클러스터라 부르는 자매 유전자 클러스터에 의해 조절된다. 이 클러스터는 Hox 클러스터가 매우 이른 시기에 중복된 것으로서, *Gsx*, *Pdx (Xlox)*와 *Cdx*라는 3개의 유전자가 포함된다. *Gsx* 군은 척추동물의 뇌에서 발현되지만, 무척추동물에서는 앞쪽 내배엽에서 발현되는 경우가 많다.

중배엽의 지역적 패턴은 적어도 어느 정도 NK 유전자 클러스터에 의해 조절된다. 척추동물에서 Nkx로 알려져 있는 호메오박스 유전자군은 초파리에서는 단일 클러스터를 이루고 있다. 이 클러스터가 활유어에서는 세 쌍으로 쪼개져 있고, 척추동물에서는 훨씬 더 분산되어 있다. 이 유전자들이 중배엽의 지역적 패턴에 중요한 역할을 하는 예를 들자면, 척추동물에서는 *Nkx2.5*라 불리고 초파리에서는 *tinman*이라 불리는 유전자가 특히 심장의 발생과 관련되어 있다는 것이다(15장 참고). 원시 좌우대칭동물은 아마도 심장이 없었을 것인데, 왜냐하면 그 생명체가 도우샨투오 지질층에서 볼 수 있을 만큼 작은 생명체였다면 단지 확산을 통해서도 산소를 공급받을 수 있었기 때문이다. 캄브리아기가 되어서야 동물들이 커지면서 순환계의 필요성이 나타났을 것이다. 따라서 *Nkx2.5*의 원시적인 역할은 심장을 특정화하는 것이었다기보다는 아마도 앞배쪽의 중배엽 영토를 특정화하는 데에 있었을 것이다.

## 등-배축 패턴

제노푸스에 대한 연구를 통해 형성체의 주요한 활성이 코르딘(Chordin)과 같은 BMP 억제제를 분비하는 것임을 알 수 있었다(7장 참조). 이를 통해 등-배축을 따라서 BMP 신호전달 활성의 농도경사가 나타나고, 외배엽과 내배엽의 등-배축 패턴이 조절된다. 초파리에 대한 연구에서는 BMP의 이종상동성유전자인 decapentaplegic (Dpp)이 등에서 배쪽으로 농도경사가 나타난다(11장 참고). Dpp는 배쪽 측면의 외배엽에서 분비되는 코르딘의 이종상동성유전자인 Short-gastrulation에 의한 길항작용을 받고 있다. 마찬가지로 재생을 하는 플라나리아에서는 BMP의 이종상동성유전자가 등쪽에서 발현되고, RNA 간섭으로 BMP 경로의 구성요소에 해당하는 유전자 발현을 억제하면 복측화(ventralization)가 일어난다. 따라서 비슷한 체계가 등-배축 패턴의 형성을 제어하고 있지만, 척추동물의 등쪽이 무척추동물의 배쪽에 해당한다는 차이가 있다.

이와 같은 정보는 척추동물의 주요 신경삭이 등쪽에 있는 반면, 절지동물과 환형동물처럼 적어도 몇몇 무척추동물에서는 신경삭이 배쪽에 있다고 하는 아주 오래 전에 알려진 사실과 연결지어 볼 수 있겠다. 심장을 가진 무척추동물문에서는 심장이 등쪽에 있는데 비해 척추동물에서는 배쪽에 있다. 이 모든 사실을 종합하면 모든 동물에서 등-배축 패턴을 형성하는 원시적인 체계가 있었지만 어느 시점에선가 뒤집어져서 척추동물의 극성이 무척추동물과는 반대가 되었음을 시사한다(그림 22.6b). 아마도 척추동물의 공통조상이 자신의 습관을 뒤집었기 때문에 일어난 것일 수도 있다. 또 다른 가능성은 몸체가 머리에 대해 상대적으로 회전한 것이 핵심적인 변화였기 때문일 수도 있다. 이를 통해 척추동물의 신경 해부에서 전형적으로 나타나는 특징인 시신경의 교차가 나타나는 이유를 설명할 수도 있을 것이다.

## 감각기관과 세포형

좌우대칭동물에서 볼 수 있는 두드러진 특징 중의 하나는 한쪽 끄트머리에 감각기관이 집중되어 "머리"를 이루고 있다는 것인데, '앞쪽 끝(anterior end)'이라고 일컬어진다. *Pax6* 유전자는 눈의 형성과 밀접한 관련이 있다. 이 유전자는 생쥐의 *small eye* 돌연변이체에서 결함이 나타나며, 초파리에서는 *Pax6*가 *eyeless*라 불리고 이 유전자의 기능상실이 일어나면 눈의 형성이 완전히 억제된다. *Pax6*는 두족류인 연체동물의 눈이나 플라나리아의 눈에서도 발현된다. 두족류가 중요한 이유는 두족류의 눈이 망막의 방향만 제외하고는 척추동물의 눈과 구조적으로 매우 유사한 상을 맺는 눈이기 때문이다. 이 사실은 보통 교과서에서 **상사(analogy)**의 한 가지 예로 드는 것인데, 왜냐하면 척추동물과 두족류 사이에 상을 맺는 눈을 가진 공통의 조상이 있었으리라고는 짐작하기가 불가능했기 때문이다. 하지만 두 가지의 눈을 만드는 데에 똑같은 전사인자가 관여한다는 사실은 적어도 과거의 조상생물이 *Pax6*의 도움으로 형성된 광수용체(photoreceptor)의 일종을 가졌다는 정도에서 상동성을 갖는다는 것을 시사한다. 재생 중인 플라나리아에서 RNA 간섭으로 유전자 발현을 억제해 본 결과 플라나리아에서는 눈의 재생에 *Pax6*가 필요한 것이 아니라 또 다른 호메오박스 유전자인 *Sine oculis*가 필요하다는 것을 알게 되었다. *Sine oculis*는 초파리의 눈 발생 경로에서 *Pax6*에 의해 직접 조절되는 유전자이며, 이것의 척추동물 이종상동성유전자인 *Six3*는 생쥐의 눈 발생에 꼭 필요하다. 이러한 결과를 놓고 볼 때 전체 동물계를 통틀어 빛에 민감한 기관이 만들어지는 과정에서 작은 전사인자군의 기능이 상당한 정도로 보존되어 왔음을 알 수 있다.

위에서 말한 모든 유전자들은 발생 과정 동안의 지역특성화와 관련되어 있다. 하지만 개개의 분화된 세포형과 이렇게 되도록 조절하는 유전자들 사이에도 원거리 상동성이 존재하며, 이것 또한 좌우대칭동물에서 가장 확연하게 나타난다. 해면동물과 이배엽성동물들은 좌우대칭동물에 비해 세포형의 종류가 적은 경향이 있고, 다중의 기능을 수행하는 경우가 많은데, 예를 들면 해면동물에서 볼 수 있는 빛에 민감한 조향방향타세포(steering rudder cells)나 자포동물에서 볼 수 있는 근상피세포

(myoepithelial cells)가 그렇다.

하나의 세포형을 만드는 데에 중요한 유전자들의 한 가지 예는 근육을 형성하는 유전자 계열을 들 수 있는데, 그 원형에 해당하는 유전자가 *MyoD*다. 이 유전자군은 모든 좌우대칭동물에 존재하고 근세포의 분화에 필요하다. 또 다른 예로는 *Opsin* 유전자의 두 가지 계열을 들 수 있는데, 광수용체의 형성에 반드시 필요하다. 또한 Delta-Notch 신호전달계는 신경원성 상피세포로부터 신경세포가 분화하는 과정을 제어하며, 16장에서 살펴보았듯이 내배엽 상피에서 특정 세포형이 분화하는 데에도 관여한다.

## 기본 동물

이제 수많은 동물에서 유전체의 염기서열이 결정되었으므로 하나의 동물이 만들어지는 데에 꼭 필요한 유전자들은 무엇이고 그 유전자들이 진화 과정에서 언제 나타났는지에 대해 생각해 볼 수 있겠다. 발생을 제어하는 유전자 계열의 일부는 전사인자를 코딩하고 있으며, 금편모충류(choanoflagellates)라 불리는 동물세포의 특징을 갖는 단세포 진핵생물에서 찾아볼 수 있다. 하지만 Hox 유전자군이나 다른 호메오박스 유전자, Wnts, TGFβs, 핵수용체를 포함하는 대부분의 체계는 동물에서만 처음으로 나타난다.

현대의 계통 발생에서 가장 기본적인 동물은 해면동물문, 즉 해면이다. 전통적으로 해면동물은 극히 적은 수의 세포형만을 가지고 있으며 조직 수준의 구성에는 이르지 못한 것으로 여겨져 왔다. 해면동물은 NK와 유사한 호메오박스 유전자의 클러스터를 갖고 있기는 하지만 이것이 진정한 Hox 유전자는 아니다. 판형동물(placozoan)인 트리코플락스(*Trichoplax*)에서도 마찬가지인데, 역시 조직 수준의 구성을 가지고 있지는 않다.

자포동물문에는 말미잘, 해파리 등이 속하고, 재생 연구에서 흔히 사용되는 친숙한 민물 폴립인 히드라(*Hydra*)도 여기에 속한다. 전통적으로 자포동물은 대부분의 다른 동물과 차이가 있는 기본 동물(basal animal)인 것으로 여겨져 왔는데, 3개가 아닌 2개의 배엽(외배엽과 내배엽)만을 갖고 있고, 좌우대칭이라기보다는 방사대칭이기 때문이다. 자포동물에서도 Hox 유전자가 발견되기는 하지만 서로 연결된 클러스터를 이루지는 않고 혼자 혹은 쌍을 이루어 여기저기에 흩어져 있다. 말미잘인 네마토스텔라(*Nematostella*)는 최근 들어 실험연구를 위해 사육되기 시작하였다(그림 22.9). 실험실에서 기를 수 있으며 알에서 부화해서 **플라눌라(planula)** 유생이 되고 한동안 움직이는 시기를 갖다가 고착해서 **폴립(polyp)**을 형성하는 생활사를 갖는다. Hox 유전자의 발현 데이터를 살펴보면 발현 한계가 다소 뒤죽박죽이어서 하나의 폴립이 갖는 기다란 축이 좌우대칭동물의 전-후축에 해당하는 것이라고 확립하긴 어렵다(그림 22.9f).

유전자의 발현 패턴을 분석해 보면 자포동물이 완전히 방사대칭인 것도 아니다. 이러한 사실은 네마토스텔라에서 BMP와 코르딘의 이종상동성유전자들을 연구해 보면 명백하다. 좌우대칭동물과는 달리 BMP와 코르딘이 모두 폴립의 같은 쪽에서 발현되고 있어서(그림 22.9d, e), 두 번째(방향성) 축이 좌우대칭동물의 등-배축과 상동인지 아닌지도 결정할 수가 없다. 더구나 자포동물은 진정한 이배엽성동물도 아니다. 해파리도 줄무늬 근세포를 가질 수 있으며, 이런 세포의 형성을 히드로충류(hydrozoan)의 하나인 포도코린 종(*Podocoryne carnea*)에서 조사한 바 있다(그림 22.10). 이 종은 폴립과 **메두사(medusa,** 복수형은 **medusae)** 사이를 오가는 세대교번(alternation of generation)을 하는데, 실험실 조건에서도 전체 생활사를 살펴볼 수 있다. 폴립은 무성생식으로 싹(bud)을 틔워 메두사를 만든다. 메두사는 배우자를 만들고 유성생식을 통해 운동성을 갖는 플라눌라 유생을 만들며, 이것이 나중에 정착해서 새로운 폴립이 된다. 메두사의 근육 세포는 엔토코돈(entocodon)이라 불리는 세포층으로부터 만들어지는데, 엔토코돈은 무성생식을 하는 싹에서 나타나며 *twist*, *snail*, *Mef2*를 비롯한 중배엽형 유전자들을 발현한다. 메두사기를 갖지 않는 다른 자포동물에서는 이와 똑같은 유전자들이 내배엽 부위에서 발현되는데(그림 22.10b), 이러한 사실로부터 중배엽은 내배엽의 일부분으로부터 유래했다고 제안해 볼 수 있겠다.

기본 동물에 대한 연구를 통해 동물을 만드는 데에 필요한 유전자들은 자포동물이 기원한 때에 이미 존재했음을 알 수 있었다. 그 자체로 이런 유전자들이 좌우대칭동물의 몸 체제로 이어지는 것은 아니다. 하지만 다양한 발생 조절 유전자들이 좌우대칭동물의 핵심적인 특징을 정립하도록 선임되는 것과 더불어 이런 몸 체제가 일단 나타난 후에는 매우 안정되어짐을 입증할 수 있었고, 오늘날의 유전체 염기서열 결정이나 발현분석을 통해 알 수 있는 정도의 장거리 상동성으로 이어졌다는 것을 알 수 있다.

## 진화 과정에서 무슨 일이 실제 일어났나?

진화학적인 문제를 해결하는 데 있어 발생학이 도움을 줄 수 있는 또 하나의 주요 영역은 진화 과정에서 실제로 무슨 일이 일어났는가를 찾아 내는 것이다. 이에 대한 몇 가지 증거는 두 가지 서로 다른 형태, 즉 조상의 형태와 유도된 형태를 만들게 하는 핵심적인 발생유전자들의 발현 패턴을 비교해서 얻을 수 있다. 하지만 이것으론 충분하지 않다. 왜냐하면 발생 기전을 밝히기 위해서는 과발현이나 기능상실 실험을 통해서 그 유전자들의 실제 활성이 무엇인지를 밝혀야 하기 때문이다. 때로는

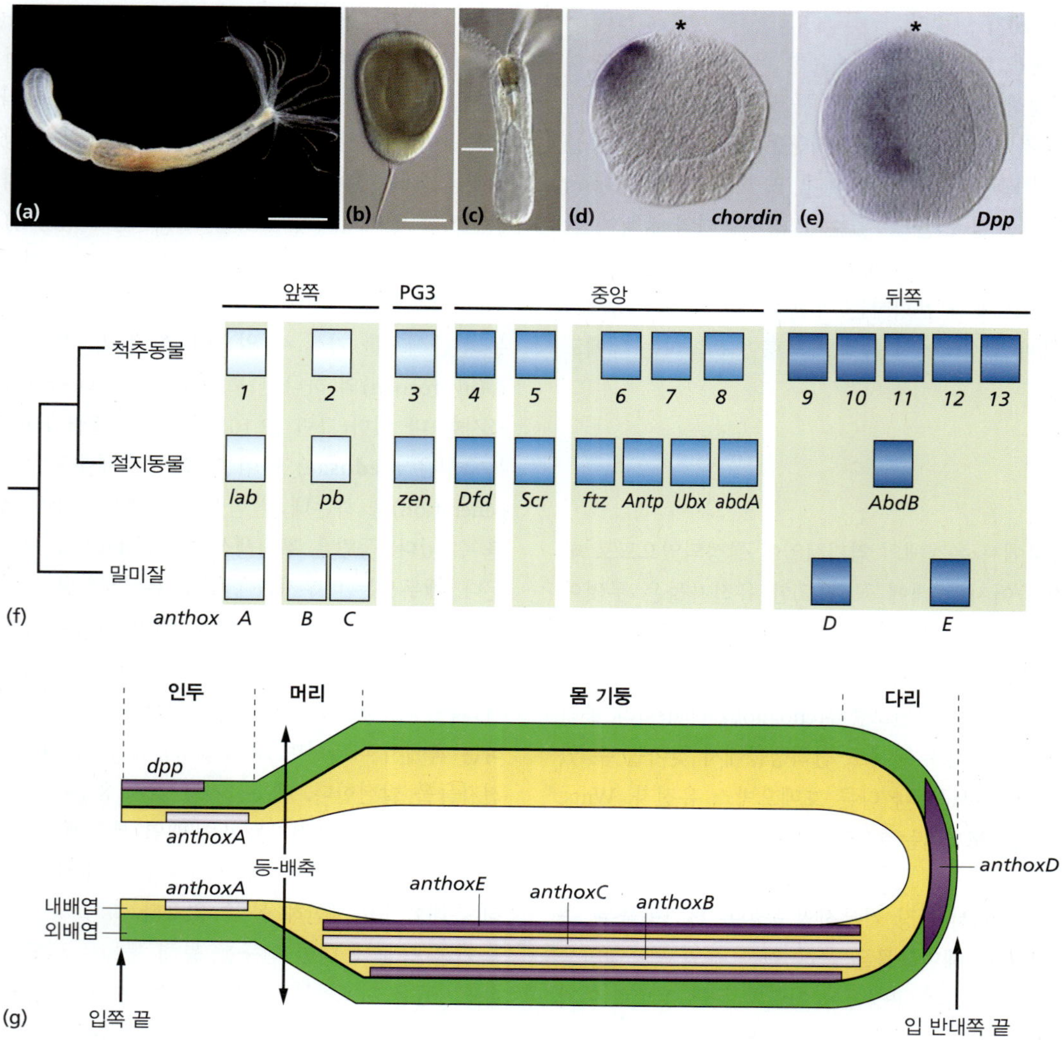


**그림 22.9** 말미잘인 네마토스텔라(*Nematostella*)에서 발생에 따른 유전자 발현. (a) 네마토스텔라의 폴립. 축척자는 1 cm를 의미함. (b) 플라눌라 유생. 축척자는 70 mm에 해당함. (c) 1차 폴립. 축척자는 80 mm에 해당함. (d와 e) 플라눌라 유생에서 코르딘(chordin)과 decapentaplegic (*dpp*)은 몸체의 같은 쪽에서 발현된다. 별표(*)는 포배구의 위치를 나타낸다. (f) 네마토스텔라의 Hox 유전자를 척추동물 및 초파리의 Hox 유전자와 비교하여 나타내었다. (g) 1차 폴립에서 Hox 유전자의 발현. (인용) Company of Biologists의 허락을 얻어 Technau and Steele, *Development* 2011; 138: 1447-1458의 그림을 재구성하였음(a-e 부분); American Association for the Advancement of Science의 허락을 얻어 Finnerty *et al. Science* 2004;304:1335의 그림을 재구성하였음(f와 g 부분).

이것이 어려운 일인데, 연구하는 생명체가 표준적인 실험동물이 아니어서 성공적인 실험은 고사하고 배아를 얻기 조차 어렵기 때문이다.

무슨 일이 벌어졌는가를 알아내고자 할 때에는 "설계의 오류(fallacy of design)"를 범하지 않는 것이 중요한데, 다시 말해서 일단 하나의 발생 체계를 이해하고 나면 "가외의 다리가 생기는 것은 쉬운 일로서, A 유전자가 B 유전자를 활성화하기만 하면 되고, 이것이 진화 과정에서 실제 일어난 일임에 분명하다"고 말하는 경향이 생기기 때문이다. 첫째, 이런 일은 벌어지지 않았을 수 있다. A가 B를 활성화하지 않고도 가외의 다리가 생길 수 있다. 둘째, 새로운 위치에서 A가 B를 실제로 활성화한다고 해도 이런 변화를 유발한 돌연변이는 A나 B가 아닌 다른 유전자들에서 벌어진 일일 수 있다. 그런 돌연변이가 생긴 유전자들은 완전히 다른 유전자들일 수도 있고, 하나의 커다란 돌연변이가 아닌 작은 돌연변이가 여럿 중첩된 것일 수도 있다. 일반적으로 그런 돌연변이들은 자연선택에 의해 나타난 것이므로 발생 체계는 의식이 있는 주체가 고안했을 때 필요하다고 생각할 만큼보다 훨씬 복잡하기 마련이며, 가장 간단한 경로를 통해서 한 가지 행동에서 다른 행동으로 변한 것일 필요도 없다.

이렇게 생각해 보는 것은 **발생적 제약(developmental constraint)**이라는 사안과 연결된다. 발생 기전을 염두에 두지 않

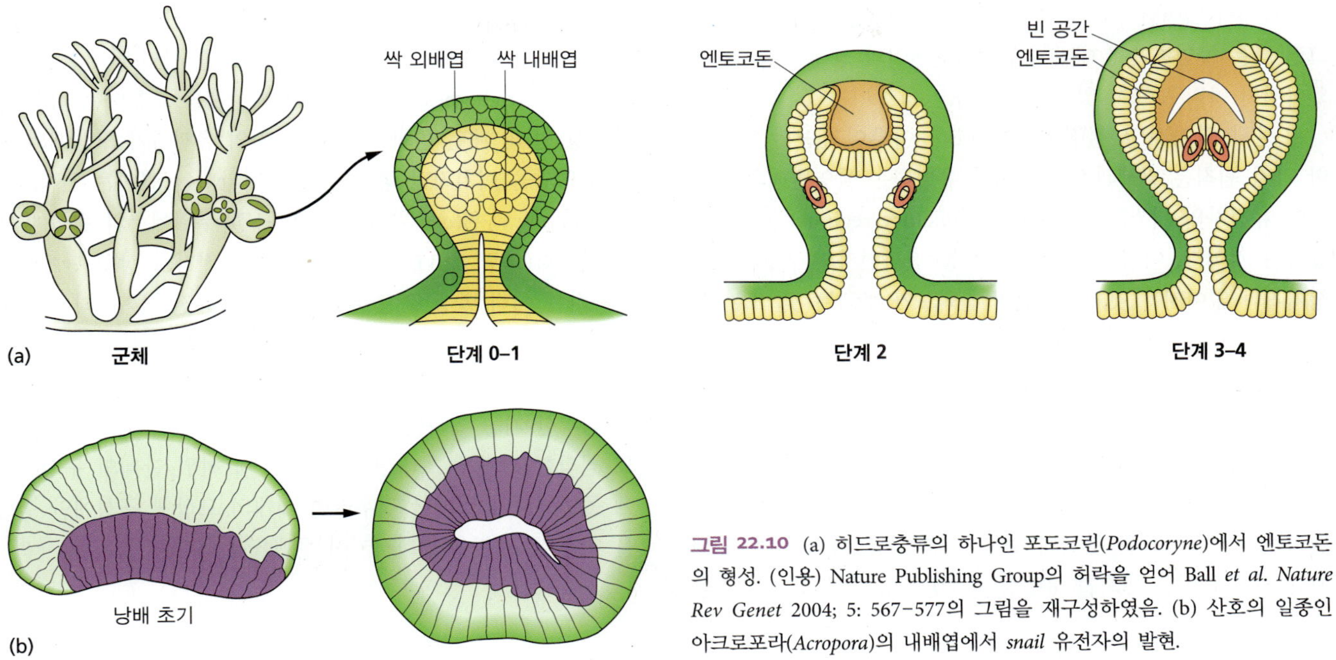


**그림 22.10** (a) 히드로충류의 하나인 포도코린(*Podocoryne*)에서 엔토코돈의 형성. (인용) Nature Publishing Group의 허락을 얻어 Ball *et al. Nature Rev Genet* 2004; 5: 567-577의 그림을 재구성하였음. (b) 산호의 일종인 아크로포라(*Acropora*)의 내배엽에서 *snail* 유전자의 발현.

는 생물학자들은 흔히 가능한 돌연변이에는 제한이 없으며 충분한 돌연변이에 충분한 시간과 충분한 선택만 주어진다면 어떤 것으로부터 다른 어떤 것으로라도 진화하는 것이 가능하리라고 암묵적으로 가정하곤 한다. 달팽이를 코끼리로 진화시키고 싶다면 아무 문제없다. 그저 시간과 선택의 문제일 뿐이다. 발생생물학자들은 다른 쪽 극단으로 치우치는 경향이 있는데, 가능한 돌연변이란 단지 하나의 특정 발생 체계의 이미 알려진 구성요소 각각에서 기능이 획득되거나 상실되는 것일 뿐이라고 말한다. 이런 생각은 달성 가능한 형태의 범위를 좁히게 되는데, 야생형의 패턴으로부터 한 발자국 나아가서 이룰 수 있는 상대적으로 좁은 형태의 집합이 된다. 제브라피쉬나 생쥐를 돌연변이 스크린해서 얻을 수 있는 표현형의 범주는 크지 않다. 그 이유는 다면발현성을 갖는 유전자에 돌연변이가 생기면 때 이른 사망에 이르는 경우가 많고, 커다란 형태적 변화가 있으려면 여러 돌연변이가 한꺼번에 있어야만 나타날 수 있는 것이기 때문이다. 팔다리와 더불어 한 쌍의 유용한 날개를 가진 천사처럼 더 큰 적합성을 부여할 수 있음에도 진화하지 못한 그 모든 몸 체제에 대해 상상해 보는 것도 가능하다. 반면에 우리는 충분한 시간과 자원만 주어진다면 달팽이를 코끼리로 진화시키는 것이 정말로 가능하리라는 것을 알고 있다. 우선 처음에는 형태를 잃어버리도록 선택해서 달팽이를 원시적인 벌레 같은 생명체로 전환시켜야 하고, 그 다음에는 두 번째 선택전략을 써서 커다란 크기에 4개의 다리, 엄니와 몸체를 갖도록 설계해야 한다. 발생적 제약이 진화 이론에 대해 갖는 잠재적인 중요성은 매우 크다. 제약이 아주 적다면 진화 과정은 그저 변화하는 환경에 적응하는 것으로만 결정될 수 있다. 하지만 발생적 제약이 상당한 경우라면 진화의 경로는 대부분 현재 상태에서 가능한 것으로만 결정된다. 현재로서는 발생적 제약이 어느 정도이고 어떤 역할을 하는지 모른다.

일반적으로 잘 알려진 발생 체계에서 잘 알려진 구성요소의 돌연변이, 예컨대 체절의 정체성이나 사지의 패턴을 제어하는 구성요소의 돌연변이는 **대돌연변이(macromutations)**—단 하나의 돌연변이지만 한 번에 상당한 형태적 변화를 유발하는 돌연변이—가 될 것이다. 신다윈주의자들은 언제나 대돌연변이에 대해 불편해 했는데, 그런 돌연변이는 해로운 것이며 선택에 의해 사라질 것이라고 믿었다. 발생학자들은 흔히 말하는 **"전도유망한 괴물(hopeful monster)"**, 즉 대돌연변이에 의해 나타나는 생명체에 대해 보다 동감하는 편이었는데, 왜냐하면 이런 유형의 돌연변이는 발생학적 설명과 부합하기 때문이다. 또한 어떤 형태적 특징들은 내재적으로 질적인 것이어서, 작고, 눈에 보이지 않으며, 중간적인 형태를 상상하기는 어렵다. 예를 들어 어느 생명체에 체절이 하나 늘었다면, 그 가외의 체절은 거기에 있든지 아니면 없는 것이며, 가외의 체절을 가진 돌연변이체가 단번에 생겨나서 자연선택의 기회를 엿보았을 가능성이 높지, 그렇지 않고 아주 작은 새로운 체절이 나타나 여러 세대를 거치면서 점차 커지는 그런 경로를 따랐으리라고 보긴 어렵다. 하지만 정통 신다윈주의자들은 진화가 작고 눈에 보이지 않는 단계들을 거쳐서 일어나고 이런 변화를 유발하는 돌연변이들은 "변경유전자(modifier genes)," 다시 말해 발생 기구의 바깥에 있으면서도 발생의 기구에 양적 효과를 미치는 그런 유전자에서 일어난다고 믿고 싶어 한다. 여전한 사실은 우리가 그런 작은 돌연변이에 대비해서 대돌연변이의 상대적 중요성이 얼마인지 아직 모르고 있다는 것이다.

유전체 염기서열 결정이 활발하게 이루어지면서 확립된 한 가지 원칙은 발생과정에 변화를 유발하는 돌연변이의 대부분이 유전자의 시스조절 부위(*cis*-regulatory regions)에서 일어났다는 것이다. 이런 돌연변이는 보통 전사인자의 결합부위가 생기거나 없어지는 것, 그 부위의 친화도가 바뀌는 것, 또는 전위인자(transposable element)의 작용에 의해 조절 부위의 위치가 바뀌는 것으로 이어진다. 그 이유는 대부분의 발생유전자들이 다면발현성을 갖기 때문이다. 그런 유전자 자체가 기능을 상실한다면 다중의 체계에 영향을 미치게 되어 그 결과는 치명적일 가능성이 높으며, 적어도 그런 생명체의 적합성이 감소할 것이다. 하지만 조절 부위의 일부가 변경되었다면 발현의 위치나 시기에 작은 변화를 유발할 수 있으며, 다른 곳에 위험을 초래하지 않으면서 단 한 가지 형태의 측면에만 영향을 줄 수 있다. 한 가지 흥미로운 예는 초파리의 종 사이에서 볼 수 있는 모상체(trichomes, 유생의 배쪽 치상체를 포함하는 작은 단세포성 털)의 패턴 변화다. 수백 가지의 유전자가 모상체의 패턴에 영향을 미치지만 종 사이에서 나타나는 변이는 전적으로 *shavenbaby* 좌위(*ovo*라고도 함)의 조절 부위에서의 변화에 의한 것이다(그림 22.11). 그 이유는 이 유전자가 상위 단계에서 작용하는 여러 발생 조절 유전자들—이 유전자들은 다른 기능도 맡고 있다—로부터의 입력을 통합해서 모상체를 만드는 프로그램을 시작하도록 하기 때문이다. 더 상위 단계의 유전자에 심각한 기능 획득이나 상실이 일어난 경우라면 다른 체계에도 심각한 결과를 초래했을 것이고, 더 하위 단계의 구성요소에 돌연변이가 일어난 경우라면 개개의 모상체 구성에만 영향을 미칠 뿐 패턴을 변화시키진 못했을 것이다.

### 새로운 연구방향

진화발생학은 폭넓게 개방되어 있는 분야다. 우리는 여전히 진화 과정에서 실제 무슨 일이 벌어져서 동물에서 볼 수 있는 핵심적인 새로운 형태가 나타났는지를 잘 모른다. 깨끗한 결과를 얻고자 한다면 특정한 형태적 변화가 다른 변화들 때문에 가려지지 않을 만큼 유연관계가 높은 두 종을 비교해야 할 것이다.
모델 생명체가 아니어도 필요한 연구를 수행할 수 있게 해 줄 사용 가능한 방법들이 있다.

1. 전반적인 비교를 가능하게 해 줄 완전한 유전체 염기서열결정법
2. 발현 패턴을 비교할 수 있는 제자리 혼성화법
3. 유전자 활성을 없앨 수 있는 RNA 간섭법
4. 과발현을 위해 유전자를 도입할 수 있는 전기천공법

더 좋은 것은 최고의 과학 저널들이 진화 이야기에 대한 지칠 줄 모르는 애호를 가지고 있다는 점이다.

## 체절화된 몸 체제와 Hox 유전자

절지동물은 매우 큰 동물문으로서 곤충류(insects), 갑각류(crustaceans), 다족류(myriapods, 예: 지네, 노래기) 및 협각류(chelicerates, 예: 거미, 전갈)라는 4개의 강으로 이루어진다. 각각의 강은 몸 체제에 있어 근본적으로 다른 체절의 배열로 구별할 수 있지만, 형태학과 분자계통발생학의 도움으로 모든 절지동물이 하나의 단계통군(clade)을 이루며 하나의 공통조상으로부터 진화했다는 것을 알고 있다. Hox 클러스터가 발견되어 체절의 정체성을 제어하는 역할을 한다는 것을 알게 되자 신체 패턴의 변화는 Hox 유전자 발현의 변화에 의해 나타나리라고 생각하는 것은 당연한 일이었다. 특히 초파리에서는 *Ubx*와 *abdA*라는 유전자가 효과적으로 흉부와 복부 사이의 경계를 결정한다는 것이 알려졌는데, 이 유전자들이 모든 부속지가 자라나오는 데에 필요한 *distalless* 유전자의 인핸서를 억제해서 복부에 다리가 형성되는 것을 막기 때문이다. *Ubx*와 *abdA*의 발현이 다양한 절지동물에서 조사되었다(그림 22.12). 그 결과 Hox 영역과 신체 부위 사이에 일반적인 관련이 있긴 하지만, 흉부 또는 다리 형성 억제와의 특별한 관련성은 찾을 수 없었다. 갑각류에서는 Hox 유전자들이 전체 흉부 체절에 걸쳐서 발현되어 이 체절들이 다리를 갖게 되지만, 이 유전자들이 머리나 생식기에서는 발현되지 않는다. 다족류에서는 *Ubx*와 *abdA*가 첫 번째 흉부체절을 제외한 모든 흉부체절에서 발현된다. 협각류에서는 앞쪽 경계가 후체구(ophisthosoma) 내에서 나타나는데, 후체구는 몸의 뒤쪽 부위로서 전혀 부속지를 가지고 있지 않다. 갑각류와 다족류에서는 *distalless*가 초기 다리에서 *Ubx*와 함께 발현되므로, *Ubx*에 의해 억제되지 않는다는 증거가 된다. 이로부터 얻을 수 있는 일반적인 결론이라면, Hox의 경계가 체절 유형의 경계와 어느 정도 관련이 있기는 하지만, 다리 형성을 억제하는 것과 같은 특정한 기능이 보존되지는 않았다는 것이다. 또한 Hox 유전자가 해야 하는 일은 그 생명체에게 일반

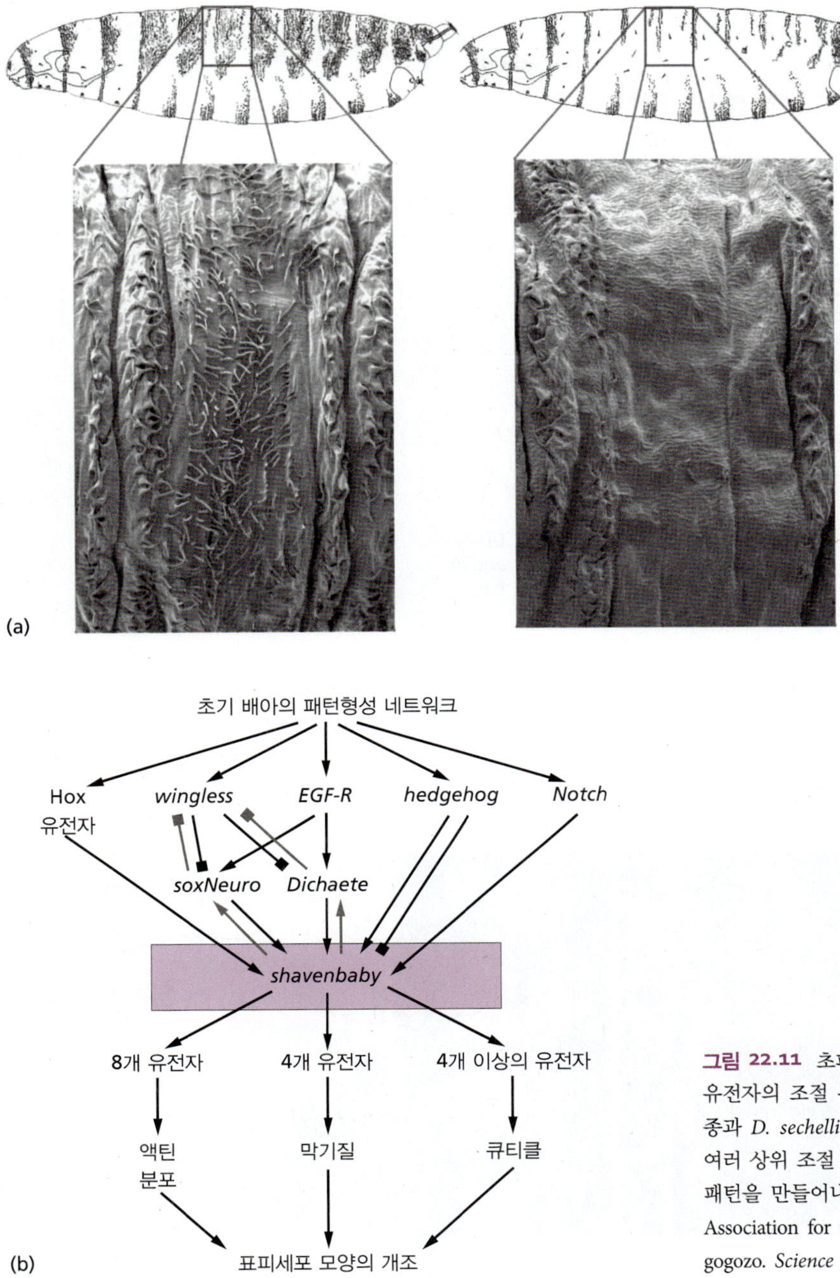


그림 22.11 초파리 종 사이에서 모상체 패턴의 변화는 *shavenbaby* (*ovo*) 유전자의 조절 부위에서 일어난 돌연변이 때문이다. (a) *D. melanogaster* 종과 *D. sechellia* 종의 유생. (b) *shavenbaby* 유전자의 시스 조절 부위는 여러 상위 조절 유전자로부터 정보를 통합해서 Shavenbaby 단백질의 사전 패턴을 만들어내고, 이것이 모상체의 형성을 제어한다. (인용) American Association for the Advancement of Science의 허락을 얻어 Stern and Orgogozo. *Science* 2009; 323:746–751의 그림을 재구성하였음.

적인 구성 계획, 다시 말해 **위치정보(positional information)**를 제공하는 것이고, 진화 과정에서 새롭게 나타난 혁신의 대부분은 Hox 유전자의 하위 단계에 있는 조절 네트워크에서 일어난다는 것이다.

한 가지 특정한 경우에는 *Ubx*의 발현과 특정 유형의 부속지 사이의 밀접한 관련성을 추적할 수 있었다. 갑각류에서 볼 수 있는 악지(maxillipeds)가 그렇다. 서로 다른 갑각류 종들은 한 쌍, 두 쌍, 혹은 세 쌍의 악지를 가지고 있으며, 이것이 *Ubx* 발현의 앞쪽 경계와 상관관계를 보이는데, *Ubx*의 발현은 악지를 가진 체절의 바로 뒤에까지 이른다. 따라서 서로 다른 악지의 수를 갖게 한 돌연변이는 Ubx의 발현을 변화시킨 돌연변이일 것이라는 가설을 세우는 것도 당연하다. 이것이 참이 되기 위한 필요조건은 *Ubx* 발현의 변화가 실제로 예상된 귀결을 낳아야 한다는 것이다. 단각목(amphipod)의 한 종(*Parhyale hawaiensis*)은 실험실에서 사육할 수 있으며, 제자리 혼성화법, 과발현 기법과 녹다운 기법이 개발되어 있다. 정상적으로는 첫 번째 흉부체절(T1)이 머리에 붙어 있고, 악지를 가지고 있다. 그 다음 2개의 흉부체절(T2,3)은 집게 부속지를 가지며, 그 다음 5개의 흉부체절(T4–8)은 이동용 부속지를 갖는다. 이 종에서 세 가지 유형의 부속지는 팔다리싹(지아, limb bud)이 확립

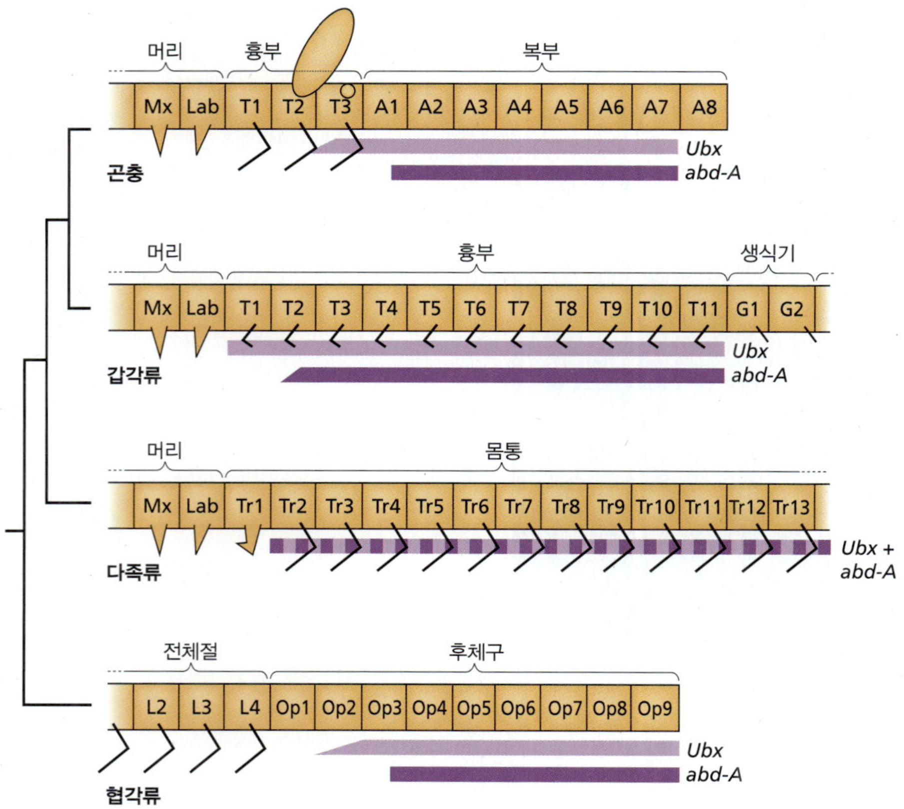


**그림 22.12** 절지동물에서 체절의 패턴, 부속지 유형과 Hox 유전자 발현의 상관관계. (인용) John Wiley & Sons의 허락을 얻어 Carroll, *From DNA to Diversity*, 2011: Blackwell의 그림을 재구성하였음.

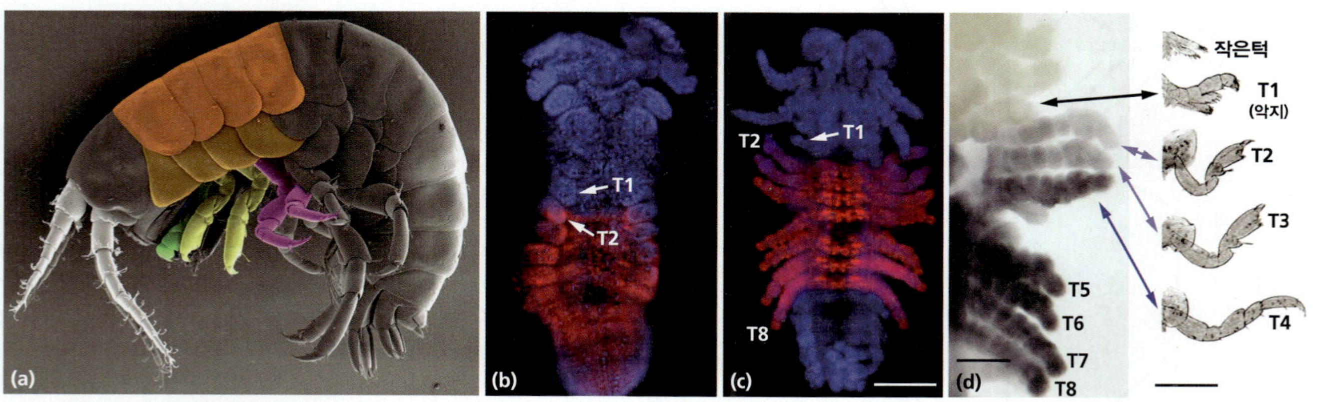


**그림 22.13** 단각류인 *Parhyale*의 부속지. (a) 주사전자현미경 사진으로서 더듬이를 흰색, 작은 털을 푸른색, 악지를 녹색, 집게발을 노란색, 이동용 다리를 심홍색으로 나타내었다. (b–d) 부속지 발생과정 동안 *Ubx*의 발현을 제자리 혼성화법으로 조사한 것이다. 축척자는 100 μm에 해당한다. *Ubx*는 악지의 싹에서는 발현되지 않고, 집게발의 싹에서는 낮은 수준으로 발현되며, 이동용 다리 싹에서는 발현 수준이 높다. (인용) National Acedemy of Sciences의 허락을 얻어 Pavlopoulos *et al. Proc Natl Acad Sci USA* 2009; 106:13897 (a 부분)과 Liubicich *et al. Proc Natl Acad Sci USA* 2009; 106:13892 (b–d 부분)의 그림을 재구성하였음.

되는 동안 *Ubx*의 발현이 아예 없거나, 낮거나, 높은 것과 각각 관련이 있다(그림 22.13). 수정란에 siRNA를 주입해서 Ubx 단백질의 합성을 줄이면 T2와 3에서도 악지가 발달한다(그림 22.14b). 반대로 *Ubx*를 과발현하면 머리와 흉부의 후측화가 일어나서 더듬이, 작은털(maxillae) 및 악지가 모두 흉부의 다리로 전환된다(그림 22.14c). 이 종에서의 형질전환은 수정란에다가 열충격단백질의 프로모터를 가진 *Ubx* 유전자를 주입하면서 동시에 이것이 유전체 안으로 통합되도록 트랜스포존 절단효소(transposase)의 RNA를 함께 주입해서 이루어졌다. 이 형질전환동물에 열충격을 가하면 *Ubx*의 이소성 발현을 도모할 수 있다. 이런 일련의 실험을 통해서 *Ubx*가 정말 이 생명체에서 부속지 특질을 제어한다는 것을 확신할 수는 있었지만, *Ubx*의 발현을 변화시켜 서로 다른 갑각류군에서 다르게 고착된 돌연변이의 정체가 무엇인지는 아직 알려져 있지 않다.

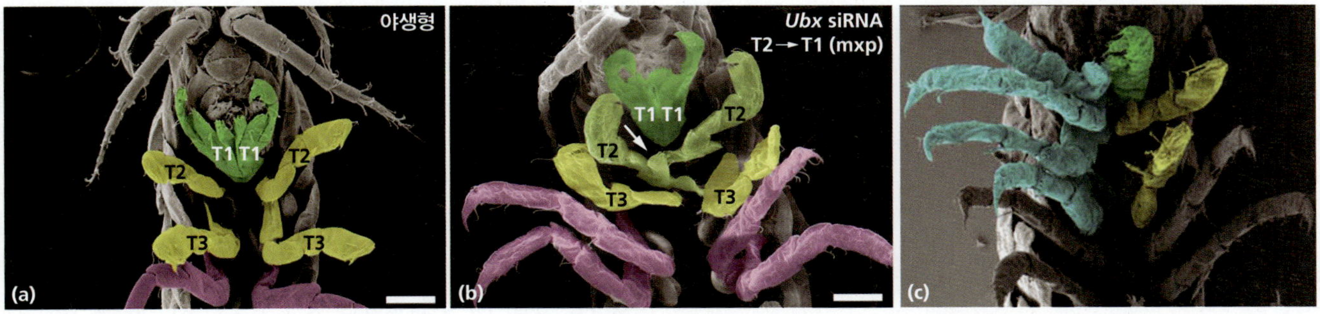


그림 22.14 *Parhyale*에서 Ubx가 부속지 특질에 미치는 효과. (a) 야생형으로서 작은 턱을 녹색으로 나타내었다. (b) siRNA를 이용해서 *Ubx*의 발현을 막으면 T2 부속지가 작은 턱의 형태로 바뀐다. (c) *Ubx*의 기능획득을 유발하면 T1-4 부속지의 후측화가 일어나 이동성 다리로 변한다. 이 표본은 한쪽에만 *Ubx*의 이소성 발편을 유도한 모자이크다. 축척자는 50 μm를 의미한다. (인용) National Acedemy of Sciences의 허락을 얻어 Liubicich *et al. Proc Natl Acad Sci USA* 2009; 106: 13892–13896 및 Pavlopoulos *et al. Proc Natl Acad Sci USA* 2009; 106: 13897의 그림을 재구성하였음.

## 날개

초기 화석 곤충 중 일부에서는 유생의 모든 체절에 날개가 달려 있지만, 성체에서는 날개가 없다는 것을 알고 있다. 현대의 곤충에서는 성체가 되어서야 날개가 완전히 발달하게 된다. 생명의 역사에서 사건의 상대적 발생 시기가 이동하여 성체의 형태가 바뀌는 이런 유형의 전이를 **이시성(heterochrony)**이라고 하며, 진화에서는 흔하게 볼 수 있는 주제다. 초파리의 경우 날개를 갖지 않는 체절에서는 날개의 발생이 Hox 유전자에 의해 억제된다. 첫 번째 흉부체절에서는 *Sex combs reduced*라는 유전자에 의해서, 복부에서는 *Ubx*, *abdA* 및 *AbdB*에 의해서 억제된다. 초파리는 쌍시목(파리목, dipteran)의 한 종이므로 세 번째 흉부체절에 날개가 없고, 대신 이곳의 성충판(imaginal disc)은 날개가 아니라 평균곤(haltere)을 만든다. 이 과정이 *Ubx*에 의해 조절되며, 바로 *vestigial*의 활성화를 막는 것이다(17장 참고). 앞에서 든 갑각류의 예에 비유해서 생각하면, 쌍시목 이외의 곤충에서는 *Ubx* 발현의 앞쪽 한계가 복부로 이동해서 T3에서도 날개가 생성되는 것이 아닌가 생각해 볼 수 있겠다. 하지만 그렇지가 않다. Hox 유전자의 발현은 모든 곤충에서 매우 유사하다. 쌍시목에서 날개 형성이 억제된 것은 Hox 유전자 자체의 발현이 변해서 일어난 것이 아니라, *Ubx*의 하위 단계에서 새로운 조절 연결이 확립되었기 때문으로 보인다.

## 격세유전

진화상의 조상생물이 가지고 있던 형태적 특질을 갖도록 만드는 돌연변이를 **격세유전(atavism)**이라 한다. 절지동물에서 그토록 다양화가 진행된 것이 Hox 유전자의 하위 단계에 있는 조절 연결에 의해 부속지가 억제되는 것에 의존하는 것처럼 보이므로, Hox 유전자의 기능상실 돌연변이가 격세유전성 표현형을 보인다는 것은 놀라운 일이 아니다. 예를 들어 평균곤 성충판에서 *Ubx*를 완전히 없앴을 때 나타나는 날개가 넷 달린

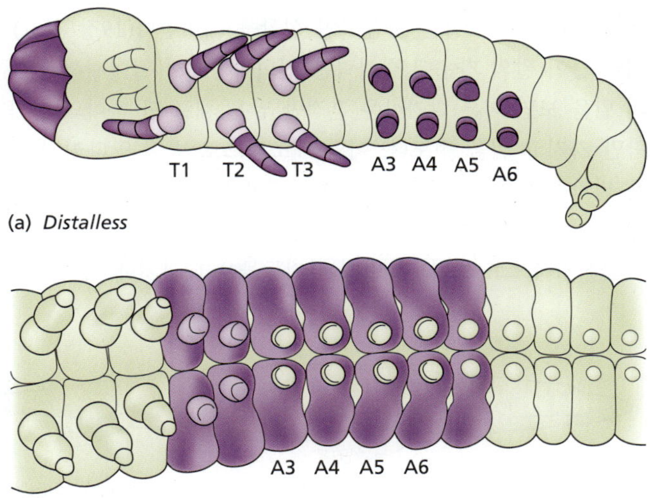


그림 22.15 나비 애벌레의 복부 다리. (a) *Distalless*의 발현. (b) 배아 단계에서 *Ubx*의 발현.

초파리는 격세유전의 산물이다.

때로는 진화 과정에서 격세유전된 것이 야생형으로 굳어져 부분적으로 진화가 역행된 경우도 있다. 예를 들어 나비의 애벌레는 복부체절 중 네 곳에 다리가 있다(A3–A6; 그림 22.15). 아마도 원시적인 절지동물은 마치 현대의 다족류처럼 대부분의 체절에 다리를 가졌을 것으로 생각된다. 나비에서 *Ubx*, *abd***A**, *Distalless* 유전자의 발현 패턴을 조사해 보면 Hox 유전자가 실제로 다리싹(legs bud)에서는 발현되지 않으며, 그래서 *Distalless* 유전자가 발현되어 격세유전된 다리를 갖는 것이 아닌가 생각된다.

이러한 예는 비슷한 진화적 변화가 서로 다른 방식에 의해서도 나타날 수 있음을 보여준다. Hox의 발현이 변하면 전체 체절의 특질이 바뀐다. 또 다른 가능성은 나비에서 볼 수 있듯이, 발현이 국부적으로 변해서 체절 내의 구조가 변경되었을

수 있다. 또한 Hox 유전자의 하위 단계에 있는 유전자의 조절 부위에서 돌연변이가 일어나 그런 변경이 나타날 수도 있다. 변화를 낳게 하는 특정한 한 가지 수단이 발생학자의 눈에 우아하고 단순해 보인다고 해서 실제 진화과정에서 그런 일이 벌어졌다는 것을 의미하지는 않는다.

## 척추동물의 사지

척추동물의 사지(팔다리)는 진화생물학에서 특출한 역사를 가지고 있다. 처음에는 사지가 모든 사지동물에 걸쳐 상동구조인 것으로 인식되었다. 사지는 복잡한 골격을 가지고 있어서 화석에 잘 보존되는 경우가 많고, 진화 과정에서 상대성장성 변화를 보여주는 놀라운 예가 된다. **상대성장(allometry)**이란 부분들 사이에서 나타나는 차등적인 성장을 의미한다(19장 참고). 예를 들어 말의 가운데 발가락은 진화과정에서 길어져서 현대의 말을 보면 다른 발가락은 흔적만 남은 채로 단 하나의 발가락만 가지고 있을 정도다. 이와 대조적으로 박쥐 앞다리의 모든 발가락은 매우 길어져서 피부날개판을 갖는 날개를 구성하게 되었다.

화석기록으로 보면 첫 번째 사지동물은 데본기에 나타났고, 사지동물의 조상은 판데릭티스(*Panderichthys*)라 불리는 생명체와 유사하다(그림 22.16a). 이 동물은 잎 모양의 지느러미를 갖고 있으며 현대의 강극어(실러캔스, coelacanth)와 같은 목에 속한다. 얕은 물에서 살았던 것으로 보이고, 현대의 메기처럼 물 밖으로 기어 나올 수도 있었던 것 같다. 최근까지도 판데릭티스의 사지에는 **자족(autopodium)**이 결여된 것으로 생각했다. 이러한 사실은 *Hoxd13* 유전자의 인핸서가 사지동물에는 있지만 경골어류에는 없다는 것과 연관되었는데, 이 인핸서는 자족이 될 부위에서 *Hoxd13* 유전자가 늦게 발현되도록 한다. 이 유전자의 기원이 바로 사지동물에서 팔다리가 진화하는 데에 핵심이었으리라는 생각으로 이어졌다. 하지만 판데릭티스의 화석을 컴퓨터단층촬영(CT)으로 찍어보면, 실제로 이 생명체는 원시적인 자족을 닮은 원부의 골격 요소들을 갖추고 있다는 것을 알 수 있었다(그림 22.16a). 더구나 기본 경골어류인 철갑상어 폴리오돈(*polyodon*)에서는 *Hoxd13*가 자족에서 발현되는 것을 알 수 있는 반면, 제브라피쉬와 같은 경골어류에서는 발현되지 않는다. 이러한 사실은 사지를 만들어내기 위한 발생학적 기전이 육상 척추동물의 실제 사지가 나타나기 오래 전부터 이미 존재하고 있었음을 시사한다. 그 대신 사지동물에서 새롭게 자족이 나타난 것은 골격 분화의 패턴과 관련된 하위 단계 유

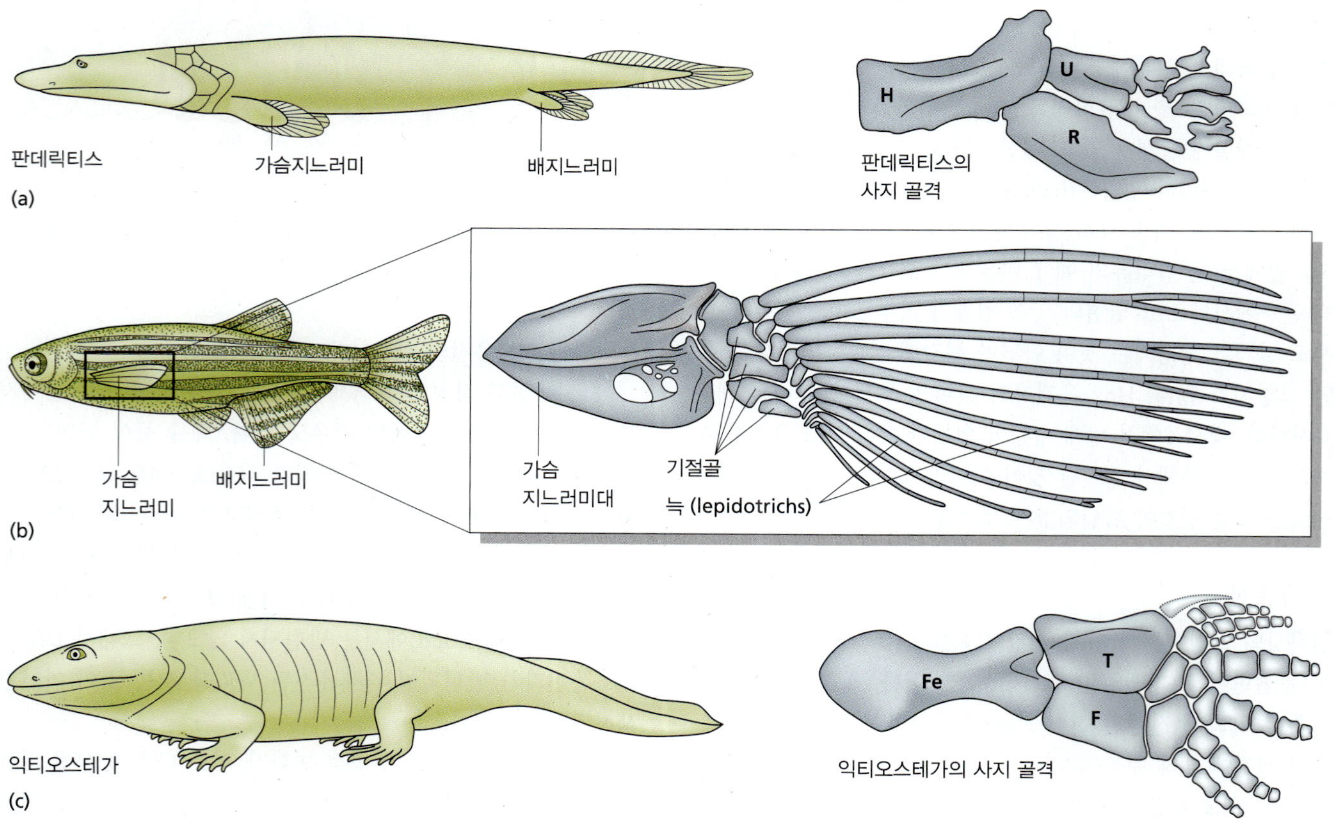


**그림 22.16** 다리의 기원. (a) 판데릭티스(*Panderichthys*)와 앞다리 골격. (b) 제브라피쉬의 가슴지느러미(pectoral fin) 골격. (c) 익티오스테가(*Ichthyostega*)와 뒷다리 골격.

전자들의 조절이 변한 데에서 비롯되었음에 틀림없다.

제브라피쉬에서 쌍을 이룬 지느러미가 발생하는 것을 연구해 보면 매우 상이한 해부학적 구조의 밑바탕에 공통된 발생학적 기전이 있다는 심화된 증거를 얻을 수 있다. 제브라피쉬의 배아에 *Wnt2b*나 *Tbx5*에 대한 모폴리노를 주입해서 유전자 발현을 막으면 고등 척추동물에서처럼 지느러미싹의 형성이 억제된다. 지느러미싹이 자라 나오는 초기 단계에서는 정단외배엽 융기(apical ectodermal ridge)가 *Fgf* 유전자를 발현하고, 뒷부분이 *Shh*를 발현하는 것을 볼 수 있는데, 사지동물의 사지싹과 매우 유사하다. 하지만 이 시기 동안에 4개의 평행한 연골요소가 놓이게 되고, 이것이 나중에 골화되어 지느러미줄이 부착하는 부위가 된다. 이러한 기부 뼈와 지느러미줄의 패턴은 피부의 골화에 의해 형성되는 것으로서 현대 사지동물의 사지와는 같지 않으며, 심지어 판데릭티스의 사지와도 다르다(그림 22.16b). 따라서 여기서 또 다시 알 수 있는 것은 핵심적인 진화적 변화가 하위 단계의 유전자에서 나타났음에 틀림없으리라는 것이다.

현대 사지동물의 사지가 갖는 가장 명백한 특징 중의 하나는 발가락의 개수가 다섯을 넘는 경우가 매우 드물다는 것이다. **오지성** 다리(**pentadactyl** limb)라는 바로 그 명칭은 원시적인 사지가 5개의 발가락을 가졌으며, 이로부터 더 작은 수의 발가락을 가진 형태가 유래했으리라는 것을 의미한다. 따라서 발가락이 5개를 넘지 않도록 하는 발생적 제약이 있으리라고 추측하기도 했는데, 왜냐하면 발가락 영역 사이에 구별을 지을 수 있는 Hox d 유전자들의 숫자 때문이었다. 하지만 불행스럽게도 이러한 이론은 화석 증거와는 맞지 않는 것으로 밝혀졌는데, 판데릭티스에 곧 이어 나타난 익티오스테가와 같은 초기 데본기의 사지동물이 5개가 훨씬 넘는 발가락을 가지고 있다는 것이 너무나도 명백하기 때문이다(그림 22.16c). 익티오스테가가 어떻게 그럴 수 있었는지는 알려져 있지 않다.

## 사지의 존재와 위치

어떤 사지동물들은 사지가 크게 줄었거나 모두 잃어버린 경우도 있다. 뱀, 고래나 날지 못하는 새의 앞다리가 그렇다. 많은 경우 기부의 사지 골격 일부분이 남아 있거나 미발육 상태의 띠가 흔적으로 남아 있어서 조상생물들은 현대의 후손들보다 훨씬 더 실질적인 사지를 가지고 있었음을 알 수 있다. 측판에서 사지의 위치는 몸 전체의 전-후축 패턴 체계에 의해 특정되어야 한다. 여기에는 Hox 유전자들이 관련되어 있을 것이고 NK군의 유전자들처럼 다른 유전자들도 관련이 있을 것이다. Hox 유전자의 역할에 대한 증거는 생쥐에서 *Hoxb8* 유전자를 형질전환을 통해 보다 앞쪽에서 발현되도록 유도해 보면 얻을 수 있는데, 이 경우 가외의 극성화활성대(zone of polarizing activity, ZPA)가 생기고 앞다리가 중복되어 나타난다. 생쥐와 닭에서는 Hox 유전자 *c6*와 *c8*이 2개의 사지싹 사이에 있는 측판에서 발현되고, 이 부위에서 사지의 형성을 억제하는 것으로 여겨진다. 비단뱀은 앞다리의 흔적은 전혀 남아 있지 않지만 배지느러미대의 잔존물과 뒷다리의 미세한 기부 흔적을 가지고 있다. 이 뱀은 *Hoxc6*와 *c8*의 발현이 바로 머리까지 확장되어 있지만 뒤쪽으로는 발현의 경계가 잔존해 있는 뒷다리에 못 미쳐서 끝난다(그림 22.17). 앞에서 예로 든 갑각류 악지와 마찬가지로 이러한 사실로부터 Hox 유전자의 발현이 확장된 것은 진화 역사에서 사지를 억제하는 대돌연변이였다는 가설을 세울 수 있다. 하지만 이 가설은 비단뱀에서 Hox 유전자의 발현을 바꾸면 실제로 다리를 억제하는지 살펴보는 실험연구를 통해 확증되어야 하며, 또한 여러 유관 생명체들의 유전체를 조사해서 상상했던 그런 돌연변이가 실제로 정말 한번 나타났었는지 그 증거를 찾아야 한다.

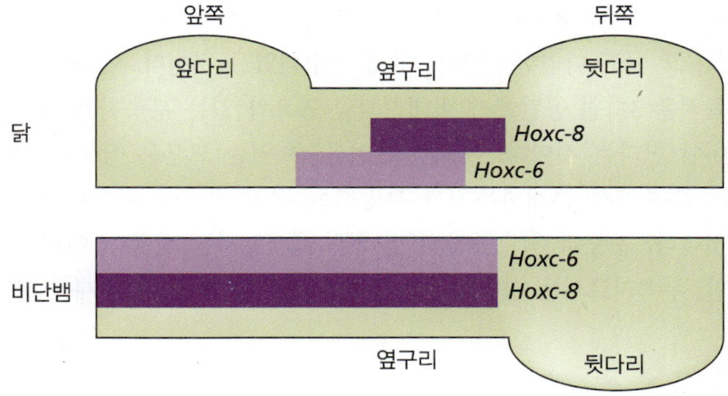


**그림 22.17** 닭과 비단뱀의 옆구리에서 Hox 유전자의 발현.

## 척추동물과 곤충의 날개

앞에서 언급했듯이, 척추동물과 곤충의 날개는 상동이 아닌 상사로 여겨지는데, 왜냐하면 이 두 생물군의 공통조상은 바다에서 살았고 날개를 가지고 있지 않았기 때문이다. 하지만 두 체계에서 전사인자와 신호분자의 발현 패턴과 기능에서는 상당한 유사성이 나타난다. 두 경우 모두 등쪽에서 발현되는 상동성의 Lim 전사인자(*apterous*와 *Lim1*)에 의해 조절되는 등-배축 패턴을 갖고 있다. 또한 두 체계 모두 등-배축의 경계를 설정하는 데에 *Fringe* 유전자가 관여한다. 둘 다 전-후축 패턴을 결정하는 Hedgehog 신호체계를 가지고 있고, 두 경우 모두 Hedgehog이 BMP/Dpp와 상호작용을 한다. 두 경우 모두 원위부의 성장은 호메오도메인 인자인 Distalless에 의존하고 있다. 그렇게 많은 발생학적 기전을 공유하고 있다면 곤충과 척추동물의 날개는 상동임에 틀림없을 것이다! 이 수수께끼에 대한 해답은 아직 분명하진 않다. 하지만 일반적인 생각은 이런 공통의 특징들이 발생유전자 회로의 모듈들을 대변한다는 것이다. 이런 모들들은 원시 좌우대칭동물에 상응하는 초기 단계에서 진화했고, 그 이후 다양한 목적에 맞게 흡수되었을 것이다. 이 경우의 목적은 3차원 공간에서 비대칭적일 필요가 있는 부속지를 만들어야 한다는 것이다. 이로부터 얻을 수 있는 교훈은 상동이 어느 수준에서 존재하는지를 특정하는 것이 반드시 필요하다는 것이다. 곤충과 척추동물의 날개는 날개로서는 상동이 아니지만, 부속지로서는 상동이라는 것은 가능하다. 이러한 체계를 통해 만들어진 부속지들 중의 일부는 공통조상에게 있었을 수도 있지만 아마도 매우 다른 기능을 하고 있었을 것이다. 두 유형의 날개가 서로 상동인 활성 유전자들과 유전자 경로를 가지고 있다는 점만은 확실하다. 이런 예는 어려운 개념에 대해 명확한 생각을 갖는 것이 얼마나 중요한지 보여준다. 이 말은 전체 발생학을 통틀어 가치가 있는 말이지만 발생과 유전이라는 복잡한 경계부에서는 더욱 더 그렇다.

## 기억해야 할 핵심 사항들

- 진화는 자연선택에 의해 유발된 적응적 변화와 유전자 부동에 의해 확립된 중립적 변화 모두와 관련이 있다. 중립적인 변화는 DNA와 단백질 서열에서 가장 명백하게 나타난다.
- 살아 있는 생명체의 분류는 관련된 생물군의 진화사를 대변하려고 노력하는 것이 보통이다. 이것을 계통분류학 혹은 분지분류학이라 한다.
- 상동인 특질들은 공통의 조상에서 유래했기 때문에 유사하다. 상사인 특질들은 자연선택에 의해 함께 유도되었기 때문에 유사하다.
- 동물문 자체에 대한 계통수는 형태를 묘사하는 배아학, 분자분류학 및 화석기록을 통해 얻은 정보로부터 작성할 수 있다. 모든 동물의 공통조상은 10억 년에서 6억 년 전 사이에 살았던 것으로 생각된다.
- 계통수에 대한 연대교정은 궁극적으로 퇴적암의 방사능 연대측정을 통해 얻게 된다. 이를 통해서 화석기록에서 볼 수 있는 계통 사이의 방산이 일어난 절대 시점을 알 수 있다.
- 동물 분류군들은 모든 동물군이 최대의 유사성을 보이는 계통형 단계를 갖는 경우가 많다.
- 모든 삼배엽성 동물(좌우대칭 동물)은 전반적인 몸 체제를 설정하는 기본적인 유전자들의 발현 도메인이나 기능을 공유하고 있다. 이런 유전자 활성의 구성에는 Hox, ParaHox 및 NK 클러스터가 포함되며, *Otx*, *Emx* 및 *Pax6*와 같은 다른 유전자들도 포함된다. 이런 구성, 즉 동물형은 모든 삼배엽성 동물의 공통조상에서 존재했을 것이다.
- 미세돌연변이와는 달리 발생적 제약이나 대돌연변이가 진화에서 얼마나 중요한지는 아직 모른다.
- 체절동물의 체절구성의 변화는 부분적으로 Hox 유전자 발현의 변화에 의한 것이지만, 대부분의 변화는 Hox 패턴에 의해 조절되는 하위 단계 유전자들의 변화에 의한 것이다.
- 사지동물의 사지 발달에서 볼 수 있는 발생 기전은 어류의 쌍을 이룬 지느러미에서도 볼 수 있다.
- 형태학적 상동이 없는 경우에도 유전자 경로나 회로의 수준에서 상동이 존재할 수 있다.

## 추가로 읽을 것


### General

Gould, S.J. (1977) *Ontogeny and Phylogeny.* Cambridge, MA: Harvard University Press.

Raff, R.A. (1996) *The Shape of Life: Genes, Development and the Evolution of Animal Form.* Chicago: University of Chicago Press.

Gerhart, J. & Kirschner, M. (1997) *Cells, Embryos and Evolution.* Malden, MA: Blackwell Science.

Carroll, S.B., Grenier, J.K. & Weatherbee, S.D. (2001) *From DNA to Diversity.* Malden, MA: Blackwell Science.

Davidson, E.H. (2001) *Genomic Regulatory Systems in Development and Evolution.* New York : Academic Press.

Hall, B.K. & Olson W.M., eds. (2003) *Keywords and Concepts in Evolutionary Developmental Biology.* Cambridge, MA: Harvard University Press.

Arendt, D. (2008) The evolution of cell types in animals: emerging principles from molecular studies. *Nature Reviews Genetics* **9**, 868–882.

Carroll, S.B. (2008) Evo-Devo and an expanding evolutionary synthesis: a genetic theory of morphological evolution. *Cell* **134**, 25–36.

DeRobertis, E.M. (2008) Evo- devo: variations on ancestral themes. *Cell* **132**, 185–195.

Stern, D.L. & Orgogozo, V. (2009) Is genetic evolution predictable? *Science* **323**, 746–751.

### Taxonomy

Holland, P.W.H., Garcia Fern àndez, J., Williams, N.A. & Sidow, A. (1994) Gene duplications and the origins of vertebrate development. *Development* Supplement, 125–133.

Bolker, J.A. & Raff, R.A. (1996) Developmental genetics and traditional homology. *Bioessays* **18**, 489–494.

Aguinaldo, A.M.A. & Lake, J.A. (1998) Evolution of the multicellular

animals. *American Zoologist* **38**, 878–887.
Hedges, S.B. (2002) The origin and evolution of model organisms. *Nature Reviews Genetics* **3**, 838–849.
Telford, M.J. (2006) Animal phylogeny. *Current Biology* **16**, R981–R985.
DeSalle, R. & Schierwater, B. (2008) An even newer animal phylogeny. *BioEssays* **30**, 1043–1047.

### Paleontology

Conway Morris, S. (1993) The fossil record and the early evolution of the metazoa. *Nature* **361**, 219–225.
Valentine, J.W., Jablonski, D. & Erwin, D.H. (1999) Fossils, molecules and embryos: new perspectives on the Cambrian explosion. *Development* **126**, 851–859.
Conway Morris, S. (2000) Evolution: bringing molecules into the fold. *Cell* **100**, 1–11.
Chen, J.Y., Bottjer, D.J., Oliveri, P., Dornbos, S.Q., Gao, F., Ruffi ns, S., Chi, H., Li, C.W. & Davidson, E.H. (2004) Small bilaterian fossils from 40 to 55 million years before the Cambrian. *Science* **305**, 218–222.
Raff, R.A. (2007) Written in stone: fossils, genes and evo-devo. *Nature Reviews Genetics* **8**, 911–920.

### Body plans

Slack, J.M.W., Holland, P.W.H. & Graham, C.F. (1993) The zootype and the phylotypic stage. *Nature* **361**, 490–492.
Arendt, D. & Nübler-Jung, K. (1997) Dorsal or ventral: similarities in fate maps and gastrulation patterns in annelids, arthropods and chordates. *Mechanisms of Development* **61**, 7–21.
Ferrier, D.E.K. & Holland P.W.H. (2001) Ancient origin of the Hox gene cluster. *Nature Reviews Genetics* **2**, 33–38.
Erwin, D.H. & Davidson, E.H. (2002) The last common bilaterian ancestor. *Development* **129**, 3021–3032.
Mieko Mizutani, C. & Bier, E. (2008) EvoD/Vo: the origins of BMP signalling in the neuroectoderm. *Nature Reviews Genetics* **9**, 663–677.
Niehrs, C. (2010) On growth and form: a Cartesian coordinate system of Wnt and BMP signaling specifi es bilaterian body axes. *Development* **137**, 845–857.

### Case studies

Ahlberg, P.E. & Milner, A.R. (1994) The origin and early diversifi cation of tetrapods. *Nature* **368**, 507–514.
Sordino, P. & Duboule, D. (1996) A molecular approach to the evolution of vertebrate paired appendages. *Trends in Ecology and Evolution* **11**, 114–119.
Shubin, N., Tabin, C. & Carroll, S. (1997) Fossils, genes and the evolution of animal limbs. *Nature* **388**, 639–648.
Weatherbee, S.D. & Carroll, S.B. (1999) Selector genes and limb identity in arthropods and vertebrates. *Cell* **97**, 283–286.
Akam, M. (2000) Arthropods: developmental diversity within a superphylum. *Proceedings of the National Academy of Sciences USA* **97**, 4438–4441.
Gehring, W.J. (2002) The genetic control of eye development and its implications for the evolution of the various eye types. *International Journal of Developmental Biology* **46**, 65–73.
Jordi, G.-F. & Èlia, B.-G. (2009) It's a long way from amphioxus: descendants of the earliest chordate. *BioEssays* **31**, 665–675.
Liubicich, D.M., Serano, J.M., Pavlopoulos, A., Kontarakis, Z., Protas, M.E., Kwan, E., Chatterjee, S., Tran, K.D., Averof, M. & Patel, N.H. (2009) Knockdown of Parhyale Ultrabithorax recapitulates evolutionary changes in crustacean appendage morphology. *Proceedings of the National Academy of Sciences* **106**, 13892–13896.
Technau, U. & Steele, R.E. (2011) Evolutionary crossroads in developmental biology: Cnidaria. *Development* **138**, 1447–1458.

Appendix

# 주요 분자 구성 요소

이 부록은 발생 과정에 관여하는 고분자와 구성 요소들의 주요 유형에 대한 간략한 요약이다. 이는 세포생물학이나 분자생물학 또는 생화학의 기초를 대체할 목적이 아니고, 본문에 언급된 분자나 과정에 익숙하지 않은 경우에 참고하기 위한 것이다.

## 유전자들

유전자는 단백질 또는 번역되지 않는 RNA를 암호화하는 DNA 서열이며, 일반적으로 관련된 조절 서열 뿐만 아니라 암호화 영역 그 자체도 포함한다. 진핵생물 유전자 대부분은 핵 안의 염색체에 위치하지만, 미토콘드리아와 엽록체의 DNA에도 소수의 유전자가 있다. RNA를 암호화하는 유전자는 rRNA 또는 tRNA 외에도 개수를 알 수 없는 마이크로 RNA도 포함하는데, 이는 아마도 번역 제어에 관여하는 것 같다. 유전자 또는 그 1차 전사 RNA의 이름은 통상 이탤릭체 소문자로 표기하며, 그 단백질 산물은 로마자 대문자로 표기하는데, 다시 말해 *wingless* 유전자는 *wingless* mRNA와 WINGLESS 단백질을 암호화한다.

DNA는 일반적으로 히스톤이라 불리는 염기성 단백질의 결합에 의해 **염색질(chromatin)**에 밀집된다. 단백질을 암호화하는 유전자는 **RNA 중합효소 II (RNA polymerase II)**에 의해 mRNA로 전사된다. 전사는 전사 개시 서열에서 시작하며 전사 종결 서열에서 종료된다. 일반적으로 유전자는 성숙한 mRNA의 일부를 각각 암호화하는 몇 개의 엑손(exon)들로 분할된다. 1차 RNA 전사체는 핵에서 세포질로 이동하기 전에 광범위한 공정을 거친다. mRNA는 5′말단에 메틸 구아노신이 붙은 “cap” 부분과 3’말단의 polyA 꼬리 부분을 얻게 되는데, 이는 핵산말단가수분해효소(exonuclease)에 의한 절단을 막아 mRNA를 안정화시켜 준다. 엑손과 엑손 사이의 DNA 서열을 인트론(intron)이라고 하는데, 인트론에 상보적인 1차 RNA 전사체 부분들은 “snRNPs (small nuclear ribonucleoprotein particles)”에 의해 촉매되는 이어 맞추기(splicing) 반응에 의해 제거된다. 선택적 이어 맞추기(alternative splicing, 선택적 이어 맞추기) 결과로 동일한 유전자에서 여러 mRNA가 만들어질 수 있는데, 이는 일차 전사체로부터 엑손들이 여러 가지 조합으로 이어 맞춰진다. 세포질에서 성숙한 mRNA는 리보솜에 의해 폴리펩티드로 번역된다. mRNA는 여전히 5′ 선도서열(leader sequence)과 단백질 코딩 영역 이후의 3′ 미번역 서열(untranslated sequence)을 포함하며, 이 번역되지 않은 부위는 번역조절 또는 세포내 mRNA 자리잡음에 관여하는 특정 서열들을 포함할 수 있다.

척추동물 유전자는 대략 25,000개이다. 무척추동물에서는 다소 적은 편인데, 예쁜꼬마선충은 약 19,000개, 초파리는 약 13,000개이다. 비록 다른 많은 유전자도 발생이 가능한 세포를 형성하는 데 필요하겠지만, 전체 유전자의 1~2%가 발생 과정에 밀접하게 관여한다.

## 유전자 발현의 조절

모든 조직에서 항상 그 번역 산물을 필요로 하는 유전자들이 많이 있는데, 예를 들어 기본적인 세포 구조, 단백질 합성, 또는 물질 대사와 관련이 있는 유전자들이다. 이들을 “가사(housekeeping)” 유전자라 한다. 그러나 다른 많은 유전자들의 경우 그 번역 산물이 특정 세포 유형에 특이적으로 존재하는데, 사실 세포 유형들은 각기 다른 단백질 레퍼토리를 가지기 때문에 서로 구별된다. 이는 유전자 발현 조절이 발생생물학의 핵심임을 의미한다. 조절은 여러 지점에서 나타날 수 있다. 가장 흔한 것은 전사의 조절이고, 종종 유전자가 특정 상황에서 “켜지다(on)” 또는 “꺼지다(off)”라고 말하는데, 이는 각각 유전자가 “전사된” 또는 “전사되지 않은” 것을 의미한다. 또한 번역 조절에 대한 사례도 많이 있는데, 세포질에 mRNA가 존재하지만 몇 가지 조건이 충족될 때까지는 번역되지 않는다. 이는 난자에 존재하는 mRNA가 수정 때까지 번역되지 않는 초기 배아발생에서 특히 중요하다. 조절은 또한 핵 RNA 공정 단계에서 직접 일어나거나 개별 mRNA 또는 단백질의 안정성을 통해 간접적으로 일어날 수 있다.

전사의 조절은 DNA 상의 조절 서열 그리고 이 서열과 상호작용하는 **전사(조절)인자(transcription factor)**라 불리는 단백질에 달려 있다. 유전자의 **프로모터(promoter)** 영역은 RNA 중합효소가 결합하는 전사시작 지점의 바로 앞(upstream) 지역이다. RNA 중합효소는 일반적인 전사인자들 세트와 결합하여 지원 받는 전사복합체를 구성한다. 전사복합체 조립에 필요한 일반적인 요인들 외에, 프로모터에 인접하거나 멀리 떨어져 있는 특정 조절서열들에 결합하는 많은 특정 전사인자들이 있다(그림 A.1). 전사인자는 일반적으로 DNA 결합 도메인과 조절 도메인을 포함하는데, 전사를 활성화하거나 억제한다. DNA의 고리 모양 형성은 이들 조절 도메인과 전사복합체가 접촉이 일어나게 하여 전사 활성을 촉진 또는 억제하도록 한다.

발생에 참여하는 유전자에는 종종 여러 사이트로 구성된 매우 복잡한 조절 영역이 있다. 각 사이트는 촉진과 억제 전사인자 모두와 결합할 수 있다. 유전자의 전사 여부는 세포에 존재하는 인자들의 조합에 의존할 것이다. 동일한 전사인자가 많은 다양한 유전자들을 조절하는 조절 사이트들에 결합할 것이며, 따라서 표적 유전자들이 협조적인 방식으로 조절되는 것을 보장한다. 유전자로부터 멀리 떨어진 조절 사이트는 종종 **인핸서(enhancer)**라 불리는데, 전사 향상 뿐만 아니라 때때로 억제도 한다. **프로모터**라는 용어는 전사복합체와 결합하는 부위만이 아니라 유전자의 5′말단에 인접한 여러 조절 사이트를 포함하는 더 큰 영역을 지칭할 때도 자주 사용된다. 이런 넓은 의미에서 프로모터는 그 주변에 독립적으로 작용할 수 있다. 특정 프로모터를 다른 유전자에 결합시킨 뒤 동물의 게놈에 도입할 경우, 종종 그 게놈에 통합되는 위치에 상관없이 적절한 조직특이성을 가진 새로운 유전자 발현을 이끌어 낼 것이다.

## 전사인자

**전사인자**는 전사를 조절하는 단백질이다. 예를 들어 **호메오도메인(homeodomain)** 또는 징크-핑거(zinc-finger) 도메인과 같은 DNA 결합도메인 유형에 따라 분류되는 많은 패밀리가 있는데, 그중 발생 과정에 가장 중요한 것들은 다음과 같다. 비록 일부는 활성화될 때까지 세포질에 존재하다가 핵으로 들어가지만, 대부분은 핵 단백질이다. 활성화는 종종 세포간 신호전달에 대한 반응으로 일어난다(아래 참고). 전사인자 중 한 유형인 핵수용체 패밀리는 레티노산(retinoic acid)이나 글루코콜티코이드와 같은 지용성 신호전달 물질에 의해 직접 활성화된다.

단백질에 있는 DNA-결합도메인의 각 유형은 통상 20개 이하 뉴클레오타이드로 된 상응하는 표적 DNA 서열을 갖는다. 전사인자가 생체 내에서 실제로 표적 유전자를 조절한다는 증거를 실험으로 얻을 필요가 있지만, DNA-결합도메인 유형은 표적 유전자의 조절 영역 서열을 읽음으로써 식별될 수 있다.

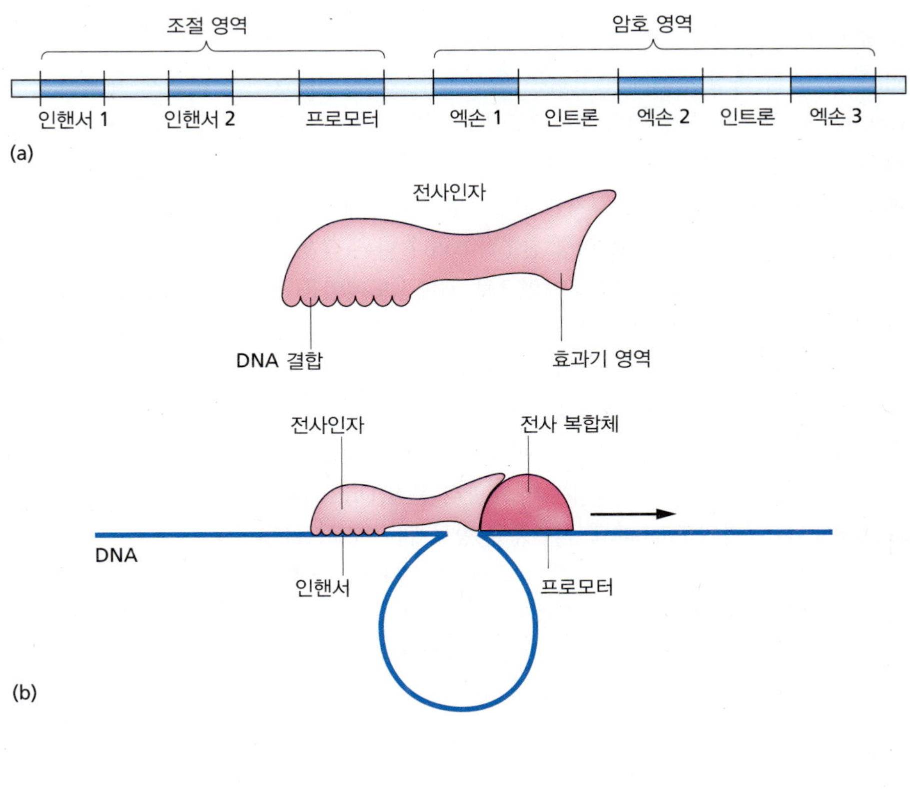


그림 A.1 (a) 진핵세포 유전자의 전형적인 구조. (b) 전사인자는 인핸서에 결합하여 "멀리 떨어져서" 전사복합체를 자극할 수 있다.

전사인자의 활성도메인(Activation domain)은 종종 일반적인 전사복합체의 형성을 가속화하는 "산 방울(acid blob)"을 형성하는 많은 산성 아미노산을 가진다. 몇몇 전사인자는 히스톤의 아미노기를 중화시켜 염색질을 여는 히스톤아세틸라제(histone acetylases)를 끌어들이고, DNA에 다른 단백질이 접근하는 것을 허용한다. 일반적으로 전사인자의 분자 구성은 모듈식이며, 따라서 기존 인자의 개별 도메인들을 실험실에서 재조합하여 새로운 인자를 만들어 창조할 수 있다. 예를 들면, 억제도메인의 "산 방울"로 바꾸면 전사 활성인자가 억제인자로 변환될 수 있다. 핵수용체 패밀리에서는 한 인자의 호르몬 결합 부위에 다른 인자의 DNA 결합 및 효과 부위를 결합시킬 수 있다. 예를 들어 한 수용체의 레티노산-결합 부위가 갑상선호르몬-결합 부위로 대체될 경우, 정상적으로는 레티노산에 반응하던 유전자가 대신 갑상선호르몬에 반응할 것이다.

전사인자를 전사의 활성제 또는 억제자로 분류하는 것이 보통이지만, 이들의 작용은 상황에 민감하며 때때로 다른 인자들이 존재할 경우 활성화가 억제자로 기능하거나 그 반대 현상도 일어날 수 있다.

## 전사인자 패밀리

발생에서 가장 중요한 전사인자의 패밀리들 가운데 일부가 나열되어 있다. 이들은 DNA 결합도메인에 의해 분류된다.

### 호메오도메인 인자

**호메오도메인**은 염기성 잔기가 많은 약 60개의 아미노산 서열이고, DNA의 특정 부위에 결합하는 헬릭스-턴-헬릭스(helix-turn-helix) 구조를 형성한다. 호메오도메인 서열 자체는 유전자의 상응하는 **호메오박스(homeobox)**에 의해 암호화된다. **호메오틱(homeotic) 유전자**에서 처음 발견되었기 때문에 호메오박스라는 명칭이 부여되었다(제4장 참조). 그러나 다른 많은 전사인자들도 자신의 DNA-결합도메인으로 호메오도메인을 포함하며 흔히 발생에 관여하지만, 호메오도메인을 가졌다는 것이 발생과정에 기능함을 보장하지는 않으며, 호메오박스 유전자의 돌연변이들이 반드시 형태형성에 이상을 초래하는 호메오틱 유전자일 필요는 없다. 많은 호메오도메인 단백질들이 발생 과정에서 중요한 역할을 가지는데, 초파리 분절(Drosophila segmentation)에서의 Engrailed, 척추동물 형성체인 Goosecoid, 전-후 패턴형성에서의 Cdx 단백질이 그 예이다. **HOX 단백질**들은 동물의 전-후 패턴 조절에 특별한 역할을 가진 중요한 하위 집합이다. 호메오박스 유전자는 동물, 식물, 진균에서도 발견되지만, **Hox** 하위 집단은 동물에서만 발견된다.

### LIM-호메오도메인 단백질

LIM 도메인은 단백질-단백질 상호작용에 중요한 시스테인이 풍부한 아연-결합 영역(cysteine-rich zinc-binding region)이지만, 그 자체는 DNA-결합 도메인이 아니다. LIM-호메오단백질은 2개의 LIM 도메인과 DNA 결합 호메오도메인을 가진다. 예를 들어 형성체의 Lim-1, 운동신경세포의 Islet-1, 사지싹의 Lhx 인자, 초파리 날개의 Apterous (날개 형성에 관여하는 단백질)이다.

### Pax 단백질

Pax 단백질은 6개의 α-헬릭스 분절을 가진 쌍도메인(paired domain)이라 불리는 DNA-결합 영역이 특징이다. 이름은 초파리 쌍단백질(paired protein)로부터 유래되었다. pax 단백질 대부분은 호메오도메인도 가지고 있다. 예를 들어 눈의 PAX6와 발생 중인 체절의 Pax3이다.

### 징크-핑거(Zinc-finger) 단백질

이는 DNA-결합 영역에 시스테인 또는 히스티딘 잔기가 아연 원자 주위에 접힌 손가락 모양의 돌출부 "finger"를 포함하는 다양한 단백질 그룹이다. 예로는 혈액과 장 발생에서 중요한 GATA 인자, 초파리 초기 배아에서 Krüppel, 후뇌의 마름뇌분절(rhombomere)의 Krox20, 신장의 WT-1, 과발현실험에 사용되는 효모 전사인자 GAL4이다.

### 핵수용체(nuclear receptor) 슈퍼패밀리

이들은 세포내 수용체이며 역시 전사인자이다. 이들은 스테로이드, 갑상선호르몬, 레티노산을 포함한 지용성 리간드들에 의해 자극된다. 이들은 호르몬 결합도메인, DNA 결합도메인 및 전사-활성 도메인(transcription-activation domain)을 갖는다. 일부 유형은 통상 HSP90라는 열쇼크단백질(heat shock protein)과 복합체를 이룸으로써 세포질에 있기도 한다. 호르몬이 결합하면 HSP90은 떨어져 나가고, 이 복합체는 활성을 지닌 이합체(dimer)를 형성하여 핵으로 들어가 표적 유전자에 결합한다. 핵수용체의 예로는 레티노산 수용체(RARs, 현재는 NR1Bs이라고도 불림)와 엑디손(ecdysone) 수용체가 있다.

### Basic helix-loop-helix (bHLH) 단백질

이 전사인자는 이형이합체(heterodimer)로서 활성화된다. 이들은 염기성 DNA 결합영역과 단백질 이합체 형성에 중요한 소수성 helix-loop-helix 영역을 가진다. 이합체의 한 부분은 개체의 모든 조직에서 발견되며, 다른 부분은 조직특이적이다. 염기성 서열 부분이 없는 HLH를 가진 단백질들이 있다. 이들은 다른 bHLH 단백질과 비활성 이합체를 형성하며, 따라서 자신의 활성을 억제한다. bHLH 단백질의 예는 척추동물 어디에나 있는 E12와 E47, 근원성 인자 MyoD, 초파리 쌍지배 단백질(pair-rule protein)인 hairy가 있다. 염기성 부분이 없는 억제제의 예로는 근육 분화의 억제제인 Id가 있다.

## Winged 헬릭스 단백질

이들은 100개의 아미노산으로 된 winged 헬릭스 도메인을 포함하는데, 이 부분은 "Fox" 단백질로 알려진 DNA-결합 영역의 다른 유형을 형성한다. 예를 들면 초파리 배아 말단의 Fork-head와 척추동물의 주요 축과 장의 FoxA2 (이전 이름 HMF3 β)이다.

## T-박스 인자

이들은 생쥐에서 "T" 그리고 다른 동물에서는 brachyury로 알려진 원형 유전자 산물과 유사한 DNA-결합 도메인을 가지고 있다. 예로는 내배엽 결정인자인 VegT, 사지의 특징적 인자인 Tbx4와 Tbx5 인자가 있다.

## High mobility group (HMG)-box 인자

이들은 특정 활성 또는 억제 도메인을 가지지 않기 때문에, 대부분의 다른 인자들과 구별된다. 대신 이들은 다른 조절 사이트가 전사 복합체와 접촉하게끔 DNA를 구부림으로써 작동한다. 예로는 정소결정인자(testis-determining factor)인 SRY, 연골 분화의 "마스터 스위치"인 Sox9, Wnt 경로에 의해 활성이 조절되는 TCF와 LEF 인자들이다.

# 그 외의 유전자 활성 조절

유전자 조절의 특성 중 하나는 촉진과 억제 전사인자들의 조합에 의해 나타나는 것보다 훨씬 안정적이고 장기적인 특성이 있다. 이는 어느 정도 **염색질** 구조의 리모델링에 달려 있는데, 여전히 잘 이해되지 않고 있다. DNA의 대부분은 히스톤과 복합체를 이뤄 뉴클레오솜(nucleosome)을 형성하고, 다음 30 nm의 필라멘트와 더 복잡한 구조로서 배열된다. 게놈의 대부분에서 뉴클레오솜은 어느 정도 이동성이 있어서 전사인자가 DNA에 접근하는 것을 허용한다. 이를 **진정염색질(euchromatin)**이라 한다. 다른 영역에서는 염색질이 고도로 응축되고 비활성화

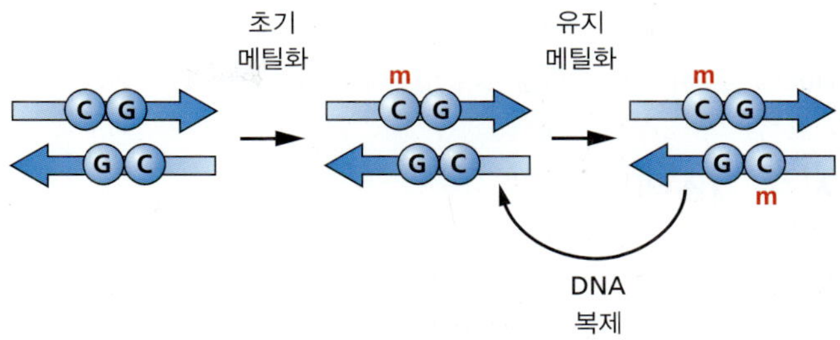


그림 A.2 DNA 메틸화. 메틸화는 유지 메틸화효소의 작용에 의해 DNA 복제를 통해 보존된다.

된다. 이를 **이질염색질(heterochromatin)**이라 한다. 포유류가 아닌 척추동물의 핵이 있는 적혈구는 극단적인 경우인데, 전체 게놈이 이질염색질이며 비활성이다. 염색질 구조는 **크로모박스 단백질(chromobox protein)**에 의해 어느 정도 조절되는데, 예를 들면 많은 유전자의 발현에 영향을 미치지만 그 자신은 전사인자가 아닌 초파리의 Polycomb이다.

염색질 리모델링의 중요한 요소는 히스톤의 N-말단에 라이신의 아세틸화를 통해 조절되는 것이다. 이는 염색질 구조를 열므로써 DNA 상에 전사복합체가 조립되는 것을 가능하게 한다. 히스톤 아세틸화 정도는 적어도 부분적으로는 DNA 메틸화에 의해 조절되는데, 히스톤 디아세틸라제(histone deacety-lase)가 메틸화된 영역으로 참여하기 때문이다. 메틸화는 DNA의 CG 서열의 시토신 잔기에서 일어난다. 한 DNA 가닥 상의 CG가 다른 상보적인 가닥 상의 GC와 짝을 이루므로, 잠재적인 메틸화 위치는 항상 두 가닥 상에서 서로 반대쪽에 있게 된다. 이전에 메틸화되지 않은 CG를 메틸화시키는 신생 메틸화효소(de novo methylase), 단지 한 가닥에만 메틸기를 갖고 있는 다른 CG를 메틸화하는 유지 메틸화효소(maintenance methylase) 등 몇몇 DNA 메틸기전이효소(DNA methyl trans-ferase)가 있다. 한 위치가 메틸화되면 이는 후속 DNA 복제 동안 보존될 것인데, 복제 결과로 만들어진 절반만 메틸화된 부위가 유지 메틸화효소의 기질이 될 것이기 때문이다(그림 A.2). 다른 가능한 15개의 디뉴클레오타이드(dinucleotide)들에 비해서 척추동물 유전자의 경우 CG 디뉴클레오타이드의 전반적인 부족이 있다. 유전자들의 5′말단에 근접한 약 40,000개의 영역으로 CG가 조밀하게 모인다. 이런 CpG 섬(CpG island)은 비메틸화가 우세하며, "가사(housekeeping)" 유전자의 위치를 나타내는 것으로 생각된다.

히스톤 아세틸화 상태 또한 메틸화와는 독립적으로 DNA 복제를 통해 딸세포로 전달될 수 있는데, 활성 또는 억제를 위한 원래의 신호가 사라진 이후에도 발생에서 유전자의 활성 상태

를 유지하기 위한 수단을 제공하는 아세틸전이반응(transacetylation) 및 히스톤 아세틸화의 영구적인 연계에 의한 것 같다.

## 신호 시스템

발생은 한 세포군이 다른 세포군에 미치는 영향에 상당 부분 달려 있다. 이런 효과는 **배아유도(embryonic induction)**에 의해 나타나는데, 신호 중심(signaling center)으로부터의 **유도인자(inducing factor)**의 방출과 대응 세포군에서의 작용을 포함한다. 몇 가지 중요한 유도인자 패밀리가 있는데, 이들은 다른 상황에서는 성장인자, 사이토카인, 또는 호르몬으로도 알려져 있다. 레티노산 같은 작은 지용성 분자도 소수 있지만 유도인자는 주로 단백질이다. 일부는 단지 바로 인접한 세포들과 상호 작용할 수 있는 막관통단백질이지만, 대부분은 신호세포들로부터 분비된다. 이들은 특정 **수용체(receptor)**와 결합하고 세포내 **신호전달경로(signal transduction pathway)**를 활성화한다. 이는 특정 유전자의 활성화나 억제, 또는 세포골격(cytoskeleton)이나 세포대사를 통해 매개되는 세포 행동의 변화를 초래할 수 있다. 세포가 보여 줄 수 있는 대응의 레퍼토리는 세포가 어떤 수용체를 보유하는지, 수용체가 어떻게 신호전달경로와 결부되는지, 그리고 이 경로들이 유전자 조절에 어떻게 연결되는지에 좌우된다. 서로 다른 농도로 하나 이상의 반응을 유발할 수 있는 유도인자를 **형태형성인자(morphogen)**라고 한다. 이는 신호중심으로부터 방출되는 농도구배가 방출 원천으로부터 다른 위치에서는 서로 다른 반응을 유도하고, 따라서 이전에는 없었던 "형태(morphology)"를 생성하기 때문이다(4장 참고).

## 단백질 분비

유도인자를 포함하는 모든 분비 단백질은 일반적으로 N-말단에 소수성 아미노산 서열인 신호 펩티드를 포함한다. 단백질 합성 동안 분비 단백질은 소포체에서 전위채널(translocation channel)에 리보솜을 결합하는 신호인식입자에 의해 인식된다. 합성이 진행됨에 따라 길어지는 폴리펩티드는 이 채널을 통해 소포체 내강으로 보내진다. 마지막으로 신호 펩티드가 떨어져 절단되고 단백질이 방출된다. 소포체에서 이 단백질은 추가로 처리된다. 이차 구조에 필요한 모든 이황화 결합이 형성된다. 이 결합은 분자 내 또는 분자 간일 수 있으며, 동종 또는 이종이합체(heterodimer) 형성으로 이어진다. 대부분의 세포 표면과 세포외 단백질 역시 세린, 트레오닌 또는 아스파라긴 잔기에 탄수화물 사슬이 첨가되는 당화(glycosylation)가 일어난다. 이는 보통 분자의 생물학적 활성에 영향을 주지는 않지만, 분자의 안정성 또는 다른 구성 요소와의 상호작용에 영향을 미칠 수 있다. 어떤 경우에는 특이성이 영향을 받는데, 예를 들어 Notch가 그렇다(아래 참고). 이 단백질은 소포 속에 담겨져 당화가 추가로 일어나는 골지체로 운반되며, 다음 분비소포(exocytotic vesicle)에 담겨 세포 표면에서 분비된다.

## 신호 변환

레티노산과 같은 작은 지용성 유도인자는 확산에 의해 자유롭게 세포 내로 들어갈 수 있다. 레티노산 수용체는 전사인자 그 자체이며, 리간드와 결합한 수용체 복합체는 표적 유전자를 활성화시킬 수 있다(그림 A.3a).

단백질성 유도인자는 원형질막을 가로 질러 확산되어 들어갈 수 없으므로, 확산 등의 특정한 세포 표면 수용체에 결합하여 작동한다. 여기에는 세 가지 주요 그룹이 있다: 발생에 특히 중요한 효소와 결합된 수용체(enzyme-linked receptor), G-단백질-결합 수용체(G-protein-linked receptor), 이온 채널 수용체(ion channel receptor).

발생에서 중요한 주요 효소결합 수용체로는 티로신 키나아제 또는 Ser/Thr 키나아제가 있다(그림 A.3b). 모두 세포 바깥쪽에 단일한 막관통 도메인인 리간드 결합도메인을 가지고 있다. 수용체 티로신 키나아제(receptor tyrosine kinase)의 경우, 리간드 결합은 수용체의 이합체화를 초래하고 자가인산화(autophosphorylation)를 이끌어 내는 데 이로 인해 각 수용체 분자가 인산화되고 다른 수용체 분자를 활성화한다. 인산화된 수용체는 다양한 표적들을 활성화할 수 있다. 이들 중 대부분은 인산화로 활성화되어 핵으로 이동하고 그들의 표적 유전자를 상향조절하는 전사인자이다. 다른 경우, 키나아제가 다른 키나아제를 차례차례 활성화하는 연쇄 반응이 있는데, 궁극적으로 전사인자가 활성화된다. 대략 말하자면 요인들 각 그룹은 자신과 연관된 수용체와 특정한 신호전달경로를 가진다. 그러나 다른 수용체가 동일한 신호전달경로에 연결될 수도 있고, 하나의 수용체가 하나 이상의 경로를 사용할 수도 있다. 한 경로가 다른 경로들에 미치는 효과를 종종 "크로스토크(cross talk)"라 한다. 예를 들어, 활성화된 ERK (extracellular signal regulated kinase)는 smad1의 연결 영역을 인산화하여 골형태형성단백질인 BMP (bone morphogenetic proteins, BMPs) 신호를 억제할 수 있다. 크로스토크의 중요성은 생화학적 분석만으로는 평가하기 어렵지만, 유전학을 사용하면 훨씬 더 쉽게 이해할 수 있다. 이는 발생학 연구에 사용된 모델 동물들이 또한 신호전달의 기능적인 분석에도 유용하고, 따라서 신호전달경로에 영향을 미치는 잠재적인 신규 약물 라이브러리를 검사하는 데도 유용한 이유이다. 발생에서 가장 중요한 유도인자 패밀리와 신호전달경로는 다음과 같다.

G-단백질 결합수용체(G-protein-linked receptor)에는 몇 가

지 그룹이 있다(그림 A.3c). 가장 잘 알려진 그룹은 7회 막관통 단백질(seven-pass membrane protein)인데, 막을 일곱 번 관통하는 단일 폴리펩티드 사슬로 구성됨을 의미한다. 이들은 α-, β- 그리고 γ-서브유닛으로 구성된 삼합체 G 단백질과 연관되어 있다. 리간드가 결합하면 활성화된 수용체는 α-서브유닛에 결합한 구아노신 이인산(GDP)이 구아노신 삼인산(GTP)으로 교체가 일어나게 하고, 이어 활성화된 α-서브유닛이 풀려나서 다른 막 구성 요소들과 상호작용할 수 있게 된다. 가장 일반적인 표적은 아데닐레이트 사이클라제(adenylyl cyclase)인데, 이는 아데노신 삼인산(ATP)을 사이클릭 아데노신 일인산(cyclic AMP, cAMP)로 전환한다. cAMP는 세포내 대사와 유전자 발현에 영향을 미치는 다음 단계의 표적들을 인산화하는 단백질 키나아제(protein kinase A, PKA)를 활성화시킨다.

다른 큰 G-단백질 연계수용체 그룹은 이노시톨 인지질 경로(inositol phospholipid pathway)를 활성화하기 위해 다른 삼합체 G 단백질을 사용한다(그림 A.3c). 여기서 G 단백질은 인지질분해효소인 포스포리파아제 $C_\beta$(phospholipase $C_\beta$, $PLC_\beta$)를 활성화시켜 포스파티딜이노시톨 비스포스페이트(phosphatidylinositol bisphosphate, $PIP_2$)를 디아실글리세롤(diacylglycerol, DAG)과 이노시톨 삼인산(inositol triphosphate, $IP_3$)으로 분해한다. DAG는 중요한 막결합 키나아제인 단백질 키나아제 C (protein kinase C)를 활성화한다. 단백질 키나아제 A와 마찬가지로 이 효소는 여러 다른 상황에서 가능한 표적이 매우 다양하게 되며, 대사 반응과 유전자 발현 변화 모두를 일으킬 수 있다. $IP_3$는 소포체에서 $IP_3$ 수용체(IP3R)에 결합하여 칼슘 이온채널을 열어 세포질로 칼슘 이온이 나오도록 한다. 세포질 내 칼슘 농도는 통상 약 $10^{-7}$ M 정도로 매우 낮게 유지된다. 칼슘 농도 증가는 세포막에 있는 이온채널 개방 또는 $IP_3$ 작용 결과이며, 다시 다양한 표적 분자에 다양한 효과를 나타낼 수 있다.

이온채널 수용체(그림 A.3d)는 다른 유형들만큼 발생 과정에서 뚜렷한 것은 아니지만, 수정에서 중요한 역할을 하며 그 중요성은 과소평가되었을 수 있다. 이들은 Na, K, Cl 또는 Ca 이온의 통과를 허용하는 자극이 오면 열린다.

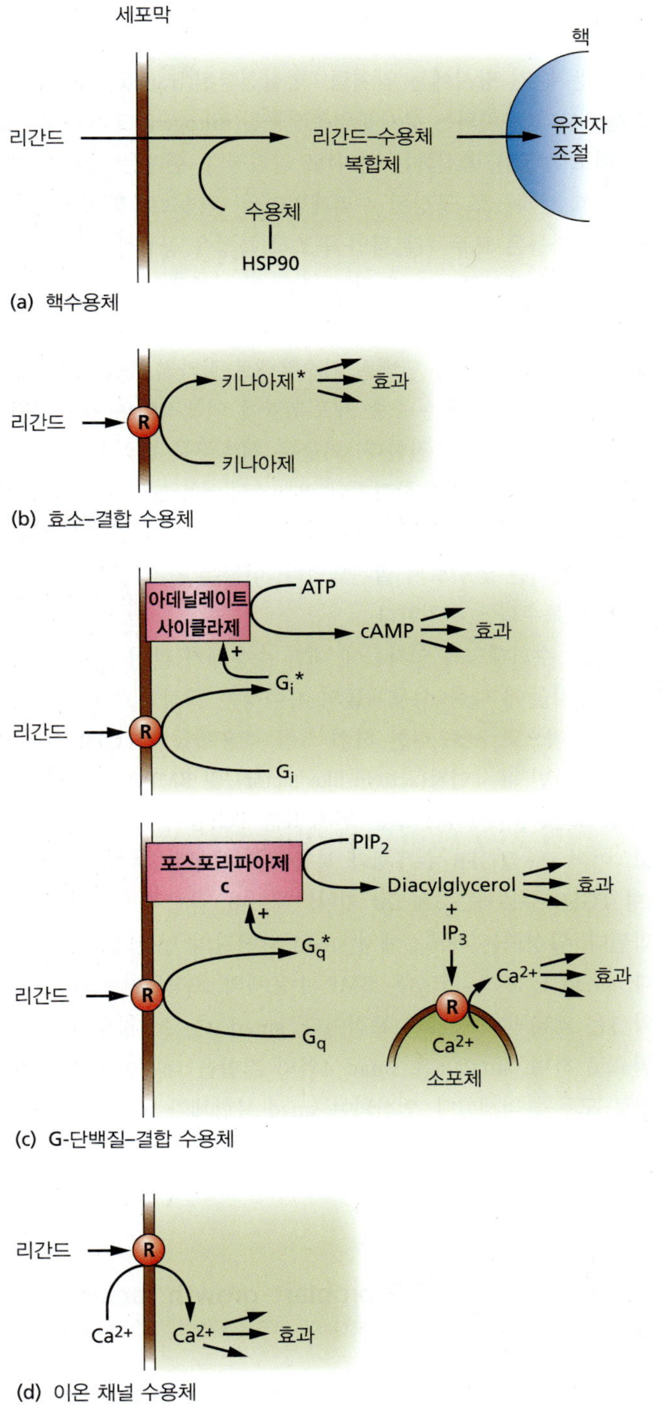


**그림 A.3** 신호전달의 일반적인 방식. (a) 스테로이드가 사용하는 핵수용체 기전. (b) 효소-결합 수용체. (c) G-단백질-결합 수용체. (d) 리간드에 의해 열리는 이온 채널.

## 유도인자 패밀리

다음은 중요한 단백질 유도인자 그룹들이다. 이 인자들 대부분은 척추동물과 무척추동물 모두에 존재하지만, 다른 경로로 의해 발견된 경우 종종 다른 명칭을 가진다. 여기서는 정상 척추동물에서의 명칭이 사용된다. 일반적으로 예쁜꼬마선충이나 초파리와 같은 무척추동물은 특정 인자에 대해 하나의 유전자를 갖고 있는데, 척추동물 종들은 반드시 동일할 필요는 없지만 비슷한 생물학적 활성을 지닌 단백질을 암호화한 무척추동물 것에 상동적인 유전자 패밀리를 가진다. 일반적으로 수용되는 신호전달 기전이 그림 A4에 단순화해서 표시되었는데, 실제 그림은 경로들 간에 많은 상호작용이 있는 훨씬 더 복잡한 것이다.

## Transforming growth factor β (TGFβ) 수퍼패밀리

TGFβ는 발견 당시에는 암처럼 "형질전환된(transformed)" 세포들로부터 분비되는 유사분열촉진물질(mitogen, 조직 배양에서 세포 성장을 촉진하는 인자)로 알려졌다. 현재는 크고 다양한 신호 분자들로 구성된 수퍼패밀리의 원형으로 밝혀졌는데, 소속 분자들은 모두 기본적인 구조적 특성을 공유한다. 성숙한 인자는 이황화결합으로 된 약 25 kDa의 이합체이다. 이들은 길이가 긴 초기 형태로 합성되는데, 생물학적 활성을 갖는 성숙한 형태로 되기 위해서는 단백질 가수분해로 잘라질 필요가 있다.

사실 TGFβ 자체는 종종 세포분열에 억제적이며 세포외기질 물질의 분비를 촉진한다. 이들은 척추동물 배아에서 유도 및 중배엽 패턴형성에 참여한다. Bone morphogenetic proteins (BMPs)는 설치류에서 정상 위치가 아닌 곳에서의 연골과 뼈형성을 촉진하는 인자로써 발견되었다. 이들은 골격 발생과 초기 몸 체제 특수화에 관여한다.

TGFβ 수퍼패밀리 인자들에 대한 수용체가 많이 있다. 서로 다른 인자들에 대한 수용체들의 특이성은 복잡하고 중복되지만, 일반적으로 서로 다른 하위 그룹 수용체들도 TGFβ 그 자체와 액티빈 유사인자(activin-like factor) 및 BMP와 결합할 수 있다. 모든 경우에 리간드는 먼저 II형 TGFβ 수용체에 결합하고, 이어 I형 TGFβ 수용체와 복합체를 형성할 수 있게 된다. I형 TGFβ 수용체는 Ser-Thr 키나아제이며, 삼합체 형태로 활성화된다. 활성화는 세포질에서 smad 단백질의 인산화를 야기한다. smad 1, 5 그리고 8은 BMP 수용체의 표적들이며 smad 2와 3은 액티빈 수용체의 표적이다. smad 4는 두 경로 모두를 필요로 하며, smad 6은 smad 4와의 결합을 대체함으로써 두 경로 모두를 억제한다. 인산화는 smad 복합체가 핵으로 들어가게 하며, 이후 smad가 전사인자로서 기능하여 표적 유전자를 조절한다(그림 A.4a).

## 섬유모세포성장인자(Fibroblast growth factor, FGF) 패밀리

이름에서 알 수 있듯이, 최초에 FGF는 조직배양에서 섬유모세포의 분열촉진제임이 확인되었다. 이들은 많은 중요한 생물학적 활성을 가진 인자들로 큰 패밀리를 형성한다. 이들은 모든 세포 표면에서 발견되는 글리코사미노글리칸(glycosaminoglycan)인 헤파란황산염(heparan sulfate)에 단단히 결합하는 폴리펩티드 단합체이다. FGF는 초기 전-후 패턴, 뇌의 지역화 및 사지 성장의 촉진 등 광범위한 발생학적 기능을 가진다.

FGF 수용체는 티로신 키나아제 그룹에 속한다. 척추동물에는 서로 다른 유전자에 의해 암호화된 네 종류의 수용체가 있으며, 이들 각각은 리간드 특이성을 보일 수 있는 스플라이스 형태(splice form)를 가지고 있다. 특히 R2b 스플라이스 형태는 FGF7과 10에 특이적이며, R2c 스플라이스 형태는 FGF4 및 8에 대해 특이적이다.

FGF와 헤파란황산염 복합체는 수용체에 결합하고 수용체 이합체 형성을 초래한다. 이는 자가인산화 및 ERK (extra-cellular signal regulated kinase) 신호전달 경로의 활성화에 이르게 된다. 이 경로는 일련의 연속적인 과정들을 포함한다. 첫 번째 단계는 GDP 결합단백질인 Ras 활성화인데, 결합된 GTP를 GDP로 교환하는 것에 의한다. 이어서 활성화된 Ras는 Raf 단백질을 활성화하는데, 이는 Raf를 세포막과 연관시킴으로써 일어난다. Raf는 키나아제이며, MEK (mitogen-activated, ERK-activating, kinase)라는 또 다른 키나아제를 인산화하는데, 이는 다시 ERK를 인산화한다. 활성화된 ERK는 핵에 들어가서 다양한 전사인자들을 인산화시킴으로써 활성화시킨다(그림 A.4b). ERK는 MAP 키나아제와 동의어로 사용해 왔지만, 이 용어는 현재 JNK 및 p38 뿐만 아니라 ERK 자체를 포함하는 키나아제 그룹을 지칭한다.

## 인슐린 패밀리

인슐린과 인슐린-유사성장인자(insulin-like growth factor, IGF)는 중요한 성장 조절인자들이다. 이들은 2개의 α와 2개의 β 사슬이 이황화결합에 의해 결합한 사합체인 티로신 키나아제 유형 수용체와 결합한다. 이들 IRS1 (insulin receptor substrate 1)을 포함하는 어댑터 단백질을 인산화하는데, 그 결과 포스파티딜이노시톨 3-키나아제(PI3 kinase)가 활성화된다. 이 효소는 3-포스포이노시티드(3-phosphoinositides) 그룹을 생성하기 위해 세포막에서 다양한 포스파티딜이노시톨 기질들을 인산화한다. 이들은 온전한 인지질로 작용하는데, G 단백질-연관 경로(G-protein-linked pathway)에 참여하는 유리 이노시톨 1,4,5-삼인산과 혼동해서는 안된다. 3-포스포이노시티드는 단백질 키나아제 B (protein kinase B=PKB, Akt라고도 함)와 PDK1을 활성화하는데, 이어서 이들은 단백질 합성과 성장을 가속화하는 영향을 가진 기질을 인산화한다(그림 A.4c).

포스파타아제 PTEN은 PKB를 탈인산화하고 인슐린 신호에는 길항작용을 한다.

## 다른 티로신키나제 관련 인자들

표피성장인자(Epidermal growth factor, EGF)는 원래 갓 태어난 생쥐에서 조기에 치아맹출(tooth eruption)을 일으키는 단백질로 알려졌다. 이는 TGFβ와 동시에 분리되어서 비슷하게 명명

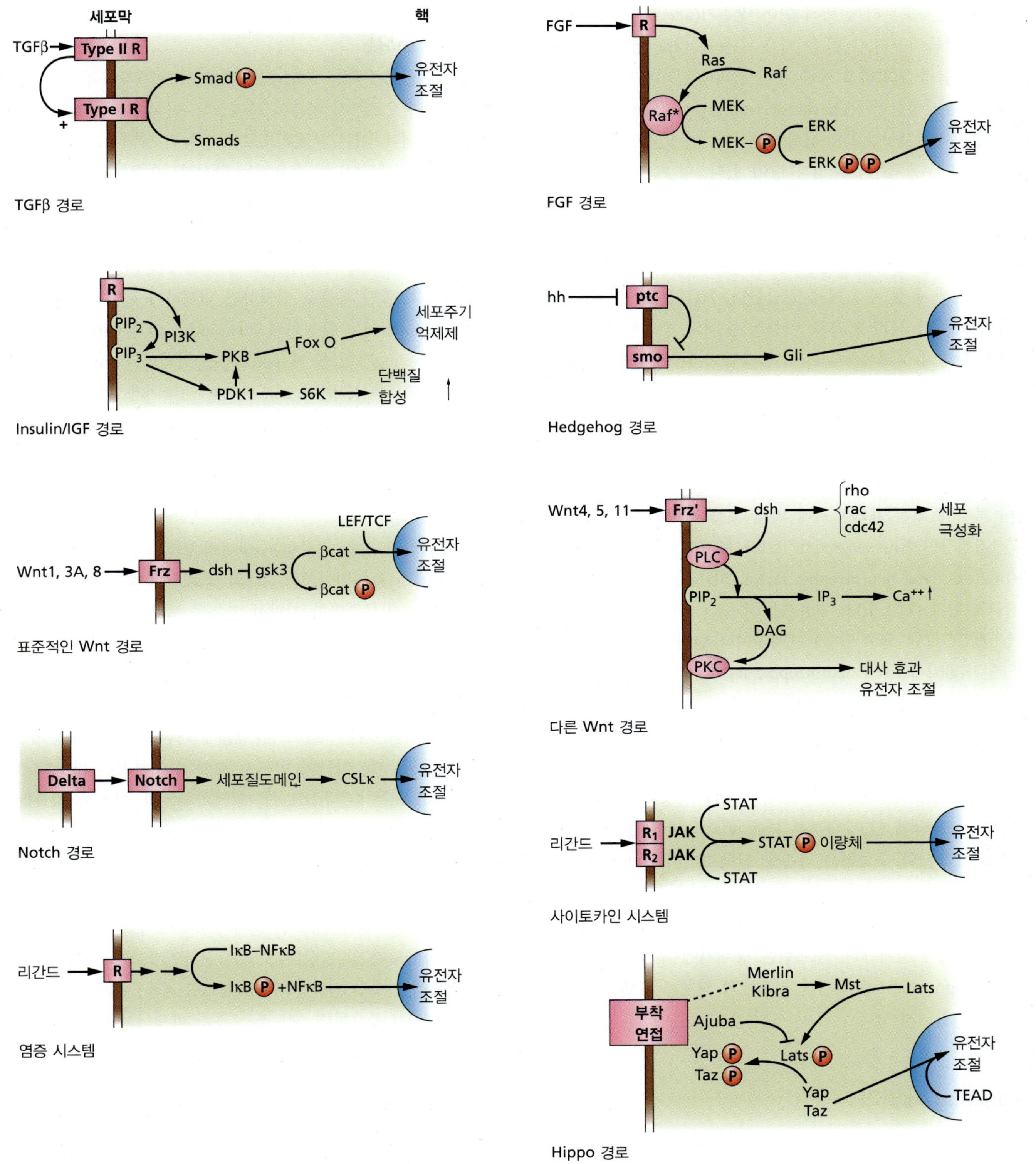


그림 A.4 신호전달의 다양한 특정 경로들.

된 TGFα와 구조적으로 비슷한데, TGFα와 TGFβ는 오히려 생화학적으로 상당한 차이가 있다. EGF/TGFα 인자는 초파리의 모체 단계 형태형성에서 매우 중요하다. FGF 수용체와 마찬가지로, EGF 수용체는 티로신키나아제이며 또한 ERK 경로를 활성화한다.

이와 유사한 인자 그룹이 뉴레귤린(neuregulin)인데, 모두 단일한 유전자로부터 선택적 이어 맞추기(alternative splicing)에 의해 만들어진다. 이들은 다른 수용체 티로신키나아제(예, ErbB2) 그룹과 결합하고 종종 뉴런에 의해 분비된다.

혈소판유래성장인자(Platelet-derived growth facto, PDGF)는 태아 혈청에 있는 주요한 성장인자이다. 이 인자는 A와 B 유형, 그리고 수용체는 α와 β 유형이 있다. 이 시스템을 적중하거나 억제하면 많은 발생과정이 실패한다.

간세포성장인자(hepatocyte growth factor, HGF)는 FGF 및 EGF 그룹과는 상이한 리간드이다. 이는 c-met라는 다른 티로신 키나아제 유형 수용체에 결합한다. HGF는 간 재생, 그리고 근원세포가 사지 싹으로 이동하는 데도 중요하다. 최초에 발견된 활성이 상피세포의 상피-중간엽 전환 이행(epithelial to mesenchymal transition)을 일으키는 것이었기 때문에 분산인자(scatter factor)라고도 한다.

뉴로트로핀(neurotrophin)은 신경계에서 유일하지는 않지만 가장 중요한 인자이다. 이는 신경세포의 생존에 필수적이며, 축삭이 투사해 가는 표적세포에 의해 종종 분비된다. 이 그룹에는 신경성장인자(nerve growth factor, NGF), 뇌유래신경영양인자(brain-derived neurotrophic factor, BDNF), 뉴로트로핀 3과 4 (NT3, 4)가 속해 있다. 수용체는 티로신 키나아제 유형 수용체인 Trk ("트랙"으로 발음) 단백질이라 한다. 신경교유래신경영양인자(glial-derived neurotrophic factor, GDNF)의 수용체는 역시 티로신 키나아제인 ret이다.

에프린(ephrin)은 티로신 키나아제 수용체인 Eph 클래스에 대한 리간드이다. 에프린 A 소그룹은 글리세로포스포이노시톨(glycerophosphoinositol, GPI) 고정에 의해 생성된 세포에 계속 부착된 채로 남아 있고 대부분 Eph A 수용체에 결합한다. 에프린 B 소그룹의 구성원은 막관통 단백질이며, Eph B 수용체에 주로 결합한다. 그러므로 ephrin 시스템은 세포 간에 서로 접촉해야만 작동하고, B-유형 에프린이 관여하는 양방향으로 신호 보내기가 일어난다. 에프린은 낭배기에 후뇌에서의 세분화 구간(segmentation) 확립과 신경계의 지형도 확립에 참여하는 것으로 알려져 있다.

## Hedgehog 패밀리

hedgehog는 초파리에서 유전자 돌연변이가 세분화 구간 형성 방식을 교란하고, 유충을 고슴도치처럼 만들기 때문에 최초 발견시 그렇게 명명되었다. sonic hedgehog는 신경관의 등-배 패턴과 팔다리의 전-후 패턴형성에 매우 중요하다. indian hedgehog는 골격 발생에 중요하다. hedgehog의 전체 폴리펩티드는 자신을 활성 N-말단과 및 비활성 C-말단으로 절단하는 자가프로테아제(auto-protease)이다. N-말단 단편은 통상 지방산 아실 사슬과 콜레스테롤 첨가에 의해 변형되는데, 이들은 전체 활성에 필요하다.

hedgehog 수용체는 patched인데, 역시 초파리의 유전자 돌연변이 표현형으로부터 이름이 붙여졌다. 이 수용체는 G 단백질-연결 그룹이다. 이는 본질적으로 활성화된 상태이고 리간드 결합에 의해 억제된다. 이 수용체는 활성화되었을 때 다른 세포막 단백질인 smoothened의 활성을 억제하는데, 이는 차례로 Gli-유형 전사인자 단백질들이 절단되는 것을 억제한다. 전체 길이 Gli 인자는 핵으로 이동하여 표적 유전자를 켜는 전사 활성인자이지만, C-말단 부분을 제거하면 억제자가 된다. hedgehog가 없을 때, patched는 활성화되고 smoothened과 Gli는 비활성화된다. hedgehog가 있을 때 patched는 억제되고 smoothened과 Gli는 활성화된다(그림 A.4d). 단백질 키나아제 A의 활성화 또한 Gli를 억제하며 따라서 hedgehog 신호전달에 길항적이다.

## Wnt 패밀리

Wnt 패밀리의 최초 구성원은 생쥐의 발암유전자 그리고 초파리의 *wingless* 돌연변이처럼, 2개의 경로를 통해 발견되었다. 이 Wnt 인자는 공유결합한 지방산 그룹을 포함하는 단일 사슬 폴리펩티드인데, 이 그룹은 활성에 필수적이며 물에 대해 불용성이도록 만든다.

Wnt 수용체는 다른 초파리 돌연변이로부터 frizzled라는 이름이 붙여졌다. 다른 리간드 유형들에 대한 몇 가지 수용체 클래스들이 있는데, 이들이 반드시 교차 반응하지는 않는다. 이 Wnt 1, 3A 또는 8은 frizzled를 활성화하는데, 이는 dishevelled라는 다기능 단백질을 통해 글리코겐합성효소 키나아제 3 (glycogen synthase kinase 3, GSK3)의 억제를 야기한다. gsk3가 활성화되면 β-카테닌을 인산화하는데, 이는 세포 부착과 유전자 조절에 모두 관여하는 중요한 분자이다. gsk3가 억제되면 β-카테닌은 인산화되지 않은 상태가 되어 전사인자인 Tcf-1과 결합하고, 이를 핵 안으로 전달할 수 있다(그림 A.4e). 이 경로는 많은 발생 과정에서 중요한데, 제노푸스 초기 발생에서 등-배 패턴 형성과 초파리의 세분화 구간, 그리고 신장 발생이 그 예이다.

Wnts 4, 5, 11 등 다른 Wnt 분자는 2개의 다른 신호전달경로를 활성화하는 별개의 하위 그룹 frizzled에 결합한다. **세포평면극성(planar cell polarity)** 경로에서 dishevelled 단백질의 도메인은 작은 GTPase와 세포골격과 상호작용하여 세포의 극성을 만든다(아래 참고). Wnt-칼슘 경로에서 포스포리파아제 C는 frizzled에 의해 활성화된다. 이는 곧 디아실글리세롤과 이노시톨 1,4,5-삼인산을 생성하는 역할을 하는데, 그 결과 전술한 바와 같이 G 단백질-결합 수용체의 작용 하에서 세포질 칼슘 이온의 상승이 일어난다(그림 A.4f).

## Notch 시스템

Delta-Notch 시스템에서 리간드(Delta, Jagged)와 수용체(notch) 모두 막단백질이다. 따라서 이들의 상호작용은 위의 ephrin-Eph 시스템처럼 세포가 접촉하는 경우에만 일어날 수 있다. Notch에 리간드가 결합하면 세포막 속의 프로테아제인 γ-secretase에 의해 Notch의 세포질 부분의 절단이 일어나고, 이는 전사인자인 CSL-κ (**C**BF1, **Su**CH 그리고 **L**ag1 그룹 = 초파리에서 hairless 억제자)가 세포질로 방출되는 것을 야기한다. CSL-κ는 핵으로 이동하여 표적 유전자를 활성화한다(그림 A.4g). γ-secretase는 뇌에 축적되면 알츠하이머병이 일어나는 펩티드를 생성하는 단백질 분해효소와 동일하다.

Notch가 가진 O-결합 4당류(O-linked tetrasaccharide)는 Notch 특이성에 영향을 끼쳐 Delta에 대한 민감도를 올리고 Jagged (= 초파리의 Serrate) 민감도를 줄인다. 그 조절은 종종 O-연결 푸코스에 GlcNAc를 추가하는 글리코실기 전달효소(glycosyl transferase)인 Fringe의 활성을 통해 일어난다.

Delta-Notch 시스템은 신경 발생, 체절생성(somitogenesis) 및 성충판(imaginal disc) 발생 등 다양한 발생 상황에서 중요하다.

## 사이토카인 시스템

다소 이질적 그룹의 신호전달물질들이 이 시스템을 통해 작동하는데, 예를 들어 일부 고전적인 사이토카인(인터페론), 조혈성장인자(hematopoietic growth factor), 성장호르몬(growth hormone) 그리고 백혈병억제인자(leukemia inhibitory factor, LIF)이다. 동종 이합체 또는 이종 이합체인 수용체는 Janus kinase (JAK)라 불리는 세포내 티로신 키나아제와 결합한다. 리간드가 수용체 분자와 결합하면 JAK이 서로를 인산화하고 활성화하는데, 그러면 수용체와 활성 복합체는 STAT-유형 전사인자들을 인산화할 수 있다. 인산화는 이들이 수용체에서 분리되고 이합체가 되도록 만드는데, 그러면 이들은 핵으로 들어가 표적 유전자를 활성화할 수 있다(그림 A.4h).

## 염증 시스템

인터루킨 1 (interleukin 1, IL1) 및 종양괴사인자(tumor necrosis factor, TNF) 패밀리를 포함하는 염증성 사이토카인에 대한 수용체는 세포질 내에서 IκB 단백질에 의해 일반적으로 불활성형 복합체를 이루는 전사인자 NFκB의 활성화와 결부되어 있다. 리간드가 수용체에 결합하면 수용체는 IκB를 인산화하는 세포질 키나아제를 활성화하며, NFκB가 핵으로 이동하여 표적유전자를 켜도록 복잡체에서 IκB를 분리시킨다(그림. A.4i). IκB는 또한 단백질 키나아제 C에 의해 인산화될 수 있다.

IL1과 TNF는 발생생물학에서 눈에 띄는 분자는 아니지만, 같은 시스템이 초파리의 등-배 패턴형성에서 역할을 하며, 이때 Toll이라는 수용체는 척추동물의 IL1 수용체와 상동이다.

## 축삭 가이드 시스템

축삭 가이드(Axonal guidance)에서 중요한 확산인자에는 뉴트린(netrin)과 세마포린(semaphorin)이 있다. 세마포린에 대한 수용체는 뉴로필린(neuropilin)이라 하며, 뉴트린 수용체는 DCC ("deleted in colon carcinoma")라고 한다. Slit 단백질은 roundabout (robo)-like 수용체에 대한 리간드이다. 이들은 주로 축삭 반발 활성을 나타낸다. 이들의 활성에는 헤파란 황산염(heparan sulfate)이 필요하며, 세포내 효과는 small GTPase를 통해 나타난다(아래 참고).

## 세포골격

세포골격(cytoskeleton)은 4가지 이유로 발생에서 중요하다. 첫째, 난자는 종종 중요한 내부 지역화가 있는데, 예를 들어 특정 mRNA의 국지화이다. 둘째, 세포분열의 방향이 중요할 수 있다. 셋째, 동물세포는 개별세포 또는 이동하는 세포층의 일부로서 많은 움직임이 있다. 마지막으로, 세포의 형태는 그 기능을 수행하는 능력의 필수적인 부분이다. 이러한 모든 활성이 세포골격의 기능이다.

세포골격의 세 가지 주요 구성 요소는 다음과 같다.

1. 액틴(actin)으로 구성된 **미세섬유(microfilaments)**
2. 튜불린(tubulin)으로 구성된 **미세소관(microtubules)**
3. **중간 섬유(intermediate filaments)**
   (a) 상피 세포에서 사이토케라틴(cytokeratin)으로 구성된 중간 섬유
   (b) 중간엽 세포에서 비멘틴(vimentin)으로 구성된 중간 섬유
   (c) 신경세포에서 신경미세섬유(neurofilament) 단백질로 구성된 중간 섬유
   (d) 신경교세포에서 glial fibrilliary acidic protein (GEAP)로 구성된 중간 섬유.

미세소관과 미세섬유는 진핵세포의 보편적인 구성 요소이며, 중간 섬유는 동물에서만 발견된다.

## 미세소관

미세소관(microtubules)은 튜불린으로 이루어지는 직경 25 nm

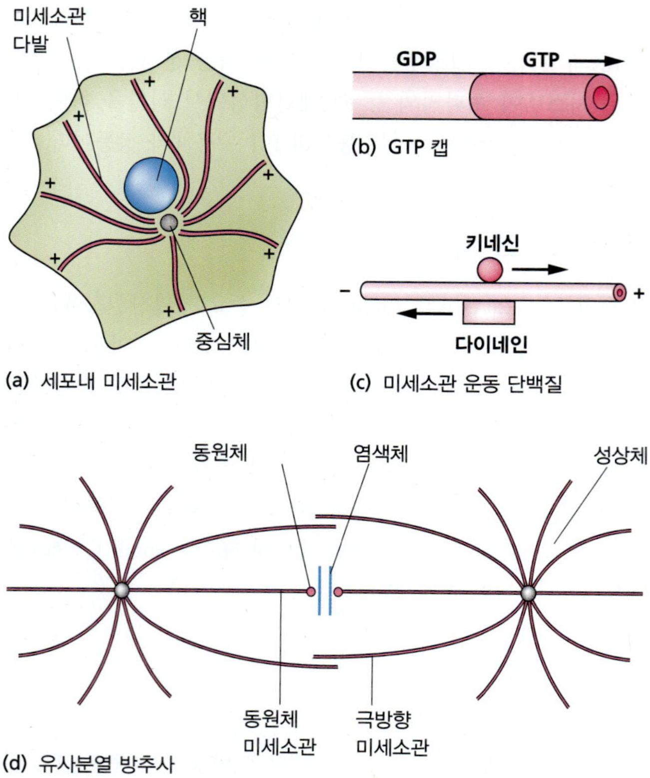


그림 A.5 미세소관. (a) 세포 내의 미세소관 배열. (b) 미세소관 양성 말단 부분의 GTP 캡(모자). (c) 미세소관과 연관된 운동 단백질. (d) 유사분열 방추사에서의 소관 배열.

의 속이 빈 관이다(그림. A.5). 튜불린은 α-와 β-유형 서브유닛의 이합체인 구형(globular) 단백질 패밀리에 대한 일반적인 이름이며, 가장 풍부한 세포질 단백질 중 하나이다. 미세소관은 극성 구조인데, 음성 말단 부분은 중심체에 고정되어있고 자유로운 양성 말단 부분에서는 튜불린 단량체가 추가 또는 제거된다. 미세소관은 수축하지는 않지만, 중합과 탈중합화에 따라 일어나는 길이 변화를 통해 그 효과를 발휘한다. 이들은 매우 동적으로 튜불린 단합체를 첨가하여 성장하거나 상실하여 짧아지는데, 개별 소관은 몇 분에 걸쳐 자라거나 줄어들 수 있다. 단합체는 β-서브유닛에 결합한 GTP를 갖는데, 자라나는 양성 말단에서 GTP는 소관을 안정화한다. 그러나 양성 말단의 성장률이 낮아지면 GTP가 GDP로 가수분해되는 것이 단합체가 추가되는 것을 따라 잡을 것이다. 결합된 GTP에서 GDP로의 전환은 소관의 양성 말단을 불안정화하며, 그러면 탈중합화가 시작된다. 콜히친(colchicine)과 콜세미드(colcemid)는 단합체 튜불린에 결합하여 중합을 방지한다. 이는 유사분열 방추사의 분해를 야기한다. 이 약물들은 세포를 유사분열에서 정지시키며, 세포 동역학 연구에서 자주 사용된다.

세포의 형태와 극성은 세포 피질의 특정 부분에 캡핑(모자) 단백질을 배치함으로써 조절될 수 있는데, 이 단백질은 미세소관 양성 말단 쪽 자유로운 부분에 결합하여 이를 안정시킨다. 세포 내 구조물의 위치는 주로 미세소관에 달려 있다. ATP 가수분해에 의해 힘을 얻어 소관을 따라 이동하는 특별한 **운동단백질(motor protein)**들이 존재하는데, 세포 내의 특정 위치에 다른 분자를 전송할 수 있다. 키네신(kinesin)은 소관의 양성 말단 방향으로 이동하며, 다이네인(dynein)은 음성 말단을 향해 이동한다. 발생의 맥락에서 보면 이들은 난자에서 물질의 국지화에 중요한데, 예를 들어 제노푸스의 dishevelled 단백질과 초파리의 bicoid mRNA의 경우이다.

미세소관은 세포분열 동안 두드러진다. 소관의 마이너스 말단은 중심체에서 기원하는데, 중심체는 새로운 소관 조립을 개시할 수 있는 미세소관-형성중심(microtubule-organizing center)이다. 유사분열 전기에 중심체는 둘로 분열하는데, 미세소관을 방사하는 각 세트를 성상체(aster)라 한다. 이 두 성상체는 유사분열 방추사의 두 극이 되기 위해 핵의 양쪽 끝으로 이동한다. 방추사는 두 유형의 미세소관을 포함한다. 극 미세소관은 중심 근처에서 서로 만나고, 다른 양성 방향 운동단백질에 의해 연결되게 된다. 이들은 떨어져 양 극이 멀어지도록 몰아가는 경향이 있다. 각각의 염색체는 동원체 미세소관이라는 또 다른 미세소관 그룹과 결합하는 동원체(kinetochore)라는 특별한 부위가 있다. 세포분열 말기(anaphase)에 상동염색체의 동원체(kinetochore)가 분리된다. 동원체 미세소관이 양쪽 끝의 튜불린 손실로 단축되고 염색체 세트를 방추사의 반대쪽 극으로 잡아당기는 동안, 극 미세소관은 계속 연장된다.

## 미세섬유

**미세섬유(Microfi laments)**는 대부분의 동물세포 내에 가장 풍부한 단백질인 액틴의 중합체이다(그림 A.6). 척추동물에는 몇 개의 다른 유전자 산물이 있는데, 근육에서는 α 액틴 그리고 비(非)근육세포의 세포골격에서는 β/γ 액틴이 발견된다. 모든 액틴 유형에서 용해성 단합체 유형을 G-액틴이라 한다. 액틴 미세섬유는 불활성 음성 말단과 새로운 단합체가 추가되어 길어지는 양성 말단을 가진다. G-액틴은 ATP를 포함하는데, 이는 섬유에 추가된 후 바로 ADP로 가수분해된다. 미세소관과 함께, 빠르게 성장하는 미세섬유는 양성 말단을 안정화하는 ATP 캡(모자)을 지닌다. 미세섬유가 종종 단조로운 일을 겪는 것(treadmilling)이 발견되는데, 예를 들어 섬유의 전체 길이는 동일한 채로 단합체가 연속적으로 양성 말단 끝에는 추가되고 음성 말단에서는 제거된다. 미세섬유 중합은 사이토칼라신(cytochalasins)이라는 약물에 의해 방지되고, 기존의 섬유는 팔로이딘(phalloidins)이라는 약물에 의해 안정화된다. 미세소관과 마

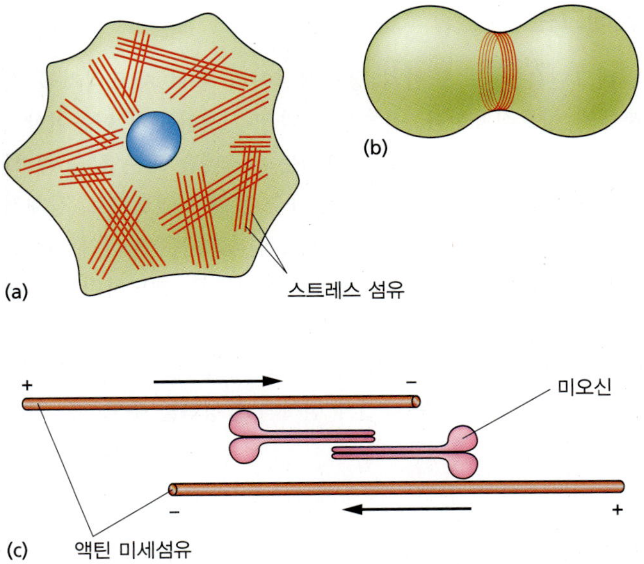


**그림 A.6** 미세섬유. (a) 조직 배양에서 섬유아세포 내의 미세섬유 배열. (b) 분열 중인 세포의 수축링. (c) 미오신에 의한 섬유 다발의 수축.

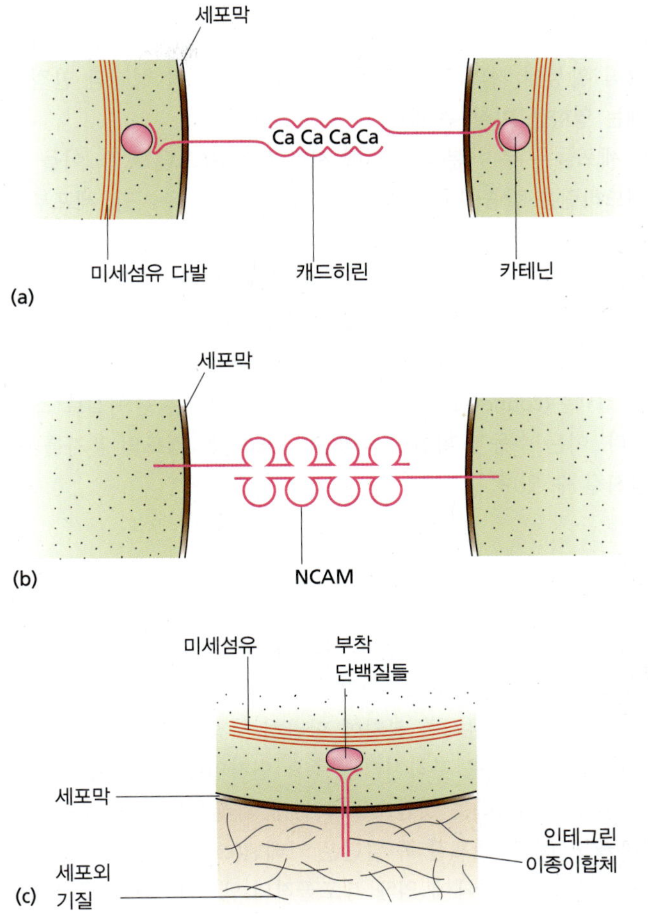


**그림 A.7** 세포부착분자(CAMs). (a) 캐드히린을 통한 칼슘 의존성 부착. (b) CAM을 통한 칼슘 비의존성 부착. (c) 인테그린을 통한 세포외기질 접착.

찬가지로 미세섬유는 섬유를 따라 활발히 이동하는 운동단백질들과 결부된다. 이 중 가장 풍부한 운동단백질은 미세섬유의 양성 말단을 향해 이동하는 미오신 II인데, 이 과정은 ATP의 가수분해에 의해 작동된다. 미세섬유 다발의 수축을 초래하기 위해 미오신 양쪽 말단의 운동 중심과 짧은 양극성 섬유가 모여 조립된다. 인접한 액틴 섬유가 반대 방향으로 배치되면, 미오신의 운동 활성은 서로를 지나는 섬유들을 끌어당겨 섬유 다발의 수축이 일어나게 한다.

미세섬유는 이들과 관련되는 부속 단백질들의 특성에 따라 여러 가지 방법으로 배열될 수 있다. 수축 조립은 역평행(antiparallel) 방향으로 미오신과 관련된 미세섬유가 포함된다. 이들은 세포분열에 관여하는 수축링(contractile ring)에서 발견되며, 자신의 기질을 견인하는 섬유모세포의 스트레스 섬유(stress fiber)에 있다. 평행 다발은 세포로부터의 **사상위족(filopodia)**이나 다른 돌출물에서 발견된다. 짧고 무작위로 지향하는 섬유로 구성된 겔은 세포의 피질 영역에서 발견된다.

## 작은 GTP가수분해효소(GTPase)

세포외 신호(Rho, Rac 그리고 cdc42)에 반응하여 세포 이동을 활성화하는 3개의 GTPase가 있다. 이들은 많은 티로신 키나아제 수용체, G 단백질-연관 수용체, 사이토카인 수용체에 의해 활성화된다. 활성화는 GDP를 GTP로 교체하는 것을 포함하며, 활성화된 분자는 많은 하류 단백질들과 상호작용할 수 있다. Rho 패밀리는 보통 스트레스 섬유 조립체를 활성화한다. Rac은 **접착용 세포족(lamellipodia)**과 주름(ruffle) 형성을 활성화한다. Cdc42는 사상위족의 형성을 활성화한다. 게다가 셋 모두 세포외기질에 대한 연접인 초점접착역(focal adhesion) 형성을 촉진하는데, 이는 인테그린(integrin)을 포함하고 있다. 이 단백질들은 또한 JNK와 P38 MAP 키나아제 경로를 통해 유전자 활성에 영향을 미칠 수 있다.

## 세포부착분자(cell adhesion molecule, CAM)

개체는 단순히 세포로 이루어진 가방이 아니며, 각 조직이 명확한 세포 구성과 미세구조를 가지고 있다. 이것은 세포가 서로 상호작용하도록 하는 세포 표면 분자에 의해 부분적으로, 그리고 **세포외기질(extracellular matrix, ECM)**의 구성 요소들에 의해 부분적으로 결정된다. 세포 표면 또는 모든 세포외기질 단백질은 사실상 당단백질인데, 번역 후 소포체나 골지체에서 또는 세포로부터 분비되기 전에 추가되는 소당류(oligosaccharide)를 포함한다. 이러한 탄수화물 그룹들은 단백질의 생물학적 활성에 거의 영향을 주지 않지만, 물리적 성질과 안정성에는 영향을 미칠 수 있다.

세포들은 부착 분자에 의해 서로 붙는다(그림 A.7). 이들 중 캐드히린은 칼슘이온 존재 하에 세포를 붙여 주지만, 세포부착분자(CAM)는 칼슘을 필요로 하지 않으며, 인테그린은 세포를 세포외기질에 부착시킨다. 세포가 함께 올 때 이들은 종종 접촉 영역에서 **간극연접(gap junction)**을 형성한다. 이는 두 세포의 세포질을 연결하는 작은 구멍으로 구성되어 있다. 구멍 또는 코넥손(connexon)은 코넥신(connexin)이라는 단백질로 조립된다. 이는 수동적 확산에 의해 약 1000달톤 정도의 분자를 통과시킬 수 있다.

## 캐드히린

캐드히린(cadherin)은 단일 막통과 당단백질(single-pass transmembrane glycoproteins) 패밀리에 속하며, 칼슘 존재 하에 다른 세포 표면의 유사한 분자에 단단히 부착할 수 있다. 캐드히린는 배아세포들을 부착시키는 주요 인자인데, 이는 조직이 종종 칼슘을 제거하는 것만으로도 쉽게 해리가 일어나는 원인이다. 캐드히린의 세포질 쪽 말단은 카테닌(catenin)이라는 단백질을 포함하는 복합체에 의해 세포골격의 액틴 다발에 고정된다. 이들 중 β-카테닌은 Wnt 신호 전달경로(위 참고)의 구성 요소이며, 세포신호와 세포 간 결합 사이의 잠재적인 연결고리를 만든다. 캐드히린은 최초 그 분자들이 발견된 조직의 이름으로부터 명명되었으며, 따라서 E-캐드히린은 주로 상피(epithelia)에서 나타나고 N-캐드히린은 신경조직에서 주로 나타난다.

## 면역글로불린(immunoglobulin) 수퍼패밀리

이들은 세포외 지역에 많은 이황화-결합 고리를 가진 단일 막관통 당단백질인데, 이 고리는 항체 분자에 있는 고리와 비슷하다. 이들 또한 다른 세포의 유사한 분자들과 결합하지만, 캐드히린과는 달리 결합을 위해 칼슘이 필요하지는 않다. 신경세포부착분자(neural cell adhesion molecule, NCAM)는 선택적 스플라이싱에 의해 형성된 상이한 단백질들로 이루어진 큰 패밀리를 구성한다. 이들은 신경계에서 가장 흔하지만 다른 곳에서도 나타난다. 이들은 세포외 도메인에 다량의 폴리시알산(polysialic acid)을 포함할 수 있는데, 이 부위는 세포와 세포 사이의 음전하 농도에 의한 반발력 때문에 세포 부착을 억제할 수 있다. 관련 분자들로 L1과 ICAM (intercellular cell adhesion molecule, 세포 간 부착분자)가 있다.

## 인테그린

인테그린은 세포 표면의 당단백질이며 주로 세포외기질 성분들과 상호작용한다. 이들은 α-와 β-서브유닛의 이종이합체(heterodimer)이며, 결합을 위해서는 마그네슘 또는 칼슘 중 하나가 필요하다. 많은 α 및 β 쇄/사슬 유형이 있으므로, 잠재적인 이종이합체의 종류는 매우 많다. 인테그린은 자신의 세포질 도메인에 의해 미세섬유 다발에 부착되므로, 캐드히린처럼 세포 바깥과 세포골격 사이의 연결 수단을 제공한다. 또한 이들은 가끔 신호전달경로 활성화, 그리고 특정 세포외기질 성분들에 노출된 다음 새로운 유전자 전사의 활성화를 주도하는 것으로 여겨진다.

## 세포외기질 성분들

### 글리코사미노글리칸

글리코사미노글리칸(Glycosaminoglycans, GAGs)는 아미노당(amino sugar)의 반복되는 이당류와 우론산(uronic acid)으로 구성된 비분지 다당류(unbranched polysaccharide)인데, 대개 몇몇 설페이트기로 치환되어 있다. GAG는 프로테오글리칸의 구성 성분인데, 분비되기 전에 골지체에서 GAG 사슬이 단백질 중심에 첨가된다. 프로테오글리칸 한 분자는 1개 유형 이상의 GAG 사슬을 가질 수 있다. GAG는 높은 음전하를 갖고 있으며, 소량으로도 다량의 물을 겔에 고정할 수 있다. 다른 이당류 성분을 가진 중요한 GAG로는 헤파란 황산염(heparan sulfate), 콘드로이틴 황산염(chondroitin sulfate), 케라탄 황산염(keratan sulfate)이 있다. 항응고제 헤파린과 밀접하게 관련된 헤파란 황산염은 세포신호에 특히 중요한데, 이는 FGF 같은 다양한 성장인자를 그 수용체에 제시하는 데 필요하다. 히알루론산(hyaluronic acid)은 자유롭게 형성되고 프로테오글리칸의 구성 성분이 아니기 때문에 다른 GAG들과 구별된다. 이는 글루쿠론산과 N-아세틸글루코사민이 반복되는 이당류이며, 황산화되지 않는다. 또 세포 표면의 효소에 의해 합성되며 초기 배아에 풍부하다.

### 콜라겐

콜라겐(Collagen)은 대부분의 동물에서 중량 대비 가장 풍부한 단백질이다. 이 폴리펩타이드의 α-사슬에는 프롤린과 글리신이 풍부하다. 분비되기 전에 α-사슬은 빽빽한 삼중 나선구조를 형성하기 위해 서로 꼬이기 시작한다. 전자현미경으로 보면 세포외기질에서 삼중 나선이 서로 응집하여 콜라겐 섬유를 형성한다. 콜라겐은 여러 종류가 있는데, 삼중 나선에 비슷하거나 상이한 α-사슬로 구성된다. I 유형 콜라겐이 가장 흔하며 세포외 물질 대부분의 주요 구성 성분이다. II 유형 콜라겐은 연골과 척추동물 배아의 척삭에서 발견된다. IV 유형 콜라겐은 기저 상피 조직 아래 기저판(basal lamina)의 주성분이다. 콜라겐 나선들은 리신(lysine) 잔기를 통해 공유결합을 형성하는데, 이는 나이가 들면서 조직의 기계적 특성 변화에 기여한다.

## 엘라스틴

이는 광범위한 분자 간 교차결합을 하는 세포외 단백질이다. 엘라스틴(Elastin)은 세포신호 기능이 일부 있으며, 이것이 풍부한 조직은 탄성을 갖게 된다.

## 피브로넥틴

피브로넥틴(Fibronectin)은 이황화결합이 있는 큰 이합체이다. 이 폴리펩티드는 세포 표면의 콜라겐, 헤파란 황산염, 인테그린의 결합에 필요한 도메인들을 갖고 있다. 피브로넥틴의 세포-결합 도메인은 아미노산 서열 Arg-Gly-Asp (= RGD)의 존재가 특징이다. 선택적 이어 맞추기에 의해 여러 형태의 피브로넥틴이 존재한다.

## 라미닌

라미닌(Laminin)은 특히 기저판에서 발견되는 큰 세포외 당단백질이다. 이는 3개의 이황화결합 폴리펩티드가 십자형으로 연결된 형태로 구성된다. 라미닌은 IV 유형 콜라겐, 헤파란 황산염, 기타 기질 당단백질인 엔택틴(entactin)과 결합하는 도메인을 갖고 있다.

## 추가로 읽을 것


### General

Alberts, B., Johnson, A., Lewis, J., Raff, M., Roberts, K. & Walter, P. (2008) *Molecular Biology of the Cell,* 5th edn. New York : Garland Publishing.

Brown, T.A. (2010) *Gene Cloning and DNA Analysis: an introduction,* 6th edn. Oxford: Wiley-Blackwell.

Lodish, H. et al. (2008) *Molecular Cell Biology,* 6th edn. New York : W.H. Freeman.

Primrose, S.B. and Twyman, R.M. (2006) *Principles of Gene Manipulation,* 7th edn. Oxford: Wiley-Blackwell.

### Gene regulation

Cross, S.H. & Bird, A.P. (1995) CpG islands and genes. *Current Opinion in Genetics and Development* **5**, 309–314.

Gould, A (1997) Functions of mammalian Polycomb group and trithorax group related genes. *Current Opinion in Genetics and Development* **7**, 488–494.

Wolffe, A. (1998) *Chromatin: structure and function,* 3rd edn. San Diego: Academic Press.

Latchman, D.S. (2003) *Eukaryotic Transcription Factors.* New York: Academic Press.

### Signaling

Hancock, J.T. (1997) *Cell Signaling.* Harrow: Longman. Hunter, T. (2000) Signaling–2000 and beyond. *Cell* **100**, 113–127.

Downward, J. (2001) The ins and outs of signaling. *Nature* **411**, 759–762.

Heath, J.K. (2001) *Principles of Cell Proliferation.* Oxford: Blackwell Science.

### Specific signaling pathways

Cadigan, K.M. & Nusse, R. (1997) Wnt signaling: a common theme in animal development. *Genes and Development* **11**, 3286–3305.

Holder, N. & Klein, R. (1999) Eph receptors and ephrins: effectors of morphogenesis. *Development* **126**, 2033–2044.

Szebenyi, G. & Fallon, J.F. (1999) Fibroblast growth factors as multifunctional signaling factors. *International Review of Cytology* **185**, 45–106.

Massagué, J. & Chen, Y.G. (2000) Controlling TGF β signaling. *Genes and Development* **14**, 627–644.

Munn, J.S. & Kopan, R. (2000) Notch signaling: from the outside in. *Developmental Biology* **228**, 151–165.

Ingham, P.W. & McMahon, A.P. (2001) Hedgehog signaling in animal development: paradigms and principles. *Genes and Development* **15**, 3059–3087.

Von Bubnoff, A. & Cho, K.W.Y. (2001) Intracellular BMP signaling regulation in vertebrates: pathway or network? *Developmental Biology* **239**, 1–14.

Tata, J.R. (2002) Signaling through nuclear receptors. *Nature Reviews Molecular Cell Biology* **3**, 702–710.

Halder, G. & Johnson, R.L. (2011) Hippo signaling: growth control and beyond. *Development* **138**, 9–22.

### Cytoskeleton, adhesion molecules, and extracellular matrix

Adams, J.C. & Watt, F.M. (1993) Regulation of development and differentiation by the extracellular-matrix. *Development* **117**, 1183–1198.

Kreis, T. & Vale, R. (1999) *Guidebook to the Cytoskeletal and Motor Proteins,* 2nd edn. Oxford: Oxford University Press.

Kreis, T. & Vale, R. (1999) *Guidebook to the Extracellular Matrix and Adhesion Proteins,* 2nd edn. Oxford: Oxford University Press.

Beckerle, M.C. (2002) *Cell Adhesion.* Oxford: Oxford University Press.

Thiery, J.P. (2003) Cell adhesion in development: a complex signaling network. *Current Opinion in Genetics and Development* **13**, 365–371.

Wheelock, M.J. & Johnson, K.R. (2003) Cadherins as modulators of cellular phenotype. *Annual Reviews of Cell and Developmental Biology* **19**, 207–235.

# 용어풀이

## A

**acini (singular acinus):** 소포, 소엽, 포도상선.

**acrosome:** 첨체.

**adaptive evolution:** 적응진화.

**adipose tissue:** 지방조직.

**adult stem cell = tissue specific stem cell:** 성체줄기세포 = 조직특이 줄기세포.

- 기관(장기)이 성숙한 후에 기관의 조직에서 발견되는 줄기세포. 성체 줄기세포는 보통 특정 기관의 조직을 교체하거나 수리하는 데 관여하고 부분적인 세포 종류만을 형성할 수 있다.

**aggregation chimera:** 응집 키메라.

**AGM region:** 대동맥-생식소-중신 부위.

**agonist:** 작용물질, 작용자.

**allantois:** 요막.

- 배외막의 일종으로 척추동물 중 양막류의 배아에서 발생됨. 조류나 파충류 배아의 경우 호흡을 위한 표면으로 작용하지만 포유류에서는 태반으로부터 혈액을 공급하는 역할을 함.

**allele:** 대립유전자.

- 특정 형질을 결정하는 유전자의 다양한 종류로서 이배체의 생물에서 대립 유전자는 상동염색체의 동일 지역에 위치함.

**allelic series:** 대립유전자 시리즈.

**allograft:** 동종이식.

**allometry:** 상대성장.

- 개체의 여러 부위가 서로 다른 속도로 성장할 때 일어나는 발생적 변화.

**amniocentesis:** 양수검사, 양수천자.

- 임신 4~5개월 무렵에 양수의 시료를 채취하는 의료 행위. 양수에서 추출한 태아 세포는 배양을 한 후에 염색체, 유전자 또는 효소의 이상 유무를 조사한다.

**amnion:** 양막.

- 배외 외배엽과 배외 중배엽으로부터 유래하는 배외막의 한 형태로 조류, 파충류, 그리고 포유류에서 배아를 보호하는 역할을 하며 액체로 채워진 주머니의 형태임.

**amniote:** 양막류

- 배아가 양막을 형성하는 척추동물. 파충류, 조류 그리고 포유류가 여기에 속한다.

**analogy:** 상사(相似)

- 유사성이 공통조상에서 기원하기보다 비슷한 기능의 수행에서 생겨난 구조 또는 그 구성요소.

**anchor cell:** 닻세포

- 예쁜꼬마선충에서 생식소와 음문을 연결하는 세포. 닻세포를 파괴하면 VPC는 음문을 형성하지 못하고 대신에 하피(피부)의 일부가 된다.

**androgenesis:** 웅성 발생.

**animal cap:** 동물극 모자.

- 양서류에서 포배강의 지붕(동물반구).

**animal hemisphere:** 동물반구.

- 양서류 알의 난황을 함유하지 않는 (위쪽) 절반. 배아형성과정에서 동물반구의 세포는 바르게 분열하고 적극적으로 이동한다 (동물화).

**animal model:** 동물 모델.

**animal pole:** 동물극.

**animal-vegetal axis:** 동-식물극 축.

**antagonist:** 길항제.

**anterior midgut:** 전방 중장.

**anterior:** (해부학) 전방(앞쪽).

**anteroposterior:** (해부학) 전후방(앞뒤쪽).

- 머리에서 꼬리쪽(머리와 꼬리가 없는 동물인 경우는 입에서 항문)으로 뻗은 축. 팔다리에서 이 축은 엄지(앞쪽)-새끼(뒤쪽) 손발가락 축을 가리킨다.

**antibody:** 항체.

**antigen:** 항원.

**antimorphic = dominant negative:** 반정상 대립인자 = 우성음성.

**antisense:** 안티센스.

- mRNA와 상보적인 염기서열을 갖는 DNA 가닥.

**anurans:** 무미양서류.

- 개구리와 두꺼비.

**apical ectodermal ridge (AER):** 정단외배엽 융기.

- 닭 혹은 포유류의 배아에서 다리 원기의 정단(말단)에 형성되는 외배엽성 비후 조직.

**apical:** 정단(頂端).

**apoptosis = programmed cell death:** 예정세포사 = 아폽토시스.

- 발생과정 전반에 걸쳐서 나타나는 세포사의 한 형태. '괴사'와는 달리 주변 세포들에 해를 입히지 않으며 DNA가 잘라지고 세포가 퇴화되는 과정을 거쳐 최종적으로는 청소세포들에 의해 제거됨.

**appositional induction:** 병렬 유도; 병치 유도.

**archenteron:** 원장.

- 배발생 시기 중 낭배기에 내배엽과 중배엽의 함입이 일어나는 과정에서 배아의 안쪽 공간은 원장이라고 하며 추후에 장으로 발달하게 됨.

**area opaca:** 암역, 불투명역.

- 닭의 배반엽 외부에 존재하는 희뿌연한 부분.

**area pellucida:** 명역, 투명역.

- 닭의 배반엽 중앙 부분에 위치하는 맑은 부분.

**asexual reproduction:** 무성생식.

**aster:** 성상체.

**astrocyte:** 성상(星狀)세포.

**asymmetrical division:** 비대칭분열.

**atavism:** 격세유전; 환원유전.

**autologous graft:** 자가이식.

**autonomous / cell autonomous:** 자율적/세포 자율적.

- 발생과정에서 주변 세포들과의 상호작용과 같은 세포외적 신호 없이 독립적으로 발생이 진행되는 세포들에 적용되는 용어.

**autopod (= autopodium):** 자각(自脚), 오토포드.

**autoradiography:** 방사능촬영법, 자기방사법.

**autosomes:** 상염색체.

**AVE region (= anterior visceral

endoderm): 전방내장 내배엽.

**axis:** 축.

## B

**β-cells:** β-세포.

**β-galactosidase:** β-갈락토시다제.

**β-geo:** β-지오 단백질.

**balancer chromosome:** 평형기 염색체.

**band shift assay:** 밴드이동분석.

**basal:** 기저(의).

**basement membrane / basal lumina:** 기저막/기저층.
- 세포외기질로 구성된 층으로서 아래쪽 조직과 상피의 경계에 존재함. 피부의 표피의 경우 진피층과 기저막을 통해 구별됨.

**bipolar form:** 양극형.

**birth defects:** 선천성 결함(결손).

**bistable switch:** 쌍안정 스위치.

**bivalent:** 2가(의).

**blastema:** 아체(芽體).
- 양서류의 사지 재생 과정에서 관찰되는 미분화 구조체로서, 상처가 난 표피 바로 아래쪽 세포들의 증식과 탈분화 과정을 통해 형성되며 이를 통해 사지의 재생이 일어남.

**blastocoel:** 포배강.
- 포배기 배아의 내부에 생기는 액체로 채워진 공간.

**blastocyst:** 포배 = 배반포.
- 포배 시기에 해당하는 포유류의 배아로서 자궁벽에 착상함.

**blastoderm:** 배반엽.
- 닭, 제브라피쉬 그리고 초파리의 초기 배아에서 난할 이후 나타나는 세포층으로 닭에서는 이를 배반(blastodisc)이라고도 함.

**blastopore:** 원구.
- 양서류나 성게의 배아에서 나타나는 구멍 모양의 원형 함입부. 낭배과정에서 중배엽과 내배엽 세포들이 안쪽으로 이동하는 입구.

**blastula:** 포배
- 난할에 의해 형성되는 배아로서 작은 세포들로 구성된 상피층이 할강을 둘러싼 구의 형태를 가짐.

**blot:** 블롯.

**body plan (= Bauplan):** 몸 체제.
- 개체의 전반적 구도에 대한 밑그림. 머리와 꼬리의 위치나 좌우 대칭 등의 특징을 포함하며 일반적으로 대부분의 동물은 전-후축과 등-배축의 두 가지 중심축으로 구성됨.

**border cells:** 경계세포, 변연세포.

**brachial plexus:** 상완신경총.

**branchial arches (= pharyngeal arches):** 인두궁 = 아가미궁.
- 척추동물 배아의 목 부위에 위치하는 한시적인 구조로 아가미, 안면골격, 치아 등으로 발생함.

**branching morphogenesis:** 분지적 형태형성
- 혈관 혹은 폐의 기관지 등에서 발생과 성장과정 중 나타나는 방식의 하나로서 상피관의 연속적인 분지를 통해 일어남.

**bromodeoxyuridine (BrdU):** 브로모디옥시유리딘.

## C

**cancer:** 암.

**capacitation:** 수정능획득(수정능력획득).
- 암컷의 생식관 (reproductive tract)에 도달한 이후 일어나는 정자의 기능적 성숙(수정가능 능력 획득).

**carcinoma:** 암종(癌腫).

**cardia bifida:** 심장이분증(心臟二分症).

**carpals:** 완골(腕骨), 팔목뼈.

**cartilage model:** 연골모델.

**caudal:** 미부(尾部).
- 꼬리를 뜻한다.

**cavitation:** 강 형성.
- 영양막세포가 상실배 내부로 액체를 분비하여 포배강을 생성하는 과정. 영양막세포의 막이 중심강으로 나트륨이온을 펌프하고, 이는 삼투적으로 물을 끌어와 포배강을 팽창시킨다.

**CCD (= charge coupled device):** 전하결합소자.

**cell biology:** 세포생물학.

**cell lineage:** 세포계보.
- 미분화된 다능한 줄기세포에서 점진적인 분화 단계를 거쳐 최종 분화된 세포 종류까지 생성되는 일련의 세포 종류.

**cellular blastoderm:** 세포성 배반엽.

**centromere:** 동원체.
- 염색분체가 동원체에 의해 서로 부착된 DNA 부위.

**cerebellum:** 소뇌.

**chalone:** 칼론.

**checkpoint:** 점검점.
- 세포주기에서 이전의 단계가 잘 진행되었는지 확인하고 이후 다음 과정을 수행할 것인지에 대한 여부를 결정하는 단계.

**chemokine:** 케모카인.

**chim(a)era:** 키메라.
- 두 개체에서 유래된 세포들이 섞인 개체.

**chondroblast:** 연골모세포, 연골아세포.

**chondrocyte:** 연골세포.
- 연골을 구성하는 분화된 세포.

**chordate (= chordate):** 척삭동물.
- 생활사의 어느 시기에 척삭과 등쪽 신경끈 또는 신경관을 가지는 동물.

**chorioallantoic membrane:** 장뇨막.
- 닭과 같은 일부 양막류에서 요막의 중배엽층과 장막(난막)의 중배엽이 융합함으로써 형성되는 구조. 많은 관으로 된 이 막은 뼈 형성을 위해 알껍데기에서 배아로 칼슘의 수송을 담당한다.

**chorion:** 융모막, 장막.
- 배아의 최외곽에 존재하는 배외막으로 조류, 파충류, 포유류에서 관찰됨. 호흡과 관련된 기체교환에 관여되어 있으며 조류나 파충류의 경우 난각의 바로 아래 존재함.
- 포유류에서는 태반의 일부로 존재하며 영양물질의 공급과 배설물의 제거 기능을 하며, 곤충은 다른 구조의 난각막을 가짐.

**chromatin:** 염색질.
- 염색체를 구성하는 물질로 DNA와 단백질로 구성되어 있다. 염색질 변형 복합체라 불리는 효소들은 염색질을 변형, DNA의 전사과정에 일차적인 조절자로 역할을 수행함.

**chromobox genes:** 크로모박스 유전자.

**clade:** 분기군, 계통분기.

**cleavage:** 난할.
- 수정 후 일어나는 일련의 빠른 세포분열. 이 과정에서는 세포의 성장이 일어나지 않으며 따라서 하나의 세포는 작은 2개의 세포로 분열됨.

**cloaca:** 총배설강.
- 라틴어로 '하수구'란 뜻. 창자와 콩팥으로부터의 배설물 저장고가 될 배아의 꼬리 끝에 있는 내배엽으로 덮힌 방. 양서류, 파충류 및 조류는 이 기관을 갖고 있고 액체와 고체 배설물을 버리는 데 사용한다. 포유류의 경우 총배설강은 비뇨생식굴과 직장으로 사이막에 의해 나누어진다.

**clonal analysis:** 클론분석.

**clone:** 클론.
- 세포분열로 하나의 세포에서 유래된 유전

적으로 동일한 세포의 집단. 또는 하나의 개체에서 인공복제기술 혹은 무성생식을 통해 얻어진 유전적으로 동일한 자손.

**cloning:** 클로닝, 복제.
- '부모'와 유전적으로 동일한 개체를 체세포의 핵을 미수정란에 이식함으로써 얻어내는 방법.

**clonogenic:** 클론형성성.

**cnidarians (=Cnidaria):** 자포동물.

**coelom:** 체강.
- 몸 내부의 공간이 될 벽쪽 중배엽과 내장쪽 중배엽 사이의 공간. 포유류에서 체강은 가슴막공간(흉강), 심장막공간(위심강) 그리고 복막강(복강)으로 다시 나누어져 각각 가슴(흉부), 심장 그리고 복부를 감싸고 있다.

**combinatorial chemistry:** 조합화학.

**combinatorial:** 조합의.

**commisural neurons:** 교차뉴런, 교차신경세포.

**commitment:** 수임(受任), 분화허락.
- 세포의 생화학 및 기능의 뚜렷한 변화가 아직 일어나지 않았는데도 세포의 발생 운명이 제한되는 상태를 말한다.

**compaction:** 치밀화.
- 생쥐 배아의 초기 난할 과정에서 일어나는 현상. 할구들이 서로 간에 밀착하여 내부적으로는 세포의 형태가 납작해지며, 외형적으로는 세포 간 경계가 불확실하게 되고, 미세섬모가 구형의 세포 바깥으로 향하게 됨.

**compartment:** 구획.
- 세포계보제한 현상을 통해 원세포로부터 유래된 세포들이 구별 가능한 공간. 각 구획 내의 세포들은 다른 인접 구획과 혼합되지 않으며 개별적인 발생의 단위로 역할을 수행함.

**competence:** 수용능, 발생 능력.
- 유도신호에 반응하는 조직의 능력. 배아조직의 경우 특정 신호에 대해 제한된 기간에만 수용능을 가짐.

**complementation test:** 상보성 검사.

**compound microscope:** 복합현미경.

**conceptus:** 수태물, (포유류의) 태아.

**condensation:** 응축/축합.
- 세포들이 서로 뭉쳐 연골과 같은 구조를 형성하는 현상.

**conditional knockout:** 조건부 유전자 적중(녹아웃).

**confocal (scanning) microscope:** 공초점 현미경.

**connective tissue:** 결합조직.

**constitutive:** 상시적, 구성의.

**convergent extension:** 수렴확장.
- 세포들이 일종의 띠를 형성할 때 폭이 넓은 상태에서 폭이 좁은 상태로 바뀌면서 길이가 길어지는 현상. 한쪽 방향으로 확장되고 확장되는 곳과 직각을 이루는 방향으로 좁아지는 세포 형태의 변화로 세포들의 삽입 과정으로 통해 일어남.

**coronal section:** 관상단면.

**corpus luteum:** 황체.

**cortex:** 피질.
- 바깥 구조 (안쪽 구조는 수질).

**cortical granules:** 피질과립.
- 단백질분해효소를 함유하는 알의 피질에 분포하는 막으로 둘러싸인 골지체에서 유래된 구조물. 이는 정자의 첨체구와 유사하다.

**cortical rotation:** 피층회전.
- 양서류의 난자에서 수정 직후 일어나는 현상으로 다수의 액틴이 존재하는 세포질 피층이 밑에 있는 세포질에 대하여 정자 침입점 방향으로 약간 회전하는 현상.

**cranial nerves:** 뇌신경.

**cranial:** 뇌의, 두개(頭蓋)의.

**Cre-lox:** 크레-록스.

**crossing over:** 교차.

**cryostat (= cryotome):** 저온유지장치 = 냉동절편기.

**cumulus:** 뭉친, 구름 모양의 (cumulus cell, 난구세포).

**cystoblast:** 낭모세포, 양막강배질.

**cytoplasmic determinant:** 세포질 결정인자/결정소.
- 발생 과정에 영향을 미치는 물질 (세포질 단백질 포함).

**cytoskeleton:** 세포골격.
- 단백질 섬유, 미세섬유, 미세소관 그리고 중간섬유들의 내부체계로 세포의 형태를 유지하며 세포의 운동성과 물질 수송의 통로 역할을 함.

## D

**dauer larva:** 영속유충.
- 꼬마선충의 유충 형태 중 하나로 먹이가 부족한 조건에서 나타남. 영속유충 상태에서는 먹이가 많은 환경이 되기 전까지 휴면 상태로 발생이 멈춤.

**deciduum:** 탈락막.

**deep cells:** 심층 세포.
- 제브라피쉬 포배에서 배아로 발생하는 EVL과 YVL 사이에 있는 세포 집단.

**definitive endoderm:** 완성내배엽.

**dehydration:** 탈수.

**denticles:** 복모/치상돌기.
- 곤충의 유충 배쪽 표면에 존재하는 작은 돌기.

**derived:** 유래된.

**dermalpapilla:** 진피유두.

**dermomyotome:** 피부근육분절, 피부근절.
- 원체절의 일부로 근육과 진피로 분화될 부분.

**dermatome:** 피부분절.

**dermis:** 진피.
- 피부의 진피는 상피 아래 존재하는 결합조직으로 기저막(층)에 의해 분리됨.

**determinant (=cytoplasmic determinant):** 결정인자/결정소.
- 배아 세포나 난자의 세포질에 존재하는 물질(단백질, RNA)로서 세포분열에 비대칭적 영향을 미쳐 딸세포의 발생을 조절함.

**determination:** 결정.
- 세포 내적 특성이 안정적으로 변하여 그 운명이 고착된 상태를 의미함. 결정화가 완료된 세포의 경우 다른 배아에 이식이 되어도 이미 결정된 대로 발생함.

**Deuterostomia:** 후구동물.

**developmental constraint:** 발생 제한.
- 기존에 존재하는 발생 과정 때문에 새로운 형태로의 진화에 제약이 따르는 현상.

**diaphysis:** 골간(骨幹).

**diencephalon:** 간뇌(間腦).

**differentiation:** 분화.
- 특수하지 않은 세포가 몸을 구성하는 많은 종류의 세포 중 하나로 특수화되는 과정.

**diI, diO:** diI, diO (지용성 형광생체염색 시약).

**diploblasts:** 2배엽성.
- 자포동물문의 히드라나 해파리와 같이 내배엽과 외배엽만 갖는 동물.

**diploid:** 2배체.
- 부모로부터 물려 받은 두 세트의 상동염색체를 갖는 상태.

**dissecting microscope:** 해부현미경.

**distal tip cell:** 원위단부세포, 먼쪽 끝세포
- 꼬마선충에서 생식소의 끝에 위치한 1개의 비분열세포. 이는 가장 가까운 생식세포의 분화를 억제함으로써 이들을 유사분열 상태로 유지한다.

**distal:** 원위부, 먼 부분.
**DNA sequencing:** DNA 염기서열.
**domain swap:** 도메인 교환.
**dominant negative:** 우성음성.
**dominant:** 우성(의).
**dorsal closure:** 등쪽 닫힘.
- 초파리 배아에서 표면의 양쪽이 등쪽 표면으로 모이는 과정.

**dorsal lip:** 원구배순부.
**dorsal root ganglia (DRG):** 배근신경절.
- 신경능선에서 유래하고 척수의 등쪽의 양쪽 측면에 위치하는 감각신경절. DRG의 감각뉴런은 척수의 등쪽 뿔에서 뉴런과 중추적으로 연결된다.

**dorsal:** 등(쪽)의.
**dorsoventral:** 등-배(쪽)의.
**dsRNA:** 이중가닥 RNA.
**ductus arteriosus:** 동맥관.
**dysplasia:** 이형성(異形性), 형성이상.

## E

**Ecdysozoa:** 탈피동물상문.
**echinus rudiment:** 성게원기.
**ectoderm:** 외배엽.
- 그리스어로 *ektos*는 '바깥'이란 뜻. 포유류나 양서류에서 낭배형성 후 배아의 바깥쪽 또는 등쪽에 머무는 세포들. 세 배엽 중에서 외배엽은 신경관과 신경능선에서 신경계를 형성하는 배엽이고 그리고 배아를 덮는 표피를 생성한다.

**ectopic:** 이소성(異巢性)의.
**egg chamber:** 난방.
- 초파리 난자가 발달하는 난소. 15개의 상호연결된 영양세포와 1개의 난자를 갖고 있다.

**egg cylinder:** 난원통.
- 초기 발생 시기의 생쥐의 배아에 형성되는 한시적 원통형 구조체로서 상배엽과 이를 둘러싸는 장측내배엽으로 구성됨.

**egg:** 알, 난자.
**electron microscope:** 전자현미경.
**electroporation:** 전기천공(법).
**embryoid bodies:** 배상체(胚狀體), 배아유사세포덩어리.
**embryonic induction:** 배아유도.
**embryonic shield:** 배순(胚盾).
- 어류 배아의 장래 등쪽면에서 국부적으로 두꺼워짐. 이는 기능적으로 양서류의 등쪽 원구입술과 동등하다.

**embryonic stem cells (= ES cells):** 배아줄기세포.
- 다능성을 보존하는 방식으로 배양된 안쪽 세포덩어리에서 유래된 다능한 줄기세포.

**emission:** 배출, 방출.
**endocardial cushions:** 심장속막 융기, 심장내융기.
- 관을 오른쪽과 왼쪽의 심방심실 통로로 분리하는 심장속막의 구조. 심방심실 판막도 심장속막 세포에서 유래된다.

**endocardium:** 심(장)내막.
- 심장발생 중배엽에서 유래된 심방의 안쪽 층.

**endocrine:** 내분비.
**endoderm:** 내배엽.
- 그리스어로 '내부'란 뜻. 가장 안쪽에 있는 배엽. 이는 호흡관의 상피 나열, 위창자관 및 소화관의 부속 장기(예로 간, 이자)를 형성한다. 양서류 배아에서 식물반구의 난황을 가진 세포가 내배엽이 된다. 포유류와 조류의 경우에 내배엽은 세 배엽 중 가장 등쪽에 있고 난황주머니 상피와 연결된다.

**endothelial cells:** 내피세포.
**enhancer trap:** 인핸서 포획.
**enhancer:** 인핸서.
- 특정 프로모터에서 전사의 효율성과 속도를 조절하는 DNA 서열. 인핸서는 전사인자와 결합하여 (1) 해당 부위에 위치한 뉴클레오솜을 해체하는 효소(히스톤 아세틸효소)를 불러 모으거나 (2)전사개시복합체를 안정화시킴으로써 유전자를 활성화시킨다.

**enterocoely:** 내배엽성 체강형성(腸體腔形成).
**enterocytes:** 장세포.
**enteroendocrine cells:** 장내분비세포.
**enveloping layer (EVL):** 외피층.
**ependyma:** 상의(上衣), 뇌실막.
**epiblast:** 배반엽상층.
- 낭배형성 중인 제브라피쉬 배아에서 외적 중인 배반엽의 두꺼워진 가장자리의 바깥층. 또는 조류와 포유류 배아의 낭배형성에서 두겹 배아판의 위층. 상배엽은 어류의 경우에 외배엽 전구체를 그리고 양막류에서는 실제 배아의 모든 배엽(양막 포함)의 전구체를 갖고 있다.

**epiboly:** 외적.
- 배아의 심층 세포를 감싸기 위해 개별적이 아닌 한 단위로 퍼져 가는 상피 박판(보통 외배엽세포)의 이동. 외적은 세포가 분열함에 따라, 세포의 모양이 변함에 따라 그리고 여러 층의 세포가 더 적은 층으로 끼어듦으로써 일어난다. 종종 이 세 가지 기전 모두가 사용된다.

**epidermis:** 표피.
- 피부의 바깥층.

**epigenetic:** 후성유전학.
- DNA의 뉴클레오타이드 서열의 변화 없이 표현형에 작용하는 유전기전을 연구하는 학문. 특별히 이 변화는 돌연변이처럼 유전자 서열에 작용하기보다 유전자 발현을 변화시킴으로써 작용한다. 후생적 변화는 가끔씩 다음 세대로 전달되고, 이 현상은 후생적 유전으로 간주된다.

**epiphysis (plural epiphyses):** (1) 골단(骨端), (2) 송과선.
**epistasis:** 상위성(上位性).
**epithelium (plural epitherlia):** 상피.
- 적은 세포외기질을 가진 채 박판이나 관을 형성하기 위해 기저막에 함께 묶여 있는 상피세포들.

**epitope:** 항원결정부.
**equivalance group:** (수용능) 동등 그룹.
**erythrocyte:** 적혈구.
- 혈액순환에서 산소를 조직에 운반하는 성숙한 붉은색 혈액세포. 양서류, 어류 및 조류는 기능이 없는 핵을 갖는 반면에, 포유류 적혈구는 핵이 없다.

**ES cells:** 배아줄기세포.
**euchromatin:** 진정염색질.
**excitation:** (형광) 여기(勵起).
**exocrine:** 외분비.
**exogastrula:** 외낭배(外囊胚).
**experimental embryology:** 실험발생학.
**extended germ band:** 확장된 배대(胚帶).
**extracellular matrix (ECM):** 세포외기질.
**extraembryonic:** 배외.

## F

**FACS:** 유세포분석기.
**fasicle:** 근속.
**fate map:** 운명지도.
**fate:** 운명.
- 정상적인 경우 발생이 종료되었을 때 특정 세포로 분화하거나 조직을 형성할 배아세포나 조직의 특성. 배아의 세포를 표지하

는 방법을 통해 발생운명지도(fate map)를 만들 수 있음. 특정 운명을 가지고 있더라도 어떤 환경에서는 원래와는 다른 방향으로 발생이 진행될 수 있음.

**feeder layer:** 영양세포층.

**femur:** 대퇴골(大腿骨).

**fertilized egg:** 수정란.

**fibroblast:** 섬유모세포, 섬유아세포.

**fibroblast growth factors**: FGF. 섬유모세포성장인자.

**fibula:** 비골(腓骨), 종아리뼈.

**filopodium (Plural filopodia):** 사상위족(絲狀僞足).

**fixation:** 고정.

**fixative:** 고정액.

**floor plate:** 바닥판.

- 비신경성 세포들로 구성된 신경관의 작은 지역으로 배쪽 중앙에 위치함. 신경관의 배쪽 패턴형성에 관여함.

**floxed:** Cre-매개 재조합될 loxP 부위를 포함하는.

**FLP system:** FLP 시스템(초파리 유전자재조합 방법).

**fluorescence:** 형광.

**fluorochrome:** 형광염료, 형광색소.

**follicle cells:** 난포세포, 여포세포(갑상선의 경우).

**foramen ovale:** 난원공(卵圓孔).

**forebrain/prosencephalon:** 전뇌.

- 척추동물 배아에서 발생 중인 뇌의 앞부분. 대뇌반구, 시상, 시상하부가 이곳으로부터 유래함.

**foregut:** 전장(前腸).

**forward genetics:** 순방향 유전학.

- 유전학적 연구의 한 유형으로 돌연변이 개체를 표현형으로 확인한 후 유전자 분석을 통해 관련 유전자를 찾아내는 방법.

**foster mother:** 대리모.

**frontal:** 전면, 앞쪽.

**functional genomics:** 기능유전체학.

**functional proteomics:** 기능단백체학.

**fusion protein:** 융합단백질.

## G

**gain of function:** 기능획득.

**gametes:** 배우자.

- 유성생식을 하는 부모가 자손에게 염색체를 전달하는 특수화된 생식세포. 즉, 정자와 난자.

**gametogenesis:** 배우자형성과정.

- 배우자의 생산.

**ganciclovir:** 간시클로비르.

**ganglion (plural ganglia):** 신경절.

**gap genes:** 간극유전자.

- 넓게(보통 체절 3개의 폭), 부분적으로 중첩되어 발현하는 초파리 접합자 유전자. 간극 돌연변이는 몸의 넓은 부위(연속된 몇 개의 체절)가 결여된다.

**gap junctions:** 간극연접.

**gastrula:** 낭배.

- 몸의 기관을 생성하기 위해 상호작용하게 될 세 배엽을 가진 낭배형성기의 배아.

**gastrulation:** 낭배형성.

- 배아의 세 배엽의 형성을 가져오는 배아의 할구들이 서로에 대해 이동하는 것과 관련된 과정.

**gene duplication:** 유전자 중복.

**genetherapy:** 유전자 치료.

**gene trap:** 유전자 올가미법.

**genetic marker:** 유전자 표지, 표지 유전자

**genetic mosaic:** 유전적 모자이크.

**genital ridge:** 생식융기.

- 척추동물의 발생 과정에서 나타나는 복강벽의 중배엽 조직으로서 후에 생식소로 발달함.

**genome:** 유전체.

**genotype:** 유전형.

- 세포 혹은 개체가 지니는 특정 형질에 대한 대립 유전자의 실질적 구성.

**germ cells:** 생식세포.

- 생식 기능을 위해 배아 부분을 형성하는 체세포와 별도로 떼어 놓은 세포 집단. 이들은 배우자 생성의 감수분열을 하는 생식소(정소와 난소)의 세포가 된다.

**germ layers:** 배엽층.

- 척추동물 배아의 낭배형성 과정에서 생성되는 세포층으로 외배엽, 내배엽 및 중배엽을 말한다. 이는 생식세포를 제외한 몸의 모든 조직을 형성한다.

**germ line:** 생식세포계열.

**germ plasm:** 생식질.

- 개구리, 선충류 및 초파리를 비롯한 일부 종의 알에 있는 세포질 결정자(mRNA와 단백질). 이는 초기 생식세포를 자동적으로 예정화한다.

**germ ring:** 배환(胚環).

**germinal vesicle:** 난핵포(난자의 핵막).

**GFP:** 녹색형광단백질.

**gizzard:** 모래주머니.

**glial cells:** 신경교세포.

- 신경상피세포에서 유래되어 중추신경계를 지원하는 세포.

**gnathal segments:** 턱마디.

**goblet cell:** 배상(杯狀)세포.

**gonad:** 생식소.

- 생식세포가 형성되는 동물의 생식기관.

**gradient:** 구배.

**graft:** 이식.

**granulocytes:** 과립구, 과립백혈구.

granulocyte-macrophage colony-stimulating factor, GM-CSF 과립구-대식세포 집락자극인자.

**gyay (=grey) crescent:** 회색신월환.

- 양서류 수정란의 가장자리에서 안쪽 세포질에 대해 피질회전을 한 후에 출현하는 안쪽의 회색세포질 띠.

**green fluorescent protein (GFP):** 초록색 형광단백질.

- 특정 해파리에서 자연적으로 발견되는 단백질. 이 단백질은 자외선을 조사하면 밝은 초록색 빛을 발한다. GFP 단백질은 발생과 다른 연구 목적으로 세포의 형질전환 표지로서 널리 사용된다. 그 이유는 GFP를 발현하는 세포는 밝은 초록색 발광으로 쉽게 확인되기 때문이다.

**growth cone:** 성장원추.

- 신경축삭의 이동성 끝. 신경의 바깥 성장을 이끈다.

**growth factors:** 성장인자.

- 수용체와 결합하여 세포분열을 촉진 또는 지연시키는 신호를 개시하는 분비단백질.

**growth plate:** 성장판.

- 척추동물에서 장골(long bone, 긴뼈)의 성장이 일어나는 부분. 연골이 형성된 이후 성장한 연골이 궁극적으로 뼈로 대체되는 연골내골화 현상이 일어남.

**gynogenetic diploid:** 여성 유전자 배수염색체.

## H

**$^3$H-thymidine (tritiated thymidine):** $^3$H-표지 티미딘

**halteres:** 평형곤(平衡棍).

- 초파리의 세 번째 가슴체절에 있는 한 쌍의 평균체.

**haploid:** 반수체(半數體).

**haploinsufficient:** 반가불충분성(半價不充分性).

**Hayflick limit:** 헤이플릭 분열한계.
**hemangioblast:** 혈관모세포, 혈관아세포.
**hematopoietic (=hemapoietic):** 조혈의.
**Hemimetabola:** 불완전변태류(不完全變態類)
**hemolymph:** 혈림프.
**Hensen's node:** 헨센결절.
- 다른 이름으로 primitive knot (초기 결절)이라고도 한다. 원조의 앞쪽 끝에서 세포들이 국부적으로 두꺼워진 부분. 헨센결절의 중심은 깔때기 모양의 함몰(종종 초기 결절이라 부름)을 갖고 있고, 이곳을 통해 세포들이 배아 속으로 들어가 척삭과 초기 척삭판을 형성한다. 헨센결절은 양서류 원구와 등쪽 입술(스페만의 형성체) 및 어류의 배순과 기능적으로 동등하다.

**hermaphrodite:** 암수한몸, 자웅동체.
- 난소와 정소 조직이 모두 존재하는 개체. 이 개체는 난정소(난소와 정소 조직을 가진 생식소), 또는 한쪽에 난소와 다른 쪽에 정소를 갖고 있다. Gynadromorph (암수모자이크) 참고.

**heterochromatic:** 이질(異質)염색체.
**heterochrony:** 이시성(異時性).
- 그리스어로 '다른 시간'이란 뜻. (1) 동물이 출현의 상대적 시기와 조상에서부터 내재된 형질의 발생 속도를 바꾸는 현상. (2) 자연선택이 가능한 표현형 변이를 생성하는 기전이며, 두 발생과정의 상대적 시기의 이동이다. 한 모듈은 배아의 다른 모듈에 대해 발현의 시기 또는 성장 속도를 바꾼다.

**heterotopic:** 이소성(異所性).
**hindbrain/rhombencephalon:** 후뇌.
- 가장 뒤쪽 뇌 부분으로 소뇌, 뇌교, 연수를 형성하게 될 부분.

**hindgut:** 후장(後腸).
**histological sections:** 조직학적 절편.
**holoblastic:** 완전난할.
- 그리스어로 *holos*는 '완전한'이란 뜻. 개구리와 포유류 배아처럼 전체 알이 더 작은 세포로 나눠는 세포분열(난할)의 유형.

**Holometabola:** 완전변태류(完全變態類).
**homeobox:** 호메오박스.
- 호메오도메인이라는 DNA 결합 부위를 갖는 호메오 유전자에 공통적으로 존재하는 DNA의 지역. 호메오도메인을 갖는 유전자를 일반적으로 호메오박스 유전자라고 하며, 호메오도메인은 Hox 유전자와 Pax 유전자 같이 발생에서 중요한 기능을 하는 많은 수의 전사인자에서 발견됨.

**homeodomain:** 호메오도메인.
**homeotic gene (= selector gene):** 호메오틱 유전자(= 선택유전자).
**homolog:** (1) 상동, (2) 상동염색체.
**homologous:** 상동의.
**homology:** 상동성.
- 공통조상으로부터 유래함으로 인한 형태학적 혹은 구조적 유사성.

**homophilic:** 동종친화성의.
**hopeful monster:** 대돌연변이의 결과로 초래된 (긍정적인) 개체.
**horseradish peroxidase (HRP):** 겨자무과산화효소.
**Hox genes:** Hox 유전자.
- 'homeobox' 유전자의 약어. 특히 전-후 축을 따라 배아의 영역 특이성을 지시하는 것과 관련된 유전자의 대집단. Hox 유전자는 다른 유전자의 발현을 조절하는 전사인자를 암호화한다. 알려진 모든 포유류 유전체는 반수체당 4벌의 Hox 복합체(생쥐의 경우 *Hoxa*에서 *Hoxd*, 사람의 경우 *HOXA*에서 *HOXD*)를 갖고 있고, 이들은 4개의 염색체 상에 위치한다. 포유류 Hox/HOX 유전자는 가장 앞쪽에서 발현되는 각 복합체의 끝에서 시작하는 1번에서 13번까지 번호가 붙여져 있다.

**humerus:** 상완골(上腕骨), 위팔뼈.
**hybridization:** (1) 혼성화, (2) 교잡.
**hybridoma:** 하이브리도마, 혼성세포.
**hydroids:** 히드로이드류.
**hyperdorsalized:** 과배방화(過背方化); 2개 이상의 등쪽이 형성된.
**hypermorph:** 정상상위대립인자(正常上位對立因子).
**hyperplasia:** 과(다)형성.
**hypertrophy:** 비대.
**hypoblast:** 하배엽.
- 낭배형성 과정의 제브라피쉬 배아에서 외적중인 배반엽의 두꺼워진 안쪽 층 또는 조류와 포유류에서 두겹 배아판의 아래쪽 층. 어류의 하배엽은 내배엽과 중배엽의 전구체를 갖고 있다(포유류와 조류는 아님).

**hypodermis:** 피하조직, 예쁜꼬마선충의 융합된 바깥층.
**hypomorph:** 정상하위대립인자(定常下位對立因子).

## I

**imaginal discs:** 성충판.
- 성체 구조를 만들기 위해 별도로 존재하는 상대적으로 미분화된 세포들의 무리. 성충판은 완전변태 곤충에서 날개, 다리, 더듬이, 눈, 머리, 가슴 그리고 생식기를 포함하는 각피구조를 형성한다.

**immunoprecipitation:** 면역침강(반응).
**immunostaining:** 면역염색.
**imprinting:** 각인.
***in situ* hybridization:** 제자리혼성화법.
- 배아 내에서 특정 유전자의 발현 위치, 시기, 정도를 알아보기 위한 실험방법, 표지된 cDNA 혹은 anti-sense RNA를 탐침으로 사용하여 대상으로 하는 유전자의 mRNA와 결합시킴으로써 그 발현을 확인함.

***in vitro* fertilization (IVF):** 체외수정.
**inducible:** 유도될 수 있는.
**inducing factor:** 유도(성)인자.
**induction:** 유도.
- 한 세포 집단이 가까운 범위의 상호작용에 의해 이웃한 세포의 발달에 영향을 주는 과정.

**inner cell mass (ICM):** 내세포덩어리; 안쪽 세포덩어리.
- 포유류에서 궁극적으로 실제 배아와 여기에 결합된 난황주머니, 요막 및 양막으로 발생하는 상실배 또는 포배 내에 있는 내부 세포의 작은 집단.

**insertional mutagenesis:** 삽입 돌연변이 유발.
**instar:** 유충.
- 애벌레가 지속적인 성장과 탈피를 반복하는 경우 각 탈피 사이의 시기에 해당하는 유충을 지칭하는 용어.

**instructive induction:** 지시적 유도.
- 특정 방향으로 발생이 진행되도록 신호를 보내 작용(유도)하는 세포 간 상호작용의 한 유형.

**intercalary regeneration (= intercalation):** 절간재생(節間再生).
**intermediate filaments:** 중간섬유.
- 세포 골격을 구성하는 세 가지 주요 단백질 섬유들 중 하나로 상피와 같은 조직을 강화시켜 주는 역할을 함.

**intermediate mesoderm:** 중간 중배엽.
- 축옆 중배엽에 바로 인접한 중배엽. 이는 부신과 비뇨생식계의 바깥쪽(피질) 부위를 형성한다. 비뇨생식계는 콩팥, 생식소 그리

고 여기에 결합된 아교세포로 구성된다.

**invagination:** 함입.

• 부드러운 고무공을 손가락으로 쑥 밀어 넣는 것처럼 세포층이 안으로 접히는 현상.

**involution:** 회절.

• 확장 중인 바깥층이 남아 있는 바깥쪽 세포의 표면 위로 퍼져 가도록 안쪽으로 말려들어가는 이동.

**isomerism:** (1) 좌우비대칭 상실 (2) 이성질현상(異性質現象).

**isthmus:** 협부.

• 포유류에서 자궁에 인접한 수란관의 좁은 체절.

## K

**Keller explant:** 켈러 이식절편.

**keratinocyte:** 각질세포.

• 서로 단단히 붙어 있고 단백질과 지질로 된 방수 봉입을 생성하는 분화된 표피세포.

**knock-in:** 녹인.

**knock-out:** (유전자) 적중.

**Kollar's sickle:** 켈러 낫.

• primitive streak (원조)를 참조.

## L

**lacZ:** *lacZ* 유전자.

• β-갈락토시다제를 암호화하는 *E.coli* 유전자. 흔히 리포터 유전자로 사용된다.

**lamellipodium (plural lamellipodia):** 접착용 세포족.

**lampbrush chromosome:** 솔염색체.

• 양서류 난자의 감수분열에서 복사기 동안에 상향조절된 RNA 합성을 나타내는 커다란 고리 DNA를 펼치고 있는 염색체.

**lateral inhibition:** 측면억제.

• 주변의 세포들이 유사한 세포로 발생되는 것을 억제하는 현상.

**lateral plate:** 측판, 옆판.

**left-right asymmetry:** 좌-우 비대칭.

**Leydig cells:** 레이디히세포.

• 정소끈을 둘러싸고 있는 간질 간충직세포에서 유래되는 정소세포. 이 세포는 2차 성 결정에 필요한 테스토스테론을 합성하고 성체에서 정자형성 과정을 돕는다.

**lineage label:** 계보 표지.

**lineage:** 계보.

• 특정 세포가 되기 위해 일어나는 세포 분열의 이력.

**locus (plural loci):** 유전자 좌위.

**long terminal repeat (LTR):** 긴말단반복서열, 장형반복말단.

**longitudinal section:** 종단면.

**Lophotrochozoa:** 촉수담륜동물상문.

**loss of function:** 기능상실.

**luciferase:** 루시퍼레이즈, 루시퍼라제.

**lumbosacral plexus:** 요천추신경총.

**lumen:** 내강.

**lymphocytes:** 림프구.

## M

**macroevolution:** 대진화.

**macromeres:** 대할구.

• 비대칭적 난할에 의해 생성되는 큰 세포. 예로 성게 배아의 네 번째 난할에서 식물층이 불균등한 위할을 할 때 생성되는 4개의 커다란 세포.

**macromutation:** 대돌연변이.

**macrophage:** 대식세포.

**mantle layer:** 외투층.

• intermediate zone (중간대)이라고도 함. 초기 신경관 주위에 형성되는 발달 중인 척수와 뇌의 두 번째 층. 이 층은 신경세포체를 갖고 있고 전체적으로 회색을 띠기 때문에 회백질을 형성한다.

**marginal zone:** 주변대.

• (1) 외투층의 뉴런에서 뻗어 나온 축삭으로 이루어진 세포가 거의 없는 부위를 구성하는 발달 중인 척수와 뇌의 세 번째와 바깥층. 아교세포가 수초로 축삭을 덮음에 따라 백색질을 형성하고 그래서 희끄무레한 색깔을 띤다. (2) 양서류에서 낭배형성을 시작하는 동물반구와 식물반구가 만나는 포배의 적도 주변의 부위. (3) 조류와 파충류에서 marginal belt (주변띠)라고도 부르며, 투명 부위와 암역 사이의 세포들의 가느다란 층. 이는 초기 닭 발생 과정에서 세포 운명의 결정에 중요하다.

**marker gene:** 표지 유전자.

**mass spectrometry:** 질량분석법.

**maternal effect:** 모계효과.

**matrix:** (1) 모구(毛球) 증식부, (2) 세포외기질, (3) 기질.

**medial (=median):** 중앙의, 가운데의.

**mediolateral:** 정중측방.

**medusa:** 해파리단계.

**megakaryocytes:** 거핵세포.

**meiosis:** 감수분열.

• 염색체의 수를 반수체로 감소시키기 위해 생식세포에서만 일어나는 독특한 세포 분열. 이들 이외의 모든 세포는 유사분열을 한다. 감수분열의 특징으로는 (1) DNA 합성의 간기 없이 2번의 세포분열을 하고, (2) 상동염색체(동원체에 연결된 두 자매염색체)를 함께 묶어 유전물질을 재조합한다.

**melanocytes:** 멜라닌 세포.

• 멜라닌 색소를 가진 세포. 신경능선세포에서 유래하고 표피의 모든 부위까지 광범위한 이동을 한다.

**membrane bone:** 막골(膜骨).

**meroblastic:** 부분할(의).

**mesenchyme:** 간충직.

• 중배엽에서 기인된 세포들로 구성된 세포 밀도가 상대적으로 낮은 결합조직. 신경제세포와 같이 외배엽에서 유래하는 몇몇 상피조직은 상피-간충직 전환 과정을 통해 간충직 세포가 되기도 함.

**mesoderm induction:** 중배엽 유도.

**mesoderm:** 중배엽.

• 그리스어로 mesos는 '사이'를 뜻한다. 배아의 세 배엽의 중간, 즉 외배엽과 내배엽 사이에 놓여 있는 배엽. 중배엽은 근육, 골격, 결합조직, 생식기관 그리고 콩팥, 혈액과 혈관조직의 대부분으로 발생한다.

**mesometrium:** 자궁간막(子宮間膜), 자궁원인대(子宮圓靭帶).

**mesonephros:** 중신.

• 양막류 배아의 두 번째 콩팥. 신관의 중간 부위에 의해 인접한 간충직에서 유도된다. 중신은 일부 포유류에서 오줌 여과에 잠깐 기능하며, 중신세관은 요도로 정소에서 나오는 정자를 수송하는 관(부정소와 정관)을 형성한다.

**mesothorax:** 가운데 가슴, 중흉(中胸).

**metacarpals:** 중수골(中手骨), 손바닥뼈.

**metamorphosis:** 변태.

• 유생이 성체로 변하는 과정. 나비의 날개, 개구리의 사지와 같은 새로운 기관이 발생되는 등의 혁신적 형태변화가 수반됨.

**metanephros:** 중신(中腎).

**metaplasia:** 화생(化生).

**metastasis (plural metastases):** 전이.

• 다른 조직으로 악성 세포의 침입.

**metatarsals:** 중족골(中足骨), 발허리뼈.

**metathorax:** 후흉(後胸), 뒷가슴.

**microarray:** 마이크로어레이.

**microfilaments:** 미세섬유.

• 세포질분열에 필요한 중합된 액틴의 긴 케이블. 이는 알의 피질에서 수정 과정에서

형성되어 미세융모 형성에 이용된다.

**micromeres:** 소할구.

- 비대칭적 세포분열로 생성되는 작은 세포. 예를 들어 성게 배아의 네 번째 분열에서 식물극층이 불균등한 위할을 할 때 식물극에 형성되는 4개의 작은 세포.

**microtome:** (조직)절편기.

**microtubule organizing center:** 미세소관형성중심.

**microtubules:** 미세소관.

**microvilli:** 미세융모.

- 수정 시 알에 정자의 관입을 돕는 알 표면에 뻗어 있는 작은 돌기.

**midblastula transition (MBT):** 포배 중기로의 이행 = 중기포배이행.

- 배아에서 초기의 빠른 두 단계 유사분열(M기와 S기만 존재)에서 (1) 세포주기의 간극기($G_1$과 $G_2$), (2) 세포분열의 일치성 상실 그리고 (3) 낭배형성과 세포 예정화에 필요한 새로운 (배아)유전자의 전사로 특정지어지는 시기로의 이행.

**midbrain:** 중뇌.

- 척추동물 배아의 뇌 가운데 부분으로 양서류, 조류의 중뇌개(tectum), 또는 이와 유사한 포유류의 조직으로 발달함. 후뇌와의 신호전달을 담당하며 감각 기관의 자극을 수용하는 기관.

**midgut:** 중장(中場).

**mirror-symmetry:** 거울대칭.

**mitotic index:** 분열지수(分裂指數).

**model:** 모델.

**molecular clock:** 분자시계.

**molecular cloning:** 분자클로닝.

**monoclonal:** 단일클론(성), 단클론성.

**monocytes:** 단핵구.

**morphogen:** 형태형성인자.

- 형태형성에 영향을 미치는 모든 물질들의 총칭으로 위치에 따라 농도가 다양하며 세포들 역시 서로 다른 농도의 역치를 가짐.

**morphogenesis:** 형태형성 또는 형태발생.

- 일치된 세포 성장, 세포 이동 및 세포 죽음에 의해 기능적 구조로 몸에 있는 세포의 조직화.

**morpholino:** 모폴리노.

- 단백질 합성의 억제에 이용되는 mRNA에 대한 안티센스 올리고뉴클레오타이드.

**morphology:** 형태.

**morula:** 상실배.

- 라틴어로 뽕나무 열매. 포배기로 진행하는 16-64-세포기의 척추동물 배아. 포유류 포배는 16-세포기에 생성되며 큰 집단의 바깥쪽 세포(영양막세포)로 둘러싸인 작은 집단의 안쪽 세포(내세포 덩어리)로 구성된다.

**mosaic:** 모자이크.

**motor proteins:** 운동단백질.

**MSC:** 간충직줄기세포(Mesenchymal stem cell) 또는 골수줄기세포치료(Marrow stem cell).

**mucosa:** 점막.

**Mullerian duct (= paramesonephric duct):** 뮐러관.

- 수컷과 암컷 포유류에서 배아에사 중신관 측면에 나란히 뻗은 관. 이 관은 수컷 배아에서 퇴화되고 암컷 태아에서 수란관, 자궁경부 및 질의 위쪽 부위를 형성한다. Woffian duct (볼프관) 참고.

**mutagen:** 돌연변이 유발원.

**mutagenesis screens:** 돌연변이 검사.

**mutant:** 돌연변이체.

**mutation:** 돌연변이.

**myeloid cells:** 골수세포.

**myoblast:** 근육모세포.

- 근육 전구체 세포.

**myocardium:** 심장근육층.

- 심장의 근육.

**myoepithelial cell:** 근상피세포.

**myofiber:** 근섬유.

**myogenic:** 근원성의.

**myotube:** 근관(筋管).

## N

**nauplius:** 노플리우스(갑각류 초기유생).

**neoblasts:** 신생아세포(新生芽細胞)

**neocortex:** 신피질, 신피층.

**neomycin:** 네오마이신.

**neoplasm:** 신생세포(新生細胞), 신생물(新生物).

**nephric duct (=Wolffian duct):** 신관.

- Wolffian duct (볼프관) 참고.

**nephrogenic:** 신장조직의, 신장조직을 형성하는, 신장형성의.

**neural crest:** 신경능선.

- 신경관을 표피에 결합시켜 주는 신경판의 측면 가장자리에서 생겨나는 세포들의 일시적인 띠. 이 구조는 신경관형성 과정에서 떨어져 나가 다양한 종류의 세포 종류와 구조를 형성하기 위해 이동하는 신경능선 세포라고 하는 세포 집단을 발생시킨다. 이들 세포는 감각뉴런, 창자 뉴런, 아교세포, 색소세포 그리고 머리의 뼈와 연골이 된다.

**neural plate:** 신경판.

- 신경 외배엽이 되기로 예정된 등쪽 외배엽의 부위. 이 부위의 세포는 원주형 모양을 하고 있다.

**neural stem cell:** 신경줄기세포.

**neural tube:** 신경관.

- 배아에서 중추신경계(뇌와 척수)의 전구체.

**neuroblast:** 신경모세포.

- 신경 전구체 세포.

**neuroenteric canal:** 신경-소화관공.

**neuroepithelium:** 신경상피.

**neurogenesis:** 신경 발생.

**neurospheres:** 신경세포구(球), 신경구.

**neurotrophin or neutrophicfactor:** 뉴로트로핀.

- 뉴런의 유지에 필요한 신경성장인자와 같은 단백질들의 총칭.

**neurula:** 신경배.

- 신경관 형성 시기의 배아(즉, 신경관 형성 동안만).

**neurulation:** 신경관 형성.

- 신경관을 형성하기 위해 신경판이 접히고 머리쪽 및 꼬리쪽 신경 구멍이 닫히는 과정.

**neutral evolution:** 중립진화.

**neutral mutations:** 중립 돌연변이.

**neutralizing antibody:** 중화항체.

**Nieuwkoop center:** 뉴큽 센터.

- 양서류 포배의 가장 등쪽에 있는 식물할구. 뉴큽 센터는 정자 침입으로 시작되는 피질회전의 결과로서 형성되고 배아의 등쪽면에서 중요한 신호전달 중심이다. 주된 기능의 하나는 스페만 형성체를 유도하는 것이다.

**node:** 결절.

- 식물의 경우 줄기의 부분으로 잎과 측면 원기가 형성되는 부분. 조류나 포유류의 배아에서는 양서류의 스페만 형성체와 같은 배아 형성 중추를 의미하며 조류의 헨센결절 역시 같은 의미임.

**nonautonomous:** 비자율적인.

**nonpermissive:** 비허용적인.

**normal development:** 정상 발생.

**Northern blot:** 노던 블롯.

**notochord:** 척삭.
- 배아의 가장 등쪽 부위에 있는 일시적인 중배엽 막대. 이는 신경계의 유도와 형태화에 중요한 역할을 한다.

**nucleic acid hybridization:** 핵산 혼성화법.

**nucleus (plural nuclei):** 핵.
- 뇌에서 특정 기능과 연결을 가진 뉴런의 조직화된 무리. (2) 진핵생물의 염색체를 보관하는 막으로 둘러싸인 소기관.

**nude mouse:** 누드 마우스.

**null:** 기능상실.

**nurse cells:** 영양세포.
- 초파리 난자형성 과정에서 발달 중인 1개의 알로 운반되는 mRNA와 단백질을 합성하는 15개의 상호연결된 세포.

## O

**oligodendrocyte:** 희소돌기아교세포, 희소수지상세포.

**oncogene:** 발암유전자.
- 세포분열을 촉진하고 세포부착을 감소시키며 세포자살을 차단하는 조절유전자. 이 유전자는 암 형성과 전이를 촉진한다. 암은 발암유전자를 활성화시키는 돌연변이 또는 부적절한 메틸화에서 초래된다.

**oocyte:** 난자.
- 수정이 되는 감수분열 단계에 도달하기 이전의 발달 중인 알.

**oogenesis:** 난자형성.
- 암컷에서 난자가 형성되는 현상.

**oogonia:** 난원세포.
- 난모세포 형성을 위해 감수분열을 수행하기 이전 체세포분열로 난소에서 만들어지는 2배체 생식세포.

**optic tecta (singular tectum):** 시개(視蓋).

**optic vesicles:** 눈소포.
- 사이뇌(간뇌)에서 뻗어 나오고 머리 외배엽의 잠재적 눈 형성 능력을 활성화시킨다.

**organ culture:** 기관배양.

**organizer (=signaling center):** 형성체.
- Spemann's organizer (스페만 형성체) 참고.

**organogenesis:** 기관형성.
- 조직과 기관을 만들기 위해 세 배엽의 세포들 사이의 상호작용과 재배열.

**ortholog:** 이종상동성유전자 (異種相同性遺傳子).

**orthotopic graft:** 동소(同所)이식(편).

**osteoblast:** 조골세포(造骨)=골아세포(骨芽).
- 약속된 뼈 전구체 세포.

**osteoclast:** 파골세포.
- 혈관을 통해 뼈로 들어가 재구성하는 동안에 뼈를 파괴하는 혈구계보에서 유래된 다핵세포.

**osteocyte:** 골세포, 뼈세포.
- 무기질화된 뼈기질에 파 묻혀 있는 조골세포에서 유래된 세포.

**otic placodes:** 귀기원판
- 안쪽 귀 미로를 형성하기 위해 함입하는 한 쌍의 표피 두꺼워짐. 귀 미로의 뉴런은 들을 수 있게 하는 속귀신경 신경절을 형성한다.

**oviduct:** 난관.
- 암컷 조류와 포유류의 난소에서 자궁으로 난자가 이동하는 통로.

**ovulation:** 배란.
- 난소의 난포에서 난자의 방출.

## P

**P-element:** P (전이)인자.
- 초파리에서 발견되는 전이가 가능한 DNA의 일부. 짧은 염기서열로 구성되어 있으며 같은 염색체 내의 다른 위치로, 혹은 다른 염색체로 전이가 가능함. 이러한 특성을 이용하여, 형질전환 초파리를 만들기도 함.

**P-grannules (= polar granules):** P과립 = 극과립.
- 꼬마선충에서 생식세포를 예정하는 번역조절인자를 가진 리보핵단백질. 이는 PAR단백질에 의해 분포된다.

**pair-rule genes:** 쌍지배유전자.
- 초파리 배아를 주기적 단위로 나누는 간극유전자 산물이 조절하는 유전자. 이 유전자는 전-후 축을 따라 7개의 세로띠로 된 줄무늬 형태로 발현된다. 쌍지배 돌연변이는 체절을 하나씩 건너뛰어 결여된다.

**Paneth cells:** 파네트 세포.

**parabiosis:** 병체(竝體) 결합, 개체 연결법(個體連結法), 파라비오시스.

**paralog group:** 유사유전자 그룹.

**parasagittal:** 부시상단면.

**parasegments:** 부체절.
- 초파리에서 유충과 성체의 체절로 발달하는 밑그림의 역할을 하는 한시적 배아의 반복 단위.

**paraxial mesoderm:** 측축중배엽.
- 주축 (중앙 축) 옆에 존재하는 중배엽으로 체절을 형성할 부분.

**parietal endoderm:** 체측 내배엽.

**parthenogenesis:** 단위생식.
- 수정 없이 난자가 배아로 발생할 수 있는 생식.

**pentadactyl:** 5지의, 다섯 손가락.

**perdurance:** (유전자활성) 지속기.

**perichondrium:** 연골막(軟骨膜).

**periosteum:** 골막.
- 발달 중인 뼈와 성체 뼈를 덮고 있고 결합조직, 모세혈관 및 뼈 전구체 세포를 포함하고 있는 섬유성 주머니.

**permissive:** 허용적인.

**phalanges:** 지골(指骨), 손가락뼈.

**pharyngeal arches:** 인두궁.
- 기관지궁(bronchial arch)이라고도 부른다. 이들은 축옆 중배엽, 측판 중배엽 및 신경능성세포에서 유래된 간충조직의 막대이다. 이들은 척추동물 배아의 인두 부위(인두 근처)에서 발견되며, 궁은 어류에서 아가미를 형성하고 그리고 다른 척추동물에서 얼굴, 턱, 입 그리고 후두의 많은 골격과 결합조직을 형성한다.

**pharyngeal pouches:** 인두낭.
- 인두의 내부에서 인두 상피는 측면으로 팽창하여 인두궁 사이의 4쌍의 주머니를 형성한다. 이들은 청관, 편도의 벽, 흉선(가슴샘), 부갑상샘 및 갑상샘으로 발생한다.

**phenocopy:** 표현형 모사(模寫).

**phenotype:** 표현형.
- 관찰 혹은 측정된 세포나 개체의 특징 혹은 성격.

**phosphorescence:** 인광(燐光).

**phylogenetic tree:** 계통수.

**phylotypic stage:** 계통형 시기.
- 척추동물의 신경배 또는 인두배처럼 문의 특징을 나타내는 시기. 이는 상대적으로 불변이고 진화를 제약하는 것 같다.

**phylum (plural phyla):** 문(門).

**pial surface:** 연뇌막 표면 * pia = 연뇌막(軟腦膜), 유막(柔膜).

**pigment epithelium:** 색소상피.

**placode:** 기원판.
- 진피 강충직과 외배엽 상피 사이의 유도적 상호작용에 의해 형성되는 털과 같은 피부 부속물의 전구체.

**planar cell polarity:** 평면세포극성.
- 상피성 조직에서 세포의 방향성을 나타내는 구조적 및 분자적 극성. 곤충 날개에서 상피의 날개털은 모두 같은 방향성을 보임.

**planaria:** 플라나리아.

**platyhelminthes:** 편형동물(문).

**ploidy:** (염색체의) 배수성(倍數性).

**pluripotent:** 다능성(多能性)의, 전분화능(全分化能)의.

**polar body:** 극체.

- 발생 중인 난자의 감수분열 과정에서 생성되며, 배 발생에서는 특별한 역할을 하지 않는 작은 세포.

**polar granules (=P-granules):** 극과립.

**polarity:** 극성.

- 세포 구조, 혹은 기관의 한쪽 말단이 다른 쪽과 다른 경우 이를 지칭하는 용어.

**pole cells:** 극세포.

- 초파리의 생식세포가 되는 세포로 배반엽의 뒤쪽에서 생성됨.

**pole plasm:** 극형질(極形質).

**polyclonal:** 다(중)클론성.

**polydactyly:** 다지증.

- 소넝나 발에 추가적인 손가락 혹은 발가락이 형성되는 현상.

**polymerase chain reaction (PCR):** 중합효소 연쇄반응.

**polyp:** 폴립.

**polyploidy:** 다배수체, 다배수성.

**polyspermy:** 다정자수정.

- 1개 이상의 정자가 난자로 들어가는 현상.

**polytene, polyteny:** 다사염색체, 다사성.

**positional cloning:** 위치추적 클로닝.

**positional information:** 위치정보.

- 세포외 신호물질의 농도구배로 형성되는 정보로 패턴형성의 기본적인 정보를 제공함. 이를 통해 세포들은 자신들 고유의 위치값을 갖게 되며 이를 통해 이후의 발생이 유도됨.

**posterior (=caudal) intestinal portal:** 후장문(後腸門).

**posterior midgut:** 후위 중장.

**posterior:** 후위 = 뒤의.

**potency:** 능(能).

**prenatal screening:** 산전 선별검사.

**primary oocyte:** 제1난모세포.

- 난자가 될 생식세포로서 감수분열이 시작됨.

**primitive ectoderm/epiblast:** 시원 외배엽/상배엽.

- 포유류 배반포의 내세포덩어리 일부로서 그 일부가 배아 자체로 발달함.

**primitive endoderm/primary endoderm:** 시원 내배엽/1차 내배엽.

- 포유류 배반포의 내세포덩어리 일부로 배외막 형성에 참여함.

**primitive streak:** 원조/원시선.

- 닭과 생쥐 배아에서 낭배운동이 일어나는 부분이며, 나중에 나타나는 전-후축과 일치함. / 뒤쪽 주변대로부터 시작되는 상배엽상 구조. 상배엽 세포들은 원조를 통해 이입되어 중배엽과 내배엽을 형성함.

**primordial germ cells (PGCs):** 원시생식세포.

- 초기 배아에 존재하는 생식세포의 전구세포.

**probe:** 탐침.

**procephalon:** 전뇌(前腦), 전두(前頭).

**proctod(a)eum:** 원시항문(原始肛門), 항문오목.

**programmed cell death (= apoptosis):** 예정세포사, 프로그램화된 세포사.

- 발생 과정 전반에 걸쳐서 나타나는 세포사의 한 형태. '괴사'와는 달리 주변 세포들에 해를 입히지 않으며 DNA 잘라지고 세포가 퇴화되는 과정을 거쳐 최종적으로는 청소세포들에 의해 제거됨.

**progress zone:** 진행대.

- 닭과 생쥐에서 사지원기의 말단 세포들이 구성하는 부분으로, 시간모델에서 세포들이 위치 값을 획득할 것으로 추정하는 부분.

**promoter:** 프로모터/전사촉진조절 부위.

- 암호화 부위에 인접한 DNA 지역으로 RNA 중합효소가 결합, 유전자의 전사를 시작하는 부분.

**pronephros:** 전신(前腎).

**proneural cluster:** 전신경세포집단, 전신경 클러스터.

- 신경외배엽에 존재하는 작은 세포집단으로 개개의 세포는 신경모세포로 분화됨.

**pronucleus:** 전핵/생식핵.

- 정자와 난자 핵으로부터 수정 직후, 그러나 핵융합 및 세포분열 이전에 잠깐 형성되는 반수체 핵.

**proteomics:** 단백체학.

**prothorax:** 전흉(前胸), 앞가슴.

**protochordate:** 원색동물(原索動物).

**Protostomia:** 전구동물(前口動物).

**proventriculus:** 새의 전위(前胃).

**proximal:** 근위부의.

**pseudoalleles:** 유사대립유전자(類似對立遺傳子).

**pseudocoelom:** 의체강(疑體腔).

**pseudopregnant:** 가(상)임신의.

**pseudotetraploid:** 가상4배체.

**pupa:** 번데기.

## R

**radial cleavage:** 방사형 난할

- 수정란 표면에 직각인 방향으로 일어나는 난할로 할구들이 서로 마주보게 됨.

**radial glia:** 방사상 신경교.

**radius:** 요골(撓骨), 노뼈.

**RCAS virus:** RCAS 바이러스.

**real time PCR:** 실시간 PCR.

**receptor:** 수용체.

**recessive:** 열성의.

**redundancy:** 중복성.

- 정상 발생 과정에서 활성인 유전자가 불활성화되어도 그 영향이 나타나지 않는 경우가 있는데, 불활성화된 유전자의 기능을 대체할 수 있는 다른 경로가 있을 경우 이러한 현상이 일어날 수 있음.

**regeneration:** 재생.

- 완전히 발생된 개체에서 상실된 부분을 복구하는 현상.

**regional specification:** 부위특이적.

**regulative:** 조절(의).

**renewal tissue:** 재생조직.

**reporter gene:** 리포터 유전자.

- 쉽게 관찰되고 해당 세포에서는 보통 만들어지지 않는 산물을 가진 유전자. 리포터 유전자를 관심 있는 유전자의 조절 요소와 결합시켜 배아에 주입한 후에 유전자의 발현을 관찰한다. 조절요소의 서열이 인핸서라면 리포터 유전자는 특정 시기와 장소에 활성일 것이다. 대표적인 예로는 초록색 형광 단백질(GFP)과 β-갈락토시다제(*LacZ*) 유전자가 있다.

**reproductive cloning:** 재생 클로닝, 생식복제

**retinal pigment epitherium:** 망막세포상피.

**retrovirus:** 레트로바이러스.

**reverse genetics:** 역방향유전학.

- 특정 유전자의 염기 서열 혹은 특정 단백질의 아미노산 서열로부터 시작하는 접근방식으로 이를 통해 유전자의 기능을 결정하는 유전학 연구방법.

reverse transcription polymerase chain reaction

**(RT-PCR):** 역전사중합효소연쇄반응

**rhombomeres:** 능형분절

- 닭이나 생쥐 배아의 후뇌에 존재하는 세포 계보들의 제한으로 형성된 구획

**RNA interference (=RNAi):** RNA 간섭

- mRNA를 대상으로 하는 짧은 길이의 상보적 RNA short interfering RNAs(siRNAs)로 인해 mRNA가 파괴됨으로써 유전자의 발현이 억제되는 현상

**RNA polymerase:** RNA 중합효소

**RNAse protection:** RNA 분해효소 보호

**roof plate:** 천장판 = 상개판

- 발생 중인 신경관에 존재하는 비신경세포들로 구성된 부분으로 관의 등쪽 부위 형성에 관여함

**Rosa26:** Rosa26

## S

**S phase:** S기, DNA 합성기

**sagittal:** 시상(矢狀)의

**sarcoma:** 육종(肉腫)

**satellite cells:** 위성세포

- 골격근을 새롭게 형성할 수 있는 미분화 줄기세포

**scaffold:** 지지틀

**schizocoely:** 열체강형성(裂體腔形成)

**Schwann cells:** 슈반세포

**sclerotome:** 골분절 = 뼈분절

- 체절의 한 부분으로 척추의 연골로 발달할 부분

**secondary oocyte:** 제2난모세포

- 제1감수분열 후의 2배체 난자. 이는 제1극체를 갖고 있다.

**sections:** 절편들.

**segment polarity genes:** 체절극성유전자.

**segmental plate:** 체절판.

- 닭 배아에서 축옆 중배엽의 띠.

**segmentation:** 체절형성.

- 개체의 몸이 전-후 축을 따라 유사한 형태적 단위 혹은 체절로 나뉘는 현상.

**selector gene:** 선택유전자.

- 초파리에서 세포군의 발생 특성을 결정하고 그 특성을 유지하기 위해 지속적으로 발현이 되어야 하는 유전자 그룹.

**septum intermedium:** 중간 중격, 가운데 사이막.

**septum transversum:** 횡중격, 가로사이막.

**Sertoli cells:** 서톨리세포.

- 정소의 세정관에 있는 거대한 분비성 지지세포로서, 그 역할은 발생 중인 정자세포에 영양을 공급하고 유지하는 것이며 정자형성 과정에 관여한다. 서톨리세포는 태아에서 AMF를 분비하고 유입되는 생식세포의 삶터를 제공한다. 이들 세포는 생식융기 상피에서 기원하는 체세포에서 유래한다.

**sex determination:** 성결정.

- 성별을 특성화하는 유전적, 발생적 과정. 성염색체라고 부르는 특수한 염색체를 통해 결정됨.

**sex linked:** 성염색체 연관, 반성(伴性).

**signal transduction pathways:** 신호전달경로.

**signaling center (=organizer):** 신호센터.

- 주변 세포들에 특별한 영향을 미침으로써 발생을 유도하는 지역.

**sink:** (유도인자) 제거 부위.

**situs inversus:** 역위(逆位), 내장역위증.

- 내장기관이 거울상으로 대칭인 상태의 비정상적 현상.

**situs solitus:** 정위(正位).

**somatic cells:** 체세포.

- 생식세포를 제외하고 몸을 구성하는 모든 세포로서 대부분의 동물에서 2배체임.

**somatic mesoderm:** 체측 중배엽.

**somatic:** 체성(體性)의.

**Somatopleure:** 체측판(體側板).

**Somites:** 체절.

- 척삭(축 중배엽)에 인접한 축옆 중배엽에서 형성되는 중배엽의 조각 덩어리 또는 공 모양의 구조. 이는 분화하여 먼저 골분절과 진피근육분절을 형성한다. 진피근육분절은 계속 분화하여 진피분절과 근육분절을 형성한다. 체절은 축 골격(척추뼈, 갈비뼈), 모든 골격근 그리고 등쪽 진피, 인대, 관절 및 등대동맥세포를 형성한다.

**source:** (유도인자) 생산 원천.

**Southern blot:** 서던블롯.

**Specification:** 특정화.

- 세포를 분리하여 배양해도 원래의 운명과 같은 운명으로 분화할 수 있는 특성을 세포가 획득하는 것.

**Spemann's organizer:** 스페만의 형성체.

- 최근에는 스페만-맨골드 형성체라고 부름. 양서류에서 원구의 등쪽 입술과 그 파생조직(척삭과 머리 내중배엽). 기능적으로 닭의 헨센결절, 포유류의 결절 그리고 어류의 배순과 동등하다. 형성체 작용은 초기 배아의 기본 체형을 확립하는 것이다.

**Spermatogonia:** 정원(精原)세포.

- $2n$ 상태의 수컷 생식세포이며, 줄기세포로 기능한다.

**Spinal nerves:** 척수신경.

**Spiral cleavage:** 나선형 난할.

- 연체동물과 환형동물에서 일어나는 난할의 한 종류로 할구들이 나선형으로 배열됨.

**Splanchnic mesoderm:** 장측 중배엽.

- 내배엽에서 가장 가까운 측판 중배엽에서 유래되고 배아 내 체강에 의해 측판 중배엽의 구성요소(몸쪽, 외배엽 근처, 등쪽)와 분리된다. 이는 바로 아래의 내배엽과 함께 내장쪽 장막을 형성한다. 이는 심장, 모세혈관, 생식소, 내장 중피세포 그리고 기관, 장간막 및 혈관을 덮는 장막을 형성하게 된다.

**Splanchnopleure:** 장측판(臟側板).

**squamous:** 편평.

**Stage series:** 연속 단계.

**stem cell niche:** 줄기세포 삶터.

- 세포가 머무는 동안 미분화된 상태를 유지에 필요한 세포외기질의 환경과 국소분비인자를 제공해 주는 환경. 이곳은 줄기세포의 증식과 분화를 조절한다.

**stem cell:** 줄기세포.

- 배아, 태아 또는 성체의 상대적으로 미분화된 세포, 이는 분열하여 미분화된 특징과 줄기세포의 삶터에 머무는 세포 하나와 삶터를 떠나 분화의 경로에 들어가는 두 번째 세포를 생성한다.

**superficial cleavage:** 표할.

- 중심황란 접합자의 난할. 곤충에서 보듯이 이 난할은 중심에 분포한 많은 양의 난황 때문에 세포의 가장자리 주위로 세포질의 테두리에서만 일어난다.

**symmetry breaking:** 대칭 파괴.

- 동질 세포의 다특성화.

**syncytium:** 합포체, 다핵체.

- 공통 세포질에 존재하는 많은 핵들. 이는 세포질 분열 없는 핵분열 또는 세포 융합의 결과이다.

## T

**tailbud:** 꼬리싹, 꼬리원기.

- 배아에서 뒤쪽 끝의 줄기세포를 포함하는 구조로 나중에 꼬리가 될 부분.

**Tarsals:** 족근골(足根骨), 발목뼈.

**taxon (plural taxa):** 분류군.

**taxonomy:** 분류학.

**telencephalon:** 단뇌(端腦), 끝뇌.

- 앞뇌의 앞쪽 소구획. 이는 최종적으로 대뇌반구를 형성한다.

**telomerase:** 말단소체복원효소 = 텔로머라제.

**telomeres:** 말단소체

- 염색체의 끝에 있는 반복되는 DNA 서열

**telson:** 꼬리마디.

**temperature sensitive (ts):** 온도민감성.

**teratocarcinoma:** 기형암종.

- 악성 초기생식세포에서 유래된 종양. 이는 안쪽 세포덩어리와 유사한 생화학적 및 발생학적 특징을 보여주는 미분화된 줄기세포 집단(배아암종, 즉 EC세포)를 갖고 있다. EC 세포는 창자, 호흡상피, 근육, 신경, 연골 및 뼈를 비롯한 다양한 조직으로 분화한다.

**teratogenic:** 기형발생성.

**teratology:** 기형학.

**terminal system:** 말단(활성) 시스템.

**tet-off:** 테트라싸이클린-억제.

**tet-on:** 테트라싸이클린-작동.

**tetraploid:** 4배체.

- 4개의 염색체 세트를 갖는 세포.

**tetrapods:** 사지동물.

**thecal cells:** 난포막세포.

- 난소의 간충직에서 분화된 난포를 둘러싸고 있는 세포로 난소 스테로이드를 분비한다.

**therapeutic targets:** 치료용 표적.

**threshold response:** 임계치 반응.

**tibia:** 경골(脛骨), 정강이뼈.

**tight junctions:** 밀착연접.

- 세포연접의 한 형태로 상피세포의 경우 매우 강하게 접합되어 상피를 구성하며, 내외 환경을 차단함.

**tissue culture:** 조직배양.

**tissue engineering:** 조직공학.

- 지지대가 세포외기질 또는 세포를 제거한 세포외기질을 닮은 물질로부터 생성되어 줄기세포를 심은 후에 기관의 일부 또는 전부를 교체하는 재생의학의 방법.

**tissue specific stem cell (= adult stem cell):** 조직특이적 줄기세포 = 성체줄기세포.

**topographic:** 구조지형도의, 조직구형도의.

**totipotent:** 전능한.

- 라틴어로 '모든 것을 할 수 있는'이란 뜻. 영양막세포와 안쪽 세포덩어리를 형성할 수 있는 포유류 초기 할구(8-세포기 이전)의 발생 능력을 말한다. Pluripotent (다능한) 참고.

**tracheae:** 기관(氣管).

**transcription factor:** 전사인자.

- 유전자 발현을 바꾸기 위해 인핸서 DNA에 결합하는 단백질.

**transdetermination:** 결정전환, 세포운명전환

- 분화된 세포가 다시 다른 형태의 세포로 분화되는 현상. 예를 들어 색소세포가 렌즈세포가 되는 것.

**transdifferentiation:** 전환분화.

- 하나의 분화된 세포 종류에서 다른 종류로 직접 형질전환하는 것으로, 특정 전사인자의 작용이 요구된다.

**transfilter:** 여과막 통과.

**transgene:** 형질전환 유전자.

- 실험적 조작으로 세포의 유전체에 도입된 외부 DNA 또는 유전자.

**transgenesis:** 형질전환, 유전자 변형.

**transit amplifying cells:** 전이-증폭 세포.

- 대장의 상피나 피부와 같이 끊임 없이 새롭게 만들어지는 조직에서 줄기세포로부터 빠르게 분열되어 특정 세포나 조직으로 분화되는 세포.

**transplantation:** 이식.

**transposable element or transposon:** 전이인자 또는 트랜스포존.

**transverse section:** 횡단면 = 가로단면.

**triploblasts:** 3배엽체.

- 내배엽, 중배엽, 외배엽의 세 가지 배엽을 갖는 동물.

**triploid:** 3배(수)체.

**trochophore:** 트로코포아 (연체·환형동물 중 해수 생물의 유충).

**trophectoderm:** 영양외배엽.

- 초기 포유류 배반포의 외곽층으로 태반과 같은 배외구조를 형성함.

**trophoblast:** 영양막(세포).

- 자궁에 붙는 포유류 초기 배아(포배)의 바깥쪽 세포. 영양막세포는 태반의 배아쪽 부분인 융모막을 형성한다. 다른 이름으로 영양외배엽(trophectoderm)이라고 부른다.

**truncoconal swellings:** 트룬코코날 팽창 = 몸통쪽-원뿔모양 팽윤.

- 심장 유출로의 안쪽 방향 성장.

**ts = temperature sensitive:** 온도민감성의.

**tumor suppressor gene:** 종양억제유전자.

- 세포분열을 억제하고 세포들 사이의 부착을 증가시키는 조절유전자. 이 유전자는 빠르게 분열하는 세포의 세포자살을 유도한다. 암은 종양억제유전자를 불활성화시키는 돌연변이나 메틸화에서 초래된다.

**turning:** 선회.

## U

**ulna:** 척골(尺骨).

**umbilical tube:** 제대(臍帶), 탯줄).

**unfertilized egg:** 미수정란.

**ureteric bud:** 요관싹.

- 한 쌍의 신관에서 분지되는 중신발생 간충직이 유도하는 짝으로 된 상피성 가지. 요관싹은 집합관, 콩팥깔때기(신우) 그리고 방광으로 오줌을 운반하는 요관을 형성한다.

**urodeles:** 유미류.

- 도롱뇽류. 꼬리가 있는 양서류.

## V

**vasculogenesis:** 혈관형성.

- (예) 측판 중배엽에서 일어나는 혈관의 새로운 생성.

**vegetal hemisphere:** 식물반구.

**veliger:** 벨리저 유생(두족류를 제외한 연체동물의 유생형).

**ventral furrow:** 배쪽 홈.

**ventral:** 배쪽의, 복부의.

**ventricular septum:** 심실중격.

**ventricular zone:** 뇌실대.

- 발달 중인 척수와 뇌수질의 안쪽 층. 뇌실대는 초기 신경관의 배엽성 신경상피에서 형성된 후 궁극적으로 뇌실막을 형성한다.

**visceral endoderm:** 장측 내배엽.

- 내배엽 원기로부터 유래하며 포유류 포배에서 난원통(egg cylinder)의 표면이 될 부분.

**vital dye (=vital stain):** 생체염료.

- 살아 있는 세포의 염색에 사용하는 염료. 생체염료는 배아에 투여한 후 발생 동안에 세포의 이동을 추적하고 배아에서 특정 부위의 지도를 작성하는 데 이용된다.

**vitelline membrane:** 난막 = 난황막.

- 난자를 둘러싼 비세포성 난외막으로 성게에서는 수정후 수정막으로 바뀜.

**vitellointerestinal duct:** 난황-장 관.

**viviparous:** 태생(胎生)의.

## W

**Western blot:** 웨스턴블롯.

**wholemount:** 전표본(全標本).

**wild type:** 야생형.

**Wolffian duct:** 볼프관.

• 다른 이름으로 신관(nephric duct)이라고 부른다. 전신관의 꼬리쪽 부위에 유래된다. 포유류에서 볼프관은 발생 내내 배설계의 중심 요소이다. 이 관은 암컷에서는 퇴화되고 수컷에서는 부정소와 정관이 된다.

## X

**X-chromosome:** X-염색체.

**X-inactivation:** X 염색체 불활성화.

## Y

**yolk:** 난황.

**yolk sac:** 난황막.

• 난황을 감싸기 위해 성장하는 내장쪽 장막에서 형성되는 최초의 배외막. 난황주머니는 발달 중인 조류와 파충류에 영양소를 매개한다. 이는 난황관에 의해 중간 창자에 연결되고 그래서 난황주머니와 소화관의 벽은 연결되어 있다.

**yolk syncytial layer (YSL):** 난황합포층 =난황다핵층.

• 제프라피쉬 배아에서 9번째 또는 10번째 난할에서 배반엽의 식물쪽 가장자리에 있는 세포가 배반엽 바로 아래에 자리잡은 난황세포의 일부에서 핵의 영양원을 생성하는 난황세포와 융합할 때 형성되는 세포집단. YSL은 낭배형성에서 몇 가지 세포 이동을 유도하는 데 중요하다.

## Z

**zona pellucida:** 투명대.

• 포유류에서 성장 중인 난자가 합성하고 분비하는 알 주위의 당단백질 피복(세포외기질).

**zone of polarizing activity (ZPA):** 극성화 활성대.

• 국소분비인자인 Shh의 작용으로 발생 중인 팔다리의 전-후 축을 예정하는 사지싹의 뒤쪽 부위와 체벽 근처에 있는 중배엽 조직의 작은 덩어리.

**zootype:** 동물형.

• *Hox* 등의 유전자들이 모든 동물에서 전-후 축을 따라 발현되는 특성.

**zygote:** 접합자.

• 반수체인 수컷 전핵과 암컷 전핵의 융합으로 2배체 염색체 전부를 가진 접합자 핵을 포함하는 수정란.

**zygotic:** 접합자의.

# 찾아보기

## 숫자


1차 난모세포 11, 275
2가 염색체 80
2차 난모세포 11
$^3$HTdR 339
$^3$H-thymidine 339
4배체 40, 161, 431
9-*cis* 이성질체 400


## A


*a4* 431
*abdA* 436, 439
*AbdB* 439
*abdomenal-A* 195
*Abdomenal-B* 195
*acerebellar* 119, 237
*Acheta* 78
acini 310
acinus 310, 335
acrosome 141
acrosome reaction 143
*Actb* 160
*ACTIVINβB* 133
*Acvr2a* 154
*Acvr2b* 154
adaptive evolution 422
*adenomatous polyposis coli* 345, 382
adipose tissue 336
*admp* 발현 도메인 100
AER 279, 281
*ag1* 102
*age1/daf23* 374
aggregation chimera 224, 348
AGM 289
*alkaline phosphatase* 400
allantois 128, 134, 136, 148, 299
alleles 28
allogeneic graft 403
allograft 403, 415
allometry 363, 440
all-*trans* 형 400
*Amh* 277
amniocentesis test 4
amnion 128, 148
amniotes 76
amniotic cavity 158
anagen 350
analogy 424, 432
anchor cell 211
angiogenesis 290, 338, 381
animal 16
animal cap 90
animal hemisphere 13, 81
animal models 4
animal–vegetal polarity 81
*Antennapedia* 180, 195
anterior 16, 43
anterior intestinal portal 299
anterior midgut 175
anterior-posterior 16, 19
anteroposterior 8
anteroposterior axis 85, 182, 280
antibody 61
Antigen 63
antimorphic 180
antisense 39
*Antp* 196, 197
anuran 392
aorta-gonad-mesonephros 289
*Ap2* 282
*APC* 382
apical 244
apical ectodermal ridge 279, 281
apoptosis 26
appositional induction 49, 97
*apterous* 282, 324, 326, 441
*apx-1* 207
*apx-1*$^-$ 207
*apx-1*$^-$ 배아 208
archenteron 84, 126
area opaca 123, 127
area pellucida 123
*armadillo* 194
*Arx* 313
aster 145
astrocytes 232
asymmetric division 25
atavism 439
*attB* 178
*attP* 178
autograft 404
autologous graft 404
autonomous 33
autonomy 319
autopod 280
autopodium 440
autoradiography 339
autosome 30
AVE 155
avian-specific 122
axis 385


## B


β-1 integrin 유전자 350
*β4* 431
β-갈락토시다아제 37, 64, 225
β-갈락토시다제 247
β-세포 5, 310
balancer chromosome 35, 178
band shift assays 181
basal 244, 424
basement membrane 20, 335
Bauplan 427
*bazooka* 188, 242
β-*catenin* 194, 391
*Bdnf* 유전자 251
β-galactosidase 37, 220, 247
β-*geo* 65, 164
*bicoid* 48, 188, 189, 195
bicoid mRNA 182, 187, 188, 189

*bimpl* 273
bipolar form 388
birth defects 4
birthday 244, 339
*Bis* 유전자 357
bistable switch 17
*Bithorax* 복합체 195
bivalent 10, 80
blastema 388, 392
blastocoel 14, 146
blastoderm 7, 14, 122, 123
blastodisc 158
blastomere 13
blastopore 84
blastula 7, 14
*Blbp-Cre* 244
*Bmi* 세포 347
*Bmi1* 347, 348, 356
*Bmi-CreER x R26R* 시스템 347
*bmp* 116
*bmp* 발현 101
*Bmp* 상동유전자 387
*Bmp* 적중 370
*Bmp2,-4,-8b* 154
*bmp2b* 117
*Bmp4* 241, 308
*Bmp5* 370
*Bmp7* 117, 241
body plan 15, 427
*Bombyx* 78
bone marrow transplantation 403
*bonnie and clyde* 117
border cells 174, 187
*bozozok* 116, 117
brachial plexus 235, 254, 280
*brachyury* 83, 97, 102, 117, 119, 148, 304
*Brachyury* 유전자 428
branchial arch 135
branchial arches 238
branching morphogenesis 24, 309
*brat* 242
BrdU 246, 339
bromodeoxyuridine 339

## C

*C. elegans* 115
*c4* 431
*c6* 441
*c8* 441
*cactus* 183
*cactus* 돌연변이 185
*cactus* 유전자 185
*Caenorhabditis elegans* 5, 10, 43, 54, 73, 199
CAM 122, 228
cancer 376
capacitation 142
carcinoma 378
cardia bifida 293
cardiomyocyte 5, 337
carpals 280
*casanova* 116, 117, 304
*cat2* mRNA 93
catagen 350
*caudal* 43, 190
*caudal* 결손 배아 190
*caudal* 유전자 190
*caudal* mRNA 190
cavitation 22
*Cbfa1* 371
CCDs 56
*Cdx* 103, 155, 432
*Cdx* 유전자 96, 102, 306
*Cdx* 유전자 군 190
*Cdx2* 153, 155, 305
*CdxC* 305
*ced* 돌연변이 214
*ced* 유전자 변이 215
*ced-1* 215
*ced-3* 214
*ced-3/4* 214
*ced-4* 214, 215
*ced-9* 214
*ced-9* 돌연변이 214
*ced-9* 유전자 214
*ced-9⁻/ced-3⁻* 214
*ced-9⁻/ced-4⁻* 214
*ceh-13* 201
cell lineage 202
cell therapy 5, 247
cellular blastoderm 174
cenetriole 141
centriole 145
centromere 321
cerebellum 237
*Cerl* 155
*Cerl1* 154
*cgh-1* 212
*cgh-1* 유전자 212
chalone 368
charge coupled devices 56
checkpoints 24
chemokine 273
*chico* 이형접합체 375
chimera 34, 224, 412
chimerism 161
ChIP 61
chondroblast 370
chondrocyte 370
*chordin* 117
*chordino* 117
chorioallantoic membrane 122, 128, 228
chorioallantoic membranes 299
chorion 148, 174
chorionic villi 4
*Chrd* 155
chromatid 10
Chromatin Immunoprecipitation 61
chromosome 7
*ci* 194, 197
*ci* 세포 194
*ci* 시스템 196
clade 423
cleavage 7, 13
cloaca 299, 303
*cloche* 312
clonal analysis 44, 68, 167, 223, 238, 247, 319, 323
clonogenic cells 348
*c-Myc* 345
Cnidarian 78
coelom 127, 299
combinatorial 19
combinatorial chemistry 5
commissural neurons 239, 254
commitment 44
compaction 146
compartment 323
competence 47, 48
complementation analysis 112
complementation test 179
complete metamorphosis 317
compound microscope 54
condensation 21
conditional knockout 163

confocal scanning microscope 56
connective tissue 336
constitutive 29
convergent extension 24, 84, 108
coronal 43
corpus luteum 275
cortical granules 13, 145
cortical rotation 82
Corynebacterium diphtheriae 223
*COUP* 294
*Couptf1* 237
cranial 43
cranial nerve 237
*Cre* 314
Cre 시스템 345
*Cre* 암호 지역 220
*CreER* 314
*CreER* 방법 359
*CreER* 시스템 345
*CreER x R26R* 시스템 343
*CreER x stoplox-reporter* 225
*c-Ret* 360
crossing over 11
cryostat 57
*cubitus interruptus (ci)* 194
*cubitus interuptus* 323
cumulus cell 143
*Cxcr4* 274
*cyclops* 33, 40, 117
*Cyclops/squint* 304
*Cyp1a* 프로모터 345
*Cyp1a-Cre* 347
cytokines 403
cytonemes 50
cytoplasmic determinant 186, 190
cytoplasmic determinants 8
cytoplasmic transplantation 183
cytoskeleton 7
cytotrophoblast 158

## D

*d1* 306
*d3* 306
*d4* 431
*dachs* 391
*dachsous* 391
*daf16* 374
*daf2* 374
dauer larva 200, 373
*Dax1* 277
*daz* 213
*daz-1* 213
*dazl* 115
*DCC* 382
*decapentaplegic* 186, 322
*decapentaplegic (dpp)* 325
deep cell 108
*defective proventriculus* 327
definitive endoderm 126, 146, 299
*Deformed* 195
dehydrated 57
delamination 23
*Delta* 212, 265, 326
*Delta* 전사 265
*Delta like 1* 313
*DELTA-LIKE 3* 266
denticle 176
derived 424
dermal papilla 350, 352
dermatome 262, 266, 268
dermis 349, 397
dermomyotome 137, 262
determinants 7, 25, 48, 177
determination 46, 47
determined 46
deuterostome 385
developmental constraint 422, 434
developmental time 7
*dHAND* 294
*dHAND* 영역 285
*dharma* 116, 117
diaphysis 371
*Dickkopf* 352
*dickkopf1* 119
*Dictyostelium* 78
diencephalon 233
differential intereference contrast 55
differentiation 7
DiI 66, 87, 128, 280, 303
Dil 248, 270
*dino* 117
DiO 66, 128, 280
diploid 10, 11
*displaced gonad* 212
dissecting microscope 54
distal 16, 394
distal tip cell 212
*Distal-less* 322, 327
*distalless* 436
*Distal-less* 유전자 322
*Distalless* 유전자 439
*Dkk1* 119, 154, 155
*d-myc* 종양 유전자 368
DNA 염기서열 분석법 3
DNA sequencing 3
*Dolichos* 346
*Dolichos* 랙틴 348
domain swap 39, 282, 313, 250, 399
dominant 19, 29
dominant negative 29, 38, 180
dopaminergic neuron 5
*dorsal* 15, 181, 183, 185
*dorsal* 유전자 183, 186
dorsal closure 176
dorsal ectoderm 186
dorsal lip 84, 109
dorsal root ganglia 235
dorsal-ventral axis 280
dorsoventral axis 181
*dosal* 30
*dpp* 186, 322, 326, 327, 329, 390
*dpp* 가로 밴드 322
*dpp* 프로모터 326
*dpp* mRNA 186
*Drosophila* 10, 30, 45, 54, 115, 317
*Drosophila melanogaster* 171
dsRNA 39
ductus arteriosus 291
*DVL* 124
dysplasia 377

## E

*E.coli lacZ* 164
E-캐드히린 352
*easter* 185
echinus rudiment 429
ectoderm 8, 15, 84, 407
EdU 340
*Egfr* 183, 184, 391
*Egfr* 유전자 324
egg 10, 11, 142
egg chamber 174
egg cylinder 146, 273
*egl-5* 201

*eHAND* 294
electron microscopy 58
electroporation 122, 222
embryo induction 3
embryoid bodies 161
embryonic induction 7
embryonic shield 109
embryonic stem cell 5, 48
embryonic stem cell-ES cell 403
embryonic stem cells 26, 38, 227
emission 55
*Emx2* 237
*Emx-Cre* 244
*En1* 237
*end-1* 209
*end-3* 209
endoblast 123
endocardial cushion 294
endocardium 136, 293
endocrine 310
endocrine gland 335
endoderm 8, 15, 84, 344, 407
endothelial cell 338
endothelium 289
*engrailed* 103, 182, 194, 197, 323, 325, 326, 327
*Engrailed 1 (En)* 237
*engrailed* 세포 194
*engrailed* 시스템 196
*engrailed* 유전자 323
*engrailed* 유전자 발현 194
*engrailed* 줄무늬 193, 194
*Engrailed-1* 281, 286
*engrailed-cubitus* 195
enhancer 318
enhancer trap 37, 114, 164
enhancer trap line 319
enterocytes 344
enteroendocrine cells 344
enveloping layer 108
ependyma 232
*EphB2* 345
*EphB3* 345
epiblast 123
epiboly 24, 84, 108, 429
epidermis 85, 134, 349
epigenetic 51
epiphyseal growth plate 371
epiphysis 371
epistasis 32, 183, 250
epithelia 335
epithelium 20, 269, 335
epitope 63
equivalence group 212
erythrocytes 354
ES cells 26, 38, 161
ESC 342
*escargot* 유전자 322
ethynyl deoxyuridine 340
*eve* 193
*eve* 돌연변이 193
*even-skipped* 182, 193
*even-skipped (eve)* 192
*even-skipped* 유전자 192, 193
*even-skipped* 인핸서 193
EVL 108
excitation 55
exocrine 310
exocrine gland 335
exogastrulate 97
exogastrulation 85
experimental embryology 3
extended germ band 15, 171, 428
*extra sex combs* 196
*extra sex combs* 돌연변이 196
extracelluar matrix 336
extraembryonic 8
extraembryonic membranes 127
*eyeless* 432

## F

FACS 228, 355, 387
fascicles 254
*fat* 391
*fat* mRNA 391
*Fat4* 270
fate 44
fate map 128, 324
fate mapping 66
*faust* 117
feeder cell 405
feeder layer 161
femur 280
fertilization 7
*Fgf* 284
*Fgf 17* 282
*Fgf 4* 282
*Fgf 8* 282
*Fgf 9* 282
*Fgf* 수용체1 155
*Fgf* 유전자 441
*Fgf10* 281, 309, 312
*Fgf10* 발현 281
*Fgf10* 유전자 281
*fgf3* 119
*Fgf3* 유전자 380
*FGF4* 133
*Fgf4* 155
*fgf4* 41
*FGF8* 133
*fgf8* 155
*Fgf8* 155, 237, 239
*Fgf8* mRNA 265
*Fgf9* 277
*Fgfr2* 164
*Fgfr2⁻* 164
*Fgfr2b* 309, 312
*FGFR3* 371, 372
*Fgfrl* 270
*fibroblast growth factor 4* 41
fibroblasts 336
fibronectin 271
fibula 280
filopodia 20, 252
fixation 57
*floating head* 119
floor plate 239, 254
flow cytometry 228
floxed 219
FLP 시스템 183
Fluorescence 55
fluorescence-activated cell sorter 228
fluorescent dextran 248
fluorescent dextrans 67
Fluorochrome 55
foramen ovale 291
forebrain 86
foregut 134, 299
forward genetics 34
*four-jointed* mRNA 391
*Foxa1* 304
*FOXA2* 126
*Foxa2* 148, 153, 155, 240, 304
*Foxa3* 304

*Foxa3-Cre x floxed Cd2* 305
*Foxl2* 275
*FoxO* 374
*fragilis* 유전자 273
*fringe* 264, 326
*Fringe* 유전자 441
*frizzled* 329, 330
*frizzled* 유전자 194
frontal 16, 43
*ftz* 193
fusion protein 65

## G

gain-of-function 29, 37, 180
*Gal4* 319
*Gal4* 유전자 319
gametes 7
gametogenesis 10
ganciclovir 162
ganglia 232
gap 182
gap genes 190
gap junction 146
gastrula 14
gastrulation 8, 9, 14, 19, 108, 201
*GATA1-4* 304
*GATA4* 304
*Gata4-6* 292
*gata5* 117
*Gata6* 153
*Gdf11* 369
*Gdf5* 283
*GDF5* 370
*Gdf6* 283
*Gdf7* 283
*Gdnf* 272
*GDNF* 360
gene duplication 425
gene traps 164
genetic mosaics 33, 44, 199
genital ridge 138, 150, 274
genome 28
genotype 28
germ cell 10, 15, 174, 201
germ layer 8, 15, 412
germ line 10, 212
germ plasm 10, 81, 93
germ ring 108
germinal vesicle 80
germ-line mutation 376
*Gfap-TK* 유전자 246
*gfp* 319, 321
GFP 360, 37, 65, 225, 247
*Gfp* RNA 115
*giant* 190, 191, 193
*giant* 돌연변이 191
gizzard 307
*Gli3* 285
glial cells 232
*glp-1* 199, 207, 212
*glp-1*⁻ 207
*glp-1* 결손 표현형 208
*glp-1* 돌연변이 208
*glp-1* mRNA 207
goblet cells 344
gonad 10, 137, 273
*goosecoid* 83, 102, 117, 119
gradient 186, 329
granulocyte 354, 378
granulosa cells 275
green fluorescence protein 37
green fluorescent protein 65
growth 7
*Growth and differentiation factor 5* 370
growth cone 20, 252
growth factor 122
*Gryllus bimaculatus* 389
*GSC* 126
*Gsc* 155
*gsk3* 116, 194
*Gsx* 432
*Gsx* 군 432
*gurken* 183, 184
*gurken* mRNA 183, 188
*gurken-Egfr* 시스템 185
gynandromorph 33

## H

*hairy* 192
*hairy* 유전자 263
haploid 10, 11, 114
haploinsufficiency 29
haploinsufficient 180
hateres 171
Hayflick limit 373
*Hb9* 313
head process 148
*hedgehog* 194, 326, 327, 391
hedgehog 유전자 발현 325
hemangioblast 290
hematopoiesis 289
hematopoietic stem cell 338, 354, 403
hematopoietic stem cell transplantation 404
hematopoietic system 354
Hemimetabola 385
hemimetabolous 171
hemogenic endothelium 290
Hensen's node 126
hermaphrodite 10, 199
*Hes* 단백질 265
*Hes* 전사 265
*Hes*1 313
*Hes1* 유전자 349
heterochromatin 122
heterochronic mutation 209
heterochrony 439
heterotopic 47
*hex* 103
*Hex* 154, 155, 312
*Hgf* 281
*HHex* 304
hindbrain 86
hindgut 134, 299
hippo 유전자 366
*Hist4* 160
histological sections 57
HLA 403
*hlh-6* 208
*Hlxb9* 313
*HNF4α* 304
*HNF4A* 415
holoblastic 14, 429
Holometabola 385
holometabolous 171
holoprosencephaly 241
homeobox 19, 195
homeotic 28
homeotic transformation 305
homologous recombination 38, 161
homology 422, 424
homophilic 21
hopeful monster 435
horseradish peroxidase 61, 177, 232, 273
*hox* 19

*Hox* 유전자 157, 195, 285, 306
*Hoxa10* 283
*Hoxa11* 283
*Hoxa13* 283, 392
*Hoxa2* 238
*Hoxa7* 157
*Hoxa9* 392
*Hoxb1* 239
*Hoxb4* 유전자 414
*Hoxb8* 유전자 441
*Hoxc6* 267, 441
*Hoxc9* 239
*Hoxd* 285
*Hoxd10* 267, 285
*Hoxd11* 285
*Hoxd12* 267, 285
*Hoxd13* 285, 306, 440
*Hoxd13* 유전자 440
*Hoxd9* 285
HRP 61, 177, 232, 273
*Hsp70* 115
*huckebein* 190
huckebein 191
human leukocyte antigen 403
humerus 280
*hunchback* 189, 190, 191, 193
*hunchback* 유전자 발현 191
*hunchback* mRNA 189
hybridization 141
hybridoma 63
*Hydra* 78, 385, 433
Hydroids 385
hyperblast 146
hyperplasia 376
hypoblast 108, 123, 146, 158, 299
hypodermis 199
hypomorph 180, 317
hypomorphic 180

## I

*ichabod* 116
ICM 146
*Igf1* 367
*IGF1* 유전자 좌위 367
*IGF2* 165
*Igf2* 367
*Igf2* 시스템 165
*Ihh* 과발현 372
*Ilyanassa* 78
imaginal discs 171, 176, 317
immunoprecitation 61
immunostaining 52
imprinted gene 165
*in ovo* 128
*in situ* 34
*in vitro* 403, 413
*in vitro* fertilization 4
induced pluripotent stem cell-iPS cell 403
induced pluripotent stem cells 38, 211, 227, 410
inducing factors 48, 186
*Ink/Arf* 유전자 411
*INK4a/ARF* 373
*INK4a/ARF* 적중 375
inner cell mass 146
insertional mutagenesis 114, 164
instar 317
instructive 251, 312
instructive induction 48
*INSULIN* 415
*insulin* 유전자 313
*Insulin-Cre* 313
*insulin-Cre x R26R* 314
intercalary regeneration 390, 395
intercalation 397
interkinetic migration 244
intermediate filament 350
intermediate mesiderm 262
intermediate mesoderm 127, 150, 270
*inv* 157
*inv*⁻ 157
*inv* 산물 157
invagination 22, 84, 429
involution 22, 108
iPS cells 5, 38, 211, 410
*Islet1* 294
*Islet-1* 312
isomerism 16, 157
isthmus 237
*iv* 157
*iv* 유전자 156
IVF 4

## K

*K14* 프로모터 352
*K14-Cre x Sox9 (floxed)* 354
*K15* 353
*K15-TK* 354
Keller explant 97
*keratin 14 (K14)* 프로모터 350
keratinocyte 349
*Kif3b*⁻ 157
*Klf4* 410
*knirps* 189, 190, 193
*Knirps* 완전결손돌연변이 191
knock-in 37, 38, 159
knockout 37, 38
Koller's sickle 123
*krox20* 103
*Kruppel* 182, 189, 190, 193

## L

*laacZ* 225
*labial* 195
*lac* 64
*LacZ* 270
*lacZ* 52, 64, 160, 167, 284, 319, 344, 353
*lacZ* 리포터 326
*lacZ* 리포터 유전자 319
*lacZ* 사본 167
*lacZ* 유전자 343
*lacZ*-양성 353
*lag-2* 212
lamelipodia 252
lamellipodium 20
lamp-brush chromosome 80
laser capture 58
laser capture microdissection 230
lateral inhibition 50, 241
lateral plate 151, 299
lateral plate mesoderm 127, 262
*Lef1* 237, 281, 352
*Lefty* 155, 304
*Lefty1* 154, 155
*Lefty2* 156, 157
*let-23* 212
*let-60* 212
*let-7* 210
*let-7* miRNA 210, 211
Leydig 275
*Lgr5* 348

*Lgr5* 세포 347
*Lgr5-CreER x R26R* 346
*Lhx1* 155
*Lhx2* 282
*Lhx9* 274
*Lhx-engrailed* 282
*Lim* 155, 239
*Lim1* 155, 237, 441
*lim1* 83
*Lim1a* 241
*lin-14* 209
*lin-28A* 211
*lin-28B* 211
*lin-3* 212
*lin-39* 200
*lin-4* 209, 210
*lin-4* 상동체 211
*lin-4* miRNA 210
*lin-41* 210
*lin-42* 210
*lin-42* 유전자 210
lineage label 66, 87
*Lmx1* 154, 287
long term repeat 68
longitudinal 43
loss-of-function 28, 37
*lox* 부위 225
*lox2272* 226
*loxN* 226
*loxP* 226, 227
LTR 68
*Luciferase* 160
luciferase 65
lumbosacral plexus 235, 254, 280
lumen 23
luminescence 65
*Lunatic fringe* 263, 265
*LUNATIC FRINGE* 266
*Lunatic fringe* 유전자군 263
lymphocytes 354, 378

## M

*mab-5* 201
macroevolution 423
macromere 14
macromutations 423, 435
mantle layer 245
marginal zone 84, 123, 245
*Mash1* 251
maternal 43
maternal effect 14, 30, 180
*Math1* 348, 349
matrix 350
maturation promoting factor 24, 81
MBT 95, 107
*med-1* 208
*med-2* 208
media 227
medial plane 16
mediolateral 16
medium 227
medusa 433
medusae 433
*Mef2* 433
*Mef2c* 292, 294
megakaryocytes 354
meiosis 10
*Meis* 유전자 396, 399
*Meis1* 283
*Meis2* 283
melanocyte 86, 350
membrane bone 336, 370
meroblastic 14, 107, 123, 429
mesenchymal stem cell 336, 357
mesenchyme 269, 306, 336
mesendoderm 108, 304
mesoderm 8, 15, 84, 185, 407
mesoderm, intermediate 127
mesonephros 137, 270
mesothorax 171
*Mesp1* 148, 153, 154
*Mesp2* 265
*MESP2* 266
*Met* 281
metacarpals 280
metamorphosis 392
metanephros 137, 150, 270
metaplasia 376, 393
metastasis 376
metatarsals 280
metathorax 171
*mex-1* mRNA 206
*mex-3* mRNA 206
*Mib1* 270
microarray 59
microglia 232, 289
micromere 14
microtome 57
microtubule organizing center 145
microvilli 335
mid-blastula transition 83, 95, 107
midbrain 86, 234, 237
*Mies* 유전자 284
*Miixl1* 304
*mindbomb* 290
*mindbomb1* 270
*Minute* 돌연변이 323, 368
*Minute*/+ 323
miR-241 210
*miR-48* 210
miR-84 210
mirror-symmetrical 17, 284
*Mis* 277
mitotic index 339
*mix1* 83, 304
*mixer* 117, 304
model organisms 73
molecular clock 424
molecular cloning 3
molt 317
*mon-2* 208
*mon-5* 208
*Monduca sexta* 366
monoclonal 63, 348
monocytes 354
morphogen 17, 49, 329
morphogenesis 7
morpholino 39, 80, 250, 265
morula 146
mosaic 34, 44, 166, 224
motor proteins 188, 252
MPF 24, 81
*Mrf4* 269
MSC 359
*Msx1* 282
mucosa 336, 344
mucous membrane 336
Mullerian duct 274
*multiple wing hairs* 67, 320
multipotent 48, 247, 342
*multivulva* 212
*multivulva* 표현형 212
muscle satellite cells 269
muscular ventricular septum 294

mutagenesis screening 3
mutant 28
*Myc* 410
*Myc* 유전자 413
myeloid cell 338, 354
*Myf5* 268, 269
*myf5* 41, 99
myoblasts 267
myocardium 136, 293
*MyoD* 41, 269, 433
myoepithelial cell 335
myofiber 279, 337
myogenic factor 99
*Myogenin* 269
*myostatin* 368
myotome 137, 263
myotubes 269
mytome 266

## N

*Nanog* 153, 273
*nanos* 48, 93, 115, 189
*nanos* 유전자 182, 189
*nanos* mRNA 187, 189
nauplius 429
*n-cam* 104
*Nematostella* 433
*neo* 162
neoblast 387, 393
neocortex 233, 245
neomycin 162
neomycin resistance 220
neoplasm 376
nephric duct 270, 274
*Netrin1* 254
neural crest 86, 135, 150, 232, 238, 262, 294, 313, 338
neural plate 85, 110, 126, 232
neural stem cells 244, 245
neural tube 85, 127, 338
*NeuroD* 243
neuroenteric canal 85, 159
neuroepithelium 97, 235
neurogenesis 50
*Neurogenin* 243
Neurogenin 3 프로모터 314
neurosphere 246
neurotrophic factor 394
neurula 85
neutral 424
neutral evolution 422
neutralizing antibody 39
*Ngn3* 313, 314
*NGN3* 415
*Ngn3* 유전자 359
*nieuwkoid* 116, 117
Nieuwkoop center 97
*Nkx2.1* 304, 306
*Nkx2.2* 240
*Nkx2.5* 292, 294, 432
*NKX2.5* 296
*Nkx3.2* 267
*Nkx6.1* 240
*nob-1* 201
*Nodal* 40, 131, 133, 154, 294
*Nodal* 상동형 117
*Nodal* mRNA 117
node 148
*Nog* 155
*Noggin* 268, 282
Nomarski 55
nonautonomous 33
nonpermissive 32
nonpermissive temperature 180
Normal development 43
Northern blotting 59
*NOT* 126
*not* 83, 102, 119
*notail* 117, 119
*Notch* 326
notochord 85, 126, 148, 240, 262
*Nrg* 251
NSF3β 126
*N-terminal GFP-loxP-C terminal RFP* 226
*N-terminal RFP-loxP-C terminal GFP* 226
*nubbin* 327
nucleic acid hybridization 3
null 28, 317
null allele 180
*Numb* 244
*Numblike* 244
nurse cell 11, 174

## O

*oct4* 116
*Oct4* 153, 273, 410
*odd* 돌연변이 193
*odd-paired* 193
*odd-paired* (*odd*) 192
*odd-skipped* 193
oligodendrocyte 232, 418
oncogene 214, 381, 410
*one-eyed-pinhead* 유전자 117
oocyte 11, 142, 174
oogenesis 11
oogonia 275
oogonium 11
*Opsin* 유전자 433
optic cups 233
optic lobes 86
optic tecta 86, 234, 257
optic vesicle 134, 150
organ culture 228
organizer 235
organizer graft 103
organogenesis 4
*orthodenticle* 189, 190
*orthodenticle* 돌연변이 190
*orthodenticle* 활성화 191
orthologs 425
orthotopic 47
orthotopic grafting 303
*oskar* 177, 189
*oskar mRNA* 188
osteoblast 356, 371
osteocyte 371
otic placode 234
*Otx* 상동유전자 387
*Otx2* 148, 155, 237
overexpression 37
oviduct 143
*ovo* 436
ovulation 11

## P

*p16INK4a/ARF* 381
*p48* 314
*p53* 복사본 373
P-과립 201
P-인자 35
P-전이인자 178
P-전이인자 돌연변이 제작법 180
*paired* 193
pair-rule genes 192

*pal-1* 206
*pal-1* mRNA 206
*pancreatic polypeptide* 314
*Panderichthys* 440
paneth cells 344
*pangolin* 194
*par* 시스템 인자 188
*par* 유전자 202, 205
*par1* 174
*par-2*⁻ 205
*par-3*⁻ 205
*par3* 유전자 188
*Par6* 242
parabiosis 369, 394
paralog 41
paralog group 431
paralogs 425, 431
paramesonephric duct 274
parasagital 43
parasegment 171, 194
paraxial mesoderm 136, 262
*Parhyale hawaiensis* 437
parietal endoderm 147
parthtenogenesis 145
*patched* 194, 326
*Patella* 78
patterning 283
*Pax1* 267
*Pax2* 237, 270, 272
*Pax2* 돌연변이 270
*Pax3* 268
*Pax4* 313
*Pax5* 237
*Pax6* 237, 240, 241, 270, 432
*Pax6* 상동유전자 387
*Pax6* 유전자 237, 432
*Pax6-Cre* 313
*Pax7* 240, 241
*Pax7-CreER* 시스템 337
*Pax8* 270
*Pax9* 267, 304
PCR 35
*Pdx (Xlox)* 432
*Pdx1* 304, 306, 314
*PDX1* 415
*pdx1* 96, 103
*Pdx1* 프로모터 220
*Pdx1-Cre* 220, 313
*Pdx1-Cre x stoplox-LacZ* 220
*Pdx1-CreER x R26R* 314
*Pdx1-VP16* 313
P-element 35, 178
P-element mutagenesis 180
pentadactyl 280, 441
perdurance 65
perichondrium 370
periosteum 371
permissive 32, 49, 309, 312
permissive induction 271
permissive temperature 180
PGCs 273
P-granule 201
*pha-4* 208
*pha-4* 유전자 208
phalange 280
pharyngeal pouch 134, 135, 300
phenotype 28
*php-3* 201
phyla 423
phylogenetic tree 423
phylotypic 157
phylotypic stage 15, 171, 422, 427, 428
phylum 423
*Physarum* 78
*PI3kinase* 374
pial 244
pigment epithelium 86, 245
*pipe* 183, 184, 188
*PITX2* 133
*PITX2* 전사 133
*PKB* 유전자 367
placode 49, 86, 232
Planar cell polarity 24
planar cell polarity 330
planaria 385
planula 433
*Platycnemis* 78
pleiotropic 30, 422
pluripotency 387
pluripotent 48, 342, 407
pluripotent stem cell 5
*Podocoryne carnea* 433
polar body 145
polar granule 10
polarity 17, 329, 335, 388
pole cells 174
pole plasm 10, 174
polyclonal 63
Polycomb 196
*polycomb*-형 전사억제인자 356
*polycomb*-type transcriptional repressor 356
polydactyly 285
*polyodon* 440
polyp 345, 433
polyspermy 13, 141
*pop-1* 209
positional cloning 35, 113
positional information 386, 437
posterior 16, 43
posterior intestinal portal 299
posterior midgut 175
potency 48
prenatal screening 5
primary oocyte 11, 275
primitive ectoderm 146
primitive endoderm 146, 158
primitive streak 124, 147, 158
primordial germ cell 126, 138, 273
*proboscipedia* 195
proctodeum 86
*Prod1* 396
*Prod1* 유전자 396, 399
progenitor cell 271, 342
progenitor cells 13
progenitors 339
programmed cell death 26
pronephros 137, 270
proneural cluster 241
proportional regulation 100
*prospero* 242
prothorax 171
protospome 387
proventriculus 302, 307
proximal 16
proximal part 273
proximal-distal axis 280
pseudoallele 40, 76
pseudocoelom 200
pseudopregnant 141
pseudotetrapod 76
*PTEN* 369
*PTEN* 유전자 369
*PTHrP* 372
*PTHrP* 수용체 372

*PTHrP* 적중 372
*PTHrP* 적중 개체 372
*Ptychodera flava* 385
*pumilio* 189
*pumilio* 유전자 산물 189
pupa 171, 317

## R

*R26R* 287
*R26R* 리포터 314
*Rab5* 돌연변이 329
radial 14
radial glia 244
radial glial cells 232
radius 280
*Raldh2* 239
*Raldh2* 유전자 307
*RAS* 382
*Rb* 381
RBPJκ 313
RCAS 122, 223
real-time PCR 59
recessive 18, 28
*red* 30
red cells 354
redundancy 40, 163
regional specification 7
regulation 44
regulative 34, 44
*Renilla* 65
replication-competent 122
reporter gene 64, 160
*Ret* 272
*Retinoblastoma* 381
retrovirus 114, 222
reverse genetics 34
reverse transcription polymerase chain reaction 58
*rhomboid* 182, 185
rhombomere 135
rhombomeres 234, 237
RNA 간섭 199
RNA 간섭법 39
RNA interference 39
RNAi 39, 387
RNA-Seq 60
roof plate 239
Rosa26 164, 221, 353, 371
*rotund* 327
*roundabout* 유전자 253
RT-PCR 58
*runt* 192
*Runx1-CreER x R26R* 생쥐 290

## S

*Saccharomyces cereviseae* 375
sagital 43
sarcoma 378
satellite cell 337
scaffold 5
*Schmidtea mediterranea* 387
Schwann cells 232, 251, 338
*Scleraxis* 267
sclerotome 137, 262, 266
secondary oocyte 11
sections 64
segment polarity genes 194
segmentation 16, 176
septum intermedium 294
septum transversum 300, 308
*Serrate* 326
Sertoli 274
*Sex combs reduced* 195, 196, 439
sex determination 10
sex-linked 30
*Sf1* 유전자 산물 277
*shavenbaby* 좌위 436
*Shh* 267, 284, 312, 441
*Shh* 발현 286
*Shh* 영역 285
*SHH* 유전자 241
*Shh* 유전자 398, 401
*short gastrulation* 186
*Shox* 283
*siamois* 83
signal transduction pathway 5
*silberblick* 109
*Sine oculis* 432
sink 17
*sir2* 375
*sir2* 상동체 375
*Sirt1* 상동체 375
*situs inversus* 16, 156, 157
*situs solitus* 16, 156
*Six2* 271
*Six2* 발현 세포 271
*Six2-CreER x R26R* 271
*Six3* 432
*sloppy-paired* 193
*Slug* 250
*small eye* 돌연변이체 432
*snail* 185, 250, 273, 433
*snailhouse* 117
*snake* 185
*sog* 186
somatic 10
somatic cell 409
somatic layer 127
somatic mesoderm 262, 279
somatopleure 151, 279, 299
somite 126, 136, 148
*Sonic hedgehog* (*Shh*) 284
source 17
*Sox10* 250
*Sox17* 304
*SOX17* 415
*sox17* 83
*Sox17α* 304
*Sox17β* 304
*sox2* 104
*Sox2* 273, 304, 410
*sox32* 117
*Sox9* 250, 275, 277, 314
*Sox9* 프로모터 314
*SOX9 Cre x R26R* 354
*Sp8* 237
*spadetail* 119
*spadetail* 유전자 117
*spadetail* mRNA 117
*spatzle* 185
specification 46
specification map 46, 324
specified 46
Spemann's organizer 83, 97
spermatogonia 275, 359
spermatogonium 13
spiel-ohne-grenzen 116
spinal nerve 234
spiral 14
splanchnic layer 127
splanchnic mesoderm 262, 299, 303, 344
splanchnopleure 151, 299
*sprouty* 유전자 97
squamous 307, 376

*squint* 40, 117
*Sry* 276, 277
*Sry* 유전자 275, 277
stage series 43, 58
*steel* 274
stem cell 4, 13, 25, 271, 387
stem cell niche 246, 343
*stick-and-stone* 유전자 269
*stoplox* 220
*stoplox-GFP* 220
*stoplox-lacZ* 220
stylopod 280
superficial cleavage 14, 174
*swirl* 117
symmetry breaking 8, 51, 241
syncytial blastoderm 174
syncytiotrophoblast 158
syncytium 14, 174

## T

T1 171
T2 171
T3 171
T-림프구 403
tail bud 134
tailbud 15, 85, 428
*tailless* 190, 191
tarsals 280
*Tau-GFP* 413
taxa 423
taxon 423
taxonomy 423
*TBX1* 296
tbx-2 208
*Tbx20* 294
*tbx-35* 208
*tbx-37* 208
*Tbx4* 281
*Tbx5* 281, 292, 294
*TBX5* 296
*Tcf1* 281
*Tcf4* 345
telencephalon 233
telogen 350
telomerase 227, 373, 381
telomeres 373
telson 176
temperature sensitive 32, 180, 317
*Tenebrio* 78
teratocarcinoma 167, 378
teratogenic 239
teratology 4
teratoma 378
terminal system 182
Tet 37
*tetO* 221
Tet-off 221
Tet-on 222
tetracyclin operon 221
tetraploid 40, 161, 412, 431
tetrapodes 278, 424
*TFII* 294
*TG737* 157
*Tgfβ* 251
theca cell 275
therapeutic cloning 410
therapeutic targets 5
threshold 17
threshold response 49
thymidine Kinase 353
thyroglobulin 306
thyroperoxidase 306
tibia 280
tight junction 14, 335
time-lapse 57
*tinman* 186, 292, 432
tissue culture 227
tissue engineering 5, 269
tissue-specific stem cell 48
*TK* 162
T-lymphocytes 403
*Toll* 183, 185, 190
*Toll* 유전자 185
*Toll* 활성화 185
topographic 257
*torpedo* 183
*torso* 182, 190
*torsolike* 190
totipotent 407
transcription factors 8
transdetermination 327
transdifferentiation 376
transfilter 247
transgenesis 89
transgenic 159
transit amplifying cell 25, 339, 342
transplantation 5
transposable elements 28
transverse 43
*TRE* 221, 222
*Trichoplax* 433
trophectoderm 146
trophoblast 158
truncoconal swelling 294
*trunk* 190
*Tsix* 167
*TTF1* 304
Tuberous sclerosis 369
tumor suppressor gene 369, 381
turning 149, 299
twin spot 227, 319
*twist* 182, 185, 186, 433

## U

*UAS* 319
*Ubx* 195, 196, 197, 329, 436, 437, 438, 439
*Ubx* 발현 196
*Ubx* 유전자 196
ulnas 280
*Ultrabithorax* (*Ubx*) 195, 329
unfertilized egg 81
ureteric bud 270
uretic bud 150
urodele 78

## V

*vasa* 115, 177
vasculogenesis 290
*VE-Cadherin-Cre x R26R* 289
vegetal 16
vegetal hemisphere 13
*Vegfr2* 312
*vegT* 81
*vegT* mRNA 96
*vegT* RNA 81
*vein* 324
veliger 429
*vent* 유전자 99
*vent1* 83, 99, 103
*vent2* 83, 99
ventral 15, 43
ventral furrow 175
ventralizing effect 100
ventricular 244

*vents* 97
*vesitigial* 유전자 322
*vestigial* 326, 329, 439
*vg1* mRNA 97
visceral endoderm 147
vital dye 66
vitelline membrane 174
vitellointestinal duct 299
viviparity 429
*Volvox* 78
*vulvaless* 212
*vulvaless* 돌연변이 212
*vulvaless* 표현형 212

## W

western blot 61
*Wg* 390
*white* 30, 178
*white* 유전자 178
whole-mount 54, 55
wild type 28
*wingless* 195, 322, 326, 327, 329
*wingless* 밴드 322
*wingless* 유전자 195, 322
*Wnt* 155
*Wnt* 유전자 347
*wnt* mRNA 주사 93
*Wnt1* 237
*Wnt1* 유전자 380
*wnt11* 93, 109
*wnt11* mRNA 93
*Wnt14* 283
*Wnt1-cre* 250
*Wnt3* 347
*Wnt3A* 155, 237
*Wnt4* 272, 275, 277
*Wnt7a* 286
*wnt8* 유전자 100
*wnt8* mRNA 116
*Wnt9a* 283
*Wnt9b* 270, 347
*Wnt9B* 272
Wolffian duct 270, 274
*Wt1* 270, 272

## X

X-염색체 166
*Xbra* 80
*xcat2* 93
*Xenopus* 76
*Xenopus brachyury* 80
*Xenopus goosecoid* 80
*Xenopus laevis* 75, 76, 78
*Xenopus tropicalis* 75, 76, 78
*Xgsc* 80
*Xist* 167
*Xist* 프로모터 167
*Xist* RNA 167
*XlHbox8* 304
*Xlhbox8* 96

## Y

yalk sac 127
*Yap1* 370
*yellow* 67, 320
yolk 11, 80, 174
yolk syncytial layer 108
*Yorkie* 370
*yorkie* 391
YSL 108

## Z

*zerknullt* 182, 186, 195
*zeste-white-3* 194
zeugopod 280
zinc-finger nuclease 38
zona pellucida 143
zone of polarizing activity 282, 283, 397
zootype 429
ZPA 282, 283, 397
zygote 7
zygotic 30, 43

## ㄱ

가로중격 300
가운데가슴 171
가임신 상태 141
가장자리 억제 241
가장자리 지대 245
각인된 유전자 165
각질세포 349
간극연접 146
간극유전자 182, 190
간뇌 233
간시클로비르 162
간충직 269, 306, 336
감수분열 10
갑상선과산화효소 306
거울면대칭 17
거울상의 대칭 284
거핵세포 354
겨자무과산화효소 177, 232, 273
격세유전 439
결절 148
결절성경화증 369
결정 46, 47
결정된 46
결정인자 7, 25, 48, 177
결정전환 327
결합순환 369
결합조직 336
경계세포 174, 187
경골 280
경절 137
계보 표지 65, 66, 87
계통발생 19
계통발생 단계 15
계통수 423
계통형 157
계통형 단계 422, 427, 428
계통형 시기 171
고정 57
골간 371
골격 336
골단 371
골단 성장판 371
골막 371
골분절 262, 266
골세포 371
골수 이식 403
골수성 세포 338, 354
공동화 22
공초점 투사 현미경 56
과(다)형성 376
과립구 378
과립세포 275, 354
과발현 37
관상단면 43
교세포 232
교차 11
구배 186
구획 323
귀기원판 234
균형 염색체 35

극과립 10
극성 17, 329, 335, 388
극성화활성대 282, 283, 397
극세포 174
극체 145
극형질 10, 174
근관 269
근분절 266
근상피세포 335
근섬유 279, 337
근원섬유 268
근원성 인자 99
근원세포 267, 268
근위 16
근위-말단(원위)축 280
근위성세포 269
근육 심실 중격 294
근육모세포 267
근육형성 269
근절 137, 263
근축중배엽 136
기관 배양 228
기관배양 방법 270
기관형성 4, 149
기능상실 28, 37
기능소멸 28
기능획득 29, 37, 180
기둥골 280
기본적 특질 424
기원판 49, 86, 232
기저 244
기저막 20, 335
기질부 350
기형발생 239
기형암종 167, 378
기형종 378
기형학 4
꼬리마디 176
꼬리부 43
꼬리싹 134, 428
꼬리원기 15, 85

ㄴ

나선형 14
나우플리우스 429
난관 143
난구세포 143
난모세포 11, 174
난방 174
난원공 291
난원세포 11, 275
난원통 146
난자 10, 11, 142, 200
난자형성 과정 11
난포막 세포 275
난할 7, 13
난핵포 80
난황 11, 80, 174
난황낭 127
난황다핵세포층 108
난황막 174
난황장관 299
낭배 14
낭배형성 8, 9, 14, 19, 108, 201
내강 23
내구성 65
내배엽 8, 15, 84, 85, 202, 344, 407
내배엽 결정인자 96
내분비 310
내분비선 335
내상피 289
내세포 덩어리 146
내장중배엽 299, 344
내장층 127
네마토스텔라 433
네오마이신 65, 162
네오마이신 저항 220
노던 블롯팅 59
노마르스키 55
녹색형광 단백질 37, 65
녹아웃 37
녹인 38, 159, 161, 163
농도구배 329
뇌신경 237
뇌실 쪽 244
뇌실막 232
누드 마우스 353, 371
눈오목 233
뉴큡센터 97
능력 48
능형할구 234, 237

ㄷ

다능성 48, 161, 251, 387, 407
다능성 줄기세포 5
다면발현성 30, 422
다발 254
다수정 141
다정자수정 13
다지증 285
다클론성 63
다핵영양막세포 158
다핵체 14
단계적 시리즈 58
단계통군 423
단뇌 233
단위생식 145, 165
단일클론 63, 348
단핵구 354
닻세포 211, 212
대돌연변이 423, 435
대동맥-생식소-중신 289
대리모 141
대립유전자 28
대립유전자 시리즈 28
대장균 β-갈락토시다제 220
대진화 423
대칭 붕괴 8
대칭 파괴 51
대칭파괴 241
대퇴골 280
대할구 14
도메인 교환 39, 250, 282, 313, 399
도파민신경세포 5
돌연변이 28
돌연변이 검사 3
동결절편기 57
동등 집단 212
동맥관 291
동물 16
동물 모델 4, 161
동물 반구 13
동물극-식물극 극성 81
동물극쪽 덮개 90
동물반구 81
동물형 429
동소성 47
동소이식편 303
동원체 321
동종 이식 403
동종이계 이식 403, 415
동종친화성 21
뒤쪽 201
뒤쪽 창자개구부위 299

뒷가슴 171
등-배축 181, 280
등쪽 15
등쪽 닫힘 176
등쪽 외배엽 186
등쪽 입술 84

ㄹ

라멜리포듐 20, 252
란 11
램프-솔 염색체 80
레이디히 275
레이저 포획 58
레이저 포획 미세해부법 230
레트로바이러스 114, 222
로마자
루시페라제 65
리포터 유전자 64, 160, 319
림프구 354, 378

ㅁ

마름뇌분절 135
마이크로어레이 59
막골 336, 370
만능줄기세포 403
말단 시스템 182
말단세포 212
말단소체 373
말단소체복원효소 227, 373
망막모세포종 381
맞교차뉴런 239, 254
맥관신생 290
맥관형성 290
머리 돌출 148
머리부 43
메두사 433
멜라노사이트 86
멜라닌세포 350
면역염색법 52
면역침강법 61
명역 123
모계 효과 14, 30, 180
모계요인 43
모델 생물 73
모래주머니 307
모자이크 34, 44, 166, 224
모자이크형 202
모폴리노 39, 80, 115, 250, 265
몸 체제 15, 427
무미류 392
문 423
뮬러관 274
미분간섭대비법 55
미세소관 형성중심 145
미세융모 146, 335
미세절편기 57
미수정란 81
밀착연접 14, 335

ㅂ

바닥판 239, 254
반가불충분성 29, 180
반수체 10, 11, 114
반전상 대립인자 180
발광 65
발생단계 시리즈 43
발생시간 7
발생적 제약 422, 434
발암유전자 214, 381, 410
방사교세포 232, 244
방사능사진촬영술 339
방사형 난할 14
방출 55
배란 11
배반엽 7, 14, 122, 123
배반엽내층 123
배반엽상층 123
배반엽하층 123
배상세포 344
배상체 161
배설강 299, 303
배수체 11
배순 109
배아유도 3, 7
배아줄기세포 5, 26, 38, 48, 159, 227, 342, 403
배양액 227
배엽층 8, 15
배외 8
배외막 127
배우자 7
배우자형성 과정 10
배쪽 15, 30, 43
배쪽홈 175
배쪽화하는 효과 100
배환 108
밴드이동분석 181
번데기 171, 317
변질형성 393
변태 392
변화-증식세포 339, 342
병렬 유도 49, 97
병체결합 394
복능성 48
복능성을 가지고 있음 247
복제 능력 있는 조류 특이적 122
복합현미경 54
볼프관 274
부분할 14, 107, 123, 429
부시상단면 43
부체절 171, 176, 194, 323
분류군 423
분류학 423
분열간기이동 244
분열지수 339
분자시계 424
분자클로닝법 3
분절 16
분지적 형태형성 24
분지형태형성 309
분화 7
분화전능성 407
불완전변태 171
불완전변태류 385
불투명구역 123, 127
비골 280
비대 371
비대칭분열 25
비동시성 돌연변이 209
비율 조절 100
비자율적 33
비허용 온도 180
비허용적 32

ㅅ

사배체 412
사상위족 20, 252
사이클로파민 312
사이토카인 403
사지동물 278, 424
산전 진단검사 5
삽입 돌연변이 유도 114
삽입 돌연변이 유발 164
상대성장 363, 440

상동 422, 424
상동염색체 재조합 38
상동재조합 161
상박골 280
상배엽 146
상보성 검사 179
상보성 분석 112
상사 424, 432
상시적 29
상실배 146
상염색체 30
상완골 280
상완신경총 235, 254, 280
상위 183
상위성 32, 249
상피 269, 335
상피세포 20
색소상피 86, 245
생산 부위 17
생식계열 10
생식계열 돌연변이 376
생식계통 212, 223
생식세포 10, 15, 150, 174, 201
생식소 10, 137, 150, 200, 273, 274
생식융기 138, 150, 274
생식질 10, 81, 93
생일 244, 339
생체 염료 66
서톨라이 274
선천성 결함 4
섬유성 336
성 결정 10
성상세포 232
성상체 145
성숙촉진인자 24, 81
성-연관 30
성장 7
성장기 350
성장원추 20, 252
성장인자 122
성충판 171, 176, 317
세 배엽 412
세포계보 202
세포골격 7
세포사 50
세포성 배반엽 174
세포영양막세포 158
세포외기질 336
세포자연사 26
세포질 결정인자 8, 186, 190
세포질 이식 183
세포치료 247
세포치료법 5
소교세포 232, 289
소뇌 237
소엽 310
소할구 14
손과 발 280
수렴 확장 24
수렴확장 84, 108
수용능 47, 48
수임 44
수정 7
수정 능력 획득 과정 142
수정능 획득 142
수정란 7
순방향 유전학 34
슈반세포 232, 251, 338
스페만 형성체 97
시각 덮개 86
시간경과 57
시개 86, 234, 257
시상단면 43
시엽 86
시원내배엽 146
시원외배엽 146
식물 16
식물 반구 13
신경관 85, 127, 150, 338
신경능선 86, 135, 150, 232, 238, 262, 294, 313, 338
신경배 85
신경상피 235
신경선구 클러스터 241
신경성장인자 394
신경세포구 246, 247
신경세포형성 50
신경-소화관공 159
신경-장 도관 85
신경절 232
신경줄기세포 244, 245
신경판 85, 110, 126, 232
신경표피 97
신관 270, 274
신모세포 387, 393
신생물 376
신장도관 270
신장형성 중배엽 270
신피질 233, 245
신호전달경로 5
실시간 PCR 59
실험발생학 3
심근 136, 293
심근세포 5, 337
심내막 136
심내막융기 294
심장갈림 293
심장내막 293
심재세포 108
쌍둥이점 227, 319
쌍안정 스위치 17
쌍자반 227
쌍지배유전자 192

ㅇ

아가미궁 135, 238
아체 392
안배 233
안티센스 39
안포 134, 150
알 142
암 376
암역 123
암종 378
앞가슴 171
앞뒤단면 43
앞쪽 창자개구부위 299
야생형 28
양고추냉이 과산화효소 61
양극 형태 388
양막 128, 148
양막강 158
양막류 76
양수천자 검사 4
에키누스 원기 429
여기 55
역방향 유전학 34, 35
역위 16, 156
역전사 중합효소 연쇄반응 58
역치 17
역치 반응 49
연골 모형 370
연골막 370
연골모세포 370

연골세포 370
연막 쪽 244
열성 18, 28
염색분체 10
염색질 면역침강 61
염색체 7
영 317
영속유충 200, 373
영양공급세포 405
영양공급층 161
영양막 158
영양세포 11, 174
영양외배엽 146
예정세포사 26
오지 280
오지성 441
온도 민감 317
온도민감성 32, 180
온조직표본 54, 55, 64
완골 280
완성내배엽 126, 146, 148
완전결손 돌연변이 317
완전기능상실 대립유전자형 180
완전난할 429
완전변태 171, 317
완전변태류 385
외낭배형성 85
외배엽 8, 15, 84, 85, 134, 202, 407
외부낭배 97
외분비 세포 310
외분비선 335
외적 24, 84, 108, 429
외투층 245
외피층 108
요골 280
요관싹 150, 270
요막 128, 134, 136, 148, 299
요천골신경총 235, 254
요천추신경총 280
우성 19, 29
우성음성 29, 38, 180
운동단백질 156, 188, 252
운명 44
운명지도 128, 324
운명지도 작성 66
원구 84
원구동물 387
원구배순 84, 109
원색동물 430
원시생식세포 126, 138, 273
원위 16
원위부 394
원장 84, 126
원조 124, 147, 158
원체절 126
원통형 배아 273
웨스턴 블롯 61
위성세포 337
위치 클로닝법 35
위치정보 386, 437
위치추적 클로닝 113
유도된 특질 424
유도만능줄기세포 5, 38, 211, 227, 403, 410
유도인자 48, 186
유미류 392
유미목 78
유사 유전자 41
유사대립형질 40, 76
유사사배체 76
유사유전자 425, 431
유사유전자군 431
유세포분석법 228
유전자 모자이크 199
유전자 올가미 164
유전자 중복 425
유전자형 28
유전적 모자이크 33, 44
유전체 28
육종 378
융모막 148
융모막 섬모 158
융모막 융모 4
융합 단백질 65
응집 키메라 224, 348
응축 21
의체강 200
이가 10
이배체 10
이성질현상 16
이소성 47
이소적 319
이시성 439
이식 5
이종상동성유전자 425
이형성 377
이형염색질 122
인간 백혈구 항원 403
인두낭 134, 135, 300
인두주머니 134
인접한 loxP 219
인핸서 318
인핸서 포획 37, 114, 164
인핸서 포획주 319

ㅈ

자가 이식 404
자가재생 340
자웅 모자이크 33
자웅동체 10, 199
자율성 319
자율적 33
자족 440
자포동물 78
잡종화 141
장내분비세포 344
장뇨막 128, 228, 299
장막 148, 174
장세포 344
장요막 122
장측 내배엽 147
장측 중배엽 262, 303
장측판 151, 299
재생 아체 388
적응적 진화 422
적중 37, 161, 225
적혈구 354
전구세포 13, 271, 339, 342
전기천공법 122, 222
전뇌 86
전능성 161
전도유망한 괴물 435
전두면 16
전반부 43
전방 16, 155
전방 장측 내배엽 155
전사인자 8
전신 137, 270
전위 302, 307
전이 376
전이요소 28
전이증폭세포 25
전자현미경 관찰 58
전장 134, 299, 301
전하결합소자 56

전할 14
전환분화 376
전-후축 8, 16, 19, 85, 182, 280, 285
전-후축 정형화 283
절간 397
절간재생 390, 395
절편 64
점검지점 24
점막 336, 344
접합자 7, 13, 30
접합자요인 43
접합체 7
정단 244
정단외배엽융기 279, 281
정상 발생 43
정상하위대립인자 180
정상하위대립인자형 180
정상하위돌연변이 317
정원세포 13, 275, 359
정위 16, 156
정중면 16
정중측방축 16
제거 부위 17
제자리 혼성화법 52, 62
조건부 적중 163
조골세포 356, 371
조절 44
조절적 34, 44
조직 공학 269
조직 배양 227
조직공학 5
조직-특이적 줄기세포 48, 338, 341
조직학적 단면표본 57
조합적 19
조합화학 5
조혈계 354
조혈모세포 403
조혈작용 289
조혈줄기세포 338, 354
조혈줄기세포 이식 404
족근골 280
종단면 43
종양억제유전자 369, 381
좌우비대칭상실 157
주변구역 123
주변대 84
주변대역 123
주변대의 함입 84
주화성물질 273
줄기세포 4, 13, 25, 271, 387
줄기세포 보금자리 246
줄기세포 삶터 343
줄기세포들 338
중간 중배엽 127
중간섬유 350
중간엽줄기세포 336, 338, 357
중간중배엽 150, 262, 270, 273
중격중개물 294
중내배엽 108, 304
중뇌 86, 234, 237
중립적 424
중립적 진화 422
중배엽 8, 15, 84, 126, 185, 202, 407
중복성 163
중수골 280
중신 137, 270
중심부 부위 273
중심체 141, 145
중장 301
중장 전반부 175
중장 후반부 175
중족골 280
중첩성 40
중화 항체 39
지골 280
지방조직 336
지붕판 239
지시적 251, 312
지시적 유도 48
지역 특성화 7
지지틀 5
지형적 257
진피 349, 397
진피유두 352
징크-핑거 핵산분해효소 38

### ㅊ

척골 280
척삭 85, 126, 148, 240, 262
척수신경 234
첨체 141
첨체 반응 143
체강 127, 299
체성 10
체세포 409
체외수정 4
체절 127, 136, 148
체절극성유전자 194
체절근육 137
체절층 127
체절판 262
체절형성 176
체측 내배엽 147
체측 중배엽 262, 279
체측판 151, 279, 299
초기내배엽 158
최종 내배엽층 299
측면 억제 50, 348
측면판 중배엽 127
측중신관 274
측축중배엽 262
측판 151
측판중배엽 262, 299
층분리 23
치료용 표적 5
치료적 복제 410
치밀화 146
치상돌기 176

### ㅋ

칼론 368
칼론-유사 시스템 376
켈러 외부이식편 97
퀼러낫 123
클론 319
클론분석 44, 68, 167, 223, 238, 247, 319
클론분석법 323
클론생성세포 348
키메라 34, 163, 224, 412
키메라형성 161

### ㅌ

탈수 57
탈피 209, 317
태생성 429
테트라사이클린 오페론 221
테트라사이클린-억제 221
테트라사이클린-작동 222
텔로머라제 373, 381
통앞뇌증 241
퇴화기 350
투명구역 123
투명대 143
트룬코코널 팽윤 294

트리코플락스 433
특성화지도 46, 324
특정화 46
티로글로불린 306
티미딘 키나아제 353

ㅍ

파네스 세포 344
팔신경얼기 235
편평 307
편평상피 376
평균체 염색체 178
평면세포극성 24
평면세포극성시스템 330
평형곤 171
포도코린 종 433
포배 7, 14
포배강 14, 146
포배중기로의 전이 95
포배중기전이 83, 107
포배판 158
폴리오돈 440
폴립 345, 433
표피 85, 134, 349
표피유두 350
표할 14, 174
표현형 28
플라나리아 78, 385
플라눌라 433
피골 336
피면자 429
피부근육분절 137, 262
피부분절 262, 266, 268
피브로넥틴 271
피질 과립 13, 145
피질회전 82
피하층 199

ㅎ

하박골 280
하배엽 108, 146, 158, 299
하이브리도마 63
할구 13
함입 22, 429
합포체 174
합포체 배반엽 174
항문관 86
항원 63
항원결정부 63
항체 61
해부현미경 54
핵막 80
핵산상보결합화법 3
핵산혼성화법 3
허리엉치신경얼기 235
허용 온도 180
허용 유도 271
허용적 32, 49, 309, 312
헤이플릭 한계 373
헨센결절 126
혈관 신생 381
혈관내피세포 338
혈관모세포 290
혈관신생 290, 338
혈관형성 290
혈액생성 내상피 290
협부 237
형광 55
형광 덱스트란 67, 248
형광색소 55
형광활성세포선별기 228
형성체 235
형성체 영역 83
형성체 이식 97, 103
형질전환 89, 115, 159, 199
형태 335
형태형성 7
형태형성인자 17, 49, 329
호메오 28
호메오박스 19, 195
호메오틱 유전자변형 305
혹스 19
화생 376, 393
확장된 배대 15, 171, 428
황체 275
회전 149, 299
회절 22, 108
횡단면 43
횡중격 300, 308
후구동물 385
후근신경절 235
후뇌 86
후반부 43
후방 16, 155
후성유전학 51
후성학적 51
후신 137, 150, 270
후장 134, 299
휴지기 350
흡수세포 344
희소돌기아교세포 232, 418
히드라 433
히드로충류 385